(第二版)

火电厂节能减排手册

指标管理与耗差分析

李青　李悦　李潇林　编著

中国电力出版社
CHINA ELECTRIC POWER PRESS

内 容 提 要

本分册是《火电厂节能减排手册　指标管理与耗差分析》，此分册是《火电厂节能减排手册　指标管理部分》的第二版。本书全面介绍了与节能紧密相关的专业指标，如汽轮机指标、水务指标、煤粉锅炉指标、燃料指标、化学指标、电气指标和节能管理指标，同时全面介绍了炉侧辅机指标和机侧辅机指标（包括单耗指标），对联合循环（燃气轮机）、循环流化床等新型火电指标也进行了详细论述；重点叙述了发电厂综合性指标、热电联产综合性指标的定义和计算方法；介绍了涉及节能的其他专业指标，如计量指标的定义和计算方法；另外，本书还介绍了指标分类和耗差分析方法。与第一版相比，本书的指标更加齐全，内容更加丰富。

本书指标齐全，概念清楚，对于主要电厂指标都进行了讲解，详细分析了影响一些重要指标的因素，提出了解决问题的措施，而且结合电厂实际，介绍了不同容量、不同类型机组的耗差分析方法。本书可作为火力发电厂运行人员、检修人员、生产管理人员、生产统计人员工作时的参考书，也可作为新入厂职工的培训教材。

图书在版编目（CIP）数据

火电厂节能减排手册．指标管理与耗差分析/李青，李悦，李潇林编著．—2 版．—北京：中国电力出版社，2021.1（2024.9 重印）

ISBN 978-7-5198-4539-1

Ⅰ.①火…　Ⅱ.①李…　②李…　③李…　Ⅲ.①火电厂—节能—技术手册　Ⅳ.①TM621-62

中国版本图书馆 CIP 数据核字(2020)第 051519 号

出版发行：中国电力出版社
地　　址：北京市东城区北京站西街 19 号（邮政编码 100005）
网　　址：http：//www.cepp.sgcc.com.cn
责任编辑：宋红梅（010－63412383）
责任校对：黄　蓓　郝军燕　李　楠
装帧设计：郝晓燕
责任印制：吴　迪

印　　刷：固安县铭成印刷有限公司
版　　次：2017 年 1 月第一版　2021 年 1 月第二版
印　　次：2024 年 9 月北京第三次印刷
开　　本：787 毫米×1092 毫米　16 开本
印　　张：40
字　　数：1087 千字
印　　数：1001－1500 册
定　　价：158.00 元

前言

节能指标是节能工作的对象，火力发电厂节能工作的主要内容就是通过确定能够反映电厂节能水平的有关指标，构建一个由生产和管理方面的相关指标组成的评价体系，并运用评价体系和耗差分析对火力发电厂节能降耗工作进行分析和判断，来反映火力发电厂的节能降耗综合水平。耗差分析是根据机组主要运行参数的实际值与基准值的偏差，通过计算，得出热耗率、煤耗率、厂用电率等经济指标的变化。由此确定机组改造后性能提升潜力和技术管理水平、运行水平的性能提升空间，从而优化机组运行管理，实现节能降耗。

本次出版的《火电厂节能减排手册　指标管理与耗差分析》，根据近几年我国新修订和制定的国家标准和行业标准，以及电力行业发展情况，全面介绍了各类火电指标。该书以“指标”为纽带，以指标管理和耗差分析为着眼点，将各专业指标有机地联系在一起。书中介绍的指标包括锅炉指标、汽轮机指标、化学水处理指标、计量指标、环保指标和节能指标等。对于不涉及节能的专业内容，如财务指标等，本书不予讨论。对于一般的节能术语，本书也予以省略。本书也可以看成是一本火电节能指标的百科全书，各类重要指标都有论述；同时主次分明，次要内容不多作赘述。

本书所有指标均给出定义和英文对应词，以方便读者理解，以及在撰写科技论文时正确选择英文关键词。在括号内首先给出常用英文缩略语，然后给出全部英文单词，如“空气污染指数（API，air pollution index）”。对于有些指标，如果有两种英语对应词，则在中文名词后括号内以“/”分开，如“无功功率、无功负荷（reactive power/reactive load）”。

笔者尽量以简洁直白的文字叙述本书所有指标，力求使初学者也能准确理解。对于重要指标，给出了计算公式和指标限额值；论述了影响重要指标的各项因素，提出重要指标的各项管理措施，或者给出计算例题，帮助读者加深理解；有的部分给出了工程实例和应用效果。

对于同一指标的不同名词，均在该名词第一次出现时同列给出（例如“高位发热量/高位热值”）。对于同一术语和指标的省略表示法，均在第一次出现该名词时以括号标注，说明括号内的文字可以省略，如“能源消费（总）量”表示该名词使用“能源消费量”和“能源消费总量”皆可。

由于大学电力课程对耗差分析基本很少涉猎，许多节能工作者对耗差分析知识缺乏，导致节能管理工作不深入，分析能力不足。因此本次再版笔者补充了耗差分析方法，增加供电煤耗率和厂用电率的控制与分析，以及其他各种主要指标的控制与分析，介绍了耗差分析报告的写法。本书增加了燃气轮机组的耗差分析结果，以及各种类型的火力燃煤机组的耗差分析结果。

本书的编写得到国核示范电站有限责任公司和华能威海发电有限责任公司的大量协助，李悦编写了第一章和第八章～第十三章，李潇林编写了第三章～第七章，其他章节由李青编写。

限于作者水平，本书难免存在疏漏之处，欢迎广大读者批评和指正。

编　者

2020 年 6 月

目 录

第一章　指标体系及其分类

第一节　指标综合分类方法

火力发电厂指标很多，如能耗指标、环保指标等。生产指标一般分为大指标、中指标和小指标。

大指标是描述全厂的综合经济指标和技术指标，如供电煤耗率、厂用电率等。中指标属于过程性指标，如锅炉热效率、汽轮机热耗率等。小指标是根据影响大指标或中指标的因素或参数，结合生产过程各环节的特点，按照工种、设备和岗位对大指标进行分解得到的最终指标，如飞灰可燃物、真空等。小指标包括锅炉专业小指标、汽轮机专业小指标、燃料专业小指标、化学专业小指标等。生产指标具体分类见图 1-1。

上述分类的缺点是比较狭窄，仅考虑与节能工作紧密相关的能耗指标，对于计量、热工、环境保护等指标未予考虑。实际上，计量、热工等指标虽然不与节能工作紧密联系，但或多或少也会影响节能指标。如计量指标影响能耗的数量准确性，环保指标影响节能大指标。因此本书不局限于能耗指标，而是讨论和分析与节能有关的所有生产、经营指标，见表 1-1。表 1-1 所列的所有指标名称在对应的章节中都有详细的论述。

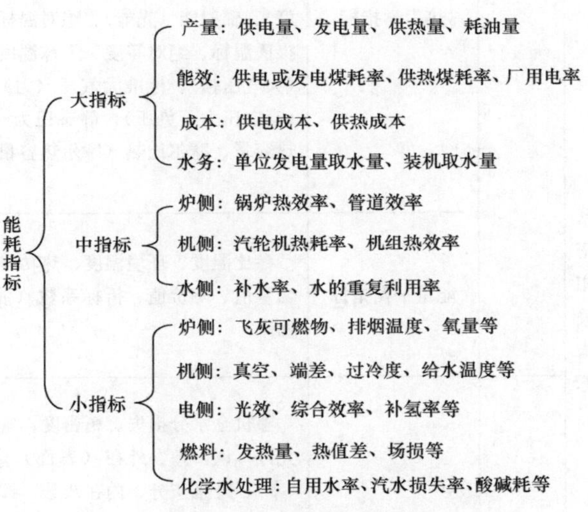

图 1-1　生产指标的分类

表 1-1　　**火力发电厂指标综合分类表**

项　目			指　标　名　称
紧密相关指标	能效管理	能源管理指标	能源储量、能源资源（储）量、地质储量、探明储量（实测储量）、（经济）可采储量、剩余可采储量、储采比、资源开发程度、能量密度、能源消费（总）量（总能耗）、（当量）综合能耗（综合能源消费量）、等价值（综合）能耗、工业生产能源消费量、非（工业）生产能源消费量、单位产值综合能耗、单位产品综合能耗（产品单位产量综合能耗）、单（位产品能）耗、产品单位产量可比综合能耗、万元产值综合能耗、万元增加值综合能耗、单位 GDP 能耗（国内生产总值能耗、国内生产总值能源消耗量、能源强度、能源消费系数）、能源加工转换效率、能量利用总效率、能源利用效率、能源生产弹性系数、能源消费弹性系数、电力生产弹性系数、电力消费弹性系数、能源自给率

续表

项　目			指　标　名　称
紧密相关指标	能效管理	节能量指标	节（约）电量、节约电力、节电率、统计报告期能耗、基准能耗（能耗基准）、节能量、项目节能量（技术措施节能量）、校准后能耗基准、产品节能量、产值节能量、节能率、当期节能率、定比节能率（累计节能率）、环比节能率（年均节能率）、节能潜力
		热力学指标	比热比（绝热指数）、憎水率（憎水度）、过热度、水临界点、临界压力、临界温度、三相点、雷诺数、热通量（热流密度）、热导率、（导热系数）、面积热流量、对数平均温差、传热系数、热阻、线膨胀系数（热胀系数）、通用气体常数（普适气体常数、理想气体常数、摩尔气体常数、气体常数）、辐射力、辐射功率（辐出度）、发射率（黑度）、辐射能（光能）、绝对温标（热力学温标）、绝对温度（热力学温度）、华氏温标、摄氏温标、绝对零度、干球温度、湿球温度、滞止温度、压强（压力强度）、大气压力（大气压强）、标准大气压（力）、绝对压力、（相对压力、表压力、计示压力）、真空（真空压力、负压）、静态压力（静压）、动态压力（动压）、全压、比体积、比热容、热容量、摩尔比热（摩尔热容量）、比焓、比熵
		能量平衡指标	参比温度、环境温度、热功当量、电热当量、标准煤（煤当量）、标准油（油当量）、当量值、等价值、折标系数（能源折标系数、折标准煤系数）、电力折标系数、不平衡率
	燃料指标管理与控制	燃煤分析指标	整机全水分损失、精密度、置信度（置信概率、置信水平）、均方根偏差（标准差）、允许（误）差、外在（表面）水分、内在水分（空气干燥基水分）、全水分、灰分（率）、外来灰分、内在灰分、挥发分（挥发物产率）、体积挥发分、固定碳、全硫、燃料比（FC/V）、（煤）发热量（热值）、弹筒发热量、高位发热量（高位热值）、低位发热量（低位热值）、配煤比、（燃料）检质率、燃料质级不符率、煤质合格率（入厂煤质合格率）、入炉煤质合格率、配煤合格率、（机械）采样装置投入率（采样装置投运率）
		燃煤性能指标	（煤）可磨性、可磨性指数（可磨性系数）、BTИ可磨性指数、哈德格罗夫可磨性指数（哈氏可磨性指数、HGI）、磨损性、冲刷磨损指数、煤磨损指数、（煤粉）爆炸指数、灰黏度、灰熔融性、（煤粉）着火特性、着火温度、燃尽率、煤指数、（煤粉）燃尽特性、燃烧温度、理论燃烧温度（绝热燃烧温度）、着火热、燃烧速度、结焦性、结渣性、结渣率、（煤灰）结渣特性、炉膛结渣倾向、灰熔融性、熔化温度、变形温度、软化温度、半球温度、流动温度、灰熔点、碱酸比（碱酸度）、R_T 判据、DT 判据、ST 判据、燃点（着火点）、真（相对）密度（骨架密度）、视（相对）密度（假密度、表观密度）、堆（积）密度（散密度）、煤粉堆（积）密度（煤粉散密度）、空隙率（孔隙率、孔隙度、气孔率）、煤化程度

续表

项目			指标名称
紧密相关指标	燃料指标管理与控制	燃油指标	引火点（闪点）、闭口闪点、燃点、（燃油）自燃点、凝（固）点、机械杂质、含硫量、黏度（黏性系数）、恩格勒（Engler）黏度（相对黏度、恩氏黏度）、动力黏度（动力黏性系数）、运动黏度（运动黏性系数）、浊点、石油密度温度系数（密度修正系数）、体积修正系数、燃油密度、（油）视密度、标准密度、燃油质量（燃油重量）、（燃油）比热容、（油）发热量（热值）、（发电）油耗率（耗油率）、油耗量（耗油量、燃油量）、点火用油量（启动用油量、点火燃油量）、助燃用油量（稳燃用油量）
		燃气与生物质指标	闪蒸、（燃气）高位发热量、（燃气）低位发热量、摩尔质量、摩尔发热量（摩尔热值）、摩尔组成、（气体）相对密度（比重）、气体密度、沃泊指数（华白数）、压缩（性）因子（气体的压缩系数）、（燃气）绝热指数（比热比）、（燃气）比热容、（燃气）饱和含水量（饱和含湿量）、（燃气）着火温度、着火（浓度）极限（爆炸浓度极限）、硫化氢含量、（燃气）杂质、（生物质）能量密度、（生物质）标称最大粒度、吨燃料成型能耗、火焰传播速度
		燃料经济指标	合同采购燃料量、燃料收入量（入厂燃料量）、入炉燃料量、生产用燃料量、非生产用燃料量、燃料中间储存量、标准煤燃料量（标准煤收入量）、燃料耗用量、（实际）燃料消耗量、计算燃料消耗量、生产标准煤耗用量（发电供热标准煤耗用量）、（入厂）标准煤单价（标准煤采购单价）、耗用标准煤单价（入炉标准煤单价）、燃料库存量、燃料检斤量、（燃料）检斤率、运输损失量、煤储存损失量、燃料损失总量、燃料运损率、燃料盈吨量、燃料盈吨率、燃料亏吨量、燃料亏吨率、（煤）场损率（煤场损耗率）、燃料盘点库存量（实存煤量）、燃料盘点盈亏量、燃料亏吨索赔率、（燃料）亏卡索赔率、入炉煤热值（入炉煤低位发热量）、入厂煤与入炉煤热量差（入厂煤与入炉煤热值差、热值差）、（入厂煤与入炉煤）水分差、输煤系统单耗（输煤单耗）、（机组）燃料消耗率、输煤系统耗电率（上煤耗电率、输煤系统用电量率）、煤炭兑现率、重点电煤合同兑现率（长协煤合同兑现率）
	水务管理与控制	废水指标	串用水量（串联水量、循序用水量）、回用水量、循环水量、中水量、再生水（利用）量、重复（利）用水量（复用水量）、（水）重复利用率（水的复用率）、（水）循环利用率、排（放）水率、废水排放（总）量（外排废水总量）、工业废水排放（总）量、直流冷却淡水量、直流冷却海水量、废水达标排放率、废水回用率、工业废水利用率（工业废水回收率）、工业水回收率、冷凝水回用率、锅炉蒸汽冷凝水回收率、工艺水回用率、间接冷却水循环率、非常规水资源替代率、循环冷却水排污水利用率、单位发电量废水排放量（废水排放绩效）
		取水指标	新（鲜）水量、取水量、用水量、自备用水量、单位发电量取水量、装机取水量（单位装机容量取水量）、新水利用系数、补（给）水量、机组补（给）水率、全厂补（给）水率（综合补水率）、生产补水率、发电补（给）水率、空气冷却塔补水率、供热补（给）水率、非生产补（给）水率、自用汽（水）量、万元产值取水量、万元产值取水量递减率、万元工业增加值取水量、职工人均生活日新水量（职工人均生活用水量）、水资源（总）量、地下水资源量、地表水资源量
		耗水指标	排（放）水量、漏（失）水量、（消）耗水量、发电（综合）水耗（单位发电量耗水量）、汽水损失率、水的损耗率、（综合）漏失率、水量不平衡率

续表

<table>
<tr><th colspan="3">项 目</th><th>指 标 名 称</th></tr>
<tr><td rowspan="9">紧密相关指标</td><td rowspan="2">化学指标管理与控制</td><td>水处理指标</td><td>pH值、硬度、总碱度、悬浮固形物、溶解性总固体、（水质）污染指数（淤塞密度指数、污染密度指数）、渗透压（力）、脱盐率（溶质截留率、除盐效率）、盐透过率、膜进水侧的溶质平均浓度、产水量、产水率（回收率、水利用率）、水透过率（透水率、产水通量）、通量衰减系数、膜元件数、电导率、透膜压差（过膜压差）、（制水）盐耗、（制水）酸耗、（制水）碱耗、再生自耗水率、化学自用水率、除盐水耗率、制水单耗、制水用电率（制水耗电率）</td></tr>
<tr><td>化学三率指标</td><td>给水品质合格率、炉水品质合格率、蒸汽品质合格率、凝结水品质合格率、汽水品质合格率、溶解氧合格率、制水合格率（补给水合格率）、炉水加药率、循环水加药合格率、化学仪表配备率、化学仪表投入率、化学仪表合格率</td></tr>
<tr><td rowspan="5">煤粉锅炉指标管理与控制</td><td>炉膛参数</td><td>炉膛轮廓尺寸、炉膛断面积、炉膛燃尽区容积、炉膛有效容积、炉膛特征参数、炉膛容积热负荷（炉膛容积放热强度）、炉膛断面放热强度（炉膛截面热负荷、炉膛断面放热负荷）、辐射受热面热流密度、（锅炉）漏风率、漏风系数、锅炉最低稳定燃烧负荷（最低稳燃负荷、最低不投油稳燃负荷、最小技术出力、技术最小出力）、最低稳燃负荷率（最低不投油稳燃负荷率）</td></tr>
<tr><td>风烟参数指标</td><td>炉膛负压（锅炉负压）、一次风率（一次风份额）、二次风率（二次风份额）、三次风率（三次风份额）、理论燃烧温度、送风温度、理论（干）烟气量、理论（干）空气量、过量空气量、过量空气系数（空气消耗系数）、过量空气比、燃料系数、最佳过量空气系数、锅炉氧量（排烟氧量、烟气含氧量）、锅炉经济氧量（最佳氧量）、烟气CO浓度、排烟温度、炉膛出口烟气温度、飞灰可燃物（飞灰含碳量）、炉渣可燃物（大渣含碳量、大渣可燃物含量）、吹灰器投入率</td></tr>
<tr><td>蒸汽参数指标</td><td>喷水量（减温水量）、过热器减温水（流）量（一次汽喷水量）、再热器减温水（流）量、锅炉主蒸汽流量（过热蒸汽流量）、锅炉主蒸汽压力（过热蒸汽压力、一次汽出口压力）、锅炉过热蒸汽温度（锅炉主蒸汽温度、一次汽出口温度）、锅炉再热蒸汽流量、锅炉再热蒸汽压力、（锅炉）再热蒸汽温度（再热汽温、二次汽出口温度）、锅炉给水流量、锅炉给水压力、锅炉容量、锅炉额定蒸发量（锅炉额定出力、锅炉额定负荷）、锅炉最大连续蒸发量、锅炉经济连续蒸发量、炉侧给水温度（最终给水温度）、额定给水温度、给水温降、中间点温度、（锅炉）排污率</td></tr>
<tr><td>锅炉效率指标</td><td>锅炉输入热功率、燃烧器热功率、锅炉输入热量、余热锅炉输入热量、锅炉有效利用热量、散热量、热损失、不可控损失、可控损失、干烟气热损失、燃料中水分热损失、空气中水分热损失、石灰石脱硫热损失、排烟热损失、化学未完全燃烧热损失（气体未完全燃烧热损失）、机械未完全燃烧热损失（灰渣含碳热损失、固体未完全燃烧热损失）、散热损失、灰渣物理热损失、燃烧效率（燃尽率、燃净率）、锅炉（热）效率（锅炉毛效率）、正平衡锅炉效率、反平衡锅炉效率、保证效率、锅炉净效率、管道反平衡热效率、管道正平衡热效率</td></tr>
<tr><td>循环流化床（CFB）锅炉指标</td><td>CFB磨损量、（分离器）循环倍率（物料循环倍率）、炉膛宽深比、停留时间、钙硫比（钙硫摩尔比）、CFB脱硫效率、临界流化速度（临界流化风速）、临界流化风量、终端速度、开孔率、小孔风速（风帽小孔流速）、空塔（流化）速度（表观速度、空床速度）、布风板阻力（布风板压降）、入炉煤粒度（平均粒径、入炉煤粒径）、粒比度、分级分离效率（分离器的分离效率）、（床层）空隙率（空隙度）、CFB主蒸汽压力（过热蒸汽压力）、（CFB）主蒸汽温度（过热蒸汽温度）、（CFB）主蒸汽温度（过热蒸汽温度）、（CFB锅炉）飞灰可燃物（含量）、CFB炉渣可燃物（炉渣含碳量、大渣含碳量、底渣含碳量、大渣可燃物含量）、（CFB）排烟温度、床温（炉膛温度、流化床燃烧温度、料层温度、床料温度）、床压（床层压力）、风室压力（风室风压）、料层阻力（床料阻力）、炉膛全差压（炉膛总压差）、（上部）炉膛差压（炉室差压）、料层差压、负荷调节比、返料温度</td></tr>
</table>

续表

<table>
<tr><th colspan="3">项 目</th><th>指 标 名 称</th></tr>
<tr><td rowspan="4">紧密相关指标</td><td rowspan="3">炉辅机侧指标管理与控制</td><td>空气预热器指标</td><td>（预热器）入口空气温度（空气预热器入口风温）、热风温度、直接泄漏、间接泄漏（携带泄漏）、空气预热器出口烟（气）温（度）、空气预热器进口烟气温度（入口烟气温度）、空气预热器空气温升、空气预热器烟气温降、空气预热器温压、空气预热器烟气侧效率、空气预热器空气侧阻力（空气预热器风侧阻力、风侧压损）、空气预热器烟气侧阻力（烟气侧压损）、空气预热器漏风系数、空气预热器漏风率（预热器漏风率、空预器漏风率）、酸露点（烟气露点、露点温度）</td></tr>
<tr><td>制粉系统指标</td><td>原煤粒度、煤粉细度、经济煤粉细度、煤粉细度合格率、煤粉均匀性指数（煤粉均匀性系数）、煤粉均匀性改善度（煤粉均匀性改善系数）、煤粉细度调节系数、煤粉细度调节倍率、煤粉浓度、钢球配比、磨煤机研磨出力（磨煤机出力、制粉系统出力）、最大钢球装载量、最佳钢球装载量、钢球填充系数（钢球充满系数、钢球装载系数）、钢球最佳填充系数、最佳通风量、磨煤机通风出力、干燥出力、磨煤机铭牌出力（磨煤机基本出力）、磨煤机计算出力（磨煤机设计出力）、磨煤机出力比、磨煤机（消耗）功率、磨煤机单耗、磨煤机耗电率（磨煤机厂用电率）、一次风机（或排粉机）单耗、一次风机（排粉机）耗电率（一次风机/排粉风机厂用电率）、给煤机单耗、给煤机耗电率（给煤机厂用电率）、密封风机单耗、密封风机耗电率（密封风机厂用电率）、制粉单耗、制粉（系统）耗电率（制粉系统厂用电率）、磨煤机出口温度、制粉系统漏风系数、制粉系统漏风率、风煤比、粗粉分离器（综合）效率、细粉分离效率、粗粉分离效率（粗粉带出率）、（粗粉分离器）循环倍率、体积强度、细粉分离器效率（细粉分离器分离效率）、煤粉浓度、密封风率、石子煤排放率、磨煤机压差（一次风进出口压差）</td></tr>
<tr><td>风机指标</td><td>风机动压（升）、风机静压（升）、风机压力（风机全压、风机能头）、压力系数、比转速、（轮）毂比、通风机能效限定值、通风机节能评价值、平均密度、压缩性修正系数、质量流量、截面容积流量、截面平均速度、风机单位质量功、风机压比、风机雷诺数、风机静空气功率、风机空气功率（有效功率）、叶轮功率、风机轴功率、机械损失、容积损失（泄漏损失）、容积效率、流动损失、流动效率、机械效率、风机叶轮效率、风机（轴）效率（风机全压效率）、（风机）内功率、（风机）内效率（全压内效率）、风机叶轮静效率、风机电动机轴效率、风机总效率（风机系统效率）、风机耗电率、风机单耗、引风机单耗、送风机单耗、引风机耗电率（引风机厂用电率）、送风机耗电率（送风机厂用电率）</td></tr>
<tr><td>汽轮机指标管理与控制</td><td>汽轮机蒸汽参数指标</td><td>主蒸汽参数（进汽参数）、再热蒸汽参数（二次蒸汽参数）、冷段再热蒸汽参数、汽轮机主蒸汽流量、排汽参数（终参数）、铭牌出力（额定功率、额定出力）、最大连续出力、汽轮机热耗率考核出力（汽轮机性能验收出力）、汽轮机最大计算容量（调节阀全开功率）、汽轮机最经济连续出力（经济功率）、高压加热器全停功率、旁路（系统）容量、调（节汽）门重叠度（调节阀重叠度）、部分进汽度、级的反动度、最佳速比、流量系数、蒸汽管道的温度降、管道压力降、管道压力损失（压损率）、再热蒸汽压力损失（再热蒸汽压损）、监视段压力、汽轮机主蒸汽压力、汽轮机主蒸汽温度、汽轮机再热蒸汽温度（再热汽温）、（机侧）给水温度（最终给水温度）、低压旁路温度</td></tr>
</table>

续表

项　目			指　标　名　称
紧密相关指标	汽轮机指标管理与控制	汽轮机热耗与效率	汽轮机级内损失、喷嘴损失、动叶损失、余速损失、漏汽损失、摩擦损失、斥汽损失、送风损失、湿汽损失、排汽损失、节流损失、机械损失、轮周功率、轮周效率、理想功率、调节级效率、净电功率、辅助电功率、内功率、（汽轮机）缸效率（通流部分内效率）、汽耗量、汽耗率、热耗量、（汽轮机）热耗率（机组热耗率、比热耗）、毛热耗率、净热耗率、保证热耗率、未修正的试验热耗率（修正前热耗率）、（完全）修正的热耗率（修正后热耗率）、热效率、相对内效率、轴端功率、机械效率、相对有效效率、汽轮发电机组相对电效率、循环热效率、绝对效率、机组（热）效率（汽轮机电效率、绝对电效率）
	机辅机侧指标管理与控制	凝汽设备指标	冷却水进口温度、冷却水流量（循环水流量）、冷却水温升（循环水温升）、冷却面积、流程数、（凝汽器）冷却倍率（冷却倍数、循环倍率）、水阻、凝汽器冷却管内流速（冷却水流速）、汽阻、排汽温度、凝汽器热负荷、凝汽器热流量、总（体）传热系数、凝结（水）过冷度（过冷却度）、排汽压力（背压）、凝汽器压力、（排汽）真空（凝汽器真空）、最佳真空（最有利真空）、凝汽器的极限真空、凝汽器真空度、（凝汽器）初始温差、排汽焓、凝汽器端差（终端温差、传热端差）、凝汽器水位（热井水位）、胶球（装置）投入率（胶球清洗装置投入率）、（胶球清洗装置）收球率、清洁度（清洁系数）、漏气量、比耗功率、真空（系统）严密性（真空下降率、真空下降速度）、真空严密性合格率
		回热设备指标	给水压力损失（管侧阻力）、壳侧阻力、加热器温升（给水温升）、加热器（上）端差（加热器终端温差、给水端差）、疏水端差（加热器下端差、加热器初温差）、抽汽（管道）压损、高压加热器投入率、高压加热器全停功率、高压给水旁路泄漏率、疏放水阀门泄漏率、给水溶解氧（给水含氧量）、高压加热器（疏水）水位
		水泵指标	给水泵出力比、循环水泵出力比、凝结水泵出力比、型式数、重力加速度（自由落体加速度）、基准面、泵能效基准值、水泵能效限定值、规定点效率、水泵目标能效限定值、水泵节能评价值、转速、流量、体积流量、质量流量、流速、水头、水力损失（水头损失）、位置水头、压力水头、速度水头、总水头、入口总水头、出口总水头、水泵出口压力、水泵能头（扬程）、入口总水头损失、出口总水头损失、泵输入功率、泵输出功率、泵有效功率、泵轴功率、泵效率、（水泵）内功率、（水泵）内效率、原动机输入功率、泵组效率、比转速（比转数）、（液力耦合器）转速比（传动效率）、（液力耦合器）转差率（滑差率）、汽蚀余量、最小流量（再循环流量）、炉水循环泵单耗（炉水泵单耗）、炉水循环泵耗电率（炉水泵耗电率、炉水泵厂用电率）、循（环水）泵耗电率（冷却水泵耗电率、循环水系统耗电率）、真空泵耗电率（真空泵厂用电率、抽真空系统耗电率）、凝结水泵耗电率（凝结水系统耗电率、凝泵耗电率）、给水泵单耗、给水泵耗电率（给水泵厂用电率）、前置泵耗电率、电动给水系统耗电率（给水系统厂用电率、给水泵组耗电率）、闭式（冷水）泵耗电率（闭冷泵耗电率）、开式（冷水）泵耗电率、汽动给水泵组效率、汽动给水泵组汽耗率（给水泵汽轮机组汽耗率）
		湿式冷却塔指标	气水比、冷却能力、冷却数、环境空气干（湿球温度）、进塔空气干（湿球温度）、冷却塔进水温度（水塔进口循环水温度）、水塔（冷却）效率、冷却（塔）幅高、冷却塔（循环水）温降、（冷却水温差、冷却幅宽）、进塔水压、淋水面积、填料高度、淋水密度、浓缩倍率（浓缩倍数）、蒸发损失水量、风吹损失水量（吹散水量、飘滴损失水量）、循环冷却系统耗水量、排污损失水量、机力塔耗电率（冷却塔耗电率）

续表

项目			指标名称
紧密相关指标	机辅机侧指标管理与控制	空冷岛指标	外界设计风速、空气流速（环境风速）、迎面风速、顺逆流比、空冷散热器（总）散热面积、冷却风机轴功率（风机拖动功率）、空冷设计气温、空气入口温度（空气进口温度）、空气入口密度、空气出口温度、空气出口密度、空气体积流量、静压升值（静压升）、风机静压效率、空冷风机耗电率、间冷循环水泵耗电率、凝汽器进口温差、（空冷系统）初始温差、对数平均温差、传热系数、（空冷器）凝结水过冷度、（空冷）排汽压力、排汽温度、排汽质量流量、空冷凝汽器入口压力（凝汽器进汽压力）、空冷凝汽器入口温度（凝汽器进汽温度）、空冷凝汽器质量流量、温度效率、凝结水温度、凝结水质量流量、凝结水含氧量（凝结水溶解氧）、设计背压、满发气温、满发背压、阻塞背压、实际背压（运行背压）
	电侧指标管理与控制	发电机指标	发电机额定功率、发电机最大连续功率、发电机额定无功功率、发电机额定电流、发电机额定电压、发电机额定功率因数、发电机额定容量（额定视在功率）、发电机最大连续容量、电压变化率、发电机充气容积（充氢容积、机壳容积）、发电机漏氢量（氢气泄漏量）、发电机漏氢率、漏空气量、漏空气率、发电机氢压、发电机氢气（绝对）湿度（氢湿度、露点温度）、（发电机）氢（气）纯度、发电机效率、发电机输出功率（电功率）、发电机效率、发电机铜损、发电机附加损耗、发电机铁损、机械损耗、电刷摩擦通风损耗、励磁损耗、可能出力、发电机组的调节范围、励磁系统额定电流、励磁系统额定电压、励磁顶值电流、励磁顶值电压、励磁顶值电流倍数、励磁顶值电压倍数、额定励磁电流（额定磁场电流）、额定励磁电压（额定磁场电压）、空载励磁电流（空载磁场电流）、空载励磁电压（空载磁场电压）
		变压器指标	节电年收益、（节电设备）投资回收期、变压器自然寿命（热寿命）、变比、电压调整率、额定电流、额定电压、额定容量、变压器效率、负载能力、固定损耗（空载损耗）、（变压器）铁损、附加损耗、涡流损耗、磁滞损耗、电能损耗、可变损耗（负载损耗）、铜损、冷却装置损耗、绝缘水平、变压器绝缘电阻、吸收比、极化指数、变压器的绝缘等级、变压器温度、变压器绕组热点温度、介质损耗因数（介质损耗角正切值）、阻抗电压（短路电压）、空载电流、综合功率损耗、无功功率损耗、变压器损耗（有功功率损耗、有功损耗）、变压器损耗率、损耗比、无功经济当量、变压器负载率（负载系数）、平均负载系数（平均负载率）、经济负载率、综合经济负载率、综合经济效率
		电动机指标	磁导率（导磁系数）、磁感应强度（磁通量密度）、磁滞损耗、铁（芯）损（耗）、铜损、附加损耗（杂散损耗）、空载损耗（固定损耗）、机械损耗、负载损耗（可变损耗）、旋转磁场转速（同步转速）、转差率、电磁转矩、额定转矩、过载系数、额定电压、额定电流、（电动机）功率因数、额定功率因数、电磁功率、输出功率、输入功率、额定功率、电（动）机效率、电动机总损耗、无功经济当量、电动机综合功率损耗、电动机综合效率、综合经济效率、电动机额定综合效率、负载系数、经济负载率、综合经济负载率、综合经济效率、电动机能效限定值、电动机目标能效限定值、电动机节能评价值、能效等级效率容差
		照明指标	辐射通量、额定电流、额定电压、工作电压、额定功率、实际功率、安装功率、线路功率因数、光通量、发光强度（光强）、亮度、照度、亮度对比、（发）光效（率）、色温（度）、显色指数、灯具效率、（灯的）额定光通量、（光源）寿命、平均寿命、有效寿命、采光系数、T标识、（灯）节电量、（灯）节电率、平均照度、利用系数、室形指数、反射比（反射系数）、（灯具）维护系数、节能效益比、灯具数量、目标效能值、照明功率密度

续表

项目			指标名称
紧密相关指标	联合循环机组指标管理与控制	燃气轮机指标	转子临界转速、冷煤气效率、碳的转化率、燃气轮机进气系统压差（压气机入口滤网压差、过滤器差压）、压气机输入功率（压气机耗功）、压气机机械效率、压气机等熵功率、压气机（等熵）效率、级轮周效率、压气机进气温度、压气机进气压力、压气机排气参数、压气机出口温度（排气温度）、压气机出口压力（排气压力）、压气机压缩比（压比、增压比）、内效率、等熵压缩功、透平（输出）功率、透平机械效率、燃料空气比、理论燃料空气比、当量比、过量空气比、燃料系数、燃料喷射压力、压力恢复系数（压力保持系数）、燃料（与）空气比（燃空比）、燃料流量、理论燃烧温度、燃烧强度、比燃烧强度、容积热强度、面积热强度、燃烧室效率、透平（参考）进口温度（透平进气温度、燃烧室出口温度）、燃气轮机排气流量（透平排气流量）、燃（气轮）机排气温度（透平排气温度、燃气轮机排烟温度）、经修正的透平出口温度、叶片通道温度、（透平）轮间温度、燃气轮机排气压力、燃气轮机排气速度、燃气轮机速比、膨胀比（压比）、最佳压比、轮毂比、温（度）比、流量系数、速度系数、（燃气轮机）标准额定输出功率、（燃气轮机）额定输出功率（额定功率）、（燃气轮机）最大连续功率、（燃气轮机）尖峰负荷额定输出功率、燃气轮机基本负荷额定输出功率、（燃气轮机）极限输出功率（极限功率）、燃气轮机折算输出功率（修正输出功率）、（燃气轮机）比功率、燃气轮机耗热量、燃气轮机热耗率、燃气轮机机械损失、（燃气轮机）热效率、（燃气轮机）折算热效率（折合热效率、修正热效率）、（燃气轮机）燃料消耗率
		联合循环指标	折合功率、热能利用率、蒸汽空气比（蒸空比）、燃料比能（燃料热值）、燃料净比能（燃料低位热值）、燃油处理系统单耗、燃油处理系统耗电率、气体燃料增压系统单耗、气体燃料增压系统耗电率、余热锅炉热端温差、余热锅炉节点温差（窄点温差）、余热锅炉接近点温差、余热锅炉热效率（余热利用率）、回热器终温差、温度有效度、过量空气系数（空气消耗系数）、燃气-蒸汽联合循环功率（燃气-蒸汽联合循环出力）、（联合循环）蒸燃功比、（联合循环）蒸功比（蒸功百分率、蒸功百分比）、（联合循环）功热比、联合循环热耗率（机组毛热耗率）、联合循环净热耗率（机组净热耗率）、联合循环热效率（联合循环效率、发电效率、机组热效率、发电热效率）、（联合循环）供电效率（净热效率、供电热效率）、辅机耗功（辅助负荷）、Wobbe指数、燃料比重、联合循环投入率、（燃料）气耗率（综合气耗率）
	热电联产机组指标管理与控制	供热参数指标	供热面积、热负荷、热化系数、供水温度、回水温度、设计供回水温差、最佳供回水温差、供水压力、回水压力、供热抽（排）汽压力、热网加热器上端差、热网加热器下端差、供热量、供热比、热电比、供热能力、供暖指标（热指标）、供暖面积热指标（采暖面积热指标）、采暖体积热指标（供暖体积热指标）供热水效率、热网循环泵单耗
		供热效率指标	有效热能产出比率、热电厂的燃料利用系数、供热管网输送效率、热网效率、管网热损失率（供热管道损失率）、总热效率（全厂热效率）、供热热效率、热电厂热效率（热电厂能源利用率）、供热单位成本

续表

项目			指标名称
紧密相关指标	电厂能效指标	功率指标	电力负荷、无功功率（无功负荷）、视在功率（表观功率）、功率因数（力率）、无功电能、有功电能、有功功率（有功负荷）、负荷率、平均负荷、低谷负荷、最低负荷（最小负荷）、基（本负）荷、尖峰负荷（峰荷）、最高负荷（最大负荷）、负荷系数（出力系数）、计算负荷、（总）装机容量（发电设备容量）、发电厂最小出力（发电设备技术最小出力）、发电设备实际可能出力（可调出力）、备用容量、机组输出功率（机组出力）、机组净输出功率（机组净出力）、机组最大容量、最大连续功率、机组额定功率
		电量指标	电能表倍率、发电量、发电负荷满点率、下网电量、上网电量、厂用电量、生产厂用电量、供电量、发电厂用电量、供热厂用电量、综合厂用电量、电能损耗、功率损耗、线损（线路损耗）、定额线损（线损指标）、线损率、电量不平衡率
		能效设计指标	（纯凝）设计发电煤耗率、（纯凝）设计供电煤耗率、（纯凝）设计厂用电率、（供热）设计发电煤耗率、（供热）设计供电煤耗率、（供热）设计发电厂用电率、设计供热厂用电率、设计供热煤耗率、（供热）设计综合厂用电率
		能效运行指标	厂用电率（厂用电系数）、生产厂用电率、发电厂用电率、供热厂用电率、综合厂用电率、全厂厂用电率、电厂绝对效率（发电热效率、全厂热效率、电厂毛热效率、电厂热效率）、供电热效率（净热效率）、单元机组总热效率、单元机组净热效率、电厂热耗率、停机能耗、启动能耗、发电（标准）煤耗率、供电（标准）煤耗率（生产供电煤耗率）、供热（标准）煤耗率、综合供电（标准）煤耗率（上网供电煤耗率）、机组性能系数
涉及节能的指标	环境保护指标管理与控制	环境保护通用指标	细颗粒（物）（PM2.5）、可吸入颗粒物（PM10）、总悬浮颗粒物、细颗粒（物）指数、排放达标指数、空气污染指数、空气质量指数、挥发性有机化合物、化学需氧量（化学耗氧量）、生化需氧量（生化耗氧量）、标准状态
		除灰尘系统	电场数、电场高度（极板有效高度）、电场宽度、电场截面、电场通道数、电场长度、烟气处理时间（停留时间）、除尘效率、烟气流速（电场风速）、粉尘驱进速度、收尘极面积（集尘面积）、比收尘面积（比集尘面积）、被除尘器处理的烟气量（处理烟气流量）、一次电压、一次电流、二次电压、二次电流、电晕电流、电除尘器内的烟气速度、粉尘比电阻、粉尘浓度、电晕功率、除尘器（运行）阻力（除尘器本体阻力、除尘器压力损失）、分级（除尘）效率、穿透率（透过率）、切割粒径（分离界限粒径）、除尘器能耗、除尘器漏风系数、除尘器漏风率、过滤风速、过滤面积、气布比、湿式除尘器水气比、湿式除尘器补充水量、湿式除尘器脱水效率、除尘系统单耗、除灰系统单耗、除尘系统耗电率、除渣系统耗电率、除灰系统耗电率、除灰系统出力、耗气量、灰气比、水灰比、灰水比、灰输送阻力、灰输送速度、灰渣产生（总）量、灰渣综合利用量、灰渣综合利用率、粉煤灰综合利用率、烟尘排放绩效、除尘器投入率
		脱硫系统指标	脱硫机组容量、入口二氧化硫浓度（二氧化硫入口浓度）、出口二氧化硫浓度（二氧化硫出口浓度）、石灰石碳酸钙分解率、液气比、浆液循环时间、烟气停留时间、钙硫摩尔比（钙硫比）、脱硫装置压力损失（脱硫运行阻力、脱硫设备阻力）、钙硫化学计量比、吸收剂利用率、电能消耗量（耗电量）、脱硫装置电耗、脱硫装置单耗、脱硫（系统）耗电率（脱硫装置耗电率）、海水（升压）泵耗电率、浆液（循环）泵耗电率、增压风机耗电率（增压风机厂用电率）、曝气风机耗电率（曝气风机厂用电率）、氧化风机耗电率（氧化风机厂用电率）、（湿式）钢球磨煤机耗电率、脱硫石膏品质、脱硫石膏品质合格率、水量消耗（水消耗量）、脱硫（系统）水耗（脱硫装置水耗）、吸收剂消耗（量）、脱硫装置石灰石耗量、脱硫装置蒸汽耗量、脱硫副产品综合利用率、二氧化硫排放绩效、综合脱硫效率（脱硫综合效率）、脱硫设施投运率（脱硫装置投运率）、脱硫（装置）效率（SO_2 脱除效率）、装置可用率

续表

项目			指标名称
涉及节能的指标	环境保护指标管理与控制	脱硝系统指标	氨氮摩尔比（NH_3/NO_x 摩尔比）、NO_x 脱除（效）率（脱硝效率）、喷氨量、SO_2/SO_3 转化率、入口氮氧化物浓度（氮氧化物入口浓度）、综合脱硝效率（脱硝综合效率）
	计量管理	计量误差指标	分度值、分度数、检定分度值、准确度（精确度）、准确度等级（精度等级）、测量误差、绝对误差（示值误差、真误差）、相对误差、引用误差、最大允许误差（值）
		计量三率指标	能源计量器具配备率、能源计量器具的理论需要量、能源计量器具周期受检率、能源计量器具检测合格率、计量标准器和标准装置的周检合格率、计量标准器和标准装置的周期受检率、能源计量器具计量率（检测率）、计量故障（差错）率、皮带秤校验合格率、轨道衡校验合格率

第二节　四级节能指标体系

电厂节能指标可以分为四级，见表 1-2，这种分类方法比较简单，可用于耗差分析。

表 1-2　　节能指标简单分级表

第一级指标	第二级指标	第三级指标	第四级指标
1. 供电煤耗率			
	1.1 综合厂用电率		
		1.1.1 负荷系数	
	1.2 非生产用电率		冷态启停次数、热态启停次数
		1.2.1 机组启停次数	
		1.2.2 辅助厂用电率	
	1.3 发电厂用电率		
		1.3.1 脱硫系统耗电率	
		1.3.2 送风机耗电率	
		1.3.3 引风机耗电率	
		1.3.4 一次风机耗电率	
		1.3.5 磨煤机耗电率	
		1.3.6 凝结水泵耗电率	
		1.3.7 循环水泵耗电率	
	1.4 供热厂用电率		
		1.4.1 热网循环泵耗电率	
		1.4.2 热网补水泵耗电率	

续表

第一级指标	第二级指标	第三级指标	第四级指标
	1.5 发电煤耗率		
		1.5.1 锅炉效率	
			1.5.1.1 排污量
			1.5.1.2 排烟温度
			1.5.1.3 省煤器出口氧量
			1.5.1.4 送风温度
			1.5.1.5 空气预热器漏风率
			1.5.1.6 飞灰可燃物含量
			1.5.1.7 灰渣可燃物含量
			1.5.1.8 燃料收到基灰分
			1.5.1.9 收到基低位发热量
			1.5.1.10 燃料收到基水分
		1.5.2 管道效率	
			1.5.2.1 补水率
			1.5.2.2 阀门泄漏率
		1.5.3 热耗率	
			1.5.3.1 主蒸汽压力
			1.5.3.2 主蒸汽温度
			1.5.3.3 再热蒸汽压损
			1.5.3.4 再热蒸汽温度
			1.5.3.5 给水温度
			1.5.3.6 再热减温水量
			1.5.3.7 过热器减温水量
			1.5.3.8 #1 加热器上端差
			1.5.3.9 #2 加热器上端差
			1.5.3.10 #3 加热器上端差
			1.5.3.11 #5 加热器上端差
			1.5.3.12 #6 加热器上端差
			1.5.3.13 #7 加热器上端差
			1.5.3.14 #8 加热器上端差
			1.5.3.15 #1 加热器下端差
			1.5.3.16 #2 加热器下端差
			1.5.3.17 #3 加热器下端差
			1.5.3.18 #5 加热器下端差
			1.5.3.19 #6 加热器下端差
			1.5.3.20 #7 加热器下端差
			1.5.3.21 #8 加热器下端差
			1.5.3.22 真空（背压）
			1.5.3.23 真空下降速度（真空严密性）
			1.5.3.24 凝汽器端差（循环水温升）

续表

第一级指标	第二级指标	第三级指标	第四级指标
			1.5.3.25 循环水入口温度（环境温度）
			1.5.3.26 凝结水过冷度
			1.5.3.27 高压缸效率
			1.5.3.28 中压缸效率
			1.5.3.29 低压缸效率
		1.5.4 热值差	
			1.5.4.1 入厂煤热值
			1.5.4.2 入炉煤热值
		1.5.5 燃油量	
			1.5.5.1 助燃耗油量
			1.5.5.2 点火耗油量
	1.6 供热煤耗率	1.6.1 供热比	
		1.6.2 热电比	
		1.6.3 供热量	

注 高加是指高压加热器，低加是指低压加热器；#1是指1号，依次类推。

第三节 指标累加值与加权平均数

指标或参数的加权平均数是用同一性质的不同变量分别乘以相对应的权数，用它们乘积的和求出标志总量；把权数相加求出总体单位数之和，然后用标志总量除以总体单位数，即得到加权平均数，也叫累加值或加权平均值，如我们常说的年累值、年平均值都是一回事。

火力发电厂在实际使用加权平均方法计算加权平均数时，有的指标使用机组容量作为权数，有的指标则需要使用蒸汽流量或发电量等作为权数，所以必须注意正确地选用权数。当根据月度指标计算前几个月的指标累计值时，应使用加权法，并按以下要求选择权数。

一、加权平均数加权计算方法

（1）用对应的发电量加权法计算的指标有：厂用电率、循环水泵用电率、脱硫耗电率、其他汽轮机辅机耗电率、发电取水量、汽耗率、汽轮机热耗、汽轮机小指标（主蒸汽压力、主蒸汽温度、再热蒸汽温度、给水温度、真空度、真空严密性、循环水入口水温、循环水出口水温、凝汽器端差、汽轮机平均负荷）。其数学模型为

$$a\sim b\text{月累计指标}=\frac{\sum_{i=a}^{b}(\text{第}\,i\,\text{月发电量}\times\text{第}\,i\,\text{月指标})}{\sum_{i=a}^{b}(\text{第}\,i\,\text{月发电量})}$$

（2）用供热量加权法计算的指标有：供热厂用电率、供热煤耗率。其数学模型为

$$a\sim b\text{月累计指标}=\frac{\sum_{i=a}^{b}(\text{第}\,i\,\text{月供热量}\times\text{第}\,i\,\text{月指标})}{\sum_{i=a}^{b}(\text{第}\,i\,\text{月供热量})}$$

(3) 用机组运行小时加权法计算的指标有：机组高压加热器投入率、锅炉平均负荷。其数学模型为

$$a \sim b\text{月累计指标}=\frac{\sum_{i=a}^{b}(\text{第}\ i\ \text{月运行小时}\times\text{第}\ i\ \text{月指标})}{\sum_{i=a}^{b}(\text{第}\ i\ \text{月运行小时})}$$

(4) 用锅炉蒸发量加权法计算的指标有：全厂补水率、汽水损失率、单元机组补水率、给水泵单耗、吸风机单耗、送风机单耗、锅炉小指标（主蒸汽压力、主蒸汽温度、再热蒸汽温度、送风温度、排烟温度、氧量、飞灰可燃物、锅炉效率、预热器漏风系数）。其数学模型为

$$a \sim b\text{月累计指标}=\frac{\sum_{i=a}^{b}(\text{第}\ i\ \text{月锅炉蒸发量}\times\text{第}\ i\ \text{月指标})}{\sum_{i=a}^{b}(\text{第}\ i\ \text{月锅炉蒸发量})}$$

(5) 按天然煤量加权法计算的指标有：入厂煤热值、入炉煤热值、灰分、挥发分、磨煤机单耗、排粉机（一次风机）单耗、除灰单耗、输煤单耗。其数学模型为

$$a \sim b\text{月累计指标}=\frac{\sum_{i=a}^{b}(\text{第}\ i\ \text{月天然煤量}\times\text{第}\ i\ \text{月指标})}{\sum_{i=a}^{b}(\text{第}\ i\ \text{月天然煤量})}$$

二、加权平均数加权计算时必须注意的问题

(1) 全厂负荷系数和汽轮机真空严密性这两项指标是按算术平均法计算累计指标的。其数学模型为

$$a \sim b\text{月累计指标}=\frac{\sum_{i=1}^{n}(\text{第}\ i\ \text{月指标})}{n}$$

(2) 发电量、供热量、供电量、厂用电量、标准煤量、点火用油量、助燃用油量、运行小时、启动次数、天然煤量等指标是直接累计计算累计指标的。其数学模型为

$$a \sim b\text{月累计指标}=\sum_{i=a}^{b}(\text{第}\ i\ \text{月指标})$$

(3) 本厂累计供电煤耗计算公式为

$$\text{本厂累计供电煤耗}=\frac{\text{累计标准煤量(t)}}{\text{累计供电量(MWh)}}\times 1000$$

(4) 网局或全厂累计供电煤耗率、厂用电率计算公式为

$$\text{网局或全厂累计供电煤耗率}=\frac{\sum[\text{各厂标准煤量(t)}]}{\sum[\text{各厂供电量(MWh)}]}\times 1000$$

$$\text{网局或全厂累计厂用电率率}=\frac{\sum(\text{各厂发电量}\times\text{各厂厂用电率})}{\sum(\text{各厂发电量})}$$

(5) 有时我们还会遇到全厂所有机组平均值，这与上述的时间加权平均值有一些区别，在计算可靠性指标时应注意。

例 1-1　某电厂装机容量 1450MW，共 5 台机组，其中 1、2 号两台机组均为 125MW，3、4 号两台机组均为 300MW，5 号机组为 600MW。如果 1、2 号机组额定再热蒸汽温度为 535℃，3、4 号机组额定再热蒸汽温度为 538℃，5 号机组额定再热蒸汽温度为 566℃，求全厂额定再热蒸汽

温度。

解：$$全厂额定再热蒸汽温度 = \frac{2\times125\times535+2\times300\times538+600\times566}{1450} = 549\ (℃)$$

若使用 5 台机组额定再热蒸汽温度简单地去求算术平均值，则会得到错误的结果。

例 1-2 某电厂装机容量 1450MW，共 5 台机组，其中 1、2 号两台机组为 125MW，3、4 号两台机组均为 300MW，5 号机组为 600MW。如果某月 1、2 号机组再热蒸汽温度运行值均为 533℃，发电量为 16 000 万 kWh；3、4 号机组再热蒸汽温度运行值为 536℃，发电量为 38 000 万 kWh；5 号机组再热蒸汽温度运行值为 565℃，发电量为 30 000 万 kWh，求该月全厂再热蒸汽温度实际值。

解：$$全厂再热蒸汽温度实际值 = \frac{16\,000\times533+38\,000\times536+30\,000\times565}{16\,000+38\,000+30\,000} = 545.8(℃)$$

例 1-3 某电厂共 4 台机组，一期 1 号和 2 号机组额定容量均为 125MW，某月消耗的标准煤量为 50 000t，供电量为 13 900 万 kWh；二期 3 号和 4 号机组额定容量均为 300MW，某月消耗的标准煤量为 108 000t，供电量为 33 000 万 kWh，求该月一期、二期和全厂机组的供电煤耗率。

解：$$一期机组的供电煤耗率 = \frac{50\,000\times10^6}{13\,900\times10^4} = 359.71(g/kWh)$$

$$二期机组的供电煤耗率 = \frac{108\,000\times10^6}{33\,000\times10^4} = 327.27(g/kWh)$$

$$全厂机组的供电煤耗率 = \frac{(108\,000+50\,000)\times100}{13\,900+33\,000} = 336.89(g/kWh)$$

有的读者按照机组容量加权求得

$$全厂机组的供电煤耗率 = \frac{359.71\times125\times2+327.27\times300\times2}{125\times2+300\times2} = 336.81(g/kWh)$$

后者的计算结果是不正确的。

例 1-4 某电厂共 4 台机组，1 号和 2 号机组额定容量均为 125MW，3 号和 4 号机组额定容量均为 300MW，12 月份发生如下事件，求单机等效可用系数和全厂机组等效可用系数。

(1) 1 号机组：运行 742.08h，备用 1.92h，可用小时＝742.08＋1.92 ＝744h，降出力 2 次：

12 月 27 日 22：00～12 月 27 日 23：30　1 号炉乙送风机变频器检查，影响出力 45MW，持续 1.5h，降出力等效停运小时＝$\frac{45\times1.5}{125}$＝0.54h。

12 月 28 日 21：45～12 月 28 日 22：45　1 号炉甲送风机变频器检查，影响出力 45MW，持续 1.0h，降出力等效停运小时＝$\frac{45\times1.0}{125}$＝0.36h。

(2) 2 号机组：运行 743.48h，可用小时＝743.48h，非计划停运 1 次：

12 月 31 日 07：19～12 月 31 日 07：50　2 号炉乙排粉机执行机构控制电缆老化绝缘降低导致线间短路，排粉机挡板自关，锅炉灭火 MFT 动作。机组停运 0.52h。

(3) 3 号机组：运行 744h，可用小时＝744h，非计划降出力 1 次：

12 月 18 日 06：00～12 月 18 日 07：30　3 号炉 A 引风机电动机后轴承漏油，影响出力 60MW，持续 1.5h，等效停运 0.3h。

(4) 4 号机组：全月运行 744h，可用小时＝744h。

解：

$$本月1号机组的等效可用系数=\frac{等效可用小时}{统计期间日历小时}\times100\%$$

$$=\frac{可用小时-降低出力等效停运小时}{统计期间日历小时}\times100\%$$

$$=\frac{744-(0.54+0.36)}{744}\times100\%=99.88\%$$

$$本月2号机组的等效可用系数=\frac{743.48-0}{744}\times100\%=99.93\%$$

$$本月3号机组的等效可用系数=\frac{744-0.30}{744}\times100\%=99.96\%$$

$$本月4号机组的等效可用系数=\frac{744-0}{744}\times100\%=100\%$$

发电机组加权平均可用小时＝

$$\frac{\sum_{i=1}^{n}第\,i\,台发电机组额定容量(MW)\times第\,i\,台发电机组统计期间可用小时(h)}{\sum_{i=1}^{n}第\,i\,台发电机组额定容量(MW)}$$

$$=\frac{744\times125+743.48\times125+744\times300+744\times300}{125\times2+300\times2}=743.924h$$

发电机组加权平均降低出力等效停运小时＝

$$\frac{\sum_{i=1}^{n}(第\,i\,台发电机组额定容量(MW)\times第\,i\,台发电机组统计期间降低出力等效停运小时(h)}{\sum_{i=1}^{n}第\,i\,台发电机组额定容量(MW)}$$

$$=\frac{125\times(0.54+0.36)+300\times0.3}{125\times2+300\times2}=0.238h$$

$$全厂机组等效可用系数=\frac{发电机组加权平均可用小时-发电机组加权平均降低出力等效停运小时}{统计期间日历小时}\times100\%$$

$$=\frac{743.924-0.238}{744}\times100\%=99.96\%$$

$$或者全厂机组等效可用系数=\frac{0.998\,79\times125+0.999\,30\times125+0.999\,60\times300+1\times300}{125\times2+300\times2}\times100\%=99.96\%$$

第二章　能效管理指标

能效管理通过用户采用先进技术和高效设备，实行科学管理，提高终端用电效率，减少电量消耗，取得节约电量和减少污染排放的效益。

第一节　能源管理指标

（1）能源储量、能源资源（储）量（energy reserves）：是指在目前技术和经济条件下能够取得的能源资源量。对能源储量有不同的理解：一种观点认为能源储量即能源资源量，对化石燃料而言是指地质资源量（地质储量），对新能源而言是指资源总量；另一种观点认为能源储量是指探明储量或可采储量。WEC（世界石油大会）的定义为：能源储量是指已经查明和推断的自然界赋予的资源的数量，这些资源在经济上有开采价值，或者在可预见时期内含有经济价值，它属于自然资源统计范畴。

（2）地质储量（geological reserves）：是指按照能源的地质储藏、形成与分布规律推算出的储量，是根据地质勘探报告统计而计算出的储量。在现阶段条件下，能源储量明显大于地质储量。地质储量也称能源总储量。例如，石油、天然气地质储量是指在地层原始条件下，具有产油（气）能力的储层中原油和天然气的总量。

（3）探明储量、实测储量（proved reserves）：是指经过地质勘探的能源资源储量，一般指已做过不同程度的勘探工作，已探明地层范围及蕴藏的确切数量，并已提出地质勘探阶段报告而计算出的储量。由于地质结构复杂程度、技术和经济水平的限制，其地质储量不可能全部开采出来。WEC 的定义为：经过详细勘探，在目前和预期的当地经济条件下，可用现有技术开采的储量。它是能源资源储量统计中的一个最基本的指标，是制订中、长期能源计划与国民经济计划的基础。

（4）（经济）可采储量（recoverable reserves）：是指在最近或将来不仅技术上可行，而且经济可开发储量也合理的储量。能源的探明储量是蕴藏在大自然中的财富，由于地质构造的复杂程度不同，资源埋藏深度不等、分布不均，以及技术和经济水平的限制，其资源不可能全部开采。可采储量反映的是可取得的能源资源量，是编制开发方案、确定开发建设投资决策的重要依据。

（5）剩余可采储量（residual recoverable reserves）：是指经开采后到报告期末止，地下尚剩余的可采储量。它是可采储量与累计采出量之差，计算公式为

剩余可采储量＝可采储量－累计采出量

（6）储采比（reserve and production ratio）：是指剩余可采储量与能源年产量的比值。其计算公式为

$$\psi = \frac{G_r}{G_p}$$

式中　ψ——储采比；

G_r——年末剩余可采储量；

G_p——年均实际产量。

储采比表明尚存的可采储量，如按当前实际或计划开采水平继续开采，尚可开采多少年。它

是反映国家或地区能源后备资源是否充足的一个重要指标。

(7) 资源开发程度 (exploitive extent of resources): 是指一个国家(或地区)或一个矿区的矿藏总储量中，已采出量所占的比重，计算时可采用已采出量与可采储量进行对比。计算公式为

$$资源开发程度=\frac{已采出量(t)}{可采储量(t)}\times 100\%$$

$$\tau=\frac{\sum G_p}{G_r}$$

式中 τ——资源开发程度，%；

G_r——年末剩余可采储量，t；

G_p——年均实际产量，t。

资源开发程度可分别按能源种类计算，如石油(气)的“采出程度”指标、煤矿的“煤炭开发程度”指标、“水利资源开发程度”指标等。

(8) 能量密度 (energy density): 是指在一定空间或面积内，从某种能源中所能得到的能量。显然，如果能量密度很小，就很难用作主要能源。太阳能和风能的能量密度就很小，而各种常规能源的能量密度都比较大，核燃料的能量密度最大。不同能源的能量密度见表 2-1。

表 2-1　不同能源的能量密度

能源类别	面积能量密度 (kW/m^2)	能源类别	质量能量密度 (kJ/kg)
风能 (风速 3m/s)	0.02	天然铀 (99.3%U-238)	5.0×10^8
水能 (流速 3m/s)	20	铀 (235)	7.3×10^{10}
波浪能 (波高 2m)	30	氘 (聚变)	3.5×10^{11}
潮汐能 (潮差 2m)	100	氢	1.2×10^5
太阳能 (晴天平均)	1	甲烷	5.0×10^4
太阳能 (昼夜平均)	0.16	汽油	4.4×10^4

(9) 能源消费(总)量、总能耗 (energy consumption): 用能单位在一定时期内实际消费的各种能源数量之和折成的标准煤量，单位为 t。计算公式为

$$E_P=\sum_{i=1}^{n}E_iP_i$$

式中 E_P——企业的能源消费量，t；

E_i——企业消费第 i 种能源的实物量，t(或其他能源实物量单位)；

P_i——第 i 种能源折标准煤系数，按能量的当量值或能源等价值折算，如果没有特殊注明，一般采用当量值折算；

n——企业消费能源的种类数。

在国家层面上，能源消费总量是指在一定时期内全国(地区)国民经济各部门和居民生活消费各种能源的总和，是观察全国(地区)能源消费水平、规模、构成和增长速度的总量指标。能源消费总量包括原煤和原油及其制品、天然气、电力，不包括低热值燃料、生物质能等的利用。

能源消费量统计原则是：谁消费、谁统计；何时投入使用，何时算消费；对反复循环使用的能源不能重复计算消费量；耗能工质(如水、氧气、压缩空气等)，不论是外购的还是自产自用的均不统计在能源消费量中；企业自产能源，凡作为该企业生产另一种产品的原材料、燃料，又分别计算产量的要统计消费量，如煤矿用原煤生产洗精煤、炼焦厂用焦炭生产煤气、炼油厂用燃

料油发电等。否则既不计算产量，也不计算消费量。

(10)（当量）综合能耗、综合能源消费量（comprehensive energy consumption）：统计报告期内，工业企业在工业生产活动中实际消费的各种能源的总和，并扣除该企业能源加工转换产出的能源折标准煤的汇总量。计算式为

$$E=\sum_{i=1}^{n}E_iP_i-\sum(E_{xc}P_{xc})$$

式中 E——企业的综合能耗（标准煤），t/年；

E_i——企业消费第 i 种能源的实物量，t（或其他能源实物量单位）/年；

P_i——第 i 种能源折标准煤系数，按能量的当量值或能源等价值折算，如果没有特殊注明，一般采用当量值折算；

n——企业消费能源的种类数；

E_{xc}——企业生产出的第 x 种能源的实物量，t（或 kWh）/年；

P_{xc}——企业生产出的第 x 种能源折标准煤系数，一般采用当量值折算。

计算综合能源消费量时，需要先将使用的各种能源折算成标准燃料后再进行计算。根据生产活动的性质，综合能源消费量在不同的企业有不同的计算方法：非能源加工转换企业综合能源消费量，就是企业工业生产消费的各种一次能源和二次能源的总和，即综合能源消费量等于工业生产消费的能源合计。

能源加工转换企业综合能源消费量，是企业工业生产消费的各种一次能源和二次能源扣除加工转换产出的二次能源后的实际能源消费量，计算公式为

综合能源消费量＝工业生产消费的能源合计－能源加工转换产出合计

例 2-1 某生产企业 2018 年消耗原煤量为 1 870 051t（折标系数为 0.699 5），耗油量为 296.5t（折标系数为 1.428 6），消耗电量为 397 208 万 kWh，该地市当年平均发电煤耗率为 308g/kWh，求企业当量值和等价值综合能耗。

解： 企业当量综合能耗为

$$\begin{aligned}E&=\sum(E_iP_i)\\&=1\,870\,051\times0.699\,5+296.5\times1.428\,6+397\,208\times1.229\\&=1\,796\,692.9(\text{t})\end{aligned}$$

等价值综合能耗为

$$E=1\,870\,051\times0.699\,5+296.5\times1.428\,6+397\,208\times3.08=2\,531\,924.9(\text{t})$$

(11)等价值(综合)能耗(integrated energy consumption of equal value)：统计报告期内，各种能源按等价值折算成标准煤量的综合能耗值。自 2020 年开始，国家统计总局开始要求企业计算上报等价值综合能耗。对于发电企业(包括热电联产)，等价值(综合)能耗计算公式为

等价值(综合)能耗＝综合能源消费量＋非工业生产能源消费量－(发电量－企业自身电力消耗量)×(企业自身火力发电投入标准煤量/火力发电厂发电量－1.229)

由于综合能源消费量＝工业生产消费量－能源加工转换产出＝能源合计－发电量折当量值－供热量折当量值

能源合计＝入炉煤折当量值(供热＋发电）＋燃油总量折当量值＋电力消耗量折当量值

其中电力消耗量为全厂厂用电量，全厂厂用电量＝发电量－净上网电量

因此等价值(综合)能耗＝[(入炉煤折当量值 ＋燃油总量折当量值＋电力消耗量折当量)－发电量折当量值－供热量折当量值]＋非工业生产消费量－(发电量－全厂厂用电量)×(企业自身发电投入标准煤量/发电量－1.229)

＝供热原煤量折标准煤－供热量折标准煤＋全厂厂用电量×（发电投入标准煤量/发电量）＋燃油总量折当量值×供热比

例 2-2 某电厂填报国家统计总局的《能源加工转换与回收利用》（国统字〔2019〕101 号，表号 205-2）2020 年 1—2 月数据如下：供热原煤量 58 985t，发电原煤量 419 720t；《能源购进、消费与库存》（国统字〔2019〕101 号，表号 205-1）2020 年 1—2 月数据如下：原煤年初库存量 177 110t，购进量 491 981t，原煤期末库存量 189 375t，原煤折标煤系数为 0.680 2，燃油总量 74.69t，发电量 101 534.54 万 kWh，净上网电量 95 660.78 万 kWh，非工业生产消费量为 0，求场损量、供热比 α、能源合计、综合能源消费量和等价值能耗。

解：根据《能源购进、消费与库存》表中数据，原煤的工业生产消费量计算值为

177 110＋491 981－189 375＝ 479 716(t)

根据《能源加工转换与回收利用》表中数据，原煤的工业生产消费量实际值为

58 985＋419 720＝478 705(t)

因此场损量＝479 716－478 705＝1011(t)

供热比 α ＝58 985/(419 720＋58 985)＝0.123

全厂厂用电量＝电力消耗量＝发电量－净上网电量

＝ 101 534.54－ 95 660.78＝5873.76(万 kWh)

能源合计＝原煤量(供热＋发电)×0.680 2＋燃油量×1.428 6＋电力消耗量×1.229

＝478 705×0.680 2＋74.69×1.428 6＋5873.76×1.229＝332 940.69(t 标准煤)

综合能源消费量＝能源合计－发电量×1.229－供热量×0.034 1

＝332 940.69－101 534.54×1.229－1 006 809.22×0.034 1

＝ 173 822.55(t 标准煤)

发电投入标准煤量＝发电原煤量×0.680 2＋燃油量×(1－ α)×1.428 6

＝419 720×0.680 2＋74.69×(1－0.123)×1.428 6＝285 587.12(t 标准煤)

等价值能耗＝综合能源消费量＋非工业生产消费量－(发电量－全厂厂用电量)×(发电投入标准煤量/发电量－1.229)

＝173 822.55＋0－(101 534.54－5873.76) ×(285 587.12/101 534.54 －1.229)

＝173 822.55－ 95 660.78×(2.812 7－1.229)＝22 323.71 (t 标准煤)

或者等价值能耗＝供热原煤量折标准煤－供热量折标准煤＋全厂厂用电量×(发电投入标准煤量/发电量)＋燃油总量折当量值×供热比

＝58 985×0.680 2－1 006 809.22×0.034 1＋5873.76×285 587.12/101 534.54

＋74.69×0.123×1.428 6 ＝22 323.65(t 标准煤)

（12）工业生产能源消费量（energy consumption for industrial production）：工业生产系统、辅助生产系统和附属生产系统用能折算的标准煤量。生产系统用能是指企业的生产工艺过程、装置和设备组成的完整体系的用能。辅助生产系统用能是指动力、供电、机修、供水、供风、采暖、制冷、仪表以及厂内原料场等辅助设施用能。附属生产系统用能是指生产指挥系统（厂部）和 厂区内为生产服务的部门、单位和工作，如车间浴室、开水站、蒸饭站、保健站、哺乳室、办公楼，以及绿化等消耗的能源。

（13）非（工业）生产能源消费量（energy consumption for non-industrial production）：企业内不从事工业炉活动的非独立核算的单位所使用能源，如车队、学校、医院、食堂和托儿所等。

（14）单位产值综合能耗（comprehensive energy consumption for unit output value）：统计报

告期内，综合能耗与期内用能单位总产值或工业增加值的比值。

（15）单位产品综合能耗、产品单位产量综合能耗（comprehensive energy consumption for unit output of product）：统计报告期内，用能单位生产某种产品或提供某种服务的综合能耗与同期该合格产品产量（工作量、服务量）的比值。

产品是指合格的最终产品或中间产品；对某些以工作量或原材料加工量为考核能耗对象的企业，其单位工作量、单位原材料加工量的综合能耗的概念也包括在本定义之内。

（16）单位产品能耗、单耗（unit energy consumption for unit output of product）：是指企业生产一定量的某种产品的某一能源消耗量，一般均按标准煤消费量计算。单耗的计算公式为

$$E_d = e_s / G$$

式中 E_d——单位产品能耗，t 或 m^3（能源实物量）/产品单位；

e_s——生产活动中能源消耗折算成标准煤量，t；

G——考核期内产品产量，t 或 m^3。

产品单耗标志着在一定时期内生产、技术和电能利用技术的水平。在进行产品单耗考核时，产品产量一般指合格的产品量，即剔除废品、残次品后的产品量。产品可以是最终产品，也可以是中间产品。同一企业，因中间产品不同，其产品单耗分为很多种。例如某电厂磨煤机单耗为18kWh/t（原煤），送风机单耗为0.7kWh/t（汽）。

根据国家发展和改革委员会2004年颁布的《节能中长期专项规划》，我国主要产品（工作量）单位能耗指标2010年总体达到或接近20世纪90年代初期国际先进水平，其中大中型企业达到21世纪初国际先进水平；2020年达到或接近国际先进水平。主要产品单位能耗指标见表2-2。

表 2-2　主要产品单位能耗指标

项　目	单　位	2000年	2005年	2010年	2020年
火电供电煤耗（标准煤）	g/kWh	392	377	333	320
吨钢综合能耗（标准煤）	kg/t	906	760	730	700
吨钢可比能耗（标准煤）	kg/t	784	700	685	640
10种有色金属综合能耗（标准煤）	t/t	4.809	4.665	4.595	4.45
铝综合能耗（标准煤）	t/t	9.923	9.595	9.471	9.22
铜综合能耗（标准煤）	t/t	4.707	4.388	4.256	4
炼油单位能量因数能耗（标准油）	kg/吨因数	14	13	12	10
乙烯综合能耗（标准油）	kg/t	848	700	650	600
大型合成氨综合能耗（标准煤）	kg/t	1372	1210	1140	1000
烧碱综合能耗（标准煤）	kg/t	1553	1503	1400	1300
水泥综合能耗（标准煤）	kg/t	181	159	148	129
平板玻璃综合能耗（标准煤）	kg/重量箱	30	26	24	20
建筑陶瓷综合能耗（标准煤）	kg/m^2	10.04	9.9	9.2	7.2

（17）产品单位产量可比综合能耗（comparable comprehensive energy consumption for unit output of product）：为在同行业中实现相同最终产品能耗可比，对影响产品能耗的各种因素加以修正所计算出来的产品单位产量综合能耗。

（18）万元产值综合能耗（comprehensive energy consumption for ten thousand yuan output value）：统计报告期内，企业工业生产综合能源消费量与期内企业每万元工业总产值的比值。该指标反映工业生产的能源节约或浪费情况，是评价企业能源经济效益好坏的综合指标，计算公式为

$$Q_e = \frac{E_z}{C_{cz}}$$

式中 Q_e——万元产值综合能耗，t/万元；

E_z——计算期内消费一次能源折算成标准煤量，t；

C_{cz}——计算期内企业总产值，万元。

（19）万元增加值综合能耗（comprehensive energy consumption for ten thousand yuan added value）：统计报告期内，企业工业生产综合能源消费量与期内企业每万元工业增加值的比值。计算公式为

$$Q_{zj} = \frac{E_z}{C_{zj}}$$

式中 Q_{zj}——万元增加值综合能耗，t/万元；

E_z——计算期内消费一次能源折算成标准煤量，t；

C_{zj}——计算期内企业增加值，万元。

（20）单位 GDP 能耗、国内生产总值能耗、国内生产总值能源消耗量、能源强度、能源消费系数（energy consumption per unit of GDP/ energy intensity）：一定时期内一个国家（地区）每生产一个单位的国内（地区）生产总值所消耗的能源。折算成标准煤时最常用的单位为t/万元，或t油当量/万美元。

据有关机构研究，折算成标准煤时 2013 年我国能源消费量为 41.69 亿 t，GDP 现值 588 019亿元，万元 GDP 能耗为 0.71t，按 2010 年价格计算万元 GDP 能耗为 0.79t，比 2005 年的 1.12t 下降 27.5%。但仍是美国的 2.4 倍，日本的 4.4 倍。我国历年每万元国内生产总值能耗见表 2-3。

表 2-3　历年每万元国内生产总值能耗（折算为标准煤量）

年份	能源消费量（万 tce）	2000 年可比价 GDP（亿元）	万元国内生产总值能耗（tce）					
			1980 年价	1990 年价	1995 年价	2000 年价	2005 年价	2010 年价
1980	60 275	15 144	13.26	7.84	4.29	3.98	—	—
1985	76 682	25 224	10.14	6.00	3.28	3.04	—	—
1990	98 703	36 829	8.94	5.29	2.89	2.68	—	—
1995	131 176	65 588	6.66	3.94	2.16	2.00	—	—
2000	146 964	100 280.1	4.65	2.75	1.51	1.47	1.29	0.99
2001	155 547	108 603.4	4.44	2.63	1.44	1.43	1.26	0.98
2002	169 577	118 486.3	4.31	2.55	1.40	1.43	1.26	0.97
2003	197 083	130 334.9	4.85	2.87	1.57	1.51	1.33	1.03
2004	230 281	143 498.7	5.17	3.06	1.67	1.60	1.40	1.08

续表

年份	能源消费量（万 tce）	2000 年可比价 GDP（亿元）	万元国内生产总值能耗（tce）					
			1980 年价	1990 年价	1995 年价	2000 年价	2005 年价	2010 年价
2005	261 369	159 857.6	5.32	3.17	1.72	1.63	1.40	1.12
2006	286 467	180 159.5	5.23	3.11	1.69	1.59	1.36	1.07
2007	311 442	205 742.1	5.10	3.02	1.65	1.51	1.29	0.99
2008	320 611	225 699.1	4.34	2.57	1.41	1.42	1.21	0.95
2009	336 126	264 914.8	—	—	—	1.27	1.16	0.84
2010	360 648	273 087.8	—	—	—	1.32	1.13	0.87
2011	387 043	299 031.1	—	—	—	1.29	1.11	0.87
2012	402 138	322 654.6	—	—	—	1.25	1.08	0.82
2013	416 913	347 821.6	—	—	—	1.20	1.03	0.79
2014	425 806	373 212.6				1.14	0.98	0.75
2015	429 905	398 964.3				1.08	0.93	0.71
2016	435 819	425 694.9				1.02	0.88	0.67

（21）能源加工转换效率（efficiency of energy conversion）：一定时期内能源经过加工转换后，产出的各种能源产品的数量与同期内投入加工转换的各种能源数量的比率。

（22）能量利用总效率（all efficiency of energy utilization）：在能源管理、规划和决策时，评价能源系统宏观状态的一项主要指标是整个能源系统的能量利用总效率。能源系统的能量利用总效率是指能源中包括能源从开采、加工、运输到最终使用四个过程的能量被有效利用的程度。由煤炭、石油、天然气、水力及生物质能等构成的一次能源，从资源开发、运输、加工、转换、分配直到最终使用的各个环节所组成的系统，就是能源系统。其中每个环节均由若干国家经济部门的活动构成。通过对能源利用效率的分析，可以有助于改进企业的工艺和设备。能源系统的能量利用总效率计算公式为

$$\eta_z = \frac{E_z - E_{zs} - E_{wx}}{E_z} \times 100\%$$

式中　η_z——能源系统的能量利用总效率，%；

E_z——一次能源消费总量，t；

E_{zs}——中间过程（包括开采、加工、运输环节）能源总损失量，t；

E_{wx}——最终用能无效部分，t。

其中，最终用能无效部分可以根据最终用能设备的效率 η 求得，即

最终用能无效部分＝（$1-\eta$）×分配给最终用能设备的能源量

由于最终用能设备种类繁多，而且目前在能源研究中，对各种最终用能设备的效率 η 还无法精确计算，因此目前对能源系统的能量利用总效率计算，一般采用能源系统各个环节相对效率的总乘积，即

$$\eta_z = \eta_1 \eta_2 \cdots \eta_k$$

式中　k——能源从开采到消费整个过程中经历的环节数。

（23）能源利用效率（efficiency of energy utilization）：一个能源系统的有效利用能量与实际消耗能量的比率。能源利用效率仅考虑能源加工、运输到最终使用三个过程的能量利用效率，不包括开采效率。计算公式为

$$\eta_e=\frac{E_{yx}}{E_z}\times 100\%$$

式中 η_e——发电企业能源利用效率，%；

E_z——企业消耗标准煤总量，t；

E_{yx}——企业有效利用标准煤量，t。

2008 年我国能源有效利用率为 36.1%，比 2000 年提高了 2.7 个百分点，见表 2-4。

表 2-4　　我国能源有效利用率变化情况（%）

项　目	1980 年	1989 年	1997 年	2000 年	2005 年	2008 年	ECE 地区 20 世纪 90 年代初水平
开采效率	—	31.1	33.0	33.5	33.8	35.0	59～71
中间环节效率	74.0	72.4	68.8	67.8	70.8	71.4	67～75
终端利用效率	34.4	38.7	45.3	49.2	48.3	50.6	51～55
其中工业和建筑业终端利用效率	38.7	40.5	46.3	49.6	50.9	55.0	65.0
其中商业和民用终端利用效率	29.1	42.5	54.8	66.2	68.4	71.2	50～65
能源有效利用率	25.5	28.0	31.2	33.4	34.2	36.1	34～41
能源系统总效率	—	8.71%	10.30	11.18	11.56	12.64	20～30

注　中间环节包括能源加工、转换和储运，ECE 地区包括西欧、东欧和苏联。

例 2-3　2000 年发电用标准煤量为 60 728 万 t，年发电量为 11 079 亿 kWh，厂用电率为 6.28%，供电煤耗为 392g/kWh，计算能用于全国发电企业的能源利用率。

解：全国发电企业年发电有效利用标准煤量为

$$E_{yx}=11\ 079\times 10^8\times 392\times(1-0.062\ 8)\times 10^{-10}=40\ 702.3(\text{万 t})$$

则发电企业能源利用率为

$$\eta_e=\frac{40\ 702.3}{60\ 728}\times 100\%=67.02\%$$

例 2-4　已知我国 2000 年能源开采效率为 33.5%，加工和转换效率为 69.2%，运输、分配和储存效率为 98%，用能设施平均利用效率为 49.2%，试求能源系统能量利用总效率和能源利用效率。

解：能源系统能量利用总效率为

$$\eta_z=\eta_1\eta_2\eta_3\eta_4=33.5\%\times 69.2\%\times 98\%\times 49.2\%=11.18\%$$

能源利用效率为

$$\eta_e=\eta_2\eta_3\eta_4=69.2\%\times 98\%\times 49.2\%=33.37\%$$

（24）能源生产弹性系数（elasticity coefficient of energy production）：能源生产总量增长率与国内生产总值增长率的比值，是反映能源生产增长与国民经济增长之间关系的指标，计算公式为

$$\xi_{Ep}=\frac{V_{Ep}}{V_{GDP}}$$

式中 ξ_{Ep}——能源生产弹性系数；

V_{Ep}——能源生产总量增长率，%；

V_{GDP}——国内生产总值增长率，%。

能源生产总量是指在一定时期内全国（地区）一次能源生产量的总和，是观察全国（地区）能源生产水平、规模、构成和发展速度的总量指标。一次能源生产包括原煤、原油、天然气、水

电和其他动力能（如风能、地热能等）的发电量，不包括低热值燃料生产量、生物质能等的利用和一次能源加工转换而成的二次能源产量。

（25）能源消费弹性系数（elasticity coefficient of energy consumption）：能源消费弹性系数是指能源消费总量增长率与国内生产总值增长率的比值，是反映能源消费增长与国民经济增长之间关系的指标，计算公式为

$$\xi_{Ec}=\frac{V_{Ec}}{V_{GDP}}$$

式中 ξ_{Ec}——能源消费弹性系数；

V_{Ec}——能源消费总量增长率，%；

V_{GDP}——国内生产总值增长率，%。

能源消费弹性系数的大小，与生产力发展水平、科学技术水平、经济结构、产业结构、产品结构、居民消费水平，以及经济政策密切相关。我国1976年以前，属于工业化初期，大部分年份的能源消费弹性系数大于1；1985年以后，能源消费弹性系数逐渐降到小于1；2003年以后又反弹到1以上，见表2-5。设年能源消费量为E，年能源消费增加量为dE，年国内生产总值为P，年国内生产总值增长值为dP，能源消费弹性系数为C，则

$$C=\frac{dE/E}{dP/P}$$

设Q为相应的单位国内生产总值的能耗，则

$$Q=\frac{E}{P}E=QP$$

因此有

$$C=\frac{d(QP)/(QP)}{dP/P}=\frac{dP/P+dQ/Q}{dP/P}=1+\frac{dQ/Q}{dP/P}$$

当$dQ=0$时，$C=1$，即当每单位国内生产总值的能耗不变化时，弹性系数等于1。当工业化到达一定程度时，由于能源利用技术的提高和生产结构的改善，单位国内生产总值的能耗将会变小，C将会小于1。但是随着工业化程度的提高，人民生活水平也逐步提高，民用电将会很快增长，所以在发达国家，电能消费弹性系数仍大于1。当采用节能措施、调整经济和产业结构、重工业和轻工业比例下降时，能源消费弹性系数也可能成为负值。例如，日本和英国，近几年能源消费弹性系数一直保持在－0.5～－0.8范围内。

（26）电力生产弹性系数（elasticity coefficient of electricity production）：发电量增长率与国内生产总值增长率的比值，是反映发电量增长与国民经济增长之间关系的指标，计算公式为

$$\xi_{ep}=\frac{V_{ep}}{V_{GDP}}$$

式中 ξ_{ep}——电力生产弹性系数；

V_{ep}——电力生产总量增长率，%；

V_{GDP}——国内生产总值增长率，%。

（27）电力消费弹性系数（elasticity coefficient of electricity consumption）：电力消费增长率与国内生产总值增长率的比值，是反映电力消费增长与国民经济增长之间关系的指标，计算公式为

$$\xi_{ec}=\frac{V_{ec}}{V_{GDP}}$$

式中 ξ_{ec}——电力消费弹性系数；

V_{ec}——电力消费总量增长率，%；

V_{GDP}——国内生产总值增长率，%。

我国历年的能源生产弹性系数和电力生产弹性系数见表2-5。每年的能源生产弹性系数和电力生产弹性系数的数值在一个短期内会有波动，有的年份上升，有的年份下降。特别是由于政策因素或其他国际政治经济因素的影响，会出现很大的波动，甚至出现负值。但长远来看，其变化是有一定规律的，一般大于1。

表2-5 我国历年的能源生产弹性系数和电力生产弹性系数

年份	比上年增长（%）		比上年增长（%）		国内生产总值比上年增长（%）	弹性系数		弹性系数	
	能源生产	能源消费	电力生产	电力消费		能源生产	能源消费	电力生产	电力消费
1980	−1.3	2.9	6.6	6.6	7.9	—	0.37	0.84	0.84
1985	9.9	8.1	8.9	9.0	13.5	0.73	0.60	0.66	0.67
1990	2.2	1.8	6.2	6.2	3.8	0.58	0.47	1.63	1.63
1995	8.7	6.9	8.6	8.2	10.9	0.80	0.63	0.79	0.75
1996	3.1	5.9	7.2	7.4	10.0	0.31	0.31	0.72	0.74
1997	0.3	−0.8	5.0	4.8	9.3	0.03	0.06	0.54	0.52
1998	−2.7	−4.1	2.9	2.8	7.8	−0.79	0.03	0.37	0.36
1999	1.6	1.2	6.2	6.1	7.6	0.21	0.42	0.82	0.80
2000	5.0	4.5	9.4	9.5	8.4	0.60	0.54	1.12	1.13
2001	6.4	5.8	9.2	9.3	8.3	0.77	0.70	1.11	1.12
2002	6.0	9.0	11.7	11.8	9.1	0.66	0.99	1.29	1.30
2003	14.1	16.2	15.5	15.6	10.0	1.41	1.62	1.55	1.56
2004	15.6	16.8	15.3	15.4	10.1	1.54	1.67	1.51	1.52
2005	11.1	13.5	13.5	13.5	11.4	0.98	1.19	1.19	1.39
2006	6.9	9.6	14.6	14.6	12.7	0.54	0.76	1.15	1.15
2007	7.9	7.8	14.5	14.4	14.2	0.56	0.61	1.02	1.01
2008	5.0	2.9	5.6	5.6	9.7	0.52	0.30	0.58	0.58
2009	3.1	4.8	7.1	7.2	9.4	0.34	0.51	0.77	0.78
2010	9.1	7.3	13.3	13.2	10.6	0.86	0.69	1.25	1.25
2011	9.0	7.3	12.0	12.1	9.5	0.95	0.77	1.26	1.27
2012	3.2	3.9	5.8	5.9	7.9	0.40	0.49	0.73	0.75
2013	2.2	3.7	8.9	8.9	7.8	0.28	0.47	1.14	1.14
2014	0.86	2.1	4.0	4.0	7.3	0.12	0.29	0.55	0.55
2015	−0.10	1.0	2.9	2.9	6.9	−0.016	0.14	0.42	0.42
2016	−4.3	1.4	4.93	4.94	6.7	−0.64	0.21	0.74	0.74
2017	3.6	2.9	6.5	6.6	6.9	0.52	0.42	0.94	0.96
2018	5.0	3.3	8.4	8.5	6.6	0.76	0.50	1.27	1.29

注 数据来源于《中国能源统计年鉴2019》。

根据已经计划好的国内生产总值年平均增长率和电力生产弹性系数，可以预测发电量，预测发电量计算公式为

$$A_t = A_0(1+\xi_e V_{GDP})^t$$

式中 A_t——计划期内第 t 年的发电量（或装机容量）；

ξ_e——计划期内的年平均电力消费弹性系数（或电力生产弹性系数）；

A_0——计划初期（基准年）年发电量（或装机容量）；

t——计划期内第 t 年；

V_{GDP}——国内生产总值年平均增长率。

如果想找出当平均年能源消费量增长率为 K_d时，某种能源消费量比初始值翻一番需要多少年，则可利用对数关系将公式 $A_t=A_0\ (1+\xi_e V_{GDP})^t$ 写为

$$\log A_t=\log A_0+t\log(1+\xi_e V_{GDP})$$

$$t=\frac{\log(A_t/A_0)}{\log(1+\xi_e V_{GDP})}$$

例 2-5 我国 2001 年装机容量为 33 848.69 万 kW，发电量为 14 838.56 亿 kWh，计划从 2002 年～2020 年的 19 年时间内，国内生产总值年平均增长率达到 6%。按电力生产弹性系数为 1.0、电力消费弹性系数为 1.05 计算，试预测 2020 年我国装机容量和发电量。还要经过多少年，我国装机容量才能翻两番？

解：1）装机容量。已知 $A_0=33\ 848.69$ 万 kW，$\xi_{ec}=1.05$，$V_{GDP}=0.06$，$t=19$，则 2020 年我国装机容量为

$$A_t=A_0(1+\xi_e V_{GDP})^t$$
$$=33\ 848.69\times\ (1+0.06\times1.0)^{19}=102\ 412.6\ (\text{万 kW})$$

2）发电量。已知 $A_0=14\ 838.56$ 亿 kWh，$\xi_{ec}=1.05$，$V_{GDP}=0.06$，$t=19$，则 2020 年我国发电量为

$$A_t=A_0(1+\xi_e V_{GDP})^t$$
$$=14\ 838.56\times\ (1+0.06\times1.05)^{19}=47\ 372.2\ (\text{亿 kWh})$$

3）翻两番，即 $A_t/A_0=4$，则

$$t=\frac{\log(A_t/A_0)}{\log(1+\xi_e V_{GDP})}=\frac{\log4}{\log(1+0.06)}=23.8\ (\text{年})$$

因此，到 2025 年年底我国的装机容量将翻两番。

(28) 能源自给率（energy self sufficiency)：一次能源生产总量占一次能源供应量的百分比。计算公式为

$$\varepsilon=\frac{E_{sc}}{E_{Eg}}\times100\%$$

式中 ε——能源自给率,%；

E_{sc}——统计期内一次能源生产总量，t 或百万 t 油当量；

E_{Eg}——统计期内一次能源供应量，t 或百万 t 油当量。

一次能源是指在自然界中现成存在的，可直接取得又不改变其基本形态，即没有经过加工或转换的能源。如太阳能、水能、煤炭、石油、天然气、地热能、生物质能、风能（国际上将风电看成一次能源）、海洋能、天然铀（国际上将核能看成一次能源）等。一次能源包括可再生的水力资源、风力资源、太阳能资源和不可再生的煤炭、石油、天然气资源。该处一次能源生产量只包括原煤、原油、天然气、水电、核电及其他动力能（如风能、地热能等），不包括低热值燃料

生产量、太阳能等的利用和由一次能源加工转换成的二次能源生产量。一次能源供应量包括一次能源生产量和净进口量。中国近几年能源自给率见表 2-6。

表 2-6　　中国近几年能源自给率

项目	1990 年	1995 年	2000 年	2005 年	2009 年	2010 年	2011 年
原煤生产量（万 t）	107 988	136 073	138 418	236 515	297 300	342 845	376 444
原油生产量（万 t）	13 830.6	15 005.0	16 300.0	18 135.3	18 949	20 301.4	20 287.6
天然气产量（亿 m^3）	153.0	179.5	272.0	493.2	852.7	957.9	1053.4
能源生产量（万 t 标煤）	103 922	129 034	138 570	229 037	306 647	312 125	340 178
能源消费量（万 t 标煤）	98 703	131 176	146 964	261 369	360 648	360 648	387 043
能源自给率（%）	101.2	100	99.4	93.8	88.0	88.1	86.5
原煤净进口量（万 t）	−1529	−2698	−5288	−3628	10 344.4	16 396	20 769
原油净进口量（万 t）	−2354.8	1218.7	7576.4	14 275.1	19 858	12 187	7576.4
天然气净进口量（亿 m^3）	0	0	−31.4	−29.7	−4.2	124.4	279.6
项目	2012 年	2013 年	2014 年	2015 年	2016 年	2017 年	2018 年
原煤生产量（万 t）	394 513	397 432	387 392	374 654	341 060	246 434	257 522
原油生产量（万 t）	20 747.8	20 991.9	21 142.9	21 455.6	19 968.5	27 143	26 979
天然气产量（亿 m^3）	1106.1	1208.6	1301.6	1346.1	1368.7	19 607	21 316
能源生产量（万 t 标煤）	351 041	358 784	361 866	361 476	346 037	359 000	377 000
能源消费量（万 t 标煤）	402 138	416 913	425 806	429 905	435 819	449 000	464 000
能源自给率（%）	85.2	83.3	84.4	83.9	81.1	80.1	79.0
原煤净进口量（万 t）	27 914	31 951	28 548	19 872	24 676	26 273	27 630
原油净进口量（万 t）	14 275.1	25 358.2	32 065.7	34 620.4	38 120.0	41 471	45 927
天然气净进口量（亿 m^3）	391.7	497.9	565.2	578.9	711.8	920.6	1226.0

注　本表数据主要来源于《中国能源统计年鉴 2019》，能源生产量、能源消费量均采用发电煤耗计算法。一次能源供应量等于生产量＋净进口量。

第二节　节能量指标

(1) 节（约）电量（saving electricity）：电力需求侧管理项目或其他节能改造项目实施后，用能设备在相同条件下（生产相同数量的产品，或完成相同工作量）与某一基准量相比，电能消耗的减少量，单位为 kWh。节电量的计算方法有电耗同期对比法、电耗定额对比法和电能损耗核算法。

电耗同期对比法计算式为

节电量＝(同期实际电能单耗－本期实际电能单耗)×本期实际产量

电耗定额对比法计算式为

节电量＝(本期计划电耗定额－本期实际电能单耗)×本期实际产量

电能损耗核算法计算式为

节电量＝(同期实际电能损耗量－本期实际电能损耗量)×使用台数

(2) 节约电力（saving power）：电力需求侧管理项目或其他节能改造项目实施前后，用能设备在相同条件下减少的电力需求量，单位为 kW。

(3) 节电率（rate of power saving）：节电改造项目实施后的节电量与之前用电量的百分比。节电率计算公式为

$$K_i=\frac{P_L-\frac{P_e}{\eta_b}\left(\frac{q_V}{q_{Ve}}\right)^3}{P_L}=1-\frac{\left(\frac{q_V}{q_{Ve}}\right)^3}{\eta_b\left[0.45+0.55\left(\frac{q_V}{q_{Ve}}\right)^2\right]}$$

根据GB 12497《三相异步电动机经济运行》，风机水泵采用挡板调节流量对应的电动机输入功率P_L与流量q_V的关系为

$$P_L=\left[0.45+0.55\left(\frac{q_V}{q_{Ve}}\right)^2\right]P_e$$

式中 P_L——挡板调节流量时对应的电动机输入功率，kW；

P_e——电动机额定输入功率，kW；

q_{Ve}——额定流量，m^3/s；

q_V——调节流量时对应的流体流量，m^3/s。

调速调节时对应的电动机输入功率P_t与流量q_V的关系为

$$P_t=\frac{1}{\eta_b}\left(\frac{q_V}{q_{Ve}}\right)^3P_e$$

式中 η_b——调速装置效率，对于变频器η_b=97%～98%，%；

P_t——调速调节时对应的电动机输入功率，kW。

例 2-6 某电厂离心风机额定功率P_e=200kW，实际风量为额定流量的70%，年工作小时为5000h，采用风门调节。准备投资20万元改造为变频调速，变频器效率为97%（已考虑变频器冷却损失），电价为0.5元/kWh，试求节电率和投资回收期。

解：节电率为

$$K_i=1-\frac{\left(\frac{q_V}{q_{Ve}}\right)^3}{\eta_b\left[0.45+0.55\left(\frac{q_V}{q_{Ve}}\right)^2\right]}$$

$$=1-\frac{0.7^3}{0.97(0.45+0.55\times0.7^2)}$$

$$=0.50=50\%$$

风门调节时有

$$P_L=\left[0.45+0.55\left(\frac{q_V}{q_{Ve}}\right)^2\right]P_e=(0.45+0.55\times0.7^2)\times200=143.9\ (\text{kW})$$

变频调节时年节电量为

$$W_L=50\%\times143.9\times5000=359\ 750\ (\text{kWh})$$

年节电费为

$$F_L=0.5\times359\ 750=179\ 875\ (\text{元})=17.99\ (\text{万元})$$

投资回收期为

$$p_t=20/17.99=1.1\ (\text{年})$$

例 2-7 某电厂离心风机额定功率P_e=200kW，实际风量为额定流量的70%，年工作小时为5000h，采用风门调节。准备投资15万元改造为液力耦合器调速，电价为0.5元/kWh，试求节电率和投资回收期。

解：在忽略液力耦合器各种阻力后，从动轮上的力矩 T_2 应近似等于 T_1。

而转矩与功率之间存在如下关系，即

$$P=FV=\frac{T}{r}\times\frac{2\pi rn}{60}=\frac{nT}{9550}$$

因此液力耦合器调速效率为

$$\eta_b=\frac{P_2}{P_1}=\frac{n_2T_2}{n_1T_1}=\frac{n_2}{n_1}=\frac{q_V}{q_{Ve}}=70\%$$

式中 F——扭力，N；

V——线速度，m/s；

n——转速，r/min；

r——扭力作用半径，m；

T——力矩，N·m；

P_1——主动轮输入功率，kW；

P_2——从动轮输出功率，kW；

n_1——主动轮转速，r/min；

n_2——从动轮转速，r/min；

P——功率，kW。

液力耦合器节电率为

$$K_i=1-\frac{\left(\frac{q_V}{q_{Ve}}\right)^3}{\eta_b\left[0.45+0.55\left(\frac{q_V}{q_{Ve}}\right)^2\right]}$$

$$=100\%-\frac{0.7^3}{0.7\times(0.45+0.55\times0.7^2)}\times100\%$$

$$=31.9\%$$

风门调节时有

$$P_L=\left[0.45+0.55\left(\frac{q_V}{q_{Ve}}\right)^2\right]P_e$$

$$=(0.45+0.55\times0.7^2)\times200=143.9\ (\text{kW})$$

变频调节时年节电量为

$$W_L=31.9\%\times143.9\times5000=229\ 500\ (\text{kWh})$$

年节电费为

$$F_L=0.5\times229\ 500=114\ 750\ (\text{元})=11.48\ (\text{万元})$$

投资回收期为

$$p_t=15/11.48=1.3\ (\text{年})$$

(4) 统计报告期能耗（energy consumption in reporting period）：统计报告期内，每生产单位产品项目边界范围内用能单位、设备、系统的能源消耗量，符号为 E_t。

(5) 基准能耗、能耗基准（energy consumption in baseline period/baseline energy consumption）：基期内，每生产单位产品项目边界范围内用能单位、设备、系统的能源消耗量，符号为 E_0。基期是指用以比较和确定项目节能量的节能措施前的时间段。

（6）节能量（energy saved）：满足同等需要或达到相同目的条件下，能源消费减少的数量。计算公式为

$$\Delta E = E_t - E_0 = (e_t - e_0)M_{cp}$$

式中 ΔE——节能量（标准煤），t；

E_t——统计报告期能耗（标准煤），t；

E_0——基准能耗（标准煤），t；

e_t——计算期单位产品综合能耗（标准煤），t/产品数量；

e_0——基准期单位产品综合能耗（标准煤），t/产品数量；

M_{cp}——计算期产品数量，产品数量。

上式计算的结果如为正数则为节能量，如为负数则为多费能。电力工业节能量的具体计算式如下：

1）发电节约标准煤量(kg)＝[计算期供电标准煤耗率(g/kWh)－基准期供电标准煤耗率(g/kWh)]×计算期厂供电量(kWh)×10^{-3}

2）供热节约标准煤量(kg)＝[计算期供热标准煤耗率(kg/GJ)－基准期供热标准煤耗率(kg/GJ)]×计算期供热量(GJ)

3）供电生产节电量(kWh)＝[计算期线损率率(%)－基准期线损率率(%)]×计算期供电量(kWh)

（7）项目节能量、技术措施节能量（energy saved of project/energy saved of technique）：在满足同等需求或达到同等目标的前提下，通过合同能源管理项目实施，用能单位或用能设备、环节的能源消耗相对于能耗基准的减少量，或者实施某项技术措施的节能量。计算公式为

$$E_s = E_t - E_{0a} + A_m$$

式中 E_s——项目节能量（标准煤），t；

E_{0a}——校准后基准能耗（标准煤），t；

E_t——统计报告期能耗（标准煤），t；

A_m——基准值调整值（标准煤），t。

单项技术措施节能量按下式计算，即

$$\Delta E_{ti} = (e_{tq} - e_{th})M_{th}$$

式中 ΔE_{ti}——某项技术措施节能量（标准煤），t；

e_{th}——某种工艺或设备实施某项技术措施后其产品的单位产品能源消耗量（标准煤），t/产品单位；

e_{tq}——某种工艺或设备实施某项技术措施前其产品的单位产品能源消耗量（标准煤），t/产品单位；

M_{th}——某种工艺或设备实施某项技术措施后其产品产量，产品单位。

多项技术措施节能量按下式计算，即

$$\Delta E_t = \sum_{i=1}^{m} \Delta E_{ti}$$

式中 ΔE_t——多项技术措施节能量（标准煤），t；

ΔE_{ti}——第 i 项技术措施节能量（标准煤），t；

m——企业技术措施项目数，项。

（8）校准后能耗基准（baseline energy consumption of calibration）：是指统计报告期内，根据

能耗基准（E_b）及设定条件推算得到的、不采用节能措施时可能发生的能源消耗。能耗基期是指基期内，项目边界内用能单位、设备、系统的能源消耗量。

仅当原本假定不变的影响因素（如设施规模、设备的设计条件、开工率等）发生影响统计报告期能耗的重大偶然性变化时，在各方同意的情况下，可通过合理的设定 A_m 值得到校准能耗。A_m 通常为 0。

关于发电降耗项目年节能量的计算有以下问题：

原则上，项目年节能量以额定工况性能考核试验获得的生产供电煤耗率为计算依据；煤耗率进行第二类修正，前后修正的原则和方法应保持一致。具体计算式为

发电降耗项目形成的年节能量＝5500×额定发电能力×（1－厂用电率－变频项目 75%负荷率下厂用电率降低量）×（改造前纯凝额定工况生产供电煤耗率－改造后纯凝额定工况生产供电煤耗率）

若实施变频改造等，考虑到在低负荷下才会有明显节能效果改造，因此要以 75%负荷计算厂用电率相对降低量。

在项目年节能量的计算中，额定发电能力统一取机组改造前铭牌功率，不考虑增容因素。厂用电率统一取机组改造后纯凝额定工况发电厂用电率；机组年发电设备利用小时统一取 5500h；年节能量单位统一换算为吨标准煤。

例 2-8 某微油点火技术改造工程。微油枪利用机械雾化将油挤压、撕碎，产生超细油滴后，通过高能点火器引燃；同时利用燃烧产生的热量，对油进行加热、扩容，使燃油在极短的时间内蒸发汽化，大大提高燃油火焰温度，可直接点燃一级煤粉，从而实现电厂锅炉的启动、停止，以及低负荷稳燃。某电厂 2011 年在 2 号炉安装一套微油汽化点火及稳燃燃烧器，安装在 A 层 4 角的一次风喷口位置，取代原有的主燃烧器，作为锅炉点火燃烧器和主燃烧器使用，可以满足锅炉启停、低负荷稳燃要求。改造前边界见图 2-1（a），改造后边界见图 2-1（b）。求微油点火技术改造工程年节能量。

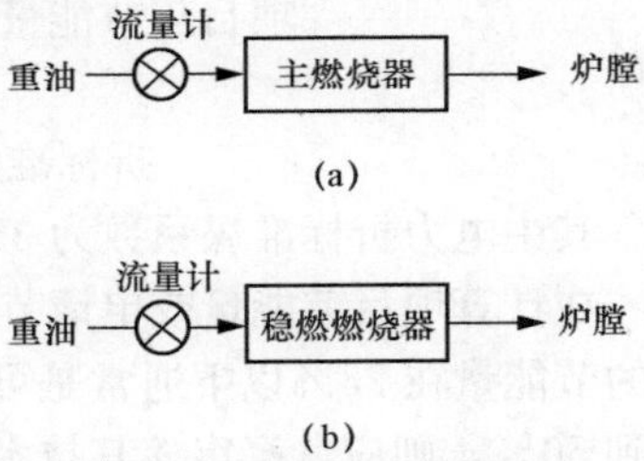

图 2-1 燃烧器系统边界
（a）改造前边界；（b）改造后边界

解：1）项目改造前基准能耗。计算式为

改造前单位启停耗油量＝2010 年启停耗油量/2010 年启停次数＝187.46t/5 次＝37.49t/次。

改造前单位低负荷稳燃耗油量＝2010 年稳燃耗油量/2010 年稳燃运行时间
＝233.62t/99.83h＝2.34t/h

2）项目改造后能耗。计算式为

改造后单位启停耗油量＝2012 年启停耗油量/2012 年启停次数＝15.12t/4 次＝3.78t/次

改造后单位低负荷稳燃耗油量＝2012 年稳燃耗油量/2012 年稳燃运行时间
＝28.18t/122.21h＝0.23t/h

3）启停节油量。计算式为

启停节油量＝(改造前单位启停耗油量－改造后单位启停耗油量)×改造前年启停次数
＝(37.49－3.78)×5＝168.55(t)

折标准煤＝168.71×1.457 1＝245.83(t)

其中重油(柴油)折标准煤系数为 1.457 1。

4）低负荷稳燃节油量。计算式为

低负荷稳燃节油量＝(改造前单位低负荷稳燃耗油量－改造后单位低负荷稳燃耗油量)

×改造前年稳燃运行时间

=(2.34−0.23)×99.83=210.64(t)

折标准煤=210.64×1.457 1=306.92(t)

5）项目预计年节能量。计算式为

项目预计年节能量(标准煤)=启停节油量+低负荷稳燃节油量

=245.83+306.92

=552.75(t)

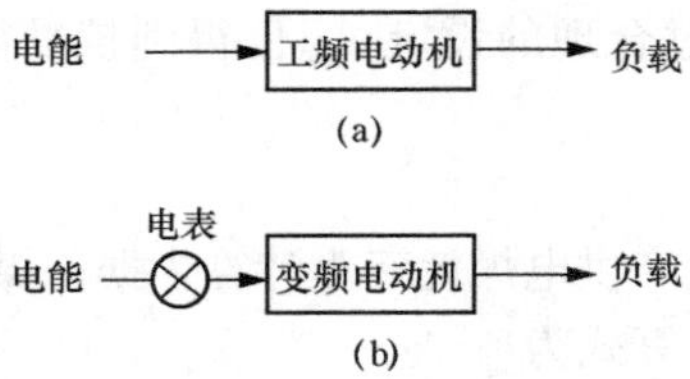

图 2-2 电动机系统边界

(a) 改造前边界；(b) 改造后边界

例 2-9 某电厂 2 台 300MW 机组，于 2015 年对 2 台 1900kW 引风机电动机进行变频改造。改造前边界见图 2-2（a），2 台引风机年耗电量为 2500 万 kWh，年发电量为360 000万 kWh。改造后边界见图 2-2（b），2 台引风机年耗电量为 1600 万 kW。求高压电动机变频改造工程年节能量。

解：1）项目改造前基准能耗。计算式为

改造前耗电率=2014 年耗电量/2014 年发电量

=2500 万 kWh/360 000 万 kWh=0.69%

2）项目改造后能耗。计算式为

改造后耗电量=2015 年耗电量/2015 年发电量

=1600 万 kWh/360 000 万 kWh=0.44%

3）项目年节能量。计算式为

项目年节能量=(项目改造前基准能耗−项目改造后能耗)×2015 年发电量

=(0.69%−0.44%)×360 000=900(万 kWh)

折标准煤=900 万 kWh×3.55t/万 kWh=3195t

其中电力折标准煤系数为 355g/kWh=3.55t/万 kWh。

在计算项目节能量或申请节能奖励时，应对节能量的合理性进行判断。通过节能技术改造实现的节能量在 25%以下通常是可行的，如果项目的节能量超过 25%（高压变频节电除外），甚至达到 50%，则应认真审核其技术可行性。

例如，有的企业 2014 年上报的节能财政申请材料中写明循环水泵高低速改造后，循环水泵耗电率从 0.65%降低到 0.50%。电动给水泵改为汽动给水泵后，供电煤耗降低超过 2g/kWh。这些情况都是值得怀疑的，因为循环水泵高低速改造后，可能在冬季用低速节能 15%左右，但是全年平均节能率不会超过 10%；而电动给水泵改为汽动给水泵后，只是厂用电率降低，供电煤耗变化甚微，甚至可能升高，不会降低。

再如，某电厂循环水供热改造，改造后集中供热面积为 70 万 m^2，在可研报告中提到能节约标准煤约 3 万 t。但是根据经验，即使在最寒冷的东北地区，在每个供暖季节的煤耗率也不会高于 30kg/m^2，因此 70 万 m^2 的供暖煤耗量应不会高于 2.1 万 t，所以每年节约标准煤 3 万 t 显然不合理。

(9) 产品节能量（energy saved of productions）：用统计报告期产品单位产量能源消耗量与基期产品单位产量能源消耗量的差值和报告期产品产量计算的节能量。

(10) 产值节能量（energy saved of output value）：用统计报告期单位产值能源消耗量与基期单位产值能源消耗量的差值和报告期产值计算的节能量。

(11) 节能率（energy saving rate）：统计报告期比基期的单位能耗降低率，用百分数表示。分为产量节能率和产值节能率，产量节能率计算公式为

$$\xi_c = \frac{\Delta e_D}{e_{D0}} \times 100\%$$

式中 Δe_D——统计计算期内单位产品节能量（标准煤），t/产品单位；

e_{D0}——基期的单位产品综合能耗量或单位产品的标准能耗定额（标准煤），t/产品单位；

ξ_c——产量节能率，%。

产值节能率计算公式为

$$\xi_g = \frac{\Delta e_g}{e_{g0}} \times 100\%$$

式中 Δe_g——统计计算期内单位产值节能量（标准煤），t/万元；

e_{g0}——基期的单位产值综合能耗量（标准煤），t/万元；

ξ_g——产值节能率，%。

企业节能率的计算公式为

$$\xi_E = \frac{\Delta E_t}{E_0} \times 100\%$$

$$E_0 = E_s \frac{M_d}{M_s}$$

式中 ΔE_t——统计计算期内企业节能量（标准煤），t；

M_d——统计计算期产品生产量；

E_0——基期产品能耗（标准煤），t；

M_s——基期产品生产量；

E_s——企业基期能源消耗量（标准煤），t。

例 2-10 某铝厂在 2014 年产铝 50 万 t，能耗总量为 550 万 t 标准煤；2015 年通过技术改造，产铝 60 万 t，能耗为 560 万 t 标准煤。试计算以 2014 年为基准期的年节能量、节能率。

解：2014 年和 2015 年单位产品能耗（标准煤）分别为

$$e_{Dji} = \frac{550}{50} = 11.0\text{t/t}$$

$$e_{Dbi} = \frac{560}{60} = 9.33\text{t/t}$$

则单位产量节能量（标准煤）为

$$\Delta e_{Di} = e_{Dji} - e_{Dbi} = 11.0 - 9.33 = 1.67\ (\text{t/t})$$

2015 年节能量（标准煤）为

$$\Delta E_c = \sum_{i=1}^{n} (\Delta e_{Di} \times M_i) = 1.67 \times 60 = 100.2(\text{万 t})$$

$$E_0 = E_s \frac{M_d}{M_s} = 550 \times \frac{60}{50} = 660(\text{万 t})$$

2015 年节能率为

$$\xi_E = \frac{\Delta E_c}{E_0} \times 100\% = \frac{100.2}{660} \times 100\% = 15.2\%$$

（12）当期节能率（energy saving rate in current period）：是指统计报告期与上一年度同期比

较，单位能耗降低率。计算公式为

$$\xi_d=\left(\frac{e_{sc}-e_t}{e_{sc}}\right)\times100\%$$

式中 ξ_d——当期节能率，%；

e_t——统计报告期的单位产品能耗或单位产值能耗（标准煤），t/产品单位或 t/万元；

e_{sc}——上一年度同期单位产品能耗或单位产值能耗（标准煤），t/产品单位或 t/万元。

例 2-11 某电厂 2014 年供电煤耗率为 329.5g/kWh，2015 年供电煤耗率为 327.5g/kWh，求该厂 2015 年节能率。

解：该厂 2015 年节能率为

$$\xi_d=\left(\frac{e_{sc}-e_t}{e_{sc}}\right)\times100\%=\left(\frac{329.5-327.5}{329.5}\right)\times100\%=0.61\%$$

（13）定比节能率、累计节能率（energy saving constant rate）：统计期与基准期相比（固定年度）的节能率，符号为 ξ_c。计算公式为

$$\xi_c=\left(\frac{e_0-e_t}{e_0}\right)\times100\%$$

式中 ξ_c——累计节能率，%；

e_t——统计报告期的单位产品能耗或单位产值能耗（标准煤），t/产品单位或 t/万元；

e_0——基期年度单位产品能耗或单位产值能耗（标准煤），t/产品单位或 t/万元。

（14）环比节能率、年均节能率（energy saving link rate）：在计算从基期开始到统计报告期期间的年平均节能率时采用的节能率计算方法（比上一年度）。环比节能率计算公式为

$$\xi_t=\left(1-\sqrt[n]{\frac{e_t}{e_0}}\right)\times100\%$$

式中 ξ_t——环比节能率，%；

e_t——统计报告期的单位产品能耗或单位产值能耗（标准煤），t/产品单位或 t/万元；

e_0——基期年度单位产品能耗或单位产值能耗，t/产品单位或 t/万元；

n——报告期与基期间隔的年度数。

例 2-12 2006 年国务院颁布《关于加强节能工作的决定》（国发〔2006〕28 号），决定要求到“十一五”期末，万元国内生产总值（按 2005 年价格计算）能耗（标准煤）由 1.22t 下降到 0.976t。求“十一五”期末的定比节能率和环比节能率（年平均节能率）。

解：定比节能率为

$$\xi_c=\left(\frac{e_0-e_t}{e_0}\right)\times100\%=(1.22-0.976)/1.22\times100\%=20\%$$

环比节能率为

$$\xi_t=\left(1-\sqrt[n]{\frac{e_t}{e_0}}\right)\times100\%=[1-(0.976/1.22)^{1/5}]\times100\%=4.4\%$$

有观点认为平均节能率计算公式为

$$\xi_t=\frac{e_0-e_t}{n}\times100\%=\frac{1.22-0.976}{5}\times100\%=4.88\%$$

但实际上该计算式计算的是算术平均值，并不是平均节能率。

（15）节能潜力（energy saving potential）：分为理论节能潜力和视在节能潜力。理论节能潜

力是指理论上可以回收和重复利用的能量，除了有效利用和不可避免的损失外，一切可避免的损失都是节能潜力，这种理论上的潜力往往是难以实现的，在经济上是不合理的。视在节能潜力是指在当前的技术条件下能够实现的回收利用的能量，它随技术进步的发展动态变化。计算公式为

$$节能潜力=(产品单位产量综合能耗-基准对象)\times产品产量$$

基准对象大致有以下三个：

1）与国内或国际先进水平比较。

2）与目前科学技术所能达到的最高水平比较，常说的节能潜力就是这种视在节能潜力。

3）与理论上所能达到的最高水平比较；如果企业能耗水平达到国内外同行业先进水平，处于该企业历史最好时期，并低于基本能耗定额，也可以对照理论能耗最高水平，确定其理论节能潜力。

4）单位产品能耗限额指标。

例 2-13 某电厂 2 台 300MW 机组在 2015 年实际产品能耗（标准煤）为 330g/kWh，年供电量为 37 亿 kWh。按照目前技术水平，供电煤耗率（标准煤）可以完成 320g/kWh，理论最高水平为 130g/kWh，计算该厂的视在节能潜力和理论节能潜力。

解：1）该厂 2015 年实际消耗能源（标准煤）为

$$E_t=330\text{g/kWh}\times37\text{亿 kWh}=122.1(\text{万 t})$$

按现有技术可达先进指标计算的能源消耗量(基准对象，标准煤)为

$$E_0=320\text{g/kWh}\times37\text{亿 kWh}=118.4(\text{万 t})$$

所以该厂的视在节能潜力(标准煤)为

$$122.1-118.4=3.7(\text{万 t})$$

2）理论最小能源消耗量(基准对象，标准煤)为

$$E_0=130\text{g/kWh}\times37\text{亿 kWh}=50.7(\text{万 t})$$

理论节能潜力(标准煤)为

$$122.1-50.7=71.4(\text{万 t})$$

第三节 热力学指标

(1) 比热比(绝热指数，adiabatic exponent)：比定压热容与比定容热容之比。计算公式为

$$\gamma=c_p/c_V$$

式中 c_p——比定压热容，kJ/(kg·K)；

c_V——比定容热容，kJ/(kg·K)；

γ——比热比。

对于气体，$\gamma=1.4$；对于天然气，$\gamma=1.3$；对于刚性理想气体单原子分子，$\gamma=1.67$；对于多原子分子，$\gamma=1.33$。

例 2-14 水蒸气的比定压热容 $c_p=1.842$kJ/(kg·K)，比定容热容 $c_V=1.381$kJ/(kg·K)；氧气的比定压热容 $c_p=0.909$kJ/(kg·K)，比定容热容 $c_V=0.6491$kJ/(kg·K)。求水蒸气和氧气的比热比。

解：水蒸气的比热比为

$$\gamma=c_p/c_V=1.842/1.381=1.33$$

氧气的比热比为

$$\gamma=c_p/c_V=0.909/0.649=1.40$$

（2）憎水率、憎水度（hydrophobic ratio）：绝热材料浸水后，抵抗水渗透的性能，以质量百分比或体积百分比表示。

（3）过热度（degree of superheat）蒸汽过热的程度，等于过热蒸汽的温度与其压力所对应的饱和温度的差值。计算公式为

$$\kappa_t = t_g - t_s$$

式中 κ_t——过热度，℃；

t_g——过热蒸汽实际温度，℃；

t_s——饱和温度，℃。

对应某一定的饱和温度 t_s（℃），必有一定的饱和压力 p_s（MPa），二者之间的关系可用公式计算，也可查表 2-7 得到。计算式为

$$t_s = 178.7 \times \sqrt[4]{p_s} - 0.6p_s$$

表 2-7　　饱和温度和饱和压力的对应关系

饱和压力（MPa）	饱和温度（℃）	饱和压力（MPa）	饱和温度（℃）	饱和压力（MPa）	饱和温度（℃）
0.001	6.983	0.8	170.415	8.0	294.968
0.010	45.833	0.9	175.358	8.5	299.231
0.034	72.029	1.0	179.884	9.0	303.306
0.050	81.345	1.5	198.28	9.5	307.211
0.055	83.737	1.6	210.372	10.0	310.961
0.060	85.954	1.7	204.307	10.5	314.566
0.070	89.959	1.8	207.111	11.0	318.045
0.080	93.512	2.0	212.375	11.5	321.399
0.090	96.713	2.5	223.943	12.0	324.645
0.10	99.632	3.0	233.841	12.5	327.783
0.12	104.808	3.5	242.540	13.0	330.827
0.15	111.372	3.6	244.164	14.0	336.641
0.20	120.231	3.7	245.754	14.5	339.423
0.27	129.984	4.0	250.333	15.0	342.131
0.28	131.203	4.5	257.410	15.5	344.763
0.3	133.540	5.0	263.911	16.0	347.328
0.4	143.623	5.5	269.932	16.5	349.826
0.5	151.844	6.0	275.549	17.0	352.263
0.6	158.838	6.5	280.820	18.0	356.957
0.7	164.956	7.0	285.790	19.0	361.431
0.77	168.834	7.5	290.496	20.0	365.702

例 2-15　某高压锅炉的蒸汽压力为 10.9MPa，过热蒸汽温度为 540℃，饱和温度为 317.33℃，求其过热度。

解：过热度 $\kappa_t = t_g - t_s = 540 - 317.33 = 222.67$（℃）

（4）水临界点（water critical point）：随着压力的提高，饱和水线与干饱和蒸汽线逐渐接近，当压力增加到某一数值时，两线相交，相交点即为临界点。即饱和水状态与饱和蒸汽状态完全一致时的状态点，也就是水从一种相态变为另一种相态时的温度。临界点的各状态参数称为临界参数。对水蒸气来讲，其临界压力 $p = 22.129$MPa，临界温度 $T = 374.15$℃，临界比体积 $v =$

0.003 1m³/kg，焓 h=2089.3kJ/kg。

(5) 临界压力 (critical pressure)：与临界温度对应的液化压力称为临界压力，即临界点的压力。水的临界压力为 22.12MPa。

(6) 临界温度 (critical temperature)：对同一种物质来说，较高的饱和压力对应较高的饱和温度。提高压力则可以提高液化温度，使气体变得容易液化。即在一定温度下，可以通过提高气体的压力来使它液化。但是当温度超过某一数值时，无论压力提得多高，也不可能再使物质液化。这个温度称为"临界温度"，即临界点的温度。临界温度是该物质可能被液化的最高温度。水的临界温度为 374.15℃。

(7) 三相点 (triple point)：相图中气液平衡曲线、固液平衡曲线和固气平衡曲线交汇处，即固、液、气三相共存的点。水的三相点的压力为 611.71Pa，温度为 0.01℃。水的三相点是水的固、液、气三相平衡共存时的温度，而临界点则是水从一种相态变为另一种相态时的温度。比如水在 0℃会结冰，则 0℃就是水从液态变为固态的临界点，其他形态类似。而三相点只有一个温度，就是 0.01℃。

(8) 雷诺数 (Reynolds number)：表征流体运行中黏性作用和惯性作用相对大小的无因次数。计算公式为

$$Re = \rho w\, d/\mu = \frac{d_2 w}{\nu}$$

$$w = \frac{Gv}{\frac{\pi}{4}d_2^2 N}$$

式中 ρ——流体的密度，kg/m³；

d——特征长度，m；

G——给水流量，kg/s；

v——水比体积，m³/kg；

d_2——管子内径，m；

μ——水动力黏度，可从表 2-8 中查得，Pa·s；

w——给水流速，m/s；

ν——管内运动黏度，m²/s。

流体力学中常用 Re 来表示流体流动的状态。对于圆管中的流动，当 $Re>2300$ 时为紊流（指各流体微团间强烈地混合，不仅有沿着主流方向的流动，而且还有垂直于主流方向的流动），当 $Re<2300$ 时为层流（指各流体微团彼此平行地分层流动）。

表 2-8　　饱和水的热物理性质

水温 (℃)	水压力 (kPa)	水密度 (kg/m³)	水焓 (kJ/kg)	比定压热容 [kJ/(kg·℃)]	热导率 [W/(m·℃)]	动力黏度 (10^{-6}Pa·s)	运动黏度 (10^{-6}m²/s)	普朗特数 (P_r)	比体积 (m³/kg)
0	0.610 8	999.776	−0.04	4.212	0.551	1788	1.792	13.66	0.001 000 22
1	0.656 6	999.851	4.17	4.210	0.553	1740	1.741	13.26	0.001 000 15
5	0.871 8	999.970	21.01	4.202	0.563	1547	1.548	11.60	0.001 000 03
10	1.227 0	999.747	41.99	4.193	0.574	1306	1.306	9.52	0.001 000 25
15	1.703 9	999.167	62.94	4.187	0.587	1155	1.156	8.27	0.001 000 83
20	2.336 6	998.278	83.86	4.182	0.599	1004	1.006	6.86	0.001 001 73

续表

水温 (℃)	水压力 (kPa)	水密度 (kg/m^3)	水焓 (kJ/kg)	比定压热容 [kJ/(kg·℃)]	热导率 [W/(m·℃)]	动力黏度 (10^{-6}Pa·s)	运动黏度 ($10^{-6}m^2/s$)	普朗特数 (P_r)	比体积 (m^3/kg)
25	3.166 0	997.116	104.77	4.179	0.609	902.8	0.905	6.22	0.001 002 89
30	4.241 5	995.710	125.66	4.174	0.625	801.5	0.805	5.42	0.004 241 5
35	5.621 6	994.081	146.56	4.174	0.627	727.4	0.732	4.87	0.005 621 6
40	7.375	992.249	167.45	4.179	0.635	653	0.656	4.30	0.007 375 0
50	12.335	988.03	209.26	4.181	0.643	544	0.551	3.54	0.012 335 3
60	19.920	983.14	251.09	4.185	0.654	463	0.471	2.98	0.001 017 11
70	31.162	977.66	292.97	4.190	0.662	400	0.409	2.53	0.001 022 85
80	47.360	971.64	334.92	4.197	0.670	351	0.361	2.20	0.001 029 10
90	70.109	965.11	376.94	4.205	0.676	311	0.322	1.94	0.001 036 15
100	101.325	958.12	419.06	4.216	0.681	279	0.291	1.73	0.001 043 71
150	475.97	916.8	632.15	4.310	0.687	181	0.197	1.14	0.001 090 78
200	1555.1	864.7	852.37	4.497	0.665	134	0.155	0.904	0.001 156 50
210	1908.0	852.8	897.73	4.551	0.657	127	0.149	0.881	0.001 172 60
220	2320.1	840.3	943.67	4.614	0.648	122	0.145	0.864	0.001 189 96
250	3977.6	799.2	1085.78	4.869	0.618	107	0.134	0.842	0.001 251 29
300	8591.7	712.2	1345.05	5.773	0.541	90.1	0.127	0.958	0.001 404 06
350	16 537	574.5	1671.94	10.08	0.437	70.9	0.124	1.64	0.001 741 12
360	18 674	528.3	1764.17	14.99	0.399	65.3	0.124	2.38	0.001 895 90
370	21 053	448.3	1890.21	53.92	0.348	56.0	0.125	6.95	0.002 213 56
374.15	22 120.0	315.36	2107.4	∞	0.238	45.0	0.143	∞	0.003 17

例 2-16 某一单纯凝结段高压加热器，立式U形管，传热管材为20号碳钢，管子规格为$\phi16\times2.5$mm，每行程内管子数量$N=520$根，给水压力$p_{fw}=14.7$MPa，$G=288$t/h，给水进口温度$t_1=200$℃，给水进口焓为$h_1=852.37$kJ/kg，给水出口温度$t_2=225$℃，试求普郎特数和雷诺数。

解：根据平均给水温度$\frac{200+225}{2}=212.5$（℃），从汽水性质表2-3中查得水动力黏度$\mu=126\times10^{-6}$Pa·s，运动黏度$\nu=0.148\times10^{-6}m^2/s$，水比热容$c_p=4.582\ 5$kJ/（kg·℃），管内水热导率$\lambda_1=0.652\ 5$W/（m·℃），管内水比体积$v=0.001\ 181\ 1m^3/kg$，因此普郎特数为

$$Pr=\frac{1000\mu c_p}{\lambda_1}=\frac{1000\times126\times10^{-6}\times4.582\ 5}{0.652\ 5}=0.884$$

根据管子规格为$\phi16\times2.5$mm，可知管子内径$d_2=0.016-0.002\ 5\times2=0.011$（m），则给水流量$G=288t/h=80kg/s$，因此管内流速为

$$w=\frac{Gv}{\frac{\pi}{4}d_2^2N}=\frac{80\times0.001\ 181\ 1}{\frac{\pi}{4}\times0.011^2\times520}=1.91\ (m/s)$$

雷诺数为

$$R_e=\frac{d_2w}{\nu}=\frac{0.011\times1.91}{0.148\times10^{-6}}=141\ 959.5$$

(9) 热通量、热流密度 (heat flux)：单位时间内通过单位面积的热量。按照国际单位制，时间为 s，面积为 m^2，热量取单位为焦耳 (J)，相应的热流密度单位为 J/ ($m^2 \cdot s$) (即 W/m^2)。计算公式为

$$q=\frac{\phi}{A}=\lambda\frac{t_{w1}-t_{w2}}{\delta}$$

式中 q——热流密度，W/m^2；

λ——材料的热导率，W/ (m·K)；

A——材料表面积，m^2；

δ——材料的厚度，m；

ϕ——单位时间内的热量，W；

$t_{w1}-t_{w2}$——材料两侧面温差，K。

(10) 热导率、导热系数(thermal conductivity)：是指在稳定传热条件下，1m 厚的材料，两侧表面的温差为 1℃(K)，在 1s 内，通过 $1m^2$ 面积传递的热量。即在单位温度梯度作用下物体内所产生的热流密度。符号为 λ，单位为 W/(m·℃)。我国国家标准规定，凡平均温度不高于 350℃时热导率不大于 0.12W/(m·K)的材料称为保温材料，而把热导率在 0.05W/(m·K)以下的材料称为高效保温材料。

管壁金属的热导率 λ 随温度有些变化，表 2-9 中列出一些常用金属的热导率。在实际计算中为了方便，对一种金属往往选取一个固定值，高压加热器的管子温度通常等于入口水温，在高压加热器设计计算时，可取此温度作为传热计算时的温度，来选取热导率 λ。如果入口给水温度为 200℃，则高压加热器的管子热导率 λ=0.049 kW/(m·℃)。

表 2-9 **管壁金属的热导率** W/(m·℃)

材料	温 度 (℃)						推荐热力计算用的参考值
	20	100	200	300	400	500	
低碳钢	50	50.7	48.6	46.1	42.3	38.9	49
不锈钢	16.3	16.3	17.6	18.8	21.4	22.2	17
黄铜管	117	117.2					117
铜镍管	46.1	52.1	58.4	70.2	83.1		58

(11) 面积热流量 (thermal conductivity)：单位面积上通过的热量。计算公式为

$$q=\frac{\lambda(t_1-t_2)}{\delta}$$

式中 q——面积热流量，W/m^2；

λ——热导率，kW/(m·℃)；

δ——导热材料厚度，mm；

t_2——导热材料内壁温度，℃；

t_1——导热材料外壁温度，℃。

例 2-17 锅炉水冷壁由壁厚 δ_1=5mm 的碳钢制成，其内壁温度 t_2=320℃，外壁温度 t_1=340℃，管子热导率 λ_1=49W/(m·℃)。若其内壁结了 1mm 的水垢，水垢热导率 λ_2=1W/(m·℃)，求结垢前后面积热流量的变化。

解：结垢前面积热流量为

$$q_1=\frac{\lambda_1(t_1-t_2)}{\delta_1}=\frac{49\times(340-320)}{0.005}=196\ 000\ (\mathrm{W/m^2})$$

结垢后面积热流量为

$$q_2=\frac{t_1-t_2}{\frac{\delta_1}{\lambda_1}+\frac{\delta_2}{\lambda_2}}=\frac{340-320}{\frac{0.005}{49}+\frac{0.001}{1.0}}=18\ 148.1\ (\mathrm{W/m^2})$$

例 2-17 表明，水冷壁结垢厚度为 1mm 时其导热能力只有原来的 1/10。

（12）对数平均温差（logarithmic mean temperature difference）：两种流体在热交换器中传热过程温差的积分平均值。根据换热器间壁两侧流体传热的温度，采用对数计算出的平均温度差。高压或低压加热器平均温度差的计算公式为

$$\Delta t_m=\frac{t_2-t_1}{\ln\frac{t_s-t_1}{t_s-t_2}}$$

式中 Δt_m——对数平均温差，℃；
t_s——加热蒸汽的饱和温度，℃；
t_2——加热器给水出口温度，℃；
t_1——加热器给水进口温度，℃。

如果要求计算精度低，则对数平均温差 $\Delta t_m\approx\frac{t_1+t_2}{2}$。

例 2-18 一单纯凝结段高压加热器，立式 U 形管，传热管材为 20 号碳钢，管子规格为 $\phi16\times2.5$mm，给水压力 $p_{fw}=14.7$MPa，给水流量 $G=80$kg/s，给水进口温度 $t_1=200$℃，给水进口焓为 $h_1=852.37$kJ/kg，给水出口温度 $t_2=225$℃，查饱和水性质表给水出口焓为 $h_2=966.88$kJ/kg，抽汽压力 $p_s=3.0$MPa，抽汽温度 $t_1=400$℃。求给水的对数平均温差和平均给水温度。

解：根据抽汽压力 p_s查饱和水性质表得抽汽对应的饱和温度 $t_s=234$℃。

则对数平均温差为

$$\Delta t_m=\frac{t_2-t_1}{\ln\frac{t_s-t_1}{t_s-t_2}}=\frac{225-200}{\ln\frac{234-200}{234-225}}=18.81\ (℃)$$

平均给水温度为

$$t_{fw}=t_s-\Delta t_m=234-18.81=215.19(℃)$$

算术平均法计算为

$$t_{fw}=\frac{t_1+t_2}{2}=\frac{200+225}{2}=212.5\ (℃)$$

对于普通换热器，两种液体进行热交换时，逆流和并流时平均温度差的通用计算公式为

$$\Delta t_m=\frac{\Delta t_2-\Delta t_1}{\ln\frac{\Delta t_2}{\Delta t_1}}$$

式中 Δt_m——对数平均温差，℃；

Δt_2——热流体初温度与冷流体温度之差，℃；

Δt_1——热流体终温度与冷流体温度之差，℃。

对于逆流，由于两流体平行而反向的流动，见图 2-3（a），热流体温度由 T_1降低到 T_2，冷流体温度由 t_1升高到 t_2。$\Delta t_1=T_2-t_1$，$\Delta t_2=T_1-t_2$。

对于并流，由于两流体平行而同向流动，见图 2-3（b），热流体温度由 T_1降低到 T_2，冷流体温度由 t_1升高到 t_2。即 $\Delta t_1=T_2-t_2$，$\Delta t_2=T_1-t_1$。

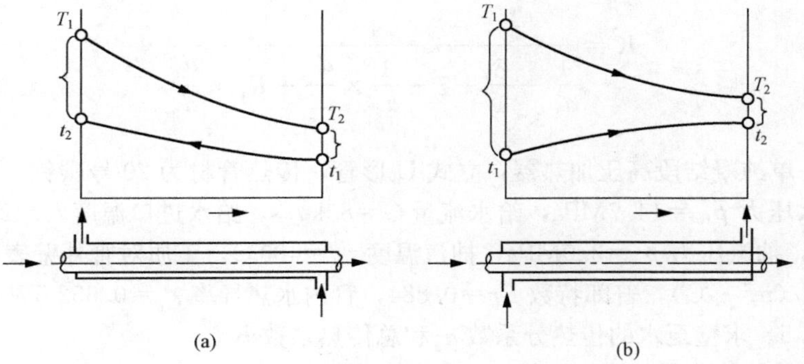

图 2-3 逆流和并流时的平均温度差

（a）逆流；（b）并流

（13）传热系数（heat transfer coefficient）：在稳定传热条件下，围护结构两侧空气温差为 1℃（或 1K），1s 内通过 $1m^2$ 面积传递的热量，符号为 K，单位为 W/（m^2·K）。传热系数不仅与材料有关，还与具体的过程有关。一般表达式为

$$K=\frac{1}{R}=\frac{1}{\frac{1}{\alpha_1}+\frac{\delta}{\lambda}+\frac{1}{\alpha_2}\times\frac{d_1}{d_2}+R_g\times\frac{d_1}{d_2}}$$

$$\delta=\frac{d_1-d_2}{2}$$

$$\alpha_2=0.023\frac{\lambda_1}{d_2}Re^{0.8}Pr^{0.4}$$

式中 K——总传热系数，W/(m^2·℃)；

R——热阻，(m^2·℃)/kW；

δ——管子厚度，m；

d_1、d_2——管子外径、内径，m；

λ——金属的热导率，W/(m·℃)；

R_g——污垢热阻，(m^2·℃)/kW［根据美国热交换协会 1984 年第四版《表面式给水加热器标准》，对于给水加热器的凝结段，污垢热阻 R 约为 0.000 0352 22(m^2·℃)/W，该值适用于各种管子材料］；

α_1——工质对管外壁金属表面的表面传热系数，W/(m^2·K)；

α_2——工质对管内壁金属的表面的表面传热系数，W/(m^2·K)；

Re——雷诺数；

λ_1——管内水热导率，W/(m·℃)；

Pr——普郎特数。

烟气侧表面的传热系数通常是在实验室中通过不含灰的气流冲刷干净的管壁试验测得的，但很难测得含灰气流对污垢管壁表面的传热系数。为此，在锅炉的实际计算中，引入灰污系数 ε 来考虑烟气中含灰及管壁灰污层引起的热阻，目的是修正烟气侧的放热系数。根据串联热阻叠加原则，锅炉受热面传热系数表达式为

$$K=\frac{1}{\frac{1}{a_1}+\frac{\delta}{\lambda}+\varepsilon+\frac{1}{a_2}\times\frac{d_0}{d_2}+R_g\times\frac{d_0}{d_2}}$$

例 2-19 一单纯凝结段高压加热器，立式 U 形管，传热管材为 20 号碳钢，管子规格为 ϕ16×2.5mm，给水压力 p_{fw}=14.7MPa，给水流量 G=80kg/s，给水进口温度 t_1=200℃，给水出口温度 t_2=225℃，抽汽压力 p_s=3.0MPa，抽汽温度 t'_1=400℃，工质对管外壁表面的表面传热系数 α_1=10 325W/(m^2·℃)，普郎特数 Pr=0.884，管内水热导率 λ_1=0.652 5W/(m·℃)，雷诺数 Re=141 959.5。求壁至水的传热分系数 α_2 和总传热系数 K。

解：壁至水的传热分系数为

$$\alpha_2=0.023\frac{\lambda_1}{d_2}Re^{0.8}Pr^{0.4}$$

$$=0.023\times\frac{0.652\ 5}{0.011}\times141\ 959.5^{0.8}\times0.884^{0.4}=17\ 190[\mathrm{W/(m^2\cdot ℃)}]$$

管子壁厚为

$$\delta=\frac{0.016-0.011}{2}=0.002\ 5(\mathrm{m})$$

对于本例，取污垢热阻 R=0.000 035 2(m^2·℃)/W，根据给水平均温度查表得热导率 λ=49W/(m·℃)，则总传热系数为

$$K=\frac{1}{\frac{1}{\alpha_1}+\frac{\delta}{\lambda}+\frac{1}{\alpha_2}\times\frac{d_1}{d_2}+R_g\times\frac{d_1}{d_2}}$$

$$=\frac{1}{\frac{1}{10\ 325}+\frac{0.002\ 5}{49}+\frac{1}{17\ 190}\times\left(\frac{0.016}{0.011}\right)+0.000\ 035\ 2\times\left(\frac{0.016}{0.011}\right)}$$

$$=3525[\mathrm{kW/(m^2\cdot ℃)}]$$

(14) 热阻（thermal resistance）：导热过程的阻力，为导热体两侧温差与热流密度之比，单位为（m^2·℃）/W。对于热流经过的截面积不变的平板，导热热阻计算式为

$$R=L/(k\times A)$$

式中 L——平板的厚度；

A——平板垂直于热流方向的截面积；

k——平板材料的热导率。

(15) 线膨胀系数、热胀系数（coefficent of linear expansion）：物体温度每升高 1℃时所增加

的长度与原来长度的比值。线膨胀系数是衡量材料热膨胀性大小的性能，符号为 α ，单位为 1/℃。表 2-10 为常用钢材和金属氧化物的线膨胀系数。

表 2-10　　常用钢材和金属氧化物的线膨胀系数

材料	在下列温度与20℃之间的平均线膨胀系数（$10^{-6}\times℃^{-1}$）														
	0	50	100	150	200	250	300	350	400	450	500	550	600	650	700
20G							12.78		13.83		13.93		14.38		14.81
碳素钢、碳钼钢、低铬钼钢、20G	10.76	11.12	11.53	11.88	12.25	12.56	12.90	13.24	13.58	13.93	14.22	14.42	14.62	14.74	14.90
T22、T91	10.16	10.52	10.91	11.15	11.39	11.66	11.90	12.15	12.38	12.63	12.86	13.05	13.18	13.35	13.48
TP304、SUPER304H			17.10	17.25	17.40	17.61	17.80	17.99	18.30	18.34	18.90	18.71	19.10	19.30	19.40
TP347H、TP347HFG			17.30	17.40	17.50	17.60	17.70	17.95	18.20	18.40	19.60	19.75	18.90	19.10	19.30
高铬钢（Cr13、Cr17）	9.29	9.59	9.94	10.20	10.45	10.67	10.96	11.19	11.41	11.61	11.81	11.97	12.11	12.21	12.32
铝	21.73	22.52	23.38	23.94	24.44	24.94	25.42	—	—	—	—	—	—	—	—
灰铸铁			10.39	10.68	10.97	11.26	11.55	11.85	12.14	12.42	12.71	—	—	—	—
青铜	16.97	17.51	18.07	18.23	18.40	18.55	18.73	18.88	19.04	19.20	19.34	19.49	19.71	19.85	—
黄铜	16.56	17.11	17.62	18.19	18.38	18.77	19.14	19.50	19.89	20.27	20.66	21.05	21.34	21.77	—
Fe_3O_4											9.10				
Fe_2O_3											14.90				
FeO											12.20				
$FeO\cdot CrO_3$											5.6				

某超超临界锅炉经常发生高温再热器氧化皮堵塞，高温再热器管材质均为 SA-213TP347H。TP347H 是常规 18%Cr 系列奥氏体耐热钢中高温强度最高的，但 TP347H 管材的热膨胀系数是氧化皮热膨胀系数的一倍以上，因此其抗蒸汽氧化及剥落性能有限。当炉管内壁氧化皮生长到一定厚度后，在机组停机等管外壁较大幅度降温过程中或机组工况大幅变化时，管壁金属与氧化皮之间及氧化皮（Fe_3O_4、Fe_2O_3 以及含铬氧化物等）各层之间因膨胀系数差异所产生的过大热应力是导致氧化皮发生脱落的最主要因素，氧化皮越厚、温度变化越剧烈，则氧化皮脱落的倾向越大。

（16）通用气体常数、普适气体常数、理想气体常数、摩尔气体常数、气体常数（universal gas constant）：理想气体平衡状态时固定不变的数值，通常用符号 R 表示，是一个在物态方程中联系各个热力学函数的物理常数。由于这个常数对于满足理想气体条件的任何气体都是适用的，故称普适气体常数。计算公式为：

$$R=N_A k$$

式中　R——普适气体常数；

　　N_A——阿伏伽德罗常数；

k——玻尔兹曼常数。

由于单位不同，普适气体常数有不同的表示方法，具体如下：

$$R=8.314\,472\text{J/(mol}\cdot\text{K)}$$

$$R=8.314\,472\text{cm}^3\cdot\text{MPa/(mol}\cdot\text{K)}$$

$$R=8.314\,472\text{m}^3\cdot\text{Pa/(mol}\cdot\text{K)}$$

$$R=287.64\text{J/ (kg}\cdot\text{K)（空气）}$$

$$R=259.8\text{J/ (kg}\cdot\text{K)（氧气）}$$

（17）辐射力（emissive power）：是指单位时间内物体单位表面积向半球空间所有方向发射出去的全部波长的辐射能的总量，常用单位为 W/m^2。

（18）辐射功率、辐出度（radiant power）：单位时间内，物体表面单位面积上所发射的总辐射能。

德国物理学家普朗克（Max Planck）于 1900 年所创的黑体辐射定律认为：物体单位面积单位时间辐射功率与温度的四次方成正比，比值是 σ。计算公式为：

$$P=\sigma T^4$$

$$E=A\sigma T^4$$

$$\sigma=5.670\,4\times10^{-8}\text{W/(m}^2\cdot\text{K}^4\text{)}$$

式中 A——物体的表面积；

E——辐射功率；

P——辐射力；

σ——斯特藩-玻尔兹曼常数，又称为黑体辐射常数。

黑体是物理学家们定义的一种理想物体，以此作为热辐射研究的标准物体。假定黑体能够吸收外来的全部电磁辐射，并且不会有任何反射与透射。对于任何波长的电磁波的吸收率 ε 为 1、透射率为 0 的物体称为绝对黑体。温度为 100K 的绝对黑体表面辐射的能量通量密度为 $5.67W/m^2$，1000K 的黑体为 $56.7kW/m^2$。

例 2-20 温度为 1000℃，表面积为 $5m^2$ 的黑体，在单位时间内所辐射出的能量是多少？辐射力是多少？

解：辐射功率为

$$E=A\sigma T^4=5\times5.67\times10^{-8}\times(1000+273)^4=7.445\times10^5\text{(W)}$$

辐射力为

$$P=\sigma T^4=5.67\times10^{-8}\times(1000+273)^4=1.49\times10^5\text{(W/m}^2\text{)}$$

（19）发射率、黑度（emissivity、blackness）：实际上，绝对黑度是不存在的，为了计算实际物体的辐射力，引入了发射率（即黑度）的概念，即在一定温度下，实际物体的辐射力与同温度下绝对黑体的辐射力之比值。用 ε 表示，$\varepsilon\leqslant1$。实际物体的辐射力计算公式为：

$$P=\varepsilon A\sigma T^4$$

$$E=\varepsilon A\sigma T^4=\varepsilon AC_0\left(\frac{T}{100}\right)^4$$

式中 A——物体的表面积；

E——辐射功率；

P——辐射力；

ε——黑度；

C_0——黑体辐射系数，$C_0=5.6704\text{W}/(\text{m}^2\cdot\text{K}^4)$；

σ——斯特藩-玻尔兹曼常数。

例 2-21 温度为 1000℃，表面积为 5m^2 的物体，黑度 ε 为 0.7，在单位时间内所辐射出的能量是多少？辐射力是多少？

解：辐射功率为

$$E=\varepsilon A\sigma T^4=0.7\times5\times5.67\times10^{-8}\times(1000+273)^4$$
$$=5.21\times10^5(\text{W})$$

辐射力为

$$P=\varepsilon\sigma T^4=0.7\times5.67\times10^{-8}\times(1000+273)^4=1.04\times10^5(\text{W}/\text{m}^2)$$

(20) 辐射能、光能 (radiant energy)：是物体以电磁波形式发射的能量，主要指太阳光或激光光子所携带的能量。光也是一种物质，在运动中只有质量和能量，其能量的大小与光波的频率成正比。

物体会因各种原因发出辐射能，从能量利用的角度而言，因热的原因所发出的辐射能（又称热辐射能）是最有意义的，例如地球表面所接受的太阳能就是最重要的热辐射能。物体的辐射能 E_r 可由下式计算，即

$$E_\text{r}=A\varepsilon c\left(\frac{T}{100}\right)^4$$

式中 E_r——物体的辐射能，W；

A——物体的表面积，m^2；

T——物体的热力学温度，$T=(273+t)$ K；

ε——物体的发射率，其值总是小于 1；

c——黑体辐射系数，$5.67\text{W}/(\text{m}^2\cdot\text{K}^4)$。

例 2-22 某温度为 1000℃、表面积为 10m^2 的物体，表面积的发射率为 0.8，求物体在单位时间内所辐射出的能量。

解：物体的辐射能为

$$E_\text{r}=10\times0.8\times5.67\left(\frac{1000+273}{100}\right)^4=1.19\times10^6\ (\text{W})$$

(21) 绝对温标、热力学温标 (thermodynamic temperature scale)：由开尔文 (Lord Kelvin) 于 1848 年建立，根据卡诺循环确定，以卡诺循环的热量作为测定温度的标尺。该温标的零点处在水的三相点温度（0.01℃）以下的 273.16K 处。绝对温标的分度与摄氏温标相同。开尔文最初确定标准温度点水的冰点为 0K。1954 年国际计量大会规定水的三相点的温度为 273.16 K，将标准温度点由水的冰点改为水的三相点（相差 0.01℃）。开尔文温标每一度的温度间隔与摄氏温标每一度的间隔相等。众所周知，在热力学温标中，热量 Q 起着测温参量的作用，然而比值 Q_1/Q_2（Q_1 为可逆机从高温热源吸收的热量；Q_2 为可逆机向低温热源放出的热量）并不依赖于任何物质的特性。因此，热力学温标与测温物质无关。

(22) 绝对温度、热力学温度 (thermodynamic temperature)：以绝对零度（$T=0$K）作为计算起点的温度，即将水三相点的温度准确定义为 273.15K 后所得到的温度，用符号 T 表示，其单位为开尔文。1 开尔文温度和 1 摄氏温度大小相等，但计算起点不同，二者相差一个常数 273.15，即 $T=t$（℃）+273.15（t 是摄氏温度的符号）。例如，用摄氏温度表示的水三相点温度为 0.01℃，而用开尔文温度表示则为 273.16K。

(23) 华氏温标（Fahrenheit temperature scale）：由华伦海特（Fahrenheit）于 1714 年建立。他最初规定氯化铵与冰的混合物为 0℉；人的体温为 100℉。后来规定在标准状态下纯水与冰的混合物为 32℉；水的沸点为 211.953 2℉。两个标准点之间均匀划为 180 等份，每份为 1℉。美国和其他一些英语国家使用华氏度而较少使用摄氏度。华氏度为英制单位，单位为℉。华氏温度与摄氏温度 t 的换算式为

$$华氏温度(℉)=5t/9+32$$

华氏温度与热力学温度 T 的换算式为

$$华氏温度(℉)=5\times(T-273.15)/9+32$$

(24)摄氏温标(Celsius temperature scale)：由摄尔修斯(Celsius)于 1742 年建立。在标准大气压下，把冰水混合物的温度规定为 0℃，水的沸点定为 99.974℃，根据这两个固定温度点来对玻璃水银温度计进行分度。两点间划为 100 等份，每一份称为 1 摄氏度，记作 1℃。1960 年国际计量大会对摄氏温标做了新的定义，规定它由热力学温标导出，等于绝对温度减去 273.15，即

$$t(℃)=T(K)-273.15$$

(25) 绝对零度（zero absolute temperature）：即绝对温标的开始，是温度的最低极限，相当于－273.15℃，当达到这一温度时所有的原子和分子热运动都将停止。热力学第三定律指出，绝对零度不可能通过有限的降温过程达到，所以绝对零度是一个只能逼近而不能达到的最低温度。

(26) 干球温度（dry bulb temperature）：用普通温度计（即干球温度计）自由地暴露在空气中所测量的温度，同时应避免辐射和湿气的干扰。干球温度计温度通常被视作所测量空气的实际温度，它是真实的热力学温度。

(27) 湿球温度（wet bulb temperature）。湿球温度是球体表面附着有水时，水分蒸发带走热量后球体的温度。水的蒸发量与空气的湿度有关，空气湿度越大，蒸发量越小，带走的热量越少，干湿球温度差异越小；空气湿度越小，水蒸发量越大，带走的热量也越大，干湿球温差也就越大。用湿纱布包扎普通温度计的感温部分，纱布下端浸在水中，以维持感温部位空气湿度达到饱和，在纱布周围保持一定的空气流通，使周围空气接近达到等焓。示数达到稳定时，温度计显示的读数近似认为湿球温度。

(28) 滞止温度（stagnation temperature）：在无外加能量或热量的情况下，理想气体流动等熵至静止时的绝对温度。滞止温度在风道内是不变的。对于进风管，滞止温度等于试验环境中大气的绝对温度。

(29) 压强、压力强度（intensity of pressure）：垂直作用在单位面积 A 上的力，习惯称为压力，以 p 表示，单位为 Pa，1 帕（Pa）$=1N/m^2$。计算公式为

$$p=F/A$$

实际上，压强与压力是两个不同的概念。物理学上的压力，是指发生在两个物体的接触表面的作用力，以 F 表示，单位为 N。

(30) 大气压力、大气压（强）（atmospheric pressure）：地球表面上的空气柱因重力而产生的压力，以 p_b 或 p_{atm} 表示。它与所处的海拔高度、纬度及气象状况有关。在 1643 年，意大利科学家托里拆利就在一根 1m 长的细玻璃管中注满水银（汞）倒置在盛有水银的水槽中，发现玻璃管中的水银大约下降到 760mm 高度后就不再下降了。这 760mm 刻度之上的空间无空气进入，是真空。托里拆利据此推断大气的压强等于水银柱产生的压强，这就是著名的托里拆利实验。标准大气压为 101 325Pa（帕斯卡），等于 760mmHg（毫米汞柱）。

(31) 标准大气压（力）(standard atmospheric pressure)：大气压强不但随高度变化，在同一地点也不是固定不变的，通常把纬度为45°的海平面上的常年平均大气压定为标准大气压，等于101 325Pa（760mmHg）。

(32) 绝对压力（absolute pressure）：容器内工质本身的实际压力，为表压与当地大气压力之和，以 p 表示，单位为Pa或MPa。为了与表压力区别开来，一般表示为Pa（a）或MPa（a），计算公式为

$$p=p_b+p_g$$

式中 p——绝对压力，Pa（a）；

p_b——大气压力，Pa（a）；

p_g——表压，Pa（c）。

(33) 相对压力、表压（力）、计示压力（gauge pressure）：压力表测得的压力，为绝对压力与当地大气压力之差，以 p_g 表示。如果绝对压力与大气压的差值是一个正值，那么这个正值就是表压力，即表压力=绝对压力−大气压>0。表压力单位是Pa或MPa。为了与绝对压力区别开来，一般表示为Pa（g）或MPa（g），或者直接表示为Pa或MPa。

(34) 真空、负压（vacuum pressure）：绝对压力低于当地大气压时，把低于大气压的部分称为真空，用真空表测得的表压力，以 p_v 表示，即 $p_v=p_b-p$，$p_v>0$。各种压力图解见图2-4。

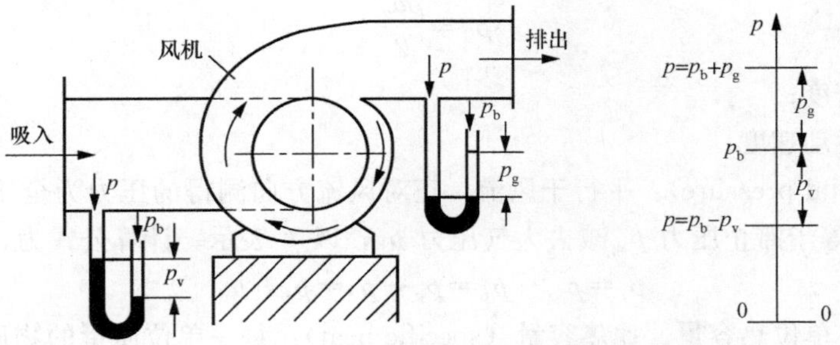

图2-4 各种压力图解

例2-23 某热电厂测得新蒸汽的表压力为100at（1工程大气压=0.098 066 5MPa），凝汽器的真空度（p_v/p_b）为94%，送风机表压为145mmHg（1mmHg=133.322Pa），当时气压计读数为755mmHg。试将它们换算成以Pa和MPa为单位的绝对压力。

解：大气压力为

$$p_b=755\times133.322=0.100\ 658\ (\text{MPa})$$

新蒸汽绝对压力为

$$p=p_b+p_g=0.100\ 658\text{MPa}+100\text{at}\times0.098\ 066\ 5\text{MPa/at}=9.907\ 308\text{MPa}$$

凝汽器真空为

$$p_v=p_b\ p_{vg}=0.100\ 658\text{MPa}\times94\%=0.094\ 618\text{MPa}$$

凝汽器中蒸汽绝对压力为

$$p=p_b-p_v=0.100\ 658\text{MPa}-0.094\ 618\text{MPa}=0.006\ 04\text{MPa}$$

送风机送出空气的绝对压力为

$$p=p_b+p_g=0.100\ 658\text{MPa}+145\text{mmHg}\times133.322\text{Pa/mmHg}=0.119\ 989\ 7\text{MPa}$$

例 2-24 用水银压力计测量凝汽器的压力，已知测压计读数为 706mmHg，当地大气压 p_b＝98.07kPa，求凝汽器的绝对压力、表压力和真空。

解：由于凝汽器内蒸汽的密度远小于水银的密度，忽略蒸汽高度产生的压力，则凝汽器内真空为

$$p_v=706\times133.322=94\ 125\ (\text{Pa})$$

绝对压力为

$$p=p_b-p_v=98\ 070-94\ 125=3944.7\ (\text{Pa})$$

凝汽器的表压力为

$$p_g=p-p_b=3944.7-98\ 070=-94\ 125\ (\text{Pa})$$

说明：凝汽器内的表压力为负值，称为负压，负压与真空的绝对数值是相等的。

（35）静态压力、静压（static pressure）：指物体在静止或者匀速直线运动时表面所受的压力，即单位体积流体所具有的势能。由于流体本身的分子热运动形成的内在能量，不论静止还是运动的流体，它们都存在着分子不规则热运动而撞击于管壁上产生的压力。静压以 p_j表示，单位为 Pa。静压没有方向性，与速度无关，可以是负值，也可以是正值。

（36）动态压力、动压（dynamic pressure）：由于流体的宏观流动所产生的能量，即单位体积的流体所具有的动能大小，等于运动流体密度与速度平方积之半，以 p_d表示。动压作用于气流方向时是正值。计算公式为

$$p_d=\frac{\rho v_2}{2}$$

式中 ρ——流体密度；

v——流体运动速度。

（37）全压（total pressure）：平行于风流，正对风流方向测得的压力为全压。全压可以通过传感器直接测得，等于滞止压力 p_{sg}减去大气压力 p_b，以 p_t表示。计算公式为

$$p_t=p_{sg}-p_b=p_g+p_d=p_j+p_d$$

（38）比热容、单位热容量、比热容量（specific heat）：每一单位质量的物质温度每变化 1℃所需吸入或放出的热量，即单位质量物体改变单位温度时吸收或释放的内能，常温常压下，水的比热容为 4.18kJ/(kg·℃)。计算公式为

$$c=\frac{Q}{m(t_2-t_1)}$$

式中 c——比热容，kJ/(kg·℃)；

Q——热量，kJ；

m——物体质量，kg；

t_2——物体终温度，℃；

t_1——物体初温度，℃。

（39）热容（heat capacity）：不发生相变的条件下，物质温度每变化 1K 需从外界吸入或向外界放出的热量。计算公式为

$$Q_t=mc$$

式中 c——比热容，kJ/(kg·K)；

Q_t——热容，kJ/K；

m——物体质量，kg。

（40）摩尔比热、摩尔热容量（molar specific heat）：物质的度量单位为摩尔（mol）时的比热，即1mol物质温度升高1K所吸收的热量。摩尔比热的单位为J/(mol·K)。计算公式为

$$C=\frac{Q}{n(T_2-T_1)}$$

式中 n——摩尔数；

Q——热量，J；

C——摩尔热容量。

（41）比焓（specific enthalpy）：单位质量物质的焓称为比焓，以 h 表示。$h=u+p/\rho$，u 为单位质量物质的内能（称为比内能），ρ 为密度，$1/\rho$ 为单位质量物质的体积。比焓的单位为kJ/kg或kJ/mol。计算公式为

$$h=\frac{H}{m}=\frac{U+pV}{m}=u+pv$$

式中 H——焓，kJ；

h——比焓，kJ/kg；

m——物质质量，kg；

U——物质的内能，kJ；

p——压力，Pa；

V——体积，m^3。

对于理想气体（在常温常压下，空气与理想气体很相近），比定压热容 c_p 视为常数，单位质量气体的焓等于 c_p 与气体热力学温度 T 的乘积，即 $h=c_pT$。在温度不太高（如一般热机和超声速飞机所达到的温度）时，空气的 c_p 值通常取为1004.6J/(kg·K)。

（42）比熵（specific entropy）：单位质量工质的熵，以 s 表示。比熵的单位为kJ/(kg·K)或kJ/(mol·K)。计算公式为

$$s=\frac{S}{m}=\left(\int\frac{dU+pdV}{T}+S_0\right)/m$$

式中 s——比熵，kJ/(kg·K)；

S——熵，kJ/K；

U——系统热力学能，kJ；

p——压力，Pa；

T——热力学温度，K；

V——体积，m^3。

例2-25 从工程单位制水蒸气热力性质表中查得水蒸气在450℃、30at时的比体积、比焓和比熵分别为 $v=0.109\ 98m^3/kg$，$h=799.0kcal/kg$，$s=1.694\ 6kcal/(kg·K)$。在国际单位制中，上述参数各为多少？

解：在国际单位制中温度为

$$T=t+273.15=450+273.15=723.15(K)$$

压力为

$$p=30at\times 980\ 66.5Pa/at=2.942\ 00Pa$$

比体积 $v=0.109\ 98m^3/kg$，比焓为

$$h=799.0\ \text{kcal/kg}\times 4.1868\text{kJ/kcal}=3345.3\text{kJ/kg}$$

比熵为

$$s=1.6946\text{kcal/(kg}\cdot\text{K)}\times 4.1868\text{kJ/kcal}=7.095\text{kJ/(kg}\cdot\text{K)}$$

第四节 能量平衡指标

（1）参比温度（reference temperature）：任何物质（包括煤）的燃烧热随燃烧产物的最终温度而改变，温度越高燃烧热越低。因此，一个严密的发热量定义，应对燃烧产物的最终温度（参比温度）有所规定（ISO 1928 规定的参比温度为 25℃）。但在实际发热量测定时，由于具体条件的限制，把燃烧产物的最终温度限定在一个特定的温度或一个很窄的范围内都是不现实的。温度每升高 1K，煤的燃烧热约降低 0.4～1.3J/g，当按规定在相近的温度下标定热容量和测定发热量时，温度对燃烧热的影响可近于抵消，而无需加以考虑。我国气体燃料发热量定义中的燃烧参比温度为 25℃，固体和液体燃料发热量定义中的燃烧参比温度为 15℃。

（2）环境温度（environment temperature）：热力计算中常用的基础温度，通常锅炉取为 20℃，燃气轮机取为 15℃。

（3）热功当量（mechanical equivalent of heat）：热功当量是指等同于单位热量的机械能量。在国际单位制中规定能量统一用焦耳（J）做单位。1843 年英国物理学家焦耳采用电热量法测得热功当量为 4.568J/cal，1878 年他又公布了热功当量最新的测量结果为 4.157J/cal，即 1cal＝4.157J。

我国惯用的热量单位为 20℃卡（cal_{20}），即 1g 纯水在标准大气压下，从 19.5℃升高到 20.5℃所需要的热量，它与焦耳的关系为 $1cal_{20}=4.1816J$。

有些国家使用 15℃卡，即 1g 纯水在标准大气压下，从 14.5℃升高到 15.5℃所需要的热量，它与焦耳的关系为 $1cal_{15}=4.1855J$。

国际上通常采用国际蒸汽表卡 cal_{IT}，在 1956 年伦敦第五届国际蒸汽大会上规定了“水蒸气卡”，它与焦耳的关系为 $1cal_{IT}=cal_{15}=4.1868J$。

（4）电热当量（electothermal equvialent）：电热当量是指等同于单位电能的热能。能量的国际单位是焦耳（J）。焦耳的定义是 1 牛顿的力作用于质点，使它沿力的方向移动 1m 距离所做的功，即 1J＝1N·m。焦耳也可以由电学单位来定义：即 1A 电流在 1Ω 电阻上，1s 内所消耗的电能，称为 1 焦耳。

由于 $1J=1A\cdot V\cdot s=1A^2\cdot\Omega\cdot s=1W\cdot s$，所以 3600×1J＝1W·h，因此 1kWh＝3600kJ，3600kJ/kWh 就是电热当量。

（5）标准煤、煤当量（standard coal/coal equivalent）：指低位发热量为 29 308kJ/kg（7000kcal/kg）的假想煤。凡能产生 29 308kJ/kg 低位发热量的任何能源均可折算为 1kg 煤当量值。标准煤的计算目前尚无国际公认的统一标准，1kg 标准煤的热值，我国、苏联、日本按 7000kcal 计算，联合国按 6880kcal 计算。对于标准煤热值对应的热功当量值，国内至今比较混乱，本书统一确定为 $1cal_{IT}=4.1868J$。标准煤的热值与热功当量值的选择有关，而热功当量值与其测量的基准温度有关。根据我国大部分机组的设计环境温度为 20℃，热功当量选用热量单位 20℃卡比较合适，即 $1cal_{20}=4.1816J$；而 1956 年在伦敦的第五届国际标准大会上规定了国际蒸汽卡，用符号 cal_{IT} 表示，$1cal_{IT}=4.1868J$，对应的基准温度小于 15℃，与我国大部分机组的设计环境温度存在差异。但我国气体燃料发热量定义中的燃烧参比温度为 25℃，固体和液体燃料发热量定义则回避了参比温度，因此标准仍无法完全统一。标准煤热值在不同的标准中数值也不同，GB/T 2589—2008《综合能耗计算通则》中的标准煤热值定义为 29 307kJ/kg；GB 10184—1988《电站锅炉性能试验规程》中使用的标准煤热值为 29 310kJ/kg；GB/T 3715—2007《煤质及煤分析有关名词术语》中的标准煤热值定义为 29.27MJ/kg；DL/T 904—2004《火力发电厂技术经济指标计算方法》中使用的标准煤热值为 29 271kJ/kg。

（6）标准油、油当量（standard oil/ oil equivalent）：由于美国、欧盟等国家和地区使用的主要能源是石油，所以国际上习惯采用的标准油，指低位发热量为 10 000kcal/kg 的假想油。规定 1kg 标准油的发热量为 10 000kcal，即 1kg 标准油发热量 $=\frac{10\ 000}{7000}\times 29\ 307.6=41\ 868$（kJ），1t 标准油发热量＝41 868MJ。

（7）当量值（energy calorific value）：按照物理学电热当量、热功当量、电功当量换算的各种能源所含的固有能量。按国际单位制，折算系数为 1。电的当量值折算为标准煤为 1.229t/万 kWh；水的当量值折算为标准煤为 0.085 7kg/t。

根据上述定义，电的当量值为 1kWh＝3600kJ。如果标准煤发热量为 7000kcal/kg，并采用国际蒸汽表卡 cal_{IT}，则 1kWh 换算成标准煤量为 $\frac{3600}{7000\times 4.186\ 8}=0.122\ 8$kg。

蒸汽的热力计算与锅炉出口蒸汽、热水的温度和压力有关。计算第一步应确定锅炉出口蒸汽的温度和压力，根据温度和压力值，在焓熵图（表）查出对应的每千克蒸汽的焓；第二步乘以蒸汽的数量（按流量表读数计算），所得值即为蒸汽的当量热量。

例 2-26 已知某饱和蒸汽压力为 0.8MPa，温度为 170.5℃，求 10kg 饱和蒸汽的当量热量。

解：查水蒸气表，饱和蒸汽压力为 0.8MPa、温度为 170.5℃时，每千克蒸汽的焓值为 2768kJ/kg，则 10 kg 饱和蒸汽的当量热量为

$$10\text{kg}\times 2768\text{kJ/kg}=27\ 680\text{kJ}$$

（8）等价值（energy equivalent value）：生产单位数量的二次能源或耗能工质时，由于存在各种损失，所消耗的各种能源折算成一次能源的能量。能源的等价值随着能源转换效率的变化而变化，等价值小于或等于当量值。按照国际惯例，等价值在一定时间内应保持相对稳定。计算式为

$$\text{能源的等价值}=\frac{\text{单位数量的二次能源当量值}}{\text{加工转换效率}}$$

由于一次能源没有经过加工转换，所以一次能源的等价值等于能源的当量值，其当量值就是低位发热量的实测值。电的等价值按当年火电厂发电煤耗率计算，由于 1982 年我国火电厂发电煤耗率平均为 404g/kWh，所以在此后相当时间内，我国电的等价值均按 404g/kWh×29 307.6kJ/kg＝11 840kJ/kWh 折算。目前，我国火电厂发电煤耗率平均按 329g/kWh，因此电的等价值按 329g/kWh×29 307.6kJ/kg＝9642.20kJ/kWh 折算。

按照我国的统计制度，1991 年以前，国家统计局是以等价值核算能源的消耗量的。1991 年以后，为了与国际接轨，我国统计制度进行了重大修改，即对能源消耗量统计按照当量值核算。为了保证数据的历史连续性，在实际操作过程中，同时采用等价值（1kWh 折算标准煤 0.404kg）和当量值（1kWh 折算标准煤 0.122 9kg）两种核算方法。1991 年后中国统计出版社出版的《中国能源统计年鉴》中的能源平衡表在能源合计栏同时给出了两列数据，一列采用发电煤耗率计算

法将各种能源折算为标准煤量，一列采用电热当量法将各种能源折算为标准煤量。

（9）折标系数、能源折标系数、折标准煤系数（the coefficient of converting into standards）：是指1kg（m^3）能源的实际平均低位热值与1kg标准煤的低位热值的比值。不同能源的实物量是不能直接进行比较的。由于各种能源都有一种共同的属性，即含有能量，且在一定条件下都可以转化为热，所以为了便于对各种能源进行计算、对比和分析，选定标准煤作为计算依据，然后计算各种能源实际含热值与标准煤热值之比，即得到折算标准煤系数。例如原煤平均低位发热量为20 934kJ/kg，则原煤的折算标准煤系数＝20 934/29 307.6＝ 0.714 3。

1）各类固体和液体能源折算标准煤系数。各类固体和液体能源折标系数详见表2-11（原国家经济贸易委员会、国家统计局在《1986年重点工业、交通运输企业能源统计报表制度》中规定了各类能源折算系数）。煤炭类原则上应采用企业实测单位质量的发热值。如不具备实测条件，可采用煤矿发货单上的单位质量发热值。

表2-11　各类固体和液体能源折标系数

能源品种	平均低位发热量	实测或参用	等价折标系数
原煤	5000（kcal/kg）	20 908（kJ/kg）	0.714 3
无烟煤	6300（kcal/kg）	26 344（kJ/kg）	0.900 0
褐煤	2828（kcal/kg）	11 825（kJ/kg）	0.404
洗精煤	6300（kcal/kg）	26 344（kJ/kg）	0.900 0
洗中煤	2000（kcal/kg）	8363（kJ/kg）	0.285 7
焦炭	6800（kcal/kg）	28 435（kJ/kg）	0.971 4
煤矸石	1250（kcal/kg）	5227	0.178 6
原油	10 000（kcal/kg）	41 816（kJ/kg）	1.428 6
汽油	10 300（kcal/kg）	43 070（kJ/kg）	1.471 4
煤油	10 300（kcal/kg）	43 070（kJ/kg）	1.471 4
柴油	10 200（kcal/kg）	42 652（kJ/kg）	1.457 1
重油	10 000（kcal/kg）	41 816（kJ/kg）	1.428 6
煤泥	2000～3000（kcal/kg）	8374～12 560（kJ/kg）	0.142 9
泥炭	1500～2500（kcal/kg）	6280～10 467（kJ/kg）	0.285 7～0.357
煤焦油	8000（kcal/kg）	33 453（kJ/kg）	1.142 9
粗苯	10 000（kJ/kg）	41 816（kJ/kg）	1.428 6
酒精	6400（kJ/kg）	26 760（kJ/kg）	0.913 0

注　表中1cal＝4.181 6J，1kgce＝29.271MJ＝7000kcal，以下同；采纳了GB/T 2589—2008附录A的各种能源折标准煤参考系数，而GB/T 2589—2008直接采纳了自1986年以后出版的《中国源统计年鉴》附录四给出的参考折算系数，即原国家经委、国家统计局在《1986年重点工业、交通运输企业能源统计报表制度》中规定了各类能源折算系数，与GB/T 2589—2008正文中的标准煤发热量29 307.6 kJ/kg不符。

2）燃气和生物质。各种燃气和生物质能的发热量应采用实测值，再折算成标准煤当量，如无条件实测，可参照表 2-12 所列数值。

表 2-12　　各类气体和生物质能折标系数（参考值）

能源种类		平均发热量	折标系数
气体燃料	甲烷	35 581（kJ/m³）	1.985 9（kg/m³）
	氢气	10 800（kJ/m³）	0.812 5（kg/m³）
	一氧化碳	12 638（kJ/m³）	0.431 2（kg/m³）
	液化石油气	50 179（kJ/kg）	1.714 3（kg/kg）
	炼厂干气	45 998（kJ/kg）	1.571 4（kg/kg）
	气田气	35 544（kJ/m³）	1.214（kg/m³）
	油田伴生气（天然气）	38 930（kJ/m³）	1.330（kg/m³）
	液化天然气	40 964（kJ/kg）	1.427（kg/kg）
	焦炉煤气	17 980（kJ/m³）	0.614（kg/m³）
	高炉煤气	3763（kJ/m³）	0.128 6（kg/m³）
	发生炉煤气	5227（kJ/m³）	0.179（kg/m³）
	压力气化煤气	15 054（kJ/m³）	0.514（kg/m³）
	重油催化裂解煤气	19 235（kJ/m³）	0.657（kg/m³）
	重油热裂解煤气	35 544（kJ/m³）	1.214（kg/m³）
	水煤气	10 454（kJ/m³）	0.357（kg/m³）
	焦炭制气	16 308（kJ/m³）	0.557 1（kg/m³）
生物质	人粪	18 817（kJ/kg）	0.643（kg/kg）
	牛粪	13 799（kJ/kg）	0.471（kg/kg）
	猪粪	12 545（kJ/kg）	0.429（kg/kg）
	羊、驴、马、骡粪	15 472（kJ/kg）	0.529（kg/kg）
	鸡粪	18 817（kJ/kg）	0.643（kg/kg）
	大豆秆、棉花秆	15 890（kJ/kg）	0.543（kg/kg）
	稻秆	12 545（kJ/kg）	0.429（kg/kg）
	麦秆	14 635（kJ/kg）	0.500（kg/kg）
	玉米秆	15 472（kJ/kg）	0.529（kg/kg）
	杂草	13 799（kJ/kg）	0.471（kg/kg）
	树叶	14 635（kJ/kg）	0.500（kg/kg）
	薪柴	16 726（kJ/kg）	0.571（kg/kg）
	沼气	20 908（kJ/kg）	0.714（kg/m³）

3）热力。热力单位采用千焦。根据锅炉出口蒸汽和热水温度、压力，在焓熵图查出热焓值减去给水（或回水）热焓值，乘以锅炉实际出力（蒸汽量或热水量）计算出热量。如无条件计算，可按表 2-13 进行估算。

表 2-13 热力与蒸汽折标系数

蒸汽种类	压力（MPa）	温度（℃）	热焓值（kJ/kg）	折标系数
热力				0.034 12（kg/MJ）
饱和蒸汽	0.098～0.25	<127	2592.6	0.088 6（kg/kg）
	0.29～0.69	133～165	2634.4	0.090 0（kg/kg）
	0.78	>170	2676.2	0.091 4（kg/kg）
过饱和蒸气	0.3		2760	0.094 29（kg/kg）
	1.0		3178	0.108 571（kg/kg）
	3.5		3680	0.125 71（kg/kg）
	10.0		3847	0.131 43（kg/kg）

注 1. 蒸汽或热水产量取报告期内锅炉给水量与排污等损失量之差。
2. 闭路循环供热时热水焓值取 20kcal/kg（83.6kJ/kg）。
3. 开路供热时热水焓值取 70kcal/kg（292.783.6kJ/kg）。

上述情况的热水出口温度为 90℃，回水温度为 70℃，给水温度为 20℃。

若以上条件均不具备，1kg 高压蒸汽按 3763kJ（900kcal）热量计算。则 1kg 蒸汽折算成标准煤为 3763kJ/29 307.6kJ/kg＝0.128 4kg，对于热力，折标准煤系数为 $\frac{0.128\ 4\text{kg}}{3763\text{kJ}}$＝0.034 12 kg/MJ。

1kg 低压蒸汽按 2763kJ（660kcal）热量计算。则 1kg 蒸汽折算成标准煤为 2763kJ/29 307.6 kJ/kg=0.094 3kg，对于热力，折标准煤系数为 $\frac{0.094\ 3\text{kg}}{2763\text{kJ}}$=0.034 12kg/MJ。

4）城市垃圾折标系数。城市垃圾折标系数可按表 2-14 进行估算。

表 2-14 城市垃圾折标系数

序号	能源名称	低位发热值	折标系数（kg/kg）	等价热值（kJ/kg）	等价折标系数（kg/kg）
1	城市垃圾	598 7kJ/kg	0.204 3	5987	0.204 3
2	发酵垃圾	730 5kJ/kg	0.249 3	7305	0.249 3

5）耗能工质。耗能工质是指在生产过程中所消耗的不作为原料使用、也不进入产品，在生产或制取时需要直接消耗能源的工作物质。耗能工质主要包括水（新水、软水、除氧水）、气（压缩空气、氧气、氮气、二氧化碳气、氢气、氯气、氩气等）、乙炔、电石等。某些耗能工质的平均等价值与折算系数见表 2-15。

表 2-15 某些耗能工质的平均等价值与折算系数

耗能工质种类		单位	等价值（kJ/t，kJ/kg，kJ/m³）	折标系数（kg/t，kg/kg，kg/m³）
各种水	新鲜水	t	2510	0.257 1/0.085 7
	循环水	t	4180	0.142 9
	软化水	t	14 230	0.485 7
	除盐水	t	96 200	3.285 7
	凝结水	t	152 600	5.214 3

续表

耗能工质种类		单位	等价值（kJ/t，kJ/kg，kJ/m³）	折标系数（kg/t，kg/kg，kg/m³）
各种气体	鼓风	m^3	880	0.030
	压缩空气	m^3	1170	0.040
	二氧化碳气	m^3	6280	0.214 3
	氧气	m^3	11 720	0.400
	氮气	m^3	19 660	0.671 4
电石		kg	60 920	2.079
乙炔		m^3	58 200	8.314

注 表中数据采纳了GB/T 2589—2008附录B的耗能工质能源等价值，是按照发电煤耗率为404g/kWh计算出来的，但是新鲜水和循环水除外，按照GB/T 2589—2008附录B，新鲜水等价值为2.510kJ/kg（600kcal/t），折标准煤系数为0.085 7kg/t；根据1990年的GB/T 2589—2008附录B，新鲜水耗电和新鲜水焓值两项折标准煤系数为0.257 1kg/t。新鲜水折标准煤系数推荐为0.257 1kg/t，原因是自来水需要取水耗电、水处理耗电、输送耗电，所以新鲜水的折标准煤系数远远大于0.085 7kg/t。

在计算单位产品能耗或综合能耗时，要把耗能工质消耗的能源包括在内。在计算耗能工质消耗的能源时要特别注意防止重复计算或漏计，例如购入的水消耗的能源容易被忽略；而使用电力自产压缩空气则容易被重复计算，一方面把自产压缩空气用电折算计入综合能耗中，另一方面又把这些压缩空气折算成能源计入综合能耗中。

（10）电力折标系数（the coefficient of power converting into standards）：生产1kWh电能需要消耗的标准煤低位热值。电力折标准煤系数有等价值和当量值两种，根据统计口径和相关标准，对于电力折标系数说明如下：

1）在企业的能耗统计中，对电力我国一直使用等价值折标。而2005年国家统计局关于布置2005年统计年报和2006年定期统计报表制度的通知（国家统计局〔2005〕85号文）出台，规定从2006年开始，企业能源统计中的电力消费的折标煤系数取消原用的等价系数4.04，而统一采用当量系数1.229。此外，2008年6月1日实施的GB/T 2589—2008《综合能耗计算通则》中，也提出了电力折标既可用等价值，也可用当量值折标，而此前该标准规定电力折标只用等价值（如GB/T 2589—1990）。正是由于以上调整，使得电力折标统计时出现混乱，有人认为应坚持以等价值为主（与传统做法一样），也有人认为应统一使用当量值折标，这给节能管理工作带来了很多困难。不只是电力折标有两种方法，实际上所有二次能源，都存在着等价值和当量值两种折标方式，但由于其他二次能源生产时转换效率较高（转换效率高达90%以上），所以无论采用等价值还是当量值，计算结果都差异不大，而只有电力的转换效率最低，差异最大。此外，如果其他二次能源也都采用等价值折标，则能源统计工作量会大大增加，不利于提高统计效率。因此，我国目前只对电力折标采用等价值和当量值两种方法并存，而其他二次能源都统一采用当量值折标，加工转换能量损失由能源加工转换企业承担。

2）目前统计部门在统计地区能源消费总量、万元单位GDP能耗数据时均采用等价值计算，因此在计算项目对所在地区能源消费增量、节能量和单位GDP能耗下降目标时，电力折标系数应采用等价值计算。2003年我国将等价值电力折标系数固定为0.404kg/kWh，2003年我国发电煤耗率平均为355g/kWh，因此电的折算标准煤系数为0.355kg/kWh。2011年我国发电煤耗率平均为329g/kWh，因此后来电的折算标准煤系数一律采用0.329kg/kWh。企业在计算节能项目节能（技术措施节能）时，电的折标系数认为是3.29t/万kWh。例如发电机系统节能，若按电力折标当量系数（1.229t/万 kWh），节约 1 万 t 标准煤发热量需要节电 8137 万 kWh；而按电力折标等价系数（3.29t/万 kWh），节约 1 万 t 标准煤发热量仅需要节电 3040 万 kWh。在企业申报节能奖励时均以电力折标等价系数计算节能量，极大地调动了企业节能技改的积极性。

3）在当前实施的大部分标准、规范中，能量利用率、单位产品能耗等指标计算所采用的电力折标系数一般为当量值；但是也有部分行业标准、规范采用等价值。因此，在计算能耗指标时，应注意与相关标准、规范等采用的电力折标系数一致，便于对比分析，二者不能混淆。在计算企业综合能耗时，电的折标系数认为是 1.229t/万 kWh。

原国家经委、国家统计局在《1986 年重点工业、交通运输企业能源统计报表制度》中规定了各类能源折标系数，此后各类能源统计均以该折标系数为准。

（11）不平衡率（unbalance rate）：输入能源总量减去已查明能源输出量、各项损失量的差与输入总能源量的百分比。燃料平衡的不平衡率不超过±1%，热平衡的不平衡率不超过±1%，电平衡的不平衡率不超过±1%，水平衡的不平衡率不超过±4%。

第三章　燃料指标管理与控制

通常所说的燃料是指那些能在空气中进行燃烧，以碳为主要成分的物质，一般称为“碳质燃料”，如煤、重油和燃气。按其来源和物态，燃料一般可分为固体燃料、液体燃料和气体燃料三类。按来源可以分为天然燃料和人造燃料两类。燃料的分类见表 3-1。

表 3-1　燃料的分类

燃料物态	来源		定义
	天然燃料	人造燃料	
固体	木柴、煤、硫化矿、页岩等	木炭、焦炭、粉煤、块煤、硫化矿精矿等	古代埋入地下的动物和植物在地层的压力和温度长期作用下，经过炭化和有机分解所形成的可用作燃料的任何碳氢化合物矿床。包括煤、石油、天然气和油页岩等
液体	石油	汽油、煤油、重油、酒精、燃料油等	在常温下为液态的天然有机燃料及其加工处理所得的液态燃料。如石油、燃料油等
气体	天然气	高炉煤气、发生炉煤气、沼气、石油裂化气等	在常温下为气态的天然有机燃料，或者可燃气体和不可燃气体按不同组成混合而成的燃料气。其可燃组分是甲烷，其他低分子量碳氢化合物、氢及一氧化碳；主要的不可燃组分是氮、二氧化碳和水蒸气

第一节　燃煤分析指标

（1）整机全水分损失（total moisture loss）：机械采制样装置的全水分的偏倚测定值。测定时，将机采留样与人工样（假定为水分参比样）分别进行例常制样，测定其全水分值，并对人工样全水分值减去机采留样水分值进行数据统计，其平均值即为采样机整机水分损失值。整机全水分损失不应超过 0.70%。例如某人煤质监督检验中心将原煤样一份约 200kg，经过人工制样并立即测定全水分，测得人工制样的全水分值 $M_{tr}=12.3\%$。余煤分成 20 份，每份约 10kg 样品，依次迅速加入某入厂煤甲路采制样机，收集 20 个全水分样品，分别按照《煤中全水分的测定方法》（GB/T 211—2007）的规定迅速测定 M_{tji}，机械制样的全水分平均值 $M_{tj}=12.2\%$；因此水分损失 $\varepsilon=M_{tr}-M_{tj}=12.3\%-12.2\%=0.1\%$，符合《发电用煤机械制样装置性能验收导则》（DL/T 747—2010）中整机全水分损失不超过 0.7%的要求。影响整机全水分损失的因素如下：

1）煤样外水分。煤炭外水分是指附着在煤颗粒表面以及直径大于 0.1μm 的毛细管中的水分，以机械的方式与煤相结合，其蒸汽压与纯水的蒸汽压相等，较易蒸发；内水即吸附或凝聚在煤颗粒内部直径小于 0.1μm 的小毛细孔中，蒸汽压小于纯水的蒸汽压，蒸发较难，加热至 105～110℃时才能蒸发。因此，机采样的水分损失主要为外水分的损失。试验结果表明：煤样的外水分越高，水分损失越严重，随着外水分的增加，水分损失随之增加。当环境温度为 27℃、湿度为 34%时，某烟煤水分损失试验与外水分值之间的关系见图 3-1。

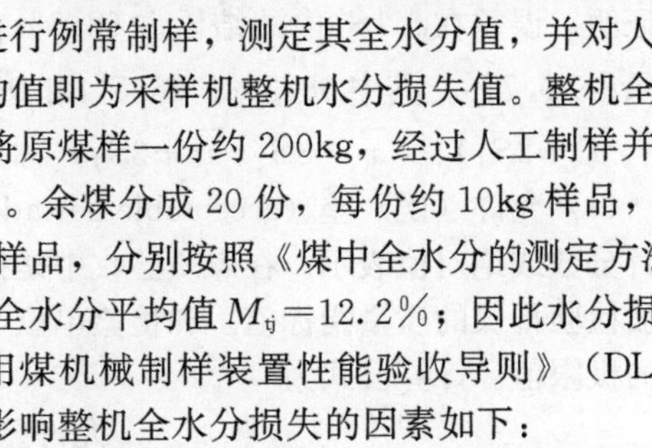

图 3-1　水分损失随外水分值变化曲线

2）破碎机形式。采制样机的破碎机是影响水分损失的关键部位。目前，破碎机的形式主要有锤式、环锤式及对辊3类，锤式和环锤式较为常见。破碎机形式影响采制样设备水分损失的主要因素包括：①锤式及环锤式转速快，破碎腔中空气对流剧烈，导致水分损失较大，而对辊破碎空气对流较小，水分损失相对较小；②破碎机摩擦撞击生热，温度升高，加速水分蒸发；③破碎机腔体存在较大缝隙，与外界发生空气交换；④给料胶带及落煤管密封性差，甚至煤样暴露在空气当中，导致煤样在输送过程中水分损失增大；⑤给料胶带输送距离较远，过程中存在一定的水分损失。

3）煤种。褐煤的内水分和外水分均比烟煤高出很多，因此，在褐煤与烟煤的储运环境相近时，褐煤通过采制样机的水分损失往往比烟煤略高。

（2）精密度（percision）：在规定条件下所得的独立试验结果间的符合程度，符号为 P。采样精密度与采样偏差是互为反义的同一概念，都是用来说明样本与总体间的差异程度。采样偏差大，采样精密度就低，样本与总体间有较大的差异；偏差小，精密度就高，样本就接近总体。原煤、筛选煤、精煤和其他洗煤的采样、制样和化验总精密度（灰分 A_d）如表3-2表示。一般可用标准差 S 估算精密度。估算公式为

$$P=2S$$

表3-2 采样精密度要求

原煤、筛选煤		精煤	其他洗煤（包括中煤）
$A_d\leqslant 20\%$	$A_d>20\%$		
$\pm\frac{1}{10}A_d$，但绝对值不小于±1.0%	±2.0%（绝对值）	±1.0%（绝对值）	±1.5%（绝对值）

（3）置信度、置信概率、置信水平（confidence interval）：测量值的误差落在区间（$-S$，$+S$）内的概率，符号为 P。在煤质分析中，在不存在系统误差的情况下，其测试结果服从正态分布规律。如用 $\overline{x}$ 代表无限多次测定的平均值，S_T 为无限多次测定结果的总体标准差，其数理统计证明，误差在 $\pm 1S_T$ 内的结果占68.3%，误差在 $\pm 2S_T$ 内的结果占95.5%，误差在 $\pm 3S_T$ 内的结果占99.7%。其中68.3%、95.5%和99.7%称为置信概率。其中（$\overline{x}-S_T$，$\overline{x}+S_T$）、（$\overline{x}-2S_T$，$\overline{x}+2S_T$）、（$\overline{x}-3S_T$，$\overline{x}+3S_T$）称为置信区间。

（4）允许（误）差（acceptable deviations）：在标准或合同范围值可以上下浮动的值，一般以百分数或绝对值表示。在煤质验收中是指对一批煤的某一质量指标的报告值（被检验单位出具的被检验批煤的质量指标值）和检验单位对同一批煤的同一质量指标的检验值的差值在规定概率下的极限值。计算公式为

$$允许差=报告值-检验值$$

根据GB/T 18666—2014《商品煤质量抽查和验收方法》，商品煤应测定3种指标，以判定该项指标是否合格。见表3-3。

表3-3 商品煤质量指标允许差

灰分 A_d（以检验值计，%）	允许差		全硫 $S_{t,d}$（以检验值计，%）	允许差（%）
	ΔA_d（%）	$\Delta Q_{gr,d}$（MJ/kg）		
>20.0～40.0	−2.82	+1.12	<1.0	−0.17
10.0～20.0	$-0.141A_d$	$+0.056A_d$	1.0～2.0	$-0.17S_{t,d}$
<10.0	−1.41	+0.56	>2.0～3.0	−0.34

（5）外在（表面）水分（surface moisture）：在一定条件下，煤样与周围空气湿度达到平衡时所失去的水分，以 M_f表示。

（6）内在水分、空气干燥基水分（inherent moisture）：在一定条件下，煤样达到空气干燥状态时所保持的水分，以 M_{inh}或 M_{ad}表示。

（7）全水分（total moisture）：煤的外在水分和内在水分的总和，以 M_t表示。煤粉水分过高时，使煤粉在炉内的点火困难；同时由于煤粉水分过高影响煤粉的流动会使供粉量的均匀性变差，在煤粉仓中还会出现结块、“搭桥”现象，影响正常供粉。煤粉水分过低时，产生煤粉自流的可能性增大，对于挥发分高的煤，引起自燃爆炸的可能性也增大。通过控制磨煤机出口气粉混合物温度，可以实现煤粉水分的控制。温度高，水分低；温度低，水分高。为此，运行中应严格按照标准要求，控制磨煤机出口温度。当原煤水分变化时，应及时调整磨煤机入口干燥剂的温度，以维持磨煤机出口干燥剂温度在标准规定的范围之内。

外在水分 M_f、内在水分 M_{inh}和全水分 M_t三者之间存在的关系为

$$M_t = M_f + \frac{M_{inh} \times (100 - M_f)}{100}$$

例 3-1 某煤质全水分 M_t=35%，空气干燥基水分 M_{ad}=16%，求其外在水分 M_f。

解：由于有

$$M_t = M_f + \frac{M_{inh} \times (100 - M_f)}{100}$$

因此有

$$35 = M_f + \frac{16 \times (100 - M_f)}{100}$$

$$M_f = 22.62(\%)$$

煤中所含水分等杂质，对锅炉工作有直接的负面影响。由于煤的发热量不同，仅从百分含量上很难看出它对锅炉带来的危害程度。为了比较不同煤种中各种杂质的危害程度，引入了折算水分的概念。折算成分是指在低位发热量中每 4186.8kJ 热量所对应煤的成分，当煤中的折算水分 M_{ZS}>8%时称为高水分煤。以 M_{ZS}代表收到基折算水分，即

$$M_{ZS} = \frac{M_{ar}}{\frac{Q_{net,ar}}{4186.8}} \% = 4186.8 \frac{M_{ar}}{Q_{net,ar}} \%$$

式中 M_{ZS}——收到基折算水分，%；

M_{ar}——收到基水分，%；

$Q_{net,ar}$——煤的收到基低位发热量，kJ/kg。

煤的最高内在水分（moisture holding capacity）：煤样在 30℃、湿度达到 96%的条件下吸附水分达到饱和时测得的水分，用符号 MHC 表示。由于空气干燥基水分的平衡湿度一般低于 96%，所以，最高内在水分 MHC 高于空气干燥基水分 Mad。煤的最高内在水分 MHC 与煤化程度的关系见表 3-4。

表 3-4 煤的最高内在水分 MHC 与煤种的关系

煤种	褐 煤	长焰煤	不黏煤	弱黏煤	气 煤
MHC（%）	15～35	5～20	5～20	3～10	1～6
煤种	肥 煤	焦 煤	瘦 煤	贫 煤	无烟煤
MHC（%）	0.5～4	0.5～4	1～3	1～3.5	1.5～10

（8）灰分（率）（ash content）：煤样在规定条件下完全燃烧后所得的残留物。包括有机质燃烧后的残渣和无机矿物质在煤燃烧过程中形成的反应产物，以 A 表示。将煤样在空气中加热到（800±25）℃，灼烧 2h，余下的质量就是灰分。灰分不但不可以燃烧，而且还阻碍氧与可燃物质的结合，造成着火和燃尽困难。另外，灰分是造成结焦和积灰、磨损的直接原因，同时灰分还会造成大气污染。燃煤灰分是衡量发电用煤质量最重要的指标之一，是锅炉设计的主要依据。收到基灰分 A_{ar} 和干燥基灰分 A_d 之间的转换公式为

$$A_d=\frac{100}{100-M_{ar}}\times A_{ar}$$

灰分是煤中有害杂质，含量在 5%～40%之间，它对锅炉工作的危害如下：

1）在燃烧过程中，灰分会阻碍可燃物质与氧接触，不但使燃烧速度降低，而且使煤因得不到空气而烧不透，影响燃尽。

2）煤中灰分含量越大，其可燃成分（如含碳量）相对减少，煤的发热量越低，而且当矿物质变为灰分时还要吸收热量。因此煤的灰分越大，炉膛温度的下降幅度也越大，煤的燃尽度变差，锅炉效率变差。

3）烟气中的灰分还会引起受热面的沾污磨损及锅炉结渣爆管等，降低锅炉寿命。

4）排除灰渣要带走一部分热量，造成热损失；而且灰分增加，存在粉煤灰的输送、储存、利用问题，同时灰场占用大量土地。

5）随烟排灰会污染环境，增加电除尘的负担。

6）灰分大，会增加制粉系统的电耗，因此必须控制灰分不高于允许值。

7）灰分易使受热面积灰、结渣，不仅影响传热，甚至会妨碍锅炉的正常工作。

煤灰分变化 1 个百分点，燃煤热值变化 376～418kJ/kg，对发电用煤量的影响见表 3-5。

表 3-5　煤灰分 A_d 变化 1 个百分点对发电用煤量的影响值

煤种	原有灰分（%）	用煤量增加（%）（厂用电增加因素不考虑）	用煤量增加（%）（考虑厂用电增加因素）
烟煤	10～15	0.08	0.1
劣煤	10	0.18	0.2
无烟煤屑	20	0.48	0.5
无烟煤块	10～15	0.38	0.4

例 3-2　已知收到基灰分 $A_{ar}=40\%$，煤的全水分为 $M_t=10\%$，空气干燥基水分为 $M_{ad}=10\%$，求干燥基灰分和空气干燥基灰分。

解：干燥基灰分为

$$A_d=\frac{100}{100-M_{ar}}\times A_{ar}=\frac{100}{100-M_t}\times A_{ar}=\frac{100}{100-10}\times 40\%=44.44\%$$

空气干燥基灰分为

$$A_{ad}=\frac{100-M_{ad}}{100-M_{ar}}\times A_{ar}=\frac{100-8}{100-10}\times 40\%=40.89\%$$

煤中所含灰分等杂质，对锅炉工作有直接的负面影响。由于煤的发热量不同，仅从百分含量上很难看出它对锅炉带来的危害程度。为了比较不同煤种中各种杂质的危害程度，引入了折算灰分的概念，当煤中的折算灰分 $A_{ZS}>4\%$时称为高灰分煤。以 A_{ZS}代表收到基折算灰分，即

$$A_{ZS}=\frac{A_{ar}}{\frac{Q_{net,ar}}{4186.8}}(\%)=4186.8\frac{A_{ar}}{Q_{net,ar}}(\%)$$

式中 A_{ZS}——收到基折算灰分，%；

A_{ar}——收到基灰分，%；

$Q_{net,ar}$——煤的收到基低位发热量，kJ/kg。

例 3-3 如某台1000t/h锅炉，设计用煤的收到基低位发热量 $Q_{net,ar}$＝17 230kJ/kg，燃煤量 B＝175.3t/h，灰分 A_{ar}＝20%；实际燃煤 $Q_{net,ar}$＝24 100kJ/kg，燃煤量 B＝124.5t/h，灰分 A_{ar}＝21%，试比较它们燃烧后所产生的灰量，以及灰分对锅炉的危害程度。

解：设计煤种折算灰分为

$$A_{ZS}=4186.8\frac{A_{ar}}{Q_{net,ar}}(\%)=4186.8\times\frac{20}{17\,230}(\%)=4.86\%$$

设计煤种产生的灰量为

$$G_h=BA_{ar}=175.3\times20\%=35.06\ (t/h)$$

实际煤种折算灰分为

$$A_{ZS}=4186.8\frac{A_{ar}}{Q_{net,ar}}(\%)=4186.8\times\frac{21}{24\,100}(\%)=3.65\%$$

设计煤种产生的灰量为

$$G_h=BA_{ar}=124.5\times21\%=26.15\ (t/h)$$

由计算可知，实际煤种的灰分虽然比设计煤种的灰分含量大，但由于其发热量高，折算灰分小，燃烧后产生的灰量也少，因此对锅炉危害程度低。

(9) 外来灰分（extraneous ash）：煤炭生产过程中混入煤中的矿物质所形成的灰分。

(10) 内在灰分（inherent ash）：由原始成煤植物中和由成煤过程进入煤层的矿物质所形成的灰分。

(11) 挥发分、挥发物产率（volatile matter）：将煤样在（900±10)℃温度下，隔绝空气加热7min，待其中的有机物和部分矿物质受热分解成为气体逸出，以失去的质量占煤样质量的百分比，减去煤样的水分后即为挥发物产率。逸出的气体（主要是 H_2、C_mH_n、CO、CO_2 等可燃气体）产物质量占煤样质量的百分数称为煤的挥发分产率，简称挥发分，用 V 表示。可见挥发分简单地说就是煤在规定的条件下，隔绝空气加热所逸出的除分析水分以外的挥发物质量占试样质量的百分比。

火力发电厂锅炉设计及热力计算一般用干燥无灰基挥发分 V_{daf} 指标。假想无水、无灰状态的煤为基准，将煤样在规定条件下隔绝空气加热、并进行水分和灰分校正后的质量损失，称为干燥无灰基挥发分。干燥无灰基挥发分 V_{daf} 与空气干燥基挥发分 V_{ad} 的换算关系为

$$V_{daf}=V_{ad}\times\frac{100}{100-M_{ad}-A_{ad}}$$

式中 M_{ad}——空气干燥基水分 M_{ad}，%；

V_{ad}——空气干燥基挥发分，%；

A_{ad}——空气干燥基灰分，%。

挥发分的高低是煤变质程度的标志，是煤炭分类的主要依据。煤的挥发分随着煤变质程度的加深而减少，变质程度最深的无烟煤挥发分最小，变质程度最浅的褐煤挥发分最大。挥发分大部

分是可燃气体，煤进入炉膛后加热，首先是挥发分析出、着火燃烧，释放的热量加热煤粉气流，最后达到焦炭的着火温度，使煤粉燃烧。

挥发分是判别燃料着火特性的主要指标，对煤的着火性能影响很大。煤进入炉膛后加热，首先是挥发分析出、着火燃烧，释放的热量加热煤粉气流，最后达到焦炭的着火温度，使煤粉燃烧。挥发分含量高，燃煤着火温度低，所需着火热越少，可以迅速燃烧，燃烧稳定，燃烧热损失较小；而且挥发分越高的煤，其火焰传播速度越快，着火越迅速、稳定。而挥发分少的煤，着火温度高，煤粉进入炉膛后，加热到着火温度所需要的热量比较多，时间比较长，着火速度慢，也不容易燃烧完全，飞灰可燃物增加。挥发分过低，又会造成燃烧不稳定，甚至导致锅炉灭火。

挥发分对煤的燃烧很重要，挥发分含量高，挥发分燃烧产生的热量就高，容易达到碳的着火温度（着火温度就低），着火速度快，使焦炭提前着火，煤易燃尽，燃烧热损失较小，燃烧稳定。这是因为挥发分析出后，煤表面呈多孔性，与助燃空气接触机会增多，因此挥发分多的煤容易燃尽，飞灰可燃物降低。但是挥发分高容易烧坏燃烧器，并使前炉墙结焦。

挥发分越高，越易引起制粉系统的自燃和爆炸。煤粉阴燃的温度随煤的挥发分增高而降低。例如V_{daf}为15%～30%的煤，阴燃温度约为270～300℃；而$V_{daf}>40\%$的高挥发分烟煤，其阴燃温度约为210℃。因此当制粉系统局部存在积粉时，会使温度升高，甚至自燃。经验表明，挥发分V_{daf}小于10%时，煤粉实际上不会爆炸，燃用贫煤、无烟煤在运行中没有危险。而燃用高挥发分（$V_{daf}>25\%$）的烟煤、褐煤往往容易发生制粉系统爆炸事故。

相反，挥发分少的煤挥发分析出少，着火温度高，煤粉进入炉膛后，加热到着火温度所需要的热量比较多，时间比较长，着火速度慢，也不容易燃烧完全，煤粉来不及燃烧就排出炉外，飞灰可燃物增加。挥发分每减少1%，飞灰可燃物增加0.113%。

(12) 固定碳(fixed carbon)：煤中有机质在高温下裂解，逸出气态产物后的固态产物。以FC表示。在实验室条件下，可用测定煤样挥发分后的残留物中减去灰分后的残留物表达；工业分析中，通常由FC=100−(M+A+V)的百分率计算。

例 3-4 煤样测得空气干燥基水分M_{ad}为2.0%，空气干燥基挥发分V_{ad}为16.5%，空气干燥基灰分A_{ad}为25.5%，求空气干燥基固定碳FC_{ad}的百分含量。

解：空气干燥基固定碳为

$$FC_{ad}=100-(M_{ad}+A_{ad}+V_{ad})$$
$$=100-2.0-25.5-16.5=56.0\%$$

(13) 全硫（total sulfur)：煤中无机硫和有机硫的总称，以S_t表示。煤中所含硫分等杂质，对锅炉工作有直接的负面影响。由于煤的发热量不同，仅从它的百分含量上很难看出它们对锅炉带来的危害程度。煤中无机硫主要有硫铁矿硫S_p和硫酸盐硫S_s。有机硫S_o的成分很复杂，主要有硫醚或硫化物、二硫化物、硫醇、巯基化合物、噻吩类杂环化合物及硫醌化合物等组分和官能团所构成。表达式为

$$S_t=S_o+S_p+S_s$$

其中硫铁矿硫S_p和有机硫S_o为可燃硫，燃烧后可形成SO_2等有害气体。

为了比较不同煤种中各种杂质的危害程度，引入了折算硫分的概念，当煤中的折算硫分$S_{ZS}>0.2\%$时称为高硫分煤。以S_{ZS}代表收到基折算硫分，即

$$S_{ZS}=\frac{S_{ar}}{\frac{Q_{net,ar}}{4186.8}}\ (\%)=4186.8\frac{S_{ar}}{Q_{net,ar}}\ (\%)$$

式中 S_{ZS}——收到基折算硫分，%；

S_{ar}——收到基硫分，%；

$Q_{net,ar}$——煤的收到基低位发热量，kJ/kg。

（14）燃料比（fuel ratio）：煤工业分析成分中的固定碳和干燥无灰基挥发分的质量之比。FC/V 越大，说明煤的固定碳含量越高，挥发分含量越小，煤的着火和燃尽就越困难。FC/V 与煤的着火特性关系见表 3-6。

表 3-6 FC/V 与煤的着火特性关系

燃料比	＜4	4～9	＞9
着火特性	易燃	中等	难燃

（15）（煤）发热量、热值（calorific value of coal）：单位质量的燃煤在一定温度下完全燃烧时所放出的热量，通常用热量计（卡计）测定。任何物质（包括煤）的燃烧热，随燃烧产物的最终温度而改变，温度越高，燃烧热越低。因此，一个严密的发热量定义，应对燃烧产物的最终温度（参比温度）有所规定（ISO 1928 规定的参比温度为 25℃）。但在实际发热量测定时，由于具体条件的限制，把燃烧产物的最终温度限定在一个特定的温度或一个很窄的范围内都是不现实的。温度每升高 1K，煤和苯甲酸的燃烧热约降低 0.4～1.3J/g，当按规定在相近的温度下标定热容量和测定发热量时，温度对燃烧热的影响可近于完全抵消，而无需加以考虑。煤的发热量计算公式为

$$Q_{gr,\ ad}=Q_{b,\ ad}-(94.41S_{b,\ ad}+a\,Q_{b,\ ad})$$

式中 $Q_{gr,ad}$——煤样的空气干燥基高位发热量，J/g；

$Q_{b,ad}$——煤样的空气干燥基弹筒发热量，J/g；

$S_{b,ad}$——由弹筒洗液测得的煤的含硫量，可用全硫代替，%；

94.1——煤中每 1%硫的校正值，J；

a——硝酸校正系数，一般情况下 $a=0.001\,2$。

（16）弹筒发热量（bomb calorific value）：单位质量的试样在充有过量氧气的氧弹内燃烧，其燃烧后的物质组成为氧气、氮气、二氧化碳、硝酸和硫酸、液态水，以及固态灰时放出的热量。以 Q_b表示，单位为 kJ/kg。试验方法是将 1g 煤样置入燃烧皿中，向氧弹充入氧气，然后将氧弹放入充有定量水的内桶中，煤样燃烧后产生的热量通过氧弹传给内桶中的水，使水的温度升高。根据水的温升可以计算出煤释放出的热量，即弹筒发热量。

（17）高位发热量、高位热值（gross calorific value）：单位质量的试样在充有过量氧气的氧弹内燃烧，燃烧后的物质组成为氧气、氮气、二氧化碳、二氧化硫、液态水，以及固态灰时放出的热量。即由弹筒发热量减去硝酸形成热和硫酸校正热后得到的发热量。以 Q_{gr}表示，单位为 kJ/kg。计算公式为

$$Q_{gr,d}=338.71C_d+1254.48H_d+108.72(S_d-O_d),\ \text{kJ/kg}$$

$$Q_{gr,ar}=338.71C_{ar}+1254.48H_{ar}-108.72(O_{ar}-S_{ar})-23M_t,\ \text{kJ/kg}$$

煤在氧弹中燃烧与在大气中燃烧的区别为：氮在氧弹中形成硝酸放热，在空气中不形成硝酸，因此需要对弹筒发热量进行校正。GB/T 213—2003《煤的发热量测定方法》规定，煤的发热量计算公式为

$$Q_{gr,\ ad}=Q_{b,\ ad}-(94.1S_{b,ad}+a\,Q_{b,ad})$$

式中 $Q_{gr,ad}$——分析煤样的高位发热量，J/g；

$Q_{b,ad}$——分析煤样的弹筒发热量，J/g；

$S_{b,ad}$——由弹筒洗液测得的煤的含硫量，当全硫含量低于 4%时，或发热量大于 14.60MJ/kg时，可用全硫或可燃硫代替 $S_{b,ad}$，%；

94.1——煤中每1%硫的校正值（实际上应为94.41），J；

a——硝酸校正系数，当 $Q_{b,ad} \leqslant 16.70$MJ/kg时，$a=0.001$，当 $16.70\text{MJ/kg} < Q_{b,ad} \leqslant 25.10$MJ/kg时，$a=0.0012$，当 $Q_{b,ad} > 25.10$MJ/kg时，$a=0.0016$。

GB/T 18666《商品煤质量抽查和验收方法》中规定采用干燥基高位发热量作为验收参数，其主要理由如下：

1）干燥基高位发热量可真正反映煤的热值特性，不受其他特性指标值的影响；而收到基低位发热量则受多种因素的影响，特别是水分不定的影响。因此以干燥基高位发热量作为煤质验收的项目更为合理。

2）采用干燥基高位发热量作为煤质验收项目，可使煤量与煤质验收成为相互独立的两部分，这样电厂对进厂煤的验收易于实施，同时也减少供需双方因收到基低位发热量结果之间存在差异的机会（很可能就是因煤中全水分及氢的测值差异所致），而引发经济纠纷。

3）采用干燥基高位发热量作为煤质验收指标，无需提供煤中氢含量。煤中氢的测定比较麻烦，需要配备专门的仪器设备，并不是每一个电厂均具备测氢条件。采用干燥基高位发热量作为煤质验收项目可使电厂进厂煤质的验收与检验更为简便。

例 3-5 已知煤中的硫在充有氧气的压力氧弹内燃烧发生下列反应为

$$S_m + O_2 \longrightarrow SO_2 \quad +292\,712\text{J/mol}$$

生成的 SO_2 又进一步氧化，即

$$SO_2 + 0.5O_2 + H_2O \longrightarrow H_2SO_4 \quad +227\,479\text{J/mol}$$

$$H_2SO_4 + nH_2O \longrightarrow H_2SO_4 \cdot nH_2O \quad +74\,642\text{J/mol}$$

请求证煤中每1%硫的校正值为94.41J。

证明：在工业锅炉内燃烧，除硫酸盐外，其余形态的硫主要按第一反应式反应进行，并生成二氧化硫，之后随着烟气排入大气。

在压力氧弹内燃烧的反应热要比工业锅炉内多，所多出的部分恰好等于第二、第三反应式的反应热之和，即

$$SO_2 + 0.5O_2 + (n+1)H_2O \longrightarrow H_2SO_4 \cdot nH_2O \quad +302\,121\text{J/mol}$$

可见每摩尔二氧化硫氧化形成三氧化硫，并进一步溶于水产生硫酸的总热量为302 121J。每1g硫所产生的热量为302 121J/32g =9441J/g；对于含硫分为1%的1g煤试样应为9441×1%=94.41（J/g），但在GB/T 213中高位发热量计算公式中硫的系数为94.1，两者相差甚少，对计算结果影响不大。

（18）低位发热量、低位热值（net calorific value）：单位质量的试样在充有过量氧气的氧弹内燃烧，其燃烧后的物质组成为氧气、氮气、二氧化碳、二氧化硫、气态水（假定压力为0.1MPa），以及固态灰时放出的热量。即由高位发热量减去水（燃料中吸附水和氢燃烧后形成的水）的汽化潜热后得到的热量。低位发热量与高位发热量存在如下关系，即

$$Q_{net,ar} = Q_{gr,ar} - 206H_{ar} - 23M_{ar}$$

式中 206——0.01kg 氢生成的水的汽化热为 206kJ/kg；

23——0.01kg 燃料中吸附水的汽化热为 23kJ/kg。

低位发热量是指燃料完全燃烧后，燃烧物中的水蒸气仍以气态存在时的反应热。低位发热量就是从高位发热量中扣除了水蒸气的汽化热后的发热量。因为燃料在锅炉中燃烧后，其排烟温度一般在 110～160℃之间，烟气中水蒸气的分压力很低，仍处于蒸汽状态，不可能凝结成水而放出汽化热，这部分汽化热不能被锅炉所利用，所以我国规定锅炉技术经济指标计算时燃料的热值统一按低位发热量计算。

由于水蒸气的凝结热等于汽化热，所以低位发热量 $Q_{net,ad}$ 与高位发热量 $Q_{gr,ad}$ 存在如下关系，即

$$Q_{gr,ad}=Q_{net,ad}+206H_{ad}+23M_{ad} \quad kJ/kg$$

$$或 Q_{gr,daf}=Q_{net,daf}+225H_{daf} \quad kJ/kg$$

同一煤种，引起低位发热量变化的主要因素是水分和灰分，低位发热量每降低 500kJ/kg，发电煤耗增加 0.8g/kWh。

例 3-6 空气干燥基弹筒发热量 $Q_{b,ad}=23\ 000J/g$，$S_{b,ad}=1.5\%$，$H_{ad}=3.0\%$，$M_{ad}=2\%$，$M_{ar}=5\%$，$A_{ad}=45\%$。试求空气干燥基高位发热量 $Q_{gr,ad}$、低位发热量 $Q_{net,ad}$ 和收到基低位发热量 $Q_{net,ar}$。

解：$Q_{gr,ad}=Q_{b,ad}-94.41S_{b,ad}-k_bQ_{b,ad}$

$=23\ 000-94.41\times1.5-0.001\ 2\times23\ 000=22\ 830.79$ (J/g)

$$Q_{net,ad}=Q_{gr,ad}-206H_{ad}-23M_{ad}=22\ 830.79-206\times3-23\times2=22\ 166.79\ (J/g)$$

$$Q_{net,ar}=(Q_{net,ad}+23M_{ad})\times\frac{100-M_{ar}}{100-M_{ad}}-23M_{ar}$$

$$=(22\ 166.79+23\times2)\times\frac{100-5}{100-2}-23\times5=21\ 417.80\ (J/g)$$

例 3-7 已知煤的收到基成分为 $C_{ar}=56.22\%$，$H_{ar}=3.15\%$，$O_{ar}=2.74\%$，$N_{ar}=0.88\%$，$S_{ar}=4\%$，$A_{ar}=26\%$，$M_{ar}=7\%$，试计算其高、低位发热量。

解：收到基高位发热量为

$$Q_{gr,ar}=[81C_{ar}+300H_{ar}-26(O_{ar}-S_{ar})-5.5M_t]\times4.181\ 6$$

$$=[81\times56.22+300\times3.15-26(2.74-4)-5.5\times7]\times4.181\ 6$$

$$=22\ 969.86(kJ/kg)$$

低位发热量为

$$Q_{net,ar}=Q_{gr,ar}-206H_{ar}-23M_{ar}$$

$$=22\ 969.86-206\times3.15-23\times7=22\ 159.96(kJ/kg)$$

(19) 配煤比（coal blending ratio）：各种煤掺配比例的质量分数。

(20)（燃料）检质率（fuel ratio through quality testing）：是指对收到的燃料（燃煤、燃油、燃气）进行质量检验的数量 B_{jz}（t）与燃料收入量 B_{sr}（t）的百分比，其计算公式为

$$L_Z=\frac{B_{jz}}{B_{sr}}\times100\%$$

式中 L_Z——检质率，%；

B_{jz}——对收到的燃料（燃煤、燃油、燃气）进行质量检验的数量，t；

B_{sr}——燃料收入量，t。

入厂煤质直接关系到锅炉设备安全、经济运行以及发电厂经济效益。检质率反映了燃料验收管理工作的质量，电厂要求检质率达到100%。燃料检质率低的原因如下：

1）燃料采购过程中，在供应方的现场（如矿区、码头等）监督不到位。

2）采、制、化过程操作不规范。

3）机械取样装置投运不正常。

4）燃料厂内监督不到位。

处理问题的对策如下：

1）燃料采购驻矿员要尽职尽责，会同有关人员到现场取样监督，把好质量关，禁止自燃煤或弄虚作假煤装车（船）。

2）采样、制样、化验人员必须持证上岗，新进人员要有计划地培训，经统一培训考试，取得上岗证后才能上岗。已取得上岗合格证的工作人员，必须3～4年进行一次复查考试换证。

3）加强机械取样装置的日常维护，及时消缺。

4）加强内部监督机制，制定严格的入厂煤采、制、化制度，燃料部和运行部加强内部监督管理，燃料管理部门对采制化全过程进行监督。入厂煤取样后要编制一级密码，煤样桶贴上封条后应送交制样间，制样员检查样桶封条无异常，标签核对无误后，按照规定组织制样。准备好的煤样应编制二级密码，交化验人员。化验员要严格遵循国家标准要求，对煤样进行化验，煤样化验后及时上传燃料管理系统。

5）燃料监督专责应不定期参加制样工作的全过程，煤样制好后应另留样一份并对留样进行编码，化验人员和燃料监督人员应在留样的封条上签字，留样应保存在密码柜中2个月以上。

6）保证煤样交接流程规范，取完样后煤样桶立即上锁。采样装置、制样、化验间加装摄像监视系统，监视系统录像保存2个月。

7）入厂煤的采、制、化应按照GB/T 18666《商品煤质量抽查与验收办法》中的要求进行煤样的采取制备和化验。用于入炉煤煤质化验的煤样，应保证取样的代表性，要尽量使用符合标准要求的入炉煤机械化自动取样装置。入炉煤的制样和化验应按照GB 474《煤样的制备方法》、GB/T 212《煤的工业分析方法》、GB/T 211《煤中全水分的测定方法》、GB/T 213《煤的发热量测定方法》等标准执行。

8）入厂煤检测项目及周期。对入厂煤应逐车采样，按批对煤种进行工业分析及全水分、发热量和全硫值的检验；对新进煤源，还应对其煤灰熔融性、可磨性系数、煤的磨损指数、煤灰成分及其元素分析等进行化验，以确认该煤源是否适用于本厂锅炉的燃烧。检测项目及周期见表3-7。对于常规入厂煤应每年进行一次元素分析，确定各矿的氢值以计算低位发热量。对新煤种必须及时进行一次元素分析。

9）常用燃油检测项目及周期。做好入厂燃油油种的鉴别和质量验收，防止不合格的油品入库。常用油种每年至少进行元素分析2次，新油种应进行黏度、闪点、密度、含硫量、水分、机械杂质、灰分、凝固点、热值测定及元素分析。执行GB/T 260《石油产品水分测定方法》、GB/T 380或GB/T 388《石油产品硫含量测定法》、GB/T 384《石油产品热值测定法》、GB/T 508《石油产品灰分测定法》、GB/T 510《石油产品凝点测定法》等标准。常用燃油和新燃油的检测项目及周期见表3-8和表3-9。

表 3-7　　入厂煤检测项目及周期

检测项目	全水分	固有水分	灰分	挥发分	发热量	全硫含量
检测周期	对入厂煤和每日每批来煤进行车车采样、批批化验					
检测项目	水分	灰分	挥发分	固定碳	发热量	全硫含量
检测周期	对入厂煤每月至少按各矿别累积混合样进行一次分析					
检测项目	工业分析	元素分析	发热量	全硫含量	灰熔融性	
检测周期	对入厂煤按矿别每半年及年终进行一次全分析					
检测项目	工业分析	元素分析	发热量	全硫含量	灰熔融性	可磨性
检测周期	对入厂新煤源进行一次全分析					
检测项目	非常现项目					
检测周期	根据生产需要随时测定					

注　非常现项目包括灰熔点、灰比电阻、煤着火温麦、煤燃烧分布曲线、煤燃尽特性、煤着火稳定性和煤冲刷磨损性试验。

表 3-8　　常用燃油检测项目及周期

检测项目	水分	闪点	密度	硫分		元素分析
检测周期	主要油种每批进行测定					一年一次
检测项目	水分	硫分	热值	黏度	密度	元素分析
检测周期	主要油种的累积混合样至少半年进行一测定					

表 3-9　　进厂新燃油检测项目及周期

检测项目	黏度	闪点	密度	硫分	水分	机械杂质	凝固点	灰分	热值	元素分析
检测周期	进厂立即采样化验									

注　每种新燃油源还需测定黏度与温度的关系曲线。

（21）燃料质级不符率（unqualified ratio of coal）：燃料质级不符率包括煤炭质级不符率和燃油质级不符率。煤炭（燃油）质级不符率是指入厂煤（燃油）检质过程中，质级不符合同规定要求部分的煤（燃油）量与燃煤（燃油）检质量的百分比，计算公式为

$$L_{mjb}=\frac{B_{mbf}}{B_{mjz}}\times100\%$$

$$L_{yjb}=\frac{B_{ybf}}{B_{yjz}}\times100\%$$

式中　L_{mjb}——煤炭质级不符率，%；

L_{yjb}——燃油质级不符率，%；

B_{mbf}——质级不符部分的煤量，t；

B_{ybf}——质级不符部分的油量，t；

B_{mjz}——燃煤检质量，t；

B_{yjz}——燃油检质量，t。

常用的燃油特性见表3-10。

表3-10　　常用的燃油特性

特性指标	燃油牌号			
	20号	60号	100号	200号
恩氏黏度（°E80）	5.0	11.0	15.5	
恩氏黏度（°E100）				5.5～9.5
开口闪点（℃，不低于）	80	100	120	130
凝固点（℃，不高于）	15	20	25	36
灰分（%，不大于）	0.3	0.3	0.3	0.3
水分（%，不大于）	1.0	1.5	2.0	2.0
含硫量（%，不大于）	1.0	1.5	2.0	3.0
机械杂质（%，不大于）	1.5	2.0	2.5	2.5

（22）煤质合格率、入厂煤质合格率（qualified ratio of coal）：到厂煤检质煤质合格部分的煤量与燃煤检质量的百分比。

煤炭质级不符率与煤质级合格率是一个问题的两个方面。煤质合格率是指入厂煤检质过程中，煤质合格部分的煤量与燃煤检质量的百分比，计算公式为

$$L_{mjh}=\frac{B_{mhg}}{B_{mjz}}\times 100\%=(1-L_{mjb})\times 100\%$$

式中　L_{mjh}——煤质合格率，%；

L_{mjb}——煤炭质级不符率，%；

B_{mhg}——煤质合格部分的煤量，t；

B_{mjz}——燃煤检质量，t。

（23）入炉煤质合格率（qualified ratio of fired coal）：指入炉煤合格量与入炉煤总量的百分比。按设计煤种或根据锅炉燃烧实际情况核定的煤质标准，各项指标都合格的煤为合格煤。计算公式为

$$L_{rmh}=\frac{B_{rmh}}{B_{rm}}\times 100\%$$

式中　L_{rmh}——入炉煤质合格率，%；

B_{rmh}——入炉煤合格部分的煤量，t；

B_{rm}——入炉煤总量，t。

监督检查煤质时，必须提供入炉煤化验报告和入炉煤质量标准要求，其合格率要达到100%。入炉煤质合格率低的原因如下：

1）煤炭市场变化，导致入厂煤质不稳定，进而影响入炉煤煤质合格率。

2）煤炭供应商未完全按煤质标准供货。

3）入炉煤掺配情况影响入炉煤煤质合格率。

4）入炉煤采、制、化工作不规范，与实际入炉煤热值存在偏差。

5）煤场管理不规范，堆放、保存不合理。

提高入炉煤质合格率的对策如下：

1）加强燃煤采购工作，根据煤炭市场情况综合比较，尽可能采购煤质合格的燃煤入厂。

2）煤炭采购要货比三家，严格控制发热量、硫分、灰分与挥发分，要采购适合锅炉燃烧的煤种。当煤种发生重大变化或换新的供应商时，燃料供应部门要在第一时间通知生产部门。

3）加强入厂煤质验收，严格执行按质论价，鼓励供应商提高煤质供货。

4）对入厂煤和入炉煤的发热量、挥发分、水分、灰分和含硫量进行严格监督。

5）煤化验要及时，在子样送来后4h以内提供燃煤化验结果并报到有关部门与人员，为上煤与锅炉燃烧提供可靠依据。

6）加强储煤场的管理，合理分类堆放，并做好标记与记录，便于配煤。

7）对于不符合当前锅炉设计煤质要求的燃煤，必须通过配煤掺烧来解决。严格按掺配方案和措施掺配上煤，提高入炉煤煤质合格率。

8）对入厂煤和入炉煤的发热量、挥发分、水分、灰分和含硫量进行监督考核。

9）凡燃烧非单一煤种的电厂，要落实配煤责任制，应有专人负责，根据不同煤种及锅炉设备特性，确定掺烧方式和掺烧配比，配煤比例要恰当、均匀，并通知有关岗位认真执行。

10）入厂新煤未做工业分析，不得直接供给锅炉，必须经过化验合格后或在煤场混配后方可使用。

11）加大汛期防范措施，汛期要在煤场适当位置用篷布遮盖满足锅炉至少3天以上的燃用干煤。

（24）配煤合格率（qualified rate of coal blending）：符合锅炉燃烧要求的煤质配煤量占总配煤量的百分比。计算公式为

$$L_{pmh}=\frac{B_{pmh}}{B_{pm}}\times 100\%$$

有的资料介绍配煤合格率计算公式为

$$L_{pmh}=\frac{N_{pmh}}{N_{pm}}\times 100\%$$

式中 L_{pmh}——配煤合格率，%；

N_{pmh}——配煤煤质化验合格次数，次；

N_{pmh}——配煤煤质化验总次数，次；

B_{pmh}——配煤合格部分的煤量，t；

B_{pm}——总配煤量，t。

电厂必须按设计煤质要求配煤，根据煤场存煤及入场煤来煤情况，合理选择配煤煤种及配煤比例。如果燃煤不是单一煤种，锅炉必须配煤掺烧，掺烧后不得产生大面积结焦。配煤合格率要求达到95%以上。配煤合格率差的原因如下：

1）煤炭市场变化，导致入厂煤质不稳定，进而影响入炉煤煤质合格率。

2）煤炭供应商未完全按煤质标准供货。

3）入炉掺配情况影响入炉煤煤质合格率。

4）入炉煤采、制、化工作不规范，与实际入炉煤热值存在偏差。

5）煤场管理不规范，堆放、保存不合理。

提高配煤合格率的对策如下：

1）加强燃料采购工作，根据煤炭市场情况综合比较，尽可能采购煤质合格的燃煤入厂。

2）煤炭采购要货比三家，严格控制发热量、硫分、灰分和挥发分，要采购适合锅炉燃烧的煤种。当煤种发生重大变化或换新的供应商时，燃料供应部门要在第一时间通知生产部门。

3）加强入厂煤质验收，严格执行按质论价，鼓励供应商提高煤质供货。

4）对入厂煤和入炉煤的发热量、水分、灰分和含硫量进行严格监督。

5）入厂新煤未做工业分析，不得直接供给锅炉，必须经过化验合格后或在煤场掺混后方可使用。

6）煤化验要及时，在子样送来后4h以内提供燃煤化验结果并上传至燃料信息管理系统，为上配煤和锅炉燃烧提供可靠依据。

7）加强储煤场的管理，合理分类存放，并做好标记与记录，便于配煤。

8）加大汛期防范措施，汛期内要保证库存量。

9）严格执行燃料掺配指导卡和上配煤管理制度，提高入炉煤煤质合格率。

（25）机械采样装置投入率、采样装置投运率（service rate of coal mechanical sampling device)：在统计报告期内入厂（入炉）煤机械采样装置投入的时间与输煤皮带运行小时的百分比。计算公式为

$$L_{ccy}=\frac{t_{ccy}}{t_{smy}}\times 100\%$$

$$L_{lcy}=\frac{t_{lcy}}{t_{smy}}\times 100\%$$

式中 L_{ccy}——入厂煤机械采样装置投入率，%；

L_{lcy}——入炉煤机械采样装置投入率，%；

t_{ccy}——入厂机械采样装置投入的时间，h；

t_{lcy}——入炉机械采样装置投入的时间，h；

t_{smy}——输煤皮带运行小时，h。

入厂煤机械采制样装置投入率要求不低于98%，入炉煤机械采制样装置投入率要求不低于95%。采样装置投入率低的原因如下：

1）机械采样装置选型不合理，可靠性差。

2）缺乏日常维护和保养，造成损坏。

3）煤水分过高，造成设备堵塞。

提高机械采样装置投入率的对策如下：

1）选用可靠性的机械采样装置，安装符合规定。

2）加强日常维护和保养工作，严格按照有关说明正确操作。

3）加强运行过程中的监督，及时清理堵塞现象。

（26）设计煤种（design coal)：锅炉设计时，不能单烧一个矿区的煤，但也不能什么煤种都烧，因此在锅炉设计中应提供两个煤质资料，即设计煤种和校核煤种。设计煤种是锅炉所规定的基础煤种。设计煤种应为机组投运后大部分时间燃用的主导煤种。设计煤种可以是单一煤种，也可以是分类中相邻煤种的混合煤种。但原则上不应将煤质相差悬殊的煤种作为设计煤种，如不允许将无烟煤与烟煤、褐煤，贫煤与褐煤的混合煤作为设计煤种。

（27）校核煤种（checked coal)：锅炉设计中用于校核计算的煤种。校核煤种是与经常燃用的煤种有一定差异的、允许变化的最大限度的煤种。校核煤种可以是单一煤种，也可以是混合煤种。但应控制校核煤种与设计煤种各参数的偏差，见表3-11。

表 3-11 设计煤种与校核煤种各参数的偏差限度

设计煤种	校核煤种				
	V_{daf}（%）	A_{ar}（%）	M_{ar}（%）	$Q_{net,ar}$（%）	ST（%）
无烟煤	5～20	±6	±3	±10	−8
贫煤	12～28	±8	±3	±10	−8
低挥发分烟煤	18～38	±8	±4	±10	−8
高挥发分烟煤	25～42	+8～−10	±4	±10	−8
褐煤	>35	±8	±5	±7	−8

注 挥发分为校核煤种的实际数据；灰分、水分为校核煤种与设计煤种的绝对误差，发热量、灰熔融温度 ST 为校核煤种与设计煤种的相对误差。

第二节 燃煤性能指标

（1）（煤）可磨性（grindability of coal）：煤在被研磨时破碎成粉的难易程度，用可磨性指数表示。

（2）可磨性指数、可磨性系数（grindability index of coal）：在空气干燥条件和研磨条件（同样的磨粉时间或磨煤机转速）下，将规定粒度的试样与标准煤样磨制到相同细度时所消耗能量的比值。我国煤可磨性分类见表 3-12。

表 3-12 我国煤可磨性分类

可磨性系数				
可磨性系数	K_{VTI}	<1.2	1.2～1.6	>1.6
	HGI	<64	64～92	>92
煤的可磨性		难磨煤	中等	易磨煤

在电厂，提供可靠的可磨性指数，对于选择磨煤机容量，预测磨煤机所需动力，了解磨煤机运行工况是不可缺少的数据。

对于两种组成的混煤的可磨性指数可按下式计算，即

$$HGI = 1.02(HGI_{max}x_{max} + HGI_{min}x_{min})$$

式中 HGI_{max}——可磨性大的煤的哈氏可磨性指数；

HGI_{min}——可磨性小的煤的哈氏可磨性指数；

x_{max}——可磨性大的煤占混煤中的质量百分比，%；

x_{min}——可磨性小的煤占混煤中的质量百分比，%。

（3）BTИ 可磨性指数（BTИ grindability index）：专指用 BTИ 法测定可磨性时，标准煤样与被测煤样由相同粒度研磨到同样细粒时所耗能之比。苏联采用的方法就是全俄热工研究院（BTИ）法（K_{VTI}）。这两种方法测得的可磨性指数可近似用下式进行换算，即

$$K_{VTI} = 0.0149HGI + 0.32$$

$$HGI = 13 + 6.93W_{200}$$

式中 K_{VTI}——俄式可磨性指数；

HGI——哈氏可磨性指数；

W_{200}——50g 煤样研磨后通过孔径为 200μm 的筛子的煤粉量，g。

（4）哈德格罗夫可磨性指数、哈氏可磨性指数、HGI（Hardgrove grindability index）：在规定条件下用哈德格罗夫可磨性测定仪测得的可磨性指数。除前苏联和东欧某些国家外，世界上普遍采用哈德格罗夫（Hardgrove）法（简称哈氏法）作为可磨性的标准测定方法。哈氏可磨性指数是哈德格罗夫在 1930 年根据雷廷吉尔（Rittenger）定律提出来的。该定律指出：燃煤磨碎时所做的功与其产生的新表面积成正比，这是哈氏可磨性指数计算公式的理论基础。哈氏可磨性指数计算公式为

$$HGI=\frac{100}{205S}(14.2W+27)S=6.93W+13$$

式中　S——表面积，m^2；

W——GB/T 2565—1998《煤的可磨性指数测定方法》中规定的 50g 煤样研磨后通过 200 号筛的煤样质量，g。

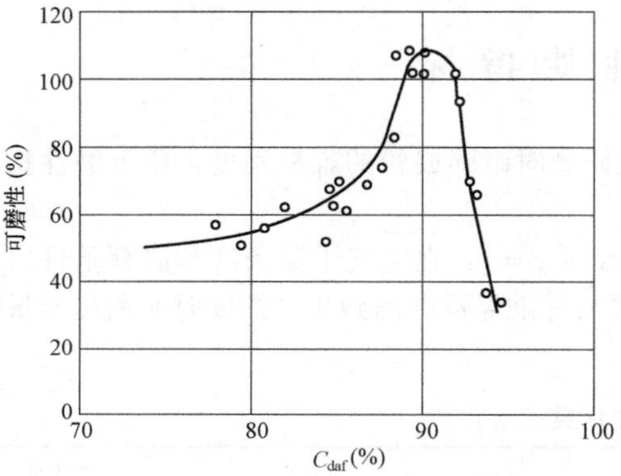

图 3-2　哈德格罗夫可磨性指数与煤化程度的关系

哈德格罗夫可磨性指数主要与煤化程度有关，见图 3-2。

（5）磨损性（abrasiveness）：煤磨碎时对金属件的磨损能力。

（6）冲刷磨损指数（impingement abrasion index of coal）：表征煤在破碎和制粉过程中对金属研磨部件磨损相对强烈程度的指数。按照 DL/T 465—2007《煤的冲刷磨损指数试验方法》规定的试验方法，从制备好的煤样粒度被研磨至规定的最终细度 $R_{90}=25\%$时，煤样对纯铁试片在单位时间的磨损量与标准煤对纯铁试片在单位时间内的磨损量的比值。计算公式为

$$K_e=\frac{\delta}{A\tau}$$

式中　K_e——煤的冲刷磨损指数；

δ——纯铁试片在煤样由初态破碎到 $R_{90}=25\%$时的磨损量，mg；

τ——煤样碾磨至 $R_{90}=25\%$所需要的时间，min；

A——标准煤的磨损率，$A=10mg/min$。

煤的冲刷磨损指数 K_e 值用来判断煤在被金属磨件破碎时，煤对金属磨件的磨损强烈程度。K_e 值越大，表示煤对金属磨件的磨损性越强。煤的冲刷磨损指数 K_e 值评价指标见表 3-13。

表 3-13　煤的冲刷磨损指数分级界限

磨损指数 K_e	＜1.0	1.0～1.9	1.9～3.5	3.6～5.0	＞5.0
磨损性	轻微	不强	较强	很强	极强

（7）煤磨损指数（coal abrasion index）：表征煤在破碎和制粉过程中对金属研磨部件磨损强烈程度的指数。按照 GB/T 15458—2006《煤的磨损指数测定方法》规定的方法，磨碎每千克煤对金属磨损的毫克数，计算公式为

$$AI=\frac{m_1-m_2}{m}\times10^3$$

式中　AI——煤的磨损指数，mg/kg；

m——煤样质量，kg；

m_1——试验前，试验装置的 4 个叶片的总质量，g；

m_2——试验后，4 个叶片的总质量，g。

(8)（煤粉）爆炸指数（explosion index）：衡量煤粉爆炸特性的综合性指标。符号为 B_C。计算公式为

$$B_C=\frac{100(V_{ar}+S_{ar})}{(C_{ar}-C_{Var})+M_{ar}+A_{ar}}$$

式中　B_C——爆炸指数；

C_{ar}、C_{Var}——煤的收到基含碳量和收到基挥发分碳，%；

M_{ar}、A_{ar}——煤的收到基水分和收到基灰分，%；

V_{ar}、S_{ar}——煤的收到基挥发分和收到基硫分，%。

爆炸指数与干燥无灰基挥发分 V_{daf} 有一定的相关性，一般将燃煤按爆炸指数分成 5 个等级，爆炸指数越大，越容易爆炸。见表 3-14。

表 3-14　爆炸指数分类

爆炸指数 B_C	干燥无灰基挥发分 V_{daf}（%）	等级	爆炸性
>70	>35	Ⅳ	极易爆炸
45～70	25～35	Ⅲ	易爆炸
30～45	9～25	Ⅱ	中等爆炸
20～30	6.5～9	Ⅰ	难爆炸
<20	<6.5	0	极难爆炸

(9) 灰黏度（ash viscosity）：煤灰在熔融状态下对流动阻力的量度。

(10) 灰熔融性（ash fusion characteristic）：在规定的条件下，灰锥随加热温度发生形态改变，呈现变形、软化、呈半球和流动等特征的物理状态。

(11)（煤粉）着火特性（ignition characteristic of pulverizeel coal）：煤粉作为一种固体燃料在规定的工艺条件下被引燃着火（迅速氧化放热并发生火焰）的难易程度。它与煤质成分、煤岩构造，以及水分、矿物质含量、研磨细度等有着复杂的关系。一般来说，它大致随煤化程度的增高而由易变难，即大致随煤中挥发分含量（干燥无灰基挥发分 V_{daf} 或空气干燥基挥发分 V_{ad}）的降低而逐渐变难，所以 V_{daf} 或 V_{ad} 常被用来作为煤粉着火特性的粗略判别指标。对于着火性能相对较差的低挥发分煤类（V_{daf} 约小于 25%），单纯用挥发分进行对比往往易产生误导。近年来多用基于热失重分析方法（thermogravity analysis）得出的一些反应性能指标来判别。相对来说，这些判据都不如直接测定煤粉-空气混合物射流开始发生着火现象时的系统温度准确。

(12) 着火温度（ignition temperature）：着火是指可燃物质开始燃烧而产生火焰的过程。着火分自然着火和强制点火两种。前者可以是由链式着火或热力着火而导致的反应速度急剧加快的着火；后者往往用小火焰、电火花或炽热固体等高温热源实行点火。在有空气的条件下将燃料加热，而不从外部点火，燃料受热分解释放出足够的挥发分与周围气体形成的可燃混合物，开始燃烧的最低温度称为着火温度。即在空气或氧气氛围中加热时达到连续燃烧的最低温度，用 IT 表示。着火温度不仅与燃料性质、燃料和氧化剂性能参数有关，而且与燃烧室的散热条件等外界因素有关。各种常见可燃物的着火温度见表 3-15。

表 3-15　　常见可燃物的着火温度

可燃物名称	在空气中燃烧（℃）	在氧气中燃烧（℃）	可燃物名称	在空气中燃烧（℃）	在氧气中燃烧（℃）
H_2	530～590	530～590	无烟煤	650～800	500～600
CO	644～658	637～658	贫煤	550～700	420～510
CH_4	658～750	556～700	烟煤	400～500	380～480
C_3H_8	520～630	520～630	长烟煤	300～400	250～400
C_2H_4	542～547	500～519	褐煤	280～370	260～300
石油	360～367	242	无烟煤粉	1000	
煤油	275	270	贫煤粉	900	
航空汽油	390～685		烟煤粉	650～840	
发生炉煤气	700～800		褐煤	550	
木炭	250～350		焦炭	600～700	

（13）燃尽率（burn-off rate）：煤中固定碳在燃烧后的减少程度，计算公式为

$$R_C = \frac{FC_1 - FC_2 \times \dfrac{A_1}{A_2}}{FC_1}$$

或者

$$R_C = \frac{\left(1 - \dfrac{A_1}{A_2}\right)}{\left(1 - \dfrac{A_1}{100}\right)}$$

式中　R_C——煤的燃尽率，%；

FC_1、FC_2——燃烧前后煤的固定碳含量，%；

A_1——燃烧前煤粉工业分析灰分，%；

A_2——燃烧后焦炭飞灰样工业分析灰分含量，%。

（14）煤指数（coal index）：煤的干燥无灰基挥发分与收到基低位热值的比值。计算公式为

$$CI = \frac{V_{daf}}{Q_{net,ar}}$$

式中　CI——煤指数，%/（MJ/kg）；

V_{daf}——干燥无灰基挥发分，%；

$Q_{net,ar}$——收到基低位热值，MJ/kg。

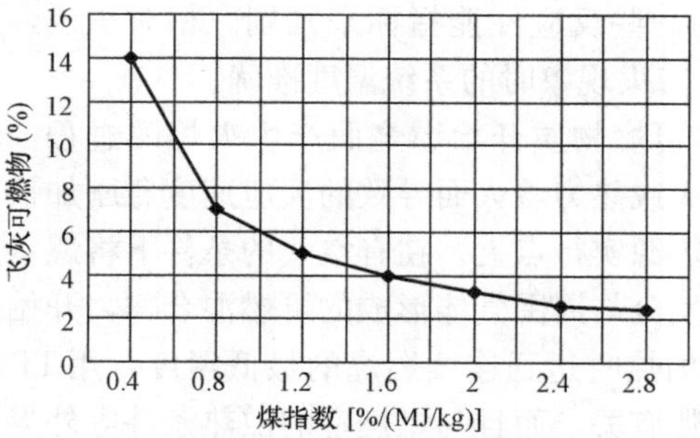

图 3-3　煤与 CFB 锅炉飞灰可燃物的关系

煤指数越大，CFB 锅炉飞灰可燃物越大，见图 3-3。

（15）（煤粉）燃尽特性（burning-out characteristic of pulverizeel coal）：煤粉在炉膛内按规定燃烧条件可能达到的燃尽程度。它与煤化程度、煤的组分、岩相结构、矿物组分及研磨细度有关。在具体的炉膛内还受制于诸多空气动力学和热动力学因素，炉内停留时间和炉膛压力也对其起一定的作用。单就煤本身性质而言，可以干燥无灰基挥发分 V_{daf} 大致反映该项特性。

(16) 燃烧温度 (combustion temperature): 燃料燃烧所放出来的热量包含在气态的燃烧产物中，燃料燃烧时其气态燃烧产物所能达到的温度称为燃料的燃烧温度。提高燃烧温度的途径如下：

1) 燃料的发热量越高，燃烧温度也越高。因此，当要求较高温度时，应选用发热量高的优质燃料。

2) 将空气和燃料预热可以提高燃烧温度，而且预热温度越高，燃烧温度也越高，特别是预热空气的意义更大。

3) 尽量减少炉子的热损失，如炉墙的散热损失、蓄热损失、开启炉门辐射热损失等。

4) 尽量保证燃料完全燃烧，减少机械不完全燃烧及化学不完全燃烧。

5) 在保证完全燃烧的情况下，应尽量减少过量空气及利用富氧送风等。

(17) 理论燃烧温度、绝热燃烧温度 (theoretical combustion temperature): 燃料在定容或定压下燃烧时，其产生的热量常分为两个部分：一部分传给周围环境；另一部分使燃烧产物加热，温度升高。传给外界的热量越少，燃烧产物的温度越高。当传给外界的热量为零，即实现绝热的完全燃烧时，燃烧产物的温度达到最大值，这时燃烧产物所达到的温度称为绝热燃烧温度或理论燃烧温度。即燃料在绝热条件下燃烧，烟气所能达到的温度称为理论燃烧温度。理论燃烧温度的高低与燃料收到基低位发热量、燃烧效率、热风温度成正比。

(18) 着火热 (igntion heat): 对煤粉炉来说，将煤粉气流加热至着火温度所需的热量，称为着火热。着火热也就是燃烧准备阶段所需的热量。着火热的大小与一次风量的大小、一次风温的高低以及燃料着火温度的高低等有关。煤的挥发分含量高，着火温度低，所需着火热少。着火热的来源，主要是炉内火焰辐射热及高温烟气的回流加热。为了使燃烧迅速着火，一方面要迅速提供着火热，一方面要设法减小着火热需要量，其基本措施如下：

1) 从煤粉气流初始温度考虑，应采用热风送粉，即提高一次风的温度。

2) 从减小煤粉由加热到着火所需的热量考虑，适当提高一次风中的煤粉浓度，即采用较低的一次风率。

3) 从为煤粉气流提供热量条件考虑，要设法提高燃烧区域的温度，以及加强热烟气的回流。

4) 采用较细煤粉及较低的一次风速。

(19) 燃烧速度 (combustion velocity): 单位时间烧去可燃物的数量。由于燃烧是复杂的物理化学过程，所以燃烧速度的快慢取决于以下方面：

1) 可燃物与氧的化学反应速度。

2) 氧与可燃物的接触混合速度。前者称为化学反应速度，也称为化学条件；后者称为物理混合速度，也称为物理条件。

化学反应速度与反应空间的压力、温度、反应物质浓度有关，且成正比。例如，锅炉的实际燃烧中，影响化学反应速度的主要因素是炉内温度，炉温高，化学反应速度快。

燃烧速度除与化学反应速度有关外，还取决于气流向碳粒表面输送氧气的快慢，即物理混合速度。而物理混合速度取决于空气与燃料的相对速度、气流扰动情况、扩散速度等。

化学反应速度、物理混合速度是相互关联的，对燃烧速度均起制约作用。例如，高温条件下应有较高的化学反应速度，但若物理混合速度低，氧气浓度下降，可燃物得不到充足的氧气供应，结果燃烧速度也必然下降。因此，只有在化学条件和物理条件都比较适应的情况下，才能获得较快的燃烧速度。

(20) 结焦性 (coking property): 煤经干馏形成焦炭的性能。

(21) 结渣性 (clinkering property): 是指煤在气化或燃烧过程中的灰渣受热是否会融熔而结

疤以及结疤的强弱的性能。在评价结渣倾向时除了采用灰熔点外，还可以采用碱酸比（B/A）。

（22）结渣率（clinkering rate）：以一定粒度的煤样燃烧后，大于 6mm 的渣块占全部残渣的质量分数表示。

试样在规定的送风强度下进行气化，其灰分因受反应热的影响熔结成渣，其中大于 6mm 粒度的渣块质量占总灰渣质量的百分数，称为该试样在该送风强度下的结渣率。结渣率按下式计算，即

$$C_{lin}=\frac{G_1}{G}\times 100\%$$

式中 C_{lin}——结渣率，%；

G_1——粒度大于 6mm 渣块的质量，g；

G——总灰渣质量，g。

GB/T 1572《煤的结渣性测定方法》规定：将 3～6mm 粒度的试样，装入特制的气化装置中，用同样粒度的木炭引燃，在规定送风强度（0.2、0.3m/s）下使其气化（燃烧），待试样燃尽后停止送风，冷却，称量和筛分，从大于 6mm 的渣块质量算出结渣率，表示煤的结渣性。

结渣率小于 5%的煤为难结渣煤，而结渣率为 5%～25%和大于 25%分别为中等结渣煤和强结渣煤。

（23）（煤灰）结渣特性（slagging characteristic of coal ash）：煤粉燃烧过程中，残留的灰粒在炉膛高温气氛条件下，可能沾附于受热面及炉壁形成结渣的程度。它对炉膛选型至关重要。煤的结渣特性与煤中含硫及矿物质组成、灰熔融特性（灰熔点及灰黏度）等因素有关，也与燃烧过程的气氛因素有关。由于其机理的复杂性，常利用多种试验判据指标（如灰熔点、灰黏度、灰成分等）来综合评价各煤种的结渣性能强弱。这些判据的准确性有限，且往往出现矛盾。相比之下更直接的是利用试验手段在规定的可重现条件下进行煤粉气流燃烧，观测其燃烧产物对试体的沾污结渣表现，从而给出更可靠的相对评价。煤的结渣特性分为低、中、高和严重四级。

（24）炉膛结渣倾向（furnace slagging tendency）：炉膛燃用特定煤种时，各区受热面产生结渣的趋势和程度；通常可按沾污层或渣层的有无、厚薄及敷盖面积大致分为低、中、高和严重 4 个等级。炉膛结渣倾向不单纯取决于燃煤固有的结渣特性，且与选用的炉膛特征参数、燃烧器结构布置和配风条件，以及某些运行操作指标（如煤粉细度、过量空气系数等）有关。有时由于设备或运行因素的不当，即使燃用中或低结渣特性的煤也会发生高或严重结渣倾向（多在燃烧器区或屏区）；反之，如设备及运行条件适宜，虽燃用高或严重结渣特性的煤种，也会取得较低的炉膛结渣倾向（尤其对大容量锅炉而言）。因此，炉膛结渣倾向是系统内多因素综合作用的现象。

（25）灰熔融性（ash fusibility）：在规定的条件下，灰锥随加热温度发生形态变化，呈现变形、软化、呈半球和流动等特征的物理状态。灰的熔融特性采用对灰锥试样加热的方法确定。用模子将灰压成若干个一定形状的三角锥体（底边长 7mm、高 20mm），在电炉内加热，根据温升及三角锥体变形情况，记录三个特征温度：变形温度（DT）、软化温度（ST）、流动温度（FT），见图 3-4。

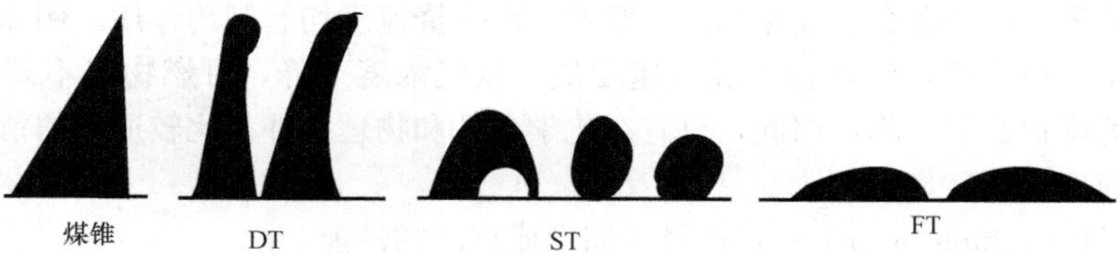

图 3-4 灰熔融性

煤灰的熔融性与煤粉固态排渣炉的炉膛结渣有密切关系。如灰熔融性温度低，在炉膛高温下熔融粘在炉膛受热面上，冷却后形成结渣。根据运行经验，煤灰软化温度小于1350℃就有可能造成炉膛结渣。故煤粉固态排渣炉要求灰熔融性温度高。煤灰熔融过程中DT～ST之间的温度为软化区间温度，根据其范围把灰分为长渣和短渣，一般认为软化区温度（FT～ST）大于200℃为长渣，（FT～ST）小于100℃为短渣。通常短渣的煤易于结焦，燃用长渣的煤不易结焦，较为安全。液态排渣炉希望灰的（FT～ST）值大一些，以防锅炉在负荷变化时，因炉膛温度变化而影响液态渣打的顺利排出。

（26）熔化温度（ash fusion temperature）：在规定的条件下，灰锥随加热温度发生形态变化，呈现变形、软化、呈半球和流动等特征时的温度，包括变形温度、软化温度、半球温度和流动温度。

（27）变形温度（deformation temperature）：在灰熔融性测定中，灰锥的尖端（或棱）开始变圆或变曲时的温度，符号为DT（曾用T_1）。

（28）软化温度（softening temperature）：在灰熔融性测定下，灰锥弯曲至锥尖触及托板或灰锥变成球形时的温度，符号为ST（曾用T_2）。实践表明，相对于固态排渣炉，当灰的软化温度ST大于1350℃时，结渣的可能性不大。一般以煤灰软化的温度ST作为衡量煤灰熔融性的指标，即灰熔点。煤灰熔融性取决于煤灰成分的组成比例及气氛的氧化还原性。测试灰熔点时的气氛不一样，其测试结果也不一样。有氧化性气氛和弱还原性气氛，一般情况下，弱还原性气氛状态下测得的数据要比氧化性气氛下测得的数据要低。平常所说的灰熔点是煤灰样品锥体在弱还原性气氛所测得的灰熔点温度。在固体排渣的炉体使用时，要求灰熔点越高越好。

（29）半球温度（hemispherical temperature）：在灰熔融性测定中，灰锥形状变至近半球形，即高约等于底长的一半时的温度，符号为HT。

（30）流动温度（ash fluid temperature）：煤灰锥体完全熔化展开成高度小于1.5mm薄层的温度，符号为FT。流动温度可通过计算求得近似值，即

$$FT=200+21Al_2O_3+10SiO_2+5(CaO+MgO+Fe_2O_3+Na_2O+K_2O)$$

计算式中的分子式表示煤灰中对应的化合物质量含量的百分数。计算出的结果单位是℃。

熔点、熔融温度（melting point）：熔化指对物质进行加热，使物质从固态变成液态的过程。熔化的逆过程是凝固。在一定压力下，纯物质的固态和液态呈平衡时的温度称为熔点，也就是说在该压力和熔点温度下，纯物质呈固态的化学势和呈液态的化学势相等。符号为t_R，单位为℃。

（31）灰熔点（ash fusion point）：由于煤灰不是纯净物，所以没有严格意义的熔点来衡量其熔融过程的温度变化。变形温度（DT）、软化温度（ST）、流动温度（FT）这三个温度代表了煤灰在熔融过程中固相减少，液相渐多的三点。在工业上多用软化温度作为熔融性指标，称为灰熔点。煤炭的灰熔点是煤燃烧后余下的灰分在高温情况下开始软化变形的温度。灰熔点计算公式为

$$\text{灰熔点 } t=ST=19Al_2O_3+15(SiO_2+Fe_2O_3)+10(CaO+MgO)+6(Fe_2O_3+Na_2O+K_2O)$$

煤灰熔点高，不易结渣，发电厂锅炉的选择就要依据灰熔点来选择排渣方式。我国煤灰熔点大多比较高，最高接近1600℃，最低也在1000℃以上，大多数在1200℃～1500℃范围内。影响灰熔点的因素如下：

1）煤灰成分。煤灰十分复杂，主要有SiO_2、$A1_2O_3$、Fe_2O_3、CaO、MgO、SO_3等。我国煤灰成分的分析结果见表3-16。灰中的酸性氧化物，如SiO_2、Al_2O_3和TiO_2等都是聚合物的构成者，因此会提高灰的熔化温度；碱性氧化物则相反，如CaO、MgO和Na_2O等都是聚合物的破坏者，会降低灰的熔化温度。美国对国内一些特定煤种，依据大量统计数据已建立了精确的灰熔化温度与灰化学成分之间的关系，这样根据灰中的碱性组分就可以确定灰熔点。

表 3-16　　我国煤灰成分

灰分成分	SiO_2	Al_2O_3	Fe_2O_3	CaO	MgO	K_2O+Na_2O
含量（%）	15～60	15～40	1～35	1～20	1～5	1～5

2）灰浓度。如果燃用灰分多的煤，则由于灰分含量高，所以相互接触碰撞的机会多，助熔作用加强，使熔点降低。

3）介质因素。灰分处于有还原性气体 CO 的气氛中，熔点降低。这主要是因为还原性气体能夺取灰中高价氧化物中的氧，使其变成低价氧化物而降低熔点。

（32）碱酸比、碱酸度（base/acid ratio）：煤灰中碱性组分（铁、钙、镁、锰等的氧化物）与酸性组分（硅、铝、铁的氧化物）之比，是衡量燃煤结渣性的指标。计算公式为

$$B/A=\frac{Fe_2O_3+CaO+MgO+Na_2O+K_2O}{SiO_2+Al_2O_3+TiO_2}$$

式中　B/A——碱酸比；

分母式——煤灰中对应的酸性化合物含量，%；

分子式——煤灰中对应的碱性化合物含量，%。

B/A≥0.4，说明煤有严重的结渣性；0.3≤B/A<0.4，说明煤有高等的结渣性；0.206<B/A<0.3，说明煤有严重的结渣性；B/A≤0.206，说明煤的结渣性轻微。

（33）R_T判据（criterion of R_T）：用灰熔点炉测定结果判断结渣特性的特征参数。结渣特性等级判别界限见表 3-17。计算公式为

$$R_T=(ST+4DT)/5$$

式中　R_T——R_T判据，℃；

DT——弱还原气氛中的变形温度，℃；

ST——弱还原气氛中的软化温度，℃。

表 3-17　　结渣特性等级判别界限（R_T 判据）

R_T（℃）	>1450	1450～1350	1350～1250	<1250
结渣特性	低	中	高	严重

（34）DT 判据（criterion of DT）：用灰熔点炉测定结果中的变形温度 DT 判断结渣特性的特征参数。西安热工研究院提出变形温度 DT 可作为结渣特性等级判别界限，见表 3-18。

表 3-18　　结渣特性等级判别界限（DT 判据）

DT（℃）	>1289	1108～1288	<1107
结渣特性	低	中等	严重

（35）ST 判据（criterion of ST）：用灰熔点炉测定结果的软化温度 ST 判断结渣特性的特征参数。哈尔滨发电成套设计研究所提出软化温度 ST 作为结渣特性等级判别界限，见表 3-19。

表 3-19　　结渣特性等级判别界限（ST 判据）

ST ℃	>1390	1390～1260	<1260
结渣特性	低	中等	严重

例 3-8　内蒙古某电厂设计煤种为褐煤，其煤质成分分析及灰成分分析见表 3-20。请根据 DT 判据、ST 判据、R_T判据和 B/A，确定设计煤种的结渣特性。

解：DT＝1100℃＜1107℃，根据表 3-18，设计煤种属于严重结渣性煤。

ST＝1130℃＜1260，根据表 3-19，设计煤种属于严重结渣性煤。

R_T＝(ST＋4DT)/5＝(1130＋4×1100) ℃/5＝1106℃，根据表 3-17，设计煤种属于严重结渣性煤。

$$B/A=\frac{Fe_2O_3+CaO+MgO+Na_2O+K_2O}{SiO_2+Al_2O_3+TiO_2}=\frac{5.18+7.45+3.85+3.52+1.36}{50.24+19.05+0.85}=0.305$$

由于 0.3≤B/A＜0.4，说明煤有高等的结渣性。

综上结果，设计煤种属于高等以上结渣性煤。

表 3-20　煤质成分分析及灰成分分析

项　目	符　号	单　位	设计煤种
(1) 工业元素及可磨性分析			
全水分	M_t	%	32.39
空气干燥基水分	M_{ad}	%	14.67
收到基灰分	A_{ar}	%	11.42
干燥无灰基挥发分	V_{daf}	%	46.91
收到基碳	C_{ar}	%	40.85
收到基氢	H_{ar}	%	2.59
收到基氧	O_{ar}	%	11.62
收到基氮	N_{ar}	%	0.59
收到基全硫	$S_{t,ar}$	%	0.54
收到基低位发热量	$Q_{net,ar}$	kJ/kg	14 730
哈氏可磨指数	HGI		56
(2) 灰熔融性			
变形温度	DT	℃	1100
软化温度	ST	℃	1130
流动温度	FT	℃	1230
(3) 灰成分			
二氧化硅	SiO_2	%	50.24
三氧化二铝	Al_2O_3	%	19.05
二氧化钛	TiO_2	%	0.85
三氧化二铁	Fe_2O_3	%	5.18
氧化钙	CaO	%	7.45
氧化镁	MgO	%	3.85
氧化钾	K_2O	%	1.36
氧化钠	Na_2O	%	3.52
三氧化硫	SO_3	%	5.56
二氧化锰	MnO_2	%	0.03

(36) 燃点、着火点（ignition temperature）：煤在规定条件下加热到开始着火的温度。

（37）骨架密度、真（相对）密度（true relative density of coal）：在20℃时煤紧密时（不包括煤的孔隙）的质量与同体积水的质量之比。即单位真实体积（假定煤没有孔隙，不包括煤颗粒之间的空隙和煤颗粒内的毛细孔）的煤的质量。换句话说，不考虑煤粒孔隙的实有密度称为真密度。测试煤的真密度常用比重瓶法，以水做介质将称重的煤样浸泡在水中，使水充满煤的孔隙，然后根据阿基米德原理进行计算。泥炭的真密度为0.72t/m³，褐煤为1.05～1.35t/m³，烟煤为1.25～1.50t/m³，无烟煤为1.35～1.90t/m³。燃煤真密度计算公式为

$$\mathrm{TRD}=\frac{100\rho_{\mathrm{dmmf}}}{100-A_{\mathrm{d}}\left(1-\frac{\rho_{\mathrm{dmmf}}}{2.9}\right)}$$

式中 TRD——燃煤真密度，t/m³；

A_d——燃煤的干燥基灰分，%；

ρ_{dmmf}——按干燥无矿物质基（去除灰分）煤的密度，t/m³。

按干燥无矿物质基的瘦煤和无烟煤密度（t/m³）计算公式为

$$\rho_{\mathrm{dmmf}}=\frac{100}{0.56\mathrm{C}_{\mathrm{daf}}+5\mathrm{H}_{\mathrm{daf}}}$$

式中 C_{daf}——燃煤的干燥无灰基碳含量，%；

H_{daf}——燃煤的干燥无灰基氢含量，%。

除瘦煤和无烟煤外的固体燃料密度（t/m³）计算公式为

$$\rho_{\mathrm{dmmf}}=\frac{100}{0.334\mathrm{C}_{\mathrm{daf}}+4.25\mathrm{H}_{\mathrm{daf}}+23}$$

当计算时，除褐煤外，可采用 $\rho_{dmmf}=1.44$t/m³。

燃煤的真密度主要与灰分有关，可以粗略地认为，灰分每增加1个百分点，煤的真密度增加0.011g/cm³（t/m³），某矿煤中灰分含量与真相对密度的关系见图3-5。

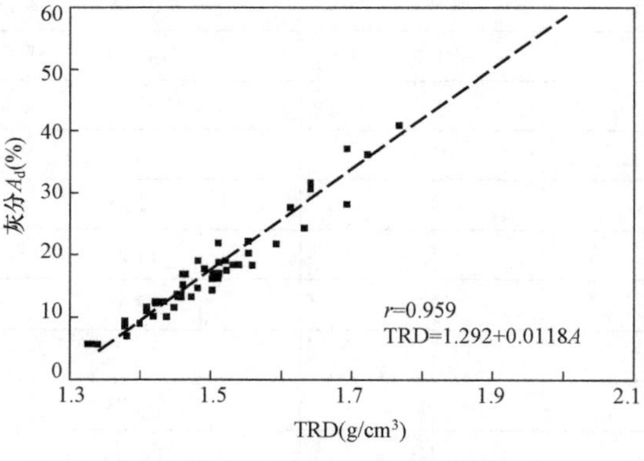

图3-5 某矿煤中灰分含量与真相对密度的关系

（38）视（相对）密度、假密度、表观密度（apparent density of coal）：在20℃时煤样的质量与和煤样的外观体积同体积的水的质量之比。即20℃时单位体积（不包括煤颗粒之间的空隙，仅仅包括煤粒内部孔隙）煤的质量，也即单个煤粒的质量与外观体积（包括煤的孔隙的体积）之比。换句话说，考虑煤粒孔隙的密度称为视密度。测量煤的视密度常用水银法，将煤粒直接浸泡在水银介质中，水银封住煤粒的孔隙，根据煤粒排出水银的体积，依据阿基米德原理进行计算。视密度约为真密度的0.95倍，褐煤的视密度为0.9～1.30 t/m³，烟煤为1.15～1.4t/m³，无烟煤为1.3～1.7t/m³。视密度 ρ_{ARD} 可按下式计算，即

$$\mathrm{ARD}=\frac{100\mathrm{TRD}}{100+(\mathrm{TRD}-1)M_{\mathrm{HC}}}\times\frac{100-M_{\mathrm{HC}}}{100-M_{\mathrm{ar}}}$$

式中 M_{HC}——燃煤饱和时的极限水分，其数值可采用经验数据，或采用校核煤种收到基水分，%；

M_{ar}——燃煤设计的收到基水分，%；

TRD——燃煤真密度，t/m³；

ARD——煤的视密度，t/m³。

当燃煤的实际水分与设计水分不同时，其视密度可按下式计算，即

$$\rho_{ARD} = ARD \times \frac{100 - M_{ars}}{100 - M_{ar}}$$

式中 ρ_{ARD}——水分修正后的视密度，t/m³；

M_{ars}——实际燃煤的收到基水分，%。

无烟煤的视密度为 1.36～1.85t/m³，烟煤的视密度为 1.25～1.5t/m³，褐煤的视密度为 1.05～1.35t/m³。

(39) 堆（积）密度、散密度（bulk density of coal）：指 20℃单位体积散状（包括煤粒内部孔隙和外部空隙）煤的质量，即煤粒自燃堆积时的密度。堆积密度的大小除了与煤的真密度有关外，主要取决于煤的粒度组成和堆积的密实度。散密度约为视密度的 0.63 倍。堆积密度一般用容器直接测定。常见物料的真密度和堆积密度见表 3-21。

当原煤的尺寸 R_5 在 20%～45%范围内时，其堆积密度可用下式表示，即

$$BRD = 0.63ARD$$

表 3-21　常见物料的真密度和堆积密度　kg/m³

物料名称	真密度	堆积密度	物料名称	真密度	堆积密度
煤粉	1300～1700	700～800	石灰石粉	2100～2800	1100～1600
飞灰	2200～2600	470～860	细河沙	2594	1350
CFB 底渣	1800～2200	1100～1375	CFB 循环灰	2478	960～1200

在现行的设计及计算中，对原煤的堆积密度一般取经验数值 0.85～1.0t/m³计算（无烟煤为 0.9～1.2t/m³，烟煤为 0.85～0.95t/m³，褐煤为 0.65～0.85t/m³）。

例如已知某煤种的极限水分 M_{ZD}=24%。实测得到 A_d=32%，M_{ar}=17%，原煤的真密度为 1.52t/m³，视密度为 1.25t/m³，煤的堆积密度为 0.95t/m³，煤粉的堆积密度为 0.74t/m³。

煤的堆积密度实测方法有以下三种：

1）模拟法。煤场堆积密度测量方法可参考 MT/T 739—2011《煤炭堆密度小容器测定方法》；制作一个 0.5m×0.5m ×0.5m 的铁质方型容器，厚度在 5～10mm，装满煤后，加压刮平后称重。

2）沉筒法。制作一个 ϕ300×500 mm 的圆柱形无底钢筒容器（钢筒壁厚为 5～10mm）。在煤堆上部用铁锹挖一个 0.5m 的煤坑，将钢筒放入坑内，然后用推土机将钢筒压入煤堆内，取出后沿筒口刮平，将钢筒称重，求得堆积密度。容器法是通用方法，代表性差，不方便也不太准确。

3）整堆实测法。上煤后煤量已知，测量整堆体积。该方法反映实际、方便，相对较准确。

堆积密度也可以采用经验法。对原煤的堆积密度一般取经验数值，DL/T 5187.1—2004《火电厂运煤设计规范》的条文说明提供的堆积密度数见表 3-22。经验法简单，但准确性差。

表 3-22　堆积密度经验法取值范围

煤种	DL/T 5187.1 堆积密度（t/m³）		真密度（t/m³）
	常用煤堆（不考虑压实）	储备性煤堆（经过压实）	
无烟煤	0.9	1.0～1.1	1.4～1.8
烟煤	0.9	1.0～1.1	1.27～1.5
褐煤	0.8	0.9～1.0	1.0～1.4
洗中煤	1.2	1.3	

在煤场盘点时，需要测试和计算堆积密度，并根据实测水分对实测堆积密度进行修正。测定煤场密度时的各个测点所得到的收到基水分平均值与入厂煤收到基水分的平均值之比，即得煤场堆积密度的水分差调整系数，计算煤场存煤所用的密度应使用水分差修正后的堆积密度。

水分对实测堆积密度的修整公式：

$$\mathrm{BRD_2}=\mathrm{BRD_1}\times\frac{100-M_{\mathrm{ar1}}}{100-M_{\mathrm{ar2}}}=\mathrm{BRD_1}\times\frac{100-k_{\mathrm{sf}}M_{\mathrm{ar2}}}{100-M_{\mathrm{ar2}}}$$

式中 $\mathrm{BRD_1}$——修正前实测的堆积密度，t/m³；

$\mathrm{BRD_2}$——修正后的堆积密度，t/m³；

M_{ar1}——实测煤堆的收到基水分，%；

k_{sf}——水分差调整系数，%；

M_{ar2}——入厂煤的收到基水分，%。

(40) 煤粉堆（积）密度、散密度（bulk density of pulverized coal）：指 20℃单位体积（包括煤粉内部孔隙和外部空隙）煤粉的质量，即煤粉自燃堆积时的密度。煤粉堆积密度的大小除与煤的视密度有关外，主要取决于煤粉细度和煤粉密实程度。

对于中等密实程度的煤粉（如新磨制出的煤粉装进煤粉样桶中），其堆积密度可用下式表示，即

$$\mathrm{PBRD}=0.35\mathrm{PARD}+0.004R_{90}$$

$$\mathrm{PARD}=\mathrm{ARD}\frac{100-M_{\mathrm{ar}}}{100-M_{\mathrm{pc}}}$$

$$M_{\mathrm{pc}}=0.5M_{\mathrm{ad}}\sim M_{\mathrm{ad}}$$

式中 PARD——煤粉的视密度，t/m³；

PBRD——煤粉堆积密度，t/m³；

ARD——煤的视密度，t/m³。

M_{pc}——煤粉的水分，%；

M_{ar}——煤的收到基水分，%；

M_{ad}——煤的干燥基水分，%；

R_{90}——煤粉细度，%。

对于放置在给煤机上等处的疏松的煤粉，其密度要比上式计算值小 20%，约为 0.5t/m³；对于在煤粉仓上堆积半天以上的煤粉，其密度要比上式计算值大 20%左右，为 0.7～0.9t/m³。

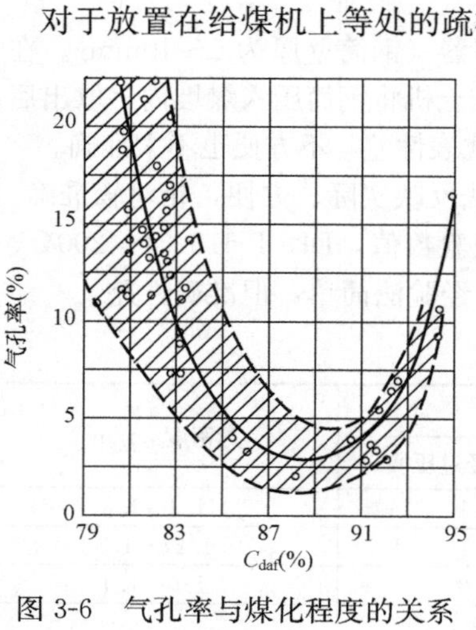

图 3-6　气孔率与煤化程度的关系

(41) 空隙率、孔隙率、孔隙度、气孔率（void ratio/porosity）：把自然堆放的物料中孔隙部分所占的份额称为空隙率，对煤来说孔隙率是指煤的毛细孔体积占总体积的比率。计算公式为

$$\varepsilon=\frac{V_{\mathrm{ARD}}}{V_{\mathrm{TRD}}+V_{\mathrm{ARD}}}=\frac{\mathrm{TRD}-\mathrm{ARD}}{\mathrm{TRD}}=1-\frac{\mathrm{BRD}}{\mathrm{ARD}}$$

式中 ε——空隙率；

V_{ARD}——空隙所占据的体积，m³；

V_{TRD}——物料自身的体积，m³；

BRD——物料堆积密度，kg/m³；

ARD——物料表观密度，kg/m³。

气孔率的大小主要与煤的煤化程度有关，见图 3-6。原煤的空隙率为 0.025 左右，煤粉的空隙率为 0.04 左右。

(42) 煤化程度 (degree of coalification)：指煤的变质程度，即泥炭经压力、地热作用的大小，以及地质年代长短的煤化作用变成褐煤、烟煤或无烟煤的过程。煤化作用包括成岩作用和变质作用两个阶段。成岩作用是以压力为主，使泥炭压实、脱水、固结而转变为褐煤。变质作用是以温度为主、压力为辅的条件下，使褐煤转变为烟煤、无烟煤。

煤根据煤化程度分为泥炭、褐煤、烟煤和无烟煤。各国普遍用来反映煤化程度的指标是 V_{daf}。用 V_{daf} 表示煤化程度的优点是：V_{daf} 能较好地反映煤化程度，与煤的工艺性质有关，测定方法简单，易于标准化。用 V_{daf} 表示煤化程度的不足是：V_{daf} 还受煤的岩相组成的影响；同一种煤的不同岩相组成，其 V_{daf} 有很大差别；煤化程度相同的煤田，由于岩相组成的不同而有不同的 V_{daf}；不同煤化程度的煤，岩相组成不同，也可能得到相同的 V_{daf}。因此，V_{daf} 有时也不能十分准确地反映煤的煤化程度，尤其对于挥发分较高的煤，其误差更大。

有的国家采用煤的发热量 Q 或镜质组反射率 R_O，作为烟煤和无烟煤煤化程度的主要指标。发热量 Q 适合于低煤化程度的煤和动力煤，一般以含水无灰基（恒湿无灰基）的高位发热量 $Q_{gr,maf}$ 代表煤的煤化程度。镜质组反射率 R_O 在高变质阶段的烟煤和无烟煤，能较好地反映煤化程度的规律，并综合反映了变质过程中镜质组分子结构变化，其组成又在煤中占优势，R_O 可排除岩相差异的影响，能比挥发分产率更确切地反映煤的变质规律。

第三节　燃　油　指　标

(1) 引火点、闪点 (flash point)：在规定条件下，加热油品试样所析出的蒸汽和空气组成的混合物，与火焰接触发生瞬间闪火时的最低温度。

闪点可作为液体燃料的危险等级分类的指标。闪点的高低与油品中所含的低馏分可燃气体相关，低馏分气体含量越高，其闪点越低。闪点对燃油的安全储存、运输有着实际意义。由于汽轮机的温度很高，所以闪点不能太低，良好的汽轮机油闪点应不低于 180℃。试验闪点时，试样的水分超过 0.05%时必须脱水。在加热搅拌过程中，进行点火试验，如果在试样液面上方最初出现蓝色火焰，立即从温度计读出温度作为观察到的闪点数值 t (℃)。由于大气压力对闪点有影响，所以必须对闪点数值进行修正，修正值计算公式为

$$\Delta t = 0.25(101.3 - p_{am}) \quad ℃$$

式中　p_{am}——实际大气压力，kPa；

Δt——闭口杯法测定闪点时大气压力对闪点的修正值，℃。

观察到的闪点数值 t (℃) 加上闪点修正值 Δt (℃) 就是测定出的闪点。

闪点对燃油的安全储存、运输有着实际意义。

(2) 闭口闪点 (flash point closed)：用符合规定的闭口闪点仪所测得的闪点，以 K 表示。

(3) 燃点 (fire point of oil)：液体燃料温度达到闪点时，遇到明火可闪燃，但要使油样连续燃烧下去，油样温度必须更高一些。油面上的油气与空气的混合物与明火能着火连续燃烧（持续时间不少于 5s）的最低温度，称为该油的燃点。显然，燃点要高于闪点，一般高 15～60℃。例如原油的闪点为 39℃，其燃点为 54℃；重油的闪点为 222℃，其燃点为 282℃。

燃点测定的方法是：测得闪点之后继续加热，使试样的升温速度为每分钟升高 (4±1)℃。然后用点火器的火焰进行点火试验。试样接触火焰后立即着火并能继续燃烧不少于 5s 时间，此时立即从温度计读出温度作为燃点数值 t (℃)。大气压力对燃点的修正值计算公式为

$$\Delta t=(0.001\,125t+0.21)\times(101.3-p_{am})\quad ℃$$

式中　p_{am}——实际大气压力，kPa；

Δt——开口杯法测定闪点时大气压力对燃点的修正值，℃。

观察到的燃点数值 t（℃）加上燃点修正值 Δt（℃）就是测定出的燃点。

（4）（燃油）自燃点（spontaneous combustion point of oil）：在规定的条件下，油品由于本身氧化蓄热不需外界火源而自发着火的温度。

（5）凝（固）点（solidifying point）：在规定的条件下，油品试样冷却至停止流动时的最高温度。石油工业规定，试样油在一定的试管内冷却，将试管倾斜45°，试管中油面在1min内保持不变时对应的油温即为凝固点。燃油的保管储存、装卸运输都与凝点密切相关，凝点对我国寒冷地区特别具有实用意义。例如10号轻柴油凝点为10℃，在冬季使用中应有预热设备；0号轻柴油凝点为0℃，适用于最低气温在4℃以上的地区使用；－10号轻柴油凝点为－10℃，适用于最低气温在－5℃以上的地区使用。

对于固体，凝固点是指晶体物质凝固时的温度，不同晶体具有不同的凝固点。在一定压强下，任何晶体的凝固点，与其熔点相同。

（6）机械杂质（mechanical impurity）：存在于油品中所有的不溶于规定溶剂（如汽油、苯）的沉淀状或悬浮状物质的量的总和。油中杂质一般为砂子、黏土和铁屑等。

（7）含硫量（sulphur content）：燃料油中硫量占总质量的百分比。含硫量过高会引起金属设备腐蚀的和环境污染。根据含硫量的高低，燃料油可以划分为高硫、中硫、低硫燃料油，前者含硫在2%以上，中者为0.5%～2%，后者小于0.5%。

（8）黏度、黏性系数（viscosity）：流体在剪切力的作用下，将产生连续不断的变形以抵抗外力，这就是流体的黏性。黏度是表征液体抵抗剪切变形特性的物理量。将两块面积为1m² 的板浸于液体中，两板距离为1m，若加1N的切应力，使两板之间的相对速率为1m/s，则此液体的黏度为1Pa·s。黏度是判断液体稠与稀的标准，黏度越大，液体就越稠，不容易流动。常用的汽轮机油的黏度为2.9～4.3（恩氏度）。

黏度的大小影响燃油的输送和雾化，所以对燃料油的黏度应当有一定的要求并保持稳定。常用黏度指标有动力黏度、运动黏度和恩氏黏度。燃料油的黏度是液体分子间内摩擦力大小的反映，黏度的大小直接影响到燃料油的流动性和雾化性能，黏度越大越不利。

（9）恩格勒（Engler）黏度、相对黏度、恩氏黏度（Engler viscosity）：在规定温度（如50、80、100℃）下，一定体积的油品试样从恩氏黏度计中流出200mL所需的时间（s）与20℃蒸馏水在该黏度计流出200mL所需的时间（s）之比。常用符号“E”表示，单位为“°”（条件度、恩氏度）。不同液体的恩氏黏度值相差悬殊，如常温下水的恩氏黏度一般可近似地看作等于1，而100号和200号重油在50℃时的恩氏黏度分别为100和200。

（10）动力黏度、动力黏性系数（dynamic viscosity）：在一定剪切力下，液体流动时内摩擦力的量度。其数值上等于面积为1m² 相距1m的两平板，以1m/s的速度做相对运动时，因之间存在的流体互相作用所产生的内摩擦力。以 μ 表示，单位为Pa·s［1Pa·s=10P（泊）］。计算公式为

$$\mu=\frac{\tau h}{v_0}$$

式中　τ——平板运动过程中作用在平板单位面积上的流体摩擦力，N/m²；

h——平板至固定平壁的距离，但该距离应足够小，使平板至固定平壁间的流体流动是层流，m；

v_0——平板在其自身的平面内做平行于某一固定平壁运动时的速度，m/s。

(11) 运动黏度、运动黏性系数（kinematic viscosity)：在重力作用下，液体流动时内摩擦力的量度。是在某一恒定温度下，一定体积的流体在重力作用下流过标定好的玻璃毛细管黏度计的时间与毛细管常数的乘积。其数值为相同温度下液体的动力黏度与其密度之比，以 ν 表示，单位为 m^2/s 或 mm^2/s [$1m^2/s=10000St$（斯托克斯）]。运动黏度在 219.1～730.9mm^2/s 之间的燃油可由泵输送，黏度在 11.5～27.7mm^2/s 之间的燃油可雾化。运动黏度计算公式为

$$\nu=\frac{\mu}{\rho}$$

式中 ν——流体的运动黏度，m^2/s；

μ——流体的动力黏度，Pa. s；

ρ——流体的密度，kg/m^3。

恩氏黏度与运动黏度的换算公式为

$$\nu=7.31\times E-\frac{6.31}{E}$$

式中 ν——运动黏度，mm^2/s；

E——恩氏黏度，°。

不同流体的黏度差别很大。在压强为 101.325kPa、温度为 20℃的条件下，空气的动力黏度和运动黏度为：$\mu=17.9\times10^{-6}$ Pa • s，$\nu=14.8\times10^{-6}\,m^2/s$；水的动力黏度和运动黏度为：$\mu=1.01\times10^{-3}$ Pa • s，$\nu=1.01\times10^{-6}\,m^2/s$。

影响燃油黏度的因素很多，主要有以下几类：

1）油的组成成分及其含量。油中含胶状物越多，黏度就越大。

2）温度。油温升高，黏度降低；油温降低，黏度增大。

3）压力。压力较低时（10～20 表压力），对黏度的影响可忽略不计，但当压力升高时，黏度随压力的升高而快速增大。

例 3-9 水在 20℃时密度为 999.29kg/m^3，动力黏度为 $1.0\times^{-3}$ Pa • s，试求水的运动黏度。

解： 运动黏度为 $\nu=\mu/\rho=1.0\times^{-3}/999.29=1.00\times^{-6}$ (m^2/s)

例 3-10 牌号为 100 的重油，在 50℃油温下的恩氏黏度为 100°E，求其运动黏度。

解： 运动黏度为

$$\nu=7.31\times100-\frac{6.31}{100}=730.9\ (mm^2/s)$$

(12) 浊点（cloud point)：在规定的条件下被冷却液体开始出现蜡晶体而使液体混浊时的温度。

(13) 石油密度温度系数、密度修正系数（temperature conectionfactor)：指石油在标准温度下密度与非标准温度下密度的比值。以 k_t 表示，单位为 1/℃。

(14) 体积修正系数（volume conectionfactor)：石油在标准温度下体积与非标准温度下体积的比值，以 k_v 表示。

(15) 燃油密度（oil density)：密度是单位体积内所含物质在真空中的质量，单位为 kg/m^3。单位体积内燃油的质量称为燃油密度，用 ρ 表示，即

$$\rho=\frac{m}{V}$$

式中 ρ——燃油密度，kg/m^3；

m——燃油的质量，kg；

V——燃油的体积，m^3。

燃油密度与油品种类、温度和大气压力有关，温度升高，则密度减小；大气压力增加，则密度增大。燃油的密度一般在 0.8～0.98t/m^3，但也有例外，有的高达 1.06t/m^3，有的低到 0.707t/m^3。

（16）（油）视密度（observed density）：在非 20℃温度下，玻璃密度计在液体试样中的读数。为石油计量所使用的SY-Ⅰ或SY-Ⅱ型石油密度计读数是在20℃下标定的，当密度计在非20℃温度下使用时，因与标定温度不同，使密度计膨胀收缩引起微小差异，这时测得的密度不是油的真实密度，因而称为视密度，用 ρ_t 表示。不同温度 t 下的密度换算公式为

$$\rho_t = \rho_{20} - k_t(t-20) \times 1000$$

式中 ρ_{20}——燃油在 20℃下标准密度，kg/m^3；

ρ_t——温度 t 下的燃油密度，kg/m^3；

k_t——温度修正系数，其数值见表 3-23，1/℃；

t——油温，℃。

表 3-23　　燃料油的温度修正系数

密度 ρ_{20}	707～725.5	725.6～757.4	757.5～791.7	791.8～829.1	829.2～870.4	870.5～897.7
系数 k_t	0.000 86	0.000 82	0.000 78	0.000 72	0.000 67	0.000 63
密度 ρ_{20}	897.8～927.6	927.7～949.2	949.3～985.5	985.6～995.1	995.2～999.9	1000～1019.9
系数 k_t	0.000 60	0.000 58	0.000 55	0.000 53	0.000 52	0.000 50

例 3-11　某重油标准密度 ρ_{20}=820.3kg/m^3，试求油在 40℃时的密度。

解： 根据标准密度 ρ_{20}=820.3kg/m^3 查表 3-23，得到燃料油的温度修正系数 k_t=0.00072（1/℃），因此有

$$\rho_{50} = \rho_{20} - k_t\ (t-20)\ \times 1000 = 820.3 - 0.73\ (40-20)\ = 805.7\ (kg/m^3)$$

（17）标准密度（standard density）：在 20℃和 101.325kPa 下，单位体积液体的质量，以符号 ρ_{20} 表示。原油标准密度可以根据表 3-24 查得。也可以按下式粗略计算，即

$$\rho_{20} = \rho_t + k_t(t-20)\ \times 1000$$

例 3-12　某原油 40℃时的密度 ρ_{50}=805.7kg/m^3，求其标准密度。

解： 在表 3-24 视密度栏中没有 805.7kg/m^3，它介于 804～806 kg/m^3之间，应采用内插法。查表得 40℃温度时，视密度为 804kg/m^3对应的标准密度为 818.7kg/m^3；40℃温度下，视密度为 806kg/m^3对应的标准密度为 820.6kg/m^3。因此视密度变化 1kg/m^3 对应的标准密度变化量为 $\frac{820.6-818.8}{806-804}$=0.95，所以原油标准密度为

$$\rho_{20} = 818.7 + (805.7-804) \times 0.95 = 820.3(kg/m^3)$$

表 3-24　　原油标准密度表

温度（℃）	视密度（kg/m³）											温度（℃）
	790.0	792.0	794.0	796.0	798.0	800.0	802.0	804.0	806.0	808.0	810.0	
	20℃密度（kg/m³）											
38.25	803.6	805.6	807.6	809.5	811.5	813.5	815.4	817.4	819.4	821.3	823.3	38.25
38.50	803.8	805.8	807.8	809.7	811.7	813.7	815.6	817.6	819.5	821.5	823.5	38.50
38.75	804.0	806.0	807.9	809.9	811.9	813.8	815.8	817.8	819.7	821.7	823.7	38.75

续表

温度（℃）	视密度（kg/m³）											温度（℃）
	790.0	792.0	794.0	796.0	798.0	800.0	802.0	804.0	806.0	808.0	810.0	
	20℃密度（kg/m³）											
39.00	804.2	806.2	808.1	810.1	812.1	814.0	816.0	817.9	819.9	821.9	823.8	39.00
39.25	804.4	806.3	808.3	810.3	812.2	814.2	816.2	818.1	820.1	822.1	824.0	39.25
39.50	804.6	806.5	808.5	810.5	812.4	814.4	816.3	818.3	820.3	822.2	824.2	39.50
39.75	804.8	806.7	808.7	810.6	812.6	814.6	816.5	818.5	820.5	822.4	824.4	39.75
40.00	804.9	806.9	808.9	810.8	812.8	814.7	816.7	818.7	820.6	822.6	824.6	40.00
40.25	805.1	807.1	809.0	811.0	813.0	814.9	816.9	818.9	820.8	822.8	824.7	40.25
40.50	805.3	807.3	809.2	811.2	813.1	815.1	817.1	819.0	821.0	823.0	824.9	40.50
40.75	805.5	807.4	809.4	811.4	813.3	815.3	817.3	819.2	821.2	823.1	825.1	40.75
41.00	805.7	807.6	809.6	811.6	813.5	815.5	817.4	819.4	821.4	823.3	825.3	41.00
41.25	805.9	807.8	809.8	811.7	813.7	815.7	817.6	819.6	821.5	823.5	825.5	41.25
41.50	806.0	808.0	810.0	811.9	813.9	815.8	817.8	819.8	821.7	823.7	825.6	41.50
41.75	806.2	808.2	810.1	812.1	814.1	816.0	818.0	819.9	821.9	823.9	825.8	41.75
42.00	806.4	808.4	810.3	812.3	814.2	816.2	818.2	820.1	822.1	824.0	826.0	42.00
42.25	806.6	808.5	810.5	812.5	814.4	816.4	818.3	820.3	822.3	824.2	826.2	42.25
42.50	806.8	808.7	810.7	812.6	814.6	816.6	818.5	820.5	822.4	824.4	826.4	42.50
42.75	807.0	808.9	810.9	812.8	814.8	816.7	818.7	820.7	822.6	824.6	826.5	42.75
43.00	807.1	809.1	811.1	813.0	815.0	816.9	818.9	820.8	822.8	824.8	826.7	43.00
43.25	807.3	809.3	811.2	813.2	815.1	817.1	819.1	821.0	823.0	824.9	826.9	43.25
43.50	807.5	809.5	811.4	813.4	815.3	817.3	819.2	821.2	823.2	825.1	827.1	43.50
43.75	807.7	809.6	811.6	813.6	815.5	817.5	819.4	821.4	823.3	825.3	827.2	43.75
44.00	807.9	809.8	811.8	813.7	815.7	817.6	819.6	821.6	823.5	825.5	827.4	44.00
44.25	808.1	810.0	812.0	813.9	815.9	817.8	819.8	821.7	823.7	825.6	827.6	44.25
44.50	808.2	810.2	812.1	814.1	816.1	818.0	820.0	821.9	823.9	825.8	827.8	44.50
44.75	808.4	810.4	812.3	814.3	816.2	818.2	820.1	822.1	824.1	826.0	828.0	44.75
45.00	808.6	810.6	812.5	814.5	816.4	818.4	820.3	822.3	824.2	826.2	828.1	45.00
45.25	808.8	810.7	812.7	814.6	816.6	818.5	820.5	822.5	824.4	826.4	828.3	45.25
45.50	809.0	810.9	812.9	814.8	816.8	818.7	820.7	822.6	824.6	826.5	828.5	45.50

（18）燃油质量（fuel oil weight）：石油和液体石油产品经过仪表计量装置测得或通过密度计算得到的质量，单位为kg或t。对石油和液体石油产品的计量采用体积质量法，即对石油和液体石油产品的体积、温度、密度进行测定，进而计算其质量。先使用ST-I型石油密度计测定视密度ρ_t，然后换算成20℃下标准密度ρ_{20}，再将20℃温度下的标准密度ρ_{20}乘以20℃温度下的体积V_{20}所得油量就是石油的质量（真空中的质量）。为了得到石油在空气中的质量就必须校正石油称重时空气对所称石油和砝码的浮力影响。这时可将石油20℃时的密度减去空气浮力修正值1.1kg/m³，再乘以20℃温度下的体积V_{20}，得出石油在空气中的质量。燃油质量计算公式为

$$M=(\rho_{20}-1.1)V_{20}$$

$$V_{20}=k_v V_t$$

式中 M——石油或燃料油在空气中的质量，kg；

V_{20}——石油或燃料油在20℃时的体积，m³；

ρ_{20}——石油或燃料油在20℃时的标准密度，kg/m³；

1.1——对石油或燃料油密度的空气浮力修正值，kg/m³；

V_t——石油或燃料油在 t ℃时的体积，m^3；

k_v——石油或燃料油体积修正系数，k_v是石油或燃料油在20℃时的体积与在 t℃时的体积的比值，可在GB 1885表B“体积修正系数表”中查得，粗略计算时，对于成品燃料油 $t\leqslant$37.5℃时 k_v取0.9799；37.5℃$<t<$38.5℃时 k_v取0.978 8；38.5℃$\leqslant t<$39.5℃时 k_v取0.977 5；39.5℃$\leqslant t<$40.5℃时 k_v取0.976 3；40.5℃$\leqslant t<$41.5℃时 k_v取0.975 1；41.5℃$\leqslant t<$42.5℃时 k_v取0.973 9；42.5℃$\leqslant t<$43.5℃时 k_v取0.972 7；43.5℃$\leqslant t<$44.5℃时 k_v取0.971 5；$t>$44.5℃时 k_v取0.970；对于石油则在相应的温度区间内的 $k_v+0.005$；

V_{20}——石油或燃料油在20℃时的体积，m^3。

例3-13 某厂燃料油罐，月底盘点实测油面高度为4500mm，油温为40℃；用密度计测得的油温在40℃的视密度为810kg/m³，计算该油罐燃料油的质量。

解： 根据油面高度4500mm，查“油罐容积表”得容积为400m³。

根据标准密度 $\rho_{20}=810\text{kg/m}^3$查表3-23，得到燃料油的温度修正系数 $k_t=0.000\ 72$（1/℃）。

则燃料油标准密度为

$$\rho_{20}=\rho_t+k_t(t-20)\times 1000=810+0.72\times(40-20)$$
$$=824.4\ (\text{kg/m}^3)$$

20℃时的体积为

$$V_{20}=k_vV_t=0.976\ 3\times 400=390.5\ (\text{m}^3)$$

燃料油质量为

$$M=(\rho_{20}-1.1)V_{20}=(824.4-1.1)\times 390.5=321\ 498.7(\text{kg})$$

(19)（燃油）比热容（specific heat of oil）：单位质量的燃油改变单位温度时吸收或释放的内能。计算公式为

$$c=\frac{1}{\sqrt{\rho_{20}}}(53.09+0.107\ t)$$

式中 c——油在 t 温度下的比热容，kJ/（kg·℃）；

ρ_{20}——20℃时的燃油密度，kg/m³；

t——油温，℃。

(20)（油）发热量、热值（calorific value of oil）：单位质量的油在一定温度下完全燃烧时所放出的热量，通常用热量计（卡计）测定。由于重质油试样不脱水，轻质油含水量甚微，可以忽略不计，所以油的空气干燥基、收到基、干燥基三者是相同的。所以油含有一定的硫，所以油的高位发热量和低位发热量不同。弹筒法高位热值的计算公式为

$$Q_{gr,\ ad}=Q_{b,\ ad}-(94.4S_{b,\ ad}+N)\quad \text{kJ/kg}$$

式中 $Q_{gr,ad}$——空气干燥基高位发热量，kJ/kg；

$Q_{b,ad}$——空气干燥基弹筒发热量，kJ/kg；

94.4——油中每1%（0.01kg）硫酸的生成热，kJ；

$S_{b,ad}$——空气干燥基弹筒硫含量（可用全硫 $S_{t,ad}$代替），%；

N——硝酸形成溶解于水的热量，取经验数值：重质油 $N=42$kJ/kg，轻质油 $N=50$kJ/kg，J/kg。

根据油的元素成分计算油的高位发热量公式为

$$Q_{gr,\ ad}=338.71C_{ad}+1254.48H_{ad}+108.72(S_{ad}-O_{ad})$$

根据油的元素成分计算油的低位发热量公式为

$$Q_{net,ar}=338.71C_{ar}+1254.48H_{ar}+108.72(S_{ar}-O_{ar})-25.1M_{ar}$$

式中 C、H、S、O——油中碳、氢、硫、氧的含量质量百分比。

对轻油有

$$Q_{net,ad}=Q_{gr,ad}-225.9H_{ad}$$

对重油有

$$Q_{net,ad}=Q_{gr,ad}-2510\left(\frac{9H_{ad}}{100}+\frac{M_{ad}}{100}\right)=Q_{gr,ad}-225.9H_{ad}-25.1M_{ad}$$

式中 H_{ad}——空气干燥基油中氢的含量，%；

2510——0℃时 1kg 饱和水蒸气冷却至饱和水时放出的汽化潜热近似值，kJ/kg。

例 3-14 某电厂点火用重油 $C_{ad}=85\%$、$H_{ad}=12\%$、$S_{ad}=1\%$、$O_{ad}=1.2\%$、$M_{ad}=0.1\%$，求其高位发热量和低位发热量 $Q_{net,ad}$。

解：高位发热量为

$$Q_{gr,ad}=338.71C_{ad}+1254.48H_{ad}+108.72\ (S_{ad}-O_{ad})$$
$$=338.71\times85+1254.48\times12+108.72\ (1-1.2)=43\ 822.4\ (kJ/kg)$$

低位发热量为

$$Q_{net,ad}=Q_{gr,ad}-225.9H_{ad}-25.1M_{ad}$$
$$=43\ 822.4-225.9\times12-25.1\times0.1=41\ 109.1\ (kJ/kg)$$

(21) 油耗率、耗油率（oil consumption rate）：统计期内，机组每发 1kWh 电量所消耗的燃料油量，单位为 kg/kWh。

(22)（发电）油耗量、耗油量、燃油量（oil consumption amount）：统计期内，机组点火用油量和助燃用油量之和，单位为 kg 或 t。耗油量高的原因如下：

1）机组启动耗油量高。机组在启动过程中主、辅机或系统发生设备缺陷；机、炉操作协调、配合不好，启动时间延长；油、粉投运不合理，炉内燃烧不均匀，延长启动时间；给水加热系统未正常投入，点火时给水温度低；汽水品质不合格，启动时间延长；启动过程中投粉较晚，并网后低负荷煤粉燃烧不佳，延长投油助燃时间；油枪存在缺陷，燃烧不良；机组非计划停运次数增加。

2）机组助燃耗油量高的原因。机组负荷低；低负荷时煤质差；机组非计划减出力次数增加；煤粉过粗，一、二次风的风速配比不合理；辅机或系统发生设备缺陷；锅炉冷灰斗除焦，冷灰斗水封水中断、水封破坏，造成燃烧不稳。

降低耗油量的对策如下：

1）机组冷态启动时，严格控制锅炉升温、升压速度，各专业协调操作，缩短机组启动时间，减少用油。

2）低负荷时段保证燃煤质量。根据煤质变化，及时调整煤粉细度，稳定燃烧。

3）点火前控制汽水品质达标，减少点火用油。

4）锅炉运行人员加强监视调整，保持燃烧工况良好。

5）保证风、粉比例合理和一、二次风的风速配比适当。

6）避免锅炉结渣、落渣等造成燃烧不稳定投油枪。

7）加强主、辅机设备的维护，减少机组非计划减出力和非计划停运次数。

8）加强设备维护，防止断煤、断风现象发生。

9）改进锅炉低负荷稳燃技术或进行燃烧器改造，减少低负荷稳燃用油。

10）采用少油点火、微油点火、等离子点火等先进的点火技术。

11）有邻炉输粉装置的机组可采用邻炉输粉，达到早投粉的目的，以节约点火燃油量。

（23）点火用油量、启动用油量、点火燃油量（ignition oil consumption amount）：点火期间（自锅炉点火开始直到汽轮发电机并列带额定负荷或规定负荷为止）所消耗的油量。点火期间锅炉稳定燃烧之前的助燃燃用油，也统计在点火用油量。机组启动耗油量高的原因如下：

1）机组在启动过程中主、辅机或系统发生设备缺陷。

2）机组启动过程中未按启动曲线控制升温、升压速度。

3）机、炉操作协调、配合不好，启动时间延长。

4）油、粉投运不合理，炉内燃烧不均匀，延长启动时间。

5）给水加热系统未正常投入，点火时炉水温度低。

6）汽水品质不合格，启动时间延长。

7）并网后低负荷煤粉燃烧不佳，延长投油助燃时间。

8）油枪存在缺陷，燃烧不良。

9）点火设备落后。

10）机组非计划停运和降出力次数多。

减少点火用油量的措施如下：

1）逐步推行机组状态检修，以减少机组大、小修次数，节约机组点火、停炉用油。

2）应全面实施检修作业的标准化，提高机组检修质量，降低机组非计划停运和降出力次数。

3）各单位应根据实际情况，积极采用小油枪点火技术对现有的点火燃油系统进行改造，以节约大量点火用油量。实践证明，采用小油枪点火技术后可节约 1/3 的燃油。

4）采用中压缸启动技术，对汽轮机通流部分和滑销系统改造，缩短机组启动时间，提高调峰能力，也相应地减少了给水泵汽轮机组启停次数，有效地减少了机组启停用油量。

5）积极创造条件，对所属燃油机组进行论证、评估，推进以煤代油的改造工作，大幅度降低火力发电厂用油。

6）锅炉点火前，将运行机组的蒸汽接至锅炉水循环系统内，以缩短用油点火加热、升压的初期阶段。

7）加强运行管理，积极采用有利于节油的机组启、停方式。

a. 有条件的机组冷态启动时，应投入锅炉底部蒸汽加热，并利用邻炉输粉，以减少锅炉点火初期的用油。

b. 机组正常停止运行时，应尽量采用滑参数停机，以减少启、停用油量。

c. 充分利用机组的最大连续出力（MCR）和最低稳燃能力，探索深度调峰方案，减少机组启、停调峰次数，节约点火用油。

8）进一步加强燃油计量管理工作，每台锅炉均应装设燃油流量表，保证能单独计量、考核单炉用油量。

9）应从电厂设计、设备选型、施工、检修及运行等全过程加强节油管理，使节油工作取得实质性进展。采用新技术，装设新型燃烧器。

10）对于某些锅炉采用微油燃烧器后，使用过程出现的点火能量不够，锅炉冷态启动中需要大油枪支持，应联系设备厂家进行改造，以提高微油燃烧器使用的可靠性。

11）目前，电厂油枪三通阀不严密、油枪本体卡涩进退不到位问题较多，建议检修部门提高检修质量，确保油枪正常备用。

12）积极鼓励开发、研制、推广新型的无油技术（如等离子点火技术等），并尽快推广使用。等离子点火装置利用直流电流（280～350A），在介质压力为 0.01～0.03MPa 的条件下接触引弧，并在强磁场下获得稳定功率的直流空气等离子体。该等离子体在煤粉燃烧器中形成一局部高温区，煤粉颗粒通过该等离子"火核"受到高温作用，迅速释放出挥发物并燃烧，从而点燃煤粉。例如某300MW锅炉原使用机械雾化油枪点火，每次冷态点火用油约130t，耗油量居高不下，机组大修期间在主燃烧器的B层（B1、B2、B3、B4，其中B1、B3对应D排粉机，B2、B4对应C排粉机）安装了烟台龙源公司生产的等离子点火装置，用于启机、低负荷稳燃等。在炉热备用状态启动时，直接投入等离子点火燃烧系统，实现无油点火。在锅炉冷备用状态启动时，先采用油枪点火，达到投粉条件，启动等离子点火燃烧系统，停油枪。改造后机组每次启动只需6t油即可，仅等离子点火燃烧系统节省的燃油费就达180万元，两年就可收回全部投资。

13）实施微（小）油点火技术。微（小）油点火技术将燃烧器一次风喷口直管段内设置两级或多级浓缩装置，并于其中布置小功率油枪（一般为50～300kg/h）。锅炉点火启动或平时稳燃时，燃烧器内部一次风煤粉气流在第一级浓缩装置后形成中心煤粉富集的气流分布。利用小油枪点燃该级浓缩煤粉气流，小油枪燃油燃烧与首级浓缩煤粉燃烧释放的热量叠加共同提高风粉介质的温度，并使得下一级煤粉浓缩气流点燃，进一步释放热量，煤粉气流被逐级点燃，最终在燃烧器出口形成稳定的高温火焰，满足锅炉点火启动时的升温升压或平时锅炉稳燃的要求。因此，微（小）油点火利用了煤粉在燃烧器内提前着火释放热量代替燃油消耗，在煤质许可的条件下，微（小）油点火系统可以全部或部分取代常规油枪，从而实现点火燃油的节约。少油点火燃烧器结构示意图见图3-7。该系统简单、运行可靠，维护量小，油枪出力可调，煤种适应性较好，一般锅炉点火启动时根据煤种情况可节约45%～85%燃油。

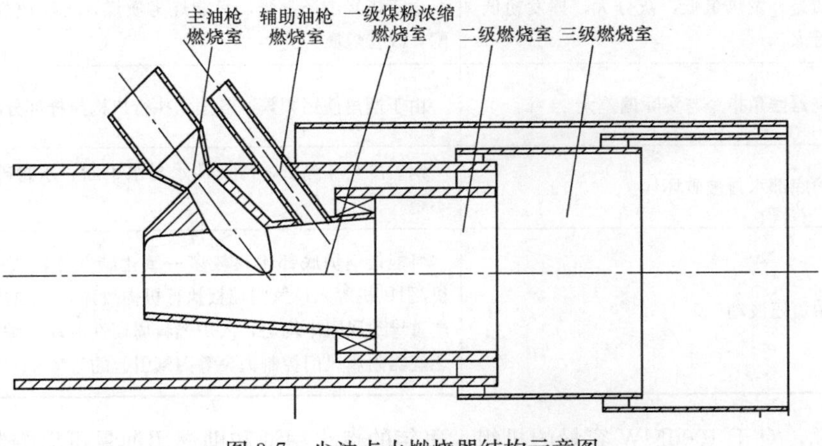

图3-7 少油点火燃烧器结构示意图

华能九台电厂670MW超临界机组锅炉，设计燃用褐煤，8台风扇磨煤机角式布置，每台磨煤机对应1角燃烧器5层喷口。2号角和6号角燃烧器采用少油油枪（出力为80～120kg/h），燃烧器每层配备2只少油油枪，共配备20只少油油枪。使用情况良好，节油效果明显。

（24）助燃用油量、稳燃用油量（combustion supporting oil consumption amount）：指锅炉设备带负荷运行中由于煤质、低负荷或其他原因造成燃烧不稳定态时，为了维持锅炉稳定燃烧而使用的燃油量。

在锅炉运行过程中，常常由于煤质、减负荷或其他原因造成燃烧不稳定，若处理不及时或处理不当就会进一步发展成锅炉灭火事件。燃烧不稳和灭火对锅炉经济性和安全性影响很大，有时还会造成人身伤亡或设备的严重损坏。因此当发现燃烧不稳时，应立即投入助燃油枪助燃，稳定燃烧并防止灭火。燃烧不稳的主要因素见表3-25。

表3-25　　锅炉燃烧不稳的主要因素分析

序号	影响因素	理由分析
1	炉内切圆燃烧扫边，造成水冷壁结焦，低负荷时掉焦	煤质容易结渣，而低负荷时，由于炉膛温度降低，结焦必定掉落，破坏燃烧工况
2	炉膛出口火焰偏斜，折焰角上方积灰，低负荷时塌灰	低负荷时，由于动力场内火焰偏斜，炉膛出口折焰角处积灰，一旦稍有扰动，就会大量塌灰
3	有的引风机低于60%负荷时，容易喘振，引起炉膛压力大幅度波动	可以观察引风机电流、入口负压，这些值会大幅度摆动，就地倾听，有较大喘振声
4	火检信号闪烁，造成单只给粉机跳闸，弱化炉内燃烧	因火检故障，给粉机跳闸，燃烧不稳
5	一次风速不均匀，造成一次风粉扰动，出粉不均匀，燃烧工况不稳定	一次风速均匀性如果较差，会发生堵管等故障
6	运行人员增减负荷过快，增减风量过大，炉膛压力大幅度波动	在增减负荷时，运行人员由于担心燃烧不稳，绝大多数都能小心谨慎操作，发生操作幅度过大的次数很少
7	给粉机投自动，汽压控制品质差，转速大幅度波动	给粉机在负荷60%以下，均保持手动控制，防止转速波动大
8	煤质差，发热量低，灰分大，挥发粉低，不易着火	由于煤炭市场紧张，只能烧劣质煤，无法改变，只能适当掺配，改善煤质
9	燃烧器摆角指令与实际偏差大	由于摆角使用频繁，各摆角执行机构拉杆部分有所松动造成
10	锅炉底部水封被破坏	锅炉冷灰斗除渣，冷灰斗水封水中断、水封破坏，造成燃烧不稳
11	锅炉负压波动	可能是锅炉底部聚集较多一氧化碳气体，或一次风机/送风机/引风机等入口风门挡板执行机构故障，或预热器蓄热片积灰严重导致风阻不均匀，入炉燃料周期性波动，炉内燃烧不稳定，燃烧器附属风门控制失灵等因素引起的

一般来说，对于1000MW容量的机组，每年的点火用油和助燃用油量可以控制在1000t以内。减少助燃用油量的主要措施如下：

1）加强运行监督和现场看火，及时根据仪表指示的变化情况进行燃烧调整，以保证燃烧工况良好。

2）防止断煤粉、断风的现象发生，一旦发现应及时处理，防止扩大。

3）注意煤种变化，做到随变随调，如果煤质明显变化要及时通知司炉和值长，并及时调整掺配煤的比例和煤种。

4）吹灰、除焦一定要取得司炉的密切配合，并按运行规程进行操作。

5）适当减小炉内切圆，并调整切圆居中，尽量减少锅炉水冷壁结焦，避免落焦等外部内部干扰，以免造成锅炉灭火。主要措施为：①利用小修机会，做动力场试验，观察切圆情况，进行科学的调整；②制定并落实防止高负荷结焦和低负荷掉焦的安全技术措施。

6）调整一、二次风配比，保持合理的一、二次风速；重新标定一次风风速；保证风煤配合适当，以及一、二次风的风速风比适当，保持出风均匀稳定，减少折焰角积灰，并保持不塌灰。

7）对燃用劣质煤，敷设稳燃带可以提高炉内温度水平，改善锅炉低负荷的稳燃条件。

8）选择合适的稳燃能力强的燃烧器，如钝体类燃烧器（华中理工大学技术）、水平浓淡燃烧器（美国技术）、煤粉浓缩预热型燃烧器（清华大学技术），提高稳燃能力。

9）提高机组检修质量和运行操作水平，提高机组运行可靠性，降低机组非计划降出力次数。

10）根据煤质情况，在满足带负荷的前提下尽量将煤粉磨细。一方面可以降低飞灰可燃物，提高锅炉效率；另一方面可增强炉内燃烧稳定性，减少助燃油消耗。

11）对于引风机低负荷喘振引起的炉膛压力大幅度波动问题，利用小修机会，更换引风机入口静叶；检查引风机叶片磨损情况，彻底修复，使引风机各负荷段调节平稳，不发生喘振现象。

12）进行炉内动力场试验。利用检修停机机会，组织人员进入炉膛，观察炉内动力场的偏斜情况。检查各一次风、二次风配合是否均匀；燃烧器摆角高度是否一致，避免造成动力场偏斜。如果燃烧器摆角指令与实际有偏差，应重新标定各燃烧器摆角，紧固摆角执行机构拉杆。

13）机组正常运行过程中，燃油系统正常备用状态，当前电厂存在燃油滤网、油枪喷嘴堵塞现象，建议检修专业每月进行定期清理，确保燃油系统良好备用。

第四节 燃气与生物质指标

(1) 闪蒸（flash）：如同任何一种液体，当液化天然气（LNG）已有的压力降至其沸点压力以下时，例如经过阀门后，部分液体蒸发，而液体温度也将降到此时压力下的新沸点，此即为闪蒸。液化天然气为多组分的混合物，闪蒸气体的组分与剩余液体的组分不一样。其原因是当液化天然气蒸发时，氮和甲烷首先从液体中气化，剩余的液体中较高相对分子质量的烃类组分增大。

(2)（燃气）高位发热量（superior calorific value）：单位体积的气体燃料在空气中完全燃烧所释放的热量。在燃烧反应发生时，压力 p_1保持恒定，所有燃烧产物的温度降至与规定的反应物温度 t_1相同的温度，并且除燃烧中生成的水在温度 t_1下全部冷凝为液态外，其余所有燃烧产物均为气态，以 H_s表示。燃烧参比条件是温度 t_1为 298.15K（25℃），压力 p_1为 101.325kPa；体积计量参比条件是温度 t_2为 273.15K（0℃），压力 p_2为 101.325kPa。天然气各组分在标准参比条件下的气体摩尔发热量见表 3-26。标准型机组使用的气体燃料，其单位体积燃料的低位发热量应在 11～186MJ/m^{3}范围内。

当气体量由摩尔质量给出时，则发热量称为摩尔发热量，符号为 H_M；当气体量由质量给出时，则发热量称为质量发热量，符号为 H_m；当气体量由体积给出时，则发热量称为体积发热量，符号为 H_V。

体积发热量计算公式为

$$H_V=\frac{pH_{\mathrm{M}}}{RT}$$

质量发热量计算公式为

$$H_m=\frac{H_{\mathrm{M}}}{M}$$

$$M=\sum M_i x_i$$

式中 H_m——混合气体的质量发热量，MJ/kg；

H_V——混合气体的体积发热量，MJ/kg；

M——混合气体的摩尔质量，g/mol；

M_i——混合气体的第 i 组分的摩尔质量，见表 3-26，g/mol；

x_i——第 i 组分的比例；

H_M——摩尔发热量，MJ/kg；

p——气体压力，$p=101.325$kPa；

T——气体温度，$T=273.15+t$（℃），K；

R——摩尔气体常数，$R=8.31451$J·mol/K。

表 3-26　天然气部分组分的摩尔质量及性质（0℃）

组分	摩尔质量（kg/kmol）	理想摩尔发热量（kJ/mol）		理想质量发热量（kJ/kg）		着火浓度极限（体积%）	
		高位	低位	高位	低位	下限	上限
甲烷	16.043	892.97	802.82	556 62	500 43	5.0	15.0
乙烷	30.070	1564.34	1429.12	520 20	475 30	2.9	13.0
丙烷	44.097	2224.01	2043.71	504 40	463 50	2.1	9.5
丁烷/n-丁烷	58.123	2883.82	2658.45	496 20	457 40	1.8	8.4
戊烷/n-戊烷	72.150	3542.89	3272.45	491 00	453 60	1.4	8.3
己烷	86.177	4203.23	3887.71	487 70	451 10		
庚烷	100.204	4862.87	4502.28	485 30	449 30		
辛烷	114.231	5522.40	5116.73	483 40	447 90		
壬烷	128.258	6182.91	5732.17	482 10	446 90		
异丁烷	58.122	2874.20	2648.83	512 60	475 18		
2-甲基丙烷	58.123	2874.20	2648.83	494 50	455 70		
2-甲基丁烷	72.150	3535.98	3265.54	490 10	452 60		
2-甲基戊烷	86.177	4195.61	3880.09	486 90	450 20		
乙炔	26.038	1301.86	1256.79	500 00	482 70	2.5	80.0
苯	78.114	3305.03	3169.81	423 10	405 80		
甲苯	92.141	3952.72	3772.42	429 00	409 40		
乙苯	106.167	4513.14	4387.77	434 50	413 30		
甲醇	32.042	766.59	676.44	239 00	211 10		
氢气	2.0159	286.63	241.56	142 190	119 830	4.0	74.2
水	18.0153	45.047	0	2500	0		
硫化氢	34.084	562.94	517.87	165 20	151 90	4.3	45.5
乙烯	28.054	1413.51	1323.36	503 90	471 70	2.7	34.0
丙烯	42.081	2061.57	1926.35	489 90	457 80	2.0	10.0
一氧化碳	28.010	282.80	282.80	101 00	101 00	12.5	74.2
二氧化碳	44.010	0	0	0	0		
空气	28.9626						

（3）（燃气）低位发热量（inferior calorific value）：规定量的气体在空气中完全燃烧时所释放出的热量。在燃烧反应发生时，压力 p_1 保持恒定，所有燃烧产物的温度降至与规定的反应物温

度 t_1 相同的温度，所有的燃烧产物均为气态。气体燃料的低位发热量按下式计算，即

$$H_{\mathrm{netq,ar}}=107.98H_2+126.36CO_2+\sum(H_q\times C_mH_n)_i$$

式中 $H_{\mathrm{netq,ar}}$——气体燃料的低位发热量，kJ/m³；

H_2、CO_2、C_mH_n——气体燃料中相应各可燃气体成分的体积含量百分率，%；

H_q——各种碳氢化合物对应的收到基低位发热量，kJ/m³。

上述公式用于计算干燃气的低位发热量，没有特殊说明，燃气均指干燃气（即1m³干燃气是指燃气实际体积大于1m³，其中燃气成分的体积是1m³，与其共存在的少量水蒸气）。对于湿燃气（即1m³湿燃气是指燃气实际体积小于1m³）的低位发热量，按下式计算：

$$H_{\mathrm{netq,\ ar}}^{\mathrm{w}}=H_{\mathrm{netq,\ ar}}\frac{0.833}{0.833+d_q}$$

式中 $H_{\mathrm{netq,ar}}^{\mathrm{w}}$——湿燃气的低位发热量，kJ/m³；

$H_{\mathrm{netq,ar}}$——干气体燃料的低位发热量，kJ/m³；

d_q——气体燃料的含湿量，kg/m³。

湿燃气的高位发热量按下式计算：

$$H_{\mathrm{netq,\ gr}}^{\mathrm{w}}=(H_{\mathrm{netq,\ gr}}+2.532d_q)\frac{0.833}{0.833+d_q}$$

式中 $H_{\mathrm{netq,gr}}^{\mathrm{w}}$——湿燃气的高位发热量，kJ/m³；

$H_{\mathrm{netq,\ gr}}$——干气体燃料的高位发热量，kJ/m³；

2.532——0℃时水的气化潜热，MJ/kg；

d_q——气体燃料的含湿量，kg/m³。

（4）摩尔质量（molar mass）：单位物质的量的物质所具有的质量，用符号 M 表示。当物质的质量以克为单位时，摩尔质量的单位为g/mol，在数值上等于该物质的相对原子质量或相对分子质量。例如甲烷摩尔质量为16.043g/mol，乙烷摩尔质量为30.070g/mol，丙烷摩尔质量为44.097g/mol，丁烷摩尔质量为58.123g/mol，碳摩尔质量为12.011g/mol，氧气摩尔质量为31.998 8g/mol，空气摩尔质量为28.9626g/mol，二氧化碳摩尔质量为44.010g/mol，一氧化碳摩尔质量为28.010g/mol。摩尔是一系统的物质的量，该系统中所包含的基本单元数与0.012kg碳—12的原子数目相等。0.012kg碳—12核素所包含的碳原子数目就是阿伏加德罗常数（NA），近似数值为 $NA=6.022\times10^{23}$。

（5）摩尔发热量、摩尔热值（molar calorific value）：1摩尔气体在空气中完全燃烧所放出的热量。在燃烧反应发生时，压力 p_1 保持恒定，所有燃烧产物的温度降至与规定的反应物温度 t_1 相同的温度，并且除燃烧中生成的水在温度 t_1 下全部冷凝为液态外，其余所有燃烧产物均为气态。燃烧参比条件是温度 t_1 为298.15K（25℃），压力 p_1 为101.325kPa。

（6）摩尔组成（molar compistion）：用摩尔分数或摩尔百分数表示的均匀混合物中每种组分的比例。给定体积的混合物中 i 组分的摩尔分数 x_i 是组分的摩尔数与混合物中所有组分的总摩尔数（即所有组分摩尔数之和）之比。摩尔百分数是将该成分气体摩尔数除以各组分总摩尔数。

（7）（气体）相对密度、比重（relative density）：在相同的规定压力和温度条件下，气体密度除以具有标准组成的干空气的密度，符号为 d^0。体积计量参比条件是温度 t_1 为273.15K（0℃），压力 p_2 为101.325kPa。理想气体相对密度计算公式为

$$d^0=\sum_{i=1}^{N}\left(x_i\frac{M_i}{M_{\mathrm{air}}}\right)$$

真实气体相对密度计算公式为

$$d=\frac{d^0 Z_{air}}{Z_{mix}}$$

式中 d^0——理想气体的相对密度；

d——真实气体的相对密度；

M_i——组分 i 的摩尔质量；

Z_{air}——标准组成的干空气的压缩因子；

Z_{mix}——气体的压缩因子；

M_{air}——标准组成的干空气的摩尔质量，干空气的摩尔质量为 28.962 6kg/kmol。

（8）气体密度（gas density）：气体的平均摩尔质量除以摩尔体积。以 ρ 表示，单位为 kg/m³。计算公式为

$$\rho=\frac{M}{V}=\frac{M}{22.412}$$

式中 ρ——气体密度，kg/m³；

M——气体燃料相对分子质量；

V——摩尔体积。在 0℃和 101.3kPa 条件下，每千克摩尔气体的体积均为 22.412 m³。

单一气体密度在标准状态下的主要特性见表 3-27。混合气体的密度计算公式为

$$\rho=\sum_{i=1}^{n} x_i \rho_i$$

式中 ρ_i——单一气体密度，kg/m³；

n——燃气组成成分数量；

x_i——燃气组成各组分体积含量，%。

表 3-27 单一气体密度在标准状态下的主要特性（0℃、0.101MPa）

气体分子式	分子量 M	密度 ρ（kg/m³）	动力黏度 μ（Pa·s）	运动黏度 v（mm²/s）	比定压热容 c_p [kJ/(m³·℃)]	比定容热容 c_V [kJ/(m³·℃)]	导热系数 λ [W/(m·℃)]
N_2（氮）	28.013	1.250	16.6	13.2	1.299	0.927 8	0.023 3
O_2（氧）	31.999	1.429	19.2	13.5	1.306	0.934 9	0.023 3
H_2（氢）	2.016	0.090	8.34	92.9	1.277	0.905 6	0.159 3
CH_4（甲烷）	16.043	0.717	10.30	14.4	1.550	1.189	0.030 2
C_2H_6（乙烷）	30.070	1.355	8.46	6.44	2.210	1.839	0.018 6
C_3H_8（丙烷）	44.093	2.010	7.36	3.75	3.048	2.677	0.0151
nC_4H_{10}（已丁烷）	58.124	2.703	8.10	2.99	4.128	3.681	0.012 8
iC_4H_{10}（异丁烷）	58.124	2.691	8.40	3.12			
C_2H_2（乙炔）	26.038	1.171	9.30	8.16	1.870	1.498	0.018 4
C_2H_4（乙烯）	28.054	1.261	9.43	7.55	1.827	1.455	0.016 4
C_3H_6（丙烯）	42.081	1.914	8.35	4.44	1.544	1.347	0.017 1
C_6H_6（苯）	78.114	3.836	6.99	2.01	3.287	2.914	0.008 77
H_2S（硫化氢）	34.076	1.536	11.67	7.60	3.266	1.934	0.011 6
SO_2（二氧化硫）	64.059	2.928	11.70	3.99	1.779	1.361	0.098 58

续表

气体分子式	分子量 M	密度 ρ (kg/m³)	动力黏度 μ (Pa·s)	运动黏度 v (mm²/s)	比定压热容 C_p [kJ/(m³·℃)]	比定容热容 C_V [kJ/(m³·℃)]	导热系数 λ [W/(m·℃)]
CO（一氧化碳）	28.019	1.251	16.60	13.20	1.299	0.928 2	0.020 9
CO_2（二氧化碳	44.010	1.977	13.80	6.99	1.600	1.229	0.014 0
NH_3（氨）	17.031	0.771	9.12	12.00	1.591	1.223	0.019 8
空气（干）	28.966	1.293	17.20	13.30	1.297	0.926 1	0.022 1
H_2O（水蒸气）	18.015	0.833	9.02	10.83	1.494	1.124	0.019 8

例 3-15 某混合气体燃料组分为甲烷（CH_4）77.5%、乙烷（C_2H_6）16.0%、二氧化碳（CO_2）6.5%，其相对分子质量分别为 16.04、30.07 和 44.01，干燥空气相对质量是 28.966（对于含有相对湿度 60%的水蒸气，标准状态下的空气相对质量为 28.855）。求参比条件下混合气体燃料的相对密度和气体密度，以及空气的密度。

解： 混合气体燃料相对分子质量为

$$M=77.5\%\times16.04+16.0\%\times30.07+6.5\%\times44.01=20.103$$

与空气相比，该混合气体的相对密度为

$$d=20.103/28.966=0.6940$$

混合气体的密度为

$$\rho=20.103/22.412=0.897\ (\text{kg/m}^3)$$

空气的密度为

$$\rho_{air}=28.966/22.412=1.293\ (\text{kg/m}^3)$$

（9）沃泊指数、华白数（Wobbe index）：在规定参比条件下的体积高位发热量除以在相同的规定计量参比条件下的相对密度的平方根。华百数是衡量热负荷大小的特性指数，两种不同燃气只要华百数相近，其所用的燃具就可以互换通用，沃泊指数计算公式为

$$W=\frac{H_V}{\sqrt{d}}\approx\frac{H_V}{\sqrt{d^0}}$$

式中 W——沃泊指数，MJ/m³；

H_V——混合气体的体积发热量，MJ/kg；

d^0——理想气体的相对密度；

d——真实气体的相对密度（燃气密度与空气密度的比值）。

例 3-16 某混合气体组分见表 3-28，求体积高位发热量、质量高位发热量和沃泊指数。

表 3-28 **混合气体组分发热量**

组分	摩尔质量 M_i (g/mol)	20℃摩尔高位发热量 H_{Mgri} (kJ/mol)	20℃摩尔低位发热量 $H_{M\,net\,i}$ (kJ/mol)	摩尔分数 x_i
甲烷	16.043	891.09	802.65	0.924 7
乙烷	30.070	1561.41	1428.74	0.047 0
二氧化碳	44.010	0	0	0.028 3
总和				1.0

解： 混合气体摩尔质量为

$$M=\sum M_i x_i=16.043\times0.9247+30.070\times0.047+44.010\times0.0283=17.494\ (\text{g/mol})$$

混合气体摩尔高位发热量为

$$H_{\text{Mgr}}=\sum H_{\text{Mgr}i}x_i=891.09\times0.9247+1561.41\times0.047+0\times0.0283=897.377\ (\text{kJ/mol})$$

混合气体质量高位发热量为

$$H_{\text{m}}=\frac{H_{\text{Mgr}}}{M}=\frac{897.377}{17.494}=51.296(\text{MJ/kg})$$

混合气体体积高位发热量为

$$H_V=\frac{pH_{\text{Mgr}}}{RT}=\frac{101.325\times897.377}{8.3145\times(273.15+20)}=37.305(\text{MJ/m}^3)$$

理想气体相对密度为

$$d^0=\sum_{i=1}^{N}\left(x_i\frac{M_i}{M_{\text{air}}}\right)=\frac{M}{M_{\text{air}}}=\frac{17.494}{28.9626}=0.6040$$

沃泊指数为

$$W=\frac{H_V}{\sqrt{d}}\approx\frac{H_V}{\sqrt{d^0}}=\frac{37.305}{\sqrt{0.604}}=48.00(\text{MJ/m}^3)$$

（10）压缩（性）因子、气体的压缩系数（compression factor）：在规定压力和温度下，任意质量气体的体积与该气体在相同条件下按理想气体定律计算的气体体积的比值，以 Z 表示，对理想气体，$Z=1$。标准组成的干空气在三个常用的计量参比条件下的压缩因子取值为

$$Z_{\text{air}}\ (273.15\text{K},\ 101.325\text{kPa})=0.99941$$
$$Z_{\text{air}}\ (288.15\text{K},\ 101.325\text{kPa})=0.99958$$
$$Z_{\text{air}}\ (293.15\text{K},\ 101.325\text{kPa})=0.99963$$

燃气的状态方程为

$$pV=ZRT$$

或者

$$\frac{p_1V_1}{p_2V_2}=\frac{Z_1T_1}{Z_2T_2}$$

燃气的压缩系数与气体成分、压力和性质有关，一般通过试验确定，也可按照下列公式计算，即

$$Z=\frac{100}{100+2.18\times10^{-7}\ (p_{\text{pj}})^{1.15}}$$

式中 p_{pj}——气体的平均绝对压力，Pa。

（11）（燃气）绝热指数、比热比（adiabatic exponent）：燃气的定压比热（容）与定体积比热（容）之比。计算公式为

$$\gamma=c_p/c_V$$

式中 c_p——定压比热容，kJ/（kg·K）；

c_V——定体积比热容，kJ/（kg·K）；

γ——绝热指数。

对于燃气，当 CH_4 含量大于95%时，$\gamma\approx1.31$。常用气体的绝热指数见表3-29。

表3-29　常用气体的绝热指数

气体	N_2	O_2	H_2	CH_4	C_2H_6	C_3H_8	C_4H_{10}	C_5H_{12}	C_2H_4
γ	1.404	1.401	1.408	1.309	1.198	1.161	1.144	1.121	1.258

续表

气体	C_3H_6	C_2H_2	SO_2	H_2O蒸气	H_2S	空气	CO	CO_2	R123a
γ	1.170	1.269	1.250	1.335	1.320	1.40	1.40	1.30	1.11

（12）（燃气）比热容（specific heat）：单位质量的燃气温度每升高1℃时吸收的热量。计算公式为

$$c=\sum_{i=1}^{n}x_ic_i$$

式中 c——燃气的比热容，kJ/（kg·℃）；

n——燃气组成成分数量；

x_i——燃气组成各组分体积含量，%；

c_i——燃气组成各组分比热容，kJ/（kg·℃）。

摩尔比热容、质量比热容和体积比热容三者可以互相转换，三者关系式为

$$c_{\text{mol}}=Mc_{\text{zl}}=22.4c_V$$

式中 c_{mol}——摩尔比热容，kJ/（mol·℃）；

c_{zl}——质量比热容，kJ/（kg·℃）；

c_V——体积比热容，kJ/（m^3·℃）；

M——气体燃料的分子量。

（13）（燃气）饱和含水量、饱和含湿量（saturated water cintent of gas fuel）：在一定压力和温度下，一定体积的气体燃料中所含的水蒸气质量（即绝对湿度）的最大值，称为气体燃料在该条件下的饱和含水量。符号为 d。天然气的饱和含湿量见表3-30。

表3-30　　天然气的饱和含湿量　　g/m^3

压力（MPa）	天然气温度（℃）						
	−30	−20	−10	0	10	20	30
0.1	0.30	0.83	2.11	4.95	9.90	19.0	35.2
0.2	0.15	0.42	1.05	2.47	4.95	9.50	17.6
0.3	0.10	0.28	0.70	1.65	3.30	6.35	11.7
0.5	0.06	0.17	0.42	0.99	1.98	3.80	7.04
1.0	0.03	0.08	0.21	0.50	0.99	1.90	3.52
2.0	0.02	0.04	0.11	0.25	0.50	0.95	1.76
3.0	0.01	0.03	0.07	0.17	0.33	0.64	1.17
5.0	0.01	0.02	0.04	0.10	0.20	0.38	0.70

（14）（燃气）着火温度（ignition temperature）：在一定条件下，可燃气体与空气的混合物出现稳定燃烧时的最低温度，用IT表示。各种气体的着火温度见表3-31。

表3-31　　各种气体的着火温度

气体（分子式）	H_2	CO	甲烷 CH_4	乙烷 C_2H_6	丙烷 C_3H_8	丁烷 C_4H_{10}
着火温度（℃）	530～590	640～658	658～750	530～594	520～630	490～569
气体（分子式）	乙炔 C_2H_2	乙烯 C_2H_4	丙烯 C_3H_6	苯 C_6H_6	H_2S	发生炉煤气
着火温度（℃）	335～500	510～547	475～550	720～770	290～487	700～800

（15）着火（浓度）极限、爆炸浓度极限（flammability limits）：气体燃料和空气的混合物能

发生着火的浓度范围称为着火浓度极限。燃料浓度高于着火极限的上限值或低于下限值，均不能着火燃烧。其最低浓度称为下限，最高浓度称为上限。也就是说，只有当天然气和空气的比例处于一定范围之内时，才能使燃气保持连续稳定的燃烧，这一浓度范围称为着火浓度极限。不同组分的着火浓度极限见表 3-26。

天然气的着火浓度极限为 5.1%～13.9%，即天然气有效燃烧的浓度范围。当天然气的浓度小于着火浓度的下限，即小于 5.1%时，也就是燃气混合物空气过多，这种燃气混合物就不会着火，因为它发出的热量不足以把邻近的气体加热到着火温度。当天然气的浓度大于着火浓度极限的上限，即大于 13.9%时，也就是燃气混合物空气太少，呈缺氧状态，这种燃气混合物也不会着火，也不能保持稳定的燃烧。天然气的着火浓度极限是 5.1%～13.9%，爆炸浓度极限是 5.1%～15.1%，两个浓度范围是一致的。这说明只有着火，才能引起爆炸；不能着火，就不会爆炸。

气体燃料通常由多种可燃气体组成，它的着火浓度极限可以通过各可燃组分的着火浓度上、下限计算求得。着火浓度极限范围反映了机组启动时的点火、熄火性能以及联焰的能力。对带负荷运行，则与熄火界限、一氧化碳污染程度、燃烧效率及燃烧室的压力脉动有关。所用气体燃料的着火浓度极限范围越宽，它对偏离设计工况点运行的适应性越好；反之，则会使燃烧室启动时点火困难或熄火。根据运行经验，现代燃气轮机燃用着火浓度上限和下限比值低至 2.2 的气体燃料时，燃气轮机从启动到满负荷所有工况还能满意地工作。一般燃气轮机制造厂均对该比值有规定，一般不能小于 2.2。当燃用在该比值以下的燃料气时，要求设计出结构更加合理的燃烧室。气体燃料着火浓度下限或上限计算公式为

$$L=\sum L_i x_i$$

式中 L——气体燃料着火浓度下限或上限，%；

L_i——气体燃料中第 i 种组分的着火浓度下限或上限，%；

x_i——气体燃料中第 i 种组分的体积浓度，%。

例 3-17 某气体燃料甲烷含量为 90%，乙烷含量为 10%，求该气体燃料着火浓度下限和上限，以及上下限比值。

解： 查表 3-28，甲烷着火浓度下限和上限分别为 5%和 15%，乙烷着火浓度下限和上限分别为 2.9%和 13%。

则气体燃料着火浓度下限为

$$L_x=\sum L_i x_i=5\%\times 0.9+2.9\%\times 0.1=4.79\%$$

气体燃料着火浓度上限为

$$L_s=\sum L_i x_i=15\%\times 0.9+13\%\times 0.1=14.8\%$$

着火浓度上限和下限比值为

$$L_s/L_x=14.8\%/4.79\%=3.1$$

(16) 硫化氢含量（hydrogen sulfide content）：气体燃料中硫化氢的体积百分比，或者指每立方米气体燃料中含有多少毫克硫化氢。当气体燃料含有硫化氢时，会腐蚀系统的某些金属材料。在有水存在及高压下，这种腐蚀会更为严重。对于通常的燃料系统，硫化氢的含量应受到限制。如适当地选择燃料系统的材料，硫化氢含量高的气体也可以成功燃烧。在燃烧时，硫化氢能形成二氧化硫。在配备有余热回收设备时，应该限制硫化氢的含量，以防止酸性腐蚀。

(17)（燃气）杂质（impurity）：气体燃料中的固体微粒，除碳氢化合物以外，其质量分数不能超过 30mg/L。气体燃料的杂质要求为：固体微粒的大小和密度分布为在 101.3kPa、15.5℃条件下，在空气中的沉降速度大于 6mm/s 的固体微粒不超过总含量的 1%，沉降速度大于 10mm/s

的固体微粒不超过总含量的0.1%。

(18)(生物质)能量密度(energy density):单位体积的生物质燃料所含净能量。

(19)(生物质)标称最大粒度(nominal top size):在特定条件下确定生物质固体燃料的粒度值分布,至少有95%的燃料可以通过筛网孔径的尺寸。

(20)吨燃料成型能耗(energy consumption per ton solid biofuel):生物质固体成型燃料成型设备生产1t成型燃料所消耗的能量。

(21)火焰传播速度(flame propagation velocity):燃气在点火后,通过燃烧反应所放出的热量把邻近的未燃气体加热,使其达到着火温度,而燃烧起来。这种通过热能的传递,而使燃烧反应区逐渐向前推移的现象称为"火焰的传播"。

点火源附近着火后,形成一层平面火焰,称为火焰前沿(或火焰锋面)。火焰前沿的温度很高,它将热量传给相邻的一层可燃混合物,使其温度达到着火温度,并着火燃烧。原来的火焰前沿的位置上已是燃烧完的燃烧产物,新着火的一层可燃混合物又变成了新的火焰前沿,它又将热量向前传递。这样,一层一层地被加热,着火燃烧。可以看到火焰前沿连续地向前移动。这种由于热量传递而使火焰前沿持续移动的燃烧过程称为火焰正常传播或正常燃烧。

火焰前沿向前移动的速度称为火焰传播速度(v_L),气体在层流状态下的火焰传播速度称为正常火焰传播速度。火焰传播速度快,可燃混合物燃烧较快;火焰传播速度慢,可燃混合物燃烧较慢。

影响火焰传播速度的因素如下:

1)燃料性质。不同燃料的火焰传播速度在数值上有着显著不同。氢气H_2燃烧时,火焰传播速度最快,一氧化碳CO次之,烷烃C_mH_n最慢(天然气主要成分是甲烷CH_4,属于烷烃)。

2)管径。v_L随着管径的减小而减小。

3)过量空气系数α。v_L随着过量空气系数α的改变而变化。单一可燃气体最大火焰传播速度$v_{L,max}$与相应的过量空气系数α的对应关系见表3-32。

表3-32　$v_{L,max}$与相应的过量空气系数α的对应关系

气体	H_2	CO	CH_4	C_2H_2	C_2H_4	C_2H_6	C_3H_6	C_3H_8	C_4H_8	C_4H_{10}
$v_{L,max}$ (m/s)	2.8	0.56	0.38	1.52	0.670	0.43	0.50	0.42	0.46	0.38
α	0.57	0.46	0.90	—	0.85	0.90	0.90	1.0	1.0	1.0

4)温度。可燃混合气初始温度T_0越高,则气体分子的运动动能越大,传热增强,可显著提高化学反应速率,从而提高v_L。

5)压力。压力p对火焰传播速度影响的关系式为

$$v_L \propto p^m$$

$$m = n/2 - 1$$

式中　m——路易斯压力指数;

　　　n——燃烧反应级数。

当$v_L < 0.50$m/s时,$n<2$,$m<0$,v_L随着p的升高而减小;当$0.50\text{m/s} < v_L < 1.00$m/s时,$n=2$,$m=0$,$v_L$与$p$的变化无关;当$v_L > 1.0$m/s时,$n>2$,$m>0$,$v_L$随着$p$的升高而增大。

第五节　燃料经济指标

(1)合同采购燃料量(fuel by contract purchase):以合同或协议方式同燃料供应商确定的购

进火力发电厂的燃料量，符号为 B_{ht}。

（2）燃料收入量、入厂燃料量（fuel amount of receiving）：火力发电厂在统计报告期内实际收到供方所供应的燃料（燃煤、燃油、燃气）数量。它反映火力发电厂为了生产需要，通过长期合同、市场采购、上级燃料公司调拨等各种方法采购的燃料总数量，计算公式为

$$B_{sr}=B_{cx}+B_{sd}+B_{sc}+B_{qt}$$

式中 B_{sr}——燃料收入量，t；

B_{cx}——长协合同燃料到货量，t；

B_{sd}——上级调拨燃料到货量，t；

B_{sc}——市场采购燃料到货量，t；

B_{qt}——其他燃料到货量，t。

燃料收入量的统计计算方法如下：

1）货票统计法。用货票数量相加所得，统计时按规定计算运损和盈亏吨。

2）实际计量法。用轨道衡、皮带秤等计量设备实际计量的燃料，按计量的结果进账。使用计量法时应按下式折算成含规定水分的到厂质量，计算公式为

$$B_{gd}=B_{gh}\frac{100-M_{sj,\ ar}}{100-M_{gd,\ ar}}$$

式中 $M_{sj,ar}$——计算期内到厂实际燃料收到基水分，%；

$M_{gd,ar}$——规定燃料收到基水分上限，%；

B_{gd}——计算期内燃料含规定水分的到厂质量，t；

B_{gh}——计算期内燃料过衡质量（不包括检尺量），t。

（3）入炉燃料量（fuel for boiler combustion）：输送到电厂锅炉燃烧系统的燃料量，符号为 B_{rl}。

（4）生产用燃料量（production fel）：直接用于发电、供热、供汽等生产活动的燃料量，符号为 B_{sc}。

（5）非生产用燃料量（non-production fuel）：用于发电、供热、供汽等生产活动以外其他用途（含对外销售的入厂燃料）的燃料量，符号为 B_{fsc}。

（6）燃料中间储存量（fuel storage quantity）：中间储存系统内各储存点所存燃料总量即为燃料中间储存量。中间储存系统包括卸煤沟、中转煤场、储煤场、各原煤仓、煤粉仓、储油罐、燃气储存罐、垃圾仓和秸秆仓等，符号为 B_{cc}。

（7）标准煤燃料量、标准煤收入量（standard coal quantity）：统计报告期内燃料收入量折算至标准煤的燃料量。折算方法为

$$B_{srb}=B_{sr}\times\frac{Q_{ar,\ net}}{29\ 307.6}$$

式中 B_{srb}——标准煤燃料量，t；

B_{sr}——燃料收入量，t；

$Q_{ar,net}$——燃料加权收到基低位发热量，kJ/kg。

（8）燃料耗用量（fuel amount of consumption）：火力发电厂在统计报告期内生产和非生产实际消耗的燃料（燃煤、燃油、燃气）数量，计算公式为

$$B_{hy}=B_{fd}+B_{gr}+B_{fs}$$

式中 B_{hy}——燃料耗用量，t；

B_{fd}——发电燃料耗用量，t；

B_{gr}——供热燃料耗用量，t；

B_{fs}——非生产燃料耗用量，t。

燃料耗用量大的原因如下：

1）机组非计划停运次数多，消耗的燃料量大。

2）机组启动次数多，消耗的燃料油多。

3）机组负荷率低，运行效率低。

4）热耗率高、锅炉效率低的机组发电量多，消耗的燃料量大。

5）对应计量装置误差大。

处理问题的对策如下：

1）提高机组可靠性，减少非计划停运次数或非计划降出力。

2）提高机组负荷率。

3）减少能耗高的机组发电量比重。

4）按照规定对计量装置进行校验，减小计量误差。

（9）（实际）燃料消耗量（fuel consumption）：单位时间内锅炉实际耗用的燃料量，用符号 B 表示，单位为 kg/h。对于小型机组，如果计量装置不全，可以采用如下公式进行反平衡计算，即

$$B=\frac{Q_b}{\eta_{bl}Q_r}=\frac{1}{\eta_{bl}Q_r}[G_b(h_b-h_{fw})+G_{rh}(h_{rhr}-h_{rhl})+G_{bl}(h_{bl}-h_{fw})+G_{ss}(h_{fw}-h_{ss})+G_{rs}(h_{fw}-h_{rs})+G_{fy}(h_{zy}-h_{fw})]$$

式中 B——锅炉的燃料消耗量，kg/h；

h_b、h_{bl}——锅炉过热器出口蒸汽和汽包排污水的焓，$h_b\approx h_{ms}$，kJ/kg；

G_{rs}、G_{ss}——再热器、过热器减温水量，kg/h；

h_{rs}、h_{ss}——再热器、过热器减温水焓，kJ/kg；

h_{fw}——给水焓，kJ/kg；

Q_r——1kg 燃料输入锅炉的热量，通常 $Q_r=Q_{net,ar}$，kJ/kg；

G_{fy}——自用蒸汽流量，kg/h；

h_{fy}——自用蒸汽压力和温度对应的焓，kJ/kg；

h_{rhr}、h_{rhl}——再热蒸汽热端焓和再热蒸汽冷端焓，kJ/kg；

G_b——锅炉过热蒸汽流量，kg/h；

G_{rh}——再热蒸汽流量，kg/h；

G_{bl}——连续排污水流量，kg/h。

对于大容量燃煤锅炉，一般根据入炉煤计量结果进行计算，这是计算发电煤耗的基础。

（10）计算燃料消耗量（calculating fuel consumption）：计算燃料消耗量是指考虑机械不完全燃烧热损失 q_4 的存在，在炉内实际参与燃烧反应的燃料消耗量，用符号 B_{js} 表示。由于 1kg 入炉燃料只有（$1-q_4$）kg 燃料参与燃烧反应，所以它与燃料消耗量 B 存在如下关系，即

$$B_{js}=(1-q_4)B$$

式中 B_{js}——计算燃料消耗量，kg/h；

q_4——机械不完全燃烧热损失，%；

B——锅炉的燃料消耗量，kg/h。

两种燃料消耗量各有不同的用途，在进行燃料输送系统和制粉系统计算时要用燃料消耗量 B 来计算，但在计算空气需要量及烟气容积时需要用计算燃料消耗量 B_{js} 来计算。

例 3-18 某电厂 1 台 1000t/h 燃煤锅炉，根据热效率试验求得输入热量 $Q_{net,ar}$=21 000kJ/kg，锅炉总有效利用热量 $Q_b=2.65\times10^9$kJ/h，排烟热损失 q_2=6.50%，化学不完全燃烧热损失 q_3=0.30%，机械不完全燃烧热损失 q_4=1.50%，散热损失 q_5=0.20%，灰渣物理热损失 q_6=0.08%。试求燃料消耗量 B 和计算燃料消耗量 B_j。

解： 根据反平衡法计算锅炉效率为

$$\eta_{bl}=1-6.50\%-0.30\%-1.50\%-0.20\%-0.08\%=91.42\%$$

燃料消耗量为

$$B=\frac{Q_b}{\eta_{bl}Q_r}=\frac{2\ 650\ 000\ 000}{0.914\ 2\times21\ 000}\text{kg/h}=138.0\text{t/h}$$

计算燃料消耗量为

$$B_{js}=(1-q_4)B=(1-1.5\%)\times138.0\text{t/h}=136.0\text{t/h}$$

（11）生产标准煤耗用量、发电（供热）标准煤耗用量（standard coal quantity for production）：指在发电、供热过程中耗用的燃料实物量折算成标准煤后的数量。计算式为

$$B_b=B_j-B_k$$

$$B_j=\frac{B_mQ_m+B_yQ_y+B_qQ_q}{29\ 307.6}$$

式中 B_b——计算期内的生产标准煤耗用量，t；

B_j——计算期内入炉标准燃煤量（包括燃煤、燃油和其他燃料之和），t；

B_k——计算期内应当扣除的非生产用燃料量，并折算到标准煤量，即在计量点后取用的非生产燃料折合标准煤量，t；

B_m——计算期内入炉煤计量的燃煤耗用量；

B_y——计算期内入炉燃油耗用量，t；

B_q——计算期内入炉其他燃料耗用量，t；

Q_m、Q_y、Q_q——燃煤、燃油和其他燃料在计算期内的收到基低位发热量，kJ/kg。

某机组日标准煤耗用量=（该机组日入炉煤量×该机组日入炉煤低位发热量+该机组日燃油量×该机组日燃油低位发热量+该机组日其他燃料耗用量×该机组日其他燃料低位发热量）/29 307.6

某机组月标准煤耗用量=∑该机组日标准煤耗用量=（该机组月入炉煤量×该机组月入炉煤低位发热量+该机组月燃油量×该机组月燃油低位发热量+该机组月其他燃料耗用量×该机组月其他燃料低位发热量）/29 307.6

某机组年标准煤耗用量=∑该机组月标准煤耗用量

热电厂耗用的原煤量，按发电耗用和供热耗用分开计算（标准煤量的计算公式形式相同），即

供热耗用原煤量=发电、供热耗用原煤量−发电耗用原煤量

$$=（计算期入炉原煤量-非生产用原煤量）\times\frac{供热用的耗热量}{发电、供热总的耗热量}$$

热电厂发电耗用原煤量=发电、供热耗用原煤量−供热耗用原煤量

$$=(计算期入炉原煤量-非生产用原煤量)\times\left(1-\frac{供热用的耗热量}{发电、供热总的耗热量}\right)$$

热电厂供热耗用标准煤量=发电、供热耗用标准煤量−发电耗用标准煤量

$$=(计算期入炉标准煤量-非生产用标准煤量)\times\frac{供热用的耗热量}{发电、供热总的耗热量}$$

热电厂发电耗用标准煤量＝发电、供热耗用标准煤量－供热耗用标准煤量

$$=(\text{计算期入炉标准煤量}-\text{非生产用标准煤量})\times\left(1-\frac{\text{供热用的耗热量}}{\text{发电、供热总的耗热量}}\right)$$

（12）（入厂）标准煤单价、标准煤采购单价（unit price of received standard coal unit price）：燃料到厂总费用（燃料价、运费及各种运杂费的总和）与对应的标准煤量的比值。入厂标准煤单价包括含税入厂标准煤单价和不含税入厂标准煤单价。折算公式为

$$J_b=\frac{J_{ck}\times B_{sr}+F_{ys}+F_{yz}}{B_{srb}}$$

式中 J_b——标准煤单价，元/tce；

J_{ck}——计算期内燃料出矿价格，元/t；

B_{sr}——计算期内燃料收入量，t；

B_{srb}——计算期内标准煤收入量，t；

F_{ys}——燃料运输费用，元；

F_{yz}——燃料运杂费，元。

标准煤单价包括含税入厂标准煤单价和不含税入厂标准煤单价，计算时分别以含税或不含税的费用进行计算，计算结果应标明含税或不含税，二者相差接近17%。如果没有特殊说明，标准煤单价一般是指含税入厂标准煤单价。

对标准煤单价指标的影响除燃料购入费用、运输费用、燃料收入量、煤种配比、燃油占总燃料的比例外，其燃料的低位发热量影响也是很大的。

降低标准煤单价的主要措施如下：

1）应对上年燃料成本及组成状况进行综合分析，预测下一年度燃料成本及组成状况，并在当年底提交下一年度燃料成本分析预测报告。

2）营销部门应根据下一年度电厂生产成本计划和燃料成本分析预测报告，合理分解、调整。确定燃料计划成本，报电厂领导审批后，作为燃料成本控制的依据。

3）对市场煤进行比价采购，降低采购成本。对于非设计煤种或计划外煤炭，应遵循以质论价，就近选购的原则。

4）根据市场变化，调整长期协议煤与市场煤的进煤比例。

5）每季同行业、同区域对标，找准问题，力争达到区域领先。

6）煤炭购销合同的签订应严格按照上级部门规定的原则和程序执行。计划内购煤合同，在全国煤炭订货会上签订；计划外购煤合同，要依据煤炭订货计划和上级主管部门建议价格要求签订。煤炭购销合同中，要明确矿点、发站、煤量煤质、煤价、期限、运输方式、风险界限和违约责任等。

7）煤炭入厂后，按规定进行计量、采、制、化、验收；燃料营销部门对验收数据负责统计、审核、分析，并依据煤炭实际验收的质和量，按合同约定开具核算凭证。财务部门审核无误后结算付款。

8）严格控制铁路运费、水路运费、杂费的承付范围，坚决拒付不符合国家规定的不合理费用。

9）严格执行来煤索赔制度，根据入厂煤验收数据，按煤炭购销合同严格考核，确保亏吨索赔率、亏卡索赔率达到100%。

10）选购经济煤种，通过掺配煤方法，降低标准煤单价。

例 3-19 某电厂2014年计划内入厂煤量累计627 535t，低位发热量为24 660kJ/kg，平仓价

（平车价）为436.71元/t，运费（包括杂费）为34.39元/t；计划外入厂煤量累计1 645 188t，低位发热量为23 070kJ/kg，平仓价（平车价）为412.37元/t，运费（包括杂费）为39.43元/t。求全厂标准煤单价。

解：计划内原煤到厂（到岸）价＝436.71＋34.39＝471.10（元/t）

计划外原煤到厂（到岸）价＝412.37＋39.43＝451.80（元/t）

$$计划内标准煤价格＝471.10\times\frac{29\ 307.6}{24\ 660}＝559.89（元/t）$$

$$计划外标准煤价格＝451.80\times\frac{29\ 307.6}{23\ 070}＝573.96（元/t）$$

$$全厂标准煤单价＝\frac{627\ 535\times 559.89+1\ 645\ 188\times 573.96}{627\ 535+1\ 645\ 188}＝570.08（元/t）$$

（13）耗用标准煤单价、入炉标准煤单价（unit price of consumption standard coal unit price）：指计算期内包括厂内燃料管理费用的全部燃料费用除以入炉标准煤量，其计算公式为

$$J_{bh}=\frac{J_bB_j+F_{ys}+F_{yz}+F_{rg}}{B_j}$$

式中 J_{bh}——耗用标准煤单价，元/t；

J_b——标准煤采购单价，元/t；

B_j——计算期内入炉标准燃煤量，t；

F_{rg}——厂内燃料管理费，元；

F_{ys}——燃料运输费用，元；

F_{yz}——燃料运杂费，元。

耗用标准煤单价一般是指不含税标准煤单价。

耗用标准煤单价与不含税标准煤采购单价的差值就是单位厂内燃料管理费。例如某电厂2011年标准煤采购单价完成974.93元/t（含税）和837.8元/t（不含税），耗用标准煤单价完成867.88元/t。

（14）燃料库存量（fuel amount of reserves）：火力发电厂在统计报告期初或期末实际结存的燃料（燃煤、燃油、燃气）数量，符号为B_{kc}。

分为期初库存量和期末库存量。期初库存量和期末库存量之间存在如下关系：

$$B_{kc}=B_{sr}-B_{hy}-\Delta B_{ys}-\Delta B_{cc}+B_{qc}$$

式中 B_{kc}——期末库存量，t；

B_{hy}——燃料耗用量，t；

ΔB_{ys}——计算期内运输损失量，t；

ΔB_{cc}——计算期内煤贮存损失量，t；

B_{qc}——计算期内燃料期初库存量，t。

按上述关系式计算出的燃料期末库存量，也叫账面库存量（B_{kcz}）。

（15）燃料检斤量（fuel amount of weight）：火力发电厂实际对所来燃料进行过衡、检尺验收和其他方法计量的燃料数量，符号为B_{jj}。计算公式为

$$B_{jj}=B_{gh}+B_{jc}+B_{qt}$$

式中 B_{jj}——燃料检斤量，t；

B_{gh}——燃料过衡量，t；

B_{jc}——燃料检尺量，t；

B_{qt}——其他方法计量的燃料数量，t。

（16）（燃料）检斤率（fuel weight ratio）：燃料检斤量与实际燃料收入量的百分比。计算公式为

$$L_{jj}=\frac{B_{jj}}{B_{sr}}\times 100\%$$

式中 L_{jj}——燃料检斤率，%；

B_{jj}——计算期内燃料检斤量，t；

B_{sr}——计算期内燃料收入量，t。

燃料检斤的结果是与对方（如矿方）结算、付款的依据，直接关系到电厂经济效率与供电煤耗率的准确性。

因为有的企业并非用轨道衡和汽车衡检斤，有的企业使用检尺来检斤，所以检斤率与过衡率不同。燃料过衡率是指燃料过衡量与实际燃料收入量的百分比，计算公式为

$$L_{gh}=\frac{B_{gh}}{B_{sr}}\times 100\%$$

式中 L_{gh}——过衡率，%；

B_{gh}——计算期内燃料过衡量，t；

B_{sr}——计算期内燃料收入量，t。

燃料检斤率低的原因如下：

1）称重衡器未定期进行校验。

2）对称重衡器缺乏日常维护和保养，造成损坏或精度不满足要求。

3）称重过程操作不规范。

4）未严格按照国家有关水尺或衡器验收规定进行验收。

处理问题的对策如下：

1）严格按照国家的检定程序，由所属的计量检定部门定期（一般1年）对检斤装置进行检验，并达到检测精度等级。实煤校验装置使用前经标准砝码校验，装置的标准砝码每两年应送往计量部门校验1次。

2）加强对衡器的日常维护工作，严格执行日常保养制度，严格按照有关使用说明正确操作，在每次使用前，先接通电源进行预热并校验零点；及时清除称台上的杂物，检查称台两端是否保留间隙；及时清理衡器上的积煤；不定期地对各个衡器精心对比校验，掌握各衡器准确性；当发生故障时，认真分析及时消除。

3）加强称重过程的监督，计量员应加强称重过程的监督，特别是对于汽车衡，消除由于汽车驾驶员在计量员看不到的地方压磅，驾驶员私自安装水箱等现象对入厂煤计量工作的影响。煤场管理员也要多注意观察，及时发现有私自安装水箱或向煤中加水的汽车车辆，通过汽车衡计量员进行扣吨。火车要注意判断称重车辆的长度，称重车辆需全部进入轨道称重区域。

4）计量员认真落实岗位责任制，严格执行入厂煤计量管理程序。

5）为准确计量燃煤量，计量装置需定期经实煤校验，以保证在运行的称重范围内，其计量装置的称重精度不低于±0.5%。

6）实煤校验每月进行2～4次，校验所用的标准称量器具的最大允许使用误差应不低于±0.1%。用实煤校验时校验的煤量不小于输煤皮带运行时每小时最大计量出力（一般可按输煤皮带的设计出力计算）的2%。

7）所有燃料必须使用轨道衡、地中衡或水尺进行检斤，未经检斤的燃料不得采样和卸车。火车来煤的电厂，以轨道衡计量为准；汽车来煤的电厂，以地中衡计量为准。船舶来煤的电厂，

以入厂煤皮带秤检测为准，或以卸煤前后船舶吃水深度检测为准；使用管道输送的燃料，应按装设的流量计验收。发现亏吨情况应会同铁路部门或船方做好商务记录。

（17）运输损失量（fuel lost during transport）：运输过程中损失的燃料数量，以及被煤车、煤船、油罐车等运输工具卸车后带走的燃料量，符号为 ΔB_{ys}。

（18）煤储存损失量、库存损耗量（fuel lost during storage）：燃料储存过程中损失的燃料数量，符号为 ΔB_{cc}。

计算公式为：

$$\Delta B_{cc}=B_{kcz}-B_{kcs}=B_{sr}+B_{cc1}-B_{sc}-B_{fs}-B_{cc2}$$

式中 ΔB_{cc}——储存损失量，t；

B_{sr}——入厂燃料量，t；

B_{cc1}——上期末中间储存燃料量，t；

B_{cc2}——本期末中间储存燃料量，t；

B_{sc}——生产燃料耗用量，t；

B_{fs}——非生产用燃料量，t；

B_{kcz}——账面库存量，即账存煤量，t；

B_{kcs}——实际库存量，即实存煤量，t。

（19）燃料损失总量（total fuel lost）：燃料（含煤、油、气等）的各种缺失之和，符号为 ΔB（m、y、q）。计算公式为

$$\Delta B=\Delta B_{cc}+\Delta B_{ys}$$

（20）燃料运损率（fuel ratio of transportation loss）：燃料在运输过程中实际损失数量与燃料货票量的百分比，计算公式为

$$L_{ys}=\frac{\Delta B_{ys}}{B_{hp}}\times 100\%$$

式中 L_{ys}——燃料运损率，%；

ΔB_{ys}——计算期内运输损失量，t；

B_{hp}——计算期内燃料货票量，t。

运损率每增加 1.2 个百分点，发电煤耗率偏高 1 个百分点。煤损规定，铁路运输损耗为不超过 1.2%，公路运输损耗为不超过 1%，水路运输损耗不超过 1.5%，每换装一次的损耗标准暂定为 1%。水陆联运的煤炭如经过二次铁路或二次水路运输损耗，仍按一次运损计算，换装损耗按换装次数累加。

（21）燃料盈吨量（fuel tons of surplus）：燃料检斤量 B_{jj}（t）大于货票（即供油、煤单位货物运单载明的发运量）记载数量 B_{hp}（t）的部分。计算公式为

$$B_{yd}=B_{jj}-B_{hp}$$

式中 B_{yd}——燃料盈吨量，t；

B_{jj}——计算期内燃料检斤量，t；

B_{hp}——计算期内燃料货票量，t。

（22）（燃料）盈吨率（fuel tons ratio of surplus）：燃料盈吨量 B_{yd}（t）与实际燃料检斤量 B_{jj}（t）的百分比，计算公式为

$$L_{yd}=\frac{B_{yd}}{B_{jj}}\times 100\%$$

式中 L_{yd}——燃料盈吨率，%；

B_{yd}——燃料盈吨量，t；

B_{jj}——计算期内燃料检斤量，t。

（23）燃料亏吨量（fuel tons of deficit）：指煤矿（或供油单位）发运货票记载的煤炭（或燃油）数量扣除规定的运损后的数量小于实际到货数量（燃料检斤量）的部分。亏吨原因可能是煤矿（或供油单位）发货数量不足，也可能是在运输过程中发生了不应有的损失。发现亏吨，应及时向矿方索赔。亏吨量计算公式为

$$B_{kd}=B_{ij}-B_{hp}\times(1-L_{ys})$$

式中 B_{kd}——煤炭（或燃油）亏吨量，t；

B_{hp}——计算期内燃料货票量，t；

L_{ys}——规定运损率，%；

B_{ij}——计算期内燃料检斤量（煤炭或燃油实际到货量），t。

（24）（燃料）亏吨率（fuel tons ratio of deficit）：燃料亏吨率是指燃料亏吨量 B_{kd}（t）与实际燃料检斤量 B_{jj}（t）的百分比，计算公式为

$$L_{kd}=\frac{B_{kd}}{B_{jj}}\times 100\%$$

式中 B_{kd}——煤炭（或燃油）亏吨量，t；

B_{jj}——计算期内燃料检斤量，t；

L_{kd}——燃料亏吨率，%。

（25）（煤）场损率、煤场损耗率（stored loss rate of coal）：煤场储存过程中损失的燃料数量与实际燃煤库存量的百分比。计算公式为

$$L_{cs}=\frac{\Delta B_{cc}}{B_{kc}}\times 100\%$$

式中 L_{cs}——煤场存损率，%；

ΔB_{cc}——计算期内煤储存损失量，t；

B_{kc}——计算期内燃料日平均库存量，t。

日平均库存量是指燃料统计人员根据“燃料收耗存日报”所载明的当日账面结存煤量为基数，加上当日的入厂煤量，减去当日的入炉煤量，即为当日的账面存煤量。以此方法计算出当月每天的日平均库存量，然后累加，其累加值除以当月实际天数，即为日平均库存量。

煤场损耗率必须在盘点之后，才能得出结论。实际盘点煤量与账面应存煤量相比，其差值如果不超出当月日平均存煤的0.5%，该差值即为煤场的库存损耗。其差值如果超出当月日平均存煤量的0.5%时，其中0.5%部分为库存损耗；超出0.5%部分的为盘亏煤量。如果实盘煤量多于账面应存煤量时，则不发生库存损耗。

例3-20 某电厂某月末账面库存量为197 750t，月末实存煤量197 350t，日平均库存量175 100t，求当月煤场存损率。如果月末账面库存量为197 750t，月末实存煤量196 750t，日平均库存量175 100t，那么当月煤场存损率是多少。

解： 1）日平均库存量 $B_{kc}=175\ 100\text{t}$

储存损失量 $\Delta B_{cc}=B_{kcz}-B_{kcs}=197\ 750-197\ 350=400$（t）

煤场存损率 $L_{cs}=\frac{\Delta B_{cc}}{B_{kc}}\times 100\%=\frac{400}{175\ 100}\times 100\%=0.23\%$

2）日平均库存量 $B_{kc}=175\ 100\text{t}$

储存损失量 $\Delta B_{cc}=B_{kcz}-B_{kcs}=197\ 750-196\ 750=1000$（t）

煤场存损率 $L_{cs}=\frac{\Delta B_{cc}}{B_{kc}}\times100\%=\frac{1000}{175\ 100}\times100\%=0.57\%>0.5\%$

因此煤场存损率 $L_{cs}=0.5\%$，其中 0.07%为盘亏率。

一般情况下，煤场月存损率要求不大于每月平均日存煤量的 0.5%计算，火力发电厂也可根据具体情况实际测量煤场存损率，报上级主管部门批准后作为存损计算依据。煤场存损率高的原因如下：

1）煤在组堆后，部分存煤混入土中。

2）煤场存放中，被风或雨水带走。

3）火车卸后，余煤清理不彻底。

降低场损率的对策如下：

1）对煤场进行硬化。

2）加强煤场管理，及时对存煤进行推平压实，煤场四周雨水沟及时清挖。

3）加强清扫人员的管理，及时、彻底对车皮进行清理、回收。

4）煤场安装挡风抑尘网（煤场挡风抑尘墙）。华能瑞金电厂为彻底解决煤场在堆煤、取煤、储煤作业过程中产生的扬尘和粉尘污染，改善厂区及其周边区域的环境质量，减少原煤扬尘流失。在煤场四周安装挡风抑尘墙。挡风抑尘墙沿煤场南侧、西侧呈“L”形布置，长度为 270m，高度为 16m，设计综合抑尘效果 85%以上，根据测算建设挡风抑尘墙后，每年煤场损耗将降低约 3000t。

(26) 燃料盘点库存量、实存煤量（fuel amount of reserves by checking）：对燃料库存进行实际测量盘点的量，一般要通过人工盘点或通过仪器检测得出。

(27) 燃料盘点盈亏量（fuel surplus or deficit amount by checking）：燃料实际盘点库存量与账面库存量之差。当燃料实际盘点库存量大于账面燃料库存量时即为盈，当燃料实际盘点库存量小于账面燃料库存量时即为亏。

燃料盘点库存量是指对燃料库存进行实际测量盘点的量，一般要通过人工盘点或通过仪器自动检测得出。人工盘点包括测量体积、测定堆积密度、计算收入量、计算库存量、调整水分等工作。

燃料盘点盈亏量＝燃料盘点库存量－账面库存量

确定燃料账面库存量时，首先以盘点当日 0 点时的“燃料收耗存日报”所载明的账面结存煤量为基数，加上当日 0 点至盘点结束时的入厂煤量；减去当日 0 点至盘点结束时的入炉煤量。

当燃料实际盘点库存量大于账面燃料库存量时即为盈，当燃料实际盘点库存量小于账面燃料库存量时即为亏。

燃料盘点必须坚持实事求是的原则，如实反映库存数量，不得虚报瞒报或伪造篡改盘点数据。

每月最后一天定期对燃煤、燃油进行盘点，如遇节假日可做相应调整，但只允许提前或推迟一天。

每年 6 月底和 12 月底要进行半年或全年典型盘点，典型盘点由经营厂长主持，并按规定进行燃煤比重的测定。

盘点前应认真核对账面数量（包括进、耗、存台账记录和皮带秤消耗记录），并对煤堆整型，然后进行煤场存煤测量。

盘点小组于盘点第三天内计算出燃煤、燃油的消耗、存储数量，形成盘点报告。经参加盘点人员签字认可后，报经营厂长审核，然后才能报财务进行账面处理。

(28) 燃料亏吨索赔率（fuel compensation ratio due to deficit tons）：电厂向供货方实际索回的亏吨数量与全部亏吨数量的百分比，计算公式为

$$L_{sd}=\frac{B_{sd}}{B_{kd}}\times 100\%$$

式中 B_{kd}——煤炭（或燃油）亏吨量，t；

B_{sd}——计算期内燃料亏吨索赔量，t；

L_{sd}——亏吨索赔率，%。

电厂每年的亏吨索赔率应达到100%。

(29)（燃料）亏卡索赔率（fuel compensation ratio due to deficit calorie）：亏卡是指煤矿（或供油单位）发运的煤炭（或燃油）的发热量低于合同规定发热量的差额。过去由于使用的热能计量单位为"卡"，故称这种因供货质量下降造成的热能损失为亏卡。计算公式为

$$Q_{kk}=Q_{ht}-Q_{sr}$$

式中 Q_{kk}——某种煤（油）亏卡值，kJ/kg；

Q_{ht}——合同规定该种煤（油）发热量，kJ/kg；

Q_{sr}——该种煤（油）实供发热量，kJ/kg。

燃料亏卡索赔率是指火力发电厂向供货方实际索回的质价不符金额与应索回的质价不符金额的百分比，即

$$L_{sk}=\frac{F_{skh}}{F_{sk}}\times 100\%$$

式中 F_{skh}——计算期内燃料亏卡实际索回的金额，元；

F_{sk}——计算期内燃料亏卡应索回的金额，元；

L_{sk}——燃料亏卡索赔率，%。

(30) 入炉煤热值、入炉煤低位发热量（heat value of fired coal）：入炉煤收到基低位发热量的质量加权平均值。计算公式为

$$Q_{ar,\ rl}=\frac{\sum(B_{rli}\times Q_{rli})}{B_{rl}}$$

式中 $Q_{ar,rl}$——计算期内入炉煤低位发热量，kJ/kg；

B_{rli}——计算期内每日入炉煤量，t；

Q_{rli}——计算期内每日入炉煤低位发热量，kJ/kg；

B_{rl}——计算期内入炉煤总量，t。

入炉煤平均热值的计算方法为：由化学人员按规定每日取样化验；入炉煤低位发热量每变化1000kJ/kg，影响发电煤耗率0.8～1.1g/kWh。影响入炉煤低位发热量的因素如下：

1）入厂煤低位发热量。入厂煤低位发热量高，入炉煤低位发热量就会相对高一些。

2）入炉煤掺配比例不合理。

3）煤场管理情况。煤场自燃，则入炉煤低位发热量降低。

4）入炉煤采制样装置性能。入炉煤采制样装置不但要每年检定一次，还要保障其采制样精密度。

5）入炉煤采、制、化工作不规范，与实际入炉煤热值存在偏差。

6）入炉煤热值统计所需热量数据采集不全。

确保入炉煤低位发热量的措施如下：

1）在燃料采购方面，要尽量采购满足锅炉设计煤种。

2）加强入炉煤掺烧工作。煤场燃料必须分类堆放，根据试验确定掺烧比例。

3）加强入炉煤质检测。配备经检验合格的计量装置及入炉机械采样装置；电子皮带秤称重精度要满足要求。称重精度为±0.5%，投运率达到100%。严格执行电子皮带秤定期校验制度，确保秤重准确性。入炉煤机械采样装置按规定周期进行检定，采制样精密度必须达到要求，能适应水分大的燃料，运行投入率不低于95%。

4）根据不同煤种的燃料成本，选择最佳煤种配比方案，既可降低燃料费用，又能提高锅炉燃烧的适应性。

5）如果燃料煤质指标超过锅炉质量控制范围，则必须单独堆放，并清楚记录存放位置、数量、煤质指标。根据燃料整体情况，进行煤炭掺配。

6）燃料运行调度人员统筹考虑煤场及存煤情况，科学合理安排燃料运行工作方式。

7）入炉煤样采样、制样、化验必须满足标准要求。

（31）入厂煤与入炉煤热量差（入厂煤与入炉煤）热值差（heat deviation between received coal and fired coal）：入厂煤收到基低位发热量（加权平均值）与入炉煤收到基低位发热量（加权平均值）之差。计算热值差时应考虑燃料收到基外水分变化的影响，并修正到同一外水的状态下进行计算。计算公式为

$$Q_{arc}=Q_{ar,rc}-Q_{ar,rl}$$

式中 $Q_{ar,rl}$——计算期内入炉煤低位发热量加权平均值，kJ/kg；

$Q_{ar,rc}$——计算期内入厂煤低位发热量加权平均值，kJ/kg；

Q_{arc}——入厂煤与入炉煤热值差，kJ/kg。

入厂煤平均热值的计算方法为：每列或每船入厂煤取样化验一次，作为该列或该船的平均热值。入厂煤平均热值计算计算公式为

$$Q_{ar,sr}=\frac{\sum(B_{sri}\times Q_{sri})}{B_{sr}}$$

式中 $Q_{ar,sr}$——计算期内入厂煤低位发热量，kJ/kg；

B_{sri}——计算期内每日入厂煤量，t；

Q_{sri}——计算期内每日入厂煤低位发热量，kJ/kg；

B_{sr}——计算期内入厂煤总量（收入煤量），t。

计算入厂煤与入炉煤热值差时，应考虑燃料收到基外水分变化的影响，并修正到同一外水分的状态下进行计算。国家一流火电厂标准规定，入厂煤与入炉煤热值差应小于502kJ/kg（120kcal/kg）。热值差高的原因如下：

1）热值测定不准。对于入厂煤来说，若燃料测定热值高于实际热值，热值差增大；反之，热值差减少。对于入炉煤，若入炉煤测定热值高于实际热值，热值差减少，反之热值差增大。

2）机械采样装置投运率不正常。入厂、入炉煤机械采样装置投运率达不到要求（如系统堵塞等设备故障），采集的样品代表性差。

3）机械采样装置对高水分煤炭、大块煤等适应性差。

4）入厂煤采、制、化工作不规范，不能保证入厂煤验收煤质的真实性和可靠性。入炉煤采、制、化工作不规范，造成入炉煤热值测定存在偏差。

5）在电煤供应中，存在掺矸使假、以次充好现象，如果不能及时检验出来，会造成煤炭热值虚增，从而加大入厂、入炉煤热值差。

6）燃料储存不科学。对于不同煤种要分类存放，建立存放制度，烧旧存新，尽量缩短煤的存放日期。确实需要长期存放的煤炭，煤堆要分层压实，减少空气侵入，尽量减少因燃料氧化而造成的热值损失，最大限度降低入厂、入炉煤热值差。

7）水分差有偏差。根据煤质测试技术可知，燃料热值随全水分增加会降低。由于气候变化、燃料运行操作等因素，入炉煤全水分与入厂煤全水分没有可比性。因此，应统一全水分基准，据实调整水分差。

8）入厂煤热值统计误差。入厂煤热值差（加权平均值）单船（车）数量数据采集有误，导致热值结果有误。入厂煤热值（加权平均值）计算过程有误。

9）入炉煤热值统计误差。入炉煤热值（加权平均值）每班加仓数量数据有误，导致热值结果有误。入炉煤热值（加权平均值）计算过程有误。

降低热值差的对策如下：

1）加强对燃料计量器具的计量检定管理（包括燃料分析仪器），规范使用，保证计量的准确性。

2）煤制样设备和分析仪器必须按照国家有关规定进行定期校验，分析人员定期用标准煤样进行热量分析校对工作，正常情况下每季度进行计量的热容量标定工作。

3）加强机械取样装置的日常维护，及时消缺，尽量减少取样误差。

4）入厂煤的检斤率为100%，减少煤的亏吨亏卡现象。

5）加强煤场管理，做好煤的分层压实、定期测温、烧旧存新，防止煤的自燃、风损、雨损。

6）做好煤种的混配掺烧以及煤场盘点工作。

7）规定采集权数的方法，由燃料验收方提供煤量的书面或电子记录凭证。

8）入厂煤、入炉煤应采用自动采制样装置，并定期通过人工、机械采制样的对比分析，校验采制样设备的准确性。

（32）（入厂煤与入炉煤）水分差（water deviation between received coal and fired coal）：入厂煤收到基全水分与入炉煤收到基全水分之差。计算公式为

$$M_{arc}=M_{ar,rc}-M_{ar,rl}$$

式中　$M_{ar,rl}$——计算期内入炉煤收到基全水分加权平均值，%；

$M_{ar,rc}$——计算期内入厂煤收到基全水分加权平均值，%；

M_{arc}——入厂煤与入炉煤水分差，%。

入厂煤与入炉煤水分差存在偏差的原因如下：

如果入厂煤和入炉煤之间存在水分差，说明煤中水分发生了变化，因此会引起煤的质量变化。例如某煤场当月存煤10万t，水分为8%，因卸煤、天气等因素的影响到第2月存煤水分变为7%时，实际存煤量将变为9.9万t，比原来减少1000t。所以煤中水分变化对实际库存产生很大的影响。账面则仅仅反映的是入厂过磅时含水量下统计的煤量，而入炉煤量则是当前含水量下的煤量。

所以每月在计算煤场存煤时，需要根据入炉煤和入厂煤的水分差进行煤量调整，防止库存煤量虚增，保证煤场入库煤量、库存量与耗量之间的平衡。水分差调整量由实际入炉煤量（t）、入炉煤加权平均收到基水分及入厂煤加权平均收到基水分计算而得。如果水分差调整量出现正值，应调加账面存煤量；如果水分差调整量出现负值，则应调减账面存煤量。

1）露天存放，受自然条件、天气的影响。

2）煤场存放后，未及时推平压实。

降低水分差的对策如下：

1）结合天气情况，在雨季及时对煤垛进行遮盖，减少雨水对煤垛的浸湿。

2）来煤堆场后，及时进行推平压实。

（33）输煤系统单耗、输煤单耗（unit electric consumption of feeding coal system）：输煤系统

厂用电量与相应入炉原煤总量之比。计算公式为

$$b_{sm}=\frac{W_{sm}}{B_{rl}}$$

式中 b_{sm}——输煤系统单耗，kWh/t；

W_{sm}——输煤系统厂用电量，kWh；

B_{rl}——入炉煤量，t。

(34)（机组）燃料消耗率（fuel consumption rate）：火电机组每单位输出功率的燃料消耗量。计算燃料消耗率时，既可以毛输出功率为基准，也可以净输出功率为基准。计算公式为

$$B_{P}=\frac{B_{b}\times 10^{6}}{P}$$

式中 B_P——燃料消耗率，g/kW；

B_b——计算期内的生产标煤耗用量，t；

P——计算期内入炉标准燃煤量（包括燃煤、燃油和其他燃料之和），kW。

(35) 输煤系统耗电率、上煤耗电率、输煤系统用电量率（electric consumption rate of feeding coal system）：输煤系统是指自运煤车辆或船舶到厂卸煤起，到锅炉房原煤斗为止的卸煤、输煤、中间储存整个过程的设备系统。一般包括码头或卸车栈线、卸煤机或翻车机、堆取料机、煤场或筒仓、输煤皮带、破碎装置、计量装置、取样装置、除尘装置及其辅助或控制设备等。输煤系统厂用电量与对应机组发电量的百分比称为输煤系统耗电率。计算公式为

$$L_{sm}=\frac{W_{sm}}{W_{f}}\times 100\%$$

式中 L_{sm}——输煤系统耗电率，%；

W_{sm}——输煤系统厂用电量，kWh；

W_f——机组发电量，kWh。

输煤系统耗电量约占发电量的0.07%～0.1%，输煤系统单耗约为0.2～1.0kWh/t。输煤系统系统耗电量应按电能表统计。当没有电能表时，则电动机耗电量可根据电流表的读数按下式分别进行计算然后相加，即

$$\text{电动机耗电量（kWh）}=\frac{\text{计算期内电流表平均读数（A）}\times\text{电压（V）}\times\text{电动机运行小时（h）}\sqrt{3}\cos\varphi}{1000}$$

要求输煤系统耗电率小于或等于0.20%，输煤系统耗电率高的原因如下：

1）输煤系统设备效率低。

2）输煤系统运行方式不合理，输煤皮带和碎煤机空转时间长或载煤量少。

3）煤质差，输煤皮带运行时间长。

4）输煤系统设备发生故障无法达到额定出力。

降低输煤系统耗电率的对策如下：

1）减少输煤皮带运行时间。合理调节整个输煤系统出力，使设备达到或接近额定出力，就能有效减少输煤系统的运行时间，大大提高设备电机的功率因数，降低电能损耗；另一方面，尽量保持输送煤量的稳定，使电动机、减速机工作平稳，提高其使用寿命。

2）合理调度，减少输煤皮带空转时间。设备启动前一定要选择好运行方式，供煤设备在指定的位置，如果设备盲目启动，就会造成空转或者误转。因此在设备启动前一定要正确联系、认真检查，提前消除影响设备运行的因素。在运行中必须监护到位，尽量做到一次启动直至上仓完毕。这样既减少了皮带的频繁启动，又减少了皮带空转时间，可以节约很大一部分用电量。

3）适烧煤种直接加仓。对适烧煤种且经试用过没有问题的煤种，在制订卸煤方案时，尽可能优先采用直接加仓，以降低输煤电耗。

4）定期对输煤系统进行检查，及时消除输煤系统缺陷，最大限度减少皮带启停次数，保持输煤系统良好备用。

5）合理选择输煤系统滚筒和托辊，减少系统摩擦系数。及时处理设备粘煤和积煤问题，皮带机滚筒或托辊的粘煤、皮带下的积煤等，都会对皮带产生不利的摩擦，影响它的经济、稳定运行。

6）优化卸供煤的工艺流程，使作业能耗降至最低。输煤系统能耗最高的是装卸机械，要做好输煤节能管理，首先要科学管理，合理统计、汇总各作业线的长度、耗电量等，优化卸供煤的工艺流程。如设计的卸船作业线最短线路、进仓作业线最短路线、提高装卸设备出力到额定值、在连续作业时实现在装卸机械上交接班等，以实现吨煤耗电率最低。

7）用煤筛将已达到要求的煤块与不合要求的煤块分开，只允许不符合要求的煤块经过碎煤机，减少碎煤机无谓的负荷。

8）更换或修复已损坏的输煤系统除铁器；进行除铁器调整试验，进一步提高除铁效率；加强除铁设备的检修维护；将电磁除铁器改为永磁除铁器，相应去掉电磁线圈和风机，永磁除铁器吸力强，磁场永久，省去整流、励磁、冷却装置，结构简单、节省电能，易于维护检修。

9）要采取各种措施，防止煤中四块（大煤块、石块、铁块、木块）进入原煤斗。卸煤斗上的篦子、碎煤机、磁铁分离器等装置能正常投入使用。

10）使用节能型电动机，电动机容量与皮带机械相匹配。

（36）煤炭兑现率（coal contract fulfillment）：按照合同规定的煤量和煤质，已经运到电厂煤场的煤量与到期合同应运到电厂煤场的煤量的比率，也称为煤炭到货率。该指标反映煤炭供货合同的执行情况及企业采购工作的质量，计算公式为

$$L_{md}=\frac{B_{sr}}{B_{ht}}\times 100\%$$

式中 L_{md}——煤炭兑现率，%；

B_{sr}——实际到货的煤炭数量，t；

B_{ht}——按合同规定应到货的煤炭数量（合同采购燃料量），t。

提高煤炭兑现率的措施如下：

1）燃料公司应在年初根据发电量、供热量计划，编制合理燃料计划，并组织实施。

2）燃料公司应派遣驻矿员，负责调度、催交、催运等工作。

3）做好燃料数量监督，保证入厂计量装置准确度。

4）财务部应按审核后实收的燃料品质、数量、质量等办理承付、拒付、索赔等手续。

5）燃料车间必须做好到站燃料的接卸工作，在规定时间内卸完、卸尽。做好车底清扫工作。

6）入厂煤量使用轨道衡、汽车衡等车车检斤，检斤质量作为计算发电煤耗的依据，不得用矿方大票数量代替。

7）燃料部门要做好燃料专业指标的统计，编制各种报表（如入煤量，质、价综合统计表，燃料收到、耗用、结存平衡汇总表，入厂煤质量验收综合统计表支、入厂煤经济分析表等），建立燃料指标台账（分矿煤种、过衡单、货物运单、接车等），做好资料的积累。

（37）重点电煤合同兑现率、长协煤合同兑现率（coal contract fulfillment of major electricity-coal）：为了应对煤炭价格的快速上涨，减轻发电企业的经营压力，国家发改委联合煤炭行业与发电行业，在年初或年前签订购销合同，强制煤炭行业向大型发电企业以优惠的价格供应数量的

煤炭。重点电煤合同兑现率就是统计期内，国营重点生产企业按合同规定的质量和价格供应给火电厂的到厂电煤总量占合同签订应供数量的百分比，简称重点合同兑现率。计算式为

$$重点电煤合同兑现率=\frac{统计期到厂煤炭量\ (t)}{合同规定的供应量\ (t)}\times 100\%$$

$$L_{md}=\frac{B_{sr}}{B_{ht}}\times 100\%$$

式中 L_{md}——煤炭兑现率，%；

B_{sr}——实际到货的煤炭数量，t；

B_{ht}——按合同规定应到货的煤炭数量（合同采购燃料量），t。

2010 年全国电煤煤炭订货合同汇总量已经接近 15 亿 t，但是最终重点电煤合同兑现率不足 70%。重点电煤合同兑现率低的主要原因是：电煤市场价格要比合同煤格高 100～150 元/t，而煤炭行业希望把合同煤变成现货市场煤，以获取更高收益。根据《国务院办公厅关于深化电煤市场改革的指导意见》（国办发〔2012〕57 号），自 2013 起取消了政府指导价和重点电煤合同管理。代之而起的是中长期协议电煤（简称长协煤），长协煤价格目前由国内煤炭巨头神华销售集团有限公司、河南煤业化工集团有限责任公司、冀中能源集团有限责任公司、中煤能源集团有限公司、大同煤业股份有限公司、陕西煤业化工集团有限责任公司、内蒙古伊泰集团有限公司等掌控。

第四章 水务指标管理与控制

水务管理是指对水资源管理和取用水管理水资源是指地球上的总水量，它包括海洋水、地表水（江、河、湖、水库、塘等）、地下水（土壤水、浅层水、深层水等）、冰川水、大气水和植物水等，总水量约 $1.386\times10^{18}m^3$。海水是咸水，不能直接饮用，所以狭义水资源是指陆地上能够得到且能够恢复更新的淡水总量，全世界约有 $3.5\times10^{16}m^3$，占地球总水量的 2.5%。通常所说的水资源是指可利用淡水（含盐量低于 1000mg/L 的水称为淡水）资源，是指在一定的地区环境和技术经济条件下，可以为人类利用的淡水量，这部分水在全球范围内约为 $4.10\times1013m^3$，占地球总淡水量的 0.12%。水法上所称的水资源就是指可利用水资源。水资源的特性是：水是一种可以再生和重复利用的资源，即水资源的再生性和重复利用性；水是一种不可替代的资源。我国水资源现状如下：

（1）我国的水资源总体偏少。在全球范围内，我们属于轻度缺水国家。我国用全球 7%的水资源养活了占全球 21%的人口。专家估计我国缺水的高峰将在 2030 年出现，因为那时人口将达到 16 亿，人均水资源的占有量将为 $1760m^3$，我国缺水形势将进一步恶化。

（2）水浪费严重。我国一方面水资源非常短缺，另一方面用水浪费又十分惊人。我国每 1 万元的 GDP 用水是世界平均水平的 5 倍。

因此要树立惜水意识，开展水资源警示教育。必须合理开发水资源，避免水资源破坏。研究污水回用技术，开发利用污水资源。尽量采用闭式循环水系统，一水多用。

第一节 废 水 指 标

（1）串用水量、串联水量、循序用水量（quantity of series water）：在确定的生产系统内，生产过程中产生的排水，不经过处理，被另一系统利用的水量，以 V_s表示。例如先用于工业机械冷却后再用于烟气脱硫用水。串联用水系统与回用水系统的差别在于：回用水系统中的水被反复使用，最终不被排放；而串联用水系统中的水，无论使用多少次，最终都被排放掉。

（2）回用水量（quantity of reused water）：在确定的生产系统内，将某一生产过程使用过的水，其水质、水温再经适当处理后，用于同一用水系统或外部的其他生产过程中的水量，以 V_p 表示回用水量。例如回用的蒸汽冷凝水。

企业自建生活污水处理设施，对污废水进行资源化处理回收再利用的水量，仍属于工业企业的回用水量；从企业外部取得的再生水，不属于回用水，而是非传统水资源利用的范围。

（3）循环水量（quantity of circulating water）：在工业系统中用过的水经过适当处理后，仍用于原工艺流程形成循环回路的水量，以 V_{cy}表示循环水量。循环水量与回用水量最明显的区别是：循环水量是在循环回路中重复使用的水量，而回用水量则是在开式系统中被再次利用的水量。

（4）中水量（quantity of municipal reclaimed water）：城市再生水使用量。中水起名于日本，主要是指城市内一个小区或确定的大型建筑物系统内的生活污水经过处理后达到一定的水质标准，可在一定范围内重复使用的非饮用水。中水以水质作为区分标志，其水质介于生活自来水（上水）与排入管道内污水（下水）之间，因此起名“中水”。有人把工业企业生产废水的处理回用也称为中水显然是不妥的，因为中水主要是指城镇生产废水和生活污水处理后再回收利用，而回用水（企业再生水）是指工业废水处理后再回收利用，二者是有区别的。

（5）再生水（利用）量（quantity of recycled water）：城市污水或企业废水经过净化处理后达到一定水质标准而能再利用的水。包括城市再生水量和企业再生水量。

（6）重复（利）用水量、复用水量（recycle water quantity）：在生产过程中使用两次及两次以上的水量，包括循环水量、串用水量和回用水量（再生水量），以 V_r 表示。重复利用水量计算公式为

$$V_r = V_s + V_p + V_{cy}$$

式中 V_r——重复利用水量，m^3；

V_s——串用水量，m^3；

V_p——回用水量，m^3；

V_{cy}——循环水量，m^3。

重复用水量不包括城镇热力网内循环的热水，也不包括火力发电和供热设备内进行汽水循环的除盐水（或软化水）。企业年重复利用水量由不同季节（或不同用水情况时）的日重复利用水量乘以实际用水天数得到不同季节（或不同用水情况）的重复利用水量，再相加得到全年重复利用水量。

（7）（水）重复利用率、（水的）复用率（repeated utilization ratio of water）：在一定的计量时间内，生产过程中的复用水量占总用水量的百分比。计算公式为

$$\phi = \frac{V_r}{V_i + V_r} \times 100\%$$

式中 ϕ——重复利用率，%；

V_i——表示在一定的计量时间内，在确定的系统内，生产过程中的取水量，m^3；

V_r——表示在一定的计量时间内，在确定的系统内，生产过程中的重复利用水量，m^3。

2010 年全国所有采用直流冷却的电厂重复利用率应达到 35%，采用循环冷却的电厂重复利用率应达到 96%。2010 年全国工业用水重复利用率为 52%，远低于发达国家 80%的水平。

（8）（水）循环利用率（recycle utilization ratio of water）：在循环用水系统循环水量占总用水量的百分比。总用水量是系统循环水量和补充水量之和。水的循环利用率计算公式为

$$\phi_{cy} = \frac{V_{cy}}{V_z} \times 100\% = \frac{V_{cy}}{V_f + V_{cy}} \times 100\%$$

式中 ϕ_{cy}——循环利用率，%；

V_z——用水量，m^3；

V_f——补充水量，m^3；

V_{cy}——循环水量，m^3。

（9）排（放）水率（discharged water rate）：是指在一定计量时间内，总外排废水量占取水量的百分比，以 ϕ_{fs} 表示。排水率计算公式为

$$\phi_{fs} = \frac{V_d}{V_i} \times 100\%$$

式中 ϕ_{fs}——排水率，%；

V_i——取水量，m^3；

V_d——总外排废水量，m^3。

（10）废水排放（总）量、外排废水总量（quantity of waste water）：电厂各个外排口排放到

外环境的全部废水总量，包括工业废水、灰场外排水、生活污水及其他废水，不包括直流冷却水量，以 V_d 表示。

冲灰渣水排放量指从灰场外排口排入外环境的水量。冲灰渣水排放量以计量为主，若无法计量，则以冲灰渣水用量扣除回收利用量及灰场自然蒸发水量和地下渗透水量等损失计算；冲灰渣水用量若无计量则以实测灰水比、渣水比或设计灰水比、渣水比进行计算。

脱硫废水排放量指各种湿式脱硫装置产生的废水排放量，或采用干式脱硫、湿式排渣而排放的水量。

(11) 工业废水排放（总）量（discharge quantity of industrial waste water discharge）：厂区内化学废水、油污水、输煤冲洗水、脱硫废水、循环冷却排污水、机械冷却水、工业冷却水及煤泥沉淀池排水等排入外环境的水量之和。工业废水不含冲灰水、冲渣水和脱硫废水，以 V_{dg} 表示。

(12) 直流冷却淡水量（quantity of once-through cooling fresh water）：取自江河、湖、水库的淡水直接用于凝汽器等设备冷却后，向与取水源相同水源排放的冷却淡水量。

(13) 直流冷却海水量（quantity of once-through cooling seawater）：取自大海的海水直接用于凝汽器等设备冷却后，向同一海域排放的冷却海水量。

(14) 废水达标排放率（wastewater discharge rate）：企业达到排放标准的排水量（达标废水排放总量）占废水排放量总和的比值。计算公式为

$$K_d = \frac{V_{db}}{V_d} \times 100\%$$

式中 K_d——达标排放率，%；

V_{db}——在一定的计量时间内，企业达到排放标准的排水量，m^3；

V_d——在一定计量时间内，生产过程中废水排放量总和，m^3。

达标废水排放总量指电厂各个外排口排入外环境的全部达标废水总量。各个外排口污染物监测指标中如有一项没有达到地方或国家的排放标准，即为超标排放废水。

化学酸碱废液中和处理后排放口应在排放时监测 pH 值、悬浮物；灰场除灰、除渣水排放口应每月监测一次 pH 值、悬浮物、砷及其化合物、氟及其化合物；生活污水排放口应在排放时监测 pH 值、悬浮物；总排水排放口应每旬监测一次 pH 值、悬浮物。

电力企业要求废水达标排放率达到 100%。

(15) 废水回用率（reuse ratio of total waste water）：企业对废水自行处理后的回用水量占生产过程中废水产生量的比值。采用原水冷却的辅机设备排放水不计列为废水。计算公式为

$$K_w = \frac{V_p}{V_d + V_p} \times 100\%$$

式中 K_w——全厂废水回用率，%；

V_p——在一定的计量时间内，企业对废水自行处理后的回用水量，m^3；

V_d——在一定计量时间内，生产过程中废水排放量总和，m^3。

废水回收率与排水率相对应，二者之间的关系为

$$K_w = 1 - \phi_{fs}$$

我国火电厂废水回收率约为 50%，灰渣水回收率约为 55%。

(16) 工业废水利用率、工业废水回收率（reuse ratio of industrial waste water）：指工业废水重复利用量与工业废水产生量之比的百分数。国家电力公司一流火力发电厂考核标准规定，工业废水实行闭式循环，工业废水利用率达到 100%。工业废水利用率计算公式为

$$K_{wg} = \frac{V_{pg}}{V_{pg} + V_{dg}} \times 100\%$$

式中 K_{wg}——工业废水利用率，%；

V_{dg}——在一定的计量时间内工业废水排放量，m^3；

V_{pg}——在一定的计量时间内企业废水自行处理后的回用水量，m^3。

火力发电厂工业废水回收利用率要大于80%，并力求达到100%。提高工业废水回收率的措施如下：

1）工业冷却水采用一水多用或闭路循环冷却系统，努力减少火电厂的废水排放量。

2）结合工业水系统改造和生活污水处理系统改造，积极推进火电厂废水零排放工程。

3）开发推广高效的循环冷却水处理技术。

4）加强各水池水位自动控制，防止溢流。

（17）工业水回收率（industrial water recovery rate）：用于电厂辅机的密封水、冷却水等回收的数量与使用数量的百分比。计算公式为

$$K_{gsh}=\frac{V_{gsh}}{V_{ig}}\times 100\%$$

式中 K_{gsh}——工业水回收率，%；

V_{gsh}——在一定的计量时间内工业水回收量，m^3；

V_{ig}——在一定的计量时间内工业水取水量，m^3。

辅机的密封水、冷却水等应循环使用或梯级使用，工业水回收率应尽可能达到100%。工业水回收率低的原因如下：

1）循环水泵电动机冷却水切换为工业水供水，无法回收。

2）油净化装置频繁启停，造成用水量大。

3）汽侧真空泵、热网等补水切换至工业水，且一直存在泄漏现象。

4）锅炉捞渣机用工业水量增大。

5）海水升压泵轴承密封冷却水用工业水量增大，无法回收。

6）工业水管路有泄漏缺陷。

处理问题的对策如下：

1）尽量减少循环水泵电动机冷却水由工业水供。

2）减少油净化装置启停次数。

3）将汽侧真空泵、热网等补水切换至除盐水，消除系统泄漏现象。

4）锅炉捞渣机用水优先使用废水，使用工业水时节流阀门减少工业水量。

5）通过技术改造，冷却水实现闭式循环使用。

6）及时消除工业水泄漏点。

（18）冷凝水回用率（steam condensate reused ratio）：在一定计量时间内，蒸汽冷凝水回用量占锅炉蒸发量的百分比。冷凝水回用量是指蒸汽经过使用（如用于加热、供热，或汽轮机等设备做功等）冷凝后，直接或经过处理后回用于锅炉或其他系统的冷凝水量。其计算公式为

$$K_{lnh}=\frac{V_{lnh}}{V_{fq}}\times 100\%$$

式中 K_{lnh}——蒸汽冷凝水回用率，%；

V_{lnh}——主在一定的计量时间内冷凝水回用量，t；

V_{fq}——在一定的计量时间内锅炉蒸汽发汽量，t。

（19）锅炉蒸汽冷凝水回收率（steam condensate recovery）：是指在工业生产中，用于生产的锅炉蒸汽冷凝水被回收后，再用于锅炉给水的回收水量占锅炉蒸汽产汽量的百分比。其计算公

式为

$$K_{lns}=\frac{V_{lns}}{D_{fq}}\times 100\%$$

式中 K_{lns}——蒸汽冷凝水回收率，%；

V_{lns}——在一定的计量时间内冷凝水回收量，t；

D_{fq}——在一定的计量时间内锅炉蒸汽发汽量，t。

锅炉蒸汽冷凝水回收率与蒸汽冷凝水回用率不同，应小于或等于冷凝水回用率。

(20) 工艺水回用率（process water reused ratio）：在一定的计量时间内，用水系统内部工艺水回用量占工艺用水量（各级工艺取水量与回用水量之和）的百分比，以 r_p 表示。工艺水的回用率是重复利用率的一个重要组成部分，《关于进一步开展创建节水型城市活动的通知》中要求城市工艺水的回用率大于或等于 50%。工艺水的回用率计算公式为

$$r_p=\frac{V_{rp}}{V_{ip}+V_{rp}}\times 100\%$$

式中 V_{ip}——表示在一定的计量时间内，在确定的系统里，生产过程中的工艺取水量，m^3；

V_{rp}——表示在一定的计量时间内，在确定的系统里，生产过程中的工艺回用水量，m^3。

工艺用水量是指在工业生产中，用于生产工艺过程（包括制造产品、洗涤处理、直接冷却以及其他工艺过程）并进入各工艺设备的总的水量。

从各种水源补充到工艺过程的新鲜水总水量称为工艺水取水量。

在工艺用水中从一个设备流出被该设备或其他设备回收处理后再利用的那部分水量，称为工艺水回用量（不包括间接冷却水）。

(21) 间接冷却水循环率（indirect cooling water circulation rate）：指计算期内工业生产用于间接冷却水中循环水量占间接冷却用水量的百分比。在工业生产过程中，为保证生产设备能在正常温度下工作，用来吸收或转移生产设备的多余热量，所使用的冷却水。由于该冷却水与被冷却介质之间由热交换器壁或设备隔开，称为间接冷却水。另外直接冷却水划入工艺用水的范围，因此通常所说的冷却水即为间接冷却水。

间接冷却水循环率是重复利用率的一个主要组成部分，补充水为新水或再生水时应计入取水量中。《节水型企业目标导则》提出企业间接冷却水循环率应大于或等于 95%。间接冷却水循环率用下式计算，即

$$\phi_{lcy}=\frac{V_{lcy}}{V_z}\times 100\%=\frac{V_{lcy}}{V_f+V_{lcy}}\times 100\%$$

式中 ϕ_{lcy}——间接冷却水循环率，%；

V_z——用水量，m^3；

V_f——补充水量，m^3；

V_{lcy}——间接冷却水循环水量，m^3。

(22) 非常规水资源替代率（unconventional water resources replacement rate）：在一定的计量时间内，非常规水资源所替代的取水量占企业各种取水量总和的比值。计算公式为

$$K_h=\frac{V_{ih}}{V_i+V_{ih}}\times 100\%$$

式中 K_h——非常规水资源替代率，%；

V_{ih}——在一定的计量时间内，非常规水资源所替代的取水量，m^3；

V_i——在一定的计量时间内，企业的取水量，m^3。

非常规水资源是指地表水和地下水之外的其他水资源，包括海水、苦咸水、矿井水和城镇污水再生水等。常规水资源是指陆地上能够得到，而且水能够自然循环不断地得到更新的淡水，包括地表水（如江、河、湖、水库等水）和地下水（如井水）。

（23）循环冷却水排污水利用率（circulating cooling water sewage utilization）：在一定的计量时间内，企业将循环冷却水排污水自行处理后的回用水量占生产过程中循环冷却水产生的排污水量总和的比值。计算公式为

$$K_{p}=\frac{V_{ph}}{V_{p}+V_{ph}}\times 100\%$$

式中 K_{p}——循环冷却水排污水利用率，%；

V_{ph}——在一定的计量时间内，企业将排循环冷却水排污水自行处理后的回用水量，m^3；

V_{p}——在一定计量时间内，生产过程中循环冷却水排污水排放量总和，m^3。

提高循环水排污水利用率的主要措施：

1）应综合考虑循环水系统下游的用水量和材质，优化循环水处理工艺，在试验基础上确定合理的浓缩倍率，减少循环水补充水量和排污水量。

2）循环水排污水宜直接用于湿法烟气脱硫系统、除灰系统中。

3）循环水排污水可直接用于输煤栈桥冲洗和煤场喷淋。

4）对循环水排污水进行脱盐深度处理后，其淡水可作为循环水系统的补充水源。

（24）单位发电量废水排放量、废水排放绩效（the unit generating capacity of waste emissions）：燃煤发电企业每发1kWh电能所排放的废水数量，用来反映单位发电量的废水排放强度。计算公式为

$$\beta_{s}=\frac{V_{d}}{W_{f}}$$

式中 β_{s}——废水排放绩效，kg/kWh；

W_{f}——在一定计量时间内的企业发电量，kWh；

V_{d}——在一定计量时间内，生产过程中废水排放量总和，kg。

2006年我国火电行业废水排放量为24.2亿m^3，废水排放绩效为1.03kg/kWh。到了2018年，我国火电行业废水排放量降为3.0亿m^3，废水排放绩效降为0.06kg/kWh。

第二节 取 水 指 标

（1）新（鲜）水量（water intake）：企业内用水单元或系统取自任何水源被该企业第一次利用的水量。该术语一般被取水量所代替。很明显新水量不包括城市再生水、企业再生水、海水淡化水。

（2）取水量（water intake）：指企业从各种常规水资源提取的水量，包括取自地表水（以净水厂供水计量）、地下水、城镇供水工程，以及企业从市场购得的其他水或水的产品（如蒸汽、热水、地热水等）的水量。以V_{i}表示，单位为m^3/MWh或kg/kWh。采用直流冷却系统的企业取水量不包括从江、河、湖等水体取水用于凝汽器及其他换热器开式冷却并排回原水体的水量；企业从直流冷却水（不包括海水）系统中取水用作其他用途，则该部分应计入企业取水范围。为鼓励企业开发利用非传统的水资源，规定取水量不包括企业自取的原海水和苦咸水。对于企业的海水淡化水量，有两种处理方法：第一种是对于政府职能部门的统计报表来说，报外部报表时不应将海水淡化水量纳入取水量的范围，但最好单独列表说明；第二种是由于海水淡化成本较大，为了降低企业成本，内部计算时应计入取水量。企业通过自建水处理设施对其生产过程中产生的

废水、污水进行处理达到一定的水质标准后进行再使用的水量不纳入取水量的范围。该部分水简称企业回用水。鼓励企业实施节水措施，故不统计纳入取水量。

(3) 用水量 (quantity of water usage)：发电、供热等生产过程所需要的各种水量的总和。包括取水量和重复利用水量，以 V_z表示。

(4) 自备用水量 (quantity of self-prepared water usage)：取自电厂采集江河、湖泊、水井等水源，自建供水设施，用于生产和生活的水量之和。

(5) 单位发电量取水量 (quantity of water intake for unit power generation)：火力发电厂生产每兆瓦时电量需要从各种常规水源中提取的水量，以 V_{ui}表示。计算公式为

$$Q_{ui}=\frac{V_i}{W_f}$$

式中 V_i——统计期内生产过程中的取水量，m^3；

Q_{ui}——单位发电量取水量，kg/kWh；

W_f——统计期内发电量，MWh。

在单位发电量取水量时应注意如下问题：

1) 单位发电量取水量计算公式仅适用于运行中的火力发电厂。

2) “各种水源”包括取自地表水、地下水、城镇供水工程，以及企业从市场购得的其他水或水产品。但不包括企业为外供给市场的水的产品（如蒸汽、热水、地热水等）而取用的水量。

3) 取水量的计量应该以水进入电厂生产水系统前的计量表计为准，不应以水源表计或净水场出水表计计量为准，否则应扣除水源漏失率和管网漏失率引起的水损失。取水量包括厂区，厂前区生产、生活取水量，但不包括厂外生活区取水量。

4) 为鼓励企业开发利用非传统的水资源，规定取水量不包括企业自取的原海水和苦咸水。从国家层面上讲，使用海水不消耗国家淡水资源，属于国家鼓励项目，因此取水量不包括海水淡化水量。例如山东省 DB 37/1639—2010《山东省重点工业产品取水定额》就直接明确：取水量不包括企业自取的海水、淡化海水、企业内部的再生水和苦咸水等，以及企业为外供给市场的水的产品（如蒸汽、热水、地热水等）而取用的水量。

但是，对于集团公司而言，下属企业的海水淡化，由于投资或运行成本较大，所以集团公司考核取水量时可将海水淡化水量计入取水量。在绘制水平衡图时，海水淡化产水也应计入取水量，否则在水平衡图中将无法保障进出水量平衡。

5) 采用直流冷却系统的电厂的取水量不包括从江、河、湖等水体取水用于凝汽器冷却的水量。当冷却水还用于其他用途时，这部分冷却水量应计入取水量。但包括脱硫系统、脱硝系统和脱碳系统的淡水取水量。

6) 企业通过自建水处理设施对其生产过程中产生的废水、污水进行处理达到一定的水质标准后进行再使用的水量（企业回用水量）不纳入取水量的范围。

7) 城镇供水工程是指由城镇公共供水设施供应的自来水或再生水。再生水是指城市污水和工业废水经过净化处理后，达到能再利用的水质标准，进行利用的水。城市再生水（中水）由于属于社会资源，应计入取水量，但是考虑水质因素，再生水应按计量数量的90%计入取水量。

8) 在工业企业内部，将使用一次（或多次）的水经过一定处理进行串联、循环、回用等重复利用，不列入再生水的计量范围。

9) 有的企业没有锅炉和纯水处理站等辅助生产装置，这部分水量需外购，因此企业从市场购得的其他水或水的产品应计入取水量定额指标。

2006 年，采用循环冷却水系统的火力发电厂平均单位发电量取水量为 4.2kg/kWh，采用直

流冷却水系统的火力发电厂平均单位发电量取水量为1.2kg/kWh，全国火力发电厂取水量（不含直流冷却）为85.5亿m^3，以发电量加权平均单位发电量取水量为3.0kg/kWh。2018年全国火力发电厂取水量为60.55亿m^3，平均单位发电量取水量为1.23kg/kWh，比美国的1.2kg/kWh高0.03kg/kWh。GB/T 18916.1—2012《取水定额　第1部分：火力发电》规定年均单位发电量取水量定额指标见表4-1。

表4-1　　年均单位发电量取水量定额值（限定值）　　(kg/kWh)

冷却形式	单机容量<300MW			单机容量300MW级			单机容量500MW级及以上		
	先进值	平均值	限定值	先进值	平均值	限定值	先进值	平均值	限定值
循环冷却	2.20	2.70	3.20	2.03	2.39	2.75	1.94	2.13	2.40
直流冷却	0.60	0.90	0.79	0.38	0.42	0.54	0.33	0.43	0.46
空气冷却	0.50	0.65	0.95	0.38	0.42	0.63	0.35	0.44	0.53

单位发电量取水量高的原因如下：

1）供水管网存在泄漏。

2）灰水比浓度小。

3）无污水处理设备或污水处理能力不足。

4）循环水浓缩倍率下降，冷却水直排量大。

5）企业自产废水回用量低。

6）取、排水计量表计不准。

7）水处理设施落后。

8）使用了城市再生水（中水）。由于城市再生水水质较差，如果采用城市再生水作为循环冷却水，必须采用反渗透处理才能保证水处理后的水质满足标准。反渗透处理再生水至少有30%的水量被排入地沟排走。采用中水作为循环水补充水、且中水用量占全厂用水总量50%以上的电厂，单位发电量取水量在表4-2所示定额值基础上允许增加30%。

降低单位发电量取水量的对策如下：

1）实现厂、车间、班组三级节水管理，加强节约用水基础管理，在科学制定用水定额的基础上下达各项用水计划和定额，对用水情况、用水现状和节水情况进行监督，做到计划用水、节约用水、定额用水。

2）做好水的分级利用，增加水的串用次数，做到一水多用。循环供水系统的机组原则上采用循环水排污水作为脱硫（脱硝）系统用水。

3）根据季节变化情况，及时调整循环冷却水量，保障机组安全经济运行。根据机组启停与负荷变化情况，做好供水系统的经济调度。

4）提高灰水比，对于新建机组应选用干除灰系统，并加大灰渣的综合利用。

5）努力做好发电机组热力系统的维护工作，减少各种汽、水损失，补水率和汽水损失率控制在规定范围内。对供水、供热管网定期查漏，及时消漏。

6）定期校验供水用水系统计量器具，保证其计量的准确性。

7）结合本单位实际情况，制定节约用水实施细则和考核办法，落实各级责任，并认真执行，进一步完善节约用水的配套规章制度。加强对生产用水和非生产用水的计量管理，合理控制用水范围和供水区域。

8）每3～5年进行一次水平衡试验，并建立测试档案。根据测试结果，找出薄弱环节，确定节水目标，制订相应的节水改造方案。

9）新建机组为空冷系统的机组，空冷机组取水量是常规湿冷机组的 1/4 左右。加强节水设施建设，不断采用新技术、新工艺，制订相应的节水改造方案。工业冷却水应回收再利用或采用循环冷却系统。缺水和限制排放地区实现废水零排放。循环水补充水及循环水排污水应安装弱酸或反渗透等水处理设施。

10）按照各用水系统对水质的需要，分级用水，即将原水给需要优级水系统使用，随后将其排水经过处理或不经处理在本系统内循环或给其他水质要求较差的系统重复使用。回收一级反渗透浓水；适当调整反渗透装置的冲洗频次和清洗时间，减少冲洗水的排放量。

11）在运行过程中，应根据实际情况，研究改进循环水处理工艺，使循环水达到合理的浓缩倍率。

12）海滨电厂循环水和冲灰水采用海水替代。采用海水淡化工艺解决生产和生活淡水供应。

例 4-1 某电厂装机容量为 5×300MW，其中 2 台为空冷机组，3 台为循环冷却机组。年取水量为 2000 万 t（其中中水 900 万 t），发电量为 90.0 亿 kWh，试计算该厂当年单位发电量取水量是否符合标准规定。

解： 允许单位发电量取水量为

$$Q_{ui}=\frac{V_i}{W_f}=\frac{2\times 300\text{MW}}{5\times 300\text{MW}}\times 0.63+\frac{3\times 300\text{MW}}{5\times 300\text{MW}}\times 2.75=1.90(\text{m}^3/\text{MWh})$$

对于当年中水 900 万 t，按照 90% 比例折算成新水量，则单位发电量取水量为

$$Q_{ui}=\frac{(1100+900\times 90\%)\times 10^4\text{m}^3}{900\times 10^4\text{MWh}}=2.12(\text{m}^3/\text{MWh})>1.90(\text{m}^3/\text{MWh})$$

因此该厂取水量不符合 GB/T 18916.1—2012《取水定额　第一部分：火力发电》标准规定。

（6）装机取水量、单位装机容量取水量（quantity of water intake for unit rated capacity）：按火力发电厂单位装机容量核定的水量，以 V_c 表示。装机取水量准入值见表 4-2。计算公式为

$$Q_J=\frac{V_h}{P_N}$$

式中 V_h——夏季纯凝工况满负荷运行时的取水量，m^3/s；

Q_J——装机取水量，$\text{m}^3/(\text{s}\cdot\text{GW})$；

P_N——机组装机容量，GW。

表 4-2　单位装机容量取水量定额值（准入值）　[$\text{m}^3/(\text{s}\cdot\text{GW})$]

机组冷却形式	单机容量＜300MW	单机容量 300MW 级	单机容量 600MW 级及以上
循环冷却	0.88	0.77	0.77
直流冷却	0.19	0.13	0.11
空气冷却	0.23	0.15	0.13

不同型号、不同冷却方式的机组组成的电厂，应分别计算装机取水量，分别考核。装机取水量计算公式仅适用于考核火力发电厂规划、设计过程中的机组取水量。电厂装机取水量和单位发电量取水量指标是有关系的，电厂装机取水量计算公式为

$$V_J=\frac{V_h(\text{m}^3/\text{s})}{P_N(\text{GW})}=\frac{V_i(\text{m}^3/\text{h})}{P_N(\text{MW})\times 10^{-3}\times 3600n}=\frac{V_i(\text{m}^3/\text{h})}{3.6nP_N(\text{MW})}$$

单位发电量取水量为

$$Q_{ui}=\frac{V_i(m^3)}{W_f(MWh)}=\frac{V_i(m^3)}{P_N(MW)\times n(h)}=3.6V_J$$

式中 n——年利用小时数，h/年。

根据公式推导，可以得到结论：循环冷却供水系统的单位发电量取水量是单位装机容量取水量的 3.6 倍关系。在计算装机取水量时应注意如下问题：

1）当利用城市再生水、矿井水等非常规水资源及水质较差的常规水资源时，电厂一般需要经过处理，而且处理的自用水量要比水质好的情况增加 5%～8%。为鼓励使用非常规水资源作为电厂水源，其取水量应按《取水定额》同类定额增加 10%。

2）配备湿法脱硫系统且采用直流冷却或空气冷却的电厂，当脱硫系统采用新鲜水为工艺水时，可按实际用水量增加脱硫系统所需的水量。为了督促企业加强湿法脱硫系统的节水管理，建议湿法脱硫系统取水量不应超过 0.20kg/kWh。

3）该标准一方面说是仅考核常规水资源量，但是另一方面又给出再生水、矿井水指标，且没有说明再生水具体准入值，建议按同类等级机组准入值的 1.1 倍考虑。

4）单位发电量取水量在数值上是装机取水量指标［m^3/（s·GW）］的 3.6 倍。但是考虑到现在已运行的火力发电厂有一部分机组设备老化，还有一部分承担调峰任务等需要加大取水量的情况，实际单位发电取水量倍数应大于 3.6。但是 GB/T 18916.1—2012 给出 500MW 级及以上机组的单位发电量取水量限定值是 2.40m^3/MWh，而给出装机取水量为 0.77 m^3/（s·GW），显然这两种指标是互相矛盾的，单位发电量取水量限定值应大于 2.77m^3/MWh。

5）空冷电厂的闭式循环冷却水需要一定量的补充水量，补充水一般还要经过除盐处理，因此必然会需要一部分自用水。为了鼓励在极度缺水地区建设空冷电厂，GB/T 18916.1—2012 给出空冷机组的装机取水量，稍高于直流冷却水系统准入值，一般允许留有 12%的裕度。

降低装机取水量的措施如下：

1）电厂规划设计时应论证有关专业技术方案的可靠性、经济性，并提出取水及预处理方式，合理选择和利用水资源。还应配备必要的水计量关口表计。

2）应重视废水处理回收利用设施的设计，最大限度地提高水的重复利用率。在研究排放水的处理系统时，应建立经济、可靠的废水处理设施，将能相互合并的废水通过污水池收集到一起，集中处理回收利用。

3）研究各用水系统的排水量和水质，提出最佳的排水处理系统，以合理、经济地满足下一级系统的水质要求或达到排放环境水体的要求，减少电厂的用水量和排水量。

4）新建或扩建火电厂时，应对用水、排水进行整体规划。在煤炭资源丰富但水资源缺乏地区规划火电厂时，应把节水作为重要因素重点考虑，特别缺水地区，有条件的情况下，可应用空冷技术。

5）火力发电厂的节水应贯穿规划、设计、施工和生产运行全过程，新扩建火电厂应建立并实行“三同时、四到位”制度，即节水设施必须与主体工程同时设计、同时施工、同时投运，用水计划到位、节水目标到位、节水措施到位、节水制度到位。

6）把节水作为电厂规划设计的一项重要技术原则，通过机组选型、优化机组冷却系统和方式、合理选择除灰系统、开展废水治理和废水资源化措施，为节约用水、降低耗水指标创造条件。

7）做好电厂水务管理设计，在全厂用排水系统中应设置计量、调节、控制装置，以满足电厂用排水数据统计和分析要求。

（7）新水利用系数（new water utilization coefficient）：在一定的计量时间内，生产过程中使

用的新水量与外排水量之差与新水量之比，以 K_f表示。新水利用系数计算公式为

$$K_f = \frac{V_n - V_d}{V_n}$$

式中 V_n——在一定的计量时间内，取自任何水源（不计海水）被第一次利用的新鲜水量，即新水量，m^3；

V_d——在一定的计量时间内，生产过程中外排水量总和（包括外排废水和漏水、溢水水量等），m^3。

（8）补（给）水量（make-up water quantity）：锅炉、汽轮机及热力系统中，因各种汽水损失或因无生产回水而从系统外部补充的除盐水（或软化水）水量。以 V_f表示。

（9）机组补（给）水率（ make-up water ratio of unit）：统计报告期内补入锅炉、汽轮机及其热力循环系统用作发电、供热等的除盐水量占锅炉实际总蒸发量的百分比。计算公式为

$$L_{jz} = \frac{V_{jz}}{D_{fq}} \times 100\%$$

$$V_{jz} = V_{fd} + V_{gr}$$

式中 L_{jz}——机组补水率，%；

V_{jz}——统计期内机组补给水量，t；

V_{fd}——发电补给水量，t；

V_{gr}——供热补给水量，t；

D_{fq}——统计期内锅炉实际总蒸发量，t。

火力发电厂要求为：单机容量 500MW 及以上机组补水率小于锅炉实际蒸发量的 1.0%，单机容量 300MW 级机组补水率小于锅炉实际蒸发量的 1.5%，单机容量小于 300MW 的机组补水率小于 2.0%。补水率每增加 1 个百分点，从回热系统来看，影响热耗 0.2%，发电煤耗率变化 0.7g/kWh 左右。机组补水率高的原因如下：

1）热力系统汽水及疏水阀门泄漏，造成汽水介质外泄。

2）排污量大。

3）凝结水精处理装置运行不正常，再生效果差。

4）凝汽器冷却管或管板泄漏。

5）凝汽器真空破坏门水封等阀门水封量大。

6）辅汽用量过大，供外用户不能回收。

7）系统跑酸、碱，硬度、油等引起的汽水品质恶化。

8）除氧器除氧效果差，排氧门开度大。

9）闭式循环冷却水系统外漏，或浓缩倍率低，或风吹蒸发损失异常，引起用水量大。

10）机组启停次数多，放水、补水量多。

11）锅炉结焦，吹灰频率增大导致耗汽量增加。

12）补水量统计数据不准。

降低补水率的对策如下：

1）治理系统管道、阀门泄漏，提高汽水系统严密性，减少内漏外漏，消除漏汽漏水。

2）提高运行操作水平，在机组启停过程中精心操作，减少启停过程中系统放汽和疏放水。

3）根据汽水品质情况进行排污，尽量减少排污次数，缩短排污时间；降低排污量，尽量回收处理排污水。

4）做好凝结水精处理系统的维护和消缺，保持凝结水精处理装置正常运行，提高再生处理效果。

5）加强检查、监视和调整管理，防止蓄水池（箱）溢流。

6）对于采用蒸汽吹灰的锅炉，制定合理的吹灰程序，减少锅炉吹灰用蒸汽量。

7）减少辅汽供外用户量，或者进行回收。

8）加强凝汽器的检修及维护，减少凝汽器泄漏，提高凝结水水质，减少机组排污量。

9）检查疏水阀、放水阀、排汽阀、连排水位调阀、定排阀等汽水系统的阀门严密性，及时消缺、堵漏，管道、设备的连接尽量采用焊接。

10）定期校验补水计量装置，确保准确可靠。

11）检查除氧器内部部件（落水盘、填料、喷嘴、淋水盘等）及除氧器对应的抽气止回阀，及时消除缺陷，保证除氧效果。

12）保持凝结水精处理装置正常运行。加强凝结水精处理装置管理，保持设备完好，及时进行树脂再生，提高凝结水品质，降低机组排污量。

13）处理汽包汽水分离装置的缺陷，提高汽水分离效果，在较高的炉水浓度下获得较好的蒸汽品质，从而减少排污率。

14）利用检修机会对受热面积灰结焦进行清理。

15）按照 DL/T 606 的要求，开展水平衡试验。

16）加强运行管理，运行中保持锅炉负荷、水位、汽压等参数稳定，维持凝汽器、除氧器、各加热器水位在合理位置，使锅炉汽水分离装置在正常情况下运行；采取防止蓄水池（箱）溢流的措施。

17）加强水质监督，提高补充水的品质。锅炉给水品质高，在锅炉设计的炉水浓缩倍率下，排污率将减少。

18）减少非生产用汽、发电自用汽和蒸汽损失。过热蒸汽每损失 1%，电厂热效率要降低 1%～1.5%。

19）减少主机和辅机的启动次数，以减少启停中的汽水损失；采用滑参数启停时，应尽量回收凝结水。及时回收启停过程中各种加热器的疏水。

（10）全厂补（给）水率、综合补水率（supplementary water rate of a power station）：统计报告期内全厂各机组、辅助系统补给水量之和与锅炉实际蒸发量之和的百分比。计算公式为

$$L_{qc}=\frac{V_{qc}}{D_{fq}}\times 100\%$$

$$V_{qc}=V_{fd}+V_{gr}+V_{ff}+V_{fs}$$

式中 L_{qc}——全厂补水率，%；

V_{qc}——统计期内全厂补水量之和，t；

D_{fq}——统计期内锅炉实际总蒸发量，t；

V_{fd}——发电补给水量，t；

V_{gr}——供热补给水量，t；

V_{ff}——非直接发电补水量，t；

V_{fs}——非生产补水量，t。

综合补水率包括除灰用水未回收部分，冷却水塔排污未被利用而排掉部分，反渗透未被回收的部分，生产办公区域生活用水量，转动部分的各种冷却用水的损失水量和未回收部分等。全厂补水量组成见表 4-3。

表 4-3　　全厂补水量组成

生产补水量	发电补水量（含主系统供热）	汽水损失量
		锅炉排污量
		冷却水塔排污量
		空冷塔补水量
		事故放水损失量
		机、炉启停用水损失量
		电厂自用汽（水）量
		反渗透未被回收的浓水量
	对外供热（汽）补水量	
	非直接发电补水量	凝汽器灌水查漏用除盐水量
		锅炉酸洗后清洗用除盐水量
		发电设备检修用除盐水，且用后直接排掉的水量
非生产补水量	非发电生产直接供热量，如生活区供热等	
	厂区外食堂、浴室用汽量	
	生活用水量	
	技改施工用水量	

一般情况下，凝汽式火电厂补水率应小于3%，热电联产电厂补水率应小于5%。补水率每增加1个百分点，从回热系统来看，影响热耗0.2%，发电煤耗率变化0.7g/kWh左右。例如某火电300MW机组补水率影响发电煤耗率系数的计算表见4-4。

表 4-4　　某火电 300MW 机组补水率对发电煤耗率的影响系数计算

序号	指标		单位	数值
1	额定工况设计值	机组额定出力	MW	300
2		锅炉效率	%	92.2
3		管道效率	%	99
4		汽轮机热耗率	kJ/kWh	7921
5		汽轮机组热效率（3600/④）	%	45.45
6		电厂热效率（⑤×②×③）	%	41.49
7		0%补水率下的发电煤耗率（123/⑥）	g/kWh	296.46
8	3%补水工况	3%补水工况下汽轮机热耗率	kJ/kWh	7976
9		汽轮机组热效率（3600/⑧）	%	45.14
10		电厂热效率（⑨×②×③）	%	41.20
11		3%补水工况下发电煤耗率（123/⑩）	g/kWh	298.52
12	补水率1个百分点对发电煤耗率的影响系数［（⑪－⑦）/3］		g/kWh	0.687

注　指标栏中括号内表达式为对应参数的计算公式，圈内数字代表各参数的序号。

全厂补水率高的原因如下：

1）循环水系统补水量增加，循环水浓缩倍率下降。

2）灰水比浓度小（水力除灰、除渣）。

3）废污水没有回收或污水回收处理能力不足。

4）供水管网存在泄漏。

5）凝汽器冷却水直排量大。

6）生产办公区域生活用水量大。

7）取、排水计量表计不准确。

降低全厂补水率的对策如下：

1）根据水质、凝汽器管材，通过加药配方试验，在保证凝汽器安全运行的前提下，尽量提高循环水浓缩倍率。

2）优化除灰、除渣系统运行方式。对于灰浆外排的电厂，应提高灰水比，并尽量减少外排灰浆。

3）对于新建电厂应选用干除灰系统，并加大炉渣的综合利用。

4）做好水的分级利用，增加水的串用次数，做到一水多用，循环利用。尽量回收各项疏水和排污水。对供热凝结水尽量回收。

5）辅机冷却尽量采用闭式循环冷却，并可根据季节和设备的具体情况减少循环冷却水用量。

6）治理系统管道、阀门泄漏，提高汽水系统严密性，减少内漏外漏，消除漏汽漏水。对供水、供热管网定期查漏，及时消漏。

7）根据汽水品质情况进行排污，尽量减少排污次数，缩短排污时间，降低排污量。

8）加强对生产用水和非生产用水的计量管理，合理控制用水范围和供水区域，对生活用水实行定额制。

9）每3～5年进行一次水平衡试验，寻找分析泄漏点和用水量不合理处，以制订合理的用水、节水方案。

10）加强水质监督，提高补充水的品质。如果锅炉给水品质得以提高，在锅炉设计的炉水浓缩倍率下，排污率将减少。

11）提高汽水分离装置的安装和检修质量，提高汽水分离效果，在较高的炉水浓度下获得较好的蒸汽品质，从而减少排污率。

12）加强运行管理，运行中保持锅炉负荷、水位、汽压等参数稳定，维持凝汽器、除氧器、各加热器水位在合理位置，采取防止水箱溢水的措施。

13）减少主机和辅机的启动次数，以减少启停中的汽水损失；采用滑参数启停时，应尽量回收凝结水。及时回收启停过程中各种加热器的疏水。

14）定期校验供水用水系统计量器具，保证其计量的准确性。

（11）生产补水率（supplementary water rate used for production）：即生产补给水率，统计报告期内用于发电、供热、供汽等生产用途的补给水量占锅炉实际蒸发量的百分比。

（12）发电补（给）水率（supplementary water rate used for power generation）：统计报告期内用于发电的补给水量占锅炉实际蒸发量的百分比。计算公式为

$$L_{fd}=\frac{V_{fd}}{D_{fq}}\times 100\%$$

式中 L_{fd}——发电补水率，%；

V_{fd}——统计期内发电补水量，t；

D_{fq}——统计期内锅炉实际总蒸发量，t。

发电补给水量为

V_{fd}=汽、水损失量+锅炉排污量+空冷塔补水量+机、炉启停用水损失量
+事故放水(汽)损失量+电厂自用蒸汽(水)量

其中，电厂自用蒸汽（水）量是指计算期内不能回收的锅炉吹灰、燃料雾化、仪表伴热、生产厂房采暖、厂区办公楼采暖、燃料解冻、油区用汽，机组闭式冷却水及发电机定子冷却水的补充水或换水，预试清扫用除盐水（软化水）量等。降低发电补水率的措施如下：

1）补给水计量表计齐全，定期校验，确保准确无误。

2）化学专业做好除盐水箱出口除盐水计量管理，汽轮机专业做好机组补水流量表后除盐水量管理，做好除盐水量统计工作。

3）化学专业工程师要做好化学水处理自用水率的统计工作，做好除盐水量平衡分析工作。

4）做好锅炉排污门、锅炉排污扩容器及有关热力系统的监督和维护工作，防止泄漏。

5）锅炉排污必须按设计要求或规程进行。锅炉扩容器保持正常的水位运行。

6）锅炉大修中，发现炉内沉积物超过规定标准要进行分析，查明原因，提出改善措施，报主管领导决策。

7）消除热力系统管道及相关阀门的泄漏，泄漏主要体现在设备的运行方式不合理、阀门操作不当或阀门自身原因引起的阀门内漏。机组运行期间对热力系统管道及阀门进行逐一的排查，对运行异常的阀门及时进行统计，利用机组停运检修的机会进行修理或更换。

8）降低加热器的排汽损失，加热器的排汽损失主要指高加启动排汽、高加连续排汽、除氧器排汽等。为减少各加热器的排汽损失，机组稳定运行后及早投入加氧运行，关闭各加热器的启动排汽和连续排汽门。

9）减少汽水品质取样用水，该项对机组补水率影响较小。在保证汽水取样品质的情况下，适当关小取样手动门，定期对其进行巡检。

10）减少锅炉吹灰系统耗汽。为保持锅炉各受热面的清洁，定期对锅炉本体、空气预热器吹灰，锅炉吹灰用汽量对机组补水率的影响是很大的。因此应优化吹灰运行方式，如短吹每 24h 投运一次，长吹和半长吹每 48h 投运一次，脱硝吹灰器每 120h 投运一次。

11）控制合适的喷氨量可以减少空气预热器堵塞的概率。因此，运行中加强对脱硝喷氨量的控制，在脱硝出口不超标的情况下减少喷氨用量；控制合适的吹灰温度和压力，防止吹灰时水未疏尽，在加负荷或空预器差压有增大趋势时应加强其吹灰。

12）减少定子冷却水补水。发电机定子冷却水只有当电导率增高时才会采用除盐水对定子冷却水进行补排换水，统计数据表明定子冷却水补水对机组补水率影响很小。定子冷却水运行时保持离子交换器投入运行，对失效的树脂要及时进行更换。

13）减少对闭式水系统进行补水。闭式水主要用于对机炉侧各油站、氢冷器、轴承冷却用水；闭式水系统的泄漏主要有闭式水箱溢流、给水泵密封水箱溢流、真空破坏阀溢流、闭式水交换器溢流。监盘时对闭式水箱补水阀开度进行监视，保持闭式水箱正常水位运行，防止闭式水位高引起溢流。定时对闭式水各用户进行排查，及时发现跑冒滴漏现象，锅炉疏水泵不运行时关闭其冷却水。

14）锅炉疏水扩容器汇集了很多疏水的来源，若能回收，能节约很多除盐水。对锅炉疏水扩容器的水质进行化验，在水质合格的情况下考虑回收至凝汽器；水质不合格，化学可回收进行除盐水再处理。

(13) 空气冷却塔补水率（supplementary water rate for air-cooled radiator）：是指统计期内空气冷却塔补水量占锅炉实际总蒸发量的比例，计算公式为

$$L_{kl}=\frac{V_{kl}}{D_{fq}}\times 100\%$$

式中 L_{kl}——空气冷却塔补水率，%；

V_{kl}——空气冷却塔补水量，t；

D_{fq}——统计期内全厂锅炉实际总蒸发量，t。

（14）供热补（给）水率/热网效率/供热补水比（supplementary water rate used for heat-supply）：统计报告期内热电厂向外部热用户供热（汽）时，没有回收的水（汽）量占锅炉实际蒸发量的百分比。供热补给水仅计算热电厂对外供热、供汽计量点后的各种汽水损失量，计量点前的损失算在发电补给水率。计算公式为

$$L_{gr}=\frac{V_{gr}}{D_{fq}}\times 100\%$$

式中 L_{gr}——供热（汽）补水率，%；

V_{gr}——供热时凝结水损失量，t；

D_{fq}——统计期内锅炉实际总蒸发量，t。

上述定义和公式来源于DL/T 904—2015《火力发电厂技术经济指标计算方法》，实际这是不正确的，正确的定义和计算公式分别为：

供热补（给）水率是指统计期内供热循环系统单位时间内补水量占热网实际循环水量的百分率。计算公式为

$$L_{gr}=\frac{V_{rb}}{D_{rx}}\times 100\%$$

式中 L_{gr}——供热补水率，%；

V_{rb}——供热循环系统单位时间内补水量，t；

D_{rx}——统计期内热网实际循环水量，t。

供热补水率分为一级热网补水率（一次网补水率）和二级热网补水率（二次网补水率）。一级热网是指从电厂热源到换热首站（包括换热首站内的换热器、热网循环泵，直到出口关口热量计量装置）之间的热网，或叫一次网。二级热网是指从电厂换热首站出口阀门到热用户入口阀门之间的热网，或叫二次网。

要求一次网补水率应不大于0.5%，二次网补水率应不大于1.2%。失水的主要原因：

1）工业供汽回水无法回收。如果从汽轮机的抽汽直接抽出后供给周围的企业，作为企业的生产用汽，经企业生产使用后，由于用户情况复杂，供热管线较长等原因，其凝结的水由于回水水质含铁量大。供热回水水质达不到回收进热力循环系统的要求，只好白白排掉。

2）采暖供汽疏水无法回收。冬季供热抽汽进入热网加热器，将热网循环水加热后，自身凝结成加热器疏水，经疏水泵回收进热力循环系统。但是如果整个水网系统水质控制不好或者热网加热器不耐腐蚀，热网循环水水质较差，使热网加热器堵塞和腐蚀严重，热网加热器腐蚀泄漏后，热网循环水漏入热网加热器汽侧，使热网加热器疏水水质不合格无法回收，只好排掉。

3）减温减压器的正常疏水损失。为了保证在紧急情况下对外供热的不间断，热电公司需要在1台机组上安装减温减压器，从再热蒸汽热段引出蒸汽通过减温减压后，供给企业生产所用0.5～0.9MPa的蒸汽。但是从锅炉的再热热段到减温减压器进口门前大约几百米的管道，正常期间由于减温减压器停运，这一段管道内由于蒸汽不流动，汽压等于再热蒸汽压力但汽温很低，当锅炉灭火时，再热汽压很快降低，这一容积内的低温蒸汽倒流，使再热汽温急剧降低，加大了事故处理的难度，严重影响机组安全运行。因此，不得不长期开启减温减压器前疏水，造成了大

量的工质及热量损失。

4）高压除氧器排氧门开度过大。冬季对外供热量很大，机组需要补入大量的水来维持工质的平衡，因此锅炉会出现给水含氧量不合格现象。为了调整含氧量，高压除氧器排氧门开度较大，造成大量工质经排氧门排走。不仅造成工质浪费，并且还造成噪声污染。

5）电除尘器灰斗蒸汽加热疏水损失。锅炉电除尘器灰斗加热一般使用是0.6～1.3MPa联箱的蒸汽，这部分蒸汽经过疏水器后排入渣沟，浪费掉大量工质，尤其是经常出现疏水器故障，直接排汽的情况，更加剧了工质及热量的损失。

6）伴热疏水损失。锅炉燃油伴热以及冬季表计、锅炉安全门等的伴热均用的是0.6～1.3MPa联箱的蒸汽，经疏水器后排地沟。

7）管道及供热设施密封不严，阀门内外漏水；系统检修放水；事故冒水；用户偷水；系统泄压等。

降低热网补水率的主要措施如下：

在回水系统上加装了回水除铁过滤器，消除凝结水的铁质，供热回水水质达到回收进热力循环系统的要求，回收循环利用。

更换为耐腐蚀的热网加热器，热网循环水使用除化水，并加强对整个水网系统的水质管理，严格控制水网用水水质，防止加热器泄漏。

为了解决减温减压器的正常疏水损失这个问题，可在锅炉再热热段去往减温减压器的引出管处加装电动截门，没有了这几百米管道的蒸汽容积，也就避免了长期疏水造成的工质损失。

可以再化学来除盐水加装除盐水除氧器，对除盐水进行预除氧，也就解决了高压除氧器排氧门开度大，浪费工质的现象。

（15）非生产补（给）水率（supplementary water rate besides for production）：统计报告期内与生产活动无关的供热所需的补给水量和不参加热力循环的用后直接排掉的补给水量之和占锅炉实际蒸发量的百分比。与生产无关的供热包括电厂生活区供热、食堂供热或汽、浴室用汽等。计算公式为

$$L_{fs}=\frac{V_{fs}}{D_{fq}}\times 100\%$$

式中 L_{fs}——非生产补水率，%；

V_{fs}——统计期内非生产补水量，t；

D_{fq}——统计期内锅炉实际总蒸发量，t。

（16）自用汽（水）量［steam (water) consumption by itself of power station］：统计报告期内不能回收的锅炉吹灰、燃料雾化、仪表伴热、生产厂房采暖、厂区办公楼采暖、燃料解冻、油区用汽，机组闭式冷却水及发动机定子冷却水的补给水或换水等水量。

（17）万元产值取水量（water intake of output of ten thousand yuan value）：是指在一定计量时间内，工业生产中每生产1万元产值的产品需要的取水量，这是一项综合性的考核指标，它从宏观上评价企业、工业部门、城市、国家的工业用水水平，用下式表示，即

$$F_{cz}=\frac{V_i}{V_{cz}}$$

式中 V_i——统计期内生产过程中的取水量，m^3；

V_{cz}——统计期内总产值，万元；

F_{cz}——万元产值取水量，m^3/万元。

这里总产值是指工业总产值，是以货币表现的工业企业在报告期内（一般为一年）生产的工

业产品总量，它等于各种产品产量乘以相应单价的和。

CJ 42—1999《工业用水考核指标及计算方法》规定，年产值按不变价计算。实际上，由于节能专工对不变价不太清楚，因此在计算万元产值取水量时，仍采用当年售电和售热实际收入，而不是不变价产值。2000 年，全国工业万元产值取水量为 $91m^3$，是发达国家的 10～15 倍，日本为 $6m^3$。到 2018 年工业万元产值取水量已降为 $73m^3$。

（18）万元产值取水量递减率（water intake decline rate of ten thousand yuan output value）：基期万元产值取水量与报告期万元产值取水量的差值与基期万元产值取水量的百分比，计算公式为

$$L_{cz}=\frac{F_{czj}-F_{czb}}{F_{czj}}\times 100\%$$

式中 F_{czj}——基期内万元产值取水量，m^3/万元；

F_{czb}——统计期内万元产值取水量，m^3/万元；

L_{cz}——万元产值取水量递减率，%。

《节水型企业单位目标导则》提出企业万元产值取水量递减率大于或等于 5%。

（19）万元工业增加值取水量（water intake of industrial output increase of ten thousand yuan value）：是指在一定计量时间内，工业生产中实现 1 万元工业增加值的取水量，计算公式为

$$F_{zj}=\frac{V_i}{V_{zj}}$$

式中 V_i——统计期内生产过程中的取水量，m^3；

V_{zj}——统计期内工业增加值，万元；

F_{zj}——万元工业增加值取水量，m^3/万元。

2002 年，我国万元工业增加值取水量为 $241m^3$，相当于美国、日本的 12 倍。随着我国节能减排工作的推进，工业用水效率逐步提高。到 2010 年，万元工业增加值取水量已降为 $116m^3$（按当年价计算为 $90m^3$），降幅达到 52%。到 2018 年，万元工业增加值取水量又降为 $45.6m^3$，可见节水效果显著。

（20）职工人均生活日新水量、职工人均生活用水量（per capita water domestic consumption of employee）：是指在企业内，每个职工在生产中每天用于生活的新水量，以 V_{Lf}表示。职工人均生活日新水量计算公式为

$$V_{Lf}=\frac{V_{Ylf}}{n_y d_y}$$

式中 n_y——企业生产职工人数（不包括临时工、厂前区三产或服务人员），人；

d_y——在一定的计量时间内，企业的工作日，日；

V_{Ylf}——在一定的计量时间内，企业职工在生产中用于生活（即用于厂区内生活）的新水量之和，m^3。

特别注意，V_{Ylf}不包括职工生活区的新水量。工业每人用水指标为 50L/d。2013 年城镇人均生活用水量为 212 L/d，农村居民生活用水量为 80 L/d。降低职工人均生活日新水量的措施如下：

1）确定用水定额，安表计量，实行计划用水。

2）浴池喷头应采用感应式喷头或其他节水型喷头。

3）卫生间采用感应式水嘴或其他节水型水龙头。

4）专人定时巡查，分片包干，责任到人。

5）开展多种形式的节水宣传工作，使节水行为由被动变为主动，在全厂形成节水光荣、费水可耻的气氛。

6）进一步完善节水制度和措施，细化奖罚条例，超额罚款，节水奖励。

（21）水资源（总）量（total water resources quantity）：是指国家或一地区降水所形成的地表和地下的产水量，即河川径流量和降水入渗补给量之和。水资源总量并不等于地表水资源量与地下水资源量的简单相加，需扣除两者重复量（地表径流和地下径流之间可相互转化的量）。我国多年平均河川径流量为 27 115 亿 m^3，地下水资源量为 8288 亿 m^3，扣除二者之间的重复水量后，水资源总量为 28 124 亿 m^3。我国的水资源总量不少，接近于全球总量的 7%，居世界第 4 位，次于巴西、俄罗斯和加拿大，略多于美国和印度。但是我国人均水资源占有量仅 2170m^3，只相当于世界人均水平的 1/4，居世界第 110 位，被列为世界贫水国之一。2013 年全国水资源总量为 27 957.9 亿 m^3。地下水与地表水资源不重复量为 1118.4 亿 m^3，占地下水资源量的 13.8%（地下水资源量的 86.2%与地表水资源量重复）。

（22）地下水资源量（underground water resources quantity）：是指国家或一地区地下水量的常年值。地下水是指本企业或其他企业通过自建取水设施取得的，地下径流或埋藏于地下的，经提取可被利用的淡水（如潜水、承压水、岩溶水、裂隙水等）。2013 年全国矿化度小于或等于 2g/L 地区的地下水资源量为 8081.1 亿 m^3，与常年值接近。其中，平原区地下水资源量为 1782.1 亿 m^3；山丘区地下水资源量为 6610.7 亿 m^3；平原区与山丘区之间的地下水资源重复计算量为 311.7 亿 m^3。

（23）地表水资源量（surface water resources quantity）：是指国家或一地区陆地表面形成的地表水量的常年值。地表水是指本企业或其他企业通过自建取水设施取得的，包括陆地表面形成的径流及地表储存水（如江、河、湖泊及水库等水）。地表水由经年累月自然的降水和下雪累积而成，并且自然地流失到海洋或经由蒸发消逝，以及渗流至地下。2013 年全国地表水资源量为 26839.5 亿 m^3，折合年径流深 283.4mm，比常年值偏多 0.5%。从水资源分区看，北方 6 区地表水资源量为 5538.2 亿 m^3，折合年径流深 91.4mm，比常年值偏多 26.4%；南方 4 区为21301.3 亿 m^3，折合年径流深 624.1mm，比常年值偏少 4.6%。

第三节 耗 水 指 标

（1）排（放）水量（quantity of water drainage）：火力发电厂向外部环境排放的水量，包括工业排水量和厂区生活排水量。以 Q_p 表示。

（2）漏（失）水量（quantity of water leakage）：是指在确定的系统内，设备、管网、阀门、水箱、水池等用水与储水设施漏失或溢出的水量，以 Q_l 表示。对于有条件停水的系统或单元，可选择适当的时间，如公休日等，关闭全部用水阀门，若总水表继续走动，则表明管网有漏水，水表的读数可近似地认为是该系统或单元的漏水量。当二级水表的计量率为 100%时，一级水表计量数值与二级水表计量数值之差即为漏水量。

（3）（消）耗水量（quantity of water consumption）：水在使用过程中因蒸发、飞溅、渗漏、风吹、污泥和灰渣携带、绿化、生活饮用，以及进入产品等形式消耗掉的各种水量。以 Q_h 表示。耗水量不等于用水量，也不等于取水量。传统上所说的"高耗水工业"从理论上讲概念就有错误。耗水量与耗电、耗煤的意义不同，因为电、煤等能源是不可再生的，设备用了多少能源就消耗了多少；而水是可以再生的，取了多少，并不能全部消耗，真正消耗的水只是很少的一部分。计算公式为

$$Q_h = Q_i - Q_p - Q_l$$

式中 Q_h——耗水量；

Q_i——取水量；

Q_p——排水量；

Q_l——漏水量。

举一简单例子：某人早晨取 1 盆水洗脸，然后用洗脸后的水冲厕所，再取 1 盆水洗脚，然后倒掉。则取水量是 2 盆，用水量是 3 盆，排水是 2 盆，耗水量是 0 盆，并不是想象的 2 盆。

(4) 发电（综合）水耗、单位发电量耗水量（quantity of loss water for power generation)：火力发电厂生产每兆瓦时电量需要消耗的水量。包括除灰用水未回收部分、冷却水塔排污未被利用而排掉部分、转动部分等各种冷却用水的损失水量和未回收部分等，以 V_{ui} 表示。计算公式为

$$V_l = \frac{Q_l}{W_f}$$

式中 Q_l——统计期内生产过程中的耗水量，m^3；

V_l——发电水耗，kg/kWh；

W_f——统计期内发电量，MWh。

许多读者和作者常常把单位发电量取水量和发电水耗混为一谈，实际上二者相差很大。发电水耗远远小于单位发电量取水量。

例 4-2 2000 年我国火力发电厂淡水总取水量为 586 亿 m^3，但真正消耗掉的水量仅为 2.9 亿 m^3。其中直流冷却系统取水量为 540 亿 m^3，当年火力发电量为 110 79 亿 kWh，求单位发电量取水量和发电水耗。

解：单位发电量取水量为

$$V_{ui} = \frac{Q_i}{W_f} = (586 - 540) \times 1000/110\ 79 = 4.15(\text{kg/kWh})$$

发电水耗为

$$V_l = \frac{Q_l}{W_f} = 2.9 \times 1000/110\ 79 = 0.26(\text{kg/kWh})$$

(5) 汽水损失率（steam and water loss rate)：统计报告期内锅炉、汽轮机及热力循环系统中由于泄漏、疏水、排汽引起的汽、水损失量占锅炉实际蒸发量的百分比。计算公式为

$$L_{qs} = \frac{D_{qs}}{\sum D_L} \times 100\%$$

$$D_{qs} = D_{fd} - (D_{wq} + D_{zy} + D_{ws} + D_{ch} + D_{pw}) + D_{hs}$$

式中 L_{qs}——汽水损失率，%；

D_{qs}——汽水损失量，t；

$\sum D_L$——统计期内全厂锅炉实际总蒸发量，t；

D_{fd}——发电补水量，t；

D_{wq}——对外供汽量，t；

D_{zy}——热力设备及其系统自用汽（水）量，t；

D_{ws}——对外供水量，t；

D_{ch}——锅炉吹灰用汽量，t；

D_{pw}——锅炉排污水量，t；

D_{hs}——外部回到热力系统的水量，t。

火力发电厂要求单机容量500MW及以上机组汽水损失率小于锅炉实际蒸发量的0.8%，单机容量300MW级机组汽水损失率小于锅炉实际蒸发量的1.0%，单机容量小于300MW的机组汽水损失率小于1.5%。汽水损失率大的原因如下：

1）热力系统的阀门、管道及其附件泄漏造成汽水损失。

2）锅炉吹灰次数过于频繁造成吹灰蒸汽量大。

3）汽水系统排污量过大。

4）汽水系统密封水、疏水外排。

5）辅汽供外用户不能回收，用汽量大。

6）汽水系统取样自流、放水量大。

7）射汽抽气器用汽、汽动给水泵、汽动风机等用汽量增大。

8）热力设备在检修和停运后的放水、放汽损失。

9）除氧器向空排气。

降低汽水损失率的对策如下：

1）加强热力系统管道、阀门的查漏，减少泄漏点，检修泄漏阀门，降低汽水外漏损失；压力管道尽量采用焊接，减少泄漏。

2）优化锅炉吹灰次数，减少吹灰蒸汽量。

3）提高给水品质，减少锅炉排污量。

4）采用完善的疏水系统，按疏水品质分级回收利用。

5）减少辅汽供外用户量，或者进行回收。

6）提高检修质量，加强凝汽器堵漏。

7）减少主机、辅机的启停次数，减少启停中的汽水损失。

8）减少辅机用汽量。

（6）水的损耗率（loss rate of water）：循环用水系统中的补充水量与排水量之差与系统用水量的百分比，表示循环用水系统用水效率的一个指标，用K_C表示。水的损耗率计算公式为

$$K_C=\frac{V_f-V_d}{V_{cl}+V_f}\times 100\%$$

式中 V_f——循环用水系统中的补充水量，m^3；

V_d——循环用水系统中的排水量，m^3；

V_{cl}——循环用水系统中的循环水量，m^3。

排水量是指在确定的系统内，排出系统外的水量，即在完成生产过程或生活使用后最终排出生产系统或生活系统之外的水量。

（7）（综合）漏失率（water leakage ratio）：是指在确定的系统内，在一定计量时间内，企业的漏水量与取水量之比。要求水的漏失率小于或等于2%，以K_l表示。计算公式为：

$$K_l=\frac{Q_l}{Q_i}=\times 100\%$$

式中 Q_i——统计期内取水量，等于一级水表水量－三级水表水量，m^3；

Q_l——统计期内漏水量，等于一级水表水量总计，m^3。

《关于开展创建节水型城市活动的通知》中要求城市供水管网的漏失率小于或等于8%。《节水型企业单位目标导则》提出企业用水设施损失率（包括自备供水）小于或等于2%，卫生浴具设备漏失率小于或等于2%。

（8）水量不平衡率（water imbalance rate）：指火力发电厂的水平衡测试中，测试的各级总水量与分支水量之和的误差绝对值与各级总水量的百分比，计算公式为

$$L_{bp1}=\frac{Q_{s11}-Q_{s12}}{Q_{s11}}\times100\%$$

$$L_{bp2}=\frac{Q_{s21}-Q_{s22}}{Q_{s21}}\times100\%$$

$$L_{bp3}=\frac{Q_{s31}-Q_{s32}}{Q_{s31}}\times100\%$$

式中 L_{bp1}——一级不平衡率，%；

L_{bp2}——二级不平衡率，%；

L_{bp3}——三级不平衡率，%；

Q_{s11}——一级计量总水量，m^3；

Q_{s12}——一级各分支计量水量之和，m^3；

Q_{s21}——二级计量总水量，m^3；

Q_{s22}——二级各分支计量水量之和，m^3；

Q_{s31}——三级计量总水量，m^3；

Q_{s32}——三级各分支计量水量之和，m^3。

水平衡试验要求一级不平衡率小于或等于±5%，二级不平衡率小于或等于±4%，三级不平衡率小于或等于±3%。

第五章　化学指标管理与控制

第一节　水处理指标

（1）pH值（hydrogen ion concentration）：水溶液中氢离子含量倒数的对数。计算公式为

$$pH=\lg\frac{1}{[H^+]}$$

式中　$[H^+]$——水溶液中氢离子浓度，mol/L。

对于纯水，$[H^+]=[OH^-]=1\times10^{-7}$ mol/L，因此纯水 $pH=\lg\frac{1}{10^{-7}}=7$。当 pH<7 时，溶液呈酸性；当 pH>7 时，溶液呈碱性。为了防止炉水中残存的钙镁离子产生水垢，需要向锅炉加磷酸三钠（Na_3PO_3），但是反应生成的钙镁磷酸盐仍是一种结垢物质。如果炉水中碱度足够，磷酸钙即可转变为不结垢的碱性磷灰石，它是一种水渣，因此要求除盐水 pH>7。

（2）硬度（total hardness）：水中钙盐和镁盐的总含量。总硬度等于碳酸盐硬度（暂时硬度）和非碳酸盐硬度（永久硬度）之和。前者表示水中溶解的重碳酸钙和重碳酸镁的含量，这些盐类当加热到水沸腾时，会以泥渣状态析出，因此称为暂时硬度。后者表示水中溶解的氯化钙、氯化镁、硫酸钙、硫酸镁、硅酸钙、硅酸镁及其他钙镁盐类的总含量，这些盐类在水沸腾时不易沉淀，因此称为永久硬度。

（3）总碱度（total alkalinity）：水中含有的能与氢离子相化合的物质总量，单位为 μmol/L。

（4）悬浮固形物（SS：suspended solid matter）：水中不溶解于水的悬浮杂质，可用某种过滤材料分离出来的固形物，简称为悬浮物。

（5）溶解性总固体（TDS：total dissolve solids）：经过过滤的水样，在规定条件下蒸干水分后留下的物质（即水中的溶盐、有机物和胶体物质的总量）。当水中有机物含量较少时可近似表示总含盐量，单位为 mg/L。

（6）（水质）污染指数、淤塞密度指数、污染密度指数（SDI：silt density index/FI：fouling index of water）：由堵塞 0.45μm 微孔滤膜的速率所计算得出的、表征水中细微悬浮固体物含量的指数，反映井水、澄清水、过滤水、反渗透进水等低浊度水（浊度小于 1.0FNU）水质的综合指标。在表压为 0.21MPa 的恒定压力下，被测水样通过有效直径 47mm、孔径（0.45±0.02）μm 的标准微孔滤膜。水样中凡直径大于 0.45μm 的微粒、细菌等杂质全部被截留在膜面上，使水通过滤膜的流速降低。在过滤器下部用量筒收集透过过滤膜的水样，用秒表测量最初收集 500mL 水样所需的滤过时间 t_1；保持加压（0.21±0.01）MPa 让水继续流出，再次从开始流出水样算起，分别在 5、10、15min 时，各收集 500mL 水样，测定每次收集 500mL 水样所需的滤过时间 t_2。然后按下式计算 SDI 值，即

$$SDI=\frac{P}{\tau}=\left(1-\frac{t_1}{t_2}\right)\times\frac{100}{\tau}$$

式中　SDI——水质污染指数；

τ——总过滤时间，一般为 15min，根据需要也可采用 5min 或 10 min；

P——过滤时间 τ（min）后，滤膜的堵塞率，%；

t_1——初始收集 500mL 水样所需的滤过时间，s；

t_2——过滤 τ（min）后再收集 500mL 水样所需的滤过时间，s。

当滤膜的堵塞率 P 不超过 75%时，τ 采用 15min；当 P 超过 75%时，τ 应采用较短的时间，如 5min 或 10min。但此时 SDI 要有下标，分别用 SDI_5、SDI_{10} 表示；如果总的通水时间为 15min，则可不注下标。

SDI 值越大，水质越差。各种膜对进水水质的要求见表 5-1。不同的膜组件要求进水有不同的 SDI 值，中空纤维组件一般要求 SDI 值小于 3，卷式组件一般要求 SDI 值小于 4。

表 5-1　各种膜对进水水质的要求

项目	卷式醋酸纤维膜		卷式复合膜		中空纤维聚酰胺膜	
	标准值	最大值	标准值	最大值	标准值	最大值
SDI	<4	4	<4	5	<3	3
浊度（FTU）	<0.2	1	<0.2	1	<0.2	0.5
含铁量（mg/L）	<0.1	0.1	<0.1	0.1	<0.1	0.1
游离氯（mg/L）	0.2～1	1	0.05	0.1	0.05	0.1
水温（℃）	25	40	25	45	25	40
水压（MPa）	2.5～3.0	4.1	1.3～1.6	4.1	2.4～2.8	2.8
pH 值	5～6	6.5	2～11	11	4～11	11
COD_{KMnO4}（mg/L）	<1.5		<1.5		<1.5	

例 5-1　某电厂在测量水质污染情况时，测得的数据为 $t_2=3t_1$，求该水质污染指数 SDI。

解： 水质污染指数为

$$SDI=\left(1-\frac{t_1}{t_2}\right)\times\frac{100}{15}=\left(1-\frac{t_1}{3t_1}\right)\times\frac{100}{15}=4.4$$

（7）渗透压（力）（seepage pressure）：对于两侧溶液浓度不同的半透膜，为了阻止水从低浓度一侧渗透到高浓度一侧而在高浓度一侧施加的最小额外压力。为了使反渗透装置正常运行，盐水侧的压力必须高于渗透压力 ΔH。渗透压可用范德华（Vant Hoff）方程计算，即

$$\Delta H=R_C T\sum C_i(\text{atm})=0.101R_C T_i C_i(\text{MPa})$$

式中　$\sum C_i$——各离子浓度 C_i 总和，mol/L；

T——进水绝对温度，K；

R_C——理想气体常数，又称摩尔气体常数，$R_C=8.3144\text{J/(mol}\cdot\text{K)}=0.082056\text{ atm}\cdot\text{L/(mol}\cdot\text{K)}\approx0.082\text{atm}\cdot\text{L/(mol}\cdot\text{K)}$；

i——渗透系数，对于非电解质 $i=1$，对于完全电解的电解质溶液 $i=2$；

ΔH——溶液的渗透压，atm 或 MPa。

例 5-2　25℃时浓度为 1000mg/L 的 NaCl 溶液，试按原溶液浓度计算渗透压。

解： 设电离出 x（mg/L）Na^+、y（mg/L）Cl^-，即

$$\begin{array}{lll} NaCl\rightarrow & Na^+ & + \quad Cl^- \\ 58.5 & 23 & \quad 35.5 \\ 1000 & x & \quad y \end{array}$$

所以 $x=\dfrac{1000\times23}{58.5}=393.2$（mg/L），$y=606.8$mg/L，即

$$C\ (Na^+) = \frac{393.2}{23 \times 1000} = 0.017\ (mol/L)$$

$$C\ (Cl^-) = \frac{606.8}{35.5 \times 1000} = 0.017\ (mol/L)$$

$$\sum C_i = C\ (Cl^-) + C\ (Na^+) = 0.034\ (mol/L)$$

$$\Delta H = 0.101 \times 0.082 \times (273+25) \times 0.034 = 0.085 (MPa)$$

在实际应用中，由于浓水侧浓度很大，所以加在溶液上的压力必须远远大于按淡水侧浓度计算的渗透压，例如，海水淡化反渗透压力一般在5～7MPa范围内，苦咸水反渗透压力在1～3MPa范围内。

(8) 脱盐率、溶质截留率、除盐效率（salt rejection ratio）：反渗透水处理装置除去的盐量占进水含盐量的百分比，用来表征反渗透水处理装置脱除给料液盐量的能力，即给水进口浓度和产品水出口浓度之差与给水进口浓度的比值。计算公式为

$$\varepsilon = \frac{C_f - C_p}{C_f} \times 100\%$$

式中 C_f——给水进口浓度，mg/L；

C_p——产品水出口浓度，mg/L；

ε——反渗透器脱盐率，%。

要求反渗透海水淡化系统的初始脱盐率应大于或等于99%。

(9) 盐透过率（salt passage）：指产品水出口浓度与给水进口浓度之比。其计算公式为

$$S_P = \frac{C_p}{C_f} \times 100\% = 1 - \varepsilon$$

式中 C_f——给水进口浓度，mg/L；

C_p——产品水出口浓度，mg/L；

S_P——盐透过率，%；

ε——脱盐率，%。

一般来说盐透过率随离子的不同而不同，单价离子的透过率大于二价离子的透过率，而二价离子的透过率又大于三价离子的透过率。表5-2所示为标准条件（5.515MPa、25℃、30%回收率、30 000mg/L NaCl）下B-10反渗透器的盐透过率。

表5-2　　标准条件下B-10反渗透器的盐透过率

成分	Na^+	K^+	Ca^{2+}	Mg^{2+}	Ba^{2+}	Fe^{2+}	Sr^{2+}	NO_3^-	Cl^-	SO_4^{2-}	CO^2
盐透过率（%）	1.5	1.5	0.6	0.6	0.6	0.6	0.6	2.3	1.5	0.6	100

以井水为原水时Hydranautics复合膜的盐透过率每年增长3%～10%，醋酸膜的盐透过率每年增长17%～33%。

例5-3　山东中部某电厂反渗透水处理装置设计参数为：25℃时河水含盐量浓度为900mg/L，操作压力为1.2MPa，水的回收率为75%，产品水含盐量为18mg/L，产品水产量为45m³/h，选用BW30-365FR膜元件，采用传统过滤方式。求脱盐率和盐透过率。

解： 脱盐率为

$$\varepsilon = \frac{900-18}{900} \times 100\% = 98\%$$

因为是处理河水，考虑到河水受工业污染日益严重，所以可以选择BW30－365FR抗污染高脱盐率复合膜元件。

盐透过率为

$$S_P=1-\varepsilon=1-98\%=2\%$$

（10）电导率（conductivity）：物质传送电流的能力，是电阻率 ρ 的倒数，单位为西门子/厘米（S/cm）。但由于这个单位太大，在实际中常用微欧姆$^{-1}$·厘米$^{-1}$，即 μS/cm，1S/cm $=10^6\mu$S/cm。

在同一浓度下，温度不同，电导率也不同，二者存在如下关系，即

$$x_t=x_{t0}[1+\beta(t-t_0)]$$

式中 x_t、x_{t0}——温度分别为 t、t_0时的电导率，μS/cm；

β——在温度 t 下的溶液电导率的温度系数，查表 5-3 取值，1/℃。

表 5-3　不同电导率溶液在一定温度范围下的浓度和温度系数

温度（℃）	项目	电导率范围（μS/cm）						
		<57.5	>57.5	>114	>226	>556	>2140	>5140
0	x_t（μS/cm）	—	—	1.125	1.117	1.100	1.055	1.020
	β（1/℃）	—	—	0.020 5	0.020 4	0.020 4	0.020 4	0.020 2
20	x_t（μS/cm）	1.936	1.916	1.906	1.886	1.854	1.782	1.711
	β（1/℃）	0.021 7	0.021 9	0.022 4	0.022 3	0.022 3	0.021 9	0.021 7
25	x_t（μS/cm）	2.14	2.13	2.125	2.10	2.065	1.98	1.90
	β（1/℃）	0.021 1	0.022 3	0.022 9	0.022 7	0.022 8	0.022 3	0.022 1
50	x_t（μS/cm）	3.46	3.37	3.34	3.30	3.25	3.07	2.93
	β（1/℃）	0.026 3	0.025 3	0.025 1	0.025	0.025 1	0.024 1	0.023 8
100	x_t（μS/cm）	6.10	6.05	6.01	5.95	5.85	5.65	5.28
	β（1/℃）	0.026 9	0.027	0.027	0.026 9	0.026 9	0.026 5	0.026 1

若溶液偏离基准温度（20℃），应对所测的电导率进行修正，即要换算到基准温度下的电导率，换算公式为

$$x_{t0}=\frac{x_t}{1+\beta(t-20)}$$

然后根据每 1mg/L 浓度的氯化钠的电导率为 1.886μS/cm 的基础知识，即可求得氯化钠溶液的浓度。

例 5-4　用电导率仪表测得 50℃的氯化钠溶液 22μS/cm，求氯化钠溶液的浓度。

解：根据表 5-3，当被测电导率在 0～57.5μS/cm 范围内时，在 50℃的 $\beta=0.026\ 3$。则

$$x_{20}=\frac{22}{1+0.026\ 3\ (50-20)}=12.30\ (\mu S/cm)$$

在 20℃时，每 1mg/L 浓度的氯化钠的电导率为 1.886μS/cm，因此基准温度下的氯化钠溶液的浓度为

$$C=\frac{12.30}{1.886}=6.52(mg/L)$$

（11）（制水）盐耗（salt consumption）：指钠离子交换树脂每恢复 1mol 交换容量所需的再生剂食盐（以纯 NaCl 计）的克数，单位为 g/mol。目前锅炉补水处理方式分成软化和除盐两种：软化是指水经过处理后，使水不含或只含少量钙镁离子的过程；除盐是指水经过阴、阳离子交换剂的交换处理后，把水中的各种盐类基本除尽，这种方法称为水的化学除盐处理。水的软化即通过离子交换剂，以 Na^+离子置换水中的 Ca^+、Mg^+离子，除去水中的硬度，但水中的碱度基本不变。离子交换剂具有重复使用的性能，当交换剂 Ca^+、Mg^+饱和失效后，可用再生剂再生，恢复其交换能力，重复使用。常用的再生剂是食盐溶液，所消耗的食盐量用盐耗表示。计算公式为

$$H=\frac{m_Y}{Q(YD-YD_c)}$$

式中 H——盐耗，g/mol；

Q——周期制水量，m^3；

m_Y——再生一次所用的纯 NaCl 的量，g；

YD——制水周期中原水的平均硬度，mmol/L；

YD_c——钠离子交换器出水的残留硬度，mmol/L。

(12)（制水）酸耗（acid consumption）：在离子交换中，再生阳树脂需要消耗一定的酸。制水酸耗是指使阳离子交换树脂每恢复 1mol 交换容量所消耗的盐酸（以纯 HCl 计）的克数或硫酸（以纯 H_2SO_4计）的克数，单位为 g/mol。计算公式为

$$H_S=\frac{m_S\gamma_S}{Q(JD+SD)}$$

式中 H_S——酸耗，g/mol；

Q——周期制水量，m^3；

m_S——再生一次所用的酸量，g；

γ_S——酸的质量百分比浓度，%；

JD——制水周期中阳离子交换器进水平均碱度，mmol/L；

SD——制水周期中阳离子交换器出水平均酸度，mmol/L。

水的化学除盐就是将水经 H 型阳离子交换器，使水中各种阳离子转变成 H^+ 离子，经除碳器除去二氧化碳后，再经 OH 型阴离子交换器，使水中各种阴离子转变成 OH^- 离子，这样就得到含盐量很低的纯水。化学除盐所使用的交换剂失效后，可以进行再生，恢复其交换能力。方法是将一定浓度的酸或碱溶液连续注入交换器内。影响酸耗的主要因素及处理对策见表 5-4。

表 5-4　影响酸耗的主要因素及处理对策

序号	问题		实施对策	具体措施
1	再生工艺	树脂擦洗、阴阳树脂分离不好	再生擦洗、反洗分层时一定分层彻底	阴阳树脂反洗分层以及分层彻底的的阴树脂分离输送的过程一定严格监督，整个输送过程一次性完成，防止树脂堵塞管道，输送一定要彻底干净
		进酸量及浓度的控制不够	严格控制进酸量	对进酸量和三通水流量进行不同组合的试验，根据结果选取一组理想的阳塔进酸量和酸三通水流量数据
		再生液浓度控制上下限范围大	优化再生液浓度	通过再生实践，找出阳、阴床最佳再生浓度范围和流速
		程序设计有问题	调整空气擦洗设计程序	阳塔空气擦洗程序改进。空气擦洗后正洗排水时间原程序设计时间过长（正洗 3min，排水 5min），排水后阳塔内水位太低，下次空气擦洗前必须先补水。根据跟踪检测结果，对空气擦洗正洗排水时间调整为正洗 3min，排水 2min，正洗流量为 40t/h，这样下次空气擦洗就不需要补水了

续表

序号	问题		实施对策	具体措施
2	树脂原料	树脂强度不够，破损严重	更换新型树脂或及时补充树脂	联系专业定时补加树脂
		树脂污染、工作交换容量不够	复苏树脂	更换或复苏树脂。可以更换为小孔型树脂，以提高交换速度和工作交换容量
3	设备	阀门不严	消缺	进酸管道（阀门）的控制进行重点的检查和消缺
		流量表、压力表、压差计、浓度计不准	校表	有缺陷时及时联系处理；核准浓度计
4	人员	再生操作水平不高	加强业务培训，提高再生质量	请专业人员讲课，加强基本操作技能的锻炼
		监督不到位	加强化验监督	加强酸 HCl 的质量监督和除盐水质量监督
5	环境	气温的变化直接影响交换容量和再生效果	提高再生液温度	气温在 10℃以下投运加热器

（13）（制水）碱耗（alkali consumption）：在离子交换中，再生阴树脂需要消耗一定的碱。制水碱耗是指使阴离子交换树脂每恢复 1mol 交换容量所需的纯碱（以纯 NaOH 计）的克数，单位为 g/mol。计算公式为

$$H_J = \frac{m_J \gamma_J}{Q\left(SD + \frac{CO_2}{44} + \frac{SiO_2}{60}\right)}$$

式中 H_J——碱耗，g/mol；

Q——周期制水量，m^3；

m_J——再生一次所用的酸量，g；

γ_J——酸的质量百分比浓度，%；

44——二氧化碳的摩尔质量，为 44g/mol；

60——二氧化硅的摩尔质量，为 60g/mol；

CO_2——制水周期中阴床（阴离子交换器）进水二氧化碳浓度，mg/L；

SiO_2——制水周期中阴床（阴离子交换器）进水二氧化硅浓度，mg/L；

SD——制水周期中阳离子交换器出水平均酸度，mmol/L。

（14）再生自耗水率（regeneration self-water consumption ratio）：再生过程（使失效离子交换树脂恢复交换能力的过程）的耗水总量与离子交换树脂的体积比。计算公式为

$$Z_{HS} = \frac{Q_H}{V_R} \times 100\%$$

式中 Z_{HS}——再生自耗水率，%；

Q_H——再生过程的总耗水量，m^3；

V_R——交换器内树脂的填装体积，m^3。

（15）化学自用水率（water consumption rate by itself of chemistry）：化学制水车间消耗的水量占化学制水车间取水量的百分比。以统计报表为监督依据。计算公式为

$$L_{zy} = \frac{V_{ihx} - V_{zs}}{V_{ihx}} \times 100\%$$

有的作者提供的计算公式为

$$L_{zy}=\frac{V_{zs}-V_{gs}}{V_{zs}}\times 100\%$$

式中 V_{ihx}——统计期内生产过程中的取水量，m^3；

L_{zy}——化学自用水率，%；

V_{zs}——统计期内化学制水量（软化水量或除盐水量），m^3；

V_{gs}——统计期内化学供水量，m^3。

水处理设备本身所消耗的水量包括沉淀器、配药设备、钠阳离子交换器、氢阳离子交换器、阴离子交换器等设备所消耗的水量，但不包括化学制水车间生活杂用水量。统计期要求地下取水的化学自用水率不大于6%；对于江、河、湖取水，统计期化学自用水率不高于10%；对于城市中水，化学自用水率不高于12.5%。化学自用水率高的原因如下：

1）澄清池出水水质差。双阀滤池反洗自用水率高。

2）细砂过滤器自用水率高。活性炭过滤器自用水率高。

3）反渗透装置回收率低。

4）除盐设备再生自用水率高。

5）水处理系统冲洗水量大。

6）水处理澄清池出力低。

7）水处理活性炭过滤器存在乱层现象。

8）水处理保安过滤器存在轻微泄漏现象。

降低化学自用水率的对策如下：

1）根据澄清池出力及进、出水水质，及时调整加药量及排泥强度，提高澄清池出水水质。

2）根据双阀滤池进出口差压及出水水质及时按程序进行反洗。

3）提高双阀滤池出水水质，根据细砂过滤器进出口差压及出水水质及时按程序进行反洗。

4）提高细砂过滤器出水水质，在保证活性炭过滤器出水水质合格的情况下，尽量减少反洗和擦洗次数。

5）在兼顾反渗透装置使用寿命的情况下，尽量按设计回收率运行。

6）除盐设备按规定进行再生。再生冲洗时，及时人工取样分析判断冲洗终点。

7）合理安排运行方式，尽量减少水处理系统启动次数。

8）对澄清池的出水装置进行改造，保证出水均匀，把设备出力恢复到设计水平。

9）根据活性炭过滤器出水判断，确定乱层的碳床，然后解体大修。

10）缩短更换保安过滤器滤芯的周期，校正进出口压力表的准确性。

11）化学处理采用反渗透处理技术。

（16）除盐水耗率（consumption rate ofdemineralized water）：是指除盐水制水量与发电量的比值，计算公式为

$$L_{sh}=\frac{1000V_{zs}}{W_f}$$

式中 L_{zy}——除盐水耗率，kg/kWh；

V_{zs}——统计期内化学制水量（软化水量或除盐水量），m^3；

W_f——统计期内机组发电量，kWh。

（17）制水单耗（unit consumption of making water system）：天然水中含有很多杂质，必须经过一系列处理，才能作为锅炉的补给水。这种天然水首先需要经过混凝、沉淀、澄清等预处理，然后进行软化或除盐，方可作为锅炉的补给水。每处理1t补给水量，制水系统所消耗的电

量称为制水单耗，其单位为 kWh/t，计算公式为

$$b_{zs}=\frac{W_{zs}}{V_{zs}}$$

式中 b_{zs}——制水单耗，kWh/t；

V_{zs}——统计期内化学制水量（软化水量或除盐水量），m^3；

W_{zs}——统计期内制水系统耗电量，kWh。

（18）制水用电率、制水耗电率（power consumption rate of making water system）：制水系统所消耗的电量与发电量的百分比，单位为%，计算公式为

$$L_{zs}=\frac{W_{zs}}{W_f}\times 100\%$$

式中 L_{zs}——制水用电率，%；

W_{zs}——统计期内制水系统耗电量，kWh；

W_f——统计期内机组发电量，kWh。

第二节 化学三率指标

（1）给水品质合格率（qualified rate of feed water quality）：供给锅炉用水中所含杂质的成分及其数量符合给水质量标准规定的比率。给水品质有硬度、pH 值、溶氧、铁、铜、钠、二氧化硅、联氨和油的含量等指标。合格的给水品质见表 5-5。提高给水品质合格率的途径如下：

1）严格执行排污制度，保持适当的排污次数，消除排污装置的缺陷。

2）做到取样正确、保证各项化验质量，正确及时处理影响热力系统的水、汽质量问题。

3）合理控制磷酸盐的加药量，消除加药设备缺陷。当炉水磷酸根过高时，应注意加大排污，直至炉水磷酸根合格。

4）消除除氧器内部装置缺陷，保障除氧器正常运行。当溶解氧不合格时，应将再沸腾管投入运行。

5）加强锅炉水和蒸汽品质的监督，防止生水渗入给水系统，引起硬度不合格。

6）疏水、生产返回水的质量不合格时，不经处理不得直接进入热力系统。给水、炉水的加药处理，宜采用自动化控制，连续均匀地加入系统内。对于汽包炉，应根据炉水水质，决定排污方式及排污量，并应按水质变化进行调整。

（2）炉水品质合格率（qualified rate of boiler water quality）：锅炉炉水中所含杂质的成分及其数量符合炉水质量标准规定的比率。炉水质量标准一般有 pH 值、盐、二氧化硅、氯离子和磷酸根的含量等。

（3）蒸汽品质合格率（qualified rate of steam quality）：锅炉产生的饱和蒸汽、过热蒸汽进入汽轮机的主蒸汽中所含杂质的成分及其数量符合蒸汽质量标准规定的比率。蒸汽品质有导电率、钠、二氧化硅、铁和铜的含量等。合格的蒸汽品质见表 5-5。蒸汽品质恶化的原因如下：

1）蒸汽带水。在汽包锅炉中，炉水不断蒸发，含盐浓度增高，饱和蒸汽由汽包携带出这种水滴，就使蒸汽带有盐分。蒸汽的这种带盐方式称为机械携带。

2）蒸汽溶盐。锅炉在较高的工作压力下，蒸汽能溶解某些盐分。蒸汽溶盐称为选择性携带，这是蒸汽污染的第二个原因。

3）锅炉的补给水含有杂质。

提高蒸汽品质合格率的措施如下：

1）提高给水品质，以减少带入锅炉内部的杂质。

2）加强汽水分离，以减少饱和蒸汽带水量。

3）进行蒸汽清洗，以尽可能减少溶解于蒸汽中的盐分。

4）加强排污，以放掉炉水中的杂质。

（4）凝结水品质合格率（qualified rate of condensate quality）：汽轮机凝结水中所含杂质的成分及其数量符合凝结水质量标准规定的比率。凝结水质量标准一般有硬度，导电率，溶氧、二氧化硅、钠、铁和铜的含量等。

（5）汽水品质合格率（steam-water quality qualified rate）：指蒸汽、给水品质合格次数与全部取样测定次数之比的百分数，计算公式为

$$K_{qs}=\frac{C_{qsh}}{C_{qs}}\times 100\%$$

式中 K_{qs}——汽水品质合格率，%；

C_{qsH}——蒸汽、给水品质合格次数，次；

C_{qs}——全部取样测定次数，次。

为了防止锅炉及其热力系统的结垢、腐蚀和积盐等故障，水、汽质量应达到一定的标准，水、汽质量监督的主要指标是汽水品质合格率。水汽品质就是指水、汽中含盐量和含硅量的多少，单位是μg/kg或μg/L。蒸汽中的盐类主要是钠盐，钠盐会沉积在过热器内，或者被带出锅炉进入汽轮机内沉积；蒸汽中的硅酸会沉积在汽轮机内，形成难溶于水的二氧化硅附着物。过热器管内有盐类沉积时，管子的流通截面减少，蒸汽的流动阻力增加，使流经该管子的蒸汽量减少，金属管壁不能充分冷却；与此同时，积存在管壁上的盐垢热阻大，不能很快地将管子的吸热量传给管内的蒸汽，因此过热器中的盐垢容易引起管壁过热，以致破裂爆管。当盐类在汽轮机通流部分沉积时，会使喷嘴和叶片的型线改变，汽轮机的效率降低；同时，由于蒸汽流通面积减少，流动阻力增大，使汽轮机出力降低，轴向推力和叶片应力增加，甚至破坏转子的动平衡，从而引起事故。因此水汽品质对汽轮机运行的安全性和经济性影响较大，必须对钠盐含量和硅盐含量这两个指标进行监督。GB/T 12145—1999《火力发电机组及蒸汽动力设备水汽质量》有明确的规定，见表5-5。

表5-5　　电厂水汽品质标准及检测周期

名称	检测项目	控制指标					检测周期（每日）
		3.8～5.8 MPa	5.9～12.6 MPa	12.7～15.6 MPa	15.7～18.3 MPa	>18.3MPa	
补给水	二氧化硅（μg/L）	—	—	≤20	≤20	≤10	不少于6次
	电导率（μS/cm）	≤0.20	≤0.2	≤0.2	≤0.2	≤0.15	不少于6次
给水	硬度（μmol/L）	≤2.0	≈0	≈0	≈0	≈0	不少于6次
	溶解氧（μg/L）	≤15（30～150）	≤7（30～150）	≤7（30～150）	≤7（30～150）	≤7（30～150）	不少于6次
	铁（μg/L）	≤50	≤30	≤20	≤15（10）	≤5	每周1次
	铜（μg/L）	≤10	≤5	≤5	≤3	≤2	每周1次
	二氧化硅（μg/L）				≤20	≤10	白班1次
	H电导率（μS/cm）	≤0.3	≤0.3	≤0.3（0.15）	≤0.3（0.15）	≤0.3（0.15）	不少于6次
	油（mg/L）	<1.0	≤0.3	≤0.3	≤0.3	≤0.3	不定期

续表

名称	检测项目	控制指标					检测周期（每日）
		3.8～5.8 MPa	5.9～12.6 MPa	12.7～15.6 MPa	15.7～18.3 MPa	>18.3MPa	
炉水	pH值(25℃)	9.0～11.0	9.0～10.5	9.0～10.0	9.0～9.7	9.0～9.7	不少于6次
	磷酸根(mg/L)	5～15	2～10	2～8	≤1	≤1	不少于6次
	电导率(μS/cm)	≤150	≤60	≤35	≤20	≤20	不少于6次
	二氧化硅(mg/L)	≤2.00	≤2.00	≤0.45	≤0.20	≤0.20	不少于6次
	氯离子(mg/L)	—	—	≤1.5	≤0.5	≤0.5	每周一次
蒸汽	钠(μg/kg)	≤15	≤5	≤5	≤5	≤3	不少于6次
	二氧化硅(μg/kg)	≤20	≤20	≤20	≤20	≤10	不少于6次
	铁(μg/kg)	≤20	≤20	≤20	≤10	≤5	每周1次
	铜(μg/kg)	≤5	≤3	≤3	≤3	≤2	每周1次
	氢电导率(μS/cm)	≤0.3	≤0.3(0.15)	≤0.3(0.15)	≤0.3(0.15)	≤0.15	不少于6次
凝结水	硬度(μmol/L)	≤2.0	≤1.0	≤10	≈0	≈0	不少于6次
	溶解氧(μg/L)	≤50	≤50	≤40	≤30	≤20	不少于6次
	H电导率(μS/cm)	≤0.3	≤0.3	≤0.3	≤0.3	≤0.2	不少于6次
	钠(μg/L)			≤10	≤5(10)	≤5	不少于6次
	二氧化硅(μg/L)				≤15	≤15	每周1次
内冷水	电导率(μS/cm)	≤5	≤5	≤5	≤5	≤5	不少于6次
	pH(25℃)	7～9	7～9	7～9	7～9	7～9	不少于6次
	铜(μg/L)	≤40	≤40	≤40	≤40	≤40	每周1次
	硬度(μmol/L)	≤2	≤2	≤2	≤2	≤2	每周1次

注 1. 当原水中非活性硅含量较高时，补给水二氧化硅指标应是全硅含量。
2. 硬度μmol/L的基本单元为M（$1/2Ca^{2}+1/2Mg^{2}$），有凝结水处理的机组，给水硬度应≈0μmol/L。
3. 给水电导率标准值为25℃下测定值，括号内数据有凝结水精处理装置的机组。
4. 溶解氧括号内数据为加氧处理机组。
5. 凝结水钠括号内数据在有凝结水精处理装置时可放宽到0。

全厂总水汽合格率统计应按各机组运行时间的加权平均值进行计算。每月汽水品质合格率要求不低于95%（大于98%为优秀），企业应同时对每台机组单独评价，对于汽水品质合格率低于95%的机组应分析其薄弱环节，尽快解决。

汽水品质合格率差的原因如下：

1）凝汽器冷却水管渗漏，凝汽器补水水质不合格，引起的凝结水导电度、钠离子、硬度超标。

2）凝结水系统负压部分漏空气，凝结水过冷度偏大；补水流量过快过大；溶解氧在线仪表存在缺陷；取样管道漏空气等原因，引起凝结水溶解氧超标。

3）凝结水含氧量高；给水系统漏空气；给水流量过大；除氧器运行参数（温度、压力、排气门开度等）变化；溶解氧在线仪表存在缺陷；取样管道漏空气；给水加联氨量不足等原因，引起除氧器出口溶解氧超标。

4）给水加药不当、精处理混床失效等原因，引起给水水质超标。

5）凝汽器渗漏、锅炉负荷急剧变化；炉水排污调整不当等原因，引起炉水水质超标。

6）汽包水位异常导致蒸汽对水分机械携带系数升高，减温水水质异常，给水加除氧剂过量，锅炉负荷急剧变化，凝结水或给水系统漏空气，加药泵漏空气等原因，引起蒸汽品质超标。

7）在汽包内进行汽水分离，减少蒸汽对水分的机械携带。如果汽水分离效率不高或各分离元件的结合处不严密，就会造成含钠量和含硅量不合格。

8）凝结水旁路门不严，部分凝结水未经处理直接进入系统。

9）减温水水质不符合规定，表面式减温器泄漏也会引起蒸汽的含钠量和含硅量不合格。

10）化学精处理设备树脂失效再生不彻底或再生后冲洗不彻底。

11）冬季供热，引起系统补水量增大，引起汽水品质异常。例如某热电厂冬季供暖导致补水量是正常补水量的3～4，导致给水和再热蒸汽氢电导率超标。原水中的有机物和溶解固性物在系统中出现累积效应，使得系统中的有机物含量（TOC）和可溶性盐含量升高，通过锅炉补水进入系统的有机物在高温高压下产生了酸性分解产物（如蒸汽中的乙酸根含量明显偏高），蒸汽中的这些阴离子杂质造成氢电导率升高。该厂针对这一分析结论进行了停止抽汽供热、停止锅炉补水试验，2h后化验结果表明给水氢电导率从0.15μs/cm逐渐下降到0.11μs/cm，再热蒸汽氢电导率从0.25μs/cm逐渐下降到0.17μs/cm，说明分析判断是正确。

提高汽水品质合格率的对策如下：

1）疏水、生产返回水的质量不合格时，不得进入热力系统。

2）提高凝结水品质合格率。凝结水全量处理；规范凝结水加药操作；加强炉内磷酸盐处理及排污；机组降压运行查漏堵漏；发现补给水水质异常，及时做好隔绝措施并供应合格补给水，对发生的异常查明原因并及时进行处理。

3）提高凝结水溶解氧合格率。凝结水系统负压部分捉漏；降低机组补水量；提高汽轮机真空严密性，防止空气漏入；加强对溶解氧在线仪表维护，尤其是机组低负荷运行时确保溶解氧在线仪表水样流量在要求范围。

4）提高给水溶解氧合格率。解决凝结水含氧量高的问题；给水系统捉漏，对给水泵入口侧密封缺陷及时处理；调整给水流量，使除氧器运行中给水流量变化不要太大；检查除氧器运行工况如水温、压力、排气门等，并进行相应调整；加强对溶解氧在线仪表维护，尤其是机组低负荷运行时确保溶解氧在线仪表水样流量在要求范围；调整给水加联氨量；给水AVT（O）处理时给水溶解氧超标则及时转为AVT（R）处理；消除除氧器内部装置缺陷，提高除氧效率。

5）提高给水品质合格率。加强凝结水水质监督；规范给水加药操作。

6）提高炉水、蒸汽品质合格率。加强凝结水、给水水质监督；炉水二氧化硅含量上升时要考虑到凝汽器渗漏的可能性，及时消缺；锅炉负荷急剧变化发生水质变化如磷酸盐暂时消失或溶解现象，则联系集控调整运行工况，加强监督及时调整锅炉排污；规范炉水加药操作；结合炉水水质及时做好排污工作，保持适当的排污次数；炉水氢电导（反映炉水氯离子含量）超出试验值则根据磷酸根含量、机组连排、精处理混床运行情况综合判断，并采取相应措施；保证汽包水位正常，减少蒸汽对水分的机械携带，提高汽水分离效率；确保减温水水质合格；及时调整除氧剂加入量至合格范围；根据热化学试验结果调整锅炉运行方式，及时做好排污工作。

7）确保取样水采样正常。

8）定期校验化学仪器、仪表及在线化学仪表，确保准确可靠。加强在线仪表比对工作。

9）确保添加化学药品质量合格。

10）加药、精处理混床等设备发生缺陷应及时进行消缺。

（6）溶解氧合格率（qualified rate of dissolved oxygen quality）：包括给水溶解氧合格率和凝结水溶解氧合格率。统计期内给水溶解氧合格次数与全部取样分析次数之比的百分数，称为给水

溶解氧合格率，是反映除氧器运行状况的指标。给水溶解氧合格率力求100%，计算公式为

$$K_{gs}=\frac{C_{gsh}}{C_{gs}}\times 100\%$$

式中 K_{gs}——给水溶解氧合格率，%；

C_{gsh}——统计期内给水溶解氧合格次数，次；

C_{gs}——统计期内给水溶解氧全部取样分析次数，次。

锅炉给水是由凝结水、补充水和各种疏水组成的。如果锅炉的给水中含有氧气，则氧气在高温下将直接与金属发生化学反应，使热力设备受到腐蚀，使用寿命缩短，可靠性降低。因此必须把送入锅炉的给水中的含氧量控制在允许的范围内，特别是高参数大容量锅炉对给水品质要求更高。给水溶解氧和其他参数标准见表5-6。

凝结水溶解氧合格次数与全部取样分析次数之比的百分数，称为凝结水溶解氧合格率，是反映凝结水运行状况的指标。凝结水溶解氧合格率力求100%，计算公式为

$$K_{ns}=\frac{C_{nsh}}{C_{ns}}\times 100\%$$

式中 K_{ns}——凝结水溶解氧合格率，%；

C_{nsh}——统计期内凝结水溶解氧合格次数，次；

C_{ns}——统计期内凝结水溶解氧全部取样分析次数，次。

凝结水溶氧超标主要原因和措施是：

1）凝结水泵机械密封泄漏（如凝结水泵机械密封动静环磨损引起泄漏），应利用机组停运更换机械密封。

2）凝结水系统的辅助设备存在问题，如凝结水泵入口阀门盘根不严，水封门水封损坏，凝结水泵盘根不严，低压加热器疏水泵盘根不严等。

3）凝汽器真空系统泄漏。

4）凝结水补水方式问题。如果凝结水补水直接进入凝汽器热水井，由于没有利用凝汽器真空除氧的作用，会直接导致凝结水溶氧超标。可以把凝结水补水移至凝汽器喉部，以利用凝汽器真空除氧作用。

5）低压轴封系统漏空气造成凝结水溶解氧含量偏高。低压轴封漏空气有可能是轴封进汽量过小，造成汽封圈存在薄弱环节，由于凝汽器运行在负压状态空气就会经低压轴端漏入凝汽器中。运行人员应调整轴封压力，开大低压轴封进汽手动门，调到低压缸两轴端向外冒汽为止，观察凝结水溶解氧的变化情况。

6）凝结水泵空气门存在泄漏点，导致空气进入凝汽器。可以通过涂油脂的方法来解决。

保障给水溶氧合格的措施如下：

1）除氧器超负荷运行、加热不足会引起凝结水含氧量增加，因此除氧器应保证正常运行，其加热温度、压力要达到额定值。

2）及时更换除氧器已损坏的喷嘴、淋水盘。

3）保证除氧器排气门开度，及时排出从水中分离逸出的气体。

4）除氧器内的水位过高时，应减少软化水或除盐水补充量，禁止用排水的方法保持除氧器的水位。向除氧器中补水时，应当均匀稳定，不得忽大忽小，以保持除氧器运行状态的稳定。

5）根据除氧效果将除氧器的排气阀保持在最佳开度的位置上。为保持经济运行，既不能开大，又不能因开度过小引起给水中含氧量升高。各台除氧器的排气阀开度应由试验确定。

6）运行中保持凝汽器水位正常在规定范围内。

7）利用停机或停止凝结水泵的机会，消除凝结水泵盘根的泄漏。

8）调整给水泵前置泵格兰冷却水和盘根冷却水回水压力为正压，消除回水带入空气的现象。

9）调整低压加热器多级水封和轴端加热器多级水封的注水，保证水封内有足够的水封带。

10）利用停机的机会检查进入凝汽器内水的喷淋装置是否正常，特别是除盐水进入凝汽器后的雾化情况。

11）及时对真空系统进行查漏和堵漏，提高系统的严密性。

（7）制水合格率、补给水合格率（qualified rate of making water quality）：指制水合格次数与全部取样次数之比的百分数，计算公式为

$$K_{zs}=\frac{C_{zsh}}{C_{zs}}\times 100\%$$

式中 K_{zs}——制水合格率，%；

C_{zsh}——统计期内制水合格次数，次；

C_{zs}——统计期内制水全部取样分析次数，次。

虽然送入热力循环系统的给水已经通过了炉外处理，绝大部分盐分和杂质已经被除去，但给水中或多或少地还存在微量盐分和杂质。因此，锅炉产生的蒸汽就会携带和溶解这些盐分，进入汽轮机，在受热面、喷嘴、叶片上沉积。锅炉受热面有盐分沉积时，因盐垢热阻大，容易使受热面管壁过热或爆管。盐分沉积在汽轮机通流部分时，会使蒸汽流动阻力增大，汽轮机效率降低。因此制水合格率是影响锅炉和汽轮机安全经济运行的重要指标。补给水的质量标准见表 5-6。

（8）炉水加药率（medicate ratio of boiler water）：炉内加药量与锅炉给水量的比值，单位为kg/t，计算公式为

$$L_{YL}=\frac{m_y}{G_f}$$

式中 L_{YL}——加药率，kg/t；

m_y——统计期内炉内加药量，kg；

G_f——锅炉给水量，t。

这里所说的加药主要是指对炉水进行挥发性处理，向锅炉内加入挥发性的胺和联氨。胺的作用是调节给水和锅炉的 pH 值，联氨的作用是除去给水中溶解的氧。通过胺和联氨的作用，可以防止游离二氧化碳腐蚀和氧腐蚀。

（9）循环水加药合格率（qualified rate of bring medicate to circulating water）：统计期内机组运行期间，循环水加药处理合格时间占循环水应加药时间的百分比，计算公式为

$$L_{XH}=\frac{t_{XH}}{t_{JY}}\times 100\%$$

式中 L_{XH}——循环水加药合格率，%；

t_{XH}——循环水加药处理水质合格时间，h；

t_{JY}——机组运行期间应加药时间，h。

循环水加药是为确保循环水水质符合运行要求。合理的加药处理能够减轻循环中的水微生物对循环水系统的污染，保证凝汽器不结垢；另一方面，循环水加药会节约一定的循环水量。

（10）化学仪表配备率（equipping rate of chemical instrument）：化学仪表实际配备数量与化学仪表应配备数量的百分比，计算公式为

$$\phi_{pd}=\frac{n_{spd}}{n_{ypd}}\times 100\%$$

$$\phi_{pc}=\frac{n_{spc}}{n_{ypc}}\times 100\%$$

式中 ϕ_{pd}——单机组化学仪表配备率，%；

ϕ_{pc}——全厂化学仪表配备率，%；

n_{spd}——单机组实配化学仪表总数量，台；

n_{ypd}——单机组应配化学仪表总数量，台；

n_{spc}——全厂实配化学仪表总数量，台；

n_{ypc}——全厂应配化学仪表总数量，台。

电厂应依靠在线化学仪表监督水汽质量，按 DL/T 677 的技术要求和检验条件，实施化学仪表实验室计量确认工作，确保在线化学仪表的配备率、投入率、合格率。应配置微机进行在线化学仪表的数据采集，即时显示、自动记录、报警、储存，自动生成日报、月报。在线化学仪表的配置数量和种类应不低于表 5-6 的要求。

表 5-6　　不同参数机组应配备的仪表

机组参数	测点					
	补给水	凝结水	给水	炉水	主蒸汽	发电机内冷水
13.7MPa 及以上机组	电导率表	电导率表 溶氧表 钠表*	pH 表 溶氧表 电导率表	pH 表 电导率表	钠表 硅表 电导率表	pH 表 电导率表
13.7MPa 以下至 9.8MPa 以上机组	电导率表	电导率表 溶氧表	pH 表 溶氧表 电导率表	pH 表 电导率表	电导率表	
9.8MPa 及以下机组	电导率表	电导率表 溶氧表	溶氧表	自定	电导率表	

注 1. 采用低磷处理工艺的锅炉应配备在线磷表。
2. 采用加氧的热力系统应增加溶氧表的配置点（如除氧器入口、汽包炉的下降管等点）。
3. 凝结水精处理出口应配备电导率表。
4. 必要时炉水宜增加氢电导率的测定。

* 对于 13.7 MPa 以上机组，如采用海水冷却时，其凝结水应考虑装钠表。

(11) 化学仪表投入率（input rate of chemical instrument）：化学仪表应投入运行小时数（等于机组运行时间数减去本企业制定的《化学运行规程》规定未达到投表条件的时间）与仪表停用小时数之差值和化学仪表应投入运行小时数的百分比，计算公式为

$$\phi_{tdd}=\frac{\sum_{i=1}^{n}t_{sti}}{nt_{ytd}}\times 100\%$$

$$\phi_{td}=\frac{\sum_{j=1}^{k}[n_j\ (\phi_{tdd})_j]}{\sum_{j=1}^{k}n_j}\times 100\%$$

$$\phi_{tc}=\frac{\sum_{q=1}^{m}[t_q l_q\ (\phi_{td})_q]}{\sum_{q=1}^{m}(t_q l_q)}\times 100\%$$

式中 ϕ_{tdd}——单机组单种化学仪表投入率，%；
ϕ_{td}——单机组化学仪表投入率，%；
ϕ_{tc}——全厂化学仪表投入率，%；
t_{sti}——单机组单种化学仪表投入运行小时数，h；
t_{ytd}——单机组单种化学仪表应投入运行小时数，h；
n——单机组单种化学仪表实配台数；
i——表示单机组单种化学仪表数量，$i=1, 2, \cdots, n$；
j——表示单机组化学仪表种类数量，$j=1, 2, \cdots, k$；
q——全厂机组台数，$=1, 2, \cdots, m$；
t_q——第 q 台机组化学仪表应投入运行的小时数，h；
l_q——第 q 台机组实配化学仪表总台数，台；
n_j——表示单机组第 j 种化学仪表数量。

仪表停用小时数包括仪表因检修因素停用小时数（指仪表本身无问题，因采样装置缺陷造成仪表不能投入的小时数），仪表因运行因素停用小时数（指设备和仪表本身无问题，完全因运行人员调节不当或投入不及时造成仪表不能投入的小时数），以及仪表因本身因素停用小时数三部分。

（12）化学仪表合格率（qualified rate of chemical instrument）：化学仪表正确运行小时数和化学仪表投入运行小时数的百分比，计算公式为

$$\phi_{hdd}=\frac{\sum_{i=1}^{n} t_{shi}}{n t_{ytd}}\times 100\%$$

$$\phi_{hd}=\frac{\sum_{j=1}^{k}\left[(t_{ytd})_j\ (\phi_{hdd})_j\right]}{\sum_{j=1}^{k}(t_{ytd})_j}\times 100\%$$

$$\phi_{tc}=\frac{\sum_{q=1}^{m}\left[t_q l_q\ (\phi_{hd})_q\right]}{\sum_{q=1}^{m}(t_q l_q)}\times 100\%$$

式中 ϕ_{hdd}——单机组单种化学仪表合格率，%；
ϕ_{hd}——单机组化学仪表合格率，%；
ϕ_{hc}——全厂化学仪表合格率，%；
t_{shi}——单机组单种化学仪表正确运行小时数，h；
t_{ytd}——单机组单种化学仪表应投入运行小时数，h；
n——单机组单种化学仪表实配台数；
i——表示单机组单种化学仪表数量，$i=1, 2, \cdots, n$；
j——表示单机组化学仪表种类数量，$j=1, 2, \cdots, k$；
q——全厂机组台数，$=1, 2, \cdots$, m；
H_q——第 q 台机组化学仪表应投入运行的小时数，h；
l_q——第 q 台机组实配化学仪表总台数，台；
n_j——表示单机组实配第 j 种化学仪表数量。

要求化学仪器合格率不低于95%（98%为优秀）。

第六章　锅炉指标管理与控制

国内电厂锅炉制造厂家主要有：上海锅炉厂（上锅）、哈尔滨锅炉厂（哈锅）、东方锅炉厂（东锅）、北京巴布科克·威尔科克斯锅炉厂（北京巴威）、武汉锅炉厂（武锅）、济南锅炉厂（济锅）、杭州锅炉厂（杭锅）和无锡华光锅炉股份有限公司（无锡华光）。国外电厂锅炉制造厂家主要有：日本石川岛播磨株式会社、日本三菱公司、日本日立公司、英国三井巴布科克能源有限公司、西班牙巴布科克公司、比利时考克利尔公司、西班牙福斯特惠勒公司、意大利托赛公司、德国巴布科克公司、德国斯坦缪勒公司、德国阿尔斯通能源系统公司、美国 GE 公司、美国福斯特·惠勒公司、美国 ABB-CE 公司、美国燃烧工程公司、美国巴威公司、加拿大巴布科克威尔科克斯公司、俄罗斯新西伯利亚动力机械厂、俄罗斯巴尔瑞尔锅炉厂、俄罗斯塔干罗格锅炉厂、捷克斯柯达公司、法国斯坦因公司和瑞士苏尔寿（SULZER）公司等。锅炉型式分为Π型、T 型和塔型。燃烧方式分为四角切圆、墙式切圆、前后墙对冲、W 型火焰、流化床等。锅炉循环方式分为自然循环、强制循环、复合循环和直流。锅炉按燃料分为煤粉锅炉、流化床锅炉、生物质能炉、燃气炉和燃油炉。按锅炉压力等级分为超超临界、超临界、亚临界、超高压、高压、中低压等。锅炉型号由大写汉语拼音和数字来表示：其中第一组是 2 个大写汉语拼音，表示制造商，如 SG 表示上锅，HG 表示哈锅，DG 表示东锅，UG 表示无锡锅，WG 表示武锅，YG 表示济锅，BW 表示北京巴威；第二组是数字，表示锅炉最大蒸发量；第三组数字表示过热蒸汽压力；第四组字母表示燃料种类，M 表示燃煤，Y 表示燃油，Q 表示燃气。如 HG-2030/17.5-YM9 表示哈尔滨锅炉厂生产的最大蒸发量为 2030t/h 的锅炉，过热蒸汽压力为 17.5MPa，锅炉按照燃煤燃油设计，第 9 次变型设计。对于 600～1000MW 等级超超临界锅炉，建议如下：

（1）对于燃烧褐煤的锅炉，建议选择哈锅生产的锅炉，因为该厂对褐煤燃烧技术设计经验丰富。如果采用哈锅四墙切圆燃烧方式，需对其再热汽温偏低现象给予高度关注。

（2）东锅生产的锅炉汽水系统从汽温调节、减小蒸汽热偏差等方面，设计相对较好。因此对于 $V_{daf}>37\%$ 的高挥发分烟煤，可选东锅生产的锅炉。

（3）上锅生产的锅炉燃烧系统适应煤种范围宽，运行中可调节性强，设计相对较好。对于 $V_{daf}<37\%$ 的低挥发分烟煤和贫瘦煤，宜选上锅生产的锅炉。

（4）哈锅产品排烟温度偏高，东锅产品也有同类问题，在设备招标时，应对空气预热器提出相关要求。

（5）对于 1000MW 超超临界锅炉，哈锅采用三菱公司技术，机组运行中过热器可能局部超温，过热蒸汽温度偏低，早期运行过热器节流孔圈易堵，可能发生爆管故障。因此 1000MW 超超临界锅炉尽量选择上锅、东锅生产的锅炉。

第一节　炉膛参数指标

（1）炉膛轮廓尺寸（furnace configuration dimensions）：炉膛边界几何形状及燃烧器布置条件的主要线性量和角度。大容量锅炉炉膛都是用膜式水冷壁及蒸汽管排围成的。炉膛轮廓尺寸都按水冷或汽冷壁管中心线计量，如图 6-1 所示。图中所示主要轮廓尺寸说明如下：

H——炉膛高度，对Π形炉为从炉底排渣喉口至炉膛顶棚管中心线；对塔式炉为从炉底排

渣喉口至炉膛出口水平烟窗。

W——炉膛宽度，左右侧墙水冷壁管中心线间距离。

D——炉膛深度，前后墙水冷壁管中心线间距离（对于拱式燃烧，则为上炉膛深度）。

h_1——燃尽区高度，对Π形炉为最上层燃烧器一次风煤粉喷口（如配套储仓式制粉系统，乏气喷口在最上层一次风喷口之上，则为最上层乏气喷口）中心线至折焰角尖端（如有直段，即为其上折点）的铅直距离（屏幔式受热面一般不宜低于折焰角尖端过多），见图 6-1；对于塔式炉则为上述一次风喷口或乏气喷口至炉内水平管束最下层管中心线的铅直距离。

h_2——最上层燃烧器煤粉喷口（或乏气喷口）与最下层燃烧器煤粉喷口中心线之间的铅直距离。

h_3——最下层燃烧器煤粉喷口中心线与冷灰斗上折点的铅直距离；拱式燃烧炉膛为拱顶上折点至冷灰斗上折点的铅直距离。

h_4——（Π形炉）从折焰角尖端（如有直段，即为其上折点）铅直向上至顶棚管中心线。

h_5——冷灰斗高度，即排渣喉口至冷灰斗上折点的铅直距离。

d_1——折焰角深度。

d_2——排渣喉口净深度。

α——折焰角下倾角。

β——冷灰斗斜坡与水平面夹角。

（2）炉膛断面积（furnace cross-section area）：特指炉膛空间在燃烧器区的横断面面积（用 F_C表示），其计算公式为

$$F_C = WD$$

式中 F_C——炉膛断面积，m^2；

W——炉膛宽度，m；

D——炉膛深度，m。

（3）炉膛燃尽区容积（furnace burn-out zone volume）：相应于 h_1高度范围内的炉膛容积（以 V_m 表示），可由下式计算，即

$$V_m = F_C h_1$$

式中 V_m——燃尽区炉膛计算容积，m^3；

F_C——炉膛断面积，m^2；

h_1——燃尽区高度，m。

（4）炉膛有效容积（effective furnace volume）：对于固态排渣煤粉炉，炉膛的容积按图 6-2 所示的阴影范围和下列 4 项原则计算出的炉膛容积（用 V_L表示）。

1）容积的边界是水冷壁管中心线所在的平面，或者是耐火绝热层的向火面。

2）在炉膛出口处以通过屏式过热器或凝渣管的第一排管子中心线的平面作为其边界。

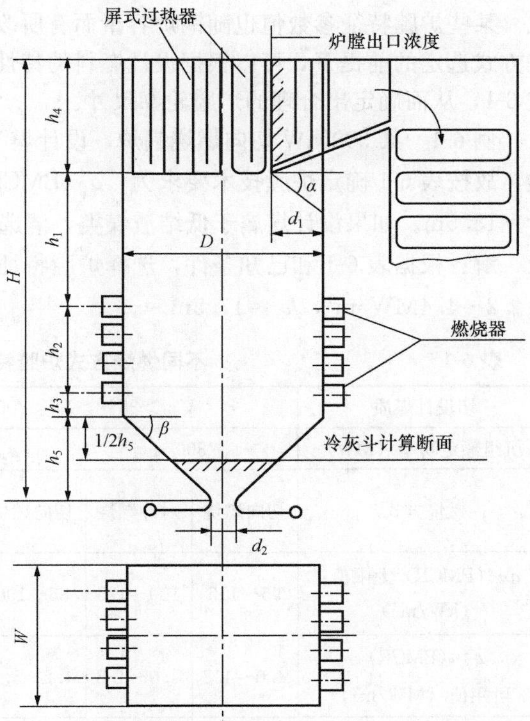

图 6-1 锅炉炉膛轮廓尺寸示意（Π形布置，切向或墙式燃烧）

3）炉膛下部的容积边界为冷灰斗1/2高度的水平面。炉膛底部冷灰斗区有效容积只计上半高度；冷灰斗的下半高度区域被认为是对燃烧无用的呆滞区（但有助于降低炉渣温度）。

4）在炉膛中如屏式受热面沿整个炉膛断面布置在炉膛上部，如图6-2所示1、2、3，则炉膛容积不包括屏区的容积；如果屏式受热面的布置形式为图6-2所示4、5、6，则屏间的容积应计算到炉膛容积中。

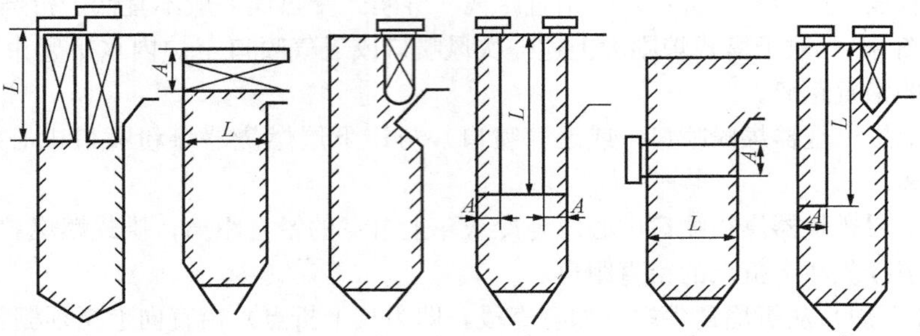

图6-2 炉膛容积的确定方法

(5) 炉膛特征参数（furnace characteristic parameters）：根据锅炉热负荷（如炉膛容积热负荷和炉膛断面放热负荷）及炉膛轮廓尺寸（如 h_1）计算确定的一组特征参数，简称炉膛特征参数。在同容量机组条件件下，它们的数值常随燃料特性、燃烧方式的不同而呈现较有逻辑规律的变化。某些炉膛特征参数值也随锅炉容量而有所改变。故对于新扩建锅炉的设计，在机组容量及燃烧方式选定的前提下，可以根据设计燃料的特性，从已知的典型特征参数组群中选用适宜值，见表6-1，从而确定出合理的炉膛轮廓尺寸。

例6-1 某300MW切向燃烧锅炉，设计煤 $V_{daf}=35\%$，属于较易着火、易燃尽、严重结渣煤类，故按表6-1确定炉膛技术要求为：q_V(BMCR)≤95kW/m³，q_A(BMCR)=4.2～4.4MW/m²，$h_1=18.5$m。如果设计煤属于低结渣煤类，请选择炉膛特征参数。

解： 根据表6-1和已知条件，选择炉膛特征参数为：q_V(BMCR)≤110kW/m³，q_A（BMCR）=4.2～4.4MW/m²，$h_1=17.5$m。

表6-1　　不同燃烧方式炉膛特征参数限值推荐范围

切设计煤质	$V_{daf}>25\%$，$IT<700$℃				$V_{daf}<20\%$，$IT>700$℃			
机组额定功率（MW）	300		600		300		600	
燃烧方式	切向燃烧	对冲燃烧	切向燃烧	对冲燃烧	切向燃烧	对冲燃烧	切向燃烧	对冲燃烧
q_V（BMCR）上限值（kW/m³）	95～115	100～125	85～100	85～110	85～105[a]	85～105	80～95	80～95
q_A（BMCR）可用值（MW/m²）	4.0～4.8	4.0～4.8	4.2～5.1	4.2～5.0	4.2～5.0	1.1～1.6	4.4～5.2	1.2～1.86
h_1下限值（m）	17～20	17～21	18～21	17～21	18～22	18～22	19～23	19～23

注 1. 对于低结渣性煤，如炉膛敷设卫燃带，则 q_V 上限可增加到110kW/m³。
2. 对于超过600MW容量级的锅炉，特征参数可以用外推法估定。

(6) 炉膛容积热负荷、炉膛容积放热强度(furnace volume heat release rate):单位炉膛容积内每小时燃料燃烧所释放出来的热量。计算公式为

$$q_V=\frac{BQ_{net,\ ar}}{3600V_L}$$

式中 q_V——炉膛容积热负荷,MW/m^3;

V_L——炉膛容积,m^3;

$Q_{net,ar}$——燃煤收到基低位发热量,kJ/kg;

B——燃煤消耗量,kg/h。

如 B 取 BMCR 工况的数值,则计算所得的 q_V 应注明"q_V(BMCR)";如 B 取用 BRL 工况数值,同样应注明"q_V(BRL)"。q_V 的物理意义是:基本反映了在炉内流动场和温度场条件下燃料及燃烧产物在炉膛内停留的时间。在给定 P 条件下,q_V 越小,说明炉膛容积越大,停留时间越长,对煤粉燃尽越有利,炉壁结渣的可能性也越少,排出 NO_x 浓度也可能有所降低。q_V 过大,说明在单位时间、单位炉膛容积内烧了过多的燃料,产生的烟气量随之增多,烟气流速过高,一部分燃料来不及完全燃烧就被排出炉外,即燃料在炉内的停留时间减短,这就表明炉膛容积过小。根据国内锅炉的统计结果,q_V 随锅炉容量的变化关系见图 6-3。

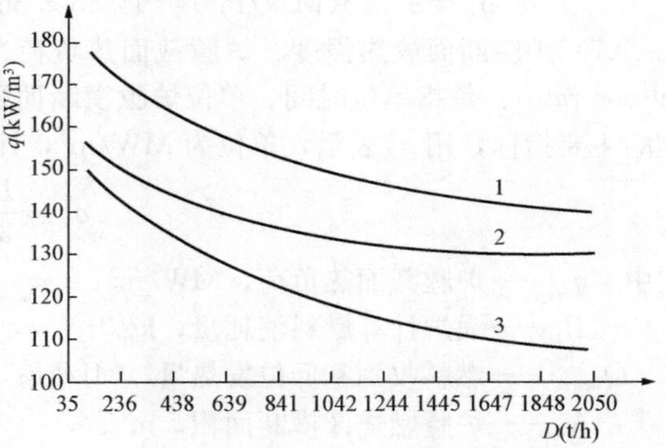

图 6-3 q_V 随锅炉容量的变化关系

1—适于不结焦的烟煤和贫煤;

2—适于一般烟煤及炉膛有卫燃带的无烟煤;

3—适用于褐煤

对于一定参数、一定容量的锅炉来说,单位时间内燃料在炉内的放热量 $B_jQ_{net,ar}$ 是一定的,因此,q_V 选定后,炉膛容积就确定了。炉膛容积热负荷在一定程度上反映了煤粉和烟气在炉膛内的停留时间和出口烟气被冷却的程度。q_V 过大,炉膛容积过小,煤粉在炉内停留时间短,燃烧可能不完全;同时炉内所能布置的受热面过小,烟气冷却不够,炉膛出口烟温高,可能引起炉膛出口结渣;q_V 过小,炉膛容积过大,炉膛温度过低,对燃烧不利,同时会使辐射与对流受热面分配失衡,甚至省煤器受热面趋近于零,造成锅炉造价和金属耗量增加。在一般情况下,q_V 可按燃料特性来选取,对于固态排渣煤粉炉,q_V 大致在 $0.07\sim0.13MW/m^3$ 之间(我国锅炉采用的炉膛容积热负荷见表 6-2 和表 6-3),锅炉容量越大,q_V 取值越小。挥发分低的无烟煤,不易着火燃烧,q_V 值应取得小些,炉膛容积可大一些,延长燃料在炉内的停留时间;燃用高挥发分、低灰分的优质烟煤时,q_V 值应取得大些。液态排渣煤粉炉,由于炉内温度高,对燃料的着火燃烧有利,q_V 值应取得比固态排渣煤粉炉大一些,即其炉膛容积 V_1 可比固态排渣煤粉炉炉膛容积 V_1 小一些。

表 6-2　液态排渣炉炉膛容积热负荷 q_V 推荐值　(MW/m^3)

煤种	液态排渣炉开式炉膛	液态排渣炉半开式炉膛
无烟煤	≤0.145	≤0.169
贫煤	0.151～0.186	0.163～0.198
烟煤	≤0.186	≤0.198

表 6-3　固态排渣炉炉膛容积热负荷 q_V 推荐值　（MW/m^3）

燃烧方式	切向燃烧		对冲燃烧		W 型火焰
机组容量（MW）	300	600	300	600	300
无烟煤贫煤	0.085～0.116	0.082～0.102	0.090～0.120	0.085～0.105	全炉膛容积热负荷 0.090～0.115
烟煤	0.090～0.118	0.085～0.105	0.095～0.125	0.090～0.115	
褐煤	0.075～0.090	0.060～0.080	0.080～0.100	0.075～0.090	

例 6-2　HG-2008/18.2-YM2 锅炉，额定蒸发量为 2008t/h，每小时燃煤消耗量为 275.4t，燃煤收到基低位发热量为 20 525kJ/kg，炉膛容积为 16 607.4m^3，求该炉膛容积热负荷，请用单位 kJ/（m^3 · h）。

解：已知 B=275.4t/h=275 400kg/h，$Q_{net,ar}$=20 525kJ/kg，V_L=16 607.4m^3，则炉膛容积热负荷为

$$q_V=\frac{B\,Q_{net,\ ar}}{3600V_L}=\frac{275\ 400\times 20\ 525}{3600\times 16\ 607.4}=94.55(MW/m^3)$$

由于 1kWh=3600kJ，1MW=3600×10^3 kJ，所以该锅炉炉膛容积热负荷为

$$q_V=94.55(MW/m^3)=94.55\times 3600\times 10^3=3.40\times 10^5 kJ/(m^3\cdot h)]$$

（7）炉膛断面放热强度、炉膛截面热负荷、炉膛断面放热负荷（furnac cross－section heat release rate）：是指单位时间、单位炉膛横断面积内燃料燃烧释放出的热量，是描述炉膛热力特性的主要指标，用 q_A表示，单位为 MW/m^2，计算公式为

$$q_A=\frac{B_j Q_{net,ar}}{3600A_d}$$

式中　q_A——炉膛截面热负荷，MW/m^2；

B_j——锅炉计算燃料消耗量，kg/h；

$Q_{net,ar}$——燃料收到基低位发热量，MJ/kg；

A_d——炉膛燃烧区横断面积，m^2。

炉膛的大体形状常由炉膛断面热负荷 q_A和炉膛容积热负荷 q_V一起来确定。当 q_V一定时，q_A若取得大，则炉膛燃烧区横断面积 A_d就小，炉膛就瘦长些；q_A若取得小，则炉膛燃烧区横断面积 A_d就大，炉膛就矮胖些。炉膛断面热负荷反映了燃烧区域器的温度水平。q_A若取得大，就会使燃烧器区域的局部温度过高，容易引起燃烧器区域结渣；但是 q_A若取得过小，则燃烧器区域温度太低，又不利于燃料稳定着火。因此，对于低挥发分无烟煤、贫煤，为改善着火条件，q_A应取得大些；燃烧灰熔点低的煤时，为避免结渣，q_A应取得小些。煤粉锅炉 q_A大致在 3～6MW/m^2之间，而且随着锅炉容量的增大而增大，国内外锅炉的炉膛断面热负荷 q_A推荐值见表 6-4。

表 6-4　固态排渣炉炉膛截面热负荷 q_A 推荐值　（MW/m^2）

燃烧方式	切向燃烧			对冲燃烧			W 型火焰
机组容量（MW）	670	300	600	670	300	600	
无烟煤贫煤	3.7～4.7	4.5～5.2	4.6～5.4	3.4～4.1	4.2～5.2	4.6～5.4	下炉膛截面热负荷 1.9～3.0
烟煤	3.7～4.7	3.8～5.1	4.4～5.2	3.3～4.0	3.6～5.0	3.8～5.2	
褐煤	3.2～3.7	3.3～4.0	3.6～4.5	3.2～3.9	3.2～4.5	3.5～4.8	

燃用不同煤种，同容量的炉膛容积不同，例如燃用不同煤种的 670t/h 锅炉炉膛结构尺寸和热力参数见表 6-5。同一容量的煤粉炉中，燃用褐煤的锅炉炉膛比燃用无烟煤的炉膛要大。

表 6-5 燃用不同煤种的 670t/h 锅炉热力参数

煤种	容积热负荷（MW/m^3）	截面热负荷（MW/m^2）	炉膛容积（m^3）	炉膛截面积（m^2）
褐煤	0.0832	2.74	5248	158.6
无烟煤	0.0892	3.05	4548	134.5
烟煤	0.102	3.07	4105	136.0

如 B 取 BMCR 工况的数值，应注明"q_A（BMCR）"；如 B 取 BRL 工况数值，亦应注明"q_A（BRL）"。q_A的物理意义是：反映了炉膛水平断面上燃烧产物的平均流动速度。q_A越小，断面平均流速越低；一般认为此时气粉流的湍流脉动和混合条件可能减弱，会使燃烧强度和着火稳定性受到影响，但在高温区的停留时间有所增加，也会有利于减轻水冷壁表面的结渣和高温腐蚀。随着锅炉容量的增加，q_A值相应增加。对国内锅炉的统计结果表明，q_A值随锅炉容量的变化关系见图 6-4。

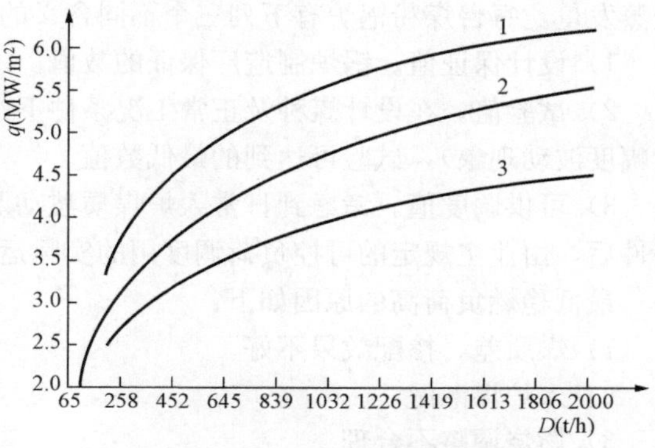

图 6-4 q_A 值随锅炉容量的变化关系

1—适于不结焦的烟煤和贫煤；2—适于一般烟煤及有卫燃带的无烟煤；3—适于褐煤

（8）辐射受热面热流密度（furnace wall heat flux density）：炉膛单位辐射受热面积在单位时间内所吸收的热量。

（9）（锅炉）漏风率（air leakage rate）：由于锅炉是负压燃烧，当燃烧设备和烟道存在不严密处时，冷空气就会从外面漏入，使烟气中的过量空气系数增大，这种漏入的冷空气称为漏风。锅炉漏风率是指漏入自过热器到引风机出口烟道的空气质量与锅炉燃烧的理论空气量的百分比，计算公式为

$$A_L = \frac{V_l}{V_{gk}^0} \times 100\%$$

式中 V_{gk}^0——理论空气量，m^3/kg；

A_L——锅炉漏风率，%；

V_l——锅炉 1 量，m^3/kg。

锅炉漏风率至少应在大修前后各测试一次，并使之不超过下述规定（以理论需要空气量的百分数表示）：蒸发量为 75t/h 以下的锅炉（包括过热器、省煤器）小于或等于 12%；蒸发量为 75～240t/h 的锅炉小于或等于 8%；蒸发量为 240t/h 以上的锅炉小于或等于 5%。

锅炉漏风对安全、经济运行均有较大的影响。烟道各处漏风将使烟气量增大，从而增加排烟带走的热损失和引风机的耗电量，同时使受热面的磨损加剧。当风机出力不富裕时，甚至会因漏风大而使锅炉被迫减负荷。冷空气漏入燃烧室，还会降低炉膛温度，抬高火焰中心，从而影响完全燃烧，并促使汽温升高。冷灰斗大量漏风时，还可能引起燃烧不稳甚至发生炉膛灭火，或向外喷火。炉膛漏风大，必定要减少一部分送入炉内的热风，也就是要减少进入空气预热器的空气量，不仅使排烟热损失增加，而且由于热风送进来少，会影响燃料的燃烧。

（10）漏风系数（air leakage factor）：漏入锅炉烟道的空气量与燃料燃烧所需理论空气量之比，也是该烟道出口、进口断面处烟气过量空气系数之差值。计算公式为

$$\Delta\alpha = \frac{\Delta V}{V_{gk}^0}$$

式中 V_{gk}^{0}——理论空气量，m^3/kg；

$\Delta\alpha$——漏风系数；

ΔV——漏入锅炉烟道的空气量，m^3/kg。

烟道漏风系数每增加0.1，锅炉效率降低0.45%。为了减少漏风，在锅炉检修时，应尽可能地保证炉墙、烟道的严密性。在运行中，建立查漏、堵漏制度，及时发现和消除锅炉的漏风。

（11）锅炉最低稳定燃烧负荷、最低稳燃负荷、最低不投油稳燃负荷、最小技术出力、技术最小出力（BMLW：boiler minimum stable load without auxiliary fuel support）：在设计煤种和合同规定条件下，锅炉不投燃料或助燃措施（如等离子点火）助燃而能长期、连续、稳定运行的最低蒸发量。每台煤粉锅炉有下列三个不同含义的最低稳燃负荷：

1）设计保证值。锅炉制造厂保证的数值。

2）试验值。在设计煤种及正常工况条件下经持续4～6h稳定运行（无局部灭火及炉膛负压大幅度波动现象），试验可达到的最低数值。

3）可供调度值。考虑到日常入炉煤质波动及设备状态和控制水平、火焰检测系统的可靠性条件后，由业主规定的可控负荷调度用的实际运行数值。

最低稳燃负荷高的原因如下：

1）煤质差，掺配效果不好。

2）入炉煤潮湿。

3）燃烧调整不合理。

4）燃烧器稳燃效果差或存在缺陷。

5）煤粉过粗。

6）制粉系统设备有缺陷。

降低最低稳燃负荷的对策如下：

1）燃用混合煤种时，配煤比例要恰当、均匀，入炉煤质接近设计煤种。

2）多雨地区的燃煤电厂应备足一定数量的干煤，尽量建设干煤棚，防止潮湿的原煤直接进入原煤仓。

3）根据煤粉细度测试报告，及时调整磨煤机折向门开度、分离器转速或粗粉分离器挡板开度，控制好煤粉细度。

4）采用成熟、可靠的新型燃烧器及其他稳燃技术，对锅炉燃烧器等部件进行改造，提高锅炉在低负荷下的稳燃能力。

5）燃烧器浓缩器及钝体采用陶瓷片、碳化硅等防磨措施。

（12）最低稳燃负荷率、最低不投油稳燃负荷率（BMLR：boiler minimum stable load ratio without auxiliary support）：锅炉最低稳定燃烧负荷与锅炉最大连续蒸发量或锅炉额定蒸发量之比。用符号BMLR表示。计算公式为

$$\mathrm{BMLR}=\frac{\mathrm{BMLW}}{\mathrm{BMCR}}\times 100\%$$

式中 BMLW——不投辅助燃料的最低稳燃负荷，MW；

BMCR——最大连续负荷，MW。

式中分子、分母都应按锅炉输出热功率计。对凝汽式机组不要求很精确的情况下，式中的分子、分母可按锅炉主蒸汽流量计。

每台煤粉炉可能具有三个不同定义的最低不投油稳燃负荷率数值，即设计保证值、试验值和可供调度值。①试验值。在设计煤种及有监控的正常工况条件下经持续4～6h稳定运行（无局部

灭火及炉膛负压大幅度波动现象）试验达到的最低稳燃负荷率。②可供调度值。考虑到日常入炉煤质波动、设备状态和控制水平、火焰检测系统的可靠性等条件，由业主确定的可供负荷调度用的数值。对于新扩建机组，要求承包商设计保证的 BMLR 值相应于上述试验值，应在新机组建成后通过验收试验加以考核。③设计保证值。锅炉制造厂保证的数值。

最低稳燃负荷率一般要求 BMLR≤40％，降低锅炉最低不投油稳燃负荷率的措施如下：

1）采用成熟、可靠的新型燃烧器及其他稳燃技术（如浓淡型燃烧器、钝体燃烧器等），对锅炉燃烧器等部件进行改造，提高锅炉在低负荷下的稳燃能力，减少助燃用油，力争使锅炉的稳燃性能分别达到以下指标：

a. 燃用烟煤的锅炉，其不投油助燃的最低稳定负荷应为额定工况的 40％～45％。

b. 燃用贫煤的锅炉，其不投油助燃的最低稳定负荷应为额定工况的 45％～50％。

c. 燃用无烟煤的锅炉，其不投油助燃的最低稳定负荷应为额定工况的 50％～55％。

d. 对特殊锅炉如 UP 直流锅炉等，可根据具体情况确定其不投油最低稳燃负荷率。

e. 2 台锅炉带 1 台汽轮机的单元，应根据实际，由上级主管部门、电网调度与电厂共同认定。

f. 供热机组正常运行的最低负荷以满足供热需要为主。

2）保证购进的燃煤煤质基本符合锅炉设计燃用煤种；燃用混合煤种时，配煤比例要恰当、均匀。

3）多雨地区的燃煤电厂应备足一定数量的干煤，防止超湿的原煤直接进入原煤仓（尤其直吹制粉系统）。

（13）调峰能力（peak load regulation capacity）：锅炉最低稳燃负荷与最大负荷（一般是额定负荷）的比值。

电能不能储存，电能的发出和使用是同步的，所以社会需要多少电量，电厂就必须同步发出多少电量。电力系统中的用电负荷是经常发生变化的，为了维持有功功率平衡，保持系统频率稳定，需要电厂相应改变发电机的出力以适应用电负荷的变化，这就称为调峰。由于用电负荷是不均匀的，在用电高峰时，电网往往超负荷。此时需要投入在正常运行以外的发电机组以满足需求，这些发电机组称为调峰机组。

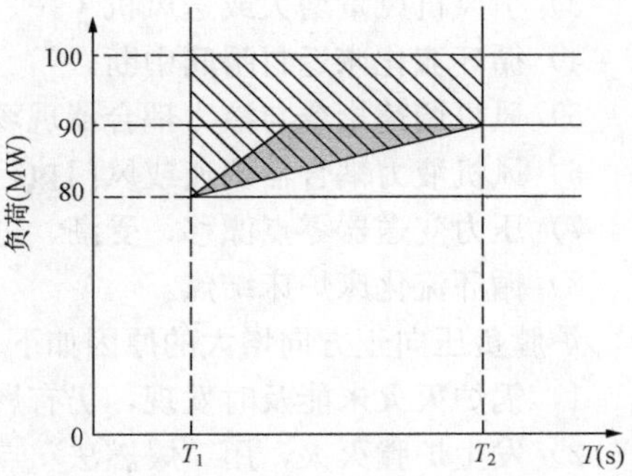

图 6-5 备用容量

调峰与备用的区别是：调峰是按照计划调节机组发电出力；而备用是指按照计划并不发电，但实际中由于事故或实际负荷与计划负荷的偏差可能会使用的容量，备用是否被使用是一个预先未知的概率性事件。当一台机组正常发电时，总保持其剩余容量为备用容量。

针对以上的划分原则，举例如下：1 台 100MW 的机组，在峰荷时段 T_1 到 T_2 之间的计划发电曲线为 80～90MW 均匀增加出力，属于正常调峰（见图 6-5 中阴影部分），这时该机组剩余的容量属于备用容量（见图 6-5 中包含阴影在内的全部划斜线部分，备用容量为 20MW）。

（14）调峰深度（depth of the load）：锅炉实际调峰范围与最大负荷（一般是额定负荷）的比值。例如 600MW 机组，理论上可以从 600MW 调到 240MW，即调峰能力是 40％，调峰范围是 600－240＝360（MW），调峰深度＝360/600＝60％。

深度调峰与调峰深度的区别是：深度调峰是指受电网负荷峰谷差较大影响而导致各发电厂降

出力的一种运行方式。深度调峰的负荷范围超过该电厂锅炉最低稳燃负荷以下，一般在 40% MCR 以下。火电机组在调峰时，系统有可能要求机组运行在低于最小技术出力的状态下，这时为了保证锅炉的燃烧稳定、机组工况变化稳定等情况，必须缓慢地对机组运行状态逐步调整以使其负荷降至低于最小技术出力，但此时其调节能力非常有限，（一般下调幅度为机组额定出力的 5%～10%）。

第二节 锅炉风烟参数指标

（1）炉膛负压、锅炉负压（furnace draft）：炉膛顶部的烟气压力低于外界大气压力的差值。炉膛负压是反映燃烧工况稳定与否的重要参数，是运行中要控制和监视的重要参数之一。炉膛内烟气压力最高的部位是炉膛顶部。炉内燃烧工况一旦发生变化，炉膛负压随即发生相应变化。当锅炉的燃烧系统发生故障或异常时，会最先在炉膛负压上反映出来，之后才是火检、火焰等的变化，其次才是蒸汽参数的变化。因此，监视和控制炉膛负压对于保证炉内燃烧工况的稳定，分析炉内燃烧工况、烟道运行工况，以及分析某些事故的原因均有极其重要的意义。当炉膛负压过大时，漏风量增大，引风机电耗、不完全燃烧损失、排烟热损失均增大。使燃烧不稳定甚至灭火，炉负压小甚至变为正压，火焰及飞灰将从炉膛不严处冒出，恶化工作燃烧，危及人身及设备安全。故应保持炉膛负压在正常范围内。一般炉膛压力维持在比大气压力低 30～100Pa，即煤粉锅炉炉膛负压为－100～－30Pa 为宜，循环流化床锅炉炉膛负压为－200～－100Pa 为宜。炉膛负压向负方向增大的原因如下：

1）断煤或入炉煤质变差，燃烧强度减弱。

2）炉膛局部或整体灭火，炉膛内负压增大。

3）引风机风量增大或送风机（一、二次风机）风量减少。

4）循环流化床返料瞬间中断。

5）风机调速指令与液力耦合器现场实际不一致。

6）风机液力耦合器调速或风门执行机构故障，未发指令而瞬时现场自行调整开度。

7）压力变送器零点漂移、受潮、进水或其他故障。

8）循环流化床炉床结焦。

炉膛负压向正方向增大的原因如下：

1）锅炉灭火未能及时发现，仍有燃料送入炉膛而造成爆燃，俗称“放炮”。

2）发生炉膛灭火，用“爆燃法”点燃。

3）锅炉虽未灭火，但燃烧不稳，投入油枪助燃而造成较大正压波动。

4）引风机故障或挡板关闭，送风机仍在运行，造成炉膛产生较大的正压。

5）大块掉焦，造成较大的正压。

6）空气预热器积灰严重。

7）锅炉发生泄漏、爆管。

8）压力变送器零点漂移，或冬季保温不良、冻结。

9）锅炉脱硫系统故障，脱硫烟气挡板脱落造成炉膛正压。

炉膛负压波动异常的处理措施如下：

1）及时适当增加一次风量或减少引风量，观察负压波动情况。

2）彻底清扫负压取样管，形成定期清扫制度。

3）对负压监测变送器进行一次校验，做好校验记录。

4）炉膛压力右变送器和炉膛压力左或炉膛压力中变送器其中一只进行调换，进行对比、观察、判断。

5）检查风机液力耦合器装置有无故障，在计划或临时故障检修时进行解体检查、维护。

6）稳定锅炉燃烧，将送风机动叶、引风机静叶、一次风机静叶切至手动，维持一定开度不调节，检查炉膛负压波动周期是否与预热器转动周期一致，如果一致。说明预热器堵灰严重，需要清理，或者更换损坏的换热元件。

7）全面检查风烟系统、制粉系统各风门、挡板，发现异常立即处理。

8）检查送风机暖风器是否堵塞，一次风机入口挡板机构是否正常。

9）注意监视好燃烧情况，燃烧不稳定时投油助燃，避免掉大焦时造成灭火。

10）平时加强燃烧调整，加强吹灰，降低结焦的可能性。

11）合理调整风煤配比，燃用比较稳定的煤种，尽量减少结焦。

（2）一次风率、一次风份额（primary air ratio）：燃料燃烧时，一次风量占进入炉膛总空气量的百分率。一次风是指煤粉燃烧时，用于输送煤粉并提供部分燃烧所需的氧量，与煤粉一起送入炉膛的空气。一次风的作用是供给燃料挥发分着火所需要的氧量。煤粉锅炉一次风率一般为20%～45%。煤粉锅炉一次风喷嘴出口处的风速称为一次风速，一般为20～30m/s，常见范围见表6-6。

表 6-6　　一次风率和风速常见范围

项　目			无烟煤	贫煤	烟煤	褐煤
旋流燃烧器	一次风	风率（%）	12～25	20～25	25～35	20～45
		风速（m/s）	12～16	16～20	20～25	20～25
	二次风风速（m/s）		15～22	20～25	20～40	20～35
直流燃烧器	一次风	风率（%）	20～25	20～30	20～35	20～35
		风速（m/s）	18～25	20～25	20～35	18～30
	二次风风速（m/s）		28～55	28～55	40～60	40～60

（3）二次风率、二次风份额（econdary air ratio）：燃料燃烧时，二次风量占进入炉膛总空气量的百分率。二次风的作用是供给燃料完全燃烧所需要的氧量。

（4）三次风率、三次风份额（exhaust air ratio）：三次风量占进入炉膛总空气量的百分率。三次风是指煤粉燃烧仓储式制粉系统采用热风送粉时，由单独喷口送入炉膛的乏气；如果作为输送煤粉的介质，则称为一次风。三次风对炉膛燃烧有以下不利影响：三次风风温比较低，进入炉膛后会降低炉膛温度；三次风风速比较高，对火焰扰动较大；对于采用四角布置的直流燃烧器锅炉，三次风火嘴一般布置在上部，由于含有少量煤粉，会使炉内火焰抬高，炉膛出口烟温升高，提高了炉膛出口结焦的可能性。

（5）理论燃烧温度（theoretical combustion temperature）：假设燃料在绝热条件下以理论空气量完全燃烧时燃烧产物所能达到的温度。符号为 θ_0，单位为℃。计算公式为

$$\theta_0=\frac{Q_L}{c}$$

式中 c——烟气平均比热容，kJ/（kg·℃）；

θ_0——理论燃烧温度，℃；

Q_L——燃料在炉内的有效发热量，kJ/kg。

（6）送风温度（supply air temperature）：锅炉空气系统送风机入口处的空气平均温度。对于

有两台送风机的系统，送风温度为两台送风机入口温度的算术平均值；对于采用热风再循环的系统，送风温度为冷风与热风再循环混合之前的冷风温度；对于送风机风量和一次风机风量单独计量的系统，可以采用风量加权平均的方式进行送风温度计算。对于露天布置的锅炉来说，冷空气温度随环境温度变化很大，使空气预热器进口温度也随之变化，这样使送风温度变化明显影响到空气预热器传热温压和传热量。送风温度过低易导致空气预热器低温腐蚀和堵塞，影响锅炉安全、经济运行。送风温度随季节和厂房内温度高低而变化。在排烟温度不变的情况下，冷风温度高，排烟热损失降低；冷风温度低，排烟热损失增加。送风温度每升高 1℃，锅炉效率降低 0.045%。送风温度偏低主要与环境温度、暖风器故障、热风再循环未及时投入等因素有关。提高送风温度的措施如下：

1）做好暖风器、热风再循环系统的定期维护，保证其可靠投入。

2）根据环境温度及时投入暖风器或热风再循环，保证空气预热器送风温度达到设计值。

（7）理论（干）烟气量（theoretical smoke volume）：燃料燃烧时，供给理论空气量（即 $\alpha_0=1$），且达到完全燃烧所生成的烟气量。以 V_{gy}^0表示，计算公式为

$$V_{gy}^0=0.018\,66C_{ar}+0.007S_{ar}+0.008N_{ar}+0.79V_{gk}^0$$

式中 V_{gk}^0——理论计算煤燃烧所需要的干空气量，m^3（空）/kg（煤）；

V_{gy}^0——理论干烟气量，m^3（烟气）/kg；

C_{ar}、S_{ar}、N_{ar}、H_{ar}——燃料收到基碳、硫、氮、氢含量，%；

d_k——环境空气绝对湿度，一般取 0.01kg/kg。

对于只有燃料工业分析结果的情况，可以采用如下公式计算，即

$$V_{gy}^0=K_1V_{gk}^0$$

式中 K_1——煤种计算系数，按表 6-7 查取。

实际烟气量包括干烟气量和水蒸气量，计算公式为

$$V_{gy}=0.018\,66C_{ar}+0.007S_{ar}+0.008N_{ar}+0.111H_{ar}+0.012\,4M_{ar}+(0.79+1.61d_k)V_{gk}^0$$

式中 M_{ar}——燃料收到基水分含量，%；

d_k——环境空气绝对湿度，一般取 0.01kg/kg。

对于具有炉内石灰石脱硫的锅炉来说，实际干烟气量还需要增加石灰石燃烧分解时产生的烟气，计算公式为

$$V_{gy}=V_{gy}^0+V_{H_2O}+V_{Ca}=(0.018\,66C_{ar}+0.007S_{ar}+0.008N_{ar}+0.79V_{gk}^0)$$
$$+(0.111H_{ar}+0.0124M_{ar}+1.61d_k)V_{gk}^0+0.007S_{ar}[\beta_{fj}(Ca/S)-\eta_{so2}]$$
$$V_{H_2O}=0.111H_{ar}+0.0124M_{ar}+1.61d_kV_{gk}^0$$
$$V_{Ca}=0.007S_{ar}[\beta_{fj}(Ca/S)-\eta_{so2}]$$

式中 V_{gy}——实际烟气量，m^3（烟气）/kg（煤）；

M_{ar}——燃料收到基水分含量，%；

V_{H_2O}——烟气中水蒸气量，m^3（水蒸气）/kg（煤）；

V_{gy}^0——煤粉炉理论干烟气量，m^3（烟气）/kg（煤）；

V_{Ca}——循环流化床锅炉石灰石碳酸钙分解产生的烟气，m^3（烟气）/kg（煤）；

d_k——环境空气绝对湿度，一般取 0.01kg/kg。

（8）理论（干）空气量（theoretical air volume）：每千克固、液体燃料或每标准立方米气体燃料完全燃烧所需的空气量。煤燃烧所需要的理论空气量计算公式为

$$V_{gk}^0=0.088\,9C_{ar}+0.265H_{ar}+0.033\,3(S_{ar}-O_{ar})$$

式中 V_{gk}^0——理论计算煤燃烧所需要的干空气量，m^3（空）/kg（煤）；

C_{ar}、S_{ar}、H_{ar}、O_{ar}——燃料收到基碳、硫、氢、氧质量含量的百分数，%。

对于只有燃料工业分析结果的情况，可以采用如下公式计算，即

$$V_{gk}^{0}=\frac{K_{2}Q_{net,ar}}{1000}$$

式中 $Q_{net,ar}$——低位发热量，kJ/kg；

K_2——煤种计算系数，按表 6-7 查取。

表 6-7 煤种计算系数

燃料种类	无烟煤	贫煤	烟煤	烟煤	长焰煤	褐煤
干燥无灰基挥发分（%）	5～10	10～20	20～30	30～40	≥37	≥37
H_{ar}（%）	1～3	2.5～3.5	2.5～3.5	3～5	3～4	3～4
K_1	0.98	0.98	0.98	0.98	0.98	0.98
K_2	0.265 9	0.260 8	0.262 0	0.257 0	0.259 5	0.262 0

例 6-3 锅炉燃用烟煤，其分析数据如下：收到基碳 $C_{ar}=55.21\%$，收到基氢 $H_{ar}=3.34\%$，收到基硫 $S_{ar}=0.88\%$，收到基氧 $O_{ar}=6.34\%$，收到基灰分 $A_{ar}=25.8\%$，收到基水分 $M_{ar}=7.5\%$，收到基氮 $N_{ar}=0.93\%$，干燥无灰基挥发分 $V_{daf}=29.82\%$，低位发热量 $Q_{net,ar}=21\ 340$kJ/kg，求其完全燃烧后干空气量和干烟气量。

解： 1）按元素计算理论干空气量为

$$V_{gk}^{0}=0.088\ 9C_{ar}^{y}+0.265H_{ar}+0.033\ 3(S_{ar}-O_{ar})$$
$$=0.088\ 9\times55.21+0.265\times3.34+0.033\ 3\times(0.88-6.34)=5.61(m^3/kg)$$

按系数 K_2 计算理论干空气量为

$$V_{gk}^{0}=\frac{K_{2}Q_{net,ar}}{1000}=\frac{0.262\ 0\times21\ 340}{1000}=5.59(m^3/kg)$$

2）理论干烟气量为

$$V_{gy}^{0}=0.0186\ 6C_{ar}+0.007S_{ar}+0.008N_{ar}+0.79V_{gk}^{0}$$
$$=0.0186\ 6\times55.21+0.007\times0.88+0.008\times0.93+0.79\times5.61=5.47(m^3/kg)$$

控系数 K_1 计算则为

$$V_{gy}^{0}=K_{1}V_{gk}^{0}=0.98\times5.59=5.48(m^3/kg)$$

（9）过量空气量（excess air）：燃料燃烧时实际供给的空气量（实际空气量，用 V_{gk} 表示）与理论空气量的差值，通常用其占理论空气量的体积分数表示。

（10）过量空气系数、空气消耗系数（excess air coefficient）：煤的燃烧是煤中可燃元素与氧气在高温条件下进行的高速放热化学反应过程。为使煤中的可燃元素燃烧，除需要一定的温度条件外，还必须供给一定量的氧气，氧气来源于空气。为了使煤在炉膛中能尽量燃烧完全，减少不完全燃烧热损失，实际送入炉膛的空气量都大于理论空气量，以使燃烧反应在有多余氧的情况下充分进行。实际供给的空气量与理论空气量的比值称为过量空气系数。计算公式为

$$\alpha_0=\frac{V_{gk}}{V_{gk}^{0}}\approx\frac{21}{21-O_2}$$

式中 V_{gk}^{0}——理论空气量，m^3/kg；

α_0——炉膛出口过量空气系数，一般为 1.15～1.25；

O_2——炉膛出口烟气中的干基氧量，%；

V_{gk}——实际空气量，m^3/kg。

烟气总容积不包含烟气水蒸气容积时测得的氧量称为干基氧量，烟气总容积包含烟气水蒸气容积时测得的氧量称为湿基氧量。采用氧化锆就地测量的氧量为湿基氧量；而通过抽气、冷凝后测得的氧量为干基氧量。干基氧量和湿基氧量存在如下关系：

$$O_{2d}=O_2\frac{V_{ggy}+V_{H_2O}}{V_{ggy}}$$

式中 V_{ggy}——烟气中干烟气体积 m^3/h；

V_{H_2O}——烟气中水蒸气体积 m^3/h；

O_{2d}——干基氧量，%；

O_2——湿基氧量，%。

燃用无烟煤、贫煤、烟煤时，由于烟气中水分比较较少，可忽略干湿基氧量的差别，直接用现场测得的湿基氧量 O_2代替干基氧量 O_{2d}来计算过量空气系数。燃用褐煤时，由于烟气中水蒸气含量大，应当把测得的湿基氧量 O_2换算成干基氧量 O_{2d}来计算过量空气系数。

漏风使烟道内的过量空气系数沿烟气流程逐渐增大，从炉膛出口开始，烟道内任意截面处的过量空气系数为

$$\alpha=\alpha_0+\Sigma\Delta\alpha$$

式中 $\Sigma\Delta\alpha$——炉膛出口到计算截面间各段烟道漏风系数，根据经验每段烟道漏风系数 $\Delta\alpha=0.03$。

对于在负压下工作的锅炉，外界冷空气会通过锅炉不严密处漏入炉膛及其烟道中，致使烟气中过量空气增加，造成排烟热损失和引风机电耗增大，降低锅炉运行的经济性。因此锅炉运行中应采取有效措施来减少漏风。

过量空气系数直接影响炉内燃烧的好坏和排烟热损失的大小。运行中对其准确、迅速地测定，是监督锅炉经济运行的主要手段。如果燃料一定，根据燃烧调整试验可以确定对应于最佳过量空气系数下的三原子气体含量 RO_2（包括 CO_2和 SO_2）的数值，运行中保持这样的 RO_2数值就可以使锅炉处在经济工况下。

某海滨电厂对4号机组（引进型300MW机组）进行了氧量调整试验，结果见表6-8（90%负荷，假设排烟温度与送风温度不变）。试验结果表明，炉膛出口最佳氧量为5.2%，低于最佳氧量时，飞灰可燃物增大幅度较小，由飞灰可燃物引起的机械不完全燃烧热损失增加幅度不大，由过量氧量引起的排烟热损失增加幅度也不大（不考虑排烟温度的变化）；但是高于最佳氧量时，飞灰可燃物急剧增大，由飞灰可燃物引起的机械不完全燃烧热损失迅速增加，由过量氧量引起的排烟热损失增加（不考虑排烟温度的变化）。对于该电厂4号机组，氧量增加1%，锅炉效率降低0.38%。

表6-8　某海滨电厂4号机组氧量与飞灰可燃物的关系

炉膛出口氧量（%）	6.5	5.8	5.2	4.5	实测值
飞灰可燃物（%）	1.11	2.67	0.86	0.96	实测值
空气预热器出口氧量（%）	8.05	7.9	7.05	7.5	实测值
送风温度（℃）	9.5	9.5	9.5	9.5	实测
排烟温度（℃）	140.2	140.2	140.2	140.2	实测及约定
排烟过量空气系数	1.621 6	1.603 1	1.505 4	1.555 6	计算值
q_2排烟热损失（%）	8.077	7.992	7.540	7.773	计算值
q_4机械不完全燃烧热损失（%）	0.212 7	0.498 3	0.204 4	0.298 2	计算值
q_2+q_4（%）	8.290	8.490	7.744	8.071	计算值

试验表明，炉膛氧量与排烟温度有一一对应关系，炉膛氧量越高，排烟温度越高。

(11) 过量空气比 (excess air ratio)：理论空气量与燃料燃烧时实际供给的空气量之比并减去1。计算公式为

$$\beta_0=\frac{V_{gk}^0}{V_{gk}}-1$$

式中 V_{gk}^0——理论空气量，m^3/kg；

β_0——过量空气比；

V_{gk}——实际供给锅炉的空气量，m^3/kg。

(12) 燃料系数 (fuel coefficient)：过量空气系数的倒数。

(13) 最佳过量空气系数 (optimum excess air coefficient)：当炉膛出口过量空气系数 α 增大时，燃烧生成的烟气量增多，烟气在对流烟道中的温降减小，使排烟温度升高，排烟量和排烟温度增大，使排烟热损失 q_2 变大；但在一定范围内炉膛出口过量空气系数 α 增大，由于供氧充分，炉内气流混合扰动好，有利于燃烧，使燃烧损失 (q_3+q_4) 减小。因此，存在一个最佳的过量空气系数 α_{zj}，可使损失之和 ($q_2+q_3+q_4$) 最低，锅炉效率最高。最佳的 α_{zj} 可通过燃烧调整试验来确定，运行中应按最佳的 α_{zj} (O_2量) 来控制炉内送风量。过量空气系数 α 过小或过大都会使锅炉效率降低。

在一台确定的锅炉中，过量空气系数 α 的大小与锅炉负荷、燃料性质、配风方式等有关。锅炉负荷越高，所需 α 值越小，一般负荷在75%以上时，最佳过量空气系数 α_{zj} 无明显变化；但当负荷很低时，由于形成炉内旋转切圆有最低风量的要求，导致最佳过量空气系数 α_{zj} 增大；煤质差（如燃用低挥发分煤）时，着火、燃尽困难，需要较大的过量空气系数 α 值；若燃烧器不能做到均匀分配风、粉，则锅炉效率降低，而且最佳过量空气系数 α_{zj} 值要大一些。通过燃烧调整试验可以确定锅炉在不同负荷、燃用不同煤质时的最佳过量空气系数。对于不同的锅炉，额定负荷下的 α_{zj} 值见表6-9。若锅炉没有其他缺陷的限制，应按最佳过量空气系数 α_{zj} 所对应的氧量值控制锅炉的送风量。

表6-9　炉膛出口最佳过量空气系数 α_{zj}

燃烧方式	燃料	最佳过量空气系数 α_{zj}
固态排渣煤粉炉	无烟煤、贫煤	1.25
	烟煤、褐煤	1.20
液态排渣煤粉炉	无烟煤、贫煤	1.15～1.20
	烟煤、褐煤	1.10～1.15
燃油炉、燃气炉	重油、天然气、石油气	1.15
链条炉	无烟煤、贫煤	1.50
	烟煤、褐煤	1.30
抛煤机炉	无烟煤、贫煤	1.60
	烟煤、褐煤	1.40
循环流化床锅炉	泥煤	1.085
	褐煤	1.15
	烟煤 ($V_{daf}\geqslant 28\%$)	1.18
	烟煤 ($V_{daf}<28\%$)	1.20
	贫煤	1.23
	无烟煤	1.25

过量空气系数 α 与氧量近似地存在如下关系，即

$$\alpha=\frac{21}{21-O_2}$$

可见对于一般固态排渣煤粉炉，其炉膛最佳氧量（最佳过量空气系数所对应的氧量）应在 3.5～4.2 范围内。

表 6-10 中列出了一些 300MW 级及以上的锅炉运行氧量值的范围。由表 6-10 可见，运行氧量值较高，这是因为锅炉运行氧量值一般测量的是烟道氧量，而不是炉膛氧量。同时表 6-10 中数值显示，所有锅炉在低负荷下运行，过量空气系数都维持较高。这是因为首先最佳过量空气系数 α_{zj} 随负荷降低而升高；其次低负荷时炉温低、扰动差，需增大风量以维持不致太差的炉内空气动力场、稳定燃烧等。

表 6-10　　某些 300MW 级及以上锅炉运行氧量值的控制范围　　（%）

负荷（MW）	100%	80%	60%	50%
660	3.5	3.5	4.2	5.4
600	3.6	4.0	5.0	6.8
500	4.6	5.4	7.0	
300	4.3	5.8	6.4	6.9

（14）锅炉氧量、排烟（含）氧量、烟气含氧量（boiler oxygen）：用于指导锅炉运行控制的烟气中氧的容积占烟气总容积的百分率。一般情况下，采用锅炉省煤器（对于存在多个省煤器的锅炉，采用高温省煤器）后或炉膛出口的氧量仪表指示。对于锅炉省煤器出口有两个或两个以上烟道，锅炉氧量应取各烟道烟气氧量的算术平均值。

炉膛出口的氧量是表征锅炉的配风、燃烧状况的重要因素。因炉膛出口处烟气温度较高，锅炉运行中监测的氧量测点一般不设在炉膛出口，而是设在锅炉省煤器后，空气预热器入口前水平烟道内。

要注意锅炉氧量与炉膛出口氧量之间的换算关系。任何大型锅炉都装有氧量表，并根据其指示值来控制送入炉内空气量的多少。在控制氧量时必须明确氧量表在锅炉烟道的安装地点，因为在炉内相同送风量的情况下，氧量值沿烟气流动方向是变化的。通常认为煤粉的燃烧过程在炉膛出口就已经结束。因此，真正需要控制的氧量值应该是相应于炉膛出口的，但由于那里的烟温太高，氧化锆氧量计无法正常工作，所以大型锅炉的氧量测点一般安装于低温过热器出口或省煤器出口的烟道内。由于烟道漏风，这里的氧量与炉膛出口的氧量有一个偏差。以安装于省煤器出口的情况为例，应按以下公式进行修正，即

$$\alpha=\alpha_{s2}-\sum\Delta\alpha$$

式中　α——炉膛出口过量空气系数；

α_{s2}——省煤器出口过量空气系数；

$\sum\Delta\alpha$——炉膛出口至省煤器出口烟道各漏风系数之和。

氧量表指示不准的问题比较普遍，原因包括：①疏于校验；②氧量表的测点不具有代表性（一般每侧选取 1 到 2 点）；③氧量表附近有漏风点。

如果氧量表指示不准，运行人员就无法进行适当的燃烧调整，降低了锅炉效率。因此应定期对氧量表进行校验，减少氧量测点处的漏风，提高氧量显示的准确性。运行人员可根据氧量调整燃烧风量，使氧量维持在最佳值。

炉膛出口氧量每变化 1%（偏离最佳氧量），超高压以上锅炉的热效率要降低 0.35 个百分点，发电煤耗要降低 1.3g/kWh 左右。

例 6-4 某 300MW 锅炉炉膛出口的过量空气系数 $\alpha_{琼}=1.15$，过热器、再热器、省煤器的漏风系数分别为 0.03，求省煤器处氧量测点处的氧量。

解： 氧量测点过量空气系数为

$$\alpha=\alpha_0+\sum\Delta\alpha=\frac{21}{21-O_2}+\sum\Delta\alpha=1.15+3\times0.03=1.24$$

炉膛出口处应控制的氧量为

$$O_2=21-21/\alpha_0=21-21/1.15=2.74(\%)$$

因此氧量测点处应控制的氧量为

$$O_2=21-21/\alpha=21-21/1.24=4.06(\%)$$

所以在正常漏风情况下，氧量表的数值应控制为 4.3% 而不是 3.5% 。该例说明，氧量表的控制值与炉膛出口至氧量表测点的烟道漏风状况有关。运行监督氧量值时，必须保证锅炉的漏风工况正常。否则当烟道漏风增加时，控制的氧量值也应增大。

(15) 锅炉经济氧量、最佳氧量（boiler economical oxygen)：在完全可比条件下，使锅炉净效率最高时的锅炉氧量。锅炉氧量不合适的原因如下：

1) 炉膛负压设置不当，造成锅炉漏风增加了炉膛出口过量空气系数。

2) 锅炉负荷变化，风、粉调整不及时。

3) 燃烧器二次风挡板动作与燃料量不匹配。

4) 锅炉燃烧运行方式不合理或存在缺陷没有及时修复。

5) 燃烧器结焦堵煤粉，机组负荷不变，煤量增加，风量相应增加，造成含氧量增大。

6) 中心风管烧损堵风，机组负荷、煤量、风量均不变，造成含氧量减小。

7) 锅炉本体漏风及其尾部烟道密封不严引起的漏风量增大。

8) 空气预热器漏风大。

9) 燃烧器辅助风门开度与指令有偏差。

保持最佳氧量的对策如下：

1) 当机组负荷、煤质发生变化时，设置合适炉膛负压，投入氧量自动控制，控制锅炉氧量。

2) 投入空气预热器密封自动装置，或进行密封改造，减小漏风。检修时对空气预热器密封间隙测量调整，对扇形板和弧形板的变形、磨损检查治理。

3) 根据锅炉负荷、煤质变化情况，及时进行风量调整，保持合适的一、二次风配比，保持最佳锅炉氧量，使煤粉燃烧完全。

4) 根据飞灰含碳量在线检测值，修正氧量定值，保持锅炉最佳氧量。

5) 防止或减轻锅炉结渣，按相关标准要求进行锅炉本体吹灰，视情况适当增加吹灰次数。

6) 检查大风箱、燃烧器风门挡板动作可靠，开度正常，防止局部缺氧燃烧。

7) 给煤机保持称重方式运行，实现燃烧风煤比得以精确计算与控制。

8) 检查锅炉看火孔、人孔门严密，炉底密封严密。

9) 检查漏风点，进行漏风消除。如炉墙、炉顶密封、看火孔、人孔门、炉底密封板变形、腐蚀及水槽漏风检查处理。检修时彻底检查消除烟道伸缩节漏风。

10) 检修时对燃烧器辅助风门开度进行校核。

11) 循环流化床锅炉的二次风量应保证风量与投煤量的正常匹配，控制最佳运行氧量，一般为 2%～4%。当煤种发生变化时，须对最佳氧量控制曲线进行相应调整。

12) 表盘氧量必须定期进行校验，确保准确性。选择合适的测点位置，确认炉膛出口氧量与测点处氧量的正确关系。

（16）烟气 CO 浓度（carbon monoxide concentration of emission flue gas）：省煤器入口烟气中一氧化碳（CO）质量与烟气量的比值，单位为 mg/m^3。

常规锅炉运行风量一般根据设计煤种或投产后燃烧试验确定的风煤比曲线调整，采用氧量曲线校正，当前存在的变煤种、制粉系统运行工况发生变化时，锅炉不同出力对应的运行氧量值就会失去参考意义。另外，由于氧量测点一般位于预热器烟气入口，该处烟道截面较大，存在气体成分分层现象，且受烟道漏风的影响，氧量值容易失准；同时即使总风量控制在最佳值，但由于其他原因造成的锅炉局部欠风或燃烧恶化也难以被及时发现。为了改善上述情况，应在炉膛出口安装 CO 表，采用 O_2/CO 协调控制燃烧方式。因此有必要安装 CO 测点监测烟气中的 CO 气体含量，以指导运行燃烧调整。

研究表明只有炉内出现局部欠风现象，过量空气系数接近于零时才会有明显的 CO 产生，且 CO 浓度受烟道漏风的影响很小，当燃烧处于最佳状态时，烟气中 CO 含量一般为 0～$50mg/m^3$；随着风量的减小，当出现局部燃烧不完全时，CO 浓度将急剧上升。目前有两种安装地点：一是在锅炉省煤器出口水平烟道加装 CO 测量装置并把测量数据引入 DCS；二是在脱硝 CEMS 测量装置中增加 CO 检测模块，采用 CO 浓度配合氧量对风量进行校正，能取得很好的效果。当锅炉燃烧较为充分时，烟气中 CO 含量很低，一般低于 $100mg/m^3$，当产生燃烧不完全现象时，CO 含量会急剧升高至数千甚至上万 mg/m^3，利用这一特性能有效消除氧量测量误差对风量调节的不利影响。运行中烟气 CO 浓度目标值控制在 20～$200mg/m^3$，能保持锅炉配风在最佳状态。为避免 CO 测量值大幅度变化引起的锅炉风量波动，CO 校正回路要合理设置延迟时间和校正速率。

要求运行中省煤器入口排烟一氧化碳浓度≤$200mg/m^3$。如果炉膛出口（省煤器入口）没有安装 CO 表，可以观察脱硫系统净烟气侧的 CO 表（CEMS 系统），然后根据净烟气侧氧量值和省煤器入口排烟氧量，换算成省煤器入口一氧化碳浓度。换算公式为

$$C_{CO}=C'_{CO}\times\frac{20.9-O_2}{20.9-O'_2}$$

式中 C_{CO}——大气污染物基准含氧量浓度，mg/m^3；

C'_{CO}——净烟气侧的 CO 浓度，mg/m^3；

O'_2——净烟气侧的烟气含氧量，%；

O_2——省煤器入口含氧量，%。

某 SG-2066/25.4-M977 型锅炉变氧量调整试验结果见表 6-11。

表 6-11　某 SG-2066/25.4-M977 型锅炉变氧量调整试验结果

项　目	氧量 4.5%	氧量 3.5%	氧量 3.2%
机组负荷（MW）	600	600	600
DCS 氧量（%）	3.18	2.41	1.93
省煤器出口实测氧量（%）	3.94	3.01	2.57
预热器入口实测氧量（%）	4.56	3.46	3.23
排烟温度（℃）	129.8	127.7	131.4
CO 浓度（ppm）	3	2	30
飞灰含碳量（%）	0.68	0.67	0.92
炉渣含碳量（%）	1.93	0.06	0.48
干烟气热损失（%）	5.67	5.50	5.85
干灰渣未燃尽热损失（%）	0.19	0.15	0.21
燃料中水分热损失（%）	0.15	0.16	0.16
空气中水分热损失（%）	0.020	0.020	0.024
辐射及对流热损失（%）	0.19	0.19	0.19
锅炉效率（%）	92.89	93.28	93.12
修正后排烟温度（℃）	142	140	143
修正后锅炉效率（%）	93.09	93.42	93.42

从表 6-11 可以看出，600MW 负荷下，省煤器出口实测氧量 3.01%（DCS 氧量 2.41%）时，锅炉效率 93.42%，且 CO 浓度最小，故此工况的运行氧量较为合适。

例 6-5 某 300MW 锅炉脱硫出口净烟气中 CO 含量 170mg/m³，含氧量 7.8%；省煤器入口含氧量 5%，求排烟一氧化碳浓度。

解： 烟气 CO 浓度 $C_{CO}=C'_{CO}\times\dfrac{20.9-O_2}{20.9-O'_2}=170\times\dfrac{20.9-5}{20.9-7.8}=206.4$（mg/m³）

（17）排烟温度（exhaust gas temperature）：锅炉范围内最后一个受热面（空气预热器）出口排放烟气的平均温度。采用各种运行（包括燃烧调整试验）、检修技术措施后，额定负荷下锅炉排烟温度仍然比设计值高出 15℃以上时，应通过技术改造降低锅炉排烟温度。排烟温度测点应尽可能靠近末级受热面出口处，应采用网络法多点测量平均排烟温度。若锅炉受热面改动，则根据改动后受热面的变化对锅炉进行热力校核计算，用校核计算得出的温度值作为锅炉排烟温度的考核标准。锅炉排烟温度（修正值）在统计期间平均值不大于规定值的 3%。全厂锅炉排烟温度计算公式为

$$t_e=\frac{\sum_{i=1}^{n}(t_{ei}G_i)}{\sum_{i=1}^{n}G_i}$$

式中 t_e——全厂锅炉排烟平均温度，℃；

G_i——第 i 台锅炉蒸发量，t/h；

t_{ei}——第 i 台锅炉排烟温度，℃；

n——全厂锅炉总台数，台。

锅炉厂提供的锅炉设计说明书中，排烟温度一般有两个值，一个是修正前，另一个是修正后。修正前是指没有考虑空气预热器漏风对排烟温度的稀释作用，即空气预热器漏风率为 0 时，纯理论计算得到的排烟温度。修正后则是考虑空气预热器保证漏风率下，漏入的冷风对排烟温度的稀释作用。修正后一般比修正前低 4～5℃。例如哈锅生产的 HG-1060/17.5-YM31 型锅炉，电厂锅炉排烟温度设计值见表 6-12。

表 6-12 HG-1060/17.5-YM31 型锅炉排烟温度设计值

序号	项 目	设计煤种				校核煤种
		BMCR	TRL	75%THA	50%THA 滑压	BMCR
1	主蒸汽压力（MPa）	17.5	17.4	17.0	9.1	17.5
2	主蒸汽流量（t/h）	1060	1008	688	478	1060
3	主蒸汽温度（℃）	540	540	540	537	540
4	锅炉计算效率（%）	93.44	93.51	93.23	94.18	93.63
5	高位热值效率（%）	89.66	89.73	89.46	90.37	90.75
6	省煤器出口烟温（℃）	360	355	335	291	359
7	排烟温度（修正前）（℃）	133.3	132.2	118.9	108.3	131.1
8	排烟温度（修正后）（℃）*	127.3	126.0	112.4	99.7	125.1
9	一次风到烟气侧漏风量（t/h）	57.6	57.6	57.1	55.8	57.6
10	二次风到烟气侧漏风量（t/h）	17.2	17.2	16.8	15.4	17.2
11	一次/二次风入口温度（℃）	20	20	20	20	20
12	一次风到二次风侧漏风量（t/h）	10	9.5	9.5	9.1	10
13	空气到烟气侧总漏风量（t/h）*	74.8	74.8	73.9	71.2	74.8
14	空气预热器出口烟气量（t/h）	1404	1351	1127	731.4	1391
15	漏风率（%）*	5.63	5.86	7.02	10.79	5.69
16	低位发热量（kJ/kg）	24 910				21 318

* 表示该参数不是已知值，而是计算值。

例 6-6 已知锅炉设计参数见表 6-12 中不带 * 的参数，求 BMCR 工况下，空气预热器漏风率和修正后的排烟温度。

解： 1）漏风率。计算过程为

空气到烟气侧总漏风量＝一次风到烟气侧漏风量＋二次风到烟气侧漏风量

＝57.6＋17.2＝74.8（t/h）

空气预热器漏风率＝空气到烟气侧总漏风量/空气预热器出口烟气量

＝74.8/1404×100％＝5.63％

2）修正后排烟温度。因为

修正后排烟温度×空气预热器出口烟气量＝空气到烟气侧总漏风量×入口风温度＋(空气预热器出口烟气量－空气到烟气侧总漏风量)×修正前排烟温度

所以有

修正后排烟温度＝[空气到烟气侧总漏风量×入口风温度＋(空气预热器出口烟气量－空气到烟气侧总漏风量)×修正前排烟温度]/空气预热器出口烟气量

＝[74.8×20＋(1404－74.8)×133.3]/1404＝127.3

在热力试验报告书中，排烟温度也有两个值，一个是当前环境温度下的实测温度，另一个是修正到设计送风温度下排烟温度。当进风温度与保证温度具有偏差时，应进行排烟温度修正，修正公式为

$$\theta_{py}^{b}=\frac{t_0^{b}(\theta'_{ky}-\theta_{py})+\theta'_{ky}(\theta_{py}-t_0)}{\theta'_{ky}-t_0}$$

式中 θ_{py}^{b}——换算到保证进口空气温度时的排烟温度，℃；

t_0^{b}——保证的进口空气温度，℃；

t_0——实测的基准空气温度，℃；

θ'_{ky}——空气预热器进口实测烟气温度，℃；

θ_{py}——实测排烟温度，℃。

排烟温度升高会使排烟焓增加，排烟损失增大。排烟温度每升高 1℃，使锅炉效率降低 0.035％～0.055％。因此应及时对空气预热器及受热面吹灰，保持较高的锅炉吹灰器完好率和投入率，防止受热面结渣和积灰。实践证明，炉膛吹灰采用次声波吹灰器或气脉冲吹灰器的吹灰效果不如使用蒸汽吹灰器。

排烟温度主要取决于锅炉燃烧状况负荷、煤种、炉内燃烧情况、炉膛和制粉系统漏风、尾部受热面积灰、给水温度、送风温度、炉膛出口过量空气系数、空气预热器漏风系数、尾部受热面积（换热状况）和运行操作等因素，它们之间既相互联系，又单独作用。保持各段受热面的清洁和换热效果，是防止排烟温度异常、保证锅炉经济运行的根本措施。排烟温度高的具体原因如下：

1）火焰中心位置上移。正常运行工况下，高温火焰中心应该位于炉膛断面几何中心处；而在实际运行中，如果炉内气流组织不当，会造成火焰中心偏斜，或者使切圆变形，或者使煤粉火炬贴壁冲墙，水冷壁局部高温，引起结渣，影响到排烟温度。

投入上层燃烧器，火焰中心位置上移。或制粉系统运行方式不合理，燃烧延迟。

2）煤质。煤质偏离设计煤种，入炉煤热值较低。煤的低位发热量越低，收到基水分含量越大，排烟温度越高。灰分增加，硫分增加，都会使尾部受热面积灰沾污加重，使传热减弱，从而使排烟温度升高。煤质挥发分低、灰分高，导致燃料着火困难，燃烧推迟。烟煤掺烧褐煤比例较大，烟气量增加，使排烟温度升高。收到基水分含量增大，会降低炉膛温度，使燃料着火晚，燃

烧和燃尽过程推迟，炉膛火焰中心位置上移，排烟温度升高。煤的含水量越大，还会增加烟气量，最终因排烟容积增加和排烟温度增高，造成排烟热损失的增加。燃料含水量每增加 1 个百分点，热效率会降低 0.1 个百分点。

3）煤粉。煤粉过粗，达不到经济细度，导致炉膛着火延迟，使火焰中心升高，排烟温度升高。煤粉浓度不均匀、流速偏差大，会造成火焰中心偏移，排烟温度升高。

4）受热面积灰。空气预热器蓄热元件积灰结垢、空气预热器换热面积不足，换热效果差，烟气放热量减少，传热量减少，排烟温度升高。吹灰设备投入不正常，空气预热器堵灰，受热面传热效率下降。换热效率下降。

空气预热器堵灰，一方面使预热器的有效传热面积减少，另一方面使堵灰处的烟气速度降低，而其他处的烟气速度迅速提高。二者都将使烟气的放热量减少，排烟温度升高。实践表明，受热面积灰可影响排烟温度 8～10℃。

炉膛蒸发受热面积灰将会使炉膛内的辐射换热减小，导致炉膛出口烟气温度升高，使得对流区间受热面的温度升高，汽温随之升高；不管是炉膛受热面还是预热器受热面积灰都会使排烟温度升高。

5）给水温度。机组负荷的变化或高压加热器的投停，会引起给水温度的明显变化。给水温度的变化会影响省煤器的传热量，最终影响到排烟温度。在设计给水温度±20℃范围内，给水温度每升高 1℃，排烟温度将升高 0.31℃左右。

6）炉膛出口过量空气系数。炉膛出口过量空气系数增加具有两方面的作用：一方面使通过空气预热器的空气量增加，从而增加空气预热器的传热量，降低排烟温度；另一方面使流过对流受热面的烟气量增加，导致排烟温度升高。二者作用总的结果使排烟温度稍微升高一些。实践证明炉膛出口过量空气系数在正常范围内变动，对排烟温度影响不明显。经计算，炉膛出口过量空气系数每增加 0.1，排烟温度升高 1℃左右。

7）受热面不足。锅炉尾部受热面不足，排烟温度就会超过设计值。在实际应用中，经常会出现省煤器受热面不足、排烟温度过高的问题。因锅炉“四管泄漏”进行堵管，造成过热器、再热器或省煤器传热面积减少，也会造成排烟温度升高。省煤器、水冷壁、过热器、再热器等四管内壁结垢影响传热效率，导致排烟温度上升。

通过采用新型螺旋鳍片管或螺旋槽管省煤器，增加部分过热器或再热器受热面，适当增加吹灰器数量，可有效地降低排烟温度，提高锅炉的主蒸汽温度和再热蒸汽温度。

8）漏风。漏风包括炉膛漏风、制粉系统漏风和烟道漏风。在炉膛出口过量空气系数一定的情况下，炉膛漏风、制粉系统漏风由于不经过空气预热器直接进入炉膛，当炉膛漏风、制粉系统漏风增加时，导致进入空气预热器的空气量减少，流速降低，传热系数和传热量下降，最终导致排烟温度升高。计算表明，炉膛漏风和制粉系统漏风总系数与排烟温度近似成线性关系，一般漏风总系数每增加 0.01，排烟温度就会升高 1.2℃左右。

炉膛负压增加，炉膛漏风量增加，炉膛温度降低，排烟温度降低，但不允许用提高炉膛负压的方法降低排烟温度。

9）燃烧器。锅炉低氮燃烧器改造后，燃烧推迟，火焰中心升高。燃烧器辅助风门开度与指令有偏差，氧气不足，煤粉燃烧推迟，火焰中心升高。

10）气温。季节性环境温度高，送风温度偏高，导致空气预热器烟气与一、二次风换热量下降。

11）磨煤机出口温度。磨煤机出口温度低，一方面降低了空气预热器的换热效果；另一方面磨煤机风粉混合物温度低，推迟了煤粉的燃烧，使排烟温度升高。

12）负荷率。在机组负荷率偏低时，为保证脱硝系统投运，需提高火焰中心。

13）制粉系统的启停。启停制粉系统时影响较大，尤其是停止制粉运行时，因抽粉时大量冷风进入炉膛以及给粉机转速的波动，造成着火延迟，排烟温度升高；另外，因停止制粉系统使热风量减少，而使排烟温度升高。在磨煤机运行时，关闭不投粉的上排一次风门，可有效降低排烟温度。

14）一次风压高。在相同负荷下，一次风管风压高，风速过大，风煤混合不良，影响煤粉的正常燃烧，使燃烧延迟，火焰中心上移，排烟温度升高。

15）尾部烟道二次燃烧。若尾部烟道受热面积粉积油，引起二次燃烧，将使排烟温度明显增加。

16）空气预热器入口风温偏高，例如热风再循环门关不严密，或者锅炉安装了低低温省煤器与暖风器联合运行系统。

17）对于采用干排渣系统的锅炉，炉底漏风量偏大。干排渣系统利用炉内负压吸收外部冷空气来冷却高温炉渣，炉底多余冷空气的漏入导致在运行氧量一定时，通过空气预热器的空气流量减少，引起排烟温度升高。

降低煤粉锅炉排烟温度的对策如下：

1）根据机组负荷变化及时调整燃烧器运行方式，控制火焰中心位置。在蒸汽温度允许的条件下，尽量先增加下层给粉机转速，后加上层给粉机转速，有效降低火焰高度。燃烧器摆角向下（低负荷保持摆角在25%～75%之间），炉膛火焰中心高度下移，排烟温度降低。对多层燃烧器，投下层燃烧器，炉膛火焰中心位置下移。增加下层燃烧器出力，炉膛火焰中心位置下移，锅炉出口烟气温度降低。例如某电厂670t/h锅炉18个旋转燃烧器采用前后墙对冲的燃烧方式，分三层布置。如果采用除上排6个燃烧器外全部投入的燃烧器运行方式，炉膛内左右两侧的氧量接近一致，防止了炉膛火焰的偏斜，从而降低了排烟温度。

2）根据机组负荷变化及时调整制粉系统运行方式，控制火焰中心位置。对于乏气送粉制粉系统，高负荷时尽量选用A/B/C排运行方式，尽量降低火焰中心高度。在负荷允许的情况下，应采用2台排粉机运行，2台排粉机比3台排粉机的运行方式，排烟温度降低8～10℃，效果特别明显。华能某电厂300MW锅炉，在低负荷阶段，为提高锅炉再热汽温，采用投运上层B、C、D、E燃烧器，炉膛火焰中心相对上移，炉膛出口温度升高，预热器出口排烟温度为149/140℃，再热蒸汽温度为540/539℃；投运下层A、B、C、D燃烧器，预热器出口排烟温度为147/138℃，再热蒸汽温度为535/527℃。

对于直吹式制粉系统，高负荷时尽量运行下层磨煤机，优先运行BCDEF或ACDEF磨煤机。低负荷、汽温低时尽量运行上层磨煤机，优先运行CDEF磨煤机。

3）根据机组负荷变化，及时调整风量，保持最合适的炉内过量空气系数。根据目标负荷提前控制。升负荷过程中及高负荷时，监视易超温管壁温曲线，根据负荷预测曲线，及时降低过热度定值，关小再热器烟气挡板，降低低温再热器出口温度；根据情况开大AA风、OFA风门，缓慢开大运行磨煤机的浓、淡相二次风门；根据再热汽温，适当减小总风量定值；降低燃烧器、AA风摆角；根据磨煤机运行情况，提早启动停运的下层磨煤机；控制AB侧烟温偏差小于20℃，高温再热器壁温不超限。

降负荷过程中及低负荷时，管壁温度一般不会超限，通过调节燃烧器摆角、二次风门，增加过热度定值，增加总风量提高再热汽温；争取在降负荷前炉膛、烟道吹灰完毕，及时停止下层磨煤机运行。

4）加强吹灰器的日常检修与维护，确保其正常投运，并优化吹灰方式，高负荷适当缩短吹灰间隔，尽量保持各受热面的清洁。特别是利用检修机会对堵灰严重的空气预热器蓄热元件进行解包清堵、高压水清洗。根据实际运行中观察得知，对炉膛及烟道全面吹灰一次可降低排烟温度4～6℃；预热器全面吹灰一次，可降低排烟温度3℃。

5）加强入厂煤管理，重点控制入厂煤的水分、发热量和结渣特性。燃用劣质煤种，及时调整燃烧，保证燃烧完全和炉膛火焰中心适当，同时联系燃料通过混煤掺煤的方式，提高入炉煤质。有条件时，可考虑改善煤种来降低锅炉排烟温度，应考虑更换或掺烧燃尽性能更好的高挥发分煤种。

6）配煤掺烧。表6-13所示为不同煤种下不同排烟温度对应的供电煤耗率增加值。同时表6-13也表明排烟温度每升高10℃，供电煤耗率增加1.52～2.29g/kWh。

表6-13　不同煤种下不同排烟温度对应的供电煤耗率增加值　(g/kWh)

排烟温度（℃）		煤粉锅炉额定容量/效率				循环流化床锅炉	
		100MW/91%	200MW/91%	300MW/91%	600MW/92%	1000MW/93%	300MW/90%
120		0	0	0	0	0	0
130	无烟煤	2.25	2.10	2.04	1.88	1.73	2.10
	贫煤	2.11	1.97	1.91	1.76	1.62	1.96
	烟煤	1.98	1.85	1.79	1.65	1.52	1.84
	褐煤	2.24	2.09	2.03	1.87	1.72	2.08
140	无烟煤	4.54	4.24	4.11	3.79	3.49	4.22
	贫煤	4.25	3.97	3.85	3.55	3.27	3.96
	烟煤	3.98	3.72	3.61	3.32	3.06	3.71
	褐煤	4.51	4.21	4.09	3.76	3.47	4.20
150	无烟煤	6.86	6.41	6.22	5.72	5.27	6.38
	贫煤	6.42	6.0	5.82	5.36	4.93	5.98
	烟煤	6.01	5.62	5.45	5.02	4.62	5.60
	褐煤	6.82	6.37	6.18	5.69	5.24	6.35

7）利用检修机会对磨煤机冷风挡板等不严密的缺陷进行治理。

8）合理地控制风、粉比例，防止缺氧燃烧造成受热面结焦。

9）严格控制炉水指标，减少受热面管内含垢量超标。

10）控制煤粉细度变化情况，调整旋转分离器转速或利用制粉系统定检，调整磨碗间隙、磨煤机折向门开度，调整煤粉细度。

11）及时调整燃烧器辅助风（二次风）门开度。辅助风主要是要压低火焰，在高负荷时倒宝塔型燃烧比较有利。在保证锅炉燃烧稳定、主汽温在规定范围内的情况下，燃烧器摆角可以尽量向下摆，但不要低于25%。在增投或停止给粉机时，要及时开关相应的二次风门。

周界风开大后着火延迟，排烟温度升高。因此在75%以上负荷时，可根据燃烧器着火情况，开周界风门。

上顶二次风开大，排烟温度降低。在90%以上负荷时，应保持顶二次风（OFA）门50%以上开度。在低负荷时尽量关小顶二次风，周界风可以关掉。

12）脱硝系统投运机组应控制氨逃逸率在合适范围，防止空气预热器堵灰，影响换热。必要时对喷氨调节汽门进行优化，修复或更换调节性能较差的调节汽门。

13）对制粉系统的磨煤机折向门、热风和冷风挡板开度进行调整。调换磨辊套及磨碗衬板，调整弹簧加载力和间隙。

14）对水冷壁、省煤器、再热器、过热器监视段进行割管，检验内部腐蚀结垢情况。对“四管堵漏”采取的堵管进行修复。

15）优化配煤掺烧，适当提高入炉煤热值；控制高负荷下褐煤的掺烧比例。

16）排烟温度高的锅炉通过增加锅炉省煤器受热面面积，提高省煤器受热面的吸热量，可直接降低锅炉排烟温度，有效提高锅炉运行效率。某东方电厂350MW超临界湿冷机组，机组投运后排烟温度一直高于设计值。在燃用设计煤种时，通过锅炉性能考核试验，修正后排烟温度比设计值高20℃。为进一步降低机组能耗指标，提高锅炉运行效率，东方电厂对省煤器进行了改造。利用省煤器区域现有的空间，最大限度增加受热面，即增加两圈管排（增加8根管子，质量增加约102t)。改造后省煤器换热面积为14 790m²，省煤器面积增加50%，使进入空气预热器的烟温降低约20℃（BMCR工况）和18℃（BRL工况）。

17）更换、冲洗空气预热器波形板，检查处理扇形板、弧形板变形、脱落及轴承磨损缺陷。

18）进行空气预热器技术改造，降低排烟温度。在空气预热器入口烟气温度接近设计值时，应增加空气预热器受热面或更换传热性能高的换热元件。对于新建机组，在空气预热器设计时，宜预留一定的空间（不布置受热面），以便在排烟温度高时在预留空间增加受热面面积。在空气预热器入口烟气温度大于设计值，且其受热面积无法增加，而省煤器出口烟气温度和给水温度仍然有一定传热温差的情况下，应考虑采取增加省煤器受热面面积的措施降低锅炉排烟温度。在排烟温度大于145℃，且空气预热器受热面面积和省煤器受热面面积无法增加的情况下，可考虑采用烟气余热利用系统（如增加低温省煤器)。

19）保证高压加热器投入率，给水温度满足设计值要求。

20）根据燃煤煤质，优化风煤比曲线，在保证煤粉管道不积粉、燃烧器运行安全的前提下，调整合适的一次风量，避免煤粉延迟燃烧。

21）适当降低一次风速，如随负荷调整排粉机出口风压，使煤粉气流充分燃烧。对于均乏气送粉系统，在炉膛出口氧量为4%时试验表明一次风率从35%到30%，排烟温度从155℃降低到148℃。

22）根据负荷需要控制好粉位，尽量减少启停磨煤机的次数。启停磨煤机要缓慢小心，以免打粉，造成炉膛燃烧不稳。停止磨煤机后及时将不投粉的上层一次门关闭。启动时，先将系统暖好，再启动磨煤机。

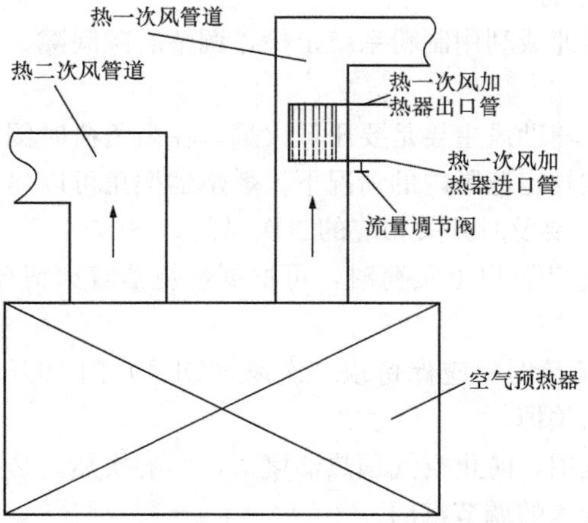

图6-6 热一次风加热器系统示意图

23）提高主汽压力。某电厂300MW机组，试验表明高负荷时定压运行比滑压运行可降低排烟温度5℃左右，原因是高负荷汽温高，减温水量大。提高主汽压力则可降低主汽温度，减少过热器喷水量，省煤器水量增加，排烟温度降低。

24）在磨煤机出口加装热一次风加热器，减少冷风掺入量。通过在热一次风母管中设置换热器，见图6-6。利用机组回热系统的主凝结水冷却热一次风，回收热一次风中多余热量（即制粉系统不需要的热量)；通过调节加热器中工质流量，可以调节热一次风温下降幅度，尽量控制磨煤机入口不掺或少掺冷风，减少对排烟温度的影响。广东某电厂2号600MW超临界机组，锅炉燃用干燥无灰基大于35%的烟煤，制粉系统掺冷风5%～10%（占入炉总风量)。采用热一次风加热器后，热一次风温度由320℃左右降低到250℃左右，制粉系统掺的冷风量减少了5%，排烟温度降低10℃以上，热一次风加热器风侧阻力增加约0.5kPa，各种负荷下凝结水（全部凝结水经过热一次风加热器）温度升高6℃以上，供电煤耗率降低约1g/kWh。

25）保持合适的炉膛负压，正常情况控制在最低值（如－100Pa）。炉膛负压波动大时解除引送风自动，手动调节。及时发现缺陷，及时联系检修消除炉膛漏风。

26）加强锅炉本体（如炉底密封）及制粉系统的查漏堵漏工作，消除无组织漏风；经常检查炉膛看火孔、人孔门在关闭状态；烟道、膨胀节漏风缺陷检查处理；每班对制粉系统全面检查，确认各防爆门及各盖板严密。经验表明，通过漏风综合治理，一般可降低排烟温度约2～3℃。

27）选用合适的吹灰器。例如山东某厂采用次声波吹灰和气脉冲吹灰相结合的方式进行炉膛吹灰，效果不太理想，排烟温度有所升高。后来改为蒸汽吹灰器，排烟温度下降。各种吹灰器技术经济指标比较见表6-14。

表6-14　　各种吹灰器技术经济指标比较

项目	蒸汽吹灰器	水力吹灰器	燃气脉冲吹灰器	声波吹灰器
原理	利用高压蒸汽的射流冲击力进行清灰	利用高压冷水流冲击，使大块焦渣炸裂掉落	利用可燃气体爆燃产生的冲击波进行清灰	利用声波的能量与灰尘产生共振使灰尘松动而落下
估算造价比	150%～250%	100%	100%	100%
安装位置	炉膛、对流过热器	炉膛中下部敷设卫燃带区域	尾部受热面	尾部受热面
设备系统	复杂	简单	简单	简单
可动部件	有	有	无	无
正常运行和维护费用比	300%	50%	100%	150%
特点	清灰效果好，吹扫范围小	清灰效果好，适合于清除大面积结焦	清灰效果好，干式清灰	清灰效果稍差，干式清灰
可靠性	稍差，枪管卡涩，密封漏汽	较好，水枪喷头偶尔卡涩	好，偶尔发生回火现象	好
对设备副作用	冲击力会使管壁减薄爆管	对燃烧有一定影响，运行参数波动大	对承压受热面有一定冲击，而且需要人工更换乙炔瓶	无
投资回收期	100～130个月	10～20个月	10～12个月	35～50个月

28）根据空气预热器冷端平均温度，及时调整暖风器，防止空气预热器低温腐蚀。

29）增加省煤器受热面。锅炉尾部受热面不足，排烟温度就会超过设计值。一般来说，省煤器出口水温增高1%，则烟气温度降低2～3℃。如果锅炉省煤器停运，将多消耗燃料量5%～15%。例如耒阳电厂HG670/140－WM10型单汽包、自然循环、固态排渣煤粉锅炉（锅炉设计参数为排烟温度145℃，锅炉效率87.49%）。自1988年投运以来，排烟温度经常在160～180℃之间，超过设计排烟温度15～35℃。经试验测试分析，原单级布置的光管省煤器受热面积不足是排烟温度过高的主要问题。双辽电厂1号机组是哈锅生产的300MW燃煤机组，排烟温度较高，利用大修机会对低温段省煤器进行改造，共增加受热面205排，增加受热面积4170m^2，排烟温度降低了10～12℃。

30）在保证磨煤机安全运行的前提下，尽可能提高磨煤机出口温度，增加磨煤机热风使用量，降低制粉系统掺入的冷风量。如果磨煤机出口温度提高5℃，可以减少制粉系统冷风掺入量约5%～10%，排烟温度可下降3～5℃。遇到湿煤、煤挥发分低时，应再提高磨煤机出口温度5℃左右。

31）改变空气预热器旋转方向。通过设备改造，将空气预热器旋转方向调整为烟气→二次风

→一次风。由于换热元件通过烟气侧后先经过二次风通道，再经过一次风道，使热二次风温有所升高，热一次风温有所下降。热二次风温升高有助于炉内的燃烧，同时热一次风温下降，磨煤机入口冷风的掺入量相应减少，将使锅炉的排烟温度下降。根据改造经验，空气预热器旋转方向反转后，热一次风温下降15～20℃，磨煤机入口冷风掺入量可减少约0.5～1个百分点（占入炉总风量），排烟温度下降2～3℃。

32）对于干排渣系统的清扫链检修孔、端部看火孔、人孔门等，应加强干排渣壳体密封；同时，在运行期间根据机组负荷以及煤质，加强对干排渣系统入口冷风门开度的调整，使钢带出口的底渣温度维持在80～100℃。

（18）炉膛出口烟气温度（furnace exit gas temperature）：炉膛出口截面上的平均烟气温度。

（19）飞灰可燃物（含量）、飞灰含碳量（unburned combustible in flyash）：燃料经炉膛燃烧后，在锅炉对流烟道飞灰中可燃物（碳）含量。计算式为

$$C_{fa}=\frac{\sum_{i=1}^{n}(C_{fai}G_i)}{\sum_{i=1}^{n}G_i}$$

式中　C_{fa}——全厂锅炉飞灰可燃物，%；

G_i——第 i 台锅炉蒸发量，t/h；

C_{fai}——第 i 台锅炉飞灰可燃物，%；

n——全厂锅炉总台数，台。

飞灰可燃物（炉渣可燃物）除与燃料性质有关外，很大程度上取决于运行人员的操作水平，也与煤粉细度、煤粉均匀性、过量空气系数、炉膛温度、风粉混合程度有关。飞灰可燃物的测量有的厂已采用在线测量装置，此时飞灰可燃物为在线测量装置分析结果的算术平均值；但大多数厂仍由化学试验人员定期采样化验分析，所以计算飞灰可燃物时，应根据化学每日定期分析报表数据，求得日平均值。

监督检查时以测试报告或现场检查为准，煤粉炉的飞灰可燃物一般控制在5%以下，其中燃用煤烟煤锅炉在2%以下，贫煤锅炉在4%以下，无烟煤锅炉在5%以下。流化床锅炉的飞灰可燃物一般控制在10%以下。宽松标准见表6-15。

表6-15　飞灰可燃物与 V_{daf} 的变化关系　%

V_{daf}	煤矸石	$6<V_{daf}\leqslant10$	$10<V_{daf}\leqslant15$	$15<V_{daf}\leqslant20$	$20<V_{daf}\leqslant37$	$V_{daf}>37$
煤粉炉 C_{fa}	—	5	4	2.5	2	1.2
流化床 C_{fa}	10	10	7	5	3	1.5

飞灰可燃物和炉渣可燃物决定了机械不完全燃烧热损失，但是由于炉渣的数量很小，不足总灰量的10%，所以炉渣可燃物的影响很小。飞灰可燃物每降低1%，锅炉效率约提高0.31%。通过分析可以知道炉渣可燃物变化对煤耗率的影响幅度是飞灰可燃物影响幅度的1/9。对于循环流化床锅炉，炉渣含碳量每升高1个百分点时，发电煤耗率增加0.85～1.1g/kWh。影响飞灰可燃物含量的因素如下：

1）锅炉设计不合理。如果燃用贫煤的锅炉假想切圆小，而且设计炉膛热负荷过低，炉膛断面尺寸过大，则导致燃烧强度不够，并且因切圆小造成炉膛火焰充满度不好，最终出现燃烧不稳定、燃烧不完全，引起飞灰可燃物含量升高。

2）燃烧器布置不合理。燃用挥发分低的贫煤时，着火比较困难，为强化着火，燃烧器一般采用集中布置。对燃用贫煤的锅炉，如果燃烧器分上、下两大组布置，则因为上下燃烧器距离太

大不利于集中燃烧，出现燃烧不稳、燃烧不完全是必然结果。

或者直流燃烧器上倾角调整过大或钝体磨损。旋流燃烧器各风挡板和旋流器的故障或调节不当，导致飞灰可燃物偏高。

3）煤粉过粗。煤粉越细，单位质量的煤粉表面积越大，挥发分易析出，着火及燃烧反应速度快，飞灰可燃物含量降低，燃烧效率提高。煤粉细度越大（煤粉粗），其燃烧面积较小，着火及燃烧反应速度慢，燃烧不完全，导致飞灰可燃物含量较高。

4）一、二次风的配合。一、二次风的配合特性是影响锅炉燃烧的重要因素。二次风过早混入一次风不利于着火，使着火热量增加、着火推迟；如果二次风混入过迟，又会使着火后的煤粉得不到燃烧所需氧气的及时补充，同样会导致飞灰可燃物增大，影响燃烧效率。

5）煤质变化。煤种变化，煤质也随之变化，而运行人员的燃烧调整不及时，势必造成飞灰可燃物含量升高。燃煤挥发分高，着火温度低、着火距离近，燃尽程度高，飞灰可燃物含量低。挥发分低，锅炉燃烧效率和燃烧稳定性都有可能下降，飞灰可燃物含量升高。燃煤灰分高，着火温度高、着火推迟，炉膛温度降低，燃尽程度变差。燃煤水分高，由于水汽化吸收热量，使锅炉炉膛温度降低，着火困难，燃烧推迟，燃尽不完全。碳含量高，着火温度高、着火推迟，炉膛温度降低，燃尽程度变差，飞灰可燃物含量高。碳含量高，着火温度高、着火推迟，炉膛温度降低，燃尽程度变差，飞灰可燃物含量高，低位发热量低于设计值时，燃料消耗量增加。某厂掺烧褐煤，飞灰可燃物增加 1 个百分点以上。飞灰变化大的原因包括：①增负荷时段风量滞后，风量少、燃烧不完全；②褐煤掺烧进入炉膛后，褐煤挥发分高，首先燃烧抢氧，致使与其掺配的低挥发分煤更加缺氧，而低挥发分煤需要富氧降低飞灰可燃物，由于缺氧使飞灰增加。对于 HG-2001/26.15 型超超临界锅炉，各种煤质因素对锅炉效率的影响见图 6-7～图 6-9。

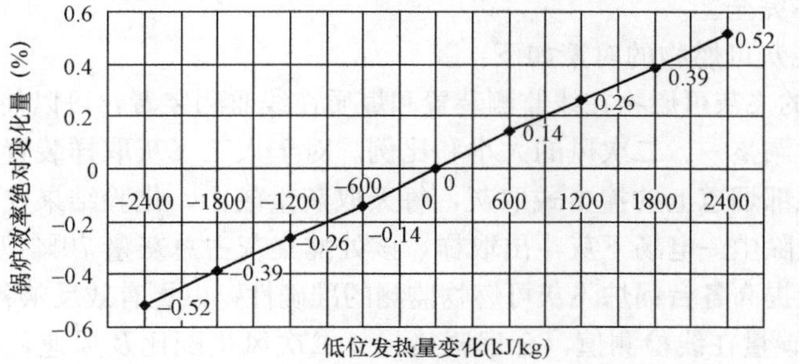

图 6-7　燃料低位发热量对锅炉效率的影响

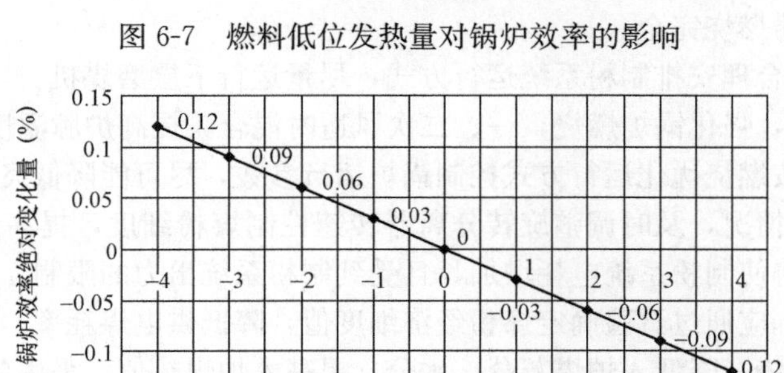

图 6-8　燃料水分对锅炉效率的影响

6）氧量。在高负荷时，锅炉氧量增加，过量空气系数增加，由于供氧充分，炉内气流混合扰动增强，飞灰可燃物含量降低，使得锅炉机械不完全燃烧热损失减少；但同时锅炉排烟温度和

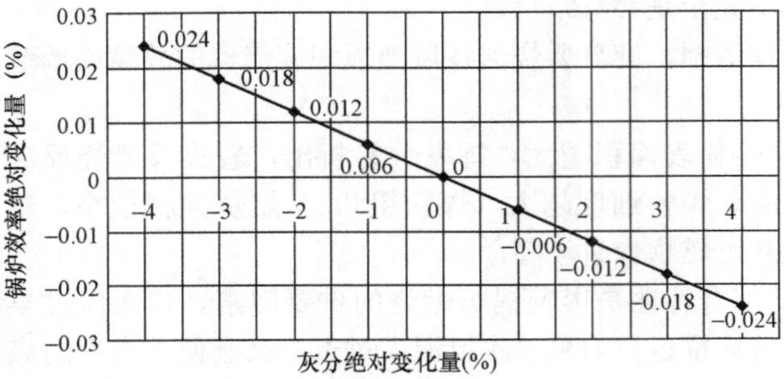

图 6-9　燃料灰分对锅炉效率的影响

排烟烟气量增加，使得锅炉排烟热损失增加。锅炉高负荷时氧量低，炉膛出口过量空气系数小，燃烧不完全，飞灰大。而在低负荷时，风量大，煤粉停留时间短，炉膛温度低，飞灰变大。因此高负荷氧量过小和低负荷氧量过大都不利于燃烧。如某 300MW 锅炉在 40%负荷时，氧量在 7.5%～8%，飞灰显示为 6%；而将风量降至 5.5%～6%时，飞灰显示为 2%左右。

7）磨煤机出口煤粉温度及热风温度偏低，使煤粉气流的初温较低，着火过迟，导致飞灰可燃物偏高。

8）燃烧器辅助风门开度与指令有偏差，或者燃烧器烧损变形，导致飞灰可燃物偏高。

9）炉底密封、炉膛漏风，导致飞灰可燃物偏高。

10）制粉系统的启停。启停磨煤机运行时影响较大，尤其是停止制粉运行时，因制粉系统风量不稳定以及给粉机转速的波动，造成飞灰增大。磨煤机启动完毕后飞灰要比启动前略微下降，分析原因是进入炉膛的冷风量减少，使得着火提前、迅速。

11）炉膛负压。炉膛负压大，漏入的冷风多，煤粉在炉膛停留时间短，着火延迟，飞灰变大。如炉本体漏风处较少，炉膛负压对飞灰的影响更小。但决不允许采用微正压的方式来降低飞灰。

12）缺氧燃烧。安装低氮燃烧器后，为了保障出口和氮氧化物浓度，锅炉进行缺氧燃烧，导致飞灰和底渣燃烧不完全。

降低煤粉锅炉飞灰可燃物的对策如下：

1）安装高质量的飞灰可燃物在线监测装置和煤质在线监测装置，可以使运行人员根据煤质和飞灰可燃物大小及时调整一、二次风的大小和比例。对于人工飞灰取样装置测点，目前多数锅炉飞灰日常取样采用尾部烟道上的撞击式取灰，每天取灰量较小，化验结果代表性较差。建议电厂将飞灰取样点采用电除尘一电场下灰斗出取样，该处捕集灰占总灰量 70%以上，可取灰量大，较能反映实际情况，能提高各台锅炉飞灰可燃物监测的准确性，以更有效反映各台锅炉运行经济性。

2）根据飞灰含碳量在线检测值，合理调整一、二次风量配比及风速，修正氧量定值，保持锅炉最佳氧量，使煤粉燃烧完全。

3）根据机组负荷合理安排制粉系统运行方式，尽量运行下层磨煤机。

4）增加机组负荷，强化锅炉燃烧，一、二次风适时混合，提高炉膛温度，保持火焰不倾斜，炉内气流扰动强烈。按燃烧优化运行方式控制锅炉运行参数，尽可能降低飞灰可燃物。

5）根据煤质变化情况，及时调整旋转分离器转速控制煤粉细度，提高锅炉的燃烧效率。通常，降低煤粉细度值将使制粉系统电耗增加，且受到制粉系统出力的限制。在制粉系统出力能满足机组负荷的情况下，应通过试验确定煤粉经济细度值，降低供电煤耗率。

6）加强混配煤掺烧，降低入炉煤灰分、水分，提高入炉煤热值。采用各种措施效果不佳时，应考虑更换或掺烧燃尽性能更好的高挥发分煤种。如果掺烧劣质煤，应分磨磨制，底层用好煤，上层用差煤。这样底层好煤使底火充足，即使上层差煤未燃尽，也在煤粉下落过程中依托底层较强的燃烧强度而燃烧完全。

7）合理调整一、二次风量配比及风速，使其混合均匀、燃烧完全，以降低飞灰可燃物的含量。运行中二次风要调成倒塔型，将火焰中心压住，防止火焰中心上移。经常观察两侧烟温，及时调整燃烧，使两侧烟温偏差不超过30℃。运行中应控制一次风速不宜过高。某电厂300MW双进双出直吹贫煤锅炉，投运后即发现一次风温偏低，设计磨煤机出口温度为115℃，实际运行在全关冷风门时也只能达到105℃。为提升磨煤机出口温度，开大旁路风，造成一次风速偏高，测试达到30m/s以上，着火点推迟，燃尽变差，飞灰可燃物为10%。后全关旁路风门，满负荷时风速降至24m/s，就地察看火嘴着火情况，着火点明显提前，着火稳定。再配合其他措施后，飞灰可燃物降低到2.2%。

8）控制直流燃烧器上倾角不宜过大，维持旋流燃烧器各挡板合适开度。

9）对不易结渣的煤种（如灰熔点温度大于1500℃的煤），可考虑通过改造燃烧系统（燃烧器结构及布置、卫燃带等）提高炉膛燃烧温度，强化煤粉燃烧，降低飞灰可燃物含量。

10）采用高效分离器，提高分离器效率。当粗粉分离器效率较差时，可对粗粉分离器进行改造，提高分离效果及煤粉均匀性，降低制粉系统的阻力。对中间储仓式制粉系统，如三次风带粉率偏高，应对细粉分离器进行改造。例如华能运河电厂将330MW锅炉原径向型分离器技术改造为二次携带轴向型双挡板煤粉分离器，降低煤粉细度，飞灰可燃物含量从1.7%左右降至0.6%左右，一次风机耗电率约降低0.15%。

11）检修时焊接和更换损坏的燃烧器。

12）检修时检查风道是否有积灰，有积灰及时清理。

13）做好人孔门、看火孔、特别是炉底密封的查漏堵漏工作，减少炉膛漏风，提高炉膛火焰温度，降低飞灰可燃物。

14）对取样装置和飞灰在线装置进行校验和标定，对飞灰进行等速取样并化验，得出标定系数作为判断锅炉飞灰可燃物含量高低的依据。

15）加强磨煤机检修维护，对磨损的磨辊等部件及时进行修复。

16）合理投停燃烧器。关停上层燃烧器，投运下层燃烧器可有效降低飞灰可燃物。难燃尽的无烟煤尽量从中、下层燃烧器进入炉膛燃烧。

17）加强入厂煤管理，控制煤质，提高热值，减少含灰量。

18）定期取样，分析飞灰、炉渣可燃物，发现异常及时分析处理。可装设飞灰在线监测系统实时显示飞灰可燃物，指导运行燃烧调整。

19）调整最合理的煤粉细度，进一步降低飞灰可燃物。对于挥发分低的煤种，需要煤粉细一些，并提高燃烧温度水平，以利于煤粉的燃尽。而提高燃烧温度水平的有效措施是提高热风温度。

(20）炉渣可燃物（含量）、大渣含碳量、大渣可燃物含量（unburned combustible in slag）：锅炉从冷灰斗或出渣口处排除炉渣中的可燃物（碳）含量。锅炉运行灰渣可燃物含量应符合表6-16规定。总的要求是，煤粉炉大渣含碳量控制在“飞灰可燃物+2%”范围内。流化床锅炉大渣含碳量控制在2%以内。

表6-16　煤粉锅炉运行灰渣可燃物含量限值

额定容量(MW)	炉渣可燃物（%）							
	烟煤			贫煤	无烟煤			褐煤
	Ⅰ	Ⅱ	Ⅲ		Ⅰ	Ⅱ	Ⅲ	
0.7～1.4	18	18	16	18	18	21	18	18
1.5～5.6	17	16	14	16	15	18	15	16
5.7～60	12	13	11	13	12	15	12	14
64～135	8	9	7	6	11	11	11	12
≥135	4	4	4	6	8	8	8	4

注　炉渣可燃物是在额定负荷下运行时的限值，当锅炉在非额定负荷下运行时，可燃物含量最大值可取锅炉负荷率与表中数值的乘积。

炉渣含碳量高的原因如下：

1）燃煤的挥发分越少，煤粉越粗，其燃烧面积较小，燃烧不完全，排烟携带的飞灰和锅炉排除的炉渣含量就越多，所造成的机械未完全燃烧热损失就越高。

2）燃煤灰分高，着火温度高、着火推迟，炉膛温度降低，燃尽程度变差。

3）燃煤水分高，水汽化吸收热量，炉膛温度降低，着火困难，燃烧推迟。

4）煤粉粗，着火及燃烧速度慢。

5）锅炉氧量低，过量空气系数小，燃烧不完全，炉渣可燃物增大；反之减小。例如某600MW超临界直流锅炉在600MW负荷时，在不同运行氧量下，炉渣可燃物变化情况见表6-17。当氧量由2.58%增加到2.90%时，飞灰可燃物变化不大，炉渣飞灰可燃物由10.05%降低到7.99%。

表 6-17　　600MW 超临界直流锅炉改变氧量试验结果

省煤器出口运行氧量（%）	2.58	2.46	2.90
烟气CO排放浓度（μL/L）	114	245	81
飞灰可燃物（%）	1.10	1.06	1.17
炉渣可燃物（%）	10.05	8.95	7.99
未燃碳热损失（%）	0.46	0.43	0.42
CO热损失（%）	0.05	0.10	0.03
排烟热损失（%）	4.36	4.32	4.46
修正后锅炉热效率（%）	94.65	94.68	94.61

6）燃烧器底层二次风不足，造成二次风托粉能力差，引起下层一次风掉粉，使炉渣含碳量升高。

7）下层燃烧器喷嘴烧损变形或结焦。

8）如锅炉A层采用了等离子点火系统，在相同风量下，其喷口速度可能低于其他磨煤机，气流刚性可能变弱，导致炉渣含碳量偏高。

9）有的电厂锅炉一次风机经变频改造，由于两台风机变频控制并列运行不稳定，时常出现抢风现象，为了防止翻床，不得已尽量采用低床压运行控制，导致灰渣含碳量严重偏大。

10）煤粉越粗，其燃烧面积较小，燃烧不完全，排烟携带的飞灰和锅炉排除的炉渣含量就越多，飞灰可燃物就高。

11）最下层给粉机转速。如果锅炉最下层二次风门在平时运行时已经处于全开状态，没有再加大下层二次风量的可能，可以降低最下层给粉机的转速，相对增加下层二次风托粉能力。如某电厂1025t/h贫煤锅炉，在试验中，逐渐降低最下层给粉机的转速直至停掉最下层给粉机的两个对角。表6-18表明，随着给粉机转速降低，炉渣可燃物含量逐渐降低，在停掉两个对角时，炉渣可燃物含量最低。现场涝渣机处观察也发现，渣量也是随着给粉机转速降低而逐渐降低的。

表 6-18　　1025t/h 锅炉给粉机转速的影响

项目	原始工况	工况2	工况3	工况4
机组负荷（MW）	271	271	270	270
最下层给粉机转速（r/min）	450（四角全投）	385（四角全投）	350（四角全投）	350（只投1、3号角）
飞灰可燃物（%）	2.6	3.16	3.16	3.62
炉渣可燃物（%）	17.4	8.9	7.05	3.86

12）一次风风压。在二次风均采用缩腰配风，且最下层给粉机投对角运行时，采用三种不同一次风压进行试验，一次风压分别是3.1kPa、3.5kPa、4.0kPa，试验结果见表6-19。

表6-19　　1025t/h锅炉一次风压的影响

项目	工况4	工况8	工况9
机组负荷（MW）	270	270	270
一次风压（kPa）	3.5	3.1	4.0
飞灰可燃物（%）	3.62	2.93	2.64
炉渣可燃物（%）	3.86	4.45	11.08

从表6-19可见，一次风压最高时，炉渣可燃物含量最高。这是因为一次风压较高时，一次风中的大颗粒煤粉惯性增大，不容易被二次风卷吸而直接进入切圆中心负压区。该区域温度较低且气流往下，因此就造成炉渣可燃物含量偏大且渣量偏大。一次风速也不能过低，在保证不堵管的前提下，一次风压控制在3.1kPa比较合适。在这组试验中，工况8时渣量较小，且效率最高。

13）磨煤机组合运行方式。不同的磨煤机组合运行方式，将会形成不同的炉内温度分布和火焰中心高度，进而影响煤粉的燃尽。例如某600MW超临界直流锅炉在600MW负荷时，在磨煤机不同组合方式下，炉渣可燃物变化情况见表6-20。当采用BCDEF磨煤机组合运行方式时，飞灰可燃物增加，炉渣飞灰可燃物减小。

表6-20　　600MW超临界直流锅炉改变氧量试验结果

省煤器出口运行氧量（%）	2.85	2.87
烟气CO排放浓度（μL/L）	78	4.0
飞灰可燃物（%）	0.68	1.24
炉渣可燃物（%）	11.16	4.33
未燃碳热损失（%）	0.30	0.36
CO热损失（%）	0.03	0.00
排烟热损失（%）	4.49	4.55
修正后锅炉热效率（%）	94.70	94.61

14）燃尽风风量。运行人员有时为了控制屏式过热器区域温度，采取开大燃尽风门，在炉膛总风量一定的情况下，燃尽风门开大可以有效地减少飞灰含碳量；但是相对底层燃烧风量减少了，增大了炉渣含碳量。

15）炉膛负压运行设置不合适。炉膛压力变化规律是沿烟气流程其负压是逐渐向负的方向增大的。如炉膛负压偏小（如−20Pa），则沿烟气流程流速降低，未完全燃烧的煤粉颗粒掉下捞渣机内，导致含渣量增大。

16）下层制粉系统煤质较差，燃烧不完全，向下脱落携带未完全燃烧的煤粉（或燃烧未完全已成型的煤渣）掉入捞渣机内导致灰渣含碳量高。

17）炉膛燃烧温度低，炉渣含碳量就高。例如，不易结渣的煤种（灰熔点温度大于1500℃），炉渣含碳量普遍偏高。

降低炉渣含碳量的对策如下：

1）根据煤质和炉内燃烧工况，及时调整磨煤机通风量，保持合适的煤粉细度、均匀性。煤粉细度值越大，均匀性系数越小，大颗粒的煤粉比例就越大，超出气流携带能力而落入渣池的颗粒就越多，炉渣可燃物和份额就越大。

2）配煤掺烧。当影响因素相同时，低位发热量高，即含碳量高，在燃烧过程中，相对每个煤粉颗粒接受的氧气和高温烟气将减少，燃尽程度相对较差。例如某600MW超临界直流锅炉燃用九龙峰煤（收到基低位发热量为21 018kJ/kg，干燥无灰基挥发分为36.66%，全水分为16.54%）时炉渣可燃物为8.73%，而燃用瑞宁煤（收到基低位发热量为23 241kJ/kg，干燥无灰基挥发分为36.85%，全水分为16.50%）时炉渣可燃物为10.38%。

3）每班检查燃烧器辅助风门开度情况，校正辅助风和燃料风门挡板开度位置，发现问题及时处理。

4）检查、更换或修补燃烧器损坏的喷嘴、喷管及钝体。

5）对每层燃烧器加装小二次风门（同二、三期锅炉），以实现对二次风的灵活调整。加装小风门后，可全开底部二次风门，适当关小上层二次风门，以提高托底风刚度，减少直接落入渣池的煤粉量。

6）当大渣可燃物含量偏高的原因是燃烧器底层二次风不足时，应对其喷口进行改造，增加底层燃烧器二次风风量，提高燃烧器底层二次风携带煤粉的能力，减少直接落入渣池的煤粉量。当一次风和二次风射流无水平分级时，一、二次风同角度喷射进入炉内，煤粉颗粒及其燃烧残骸在其下落过程必须穿越二次风气流层，因此，二次风气流层可以起到“托粉”作用；部分大容量切圆燃烧的锅炉为了控制氮氧化物的产生，采用了水平分级燃烧技术，一次风和二次风射流有水平分级，一、二次风不同角度喷射进入炉内，少部分颗粒在其下落过程没有二次风气流层“托粉”，在脱离一次风后直接落入渣池，使落入渣池的煤粉颗粒及其残骸数量增多。例如某电厂1025t/h烟煤锅炉最下层二次风喷口AA（即托底风）的高度只有300mm左右，与纯烟煤锅炉相比其喷口高度降低约一半，导致锅炉炉渣可燃物高达10%以上。后来电厂对最下层二次风喷口实施了改造，喷口高度比原来增加了2/5左右（喷口宽度不变），增加下层二次风量，使最下层二次风气流层厚度和动量都有很大的提高，携带颗粒的能力大大增强，锅炉炉渣可燃物降到5%以下。

7）通过配风调整，强化底层燃烧器煤粉燃烧。如果底层燃烧器对层制粉系统因故不能投运时，可适当开启停运层燃烧器的二次风调门，开度（风量）一般保持在15%开度，停运层燃烧器的二次总风量维持适当，起到一个托粉和燃尽的过程。

8）可开展风机性能试验，分析风机并列运行时出现抢风问题的原因，针对问题进行相应调整或改造。

9）调整调整二次风配风方式。如某电厂1025t/h贫煤锅炉，在试验中维持一次风压不变，且最下层给粉机投对角运行时，采用倒宝塔、均等、正宝塔以及缩腰四种二次风配风方式，试验结果见表6-21。试验结果表明，倒宝塔配风方式效果最差，这也说明了下层二次风量必须足够托起下层煤。

表6-21　1025t/h锅炉二次风配风方式的影响

项目	工况4	工况5	工况6	工况7
机组负荷（MW）	270	271	270	270
二次风配风方式	束腰	倒宝塔	均等	正宝塔
飞灰可燃物（%）	3.62	2.15	2.51	2.26
炉渣可燃物（%）	3.86	13.64	9.92	6.4

10）合理设定炉膛负压，增大烟气流速，减少未燃尽的煤粉颗粒落入捞渣机灰斗内。如果锅炉本体密封性能较好，增大锅炉负压，锅炉本体漏风变化并不大，负压的提高可以根据引风机的出力来观察，找到一个合适的引风机电流、合适的炉膛负压已经减少飞灰、炉渣含碳量的最佳点。

11）在尾部烟道转向烟室位置靠前烟道和后烟道区域加装可调挡板，通过挡板调整适当减少通过受热面竖井（尾部竖井前烟道和后烟道）的烟气量，提高中温炉烟抽出量以提高磨煤机入口温度。同时该方案还有利于脱硝入口烟气温度，以解决低负荷脱硝不能投入的问题。

12）降低煤粉细度。如某电厂400t/h贫煤锅炉，锅炉运行期间煤粉细度在15%左右，飞灰和炉渣可燃物含量均超过15%，锅炉效率只有83%；后来将煤粉细度降低到6%左右，飞灰和炉渣可燃物含量均降低到10%以下，锅炉效率提高到86%。例如某600MW超临界直流锅炉，在C制粉系统折向门挡板开度由50%提高到60%时，煤粉细度由22.6%降低至16.4%，飞灰可燃物含量由1.84%降低到1.71%，炉渣可燃物含量由12.86%降低到12.39%。

13）对于不易结渣的煤种（灰熔点温度大于1500℃），可考虑通过改造燃烧系统（如改造燃烧器结构或布置、增加卫燃带等），提高炉膛燃烧温度，强化煤粉燃烧，降低炉渣可燃物含量。

(21) 吹灰器投入率（soot blower input rate）：统计报告期内吹灰器正常投入台次与该装置应投入台次之比值的百分数。计算公式为

$$\lambda_{h}=\frac{N_{hs}}{N_{h}}\times 100\%$$

式中 λ_{h}——吹灰器投入率，%；

N_{hs}——统计期锅炉吹灰器正常投入的台次数，台次；

N_{h}——统计期锅炉吹灰器应投入的台次数，台次。

要求吹灰器好用，每天定期投入运行，并做好记录。由于每台锅炉容量不等，吹灰器数量差别很大，有的锅炉甚至有上百台吹灰器，有的只有十几台吹灰器，所以只要当天某吹灰器能正常投入运行一次，就可以统计进吹灰器投入天数。主要吹灰器投入率应不小于98%。

吹灰器的投入率与吹灰效果，直接影响锅炉的经济及安全运行。例如邹县电厂300MW机组锅炉进行全面吹灰一次，排烟温度实际降低13℃左右，各部烟温均有不同程度的降低。600MW机组锅炉全面吹灰之后，空气预热器入口烟温可以降低40～50℃，排烟温度可降低6～10℃。尤其是吹完尾部烟道受热面（如低温再热器、低温低热器、省煤器）之后，空气预热器入口烟温和排烟温度大大降低，提高了锅炉运行的经济性。必要的吹灰可以改善受热面的状况，但吹灰本身也是一种热损失，会增加排烟损失，还可能造成受热面的吹损和腐蚀，有必要对吹灰方式（如通过试验确定最佳吹灰周期）和参数进行优化，主要依据是排烟温度、主蒸汽和再热蒸汽温度、省煤器出口水温、减温水量和氧量等。吹灰器使用高温高压蒸汽容易出现问题，因此要加强吹灰器的运行维护管理，保障吹灰器正常投入。吹灰器投入率低的原因如下：

1）吹灰器损坏。

2）吹灰器失修。

3）吹灰器附件质量有问题。

提高吹灰器投入率的对策如下：

1）对吹灰器进行定期滚动检修。

2）对吹灰器定期加油。

3）对吹灰器定期进行更换盘根。

4）锅炉受热面吹灰工作应在燃烧稳定的工况下进行。对故障吹灰器应及时修复投用。

5）采用蒸汽吹灰时，应保证蒸汽温度在规定值以上，防止受热面吹爆。

6）根据锅炉的运行状态调整吹灰。当锅炉燃煤变化过大时，需要调整吹灰压力，运行人员也要根据锅炉汽温、汽压的状况调整吹灰次数和部位。

7）加强吹灰器运行检查，蒸汽吹灰器一旦卡在炉内，应立即将其拉出，避免受热面被吹爆。

第三节 锅炉蒸汽参数指标

（1）喷水量、减温水量（injection flow）：喷水减温器注入的减温水流量。喷水减温是将减温水直接喷入过热或再热蒸汽中，降低蒸汽的热焓，以达到调节过热汽温或再热汽温的目的。减温水量就是单位时间内为了降低蒸汽温度的喷水量。

（2）过热器减温水（流）量、一次汽喷水量（superheater desuperheatingwater mass flow）：进入过热器系统的减温水流量。对于过热器系统有多级减温器设置的锅炉，过热器减温水流量为各级过热器减温水流量之和。单位为 kg/h。过热蒸汽温度主要靠一、二级喷水减温器调整，减温水来自给水泵出口母管，利用给水和过热蒸汽之间的压差，达到减温水充分雾化的目的。再热蒸汽的温度主要依靠设置在尾部烟道的烟气调节挡板装置来调节。锅炉再热受热面布置了两级喷水减温器，在低温再热器进口管道上设有事故喷水减温器，用来控制紧急事故工况下再热器进口温度，保护低温再热器不超温；微调喷水减温器布置在低温再热器至高温再热器的左右连接管道上，主要用于微调与控制左右侧汽温偏差。正常情况下，通过调节挡板开度的大小，来调节通过再热器侧的烟气流量，从而调节再热器吸热量和再热汽温，再热器喷水流量应该为零。再热减温水来自给水泵中间抽头，再热器喷水属于事故喷水。

机组运行情况表明，无论负荷水平高低，锅炉过热器减温水量都是设计值的 3～4 倍，再热器减温水已成为机组正常工况下调节再热汽温的必需手段。例如，内蒙古某 600MW 机组。设计过热器减温水用量为 77.8t/h，再热减温水用量为 0t/h。在实际运行中，过热器减温水用量在 270～350t/h 之间，再热减温水量在 30～50t/h 之间，大大超过了设计值，使得减温器处管道应力增加、疲劳损伤增大、使用寿命缩短，严重影响了机组的安全性与经济性。过热器减温水和再热器减温水流量对机组热耗率和发电煤耗的影响见表 6-22。

过热器减温水一般取自省煤器出口，由于经过加热器加热，因此使用过热器减温水对机组的经济性影响较小。当过热器减温水由给水泵出口引出时，由于未获得回热系统加热带来的好处，会对机组经济性产生负面影响。过热器减温水流量不应高于主蒸汽流量的 5%。过热器减温水量大的原因如下：

1）煤种变化。目前火力发电厂燃煤相对偏紧，进厂煤种极不稳定，经常与设计煤种存在较大偏差。在燃料量不变的情况下，当灰分和水分增大时，由于燃料的发热量降低，将使燃料在炉内总放热量下降，其后果相当于总燃料量减少。在其他参数不变的情况下，必将导致过热汽温的下降。此时为稳定负荷，必须增加燃料量以保持炉膛出口氧量不变，必然导致汽温升高，减温水量增大。当燃煤的水分增加时，水分在炉内蒸发需吸收部分热量，使炉膛温度降低，同时水分增加也使烟气体积增大，增加了烟气流速，使辐射式过热器（如屏式过热器）的吸热量降低，对流式过热器吸热量增加，锅炉减温水量增大。

表 6-22　　1t/h 减温水流量对机组经济性的影响

机组类型	影响热耗率（kJ/kWh）		影响发电煤耗（g/kWh）	
	过热器减温水	再热器减温水	过热器减温水	再热器减温水
N300-16.7/538/538	0.29	1.76	0.01	0.06
N600-16.7/538/538	0.59	2.05	0.02	0.07
N600-24.2/566/566	0.59	2.05	0.02	0.07
N1000-26.25/600/600	0.29	2.05	0.01	0.07

2）负荷变化。在一定范围内，燃煤量是随负荷成比例增加的。负荷增加，必然导致烟气量增加许多，炉膛出口烟气温度升高，对流传热量相对增加，所有对流受热面，包括过热器、再热器、省煤器、空气预热器的吸热量都要相对增加，主、再热汽温相应升高，减温水量随之增大。

3）制粉系统运行方式。锅炉运行中，炉膛火焰中心位置的变化直接影响受热面吸收热量的分配比例。火焰中心上移时，屏式过热器吸热量减少，对流过热器和再热器吸热量增加，过热汽温、再热汽温升高。亦即当下层制粉系统故障检修必须投入上层制粉系统运行时，使得火焰中心相对上移，势必造成炉膛出口温度升高，主、再热汽温升高，减温水量增加。

4）煤粉细度。煤粉变粗时，燃料在炉内燃尽时间延长，火焰中心上移、汽温升高，减温水量增加。

5）受热面清洁程度。受热面积灰或结渣是燃煤锅炉最为常见的现象，由于灰、渣的导热性差，造成积灰或结渣部位工质吸热量的减少和各段烟温的变化，使锅炉各受热面的吸热份额发生变化。汽包锅炉发生水冷壁结渣时，锅炉蒸发量将下降，并因炉膛出口烟温上升，造成过热汽温的升高，减温水量增大。锅炉过热器部分发生结渣时，由于锅炉蒸发量未变但过热器吸热量减少而导致过热汽温下降，减温水量减少。因此，对于汽包锅炉而言，过热汽温的变化，应视积灰和结渣的位置而定。

6）送风量。锅炉在正常运行中，为了保证燃料在炉膛内完全燃烧，必须保持一定的过量空气系数，即保持一定的氧量。对于燃煤锅炉，炉膛出口过量空气系数一般控制在 1.25 左右。风量变化对过热汽温变化的影响速度既快且幅度较大。在炉内燃烧工况良好的情况下如增大风量，由于低温冷风吸热，炉膛温度将降低，使炉膛出口烟温升高。对于汽包锅炉，由于炉膛温度降低，水冷壁辐射吸热量减少，使产汽量下降；另一方面由于风量增大造成烟气量增多，烟气流速加快使过热器对流吸热量增加。由于流经过热器的蒸汽量减少了，但过热器的总吸热量增加，造成了过热汽温的升高，为稳定汽温，减温水量需增大。

7）给水温度。给水温度的变化对锅炉过热汽温将产生较大的影响。在汽包锅炉中，给水温度升高，过热汽温将下降。这是因为当其他参数不变而给水温度升高时，将使汽包锅炉的蒸发量增加，过热器内工质流量上升。

8）锅炉摆动燃烧器处于固定位置，燃烧调整方式有限，主蒸汽温度过高。

9）过热器减温水阀门内漏，或减温水阀门调节不灵。

降低过热器减温水流量的对策如下：

1）人为调整负荷时，煤量增减幅度不能过大。

2）调整燃烧器投运方式，通过燃烧调整保证锅炉的主蒸汽温度，尽量减少减温水量。

3）加强监视过热器各段汽温，对汽温调整做到勤调、细调，减少喷水减温水量，控制主蒸汽温度。

4）提高给水温度。

5）检修期间加强减温水调节汽门的检修维护，对调节性能不佳的减温水调节汽门进行修复或更换。

6）治理减温水各阀门内漏。

7）停炉后检查清理受热面积灰、结焦。

例 6-7 DG1025/18.2-Ⅱ4 锅炉主蒸汽设计值见表 6-23。求在 BECR 工况下过热器减温水流量。

表 6-23　　DG1025/18.2-Ⅱ4 锅炉主蒸汽设计值　　MPa

项　目	BMCR (330MW)	BECR (300MW)	90%定压	70%定压	75%滑压	50%滑压
主蒸汽流量（t/h）	1025	907	799	634.9	661.6	452.7
一次汽出口压力[MPa(a)]	18.20	17.35	17.23	17.06	14.40	9.95
一次汽出口温度（℃）	541	541	541	541	541	541
过热器一级喷水流量（t/h）	9.05	17.39	33.2	45.67	45.56	27.2
过热器二级喷水流量（t/h）	0	0	0	0	0	0
过热器三级喷水流量（t/h）	2.25	4.35	8.3	11.42	11.39	6.8

解： 过热器减温水流量＝过热器一级喷水量＋二级喷水量＋三级喷水量
＝9.05＋0＋2.25＝11.3（t/h）

(3) 再热器减温水（流）量（reheater desuperheating water mass flow）：进入再热器系统的减温水流量。对于再热器系统有多级减温器设置的锅炉，再热器减温水流量为各级再热器减温水流量之和，单位为 kg/h。

再热器减温水一般取自给水泵抽头，再热器减温水不但未经高压加热器获得回热的好处，同时也未经过过热吸热过程，降低了循环效率，因此对机组的经济性的影响量十分明显。对于不宜结渣的煤种，50%～100%负荷 300MW 等级机组再热器减温水量不超过 2t/h；600MW 等级机组不超过 4t/h；1000MW 等级机组不超过 6t/h。对于宜结渣的煤种，50%～100%负荷 300MW 等级机组再热器减温水量不超过 2t/h；600MW 等级机组不超过 10t/h；1000MW 等级机组不超过 15t/h。再热器减温水量大的原因如下：

1）汽轮机高压缸排汽温度高。机组运行工况恒定时，如果汽轮机高压缸效率低，高压缸排汽温度升高，超过设计值，再热器出口温度将随之升高。

2）负荷高。机组在定压方式下运行时，汽轮机高压缸排汽温度将随着机组负荷的增加而升高。过热汽温的升高，也将造成高压缸排汽温度的升高，在其他调温方式调整无效后需增大减温水量。

3）锅炉燃料量或燃料低位发热量的变化。燃煤煤质偏离设计煤种，燃料量越多或燃料的低位发热量越高，水分大（如燃用煤种以印尼煤为主，水分高），燃烧产生烟气量偏大，对流换热能力增强，导致再热减温水量偏大。

4）燃烧调整变化。在锅炉运行中，如炉膛火焰中心上移，将造成后部烟道烟温升高，对流式再热器的吸热量将增加。或者运行中火焰中心偏斜，两侧烟温偏差较大，容易造成单侧使用再热减温水现象。

5）锅炉受热面积灰或结渣。当再热器前受热面积灰或结渣时，将造成再热器处烟温升高，使再热器吸热量增加。当再热器受热面本身积灰或结渣时，吸热量减少。锅炉结焦造成炉内吸热量降低，炉膛出口烟温偏高，也是造成再热减温水量偏大的原因。

6）再热蒸汽流量变化。在其他工况不变时，再热蒸汽流量越大，则再热器出口温度将越低，此时可减少减温水量。机组正常运行时，再热蒸汽流量将随机组负荷、汽轮机一级抽汽或二级抽汽量的大小、吹灰器的投停、安全门、汽轮机旁路或向空排汽阀状态等情况的变化而变化。

7）滑参数停炉一般要求温度较低，停炉过程需要投入大量微调喷水才能按要求降低温度。

8）干渣机炉底漏风量偏大，提升火焰中心，辐射吸热量减少，对流吸热量增加。

9）低氮燃烧器改造后，煤粉燃烧推迟，导致再热减温水量偏大。

10）某些电厂再热汽温调节方式单一。设计采用事故喷水调节再热汽温，无燃烧器摆角和烟气挡板等烟气侧调节手段。或者 AGC 指令频繁波动，再热汽温调节难度增大。

11）供热抽汽影响。对于热电厂，供热汽源来自汽轮机高压缸排汽。如果对外供热量大幅增加，由于供热抽汽量增加，减少了再热器的蒸汽量，导致再热减温水量偏大。

12）运行氧量影响。运行氧量偏高，排烟量增加，主蒸汽温度和再热蒸汽温度升高。

13）燃烧器技改影响。低氮燃烧器改造后，煤粉燃烧推迟，导致再热减温水量偏大。

14）烟气挡板影响。为避免锅炉过热器部分管壁超温，将过热侧烟气挡板关小，造成再热减温水用量上升。

15）再热减温水阀门内漏，线性调节较差。

16）脱硝系统影响。如某电厂锅炉尾部烟道再热器侧烟气挡板调节在 50%以下时，尾部烟道省煤器侧出口烟温将大于 437℃，超过脱硝系统入口烟温上限值。由于尾部烟道挡板对再热汽温的调节作用受限，导致再热减温水量超标。

17）机组在 AGCR（自动发电控制）—R（PROPR）模式（即 AGC 正常模式，机组只有在 AGC 投入 R 模式时，才能免于电量考核，享受电量奖励政策）下运行时间长，该模式下负荷、汽温波动大，为防止汽温、壁温超限，减温水用量大。

降低再热器减温水流量的对策如下：

1）人为调整负荷时，煤量增减幅度不能过大。

2）按照氧量运行优化曲线，根据负荷及时调整运行氧量。

3）优化磨煤机运作组合方式，调整燃烧器投运方式，通过燃烧调整保证锅炉的再热温度，尽量减少减温水量。

4）正常投入锅炉再热蒸汽温度自动控制。

5）加强监视再热器各段汽温，对汽温调整做到勤调、细调，减少喷水减温水量，控制再热蒸汽温度。

6）加强对炉膛的吹灰，提高水冷壁辐射换热量，降低炉膛出口烟温。

7）进行燃烧优化调整，根据煤质燃烧特性，调整合适的煤粉细度和风煤比，优化配风方式，降低火焰中心。

8）优化配煤掺烧比例，控制入炉煤水分，提高入炉煤热值，降低燃烧产生烟气量。特别是控制高负荷下低热值煤的掺烧比例。

9）减少再热器受热面面积。

10）利用检修机会，对存在内漏的减温水阀门进行治理。

11）高负荷时控制低灰熔点煤质的掺烧比例，结合配煤掺烧试验，确定煤质最近掺烧比例。

12）加强吹灰器运行维护，提高吹灰器投入率。

13）加强对尾部烟道挡板执行机构的检修维护，保证尾部烟气挡板的调节作用。

14）加强锅炉漏风治理，减少烟气量。

15）根据煤质特性，调整一次风速，防止一次风量偏高造成的煤粉管道磨损，煤粉燃烧推迟。

16）利用检修机会对汽轮机高压缸内部进行检查，通过通流间隙调整、通流部分结垢清洗等方式提高高压缸效率，降低高压缸排汽温度。

17）通过一次风粉调平、配风调整等措施控制火焰中心，防止发生偏斜。

18）对于循环流化床锅炉，控制入炉煤质，调整合适的风量，通过运行调整降低床温，增强炉内换热。

（4）锅炉主蒸汽流量、过热蒸汽流量（main steam flow of boiler/superheated steam flow of boiler）：锅炉末级过热器联箱出口的蒸汽流量值。

（5）锅炉主（蒸）汽压（力）、过热蒸汽压力、一次汽出口压力（main steam pressure of boiler）：锅炉末级过热器联箱出口的蒸汽压力值。蒸汽锅炉在规定的给水压力和负荷范围内长期连续运行时应予保证的出口蒸汽压力称为额定蒸汽压力。全厂锅炉主蒸汽压力计算公式为

$$p_{m}=\frac{\sum_{i=1}^{n}(p_{mi}G_{i})}{\sum_{i=1}^{n}G_{i}}$$

式中 p_{m}——全厂锅炉主蒸汽平均压力，MPa；

G_{i}——第 i 台锅炉蒸发量，t/h；

p_{mi}——第 i 台锅炉主蒸汽压力，MPa；

n——全厂锅炉总台数，台。

锅炉厂提供的主蒸汽压力均是绝对压力，用 a 表示绝对压力。例如东锅生产的 DG1025/18.2-Ⅱ4 锅炉主蒸汽压力设计值见表 6-10。

锅炉主蒸汽压力波动过大直接影响到锅炉和汽轮机的安全与经济性；对于单元机组，由于没有母管及相邻机组的缓冲作用，蒸汽压力对机组的影响更加突出。汽压降低使蒸汽做功能力下降，当外界负荷不变时，汽耗量必然增大，随之煤耗增大；同时，汽轮机的轴向推力增加，容易发生推力瓦烧坏事故。资料表明汽压较额定值低 1MPa 时，热耗降低 0.6%左右。

汽压过高，机械应力大，将危及锅炉、汽轮机和蒸汽管道的安全。当安全阀发生故障不动作时，可能发生爆炸事故。安全阀经常动作不但排出大量高温高压蒸汽，造成工质和热损失，也容易使阀门关闭不严，造成经常性的泄漏损失。

锅炉蒸汽压力的调整，就是在满足外界电负荷需要的同时，始终保持锅炉蒸发量与汽轮机所需蒸汽量之间的平衡。在负荷变动时，目前国内直流锅炉采用定压运行方式；汽包锅炉采用定压或定—滑—定运行方式。过热蒸汽压力基本保持稳定，机组负荷由调速汽阀开度来控制的运行方式即为定压运行方式；汽轮机调速汽阀保持全开，保证蒸汽温度在一定值，依靠锅炉的燃烧来调整蒸汽压力和负荷的运行运行方式即为滑压运行方式。

汽包锅炉采用定压运行方式时，应保持蒸汽压力在正常值，并在允许范围内波动。蒸汽压力的调整可通过适当增减燃料量、风量、风煤的配比以及微调同步器的方式进行，应维持汽轮机主汽门前的蒸汽压力达到设计的额定值；直流锅炉采用定压运行方式时，应根据机组负荷的需要相应调整锅炉蒸发量，在增减给水量的同时，相应按比例增减燃料量，微调同步器，以维持汽轮机在额定蒸汽压力运行。

为了保证机组的安全经济运行，汽包锅炉高负荷时采用定压运行方式，低负荷时采用滑压运行方式，当负荷低至某一值时，恢复定压运行方式，即定一滑一定的复合运行方式。主蒸汽压力降低的原因如下：

1）煤质突变，发热量升高，主蒸汽压力要升高；发热量下降，主蒸汽压力要降低。

2）制粉系统运行不正常。磨煤机堵煤后突然吹通，主蒸汽压力要升高。磨煤机堵磨、跳闸或一次风管堵塞，主蒸汽压力要降低。

3）锅炉燃烧不稳，或突然熄火。

4）省煤器、水冷壁、过热器泄漏。

5）给煤机煤量测量故障，使给煤量显示高。

6）锅炉给水系统发生异常，使给水流量突然降低。

7）高压加热器突然切除，主蒸汽压力要升高。汽轮机高压加热器投入时，高压加热器汽侧投入操作速度过快，主蒸汽压力要降低。

8）汽轮机高压旁路阀门突然打开。

9）汽轮机调节阀、主汽门误操作，突然开大。

10）机组升负荷过快，主蒸汽压力要降低；机组负荷突减，主蒸汽压力要升高。

11）人为控制调整不当或自动控制失灵或滑压运行。

12）锅炉安全阀误动作。

13）水冷壁结焦。

14）滑压运行。

15）电网频率突变。

16）启动给水泵进汽减压装置调节不当。

17）汽轮机真空发生突升，机组负荷不变，主蒸汽压力降低。

18）汽轮机高压调节阀、高压主汽阀、中压调节阀或中压主汽阀突然关小，主蒸汽压力要升高。汽轮机调节阀突然开大，主蒸汽压力要降低。

维持主蒸汽压力的对策如下：

1）根据电负荷的变化及时调整燃烧，防止主蒸汽压力波动超限。

2）锅炉滑压运行时，应根据机组性能试验确定的滑压运行曲线进行调整。

3）加强监视与调整，正常运行时保持主蒸汽压力稳定。投入主蒸汽压力自动，防止因自动控制失灵引起主蒸汽压力波动超限。

4）煤质变化应及时调整燃烧，进行热值校正。

5）保持制粉系统启停稳定。

6）合理进行受热面吹灰。吹灰时主汽压力上升，这是由于水冷壁受热面积灰清除后，水冷壁管热阻减小，相对吸热量增加，蒸发量增大，主汽压力上升；大面积进行炉膛吹灰时应调整给粉机转速，防止燃烧不稳和锅炉超压。

7）加强真空系统的监视、分析和调整。

8）加强给水流量的调整和监视，保证锅炉给水系统正常运行。

9）汽轮机高压加热器投、停操作要缓慢，控制高压加热器汽侧投、停速度。

10）机组升降负荷时控制适当的负荷变化率，加强汽轮机参数监视，防止汽轮机控制受限造成压力大幅波动。

11）炉膛受热面清焦。进行烟风道清灰。

12）检查处理燃烧器喷嘴损坏缺陷。

13）锅炉受热面磨损情况检查处理，加装防磨罩，调换磨损超标管。

14）运行期间，一旦发生四管泄漏，要及时消除。检修期间检查处理锅炉受热面磨损情况，加装防磨罩，对达到使用年限的炉管进行更换。

15）运行时要保持制粉系统运行正常，检查、消除制粉系统缺陷和调节阀系统缺陷。

16）运行期间，值班人员调节要勤调、慢调。检修人员应及时检查处理调节阀、高压主汽阀、中压调节阀或中压主汽阀等缺陷。

（6）锅炉过热蒸汽温度、锅炉主蒸汽温度、一次汽出口温度（main steam temperature of boiler）：锅炉末级过热器联箱出口的蒸汽温度值。蒸汽锅炉在规定的负荷范围、额定蒸汽压力和额定给水温度下长期、连续运行所必须保证的末级过热器联箱出口的出口蒸汽温度称为额定蒸汽

温度。当过热器呈对流特性时，各种影响因素对过热蒸汽温度的影响见表6-24。全厂锅炉主蒸汽温度计算公式为

$$t_{m}=\frac{\sum_{i=1}^{n}(t_{mi}G_{i})}{\sum_{i=1}^{n}G_{i}}$$

式中 t_{m}——全厂锅炉主蒸汽平均温度，℃；

G_{i}——第 i 台锅炉蒸发量，t/h；

t_{mi}——第 i 台锅炉主蒸汽温度，℃；

n——全厂锅炉总台数，台。

表 6-24　各种影响因素对过热蒸汽温度的影响

影响因素	锅炉负荷±1%	炉膛过量空气系数±1%	给水温度±1℃	燃煤水分±1%	燃煤灰分±1%
汽温变化（℃）	±1	±（1～2）	±（0.4～0.5）	±1.5	±0.5

锅炉主蒸汽温度波动对安全、经济运行影响较大。蒸汽温度过高，会使工作在高温区域的金属材料强度下降，缩短过热器和汽轮机的使用寿命。当发生严重超温时，有可能引起过热器的爆管事故。蒸汽温度低于额定值时，蒸汽做功的能力下降，汽耗、热耗增加，使发电厂的经济性降低。超高压以上机组的主蒸汽温度每降低10℃，热耗降低0.30%；中高压机组的主蒸汽温度每降低10℃，热耗降低0.45%。蒸汽温度过低，汽轮机最后几级的蒸汽湿度增加，对叶片的冲蚀作用加剧；蒸汽温度降低过快，会使汽轮机部件冷却不均匀，造成汽轮机磨损、振动。

机组运行中，在任何负荷下，锅炉应以汽轮机主汽门前的蒸汽温度达到设计的额定值（压红线运行）为准，汽温允许波动范围为额定汽温±5℃。

蒸汽温度的调整应以烟气侧为主，蒸汽侧为辅。烟气侧的调整主要是改变火焰中心的位置和流经过热器及再热器的烟气量，以达到调整蒸汽温度的目的。蒸汽侧的调整是利用减温器来实现的，根据蒸汽温度的变化情况，适当变更相应减温器的减温水量，即可达到调整蒸汽温度的目的。过热蒸汽温度和再热蒸汽温度的调整方法，应根据设备情况在现场规程中规定。如改变摆动送煤粉燃烧器角度，改变配风工况，改变煤粉燃烧器的组合方式，分层调节燃料量，烟气挡板调节，烟气再循环调节，受热面吹灰，以及调整减温水量。主蒸汽温度高的原因及处理对策如下：

1）燃料量控制或中间点温度控制故障，造成水燃比失调，燃料量大幅突增或给水流量偏小。当自动装置不正常时，应立即将其切换至手动调节使之恢复正常。掌握机组负荷、制粉系统运行方式变化对主蒸汽汽温的影响规律，做好预见性调整工作，主蒸汽温度尽量投用自动控制。

2）减温水系统故障或自动失灵，使减温水流量不正常地减少。对此应增加减温水流量，并尽快查明汽温高的原因予以根除。

3）炉底漏风严重或炉底密封破坏造成火焰上移，炉膛出口温度升高，辐射式过热器、对流过热器的吸热量增加而使得主蒸汽温度增加。对此应检查炉底密封情况，发现异常及时处理。

4）锅炉蒸发受热面结焦严重，应及时进行受热面吹灰。

5）过热器受热面泄漏、爆管。对此应视其严重程度决定是否停炉。停炉后对过热器进行割管，检验内部腐蚀结垢情况，更换腐蚀超标的管子。

6）过量空气量增加，或一次风量、风速过大。对此应减少风量和风速，适当降低炉膛火焰高度。

7）燃煤的挥发分降低，煤粉变粗，水分增大。对此应控制煤粉质量，减少煤粉细度。

8）燃烧器从下层切换到上层，或上层的给粉量增大，造成火焰上移。对此应合理控制燃烧器投运方式，控制汽温。

9）亚临界汽包锅炉高压加热器突然切除。运行中加强高压加热器的监视，高压加热器投停时控制加热器投、停速度。

10）煤粉细度大。煤粉变粗时，煤粉在炉内燃尽时间增加，火焰中心上移，炉膛出口烟温升高，汽温上升。

11）负荷的影响（即锅炉蒸发量的影响）。对于过热器和再热器的汽温特性为对流型的锅炉，在负荷增加时汽温上升；反之，汽温下降。再热汽温有一定的滞后性，所以提前控制很重要。在加负荷过程中，可能会存在锅炉燃烧暂时跟不上，这个时段就会因为烟气温度和烟气量增加不多而蒸汽量增加很快（电负荷增加、汽机调门开大），主、再热汽温汽压下降，此时应根据汽温情况提前预控，防止汽温大幅上升。同理，减负荷时要提前控制减温水甚至全关减温水，防止汽温突降。

主蒸汽温度降低的原因如下：

1）直流炉负荷变化时，水煤比过大未及时调整。对于直流炉来说，煤水比是影响主蒸汽温度的主要因素。煤水比是燃料消耗量与主给水流量的比值。对于直流炉而言，若主给水流量不变而增加燃料消耗量，由于受热面热负荷成比例增加，给水加热段和蒸发段必然缩短，而过热段必然延长，则主蒸汽温度升高。若燃料消耗量不变而增加主给水流量，由于受热面热负荷不变，给水加热段和蒸发段必然延长，而过热段必然缩短，则主蒸汽温度降低。燃料量突然大幅下降，主蒸汽温度降低。

2）燃煤的挥发分增大，发热量增加。如果燃煤的低位发热量与设计值相比偏高，则在锅炉负荷相同时，燃料量、风量、烟气量相应减少，使流经对流受热面的烟气流速、流量减少，从而减少了烟气对管壁的对流放热和过热器换热量，以致锅炉主蒸汽温度偏低。例如某100MW锅炉对主蒸汽温度的影响见图6-10。燃煤发热量为19MJ/kg时，主蒸汽温度为538℃；燃煤发热量为23MJ/kg时，主蒸汽温度为520℃。

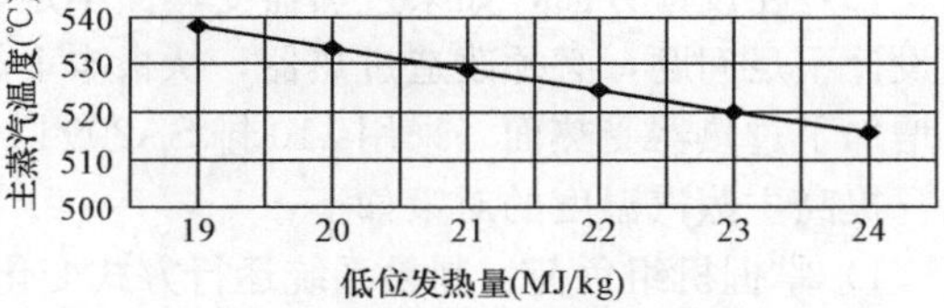

图6-10 燃煤发热量与主蒸汽温度的关系

3）受热面清理结焦、结渣、积灰。过热器受热面积灰、结渣、结垢。对于汽包锅炉来说，水冷壁结渣与过热器积灰对锅炉主蒸汽温度的影响相反。水冷壁结渣，炉膛辐射换热量和水冷壁吸热量减少，炉膛出口烟气温度升高，主蒸汽温度升高；过热器结渣或积灰，则过热器热阻增加，过热器传热量减少，主蒸汽温度降低，但锅炉排烟温度升高。对于直流锅炉来说，水冷壁结渣与过热器积灰对锅炉主蒸汽温度的影响相同。水冷壁结渣，在煤水比不变的情况下，对工质而言，单位工质的吸热量减少，而给水加热段和蒸发段的吸热总和不变，则过热段吸热减少，主蒸汽温度降低。如果锅炉蒸发受热面大量脱焦，主蒸汽温度降低。

4）超临界锅炉湿态时汽水分离器水位过高。

5）亚临界锅炉汽包水位过高造成蒸汽带水；汽包汽水分离效果差。

6）燃烧器从上层切换到下层，或下层的给煤机出力偏大。

7）燃料量控制或中间点温度控制故障，造成水煤比失调，燃料量大幅突减或给水流量偏大。

8）减温水系统故障、自动失灵或减温水阀门内漏，使减温水流量不正常地增大。过热器减温水流量每减少5%，发电煤耗率将减少0.15%，相当于0.5g/kWh煤耗。因此应采取措施尽量减少过热器减温水流量。采用喷水减温时，如果减温水压力升高、减温水阀门内漏或调整不当，使减温水量不正常升高，则主蒸汽温度将降低。

9）磨煤机堵煤，或给煤量突减，主蒸汽压力下降。

10）锅炉蒸发受热面大量脱焦。

11）直流炉高压加热器突然切除，主蒸汽温度要降低。汽包锅炉高压加热器突然切除，主蒸汽温度要升高。对于汽包锅炉来说，给水温度降低，主蒸汽温度将升高。在锅炉负荷不变的情况下，给水温度降低必然会导致燃料消耗量的增加，烟气量增加，使得炉膛内总辐射热和炉膛出口烟气温度升高，辐射式过热器和对流式过热器出口蒸汽温度升高。一般情况下给水温度降低3℃，主蒸汽温度将升高1～2℃。

12）过热器个别管壁存在超温，运行采取适当降低汽温，造成主、再热汽温偏低。

13）锅炉进行脱硝改造后还未同步进行低氮燃烧器改造，为降低NO_x排放，采取低氧燃烧方式运行。

14）锅炉燃烧调节不当，或锅炉热负荷变化。

15）煤粉变细。如果煤粉过细，进入炉膛后能迅速着火燃烧，会使火焰中心降低，增加炉膛辐射受热面吸热量，使炉膛出口烟气温度降低，蒸汽温度降低。

16）主蒸汽压力变化。主蒸汽压力变化一般是因为燃料量变化。燃料量减少，主蒸汽压力下降，主蒸汽温度下降；反之上升。

17）通过人孔、风道、膨胀节等向炉内漏风，主蒸汽温度和再热蒸汽温度将下降。如果锅炉连续除灰，炉膛底部也会大量漏风，引起主蒸汽温度下降。

18）在设计方面，如果过热器受热面不足，主蒸汽温度就会比额定温度低。对于过热器受热面设计不足问题，必须改造过热器，从根本上解决主蒸汽温度偏低问题。例如某电厂350MW机组增加了过热器受热面（采用110排SA209T1管子），使主蒸汽温度从503℃提高到541℃。

提高主蒸汽温度的对策如下：

1）掌握机组负荷、制粉系统运行方式变化对主蒸汽温度的影响规律，做好预见性调整工作，主蒸汽温度尽量投用自动控制。

2）调整过热蒸汽温度应以烟气侧为主，蒸汽侧为辅。蒸汽侧调整主要是喷水减温，应该以一级喷水减温为主，二级喷水减温为辅。

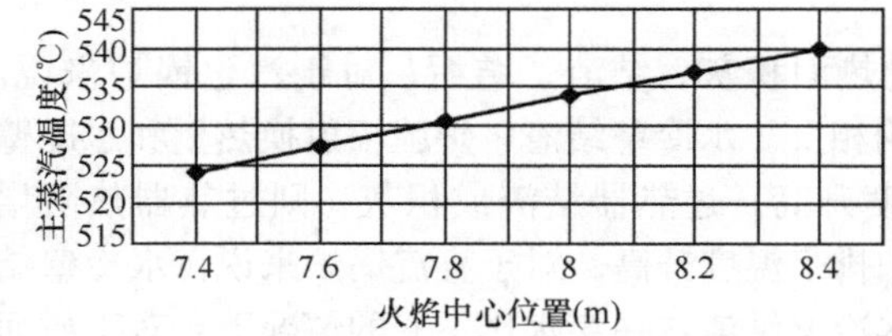

图 6-11　火焰中心与主蒸汽温度的关系

烟气侧调整主要有改变摆动式煤粉燃烧器角度和改变煤粉燃烧器的组合方式，以控制炉膛火焰中心位置。燃烧器从上层切换到下层，或下层的给煤机出力偏大，火焰中心下移；燃烧器从下层切换到上层，或上层的给粉量增大，火焰中心上移。如果炉膛火焰中心向上移动，对于汽包锅炉来说，炉膛出口烟气温度会升高，同时辐射式过热器和对流式过热器的吸热面积增大，导致辐射式过热器和对流式过热器的吸热量增加，使得主蒸汽温度升高。对于200MW锅炉，火焰中心每升高1m，主蒸汽温度可提高16℃，见图6-11。

对于直流锅炉来说，炉膛火焰中心位置向上移动，水冷壁下部的受热面利用不充分，在煤水比不变的情况下，过热段吸热减少，使得主蒸汽温度降低。

3）合理控制锅炉氧量。当送风量增加时，炉内过量空气增大，因低温空气吸热和燃烧生成的烟气量增多，将使炉膛火焰温度降低，炉膛水冷壁吸热量减少，使炉膛出口烟温升高。同时过量空气系数增大，流过烟道的烟气流速增大，对流传热加强，导致过热汽温升高。氧量每增加1个百分点，主蒸汽温度将升高10℃，见图6-12。在机组低负荷工况下，适当增加过量空气系数，既有利于锅炉燃烧的稳定，也有利于过热蒸汽温度的稳定。

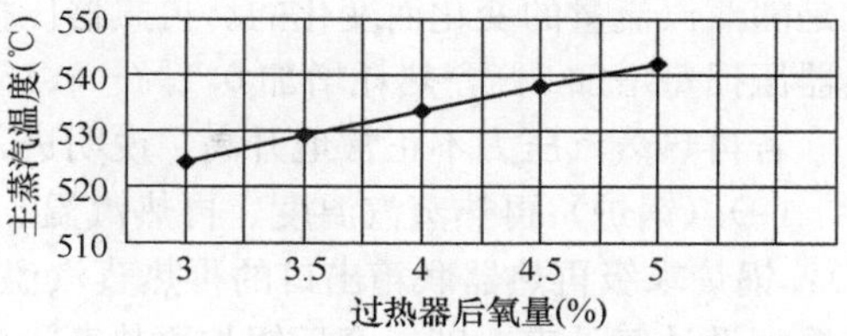

图6-12 300MW机组锅炉氧量与主蒸汽温度的关系

4）制粉系统启停与切换应缓慢平稳，防止燃烧大幅变化、磨煤机堵煤。

5）投入主减温水自动控制。

6）合理进行受热面吹灰。受热面检修时清理结焦、结渣、积灰。

7）直流锅炉过热蒸汽温度的调整，通过合理的燃料与给水比例控制包覆过热器出口温度（中间点温度）作为基本调节，喷水减温作为辅助调节。

8）运行中加强高压加热器的监视，高压加热器投停时控制投、停速度。

9）修复腐蚀和开孔部位，修复厚度减薄区域，修复受损密封和螺栓，消除漏风。

10）对汽包内各汽水分离装置进行检查清理，及时消除有关缺陷。

11）对水冷壁、省煤器、再热器、过热器进行割管，检查内部腐蚀结垢情况，防止受热面泄漏。

12）消除减温水各阀门内漏现象。

13）对超温的壁温测点进行排查，确保壁温数值的可靠性。

14）开展热一次风调平试验，避免煤粉偏烧。

15）进行燃烧调整试验，优化配风，保证两侧配风均匀，两侧蒸汽温度偏差及过热蒸汽与再热蒸汽温度之差最大不超过允许值。

16）利用消缺机会对超温管进行排查，检查是否存在堵管现象并加以排除。

17）对过热器球化严重部位进行更换。

18）采购设计煤种。根据煤质变化情况，及时调整煤粉细度。

19）正常运行时，应维持蒸汽温度在上限运行。运行中根据工况的改变，分析蒸汽温度的变化趋势，做到有预见性的调整。

20）对因设备问题使主蒸汽和再热蒸汽参数达不到设计值的情况，可进行燃烧器改造。如将四角燃烧器整体上移。如某电厂100MW锅炉将四角燃烧器整体上移450mm后，排烟温度升高2～5℃，但主蒸汽温度提高了20℃。

21）开展小指标压红线运行竞赛。50％～100％负荷时，锅炉过热蒸汽温度应达到设计值。否则，应首先采用调整运行风量、改变火焰中心位置、吹灰等方式进行控制，对于超临界锅炉还可调节过热度；其次考虑采用减温水来调整过热蒸汽温度。

22）了解本厂锅炉主蒸汽温度设计值，压红线运行。

（7）锅炉再热蒸汽流量（reheat steam mass flow of boiler）：锅炉末级再热器联箱出口的再热蒸汽流量值。

（8）锅炉再热蒸汽压力（reheat steam pressure of boiler）：锅炉末级再热器联箱出口的再热蒸汽压力值。单位通常以MPa表示，是随汽轮机负荷变化而变化的一个参数。应取锅炉末级再热器出口的蒸汽压力值；如果锅炉末级再热器出口有多路再热蒸汽管道，应取算术平均值。

在正常运行中，再热蒸汽压力是随蒸汽流量的变化而变化的。蒸汽从高压缸排出后，经过再热器管道进入中压缸，压力会有不同程度的降低，这个压力损失，称为再热器压损。再热器压损也是随蒸汽流量的变化而变化的。再热器压损的大小对整个汽轮机的经济性有着显著的影响，再热器压损每增加1%，热耗增加0.1%～0.15%。

若再热蒸汽压力不正常地升高，说明进入中压缸的蒸汽阻力增加，应及时查明原因。

(9)（锅炉）再热蒸汽温度、再热汽温、二次汽出口温度（reheat steam temperature of boiler）：锅炉末级再热器联箱出口的再热蒸汽温度值。东锅生产的DG1025/18.2-Ⅱ4型锅炉再热蒸汽温度设计值见表6-25。全厂锅炉再热蒸汽温度计算公式为

$$t_r = \frac{\sum_{i=1}^{n}(t_{ri}G_i)}{\sum_{i=1}^{n}G_i}$$

式中 t_r——全厂锅炉再热蒸汽平均温度，℃；

G_i——第 i 台锅炉蒸发量，t/h；

t_{ri}——第 i 台锅炉再热蒸汽温度，℃；

n——全厂锅炉总台数，台。

表6-25　DG1025/18.2-Ⅱ4型锅炉再热蒸汽温度设计值　(MPa)

项目	BMCR (330MW)	BECR (300MW)	90%定压	70%定压	75%滑压	50%滑压
再热蒸汽流量（t/h）	835.3	745.7	671.3	522	555.4	387.8
二次汽进口压力[MPa(a)]	3.92	3.45	3.16	2.45	2.63	1.81
二次汽出口压力[MPa(a)]	3.72	3.29	2.95	2.33	2.50	1.71
二次汽出口温度（℃）	541	541	541	541	541	513

再热蒸汽温度的变化与主蒸汽温度一样，也直接影响着设备的安全和经济性。再热蒸汽温度超过额定值时会缩短再热器和汽轮机中压缸的使用寿命，甚至造成设备损坏。再热蒸汽温度低于额定值时，会使末级动叶片应力增大，湿度增加。再热蒸汽温度每低于额定值10℃，热耗升高0.25%。若长期在低温下运行将会侵蚀叶片。机组运行中，在任何负荷下，锅炉应以汽轮机中联门前的再热蒸汽温度达到设计的额定值为准。再热蒸汽温度高的原因及处理对策如下：

1）再热减温水系统故障或自动失灵，使再热减温水流量不正常地减少。对此应增加再热减温水流量。

2）过/再热器烟气挡板故障或燃烧器摆角动作失灵，燃烧器摆角上倾，火焰中心上移。对此应现场确认各燃烧器摆角位置，检修好过热器/再热器调节挡板，手动调节使之恢复正常。

3）过量空气量增加，或一次风量过大，使炉膛温度降低和对流吸热量增加。对此应适当减少风量。

4）炉底漏风严重或炉底密封破坏造成火焰上移，炉膛出口温度升高，使过热蒸汽温度升高，引起高压缸排汽温度升高，再热器冷段温度提高后，使再热蒸汽温度升高。对此应检查炉底密封情况，发现异常及时处理。

5）锅炉水冷壁受热面结焦严重，使得炉膛出口烟温升高。应及时进行水冷壁受热面吹灰。

6）水冷壁、再热器受热面泄漏、爆管。对此应视其严重程度决定是否停炉。停炉后对水冷壁、再热器进行割管，检查内部腐蚀结垢情况，更换腐蚀超标的管子。

7）冷段再热蒸汽抽汽量偏大。对此应减少冷段再热蒸汽抽汽量。

8）高压旁路泄漏，再热器进口温度提高。对此应检修好高压旁路。

9）汽轮机通流部分缺陷造成高压缸排汽温度升高，引起再热器进口温度升高。对此应修复汽轮机通流部分。

再热蒸汽温度低的原因如下：

1）燃烧器角度与实际有偏差，或燃烧器摆角调节失灵，或者燃烧器下摆，导致炉膛火焰中心向下移动，炉膛出口温度降低，辐射式过热器、对流过热器的吸热量减少而使得再热蒸汽温度降低。

2）再热器受热面积灰、结渣、内部结垢，积灰影响换热，对温度影响很大，再热汽温降低。

3）燃烧器从上层切换到下层，或下层给粉量过多，再热汽温降低。保持上层磨煤机运行，有利于再热汽温提高。

4）主蒸汽温度降低。

5）再热减温水系统故障或自动失灵，使再热减温水流量不正常地增加。

6）1、2号高压加热器停用，再热蒸汽流量增加。

7）过量空气量减少，再热汽温降低；反之，汽温升高。

8）主蒸汽压力。负荷一定，不同主蒸汽压力对应不同的高压缸排汽温度，从而影响再热汽温。如果汽轮机高压缸排汽温度低，则再热蒸汽温度低。

9）再热器管壁超温，被迫降温运行。

10）锅炉受热面设计不合理，再热器受热面积不足。

11）机组负荷率严重偏低、再热器的汽温特性几乎都是对流式的，因此负荷降低时，再热蒸汽温度随之下降。例如某电厂660MW超超临界锅炉，在495MW负荷下，主蒸汽平均温度为588℃，比设计值低17℃；再热蒸汽平均温度为568℃，比设计值偏低35℃。330MW习惯工况下的主蒸汽温度为552℃，比设计值低53℃，再热蒸汽温度为546℃，比设计值低47℃。

12）低负荷时脱硝系统影响。电厂为满足50%负荷下脱硝系统投运温度的需要，采取关小再热器侧烟风挡板开度、开大过热器侧烟风挡板开度的方式，达到提高烟温的目的，导致机组再热汽温偏低。

13）过/再热器烟气挡板故障，尾部烟气挡板调节作用不佳，尾部烟道再热器侧与过热器侧的挡板执行器偏少，运行调节滞后。

14）再热器出口安全阀起座或出口段泄漏、爆破。

15）阀门控制方式。同样低负荷下，顺序阀运行比单阀运行再热气温偏低8℃左右。

16）低氮燃烧的影响。为控制NO_x排放浓度，采取缺氧燃烧方式，致使烟气量降低，高温再热器吸热能力降低，导致再热汽温偏低。例如某300MW锅炉采用低氮燃烧器改造后，在180MW负荷下，再热汽温比改造前偏低10℃左右，见表6-26。

表6-26　采用低氮燃烧器前后180MW负荷下再热器温度变化情况　（℃）

状态	壁式再热器入口温度	壁式再热器出口温度	中温再热器前入口温度	高温再热器出口温度
改造前	321	374	374	514
改造后	305	351	351	525

由表6-26可以看出，采取低氮燃烧控制NO_x后壁式再热器入口温度为321℃，中温再热器入口温度为374℃，而非低氮方式下再热器入口温度为305℃，高温再热器入口温度为351℃。在壁式再热器入口温度目前高于改造前的情况下，高温再热器出口温度却低于改造前11℃。原因是高温再热器受热面主要为对流受热面（与烟温、烟气量有关），改造前，不考虑NO_x的控制，为富氧燃烧，氧量控制在5%左右，烟气量大；目前为确保NO_x达标排放须严格控制NO_x，氧

量按 3.2%左右控制，为缺氧燃烧，相应导致烟气量降低较多，致使高温再热器吸热量减少，最终导致再热汽温低。

17）汽轮机通流改造后机组效率高，导致同负荷下耗煤量降低，炉内热负荷降低，相应导致各汽温参数有所降低。

提高再热蒸汽温度的对策如下：

1）燃烧器检查检修，消除损坏的燃烧器或燃烧器摆角调整机构缺陷，充分发挥燃烧器摆角对再热汽温的调节作用，使下层燃烧器角度处于最佳角度（约为 30%～35%）。试验结果证明，上摆燃烧器及 AA 风摆角可以提升再热汽温。上摆燃烧器及 AA 风摆角至 0%，AA 风开度为 100%，再热汽温可提高 10～15℃。

2）开展燃烧调整试验，通过对炉膛二次风的调整，优化了配风方式，确定了几种负荷段下的配风方式。

3）锅炉再热蒸汽温度投用“自动”控制。

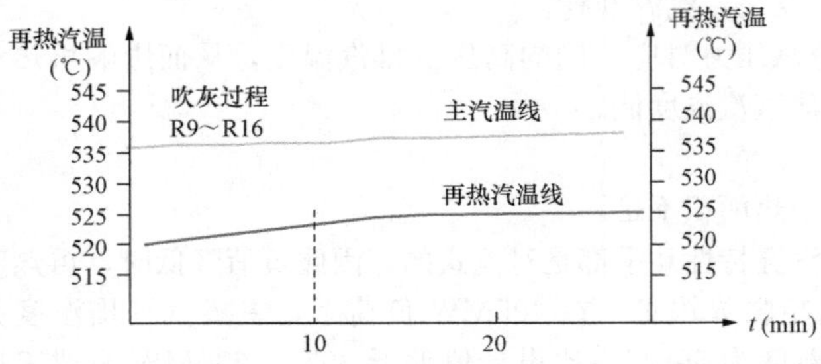

图 6-13 每隔 4h 吹 R9～R16 吹灰器再热汽温变化情况

4）分析受热面易超温的原因，加强燃烧侧调整，优化配风，保证两侧配风均匀，消除炉膛出口烟温偏差。

5）运行时合理进行再热器管屏受热面吹灰。某 300MW 锅炉每隔 4h 吹 R9～R16 吹灰器 1 次，再热汽温上升 4～5℃左右，见图 6-13。

6）消除减温水、疏放水等各阀门内漏缺陷。

7）消除本体系统漏风；处理烟道漏风。

8）检修好过热器、再热器调节挡板，发挥尾部烟气挡板对再热汽温的调节作用。烟气挡板开至最大，再热汽温明显升高，但是开大过程中对主蒸汽温度有一定的影响。

9）检修时对水冷壁、再热器、过热器进行割管，检查内部腐蚀结垢情况。

10）深入分析高温再热器超温的原因。检修中对高温再热器壁温测点进行核对、校准，确保壁温数值的可靠性；检查壁温测点附近是否有高温烟气漏出；检查高温再热器区域是否形成烟气走廊；检修中对受热面管子进行割管，查看是否存在堵塞、结垢的情况。

11）优化磨煤机运行组合方式，在保证壁温不超限的前提下，尽量投运上层磨煤机（投入上层燃烧器），提高火焰中心。

12）利用机组检修，进行再热器受热面积增容改造。

13）开展配煤掺烧试验，优化配煤掺烧比例，掺烧水分大的煤（如褐煤），以增大烟气量，增强对流换热效果。增大对流吸热份额，可提高主/再热蒸汽温度，但再热热蒸汽温度提高更显著。

14）低负荷时，由顺序阀切换为单阀。例如某 300MW 锅炉在 160MW 负荷时，由顺序阀切换为单阀，与吹灰共同协作后再热汽温综合上升了 8℃左右，见图 6-14。

15）借鉴其他电厂的改进经验，采取减小燃烧切圆直径的方法，控制火焰对水冷壁的冲刷。

16）低负荷时采用滑压运行方式。例如某 300MW 锅炉，主汽压力从 15.3MPa 滑至 13.5MPa，且负荷稳定在 160MW，再热汽温上升 9℃，见图 6-15。对于进行低氮燃烧改造后的锅炉，160MW 时主汽压力应维持在 12MPa，较改造前降低 1MPa 左右。

17）借鉴其他电厂的改造经验，进行增加省煤器烟气旁路改造，在满足环保要求的同时，提高蒸汽温度。

18）对于采用低氮燃烧器的锅炉，应变更配风方式，关小上部分离燃尽风（SOFA），开大燃尽风（OFA）及FF风，适当集中燃烧。在 NO_x 可控范围内增大送风量。

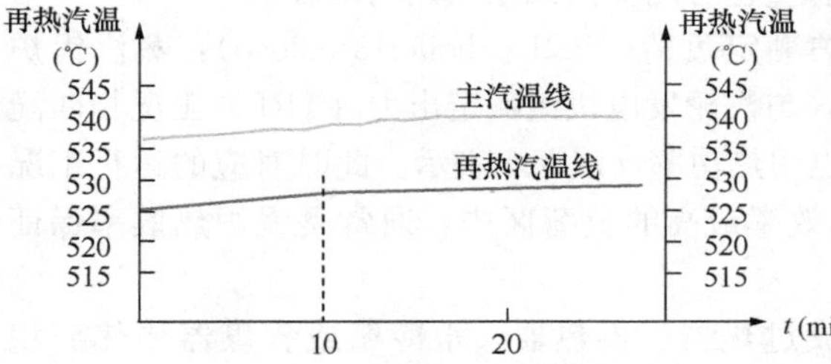

图 6-14 低负荷时由顺序阀切换为单阀再热汽温变化情况

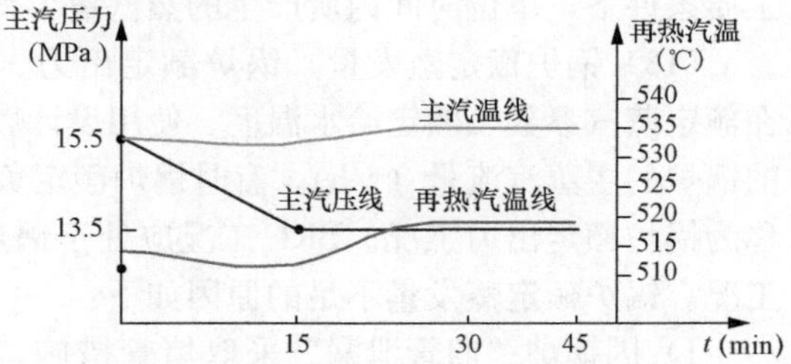

图 6-15 滑压运行时再热汽温变化情况

19）优化运行氧量，根据机组负荷变化调整合适的运行氧量。低负荷下可考虑适当提高运行氧量，增加燃烧烟气量，提高再热汽温。

20）全开上层附加风（即AA风、SOFA），使炉膛出口未燃尽的燃料继续燃烧，既可提高主、再热蒸汽温度，又可降低飞灰可燃物。再热蒸汽温度提高更显著，最大可提高10℃。

21）开展小指标压红线运行竞赛。50%～100%负荷时，锅炉再热蒸汽温度应达到设计值。否则，应通过改变燃烧器摆角或烟气挡板开度进行控制，除负荷变化或磨煤机启停等过程中可采用喷水减温外，稳定运行状况下应尽量避免使用再热器减温水。现代汽轮机再热汽温的调整方法多种多样，但大体上可分为从蒸汽侧和烟气侧调节两大类，见表6-27。

表 6-27 再热汽温的调整方法比较

调节方式	调节方法	简单原理	调节适用工况	调节性能优缺点
蒸汽侧调节方式	表面式减温器法	利用热交换器，采用炉水或给水作为冷却介质降低汽温	低负荷时维持额定汽温，高负荷时降低汽温至额定值	调节惰性大，迟缓，不灵敏，汽温调节幅度小
	喷水减温法	将水直接喷入蒸汽中，达到降低汽温的目的	机组启停、事故工况，或使用正常运行中的精细调整手段	调温能力强，灵敏，易于自动化，因喷水时设备处于两相运行状态，给设备带来冲刷较大
	汽-汽热交换器调节法	利用过热蒸汽加热再热蒸汽以达到调节汽温目的	适用于以辐射过热器为主的大型锅炉调整	调温方式较灵敏，对各种燃料都能适用，但系统复杂
烟气侧调节方式	改变烟气挡板的位置	改变烟气挡板的位置，改变烟气流量调节汽温	正常运行工况下的主要调整手段	调节性能平稳，热冲击小，不影响循环的热效率
	改变炉膛火焰中心位置	改变火焰中心的位置可以改变炉膛出口处的烟气温度，达到调节目的	适用正常运行工况，作为挡板调节的补充调节	调节性能平稳，可能会影响到过热汽温的调节
	采用烟气再循环法	利用再循环风机由低温烟道送入炉膛改变受热面的吸热分配，达到调节目的	适用再热器布置在过热器后的热力系统中的调节	增大了飞灰的磨损，排烟温度稍有升高

（10）锅炉给水流量（feed water mass flow of boiler）：锅炉省煤器入口的给水流量值。

（11）锅炉给水压力（feed water pressure of boiler）：锅炉省煤器入口的给水压力值。

（12）锅炉容量（boiler capacity）：即锅炉蒸发量、锅炉出力，蒸汽锅炉在给定的输入、输出工质条件下，单位时间内所产生的蒸汽量。锅炉容量也可用输出或输入热功率表示。

（13）锅炉额定蒸发量、锅炉额定出力、锅炉额定负荷（BRL：boilerratedload）：蒸汽锅炉在额定蒸汽参数、额定给水温度、使用设计燃料，与汽轮发电机组额定出力（TRL）工况相匹配的锅炉的主蒸汽流量（t/h）。有时锅炉额定负荷也用热功率（MW）表示。此时对应的运行工况称为锅炉额定出力工况。BRL工况应处于锅炉热效率最高的负荷区内，通常是锅炉热效率保证工况。锅炉额定蒸发量不足的原因如下：

1）因锅炉“四管泄漏”采取堵管措施，造成过热器、再热器、水冷壁或省煤器传热面积减少。

2）过热器、再热器、水冷壁或省煤器受热面积灰、结焦严重。

3）煤质差，发热量低，灰分高。

4）本体设备（炉墙、看火孔等）漏风大。

5）空气预热器漏风、积灰严重。

6）送/引风机或给水系统发生设备缺陷，无法全部投入。

7）磨煤机选型偏小，或其他原因造成制粉系统出力不足。

8）过热器、再热器、省煤器存在缺陷。

9）燃烧器存在缺陷。炉膛容积热负荷偏小，炉膛吸热量太少。

10）锅炉本体设计有问题。如炉膛容积不足。

11）高压加热器切除，给水温度不足。

提高锅炉额定蒸发量的对策如下：

1）根据煤质、机组负荷的变化及燃烧设备情况，进行优化燃烧调整试验。

2）合理掺、配煤，保证煤质接近设计值。

3）优化吹灰程序，合理调整吹灰方式，提高受热面吸热效率。

4）更换因“四管泄漏”被堵的管排。

5）清理锅炉受热面及烟道结焦和积灰。

6）调换磨辊套及磨碗衬板，调整弹簧加载力和间隙。调整磨煤机折向门开度。

7）消除一次风机、送风机、引风机等设备缺陷，严格按照标准调整动静间隙。

8）检查消除导致本体、预热器等风烟系统漏风的各种缺陷。

9）进行锅炉本体改造，将炉底下移。

10）进行制粉系统改造，增加制粉系统出力。

11）提高高压加热器投入率。

（14）锅炉最大连续蒸发量（BMCR：boiler maximum continues rating）：即锅炉最大连续出力，锅炉在额定蒸汽参数、额定给水温度，并使用设计燃料时能安全、连续运行的最大蒸发量。BMCR一般对应于汽轮机调节阀全开工况时的最大连续蒸发量。此时对应的运行工况称为锅炉最大连续出力工况。BMCR为锅炉设计保证值。锅炉的设计压力及水循环可靠性应满足该工况的要求，在该工况下炉膛应无严重或高结渣倾向，辅机参数都应满足该工况条件的需要。BMCR工况锅炉热效率允许低于BRL工况。

（15）锅炉经济连续蒸发量（BECR：boiler economical continues rating）：即锅炉经济连续出力，锅炉在额定蒸汽参数、额定给水温度，并使用设计燃料能安全、连续运行，且锅炉效率最高的蒸发量。此时对应的运行工况称为锅炉额定经济出力工况。

（16）炉侧给水温度、最终给水温度（feed water temperature to boiler）：作为工质的水进入蒸汽锅炉时的温度。

（17）额定给水温度（rated feed water temperature）：在规定负荷范围内应予保证的给水温度。额定给水温度参考值见表 6-28。

提高给水温度，一方面可提高整个热力循环系统的吸热平均温度，从而提高给水回热的经济效果；但另一方面，当回热级数一定时，过分提高给水温度，又使回热抽汽的做功减少，反而使给水回热的经济性降低，因此理论上存在最佳的给水温度，使机组经济性最大，理论最佳给水温度为

$$t_{fwop}=\frac{t_m-t_{cot}}{2}$$

式中 t_{fwop}——理论最佳给水温度,℃；

t_m——机侧主蒸汽温度,℃；

t_{cot}——凝结水温度,℃。

表 6-28　　额定给水温度参考值

序号	锅炉压力类型	额定给水温度参考值（℃）	允许与参考值偏差（℃）
1	中压	150、170	±10
2	次高压	140、150、170	±10
3	高压	220	±10
4	超高压	240	±10
5	亚临界	278	±10
6	超临界	275	±10
7	超超临界	295	±10

（18）给水温降（drop offeed water temperature）：最后一级高压加热器出口温度与锅炉省煤器入口给水温度的差值，给水温降要求小于或等于 1℃。

影响给水温降的主要因素：

1）最后一级高压加热器出口温度测点至最终给水温度测点管道保温不好，散热量大。应增加保温，降低管道散热量。

2）最终给水温度测点至省煤器入口测点管道保温不好，散热量大。

3）高压给水旁路泄漏。

（19）中间点温度（intermediate point temperature）：在汽包锅炉中，汽包是加热、蒸发和过热三过程的枢纽和分界点。对于直流炉，它的加热、蒸发和过热是一次完成的，没有明确的分界。可将其工质具有微过热度的某受热面上一点的温度（一般取至蒸发受热面出口或第一级低温过热器的出口汽温）作为衡量煤水比例是否恰当的参照点，即为所谓的中间点温度。也即在直流锅炉运行中，为了维持锅炉过热汽温的稳定，通常在微过热区段取一温度测点，将它固定在相应的数值上，就是通常所谓的中间点温度。

根据中间点温度可以控制燃料-给水之间的比例。当负荷变化时，如燃水比维持或控制得不准确，中间点汽温就要偏离给定值，这时应及时调节燃水比，以消除中间点汽温的偏差。如能控制好中间点汽温（相当于固定过热器区段），就能较方便地控制其后各点的汽温值。中间点汽温的设定值并非一常数，而是负荷的函数。

（20）（锅炉）排污率（boiler blowdown rate）：锅炉运行中排污量与锅炉实际蒸发量的百分

比。排污量是指为了保持受热面水侧的清洁，以及避免炉水产生泡沫而影响蒸汽品质，在锅炉运行过程中把具有较高含盐量及水渣等杂质的炉水排放到锅炉外的过程。排污分定期排污和连续排污两种。排污量是连续排污和定期排污的排污水总流量。排污率计算公式为

$$p=\frac{D_{pw}}{D_b}\times 100\%$$

式中 p——排污率，%；

D_b——锅炉实际蒸发量，t/h；

D_{pw}——排污量，t/h。

如果有锅炉排污计量装置，可以直接测量。如果不能直接测量，则可以通过炉水盐分平衡关系算出。炉水盐分平衡是指给水带入锅炉的盐分质量，应等于蒸汽带出的盐分质量与随同排污水排走的盐分质量之和。设蒸发量为100，排污量为M，给水量为（$100+p$），则其盐分平衡方程式为

$$(100+M)S_{fw}=100S_q+MS_{bl}$$

式中 S_{fw}——给水含盐量，μg/kg；

S_q——饱和蒸汽含盐量，μg/kg；

S_{bl}——排污水含盐量，μg/kg。

一般饱和蒸汽含盐量S_q很小，可以忽略不计，则根据上式得

$$M=\frac{S_{fw}}{S_{bl}-S_{fw}}\times 100$$

即排污率为

$$p=\frac{M}{100}=\frac{S_{fw}}{S_{bl}-S_{fw}}\times 100\%$$

锅炉运行中，将带有较多盐分和水渣的炉水排放到锅炉外称为锅炉排污。排污的目的是排掉含盐浓度较高的炉水，以及炉水中的腐蚀物及沉淀物，使炉水含盐量维持在规定的范围之内，以减少炉水的膨胀及防止出现泡沫层，保证良好的蒸汽品质。同时，排污还可以消除或减轻蒸发受热面管内结垢程度。锅炉排污分定期排污和连续排污。连续排污管的入口装在汽包水面以下，沿汽包全长布置，连续不间断地放掉一部分炉水。定期排污入口是在沉淀水渣较多的锅炉最低部位，大多从水冷壁下联箱排放，每间隔一定时间排放一次，主要是放掉炉水沉淀下来的水渣。其中定期排污间隔时间长，排放水量少，一般只占锅炉蒸发量的0.1%～0.5%。锅炉连续排污，是为了保证炉水中总溶解固形物不超过允许水平，以防设备结垢或损坏。为减少过量的排污损失，必须加强锅炉排污的监督工作，减少排污率。可采用连续测定总溶解固形物浓度水平、调节排污量或向给水中加药的排污自动控制装置。

排污量每增加1个百分点，约使热耗率升高0.35%～0.4%。排污率控制水平为：凝汽式亚临界及以下机组，对于除盐水补充水，其允许排污率一般为1%，超临界及以上机组允许排污率一般为0.8%；对于供热机组，允许排污率为对应凝汽式机组的2倍。如果是软化水补充水，其允许排污率是除盐水机组的1.5倍。

减少锅炉排污率的主要措施如下：

1）根据化学监督要求，对锅炉进行定期排污和连续排污，保证锅炉汽水品质合格。

2）锅炉排污应建立联系单制度，根据化学分析结果确定排污时间和排污量，待水质合格后及时停止排污，避免汽水损失。

3）定期排污应尽量在低负荷时进行，并严格监视汽包水位，控制排污间隔和排污流量。

4）可加装连续排污自动控制系统，自动控制排污流量，保证炉水品质合格，减少汽水损失。

例 6-8 某锅炉的连续排污率 $p=1\%$，出力 $D_b=1000t/h$，求此时的排污量 D_{pw}是多少。

解： 排污量为

$$D_{pw}=pD_b=1\%\times 1000t/h=10t/h$$

第四节 锅炉效率指标

（1）锅炉输入热功率（boiler heat input）：锅炉在额定出力或最大连续出力工况下设计计算的燃料量与设计燃煤低位发热量的乘积。

（2）燃烧器热功率（burner heat input）：即燃烧器出力，每个燃烧器单位时间输入锅炉的热量。

（3）锅炉输入热量（boiler heat input）：随每千克或每标准立方米燃料输入锅炉的总热量。包括燃料收到基低位发热量和显热，以及用外来热源加热燃料或空气时所带入的热量（余热锅炉除外）。

（4）余热锅炉输入热量（heat input of heat recovery boiler）：单位时间内输入余热锅炉的余热资源的总热量。

（5）锅炉有效利用热量（effective heat utilization of boiler）：相对每千克固体、液体燃料或每标准立方米气体燃料，工质在锅炉能量平衡系统中所吸收的总热量。包括水和蒸汽吸收的热量、排污水和其他外用和自用蒸汽所消耗的热量等，符号为 Q_b。锅炉有效利用热量 Q_b 包括过热蒸汽 G_b、再热蒸汽 G_{rh}和排污水 G_{bl}在锅炉内获得的热量，计算公式为

$$Q_b=G_bh_b+G_{rh}q_{rh(b)}+G_{bl}h_{bl}-G_{fw}h_{fw}-G_{ss}h_{ss}-G_{rs}h_{rs}+G_{fy}(h_{zy}-h_{fw})$$

式中 G_b、G_{bl}——锅炉产汽量和排污量，kg/h；

h_b、h_{bl}——锅炉过热器出口蒸汽和汽包排污水的焓，$h_b\approx h_{ms}$，kJ/kg；

G_{rs}、G_{ss}——再热器、过热器减温水量，kg/h；

h_{rs}、h_{ss}——再热器、过热器减温水焓，kJ/kg；

G_{fy}——自用蒸汽流量，kg/h；

h_{fy}——自用蒸汽压力和温度对应的焓，kJ/kg；

$q_{rh(b)}$——1kg 再热蒸汽在锅炉中的吸热量，kJ/kg。

若不计冷、热再热器管道的散热损失，则 $q_{rh(b)}=q_{rh}$。

（6）散热量（heat dissipating capacity）：保温结构外表面向周围环境散失的热量，通常以热流密度或线热流密度表示。

（7）热损失（heat loss）：输入热量中未能被工质所吸收利用的部分。一般用所损失的热量占锅炉输入热量的百分率表示。

（8）不可控损失（operator uncontrollable Losses）：通过对机组进行技改或维修等措施才能够减少的能量损失。

（9）可控损失（operator controllable losses）：通过对机组的运行调整或运行方式优化能够减少的能量损失。

（10）干烟气热损失（dry gas loss）：锅炉排出烟气中由于干烟气显热所造成的热损失。

（11）燃料中水分热损失（loss due to water or water vapor in the fuel）：因燃料中所含水分带

走热量而造成的热损失。

（12）空气中水分热损失（loss due to moisture in air）：因空气中所含水分带走热量而造成的热损失。

（13）石灰石脱硫热损失（limestone desulfurization heat loss）：因石灰石煅烧吸热反应和硫化放热反应引起的热损失。

（14）排烟热损失（heat loss due to exhaust gas）：锅炉排出烟气的显热所造成的热损失，以q_2表示。计算公式为

$$q_2=(k_1\alpha_{py}+k_2)\times\frac{T_{py}-t_0}{100}(\%)$$

式中　T_{py}——排烟温度，℃；

t_0——送风温度，℃；

k_1、k_2——简化函数，查表6-29选取；

α_{py}——排烟过量空气系数。

表6-29　　简化函数k_1、k_1选定值

煤　种	k_1	k_2
无烟煤及贫煤	3.55	0.44
烟煤	3.54	0.44
褐煤	3.62	0.90
泥煤	3.95	1.6
重油	3.5	0.5

大型锅炉排烟温度每升高16～20℃，排烟热损失会增加1%，锅炉效率降低1%。影响排烟热损失的主要因素是排烟容积和排烟温度。排烟温度越高，排烟容积越大，则排烟热损失就越大。降低锅炉的排烟温度，可以降低排烟热损失，但是要降低排烟温度，就要增加锅炉尾部受热面面积，因而增大了锅炉的金属耗量和烟气流动阻力。另一方面，烟温太低会引起锅炉尾部受热面的低温腐蚀。降低排烟热损失的措施如下：

1）降低排烟容积。排烟容积的大小取决于炉内过量空气系数、锅炉漏风量和煤粉湿度。过量空气系数越小，漏风量越小，则排烟容积越小，排烟热损失有可能减少。但是过量空气系数的减小，会引起可燃气体未完全燃烧热损失和固体未完全燃烧热损失的增大，所以应控制锅炉的过量空气系数，使其保持最佳值。煤的含水量过大，不但要降低炉膛温度，减少有效热的利用，而且会造成排烟热损失的增加（因排烟容积增加），因此要控制入炉煤湿度。

2）控制火焰中心位置，防止局部高温。正常运行时，一般应投下层燃烧器，以控制火焰中心位置，维持炉膛出口正常的烟温。针对煤种变化选择适当的一次风温，在不烧坏喷口的前提下尽量提高一次风温，对降低排烟温度和稳定燃烧均有好处。要根据煤种变化合理调整风粉配合，及时调整风速和风量配比，避免煤粉气流冲墙，防止局部高温区域的出现，减少结渣的发生。

3）保持受热面清洁。灰垢的导热系数约为钢板导热系数的1/450～1/750，可见积灰的热阻是很大的。锅炉在运行中，受热面积灰、结渣等会使传热减弱，促使排烟温度升高。锅炉受热面上的积灰厚1mm时，锅炉热效率就要降低4%～5%。因此，锅炉在运行中应注意及时吹灰打渣，经常保持受热面的清洁。必要时根据实际情况增加吹灰器或改造更换原有吹灰器。

4）减少漏风。排烟过量空气系数每增加0.1，排烟热损失将增加0.45%。炉膛及烟道中的烟气压力低于大气压力，在运行中，外界空气将会从不严密处漏入炉膛及烟道中，使炉膛温度降

低，排烟量增加，其结果造成锅炉排烟热损失和引风机电耗增大，锅炉效率降低。炉膛漏风还会使炉膛温度降低，对燃烧不利。因此减少炉膛、烟道漏风，是降低排烟热损失的另一有效途径。

5）保障省煤器的正常运行。一般来说，省煤器出口水温升高1℃，则烟气温度降低2～3℃。锅炉如果省煤器停运，将多消耗燃料量5%～15%。

（15）化学未完全燃烧热损失、气体未完全燃烧热损失（heat loss due to unburned gas；unburned gas heat loss in flue gas）：由于排烟中残留的可燃气体（如CO等）未放出其燃烧热所造成的热损失，以q_3表示。计算公式为

$$q_3=\frac{V_{gy}}{Q_r}(126.36CO+358.18CH_4+107.98H_2+358.18CH_4)\times\left(1-\frac{q_4}{100}\right)$$

$$\approx\frac{V_{gy}}{Q_r}126.36CO\times\left(1-\frac{q_4}{100}\right)$$

在计算式中乘以$\left(1-\frac{q_4}{100}\right)$，是因为有机械未完全燃烧热损失存在时，每千克燃料中只有$\left(1-\frac{q_4}{100}\right)$kg燃料参与燃烧并生成烟气，因此应对生成的干烟气容积用$\left(1-\frac{q_4}{100}\right)$进行修正。

如果手头没有上述一些数据，可以采用下列经验公式，即

$$q_3=0.032\alpha_{py}CO\times100\%$$

$$q_3=\frac{V_{gy}}{Q_{net,ar}}(126.36\times CO)\times(1-q_4)$$

式中 V_{gy}——每千克燃料燃烧生成的实际干烟气体积，m^3/kg；

$Q_{net,ar}$——燃料收到基发热量，kJ/kg；

CO——烟气中一氧化碳成分容积含量，%；

q_3——可燃气体未完全燃烧热损失，即化学不完全燃烧热损失，%；

CO、CH_4、H_2、C_mH_m——对应气体的百分含量，%；

126.36、358.18、107.98、590.79——$1m^3$的一氧化碳、甲烷、氢气、重碳氢化合物的发热量的1/100，kJ/m^3。

锅炉运行中每产生0.1%（百分点）的一氧化碳约使锅炉效率降低0.4%，发电煤耗升高1.5g/kWh。降低化学不完全燃烧热损失的措施如下：

1）保障空气与煤粉充分混合。影响可燃气体未完全燃烧热损失的主要因素是燃料性质和过量空气系数。一般在燃用挥发分高的燃料时，由于很快挥发出大量可燃气体，这时如果混合条件不好，可燃气体不能及时得到氧气，就容易出现不完全燃烧。这就是挥发分高的燃料本来是好燃烧的，但化学未完全燃烧热损失却比较大的原因所在。

2）控制过量空气系数在最佳值。如果空气供应不足，氧量表读数小，二氧化碳表读数大，燃烧不完全，产生一氧化碳，将会造成不完全燃烧损失，在尾部烟道可能发生可燃物再燃烧；如果空气供应过多，氧量表读数大，二氧化碳表读数小，不仅使炉温降低引起燃烧不完全，还将使排烟带走的热损失增大，同时送、引风机的耗电量也增大。由于过量氧量的相应增加，将使燃料中的硫形成三氧化硫，烟气露点也相应提高，从而使空气预热器发生腐蚀。因此应控制过量空气系数在最佳值，使实际排烟氧量控制在最佳氧量±0.5%范围内。

3）进行必要的燃烧调整。锅炉运行期间，为适应负荷变化，常需要对运行参数做必要的调整。锅炉燃烧的优劣与运行操作人员技术水平有很大关系。为了避免由于操作不当对热效率的影

响，并及时根据负荷变化进行实时准确调整，最好采用机炉协调控制方式。以蒸汽压力为调整依据，及时调节送粉量、送风量和引风量，进行必要的燃烧调整，改善燃烧条件，从而使锅炉一致处于较佳的热效率状态。

4）提高入炉空气温度。为了提高锅炉效率并改善煤的着火和燃烧条件，供燃烧用的空气首先在空气预热器中利用烟气余热加热到一定的温度。保障空气预热器正常运行，可以提高入炉空气温度，有利于缩短煤的干燥时间，促进挥发分尽快挥发燃烧，并可提高炉膛温度，加强辐射传热。着火性能好的燃料，热风温度可选得低些；对于液态排渣炉，热空气温度要高些（一般为380～430℃），以利于造渣和流渣；燃油或燃气炉所要求的预热空气温度较低，一般为200～300℃。燃煤流化床锅炉通常不需要干燥原煤，所以热空气温度较低，为180～200℃。一般入炉空气温度增加50℃，可使理论燃烧温度增高15～20℃，节约燃料1.3%～2%。

为了燃料迅速着火，热风温度显然高一些好，但高到一定数值后，对强化燃烧帮助不大，反而要增加过多的空气预热器受热面，并增加尾部受热面布置的困难。因此只要能保证燃烧着火和稳定燃烧，热风温度不必取得太高。表6-30所示为锅炉的热风温度推荐值。

表6-30　　热风推荐温度与煤粉气流的着火温度

燃料	无烟煤 $V_{ar}=4\%$	贫煤 $V_{ar}=14\%$	重油 天然气	烟煤、洗中煤		褐煤 $V_{ar}=50\%$	
				$V_{ar}=40\%$	$V_{ar}=20\%$	热风干燥	烟气干燥
热风温度（℃）	380～430	330～380	250～300	280～350		350～380	300～350

5）注意锅炉负荷的变化。运行时锅炉负荷降低，则炉温降低，着火区的温度也降低，煤粉的着火稳定性将变差，尤其是那些挥发分低或灰分高的煤，或颗粒较粗的煤粉，其火焰容易在低温烟气中逐渐扩散以至熄灭。这样不但着火变得困难，而且容易形成大量不完全燃烧热损失。锅炉负荷低到一定程度时，煤粉气流燃烧稳定性变差，需要投入易燃的燃料（如油），提高煤粉着火燃烧的稳定性，否则容易灭火。

6）控制好一、二次风混合时间。煤粉气流着火后放出大量的热量，炉温迅速升高，火焰中心的温度可达1500℃左右，因燃烧速度很快，一次风中的氧很快耗尽。由于煤粒表面氧量不足将会限制燃烧过程的发展，所以应及时供应二次风。一般在煤粉气流着火后，燃烧过程发展到迫切需要氧气时，是一、二次风混合的最有利时机。二次风加入的时间过早，混合提前，等于加大一次风量，使着火热增加，着火推迟；混合过晚，当炽热焦炭急需空气时，未能及时供氧，也会降低燃烧速度，造成不完全燃烧热损失。因此在运行操作上要合理地调整好一、二次风混合时间。由于二次风比炉温低得多，为了不降低燃烧中心区的温度，在燃烧挥发分较低的煤时，二次风应该在煤粉气流着火后随着燃烧过程的发展分期分批送入。

（16）机械未完全燃烧热损失、灰渣含碳热损失、固体未完全燃烧热损失（heat loss due to unburned carbon）：由于飞灰、炉渣和漏煤中未燃碳所造成的热损失，以及中速磨煤机排出石子煤的热量损失，以q_4表示。计算公式为

$$q_4=\frac{337.27A_{ar}}{Q_{net,\ ar}}\left(\frac{\alpha_{fh}C_{fh}}{100-C_{fh}}+\frac{\alpha_{lz}C_{lz}}{100-C_{lz}}\right)\times100\%+\frac{B_{sz}Q_{ar,\ sz}}{BQ_{net,\ ar}}\times100\%$$

式中　337.27——碳的发热量为33 727kJ/kg的1/100；

A_{ar}——煤的收到基灰分含量百分率，%；

C_{fh}、C_{lm}、C_{lz}——飞灰中碳的含量（飞灰可燃物）、漏煤中可燃物含量和炉渣可燃物含量百分率，%；

α_{fh}、α_{flm}、α_{lz}——飞灰、漏煤、灰渣占燃料总灰分的份额，%；

B——锅炉燃料消耗量，kg/h；

B_{sz}——中速磨煤机废弃的石子煤量，kg/h；

$Q_{ar,sz}$——石子煤的实测低位发热量，kJ/kg。

C_{fh}、C_{lz}的数值可根据最近的灰平衡试验或锅炉性能试验来选取。对于固体排渣煤粉锅炉，可取$C_{fh}=90$、$C_{lz}=10$；对于液态排渣煤粉锅炉，可取$C_{lz}=30\sim90$、$C_{fh}=100-C_{lz}$。

其中炉渣损失为$\dfrac{337.27A_{ar}\alpha_{lz}C_{lz}\times100\%}{Q_{net,\ ar}(100-C_{lz})}$，飞灰损失为$\dfrac{337.27A_{ar}\alpha_{fh}C_{fh}\times100\%}{Q_{net,\ ar}(100-C_{fh})}$，漏煤损失为$\dfrac{337.27A_{ar}\alpha_{lm}C_{lm}\times100\%}{Q_{net,\ ar}(100-C_{lm})}$。炉渣损失指未燃尽的燃料与渣在一起，一同排入灰斗所造成的损失；飞灰损失指未燃尽的燃料与灰在一起，随烟气排出，经电除尘时，大部分落下，小部分随烟气从烟囱排出，所造成的损失；漏煤损失指链条炉中未能完全燃烧的煤漏入灰斗造成的损失，电厂煤粉炉中没有该项损失。

对于燃油锅炉，一般灰分很少，可以忽略不计；如果必须计算，其固体未完全燃烧热损失为

$$q_4=\frac{337.27\mu V_{gy}}{Q_r}\times100\%$$

式中　μ——锅炉排烟中碳的浓度，g/m^3。

飞灰可燃物每降低1%，发电煤耗降低1.2g/kWh。影响固体未完全燃烧热损失的主要因素是燃料性质和运行人员操作水平。降低固体未完全燃烧热损失的措施如下：

1）采购灰分、水分少的煤。煤中含灰分、水分越少，q_4越小。

2）适当增大过量空气系数，对碳的燃尽有利，因此可减少q_4。但是过量空气系数过大，会降低炉内温度水平，且使排烟容积增大，导致排烟热损失增大。因此运行中，要选择最佳的过量空气系数。

3）合理调整和降低煤粉细度。理论研究表明，煤粉完全燃烧所需要的时间与煤粉颗粒直径的1～2次方成正比。造成q_4损失的主要是煤粉中存在大颗粒的粗粉，细而均匀的煤粉容易实现完全燃烧。挥发分高的煤粉，因其着火与燃烧的条件较好，煤粉可适当粗些；反之，对挥发分低的煤，其煤粉应细些。煤粉细度可以通过改变通风量或粗粉分离器出口套筒高度来调节。

4）合理组织炉内空气动力工况。炉膛中煤粉是在悬浮状态下燃烧的，空气与煤粉的相对速度很小，混合条件很不理想。为了能使煤粉与补充的二次风能充分混合，除了二次风应具有较高的速度外，还应合理组织好炉内空气动力工况，促进煤粉和空气的混合。合理组织炉内空气动力工况，可以改善火焰在炉内充满程度（火焰所占容积与炉膛几何容积之比称为火焰充满程度）。实践证明，火焰充满炉膛程度越高，炉膛的有效容积越大，可燃物在炉内实际停留时间越长，飞灰可燃物含量越大。另外通过燃烧器的结构设计以及燃烧器在炉膛中的合理布置，可以组织好炉内高温烟气的合理流动，使更多的烟气回流到煤粉气流的着火区，增大煤粉气流与高温烟气的接触周界，以增强煤粉气流与高温烟气之间的对流换热，这是改善着火性能的重要措施。

5）运行中根据煤种变化，使一、二次风适时混合，保持火焰不偏斜，维持适当炉温，可减少q_4。

(17) 散热损失（heat loss due to radiation）：由于运行中锅炉内部各处的温度均高于外部温度，使一部分热量散失到空气中造成的散热损失，即炉墙、锅炉范围内管道和烟风道向周围环境散热所造成的热损失，以q_5表示。当锅炉在非额定蒸发量下运行时，由于锅炉外表面的温度变化不大，所以锅炉总的散热量变化也不大；但对于1kg燃料的散热量Q_5却有明显的变化，可近

似地认为散热损失与锅炉运行负荷成反比变化。因此计算公式为

$$q_5 = q_5^e \frac{D_e}{D}$$

式中 D_e——锅炉的额定蒸发量，t/h；
D——锅炉效率试验时的实际蒸发量，t/h；
q_5^e——额定蒸发量下的散热损失，根据锅炉额定蒸发量按图 6-16 查取，%。

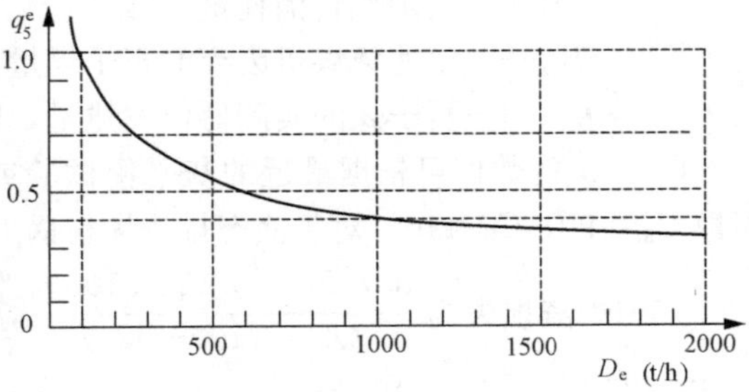

图 6-16 额定负荷下的锅炉散热损失曲线

额定负荷下的锅炉散热损失也可按下式计算，即

$$q_5^e = 5.82 D_e^{-0.38}$$

式中 q_5^e——额定负荷下的锅炉散热损失，%；
D_e——锅炉的额定蒸发量，t/h。

关于散热损失计算可以理解为：锅炉散热损失是由于炉墙外表面温度与环境空气温度之差引起的对流热损失。因此锅炉炉墙的散热功率为

$$Q_5 = \partial A(t_b - t_0)/1000$$

式中 Q_5——锅炉炉墙的散热功率，kW；
t_0——环境空气温度，℃；
t_b——炉墙外表面温度，℃；
∂——炉墙外表面与空气之间的自然对流换热系数，W/(m² · ℃)；
A——锅炉炉墙四侧和炉顶的散热总面积，m²。

一般来说，可以假设环境空气温度 t_0=20℃，炉墙外表面温度 t_b=50℃，对流换热系数 ∂=10W/(m² · ℃)。

则锅炉炉墙的散热功率为

$$Q_5 = 10 \times A(50 - 20)/1000 = 0.3A(\text{kW})$$

锅炉输入热功率为

$$Q_r = BQ_{net,ar}/3600$$

式中 Q_r——输入锅炉的散热功率，kW；
B——锅炉燃料消耗量，kg/h；
$Q_{net,ar}$——燃料低位发热量，kJ/kg。

因此，锅炉的散热损失为

$$q_5 = \frac{Q_5}{Q_r} = \frac{3600 \times 0.3A}{BQ_{net,ar}} = \frac{1080A}{BQ_{net,ar}}$$

根据上式可以知道，当锅炉负荷降低时，由于燃料消耗量变化很大，但是炉墙表面温度变化很小，所以锅炉的散热损失与锅炉负荷呈反比变化。

对于设计好的锅炉，B 和 $Q_{net,ar}$ 很容易查到设计数据；锅炉炉墙四侧和炉顶总面积 A 则没有现成的数据，但可以根据有关设计数量近似计算，散热总面积 A=1.5×炉膛总受热面积。

例 6-9 对于某 660MW 超超临界锅炉，设计锅炉消耗量 B 为 255 900kg/h，燃煤低位发热量 $Q_{net,ar}$ 为 23 570kJ/kg，炉膛总受热面积为 9970m²，求设计环境温度 20℃下的锅炉散热损失。

解： 环境温度 20℃时锅炉的散热损失为

$$q_5 = \frac{Q_5}{Q_r} = \frac{1080 \times 1.5 \times 9970}{255\,900 \times 23\,570} \times 100\% = 0.278\%$$

对于大型锅炉，q_5一般小于0.5%。散热损失高的原因如下：

1）保温施工工艺不符合技术要求，保温接缝处处理不当，保温材料膨胀缝处理不当。

2）水冷壁和炉墙等结构不严密、不紧凑，炉墙和管道的保温不好。

3）保温材料性能选用不符合技术要求。

4）临时检修设备拆除保温后未及时恢复保温或保温效果不好。

5）锅炉容量小。锅炉容量减小，燃煤量与容量减小呈正比减小，但锅炉表面积的减小相对幅度小一些，因此散热损失随锅炉容量减小而增加。

6）负荷减小，相对表面积大。

7）周围空气温度低，散热损失就大。锅炉工作时，由于炉墙、金属结构以及锅炉机组范围内烟风道、汽水管道和联箱等的外表面温度高于周围环境温度，所以会通过自然对流和辐射向周围散热。660MW超超临界锅炉的散热损失随环境温度变化对锅炉效率的影响见图6-17。

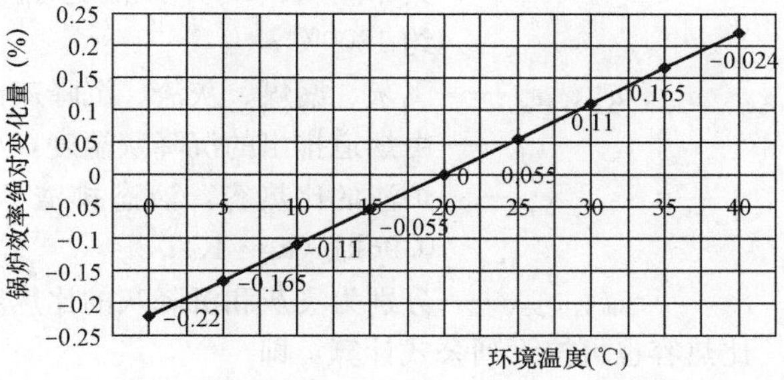

图6-17 环境温度对锅炉效率的影响

降低散热损失的对策如下：

1）每年至少进行一次保温测试，机组A修前进行一次保温测试。根据测试结果确定检修项目。

2）凡是表面温度超过50℃的传热体均应进行保温，特别是应注意对阀门法兰等处的保温工作，有脱落和松动的保温层应及时修补。

3）对炉顶及炉墙严密性差的锅炉，应采用新材料、新工艺或改造原有结构的措施予以解决。对炉内内衬、燃烧器部位的炉墙保温情况进行检查处理。

4）消除热系统中阀门和接头等部位的“跑冒滴漏”现象。

5）根据使用部位和所要求的材料理化性能指标，选用合格的保温材料。

6）加强热力设备、管道、阀门保温的监督和维护，保温效果应列入A/B修竣工验收项目，保温完好情况应列入C/D修、停机消缺及日常维护消缺的验收项目。

7）在锅炉辐射段保温层喷涂高温远红外涂料，可以提高炉膛吸热能力，减少热量损失。

8）加强保温是减少热损失的有效措施。锅炉炉墙和热力管网的温度总是比环境温度高，所以部分热量就要通过辐射和对流的方式散发到周围空气中去，造成锅炉的散热损失。因此应采用先进的保温材料和保温工艺，尽量减少散热损失。硅酸铝纤维板和复合硅酸盐毡保温材料在相同工艺条件下，其使用厚度为硬质成型微孔硅酸钙保温材料的五分之三，可使管道外保护层用量相应减少18%，散热损失相应减少20%。无论是一次性投资，还是每年的散热损失费用等方面，均以使用硅酸铝纤维板和复合硅酸盐毡保温材料为最经济，具有良好的综合经济效益。锅炉炉顶密封、部分烟风道伸缩节、穿墙管密封，由于其膨胀结构复杂，容易发生漏风漏灰，除了焊接密封钢板，微膨胀可塑料与保温材料组合密封工艺外，建议对膨胀与收缩复杂部位，采用新型密封修复技术彻底解决。其技术工艺是采用进口的高温黏合剂和多层高密度陶瓷纤维把锅炉本体泄漏部位密封起来，外部采用耐高温的镍铬锰钢丝网把纤维层加以整体固定；其施工特点是用高温黏合剂把陶瓷纤维与金属表面牢固地粘在一起，热态金属膨胀系数不同引起的位移由多层纤维来调整、吸收，整个密封结构呈可塑性，不会再有因热交变应力引起的开裂、漏风。

（18）灰渣物理热损失（heat loss due to sensible heat in slag）：炉渣、飞灰与沉降灰排出锅炉

设备时，所带走的显热占输入热量的百分率。计算公式为：

$$q_6=\frac{A_{ar}}{Q_r}\left[\frac{\alpha_{lz}(t_{lz}-t_0)c_{plz}}{100-C_{lz}}+\frac{\alpha_{fh}(T_{py}-t_0)c_{pfh}}{100-C_{fh}}+\frac{\alpha_{cjh}(t_{cjh}-t_0)c_{pcjh}}{100-C_{cjh}}\right]\times 100\%$$

式中 q_6——灰渣物理热损失，%；

t_{lz}——由炉膛排出的炉渣温度，当不直接测量时，固态排渣煤粉炉取800℃，火床炉取600℃，液态排渣火室炉取煤灰的熔化温度＋100℃，约1300℃；

α_{fh}、α_{lm}、α_{lz}、α_{cjh}——飞灰、漏煤、灰渣、沉降灰占燃料总灰分的份额，%；

t_{cjh}——由烟道排出的沉降灰温度，可取为沉降灰斗上部空间的烟气温度，℃；

c_{plz}——炉渣的比热容，液态排渣锅炉取1.10kJ/(kg·K)；固态排渣锅炉取0.96kJ/(kg·K)；

c_{pfh}、c_{pcjh}——分别为飞灰和沉降灰的比热容，取0.82kJ/(kg·K)，kJ/(kg·K)。

比热容也可按下列公式计算，即

$$c=0.71+0.000\,502t$$

式中 c——飞灰（或沉降灰或炉渣）的比热，kJ/(kg·K)；

t——排烟温度（或沉降灰温度或炉渣温度），℃。

灰渣物理热损失一般很小，不会超过0.1%，对于燃油和燃气锅炉，取$q_6=0$。影响灰渣物理热损失的主要因素是燃料灰分、排渣量的大小和温度高低。由于飞灰含量很小，可以认为影响灰渣物理热损失的主要因素是排渣量和排渣温度。锅炉排渣量和排渣温度主要与锅炉的排渣方式有关，固态排渣的渣量较小，液态排渣的渣量较大。液态排渣炉的排渣温度要比固态排渣炉的排渣温度高得多。

(19) 燃烧效率、燃尽率、燃净率（combustion efficiency）：单位燃料可燃质燃烧所放出的热量占单位燃料可燃质发热量的百分比，符号为η_c，计算公式为

$$\eta_c=1-q_3-q_4$$

式中 η_c——燃烧效率，%；

q_3——化学未完全燃烧热损失，%；

q_4——固体未完全燃烧热损失，%。

燃烧效率主要取决于燃烧装置和燃料自身的特性，与环境等因素有关。燃烧效率这个指标，相对于一定的燃烧装置和确定的燃料才有意义，即是用来评价特定燃烧装置燃烧特定燃料的指标。

(20) 锅炉（热）效率、锅炉毛效率（boiler efficiency）：单位时间内锅炉有效利用热量占锅炉输入热量的百分比，或每千克燃料（固体和液体燃料）输入锅炉的热量扣除各种损失热量与输入锅炉的热量之比。

单位燃料输入锅炉的热量Q_r包括燃料的低位发热量、暖风器输入的热量、燃料的物理显热和燃油锅炉雾化用的蒸汽所带入的热量。也就是说所有进入锅炉系统的热量都算作输入热量，根据上式计算得到的锅炉效率，一般称为锅炉毛效率。

(21) 正平衡锅炉效率（positive boiler efficiency）：每千克燃料（固体和液体燃料）输入锅炉的热量中有效利用热量的百分比。如果1kg燃料输入锅炉的热量（即1kg燃料发出的热量以及随燃料一起进入锅炉的热量）为Q_r（kJ/kg），锅炉每小时的燃料消耗量为B（kg/h），则锅炉每小时输入的热量为BQ_r。正平衡法计算锅炉热效率η_{bl}的计算公式为

$$\eta_{bl}=\frac{Q_b}{BQ_r}\times 100\%$$

$$Q_b = G_b h_b + G_{rh}(h_{rhr} - h_{rhl}) + G_{bl}h_{bl} - G_{fw}h_{fw} - G_{ss}h_{ss} - G_{rs}h_{rs} + G_{fy}(h_{zy} - h_{fw})$$

式中 G_b、G_{bl}——锅炉主蒸汽量和排污量，kg/h；

h_b、h_{bl}——锅炉过热器出口蒸汽和汽包排污水的焓，kJ/kg；

G_{rs}、G_{ss}——再热器、过热器减温水量，kg/h；

h_{rs}、h_{ss}——再热器、过热器减温水焓，kJ/kg；

D_{rh}——再热蒸汽流量，kg/h；

G_{fw}——给水流量，kg/h；

h_{fw}——给水焓，kJ/kg；

D_{fy}——自用蒸汽（包括吹灰、疏水及抽汽等锅炉自用蒸汽）流量，kg/h；

h_{fy}——自用蒸汽压力和温度对应的焓，kJ/kg；

h_{rhr}、h_{rhl}——再热蒸汽热端焓和再热蒸汽冷端焓，kJ/kg；

Q_r——每千克燃料的锅炉输入热量，kJ/kg；

Q_b——锅炉总有效利用热量，kJ/h；

B——锅炉每小时的燃料消耗量，kg/h。

（22）反平衡锅炉效率（antiequality boiler efficiency）：每千克燃料（固体和液体燃料）输入锅炉的热量扣除各种损失热量与输入锅炉的热量之比。计算公式为

$$\eta_{bl} = 100\% - (q_2 + q_3 + q_4 + q_5 + q_6)$$

在锅炉设计说明书（热力性能计算数据汇总表）中提供的锅炉效率，均为反平衡计算结果，而且会出现高位热值下的锅炉效率和低位热值下的锅炉效率2种结果。一般情况下，高位热值下的锅炉效率要比低位热值下的锅炉效率低4～5个百分点。例如上锅生产的SG1025/18.3-M831型300MW亚临界锅炉，在BMCR高位热值下热效率为87.84%，比低位热值下热效率低4.46个百分点，见表6-31。另外需要说明的是，锅炉设计说明书提供的锅炉效率，需要说明运行工况，一般为BMCR工况或BECR工况，其中在BECR工况下设计的锅炉效率要比BMCR工况高0.03个百分点左右。

表6-31　　SG1025/18.3-M831型300MW亚临界锅炉主要热力性能参数

序号	性能参数	定压运行			滑压运行			
		BMCR	额定负荷	高压加热器全切工况	70% BMCR	60% BMCR	50% BMCR	35% BMCR
1	过热蒸汽流量（t/h）	1025	931.8	787.2	714.6	615.4	513.0	359.8
2	过热蒸汽出口压力（MPa）	18.3	17.3	17.1	17.0	13.2	11.1	7.75
3	过热蒸汽出口温度（℃）	541	541	541	541	541	541	541
4	过热器减温水温度（℃）	176	172.8	172.8	163.9	158.3	150	137.2
5	一级减温器喷水量（t/h）	0	26.5	83.7	49.9	48.0	34.3	28.7
6	二级减温器喷水量（t/h）	0	3.0	10.0	5.6	4.5	3.8	3.5
7	再热蒸汽流量（t/h）	830	762.1	765.0	597.7	520.6	438.5	311.4
8	再热蒸汽进口压力（MPa）	3.86	3.50	3.55	2.77	2.37	1.99	1.22
9	再热蒸汽出口压力（MPa）	3.65	3.31	3.36	2.61	2.25	1.90	1.05
10	再热蒸汽出口温度（℃）	541	541	539.7	540.6	540.1	540.2	538.6

续表

序号	性能参数	定压运行				滑压运行		
		BMCR	额定负荷	高压加热器全切工况	70% BMCR	60% BMCR	50% BMCR	35% BMCR
11	再热器减温水温度（℃）	176	172.8	172.8	163.9	158.3	150	137.2
12	再热器减温水设计流量（t/h）	41.5	0	0	0	0	0	0
13	省煤器给水温度（℃）	282	275.7	174.0	258.9	251.3	241.1	220.6
14	省煤器出口温度（℃）	319.5	314.9	260.1	305.9	293.8	284.5	268.8
15	锅炉燃煤量（t/h）	—	114.7	115.3	91.8	80.5	68.8	51.0
16	省煤器进口烟温（℃）	479.4	471.1	474.4	456.7	431.7	412.8	382.2
17	预热器进口烟温（℃）	365.6	356.7	305.6	338.3	319.4	303.9	275.6
18	锅炉排烟温度（未修正）（℃）	135.6	132.2	110.6	126.1	126.1	120	110
19	锅炉排烟温度（修正后）（℃）	127.2	123.9	103.9	117.9	117.2	111.7	100.6
20	锅炉效率（高位热值）（%）	87.84	88.0	89.02	88.4	88.12	87.89	87.3
21	锅炉效率（低位热值）（%）	92.30	92.5	92.9	93.6	92.6	92.4	91.8

反平衡效率由于烟气成分分析和烟气温度能够精确测量，所以精度高；同时由于被测量的各项损失只占总能量的很小份额，其测量精度对整体试验精度影响小；并可根据运行条件的变化将试验结果修正到规定条件；但反平衡法只能测量某一固定工况下的效率。正平衡法无需对无法准确测量的损失进行估算，需要测量的参数较少，但是由于煤质化验和质量计量存在误差，所以精度低；正平衡法对负荷要求不高，它天然就是对负荷加权平均值，适合计算一段时间内的锅炉效率。二者之间的比较见表 6-32。

表 6-32　　反平衡法正平衡法计算效率的优缺点比较

方法	优　点	缺　点
正平衡法	直接测量确定效率的主要参数（输入、输出）； 需较少的测量； 无需对无测量的损失进行估计	需要精确测量燃料量和燃料发热量，蒸汽流量及性质，精度很低； 不能分析效率低的原因； 不能将试验结果修正到标准或保证条件
反平衡法	能很精确地测量主要的量（烟气分析和烟气温度）； 可根据运行条件的变化将试验结果修正到标准或保证条件； 由于被测量（各项损失）只占总能量的很小份额，其测量精度对试验整体精度影响小； 可确认较大损失的来源； 可以找到两次结果不同的原因	需要较多的测量； 不能自动得到蒸发量和输出的数据； 某些损失实际上无法测量，其值必须估计

例 6-10　某火电厂锅炉额定蒸发量为 907t/h，最大蒸发量为 1025t/h，发电机额定功率为 300MW，烟煤收到基灰分 $A_{ar}=20\%$，含碳量 $C_{ar}=60\%$，含硫量 $S_{ar}=1.0\%$，含氮量 $N_{ar}=1\%$，含氧量 $O_{ar}=8\%$，含氢量 $H_{ar}=3\%$，水分 $M_{ar}=5\%$，燃煤低位发热量 $Q_{net,ar}=23\ 500$kJ/kg，锅炉实际蒸发量为 700.0t/h，飞灰可燃物 $C_{fh}=2\%$，炉渣中碳的含量 $C_{lz}=3\%$，炉膛出口氧量 O_2 为 5%，送风温度为 20℃，排烟温度为 130℃时，烟道漏风系数 $\Delta\alpha=0.2$，排烟中的一氧化碳含量

为0.05%。求最大连续出力工况（BMCR）下锅炉效率。

解：

$$\alpha_{py}=\frac{21}{21-O_2}+\Delta\alpha=\frac{21}{21-5}+0.2=1.513$$

$$q_2=(3.55\alpha+0.44)(T_{py}-t_0)\frac{1}{100}(\%)$$

$$=(3.55\times1.513+0.44)\times(130-20)\times\frac{1}{100}(\%)=6.39(\%)$$

$$q_4=\frac{337.27A_{ar}}{Q_{net,ar}}\left(\frac{\alpha_{fh}C_{fh}}{100-C_{fh}}+\frac{\alpha_{lz}C_{lz}}{100-C_{lz}}\right)\times100\%$$

$$=\frac{337.27\times20}{23\ 500}\left(\frac{0.9\times2}{100-2}+\frac{0.1\times3}{100-3}\right)\times100\%=0.616\%$$

$$q_3=\frac{V_{gy}}{Q_{net,ar}}(126.36\times CO)\times(1-q_4)=\frac{126.36\times0.05}{23\ 500}\times(1-0.616\%)=0.02(\%)$$

$$q_5^e=5.82D_e^{-0.38}(\%)=5.82\times907^{-0.38}(\%)=0.437\ 6\%$$

$$q_5=q_5^e\frac{D_e}{D}=0.437\ 6\%\times\frac{907}{1025}=0.387\%$$

$$q_6=\frac{A_{ar}}{Q_r}\times\frac{\alpha_{lz}(t_{lz}-t_0)c_{plz}}{100-C_{lz}}\times100\%$$

$$=\frac{20}{23\ 500}\times\frac{0.1(800-20)1.1}{100-3}\times100\%=0.075\%$$

因此最大连续出力工况下锅炉效率为

$$\eta_{bl}=100\%-6.39\%-0.616\%-0.02\%-0.387\%-0.075\%=92.51\%$$

（23）保证效率（guarantee efficiency）：锅炉在长期运行条件下所保证的锅炉热效率。锅炉制造厂在热力性能计算数据汇总表中一般会提供计算热效率和保证热效率。保证热效率一般是在BMCR工况或BECR工况，考虑到空气预热器漏风率为6%左右下的热效率，保证热效率一般比计算热效率低0.5个百分点。东锅生产的DG1025/17.5-Ⅱ4型锅炉热效率计算值和保证值的比较见表6-33。

表6-33　　DG1025/17.5-Ⅱ4型锅炉热效率计算值和保证值比较

序号	参　数	BMCR（330MW）	额定负荷 BECR（300MW）	90%BECR（270MW）	30%BECR（90MW）	高压加热器切除
1	过热蒸汽流量（t/h）	1025	959.6	800.11	291.5	788.8
2	过热蒸汽出口压力（MPa）	17.4	17.28	17.18	16.76	17.16
3	过热蒸汽出口温度（℃）	540	540	540	540	540
4	再热蒸汽流量（t/h）	848	788.8	668.7	252.2	772.7
5	再热蒸汽进口压力（MPa）	3.87	3.54	3.10	1.15	3.63
6	再热蒸汽出口压力（MPa）	3.67	3.38	2.96	1.09	3.47
7	再热蒸汽出口温度（℃）	540	540	540	500	540
8	再热器减温水设计流量（t/h）	0	0	0	0	0
9	过热器减温水设计流量（t/h）	29.34	20.16	47.33	6.65	93.91
10	给水温度（℃）	280	274.9	263.9	207.6	173.5
11	空气预热器出口烟温（修正前）（℃）	133	132	140	119	121
12	空气预热器出口烟温（修正后）（℃）	127	127	134	113	115

续表

序号	参　数	BMCR（330MW）	额定负荷 BECR（300MW）	90%BECR（270MW）	30%BECR（90MW）	高压加热器切除
13	锅炉燃煤量（t/h）	113.25	101.43	93.88	36.46	105.09
14	排烟损失（%）	4.98	4.95	4.95	4.31	4.49
15	化学未完全燃烧损失（%）	0	0	0	0	0
16	机械未完全燃烧损失（%）	1.5	1.5	1.5	1.5	1.5
17	散热损失（%）	0.2	0.2	0.27	0.05	0.27
18	计算热效率（%）	93.25	93.28	93.21	93.61	93.67
19	保证效率（低位热值）（%）	—	92.78	—	—	—

当然，有时锅炉厂可能不提供保证热效率，只提供计算热效率，即设计热效率。东锅生产的DG1025/18.2-Ⅱ4型锅炉计算热效率见表6-34。

表6-34　DG1025/18.2-Ⅱ4型锅炉热效率计算值

序号	参　数	定压运行			滑压运行	
		BMCR（330MW）	额定负荷 BECR（300MW）	70%BECR（210MW）	75%BECR（225MW）	50%BECR（150MW）
1	过热蒸汽流量（t/h）	1025	907	634.9	661.6	452.7
2	过热蒸汽出口压力（MPa）	18.2	17.35	16.96	14.3	9.95
3	过热蒸汽出口温度（℃）	541	541	540	541	541
4	再热蒸汽流量（t/h）	835.3	745.7	522	555.4	387.8
5	再热蒸汽进口压力（MPa）	3.82	3.41	2.35	2.53	1.81
6	再热蒸汽出口压力（MPa）	3.62	3.23	2.23	2.40	1.71
7	再热蒸汽出口温度（℃）	541	541	540	541	513
8	再热器减温水设计流量（t/h）	5.9	0	2.44	3.47	4.5
9	过热器减温水设计流量（t/h）	11.31	21.74	57.09	56.89	34.0
10	给水温度（℃）	281.1	273.6	250	255.1	234
11	空气预热器出口烟温（修正前）（℃）	156	134.4	159	159	156
12	空气预热器出口烟温（修正后）（℃）	151	125	156	149	149
13	锅炉燃煤量（t/h）	137.1	121.2	89.4	92.7	66.52
14	计算热效率（%）	91.3	92.32	90.5	90.67	88.95

锅炉热效率低的原因如下：

1）排烟温度高。

2）锅炉氧量过大或过小。

3）煤粉细度不合格，煤粉粗。

4）不完全燃烧热损失高，飞灰可燃物、灰渣可燃物大。

5）磨煤机石子煤含煤排放。

6）空气预热器漏风率大。

7）散热损失大。

8）吹灰器投入率低。

9）设备存在缺陷，被迫降参数运行。

10）炉顶密封不佳。锅炉在热态运行过程中，引起锅炉炉顶膨胀中心不确定，长时间运行造成密封件在热应力作用下被拉裂，从而引起炉顶密封泄漏。炉顶密封泄漏导致漏灰严重。

11）入炉煤热值。热值影响煤粉的燃烧和燃尽，燃烧的不稳定和不完全，会使 q_4 损失变化；同时由于燃料量的变化也会影响到排烟温度和过量空气而使 q_2 损失变化，见图 6-18（a）（图 6-18 是针对某一工程绘制的，在这里仅作为一种参考趋势）。根据多台锅炉试验，在满负荷时热值每降低 100kJ/kg，对应锅炉效率降低 0.040～0.047 个百分点。

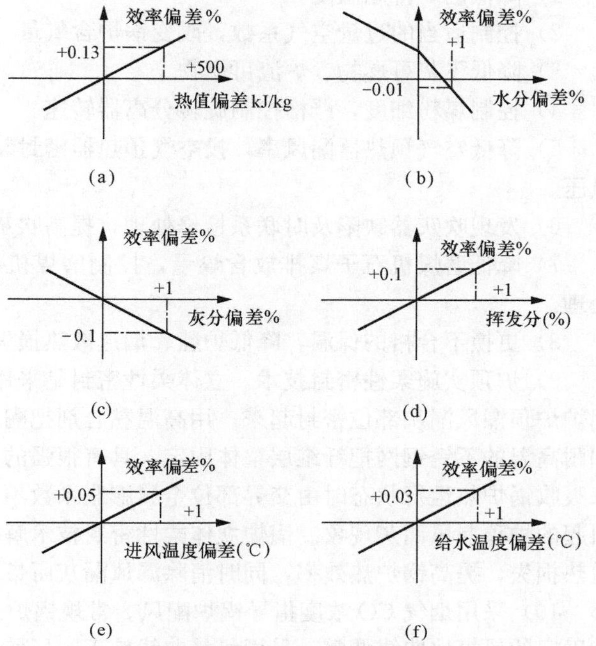

图 6-18 主要因素影响锅炉效率绝对值

（a）热值对效率的影响；（b）水分对效率的影响；（c）灰分对效率的影响；（d）挥发分对效率的影响；（e）进风温度对效率的影响；（f）给水温度对效率的影响

12）煤质水分变化。煤中水分吸收热量，并影响燃料的发热量，同时水分变化使烟气量发生变化，从而影响排烟损失，见图 6-18（b）。

13）煤质灰分变化。煤中灰分会影响到火焰温度，同时加热灰分要消耗热量，并影响到燃烧稳定性，燃尽度也受影响，会使 q_4 损失变化；如果吹灰不及时，还会影响到排烟温度，见图 6-18（c）。

14）煤质挥发分变化。煤中挥发分会影响到煤粉的着火特性，同时也影响燃烧的稳定性和燃尽度，对 q_4 损失影响很大，见图 6-18（d）。

15）进风温度。进风温度会引起燃料量的变化，也就是输入热量的变化，从而影响到锅炉效率，见图 6-18（e）。

16）给水温度。给水温度会引起燃料量的变化和烟气量的变化，使煤粉在炉内的停留时间发生变化，从而影响到锅炉效率，见图 6-18（f）。

17）低氮燃烧器投停。由于低氮燃烧器降氮的主要原理是主燃烧区域缺氧燃烧，因此低氮燃烧器投入后造成锅炉飞灰及大渣含碳量增加，CO 含量增大，综合表现为锅炉效率降低。例如某 600MW 亚临界锅炉在额定负荷投入低氮燃烧器时锅炉效率为 92.46，停运低氮燃烧器时锅炉效率为 94.28%；在 50%负荷投入低氮燃烧器时锅炉效率为 93.11%，停运低氮燃烧器时锅炉效率为 93.27%。

18）干式除渣系统漏风。干式除渣系统制造商认为采用干式除渣系统后风冷式排渣机的冷却风量不超过锅炉总风量的 1%～1.5%时，锅炉效率可以提高 0.25～0.38 个百分点。实际上通过对采用干式除渣系统改造的锅炉试验，结果表明风冷式排渣机的冷却风量从 0.44%增加到 1.13%时，锅炉排烟温度升高 8.4℃，锅炉效率降低 0.48 个百分点。

提高锅炉热效率的对策如下：

1）降低锅炉排烟温度。

2）控制适当的过量空气系数，改变锅炉含氧量。

3）降低飞灰可燃物、炉渣可燃物。

4）控制煤粉细度，严格控制旋转分离器转速。

5）降低空气预热器漏风率，投空气预热器密封装置“自动”方式运行，维持合适的一/二次风压。

6）发现吹灰器缺陷及时联系检修处理，提高吹灰器投入率。

7）降低磨煤机石子煤排放含煤量，控制磨煤机风/煤比，制粉系统存在缺陷及时联系检修处理。

8）更换不合格的保温，降低炉膛、烟道散热损失。

9）炉顶实施柔性密封技术。立体柔性密封是采用专用高温黏合剂和多层高密度陶瓷纤维把锅炉炉顶漏风漏灰部位密封起来。用高温黏合剂把陶瓷纤维与金属表面牢固地粘在一起，外部采用耐高温的不锈钢网把纤维层整体固定，具有很强的柔韧性和弹性。利用整个密封结构的可塑性来吸收锅炉热运行状态时由交界部位金属膨胀系数不同引起的位移，从而达到消除密封开裂部位引起的炉顶漏风漏灰现象。锅炉立体柔性密封技术解决了炉灯密封泄漏问题，降低漏风量，减少散热损失，提高锅炉热效率，同时消除漏风漏灰所带来的环境污染。

10）采用烟气CO浓度指导锅炉配风。常规锅炉运行风量一般根据设计煤种或投产后燃烧试验确定的风煤比曲线调整，采用氧量曲线校正。目前存在的变煤种、制粉系统运行工况发生变化时，锅炉不同出力对应的运行氧量值就会失去参考意义。各电厂为降低锅炉排烟热损失和风机耗电率，减少受热面磨损，往往采用低风量运行。过低风量不仅会造成锅炉飞灰含碳量升高，烟气中CO浓度也会急剧升高，锅炉受热面产生高温腐蚀，同时产生化学未完全燃烧损失。在锅炉省煤器出口水平烟道加装CO测量装置并把测量数据引入分散控制系统（DCS)，采用CO浓度配合氧量对风量进行校正，能取得很好的效果。当锅炉燃烧较为充分时，烟气中CO含量很低，一般低于100mg/m^3；当出现燃烧不完全现象时，CO含量会急剧升高至数千甚至上万mg/m^3。利用这一特性能有效消除氧量测量误差对风量调节的不利影响。运行中烟气CO浓度目标值控制在30～200mg/m^3，能保持锅炉配风在最佳状态。为避免CO测量值大幅度变化引起的锅炉风量波动，CO校正回路要合理设置延迟时间和校正速率。南通、日照等电厂加装了烟气CO检测装置，辅助进行锅炉配风。白杨河电厂7号300MW锅炉在脱硝CEMS测量装置中增加CO检测模块，通过CO浓度配合进行锅炉配风，氧量比之前下降1个百分点，有效降低了排烟热损失和风机电耗。目前，大多数电厂均正在或将进行脱硝改造，部分电厂脱硝CEMS中原先就配有CO测量模块，其余电厂可通过加装该模块实现锅炉精确配风。

11）水冷壁采用Firemate（法耳迈特）节能涂料覆膜技术，可以减轻锅炉结焦，改变燃烧条件，增加燃尽程度。改造后涂层发射率提高到0.93，使炉膛内带有涂层辐射特性的电磁波大大增加。电磁波特性改变后不再被三原子气体（CO_2和H_2O）吸收，更多作用于煤粉颗粒，增强了对煤粉颗粒的加热作用，煤粉颗粒的燃烧——挥发分析出、着火和碳的氧化反应因此发生了有益的变化。具体表现在：①提高加热速率，使挥发分析出更快，使着火加快、燃烧加剧，有利于燃烧的充分进行，煤粉颗粒的燃烧更完全、彻底。②提高煤粉颗粒的温度，使挥发分析出更彻底，增大煤粉颗粒的内孔结构，增大比表面积，使之更易吸附氧气，加快碳的氧化反应，使煤粉颗粒的燃烧更加充分。大唐集团某热电厂2号300MW机组锅炉上应用该方法后，飞灰从2.8%降低到0.8%，锅炉效率从92.0%提高到93.1%。

（24）锅炉净效率（boiler net efficiency)：单位时间内锅炉有效利用热量与锅炉输入热量、

锅炉自用热量，以及锅炉辅助机械消耗电功率折合热量之和的百分比。计算公式为

$$\eta_{bj}=\frac{\eta_{bl}Q_r}{Q_r+\sum Q_{fy}+\dfrac{b}{B}29\ 308\sum P_{fj}}\times 100\%$$

式中 $\sum P_{fj}$——锅炉设备的制粉系统、送风机、引风机、烟气再循环风机、强制循环泵、除渣及除灰系统、电除尘等辅助机械电动机的实际功率，kW；

$\sum Q_{fy}$——驱动锅炉辅助设备和吹灰等锅炉自用蒸汽热耗，kJ/kg；

Q_r——锅炉输入热量，kJ/kg 或 kJ/m^3；

B——锅炉的实际燃料消耗量，kg/h 或 m^3/h；

b——发电标准煤耗率，kg/kWh。

(25) 管道反平衡热效率（piping antiequality thermal efficiency）：根据热力发电厂原理，由管道热力系统的各项热损失得到的火力发电厂管道热效率。以 η_{gd} 表示。

狭义的管道效率是指管道出口工质焓占入口工质焓的百分比。在火力发电厂中，汽、水在管道中流动总会有摩擦、节流、压降等能量损失，同时管道不能真正做到绝热，还会有散热损失等，因此管道效率总是小于 100%。管道效率计算公式为

$$\eta_{gd}=\frac{\Delta h_2}{\Delta h_1}\times 100\%$$

式中 Δh_2——管道终点流体焓值（即出口焓值），kJ/kg；

Δh_1——管道起点流体焓值（即入口焓值），kJ/kg；

η_{gd}——狭义管道效率，%。

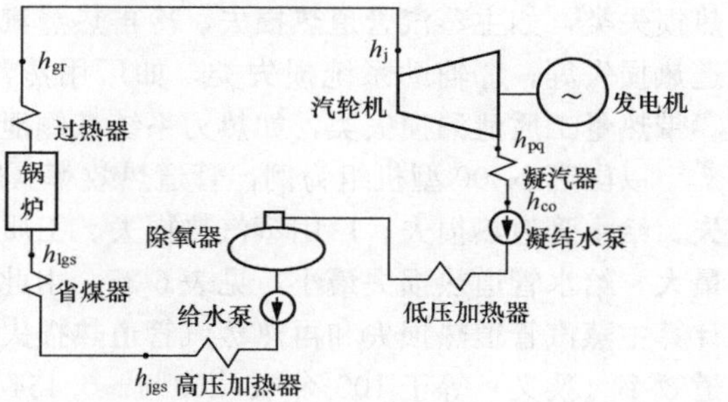

图 6-19 无再热系统机组的热力系统

1) 无再热系统机组的管道效率。无再热系统机组的热力系统见图 6-19。无再热系统机组的管道效率计算公式为

$$\eta_{gd}=\frac{h_j-h_{pq}}{h_{gr}-h_{pq}}\times\frac{h_{lgs}-h_{co}}{h_{jgs}-h_{co}}\times 100\%$$

式中 h_j——汽轮机入口蒸汽焓，kJ/kg；

h_{pq}——汽轮机排汽焓，kJ/kg；

h_{gr}——锅炉过热蒸汽焓，kJ/kg；

h_{jgs}——汽轮机侧给水焓，kJ/kg；

h_{lgs}——锅炉侧给水焓，kJ/kg；

h_{co}——凝汽器出口凝结水焓，kJ/kg。

2) 有再热系统机组的管道效率。有再热系统机组的热力系统见图 6-20。有再热系统机组的管道效率计算公式为

$$\eta_{gd}=\frac{h_j-h_{gp}}{h_{gr}-h_{zrl}}\times\frac{h_{zj}-h_{pq}}{h_{zrr}-h_{pq}}\times\frac{h_{lgs}-h_{co}}{h_{jgs}-h_{co}}\times 100\%$$

式中 h_j——汽轮机入口蒸汽焓，kJ/kg；

h_{pq}——汽轮机排汽焓，kJ/kg；

h_{gr}——锅炉过热蒸汽焓，kJ/kg；

h_{zrl}——再热器进汽焓，kJ/kg；

h_{zrr}——再热器出口焓，kJ/kg；

h_{gp}——高压缸排汽焓，kJ/kg；

h_{zj}——中压缸进汽焓，kJ/kg；

h_{jgs}——汽轮机侧给水焓，kJ/kg；

h_{lgs}——锅炉侧给水焓，kJ/kg；

h_{co}——凝汽器出口凝结水焓，kJ/kg。

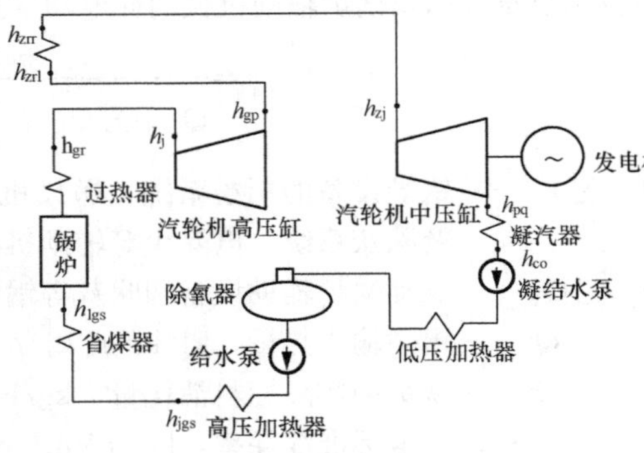

图 6-20 有再热系统机组的热力系统

一般情况下狭义管道效率应达到设计值，总的管道效率不小于 96%。单机机组容量越大，管道效率越高。当管道效率小于 96%时，应采取措施（如提高保温质量、减少管路阻力等），提高管道效率。

在实际中，由于不可能像热力试验那样使补水率为零、不排污，所以在具体应用时，不使用管道效率这一概念，而用厂内热损失概念（也就是广义上的管道效率）代替。厂内热损失定义为汽轮机从锅炉得到的热量占锅炉输出热量的百分比。管道热力系统的热损失可分为三大类：①散热损失类，如主蒸汽管道热损失、冷再热蒸汽管道热损失、热再热蒸汽管道热损失，以及给水管道热损失等；②辅助系统损失类，如厂用蒸汽系统热损失、锅炉连续排污利用系统热损失等；③带热量工质泄漏损失类，如热力系统汽侧泄漏热损失、热力系统水侧工质泄漏热损失等。

以国产 N300 型机组为例，管道热效率（广义）包括主蒸汽管道热损失、再热蒸汽管道热损失、给水管道热损失、厂用蒸汽热损失、工质泄漏和连续排污热损失六部分。以厂用蒸汽热损失最大，给水管道热损失最小，见表 6-35。由此可知，过去传统的计算管道效率的方法，实际上仅计算主蒸汽管道热损失和再热蒸汽管道热损失，显然是不全面的。由表可知，传统方法计算的管道效率（狭义）等于 100%－0.269%－0.454%＝99.28%，而实际上管道效率等于 94.95%，二者相差 4.33 个百分点。

表 6-35　　国产 N300 型机组管道热损失的分布及对煤耗的影响

项　目	数值（%）	对煤耗影响（g/kWh）
新汽管道热损失	0.269	0.91
再热蒸汽管道热损失	0.454	1.54
给水管道热损失	忽略不计	0
厂用蒸汽热损失	3.45	11.73
工质泄漏热损失	0.882	3.0
锅炉连续排污热损失	0.015	0.05
合计	94.95	17.23

根据有关资料，200MW 机组的广义管道效率为 94.6%，亚临界机组的广义管道效率为 95.7%，超临界机组的广义管道效率为 96.7%。管道效率低的原因如下：

1）管道保温不良，造成散热损失大。

2）管道疏水阀门泄漏量大。

3）机组排污量大。

4）机组汽水损失量大。

5）厂内辅汽用量大。

提高管道效率的对策如下：

1）采用质量好的保温，加强主蒸汽管道、再热蒸汽管道、给水管道的保温治理。

2）管道疏水阀门治理，检修修复，不能修复的进行更换。

3）在机组汽水品质规定范围内，减少排污量。

4）加强汽水泄漏治理，减少汽水损失。

5）减少厂内辅汽用户和用量。

6）减少排污热损失。

（26）管道正平衡热效率（piping positive equality thermal efficiency）：汽轮机从锅炉得到的热量与锅炉输出热量的百分比，以 η_{gd} 表示。计算公式为

$$\eta_{gd}=\frac{Q_0}{Q_b}$$

式中 Q_0——汽轮机在汽耗量为 G_0 时的热耗量，kJ/h；

Q_b——锅炉有效利用热量，kJ/h；

η_{gd}——管道效率，%。

第五节 循环流化床锅炉指标

（1）循环流化床磨损量（economizer wearing of CFB）：流体或固体颗粒以一定的速度和角度对受热面和耐火材料表面进行冲击所造成的磨伤和损坏。主要磨损处如下：

1）风帽磨损，最严重的区域在物料返料口附近。

2）水冷壁磨损，最严重部位炉膛下部水冷壁与耐火浇注料交界处（如卫燃带上部过渡区，见图 6-21），炉膛四角区域，以及一些不规则管壁，这些不规则管壁包括穿墙管、炉墙开孔处的弯管、管壁上焊缝等。

3）二次风喷嘴处和热电偶插入处。

4）高温旋风分离器的入口烟道及上部区域，以及中心筒。

5）对流烟道受热面的某些部位，如过热器、省煤器和空气预热器的某些部位。

影响循环流化床（CFB）磨损量的主要因素如下：

1）烟气速度。金属磨损量与烟气速度 3 次方成正比。

2）飞灰浓度。飞灰浓度大，灰颗粒撞击受热面次数增大，因而磨损量增大。

3）灰粒特性。灰粒越粗、越硬，冲击与切削作用越强，磨损量越大。

4）管束结构特性。当烟气纵向冲刷时，因灰粒运动与管子平行，冲击管子机会减少，故比横向冲刷磨损轻。

防磨损的主要措施如下：

1）检修改造方面。杜绝水冷壁管屏表面的凸起现象，检修结束后将水冷壁管焊口打磨圆滑，水冷壁管鳍片应该满焊，不能留下缝隙或漏洞。在水冷壁管加装防磨护板，应注意防磨护板与水冷壁管间的间隙不能太大以防形成凸台。卫燃带与水冷壁管交界处的磨损有两方面的原因：一方面是在交界区域沿壁面向下流动的固体物料与炉内向上流动的固体物料运动方向相反，在局部产生涡流；另一方面的原因是沿壁面下流的固体物料在交界区域产生流动方向的改变，对水冷壁管产生冲刷。因此在炉膛下部耐火材料与水冷壁交界处磨损最为严重，应尽可能减小耐火材料搁台的尺寸，以及在磨损区受热面管壁上增加一层表面堆焊层，见图 6-21（b）。

2）运行调整方面。在保证床料充分流化的前提下，尽量降低一次风量；在维持氧量的前提

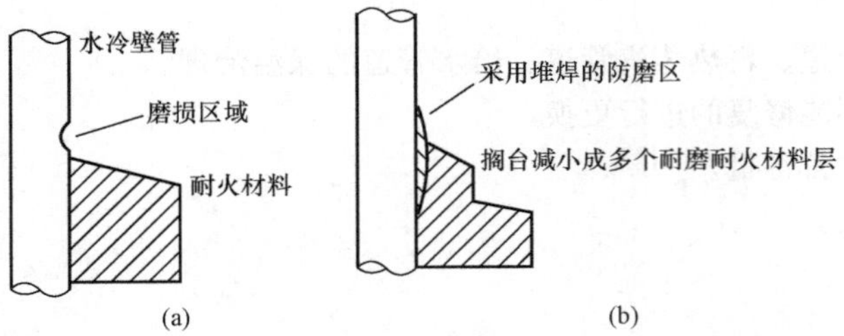

图 6-21　卫燃带过渡区水冷壁防磨措施
（a）卫燃带过滤区域的磨损；（b）水冷壁管的防磨设计

下适当调整二次风量，合理搭配上下二次风量，保持合适的过量空气系数。适当降低密相区高度，延长燃煤颗粒在炉内的停留时间，减小对水冷壁管的冲刷，同时也会降低飞灰含碳量。根据负荷变化选择合适的床层差压及烟气流速。提高旋风分离器分离效率，延长固体颗粒在炉内的停留时间。

3）加强来煤管理，控制矸石含量。及时进行煤质化验，控制来煤的筛分粒度，经常根据燃料颗粒度分布情况调整碎煤机锤头间隙，尽量采用二级破碎系统，提高煤颗粒的均匀度，减小大颗粒在来煤总量中的比例。

4）施工方面。选择质量较好的耐磨浇筑料和技术水平高的施工队伍，浇筑料软着陆时不能形成斜坡，以免附近水冷壁管的磨损加剧。炉膛布风板周围为四侧水冷壁，在布风板上部 3.5m 高度范围内水冷壁内侧全部焊接销钉，整体浇注“耐高温耐磨刚玉可塑料”，外侧安装金属护板。该区域是 CFB 锅炉燃烧的中心，在此进行煤粒流化、燃烧、燃尽的全过程。该部位的磨损全部由耐高温耐磨浇注料来承担，浇注料的材质和施工是减少磨损的重点。首先是选择合适的材料，建议选择材料为“耐磨刚玉可塑料”。这种材料最高使用温度为 1350℃，耐磨系数为 8CC（ASTMC704-2000），是耐火材料中价格最高、耐磨系数最高的产品。

5）对密相区埋管以上的裸露水冷壁管进行热喷涂。由于 CFB 锅炉受热面磨损问题比较严重，而一时难以找到有效的手段去彻底解决，目前热喷涂成为一种有效的方法来降低磨损。热喷涂是利用一定热源，例如高温电弧，将用于喷涂的材料加热至熔化，并获得高速度，喷射并沉积到经过预处理的工件表面，形成具有较强耐磨功能并与基体牢固结合的覆盖层的一项表面加工技术。按热源分类，基本上可分为火焰喷涂、电弧喷涂和等离子喷涂。热喷涂技术具有以下特点：涂层的致密性好；涂层硬度高；涂层耐磨性能高；涂层与管道基体结合强度大。进行过热喷涂的水冷壁管抗磨损和抗腐蚀寿命可以提高 2～4 倍。

6）选择适合于 CFB 锅炉的防磨材料；受热面加装防磨构件，安装防磨瓦等。

7）对某些已严重磨损并在运行中发现的部位，如受热面，特别是承压部件发生爆管、泄漏等，及时停炉检修，防止事故扩大。

(2)（分离器）循环倍率、（物料）循环倍率（circulation ratio）：CFB 锅炉中，由分离器分离下来且返送回炉内的物料量与给进的燃料量之比，符号为 K。计算公式为

$$K=\frac{G}{B}$$

式中　G——循环物料的质量流速，kg/s；

　　　B——入炉燃料的质量流速，kg/s。

物料循环过程由内循环和外循环两部分组成。内循环主要指循环床燃烧室内部流化的物料沿高度自身存在的颗粒上下质交换现象。由于循环床燃烧室边壁效应的原因，沿边壁存在着较为明显的下降流，而燃烧室中心区颗粒上长趋势较为明显。从这个现象引申颗粒在燃烧室内的上下质交换为内循环。而烟气携带的物料从燃烧室出口进入循环床分离器被分离后送回燃烧室则称为外循环。循环倍率概念反映了后者物料循环的多少，一般为 20～40。在 CFB 锅炉中，锅炉燃料量很容易控制，而循环物料量受到很多因素的影响，如一次风量、燃料颗粒特性、分离器效率以及回料系统可靠性等。影响循环倍率的运行因素很多，主要有以下几个方面：

1）分离器的效率。特别是主循环物料粒度的分离效率，是控制循环量最重要的因素。分离器的效率高，回料量增加，循环倍率增加。

2）灰颗粒的磨耗特性。参与循环的灰颗粒比添加量大得多，如果颗粒的磨耗特性好（灰的硬度高），则很容易形成足够的循环量。

3）锅炉负荷的影响。随着机组负荷的降低，即锅炉蒸发量的减少，锅炉整体风量和烟气流速必然降低，促使CFB锅炉循环倍率也相应地降低。

4）燃料的颗粒特性。如果入炉的颗粒较粗且所占份额较大，在一次量不变的情况下，炉膛上部的物料浓度降低，进入分离器的物料量相对减少，循环量降低；如果燃料粒度小，则形成细灰比例大，可能参与循环的细灰给入量大，有利于循环量。

5）灰回送装置可靠性。物料回送装置主要包括立管（料腿）和回料器（返料器）。立管的作用主要是形成足够的压差来克服分离器与炉膛之间的压差，防止气体反窜。回料器则起到启闭和调节固体颗粒流动的作用。如果灰回送装置运行不可靠，即使物料分离器分离捕捉到一些物料量，也将无法及时回送到炉内，影响循环倍率。

6）一次风量。一次风量大小直接影响到物料回送量。一次风量过小，炉内物料的流化状态将发生变化，燃烧室上部物料浓度降低，进入分离器的物料量相对减少，循环量降低。

（3）炉膛宽深比（furnace width depth ratio）：炉膛宽度与炉膛深度的比值。控制CFB锅炉主要措施是控制烟气速度不超过5.5m/s，因此一旦锅炉容量确定，炉膛的横截面积就基本确定。炉膛深度过大将导致二次风的穿透能力不足，容易导致炉膛中心区域氧浓度较低，不利于燃料在炉内的完全燃烧。不同容量的CFB锅炉炉膛宽深比见表6-36。

表6-36　　不同容量的CFB锅炉炉膛宽深比

电厂名称	锅炉容量（MW）	炉膛宽度（m）	炉膛深度（m）	炉膛截面积（m^2）	宽深比
美国Nisco热电厂	120	12.8	6.1	78.1	2.10
加拿大Nova Scotia电厂	165	18	7.6	136.8	2.37
波兰Turow电厂	235	21.1	9.9	208.9	2.13
美国JEA电厂	300	26	6.7	174.2	3.88
波兰Lagisza电厂	460	27.6	10.6	292.6	2.60
江西分宜电厂	100	16.37	5.81	95.1	2.82
江西分宜电厂	210	21.3	7.8	166.1	2.73
白马示范电厂	300	12.5	15.8	197.5	0.79
江西分宜电厂	330	25.8	9.5	245.1	2.72

（4）停留时间（standing time）：物料颗粒被带出炉膛前，在炉内逗留时间。大型CFB锅炉停留时间一般为5～7s。考虑到气固滑移速度，停留时间计算公式为

$$\tau=\frac{h_f-2}{u_x-u_{slip}}$$

式中　τ——物料颗粒在炉内停留时间，s；

h_f——布风板到炉膛出口中心线高度，m；

u_x——稀相区烟气速度，m/s；

u_{slip}——气固滑移速度，m/s。

（5）钙硫比、钙硫摩尔比（calcium to sulfur molar ratio）：通过氧化钙成分与燃料中硫分进行热化学反应生成固态硫酸钙，可以达到脱硫的环保要求。理论上，1mol 硫分反应生成稳定的硫酸钙需要 1mol 的钙。而在实际使用的石灰石脱硫反应过程中，由于反应速率、质交换速率、逆反应等因素，石灰石中 1mol 钙并不能将燃料中的 1mol 硫分完全反应掉。这样，就把实际所运用的钙摩尔粗线条适当增加，以提高脱硫效率。此时，加入炉膛脱硫剂的钙摩尔数与煤中需要脱除的硫分 S 摩尔之比，称为钙硫摩尔比，用 Ca/S 表示。该值越高，表示燃烧设备中石灰石的利用率越低。计算公式为

$$\mathrm{Ca/S}=\frac{G_t\times \mathrm{CaO}/56}{B\times \mathrm{S}/32}$$

式中 Ca/S——摩尔比；

G_t——脱硫剂消耗量，kg/h；

CaO——脱硫剂一氧化钙的含量，%；

B——燃料消耗量，kg/h；

S——燃料含硫量，%。

钙硫比对脱硫效率的影响最大，当流化速度一定时，随着 Ca/S 比的增大，脱硫效率增加。当钙硫比小于 2.5 时，脱硫效率增加得很快；继续增加钙硫比，脱硫效率缓慢增加。CFB 的 Ca/S 比一般为 1.5～2.5。

例 6-11 某 75t/CFB 锅炉，燃料消耗量 B=12 500kg/h，硫含量 S_{ar}=2%，石灰石加入量为 1800kg/h，石灰石中 CaO 含量为 50%，求其 Ca/S 摩尔比。

解：$\mathrm{Ca/S}=\frac{G_t\times \mathrm{CaO}/56}{B\times \mathrm{S}/32}=\frac{1800\times 0.5/56}{12\,500\times 0.02/32}=2.05$

（6）CFB 脱硫效率（desulfurization efficiency of CFB）：CFB 锅炉排烟中二氧化硫气体理论计算排放值与实测值的差值与理论计算排放值的比值（均折算至 1.4 过量空气系数）。计算公式为

$$\eta_{SO_2}=\frac{C_0-C_1}{C_0}\times 100\%$$

式中 η_{SO_2}——脱硫效率，%；

C_0——脱硫前 SO_2 的浓度；

C_1——脱硫后 SO_2 的浓度。

实际运行中，炉内填加规定颗粒石灰石，CFB 锅炉脱硫效率可达 70%～90%。影响脱硫效率的因素如下：

1）床层温度。试验表明：CFB 存在一个脱硫最佳温度范围：820～930℃，当温度高于或低于这一范围时，脱硫效率将会降低。石灰石进行燃烧的最低温度为 750℃，当床层温度低于 750℃时，脱硫反应不再进行；当床层温度高于 950℃时，CaO 表面产生结壳现象而失去吸收 SO_2 活性，当床层温度高于 1000℃时，又会由于 $CaSO_4$ 的再分解放出 SO_2 而影响脱硫效果。

2）石灰石颗粒。减小脱硫剂的粒径，脱硫气固反应的表面积增大，脱硫效率提高。试验表明，石灰石粒径在小于 0.5mm 时，脱硫效率快速提高；而在 1.0～2.5mm 范围内变化时，脱硫效率基本不变。见图 6-22。

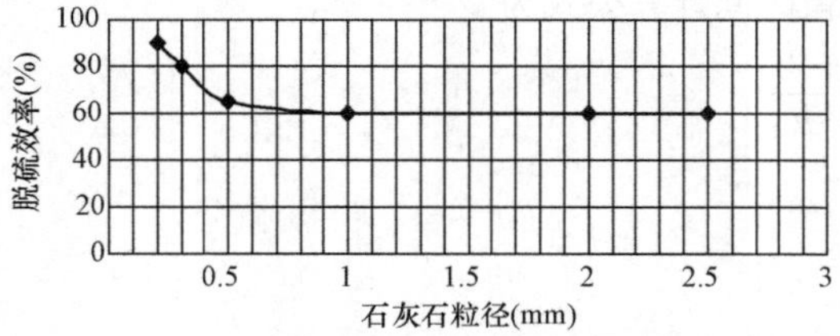

图 6-22 石灰石粒径对脱硫效率的影响

3）Ca/S影响。在其他工况不变的情况下，随着Ca/S摩尔比的增加，脱硫效率增加，并且当Ca/S摩尔比小于2.5时，脱硫效率增加很快。当继续增加Ca/S摩尔比时，脱硫效率增加缓慢。见图6-23。

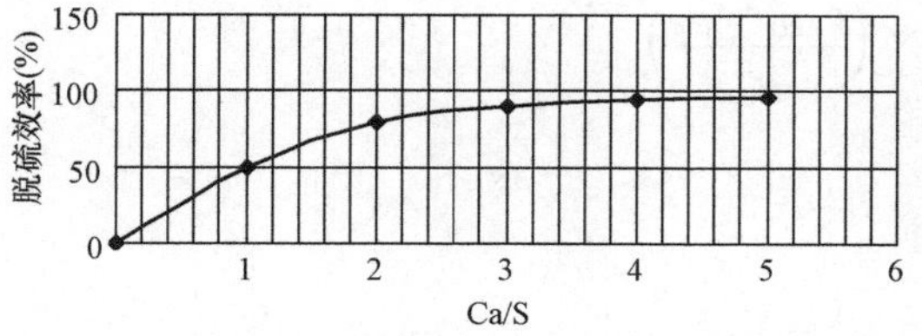

图6-23 脱硫效率随Ca/S摩尔比的变化

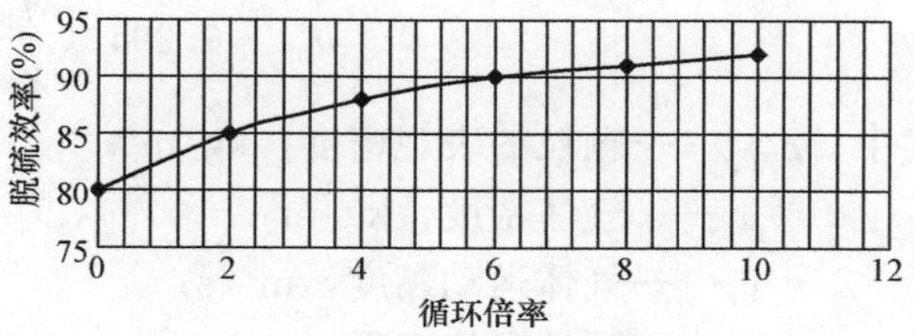

图6-24 循环倍率对脱硫效率的影响

4）循环倍率的影响。图6-24所示为循环倍率对脱硫效率的影响曲线，可以看出随着循环倍率的升高，脱硫效率提高。也就是说，循环倍率越大，脱硫效率越高。这是因为飞灰的再循环延长了石灰石在床内的停留时间，提高了脱硫剂的利用率。提高循环倍率同时还提高了悬浮空间的颗粒浓度，使脱硫效率升高。但是循环倍率增大到一定值，脱硫效率增加减缓。这是因为此时颗粒逃逸的可能性增加，密相区颗粒浓度也可能减小，而使总体的气固反应物在接触中吸收的总量基本保持不变。

（7）CFB燃烧份额（combustion share）：指CFB燃烧室各个区域中燃烧过程释放的热量占整个炉内燃料总量释放热量的百分比份额。燃烧份额一般是指密相区燃烧份额。燃烧份额的分配取决于燃料粒度分布、燃料挥发分含量、CBF内的物料浓度分布，以及一、二次风比例。密相区燃烧份额减少的因素如下：

1）流化风速的增加。流化风速增加时，大量的细微颗粒被抛撒到炉膛上部悬浮段，使下部（密相区）的燃烧份额减少，上部（稀相区）的燃烧份额增加。

2）过量空气系数降低。过量空气系数降低，床内含碳量会明显增加，扬析到过渡区的颗粒含碳量也会增加，因此过渡区的燃烧量会增加。在密相区，含碳量会更高，但氧气浓度更低，在一定程度上氧气达到碳颗粒表面机会减少，使密相区燃烧份额降低。

3）燃料中细微颗粒过多。细颗粒增加时，在同样的流化风速下，炉膛上部可燃物浓度增大，使参与悬浮段与循环过程物料增多，降低了密相区燃烧份额。

4）床温降低。密相区床温降低时，燃料燃烧反应速度下降，推迟了料层燃烧物的反应过程，形成燃烧后移现象，使密相区燃烧份额减少。密相区床温越高，燃料燃烧反应速度越快，并且气体扩散速度会加快，这样有利于气体和固体燃料的混合，因此密相区燃烧份额增加。

5）烟气再循环的使用。烟气再循环使得料层的氧气含氧量显著下降，在同样的床温、料层条件下，限制了料层内部燃烧量，使其燃烧份额下降。

6）燃料挥发分含量增加会使燃烧份额上移，密相区燃烧份额会相对降低。

（8）流化速度、空床截面流速（fluidization velocity）：流化床燃烧中从固定床转变为流化床时的空床截面气流速度。

（9）临界流化速度、临界流化风速（minimum fluidization velocity）：从固定床开始转化为流化床状态时空床截面最小风速，符号为u_{mf}。分为冷态临界流化风速和热态临界流化风速。在20℃下的临界流化风速为冷态临界流化风速，在800～900℃下的临界流化风速为热态临界流化风速。冷态临界流化风速只有热态的0.45～0.52倍，换句话说，热态所需要的风量为冷态的45％～52％就可达到同样的流化效果。工业应用的燃煤流化床锅炉，其正常运行的流化速度均要大于临界流化速度。对于实际运行的流化床，为使床层达到充分流化的流化风速通常应为临界流化风速的 2～3 倍左右。临界流化风速不仅与固体颗粒的粒度和密度有关，还与流化气体的参数（密度和黏度）有关。在锅炉运行中，当床温不变时，气体的密度和黏度发生变化，临界流化风速也会发生变化。冷态临界流化风速半经验计算公式为

$$u_{mf}=0.294\times\frac{d_p^{0.584}}{\nu_g^{0.056}}\times\left(\frac{\rho_{ARD}-\rho_g}{\rho_g}\right)^{0.528}$$

式中 ρ_{ARD}——颗粒的表观密度，kg/m³；

ρ_g——气体密度，kg/m³；

ν_g——气体运动黏度，m²/s；

d_p——颗粒平均直径，m；

u_{mf}——临界流化风速，m/s。

影响临界流化速度的因素如下：

1）床料颗粒的宽筛分粒度（床料的当量直径）分布。粗大颗粒越多则流化风速越高，而细颗粒越多则流化风速越低。

2）颗粒静态堆积密度。料层颗粒群静态堆积密度较大者所需要的流化速度越高，较轻的颗粒所需的流化速度越低。

3）布风均匀性较差的流化床达到完全流化所需要的流化速度较高。

4）流化风介质的物理特性。黏度较高、密度较大、压力较高的介质所需要的临界流化速度较低。

例 6-12 某料层灰渣颗粒密度 $d_p=0.001\ 72$m，料层灰渣颗粒密度 $\rho_p=2238$kg/m³；空气在 20℃时的密度 $\rho_g=1.205$kg/m³，运动黏度 $\gamma_g=1.506\times10^{-5}$ m²/s，求灰渣颗粒 20℃时的冷态临界流化风速。

解： $u_{mf}=0.294\times\frac{0.001\ 72^{0.584}}{(1.506\times10^{-5})^{0.056}}\times\left(\frac{2238-1.205}{1.205}\right)^{0.528}=0.708$ (m/s)

（10）临界流化风量（critical fluidifying air flow rate）：从固定床开始转化为流化床状态时空床截面最小风量，符号 Q_{mf}。计算公式为

$$Q_{mf}=3600u_{mf}A_b$$

式中 u_{mf}——临界流化风速，m/s；

Q_{mf}——临界流化风量，m³/h；

A_b——布风板截面积，m²。

（11）终端速度（particle terminal velocity）：固体燃料颗粒在流体中下落时，共受到三个力的作用，即重力、浮力和摩擦阻力。重力和浮力之差是使颗粒发生下落的动力，摩擦阻力则是阻碍颗粒运动的力，其方向与颗粒运动方向相反。当固体颗粒在静止空气中作初速度为零的自由降落时，由于重力的作用，下降速度逐渐增大，同时阻力也逐渐增大。当速度增加到某一定值时，颗粒受到的阻力、重力和浮力达到平衡，颗粒以等速运动，这个速度称为颗粒的终端速度。颗粒终端速度计算公式为

$$u_t=1.74\times\sqrt{\frac{(\rho_{ARD}-\rho_g)d_pg}{2.67\rho_g}}$$

式中 u_t——颗粒终端速度，m/s；

ρ_{ARD}——颗粒表观密度，kg/m³；

ρ_g——气体密度，kg/m³；

d_p——颗粒平均直径，m；

g——重力加速度取9.8，m/s。

例6-13 某料层灰渣颗粒直径 $d_p=0.0017$m，料层灰渣颗粒密度 $\rho_{ARD}=2238$kg/m^3；空气在20℃时的密度 $\rho_g=1.205$kg/m^3，运动黏度 $\nu_g=1.506\times10^{-5}$ m^2/s，求灰渣颗粒20℃时的终端速度。

解： $u_t=1.74\times\sqrt{\dfrac{(2238-1.205)\times0.0017\times9.8}{2.67\times1.205}}=5.85$ (m/s)

（12）开孔率（aperture ratio）：布风装置的风帽小孔面积的总和与布风板有效面积的比值，计算公式为

$$\eta_h=\frac{nm\pi d_0^2}{4A_b}\times100\%$$

式中 η_h——开孔率,%；

n——风帽数量，个；

m——每个风帽的开孔数，个；

d_0——小孔直径，一般取 $d_0=0.004\sim0.006$mm；

A_b——布风板有效面积，m^2。

对于CFB锅炉，开孔率一般在3%～8%范围内；对于鼓泡床锅炉，开孔率一般在2%～3%范围内。

（13）小孔风速、风帽小孔流速（small wind speed）：从风帽小孔喷出的空气速度称为小孔风速。在布风板有效面积、风帽数量、开孔数一定时，小孔风速与小孔直径与开孔率是一一对应的。开孔率和小孔风速是设计的重要参数。小孔风速越大，气流对床层底部颗粒的冲击力越大，扰动就越强烈，从而有利于粗颗粒的流化，热交换就越好，冷渣含碳量就可以降低，在低负荷时也能稳定运行，负荷调节范围大。但风帽小孔风速过大，风帽阻力增加，所需风机压力增大，风机电耗增加。反之，小孔风速过低，容易造成粗颗粒沉积使底部流化不良。尤其是当负荷较低时，往往不能维持稳定运行。因此，小孔风速应根据燃煤特性、颗粒特性负荷调节范围和风机电耗等因素全面考虑选择。根据经验，对于粒度为0～10mm的燃煤，一般取小孔风速为35～50m/s；而粒度为0～8mm的燃煤，一般取小孔风速为30～40m/s。计算公式为

$$u_{or}=\frac{Q_{mf}}{3600A_b\eta_h}$$

式中 Q_{mf}——临界流化风量，m^3/h；

η_h——开孔率,%；

u_{or}——小孔流速，m/s；

A_b——布风板有效面积，m^2。

（14）空塔（流化）速度、表观速度、空床速度（small wind speed）：床截面空气的名义速度。此时，在计算中不考虑固体颗粒所占据的体积，认为在从布风板到炉膛出口的所有截面和流动空间上，完全被气体介质所占据。实际流化床锅炉的设计中，一般将流化床上部垂直部分的截面与一、二次风总风量作为计算基准，计算出的截面流速称为该CFB锅炉的设计流化速度，即该流化床的空塔流化速度。目前最常用的空塔流化速度为3.0～6.0m/s。用公式可表达为

$$W=Q/A$$

式中 W——流化速度，m/s；

Q——总风量，m^3/s；

A——床层截面积，m^2。

(15) 布风板阻力、布风板压降（air distribution plate resistance）：是指布风板上不铺床料时，一次风通过布风板时的空板阻力。它由风帽进口端的局部阻力、风帽通道的摩擦阻力及风帽小孔处的出口阻力组成。前两项阻力较小，阻力之和约占布风板阻力的几十分之一，因此，布风板阻力主要是由风帽小孔的出口阻力决定的。布风板布风均匀与否是CFB锅炉能否正常运行的关键。布风的均匀性直接影响着料层的阻力特性及运行中流化质量的好坏，流化不均匀时床内会出现局部死区，进而引起温度场的不均匀性，以致引起结渣。布风板阻力一般为2～6kPa。布风板阻力可由下式确定，即

$$\Delta p=\frac{1}{2}\xi\rho_{g}u_{or}^{2}$$

式中 Δp——布风板阻力，Pa；

u_{or}——风帽小孔风速，根据总风量和风帽小孔面积计算，m/s；

ξ——风帽阻力系数，由锅炉制造厂或风帽制造厂家提供，对于有帽头侧水平孔的大风帽布风板，ξ取2.0；对于无帽头的小孔下倾15°的小风帽布风板，ξ取1.84；

ρ_g——气体密度，kg/m^3。

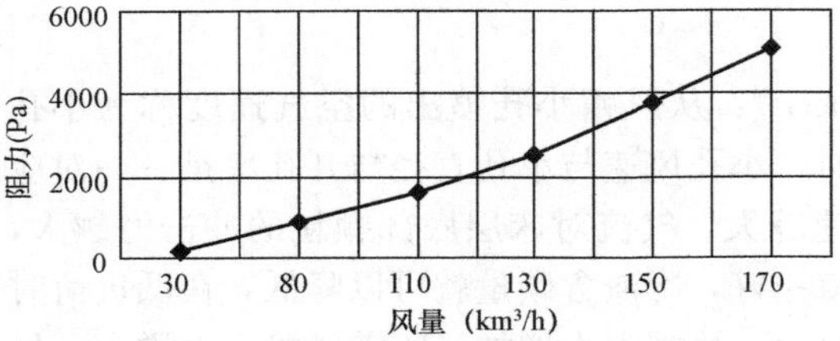

图6-25 布风板阻力特性

某220t/h CFB锅炉的布风板阻力特性见图6-25。

例6-14 某料层灰渣颗粒直径$d_p=0.001\ 8$m，料层灰渣颗粒密度$\rho_{ARD}=2338kg/m^3$；空气在20℃时的密度$\rho_g=1.205kg/m^3$，运动黏度$\nu_g=1.506\times10^{-5}\ m^2/s$，如果布风板截面积$A_b=0.9m^2$，开孔率$\eta_h=2.72\%$。求灰渣颗粒20℃时的冷态临界流化风速、临界流化风量、小孔流速和布风板阻力。

解：冷态临界流化风速为

$$u_{mf}=0.294\times\frac{0.001\ 8^{0.584}}{(1.506\times10^{-5})^{0.056}}\times\left(\frac{2338-1.205}{1.205}\right)^{0.528}=0.80(m/s)$$

临界流化风量为

$$Q_{mf}=3600u_{mf}A_b=3600\times0.80\times0.9=2592.0(m^3/h)$$

小孔流速为

$$u_{or}=\frac{Q_{mf}}{3600A_b\eta_h}=\frac{2592}{3600\times0.9\times0.027\ 2}=29.41(m/s)$$

布风板阻力为

$$\Delta p=\frac{1}{2}\xi\rho_g u_{or}^2=\frac{1}{2}\times2\times1.205\times29.41^2=1042.4(Pa)$$

(16) 入炉煤粒度、平均粒径、入炉煤粒径（boiling coal particle diameter）：是指进入CFB锅炉的燃煤颗粒直径。原煤粒度分布异常时，会造成飞灰和灰渣含碳量的增加。细颗粒居多时，造成大量的未燃尽细小颗粒碎末逸出，增加了飞灰可燃物含量；而粗大颗粒居多时，料层颗粒可燃物燃尽率降低，灰渣含碳量增加。同时原煤粒度分布异常时，会造成床温异常。一般情况下，细床料料层温度偏低，床上点火困难且易灭火，低温结焦倾向明显；而粗大颗粒料层温度偏高，高温结焦倾向明显。

在运行调整中，应严格控制煤的粒度在合适的范围内。一般来说对燃用低灰分的优质煤可采用较大颗粒尺寸，燃用高灰分的劣质煤宜采用较小的粒度，煤的热爆裂性比较好时可燃用较大颗粒的煤粒，这样既保证了燃烧，又降低了厂用电率。欧洲大型CFB锅炉入炉煤粒径级配大多为：粒径小于0.1mm的煤小于10%，粒径小于1.0mm的煤小于60%，粒径小于4.0mm的煤小于95%，入炉煤粒径不允许大于10mm。在实际操作中，CFB锅炉的入炉煤粒度要求为

$$V_{daf}+A=85\%\sim90\%$$

式中 V_{daf}——燃煤干燥无灰基挥发分，%；

A——入炉颗粒中小于1mm的份额，%。

粒度过大，煤粒的燃尽时间长，燃烧效率低。同时，飞出床料层的颗粒减少，锅炉不能维持正常的循环灰量，导致锅炉出力不足。另一方面，大煤块影响流化质量，是造成结焦事故的首要原因。燃煤粒度太小，单位质量外表面积增大，在炉内燃烧时间短，燃烧效率增加；但同时受热面磨损加剧，并且运行中会造成料层减薄或吹空，也使流化质量下降。但细煤粉（小于0.1mm）分布过多，分离器收集飞灰较困难，飞灰易被烟气带走，飞灰不完全燃烧损失增大。

物料平均粒径（颗粒平均直径）计算公式为

$$d_{pj}=\frac{100}{\sum\frac{x_i}{d_{ip}}}$$

式中 x_i——颗粒尺寸处于d_i和d_{i+1}之间的质量百分数，%；

d_{ip}——颗粒尺寸分别为d_i和d_{i+1}相邻筛子的算术平均孔径，mm；

d_{pj}——床层颗粒群的平均粒径，mm。

例6-15 某流化床锅炉煤粒筛分数据见表6-37，求其平均粒径。

表6-37 某流化床锅炉煤粒筛分数据

颗粒尺寸 $d_i\sim d_{i+1}$（mm）	0～1	1～2	2～5	5～7	7～9	9～10
质量百分数 x_i（%）	16.5	27.3	32.1	18.6	4.2	1.3

解： 平均粒径 $d_{pj}=\frac{100}{\sum\frac{x_i}{d_{ip}}}=\frac{100}{\frac{16.5}{0.5}+\frac{27.3}{1.5}+\frac{32.1}{3.5}+\frac{18.6}{6}+\frac{4.2}{8}+\frac{1.3}{9.5}}=1.56$（mm）

（17）粒比度（particle degree）：各粒径的颗粒占总量的份额之比。循环流化床锅炉不仅对入炉煤的筛分有一定的要求，而且对粒比度也有一定的要求。例如，某台220t/h循环流化床锅炉燃用劣质烟煤，筛分为0～10mm，其中直径小于1mm的颗粒占60%左右，1.1～8mm的颗粒占30%左右，8～10mm的颗粒占10%左右，因此这台220t/h循环流化床锅炉的粒比度就为60∶30∶10。

（18）分级分离效率、分离器的分离效率（grading separating efficiency）：对一定粒度范围（分级）的固体颗粒，在分离器中捕集下来的颗粒重量与进入分离器的颗粒重量之比值。计算公式为

$$\eta=\frac{R}{R+A_{ar}\alpha_{fh}/(1-C_{fh})}$$

式中 η——分离器的分离效率，%；

R——循环倍率；

A_{ar}——燃料收到基灰分，%；

α_{fh}——飞灰份额，%；

C_{fh}——飞灰含碳量，%。

例 6-16 当燃料收到基灰分为35%，进入分离器的飞灰份额为50%，飞灰含碳量为7%，循环倍率为25时，求分离器的分离效率。

解：

$$\eta=\frac{25}{25+0.35\times0.5/(1-0.07)}\times100\%=99.25\%$$

分离效率反映分离器分离气流中固体颗粒的能力，它除了与分离器结构尺寸有关外，还取决于固体颗粒的性质、气体的性质和运行条件等因素。影响分离效率的主要因素如下：

1）切向入口烟气流速。切向入口烟气流速越高，分离效率越高。但是流速过高时，由于气流湍流流速增加以及颗粒反弹加剧等原因反而会造成分离效率下降，还容易形成靶区磨损。该处烟气流速一般选择为20～25m/s。

2）烟气温度。烟气温度越高，分离效率越低。例如某旋风分离器当温度为20℃时，对于粒径为10μm的颗粒的分离效率为84%，而在500℃时，分离效率仅为78%。

3）固体颗粒直径越大，分离效率越高。

4）颗粒浓度。随着颗粒浓度的增加，分离效率增加。

5）漏风。分离器下部立管如漏空气，气体上升进入分离器将对分离器细颗粒的分离效果产生致命性影响。

将入口烟道缩口，适当提高分离器进口风速或适当加长中心筒长度都可以提高分离器效率。

（19）（床层）空隙率/空隙度（porosity/voud ratio）：流化床气固两相流体中气相所占容积的百分数，床层空隙率一般为0.65～0.85。计算公式为

$$\varepsilon=\frac{V_g}{V_m}=1-\varepsilon_p$$

式中 V_g——空隙所占据的体积，m^3；

V_m——气固混合相所占据的体积，m^3；

ε_p——固相物料在两相流体中的体积浓度。

（20）CFB主蒸汽压力/过热蒸汽压力（main steam pressure of CFB）：CFB锅炉末级过热器联箱出口的蒸汽压力值。在锅炉运行中，如果汽压波动过大，会直接影响锅炉和汽轮机的安全。运行中，应根据锅炉负荷的变化，调整过热蒸汽压力在“额定值$^{+0.1}_{-0.2}$MPa”范围内变化。过热蒸汽压力降低的主要因素如下：

1）负荷增加或煤质变差。

2）流化料层太厚或一、二级返料量太大。

3）水冷壁、过热器等爆管。

4）给煤机停运，煤斗断煤。

5）运行人员操作不当。如床温大幅度下降，而负荷没有及时降低。

6）锅炉向空排汽门或安全门误动作。

维持压力的措施如下：

1）加大风量、煤量。

2）减少一、二级返料量和返料风。

3）降低锅炉负荷。

4）提高入炉煤质。

5）消除断煤缺陷。

6）锅炉向空排汽门或安全门及时复位或手动关闭。

如果发现汽压下降，可通过以下几种方法调整：

1）一般情况下的汽压下降，应提高给煤机转速，增加给煤机的下煤量，适当增加总风量。

2）煤质改变、燃烧工况恶化引起的汽压下降，要进行综合性的燃烧调整，增加煤量时要用少量多次的方法。

3）停止排污（锅炉满水时除外）。

4）给煤机故障造成断煤而引起汽压下降时，应适当减少一次风量，及时投入油枪，保持床温，并根据情况降低负荷。

如果发现汽压升高，可通过以下几种方法调整：

1）一般情况下的汽压升高，应适当减少给煤机的下煤量，查明汽压上升的原因。如果汽压不见下降，可停止一台给煤机运行，但要注意防止床温变化过大。

2）必要时可先减少总风量（减少一次风量对降低汽压有一定作用），再减少煤量。

3）经调整汽压仍无明显降低时，联系值长增加电负荷。

4）如汽压升高，当过热器压力升高到超过报警值（如 SG－440/13.7－M563 炉为 14.2MPa）时，应汇报值长，手动开启对空排汽电动一、二次门，使汽压降至规定值。

（21）（CFB）主蒸汽温度、过热蒸汽温度（main steam temperature of CFB）：锅炉末级过热器联箱出口的蒸汽温度值。由于 CFB 床料蓄热能力很大，当负荷发生大幅度变化时床温变化并不大，所以 CFB 锅炉过热蒸汽温度相对来说比较容易控制。运行中，应根据锅炉负荷的变化，调整过热蒸汽温度在“额定值$^{+5}_{-10}$℃”范围内变化。过热蒸汽温度的调整主要靠调整减温器的喷水量，应注意两侧温度相等，两侧减温水量数值应相差不大。影响过热蒸汽温度的主要因素如下：

1）燃料性质变化。

2）风量及其分配的变化。

3）受热面结灰情况。

4）炉膛负压的大小。

5）锅炉负荷的变化。

6）减温水的变化。

7）循环灰量的变化。在同样的炉膛出口温度下，锅炉循环灰量大，则蒸发量大，汽温偏低；循环灰量小，蒸发量少，则汽温升高。

若依靠减温器无法维持合格汽温，蒸汽温度仍过高，则应系列以下措施：

1）增加循环灰量，减小煤粒度。

2）适当减少给煤量，降低锅炉蒸发量。

3）提高一次风量，降低床温。

4）适当关小过热器的烟气挡板。

当过热蒸汽温度过低，在全部停止减温水后，汽温仍然偏低，则应系列以下措施：

1）放掉一部分循环灰，提高炉膛出口温度。

2）应调节一、二次风量比例，升高密相区高度。

3）适当增加过量空气量，暂时降低给水温度。

4）降低一次风量，提高床温。

锅炉运行过程中，汽温下降的原因很多，主要有以下几方面：

1）锅炉汽压下降。

2）增加负荷过快，燃烧调整还没适应。

3）锅炉汽包水位过高或者发生汽水共腾，汽包内水滴被蒸汽大量带走，过热蒸汽温度急剧下降。

4）减温水调节门失灵，发生内漏（易造成单管汽温下降）。

5）燃料系统上的煤质有很大改变。

6）汽轮机高压加热器投入。

7）汽轮机到给水泵操作时。

8）运行人员误操作。

9）过热器或再热器积灰严重。

锅炉运行过程中，如果发现汽温下降，调整方法如下：

1）适当关小减温水。

2）在燃烧稳定时可适当增加送入燃烧室的空气量。

3）适当提高炉膛负压。

4）如果判断为炉膛积灰，可以进行蒸汽吹灰。

5）汽压下降影响到汽温下降，应查明原因及早处理，必要时申请降低锅炉负荷。

6）汽包水位升至水位上限时将自动打开事故放水门（水位保护投入时），否则应手动打开，以防止汽温急剧下降。

锅炉运行过程中，汽温升高的原因很多，主要有以下方面：

1）汽压升高。

2）给煤系统加煤过多、过快。

3）锅炉调整不当，造成缺风严重或尾部受热面二次燃烧。

4）给水压力、给水温度降低。

5）减温调节门故障。

6）炉膛负压过大。

7）锅炉严重缺水。

锅炉运行过程中，如果发现汽温升高，调整方法如下：

1）适当开大减温水。

2）提高给水泵转速，但应注意汽包水位。

3）在锅炉燃烧稳定时，可适当减少送入燃烧室内的空气量，增加二次风比例。

(22)（CFB锅炉）飞灰可燃物（含量）、(unburned combustible in fly ash of CFB)：燃料经CFB炉膛燃烧后，在锅炉对流烟道飞灰中的可燃物（碳）含量。不同煤质对应的飞灰可燃物范围见表6-38。

表6-38　　不同煤质对应的飞灰可燃物范围

煤种	飞灰含碳量	煤种	飞灰含碳量	煤种	飞灰含碳量
无烟煤（$V_{daf}\leqslant5\%$）	6%～15%	无烟煤（$V_{daf}>5\%$）	6%～12%	贫煤（$V_{daf}\leqslant15\%$）	6%～10%
贫煤（$V_{daf}>15\%$）	4%～10%	烟煤（$V_{daf}\leqslant30\%$）	3%～8%	烟煤（$V_{daf}>30\%$）	4%
褐煤	<2%	煤矸石	6%	石油焦	10%～18%

CFB锅炉飞灰可燃物含量高的原因如下：

1）煤筛分破碎系统不能满足煤粒径范围和颗粒分布特性要求。

2）分离器效率低。

3）炉膛燃烧温度低。

4）炉膛氧量低且分布不均。

5）循环倍率低。

6）排烟氧量低。220t/h CFB锅炉飞灰可燃物含量与排烟氧量的关系见图6-26。由图6-26可见，当排烟氧量降低时，飞灰可燃物增加。这是由于当排烟氧量降低时，炉内氧浓度相应降低，不利于煤的燃尽，使飞灰可燃物增加。

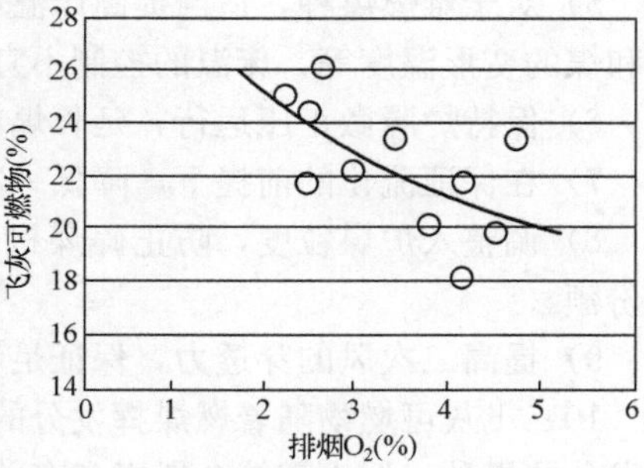

图6-26 排烟氧量与飞灰可燃物的关系

7）床压低。图6-27所示为220t/h CFB锅炉在85%MCR时，飞灰可燃物含量与床压的关系曲线。随着床压升高，飞灰可燃物减少。床压的大小间接表明了炉内床层的高低，在一定流化风速下，床压升高时，炉膛内床层相对增高，炉内物料浓度增大，使得随流化风从炉底向上运动的细小煤粒与床料碰撞的几率增大，难以飞出炉膛。这就延长了细小颗粒在炉内的停留时间，提高其燃尽度。

8）煤质差。低热值、低挥发分的煤种，不易燃烧，飞灰高，见图6-28。

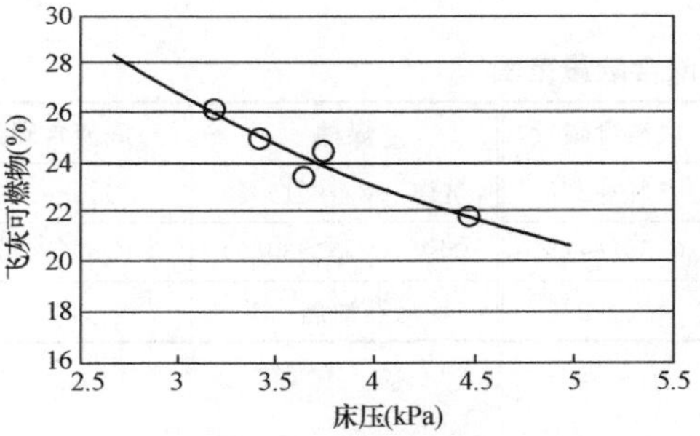

图6-27 飞灰可燃物含量与床压（85%MCR）

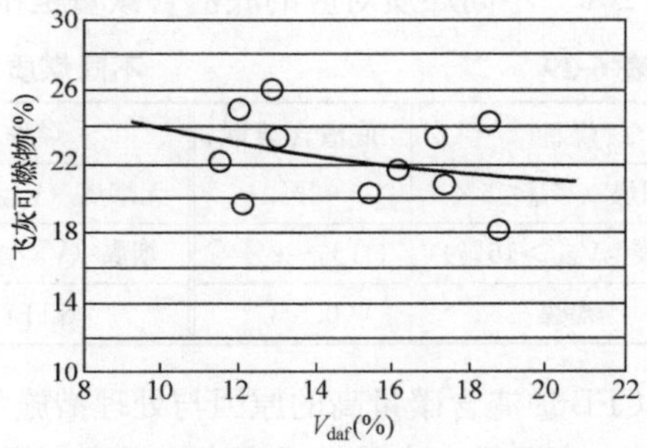

图6-28 飞灰可燃物与V_{daf}的关系

9）床温。床温是指炉膛密相区内物料的平均温度。床温提高，燃烧温度提高，碳的反应性提高，煤的燃尽时间缩短，飞灰和低渣含碳量降低。

10）流化风量。循环流化床锅炉流化风既要保证床料的正常流化也要保证炉内燃料充分有效的燃烧。流化风量大，流化速度高，床料向上扬析的力度大，则床料在炉内停留的时间长，增加了碳颗粒的燃烧效率，内循环加剧的同时增加了炉内传热。如果流化风量过大，床温将降低，不利于飞灰燃尽。因此其存在最佳运行值或范围。

降低循环流化床锅炉飞灰可燃物的对策如下：

1）采用飞灰再循环。采用飞灰再循环可以将未能燃尽的飞灰可燃物引入炉膛再次燃烧，可以有效地降低飞灰可燃物含量。应加强循环灰系统调整，并优化控制入炉煤粒径分布。

2）调整返料器风量，检查返料风量是否超过规定，防止分离器料腿烟气反窜，改善循环灰系统性能。

3）根据负荷和给煤量变化，有针对性地进行一、二次风比例配比。低负荷给煤量少、床温低、床压低，通过减少一次风比例、适当增大氧量、提高上二次风比例，以维持密相区相对高床温和稀相区高氧量。高负荷给煤量大、床温高、床压高，通过增大一次风比例，氧量适当，提高下二次风比例，以维持相对全炉膛高床温和密相区高氧量。

4）对难燃煤种，可通过试验采取提高二次风量措施，并加大下二次风量比例。适当提高二次风压，增大下二次风门的开度，提高下二次风的刚度和穿透力，消除锅炉存在的核心贫氧区，减少后期燃烧份额。

5）对于难燃煤种，适当提高床温可以降低飞灰可燃物。当然要综合考虑脱硫反应的最佳温度和煤的变形温度等，床温的控制不宜超过950℃。

6）保持炉膛微正压运行，延长煤粒在炉膛内的时间。

7）在保证流化的前提下，降低一次风量，保证较大颗粒的煤在炉膛内进行多次内循环。

8）调整入炉煤粒度，防止碎煤机过度破碎，减少入炉煤中粒径小于或等于0.5mm细组分的份额。

9）提高二次风的穿透力，保证足够的空气过量系数。

10）飞灰可燃物随着燃煤挥发分的提高而降低。要降低飞灰可燃物应尽可能采用高热值、高挥发分的煤种，但也需综合考虑各有关技术经济因素，如锅炉热效率、结焦的危险、运行成本、检修周期及费用等。

（23）CFB炉渣可燃物（含量）、炉渣含碳量、大渣含碳量、底渣含碳量、大渣可燃物含量（unburned combustible in slag of CFB）：CFB锅炉从出渣口处排除炉渣中的可燃物（碳）含量。由于CFB锅炉出渣口处排除炉渣呈液态，所以含碳量比飞灰小得多，CFB锅炉炉渣含碳量一般小于2%。不同煤质对应的底渣含碳量范围见表6-39。

表6-39　　不同煤质对应的底渣含碳量范围

煤种	底渣含碳量	煤种	底渣含碳量	煤种	底渣含碳量
无烟煤（$V_{daf}\leqslant 5\%$）	2%	无烟煤（$V_{daf}>5\%$）	1%～2%	贫煤（$V_{daf}\leqslant 15\%$）	1%～2%
贫煤（$V_{daf}>15\%$）	1%～2%	烟煤（$V_{daf}\leqslant 30\%$）	0.5%～1%	烟煤（$V_{daf}>30\%$）	0.5%～1%
褐煤	0.5%	煤矸石	1%～2%	石油焦	2%

CFB炉渣含碳量高的原因与处理措施如下：

1）床温低。应尽量提高床层温度，提高燃料的燃尽度。

2）床压低。应严格控制床层压力，保持回料器连续稳定地回料。

3）排渣时给煤量太大。排渣时靠近排渣口处的给煤量不宜太大。

4）排渣量太大。排渣应尽量连续少量地进行。

（24）（CFB）排烟温度（exhaust gas temperature）：CFB锅炉最后一个受热面出口排出烟气的平均温度。降低CFB锅炉排烟温度的对策如下：

1）保持合适的一/二次风比例。通常标准规定一/二次风量比例为4∶6或4.5∶5.5，但部分电厂实际运行中一/二次风量比例倒挂，达到6.5∶3.5甚至更高。一方面明显增加了风机电耗；同时造成密相区燃烧份额减少，稀相区燃烧份额增大。另一方面上部物料浓度增大，不仅加剧了上部水冷壁磨损，还由于助燃的二次风量不足，使锅炉高温分离器内存在严重的后燃现象，造成结焦和排烟温度升高。

2）正常运行时氧量控制在2%～3%。不允许缺氧运行，以免因缺风延长煤粉燃烧时间，使尾部烟井烟温升高。

3）注意加强对后烟井各段烟温的监视，应根据空气预热器入口温度和排烟温度变化规律优化吹灰方式，保持各受热面清洁。

4）正常运行时控制床温在850～900℃。注意通过试验掌握床温对排烟温度的影响，避免因床温过高影响排烟温度。

（25）床温、炉膛温度、流化床燃烧温度、料层温度、床料温度（bed temperature）：是指燃烧区内（即燃烧室密相区内）不同高度上流化物料的平均温度，分为上部床温、中部床温、下部床温。它是一个关系到锅炉安全稳定运行的关键参数。床温的测定一般采用不锈钢套管热电偶做一次元件，下部床温测点布置在距布风板250～1000mm左右的燃烧室密相层中，中部床温测点在下二次风口附近，上部床温测点在上二次风口上，插入炉墙深度均为15～25mm，数量分别是每个裤衩腿3只。锅炉床温以炉膛下部床温测点为准。在运行过程中要加强对床温的监视，额定负荷时锅炉床温的设计值为870℃。运行中应将床温控制在850～950℃之间，若床温超过该范围必须及时进行调整，分离器出口烟温应低于1030℃。温度过高，容易使流化床体结焦造成停炉事故；温度太低易发生低温结焦及灭火。床温升高原因与处理措施如下：

1）煤种改变，热值升高，床温升高。若氧量表指示下降，表明给煤量过多，应减少给煤量来控制床温。

2）给煤粒度过大。粒度较大的煤集中进入炉中，造成密相层燃烧份额增加。为了保证正常的流化状态，运行风量必然增大，一方面造成风机电耗增加，另一方面使床温升高。此时应调节入炉煤粒度，必要时减少排渣量。

3）由于没有及时放渣，料层加厚，造成一次风量减少，引起床温升高。此时应及时放渣，保持料层在一定范围，减少一次风阻力。

4）在返料器出现故障，突然停止返料时，灰循环减少或停止，床温会急剧升高，这属于事故。应及时利用返料器防灰管防灰，降低返料差压，提高返料风压，疏通返料器。

5）给煤机工作不正常，给煤量大或给煤不均匀。应检查给煤机运行及控制是否正常，减少给煤量。

6）排渣系统故障，排渣量过大，使床压低于正常值。应检查排渣系统运行及控制是否正常，如果床压低，应停止排渣。

7）一、二次风配比失调，一次风量偏低。应检查一次风机及其进出口挡板是否正常，合理配风，调整一、二次风比例，适当增加一次风量。

8）风帽孔堵塞过多，此时应适当降低料层，加大一次风压。

9）提高流化风量，致使物料循环量增大，返料量增加，使床温升高。

床温降低原因与处理措施如下：

1）煤质变差，灰分大、水分大或入炉的燃料热值下降，烟气O_2含量上升，炉膛出口烟温下降，这时需增加给煤量。

2）煤粒度变小，煤中粒度比较小的煤集中进入炉内，细煤粒在密相层内停留时间短，造成密相层燃烧份额减少而使床温降低。正确的调整应是减少一次风量，增加二次风量，而不应增加给煤量，以免引起炉膛上部空间燃烧份额增多，造成返料器超温结焦。

3）氧量指示不变，床温缓慢下降，整个燃烧系统温度都在降低，锅炉负荷不变。这是由于循环物料增多，增加了受热面换热造成炉温降低，应放掉一些循环层使炉温回升。

4）给煤机故障或堵煤未及时发现，造成长时间断煤。应经常检查给煤机给煤情况。

5）运行中一次风量过大或床压过高。应适当减少炉膛一次风量或降低床层料位。

6）回料装置返料不正常，循环灰大量进入炉膛，使正在燃烧的煤不能充分燃烧，床温迅速下降。应经常检查回料装置返料情况，并调整返料量，防止循环灰大量返入炉膛。

7）石灰石给料增多。应适当减少石灰石给料量。

8）排渣系统故障，冷渣器堵塞或排渣量过小，使床压高于正常值。应检查排渣系统运行及控制是否正常。

9）送风量过大过小都会引起床温下降，应合理优化风煤比。送风量下限要保证床料的正常流化，其上限受风机出力和床料扬析量的限制。

在锅炉运行中，当床温发生变化时，可通过调节外置床锥形阀开度控制送回燃烧室的返料量、给煤量、一次风量及调整料层温度在控制范围之内。开大外置床的锥形阀开度可降低床温，反之则提高床温。在氧量不变的前提下，改变一、二次风的比率可调节床温。增大一次风量，减小二次风量，可降低床温，反之则提高床温。减少给煤量可降低床温，反之则提高床温。增加床料量或石灰石量可降低床温。增大排渣量，床压下降，物料量减小，将使床温升高。床料平均粒度过大，床温较高时，增大排渣量，排除较大粒径的床料，通过加料系统加入合格的床料，或通过石灰石系统加入符合设计要求的石灰石以替换原来粒度不合格的床料，使床温恢复正常。床料过细或床料不足，高负荷时易造成炉膛上部床温过高，应根据情况及时补充床料改善其粒径分布。

锅炉床温的调节手段一般有以下几种：

1）可以通过改变一、二次风的比率来调节床温。当一次风比例增大时，更多的颗粒被抛向床层上方离开密相区，使密相区的温度降低；减小一次风量，增大二次风比，可提高床温。

2）通过增加床料量或石灰石量，也可降低床温；增大排渣量，床温下降；物料量减少，可使床温升高。

3）如果是因为床料平均粒度过大造成的床温较高，可以通过增大排渣量，排除较大粒径的床料，通过加料系统加入合格的床料或通过石灰石系统加入符合设计要求的石灰石，替换原来粒度不合格的床料，使床温恢复正常值。

4）当煤的湿度增大时，会造成床温降低；当煤的湿度减少时，会造成床温升高。如果是因为天气阴雨，可以让燃料专业通过煤场配煤来实现煤种和湿度的调整，满足燃烧要求。

5）调节给煤量。锅炉在正常运行时，负荷确定后，风量一般不变。床温的波动，可以通过改变给煤量来调整。给煤量增加，床温升高，但是给煤量过多或过少都会使燃烧恶化，床温降低。

6）控制灰循环流量。在CFB锅炉密相区内不布置受热面，CFB锅炉密相区的放热靠循环灰来吸收。在密相区内，燃料燃烧放热，其中一部分用来加热新燃料和空气，其余大部分热量必须被循环物料带走，才能保证热量平衡，保持床温的稳定。如果循环量不足，就会导致流化床温度过高，负荷上不去。因此，充足的循环量是控制床温的有效手段。

7）冷灰再循环系统。为了便于调节床温，有的锅炉将电除尘器灰斗收集的部分飞灰使用仓泵经双通阀门送入再循环灰斗，再由螺旋卸灰机或其他类型的输灰机械排出并由高压风送入燃烧室，这个系统称为冷灰再循环系统。当炉温突升时，增大进入炉床的飞灰循环量，可迅速抑制床温的上升。

8）燃用高灰分煤种时，因可循环物料量大，床温会下降，此时应及时加大放灰量，以保持床温的稳定。反之，燃用低灰分煤种时，因循环物料量不足，可以少放或不放灰，用提高循环倍率的方法保持床温稳定。

（26）床压、床层压力（bed pressure）：将布风板下水冷风室压力减去布风板阻力。压力测点一般布置在距布风板上端面250mm处，床压一般为4～8kPa。计算式为

$$床压=风室压力-布风板阻力$$

CFB锅炉床压过高，会增加一次风量，使一次风机的电耗增加；床压高，流化不好，会造成排渣口排渣困难，甚至造成大面积结焦。床压过低会使床层的热容量降低，不能满足快带负荷的需要，而且抵御外界因素干扰的能力下降；其次可能使一次风穿透床层，形成沟流而导致床温

不稳定，因流化不均匀而结焦。同时由于床压较低使进入炉膛的煤占整个床料的份额增加，会使床温较高，易结高温焦。床压低造成底渣含碳量高，若冷渣器内的渣颗粒较大，不能很好地流化，会使冷渣器内易结低温焦。床压高或低的原因如下：

1）床压测量故障。

2）冷渣器故障，排渣量过小或过大。

3）石灰石给料量和燃料量不正常。

4）一次风量不正常，床料流化不均，有结块现象。

5）锅炉增减负荷过快或煤质变化过大。

6）回送装置返料不正常，循环灰大量进入炉膛，造成局部床压过高。

7）炉膛内有结焦现象，床料流化不均。

8）物料破碎系统故障，粒度变化太大。

床压高或低的处理措施如下：

1）床压高，应加大冷渣器排渣量，减少给料量；床压过低，应减少冷渣器排渣量，必要时加大石灰石供给量。

2）检查床压测点，若有故障应及时消除，如床压测点堵塞，可用压缩空气吹扫。

3）如排渣故障不能排除，床压持续升高则必须停炉处理。

4）若煤质差，可联系燃料更换好煤。

5）破碎系统故障应及时处理，使物料粒度在合格范围内。

（27）风室压力、风室风压（wind chamber pressure）：是一次风通过布风板及布风板上的物料在水冷风室测量出的一次风压，等于布风板阻力与料层阻力之和。风帽安装在水冷布风板上，水冷布风板下部的空间就是布风室。布风室压力一般为 9～20kPa。计算式为

$$p_{fs}=p_{bf}+p_{lc}$$

式中 p_{fs}——风室压力，kPa；

p_{bf}——布风板阻力，kPa；

p_{lc}——料层阻力，kPa。

风室压力受两方面影响，即一次风压和布风板及布风板上的物料。增大一次风压，水冷风室压力会增大；布风板的阻力一般运行过程中变化不大，忽略不计。物料的阻力也会影响水冷风室压力，物料阻力越大，即床压越高，水冷风室压力也越大。

（28）料层阻力、床料阻力（material layer resistance/feed bed resistance）：指一次风通过布风板上料层时的压力损失，等于风室静压减去布风板阻力。布风板阻力 Δp_d 与床料阻力 Δp_m 之比称为阻力比，用符号 β 来表示。计算公式为

$$\beta=\frac{p_{bf}}{p_{lc}}$$

料层阻力＝风室压力－布风板阻力

一般情况下 $\beta=0.3\sim0.5$。料层阻力计算公式为

$$p_{lc}=KH_f(\rho_{ARD}-\rho_g)(1-\varepsilon)g=AH_0\rho_{dj}g$$

式中 p_{lc}——料层阻力，Pa；

K——由煤种确定的压降修正系数，见表 6-40；

H_f——流化状态下的料层高度，一般可取静止料层高度的 2 倍，m；

H_0——静止料层高度，m；

ρ_{dj}——床料的堆积密度，kg/m³；

ρ_{ARD}——床料的表观密度，kg/m^3；

ε——床层空隙率；

ρ_g——气体密度（可忽略不计），kg/m^3；

g——重力加速度，取 9.81m/s^2。

某 220t/h CFB 锅炉的料层阻力特性见图 6-29。

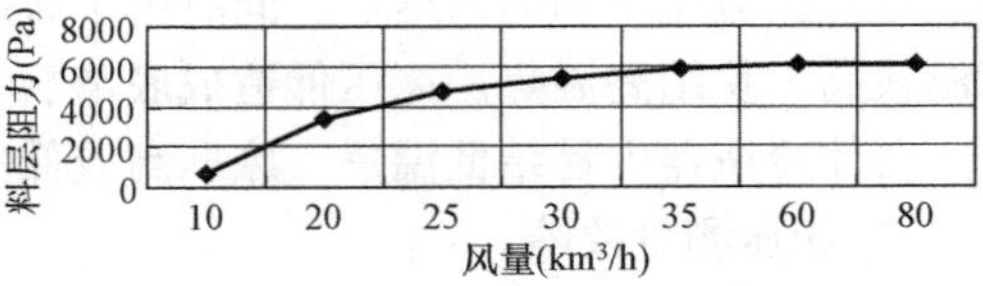

图 6-29 料层阻力特性

表 6-40 **各燃料的压降修正系数**

燃料	石子煤	煤矸石	无烟煤	烟煤	造气炉渣	油页岩	褐煤
K	0.76～0.82	0.9～1.0	0.8	0.77	0.8	0.7	0.5～0.6

（29）炉膛全差压、炉膛总压差（stove chamber total pressure differential）：是一个反映炉膛内固体物料浓度的参数，即风室压力与炉膛出口压力之间的压力差。计算公式为

炉膛全差压＝风室压力－炉膛出口压力

炉膛全差压表征了炉膛粒子质量和布风板压降的和。炉膛全差压值越大，说明炉膛内的物料浓度越高，炉膛的传热系数越大，则锅炉负荷可以带得越高。因此在锅炉运行中应根据所带负荷的要求，来调节炉膛全差压。炉膛全压差的高低可用排渣量的大小及控制进入炉内物料量的多少来调节。

设计炉膛全差压控制在 10～20kPa 之间。在正常运行时，左右侧炉膛全差压差值应小于 1.25kPa。当该差值大于 2.5kPa 时，应检查左右侧炉膛温度和一次流化风量是否相等。如果左右侧炉膛温度差别较大，可以通过对两侧给煤量和外置式换热器锥形阀开度的控制来调整。如果左右侧炉膛温度和一次流化风量是相等的，可加大全差压较大侧炉膛的排渣量来使两侧差压重新达到平衡。

此外，炉膛全差压还是一个监视返料器是否正常工作的参数。在锅炉运行中，如果物料循环停止，则炉膛全差压会突然降低，因此在运行中需要特别注意。炉膛全压差过低时，有可能是回料器堵塞或回料不畅，造成固体粒子迅速在分离器底部发生堆积。

（30）炉膛差压、炉室差压、上部炉膛压差（stove chamber pressure differential）：燃烧室上界面（即燃烧室密相区上部）与炉膛出口之间的压力差。上部炉膛压差表征了从炉膛到分离器的物料流量。在正常运行时，上部炉膛压差不需要控制，其与总的循环粒子量、烟气流速、床温、粒子的尺寸有关，作为判定分离器效率和换热效率的参考依据。计算式为

炉膛差压＝燃烧室密相区上部压力－炉膛出口压力

炉膛差压间接反映了炉内灰浓度和灰循环量的大小，影响到炉内传热。炉膛差压越大，说明炉膛内的物料浓度越大，使炉内循环物料上下的湍动速度增加，炉内传热系数越高。一般情况下，炉膛差压应控制在 0.4～1.5kPa。炉膛差压通过锅炉分离装置下放灰管排放的循环灰量的多少来控制。运行中若炉膛差压突然降低，则表明物料循环中止，返料器发生了堵塞。运行中只要认真监视炉膛差压，返料机构结焦是可以预防的。

炉内循环物料浓度越大，炉膛差压越大，反之越小。炉内循环物料浓度增大，使炉内循环物料上下的湍动速度增加，使炉膛内传热不仅有对流和辐射传热，而且还有循环物料与水冷壁之间的热传导，这就大大提高了炉内的传热系数。炉膛差压越大，炉内传热系数越高。一般情况下，炉膛差压应控制在 0.2～6.0kPa。

此外，炉膛差压还是一个反映返料装置工作是否正常的参数。当返料装置堵塞，返料停止后，炉膛差压会突然降低，甚至为零，运行中需要特别注意。

负荷增加，煤含灰量增加，分离器分离效率高，增加密相层厚度，增加一次风比例和过量空气系数，这些因素都会使炉膛差压升高。

炉膛差压可以通过返料器底部放循环灰来调节。运行中要维持合适的床压，避免料层厚度过低使燃烧不稳定，但也要控制料层厚度不要过高。料层厚度过高会导致流化效果不好，还会导致风室压力、床层压力、料层差压等参数过高，使一次风机、二次风机出口风压过高，风机电流增大，厂用电率增加。但厚度过低，会使传热效果差，燃烧效率低。所以要适当维持炉膛差压。床层压力每降低 1.1kPa，料层折算静止厚度要降低 100mm，则每台一次风机电流降低 3～4A，二次风机电流降低 1～2A，这在一定程度上可以节省厂用电率。

例 6-17 某 75t/h CFB 锅炉，风室压力为 10kPa，燃烧室密相区上部压力为 2500Pa，炉膛出口压力为－100Pa，布风板阻力为 2.6kPa，求炉膛差压、炉膛全差压、料层差压、料层阻力和床压。

解： 炉膛差压＝燃烧室密相区上部压力－炉膛出口压力
＝2400－(－100)＝2500(Pa)

炉膛全差压＝风室压力－炉膛出口压力
＝10 000－(－100)＝10 100(Pa)

料层差压＝风室压力－燃烧室密相区上部压力
＝10 000－2400＝7600(Pa)

料层阻力＝风室压力－布风板阻力
＝10 000－2600＝7400(Pa)

床压＝风室压力－燃烧室密相区上部压力－布风板阻力
＝10 000－2400－2600＝5000(Pa)

(31) 料层差压（feed bed pressure differential）：指一次风室与燃烧室上界面（燃烧室密相区上部压力，即密相区与稀相区过渡区靠近稀相区处的压力）之间的压力差。料层差压直接反映了炉内的料层高度。计算式为

料层差压＝风室压力－燃烧室密相区上部压力

床料多，料层差压高，对于稳定燃烧有利，灰渣在炉内停留时间长，含碳量降低；但是料层差压过高，就需要更多的一次流化风，否则也会导致床料流化不起来，影响流化质量，造成底部大颗粒沉积，危及安全运行；同时料层高度增加，床层阻力增加，会增加风机电耗。料层差压过低，往往导致料层减薄或吹空，一次风空透力强，会使流化床物料量减少，难以形成稳定的密相区，同时造成放渣含碳量增大，燃烧不完全。料层差压维持在 7～10kPa 范围内。

料层差压的控制一般是通过炉底排渣量和送风量的调节来实现的。压差太高可加大排渣，反之减少排渣。改变料层差压可用炉底排渣来实现，但都要在合适的范围内调节，否则将影响到正常的流化燃烧。由炉底放渣调节原则是少放、勤放。锅炉的渣量较大时可采用连续排渣方式，这时冷渣器内必须始终保持一定的床料高度，以保证渣的冷却时间。连续排渣方式的排渣速度由冷渣器排渣管上的排渣控制阀确定，一般排渣控制阀采用旋转球阀。

(32) 负荷调节比（load regulation rate）：CFB 锅炉稳定燃烧时，负荷调节范围中的最大值与最小值之间的比值，一般将最低稳燃负荷看成 1。

CFB 锅炉负荷调节方法如下：

1）改变给煤量、送风量是最常用的负荷调节方法。

2）改变一、二次风比，以改变炉内物料浓度分布，从而达到调节负荷的目的。一般随着负荷的增加，一次风比减少，二次风比要增加。

3）改变床层高度。提高或降低床层高度，可以改变密相区和受热面的传热量，从而达到调节负荷的目的，这种调节方式对于密相区布置埋管受热面的锅炉比较方便。

4）改变循环灰量。利用循环灰收集器或炉前渣斗，在增加负荷时可增加煤量、风量和灰渣量；在减负荷时可减少煤量、风量和灰渣量。

5）采用烟气循环方法。改变炉内物料流化状态和供氧量，从而改变物料燃烧份额，达到调节负荷的目的。

6）对于有外置换热器的锅炉，可通过调节冷热物料量分配比例来实施。负荷增加时，增加外置换热器的热灰流量；负荷降低时，减少外置换热器的热灰流量。外置换热器的热负荷最高可达锅炉总热负荷的25%～30%。

对于220t/h CFB锅炉，负荷率由70%开始每增加10%，床温上升10～20℃，炉膛出口烟温上升30～40℃，排烟温度上升6℃。

例6-18 某CFB锅炉最大负荷调节范围为25%～110%，求该炉负荷调节比。

解：该炉负荷调节比为

$$K=110:25=4.4:1$$

（33）返料温度（return to feeding temperature）：指通过返料器送回到燃烧室的循环灰的温度，它可以起到调节料层温度的作用。对于采用高温分离器的CFB锅炉，其返料温度较高，一般控制返料温度高出料层温度20～30℃，可以保证锅炉稳定燃烧，同时起到调整燃烧的作用。

第七章 锅炉辅机侧指标管理与控制

第一节 空气预热器指标

(1) 空气预热器入口风温、(预热器) 入口空气温度 (temperature of air entering air preheaters): BMCR或BRL条件下,空气预热器入口的平均空气温度。对于具有一次风和二次风的三分仓空气预热器,空气预热器入口风温为一、二次风温的质量流量加权平均值。对于采用热风再循环的系统,空气预热器入口风温为冷风和热风再循环混合之后的温度。空气预热器入口风温设计值一般为20℃。对于低温省煤器联合暖风器改造的锅炉,空气预热器入口风温设计值一般大于50℃。例如某660MW锅炉采用低温省煤器联合暖风器改造后,空气预热器也随之进行了改造。在空气预热器与除尘器之间布置低温省煤器,将烟气温度由159℃降至101℃;在引风机与脱硫塔之间布置二级低压省煤器,将烟气温度由106℃降至70℃。在送风机出口与一次风机入口主风道上设置暖风器,二级低压省煤器加热后的循环水用来加热空气预热器入口空气,将空气预热器入口一次风温加热至56℃,二次风温加热至70℃,从而使排烟温度升高至159℃。

(2) 热风温度 (hot air temperature): BMCR或BRL条件下,空气预热器出口的空气温度。分为一次风出口温度和二次风出口温度。

(3) 直接泄漏 (direct leakage; infiltration leakage): 回转式空气预热器中,由于空气与烟气之间存在静压差,使空气通过密封间隙流入烟气侧的泄漏现象。

(4) 间接泄漏、携带泄漏 (by-pass leakage; entrained leakage): 回转式空气预热器中,转子或风罩在旋转时将其中的空气带入烟气中的泄漏现象。

(5) 空气预热器出口烟 (气) 温 (度) (outlet gas temperature of air preheaters): BMCR或BRL条件下,空气预热器出口测量的烟气温度,一般将空气预热器出口烟气温度作为锅炉的排烟温度。当有多烟道时,取各烟道烟气质量流量的加权平均值或算术平均值。

(6) 空气预热器进口烟气温度、入口烟 (气) 温 (度) (entrance gas temperature of air preheaters): BMCR或BRL条件下,空气预热器进口测量的烟气温度。当有多烟道时,取各烟道烟气质量流量的加权平均值或算术平均值。

(7) 空气预热器空气温升 (air temperature rise passing through the airpreheaters): 空气通过空气预热器时温度的升高值。当存在一、二次风时,取一、二次风温升的质量流量加权平均值。计算公式为

$$\Delta t_a = \text{出口风温} - \text{进口风温}$$

(8) 空气预热器烟气温降 (gas temperature drop passing through the air preheaters): 烟气通过空气预热器时烟气温度的降低值,以空气预热器零泄漏出口烟气温度为基础。计算公式为

$$\Delta t_g = \text{进口烟温} - \text{出口烟温 (修正前)}$$

(9) 空气预热器温压 (temperature head of air preheaters): 进入空气预热器的平均烟温减去空气预热器入口风温。例如某300MW锅炉预热器设计进口烟气温度为378℃,设计进口风温为20℃,则该预热器温压为

$$\Delta p = 378 - 20 = 368 \text{ (℃)}$$

（10）空气预热器烟气侧效率（gas side efficiency of air preheaters）：修正前空气预热器烟气温降与温压之比。

例 7-1 某厂超超临界 660MW 锅炉选用 2 台 32-VI（T）-2050-QMR 三分仓回转式空气预热器，其设计参数见表 7-1。转子名义直径为 13 552mm（32 号转子），转子采用 48 仓全模式结构，转子转向为顺转，即先加热一次风再加热二次风。传热元件总高度为 2050mm，其中热端传热元件高度为 1050mm，冷端换热元件高度为 1000mm，采用搪瓷钢板。求预热器烟气温降和烟气侧效率。

表 7-1　660MW 锅炉空气预热器设计参数（BMCR 条件下）

项　目	数据	项　目	数据
入口烟温（℃）	366.9	烟气侧效率（%）	69.20
出口烟温（℃）（修正前/修正后）	159/155	热/冷端传热元件板型	HE4/DFC
入口空气温度（℃）（一次风/二次风）	56/70	高温段传热元件面积（双面，m^2）	62 000
一次风出口温度（℃）	340	高温段传热元件高度（m）	1050
二次风出口温度（℃）	328	低温段传热元件面积（双面，m^2）	60 000
一次风入口流量（t/h）	296.51	低温段传热元件高度（mm）	1000
二次风入口（t/h）	888.89	传热元件总高度（mm）	2050
空气侧阻力（Pa）（一次风/二次风）	860/900	预热器转速（r/min）	0.9
烟气侧阻力（Pa）	1150	驱动电机额定功率（kW）	15
烟气温降（℃）（修正前/修正后）	208/212	漏风率计算值（%）	5.5
预热器温压（℃）	300	漏风率保证值（%）	6.5

解： 修正前烟气温降为

$$\text{入口烟温}-\text{修正前出口烟温}=366.9-159=207.9\ (℃)$$

修正后烟气温降为

$$\text{入口烟温}-\text{修正后出口烟温}=366.9-155=211.9\ (℃)$$

预热器温压为

$$\text{入口烟温}-\text{入口空气温度}=366.9-\frac{56\times296.51+70\times888.89}{296.51+888.89}=300.4\ (℃)$$

$$\text{预热器烟气侧效率}=\frac{207.9}{300.4}\times100\%=69.20\%$$

（11）X 比（x-rate）：空气预热器空气出口热容量与烟气入口热容量之比被定义为 X 比。X 比等于烟气温降与空气温升之比。计算公式为：

$$X=\frac{m_a c_{pa}}{m_g c_{pg}}=\frac{\Delta t_g}{\Delta t_a}$$

式中 m_a——预热器出口空气质量，kg；

m_g——预热器入口烟气质量，kg；

c_{pa}——空气比热容，kJ/(kg·℃)；

c_{pg}——烟气比热容，kJ/(kg·℃)；

Δt_g——烟气温降，℃；

Δt_a——空气温升，℃。

当试验时实际运行的 X 比偏离设计值时，需要对预热器排烟温度进行修正（性能试验期间应按

ASME PTC4.3 标准对 X 比进行修正）。某 660MW 锅炉空气预热器具体的 X 比修正曲线见图 7-1。

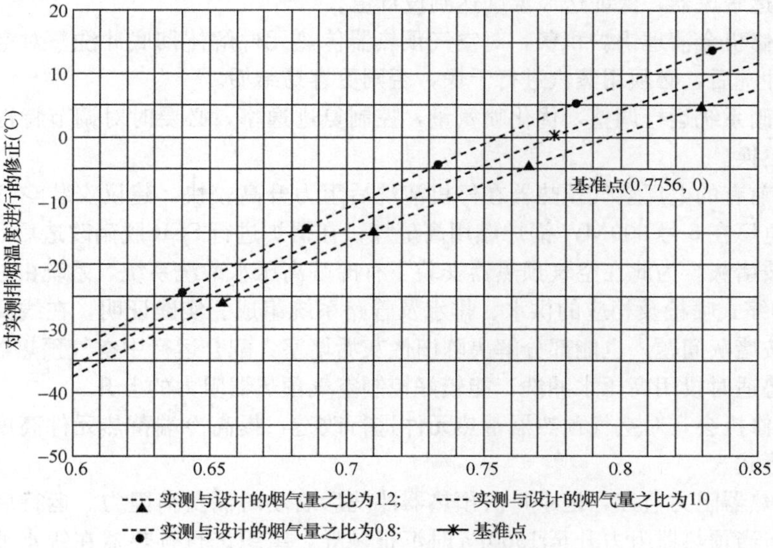

图 7-1　X 比对排烟温度的修正曲线

例 7-2　某 660MW 锅炉预热器设计参数见表 7-1，求该预热器烟气温降和 X 比。

解： 烟气温降为

$$\Delta t_g = 进口烟温 - 出口烟温(修正值) 363 - 143.5 = 219.5(℃)$$

空气温升为

$$\Delta t_a = 出口风温 - 进口风温 = 306 - 23 = 283(℃)$$

（12）空气预热器空气侧阻力、空气预热器风侧阻力、风侧压损（air side resistance for air preheater）：空气预热器 A、B 两侧的入口空气和出口空气的平均静压之差。对于三分仓空气预热器来说，分为一次风侧阻力和二次风侧阻力。一次风流量大，压力低；二次风流量小，压力高。一般情况下空气预热器一次风侧的阻力设计值小于或等于 850Pa，二次风侧的阻力设计值小于或等于 950Pa。

（13）空气预热器烟气侧阻力、烟气侧压损（gas side resistance for air preheater）：空气预热器 A、B 两侧的入口烟气和出口烟气的平均静压之差。一般情况下空气预热器烟气侧的阻力设计值小于或等于 1150Pa。

例 7-3　某 300MW 锅炉预热器进口烟气静压为 −1500Pa，出口烟气静压为 −2500Pa，求该预热器烟气侧阻力。

解： 该预热器烟气侧阻力为

$$\Delta p = 进口烟气静压 - 出口烟气静压 = -1500 - (-2500) = 1000(Pa)$$

空气预热器烟气侧阻力大的原因如下：

1）空气预热器积灰造成阻力大（影响换热，使得排烟温度升高）。

2）煤质变差、脱硝系统氨逃逸大引起空气预热器蓄热元件腐蚀严重。

3）后期增加脱硝系统，导致脱硝系统投运后空气预热器阻力上升。

4）负荷增加，燃料量增加，烟气增加，阻力增大。

处理问题的对策如下：

1）保证吹灰器正常投入，加强吹灰管理，保证吹灰蒸汽参数和良好的疏水，防止蒸汽带水。

2）及时投运暖风器，保证送风温度达到设计值。

3）利用检修机会清理锅炉积灰，对空气预热器传热元件解体彻底冲洗。对空气预热器蓄热元件进行高压冲洗后，必须用蒸汽进行干燥，否则更容易结垢。

4）重视脱硝系统运行调整，优化喷氨量，控制氨逃逸率，必要时对调节特性不良的喷氨调门进行修复或更换。

5）鉴于目前有的电厂空气预热器在停机清洗后阻力升高较快，建议安装空气预热器在线冲洗装置。珞璜电厂在5号600MW锅炉燃用高硫煤，在锅炉进行SCR脱硝改造后，空气预热器极易产生硫酸氢铵堵灰。为此在空气预热器安装了有冷端高压水冲洗系统，系统由柱塞泵（出口压力25MPa）、伸缩式喷枪及相应的供水、排水及管路系统组成。实践证明，在线高压水冲洗能有效解决硫酸氢铵堵灰问题，也能部分解决陈旧性灰垢堵塞，配合运行中空气预热器蒸汽吹灰，根据差压上升趋势适时投用高压水冲洗，能较好控制空气预热器阻力的上升。

6）利用检修机会，对空气预热器蓄热元件进行改造，提高冷端蓄热元件高度，冷端蓄热元件采用镀搪瓷形式。

7）加强预热器阻力监控，记录每次预热器冲洗后启动时满负荷阻力。运行后每周进行同负荷同风量对比，当预热器阻力升至1500Pa时汇报领导，组织进行预热器在线水冲洗。在线水冲洗后，记录冲洗后阻力值。

（14）空气预热器漏风系数（air leakage factor for air preheater）：空气预热器烟道出、进口处的过量空气系数之差。计算公式为

$$\Delta\alpha=\alpha_2-\alpha_1$$

$$\alpha=\frac{21}{21-O_2}$$

式中 α_1、α_2——空气预热器进、出口过量空气系数；

$\Delta\alpha$——漏风系数；

O_2——空气预热器进、出口氧量，%。

例 7-4 某电厂管式空气预热器前烟气中氧量 $O_{2,1}=5\%$，空气预热器后烟气中氧量 $O_{2,2}=6\%$，求此空气预热器漏风系数。

解： 空气预热器进口过量空气系数为

$$\alpha_1=\frac{21}{21-O_{2,1}}=\frac{21}{21-5}=1.31$$

则空气预热器出口过量空气系数为

$$\alpha_2=\frac{21}{21-O_{2,2}}=\frac{21}{21-6}=1.40$$

则空气预热器漏风系数为

$$\Delta\alpha=\alpha_2-\alpha_1=1.40-1.31=0.09$$

根据每级受热面漏风系数规定应小于0.03，可见该管式空气预热器漏风系数超标，应采取措施减少漏风。

（15）空气预热器漏风率、预热器漏风率、空预器漏风率（air leakage ratio for air preheater）：在BRL条件下，漏入空气预热器烟气侧的空气质量占进入空气预热器烟气质量的百分率。计算公式为

$$A_L=\frac{m''-m'}{m'}\times100\%$$

式中 m'——空气预热器进口烟气质量，kg/kg；

m''——空气预热器出口烟气质量，kg/kg。

对于一般试验，其计算公式为

$$A_L=\frac{RO_{2,1}-RO_{2,2}}{RO_{2,2}}\times 90\%=\frac{\alpha_2-\alpha_1}{\alpha_1}\times 90\%=\frac{\Delta\alpha}{\alpha_1}\times 90\%$$

式中 $RO_{2,1}$——空气预热器进口烟道中三原子气体（RO_2）体积含量百分率，%；

$RO_{2,2}$——空气预热器出口烟道中三原子气体（RO_2）体积含量百分率，%。

对空气预热器提出以下选型建议：

1）为了适应煤质变化，建议空气预热器设置较大预留层，为以后改造留下空间。

2）配置烟气脱硝装置时，必须考虑氨逃逸对空气预热器带来的影响，合理设计和布置蓄热体高度，预防硫酸氢铵附着于空气预热器传热元件上带来的空气预热器的腐蚀、堵灰问题。

3）热端蓄热元件采用新型蓄热元件，冷端蓄热元件采用搪瓷或镀搪瓷蓄热元件。

4）热端吹灰系统采用蒸汽吹灰器，冷端吹灰系统采用高压水＋蒸汽吹灰器。

5）密封技术采用常规密封技术、弹性间隙自补偿柔性密封技术或博瑞通柔性密封技术。

空气预热器漏风率应每季度（最好每月）测量一次，并且不允许超过下列规定值：

管式空气预热器：3%

板式空气预热器：5%

热管式空气预热器漏风系数每级不大于：0.01

回转式空气预热器漏风率应不超过7%

空气预热器漏风的主要危害如下：

1）空气预热器漏风将使空气直接进入烟道，被引风机抽走排向大气。由于排烟量增大，使引风机的电耗都增大。当漏风过大超过了风机的负荷能力时，会造成燃烧风量不足，以致被迫降低锅炉负荷，直接影响锅炉的安全经济运行。

2）传统理论认为，由于烟气压力低于大气压力，所以在运行中，外界空气将会从不严密处漏入烟道及空气预热器中。漏入烟道的冷空气使漏点处的烟气温度降低，使烟气与受热面间的传热温差减小，热交换变差，排烟温度升高。

实际上通过定量热平衡分析，空气预热器漏风，反而使排烟温度降低，但是由于漏风增大了烟气容积，所以其综合结果是锅炉排烟热损失稍微降低。

空气预热器漏风率每增加1个百分点，发电煤耗率增加0.10～0.20g/kWh。解决空气预热器漏风的措施主要如下：

1）采用特殊管材的管式空气预热器或热管式空气预热器（如卧式搪瓷管式空气预热器），虽然漏风率很低，但是由于使用寿命短，不宜安装，且器内积灰清除困难，所以在大容量电厂锅炉应用方面受到限制。

2）采用英国豪顿公司技术，增加回转式空气预热器径向、轴向密封，降低漏风率。

3）采用可靠的自动跟踪调整系统，时刻跟踪和调整密封间隙大小，控制空气预热器漏风。

4）想方设法提高负荷率，因为随着机组负荷的降低，空气预热器漏风率将逐步增大。

预热器漏风率高的原因如下：

1）运行过程中一、二次风压控制过高，漏风量增大。

2）对于自动密封调节装置回转式空气预热器，密封装置因故未投或空气预热器温度测点损坏，“温度跟随”或“一次跟随”方式无法投入，导致自动密封调节装置投入不正常，不能自动调节密封间隙。

3）空气预热器冷、热端积灰或堵塞，进出口差压大，造成漏风增大。

4）空气预热器冷、热端径向密封、轴向密封、周向密封间隙磨损变大，漏风增加。

5）升降负荷速度过快，造成扇形板密封片磨损，导致密封间隙偏大（主要针对固定式扇形板密封片的空气预热器）。

6）低温段蓄热元件腐蚀。

7）空气预热器扇形板密封无自动调整装置。

8）换热管磨穿漏风。其中入炉煤质较差，灰分高容易加剧管壁磨损。

9）锅炉投产较早，空气预热器分仓偏少（仅为24），且密封方式落后。

降低空气预热器漏风率的对策如下：

1）对于自动密封调节装置回转式空气预热器，投入“自动”方式，调整最佳密封间隙。

2）防止空气预热器腐蚀。运行过程中，可根据空气预热器冷端温度及时投入暖风器，确保空气预热器冷端温度在规定范围内。

3）加强对空气预热器出入口风压差和烟气压差的监视调整。差压增大时增加空气预热器吹灰频次。

4）确保空气预热器吹灰器能够正常投入，控制空气预热器烟气侧压差，发现缺陷及时联系进行处理。

5）机组启动期间投入空气预热器连续吹灰，正常运行中定期吹灰，确保空气预热器清洁、不积灰。

6）控制合适升降负荷速率，控制空气预热器电动机电流在正常范围内，避免空气预热器受热膨胀不均，造成扇形板密封片磨损，导致密封间隙偏大（主要针对固定式扇形板密封片的空气预热器）。

7）正常运行中，适当降低一次风压，降低空气预热器漏风率。

8）检修时对空气预热器扇形板密封间隙进行调整，更换磨损的密封片，对扇形板、弧形板的变形、磨损检查治理。必要时进行密封系统改造。

9）检修时对空气预热器蓄热元件进行高压水冲洗。

10）低温段受热元件采用耐腐蚀材料（如COR－TEN钢、搪瓷或陶瓷）改造。

11）锅炉空气预热器进行增加分仓改造，将其内部可调式密封改为固定式密封，同时径向、轴向应形成双密封结构（原有的24分仓相应改为48分仓），扇形板及轴向密封板一并更换。

12）空气预热器密封系统采用弹性间隙自补偿柔性密封技术、博瑞通柔性密封技术进行改造。金桥电厂2号300MW机组空气预热器为东方锅炉厂生产的回转式三分仓容克式空气预热器，漏风率偏大。在检修期间，采用美国博瑞通接触式柔性密封技术对空气预热器密封进行改造，全部更换空气预热器原有径向、轴向、旁路密封片。改造后，漏风率由10.8%下降到4.7%，锅炉辅机耗电率下降0.26～0.28个百分点。

例7-5 某空气预热器A侧入口氧量$O_{2,1A}=5.7\%$，B侧入口氧量$O_{2,1B}=5.5\%$；A侧出口氧量$O_{2,2A}=7.5\%$，B侧出口氧量$O_{2,2B}=7.0\%$。A侧入口$RO_{2,1A}=13.15\%$，B侧入口$RO_{2,1B}=13.5\%$；A侧出口$RO_{2,2A}=11.7\%$，B侧出口$RO_{2,1B}=12.2\%$。试分别用三原子气体和氧量计算空气预热器漏风率。

解： 1）A侧空气预热器漏风率为

$$A_{LA}=\frac{RO_{2,1A}-RO_{2,2A}}{RO_{2,2A}}\times 90\%=\frac{13.15-11.7}{11.7}\times 90\%=12.39\%$$

或者 $$A_{LA}=\frac{\alpha_{2A}-\alpha_{1A}}{\alpha_{1A}}\times 90\%=\frac{21/(21-7.5)-21/(21-5.7)}{21/(21-5.7)}\times 90\%=12.46\%$$

2）B侧空气预热器漏风率为

$$A_{LB}=\frac{RO_{2,1B}-RO_{2,2B}}{RO_{2,2B}}\times 90\%=\frac{13.5-12.2}{12.2}\times 90\%=10.56\%$$

或者 $$A_{LB}=\frac{\alpha_{2B}-\alpha_{1B}}{\alpha_{1B}}\times 90\%=\frac{21/(21-7.0)-21/(21-5.5)}{21/(21-5.5)}\times 90\%=10.70\%$$

（16）酸露点、烟气露点、露点温度（flue gas acid dew point）：烟气中硫酸蒸汽开始凝结时的温度。根据苏联1973年标准（苏联全苏热工研究所BTИ在试验基础上整理而成），烟气露点一般采用下列经验公式计算，即

$$t_{ld}=t_{0n}+\sqrt[3]{S_{zs}}\times\frac{\xi}{1.05^{a_{fh}A_{zs}}}$$

$$S_{zs}=\frac{S_{ar}\times 4187}{Q_{net,ar}}$$

$$A_{zs}=\frac{A_{ar}\times 4187}{Q_{net,ar}}$$

式中 S_{zs}——收到基燃料折算硫分，%；

A_{zs}——收到基燃料折算灰分，%；

ξ——折算系数，当炉膛出口过量空气系数 $\alpha''=1.15\sim1.25$ 时，$\xi=121$；当 $\alpha''=1.4\sim1.5$ 时，$\xi=129$；计算时可取 $\xi=125$；

a_{fh}——飞灰份额，对煤粉炉 $a_{fh}=0.9$；

t_{0n}——烟气中水蒸气露点，℃。

纯水蒸气的露点温度为40～50℃。烟气水蒸气含量为5%时，水蒸气露点 $t_{0n}=32.3$℃；烟气水蒸气含量为10%时，水蒸气露点 $t_{0n}=45.6$℃；烟气水蒸气含量为20%时，水蒸气露点 $t_{0n}=59.7$℃。在烟气为一个大气压时，烟气水蒸气露点温度与水蒸气含量的关系见表7-2。烟气中的水蒸气含量很容易由燃料燃烧计算获得，一般约为10%～14%，纯水蒸气的露点温度为40～50℃。粗略计算时，t_{0n}可取50℃。

表7-2　　烟气水蒸气露点与水蒸气含量的关系

水蒸气含量（%）	1	5	10	15	20	30	50
水蒸气露点（℃）	6.7	32.3	45.6	53.7	59.7	68.7	80.9

烟气中硫酸蒸汽开始凝结的温度称为露点温度，也称烟气露点。

如果锅炉受热面的壁温低于露点温度，水蒸气和硫酸蒸汽就会聚集在管子表面上，与碱性灰发生反应，也与金属发生反应，使金属发生低温腐蚀。露点随烟气中硫酸浓度的降低而降低，当烟气中的硫酸蒸汽浓度为零时，烟气露点即为水露点，约为40～50℃。但是只要烟气中含有硫酸蒸汽，即使含量极微（通常为十万分之几），也会使烟气露点大大提高到100℃以上，从而引起蒸汽凝结。

运行中应使受热面金属温度比烟气露点温度高10～20℃，以便减轻低温腐蚀。通常大型锅炉的排烟温度比小型锅炉低些，电厂锅炉的排烟温度一般设计在120～150℃范围内；采用低温省煤器的锅炉排烟温度，可以低于100℃。

例7-6 已知 $\alpha_{py}=1.3$，锅炉燃用烟煤，其分析数据如下：收到基碳 $C_{ar}=55.21\%$，收到基氢 $H_{ar}=3.34\%$，收到基硫 $S_{ar}=0.88\%$，收到基氧 $O_{ar}=6.34\%$，收到基灰 $A_{ar}=25.8\%$，收到基水 $M_{ar}=0.86\%$，收到基氢 $N_{ar}=0.93\%$，可燃基挥发分 $V_{daf}=29.82\%$，求其完全燃烧后烟气总

容积和水蒸气总容积。

解：为了简化计算，假定 $C_{ar}^{y}=C_{ar}$，则理论计算的燃烧干空气量为

$$\begin{aligned}V_{gk}^{0}&=0.0889C_{ar}^{y}+0.265H_{ar}+0.0333(S_{ar}-O_{ar})\\&=0.0889(55.21+0.375\times0.88)+0.265\times3.34-0.0333\times6.34\\&=5.611(m^3/kg，标准状态)\end{aligned}$$

完全燃烧后烟气总容积为

$$\begin{aligned}V_{y}&=0.01866C_{ar}^{y}+0.007S_{ar}+0.008N_{ar}+0.111H_{ar}+0.01244M_{ar}\\&\quad+(1.016\alpha_{py}-0.21)V_{gk}^{0}\\&=0.01866\times55.21+0.007\times0.88+0.008\times0.93+0.111\times3.34\\&\quad+0.01244\times0.86+(1.016\times1.3-0.21)\times5.611=7.658(m^3/kg，标准状态)\end{aligned}$$

$$\begin{aligned}V_{H_2O}&=0.111H_{ar}+0.01244M_{ar}+0.0161\alpha_{py}V_{gk}^{0}\\&=0.111\times3.34+0.01244\times0.86+0.0161\times1.3\times5.611=0.499(m^3/kg，标准状态)\end{aligned}$$

1kg 燃料中的硫 S_{ar} 燃烧生成的 SO_2 容积为

$$V_{SO_2}=0.7\times\frac{S_{ar}}{100}=0.7\times\frac{0.88}{100}=0.00616(m^3/kg，标准状态)$$

$$\begin{aligned}Q_{net,ar}&=338.71C_{ar}+1048.48H_{ar}+108.72(S_{ar}-O_{ar})-46M_{t}\\&=338.71\times55.21+1048.48\times3.34+108.72\times(0.88-6.34)-46\times0.86\\&=21568.9(kJ/kg)\end{aligned}$$

收到基燃料折算硫分为

$$S_{zs}=\frac{0.88\%\times4187}{21568.9}=0.1708\%$$

收到基燃料折算灰分为

$$A_{zs}=\frac{25.8\%\times4187}{21568.9}=5.008\%$$

根据苏联公式计算烟气露点为

$$\begin{aligned}t_{ld}&=t_{0n}+\sqrt[3]{S_{zs}}\times\frac{\xi}{1.05^{\alpha_{fh}A_{zs}}}\\&=50+\sqrt[3]{0.1708}\times\frac{125}{1.05^{(0.9\times5.008)}}=105.7\ (℃)\end{aligned}$$

第二节 制粉系统指标

（1）原煤粒度（grain of coal）：进入磨煤机前的大于某一尺寸原煤颗粒的质量百分数。

（2）煤粉细度（pulverized coal fineness）：煤粉中不同直径的颗粒所占的质量百分数。通常按规定方法用标准筛进行筛分，以 R_x 表示。煤粉细度可用留在筛子上的剩余煤粉量与总煤粉量的百分比表示，也可用通过筛子的煤粉量与总煤粉量的百分比表示，以 D_x 表示（例如：$R_{90}=20\%$，即 $D_{90}=80\%$）。我国采用的煤粉筛是泰勒筛，规格见表 7-3。90 目的筛子是指公称孔宽为 170μm 的筛子。计算公式为

$$R_x=\frac{a}{a+b}\times100\%$$

$$或 D_x=\frac{b}{a+b}\times 100\%$$

式中 R_x、D_x——煤粉细度,%;

x——筛的孔径,μm;

a——留在 x 孔径的筛子上的剩余煤粉量,g;

b——通过 x 孔径的筛子落下的煤粉量,g。

表 7-3　**我国采用煤粉筛的规格**

筛目号	16	20	28	32	35	48	60	80	100	115	150	170	200	250
孔宽 x（μm）	1000	850	600	500	425	300	250	180	150	125	106	90	75	63

电厂锅炉煤粉细度通常用 30 号和 70 号筛子，即用 R_{200} 和 R_{90} 表示煤粉细度，数值越大，煤粉越粗；筛上剩余的煤粉量越少，则说明煤粉磨得越细，R_x越小。

燃用无烟煤、贫煤和烟煤时，煤粉细度 R_{90} 可按 $0.5nV_{daf}$ 选取（n 为煤粉均匀性指数），煤粉细度 R_{90} 的最小值应控制不低于 4%。当燃用褐煤时，对于中速磨煤机，煤粉细度 R_{90} 取 30%～35%；对于风扇磨煤机，煤粉细度 R_{90} 取 45%～55%。

煤粉粗还会产生下列其他影响：

1）燃尽时间长，燃烧不充分，飞灰可燃物增加。

2）高温腐蚀和结焦。由于煤粉颗粒大，均匀性差，煤粉四角喷入后形成强烈的旋转气流，大颗粒甩向炉膛四壁，使水冷壁附近产生强烈的还原性气氛，发生高温腐蚀的机会大大增加。对灰熔点低的煤种，还可能出现结焦现象。

3）超温爆管。由于煤粉粗，大大推迟了着火和燃尽，炉膛火焰中心上移，炉膛出口烟温升高，使得锅炉过热器和再热器爆管。

4）受热面局部磨损。由于煤粉粗，使得燃烧不完全，灰颗粒大，如果烟气速度高，磨损问题就会显现出来。

影响煤粉细度的因素很多，主要包括以下方面：

1）燃料的燃烧特性。挥发分高、发热量高的燃料一般容易燃烧，煤粉可粗一些；燃用挥发分低的煤，为了有利于着火和燃尽，煤粉应磨得细一些。

2）磨煤机和分离器的性能。性能好的磨煤机和分离器可使成粉的均匀性好，即使煤粉粗一些也能燃烧得比较完全。

3）燃烧方式。对于燃烧热负荷很高的锅炉，如液态排渣炉、旋风炉，煤粉可适当粗一些。

4）锅炉负荷。在锅炉低负荷运行时，由于炉膛温度低，为了稳定燃烧工况，需要将煤粉磨得细一些；而在锅炉高负荷运行时，煤粉可磨得粗一些。

5）一次风压、风速调整不当，磨煤机一次风风量大。

维持合适煤粉细度的对策如下：

1）通过燃烧调整试验，根据煤质确定最佳煤粉细度。煤种发生变化可依据煤种的燃尽特性进行适当调整。燃用挥发分低的煤，为了有利于着火和燃尽，煤粉应磨得细一些；反之，煤粉应粗一些。

2）通过制粉系统调整试验，使磨煤机保持最佳通风量及一次风压，保持最佳煤粉细度。

3）磨煤机检修后，宜进行煤粉细度的核查，以确认煤粉细度与粗粉分离器挡板开度（或转速）之间的定量关系，为锅炉运行提供依据。

4）定期测试煤粉细度，发现问题及时消除。控制煤粉细度的合格率不低于 95%。

5）消除风道、风门漏风。

6）静态分离器的煤粉细度调节，可以通过改变通风量或粗粉分离器挡板开度来调节。减少磨煤机通风量，可以使煤粉变细；反之，煤粉变粗。当增大磨煤机通风量时，应适当关小粗粉分离器折向挡板开度，以防止煤粉过粗。开大粗粉分离器折向挡板开度，或提高粗粉分离器出口套筒位置，可使煤粉变粗，反之变细。关小折向挡板开度及降低出口套筒位置后，粗粉分离器的回粉量增多，因此应适当减小给煤量。

7）静态分离器更换为旋转式粗粉分离器。旋转式分离器的主要部件为装有多个叶片的转子，电动机通过传动机构带动转子转动。从磨煤机来的风粉混合物经过转子区域时，在转子的带动下做旋转运动，较粗的煤粉在离心力和叶片撞击的作用下被分离出来，其余合格的煤粉随气流带出。旋转式分离器煤粉均匀性好，出口煤粉均匀性指数高，煤粉均匀性 $n\geqslant1.2$；配旋转式分离器后可以根据煤质变化调整煤粉细度，煤粉细度易于调整，使锅炉燃烧更完全、经济；旋转式粗粉分离器分离效率高，能提高制粉系统出力，降低制粉耗电率。在相同煤粉细度下，配旋转分离器的制粉系统较其他形式的系统磨煤机出力可提高5%左右。某电厂600MW亚临界机组，配备ZGM中速磨煤机，采用静态粗粉分离器。锅炉常态运行时，分离器挡板开度长期固定在某一位置不变，无法满足根据负荷及煤质变化调整煤粉细度，锅炉飞灰可燃物含量高，锅炉效率低。将上两层燃烧器对应的2台磨煤机配用的静态式分离器改为旋转式分离器，改造后实现了磨煤机出口煤粉细度动态可调，R_{90}最小可以达到5%；磨煤机出口煤粉的均匀性大大改善，煤粉均匀性指数大于1.2；锅炉飞灰可燃物降低1个百分点。

8）在锅炉低负荷运行时，由于炉膛温度低，为了稳定燃烧工况，需要将煤粉磨得细一些；而在锅炉高负荷运行时，煤粉可磨得粗一些。

9）根据煤质及磨煤机出力，及时调整旋转分离器转速或磨煤机出口折向门挡板，保证煤粉细度。对于中速磨煤机，特别是磨辊运行中、后期，应根据煤粉细度的变化定期调整磨辊的间隙和弹簧压缩量（压力）；对于双进双出磨煤机，宜定期检查分离器，防止分离器回粉堵塞引起煤粉细度变粗。

（3）经济煤粉细度（economical pulverized-coal fineness）：即最佳细度，完全可比条件下，使单元机组净热效率最高时的煤粉细度。把机械未完全燃烧热损失 q_4、磨煤电耗及金属磨耗 q_{p+m} 都核算成统一的经济指标，它们之和为最小时所对应的煤粉细度。影响煤粉细度的因素有燃料的燃烧特性、操作水平、磨煤机及分离器的性能等。

固态排渣煤粉炉燃用褐煤时，煤粉的经济细度为

$$R_{90}=V_{daf}$$

固态排渣煤粉炉燃用烟煤时，煤粉的经济细度为

$$R_{90}=2+0.5nV_{daf}$$

固态排渣煤粉炉燃用无烟煤、贫煤时，煤粉的经济细度为

$$R_{90}=0.5nV_{daf}$$

煤粉越细，单位质量的煤粉表面积越大，加热升温、挥发分的析出着火及燃烧反应的速度越快，在锅炉中容易点火，燃尽所需时间短，飞灰可燃物降低，机械未完全燃烧热损失 q_4 降低，锅炉效率增加。反之较粗的煤粉虽可使磨煤机电耗 q_d 减少，但是不可避免地会使炉内机械未完全燃烧热损失增大。随着煤粉细度值的增大，机械未完全燃烧热损失 q_4 逐渐增加，而磨煤机电耗 q_d 则逐渐减少。所以磨煤时应选用一个合适的细度。上述各项损失之和 $q=q_4+q_d$ 为最小时的细度最为经济，此时的细度称为煤粉的经济细度，见图7-2。

例7-7 某300MW固态排渣煤粉炉配离心式分离器，燃煤干燥无灰基挥发分 $V_{daf}=29.1\%$ 的

烟煤，煤粉均匀性指数 $n=1.1$，求其经济煤粉细度。

解：煤粉的经济细度为

$R_{90}=2+0.5nV_{daf}=2+0.5\times1.1\times29.1=18(\%)$

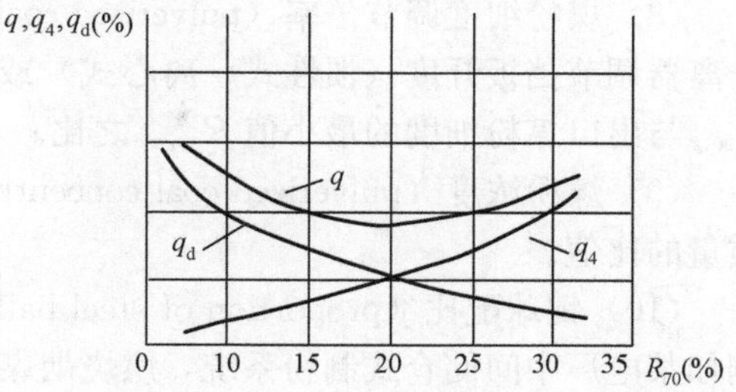

图 7-2　煤粉经济细度的确定

(4) 煤粉细度合格率（qualified rate of pulverized-coal fineness）：是指煤粉细度合格次数占全部取样次数的百分数，计算公式为

$$K_{mf}=\frac{C_{zsh}}{C_{zs}}\times100\%$$

式中　K_{mf}——煤粉细度合格率，%；

C_{zsh}——统计期内煤粉细度合格次数，次；

C_{zs}——统计期内全部取样化验次数，次。

合格煤粉细度是指实际煤粉细度在最佳煤粉细度±5%范围内。

(5) 煤粉均匀性指数、煤粉均匀性系数（pulverized coal uniformity index）：分离器出口煤粉的颗粒均匀程度，表示煤粉中不同粒度颗粒分布均匀程度的指数，以 n 表示。对于配离心式分离器的制粉系统，$n\approx1.1$；对于旋转式分离器的制粉系统，$n\approx1.2$。

实际煤粉样品的均匀性指数 n 值，应使用不同孔径的 3～4 个筛子进行筛分，可用其中两个细度（R_{x1} 和 R_{x2}）按下式计算求得，即

$$n=\left(\mathrm{lgln}\frac{100}{R_{x1}}-\mathrm{lgln}\frac{100}{R_{x2}}\right)\Big/\left(\lg\frac{x_1}{x_2}\right)=2.881\left(\mathrm{lgln}\frac{100}{R_{200}}-\mathrm{lgln}\frac{100}{R_{90}}\right)$$

式中　x——筛的孔径（筛孔的内边长），μm；

R_{90}、R_{200}——旋风分离器落粉管内所取粉样的细度值，%。

煤粉的均匀性指数，反映煤粉粒径分布的指数，取决于制粉设备的形式。当 $n>1$ 时，煤粉中不会存在大量的最细和最粗的颗粒，即颗粒分布比较均匀。n 值越大，煤粉颗粒越均匀，燃烧经济性越好。一般钢球磨煤机、中速磨煤机等制粉系统，n 值多在 0.8～1.3 之间，配离心式粗粉分离器的制粉设备，$n=1.1$；配双流惯性式粗粉分离器的制粉设备，$n=1.0$；配单流惯性式粗粉分离器的制粉设备，$n=0.8$；配动静态（配旋转式）粗粉分离器的制粉设备，$n=1.2$。

(6) 煤粉均匀性改善度、煤粉均匀性改善系数（pulverized-coal improved uniformity）：粗粉分离器出口的煤粉均匀性指数 n_2 与进口的煤粉均匀性指数 n_1 的比值，符号为 e。计算公式为

$$e=\frac{n_2}{n_1}$$

(7) 煤粉细度调节系数（pulverized-coal fineness adjustment coefficient）：粗粉分离器进口的煤粉细度 $R_{90,1}$ 与出口的煤粉细度 $R_{90,2}$ 之比。

煤粉细度调节系数是指粗粉分离器进口、出口煤粉细度之比，它表示粗粉分离器对煤粉细度的调节能力，粗粉分离器细度调节系数的计算公式为

$$\varepsilon_{cf}=\frac{R'_{90}}{R''_{90}}$$

式中　ε_{cf}——粗粉分离器细度调节系数；

R'_{90}——粗粉分离器入口煤粉的细度值，%；

R''_{90}——粗粉分离器出口煤粉的细度值，%。

ε_{cf} 越大，对细度的调节能力越大，一般应使其接近于 5。

（8）煤粉细度调节倍率（pulverized-coal fineness adjustment ratio）：在通风量不变的情况下，分离器调节挡板开度（惯性式、离心式）或回转速度（回转式）改变时，分离器出口煤粉细度 $R_{90,2}$ 与出口煤粉细度的最小值 $R_{90,min}$ 之比。

（9）煤粉浓度（pulverized-coal concentration）：风粉混合物中煤粉流质量与携带煤粉的气流质量的比值。

（10）钢球配比（proportion of steel balls）：不同规格的钢球质量占总钢球装载量的百分比，例如某电厂中间储仓式制粉系统，燃烧烟煤，钢球磨煤机配球径分别为40/50/60mm 的钢球，配比为 3∶4∶3。

（11）磨煤机研磨出力、磨煤机出力、制粉系统出力（grinding capacity of pulverizer）：单位时间内在保证一定煤粉细度条件下，磨煤机所能磨制的煤粉量。由煤的可磨性和煤粉细度所决定的磨煤机出力。研磨出力除煤的可磨性和煤粉细度外，还取决于原煤的粒度、磨煤机的种类和尺寸。钢球磨煤机研磨出力可按下式计算，即

$$B_M = 0.1 D^{2.4} L n^{0.8} k_{ap} \psi^{0.6} k_{gr} k_v \left(\ln \frac{100}{R_{90}}\right)^{-1/2}$$

式中 B_M——磨煤机研磨出力，t/h；

n——磨煤机工作转速，r/min；

D——磨煤机筒体直径，m；

L——磨煤机筒体长度，m；

k_{ap}——磨制煤的护甲形状系数，对于齿形护甲 $k_{ap}=1.1$，其他形状 $k_{ap}=1.0$；

ψ——钢球装载系数；

R_{90}——粗粉分离器后煤粉细度，%；

k_{gr}——可磨性修正系数；

k_v——实际通风量对磨煤机出力的修正系数。

根据德国 EVT 公司经验，风扇磨煤机碾磨出力按下式计算，即

$$B_M = B_0 \frac{F}{100} \times \frac{100 - M_{mf}}{100 - M_{ar}}$$

式中 B_0——按煤粉计的磨煤机基本出力，按所选磨煤机型号由相关标准查取，t/h；

F——磨煤机研磨出力系数，可查有关设计标准；

B_M——风扇磨煤机按原煤计的研磨出力，t/h。

磨煤机出力低的原因如下：

1）给煤机有故障，给煤量不均匀或给煤机出力不足。

2）一次风量低、热风温度不高，造成磨煤机的干燥出力和制粉出力不足。

3）磨煤机磨辊套或磨碗衬板磨损，钢球过少或磨损，导致出力不足。

4）磨煤机出口折向门挡板开度、分离器转速、分离器挡板开度不合理。

5）磨煤机磨辊与磨碗间隙不合理；磨煤机弹簧加载不合理。

6）磨煤机弹簧加载不合理。

7）煤粉过细。

8）煤质差。水分高，灰分高，发热量低。

9）“四块”多。

10）磨煤机选型偏小。

提高磨煤机出力的对策如下：

1）在保证煤粉细度合格的前提下，合理调整给煤量和风量，尽可能保持磨煤机最大出力。

2）根据磨煤机磨碗差压的大小来控制给煤量，以保证不超过磨煤机的最大载煤量。

3）进行制粉系统性能试验，确定给煤量和一次风的最佳配比。

4）定期测试煤粉细度；定期监视石子煤排放量。

5）停机时检查磨煤机磨辊套及磨碗衬板磨损情况，对磨损超标的进行调换。调整磨煤机弹簧加载力，以及磨辊头与弹簧加载间隙。

6）合理调整磨煤机出口折向门挡板开度、分离器转速、分离器挡板开度。

7）调整磨煤机空气节流环数量，确保风速正常。

8）一次风机进口调节挡板开度校验。检修期间检查处理磨煤机空气节流环缺陷，磨损超标的一次风管调换。

9）磨煤机选型时选得大一些。例如某电厂 660MW 超超临界锅炉设计燃烧烟煤。选用 6 台 MPS190HP-Ⅱ型中速碗式磨煤机，原设计 5 台运行 1 台备用，但是现实情况是磨煤机出力小(磨盘直径为 1900mm，最大出力为 57.8t/h)，在满负荷工况下 6 台磨煤机要全部投运，无备用磨煤机，而且磨损严重，磨盘磨辊每半年要焊补 2 次。而其他电厂同样的锅炉则选用 6 台 MPS200HP-Ⅱ型中速碗式磨煤机，磨盘直径为 2000mm，最大出力为 63.5t/h，基本上全年不用焊补。

(12) 最大钢球装载量（maximum charge of balls)；钢球装到距滚筒中心轴颈下沿 150mm 时的装载量。

(13) 最佳钢球装载量（optimum charge of balls)：在同样的煤粉细度下，制粉系统单耗最低时的装载量。钢球磨煤机最佳钢球装载量与筒体工作转速有关。最佳钢球装载量一般为最大钢球装置量的 0.8～0.88。最佳钢球装载量经验值计算公式为

$$G_{zj}=\rho_{gq}\times\frac{0.12}{\left(\frac{n\sqrt{D}}{42.3}\right)^{1.75}}\times V$$

式中 V——磨煤机筒体容积，m^3；

D——磨煤机筒体直径，m；

G_{zj}——最佳钢球装载量，t；

ρ_{gq}——钢球的堆积密度，一般情况下取 $\rho_{gq}=4.9t/m^3$，t/m^3。

(14) 钢球填充系数、钢球充满系数、钢球装载系数（steel ball filling coefficient)：钢球磨煤机内装载的钢球量通常用钢球容积占筒体容积的百分比来表示，称为钢球填充系数、钢球充满系数、填充率或装载系数。其计算公式为

$$\Psi=\frac{G}{\rho_{gq}V}$$

$$V=\frac{\pi}{4}\times D^2\times L$$

式中 G——钢球装载量，t；

V——磨煤机筒体容积，m^3；

L——磨煤机筒体的长度，m；

ρ_{gq}——钢球的堆积密度。一般情况下取 $\rho_{gq}=4.9t/m^3$，t/m^3。

(15) 钢球最佳填充系数（optimum steel ball filling coefficient)：钢球磨煤机内装载的钢球量少，对煤的撞击作用就会减弱；当磨煤机通风量和煤粉细度不变时，随着钢球装载量从较少的数

值开始增加，单位时间内钢球的撞击次数增加，磨煤机出力和功率相应增加，磨煤机单位电耗也有所增大；但是当钢球装载量增加到一定限度后，由于钢球充满系数过大使钢球下落的有效高度减小，撞击作用减弱，许多钢球就会做一些无用功，磨煤机出力增加的程度减缓，而磨煤机功率却仍然按原变化速度增加，磨煤机单位电耗显著增大。因此磨煤机存在一个钢球最佳装载量，相应的填充系数称为最佳填充系数。其计算公式为

$$\Psi_{zj}=\frac{0.12}{\left(\frac{n}{n_{lj}}\right)^{1.75}}=\frac{0.12}{\left(\frac{n\sqrt{D}}{42.3}\right)^{1.75}}$$

式中 Ψ_{zj}——钢球最佳填充系数。

磨煤机钢球最佳填充系数计算公式为

$$\Psi_{zj}=\frac{0.12}{\left(\frac{n}{n_{lj}}\right)^{1.75}}=\frac{0.12}{\left(\frac{n\sqrt{D}}{42.3}\right)^{1.75}}$$

式中 Ψ_{zj}——钢球最佳填充系数。

（16）最佳通风量（the best ventilation volume）：钢球磨煤机在同样的煤粉细度下，使钢球磨煤机和排粉机总耗电量最小时的筒体通风量。钢球磨煤机最佳通风量可按下式计算，即

$$V_{zj}=\frac{38V}{n\sqrt{D}}\left(1000\sqrt[3]{K_{VTI}}+36R''_{90}\sqrt{K_{VTI}}\sqrt[3]{\psi}\right)$$

式中 V_{zj}——磨煤机最佳通风量，m^3/h；

V——磨煤机筒体容积，m^3；

n——磨煤机工作转速，r/min；

D——磨煤机筒体直径，m；

K_{VTI}——磨制煤的可磨性指数；

R''_{90}——粗粉分离器后煤粉细度，%；

ψ——钢球装载系数。

（17）磨煤机通风出力（aerated capacity of pulverizer）：由磨煤机的通风条件所决定的磨煤机出力。是指气流对煤粉的携带能力，即单位时间内由通风带出的煤粉量。磨煤机的通风量不足时常表现为磨煤机的堵塞。

（18）干燥出力（drying capacity of pulverizer）：由磨煤机的干燥能力所决定的磨煤机出力。指单位时间内，磨煤系统能将多少原煤由最初的水分 M_{ar}（收到基水分）干燥到煤粉水分 M_{mf} 的原煤量。干燥出力在给煤量一定时，取决于干燥剂的温度、通风量及原煤的水分。干燥能力不足，煤粉达不到所需要的温度和水分，会引起结露并对燃烧造成影响。干燥能力不足宜采用提高干燥剂初温的方法来提高干燥出力。干燥出力计算公式为

$$B_{Md}=\frac{Q_V}{1000V_2}$$

式中 B_{Md}——磨煤机干燥出力，t/h；

V_2——每千克原煤干燥剂的实际体积，m^3/kg；

Q_V——磨煤机的通风量，m^3/h。

（19）磨煤机铭牌出力、磨煤机基本出力（basic capacity of pulverizer）：磨煤机在规定的煤质条件和煤粉细度下的出力。基本出力通常在磨煤机性能系列参数表中给出。

（20）磨煤机计算出力、磨煤机设计出力（design capacity of pulverizer）：磨煤机在设计煤质

条件下和设计煤粉细度下的最大出力。该出力通过给定的公式、图表计算或试验得到。

(21) 磨煤机出力比 (coal mill capacity ratio)：单位磨煤机最大出力与锅炉 BMCR 工况时燃煤消耗量的百分比，并取整。

直吹式制粉系统的磨煤机台数和出力，按下列要求选择：

1) 200MW 及以上锅炉装设的中速磨煤机宜不少于 4 台，200MW 以下锅炉装设的中速磨煤机宜不少于 3 台，其中 1 台备用。

2) 当采用双进双出钢球式磨煤机时，不宜设备用磨煤机。每台锅炉装设的磨煤机宜不少于 2 台。

3) 每台锅炉装设的风扇磨煤机宜不少于 3 台，其中 1 台备用。

对磨煤机选型建议如下：

1) 燃煤磨损指数 K_e 参数对磨煤机选型非常重要，对中速磨煤机的磨损件寿命有很大影响，当 $K_e>5$ 时，应选择双进双出钢球磨煤机直吹式制粉系统。在选用双进双出钢球磨煤机时，不推荐采用雷蒙（径向）型和双蜗壳粗粉分离器。前者易出现堵塞等问题，后者煤粉细度不可调整，并且两者的煤粉均匀性均较差。建议优先考虑轴向型粗粉分离器和动态分离器。

2) 当设计燃用煤质适于中速磨煤机时，应优先选用 HP 型、ZGM 型、MPS-HP-Ⅱ型中速磨煤机直吹式制粉系统。ZGM 型和 MPS-HP-Ⅱ型对原煤中的"三块"适应能力比 HP 型稍好，HP 型中速磨煤机更适合于低灰分、易磨煤种且运行中煤质相对稳定的机组。

3) 高水分煤种（如褐煤）的磨煤机选型。在高一次风率、高一次风温度下，中速磨煤机可以磨制全水分 35%以下的煤种，此时干燥出力往往是限制磨煤机最大出力的最主要因素。因此，此时磨煤机型号一般比同容量机组配备的磨煤机大 2～3 个型号。在全水分大于 30%时，如果磨损性适宜仍优先考虑风扇磨煤机烟气干燥。

4) 中速磨煤机出力裕度。当选择中速磨煤机直吹式制粉系统时，应考虑实际燃用煤种的煤质波动情况。在设计煤种为高灰分煤种或实际燃用煤种可能会有较大变化时，建议将标准规定的"除备用外的磨煤机总出力应不小于锅炉最大连续蒸发量时燃料消耗量的 110%"提高到 120%，以尽量避免在实际运行中出现磨煤机出力不足的问题。出力裕度提高后，即使磨煤机出力能够满足满负荷需要且还有裕度，也可以为煤粉细度提供更大的调整范围，提高机组运行的灵活性；而且中速磨辊、磨碗等磨损较轻，运行周期长。

5) 对高、中速磨煤机，在磨制设计煤种时，除备用外的磨煤机总出力应不小于锅炉最大连续蒸发量时燃煤消耗量的 110%；对双进双出钢球磨煤机，磨煤机总出力在磨制设计煤种时应不小于锅炉最大连续蒸发量时燃煤消耗量的 115%。

6) 钢球磨煤机储仓式制粉系统的磨煤机台数和出力，按下列要求选择：每台锅炉装设的磨煤机台数不少于 2 台，不设备用。每台锅炉装设的磨煤机按设计煤种的计算出力（大型磨煤机在最佳钢球装载量下），应不小于锅炉最大连续蒸发量时所需耗煤量的 115%。

例 7-8 某 660MW 锅炉，TRL 耗煤量为 228.3t/h，BMCR 耗煤量为 236.7t/h，共配 6 台 MPS190HP 型中速磨煤机（5 台运行 1 台备用），单台最大出力为 57.8t/h，磨盘直径为 1900mm。求磨煤机出力比。

解： 磨煤机出力比＝57.8/236.7×100%＝24%。

(22) 磨煤机（消耗）功率（electric output)：磨煤机驱动装置输入的电功率。钢球磨煤机功率计算公式为

$$P_M=\frac{Ln}{\eta_{cd}\eta_{dj}}(0.122D^3\times\rho_{gp}\psi^{0.9}K_{hj}K_{fu}+1.86DS)$$

式中 η_{cd}——磨煤机传动装置效率，对于一级减速箱齿轮传动，$\eta_{cd}=0.865$，对于两级减速箱的摩擦传动，$\eta_{cd}=0.885$，对于低速电动机无减速箱齿轮传动，$\eta_{cd}=0.92$。对于低速电动机无减速箱的摩擦传动，$\eta_{cd}=0.955$；

η_{dj}——电动机效率，取0.92；

S——筒体壁厚（包括护甲），约为筒体直径的1/40，m；

D、L——磨煤机筒体的内径和长度，m；

n——磨煤机筒体的工作速度，r/min；

P_M——钢球磨煤机消耗的功率，kW；

ρ_{gp}——钢球的自然堆积密度，取$\rho_{gp}=4.9t/m^3$，t/m^3；

ψ——钢球装载系数；

K_{hj}——护甲形状系数，对于波形和梯形护甲，$K_{hj}=1.0$；对于齿形护甲，$K_{hj}=1.1$；

K_{fu}——考虑到燃料种类和钢球装载系数ψ的修正系数，对于无烟煤，$K_{fu}=0.84+0.5\psi$；对于褐煤、贫煤和烟煤，$K_{fu}=1.3765-4.1582\psi+16.33\psi^2-21.079\psi^3$。

根据上式可知，钢球磨煤机的能量消耗在空负荷和满负荷时相差不大。这是因为钢球磨煤机的功率主要消耗于转动筒体和提升钢球，而与煤的多少关系不大。随着磨煤机出力的增加，磨煤机单位电耗减小，所以钢球磨煤机满负荷运行时最为经济，而低负荷或变负荷运行是不经济的，这是钢球磨煤机的显著特点。对于中速磨煤机有

$$P_M=6.5B$$

式中 B——磨煤机的标准出力，t/h；

P_M——钢球磨煤机消耗的功率，kW。

(23) 磨煤机单耗（unit electric consumption of mill)：磨制每吨原煤时，磨煤机所消耗的电量。计算公式为

$$b_{mm}=\frac{W_{mm}}{B_m}$$

式中 b_{mm}——磨煤机单耗，kWh/t；

W_{mm}——统计期内磨煤机消耗的电量，kWh；

B_m——统计期内入炉原煤量，t。

中速磨煤机单耗保证值一般为7～8kWh/t，实际运行磨煤机单耗一般为8～12kWh/t。仓储式钢球磨煤机实际运行单耗一般为15～20kWh/t左右（排粉机单耗一般为8～12kWh/t左右）。双进双出钢球磨煤机实际运行单耗一般为20～23kWh/t左右（一次风机单耗一般小于8～12kWh/t)。

(24) 磨煤机耗电率、磨煤机厂用电率（electric consumption rate of mill)：在统计报告期内，磨煤机消耗的电量与机组发电量的百分比。计算公式为

$$L_{mm}=\frac{W_{mm}}{W_f}\times 100\%$$

式中 L_{mm}——磨煤机耗电率，%；

W_{mm}——统计期内磨煤机消耗的电量，kWh；

W_f——统计期内机组发电量，kWh。

烟煤、贫煤低速钢球磨煤机耗电率小于或等于0.75%，无烟煤钢球磨煤机耗电率小于或等于1.1%，亚临界机组中速磨煤机耗电率小于或等于0.50%，超临界机组中速磨煤机耗电率小于或等于0.4%，直吹式钢球磨煤机耗电率小于或等于0.85%，风扇磨煤机耗电率等于或小于1.05%。循环流化床锅炉（破碎和筛分系统）的磨煤机耗电率不大于0.2%。磨煤机耗电率高的原因如下：

1）煤粉细度过细，分离器调整挡板开度过小。

2）调整不当，磨煤机煤量过大或过小。

3）煤质差，过硬、过湿等偏离设计值。

4）磨辊和磨碗间隙过小或弹簧加载力过大。

5）一次风压及风量不合适。

一次风压及风量增大，管道磨损和电耗增大；反之若风量过小，不仅使磨煤机出力下降，还会使干燥出力下降，单耗增加。

6）磨煤机通风量不足，煤粉过细。

7）磨煤机内有杂物，“四块”多。

8）磨煤机轴承损坏。

9）磨煤机运行方式不合理。

10）磨煤机钢球、衬板配备不合理。

降低磨煤机耗电率的对策如下：

1）根据负荷及煤质变化情况及时调整磨煤机运行方式。钢球磨煤机和风扇磨煤机均有很大的空载损失，因此应尽量使其满负荷运行。从磨煤机满负荷运行的观点来看，储仓式制粉系统最为理想。钢球磨煤机的电耗总体上较高，且基本不随负荷变化，应尽量使其在满出力运行，在煤质满足要求的情况下，减少运行台数是降低电耗的重要措施。但目前由于调度原因、磨煤机运行可靠性原因、启停时间较长的原因，存在着运行台数偏多的情况，特别是夜间低负荷期间。为降低制粉电耗，应努力提高制粉系统的可靠性，在此基础上进行低负荷期间减少磨煤机运行台数的试验。一些配置6台制粉系统的锅炉，低负荷期间3～4台磨煤机运行在安全性上是有保证的，过度强调安全则经济性要降低。

2）按照优化后的制粉系统风煤比曲线运行。

3）磨煤机的耗电量随着煤粉细度的增加而增加，所以应通过试验确定最佳的煤粉细度，并严格执行。

4）煤中“四块”对中速磨煤机出力影响很大，应加强输煤设备检查维护，采取措施清除燃煤“四块”，防止“四块”入仓，减少耗电量。

5）根据磨煤机进、出口差压来控制给煤量（如600MW机组的磨煤机差压大于6kPa才允许启动下一台磨煤机），以保证磨煤机最佳出力。

6）加强磨煤机轴瓦、排粉机轴承及冷却水室的检修和清理工作，避免夏季因转动设备轴承、轴瓦温度高，造成系统频繁启停。

7）检修及时消除入口一次风道堆积石子煤。

8）及时检查磨煤机出口折向叶是否有松动现象，如有应及时调整固定。

9）中速磨煤机磨辊压紧力应通过试验确定，并在运行中加强监视。在碾磨件磨损中后期，应及时调整加载压力，以保证制粉系统出力。

10）按照设计煤种进煤，煤的可磨性指数不应太低。煤质太硬和灰分过多会导致金属磨损加剧，影响中速磨煤机的出力，使耗电量增加。所以煤质越差，磨煤单耗越大。

11）对于钢球磨煤机，要注意衬板更换和改造。钢球磨煤机随着运行时间的延长，其衬板的磨损越来越严重，到一定程度将影响其带球能力，使磨煤机出力降低。因此需在机组检修时对衬板厚度等进行测量，摸索其磨损规律，根据机组检修周期、费用等情况制定更换计划，并按计划及时更换，使磨煤机的出力不因衬板原因受到太大影响，确保制粉耗电率在合理范围。

12）钢球磨煤机衬板的型式对磨煤机的出力有较大影响，不同型式的衬板其带球能力不同，适应的钢球规格不同。对于运行实践证明其带球能力差的衬板，应择机对其进行换型改造，以提高磨煤机的出力。如进行小钢球改造的，一般需同时更换合适的节能型衬板，以确保其节电效果。例如，邯峰发电厂660MW燃煤发电机组配备6台D-12-D型双进双出钢球磨煤机（5运1备），单台设计出力为52.56t/h，但是实际出力仅为47t/h左右。该磨煤机衬板为双波型衬板，每台磨煤机拥有144块，总重58t左右，其中筒体端部衬板32块，筒体两侧衬板32块，筒体中间衬板80块。由于双波型衬板携带钢球能力一般，不能充分利用钢球的研磨能力，经过调研选用沈阳重型机器厂生产的T型衬板，磨煤机出力能达到54t/h。改造前6台磨煤机平均单耗为21.72kWh/t，改造后6台磨煤机平均单耗由21.72kWh/t降低为19.35kWh/t。

13）确定最合适的钢球装载量，定期填加钢球。在钢球磨煤机运行2500～3000h后要清理一次，将小于150mm的钢球及其杂物除掉。可考虑加装钢球自动筛选装置。

14）选择合适的钢球尺寸和配比。例如某电厂通过制粉系统优化试验，确定钢球规格为30/40mm，配比为35%/65%。

15）进入磨煤机的煤块越小，耗电量越低，但破碎机（也称碎煤机）的耗电量增加。试验证明碎煤机比磨煤机省电，因此应尽量利用碎煤机破碎煤块，进入磨煤机的煤质粒度不应大于300mm。

16）煤的水分过多会使燃煤的细粒粘在钢球表面上，或者被中速磨煤机压成煤饼，以致磨煤机出力大为降低，用电量增加，因此应限制煤的水分在12%以下。

17）作为干燥剂用的烟气温度高、煤的可磨性系数高，均可降低风扇磨煤机的耗电量。

18）提高绞龙投运率，充分利用绞龙平衡粉仓粉位，减少制粉系统的启停次数。

19）由于风扇磨煤机的打击板磨损，会降低磨煤机出力30%～40%，致使耗电量增加。打击板的使用寿命一般可达1000h左右，因此应经常检查、监视磨煤机打击板的磨损情况。

20）磨煤机系统的漏风会降低磨煤机出力，而使单位耗电量增加，因此，在运行中应确保各风门能够关闭严密，方向正确；及时消除制粉系统管道、人孔门等漏风缺陷。

21）定期进行木块分离器的清理，提高制粉出力。

22）采用耐磨性高小钢球。过去钢球磨煤机的磨球一般是铸钢的、直径在30mm以上的磨球为主，这类磨球耐磨性较差，导致30mm以上直径的磨球很快就磨损到20mm以下，失去磨煤效果，会造成停机清理废球过于频繁，严重降低球磨机的运转率，加大清理废球的工作量。如果磨球以直径为30mm以下为主，则在钢球磨煤机装球总重量相同的条件下，磨球的平均直径减小，则磨球的个数或表面积就增多或增大，磨煤的作用点或作用面积随之增多或增大，在一定的条件下磨制煤粉的效率也就更高。

随着冶炼技术提高，生产出了铬锰钨抗磨铸铁的小钢球，其表层及心部的洛氏硬度大于60HRC，耐磨性均匀，铬锰钨抗磨铸铁磨球具有极好的级配稳定性和耐磨性。这样就给钢球磨煤机采用耐磨性高小钢球奠定了基础，华能某电厂300MW锅炉原设计装球直径分别为30、40、50、60四种钢球，其中直径为40～60mm的磨球占70%，直径为30mm的占30%。使用铬锰钨抗磨铸铁的小钢球，调整磨球级配后，新装球的直径分别为25、30、40、50、60五种规格按一定比例进行装球，其中直径30mm及以下的磨球占65%，装球总量减少20%～35%。

华能某电厂300MW机组双进双出磨煤机改造后在出力和煤粉细度保持不变的情况下，钢球装载量从52t降低到了40t，较修前减少12t；磨煤机运行电流从修前99A降低了83A，较修前减少17A。磨煤机单耗从20kWh/t降低到18.5kWh/t。

（25）一次风机（或排粉机）单耗（unit electric consumption for ventilating）：制粉系统每磨制1t煤，一次风机（排粉机）所消耗的电量。计算公式为

$$b_{\mathrm{pf}}=\frac{W_{\mathrm{pf}}}{B_{\mathrm{m}}}$$

式中 b_{pf}——一次风机（排粉机）单耗，kWh/t；

W_{pf}——统计期内一次风机（排粉机）消耗的电量，kWh；

B_{m}——统计期内入炉原煤量，t。

电厂一次风机、排粉风机一般选择离心风机，离心风机与轴流式风机的特点比较见表 7-4。

表 7-4　三种风机性能特点的比较

项　目	离心式风机	静叶可调轴流式风机	动叶可调轴流式风机
结构	简单、尺寸大、质量大	比较简单、体积小	含液压调节系统，复杂
耐磨性	最好	较好（含尘量＜400mg/m^3）	较差（含尘量＜150mg/m^3）
调节方式	（1）进口导叶、进口挡板。 （2）变频器、液力耦合器	（1）入口导向器。 （2）变频器	改变动叶角度
调节性能	（1）差，简单不经济。 （2）好，但价格昂贵	（1）一般。 （2）好，但价格昂贵	较好
运行效率	高效区窄，额定负荷时效率最高，可达 94%；但低负荷时效率较低	高效区较宽	高效区宽
风压	高	低	较低
调节范围	单向调节	双向调节	多向调节
土建结构耗材	最多	一般	最省
检修维护	叶轮更换困难，维护工作量小	叶片更换困难，调节机构维护频繁	维护工作量最大，液压缸密封件，油系统漏油

（26）一次风机（排粉机）耗电率、一次风机（排粉风机）厂用电率［electric consumption rate of primary air fan（pulverized coal exhauter）］：在统计报告期内，一次风机（排粉机）消耗的电量与机组发电量的百分比。计算公式为

$$L_{\mathrm{pf}}=\frac{W_{\mathrm{pf}}}{W_{\mathrm{f}}}\times 100$$

式中 L_{pf}——一次风机（排粉机）耗电率，%；

W_{pf}——统计期内一次风机（排粉机）消耗的电量，kWh；

W_{f}——统计期内机组发电量，kWh。

一次风机是供给锅炉燃料燃烧所需一次风（空气）的风机。按其在系统中的安装位置，布置在空气预热器前的一次风机称为冷一次风机，布置在空气预热器后的一次风机称为热一次风机。300MW 级锅炉一次风机驱动电动机功率一般为 1400kW，一次风机耗电率小于或等于 0.55%。600MW 级锅炉一次风机驱动电动机功率一般为 1800～2500kW，超（超）临界机组一次风机耗电率小于或等于 0.5%，排粉机耗电率小于或等于 0.70%。通风耗电率高的原因如下：

1）锅炉一次风道、空气预热器漏风、制粉系统漏风大。

2）备用磨煤机一次风挡板未关闭或关闭不严密，漏风。

3）入炉煤质变差，偏离设计煤种，机组相同负荷下的燃煤量、一次风量增加。

4）空气预热器传热元件积灰严重、风道阻力增加。

5）排粉机、一次风机叶轮磨损后，运行效率低。

6）机组负荷率低或频繁启停、调峰。

7）一次风调整不合理，风压过高、风量过大。

8）机组负荷变化，一次风压自动调节失灵，运行调整不及时。

9）一次风道阻力大。

10）风机进、出口挡板开、关不到位。

11）电动机变频器未投运。

12）机组负荷低。

13）空气预热器出口一次风温较设计值偏低，为满足干燥出力要求，采取增大一次风量的运行方式。

14）一次风机型式问题，例如国华所属电厂600MW机组一次风机均选用动叶可调轴流式风机，运行期间一次风机耗电率在0.34%～0.5%范围内；而华能所属电厂600MW机组一次风机一般选用离心式风机，运行期间一次风机耗电率在0.6%～0.8%范围内。

15）一次风机选型过大。通过几十台机组调查，对流量、压头等系数的修正相互叠加，导致600MW超(超)临界机组一次风机选型普遍偏大，驱动电机平均功率为2100kW，流量裕度范围为41%～195%，例如河南民权电厂配备轴流式一次风机电机功率为3000kW，一次风机耗电率高达0.95%；而河北龙山电厂配备轴流式一次风机电机功率为1150kW，一次风机耗电率仅为0.35%。

降低一次风机（排粉机）耗电率的对策如下：

1）进行制粉系统优化燃烧调整试验，根据试验结果，及时调整一次风压及风量，控制一次风及风量在最佳范围内运行。

2）磨煤机停运后检查其冷热风挡板关闭严密。

3）加强空气预热器吹灰，减少风道阻力，提高空气预热器换热效果。

4）机组负荷变化，一次风压自动调节失灵时，及时切手动调整。

5）排粉机叶轮切割。例如华能曲阜电厂200MW机组原设计排粉机选型较大，排粉机叶轮为2.25m，正常运行过程中出口挡板开度45%左右，造成排粉机电耗增加。改造后叶轮更换为2.1m，改造后排粉机出口挡板开度68%，电流由63A降至55A，排粉机耗电率降低0.035个百分点。某300MW锅炉排粉机叶轮直径为2.2m，轴功率为739kW。由于风机的初始选型风量富裕量较大，运行中风机入口乏气总门开度很小（30%），节流损失大，系统效率低。于大修期间对排粉机叶轮切割改造，叶轮直径减为2m，排粉机的运行电流由原来的60A降到了50A，耗电率降低0.2个百分点。

6）消声器的阻力一般在200Pa左右，若大于400Pa，则应对一次风机入口消声器进行检查；暖风器的阻力一般在300Pa左右，若大于500Pa则应对一次风机出口暖风器进行吹灰控制，检修时进行表面清理。

7）及时消除风道漏风，对伸缩节定期更换。

8）离心式一次风机进行变频改造，加强设备维护检修确保变频器可靠投入运行。完成了一次风机变频改造，邯峰发电厂660MW燃煤发电机组配备2台一次风机，变频改造前后一次风机耗电率由0.6%下降至0.43%。

9）空气预热器密封改造。例如白杨河电厂对6号300MW锅炉空气预热器进行柔性密封改造，更换24组径向密封片并加装24组柔性密封，周向、旁通密封片均更换。改造后，一、二次风密封效果显著。改造前负荷270MW，一次风机高压侧电流为93A左右；改造后同样负荷、煤电比情况下，一次风机高压侧电流从93A降低到67A，去除送风机电流上升3A外，单台一次风机电流下降约23A，改造后一次风机系统节电明显。

10）一次风机本体节能改造。由于风机设计选型不当导致实际运行效率低，经试验论证，通过改变电动机转速又不能获得较佳节能效果，则应进行风机提效改造。某电厂350MW亚临界机组配置2台一次风机，一次风机为G9-36№24D型离心式风机，TB工况设计风量为79.97m^3/s，轴功率为1439kW，电动机功率为1600kW。整体更换为G6-34№26D（叶轮直径由2.4m增加到2.6m），根据100%负荷下风机改造前、后性能试验结果，2台风机平均电流由112.1A下降到99.3A，风量由48.7m^3/s提高到55.85m^3/s，风压由12 169Pa提高到13 446Pa，功率由958.9kW下降到851.8kW，风机效率由64%提高到85.8%。

11）排粉机本体节能改造。排粉机为中间储仓式制粉系统的通风设备，一套制粉系统配一台排粉机。由于要求排粉机的压力高，其比转速低，故均采用离心式风机。配备中间储仓式制粉系统的锅炉，在运行中每套制粉系统的出力通常应在其最佳出力下运行，受锅炉负荷大小的影响较小（煤质变化影响除外），因而排粉机在正常运行中负荷变化不大。其输送的又是含煤粉气流，存在磨损问题，为保证其安全，采用距离风机入口较远的入口门进行调节，该类调节门（通常为蝶形门）全开时仍存在较大阻力。若排粉机裕量太大，调节门开度小，在运行中压损增大，排粉机耗电率更大。因而排粉机的节能改造主要是合理确定设计裕量和选用高效的离心式风机。对于已有的裕量过大的高效排粉机，则可在对风机本体改造和采用变频调速改造两种方案通过比较确定。采用变频调速，其进口门可改用插板门，运行时全开无压损，检修时可隔断系统。另外变频调速后，排粉机运行的转速降低，还可减轻风机的磨损。某电厂300MW机组制粉系统为中间储仓式、乏气送粉，配有4台MTZ3560型筒式钢球磨煤机，4台M5-29-11№22D型单吸离心排粉机。排粉风机正常运行情况下实际运行效率约为70%～77%，运行效率较低。因此整体更换为M6.4№19.2D型排粉风机，叶轮直径从原2.2m降低到1.92m，风机中心保持不变，风机和电动机基础不变，风机进风管道保持不动，风机出口管道平滑过渡。现场改造工作量小，在不停炉仅停单套制粉系统的情况下就可完成现场风机改造工作。改后试验结果表明，风机实际工作效率达到82%以上，比改造前效率提高约10个百分点，排粉机单耗下降约3kWh/t煤。

12）煤粉锅炉的一次风量应采用燃烧调整试验得出的最佳一次风量控制。在此条件下，应尽量开大一次风系统中的调节风门，降低一次风母管压力，减小系统阻力，降低一次风机耗电率，减少空气预热器一次风漏风。一次风压控制应依据煤种变化做适时调整。例如对于600MW烟煤机组，额定负荷下，一次风压力通常可控制在8～9kPa。当一次风母管压力达到一次风系统设计压力的1.5倍时，应查找原因，并提出相应的解决措施。

13）CFB锅炉的一次风量应采用燃烧调整试验得出的最佳一次风量控制。在床温、分离器进出口温度、主/再热蒸汽参数正常的情况下，应尽量开大一次风系统中的调节风门(一般不低于50%)，以降低一次风母管压力，减小系统阻力，降低一次风机耗电率，减少空气预热器一次风漏风。

14）选择高效率驱动电动机，电动机容量应与排粉机匹配，不应使富裕容量过多。

15）选择高效风机，并使排粉机、一次风机的运行工作点位于高效率区。

16）排粉机采取叶片防磨措施或根据检查情况焊补叶片。

（27）给煤机单耗（unit electric consumption of feeder）：指计算期内制粉系统每磨1t煤，给煤机所耗用的电量，计算公式为

$$b_{gm}=\frac{W_{gm}}{B_m}$$

式中 b_{gm}——给煤机单耗，kWh/t；

W_{gm}——统计期内给煤机消耗的电量，kWh；

B_m——统计期内入炉原煤量，t。

（28）给煤机耗电率、给煤机厂用电率（electric consumption rate of feeder）：在统计报告期内，给煤机消耗的电量与机组发电量的百分比。计算公式为

$$L_{gm}=\frac{W_{gm}}{W_f}\times 100$$

式中 L_{gm}——给煤机耗电率，%；

W_{gm}——统计期内给煤机消耗的电量，kWh；

W_f——统计期内机组发电量，kWh。

（29）密封风机单耗（unit electric consumption of sealing fan）：制粉系统每磨制1t煤密封风机所消耗的电量。密封风机是指供给中速磨煤机、双进双出钢球磨煤机和给煤机等装置密封用空气的风机。密封风机可直接从大气吸入空气，亦可从送风机出口管道内吸取空气。计算公式为

$$b_{mf}=\frac{W_{mf}}{B_m}$$

式中 b_{mf}——密封风机单耗，kWh/t；

W_{mf}——统计期内密封风机消耗的电量，kWh；

B_m——统计期内入炉原煤量，t。

（30）密封风机耗电率、密封风机厂用电率（electric consumption rate of sealing fan）：在统计报告期内，中速磨煤机的密封风机消耗的电量与机组发电量的百分比。计算公式为

$$L_{mf}=\frac{W_{mf}}{W_f}\times 100$$

式中 L_{mf}——密封风机耗电率，%；

W_{mf}——统计期内密封风机消耗的电量，kWh；

W_f——统计期内机组发电量，kWh。

（31）制粉单耗（unit electric consumption of pulverizing）：即制粉系统单耗、制粉电耗，每磨制1t煤所消耗的电量。制粉电耗包括磨煤机单耗、通风单耗、给煤机、密封风机等辅助设备的电耗，但由于给煤机、密封风机等辅助设备的电耗占制粉电耗的比例很小，所以在实际工作中往往只统计磨煤机和一次风机（排粉机）的电耗。计算公式为

$$b_{zf}=b_{mm}+b_{pf}+b_{mf}+b_{gm}$$

式中 b_{zf}——制粉系统单耗，kWh/t；

b_{mm}——磨煤机单耗，kWh/t；

b_{pf}——一次风机（排粉机）单耗，kWh/t；

b_{mf}——密封风机单耗，kWh/t；

b_{gm}——给煤机单耗，kWh/t。

制粉系统漏风会降低磨煤机出力，使单位耗电量增加，因此在运行中应注意堵塞漏风，并使之不超过规定值。

一般情况下，钢球磨煤机制粉系统用电单耗为35kWh/t，中速磨煤机制粉系统的用电单耗为20kWh/t，风扇磨煤机制粉系统的用电单耗约为15kWh/t。降低制粉系统单耗的主要措施如下：

1）利用大修期筛选钢球，定期填加钢球，降低制粉电耗。

2）制粉系统采用料位自动监控、仿真等技术，实现制粉系统优化运行，提高制粉系统出力。

3）做好制粉系统维护工作，减少制粉系统漏风。

4）通过试验核实和确定磨煤机最佳通风量。

5）通过试验核实和确定最佳煤粉细度。

6）降低制粉系统阻力，及时清理木屑分离器，粗粉分离器灰粉管畅通。

7）控制磨煤机进、出口温度。

8）中速磨煤机的上盘压紧弹簧，应通过出力试验确定，并在运行中加强监视。

9）加强制粉系统的运行管理与维护，例如吸潮阀、绞笼下粉插板、锁气器、木块分离器等

的管理与维护均应形成制度。

10）对制粉系统的运行方式进行全面的优化调整，选择合理的排粉机运行方式和磨煤机运行方式等。

11）中间仓储式热风送粉制粉系统改为中速磨煤机正压直吹式制粉系统。磨煤机耗电率可从0.7%降低到0.4%；排粉机耗电率可从0.75%降低到0.5%（一次风机）。制粉单耗从35kWh/t降低到20kWh/t。

（32）制粉（系统）耗电率、制粉系统厂用电率（electric consumption rate of pulverizing system）：在统计报告期内，制粉系统消耗的电量与机组发电量的百分比。计算公式为

$$w_{zf}=\frac{W_{zf}}{W_f}\times 100\%$$

式中 W_{zf}——统计期内制粉系统磨煤机、通风机、给煤机、密封风机等设备消耗的电量，kWh；

w_{zf}——制粉系统耗电率，%；

W_f——统计期内机组发电量，kWh。

要求亚临界机组中速磨煤机制粉系统耗电率小于或等于0.9%，超临界机组中速磨煤机制粉系统耗电率小于或等于1.1%。钢球磨煤机制粉系统耗电率小于或等于1.5%。制粉系统耗电率高的原因如下：

1）磨煤机出力不足。例如某660MW锅炉配A、B、C、D、E、F 6台磨煤机，燃烧烟煤，设计煤粉细度为20%。试验时磨煤机出力分别为36、43、50t/h，磨煤机分离器转速维持在70r/min，磨煤机风量按照风煤比曲线设置，试验结果见表7-5。

表7-5　A磨煤机磨煤机出力特性试验结果

项　　目		单位	工况1	工况2	工况3
磨煤机入口热风门开度		%	20.0	23.1	53.0
磨煤机入口冷风门开度		%	57.9	57.7	46.4
磨煤机入口风温		℃	225.1	221.4	275.1
磨煤机入口风压		kPa	6.71	7.11	8.62
磨煤机电流		A	47.3	54.2	55.6
炉膛与磨煤机出口差压		kPa	3.24	3.46	4.34
分离器出口风温		℃	76.0	72.0	76.5
分离器转速		r/min	70.0	70.0	70.0
分离器电流		A	17.5	17.7	17.9
分离器频率		Hz	24.1	24.1	24.1
一次风进出口压差		kPa	3.68	3.92	4.45
给煤机电流		A	3.5	3.6	3.6
磨煤机出力		t/h	36.0	43.0	50.0
加载油压		MPa	7.14	7.96	8.48
煤粉细度	R_{200}	%	0.44	1.11	1.75
	R_{90}	%	16.61	22.49	26.13
煤粉均匀性 n		—	1.385 4	1.382 5	1.382 0
实测磨煤机入口风量		t/h	87.5	91.0	95.1
磨煤单耗		kWh/t	10.51	10.09	8.90
通风单耗		kWh/t	13.70	11.68	10.33
制粉单耗		kWh/t	24.21	21.77	19.23

从试验结果来看，随着A磨煤机出力的增大，煤粉细度逐渐增大，磨煤单耗、通风单耗、制粉单耗逐渐降低。A磨煤机出力分别为36.0、43.0、50.0t/h时，煤粉细度R_{90}分别为16.61%、22.49%、26.13%；磨煤单耗分别为10.51、10.09、8.90kWh/t；通风单耗分别为13.70、11.68、10.33kWh/t；制粉单耗分别为24.21、21.77、19.23kWh/t。可见，随着磨煤机出力的增大，制粉单耗降低较多，A磨煤机出力由36.0t/h增大到50.0t/h，制粉单耗降低了4.98kWh/t。因而从降低制粉单耗的角度出发，磨煤机不宜在小出力状态下运行。

2）煤粉细度过细，分离器调整挡板开度过小。

3）分离器转速调整不当，煤粉过粗或过细。动态分离器可以通过调整分离器变频器开度来调整分离器转速。一般来说，分离器转速越低，系统阻力越小，磨煤机出力越大。但是过粗的煤粉会造成锅炉飞灰含碳量上升，锅炉机械不完全燃烧损失增大，降低燃烧的经济性。因此需要将分离器转速调整在一个合适的位置，以兼顾磨煤出力和飞灰含碳量这两个因素。例如某660MW锅炉在维持磨煤机出力45t/h一定，改变A磨煤机分离器转速，测量煤粉细度、磨煤机单耗、通风单耗等试验数据，见表7-6。

表7-6　A磨煤机分离器转速特性试验结果

项　目		单位	工况4	工况5	工况6
磨煤机入口热风门开度		%	31.9	32.5	34.2
磨煤机入口冷风门开度		%	53.4	50.5	51.1
磨煤机入口风温		℃	239.6	244.0	247.8
磨煤机入口风压		kPa	7.68	7.61	7.83
磨煤机电流		A	51.3	53.2	55.8
炉膛与磨煤机出口差压		kPa	3.98	3.71	3.65
分离器出口风温		℃	69.8	69.3	69.4
分离器转速		r/min	64.0	71.0	78.0
分离器电流		A	17.3	17.8	18.1
分离器频率		Hz	21.9	24.2	26.7
一次风进出口压差		kPa	3.98	4.20	4.44
给煤机电流		A	3.6	3.6	3.6
磨煤机出力		t/h	45.0	45.0	45.0
加载油压		MPa	8.14	8.12	8.15
煤粉细度	R_{200}	%	1.84	1.05	0.35
	R_{90}	%	26.70	22.09	15.57
煤粉均匀性n		—	1.386 6	1.382 9	1.392 7
实测磨煤机入口风量		t/h	94.5	94.4	95.7
磨煤单耗		kWh/t	9.12	9.46	9.92
通风单耗		kWh/t	11.97	12.06	11.99
制粉单耗		kWh/t	21.09	21.52	21.91

从试验结果来看，随着A磨煤机分离器转速的提高，煤粉细度逐渐降低，磨煤单耗和制粉单耗逐步增大。A磨煤机分离器转速分别为64、71、78、85r/min时，煤粉细度R_{90}分别为26.70%、22.09%、15.57%、13.91%；磨煤单耗分别为9.12、9.46、9.92、10.19kWh/t；制粉单耗分别为21.09、21.52、21.91、22.32kWh/t。

4）煤质差，水分、可磨性系数、灰分等偏离设计值。燃煤中的水分对磨煤机出力、煤粉流动性和燃烧经济性都有很大的影响。原煤中水分增加，将使干燥出力下降，磨煤机出口温度降低。为了恢复干燥出力和磨煤机出口温度，可适当增加热风风量。如果热风门大开仍然无法满足干燥所需要的热风量，则只能减少给煤量，降低磨煤出力，同时增大了一次风机的电耗。

煤的可磨性系数越大，燃煤越容易磨，制粉电耗就越小。灰是煤种的杂质，煤中灰分越大，则煤的发热量越低，所需的燃煤量加大，制粉电耗也随之增加。

5）磨辊和磨碗间隙不合适或弹簧预紧力不合适。对于钢球磨煤机，可能是添加的钢球质量差，或装载量不够。

6）一次风压及风量不合适。

7）磨煤机通风量过大。中速磨煤机环形风道中气流速度高时，出力大而煤粉粗；气流速度低时，出力小而煤粉细。但气流速度不能太低，以免煤粒从磨盘边缘滑落下来堵住石子煤箱，影响磨煤机出力。当然，气流速度也不能太高，以免煤粉太粗影响燃烧，同时增加通风电耗。例如某660MW锅炉在维持磨煤机出力43t/h一定，改变A磨煤机通风量，测量煤粉细度，磨煤机单耗，通风单耗等试验数据，见表7-7。

表7-7　A磨煤机通风量特性试验结果

项目		单位	工况7	工况8	工况9
磨煤机入口热风门开度		%	26.5	23.1	30.7
磨煤机入口冷风门开度		%	48.9	57.7	67.0
磨煤机入口风温		℃	240.6	221.4	226.7
磨煤机入口风压		kPa	6.96	7.11	7.80
磨煤机电流		A	55.2	54.2	52.9
炉膛与磨煤机出口差压		kPa	3.33	3.46	3.92
分离器出口风温		℃	71.6	72.0	75.3
分离器转速		r/min	70.0	70.0	70.0
分离器电流		A	17.6	17.7	17.8
分离器频率		Hz	24.1	24.1	24.1
一次风进出口压差		kPa	3.89	3.92	4.12
给煤机电流		A	3.6	3.6	3.6
磨煤机出力		t/h	43.0	43.0	43.0
加载油压		MPa	7.94	7.96	7.95
煤粉细度	R_{200}	%	1.03	1.11	1.29
	R_{90}	%	21.94	22.49	23.65
煤粉均匀性 n		—	1.3827	1.3825	1.3831
实测磨煤机入口风量		t/h	87.1	91.0	95.6
磨煤单耗		kWh/t	10.27	10.09	9.84
通风单耗		kWh/t	11.25	11.68	12.43
制粉单耗		kWh/t	21.53	21.77	22.28

从试验结果来看，A磨煤机出力在43t/h时，磨煤机风量分别为87.1、91.0、95.6t/h，煤

粉细度R_{90}随着磨煤机风量的增大逐渐增大，分别为21.94%、22.49%、23.65%；磨煤单耗随着磨煤机风量的增大逐渐降低，分别为10.27、10.09、9.84kWh/t，通风单耗随着磨煤机风量的增大逐渐增大，分别为11.25、11.68、12.43kWh/t；制粉单耗随着磨煤机风量的增大逐渐增大，分别为21.53、21.77、22.28kWh/t。可见，为了降低制粉单耗，应该适当降低磨煤机风量，磨煤机风量为87.10t/h。与95.6t/h相比，制粉单耗降低了0.75kWh/t。A磨煤机风量降低后，石子煤排量正常。因而从降低制粉单耗的角度出发，可以适当降低磨煤机风量。根据试验结果，B磨煤机出力在43t/h时，磨煤机风量控制在87.1t/h左右较为合适。

8）磨煤机出口温度不足。相对于磨煤出力，通风出力和干燥出力均拥有一定的调节余量。制粉系统的运行调节中，加强对磨煤机出口温度的控制是很重要的，磨煤机出口温度越高，磨煤机的通风出力和干燥出力都能得到较好的保证，对制粉系统出力能起到有益的作用。所以在相同的风量的情况下，应尽可能增加热风的比例，提高热风开度。但是需要指出的是，过高的出口温度同时会影响到制粉系统运行的安全性。

9）磨煤机轴承或其他部件损坏。

10）一次风机故障停运。

11）机组负荷率偏低，深度调峰时间增加。

12）长期掺烧经济煤种，入炉煤热值较低。

13）制粉系统漏风。随设备运行时间的增加，以及长期掺烧低热值高硬度煤种，制粉系统的磨损情况加剧，一次风粉管道的活节、弯头、转向、风门挡板的轴封、总风管道挡板门附近出现漏点。大量的漏点使得一次风损失越来越大。另外长时间运行造成煤粉分离器锥形体的磨损严重，使得大量一次风不经分离器折向流出，造成分离器效率下降，煤粉细度不均匀，分离器出口温度达不到设计温度，造成旁路风量大幅增加，以维持分离器出口温度。

14）对于中间储仓乏气送粉制粉系统，如果细粉分离器分离效果差，将导致乏气携带粉量多，造成排粉机电流过大。或者细粉分离器的内筒过长，风粉流程长，系统阻力大。

15）空气预热器堵灰。预热器堵灰引起压差增加，将导致一次风机需要耗费更多的电能。

降低制粉系统耗电率的对策如下：

1）根据煤质情况，合理调度机组负荷或根据AGC调度负荷情况，进行磨煤机启停工作，避免因负荷变化原因导致磨煤机频繁启停。

2）在保证燃烧器运行安全及煤粉管道不积粉的前提下，根据燃煤煤质特性，调整合适风煤比。

3）开展制粉系统优化调整试验，根据负荷情况及锅炉燃烧状况，及时调整磨煤机运行台数，降低制粉系统耗电率。严格按照优化试验要求的煤量、风量、分离器转速进行调整控制。

4）降低制粉系统阻力，及时清理煤中“四块”。控制磨煤机出口温度在合适范围内。

5）根据磨煤机进、出口差压来控制给煤量，以保证磨煤机最佳出力。对中速磨煤机，为降低制粉系统电耗，应根据机组负荷变化及时调整磨煤机运行台数。正常运行情况下单台磨煤机出力应调整到该磨煤机最大出力的80%以上运行，最低出力不低于最大出力的65%。如对660MW机组来说，当运行磨煤量高于48t/h以上时，方可允许启动备用磨煤机；运行磨煤量小于40t/h，应及时停运一台磨备用。

6）为保证锅炉燃烧经济性，磨煤机首先应按照经济煤粉细度值进行调整，在此基础上，再适当控制磨煤机耗电率。对钢球磨煤机，应及时加装钢球，保持在最佳钢球装载量的情况下运行。在干燥出力、磨煤机差压允许范围内，磨煤机应尽量在大出力下运行。有条件时，可考虑进行小球试验，确定磨煤机更换小球方案。例如华能滇东电厂对亚临界600MW机组磨煤机进行了节能衬板及小球技术节能改造。通过改造，降低厂用电 0.32%，同时煤粉细度降低，综合效益提高。

7）检修及时消除入口一次风道堆积石子煤。

8）及时检查磨煤机出口折向叶是否有松动现象，如有应及时调整固定。检修时将磨煤机内螺栓点焊死。

9）详细统计各磨煤机运行时间，根据磨煤机磨损情况，及时通知检修进行磨煤机磨辊、磨盘瓦的焊补工作，以提高磨煤机效率。

10）正常运行中，对磨煤机电流重点监视，当低于正常波动范围时，要联系有关部门补充钢球。充分利用大小修机会，对制粉系统进行彻底的检查维护，筛选掉多余或碎小的钢球。

11）检修时定期解体检查磨辊和变速箱轴承，防止轴承损坏。

12）加强煤质管理，提高入炉煤热值。

13）磨煤机停运后，吹扫 5～10min 后要及时停磨煤机，避免延长停磨煤机时间。

14）加强磨煤机的巡视工作，及时发现磨煤机缺陷，以减少因消缺导致的磨煤机切换及启停次数。

15）配合检修调整制粉系统密封风门开度，保证高负荷运行时一台密封风机运行满足运行要求。建议检修对密封风机进行改造或对系统风门进行消缺，以能够实现运行中对密封风机进行滤网清理工作。

16）若高负荷 2 台密封风机运行，负荷降低、密封风压满足的情况下，及时停运 1 台密封风机运行。磨煤机备用期间，停止其润滑、液压油站运行。

17）严格执行巡回检查制度，每班要求值班人员对制粉设备认真检查一次。对几个容易出现漏风的部位，如一次风粉管道、磨煤机筒体、密封风软管部位、燃烧器壳体、风门挡板部位，进行重点排查，发现漏风及时联系检修处理。

18）根据机组负荷或者湿煤需要，增加热风量，即增加制粉系统的干燥出力。磨煤机出口温度应根据不同的煤种控制在不同的区域，根据《火电厂煤粉锅炉炉膛防爆规程》和《磨煤机选型导则》，对 RP 型、HP 型中速磨煤机直吹式制粉系统分离器后温度规定：高热值烟煤应小于或等于 82℃，低热值烟煤应小于或等于 77℃，次烟煤、褐煤应小于或等于 66℃。

19）对细粉分离器增加二次分离新型设备。如在排气管入口处安装百叶窗和旋转导流器，其作用是乏气进入排气管前，先经过导流器导向，减少流动阻力损失，导向的结果还使气流以一定的旋转强度在百叶窗中把进入排气管的部分煤粒子再次分离出来形成二次分离。在细粉外锥体末端安装反射屏，其作用是抑制落入集粉斗中的合格煤粉不易被旋转气流吸卷上来，提高分离效率。切割细粉分离器内筒的一部分，减少系统阻力。

20）消除分离器的锥形体磨损问题，提高分离器效率，提高磨煤机的最大出力。维持同样的煤粉细度，分离器转速可以降低。

21）根据一次风机电流和压升情况，对预热器进行吹灰，提高吹灰质量，减小预热器压差，可以有效地降低一次风机电耗和制粉电耗。

22）通过制粉系统优化调整试验数据确定一次风母管压力目标值。运行人员根据不同的负荷调整不同的一次风母管压力，从而避免在低负荷下一次风机电流过大，既影响安全性，又影响经济性，有效地降低了一次风机的电耗。一次风母管压力每降低 10%，制粉系统单耗降低 5%。一般来说，应将一次风机母管压力控制在 7.0～8kPa 之间。

（33）磨煤机出口温度（mill discharge temperature）：是指磨煤机出口风粉混合物的温度，它是一个反映磨煤机干燥出力的重要参数。锅炉运行都规定了磨煤机出口温度的高、低限值，见

表 7-8。最低温度取决于出口气体的水露点，应比露点高出 10℃以上，以避免煤粉结块。

表 7-8　　磨煤机出口温度最高限值 t_M（℃）

制粉系统	干燥介质			
	热空气干燥		烟气、空气混合物干燥	
风扇磨煤机直吹式（粗粉分离器后）	贫煤	150	贫煤	180
	烟煤	130	烟煤	180（苏联标准 170）
	褐煤、页岩	100	褐煤、页岩	180（苏联标准 140）
钢球磨煤机储仓式（磨煤机后）	贫煤	130	褐煤	90
	烟煤、褐煤	70	烟煤	120
双进双出钢球磨煤机直吹式（分离器后）	烟煤	70～75	—	
	褐煤	70		
	V_{daf}≤15%的煤	100		
中速磨煤机直吹式（分离器后）	当 V_{daf}<40%时，$t_M=(82-V_{daf})5/3\pm5$℃ 当 V_{daf}≥40%时，t_M<70℃			
RP、HP 中速磨煤机直吹式（分离器后）	高热值烟煤<82，低热值烟煤<77，次烟煤褐煤<66			
无烟煤	只受设备允许温度限制			
混煤	可按允许 t_M 较低的相应的煤种取值			

近几年有关磨煤机出口温度研究认为，影响磨煤机运行安全性的主要因素是煤在磨制过程中有一氧化碳和挥发分的析出。磨煤机中煤颗粒最高温度点一般在磨煤机入口热风与煤混合初期，如果煤颗粒温度达到 CO 析出温度，就会产生过多 CO，可能引起制粉系统爆炸，因此，直吹式制粉系统应该以燃煤的 CO 起始析出温度作为磨煤机出口温度的控制监测值。由于煤在热解过程中首先析出的是 CO，其析出温度是 200℃左右；然后是析出的挥发份，其析出温度在 270℃左右，而磨煤机进口温度一般不超过 350℃，因此高温析出 CO 和挥发份不可避免，但是始析 CO 浓度不大。浙江大学大热能研究所通过热平衡理论计算并进行了 600MW 工况下磨煤机出口温度的提高试验，初步论证了烟煤磨煤机出口温度提高至 100℃乃至 120℃安全可靠性。例如浙江台州发电厂 HG-1025/17.25 亚临界锅炉配备 5 台 HP863 型中速磨煤机，燃烧烟煤，磨煤机出口温度控制在 75℃以内，为了提高机组经济性，决定进行磨煤机出口温度提升试验（煤种 M_t = 11.4%，M_{ad} = 2.16%，A_{ad} = 20.72%，V_{ad} = 25.1%），锅炉在额定负荷下，逐步提高磨煤机出口温度至 75℃、85℃、95℃和 100℃，每到一预定温度后再稳定运行半小时测定磨煤机出口一次风管道内 CO 浓度，结果表明 CO 浓度并没有随磨煤机出口温度的增加而增加，所有工况测得的一次风中 CO 浓度均在 1～3ppm 之间波动，因此可以断定对于烟煤磨煤机出口温度控制在 95℃以内是安全的。试验结果同时表明磨煤机电流随磨煤机出口温度增高基本上呈直线降低，磨煤机出口温度提高后磨煤机内整体温度水平升高，磨煤机干燥出力增加，因此磨煤机耗电率降低，在出口温度 80℃时，磨煤机电流为 39.3A；在 100℃时，磨煤机电流降到 36.5A。另外排烟温度随磨煤机出口温度增高而呈直线降低，在出口温度 75℃时，空气预热器进口烟温为 135.7℃；在 95℃时，空气预热器进口烟温为 130.2℃，排烟损失下降 0.34 个百分点。

通过多次多台锅炉试验，磨煤机出口温度控制范围可以调整为：

当 V_{daf}<40%时，磨煤机出口温度 t_M 控制为 85～90℃，最大不超过 95℃；

当 10%≤V_{daf}<45%时，磨煤机出口温度 t_M 控制为 75℃，最大不超过 80℃；

当 V_{daf}≥45%时，磨煤机出口温度 t_M 控制为 60～65℃，最大不超过 70℃。

田集发电厂根据 630MW 超临界燃煤机组出口温度提高试验结果将磨煤机出口温度从 80℃提高到 100℃运行，调整后机组年平均排烟温度下降 4～5℃，降低煤耗 0.75g/kWh，经济效果显著。

(34) 制粉系统漏风系数（air leakage factor for pulverizing systems）：制粉系统出、进口处的过量空气系数之差。制粉系统进口为干燥剂入磨煤机导管断面，出口在负压下运行的设备为排粉机入口，在正压下运行的设备为分离器出口断面。制粉系统的漏风系数见表 7-9。

表 7-9　　制粉系统的漏风系数

名称	钢球磨煤机		中速磨煤机	风扇磨煤机	
制粉系统形式	储仓式	直吹式	负压	不带烟气下降管	带烟气下降管
漏风系数	0.2～0.4	0.25	0.2	0.2	0.3

(35) 制粉系统漏风率（air leakage ratio for pulverizing systems）：是指漏入制粉系统的空气质量与制粉系统干燥剂质量的百分比，计算公式为

$$A_p = \frac{M_{al}}{M_a} \times 90\%$$

式中　A_p——制粉系统漏风率，%；

M_{al}——漏入制粉系统的空气质量，kg；

M_a——制粉系统干燥剂质量，kg。

在负压下运行的制粉系统，外界冷空气总是会不同程度地漏入系统内部。漏风量的多少，与制粉系统型式、干燥介质种类、设备完好程度等因素有关。漏风量大约相当于理论空气量的 5%～10%，干燥剂量的 20%～40%。制粉系统漏风，会减小进入磨煤机的热风量，使筒内通风量增加，干燥介质温度降低，干燥能力下降，从而使磨煤机出力下降，磨煤电耗增大。漏入系统的冷风，最后是要进入炉膛的，结果使炉内温度水平下降，辐射传热量降低，对流传热比例增大，同时还使燃烧的稳定性变差。由于冷风通过制粉系统进入炉内，在总风量不变的情况下，经过空气预热器的空气量减小，结果会使排烟温度升高，锅炉热效率下降。因此制粉系统漏风对运行经济性影响很大，对安全性也不利。制粉系统漏风率高的原因如下：

1) 直吹式制粉系统易于出现漏风的部位包括入口热一次风调节挡板门门轴及膨胀节（伸缩节）、磨煤机基座密封处（碳精环密封处）、磨煤机进出口管道及膨胀节、旋风分离器至煤粉仓和螺旋输粉机的管段、燃烧器附近的粉管及插板门、防爆门及检查孔等处。

2) 中间储仓式制粉系统漏风部位一般在磨煤机进口颈、出口颈、给煤机、下煤管，以及磨煤机后管道上的法兰、检查孔、锁气器、防爆门等处。

降低制粉系统漏风的对策如下：

1) 每次大修后，应进行漏风试验，其漏风量不得超过标准的规定。

a. 中间储仓式钢球磨煤机系统漏风率不应超过表 7-10 所列数值。

表 7-10　　中间储仓式钢球磨煤机系统漏风率规定值

干燥介质	磨煤机出力(t/h)	漏风率(%)(以干燥剂数量为基数)
空气	10～20	35
烟气与空气混合	10～20	40
空气	20～50	25
烟气与空气混合	20～50	30
空气	51～70	20
烟气与空气混合	51～70	25

b. 负压直吹式钢球磨煤机系统，一般为表中数值的70%。

c. 在负压下工作的其他类型磨煤机。锤击磨煤机应小于10%，中速磨煤机应小于20%，风扇磨煤机应小于20%。

2）运行中应加强检查，发现漏风应及时消除，对伸缩节（膨胀节）定期更换。

3）磨煤机入口热一次风调节挡板门门轴漏风，主要是盘根失效，在前期出现轻微泄漏时，通过锁紧压盖来保证门轴的严密性。在停机大修期间可对其密封件进行更换。

4）磨煤机入口一次风膨胀节漏风，主要原因是膨胀节破损、拉伤。热风直接冲击膨胀节软体，通过修补，并在膨胀节内加塞保温棉，膨胀节软体破坏严重的应进行更换。同时也可以改造为金属性的补偿器。

5）磨煤机基座密封采用新型密封技术（如拉杆密封）进行技改。

6）磨煤机出口粉管易磨损区域粘贴陶瓷防磨，或者将煤粉管出口短管更换为耐磨的管材。

7）磨煤机入口管道耐磨损处理。在入口斜管弯头加护甲或锰钢护板再用耐磨胶泥对缝隙进行处理。

8）磨煤机入口混合风道保温层积灰比较多，主要是更换混合风道保温面，同时检查混合风道漏点，并进行补焊处理。

9）燃烧器附近粉管弯头，冲刷严重，可贴陶瓷。

10）给煤机观察孔、端盖堵漏；木块分离器取木块门加橡胶密封；锁气器支架堵漏等。

（36）风煤比（air/coal ratio）：是指供给各燃烧器的空气与燃料消耗量的比率。制粉系统中的风煤比是指磨煤机入口通风量与原煤出力之比，符号为A/C。计算公式为

$$\mathrm{A/C}=\frac{q_{\mathrm{m}}}{B_{\mathrm{m}}}$$

式中 A/C——风煤比；

q_{m}——进入磨煤机的一次风质量流量，kg/h；

B_{m}——进入磨煤机的原煤质量流量，kg/h。

（37）粗粉分离器（综合）效率（integrated efficiency of mill seperator）：细粉分离效率减去粗粉分离效率之差。粗粉分离器综合效率计算式为

$$\eta=\eta_{\mathrm{xf}}-\eta_{\mathrm{cf}}=\frac{(100-R''_{90})A}{(100-R'_{90})B}\times100\%-\frac{R''_{90}A}{R'_{90}B}\times100\%$$

式中 η——粗粉分离器综合效率，%；

η_{cf}——粗粉分离效率，%；

η_{xf}——细粉分离器效率，%；

A——粗粉分离器出口粉量，t/h；

B——粗粉分离器入口粉量，t/h；

R'_{90}——粗粉分离器入口煤粉的细度值，%；

R''_{90}——粗粉分离器出口煤粉的细度值，%。

由质量平衡方程得

$$R_{90\mathrm{hf}}\times(B-A)+R''_{90}\times A=R'_{90}\times B$$

因此可以导出

$$\frac{A}{B}=\frac{R_{90\mathrm{hf}}-R'_{90}}{R_{90\mathrm{hf}}-R''_{90}}$$

式中 $R_{90\mathrm{hf}}$——回粉细度，%。

将 $\frac{A}{B}=\frac{R_{90hf}-R'_{90}}{R_{90hf}-R''_{90}}$ 代入粗粉分离器效率的计算公式为

$$\eta=\frac{(100-R''_{90})(R_{90hf}-R'_{90})}{(100-R'_{90})(R_{90hf}-R''_{90})}\times 100\%-\frac{R''_{90}(R_{90hf}-R'_{90})}{R'_{90}(R_{90hf}-R''_{90})}\times 100\%$$

综合效率越高，表明分离器效果越好，性能也越好。为提高煤粉分离器的分离效果和降低分离器阻力，部分电厂在试验的基础上，对原粗、细粉分离器实施了技术改造。例如雨汪电厂将原 $\phi 2700$ 径向分离器改为 $\phi 3200$ 轴向分离器，煤粉细度（R_{90}）降至 6%以下，回粉管堵塞现象消除，分离器清理次数大大减少。

对于中速磨煤机或双进双出磨煤机，如果煤粉均匀性差、磨煤机出力不足、煤粉细度难以调整等，可通过磨煤机旋转分离器改造，有效提高煤粉的均匀性，提高制粉系统出力，降低制粉系统耗电率，改善煤种的适应性，合理调整煤粉细度，降低飞灰可燃物含量，提高锅炉效率。旋转式分离器的主要部件为装有多个叶片的转子，电动机通过传动机构带动转子转动。从磨煤机来的风粉混合物经过转子区域时，在转子的带动下做旋转运动，较粗的煤粉在离心力和叶片撞击的作用下被分离出来，其余合格的煤粉随气流带出。旋转式分离器主要具有以下技术特点：①旋转式粗粉分离器出口煤粉均匀性指数高，煤粉均匀性 $n\geqslant 1.2$，即与其他形式的分离器相比，相同 R_{90} 条件下，R_{200} 比较低，粗粒子含量少。②旋转式粗粉分离器分离效率高，能提高制粉系统出力，降低制粉耗电率。在相同煤粉细度下，配旋转分离器的制粉系统较其他形式的系统磨煤机出力可提高 5%左右。

例 7-9 某电厂 300MW 锅炉 A 粗粉分离器效率试验结果见表 7-11，求工况 1 下的 A 粗粉分离器效率。

表 7-11　　粗粉分离器效率试验结果

项　目	符号	单位	粗粉分离器效率试验	
			工况 1	工况 2
粗粉分离器挡板开度	Y_{cf}	度	30	30
给煤机出力	B_m	t/h	47.5	44.3
热风门开度	Y_1	%	82	78.8
冷风门开度	Y_2	%	13.5	2.4
混合风门开度	Y_3	%	97.7	100
磨煤机入口负压	p'_m	Pa	−700	−600
磨煤机差压	Δp_1	Pa	1800	1500
磨煤机出口温度	t''_m	℃	63.7	63.7
磨煤机出口风压	p''_m	Pa	−2366	−2100
排粉机入口风压	p''_{xf}	Pa	−8404	−9668
排粉机出口风压	p''_{pf}	Pa	3900	3900
排粉机入口风门开度	Y_{pf}	%	62.6	54.7
再循环风门开度	Y_{zxh}	%	42.6	33.3
排粉机入口温度	t'_{pf}	℃	53.5	54
磨煤机电流	I_m	A	85.5	86.0
排粉机电流	I_p	A	56.5	53.8

续表

项　　目	符号	单位	粗粉分离器效率试验	
			工况 1	工况 2
粗粉分离器入口煤粉细度	R'_{200}	%	26.87	15.0
	R'_{90}	%	64.214	44.8
粗分入口煤粉均匀性指数	n'	—	1.362	1.077
粗粉分离器出口煤粉细度	R''_{200}	%	0.8	0.7
	R''_{90}	%	21.762	16.4
粗分出口煤粉均匀性指数	n''	—	1.443	1.275
粗粉分离器回粉细度	R^{h}_{200}	%	45.38	32.6
	R^{h}_{90}	%	88.97	79.9
煤粉均匀性改善指数	z	—	1.060	1.183
煤粉细度调节指数	ε	—	3.0	2.7
粗粉分离器循环倍率	K	—	2.715	1.805

解：$\eta=\dfrac{(100-R''_{90})(R_{90hf}-R'_{90})}{(100-R'_{90})(R_{90hf}-R''_{90})}\times100\%-\dfrac{R''_{90}(R_{90hf}-R'_{90})}{R'_{90}(R_{90hf}-R''_{90})}\times100\%$

$=\dfrac{(100-21.76)(88.97-64.21)}{(100-64.21)(88.97-21.76)}\times100\%-\dfrac{21.76(88.97-64.21)}{64.21(88.97-21.76)}\times100\%=68.1\%$

（38）细粉分离效率（fine powder separation efficiency）：细粉分离器捕集的煤粉量与进入分离器的煤粉量的比值。计算公式为

$$\eta_{xf}=\frac{B''}{B'}=\frac{R''_{90}-R_{90fq}}{R_{90}-R_{90fq}}\times100\%=\frac{R''_{90}}{R_{90}}\times100\%$$

式中　η_{xf}——细粉分离器效率，%；

R_{90fq}——乏气中的煤粉细度，其值很小，可以忽略不计，%。

B''——细粉分离器出口粉量，t/h；

B'——细粉分离器入口粉量，t/h；

R''_{90}——粗粉分离器出口煤粉的细度值，即细粉分离器入口煤粉细度，%；

R_{90}——细粉分离器出口煤粉细度，%。

（39）粗粉分离效率、粗粉带出率（coarse powder separation efficiency）：粗粉分离器出口不合格粉量与进口不合格粉量（粗粉量）的比值。计算公式为

$$\eta_c=\frac{R''_{90}A}{R'_{90}B}\times100\%$$

（40）（粗粉分离器）循环倍率（recycling ratio of mill seperator）：粗粉分离器进口粉量 B 与出口粉量 A 之比，计算公式为

$$K_{cf}=\frac{B}{A}=\frac{A+B_{hf}}{A}=1+\frac{B_{hf}}{A}$$

式中　K_{cf}——循环倍率；

B_{hf}——分离器的回粉量，t/h。

循环倍率表明气流从分离器中每带出 1kg 合格煤粉，在磨煤机内循环的煤粉量。根据物料平衡关系有

$$BR'_{90}=AR''_{90}+B_{hf}R_{90hf}$$

所以粗粉分离器循环倍率的计算公式可以写为

$$K_{cf}=\frac{B}{A}=\frac{R_{90hf}-R''_{90}}{R_{90hf}-R'_{90}}$$

式中 K_{cf}——粗粉分离器循环倍率。

循环倍率直接影响分离器的分离效率，当分离效率最大时，循环倍率 K_{zj} 为最佳循环倍率。在实践中，为了降低磨煤、通风电耗，推荐最佳循环倍率略小于 K_{zj}。苏联和德国KSG公司推荐的最佳循环倍率 K_{zj} 见表7-12。

表7-12　苏联推荐的最佳循环倍率 K_{zj}

煤种		无烟煤	贫煤、烟煤	褐煤
苏联	钢球磨煤机	3	2.2	1.4
	中速磨煤机、风扇磨煤机	—	7	4
KSG公司	风扇磨煤机	—	2.5～3.5	2.0～2.8

(41) 体积强度（volumetric intensity）：系统通风量与粗粉分离器体积的比值。计算公式为

$$q_v=\frac{V_{tf}}{V_{cf}}$$

$$V_{cf}=KD^3$$

式中 q_v——体积强度，$(m^3/h)/m^3$；

V_{tf}——系统通风量，m^3/h；

K——分离器的结构系数，对于径向型HG、WG系列分离器，$K=0.518$；对于径向型DG系列分离器，$K=0.435$；对于轴向型HW系列分离器，$K=0.79$；

D——粗粉分离器直径，m^3；

V_{cf}——粗粉分离器体积，m^3。

例7-10 WG-CB3400粗粉分离器，系统通风量 $V_{tf}=40\ 500m^3/h$，规格为 $\phi3400$，求其体积强度。

解：体积为

$$V_{cf}=KD^3=0.518\times3.4^3=20.36(m^3)$$

则体积强度为

$$q_v=\frac{V_{tf}}{V_{cf}}=\frac{40\ 500}{20.36}=1989.2[(m^3/h)/m^3]$$

体积强度过高，说明粗粉分离器体积偏小，这将限制粗粉分离器的出力。不同系列粗粉分离器容积强度的选择见表7-13。

表7-13　不同系列粗粉分离器容积强度的选择　$[(m^3/h)/m^3]$

分离器规格		煤粉细度 R_{90}(%)		
		6～15	15～28	28～40
$\phi2500\sim\phi3700$	径向型HG、WG系列	1400～1800	1800～2200	2200～2600
	径向型DG-CB系列	1750～2250	2250～2750	2750～3250
	轴向型HW-CB系列	1100～1500	1500～1850	1850～2200
$\phi3700\sim\phi4500$	径向型HG、WG系列	1100～1500	1500～1850	1850～2150
	径向型DG-CB系列	1600～2000	2000～2400	2400～2800
	轴向型HW-CB系列	1100～1500	1500～1850	1850～2200

续表

分离器规格		煤粉细度 R_{90}(%)		
		6～15	15～28	28～40
ϕ4700～ϕ5500	径向型 HG、WG 系列	950～1250	1250～1550	1550～1850
	径向型 DG-CB 系列	1300～1600	1600～1900	1900～2200
	轴向型 HW-CB 系列	1100～1500	1500～1850	1850～2200

(42)细粉分离器效率、细粉分离器分离效率(separation efficiency of fine powder separator)：细粉分离器出口粉量占入口粉量之比，其效率的计算公式为

$$\eta_{xf}=\frac{B''}{B'}=\frac{R''_{90}-R_{90fq}}{R_{90}-R_{90fq}}\times100\%=\frac{R''_{90}}{R_{90}}\times100\%$$

式中 η_{xf}——细粉分离器效率，%；

R_{90fq}——乏气中的煤粉细度，其值很小，可以忽略不计，%；

B''——细粉分离器出口粉量，kg/h；

B'——细粉分离器入口粉量，kg/h；

R''_{90}——粗粉分离器出口煤粉的细度值，即细粉分离器入口煤粉细度，%；

R_{90}——细粉分离器出口煤粉细度，%。

例 7-11 某电厂 A 细粉分离器进出口煤粉取样结果见表 7-14。求 A 细粉分离器的分离效率。

表 7-14　　某电厂 A 细粉分离器进出口煤粉取样结果

项　目	进口煤粉取样结果				出口煤粉取样结果			
取样位置	入口 1-1	入口 1-2	入口 2-1	入口 2-2	出口 1-1	出口 1-2	出口 2-1	出口 2-2
煤粉质量(g)	65.5	68.6	75.2	72.5	18.2	22.2	25.1	17.9
平均煤粉质量(g)	70.5				20.9			
总煤粉通过量(t/h)	33.49				4.96			

解： A 细粉分离器的分离效率为

$$\eta_{xf}=\frac{B''}{B'}=\frac{33.49-4.96}{33.49}\times100\%=85.2\%$$

(43) 密封风率 (sealing air ratio)：进入磨煤机的密封风质量流量与一次风质量流量的比值。

(44) 石子煤排放率 (emissions ratio of pebble coal)：某台锅炉中速磨煤机在统计期内排放的石子煤量与磨煤机额定出力的百分比。

衡量石子煤量的标准为：①石子煤量大于本磨煤机出力的 0.05% (负荷越高，煤量需求量大，石子煤量大)；②石子煤发热量大于 6.27MJ/kg 时，磨煤机属非正常运行工况。

减少石子煤量的方法如下：

1) 风环间隙调小，风环风速提高，托浮力增加，石子煤量减少。

2) 负荷出力大，磨煤机出力大，石子煤量增大。

3) 修复损坏的磨辊和磨碗磨损。

4) 磨煤机磨制的煤粉需要足够的风量带动，风量不足，会使磨煤机内部积煤过多。因此应适当提高一次风量，增加风环风速。

5) 磨辊无加载压力，运行中的加载系统失去加载压力，使磨煤机动力陡减，石子煤排放量增加。因此应检查液压加载系统，消除缺陷。

6）磨碗内的煤需要足够热的一次风温来干燥，如果一次风温低，会使磨煤机内部积煤过多。因此应适当提高一次风温。

7）长期的磨损使磨辊、风环间隙增大，造成磨碗压差降低，大量的石子煤由风环处落入风室。因此应定期调整磨煤机各部间隙。

8）煤质差。煤中含有大量的煤矸石等杂物，煤中杂质太多，使磨碗内积煤多，难磨的杂质就会溢出，使石子煤增大。

(45) 磨煤机（进出口）压差、一次风（进出口）压差（differential pressure of coal mill）：磨煤机入口和出口一次风压的差值。出口测点为分离器出口，入口测点为热一次风门与冷一次风门后混合风压。磨煤机压差用来判断磨煤机运行状态的参数，压差偏小，表示磨煤机内煤量不多，磨煤机出力低，电耗高；如果压差偏大，表示磨煤机内煤量超载，甚至有堵塞的可能，必须采取措施处理：如减少给煤量，增加通风量，直至压差恢复正常。计算公式为

$$\Delta p_{m}=p_{mr}-p_{mc}$$

式中 Δp_{m}——磨煤机（进出口）压差，Pa；

p_{mr}——磨煤机入口的一次风压，Pa；

p_{mc}——磨煤机出口的一次风压，Pa。

例 7-12 某 300MW 锅炉配中间储仓式乏气送风制粉系统，其低速筒式钢球磨煤机入口一次风压为－500Pa，出口一次风压为－2000Pa；某 660MW 锅炉配中速磨煤机正压冷一次风机直吹式制粉系统，磨煤机入口一次风压为 9050Pa，出口一次风压为 3150Pa，磨煤机密封风压力为 15 500Pa，求筒式磨煤机和中速磨煤机压差，以及密封风与一次风压差。

解：筒式磨煤机压差为

$$\Delta p_{m}=p_{mr}-p_{mc}=-500-(-2200)=1700(\text{Pa})$$

中速磨煤机压差为

$$\Delta p_{m}=p_{mr}-p_{mc}=9050-3150=5900(\text{Pa})$$

密封风与一次风压差为

$$\Delta p_{my}=p_{yr}-p_{mr}=15\,500-9050=6450(\text{Pa})$$

第三节 风 机 指 标

(1) 风机动压（升）(fan dynamic pressure)：由风机质量流量、风机出口平均密度及风机出口截面积计算得到的风机出口公称动压。风机动压计算式为

$$p_{df}=\rho_{2}\frac{v_{m2}^{2}}{2}=\frac{1}{2\rho_{2}}\left(\frac{q_{m}}{A_{2}}\right)^{2}$$

式中 p_{df}——风机动压，Pa；

ρ_{2}——风机出口介质平均密度，kg/m^3；

v_{m2}——风机出口介质平均速度，m/s；

q_{m}——风机质量流量，kg/h；

A_{2}——风机出口截面积，m^2。

(2) 风机静压（升）(fan static pressure)：风机压力减去经风机出口截面马赫系数修正的风机动压。等于风机出口平均静压与风机入口平均静压的代数差，以 p_{sF} 表示。计算公式为

$$p_{sF}=p_{sg2}-p_{sg1}-p_{df}F_{m}$$

$$p_{sF}=p_{sF2}-p_{sF1}$$

式中 p_{sF}——风机静压（升），Pa；

p_{df}——风机动压（升），Pa；

F_m——马赫系数；

p_{sg2}——风机出口全压，Pa；

p_{sg1}——风机进口全压，Pa。

(3) 风机压力、风机全压（升）、风机能头（total pressure of fan）：每立方米气体流过风机时所获得的全压增加值，等于风机出口平均全压和风机入口平均全压的代数差，以 p_F表示。计算公式为

$$p_F = p_{sg2} - p_{sg1}$$

式中 p_F——风机全压，Pa；

p_{sg2}——风机出口全压(等于风机出口静压+风机出口动压)，Pa；

p_{sg1}——风机进口全压(等于风机入口静压+风机入口动压)，Pa。

风机全压修正公式为

$$p_F = p_N \times \frac{p_b}{760} \times \frac{273 + T_N}{273 + T_1}$$

式中 p_F——实际工况全压，Pa；

p_N——设计工况全压，Pa；

p_b——当地大气压，mmHg（在海拔为 0m、空气温度为 20℃情况下的大气压为 760mmHg，1mmHg=133.32Pa）；

T_1——工况介质温度,℃；

T_N——设计温度,℃。

海拔高度换算当地大气压计算公式为

$$760(\text{mmHg}) - 海拔高度(\text{m})/12.75 = 当地大气压(\text{mmHg})$$

例 7-13 某风机设计参数为 Q_N=165 000m³/h、p_N=1800Pa、T_N=20℃，求在介质为空气、海拔高度为 2760m、温度为 10℃下风机实际全压。

解：当地大气压为

$$p_b = 760(\text{mmHg}) - 2760(\text{m})/12.75 = 543.5(\text{mmHg})$$

实际全压为

$$p_F = p_N \times \frac{p_b}{760} \times \frac{273 + T_N}{273 + T_1} = 1800 \times \frac{543.5}{760} \times \frac{273 + 20}{273 + 10} = 1381.5(\text{Pa})$$

例 7-14 某 660M 机组配备 2 台送风机，型号为 ANN-2520/1400N，TB 设计参数为 Q_N= 223.0m³/s，入口全压 p_{sg1}=−729Pa，入口静压 p_{sF1}=−729Pa，风机出口全压 p_{sg2}=4114Pa，出口静压 p_{sF2}=4058Pa，马赫系数 F_m=1，驱动电动机功率为 1400kW，叶轮直径为 2520mm。求送风机全压升和静压升。

解：送风机全压升为

$$p_F = p_{sg2} - p_{sg1} = 4114 - (-729) = 4843(\text{Pa})$$

送风机静压升为

$$p_{sF} = p_{sF2} - p_{sF1} = 4058 - (-729) = 4787(\text{Pa})$$

或 $$p_{sF} = p_{sg2} - p_{sg1} - p_{df}F_m = 4843 - (4114 - 4058) \times 1 = 4787(\text{Pa})$$

(4) 压力系数（pressure factor）：描述同一机型几何尺寸比例相似的系列风机之间性能参数与压力的关系。计算公式为

$$\psi=\frac{p_{\mathrm{F}}k_{\mathrm{p}}}{\rho_{\mathrm{sg1}}u^{2}}$$

$$u=2\pi R\times n/60$$

式中 ψ——压力系数；

R——风机半径，m；

n——风机转速，r/min；

k_{p}——压缩性修正系数；

ρ_{sg1}——进口气体滞止密度，kg/m^3；

u——叶轮外缘圆周速度，m/s；

p_{F}——风机压力。

(5) 比转速（specific speed）：用来判别风机气动性能的相似特征数，用下式定义，即

$$n_{\mathrm{s}}=\frac{5.54n\sqrt{q_{V\mathrm{sg1}}}}{\left(\frac{1.2p_{\mathrm{F}}k_{\mathrm{p}}}{\rho_{\mathrm{sg1}}}\right)^{3/4}}$$

式中 n_{s}——比转速；

n——风机转速，r/min；

k_{p}——压缩性修正系数；

1.2——风机进口空气在标准状态下的密度为 $1.2kg/m^3$；

5.54——$5.54=(9.81)^{3/4}$；

ρ_{sg1}——进口气体密度，kg/m^3；

$q_{V\mathrm{sg1}}$——进口气体容积流量，m^3/s。

例 7-15 已知锅炉风机参数为 $Q=48\ 083m^3/h$，$p=3018Pa$，$T=20℃$、$\rho=1.2kg/m^3$，$n=1450$ r/min，D 型联轴器连接转动，风机直径 $d=1000mm$。求风机比转速 n_{s} 和压力系数 ψ，并请在风机目录中查出风机型号。

解： $$n_{\mathrm{s}}=\frac{5.54n\sqrt{q_{V\mathrm{sg1}}}}{\left(\frac{1.2p_{\mathrm{F}}k_{\mathrm{p}}}{\rho_{\mathrm{sg1}}}\right)^{3/4}}=\frac{5.54\times1450\sqrt{48\ 083/3600}}{\left(\frac{1.2\times3018\times1}{1.2}\right)^{3/4}}=72.1$$

叶轮外缘圆周速度为

$$u=2\pi R\times n/60=2\times3.14\times0.5\times1450/60=75.88(\mathrm{m/s})$$

则压力系数为

$$\psi=\frac{p_{\mathrm{F}}k_{\mathrm{p}}}{\rho_{\mathrm{sg1}}u^{2}}=\frac{3018\times1}{1.2\times75.88^{2}}=0.44$$

根据比转速 72.14，在相关样本中查找，最终查出风机型号为 G4-73№10D。其中 G 表示锅炉风机，4 表示压力系数为 0.4，73 表示比转速为 73，10 表示叶轮直径为 1000mm，D 表示悬臂支承联轴器转动。

(6)（轮）毂比（tip-hub ratio）：轮毂是指轴流风机中与叶片和轴相连接的部件，毂比是指轴流风机的轮毂外径（叶片根部）与叶轮外径（叶片顶部）的比值。轮毂比小于 0.4 为低压型轴流风机，轮毂比大于 0.71 为高压型轴流风机。计算公式为

$$\gamma=d/D$$

式中 γ——轴流通风机的毂比；

d——叶轮的轮毂外径；

D——叶轮的叶片外径。

（7）通风机能效限定值（minimum allowable vale of energy efficiency for fan）：在规定测试条件下，允许通风机效率最低的保证值。GB 19761—2009《通风机能效限定值及能效等级》规定：通风机能效分 3 级，其中 1 级能效最高，3 级能效最低，通风机能效限定值应不低于表 7-15 和表 7-16 中 3 级的数值。

（8）通风机节能评价值（evaluating vale of energy efficiency for fan）：在规定测试条件下，节能型通风机效率应达到的最低保证值。通风机节能评价值应不低于表 7-15 和表 7-16 所列中 2 级的数值。

表 7-15　　离心通风机能效等级

压力系数	比转数(n_s)		通风机效率>η_r(%)								
			No. 2<机号<No. 5			No. 5<机号<No. 10			机号≥No. 10		
			3 级	2 级	1 级	3 级	2 级	1 级	3 级	2 级	1 级
1.4～1.5	$45<n_s\leqslant65$		55	61	64	59	65	68			
1.1～1.3	$35<n_s\leqslant55$		59	65	68	63	69	72			
1.0	$10\leqslant n_s<20$		63	69	72	66	72	75	69	75	78
	$20\leqslant n_s<30$		65	71	74	68	74	77	71	77	80
0.9	$5\leqslant n_s<15$		66	72	75	69	75	78	72	78	81
	$15\leqslant n_s<30$		68	74	77	71	77	80	74	80	83
	$30\leqslant n_s<45$		70	76	79	73	79	82	76	82	85
0.8	$5\leqslant n_s<15$		66	72	75	69	75	78	72	78	81
	$15\leqslant n_s<30$		69	75	78	72	78	81	75	81	84
	$30\leqslant n_s<45$		71	77	80	74	80	83	76	82	85
0.7	$10\leqslant n_s<30$		68	74	77	70	76	79	72	78	83
	$30\leqslant n_s<50$		70	76	79	72	78	81	74	80	84
0.6	$20\leqslant n_s<45$	翼型	72	77	80	74	79	82	76	81	85
		板型	69	74	77	71	76	79	73	78	83
	$45\leqslant n_s<70$	翼型	73	78	81	75	80	83	77	82	86
		板型	70	75	78	72	77	80	74	79	83
0.5	$10\leqslant n_s<30$	翼型	70	76	79	72	78	81	74	80	84
		板型	67	73	76	69	75	78	71	77	81
	$30\leqslant n_s<50$	翼型	73	79	82	75	81	84	77	83	86
		板型	70	76	79	72	77	80	74	80	84
	$50\leqslant n_s<70$	翼型	75	80	83	77	82	85	79	84	87
		板型	72	77	80	74	79	82	76	81	84
0.4	$50\leqslant n_s<65$	翼型	76	81	84	78	83	86	80	85	88
		板型	73	78	81	75	80	83	77	82	85
0.3	$65\leqslant n_s<85$	翼型				76	81	84	78	83	86
		板型				73	78	81	75	80	83

注　当离心风机进口有进气风箱时，其各等级效率应下降 4 个百分点。

表 7-16　　轴流式通风机能效限定值和节能评价值

毂比 γ	通风机效率 $>\eta_r$(%)								
	No. 2. 5<机号<No. 5			No. 5<机号<No. 10			机号≥No. 10		
	3级	2级	1级	3级	2级	1级	3级	2级	1级
$\gamma<0.3$	60	66	69	63	69	72	66	73	77
$0.3\leqslant\gamma<0.4$	62	68	71	65	71	74	68	75	79
$0.4\leqslant\gamma<0.55$	65	70	73	68	73	76	71	77	81
$0.55\leqslant\gamma<0.75$	67	72	75	70	75	78	73	79	83

注　当轴流式风机进口有进气风箱时，其各等级效率应下降 3 个百分点。

(9) 平均密度（mean density）：进口和出口密度的算术平均值，符号为 ρ_m。计算公式为

$$\rho_m=\frac{\rho_1+\rho_2}{2}$$

式中　ρ_1——进口密度，kg/m^3；

ρ_2——出口密度，kg/m^3。

例 7-16　天然气管道始端压力 $p_1=440kPa$，温度 $t_1=25℃$；终端压力 $p_2=150kPa$，温度 $t_2=25℃$，求天然气的平均密度。

解：天然气可视为纯甲烷 CH_4，分子量为 $M=16.04$，则始端气体密度为

$$\rho_1=\frac{p_1M}{RT_1}=\frac{440\times16.04}{8.3144\times(273.15+25)}=2.847(kg/m^3)$$

终端气体密度为

$$\rho_2=\frac{p_2M}{RT_2}=\frac{150\times16.04}{8.3144\times(273.15+25)}=0.971(kg/m^3)$$

平均密度为

$$\rho_m=\frac{\rho_1+\rho_2}{2}=\frac{2.847+0.971}{2}=1.91(kg/m^3)$$

(10) 压缩性修正系数（compressibility corrective coefficient）：风机对空气所做的机械功与对具有相同质量流量、进口密度及压比的不可压缩流体所做机械功之比。马赫数小于 0.3 时密度变化不到 5%，一般可以把这种流动近似地看作是不可压缩的；只有当马赫数大于 0.3 时才考虑压缩性影响。压缩性修正系数的计算式为

$$k_p=\frac{(\kappa-1)\rho_{sg1}P_r\log_{10}r_{Fp}}{\kappa q_m p_F\log_{10}\left[1+\dfrac{(\kappa-1)\rho_{sg1}P_r(r_{Fp}-1)}{\kappa q_m p_F}\right]}$$

式中　k_p——压缩性修正系数；

κ——等熵指数；

ρ_{sg1}——进口滞止密度；

P_r——叶轮功率；

r_{Fp}——风机压比；

q_m——截面的平均质量流量；

p_F——风机压力。

(11) 质量流量（mass capacity）：单位时间通过风机流道某一截面的气体质量，符号为 q_m，单位为 kg/s。

（12）体积流量（volume capacity）：单位时间通过风机流道某一截面的气体容积，符号为 q_V，单位为 m^3/s。

（13）截面容积流量（volume flow at a section）：风道截面的质量流量除以该截面平均密度的时间平均值，符号为 q_V。计算公式为

$$q_V = \frac{q_m}{\rho_m}$$

式中 q_V——该截面容积流量，m^3/s；

ρ_m——该截面平均密度，kg/m^3；

q_m——该截面的质量流量，kg/s。

（14）截面平均速度（average velocity at a section）：风管截面的容积流量除以该截面面积 A，符号为 V_m。计算公式为

$$V_m = \frac{q_V}{A}$$

式中 A——该截面面积，m^2；

q_V——该截面容积流量，m^3/s；

V_m——该截面平均速度，m/s。

（15）风机单位质量功（fan work per unit mass）：通过风机每单位质量流体的机械能量增加。风机质量单位功计算式为

$$y_F = \frac{p_F}{\rho_m} = \frac{p_2 - p_1}{\rho_m} + \frac{\nu_{m2}^2}{2} - \frac{\nu_{m1}^2}{2}$$

式中 y_F——风机单位质量功，$Pa/(kg/m^3)$；

p_F——风机全压，Pa；

p_2——风机出口绝对压力，Pa；

p_1——风机进口绝对压力，Pa；

ρ_m——风机进口和出口的平均密度，kg/m^3；

ν_{m2}——风机出口平均速度，m/s；

ν_{m1}——风机进口平均速度，m/s。

（16）风机压比（fan pressure ratio）：风机出口截面的平均绝对滞止压力与风机进口截面的绝对滞止压力之比，符号为 r_{Fp}。计算公式为

$$r_{Fp} = \frac{p_{sg2}}{p_{sg1}}$$

式中 r_{Fp}——风机压比；

p_{sg2}——风机出口滞止压力，Pa；

p_{sg1}——风机进口滞止压力，Pa。

（17）风机雷诺数（fan Reynolds number）：风机叶顶速度、进口密度及叶轮直径的乘积除以风机进口流体的动力黏度，符号为 Re_F。计算公式为

$$Re_F = \frac{\rho_1 \pi n D_r^2}{\mu_1}$$

式中 n——旋转频率（风机叶轮每秒钟的转数），r/s；

D_r——叶轮直径，m；

ρ_1——进口截面平均密度，kg/m^3；

μ_1——风机进口的流体动黏度，Pa·s。

(18) 风机静空气功率（fan static air power）：风机单位质量静功与质量流量的乘积，或进口容积流量、压缩性修正系数与风机静压力的乘积。计算公式为

$$P_{us}=y_{Fs}q_m=q_{Vsg1}p_{sF}k_p$$

式中 P_{us}——风机静空气功率，W；

k_p——压缩性修正系数；

p_{sF}——风机静压力，Pa；

q_{Vsg1}——进口滞止容积流量，m^3/s；

y_{Fs}——风机单位质量静功，J/kg；

q_m——截面平均质量流量，kg/s。

(19) 风机空气功率、有效功率（fan air power）：风机单位质量功与质量流量的乘积，或进口容积流量、压缩性修正系数与风机压力的乘积。计算公式为

$$P_u=y_Fq_m\approx q_{Vsg1}p_Fk_p$$

式中 P_u——风机空气功率，W；

k_p——压缩性修正系数；

p_F——风机压力（风机全压），Pa；

q_{Vsg1}——进口滞止容积流量，m^3/s；

y_F——风机单位质量功，J/kg；

q_m——截面平均质量流量，kg/s。

(20) 叶轮功率（impeller power）：供给风机叶轮的机械功率，以 P_r 表示。叶轮功率不包含轴承损失。

(21) 风机轴功率（fan shaft power）：供给风机轴的机械功率，以 P_{sh} 表示，包含轴承损失。计算式为

$$P_{sh}=P_r+\Delta P_{m1}$$

(22) 机械损失（mechanical loss）：包括两部分损失：一部分是轴与轴承之间的摩擦损失以及轴与轴端密封摩擦损失 ΔP_{m1}，一般约占轴功率的1%～3%；另一部分是叶轮前后盖板外表面与流体之间的圆盘摩擦损失 ΔP_{m2}，一般约占轴功率的2%～10%。圆盘摩擦损失与转速的三次方成正比，与叶轮外径的五次方成正比。因此在低比转数的泵和风机，ΔP_{m2} 份额很大；在高比转数时，则不考虑该项损失。计算式为

$$\Delta P_{m2}=k\rho n^3D_2^5\times10^{-3}$$

$$\Delta P_m=\Delta P_{m1}+\Delta P_{m2}$$

式中 k——圆盘摩擦系数，一般可取 $k=0.85$；

D_2——叶轮出口直径，m；

n——叶轮的转速，r/min；

ρ——流体密度，kg/m^3；

ΔP_m——机械损失，W；

ΔP_{m1}——轴承损失，W；

ΔP_{m2}——圆盘摩擦损失，W。

(23) 容积损失、泄漏损失（volumetric loss）：泵与风机运行时，其内部叶轮出口侧与入口及各级之间流体的压强不相等，相对存在着高压区和低压区。由于结构上的需要，在转动部件与静止部件之间必须存在间隙，这样会使流体通过间隙，从高压区向低压区回流。回流流体在泵与

风机内循环流动消耗的能量为容积损失，符号为 ΔP_V。

（24）容积效率（volumetric efficiency）：轴功率与机械损失、容积损失之差占轴功率与机械损失之差的百分比，计算公式为

$$\eta_V=\frac{P_{sh}-\Delta P_m-\Delta P_V}{P_{sh}-\Delta P_m}\times 100\%=\frac{P_{sh}-(\Delta P_{m1}+\Delta P_{m2})-\Delta P_V}{P_{sh}-\Delta P_m}\times 100\%$$

式中 η_V——容积效率，%；

ΔP_V——容积损失，W；

P_{sh}——轴功率，W。

容积效率与比转数有关，随比转速的减小而增加。一般离心水泵和离心风机在额定负荷下有 η_V=90%～95%。降低容积损失的主要方法如下：

1）减少密封间隙的环形面积。在结构允许的情况下，降低密封环直径，减少密封间隙。

2）增加密封间隙的阻力。即增加流体入口与出口间的局部阻力，将普通圆柱形密封环改造成迷宫密封或锯齿形密封等。

（25）流动损失（flow loss）：泵与风机运行时，在吸入室、叶轮流道、导叶和壳体中，由于流体与各部分流道壁面摩擦而产生的损失；流道断面变化、转弯等会使边界层分离，产生二次流而引起扩散损失；由于入口流动角与叶片安装角不一致引起的冲击损失。这三部分能量损失之和为流动损失，符号为 ΔP_h。

（26）流动效率（flow efficiency）：轴功率与流动损失、机械损失和容积损失之差占轴功率的百分比，计算公式为

$$\eta_h=\frac{P_{sh}-\Delta P_m-\Delta P_V-\Delta P_h}{P_{sh}-\Delta P_m-\Delta P_V}\times 100\%=\frac{P_u}{P_{sh}-\Delta P_m-\Delta P_V}\times 100\%$$

式中 η_h——流动效率，%；

ΔP_h——流动损失，W；

P_{sh}——轴功率，W。

降低流动损失的主要方法如下：

1）流体在过流部件各部位的速度大小确定得要合理，而且变化要平稳。

2）避免在流道内出现死水区。

3）合理选择各过流部件的入、出口角度，减少冲击损失。

4）避免在流道内存在尖角、突然转弯或扩散。

5）流道表面应尽量光洁，不允许有粘砂、飞边、毛刺等铸造缺陷。

6）合理选择安装角度。例如某风机在入口风量为 13m^3/s、转速为 1440r/min 时，不同安装角下的效率见表 7-17。安装角在 30.2°时最小，为 67.76%；在 34.2°时达到最大，为 78.86%。

表 7-17　　不同安装角下的效率

安装角（°）	30.2	32.2	34.2	37.2	40.2
效率（%）	67.76	74.59	78.86	77.93	75.90

（27）机械效率（mechanical efficiency）：轴功率与机械损失之差占轴功率的百分比，即风机内功率与轴功率的百分比。计算公式为

$$\eta_m=\frac{P_{sh}-\Delta P_m}{P_{sh}}\times 100\%=\frac{P_{sh}-(\Delta P_{m1}+\Delta P_{m2})}{P_{sh}}\times 100\%$$

式中 η_m——机械效率，%；

P_{sh}——轴功率，W。

机械效率与比转数有关，一般离心水泵在额定负荷下 $\eta_m=90\%\sim97\%$，离心风机 $\eta_m=92\%\sim98\%$。降低机械损失的主要方法如下：

1）保证轴承润滑良好。

2）填料密封的压盖松紧合适。

3）尽可能选用摩擦损失小的轴封。如机械密封或浮动环密封的轴承损失小一些，而采用填料密封结构的轴承损失则大一些。

4）采用低转速、小叶轮外径。

5）降低叶轮盖板外表面与壳腔内表面的粗糙度。如叶轮盖板和泵体粗糙面用砂轮磨光后，泵效率可提高 2%～4%。

(28) 风机叶轮效率（fan impeller efficiency）：风机空气功率除以叶轮功率，以 η_r表示。计算公式为

$$\eta_r=\frac{P_u}{P_r}\times100\%=\frac{q_{V\text{sg}1}p_F k_p}{P_r}\times100\%$$

式中 P_u——风机空气功率，W；

k_p——压缩性修正系数；

p_F——风机压力，Pa；

$q_{V\text{sg}1}$——进口滞止容积流量，m^3/s；

P_r——叶轮功率，W。

(29) 风机（轴）效率、风机全压效率（fan efficiency）：风机空气功率除以轴功率，以 η_f表示，计算公式为

$$\eta_f=\frac{P_u}{P_{sh}}\times100\%=\frac{P_u}{P_{sh}-\Delta P_m-\Delta P_V}\times\frac{P_{sh}-\Delta P_m-\Delta P_V}{P_{sh}-\Delta P_m}\times\frac{P_{sh}-\Delta P_m}{P_{sh}}\times100\%$$

$$=\eta_h\eta_V\eta_m$$

式中 P_u——风机空气功率，W；

P_{sh}——风机轴功率，W；

η_h——流动效率，%；

η_V——容积效率，%；

η_m——机械效率，%。

(30)（风机）内功率（internal power）：气体通过风机时要引起一系列损失 $\Sigma\Delta P$，实际消耗于气体的有效功率与风机内部损失功率之和，以 P_i表示，单位为 W。计算公式为

$$P_i=P_u+\Sigma\Delta P=P_e+\Delta P_h+\Delta P_V=P_{sh}-\Delta P_m$$

式中 P_i——风机内功率，W；

P_u——风机有功功率，W；

ΔP_V——容积损失，W；

ΔP_h——流动损失，W；

ΔP_m——机械损失，W；

$\Sigma\Delta P$——风机内部损失功率之和，即除轴承外在泵内损失掉的功率，W。

(31)（风机）内效率、全压内效率（internal efficiency）：风机的有效功率和内功率之比，用 η_i表示，单位为%。计算公式为

$$\eta_i=\frac{P_u}{P_i}\times 100\%$$

（32）风机叶轮静效率（fan impeller static efficiency）：风机静空气功率除以轴功率，以 η_{sr} 表示。计算公式为

$$\eta_{sr}=\frac{P_{us}}{P_{sh}}=\frac{q_{Vsg1}p_{sF}k_p}{P_{sh}}$$

式中 P_{us}——风机静空气功率，W；

k_p——压缩性修正系数；

p_{sF}——风机静压力，Pa；

q_{Vsg1}——进口滞止容积流量，m^3/s；

P_{sh}——轴功率，W。

（33）风机电动机轴效率（fan motor efficiency）：风机空气功率除以电动机输出功率，以 η_M 表示。

（34）风机总效率、风机机组效率、风机系统（overall efficiency）：风机空气功率除以电动机的输入功率，以 η_e 表示。计算公式为

$$\eta_e=\frac{P_u}{P_e}\times 100\%=\frac{q_{Vsg1}p_Fk_p}{P_e}\times 100\%=\eta_f\eta_d\eta_{tm}\eta_v$$

式中 P_u——风机空气功率，W；

k_p——压缩性修正系数；

p_F——风机压力，Pa；

q_{Vsg1}——进口滞止容积流量，m^3/s；

η_f——风机全压效率，%；

η_d——电动机效率，%；

η_{tm}——联轴器、皮带轮等传动装置的传动效率，%；

η_v——调节装置效率，%；

P_e——电动机输入功率，W。

（35）风机耗电率（electric consumption rate of fan）：在统计报告期内，风机消耗的电量与机组发电量的百分比。

国内大型锅炉风机生产厂家主要有：上海鼓风机厂有限公司、成都电力机械厂、沈阳鼓风机厂、豪顿华工程有限公司。上海鼓风机厂在20世纪80年代先后从德国TLT公司（现被德国西门子公司收购）引进了动叶调节轴流式风机和离心风机技术。成都电力机械厂在20世纪80年代引进德国KKK公司（现被德国西门子公司收购）的AN系列静叶调节轴流式风机技术，90年代又引进KKK公司的部分AP型系列动叶调节轴流式风机技术，2006年9月28日与德国KKK公司共同出资组建合资公司——成都凯凯凯电站风机有限公司。沈阳鼓风机厂于20世纪80年代引进丹麦诺文科（NOVENCO）公司（现被英国豪顿公司收购）的VARIAX系列动叶调节轴流式风机技术，后又引进德国KKK公司的AN系列静叶调节轴流式风机技术。但与上海鼓风机厂和成都电力机械厂不同，没有后续合同，不能继续获得引进公司的提升技术。豪顿华工程有限公司是英国豪顿集团于1994年10月在我国成立的中外合资企业，其动叶调节轴流式风机的技术是其收购丹麦NOVENCO公司的技术，但已有所改进。以上各风机厂商生产的大型电厂锅炉风机的技术特点基本相同，性能相差甚微，均能满足我国大型锅炉运行的需要。据我国各电厂反映，豪

顿华公司的产品质量更稳定，但价格高、供货周期长；成都电力机械厂服务态度和服务质量好；沈阳鼓风机厂生产的电厂轴流风机产品，由于未获得原引进公司（已被其他公司收购）提升了的技术，其产品性能和结构稍微逊色（最高效率低1～2个百分点）。在风机选型时应参考表7-18。

表7-18　风机选型推荐方式

机组类型		送风机	一次风机	引风机(引增合并)
600MW超临界机组	功率(kW)	≤1400	≤2240	≤5500
	调速方式	动调＋双速或变频	动调或离心风机＋变频	静调＋变频或静调＋汽轮机驱动
660MW超超临界机组	功率(kW)	≤1400	≤2200	≤5700
	调速方式	动调＋双速或变频	动调或离心风机＋变频	静调＋变频或静调＋汽轮机驱动
1000MW超超临界机组	功率(kW)	≤2400	≤3500	≤8000
	调速方式	动调＋双速或变频	动调或动调＋变频	静调＋变频或静调＋汽轮机驱动

风机选型原则如下：

1）引风机规定风量余量为10%，压头余量为20%，原则上选择静调且与增压风机合并，600MW及以上机组原则上采用汽动引风机。

2）电动引风机应进行变频调节。

3）一次风机规定风量余量为20%～30%，压头余量为20%～30%，因此原则上选动调或离心风机＋变频。

4）送风机大火规规定风量余量为5%～10%，压头余量为15%～20%，原则上选动调＋双速或选动调＋变频。

影响风机耗电率的主要因素如下：

1）锅炉本体，后烟井、除尘烟道漏风，特别是空气预热器漏风，造成烟气量增加，风机耗电率增加。空气预热器漏风率每降低1个百分点，锅炉效率将提高0.05个百分点，送风机耗电率将减少0.007个百分点。

2）入炉煤质较差，灰分、硫分较高，锅炉长期连续运行，锅炉尾部受热面、空气预热器、除尘烟道均会发现积灰现象。特别是空气预热器积灰、堵塞，造成烟道阻力增加，风机耗电率增加。

3）由于暖风器设计为3～4层的翅片管，结构致密，通风阻力大而且极容易堵塞，导致暖风器冲洗后很快便被堵塞，而暖风器堵塞后又无法进行在线清洗，只能等候较长的机组停运机会。

4）机组负荷率较低，风机工作点偏离设计值，造成风机耗电率偏高。

降低风机耗电率的措施如下：

1）按照机组负荷对应的锅炉总风量、二次风箱与炉膛差压定值和氧量定值和做好锅炉风煤配比的调整和监视。

2）运行中，根据锅炉入炉煤质数据，加强锅炉本体，特别是空气预热器吹灰，降低空气预热器以及后烟井烟气阻力。

3）消除锅炉本体、烟道及风道的漏风，尤其是空气预热器和除尘器的漏风应不超过表7-19所列数据，因为这种漏风有可能使引风机过负荷。

表 7-19　空气预热器和除尘器的漏风率最高值

空气预热器和除尘器类型		漏风率最高值（%）
管式空气预热器		5
板式空气预热器		7
回转式空气预热器	蒸发量为 670t/h 及以下	10
	蒸发量为 670t/h 以上	8
电气除尘器		5
旋风式或湿式除尘器		5

4）机组大小修过程中，加强锅炉本体、烟道、制粉系统，特别是空气预热器漏风缺陷的改造和处理，进行空气预热器密封装置的改造，减少漏风。

5）机组大小修期间，加强锅炉后烟井受热面、空气预热器蓄热元件，烟道包括除尘烟道系统积灰、堵灰问题的综合治理，建议用压缩空气及高压消防水进行吹扫或冲洗，减小风烟系统阻力，降低风机耗电率。

6）机组大小修期间，加强锅炉送风、引风、一次风机以及风烟系统各风门、挡板的检修和维护，保证转动设备运行稳定，确保系统各挡板内外一致，开关正确，无节流现象，降低风机耗电率。

7）风机变频改造可大幅度降低风机耗电率。

8）电厂冬季暖风器调门开度一般在50%以下运行，暖风器裕量大，可以将4层管结构缩减为3层管结构，进一步降低运行时间的通风阻力。优先考虑暖风器改造为可移出式或旋转式，在夏季不需要暖风器的季节可大幅降低风烟系统阻力。提高风机的备用裕量对安全和经济均有益处。

9）减少空气通道、烟气通道多余的闸门和风门。

10）采用高效率电动机，电动机容量与风机匹配，采用变速调节风量。

11）选用高效率风机，送风机效率应不低于75%，否则应对效率低的送风机进行节能改造。

12）通过试验，在机组低负荷时采用单引风机、单送风机运行，降低风机单耗。

（36）风机单耗（unit electric consumption of fan）：锅炉产生每吨蒸汽风机消耗的电量。

（37）引风机单耗（unit electric consumption of induced draft fan）：是指锅炉产生每吨蒸汽引风机消耗的电量。计算公式为

$$B_{yf}=\frac{W_{yf}}{D_L}$$

式中　B_{yf}——引风机单耗，kWh/t；

W_{yf}——统计期内引风机消耗的电量，kWh；

D_L——统计期内炉侧主蒸汽流量累计值，t。

变频引风机单耗一般为1.5～2kWh/t，非变频引风机单耗一般为2～2.5kWh/t。对引风机单耗进行监督时，必须提供引风机厂用电记录或台账，检查设计说明书，引风机效率应不低于75%，否则应对效率低的引风机进行节能改造。

（38）送风机单耗（unit electric consumption of supply fan）：是指锅炉产生每吨蒸汽送风机消耗的电量，与送风机效率、空气预热器漏风、各送风调整门开度和风道、系统阻力等有关。计算公式为

$$B_{sf}=\frac{W_{sf}}{D_L}$$

式中　B_{sf}——送风机单耗，kWh/t；

W_{sf}——统计期内送风机消耗的电量，kWh；

D_L——统计期内炉侧主蒸汽流量累计值，t。

风机耗电率为全部厂用电量的22%左右，单耗一般在0.5～1.0kWh/t（汽）之间。

(39) 引风机耗电率、引风机厂用电率（electric consumption rate of induced draft fan）：是指锅炉产生每吨蒸汽引风机消耗的电量。计算公式为

$$L_{yf}=\frac{W_{yf}}{W_f}\times 100$$

式中 L_{yf}——引风机耗电率，%；

W_{yf}——统计期内引风机消耗的电量，kWh；

W_f——统计期内机组发电量，kWh。

由于静叶可调轴流风机在运行效率、投资、维护等方面的都介于离心式风机和动叶可调轴流风机之间，而且除尘器出口烟气含尘量一般在150g/m³左右，考虑到燃烧煤质的多变性，因此电厂锅炉优先选用静叶可调轴流式引风机。随着我国烟尘超低排放技术的应用，除尘器出口烟气含尘量小于50g/m³，这种情况下，建议选择动叶可调轴流式引风机。300MW级锅炉引风机驱动电动机功率一般为2000kW，600MW级锅炉引风机驱动电动机功率一般为5500kW。要求引增合一引风机耗电率小于或等于1.0%，独立引风机耗电率小于或等于0.9%。引风机耗电率高的原因如下：

1）锅炉烟风道、尾部受热面以及除尘器积灰，特别是空气预热器积灰，造成烟风道阻力增加。

2）锅炉烟道、尾部受热面（空气预热器）、除尘器漏风。

3）除尘器效率低。

4）炉内过量空气系数过大。

5）机组负荷变化，炉膛压力自动调节失灵，运行调整不及时。

6）机组负荷率低或频繁启停、调峰。

7）入炉煤质变差或掺烧褐煤，因全水分高达35%左右，造成烟气量增加。例如山东省某电厂300MW锅炉掺烧褐煤比例达总煤量25%时，2台引风机电流共增加10.1A，影响功率增加84kW。不但使厂用电率增加0.03%，而且使锅炉效率降低约0.83%。

8）引风机叶片磨损严重，引风机运行效率低。

9）风机壳体、风道漏风。

10）引风机电动机变频器故障，未投运。

11）引风机压头、风量设计富裕较多，风机运行效率低。

12）引风机进、出口挡板开、关不到位。

13）布袋除尘器投运时间较长，布袋阻力增大。

14）有的电厂简单地取消了脱硫增压风机，由引风机替代增压风机运行，导致引风机工况点变化，低风量时并列运行的风机频繁发生失速。为避免失速造成风机叶片损坏，在锅炉低负荷时不得不加大风量，导致氧量升高。

降低引风机耗电率的对策如下：

1）降低烟气系统阻力，特别是空气预热器等，引风机前后隔离挡板保持全开位置。

2）减少锅炉本体及系统漏风，及时消除风道漏风，对伸缩节定期更换。及时消除空气预热器和除尘器漏风。

3）进行锅炉优化燃烧调整试验，根据试验结果，控制适当的炉内过量空气系数及炉膛压力，

减少炉膛压力及烟道漏风。

4）检修时清理风道内积灰，及时对空气预热器进行高压水冲洗和吹灰。

5）检修时进行风机进、出口挡板校验。

6）引风机变频调速改造。对于锅炉引风机配置为静叶调节轴流式风机或离心式风机，往往在低负荷下风机运行效率较低。尤其是风机选型过大时，低负荷的运行效率更低，风机耗电率更大。因此，对其进行变频调速改造可取得显著的节电效果。如600MW超临界机组，引风机变频改造后，耗电率可以从0.95%下降低到0.65%。

7）消除除尘器缺陷，或进行除尘器提效改造，提高除尘效率。

8）优化辅机运行方式，进行低负荷下引风机的经济运行方式尝试，如单侧风机运行等。启动过程采用单侧送、引风机运行，并网前启动另一侧送、引风机并入运行。采用单侧风机启动，在保证相同送风量的情况下，可降低送、引风机电流。

9）启、停炉时，按照锅炉说明书要求，控制锅炉升、降温速率，避免因炉体膨胀不均而引起的漏风。

10）对于600MW及以上超（超）临界锅炉的引风机，其耗电率一般约为0.6%～0.9%。随着环保要求的提高，脱硫系统的旁路烟道将被取消，引风机与增压风机合并成为必然。实践证明，采用引风机与增压风机合并可降低厂用电率约0.2个百分点。但引风机与脱硫增压风机合并后，引风机耗电率将达1%左右，所需电动机的容量进一步增大，投资增大，为此可采用给水泵汽轮机拖动引风机。采用汽动引风机降低厂用电率的同时还可实现引风机的变转速调节，提高引风机的运行效率。因而，汽动引风机已被多家新建1000MW机组的电厂采用，如华能玉环电厂1000MW超超临界机组将增压风机和引风机合并采用给水泵汽轮机拖动，节约厂用电1.2个百分点。

采用汽动引风机，主要是增加了给水泵汽轮机，比电动引风机复杂得多，设备较多，故障点也多，其长期运行的安全可靠性低于电动引风机。采用汽动引风机可显著降低机组厂用电率，但要增加发电煤耗，且引风机启动前还需进行暖管、暖机，需增加能耗。当一台风机故障停运修复后再投运时，与电动引风机相比，其启动时间长，既要消耗能量，又要减少发电量；由于设备多、系统复杂，维护费用也比电动引风机高。汽动引风机是否可降低机组供电煤耗率，有待试验确定。

11）把固定式暖风器改造成旋转式暖风器。例如威海电厂3号300MW锅炉暖风器原设计为汉口电力设备厂NFX4Ⅲ-2-2.8蒸汽螺旋管式暖风器，位于空气预热器入口风道处，垂直固定布置。暖风器在一年大部分时间里，是可以不投入的，但不论加热蒸汽是否通过，暖风器都存在阻力而消耗电能。后将暖风器更换为HNWH-1.6/400-880旋转式暖风器，该暖风器可以在退出运行时，将暖风器蓄热片旋转成与风向成水平角度，从而使暖风器压损降低为零。在暖风器投运时，将暖风器蓄热片旋转成与风向成垂直角度，原加热蒸汽及疏水系统等功能不变。暖风器改造后保守估算单台暖风器阻力降低400Pa，全年按7个月暖风器不投运（去除停机及机组检修），则2台送风机全年可节电110万kWh，降低厂用电率0.05个百分点。

12）依据DL/T 1195—2012《火电厂高压变频器运行与维护规范》、DL/T 994—2006《火电厂风机水泵用高压变频器》的相关规定，制定并执行电厂变频器运行维护管理制度，明确、细化运行巡检和定期检修维护应开展的项目；运行中增加对重要辅机变频器的巡检次数，重点关注冷却介质、控制柜、环境等温度的变化趋势、通风设备运行状况及变频器工作是否存在异常噪声、放电火花等。定期（如每周）对变频器柜风道入口滤网进行清理，确保畅通无堵塞；检修停机时，应对变频器进行全面、认真、细致的检查和试验，如内部清扫、一次二次回路检查、UPS检查、保护传动试验、控制回路双电源切换试验等，加强变频器通风、防尘的检查和治理；根据变频器运行时间及元件运行状况，及时联系厂家更换、维修模块，若条件允许，应对变频器功率单元做好备品备件，以保证变频器故障排除后及时恢复变频运行。

（40）送风机耗电率、送风机厂用电率（electric consumption rate of supply fan）：是指锅炉产生每吨蒸汽送风机消耗的电量。计算公式为

$$L_{sf}=\frac{W_{sf}}{W_f}\times 100$$

式中 L_{sf}——送风机耗电率，%；

W_{sf}——统计期内送风机消耗的电量，kWh；

W_f——统计期内机组发电量，kWh。

300MW 级锅炉送风机驱动电动机功率一般为 1000kW。600MW 级锅炉送风机，驱动电动机功率一般为 1400kW。要求仓储式制粉系统送风机耗电率小于或等于 0.38%，直吹式制粉系统送风机耗电率小于或等于 0.25%。送风机耗电率高的原因如下：

1）锅炉风道、空气预热器漏风大。

2）炉内过量空气系数过大。

3）入炉煤质变差，偏离设计煤种，机组相同负荷下的燃煤量、风量增加。

4）风道阻力增加。

5）送风机选型过大，风机运行效率低。

6）机组负荷率低或频繁启停、调峰。

7）机组负荷变化，风量自动调节失灵，运行调整不及时。

8）空气预热器漏风率大。

9）空气预热器堵塞。

10）引风机进、出口挡板开、关不到位。

11）送风机电动机变频器未投运。

12）早期 100、200MW 锅炉送风机为离心式风机，无变频调节装置，仅靠入口挡板调节。送风机入口挡板开度偏小，如某电厂 200MW 锅炉蒸发量 530t/h 时，2 台送风机入口挡板开度仅为 30%左右。

降低送风机耗电率的对策如下：

1）进行锅炉优化燃烧调整试验，根据试验结果控制适当的炉内过量空气系数。尤其是低负荷期间控制氧量不要过高，减少风机单耗。

2）加强空气预热器吹灰，减少风道阻力。

3）一次风机控制正常按优化后方式投入自动，进行手动调整时要根据磨煤机风门开度及时进行一次风压的调整，严禁高风压运行。

4）检修时对送风机入口消声器进行清理；对送风机出口暖风器进行表面清理。

5）检修时对空气预热器扇形板密封间隙进行调整。

6）检修时对空气预热器蓄热元件进行高压水冲洗。

7）检修时进行风机出口挡板校验。

8）离心式送风机变频改造。离心式送风机电动机变频改造后，送风机耗电率降低 50%以上。例如某厂 150MW 锅炉离心式送风机耗电率为 0.40%，变频改造后耗电率降低到 0.20%。

9）动叶可调式送风机变频改造。一般情况下，采用动叶调节的风机，在运行工况点与设计高效点两者偏离 20%时，效率下降 20%左右；而偏离 30%时，效率则下降 30%以上。一般在锅炉风机容量设计时，单侧风机运行时具备带 75%负荷运行的能力，这主要是从机组运行的安全性出发的；因此当双侧风机运行，机组带满负荷时，送引风机的设计余量在 20%～30%左右，

这就使风机的变频调速节能改造拥有巨大的潜力。

国电蚌埠电厂 600MW 机组送风机为上海鼓风机厂生产的动叶可调轴流式风机，额定功率为 1500kW，额定电流为 176A。据送风机变频器故障跳闸后自动切工频的控制功能的要求，需要设计工频旁路，旁路必须选择能远方分合闸的高压电气开关。改造后 2 台送风机全年节约电能为 150 万 kWh，节电率平均为 40%。

10）送风机双速改造。目前大型锅炉送风机均选用动叶调节轴流式风机。该类型风机与离心式和静叶调节轴流风机相比，其最大优点是调节性能好；其次，风机在较大流量变化范围内效率基本不变，只有在低负荷时效率才显著降低。在已投运的机组中，若送风机选型过大，则送风机只能在小开度低效率区运行。为提高送风机运行效率，降低耗电率，则可将电动机改为双速电动机，风机在大部分负荷下处于低速挡运行。对已投运的电动机进行降速或双速改造，只有在 6 极及以上极数（1000r/min 以下）的电动机才可实施。因由 4 极（1500r/min）改 6 级（1000r/min）时，转速下降太多，改造难度和费用较大，且功率因数下降也较多，往往难以满足风机和电动机的总节能量要求。例如某电厂 600MW 超临界机组配套送风机由沈阳鼓风机厂生产，为 ASN-2790/1800 动叶调节轴流式风机，TB 工况风机入口体积流量为 230.8m^3/s，轴功率为 1655kW，转速为 990r/min，电动机功率为 1900kW。机组投运后一直存在送风机运行效率低、耗电率高的问题。因此，提出了对电动机进行降速的节能改造方案，电动机转速由 990r/min 降至 747r/min，功率由 1900kW 降至 1100kW。改造后风机的运行开度增加了10%～20%，运行效率提高约 6%～10%，年节电量约为 154.7 万 kWh，耗电率降低 0.048 个百分点。

例 7-17 某锅炉送风机设计点的参数为：体积流量 $Q_1=200\ 000m^3/h$、全压 $p_1=3880Pa$、空气温度 $T=40℃$、转速 $n_1=980r/min$，风机效率 $\eta_{f1}=80\%$，当地大气压力 $p_{am}=92\ 236Pa$，求该风机比转速 n_s。当流量减少到 $Q_2=150\ 000m^3/h$ 时，假定空气密度 $\rho=1.2kg/m^3$ 不变，问这时的转速是多少？相应的全压、轴功率又是多少？

解： 1）由于进气状态是非标准状态，由状态方程得：

$$\frac{\rho_{20}}{\rho_{40}}=\frac{p_{20m}}{p_{40m}}\times\frac{T_{40}}{T_{20}}=\frac{101\ 300}{92\ 236}\times\frac{273+40}{273+20}=1.173\ 2$$

所以比转速 $n_s=\dfrac{5.54n\sqrt{q_{vsg1}}}{\left(\dfrac{\rho_{20}p_{40}}{\rho_{40}}\right)^{3/4}}=\dfrac{5.54\times980\times\sqrt{200\ 000/3600}}{(1.173\ 2\times3880)^{3/4}}=73.0$

$$有效功率\ P_{u1}=q_{vsg1}p_Fk_p=\frac{200\ 000}{3600}\times3880\times1=215\ 555.6(W)=215.6kW$$

$$轴功率\ P_{sh1}=\frac{P_{u1}}{\eta_{f1}}=\frac{215.6}{0.80}=269.4(kW)$$

2）根据风机相似定律得：

$$n_2=n_1\frac{q_{v2}}{q_{v1}}=980\times\frac{150\ 000}{200\ 000}=735(r/min)$$

按照现有的电动机规格，双速电动机的低转速 n_2 应为 730r/min，此时全压为 $p_2=p_1\left(\dfrac{n_2}{n_1}\right)^2=3880\times\left(\dfrac{730}{980}\right)^2=2152.9(Pa)$

$$轴功率\ P_{sh2}=P_{sh1}\left(\frac{n_2}{n_1}\right)^3=269.4\times\left(\frac{730}{980}\right)^3=111.3(kW)$$

第八章　汽轮机指标管理与控制

国内汽轮机主要制造厂有：上海汽轮机厂（上汽）、哈尔滨汽轮机厂（哈汽）、东方汽轮机厂（东汽）、北重阿尔斯通电气设备有限公司（北重）、北京龙威发电技术有限公司（龙威）、南京汽轮机厂（南汽）、杭州汽轮机厂（杭汽）、青岛汽轮机厂（青汽）和武汉汽轮机厂（武汽）。国外主要制造厂有：德国西门子公司、德国ABB公司、德国巴布科克公司、日本日立公司、日本东芝公司、日本三菱公司、美国通用电气公司、美国西屋公司、意大利安沙尔多公司、意大利托赛公司、乌克兰哈尔科夫重型电机厂、俄罗斯乌拉尔汽轮发电机制造厂、俄罗斯圣彼得堡汽轮机厂、瑞士ABB公司、捷克斯柯达公司别尔森工厂、法国阿尔斯通公司、英国通用电器阿尔斯通公司、西班牙ABB公司、波兰拉法兰公司等。汽轮机类型分为冲动式和反动式；型式分为背压式、单背压凝汽式、双倍压凝汽式、一次调整抽汽式、二次调整抽汽式；压力等级分为低压、中压、高压、超高压、亚临界、超临界和超超临界。汽轮机型号由大写汉语拼音和数字表示。其中第一组是大写汉语拼音，表示汽轮机类型，如N表示凝汽式汽轮机，B表示背压式汽轮机，C表示一次抽汽式汽轮机；第二组是数字，表示汽轮机额定功率；第三组数字表示蒸汽参数，即压力/主蒸汽温度/再热蒸汽温度。如N660-25/600/600表示660MW、25MPa、主蒸汽温度为600℃、再热蒸汽温度为600℃的凝汽式汽轮机。

上汽600MW等级超临界汽轮机引进美国原西屋公司技术，660MW等级和1000MW等级超超临界汽轮机引进西门子公司技术；哈汽600MW等级超临界和超超临界汽轮机引进三菱公司技术，1000MW等级超超临界汽轮机引进东芝公司技术；东汽600～1000MW等级超临界和超超临界汽轮机引进日立公司技术。根据国内投运的部分电厂1000MW等级超超临界汽轮机性能试验结果，上汽1000MW超超临界汽轮机试验热耗率约为7290.9～7316.1kJ/kWh，均达到保证值。哈汽在鲁阳投运的1号汽轮机和东汽在海门投运的1、2号汽轮机试验热耗率约为6376～7437kJ/kWh，均未达到保证值。当然哈汽和东汽由于投产1000MW汽轮机数量较少，因此结论可能不是绝对的。上汽生产的660MW等级超超临界汽轮机试验热耗率约为7298.0～7397.7kJ/kWh，东汽和哈汽生产的600MW等级超超临界汽轮机试验热耗率约为7422.6～7652.1kJ/kWh，相比上汽高了一些。阿尔斯通公司制造的超临界汽轮机和1000MW超超临界空冷机组在世界上投运机组最多，在国内投运的汽轮机性能全部达到了保证值。根据欧洲机组的运行情况，阿尔斯通600～1000MW超超临界湿冷汽轮机与西门子公司技术生产的机组性能相当。汽轮机选型建议如下：

（1）对于超超临界湿冷机组，在价格合理、交货周期允许的情况下，应首选上汽生产的汽轮机，因为设计和试验热耗率均比较低。

（2）对于600～1000MW超（超）临界空冷机组，首选北重-阿尔斯通生产的汽轮机。

（3）由于同一地区机炉电生产的多年配合，各自性能都比较了解、配合默契，因此机炉电尽量选择同一地区的产品。

第一节　汽轮机蒸汽参数指标

（1）主蒸汽参数、进汽参数（main steam conditions）：主蒸汽的压力、温度等的总称。

（2）再热蒸汽参数、二次蒸汽参数（reheated steam conditions）：再热蒸汽主汽阀进口处的蒸汽参数。

（3）冷段再热蒸汽参数（cold reheat steam conditions）：再热汽轮机高压缸排汽口处蒸汽参数。

（4）汽轮机主蒸汽流量（main steam flow to steam turbine）：进入汽轮机主汽阀的蒸汽流量。

（5）排汽参数、终参数（exhaust steam condition）：蒸汽膨胀做功后从汽轮机排出时的压力、温度和湿度。

（6）铭牌出力、额定功率、额定出力（TRL：steam turbine rated load）：是指汽轮机在额定的主蒸汽及再热蒸汽参数、背压为11.8kPa绝对压力（国内汽轮机厂有的要求为9.6kPa）、补给水率为3%及回热系统正常投入条件下，扣除非同轴励磁、润滑及密封油泵等的功耗，供方能保证在寿命期内任何时间都能安全连续地在额定功率因数（一般为0.9滞后）、额定氢压（氢冷发电机）下发电机端输出的功率。空冷机组的背压与大气温度有关，其满发背压由供需双方确定。额定出力对应的工况称为铭牌工况、夏季工况或TRL工况。在该工况下，主蒸汽进汽流量称为铭牌进汽量（额定进汽量）。该工况为机组出力保证值的验收工况。该工况条件如下：

1）额定主蒸汽参数，进汽量为额定进汽量（也称为额定流量、TMCR流量）。

2）空冷机组背压为30kPa（或35kPa）；湿冷机组背压为11.8kPa（或9.6kPa）。

3）补给水率为3%。

4）对应该工况的设计给水温度。

5）全部回热系统正常运行，但不带厂用辅助蒸汽。

6）发电机效率为99.0%，额定功率因数为0.9（滞后），额定氢压。

汽轮机额定出力低的原因如下：

1）汽轮机通流能力差。

2）汽轮机缸效低。

3）蒸汽初参数低。如进汽压力低或进汽温度低。

4）排汽压力偏高。排汽压力每升高1%，汽轮机出力降低1%。

5）轴封漏汽偏大。

6）机组供热量、辅汽量过大。

7）高压调节阀故障，不能打开或者不能全开，进汽量少。

8）缸间漏汽量偏大。

9）环境温度太高。

10）机组振动偏大。

11）调节喷嘴组损坏，通流面积不足。

12）主汽阀滤网堵塞。

13）高压调节级静叶出口边弯曲变形，蒸汽通流面积减少。例如吴泾电厂11号300MW机组曾因为采用退让汽封改造后，汽封槽及汽封块压板强度不够，使退让式阻汽环脱落，挤压磨损高压调节级静叶；另外可能是原固定汽封间隙设计为(2.5±0.05)mm，结合汽封改造优化到(1±0.05)mm。机组在运行中动静部分膨胀发热，汽封变形脱落。上述两方面原因导致出力只能达到285MW。

提高湿冷机组额定出力的对策如下：

1）启动、停机和变工况时，加强胀差监视与控制，减少通流部分轴向、径向磨损。

2）密切监视瓦振、轴振，发现异常及时进行调整，防止振动大引起的动静碰磨。

3）严格控制蒸汽初参数在额定范围。

4）达到规定负荷及时调整调节阀运行方式，减少节流损失。

5）按规定操作疏水阀门，减少阀门泄漏。

6）合理经济调整机组抽汽供热、辅汽量。

7）消除调节阀油动机伺服阀等控制装置故障，确保调节阀开度正常。

8）通流能力低的机组可考虑进行通流部分改造。

9）进行调节喷嘴组改造。

10）将低压力参数升级改造为高等级压力参数。例如亚临界机组可以改造成超临界机组。

提高空冷机组额定出力的对策：

1）空冷岛冷却面积增容。例如华能榆社电厂 300MW 空冷岛面积原为 535 108m²，6 列 4 排布置（24 台风机），后增加了 2 列 8 台风机，增加面积约 178 369m²。根据巴克—杜尔换热器公司计算，在 110%风速，环境温度 35℃时，机组背压可以达到设计背压 34kPa。

2）加装喷雾装置。在空冷风机出口加装喷雾装置，喷射出的水雾与风机出口的空气接触混合，在蒸发的过程中吸收汽化潜热，大幅度降低通过换热管束的空气温度。在夏季投运喷雾装置，机组背压可以降低 3～10kPa。

3）治理疏水门内漏，调整汽机各部汽封间隙，减少进入凝汽器的热负荷。

4）使用空冷岛自带的半自动冲洗设备，风机在运行中或停止时都可以进行高压水（水压约 8MPa）冲洗，该清洗水只能将换热器表面浮尘冲洗掉，迎风面沉积物难以清除，清洗后背压可以降低 0.5～1kPa。

5）在风机停运时，使用临时超高压水进行人工清洗。水压可以达到 20MPa，清洗后背压可以降低 1.5～9kPa。

（7）最大连续出力（TMCR：turbine maximum continuous rate）：汽轮机在额定的主蒸汽和再热蒸汽参数及所规定的汽水品质、低压缸排汽压力为额定背压 4.9kPa（4.6kPa 或 5.2kPa）、补给水率为 0%、回热系统正常投入，以及不带非生产辅助蒸汽条件下，汽轮机进汽量等于铭牌工况（TRL）进汽量，扣除非同轴励磁和电动主油泵所耗功率后，在额定功率因数、额定氢压（氢冷发电机）下发电机安全连续输出的功率。该功率为供方的保证功率，并能在保证的寿命期内安全连续地运行。TMCR 功率一般为 TRL 功率的 1.03～1.05 倍。最大连续功率工况下，汽轮机进汽量等于额定功率的进汽量。该工况条件如下：

1）额定主蒸汽参数，进汽量为额定进汽量。

2）背压为 15kPa。

3）补给水率为 0%。

4）最终给水温度。

5）全部回热系统正常运行，但不带厂用辅助蒸汽。

6）发电机效率为 99.0%，额定功率因数为 0.9（滞后），额定氢压。

（8）汽轮机热耗率考核出力、汽轮机性能验收出力（THA：steam turbine heat-rate acceptance:）：是指汽轮机在额定主蒸汽及再热蒸汽参数下，主蒸汽流量与额定功率的进汽量不相同，考虑年平均水温（年平均水温 20℃）等因素规定的背压（4.9kPa），补给水率为 0%及回热系统正常投入，扣除非同轴励磁、润滑及密封油泵等的功耗，在额定功率因数、额定氢压（氢冷发电机）下发电机端输出的功率。其值与额定功率相同，并且供方能保证在寿命期内安全连续地运行。该热耗率一般作为汽轮机验收保证值。在该功率下，调节汽阀不一定全开。在考核工况（也称额定工况、热耗率验收工况）下，汽轮机进汽流量低于额定功率的进汽量。

（9）汽轮机最大计算容量、调节阀全开工功率（VWO：valve wide open）：在调节阀全开时（VWO）的进汽量以及在最大连续功率（TMCR）定义的条件下（背压4.9kPa，补水率为0%）发电机端输出的功率，该功率对应的工况为汽轮机调节阀全开工况。在此定义下的进汽量为额定功率（TRL）进汽量的1.03～1.05倍。该进汽量一般作为锅炉最大连续蒸发量（BMCR）。VWO功率一般为TMCR功率的1.04～1.045倍。

（10）汽轮机最经济连续出力、经济功率（TECR：steam turbine most economical continuous rating）：在规定的终端参数下，汽轮机能达到最低热耗率时的出力，对应的工况为汽轮机最经济连续出力工况。对于6MW及以下容量机组，经济功率与额定功率之比一般为75%；12～25MW机组经济功率与额定功率之比一般为80%；50MW机组经济功率与额定功率之比一般为90%；100～200MW机组经济功率与额定功率之比一般为100%；300MW及以上容量采用喷嘴调节的机组，经济功率与额定功率之比为100%；采用节流调节的机组，经济功率与额定功率之比由制造厂在说明书中具体规定。

（11）高压加热器全停功率（THOS：all of the turbine high pressure heating operation stopping）：汽轮发电机组能在高压加热器全部停运时，除部分回热系统不能正常运行及进汽量不同外（给水温度一般可达额定温度65%以上，进汽量约为额定的80%以上），其他条件同TMCR工况时保证机组能输出额定功率。当高压加热器全部切除时，机组能连续安全带100%额定功率运行。某N660-25/600/600型汽轮机主要设计参数见表8-1。

表8-1　N660-25/600/600型汽轮机主要设计参数

项　目	单位	TRL工况	TMCR工况	VWO工况	THA工况	THOS工况
热耗率	kJ/kWh	7573	7381	7406	7342	7600
主蒸汽压力	MPa	25	25	25	25	22.355
主蒸汽温度	℃	600	600	600	600	600
再热蒸汽温度	℃	600	600	600	600	600
高压排汽压力/温度	MPa/℃	5.992/374.9	6.037/375.9	6.317/383.9	5.7/364.7	5.922/387.0
主蒸汽进汽量	t/h	1906.1	1906.1	2001.4	1792.5	1573.2
再热蒸汽流量	t/h	1605.6	1615.3	1690.9	1524.6	1560.1
平均背压	kPa	9.6	4.6	4.6	4.6	4.6
给水温度	℃	294	294.4	297.8	290	195.3
补水率	%	3	0	0	0	0
发电机端功率	MW	660	686.613	709.514	660	660

（12）旁路（系统）容量（bypass capacity）：锅炉最大连续出力（*BMCR*）下通过旁路的蒸汽流量与锅炉最大连续出力（*BMCR*）对应的蒸发量的百分数。通常所说的旁路系统容量是指高压旁路的容量，计算公式为

$$K_g=\frac{D_g}{BMCR}\times 100\%$$

$$K_d=\frac{D_d}{D_{dN}}\times 100\%$$

式中　K_g——高压旁路容量，%；

K_d——低压旁路容量，%；

D_g——在*BMCR*工况下，主蒸汽通过全开高压旁路阀的流量，kg/h；

D_d——在*BMCR*工况下，再热蒸汽通过全开低压旁路阀的流量，kg/h；

$BMCR$——锅炉最大连续出力，kg/h；

D_{dN}——在 $BMCR$ 工况下，再热蒸汽流量，kg/h。

旁路系统是蒸汽中间再热单元机组热力系统的重要组成系统之一，它是指锅炉来的高参数蒸汽不进入汽轮机汽缸的通流部分，而是经过与汽轮机并联的减温减压器，直接进入凝汽器或低一级蒸汽管道的系统。锅炉蒸汽绕过高压缸，进入再热器冷段管道的连接系统，称为高压旁路（或Ⅰ级旁路或小旁路）；再热后的蒸汽绕过汽轮机中、低压缸，进入凝汽器的管道系统，称为低压旁路（或Ⅱ级旁路）；锅炉来的新蒸汽绕过整个汽轮机而直接排入凝汽器的，称为整机旁路（或Ⅲ级旁路或大旁路），见图 8-1。

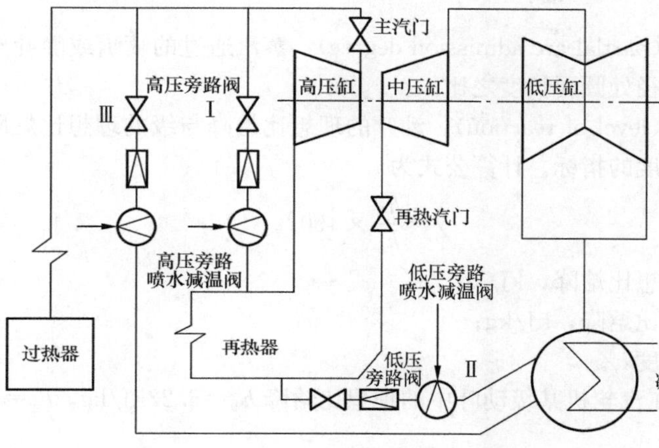

图 8-1　三级旁路系统

Ⅰ—高压旁路；Ⅱ—低压旁路；Ⅲ—整机旁路

设置低压旁路的主要作用是回收工质作用。设置高压旁路的主要作用如下：

1）冷却保护再热器，防止锅炉超压。在锅炉点火、汽轮机冲转前，停机不停炉或甩负荷等工况，汽轮机高压缸没有排汽，则通过高压旁路引来新蒸汽经减压减温后引入再热器使其冷却得以保护。机组发生故障，锅炉紧急停炉时，可通过旁路系统将其剩余蒸汽排出，防止锅炉超压，减少安全门动作次数，有助于保证安全门的严密性，延长其使用寿命。

2）协调启动参数，缩短启动时间。单元式机组采用滑参数启动时，先以低参数蒸汽冲转汽轮机，再随着汽轮机的升速、带负荷的需要，不断地提高锅炉出口蒸汽的压力、温度和流量，使锅炉产生的蒸汽参数与汽轮机的金属温度状况相适应，以保证均匀加热汽轮机。如只靠调整锅炉的燃烧或汽压是难以满足这些要求的，在热态启动时更为困难。如果有了旁路系统，锅炉可采用较大的燃烧率启动，在较短时间内产生足够蒸汽，并可将汽温调整到所需的数值。升速、带负荷时锅炉产生的蒸汽量远大于汽轮机所需蒸汽量，剩余蒸汽经旁路至凝汽器。汽轮机带负荷后，逐步关小旁路，直至锅炉产生的蒸汽全部通过汽轮机为止。有了旁路系统，不仅可协调启动参数，并可缩短启动时间。

采用高压缸启动机组，高压旁路容量可采用 15%～20%。中压调节阀在机组启动过程中处于全开状态，不参与调节。

采用高中压缸联合启动机组，一般采用两级串联旁路系统。高压旁路容量可采用 30%（300MW 机组）～40%（1000MW 机组）。低压旁路容量根据汽轮机中压缸进汽参数计算确定。

采用中压缸启动机组，一般采用两级串联旁路系统。采用中压缸启动机组目前只有日立技术生产的汽轮机和阿尔斯通技术生产的汽轮机。对于日立技术生产的汽轮机，高压旁路容量一般为

35%～45%；低压旁路容量一般为高旁出口流量＋高旁减温水流量，为56%～60%。对于阿尔斯通技术生产的汽轮机，高压旁路容量一般为70%；低压旁路容量一般为130%。

（13）调（节汽）门重叠度、调节阀重叠度（overlap of nozzle governing valves）：汽轮机采用喷嘴调节时，一般都有几个调节汽门。当前一个调节汽门尚未完全开启时，后一调节汽门提前开启的量。重叠度的选取一般以前一阀门开至阀门前、后蒸汽压力比为0.80～0.90时，后一阀便开始开启为合适。如果调节汽门重叠度为10%，就说明前一个调节汽门开启到阀后压力为阀前压力的90%时，后一个调节汽门随即开启。若调节汽门没有重叠度，执行机构的特性曲线就有波折，则调速系统的静态特性曲线也不是一条平滑的曲线。这样调速系统动作就不平稳，所以调节汽门要有重叠度。

（14）部分进汽度（partial-arc admission degree）：蒸汽通过的喷嘴或静叶栅在平均直径处所占的弧段长度与平均直径处圆周长度之比。

（15）级的反动度（level of reaction）：动叶的理想比焓降与级的理想比焓降的比值，表示蒸汽在动叶通道内膨胀程度的指标。计算公式为

$$\gamma=\frac{h_b}{h_j}\times 100\%$$

式中 h_b——动叶的理想比焓降，kJ/kg；

h_j——级的理想比焓降，kJ/kg；

γ——级的反动度，%。

例8-1 已知蒸汽在汽轮机某级动叶中的理想比焓降 h_b=6.22kJ/kg，h_j=46.10kJ/kg，求该级的反动度。

解：该级的反动度为

$$\gamma=\frac{h_b}{h_j}\times 100\%=\frac{6.22}{46.1}\times 100\%=13.49\%$$

（16）最佳速比（optimum velocity ratio）：级内效率最高时的速比。速比是指汽轮机级规定截面处的动叶片圆周速度与静叶栅（喷嘴）的出口汽流速度（或级理想速度）之比。

（17）流量系数（flow coefficient）：汽流通过叶栅时的实际流量与理论流量之比。

（18）蒸汽管道的温度降（steam pipe temperature drop）：蒸汽在管道中输送时，由于对周围环境的散热损失，引起出口蒸汽温度比进口蒸汽温度降低值。按下式计算，即

$$\Delta t=Q\cdot 10^{-3}/(G\cdot c_p)$$

式中 Δt——温度降，℃；

Q——所计算蒸汽管段对周围环境的散热损失，kJ/h；

G——管段计算蒸汽流量，kg/h；

c_p——在管段平均蒸汽参数时，蒸汽的定压比热，kJ/(kg·℃)。

例8-2 某蒸汽管段散热损失 Q=375 000kJ/h，蒸汽流量 G=25t/h，定压比热 c_p=2.15kJ/(kg·℃)，蒸汽管道始端温度 t_1=250℃。求蒸汽管道的温度降和终端温度。

解：蒸汽管道的温度降为

$$\Delta t=Q\cdot 10^{-3}/(G\cdot c_p)=375\ 000/(25\ 000\times 2.15)=7.0(℃)$$

蒸汽管道的出口温度为

$$t_2=t_1-\Delta t=250-7=243(℃)$$

（19）管道压力降（pressure drop）：流体在流经管道时由于流体的黏度与管壁产生的黏性力而造成的压力降低值。管道压力降包括管道摩擦压力降、静压力降和速度压力降。管道摩擦压力

降是直管、管件和阀门等阻力产生的压力降，静压力降是由于管道始端和终端标高差而产生的压力降，速度压力降是由于管道始端和终端流体流速不同而产生的压力降。后两者均较小，可以忽略不计，因此管道压力降近似等于管道摩擦压力降。计算公式为

$$\Delta p = 6260g\,\frac{\lambda L \upsilon_m^2}{d^5 \rho_m}$$

式中 Δp——压力损失，kPa；

g——重力加速度，$g=9.806\text{m/s}^2$；

λ——摩擦系数，无因次；

ρ_m——气体平均密度，kg/m^3；

υ_m——气体质量流量，kg/h；

L——管道长度，m；

d——管道内直径，mm。

上式说明，减少压力损失的主要方法是选用合适的工质流速，减少管道中连接件和附件，保持管道系统中阀门的完好性，缩短管道总长度。

(20) 管道压力损失、压损（率）(pressure loss ratio)：是指流体在流经管道时由于流体的黏度与管壁产生的黏性力而造成的压力降低值与进口压力百分比。计算公式为

$$\eta_p = \frac{\Delta p}{p_1} \times 100\%$$

式中 η_p——管道压力损失，%；

Δp——压力损失，kPa；

p_1——气体进口压力，kPa。

例 8-3 某天然气 25℃，分子量为 16.04，始端压力 $p_1=440\text{kPa}$，平均密度 $\rho_m=1.91\text{kg/m}^3$；用管道由甲地输送到相距 45km 的乙地，每小时送气量为 $\upsilon_m=5000\text{kg/h}$，摩擦系数 $\lambda=0.017\,6$，管道内直径 $d=307\text{mm}$。求天然气管道摩擦压力降、出口压力、管道的压力损失，以及标准状态下（101 325Pa、0℃）的体积流量。

解： 管道摩擦压力降为

$$\Delta p = 6260g\,\frac{\lambda L \upsilon_m^2}{d^5 \rho_m} = 6260 \times 9.81 \times \frac{0.017\,6 \times 45\,000 \times 5000^2}{307^5 \times 1.91} = 233.4(\text{kPa})$$

管道出口压力为

$$p_2 = p_2 - \Delta p = 440 - 233.4 = 206.6(\text{kPa})$$

压力损失为

$$\eta_p = \frac{\Delta p}{p_1} \times 100\% = \frac{233.4}{440} \times 100\% = 53.0\%$$

标准状态下气体密度为

$$\rho = \frac{pM}{RT} = \frac{1.013\,25 \times 16.04}{8.314\,4 \times 273} = 0.714\,3(\text{kg/m}^3)$$

标准状态下体积流量为

$$\upsilon_V = \upsilon_m/\rho = 5000/0.714\,3 = 7000(\text{m}^3/\text{h})$$

(21) 再热蒸汽压损（率）、再热蒸汽压力损失（pressure loss of reheat steam)：高压缸排汽压力

和汽轮机再热蒸汽压力之差与高压缸排汽压力的百分比。某电厂再热蒸汽压损率设计值见表8-2。

表 8-2　某电厂再热蒸汽压损率设计值　（%）

序号	机组等级	100%负荷	75%负荷	50%负荷	40%负荷	30%负荷
1	350MW	0.090 7	0.090 8	0.090 5		0.061 6
2	超临界 660MW	0.1	0.099 8	0.1	0.100 3	0.099 78
3	超超临界 660MW	0.1	0.1	0.1	0.1	0.1

再热系统阻力每增加0.1MPa，汽轮机热耗率增加0.2%～0.3%。规定再热蒸汽压损不大于10%，即不超过0.2～0.3MPa。再热系统阻力的减少将提高机组的运行经济性，通过适当增大管径、减少弯头、尽量采用弯管，可降低再热管道阻力。某1000MW工程在设计阶段，将降低冷再热和热再热管道系统的压降，作为设计优化的一项重要内容。主要采取了两项措施：①基于冷再热管道（P11）的材料价格远低于热再热管道（P92）的特点，适当增大冷再热管道的管径。②几乎所有90°转弯处均采用大于或等于3*D*的弯管，以替代传统设计中习惯采用但价格昂贵的1.5*D*铸钢弯头，据报价，这两者的价格差异达5倍以上。再热系统管道优化的同时，主蒸汽管和主给水管道系统可采用大于或等于3*D*的弯管设计，有效地降低了管系的压降，从而使给水泵的耗功亦相应下降，同时也提高了管系的运行安全性。再热系统弯管的造价远低于弯头，明显降低了四大管道的总造价，同比下降约20%；大于或等于3*D*的弯管的局部阻力系数大大低于1.5*D*弯头，有效减少了管系的压降。机组投产后，在额定工况下的再热系统（包括锅炉再热器）压降实测为6.7%，完全达到了优化设计要求（再热系统压降设计的控制值为高压缸排汽压力的8%，比国家标准低2%）。根据西门子公司提供的效率修正曲线，汽轮机的热耗将因此下降18kJ/kWh（相比10%而言），供电煤耗率降低0.3～0.6g/kWh。

（22）监视段压力（monitoring period of pressure）：调节汽室压力及各段抽汽压力统称为监视段压力。调节汽室温度及各段抽汽温度统称为监视段温度。各监视段压力（包括各抽汽口的压力，最后一、二级除外，因为最后两级是湿蒸汽区）与汽轮机主蒸汽流量的关系是许多通过原点的相应直线关系，各监视段压力与蒸汽流量成正比关系。监视这些压力变化可以判断蒸汽流量的变化、负荷高低，以及通流部分是否结垢、损坏等。

调节汽室压力是指调节级与第一压力级之间的蒸汽压力。与安装或大修后首次启动相比较，如在同一负荷下，调节汽室压力升高则说明调节级后的压力级通流面积减少。多数情况是结了盐垢，有时也由于某些金属元件破碎和机械杂物堵塞了通流部分或叶片损坏变形所致。300MW机组额定工况下各监视段参数见表8-3。

表 8-3　额定工况下各监视段参数

项　目	调节级	1	2	3	4	5	6	7	8
压力(MPa)	11.73	6.34	3.8	1.7	0.79	0.34	0.13	0.06	0.02
温度(℃)	485	391	324	435	326	227	128	84	63

（23）汽轮机主蒸汽压力（main steam pressure of steam turbine）：汽轮机进口的蒸汽压力值，靠近汽轮机自动主汽阀前的蒸汽压力。某电厂汽轮机主蒸汽压力设计值见表8-4。

表 8-4　某电厂汽轮机主蒸汽压力设计值　（MPa）

序号	机组等级	100%负荷	75%负荷	50%负荷	40%负荷	30%负荷
1	350MW	16.67	12.52	10	10	10
2	超临界 660MW	24.2	23.971	16.214	13.291	10.392
3	超超临界 660MW	25.0	18.454	12.227	10.0	10.0

由于各电厂的装机容量不同，各机组所设计的额定参数也不同，所以在计算全厂汽轮机的额定汽温、额定汽压、实际汽温、实际汽压值时，不能简单地采用算术平均值，而应分别以机组的额定容量、发电量作为权数进行加权平均计算。

现代大机组通常采用定压-滑压-定压运行方式以提高电厂的运行经济性。即额定负荷或高负荷运行时主蒸汽压力应在设计额定参数下运行，并要求压红线运行，此时汽轮机效率最高；负荷降低到一定值时，锅炉采用滑压运行方式；负荷较低时，又采用定压运行方式。定压-滑压-定压与负荷的关系曲线可由厂家提供，也可通过优化试验求得。

如果主蒸汽压力降低，将使蒸汽做功能力下降，引起汽耗量增大，煤耗增加，同时汽轮机的轴向推力增加，容易发生推力瓦烧坏事故。汽压降低过多，使汽轮机不能保持额定出力，汽轮机的最大出力受到限制。主蒸汽压力增加，可使热耗和煤耗减少，对运行的经济性显然有利。压力每升高 1MPa，热耗降低 0.55%～0.7%，煤耗减少 1.5～2.2g/kWh。但是主蒸汽压力升高超过允许范围，将引起调节级叶片过负荷；造成汽轮机主蒸汽管道、蒸汽室、主汽阀、汽缸法兰及螺栓等部件的应力增加，对管道和汽阀的安全不利；使湿汽损失增加，并影响叶片寿命，主蒸汽压力不能无限升高。因此必须控制主蒸汽压力在一定范围内。对中压锅炉，主蒸汽压力控制范围为额定压力±0.5MPa；对高压、超高压和亚临界锅炉，主蒸汽压力控制范围为额定压力±0.2MPa。不统一考核滑压机组的主蒸汽压力，可以按设计（或试验确定）的滑压运行曲线（或经济阀位）对比考核。

在任何 12 个月的运行期中，汽轮机进口的平均主蒸汽压力不应超过额定压力。主蒸汽压力可以在 105%额定压力下长期运行，但全年平均主蒸汽压力不应超过额定压力。偶尔出现不超过 120%额定压力的波动是许可的，但是这种波动在任何 12 个月的运行期中累计不得超过 12h。

（24）汽轮机主蒸汽温度（main steam temperature of steam turbine）：汽轮机进口的蒸汽温度值，靠近汽轮机自动主汽阀前的蒸汽温度。如果有多条主蒸汽管道，取算术平均值。某电厂汽轮机主蒸汽温度设计值见表 8-5。

表 8-5　某电厂汽轮机主蒸汽温度设计值　（℃）

序号	机组等级	100%负荷	75%负荷	50%负荷	40%负荷	30%负荷
1	350MW	538	538	538	538	538
2	660MW	566	566	566	566	566
3	超超临界 660MW	600	600	600	600	600

任何负荷下都应尽可能在设计的主蒸汽温度下运行，以使汽轮机效率最高。在实际运行中，主蒸汽温度变化的可能性较大，对汽温的监控要特别注意。如果主蒸汽温度升高超过允许范围，将引起调节级叶片过负荷；会使工作在高温区域的金属材料强度下降，缩短过热器和汽轮机的使用寿命；当主蒸汽温度过高时，用喷水减温的方法虽可使汽温减低，但这将会增加热耗。国产 100MW 汽轮机的计算表明，过热器喷水由 0 增加到 1%（给水份额的 1%，且减温水来自给水泵处，如果减温水来自末级高压加热器出口则不影响热耗）时，使热耗增加 0.118%。当发生严重超温时，有可能引起过热器的爆管事故，因此汽温不能无限升高。

如果主蒸汽温度降低，不但会引起煤耗增加，而且会使汽轮机的湿汽损失增加，对叶片的冲蚀作用加剧，效率降低。如果汽温降低过快，会使汽轮机部件冷却不均匀，造成汽轮机磨损、振动。

主蒸汽温度每降低 1℃，影响热耗 0.03%，煤耗率增加 0.1g/kWh。因此必须控制主蒸汽温度在一定范围内。主蒸汽温度的波动范围为±5℃，主蒸汽温度考核期内不应大于“设计值

±3℃”，各进汽管道主蒸汽温度偏差小于“两管平均值±3℃”。

根据国际电工委员会(IEC)1985年的标准和DL/T 892—2004《电站汽轮机技术条件》的规定：在任何12个月的运行期间，汽轮机任何一进口的平均温度不应超过其额定温度。机组可以在额定温度+8℃下长期运行，但全年平均温度不允许超过额定值；在(额定温度+8)～(额定温度+14)℃下，机组全年允许运行400h；在(额定温度+14)～(额定温度+28)℃下，机组全年允许运行80h，但每次不超过15min；超过额定温度+28℃，要停机。

(25) 汽轮机再热蒸汽温度、再热汽温（reheat steam temperature of steam turbine)：汽轮机中压缸进口的蒸汽温度值，靠近中压主汽阀前的蒸汽温度。如果有多路再热蒸汽管道，取算术平均值。再热蒸汽温度的监督以统计报表、现场检查或测试的数据为依据。统计期平均值不低于规定值3℃，对于两条以上的进汽管路，各管温度偏差应小于3℃。某电厂汽轮机再热蒸汽温度设计值见表8-6。

表8-6　某电厂汽轮机再热蒸汽温度设计值　(℃)

序号	机组等级	100%负荷	75%负荷	50%负荷	40%负荷	30%负荷
1	350MW	538	538	538	538	532
2	超临界660MW	566	566	566	566	566
3	超超临界660MW	600	600	600	600	600

与主蒸汽温度一样，再热蒸汽温度的变化，也直接影响着设备的安全性和经济性。

再热蒸汽温度升高，机组的热耗和煤耗减少，温度每升高1℃，热耗降低0.02%～0.03%，煤耗减少0.08g/kWh左右。但再热蒸汽温度升高超过一定值时，将引起再热器和中压缸前几级强度降低，限于金属材料的强度，会造成再热器和中压缸的损坏和寿命缩短。当再热汽温过高时，用喷水降温的方法虽可使汽温减低，但这将直接增加中、低缸的蒸汽量，引起中、低缸各级前压力升高，同时喷水降温还会增加热耗。国产200MW汽轮机的计算表明，再热蒸汽的喷水每增加1t/h，将使热耗增加3.5%。如果再热蒸汽温度低于允许值，不仅使末几级动叶应力增加，还使末几级湿度增加，叶片受到冲蚀。因此必须控制再热蒸汽温度在一定范围内，再热蒸汽温度在考核期内不应大于“设计值±3℃”，各进汽管道再热蒸汽温度偏差小于“两管平均值±3℃”。

提高主、再热蒸汽参数的措施如下：

1）开展形式多样的小指标竞赛，要求主、再热蒸汽参数压红线运行。

2）通过燃烧调整试验，确定锅炉最佳运行方式。

3）对因设备问题使主、再热蒸汽参数不能达到设计值的，可以改进锅炉设备，如增加受热面等。

4）汽温汽压投自动，进行DCS改造。

5）采用能耗在线分析软件，对影响能耗指标的主要因素进行自动调整和控制。

6）尽量不使用再热器减温水，可通过调节烟气挡板等燃烧调整手段来控制再热汽温。由锅炉给水泵出口提供过热器减温水或从给水泵中间抽头处引出再热器减温水时，由于这些给水未经下游加热器的进一步加热而直接去锅炉内吸热，将影响机组的运行热经济性，在向再热机组的再热器和过热器提供相同的减温水流量时，前者影响煤耗的结果是后者的10～20倍。现代汽轮机的再热汽温的调整方法多种多样，但大体上可分为从蒸汽侧和烟气侧调节两大类，见表8-7。

表 8-7　再热汽温的调整方法比较

调节方式	调节方法	简单原理	调节适用工况	调节性能优缺点
蒸汽侧调节方式	表面式减温器法	利用热交换器，采用炉水或给水作为冷却介质降低汽温	低负荷时维持额定汽温，高负荷时降低汽温至额定值	调节惰性大，迟缓，不灵敏，汽温调节幅度小
	喷水减温法	将水直接喷入蒸汽中达到降低汽温的目的	机组启停、事故工况，或作为正常运行中的精细调整手段	调温能力大，灵敏，易于自动化，因喷水时设备处于两相运行状态，给设备带来冲刷较大
	汽-汽热交换器调节法	利用高于过热蒸汽加热再热蒸汽以达到调节汽温的目的	适用于以辐射过热器为主的大型锅炉调整	调温方式较灵敏，对各种燃料都能适用，但系统复杂
烟气侧调节方式	改变烟气挡板的位置	利用改变烟气挡板的位置，改变烟气流量调节汽温	正常运行工况下的主要调整手段	调节性能平稳，热冲击小，不影响循环的热效率
	改变炉膛火焰中心位置	改变火焰中心的位置可以改变炉膛出口处的烟气温度达到调节目的	适用正常运行工况，作为挡板调节的补充调节	调节性能平稳，可能会影响到过热汽温的调节
	采用烟气再循环法	利用再循环风机由低温烟道送入炉膛改变受热面的吸热分配，达到调节目的	适用再热器布置在过热器后的热力系统中的调节	增大了飞灰的磨损，排烟温度稍有升高

(26)（机侧）给水温度、最终给水温度（final feedwater temperature）：汽轮机给水在最后一级加热器出口与给水旁路混合后的温度。最终给水温度的监督以统计报表、现场检查或测试的数据为依据。统计期平均值不低于对应平均负荷设计的给水温度。某电厂最终给水温度设计值见表 8-8。

表 8-8　某电厂最终给水温度设计值　（℃）

序号	机组等级	100%负荷	75%负荷	50%负荷	40%负荷	30%负荷
1	350MW	272.7	256.2	233.6		215.2
2	680MW	276	255.7	234.2	223.3	210.5

利用汽轮机抽汽加热给水，使每千克蒸汽在锅炉中的吸热量降低，从而提高了发电厂的热经济性。给水温度是指汽轮机最后一个高压加热器的出口（高压给水加热系统大旁路后）给水温度值。全厂给水温度计算公式为

$$T_{gs}=\frac{\sum_{i=1}^{n}(t_{gsi}G_i)}{\sum_{i=1}^{n}G_i}$$

式中　T_{gs}——全厂给水温度平均温度，℃；

G_i——第 i 台锅炉蒸发量，t/h；

t_{gsi}——第 i 台机组机侧主蒸汽温度，℃；

n——全厂锅炉总台数，台。

考虑到高压加热器出口温度表计装置的地点不同及给水旁路门的严密性，一般以装在炉侧给水母管上的给水温度表计为准。从汽轮机的某些中间级抽出做过功的部分蒸汽，用以加热给水，称为给水回热。给水温度每升高1℃，热耗降低0.03%。运行中应充分利用回热加热设备，尽量提高给水温度。根据现场运行数据或检查能耗报表，考核期内的平均给水温度应不低于其对应平均负荷的设计给水温度。设计给水温度主要受高压加热器的进汽压力和高压加热器的运行可靠性的影响。为了使高压加热器能全部投入运行，应最大限度提高给水温度，给水温度降低的原因如下：

1）加热器泄漏退出，高压加热器投入率低。

2）高压加热器旁路门内漏。

3）加热器换热管结垢，换热效果差。

4）机组负荷率低或抽汽止回阀未全开，造成加热汽量不足。

5）加热器管因泄漏堵管过多等原因引起的换热面积减少。

6）加热器水室隔板内漏，造成部分给水短路。

7）加热器水位过高，造成加热器换热空间小，影响换热效果。

8）高压加热器配置方式的影响。高压加热器单列配置的特点：100%容量、系统简单、管道简洁，但制造工艺要求很高（如1000MW机组高压加热器的球形水室、管板厚度加大、加厚，其锻造、机加工、堆焊工艺与质量保证难度较大。不仅原材料需进口，国内制造厂需多家合作，难度大）。国内600MW及以下的亚临界和超临界机组均采用。当一台高压加热器故障时高压加热器全部解列，对给水温度影响大，如1000MW机组的给水温度从302.4℃降到191.9℃。

双列配置的特点：每一级加热器采用两台容量为50%的高压加热器。国产引进型1000MW超超临界机组多采用。1000MW机组双列配置高压加热器的外形尺寸与超临界600MW机组中100%容量加热器基本相同或略小，且仅原材料需进口，国内已具备设计和制造能力。当一台高压加热器故障时高压加热器全部解列，对给水温度影响不大，如1000MW机组的给水温度从302.4℃降到247.15℃。此时双列比单列热耗少110kJ/kWh。

提高给水温度的对策如下：

1）检修时应清扫加热器管子，保持加热器清洁，以降低加热器的端差。

2）检查或改进加热器旁路阀门、高压加热器进口三通阀，保证阀门的严密性和开度正常，防止泄漏。

3）消除高压加热器水室隔板的泄漏现象，防止给水短路，尽可能地保证高压加热器正常投入。

4）消除低压加热器不严密现象，防止空气的漏入。

5）保证加热器疏水调节装置正确动作，维持水位正常，防止对管子冲蚀，导致加热器泄漏。

6）高压加热器要进行随机启停，并控制各加热器启停温升（降）率在合格范围内，防止升/降温太快导致管子热应力大受损。

7）对高、低压加热器水管查漏、堵漏。堵漏超过5%的部分内芯进行更换。

8）控制汽水品质合格。

9）检查处理加热器抽汽管道上相关阀门的缺陷。

（27）高压给水旁路泄漏率（high pressure feed water bypass leakage rate）：高压给水旁路泄漏量与给水流量的百分比。用最后一个高压给水加热器后的给水温度与最终给水温度的差值来监测。高压给水旁路泄漏状况应每月测量一次。最后一个高压给水加热器后的给水温度应等于最终给水温度。

高压给水旁路泄漏的原因及处理对策如下：

1）高压加热器出口三通阀内漏。应利用检修机会对出现泄漏的高压给水旁路门进行检查处理。

2）高压加热器进口三通阀向高压加热器旁路侧内漏。

3）最后一级高压加热器出口温度测点至最终给水温度测点管道保温不好，散热量大。应增加保温，降低管道散热量。

(28) 高压旁路温度（high pressure bypass temperature）：机组高压旁路后调节阀杆温度。高压旁路阀长期内漏会造成高压旁路阀后管道长期超高温运行而管壁减薄或产生裂纹，长期泄漏造成阀后管道强度下降。而高压旁路阀门内漏会对减压阀阀芯、阀座长期冲刷，造成密封不严，进一步加剧泄漏。同时高压旁路阀门泄漏使得机组的经济性下降，增加了汽耗量。为减少高压旁路阀门内漏对机组运行安全性及经济性的影响，要求高压旁路温度应小于高压缸排汽温度+20℃。高压旁路温度高的主要原因如下：

1）高压旁路阀气动执行机构存在缺陷导致阀门内漏。

2）高速流动的蒸汽对高压旁路阀结合面吹损。

3）蒸汽杂质对高压旁路阀结合面吹损。

4）高压旁路阀快关功能解除后未及时恢复，阀未快关，导致下汽缸汽未完全排尽，阀芯关闭紧力不够，造成阀芯阀座内漏。

高压旁路阀泄漏后，阀后温度随着负荷变化而变化，高压旁路减温水则不一定会随着温度的变化而变化，因此在长时间的运行过程中会造成高压旁路阀后金属材料的疲劳寿命损耗。为保证安全和机组运行经济性建议尽快解决。主要措施如下：

1）利用检修机会对高压旁路阀研磨阀芯、阀座，消除高压旁路阀内漏。

2）更换高质量耐冲刷的高压旁路阀门。

3）提高汽水品质，减少杂质。

4）建议在高压旁路阀后加装温度测点，可全工况监控阀门泄漏情况。

5）应对阀后管道材质进行检查核对并按要求定期进行金属探伤，对高压旁路及减温水运行方式及逻辑进行优化，降低安全隐患。

6）可考虑在高压旁路阀前增加一个电动关断阀以减轻蒸汽对高压旁路阀门的冲刷（高压旁路为启动旁路时）。

7）对阀芯结构进行改进。例如大唐潮州电厂采用上海华尔德电站阀门有限公司的专利技术，对CCI高低旁路阀进行了改造。该技术在阀芯上有专门的保护套，可保证阀门湿蒸汽不直接冲刷在阀芯上，确保阀芯在部分开启情况下不受吹损，效果不错。

8）选择电动执行器。大唐三门峡电厂将高压旁路气动执行机构更换为电动执行机构，并在高低旁路阀电动关闭后第一时间进行手动加大关闭力矩等方式对高低旁路阀进行综合治理，经历多次机组启停，高低旁路阀至今完全不漏。

9）对阀内部材质进行升级改造，并采用抗冲蚀密封结构。如果阀芯密封面与阀门中心线呈30°角，汽流以与密封面呈60°的夹角冲击密封面，容易对密封面造成损伤；当将密封面做成与汽流方向平行，密封面就不会受到冲击腐蚀。如华能伊敏电厂600MW亚临界机组高压旁路阀原采用美国CCI公司产品（CCI-HBSE160-250型），多次维修仍存在不同程度的内漏，2015年对2台进口高压旁路阀进行国产化改造，对阀内部材质进行升级改造，并采用抗冲蚀密封结构，彻底消除内漏顽疾。

（29）低压旁路温度（low pressure bypass temperature）：机组低压旁路后阀门杆温度。低压旁路阀内漏会对凝汽器产生热冲击，增加凝汽器热负荷，影响真空并增大凝结水泵电耗，长期泄漏造成阀后管道强度下降。而低压旁路阀门内漏会对减压阀阀芯、阀座长期冲刷，造成密封不严，进一步加剧泄漏。同时低压旁路阀门泄漏使得机组的经济性下降，增加了汽耗量。为减少高低压旁路阀门内漏对机组运行安全性及经济性的影响，各电厂应加强低压旁路运行和检修维护，要求低压旁路温度应小于低压缸排汽温度＋20℃。

减轻低压旁路阀内漏的主要措施：

1）有的电厂将低压旁路阀的阀芯和阀座拆出外送专业阀门厂家对阀芯阀座密封面进行堆焊硬质司太立合金（stellite16 号），厚度不小于 4mm，然后进行车削研磨，然后复装，效果较好。

2）低旁减压阀前加装电动隔离门（原为手动闸阀），机组启动后关闭。

3）机组启动时采用快速关闭方式，再进行压紧措施，使阀门关闭严密。

4）热工专业检查仪用气回路，确保仪用气压力充足稳定。

5）应将锅炉再热器检修时的清洁度检查作为一项重要的监督内容来抓，防止只重视再热器泄漏的处理疏忽清洁度，造成低压旁路阀门反复内漏的问题。

第二节　汽轮机热耗与效率指标

（1）汽轮机级内损失（steam turbine stage loss）：蒸汽在通流部分中与流动、能量转换有直接联系的能量损失。主要包括喷嘴损失、动叶损失、叶高损失、余速损失、叶轮摩擦损失、送风损失、漏汽损失、湿汽损失和部分进汽损失等 9 种损失。

（2）喷嘴损失（nozzle loss）：蒸汽流经喷嘴或叶栅时，部分蒸汽产生扰动，蒸汽和喷嘴表面有摩擦和涡流，引起做功能力的损失，称为喷嘴损失。喷嘴损失计算公式为

$$\Delta h_{\mathrm{n}}=\frac{v_1}{2}\left(\frac{1}{\varphi^2}-1\right)$$

式中　φ——喷嘴的速度系数；

v_1——喷嘴出口实际速度，m/s；

Δh_{n}——喷嘴损失，kJ/kg。

减少喷嘴损失的方法是在冲动级中采用一定的反动度，使蒸汽流过动叶栅时相对速度增加；在强度允许的条件下，尽量减小叶片出口边厚度；采用渐缩型叶片、窄型叶栅等。

（3）动叶损失（nozzle loss）：蒸汽流经动叶时，由于气流与动叶表面发生摩擦和涡流，引起做功能力的损失。降低喷嘴和动叶损失的主要方法是选择合理的叶型。动叶损失计算公式为

$$\Delta h_{\mathrm{b}}=\frac{w_1}{2}\left(\frac{1}{\psi^2}-1\right)$$

式中　w_1——喷嘴出口实际相对速度，m/s；

ψ——动叶片的速度系数；

Δh_{b}——动叶损失，kJ/kg。

减少动叶损失的方法是改进动叶型线，如采用高效后加载层流叶型，叶型损失可降低 25%，以及采用适当的反动度。

（4）余速损失（leaving velocity loss）：蒸汽从动叶出口流出时尚有一定的速度，其动能不能再利用时所造成的损失，符号为 Δh_{c}。减少余速损失的办法是适当减少喷嘴出汽角，使轴向分速

减小；将汽轮机的排汽管做成扩压式的，以便回收部分余速能量。余速损失计算公式为

$$\Delta h_c = \frac{v_2^2}{2}$$

式中 v_2——蒸汽离开动叶时具有的绝对速度，m/s；

Δh_c——余速损失，kJ/kg。

减少余速损失的方法是：选用最佳的速度比；将汽轮机的排汽管做成扩压式，以便回收部分余速能量。

(5) 漏汽损失（leakage loss）：汽轮机通流部分中，隔板与转轴之间，动叶顶部与汽缸之间，在转鼓结构的反动级静叶与转鼓之间都存在间隙，且间隙前后存在压力差，这样进入级的蒸汽就有一部分不通过动叶通道，而经过间隙绕过隔板和动叶流走，造成的损失。即蒸汽通过转子与静子部分之间的间隙产生泄漏而引起的损失。包括隔板漏汽损失、轴端漏汽损失、叶片漏汽损失等。减少漏汽损失的主要方法是：在隔板与主轴之间采用梳齿式汽封，在喷嘴和动叶根部设置轴向汽封，在围带上安装径向汽封和轴向汽封；对于无围带的长叶片，把动叶顶部削薄以达到叶顶汽封的作用。漏汽损失近似计算公式为

$$\Delta h_p = \Delta h_u \frac{\pi d_n \delta}{A_1 \sqrt{z}}$$

式中 z——高低齿汽封的齿数；

δ——汽封间隙；

d_n——动叶的平均直径，m；

A_1——喷口出口面积，m^2；

Δh_u——轮周焓降，kJ/kg；

Δh_p——漏汽损失，kJ/kg。

减少漏汽损失的方法是：加装隔板汽封片，减少漏汽量；在动叶片根部安装径向汽封片；在叶轮上开平衡孔，使隔板漏汽经平衡孔漏向后级，避免混入主流；叶顶采用多齿汽封，可使漏汽量减少 25%，级效率提高 0.4 个百分点。

(6) 摩擦损失（frictional loss）：叶轮转动时，叶轮两侧及外缘充满了具有黏滞性的蒸汽，紧贴在叶轮表面的那层蒸汽以相同的速度随其旋转，而紧贴隔板和汽缸壁的蒸汽速度为零。因此在叶轮两侧及外缘的间隙中，蒸汽沿轴向形成层与层之间的速度差，产生摩擦消耗掉的叶轮部分有用功；另外叶轮表面的那层蒸汽要产生大的离心力，因而向外径向流动，而紧贴隔板和汽缸壁的蒸汽产生离心力小，自然向叶轮流动，这样叶轮四周的蒸汽产生涡流，也消耗掉叶轮一部分有用功。上述两种损失，称为摩擦损失。即叶轮转动时，与其周围的蒸汽产生摩擦，并带动这部分蒸汽运动所消耗的一部分有用功。降低摩擦损失的主要方法是减小叶轮与隔板间的轴向间隙，降低叶轮表面的粗糙度。摩擦损失功率 ΔP_f 通常采用斯托多拉的经验公式计算，即

$$\Delta P_f = k_1 \left(\frac{v}{100}\right)^3 \frac{d^2}{c}$$

式中 d——级的平均直径，m；

k_1——经验系数，一般取 $k_1 = 1.0 \sim 1.3$；

c——汽室中蒸汽的平均比体积，m^3/kg；

v——圆周速度，m/s；

ΔP_f——摩擦损失所消耗的功率，kW。

求出 ΔP_f 后，即可用下式计算摩擦损失，即

$$\Delta h_f=\frac{\Delta P_f}{G}$$

式中 Δh_f——摩擦损失，kJ/kg；

G——蒸汽流量，kg/s。

减少摩擦损失的方法是：减小叶轮与隔板间的轴向距离；提高叶轮的表面光洁度；采用光滑子午流道可大大减少附加的涡流损失。

（7）斥汽损失（arc end loss）：在部分进汽级中，当动叶栅进入工作弧段时，喷嘴中射出来的蒸汽必须首先把充满在动叶汽道中停滞的蒸汽吹走，这就使汽流速度降低，消耗了工作蒸汽的一部分动能，称为斥汽损失。降低斥汽损失的主要方法是减少喷嘴组数，以便减少动叶栅经过每组喷嘴弧段次数。斥汽损失计算公式为

$$\Delta h_s=0.11\frac{B_2h_2}{A_n}x_a\eta_u m\Delta h_{ti}$$

$$x_a=\frac{v}{v_1}$$

式中 h_2——动叶片的高度，m；

B_2——动叶片的宽度，m；

A_n——静叶片出口面积，m^2；

m——静叶片组数；

η_u——轮周效率，%；

x_a——速度比；

Δh_{ti}——级的理想焓降，kJ/kg。

减少斥汽损失的方法是：减少喷嘴组数；使两组喷嘴之间的间隙不大于喷嘴叶栅的节距。

（8）送风损失（windage loss）：在部分进汽级中，动叶片在不装喷嘴的弧段内运转时，就像送风机的叶片一样，把停滞的蒸汽从动叶片一侧送到另一侧所产生的附加损失，称为送风损失；降低送风损失的主要方法是合理选择部分进汽度；采用护罩装置，在不装喷嘴的弧段内把动叶栅罩住，以减少鼓动蒸汽量。送风损失 ΔP_w 通常采用经验公式计算，即

$$\Delta P_w=k_2(h-e)\left(\frac{v}{100}\right)^3\frac{dl^{1.5}}{c}$$

式中 d——级的平均直径，m；

k_2——经验系数，一般取 $k_2=0.4$；

e——部分进汽度；

c——汽室中蒸汽的平均比体积，m^3/kg；

l——叶栅高度，m；

v——圆周速度，m/s；

h——叶片高度，m；

ΔP_w——送风损失所消耗的功率，kW。

减少送风损失的方法是：采用全周进汽，则部分进汽度 $e=0$，就没有该项损失，可在不进汽的弧段内安装护罩。

（9）湿汽损失（moisture loss）：湿蒸汽中水珠的流速要比蒸汽小，蒸汽分子要消耗一部分能量加速水滴引起的能量损失；同时由于水珠的流速低，进入动叶时正好冲击在动叶片进口处的背部，对叶轮产生制动作用，要消耗叶轮上的一部分有用功，这两部分的损失叫做湿汽损失。即汽轮机级在湿蒸汽区工作产生的附加损失。湿汽损失 Δh_x 经验计算公式为

$$\Delta h_x=\left(1-\frac{x_1+x_2}{2}\right)\Delta h'_{\rm i}$$

式中 x_1——在喷嘴出口处的蒸汽干度；

x_2——动叶片出口蒸汽干度；

$\Delta h'_{\rm i}$——未计湿汽损失的级的有效焓降，kJ/kg；

$\Delta h_{\rm x}$——湿汽损失，kJ/kg。

减少湿汽损失的方法是：采用中间再热机组来减小末级的湿度，当末级湿度较大时，应采用去湿装置。

(10) 排汽损失 (exhaust loss)：汽轮机的排汽从末级动叶流出后通过排汽管进入凝汽器。蒸汽在排汽管中流动时，由于存在摩擦、涡流等产生的阻力，使凝汽器压力低于末级动叶出口的蒸汽压力，造成蒸汽的压力损失，这部分蒸汽压降并没有做功，形成的损失称为排汽损失。等于汽轮机有用能终点焓与膨胀线终点焓的差值。通常在设计排汽缸时，利用乏汽自身的动能补偿排汽管中的压降，即把排汽缸设计成扩压形状，同时采用安装导流板的方法，以减小排汽管的流动阻力。

(11) 节流损失 (throttling loss)：蒸汽经过自动主汽阀和调节阀后，由于这两个阀门的节流作用和管道的流动阻力，使蒸汽压力降低，汽轮机的理想焓降减小，因而形成损失，这种损失称为进汽机构的节流损失。为了减少进汽机构的节流损失，一般限制流经主汽阀和调节阀的蒸汽速度不超过 40～60m/s；选用流动性能良好的阀门结构（如带扩压管的单座阀），以改进汽阀的蒸汽流动特性。

(12) 机械损失 (mechanical loss)：汽轮机及被驱动机器的轴承为克服摩擦阻力而消耗的功。汽轮机的机械损失包括用来带动主油泵、调节系统和克服轴承摩擦而消耗的功率，符号为 $\Delta P_{\rm m}$。汽轮机的机械损失包括汽轮机在运行中用来带动主油泵、调节系统和克服径向轴承和推力轴承摩擦力而消耗的功率。假定机械损失为 $\Delta P_{\rm m}$，则发电机输入的功率为 $P_{\rm e}=P_{\rm i}-\Delta P_{\rm m}$。汽轮机内功率减去机械损失之后的功率 $P_{\rm e}$，也就是在汽轮机联轴器上可用来带动发电机转子的功率，称为汽轮机轴端功率或称为汽轮机的有效功率。汽轮机轴端功率与内功率之比，称为汽轮机的机械效率，故机械效率为

$$\eta_{\rm m}=\frac{P_{\rm e}}{P_{\rm i}}$$

机械效率一般较高，约为 96%～99%。

(13) 轮周功率 (wheel power)：在汽轮机级中，蒸汽在动叶片上产生的功率。轮周功率计算公式为

$$h_{\rm u}=h^*_{\rm C2}+h_{\rm n}-\Delta h_{\rm n}-\Delta h_{\rm b}-\Delta h_{\rm C2}$$

式中 $h^*_{\rm C2}$——前一级可利用的余速能量，kJ/kg；

$h_{\rm n}$——该级理想焓降，kJ/kg；

$\Delta h_{\rm n}$——喷嘴损失，kJ/kg；

$\Delta h_{\rm b}$——动叶损失，kJ/kg；

$\Delta h_{\rm C2}$——余速损失，kJ/kg。

(14) 轮周效率 (wheel efficiency)：级的单位质量蒸汽所做轮周功率 $h_{\rm u}$ 与该级理想焓降 $h_{\rm e}$ 之比。轮周效率计算公式为

$$\eta_{\rm u}=\frac{h_{\rm u}}{h_{\rm e}}\times 100\%$$

例 8-4 汽轮机某压力级理想焓降 $h_n=46\text{kJ/kg}$，前一级可利用的余速能量 $h^*_{C2}=1.34\text{kJ/kg}$，动叶喷嘴损失为 $\Delta h_n=2.5\text{kJ/kg}$，动叶片损失 $\Delta h_b=1.8\text{kJ/kg}$，余速损失 $\Delta h_{C2}=1.4\text{kJ/kg}$。求该级的轮周效率 η_u。

解：轮周功率为

$$h_u=h^*_{C2}+h_n-\Delta h_n-\Delta h_b-\Delta h_{C2}=1.34+46-2.5-1.8-1.4=41.64(\text{kJ/kg})$$

理想焓降为

$$h_e=h^*_{C2}+h_n=1.34+46=46.34(\text{kJ/kg})$$

轮周效率为

$$\eta_u=\frac{h_u}{h_e}\times 100\%=\frac{41.64}{46.34}\times 100\%=89.86\%$$

（15）理想功率（ideal power）：不考虑任何损失，蒸汽的焓降全部转变为机械功，此时汽轮机所发的功率，符号为 P_t。

（16）调节级效率（regulating stage efficiency）：调节级效率就是指喷嘴调节汽轮机第一级的内效率。当汽轮机采用喷嘴调节时，第一级进汽截面积随负荷的变化而相应变化，因此通常称喷嘴调节汽轮机的第一级为调节级。我国在运 300、600MW 汽轮机普遍存在调节级效率远低于设计值的情况。根据西安热工研究院等电力试验研究单位对国内在运多台 300MW 汽轮机调节级效率的实测结果，额定工况下调节级效率仅为 40%～50%，比设计值低约 20 个百分点。额定工况下，汽轮机调节级的功率约占高压缸功率的 20%，占整机功率约 6.2%。调节级效率远低于设计值将严重影响高压缸效率，显著降低汽轮机的经济性。影响调节级效率的主要因素如下：

1）喷嘴组材质选用不当。国内在运的 300MW 汽轮机喷嘴组材质大多采用 1Cr12Mo 或 1Cr11MoV，这些材料的性能等级较低，高温持久强度较差，抗固体颗粒的冲蚀性能差。

2）国内在运 300MW 汽轮机调节级设计汽封齿数少、间隙大，一方面增大了蒸汽泄漏损失；另一方面，泄漏蒸汽以不正确的方向进入调节级动叶，对主流蒸汽产生一定程度的干扰，增加了流动损失。

3）喷嘴组设计出口面积过大，以 H156 型 300MW 汽轮机为例，若汽轮机内效率能够达到设计性能，锅炉和发电机及辅机出力可以满足汽轮机连续出力达到 350MW 以上。喷嘴组设计面积过大将导致机组在部分负荷下经济性能差，尤其是 70%负荷及以下工况性能下降幅度较大。目前，我国在运的大部分 300MW 汽轮机组在绝大部分时间内都是带部分负荷运行，喷嘴组设计面积过大已对机组运行的经济性产生了不利影响。

4）部分 300MW 汽轮机喷嘴组设计汽道数过少，静叶栅的相对节距偏离最佳节距较大，静叶对汽流的导向作用不佳。

5）运行一段时间后，喷嘴汽道存在不同程度的磨损，出汽边尤为严重。喷嘴出汽边破损后，一方面降低了调节级的运行可靠性；另一方面改变了静叶型线，增大了流动损失，同时增大了喷嘴出汽面积和部分负荷下的进汽节流损失，严重降低了调节级效率。

6）喷嘴组的安装、检修方面也存在一定问题，导致调节级动、静叶片之间匹配不佳，降低了调节级效率。

7）喷嘴组的加工工艺相对落后。目前国内在运的 300MW 汽轮机喷嘴组主要采用以下两种加工制造工艺：①静叶采用组焊方式，由于存在焊接定位误差及变形等因素，焊接后汽道节距及喉口尺寸难以精确控制；②以石墨为电极，采用 EDM（电溶解）加工方式加工汽道，受石墨材质性能的影响，加工精度较差。

提高调节级效率的主要措施如下：

1）优化喷嘴组叶片型线，改善调节级动、静叶片的气动载荷分布，减少叶栅通道的二次流损失；优化子午面收缩型线及通道收缩比，降低静叶通道前段的负荷，减少叶栅的二次流损失，提高流动效率。

2）适当缩小喷嘴组出口面积，减少阀门节流损失，提高调节级效率。在确定喷嘴组出口面积时，需要充分调研并掌握汽轮机、凝汽器等设备的实际性能，根据机组的负荷率情况及夏季工况的背压情况，选择合理的喷嘴组出口面积。

3）增加汽封齿数，减小汽封径向间隙，降低漏汽损失及泄漏蒸汽对主流蒸汽的干扰。当泄漏蒸汽量减少后，泄漏蒸汽对主流的干扰也大为减弱。

4）喷嘴组材质采用综合性能明显优于 1Cr12Mo 和 1Cr11MoV 的 1Cr12WMoV 锻件，优化喷嘴组汽道加工工艺，应用紫铜电极电溶解加工喷嘴汽道，改善汽道加工精度及固体颗粒冲蚀的能力，提高调节级的可靠性和效率。

5）通过对汽轮机揭缸后的调节级有关尺寸进行实际测量，根据实测数据进行二次设计和加工，调整喷嘴和动叶盖度及节圆直径等，确保动、静叶片匹配良好。改进喷嘴组的加工及其与内缸的装配工艺，优化高压内缸安装工艺，确保高压内缸安装后喷嘴组与转子具有良好的同心度。

6）低负荷时采用变压运行方式。某 300MW 汽轮机实施了调节级喷嘴组改造。采用新型高效喷嘴组，叶型设计采用弯扭联合成型全三维叶片设计，出汽流道设计采用子午收缩通道技术设计。喷嘴组材质由 1Cr12Mo-5 改为 1Cr12W1MoV 提高抗吹损能力。增加调节级叶顶汽封数量，将原一道汽封改为四道，减少调节级的级间漏汽量，提高调节级效率。新的喷嘴组采用先进的 EDM 电溶解加工，更好地保证其精度和质量。四道调节级叶顶汽封，中间两道径向间隙调整至(2＋0.10)mm，两侧的两道调整至(1.5±0.05)mm。叶根汽封两道，径向间隙调整至(1.2±0.05)mm。汽轮机调节级喷嘴组原设计的通流名义面积为 200cm^2，新型汽轮机调节级喷嘴组改进设计的通流名义面积为 190cm^2。对加工后的喷嘴组进行喷珠(玻璃珠)处理，提高整机效率和喷嘴运行的安全性、可靠性。改造后额定工况(5 阀全开工况)下调节级效率由改进前的 52.8%提高到 69.3%，提高了 16.5 个百分点，高压缸效率提高 3.25 个百分点，机组发电煤耗率下降约 2.1g/kWh。

(17) 净电功率（net electrical power)：发电机输出功率（扣除外部励磁功率）减去辅助电功率。

(18) 辅助电功率（electrical auxiliary power)：非汽轮机驱动的汽轮机和发电机的辅机所耗功率。通常包括所有控制、润滑、发电机的冷却和密封所耗功率。也可包括附加的辅机，如电动机驱动的锅炉给水泵。需方与供方承包人宜商定需包括哪些附加的辅机。

(19) 内功率（internal power)：即热力学效率，单位时间内在汽轮机（或级）中蒸汽实际焓降全部转换成的机械功。即考虑到汽轮机的各种内部损失后，汽轮机所发出的功率，符号为 P_i。

(20)（汽轮机）缸效率、通流部分内效率（steam turbine section efficiency)：蒸汽在汽缸的实际焓降与等熵焓降的比值。通流部分是指汽流在汽轮机中流过的通道，即蒸汽流道从主汽阀进口到汽轮机排汽口汽流通道的部件组合，主要由进汽机构（进汽管、调节阀）、静叶片、动叶片和排汽缸等部件组成。

通常利用汽轮机进出口管道上测量的参数来计算汽轮机缸效率。对于高压缸效率，包含主汽阀和调速汽阀的压损；对于中压缸效率，包含中压联合汽阀的压损；对于低压缸效率，可以测量连通管中间的蒸汽参数，包含了部分连通管的压损，也可以测量低压缸进口的蒸汽参数，取凝汽器喉部压力作为低压缸的排汽压力。某电厂汽轮机通流部分内效率设计值见表 8-9。汽轮机缸效

率计算公式为

$$\eta_{0i}=\frac{h_1-h_2}{h_1-h_{2t}}$$

式中 h_1——汽轮机高、中、低压缸进汽焓，kJ/kg；

h_2——汽轮机高、中、低压缸排汽焓，kJ/kg；

h_{2t}——汽轮机高、中、低压缸排汽等熵膨胀终点焓，kJ/kg。

表 8-9　　某电厂汽轮机通流部分内效率设计值　　（%）

序号	机组等级	高压缸	中压缸	低压缸
1	350MW	89.1	95	87.2
2	超临界 680MW	87.27	93.42	89.4
3	超超临界 680MW	90.22	93.42	89.55

高、中压缸效率是根据实测的进出高、中压缸蒸汽的参数来确定的。低压缸效率是由低压缸的进汽参数、排汽压力及通过整个汽轮机的能量平衡得出的低压缸排汽焓来计算的。

目前提高高、中压缸效率的主要措施是进行汽封改造，例如某电厂采用哈汽生产的国产引进型 N300-16.7/537/537 亚临界、一次中间再热、单轴、高中压合缸、凝汽式汽轮机，运行几年后汽轮机缸效率下降较大，特别是高压缸效率下降最多，热耗明显增高。汽轮机高、中压轴封漏汽量为再热蒸汽流量的 5.19%，高于设计值的 2 倍。大修期间投资不到 70 万元将汽轮机的高、中压缸 12 圈梳齿迷宫汽封更换为布莱登汽封。汽封径向间隙按下列标准进行调整：高压进汽平衡环 0.5～0.8mm，高压排汽平衡环 0.45～0.6mm，中压进汽平衡环 0.45～0.55mm，高中压缸端部内汽封（电、调端）0.4～0.45mm。以上数值均优于哈尔滨汽轮机厂的设计值。汽封间隙小可以减少级间漏汽，高压缸效率提高 2 个百分点，低压效率缸效率提高汽轮机的 1 个百分点。汽轮机缸效率低的原因如下：

1）汽轮机调节汽阀开度小，节流损失大。

2）汽轮机采用单阀调节而不是多阀调节。单阀调节（即节流调节）是指所有进入汽轮机的蒸汽都经过一个或几个同步启动的调节汽门（调节阀），但锅炉保持汽压、汽温不变。当汽轮机发出额定功率时，调节汽门完全开启；当汽轮机发出低于额定功率时，调节汽门开度减小。这种通过改变节流调节汽门开度大小调节进入汽轮机蒸汽流量的方式称为节流调节。节流调节要求各调节汽门同时开启或关闭，各汽门开度相同，像是一个汽门控制，故称单阀控制。节流调节的汽轮机在低负荷时，调节阀开度很小，蒸汽节流损失很大。由于节流阀后蒸汽压力降低，进入汽轮机的蒸汽可用焓减少，使得机组运行经济性有明显下降。但是单阀控制为全周进汽，对汽轮机均匀加热，热应力小。

多数汽轮机采用改变第一级喷嘴面积的方法调节进汽量，称为喷嘴调节或多阀调节、顺序阀调节。喷嘴调节时，锅炉维持蒸汽参数不变，依靠调节汽门顺序开启或关闭来改变蒸汽流量和机组负荷。每个调节汽门控制一组喷嘴，根据负荷的多少确定调节汽门的开启数目。由于蒸汽经过全开的调节汽门基本上不产生节流，只有经过未全开的调节汽门才产生节流，所以在低负荷运行时，其运行效率下降较节流调节汽轮机为少。当汽轮机带至一定负荷后，为了提高机组经济性，减少热损失，应由单阀控制转至多阀控制。例如某 300MW 引进型机组，通常在升速、同步和带低负荷时采用单阀运行方式，负荷达到 180MW 时切换为多阀运行方式。单阀运行方式和多阀运行方式的经济性比较见表 8-10。

表 8-10　　300MW 机组单阀和多阀运行方式的经济性比较

运行方式	项　目	机组负荷			
		180	210	240	300
单阀运行	高压缸效率(%)	66.54	64.15	67.67	75.66
	热耗率(kJ/kWh)	8865	8683	8624	8309
多阀运行	高压缸效率(%)	69.53	74.24	74.51	78.23
	热耗率(kJ/kWh)	8717	8491	8370	8298
多阀与单阀比较	热耗率下降(%)	1.7	2.2	2.9	0.13
	供电煤耗率下降(g/kWh)	6.15	7.97	10.54	0.45

3）汽轮机叶片积盐、结垢，通流受阻。

4）汽轮机通流间隙碰磨，造成内效率降低。

5）汽轮机轴封漏汽量大。

6）低负荷时采用定压运行方式。表 8-11 所示为某 600MW 汽轮机采用节流调节或喷嘴调节方式，在定压运行和变压运行时高压缸效率的比较。当低负荷为 46%时，因阀门节流损失，使定压运行时的高压缸效率较变压运行时低 10.65～26.26 个百分点。

7）高、中、低压缸通流部分的动静间隙较设计值偏大，使级间漏汽量增大。

8）高、中压缸之间的平衡盘间隙较大，造成漏至中压缸的蒸汽量增多，高压缸相对内效率下降。

9）低压内缸变形或者中分面螺栓紧力不足，使中分面漏汽量增大，部分低压缸进口蒸汽没有做功，直接通过中分面漏至五、六段抽汽腔室，导致五、六段抽汽温度显著上升，低压缸效率降低。

表 8-11　　定压运行和变压运行时高压缸效率的比较

运行方式		定压运行			变压运行	
负荷（%）		100	69	46	69	46
节流调节（全周进汽）	理想焓降（kJ/kg）	381.95	467.78	552.73	401.40	401.40
	有效焓降（kJ/kg）	328.50	335.04	332.85	347.65	347.16
	高压缸效率（%）	86.01	71.62	60.22	86.61	86.46
喷嘴调节（部分进汽）	理想焓降（kJ/kg）	381.95	467.78	552.73	—	484.95
	有效焓降（kJ/kg）	327.43	376.28	385.58	—	389.95
	调节级效率（%）	85.36	67.63	47.77	—	67.63
	高压缸效率（%）	85.73	80.44	69.76	—	80.41

提高低压缸效率的措施如下：

1）低压缸端部汽封采用接触式汽封，叶顶使用蜂窝汽封。

2）选用马刀型动静叶。

3）末级和次末级隔板使用低直径汽封。

4）更换成经济性和安全性更好的末级长叶片。

5）改进低压内缸中分面螺栓的热紧标准，中分面结合要严密。300MW 机组存在低压 5、6 号抽汽的温度比设计值高 20～50℃的问题，主要原因是低压进汽蒸汽通过低压内缸的中分面漏到 5、6 号抽腔室。

提高高、中压缸效率的措施如下：

1）高负荷时，尽量在调节阀点运行，避免大范围、长时间地节流运行。对于亚临界 300MW 机组，每 2%的高压进汽节流压损，将导致 1%的高压缸效率下降。

2）80%以上负荷采用顺序阀（而不是单阀节流）定压运行；中间负荷采用 3 阀或 4 阀滑压运行；40%负荷以下采用定压运行。滑压运行（即变压运行）即汽轮机运行时，各调节（汽）阀保持在全开位置或部分全开，通过改变主蒸汽压力的方式（温度不变）来调整负荷。滑压运行的优点是可以增加负荷的可调节范围；使汽轮机允许以较快速度变更负荷；减少末级蒸汽湿度，延长末级叶片的使用寿命；减少调节汽门的节流损失，提高机组经济性。

3）严格控制汽水品质，禁止水质中的二氧化硅和氧含量超标，防止机组通流部分隔板、叶片腐蚀和结垢。

4）检修时，按要求调整汽封间隙，由原 0.75mm 汽封间隙下限降为 0.5mm，以降低级间漏汽量。

5）检修时对汽轮机内部进行检查处理，减少各缸间漏汽。

6）按照机组滑压曲线控制机组负荷与压力，防止汽轮机调节阀开度小。

7）提高中分面螺栓材质等级，增大螺栓紧力，减少中分面漏汽量。

8）隔板套轴向定位面处增加环形挡汽片，减少漏入五、六段抽汽腔室内的汽量。

9）改造时将高中压缸采用新型反动式叶片，优化气动性能，将高压缸和中压缸的通流级数适当再增加 1～2 级。

10）高中压隔板由原来的焊接隔板改为装配式隔板，以消除焊接过程中产生的变形，减少漏汽损失。

(21) 汽耗量（steam consumption）：汽轮机发电机组单位时间内的蒸汽消耗量，符号为 G_{ms}，单位为 kg/h。

(22) 汽耗率（steam rate）：汽轮机主蒸汽流量与输出功率之比，符号为 d，单位为 kg/kWh。汽轮机组汽耗率是一个比较容易观察的指标，直接影响汽轮机效率。在同样条件下，汽耗率增大，汽轮机效率降低。一般情况下汽耗率在 2.8～5kg/kWh 范围内。计算公式为

$$d=\frac{G_{ms}}{W_f}$$

式中 G_{ms}——主蒸汽流量，kg/h；

W_f——统计期内机组发电量，kWh；

d——汽耗率，kg/kWh。

由上式可知，如果汽轮发电机组的各种效率很高，汽耗率就较低，反之汽耗率就较高。对于初终参数不同的汽轮机，即使功率相同，但它们消耗的蒸汽量不同，因此汽耗率不同，不便于用汽耗率进行经济性比较，对于供热机组更是如此。所以汽耗率不适用于比较不同类型机组的经济

性，而只能用来比较同参数同类型的机组。对于不同参数的汽轮机组，可用热耗率评价其经济性。对于国产机组，额定条件下的汽耗率应不超过设计值的3%。

例8-5 1台300MW机组带额定负荷运行时，主蒸汽流量为967t/h，求汽耗率。

解：汽耗率为

$$d=\frac{G_{ms}}{W_f}=\frac{967\ 000\text{kg/h}}{300\ 000\text{kW}}=3.22\text{kg/kWh}$$

例8-6 汽轮机的主蒸汽温度每降低10℃，汽耗率要增加0.15%。1台300MW机组带额定负荷运行时，汽耗率$d=3.22$kg/kWh。当某一工况下主蒸汽温度降低了15℃，求该机组每小时多消耗多少蒸汽。

解：蒸汽温度降低了15℃，汽耗率增加为

$$\Delta d=0.16\%\times\frac{15}{10}=0.24\%$$

机组额定负荷运行时汽耗量为

$$G_{ms}=Pd=300\ 000\text{kW}\times3.22\text{kg/kWh}=966\ 000\text{kg/h}$$

主蒸汽温度降低15℃时汽耗量增加为

$$\Delta G_{ms}=G_{ms}\Delta d=966\ 000\text{kg/h}\times0.24\%$$
$$=2318.4\text{kg/h}$$

(23) 热耗量（heat consumption）：单位时间内消耗的热量，即锅炉管道送给汽轮机的有效热量，符号为Q_0。计算公式为

$$Q_0=G_0(h_{ms}-h_{fw})+G_{rh}(h_{rhr}-h_{rhl})+G_f(h''_f-h_{fw})-G_{ma}(h_{fw}-h_{ma})$$
$$+G_{ss}(h_{fw}-h_{ss})+G_{rs}(h_{rhr}-h_{rs})$$

$$q_{rh}=h_{rhr}-h_{rhl}$$

式中 G_0——汽轮机的总汽耗量，包括汽轮机做功所需要的主蒸汽量G_{ms}和没有参加做功的汽轮机主汽阀阀杆漏汽G_{mg}和轴封漏汽量G_{zf}等，kg/h；

G_f——扩容蒸汽量，kg/h；

G_{ma}——补充水量，kg/h；

G_{rs}——再热器减温水量，kg/h；

G_{ss}——过热器减温水量，kg/h；

h_{rs}——再热器减温水焓，kJ/kg；

h_{ss}——过热器减温水焓，kJ/kg；

h_{ma}——补充水焓，kJ/kg；

h''_f——连续排污扩容器蒸汽焓，kJ/kg；

h_{ms}、h_{fw}——汽轮机新汽焓、给水焓，kJ/kg；

q_{rh}——1kg再热蒸汽带给汽轮机的热量，kJ/kg；

Q_0——热耗量，kJ/h。

反平衡计算公式为

$$Q_0=Q_b\eta_{gd}$$

式中 Q_0——汽轮发电机组热耗量，kJ/h；

Q_b——锅炉总有效利用热量，kJ/h；

η_{gd}——管道效率，一般为99%～99.5%。

(24)（汽轮机）热耗率、机组热耗率、比热耗（heat rate）：汽轮发电机组每产生1kWh电能

所消耗的热量，符号为q或HR，单位为kJ/kWh。计算公式为

$$q=\frac{\eta_{gd}Q_b}{P_{el}}=\frac{Q_0}{P_{el}}\quad \text{kJ/kWh}$$

$$q=\frac{3600}{\eta_t\eta_i\eta_m\eta_g}=\frac{3600}{\eta}$$

式中 q——汽轮机组热耗率，kJ/kWh；

η——机组热效率，%；

P_{el}——发电功率kW，全厂发出的电量与发电时间（即运行时间）之比。

对于纯凝汽式机组，$q=d(h_{ms}-h_{cot})$；对于采用回热循环的汽轮发电机组，$q=d(h_{ms}-h_{fw})$；对于中间再热的汽轮发电机组有

$$q=[G_{ms}(h_{ms}-h_{fw})+G_{rh}(h_{rhr}-h_{rhl})]/P_{el}$$

$$=d\left[(h_{ms}-h_{fw})+\frac{G_{rh}}{G_{ms}}(h_{rhr}-h_{rhl})\right]$$

式中 h_{rhr}、h_{rhl}——再热器出口和入口蒸汽的焓，kJ/kg；

h_{ms}、h_{fw}——新蒸汽的焓和锅炉给水焓，kJ/kg；

h_{cot}——凝结水焓值，数值近似等于其温度值×4.187kJ/kg；

G_{ms}、G_{rh}——主蒸汽流量和再热蒸汽流量，kg/h；

d——汽耗率，kg/kWh。

由于 $q=\frac{Q_0}{P_{el}}$，所以有

$$\eta_{ael}=\frac{3600\times P_{el}}{Q_0}=\frac{3600}{q}$$

$$\eta_{ael}=\eta_t\eta_i\eta_m\eta_g$$

式中 η_{ael}——机组绝对电效率，%。

例8-7 某600MW汽轮发电机组，额定负荷时汽轮机的汽耗量G_{ms}=1805t/h，新蒸气压力为16.67MPa，新蒸汽温度为537℃（查水蒸气热力性质表得汽轮机新汽焓为h_{ms}=3394.4kJ/kg）；再热蒸汽流量G_{rh}=1470t/h，高压缸排汽压力为3.71MPa，高压缸排汽温度为316.2℃（再热蒸汽冷端焓为h_{rhl}=3014.70kJ/kg）；中压缸进汽压力为3.34MPa，中压缸进汽温度为537℃（再热蒸汽热端焓为h_{rhr}=3536.03kJ/kg）；低压缸排汽压力为0.005MPa，给水温度t_{fw}=275℃（给水焓h_{fw}=1210.86kJ/kg），锅炉连续排污量$G_{bl}=0.01G_b$（锅炉汽包压力为20.40MPa，饱和水焓h_{bl}=1848.1kJ/kg，连续扩容器压力为0.9MPa，连续排污扩容蒸汽焓h''_f=2772.1kJ/kg）。其中没有回收的排污水量为$G'_{bl}=0.004\,5G_b$，汽水损失$G_{sl}=0.01G_b$，给水泵汽轮机耗汽量G=72.05t/h，补充水入口水温t_{ma}=15℃［对应补充水焓$h_{ma}=15\times4.187=62.8$(kJ/kg)］，锅炉过热器减温水量$G_{ss}$=33.6t/h，减温水焓$h_{ss}$=745.0kJ/kg，锅炉热效率$\eta_{bl}$=92.5%，求机组热耗率和汽耗率。

解： 1）流量。当忽略门杆漏汽量（G_{mg}）、轴封漏汽量（G_{zf}）时，汽轮机的总热汽量（G_0）等于做功的新汽量（G_{ms}），即

$$G_0=G_{ms}+G_{mg}+G_{zf}=G_{ms}=1805(\text{t/h})$$

锅炉蒸发量 $G_b=G_0+G_{sl}=G_{ms}+0.01G_b$，即

$$G_b=1.010\,1G_0=1823.23(\text{t/h})$$

锅炉连续排污量为

$$G_{bl}=0.01G_b=18.23(t/h)$$

锅炉给水量为

$$G_{fw}=G_b+G_{bl}+G_{sl}-G_{ss}=G_b+0.01G_b+0.01G_b-33.6$$
$$=1.02G_b-33.6=1826.06(t/h)$$

扩容蒸汽量为

$$G_f=G_{bl}-G'_{bl}=0.01G_b-0.0045G_b=0.0055G_b=10.03(t/h)$$

补充水量为

$$G_{ma}=G_{sl}+G'_{bl}=G_{sl}+(G_{bl}-G_f)$$
$$=0.01G_b+0.0045G_b=0.0145G_b=0.0146G_0=26.35(t/h)$$

2）汽耗。汽耗率为

$$d=\frac{G_{ms}}{P_{el}}=\frac{1805\times10^3}{600\,000}=3.008(kg/kWh)$$

3）热耗。1kg再热蒸汽带给汽轮机的热量为

$$q_{rh}=h_{rhr}-h_{rhl}=3536.03-3014.70=521.33(kJ/kg)$$

汽轮机热耗量为

$$Q_0=G_0h_{ms}+G_{rh}q_{rh}+G_fh''_f+G_{ma}h_{ma}-G_{fw}h_{fw}-G_{ss}h_{ss}$$
$$=[1805\times3394.4+1470\times521.33+10.03\times2772.1+26.35\times62.8$$
$$-1826.06\times1210.86-33.6\times745]\times10^3=4686.57\times10^6(kJ/h)$$

汽轮机热耗率为

$$q=\frac{Q_0}{P_{el}}=\frac{4686.57\times10^6}{600\,000}=7810.95(kJ/kWh)$$

（25）毛热耗率（gross heat rate）：把给水泵汽轮机的功率算做汽轮机输出功率一部分的热耗率称为毛热耗率，符号为q_M。计算公式为

$$q_M=\frac{Q_0}{P_{el}+P_b}$$

$$P_b=\frac{D_{fw}(p_{b2}-p_{b1})c_p\times10^3}{\eta_{be}\eta_{qm}}$$

式中 D_{fw}——通过给水泵的水量，kg/s；
η_{be}——给水泵效率，%；
η_{qm}——驱动汽轮机的机械效率，一般取98%，%；
c_p——给水在泵内的平均比容，m^3/kg；
p_{b2}——给水泵出口压力，MPa；
p_{b1}——给水泵进口压力，MPa；
P_b——驱动给水泵汽轮机的功率，对于电动给水泵，$P_b=0$，kW。

（26）净热耗率（net heat rate）：不把给水泵汽轮机（给水泵的驱动汽轮机）的功率算做汽轮机输出功率的热耗率称为净热耗率，用q_j表示。对于给水泵用电动机驱动的机组，净热耗率计算公式为

$$q_j=\frac{Q_0}{P_{el}-P_b}$$

对于给水泵用给水泵汽轮机驱动的机组，净热耗率计算公式为

$$q_j=\frac{Q_0}{P_{el}}$$

（27）保证热耗率（guarantee heat rate）：基于在THA和或某一确定出力（额定负荷和部分负荷）的工况，制造商所保证的或提供的热耗率。应说明参与该循环的所有外来的流量、补给水、进入或散失的热量。总之，用于定义热耗率的公式应在合同中说明。某电厂汽轮机热耗率保证值见表8-12。

表8-12　某电厂汽轮机热耗率保证值　(kJ/kWh)

序号	机组等级	100%负荷	75%负荷	50%负荷	40%负荷	30%负荷
1	350MW	7868	7977	8254		8975
2	超临界660MW	7523	7671	7976	8193	8560
3	超超临界660MW	7342	7435	7654	7828	8178

上汽600MW等级超临界汽轮机引进美国原西屋公司技术，660MW等级和1000MW等级超超临界汽轮机引进西门子公司技术；哈汽600MW等级超临界和超超临界汽轮机引进三菱公司技术，1000MW等级超超临界汽轮机引进东芝公司技术；东汽600～1000MW等级超临界和超超临界汽轮机引进日立公司技术。根据国内投运的部分电厂1000MW等级超超临界汽轮机性能试验结果，上汽1000MW超超临界汽轮机试验热耗率约为7290.9～7316.1kJ/kWh，均达到保证值。哈汽在鲁阳电厂投运的1号汽轮机和东汽在海门电厂投运的1、2号汽轮机试验热耗率约为6376～7437kJ/kWh，均未达到保证值。当然哈汽和东汽由于投产1000MW汽轮机数量较少，所以结论可能不是绝对的。上汽生产的660MW等级超超临界汽轮机试验热耗率约为7298.0～7397.7kJ/kWh，东汽和哈汽生产的600MW等级超超临界汽轮机试验热耗率约为7422.6～7652.1kJ/kWh，相比上汽高了一些。阿尔斯通公司制造的超临界汽轮机和1000MW超超临界空冷机组在世界上投运机组最多，在国内投运的汽轮机性能全部达到了保证值。根据欧洲机组的运行情况，阿尔斯通600～1000MW超超临界湿冷汽轮机与西门子公司技术生产的机组性能相当。汽轮机选型建议如下：

1）对于超超临界湿冷机组，在价格合理、交货周期允许的情况下应首选上汽生产的汽轮机，因为设计和试验热耗率均比较低。

2）对于600～1000MW超（超）临界空冷机组首选北重-阿尔斯通生产的汽轮机。

目前，国产汽轮机热耗率保证值一般等于设计计算值，而进口汽轮机热耗率保证值一般等于1.03倍设计计算值。热耗率高的原因如下：

1）汽轮机通流部分效率低。汽轮机高、中、低压缸效率低；汽轮机高压配汽机构的节流损失大。

2）蒸汽初参数低。

3）蒸汽终参数高。

4）再热循环热效率低，再热蒸汽温度低，再热器减温水量大。

5）给水回热循环效率低，给水温度低。

6）凝汽器真空差。

7）汽水系统（疏放水、旁路系统）严密性差。

8）机组辅汽量过大。

9）机组负荷率低。

10）汽水品质差，造成汽轮机通流结垢。

11）汽轮机通流间隙调整偏大。

降低热耗率的对策如下：

1）调整主蒸汽压力，符合滑压运行曲线。

2）进行锅炉燃烧调整，维持火焰中心位置合理。

3）根据循环水温度的变化情况，按照运行规程调整循环水泵运行方式，提高凝汽器真空；凝汽器真空严密性保持在优良状态，不合格时及时查找漏点并消除。

4）合理调整机组检修、调停备用时间，提高机组运行负荷率。

5）低负荷时汽轮机单阀控制节流损失大。在机组启动后，或其他异常情况处理后，达到规定负荷后，将汽轮机由单阀切为顺序阀控制方式，减少阀门节流损失。例如河北国华沧东电厂600MW引进型亚临界机组采用顺序阀方式运行后，在600MW、450MW、300MW负荷下热耗率分别下降了65.85kJ/kWh、147.0kJ/kWh和172.73kJ/kWh。600MW亚临界机组单阀运行方式和顺序阀运行方式的经济性比较见表8-13。

表 8-13　　600MW机组单阀和顺序阀运行方式的经济性比较

运行方式	项目	机组负荷		
		600MW	450MW	300MW
单阀运行	主汽压力（MPa）	16.50	15.75	12.48
	主汽温度（℃）	537.9	539.3	538.8
	高压缸效率（%）	81.61	72.01	66.58
	中压缸效率（%）	90.93	90.87	90.64
	试验热耗率（kJ/kWh）	8315.32	8469.27	8772.91
	修正热耗率（kJ/kWh）	8298.67	8440.40	8754.22
顺序阀运行	主汽压力（MPa）	16.34	15.88	12.36
	主汽温度（℃）	535.53	538.57	538.40
	高压缸效率（%）	83.44	78.72	75.23
	中压缸效率（%）	90.95	90.78	90.61
	试验热耗率（kJ/kWh）	8248.21	8293.40	8581.49
	修正热耗率（kJ/kWh）	8232.82	8293.40	8581.49
单阀与顺序阀比较	热耗率下降（%）	65.85	147.02	172.73
	发电煤耗率下降（g/kWh）	2.44	5.46	6.41

6）在辅汽温度正常时，应减少辅汽疏水量，避免管道长期疏汽；辅汽管道有漏点时及时消除，尽量较少辅汽用户的用汽量。

7）进行热力及疏水系统优化改造，保持热力系统和疏放水系统严密性。改进原则是：运行中相同压力的疏水管路应尽量合并，减少疏水阀门和管道；疏水阀门宜采用气动球阀，不宜采用电动球阀；为防止疏水阀门泄漏，造成阀芯吹损，各疏水管道应加装一手动截止阀，原则上手动阀安装在气动或电动阀门前。为不降低机组运行操作的自动化程度，正常工况下手动截止阀应处于全开状态。当气动或电动疏水阀出现内漏，而无处理条件时，可作为临时措施，关闭手动截止阀。

8）采用弹性可调汽封、刷式汽封等新式汽封对高、中压缸和平衡盘汽封进行改造；采用蜂窝式汽封、接触式汽封，对汽轮机低压缸及轴端汽封进行改造。

9）机组启动或正常运行期间，应严格控制好蒸汽品质，减轻汽轮机通流部件结垢。

10）汽轮机通流部分效率低。应结合机组检修对通流部件进行除垢、调整动静间隙，减少轴封漏汽。必要时，进行汽轮机通流部分改造。

11）调整高压加热器水位，降低高压加热器端差，高压加热器三通阀内漏时及时处理，提高给水温度。

12）进行汽轮机运行方式优化。通过对大容量汽轮机配汽机构特性展开深入研究，在保证机组安全运行的情况下，给出在全工况范围内均具有最佳经济性和良好调节品质的高压调节阀管理方案。包括运行中各高压调节阀开启和切换的顺序、开度的大小以及初参数的最佳匹配方式等，以达到提高机组部分负荷下运行经济性的目的。其主要技术特点包括：①试验确定机组滑压运行方式下的起始负荷及结束负荷，保证机组在该运行方式下能耗指标最低；②试验确定机组滑压运行方式下各负荷下主蒸汽压力及调门开度关系曲线，合理调整高压调节阀的重叠度等。华能井冈山电厂 2×660MW 等级超超临界汽轮机通过运行方式优化后，不同负荷下机组发电煤耗率比优化前降低 0.3g/kWh 以上。

13）大部分国产喷嘴调节汽轮机存在各缸效率低、平衡盘漏汽量大及热耗率高于保证值等问题。这主要是由于汽轮机通流部分设计水平不高，实际给出的汽轮机保证热耗率过低。此外，新投产机组为缩短工期，安装单位将汽轮机通流间隙调整偏大，造成大部分机组汽轮机试验热耗率较保证值高 100～200kJ/kWh，严重影响了机组运行能耗指标。因此在第一次大修期间，应通过揭缸对汽轮机通流部分进行全面检查，准确测量通流部分间隙，通流部分间隙按偏下限值控制。若汽缸变形量大，应测量汽缸变形造成的隔板洼窝中心的偏差，并修正隔板与转子同心度偏差，据此调整通流部分径向间隙，并进行几次合缸，实际进行检验。

（28）未修正的试验热耗率、修正前热耗率（uncorrected test heat rate）：用试验结果代入合同中的公式所得的热耗率。

（29）（完全）修正的热耗率、修正后热耗率（full-corrected heat rate）：在终端参数符合规定值，以及供方责任范围之外的一切辅机做到完全按其保证值要求的情况下，试验期间达到的热耗率。

（30）热效率（thermal efficiency）：输出功率与外界输入循环的热量之比。

（31）相对内效率（relative internal efficient）：在汽轮机通流部分内蒸汽热能转化为功的过程中，由于进汽节流、汽流通过喷嘴和叶片产生的摩擦、叶片顶部间隙漏汽以及余速损失等原因，实际上蒸汽的可用焓降只有其中的一部分转变为汽轮机的内功。蒸汽实际用于做功的有效焓降与蒸汽理想焓降之比称为汽轮机相对内效率。相对内效率越高，说明汽轮机的内部损失越小，因此它是衡量汽轮机热力过程完善程度的指标。计算公式为

$$\eta_i = \frac{P_i}{P_t} = \frac{\Delta H_i}{\Delta H_t}$$

$$P_t = G\Delta H_t \frac{1}{3600}$$

$$P_i = G\Delta H_i \frac{1}{3600}$$

式中 η_i——汽轮机相对内效率，%；

P_t——不考虑任何损失，蒸汽的焓降全部转变为机械功，此时汽轮机所发的功率称为理想功率，kW；

P_i——当考虑到汽轮机的各种内部损失后，汽轮机所发出的功率称为内功率，kW；

ΔH_t——蒸汽的理想焓降，对于非再热机组 $\Delta H_t = h_{ms} - h_{ca}$，kJ/kg；
ΔH_i——汽轮机的有效焓降，对于非再热机组 $\Delta H_i = h_{ms} - h_c$，kJ/kg；
h_{ms}——汽轮机的进汽焓，kJ/kg；
h_c——汽轮机实际排汽焓，kJ/kg；
h_{ca}——理想汽轮机排汽焓，kJ/kg；
G——汽轮机的蒸汽流量，kg/h。

随着汽轮发电机组容量的增加，汽轮发电机组相对内效率增加。6MW及以下容量机组绝对电效率为82%，50～100MW机组绝对电效率为85%～87%，125～200MW机组绝对电效率为86%～89%，300～600MW机组绝对电效率为88%～90%。所谓理想蒸汽是指满足下列三个条件的蒸汽：

1）一元流动，即喷嘴中的蒸汽参数只沿流动方向改变，而垂直截面上不变。

2）稳定流动，即流道中任一点的参数不随时间变化。

3）绝热流动，即蒸汽快速通过喷嘴时，与外界不产生热交换。蒸汽的理想焓降是指汽轮机内理想蒸汽的热能转换为机械能的最大能量。

（32）轴端功率（shaft power）：即有效功率，在汽轮机轴端输出的功率，符号为 P_e。计算公式为

$$P_e = P_i - \Delta P_m$$

式中 ΔP_m——机械损失，kW；
P_i——汽轮机内功率，kW；
P_e——汽轮机的轴端功率，kW。

（33）机械效率（mechanical efficient）：汽轮机轴端功率与内功率之比，符号为 η_m。100MW及以上容量汽轮机的机械效率一般较高，约为99%。计算公式为

$$\eta_m = \frac{P_e}{P_i}$$

式中 P_i——汽轮机内功率，kW；
P_e——汽轮机的轴端功率，kW。

（34）相对有效效率（relative external efficient）：把汽轮机及其轴承看成一个整体，汽轮机有效功率 P_e 与理想功率 P_t 的百分比称为汽轮机的相对有效效率。计算公式为

$$\eta_e = \frac{P_e}{P_t} = \frac{P_i}{P_t} \times \frac{P_e}{P_i} = \eta_i \eta_m$$

（35）汽轮发电机组相对电效率（relative electricity efficient）：如果将汽轮机、轴承、发电机看成一个整体，整个机组的输入功率为理想功率 P_t，输出功率为电功率 P_{el}，则整个机组的效率称为相对电效率，即汽轮发电机组的电功率与汽轮机理想功率之比，符号为 η_{el}。计算公式为

$$\eta_{el} = \frac{P_{el}}{P_t} = \frac{P_i}{P_t} \times \frac{P_e}{P_i} \times \frac{P_{el}}{P_e} = \eta_i \eta_m \eta_g$$

$$\eta_g = \frac{P_{el}}{P_e}$$

式中 η_g——发电机效率，%；
P_{el}——发电机电功率，kW。

上式说明汽轮发电机组的相对电效率等于汽轮机的相对内效率、机械效率和发电机效率的乘积。

（36）循环热效率（thermal cycle efficient）：水在锅炉中吸热变成高温高压气体进入汽轮机

做功，做功后的乏汽在凝汽器中冷凝成水，重新吸热变成蒸汽做功。工质每完成一个循环，就包括对外做功的放出热量和从热源吸收热量。每千克蒸汽在汽轮机中的理想焓降 ΔH_t，与其在锅炉中的吸收热量之比，称为汽轮机装置的循环热效率，用 η_t表示，一般为 45%～54%。计算公式为

$$\eta_t=\frac{\Delta H_t}{Q_0}=\frac{h_{ms}-h_{cos}}{h_{ms}-h_{cot}}$$

式中 ΔH_t——汽轮机中的理想焓降，kJ/kg；

Q_0——汽轮机从锅炉中吸收的热量，kJ/kg；

h_{ms}——进入汽轮机的新蒸汽焓，kJ/kg；

h_{cos}——汽轮机的排汽焓，kJ/kg；

h_{cot}——凝结水的焓值，kJ/kg。

循环热效率主要取决于排汽压力、蒸汽初压和初温，当初压力 p_0=2.8MPa 时，循环热效率 η_t随着初温度 t_0的提高而增加，而且是均匀上升，这是由于循环的吸热温度得以提高。在 p_0=3.9MPa 时，初温度 t_0每增加 10℃，循环热效率 η_t增加 0.15 个百分点。当初温度 t_0和排汽压力 p_{cot}均保持不变时，随着初压力 p_0的提高，蒸汽初焓值降低，但循环的吸热温度得以提高，循环热效率 η_t也随之增加。在 t_0=400℃，p_{cot}=3.9kPa 时，初压力 p_0由 11.77MPa 增加到 19.6MPa，循环热效率 η_t由 42.2 增加到 42.6%。表 8-14 为国产机组各种效率。

表 8-14　　国产机组各种效率

额定功率（MW）	相对内效率 η_i（%）	机械效率 η_m（%）	发电机效率 η_g（%）	循环热效率 η_t（%）	锅炉效率 η_{bl}（%）	管道效率 η_{gd}（%）	发电热效率 η_{cp}（%）	热耗率（kJ/kWh）
12～25	0.82～0.85	0.98～0.99	0.96～0.98	0.37～0.39	0.89	0.99	0.25～0.28	12 414～11 250
50～100	0.85～0.87	0.99	0.98～0.99	0.43～0.47	0.89～0.91	0.99	0.31～0.36	10 000～9231
125～200	0.86～0.89	0.99	0.99	0.49～0.50	0.90～0.92	0.995	0.37～0.40	8612～8238
300～600	0.88～0.90	0.99	0.99	0.51～0.54	0.92～0.94	0.995	0.40～0.45	8219～7579

提高循环热效率的途径如下：

1）提高过热蒸汽焓 h_m，降低乏汽焓 h_{ca}。而提高 h_m降低 h_{ca}，就需要提高循环的初参数（即提高过热蒸汽温度和压力），而尽量降低循环的终参数（即汽轮机排汽的压力）。

2）改进循环方式，如采用中间再热循环方式。中间再热的终温越高，热效率也就越高。中间再热的终温每提高 10℃，循环热效率约提高 0.2～0.3 个百分点。

3）采用给水回热循环方式。从循环吸热的温度角度看，给水回热提高了工质在锅炉内的平均吸热温度，而使循环热效率提高。从热力学方面看，利用给水回热使得汽轮机中做过部分功的抽汽的汽化潜热释放给给水，从而减少冷却损失，提高循环热效率。回热级数越多，给水温度越高，则循环热效率越高。

（37）绝对效率（absolute efficiency）：按串联设备的结论，任一绝对效率等于同一相对效率与循环热效率的乘积，则有绝对电效率为

$$\eta_{ael}=\eta_{el}\eta_t=\eta_i\eta_m\eta_g\eta_t$$

绝对内效率为

$$\eta_{ai}=\eta_i\eta_t=\frac{H}{Q_0}$$

绝对有效效率为

$$\eta_{ae}=\eta_e\eta_t=\eta_i\eta_m\eta_t$$

（38）机组（热）效率、汽轮机电效率、绝对电效率（unit thermal efficiency、absolute electric efficiency）：是指汽轮发电机组每小时输出的电能对应的热量与汽轮发电机组热耗量之比，即扣除非同轴励磁和电动主油泵功率后的发电机的输出功率与输入汽轮机的热功率之比，符号为 η。计算式为

$$\eta=\frac{3600\times P_{el}}{Q_0}=\eta_t\eta_i\eta_m\eta_g=\frac{3600}{q}\times100\%$$

式中 Q_0——汽轮机热耗量，kJ/h；

η——机组热效率，%；

η_m——汽轮机机械效率，%；

η_i——汽轮机相对内效率，%；

q——汽轮机热耗率，kJ/kWh；

η_t——循环热效率，%；

η_g——发电机效率，%。

随着蒸汽参数的不同，汽轮发电机组热效率相差很大，6MW 及以下容量机组绝对电效率小于 27%，50～100MW 机组绝对电效率为 36%～39%，125～200MW 机组绝对电效率为41.8%～43.7%，300～600MW 机组绝对电效率为 43.8%～47.5%。

汽轮机效率每降低 0.1%，发电煤耗增加 0.25%。提高汽轮机热效率的措施如下：

1）重视冷却塔维护工作，降低循环水温度，提高凝汽器真空。

2）增加循环水量，降低循环水出入口温度差。

3）保持凝汽器冷却管清洁，降低凝汽器端差。

4）改善凝汽装置，消除凝结水过冷却。

5）保持汽轮机在额定参数下稳定运行。

6）充分运行回热装置提高给水温度。

7）对投产较早、效率较低的 125、200、300MW 汽轮机，要采用更换新型叶轮、新型隔板、新型结构汽封、新型流道主汽阀和调节阀等措施进行通流部分改造，提高通道圆滑性，减少节流损失，降低汽轮机热耗，提高整个机组效率。

第九章　汽轮机辅机侧指标管理与控制

第一节　凝汽设备指标

（1）冷却水进口温度（cooling water inlet temperature）：凝汽器进口处冷却水平均温度。用符号 t_{w1} 表示。冷却水全年平均温度的升高，直接导致机组全年平均真空的降低。对于直流冷却系统（俗称开式循环方式），取水口水温度受水源地环境温度的影响；对于循环冷却系统（俗称闭式循环方式），冷却塔性能变差和环境温度的升高是主要原因。影响冷却水进口温度的主要因素如下：

1）环境温度高，相对湿度大。

2）冷却水出口回流到入口。

3）填料老化、堵塞。

4）喷头损坏、配水不均匀。

5）除水器变形，阻力增加。

6）自然风影响。

7）淋水填料不合格。

8）冷却塔淋水面积不足。

9）冷却塔结构设计不合理。

降低冷却水进口温度一般采取下列措施：

1）对于直流冷却系统，通过论证确实是取水口温度升高而又不能通过其他途径解决的，可以考虑改变取水口位置，避开热水回流造成取水口水温度的升高。

2）对于循环冷却系统，如果确认冷却塔性能变差，可以进行冷却塔冷却能力诊断试验，找出冷却塔性能变差的主要原因，并进行治理或改造。

（2）冷却水流量、循环水流量（cooling water flow）：单位时间内，凝汽器进口处冷却水量。冷却水流量不足直接导致冷却水温升的增加，最终使机组真空降低。冷却水流量不足的主要原因有：循环水泵本身出力不足；循环水系统阻力增大。提高冷却水流量的主要措施如下：

1）进行循环水泵性能与循环水系统阻力匹配性试验，确认循环水泵出力不足是循环水泵本身性能缺陷造成的，还是由于循环水泵性能与循环水系统阻力不匹配造成的。

2）根据诊断试验结果，如果是循环水泵本身的原因，可以直接进行维修或增容改造。若是泵性能与系统阻力不匹配，则分两种情况：①实际循环水系统阻力增加。排查循环水系统所有阀门是否开足，或冷却水中杂质堵塞进水室管口，特别注意凝汽器出水室顶部是否聚积空气，导致系统阻力增加。②设计原因导致泵与系统阻力不匹配。应参照实际的循环水系统阻力重新进行循环水泵选型，并进行技术改造。

（3）冷却水温升、循环水温升（cooling water temperature rise）：冷却水在凝汽器出口处的温度与冷却水在凝汽器进口处温度之差。冷却水温升设计值为8～10℃。计算公式为

$$\Delta t=\frac{(h_{s}-h_{cot})D_{s}}{c_{p}D_{w}}=\frac{h_{s}-h_{cot}}{c_{p}m}$$

式中　Δt——冷却水温升,℃；

h_s——排汽焓，kJ/kg；

h_{cot}——凝结水焓，kJ/kg；

c_p——冷却水比热容，$c_p=4.186\ 8$kJ/（kg·℃）；

m——冷却倍率；

D_w——冷却水流量，t/h；

D_s——汽轮机排汽量，t/h。

循环水温升与循环水泵出力、循环水系统阻力、凝汽器铜管结垢、堵杂物造成循环水量变化有直接关系。在同一负荷下，循环水温升的大小，说明循环水量的大小。循环水温升变化1℃，影响热耗变化0.3%～0.5%。冷却水温升升高的原因如下：

1）汽轮机负荷增加，循环水量不足。

2）循环水二次滤网、旋转滤网脏污堵塞，循环水系统的水阻力大。

3）凝汽器冷却水管结垢、堵杂物刚清洗干净，凝汽器冷却水管换热效果增强。

4）循环水泵运行台数或凝汽器出水门调整不当，造成循环水量的调配不当。

5）机组真空低，凝汽器排汽温度高。

6）凝汽器循环水反冲洗阀未关，造成循环水部分短路。

7）凝汽器循环水系统放气、放水、安全阀等大量泄漏。

8）进入凝汽器蒸汽流量增加。

9）进水温度升高，出水温度相应升高。

10）循环水泵的出力不足。

降低循环水温升的对策如下：

1）提高机组真空，降低排汽温度。

2）减少凝汽器热负荷。

3）合理对循环水系统加入次氯酸钠，控制循环水系统微生物含量，减轻凝汽器污染。

4）凝汽器循环水水侧真空泵投自动，及时排掉循环水侧空气。

5）及时对循环水系统加药处理，保证循环水水质。

6）消除循环水泵缺陷，提高循环水泵效率。

7）更换凝汽器被堵冷却水管或进行凝汽器改造。

8）对循环水泵及循环水加药系统进行改造。

9）正常投运胶球系统，维持凝汽器冷却水管的清洁度。必要时对胶球清洗装置改造。

10）加强凝汽器循环水二次滤网的监视、分析和调整，夏季工况下根据滤网差压情况，必要时将滤网改为自动连续反洗。

11）及时清理循环水泵进口滤网杂物。

12）根据凝汽器温升情况，必要时凝汽器半边解列进行掏脏、清污或采用干蒸方法清洗凝汽器管内浮泥。

13）更换凝汽器被堵冷却水管或进行凝汽器改造。

例9-1　某汽轮机每小时排汽量 $D_s=650$t/h，排汽焓 $h_s=2345$kJ/kg，凝结水温度 $t_{cot}=35$℃，冷却水流量 $D_w=42\ 150$t/h，求冷却水温升。

解：冷却水温升为

$$\Delta t=\frac{(h_s-h_{cot})D_s}{c_pD_w}=\frac{(2345-35\times4.186\ 8)\times650}{4.186\ 8\times42\ 150}=8.1(℃)$$

(4) 冷却面积（condenser cooling surface）：表面式凝汽器中两端管板内侧面之间冷却水管的总外表面积。

(5) 流程数（number of pass）：冷却水在凝汽器同一壳体中通过管子的次数。

(6)（凝汽器）冷却倍率、冷却倍数、循环倍率（cooling rate）：冷却水流量与进入凝汽器的蒸汽流量之比。计算公式为

$$m=\frac{D_W}{D_\infty}$$

式中 m——冷却倍率；

D_W——冷却水流量（循环水流量），t/h；

D_∞——进入凝汽器的蒸汽流量，t/h。

(7) 水阻（water resistance）：冷却水流经凝汽器的压力损失。苏联和我国采用下列经验公式计算冷却水阻，即

$$\Delta H_c=Z(bcLv_w^{1.75}+0.135v_w^{1.50})\times 9.81$$

式中 ΔH_c——冷却水阻，kPa；

Z——冷却水流程数；

v_w——冷却管内冷却水流速，m/s；

L——冷却水管有效长度，m；

b——取决于冷却管内径的修正系数，修正系数 b 按表 9-1 取值；

c——取决于冷却水平均温度 t_w 的修正系数，当 $t_w=20℃$时，修正系数 $c=1$，当 $t_w\neq 20℃$时，修正系数 $c=1+0.007(t_w-20)$。

冷却水平均温度 t_w 可以取进出口温度的算术平均值。

表 9-1　　修正系数 b 取值

d_2 (m)	0.016	0.018	0.020	0.024	0.026	0.028
b 值	0.123	0.10	0.086	0.072	0.068	0.064

(8) 凝汽器冷却管内流速、冷却水流速（cooling water velocity）：凝汽器冷却管内冷却水的线速度，符号为 v_w，单位为 m/s，一般为 1.5～2.5m/s。计算公式为

$$v_w=\frac{1.273D_wZ}{N\rho_W d_2^2}$$

式中 D_w——冷却水流量，kg/s；

Z——凝汽器流程数；

ρ_w——冷却水密度，kg/m³；

d_2——冷却管内径，m；

N——冷却管道根数。

(9) 汽阻（steam resistance）：蒸汽在凝汽器冷却管之间流动的压力损失。凝汽器入口绝对压力 p_k 与抽气口绝对压力 p_{k2} 之差，称为凝汽器的汽阻 Δp_k。汽阻的大小取决于凝汽器的结构参数（如凝汽器的几何尺寸、管子排列方式、抽气口位置等）和流动特性。精确计算汽阻很困难，一般采用经验公式计算。我国一般采用下列半经验公式计算汽阻，即

$$\Delta p_k=0.492\times 10^{-3}\left(\frac{D_{zq}\sqrt{v''}}{Ld_1\sqrt{N}}\right)^{2.5}$$

式中 N——冷却水管总根数；

L——冷却水管有效长度，m；

v''——凝汽器入口处的饱和蒸汽的比体积，m^3/kg；

D_{zq}——凝汽器负荷，kg/s；

d_1——冷却管外径，m；

Δp_k——凝汽器汽阻，kPa。

例 9-2 假定设计一台电厂 N05 型凝汽器（配 N75-90 型汽轮机），原始数据如下：凝汽器的蒸汽负荷 $D_{zq}=198.8t/h$，凝汽器压力 $p_c=5.4kPa$，汽轮机排汽焓 $h_s=2290kJ/kg$，冷却水进口温度 $t_{w1}=20℃$，凝结水温度 $t_{cot}=33.25℃$，凝结水焓 $h_{cot}=139.2kJ/kg$。冷却水流量 $D_w=$ 12 390t/h（循环倍率为 62.3），流程数 $Z=2$，冷却管内流速 $v_w=2.2m/s$，冷却管材料为铝黄铜，冷却管规格为 $\phi25\times1mm$，即外径 $d_1=0.025m$，内径 $d_2=0.023m$，冷却水管根数 $N=$ 7540 根，清洁系数 $\xi_c=0.80$。总传热系数 $K=2.975kW/(m^2\cdot℃)$。试计算凝汽器对数平均温差、凝汽器汽阻和水阻。

解： 凝汽器热负荷为

$$Q=D_{zq}(h_s-h_{cot})=55.22\times(2290-139.2)=118\ 767.2(kW)$$

冷却水流量 $D_w=12\ 390t/h=3441.67kg/s$，蒸汽负荷 $D_{zq}=198.8t/h=55.22kg/s$，则冷却水温升为

$$\Delta t=t_{w2}-t_{w1}=\frac{Q}{D_w c_w}=\frac{118\ 767.2}{3441.67\times4.187}=8.24(℃)$$

冷却水出口温度为

$$t_2=t_{w1}+\Delta t=20+8.24=28.24(℃)$$

根据 $p_c=5.4kPa$，查表得排汽饱和温度为 $t_s=34.25℃$，则对数平均温差为

$$\Delta t_m=\frac{t_2-t_1}{\ln\frac{t_s-t_1}{t_s-t_2}}=\frac{8.24}{\ln\frac{34.25-20}{34.25-28.24}}=9.54(℃)$$

冷却面积为

$$A=\frac{D_{zq}(h_s-h_c)}{K\Delta t_m}=\frac{118\ 767.2}{2.975\times9.54}=4184.7(m^2)$$

冷却水管有效长度为

$$L=\frac{A}{\pi d_1 N}=\frac{4184.7}{3.14\times0.025\times7540}=7.07(m)$$

冷却水阻为

$$\Delta H_c=Z(bcLv_w^{1.75}+0.135v_w^{1.50})\times9.81$$

$$=2(0.072\times1.03\times7.07\times2.2^{1.75}+0.135\times2.2^{1.50})\times9.81=49.5(kPa)$$

排汽饱和温度为 34.25℃，查表得蒸汽比体积 $v''=26.6m^3/kg$，则凝汽器汽阻为

$$\Delta p_k=0.492\times10^{-3}\Delta p_k=0.492\times10^{-3}\left(\frac{D_{zq}\sqrt{v''}}{Ld_1\sqrt{N}}\right)^{2.5}$$

$$=0.492\times10^{-3}\left(\frac{55.22\times\sqrt{26.6}}{7.07\times0.025\sqrt{7540}}\right)^{2.5}=0.73(kPa)$$

（10）排汽温度（exhaust temperature）：通过凝汽器喉部的蒸汽温度值，条件允许时取多点平均值。排汽温度是指蒸汽在汽轮机内做完功排入凝汽器时的蒸汽温度（即通过凝汽器喉部的蒸

汽温度值），为饱和温度，是汽轮机运行中常被忽视而又很重要的一个间接指标。如果排汽温度高，则需要增加冷却水量，一方面会使汽轮机的汽耗量增加，另一方面又会使厂用电率增加。排汽温度与排汽压力有一一对应关系。排汽温度计算公式为

$$t_s = t_{w1} + \Delta t + \delta t$$

式中 Δt——冷却水温升，℃；

t_s——汽轮机排汽温度，℃；

δt——凝汽器端差，℃；

t_{w1}——冷却水进口温度，℃。

由上式可见，排汽温度受循环水温度、循环水温升、凝汽器端差的影响。也就是说，冷却塔运行效果、凝汽器冷却管清洁度、真空系统严密性、胶球清洗装置运行情况直接影响到排汽温度。某电厂汽轮机排汽温度设计值见表 9-2。排汽温度变化 1℃，影响热耗变化 0.3%～0.5%，影响煤耗变化 1.2g/kWh 左右。排汽温度高的原因及处理对策如下：

1）凝汽器真空差，造成排汽温度高。应及时对真空系统漏点进行查漏、堵漏；消除真空泵存在的缺陷；更换破损的防爆膜。

2）凝汽器循环水管道堵塞多，冷却水量不足，换热效果差。应对凝汽器钛管进行清理，增强换热效果。

3）由于喷水减温系统无法正常投用，可能会造成机组在低负荷（小于 10%）、额定转速空负荷下排汽温度高。应维护好低压缸喷水减温系统，保证喷水减温能正常投用。

4）排汽温度测点偏高，应改变测点位置。

表 9-2　　某电厂汽轮机排汽温度设计值　　℃

序号	机组等级	100%负荷	75%负荷	50%负荷	40%负荷	30%负荷
1	350MW	31.83	28.98	26.44		24.96
2	超临界 660MW	32.54	32.54	32.54	32.54	32.54
3	超超临界 660MW	31.43	31.43	31.43	31.43	31.43

（11）凝汽器热负荷（condenser load）：单位时间内凝汽器中的蒸汽和疏水等传给冷却水的热量。热负荷计算公式为

$$Q = D_s(h_s - h_{cot}) = D_w c_p (t_{w2} - t_{w1})$$

式中 Q——凝汽器热负荷，kW；

D_s——凝汽器蒸汽负荷，即汽轮机排汽进入凝汽器的蒸汽量，kg/s；

D_w——进入凝汽器的冷却水量，kg/s；

t_{w1}——凝汽器冷却水进口温度，℃；

t_{w2}——凝汽器冷却水出口温度，℃；

c_p——冷却水的比热容，kJ/（kg·K）；

h_s——汽轮机排汽的焓值，kJ/kg；

h_{cot}——凝结水的焓，可近似地认为 $h_{cot}=4.187t_{cot}$，t_{cot} 为凝结水的饱和温度，kJ/kg。

凝汽器热负荷是指主机排汽、给水泵汽轮机排汽、汽封漏汽、加热器疏水等热量。凝汽器热负荷升高的主要原因如下：

1）机组通流部分效率降低，低压缸排汽量增加，冷源损失增加。

2）汽动给水泵组效率降低，给水泵汽轮机排汽量增加。

3）附加介质不正常进入凝汽器，如高、低压加热器危急疏水进入凝汽器，导致热负荷增加。

4）与凝汽器汽侧相连的阀门（包括低压旁路）不严引起高品位蒸汽直接进入凝汽器。

凝汽器热负荷增加，在冷却条件不变的情况下，冷却水温升增加，凝汽器排汽的饱和温度上升，则凝汽器真空相应下降。以引进型 300MW 机组为例，热负荷增加 3.5%，真空下降 1.3kPa，见图 9-1。凝汽器热负荷的增加直接导致冷却水温升增大，传热端差增大，机组真空降低。

降低凝汽器热负荷途径如下：

1）优化疏水系统，提高疏水扩容器的工作能力。对汽轮机疏水系统（特别是本体和高压管道疏水）进行优化改造，简化疏水管道和阀门的数量，减少高温高压蒸汽泄漏进入凝汽器。提高疏水扩容器的工作能力，使得疏水在扩容器内完全扩容卸能，减少凝汽器的热负荷。

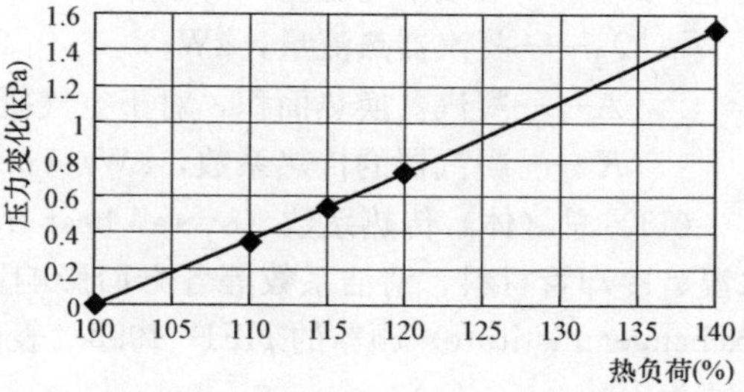

图 9-1 凝汽器热负荷与凝汽器压力变化的关系

2）减少阀门内漏。定期检查和维护疏水系统阀门（主要是自动疏水器）的严密性，必要时更换质量较好的疏水阀门。对阀门泄漏可以利用红外线测温仪定期测量阀门前后管壁温度，确认存在内漏的阀门，并进行检修处理，减少阀门内漏及其他设备泄漏引起的高品质蒸汽直接进入凝汽器。

3）加强运行管理，合理调整加热器的运行水位保护和疏水调节阀开启阈值，保证加热器正常疏水畅通，杜绝加热器危急疏水阀门动作或泄漏。

4）提高汽动给水泵汽轮机的运行效率，减少排入凝汽器的热量。

5）提高汽轮机通流效率，降低低压缸排汽流量。

6）选用合理且高效的汽封结构型式；机组大修时及时合理调整汽封间隙，或更换损坏的汽封，提高机组通流效率。

7）安装阀门温度测点，通过阀门前后温度对比找出漏点，通过手动隔离，或检修时彻底处理。

例 9-3 某凝汽器冷却水进口温度 $t_{w1}=15℃$，出口温度 $t_{w2}=22℃$，冷却水流量 $D_w=$ 82 000t/h，冷却水的比热容 $c_p=4.187$kJ/（kg·K）。求凝汽器每天被冷却水带走的热量。

解：凝汽器热负荷为

$$Q=D_w c_p(t_{w2}-t_{w1})=82\,000\,000/3600\times4.187\times(22-15)$$
$$=667\,593.9(\mathrm{kW})=2.40\times10^9(\mathrm{kJ/h})$$

每天被冷却水带走的热量为

$$Q_T=2.40\times10^9\,\mathrm{kJ/h}\times24\mathrm{h}=5.76\times10^{10}\,\mathrm{kJ}$$

（12）凝汽器热流量（condenser heat flow）：汽轮机排汽功率，等于流向凝汽器的排汽焓与凝结水焓之差与排汽质量流量的乘积。计算式为

$$Q_{rl}=m_s(h_s-h_{cot})$$

式中 Q_{rl}——凝汽器热流量，kW；

m_s——排汽质量流量，kg/s；

h_s——汽轮机的排汽焓，kJ/kg；

h_{cot}——凝结水的焓值，kJ/kg。

（13）（凝汽器）传热系数（heat transfer coefficient）：指用流经热交换器表面的凝汽器热流量和对数温差计算求得的一个用平均值。计算式为

$$K=\frac{Q_{rl}}{A\Delta t_m}$$

$$\Delta t_m=\frac{\Delta t_2-\Delta t_1}{\ln\frac{\Delta t_2}{\Delta t_1}}$$

式中 Δt_m——对数平均温差,℃；

Q_{rl}——凝汽器热流量，kW；

A——凝汽器换热面积，对于空气凝汽器是指空气侧热交换面积，m^2；

K——凝汽器的传热系数，kW/（m^2·℃）。

（14）总（体）传热系数（overall heat transfer coefficient）：综合考虑凝汽器管内流速、冷却水温、冷却管材料、清洁系数等各方面影响因素的传热系数平均值。根据美国传热学会（Heat Exchanger Institute）颁布的HEI—1995《表面式蒸汽冷凝器规程》的规定，凝汽器总传热系数公式为

$$K=\xi_c\beta_t\beta_m C\sqrt{v_w}$$

式中 K——凝汽器传热系数，kW/（m^2·℃）；

v_w——冷却管内流速，m/s；

β_t——冷却水入口水温 t_1 修正系数，见表9-3；

β_m——冷却管材料和壁厚的修正系数，见表9-4；

ξ_c——清洁系数，根据冷却水质条件及对冷却管材料的影响适当选取，新铜管取0.85，新钛管和不锈钢管取0.90；

C——取决于冷却管外径的计算系数，见表9-5。

表9-3　　HEI公式中冷却水入口水温修正系数 β_t 取值

t_1(℃)	0.0	10.0	15.0	20.0	25.0	30.0	35.0
β_t	0.669	0.834	0.914	0.989	1.033	1.063	1.088

表9-4　　HEI公式中冷却管材料和壁厚的修正系数 β_m 取值

冷却管材料	冷却管壁厚(mm)					
	0.5	0.6	0.7	0.8	0.9	1.0
HSn70-1	1.030	1.025	1.020	1.015	1.009	1.007
HA177-2	1.032	1.020	1.020	1.015	1.009	1.004
不锈钢	0.912	0.899	0.863	0.840	0.818	0.798
TA1、TA2	0.952	0.929	0.911	0.895	0.878	0.861

表9-5　　HEI公式中的计算系数 C 取值

冷却管外径(mm)	16～19	22～25	28～32	35～38	41～45	48～51
计算系数 C	2.747	2.706	2.665	2.623	2.582	2.541

提高总体传热系数的措施如下：

1）增加冷却管内冷却水流速。

2）提高冷却水入口温度。

3）减少冷却管壁厚。

4）保证冷却水质清洁。

5）优化凝汽器管束。

6）采用钛管进行凝汽器改造。

例 9-4　一台 N75-90 型汽轮机凝汽器的蒸汽负荷 $D_{zq}=198.8\text{t/h}$，凝汽器压力 $p_k=5.4\text{kPa}$，冷却水进口温度 $t_1=20℃$，冷却管内流速 $v_w=2.2\text{m/s}$，冷却管材料为 304 不锈钢，冷却管规格为 $\phi25\times0.5\text{mm}$，即外径 $d_1=0.025\text{m}$，清洁系数 $\xi_c=0.85$。试求凝汽器总传热系数 K。

解： 根据外径 $d_1=0.025\text{m}$，查表 9-5 得计算系数 $C=2.706$；根据水温 $t_1=20℃$，查表 9-3 得入口水温修正系数 $\beta_t=0.989$；根据壁厚 0.5mm 不锈钢管材，查表 9-4 表得管材修正系数 $\beta_m=0.912$；则凝汽器总传热系数为

$$K=\xi_c\beta_t\beta_m C\sqrt{v_w}$$
$$=0.85\times0.989\times0.912\times2.706\times\sqrt{2.2}=3.08[\text{kW}/(\text{m}^2\cdot℃)]$$

（15）凝结水过冷度、凝汽器过冷度、过冷却度（supercooling degree）：凝汽器中汽轮机排汽饱和温度与凝结水温度之差。过冷度设计值一般为 0～0.05℃，运行值要求不超过 2℃。凝结水过冷度按下式计算，即

$$\Delta t_c=t_s-t_{cot}$$

式中　Δt_c——凝结水过冷度，℃；

t_s——凝汽器排汽温度，℃；

t_{cot}——热井出口凝结水温度，℃。

计算时，排汽温度、凝结水温度均按现场抄表所得的当日 24h 的平均值。凝结水过冷产生不可逆的汽源损失，是一项影响经济性的小指标。从理想情况看，凝结水温度应和凝汽器的排汽压力下的饱和温度相等，但实际上由于各种因素的影响使凝结水温度稍微低于排汽压力下的饱和温度，这就是凝结水过冷却。

正常运行时，凝汽器过冷度一般为 0.5～2℃。考核期内，凝汽器过冷度不允许超过 2℃。凝汽器过冷却度每升高 1℃，热耗增加 0.014%～0.02%。凝结水过冷却将造成以下危害：

1）凝结水过冷却。由于液体中溶解的气体与液面上该气体的分压力成正比，导致凝结水的含氧量增加，加重了除氧器的负担，加快设备管道的锈蚀，降低设备寿命和可靠性。

2）凝结水过冷却使凝结水温度低，导致循环水带走过多的热量，在除氧器、加热器加热时就会多消耗抽汽量。

因此凝汽器对凝结水应具有良好的回热作用，以使凝结水出口温度 t_{c0} 尽可能地接近于凝汽器的排汽压力 p_k 所对应的饱和温度 t_s，以减少汽轮机回热抽汽，降低热耗。引起凝汽器过冷度增大的原因如下：

1）凝汽器热井水位升高，淹没凝汽器底部铜管，造成凝结水过冷。

2）凝汽器管束排列、布置不当，通往凝汽器底部的回热蒸汽通道受阻，凝结水下流过程中得不到足够加热，而产生过冷。

3）机组真空严密性差漏入空气，凝汽器内蒸汽分压力低，凝结水温度降低，可能造成凝结水过冷。

4）冷却水温度偏低或冷却水流量偏大，造成凝结水过冷。

5）凝汽器补水量过大，大量低温补水降低了凝结水温度。

6）凝结器内存在汽阻增大。

7）空气漏入凝汽器或抽气器工作不正常。

8）凝汽器冷却水管泄漏，低温冷却水漏入汽侧。

9）凝汽器冷却水入口温度过低，冷却水流量过大。

10）凝结水温度测点不合理。

11）加热器疏水或其他热工质进入凝汽器，引起凝结水温度升高，出现负值过冷度。

降低凝汽器冷却度的措施如下：

1）运行中严格监视凝汽器水位，还可以利用凝结水泵的运行特性，使凝汽器尽可能保持低水位运行，避免淹没凝汽器冷却水管。水位太高，将冷却水管浸没，将使整个凝汽器冷却面积减少。

2）注意真空系统严密性变化，定期进行真空系统严密性试验（特别在每次停机时），发现漏点及时消除，防止空气漏入。空气的漏入会降低传热效果，增加传热端差。

3）保证抽气器或真空泵处于正常工作状态，定期清扫抽气器喷嘴。如果抽气器运行不良，则凝汽器内的蒸汽混合物中的空气分压力增大，蒸汽分压力降低，凝结水温度就低于凝汽器内总压力对应的饱和温度，而引起凝结水的过冷却。

4）运行中加强对凝结水泵的监视，防止空气自凝结水泵轴封漏入。

5）运行中加强对真空系统密封水的监视，防止密封水中断而漏入空气。

6）运行中加强对低压汽封的监视与调整，防止空气漏入。

7）采用管束设计合理的回热式凝汽器。对于旧凝汽器，可拆除部分冷却水管，让排汽能深入到冷却面中部，并有足够的宽度，使蒸汽能沿着冷却面做均匀分配，保障凝结水加热到接近排汽温度。当凝汽器管束排列、布置不当、大面积泄漏及凝汽器管板腐蚀、破损严重时，应进行凝汽器改造。

8）利用检修机会将凝结水温度测点由凝结泵入口管道改为凝汽器热水井。

9）在冬季冷却水温度较低时，可改变运行的循环水泵台数或者关小压力管道上的阀门来调节冷却水流量，或者通过调速调节冷却水流量。

10）及时处理凝汽器水位计或水位变送器故障，防止水位指示不准，使凝汽器热井的就地水位与DCS监测的水位保持一致。

11）根据季节、负荷和真空情况，合理调整循环冷却水量，减少凝汽器过冷却。试验结果表明：冷却水初始温度越低，凝汽器内绝对压力越高，则凝结水过冷度越大。在凝汽器真空不同时，凝结水过冷度与冷却水进口温度的试验特性曲线见图9-2。冷却水温度较低时，通过减少循环水泵的运行台数，减少冷却水流量。对于使用海水脱硫的机组，应当增设凝汽器冷却水旁路。当水温较低时部分冷却水走旁路，既保证了海水脱硫的水量，也降低了凝汽器冷却水流量，从而降低了凝结水过冷度。

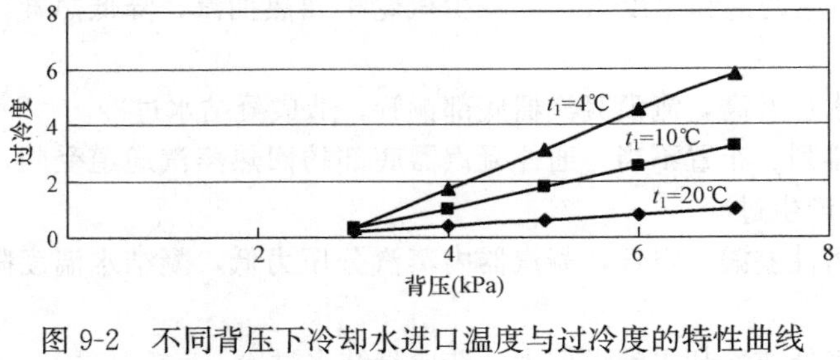

图9-2 不同背压下冷却水进口温度与过冷度的特性曲线

12）改变凝结水系统的运行方式，控制凝汽器水位。过冷度增大时，及时降低凝汽器热井水位。

13）改进凝汽器补水方式，及时处理凝汽器补水阀缺陷，确保采用喷雾除盐补水方式补水。目前部分小机组的补水方式是将补充水补入除氧器，多数大机组补水均直接补入凝汽器，但补水点的选择和雾化方式不尽合理。部分电厂通过改造，采用较先进的补水技术，即将补水以微细的雾状从凝汽器的喉部喷入凝汽器，使其与汽轮机的排汽混合后进入主汽水回路。该技术的核心是在凝汽器喉部增设一套雾化效果良好的喷雾系统，对补水进行雾化，以强化补水与乏汽之间的换热传质。此时利用乏汽的汽化潜热，将补充水加热到低压缸排汽压力所对应的饱和温度，可以达到最佳的给水回热和真空除氧效果，同时对凝汽器的真空也有一定的改善，并可有效降低凝结水过冷度。

有时凝汽器过冷度为负值，这表明测点有问题，或进入凝汽器的疏水过多，使凝结水温度过高。

14）凝结水过冷度出现负值，应检查接入凝汽器各疏水管的疏水阀门严密性，消除阀门内漏。在引入凝汽器的各疏水阀门严密性合格的情况下，检查凝结水热井水位及凝结水温度测点布置情况，正确计算凝结水过冷度。

（16）排汽压力、背压（exhaust steam pressure/back pressure）：自汽轮机排汽口排出蒸汽的绝对压力。背压等于大气压力与真空之差。汽轮机背压是一个设计方面的参数，我国除南方地区以外，在华北、华东、华中、东北、西北五个地区闭式循环冷却与开式直流冷却机组设计背压区别很小。绝大部分汽轮机低压缸设计均为两缸四排汽双背压 4.9/5.1kPa，但单缸两排汽及个别机组背压设计为 11.8kPa 或 9.8kPa。南方地区闭式循环冷却与开式直流冷却机组设计背压为 5.9～6.1kPa，比上述五个地区标准的 4.9kPa 高出 1kPa，影响供电煤耗约 1.5g/kWh。

空冷机组设计背压为 15～16kPa，比湿冷机组汽轮机背压高出 10kPa，约使供电煤耗高出 1.5g/kWh。

（17）凝汽器（绝对）压力（condenser pressure）：指汽轮机排汽平面±0.3m 处的绝对压力。凝汽器绝对压力近似等于排汽压力。凝汽器绝对压力由下式确定，即

$$t_s = t_{w1} + \Delta t + \delta t$$

$$p_c = 9.81 \times \left(\frac{t_s + 100}{57.66}\right)^{7.46} = p_b - p_v$$

式中 p_c——凝汽器压力，Pa；

p_b——大气压力，kPa；

p_v——真空，kPa；

Δt——冷却水温升，℃；

δt——凝汽器端差，℃；

t_s——汽轮机排汽温度，℃；

t_{w1}——冷却水进口温度，℃。

根据上式可以看出影响凝汽器压力的主要因素如下：

1）冷却水进口温度。冷却水进口温度越低，排汽温度越低，凝汽器压力越低。

2）冷却水温升。冷却水温升越低，排汽温度越低，凝汽器压力越低。

3）凝汽器端差。端差越低，排汽温度越低，凝汽器压力越低。

例 9-5 一台容量为 300MW 的汽轮机，已知其凝汽器排汽温度为 34℃，求凝汽器压力。

解： 凝汽器压力为

$$p_c = 9.81 \times \left(\frac{t_s + 100}{57.66}\right)^{7.46} = 9.81 \times \left(\frac{34 + 100}{57.66}\right)^{7.46} = 5294(\text{Pa})$$

$=5.3kPa$

（18）（排汽）真空、凝汽器真空（exhaust steam vacuum）：指大气压力与汽轮机排汽绝对压力之差的真空值。真空影响因素与处理对策见表 9-6。计算公式为

$$p_v = p_b - p_k$$

式中 p_v——真空，kPa；

p_b——大气压力，kPa；

p_k——排汽绝对压力，kPa。

表 9-6　　真空影响因素与处理对策

序号	影响因素	处理对策	目标	具体措施
1	汽轮机、给水泵汽轮机轴封压力不正常	提高轴封压力	轴封参数正常稳定，不漏不冒	（1）提高轴封供汽基调门、轴封溢流站基调门定值； （2）低负荷时，开启辅汽供轴封基调前电动门
2	凝汽器进、回水室杂物堵塞	定期清理杂物	保持凝汽器进回水畅通	（1）加强循环进水压力监视； （2）利用晚间低谷，定期半面清理凝汽器； （3）加强循环水入口的清污工作
3	高温高压的热水热汽进入凝汽器	尽量减少热水热汽排入	减少和消除热冲击	（1）旁路装置切手动； （2）关闭内漏高压疏水门前截门，做好记录； （3）保持高压加热器水位稳定，慢速增减负荷； （4）开停机时，保持除氧器低水位运行
4	真空系统存在漏点	真空系统查漏	真空严密性达到良好	（1）根据参数变化，锁定漏点范围； （2）组织班组人员，对温度变化频繁、焊缝多的部位查漏； （3）利用机组大小修，进行注水查漏
5	凝汽器钛管脏污，传热效率低	定期执行胶球清洗	钛管清洁，降低端差	（1）定期执行胶球清洗； （2）微生物繁殖期海水加氯； （3）加强循环水入口的清污工作
6	凝汽器循环水虹吸破坏	循环水回水室定期放空气	建立良好的虹吸	（1）加强循环回水压力监视； （2）循环水回水室放空气； （3）适当节流回水电动门
7	凝汽器循环水量不足或中断	增加循环水量	循环水泵及蝶阀联动可靠	（1）定期运行旋转滤网和清污机； （2）循环水泵及蝶阀联动正常，备用可靠； （3）凝汽器循环水进回水电动门取消就地操作
8	处于负压区域内的阀门误开关	阀门上锁	杜绝误操作	（1）提高运行人员素质，传授经验、互帮互教，达到全能值班要求； （2）重要阀门关严上锁； （3）重要电动门取消就地操作； （4）严肃操作监护制度，操作汇报制度
9	循环冷却水温度升高	增加循环水量	提高夏季高负荷真空	（1）夏季高负荷两台机组增开一台循环水泵； （2）一只循环水母管联络门处开启位置，增快事故响应速度

(19) 最佳真空、最有利真空 (optimum vacuum of condenser)：对于结构已经确定的凝汽器，在极限真空内（大于极限真空），当蒸汽参数和流量不变时，提高真空使蒸汽在汽轮机中的可用焓降增大，就会相应增加发电机的输出功率。但是在提高真空的同时，需要向凝汽器多提供冷却水，从而增加循环水泵的电耗。由于凝汽器真空的提高，使汽轮机功率增加与循环水泵多耗电功率的差值为最大时的真空，称为凝汽器的最佳真空。

影响凝汽器最佳真空的因素很多，主要有进入凝汽器的蒸汽流量、汽轮机排汽压力、冷却水的进口温度、循环水量（或是循环水泵的运行台数）、汽轮机的出力变化及循环水泵的耗电量变化等。保持凝汽器最佳真空的有效措施是：根据机组负荷和冷却水进口温度，合理调度循环水泵的运行容量和台数。

(20) 凝汽器的极限真空 (limiting vacuum of condenser)：凝汽设备在运行中应该从各方面采取措施以获得良好真空。但真空的提高也不是越高越好，而是有一个极限，这个真空的极限由汽轮机最后一级叶片出口截面的膨胀极限决定。当通过最后一级叶片的蒸汽已达到膨胀极限时，如果继续提高真空，不会得到经济上的效益，反而会降低经济效益。

简单来说，当蒸汽在末级中的膨胀到达极限时，所对应的真空称为极限真空或临界真空。

极限真空可从汽轮机背压与热耗变化修正关系曲线的极点对应的极限背压求得。国产汽轮机的极限真空所对应的排汽压力约为 3kPa，极限背压为 3kPa。

(21) 凝汽器真空度 (condenser vacuum degree)：凝汽器内真空的产生，是依靠汽轮机排汽在凝汽器内迅速凝结成水，体积急剧缩小而造成的。为了使汽轮机的排汽能够迅速凝结成水，需要向凝汽器通入大量的冷却水。由于机组安装所处地理位置不同，单独用汽轮机真空的绝对数进行难以确定机组真空的好与差，所以用真空度来反映汽轮机凝汽器真空的状况。真空度是指汽轮机低压缸排汽端（凝汽器喉部）的真空占当地大气压的百分数。对于具有多压凝汽器的汽轮机，先求出各凝汽器排汽压力所对应蒸汽饱和温度的平均值，再折算成平均排汽压力所对应的真空值。对于开式循环水系统，统计期的平均值不低于 94%；对于闭式循环水系统，统计期的平均值不低于 92%；空冷机组不低于 85%。某电厂汽轮机排汽压力设计值见表9-7。计算公式为

$$p_{vg}=\frac{p_v}{p_b}\times 100\%$$

式中 p_{vg}——真空度，%；
p_v——凝汽器真空值，kPa；
p_b——当地大气压力，kPa。

表 9-7　某电厂汽轮机排汽压力设计值　kPa

序号	机组等级	100%负荷	75%负荷	50%负荷	40%负荷	30%负荷
1	350MW	4.71	4.0	3.45	3.30	3.16
2	超临界 660MW	4.9	4.9	4.9	4.9	4.9
3	超超临界 660MW	4.6	4.6	4.6	4.6	4.6

完全真空时真空度为 100%，若大气压力与工质的绝对压力相等，则真空度为零。计算时，当日大气压力取 24h 平均值，真空值取当日 24h 现场抄表所得的平均数。

凝汽器真空度与循环水入口温度、循环水量、凝汽器清洁度、凝汽器真空严密性及负荷等指标有关。气候变化等因素会引起凝汽器真空降低及真空系统泄漏均会引起热耗上升。通常凝汽器真空也可以用凝汽器排汽压力衡量，凝汽器排汽压力等于当地大气压力减去真空值。

一般来说，夏季由于循环水温度较高，凝汽器真空比冬季要低 4kPa 左右。真空每降低 1kPa，或者近似地说真空度每下降一个百分点，热耗约增加 1.05%，出力降低约 1%。例如某机

组真空对热耗的影响幅度见表 9-8。

表 9-8 真空对热耗的影响

出力系数(%)	40	60	80	100
真空提高 1%热耗减少(%)	2.35	1.65	1.15	1.05

凝汽器真空是影响机组供电煤耗的主要因素。汽轮机若要经济运行，应使汽轮机保持在最有利的真空下工作。监督检查时，一般要求考核期闭式循环机组真空度平均值应不低于 92%，开式循环机组真空度平均值应不低于 94%，背压机组不考核，循环水供热机组仅考核非供热期。真空度变差的原因如下：

1）真空系统泄漏，真空严密性差。低压缸轴封间隙大，轴封供汽压力低；备用真空泵进口阀关闭不严；汽轮机轴封汽压力偏低或故障，造成轴封漏空气；接入凝汽器疏水管漏真空；真空破坏阀未关严，水封破坏；给水泵汽轮机真空系统泄漏；多级水封及单级水封漏空气；凝汽器喉部膨胀节破损。

2）胶球投入率和收球率低；凝汽器冷却水水质差，水管结垢；凝汽器冷却面积不足，导致凝汽器冷却水管换热效果差。

3）循环水进水温度及进水量影响。

4）真空泵存在缺陷，运行效率低；真空泵汽水分离器水位过高或过低；真空泵冷却器冷却效果差，使真空泵水环温度高；射水池或真空泵冷却器水温高，致使抽真空效果差。

5）低压旁路、高/低压加热器事故疏水、主蒸汽疏水等误动或内漏，使凝汽器进入大量过热蒸汽。

6）凝汽器水位高，凝汽器端差大。

7）凝汽器循环水侧进口二次滤网堵，或循环水加氯不正常滋生微生物影响热交换。

8）冷却水塔填料老化损坏、破损或热力性能达不到要求，冷却塔淋水不均匀或填料损坏造成凝汽器冷却水管堵塞等，导致冷却塔性能差。

9）双背压凝汽器抽汽系统串联布置不合理。高、低压凝汽器抽空气系统阻力不匹配，互相影响。

10）空冷机组冬季防冻降低排汽压力。

11）凝汽器清洁系数降低不但引起凝汽器端差增大，而且冷却效果变差，真空降低。凝汽器清洁系数降低的主要原因是：胶球清洗装置运行不正常；胶球质量不满足设计和使用要求；冷却水品质不合格，冷却管内表面结垢或堵塞冷却管；在蒸汽品质差的情况下长期运行，使冷却管外表面形成硅酸盐垢。

清洁度对真空的影响效果显著，当凝汽器冷却面积为 16 000m^{2}时，如将凝汽器清洁度从 0.6 提高到 0.85，真空将上升 1.3kPa；如果凝汽器冷却管保持清洁，则即使凝汽器冷却面积从 16 000m^{2}增加到 19 000m^2，真空仅提高 0.4kPa，见表 9-9。

表 9-9 清洁度对凝汽器压力的影响 kPa

清洁度		0.85	0.70	0.60	0.50
冷却面积(m^2)	16 000	6.81	7.44	8.11	9.16
	17 000	6.66	7.22	7.83	8.77
	18 000	6.52	7.04	7.58	8.44
	19 000	6.41	6.88	7.38	8.16

提高凝汽器真空度的对策如下：

1）应对真空系统查漏、堵漏。调整和控制低压缸轴封供汽压力；调整真空破坏阀水封、轴封加热器疏水水封等水封水量，防止水封不良造成漏真空；及时消除轴封供汽系统缺陷，确保供汽压力满足要求；及时对汽轮机、汽动给水泵汽轮机低压缸防爆门/防爆膜检查堵漏；对凝汽器水封、真空破坏阀水封、轴封加热器疏水水封等进行检查消缺，防止水封不良造成漏真空。每月至少进行一次真空严密性试验，利用氦质谱检漏仪、真空系统注水检漏等设备和方法，及时发现和消除真空系统泄漏点。

2）加强对胶球清洗装置的管理，及时消除各种缺陷，投加合格的胶球，保持凝汽器的胶球清洗装置经常处于良好状态，根据循环水水质情况确定运行方式（如每天通球清洗的次数和时间），确保胶球回收率在95%以上。

3）根据季节、负荷和真空情况，优化循环水系统运行方式，合理调整循环冷却水量，保持机组在最佳真空运行。夏季真空容易变差，需要增加冷却水量。当负荷不变时，冷却水温升增大，表明冷却水量不足。温升增大将引起排汽温度升高，真空降低，此时应增加冷却水量，从而降低真空。但是增加冷却水量，端差有时可能稍有增加。对引进型300MW机组，当冷却水量减少15%时，凝汽器真空将下降0.5kPa。

4）及时消除循环水加药装置缺陷，定期对循环冷却水加药，对循环水泵进水滤网或水塔滤网进行巡查和清除杂物，防止凝汽器冷却水管结垢、堵塞。

5）加强对凉水塔填料、溅水碟、喷嘴的维护，尽可能降低循环水入口温度。必要时，可更换破损填料或整体更换，或对填料进行改型，同时对喷溅装置进行改造。填料最好选择斜折波或双谐波PVC填料，将XPH喷射型喷溅装置改为GX高效离心式、反射Ⅲ型溅装置。某电厂300MW亚临界机组，冷却塔填料破损严重，淋水不均匀，夏季冷却塔幅高达10℃以上，影响机组真空。机组大修时，通过局部更换破损的淋水填料，并将冷却塔XPH旋流式喷溅装置改为GX高效离心式喷溅装置。冷却塔出水温度降低约1℃，提高凝汽器真空0.3%～0.5%，降低发电煤耗率约0.3%～0.5%。因此应加强对冷却塔维护，清理水池和水塔的淤泥和杂物，疏通喷嘴，更换损坏的喷嘴和溅水碟，修复损坏的淋水填料。出塔冷却水温每升高1℃时对汽轮发电机组效率的影响见表9-10。

表9-10　出塔冷却水温每升高1℃时的经济性变化

机组容量(MW)	25	50	125	200	300	350
效率降低(%)	0.451	0.381	0.31	0.328	0.23	0.242
煤耗率增加(g/kWh)	1.94	1.52	1.033	1.107	0.798	0.738
热耗率增加(kJ/kWh)	56.86	44.84	30.28	32.44	23.39	21.63
煤耗量增加(t/h)	340	536	904	1550	1676	1808

6）加强真空泵检查，控制好真空泵汽水分离器水位，在夏季工况下注意对真空泵冷却器反冲洗；加强对真空泵的维护，保持其高效运行；对真空泵冷却水系统改造，降低冷却水温度，提高真空泵效率。

7）对主蒸汽疏水、低压旁路等阀门检查和管道测温，发现阀门误动或内漏及时联系检修消缺；加强高、低压加热器水位控制，避免高、低压加热器事故疏水误动；加强对高、低压加热器事故疏水、主蒸汽疏水等维护，保持其关闭严密。

8）监视凝汽器水位自动调节正常，避免水位过高。

9）加强凝汽器的清洗。通常采用胶球在运行中连续清洗凝汽器法、运行中停用半组凝汽器轮换清洗法或停机后用高压射流冲洗机逐根管子清洗等方法，保持凝汽器钛（铜）管清洁，提高冷却效果。

10）应加强对循环冷却水水质的监督，根据循环水质及时调整循环水加药方式，及时排污，保证循环水质符合要求；定期对循环水系统各滤网进行巡查和清除杂物，防止凝汽器冷却水管堵塞；及时清洗凝汽器循环水侧进口二次滤网；必要时对凝汽器二次滤网及胶球系统进行改造。

11）真空泵工作水进口温度大于凝汽器冷却水出口温度2～3℃时，真空泵的抽吸能力下降，此时无论机组的真空严密性如何，将明显地影响机组的运行真空。采用低温水（如工业水或集中空调冷冻水）对工作水进行冷却，降低工作水温度，提高真空泵的出力。如某电厂300MW机组的真空泵工作水的冷却水采用循环水，夏季工况下循环水温度达到31℃，此时的真空泵工作水温度达到45℃。通过冷却水系统改造，接入工业水（地下水温度18.5℃）对工作水进行冷却，真空泵工作水温度下降为35.3℃，机组真空提高约1.7kPa。

12）真空泵冷却水系统加装制冷装置。对于没有低温冷却水源的电厂，可采用真空泵冷却水系统加装制冷装置。其目的是降低真空泵工作水温度，提高真空泵抽吸能力。华电邹县电厂、华能德州电厂真空泵冷却水系统加装制冷装置后运行节能效果明显。

13）负压系统的放空气门或放水门几乎无放气、放水功能，存在漏真空风险，建议取消。

14）应用冷端节能自动控制系统。对于循环水泵改变频机组，冷端节能自动控制系统以实测循环水泵和凝汽器性能试验的数据为基础，建立科学准确的数学模型，并编制冷端系统节能经济调度控制独立模块，在运行机组的DCS控制系统中完成冷端节能经济调度控制模块的组态及试运行，在实现循环水泵变频自动控制的同时，达到冷端系统节能经济调度控制的目的。天津电力科学院对天津国津热电厂1号机组两台循环水泵改变频后应用冷端节能自动控制系统，在冬、春、秋季能取得提高真空、降低循环水泵电耗的效果。

15）双背压凝汽器抽汽系统串联布置改为并联布置，消除高、低压凝汽器抽空气系统阻力不匹配问题，具体改造后布置方式见图9-3。

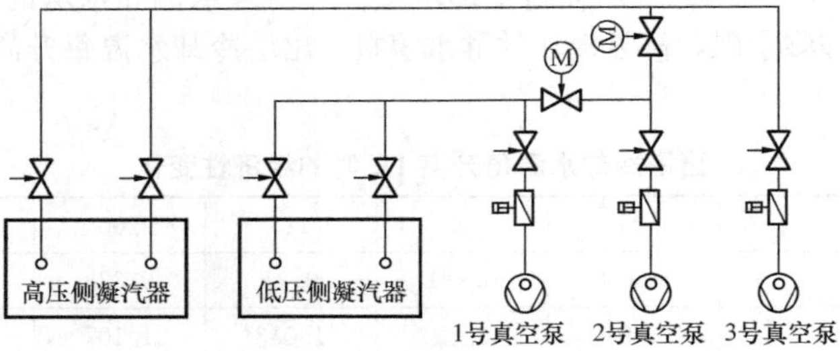

图9-3 抽空气系统并联布置方式

某660MW机组抽空气系统改造后双背压机组的真空提高约0.5～0.8kPa，降低发电煤耗率1.3g/kWh以上。

16）直接空冷系统加装蒸发式凝汽器。将部分汽轮机排汽引入板式蒸发式凝汽器进行冷凝，减少进入空冷凝汽器热负荷，降低汽轮机排汽压力。一台300MW直接空冷机组加装蒸发式冷凝器后，可使机组夏季工况（TRL工况）运行真空提高10kPa以上。

17）凝汽器整体优化改造。如果采用不锈钢光管（壁厚0.5mm）替代铜管（壁厚1mm）的单纯换管改造，将导致改造后凝汽器换热能力下降8%～10%。因此以不锈钢管替代铜管就必须增加凝汽器冷却面积。增加冷却面积可以通过四个方面的途径：①缩小冷凝管管径，增加冷凝管数量；②增加冷凝管长度；③凝汽器喉部空间合理布置导流板，减少“空穴区”；④降低不锈钢管因管壁薄（约为0.5mm），导致换热效果增强，单位长度的质量只有铜管的60%～70%，所以总体成本基本与铜管持平，而且不锈钢管的使用寿命是铜管的2～3倍，因此在凝汽器中使用不锈钢强化换热管可以达到安全性、可靠性、经济性的完美统一。一般整体改造后凝汽器真空提高0.2～1.0kPa。

18）空冷机组冬季运行时，由于热力和蒸汽流量分配不均匀，在空冷系统各散热器排、各管束之间存在热偏差和蒸汽凝结量偏差。当运行空冷风机群转速均低于规定值，而背压仍不能满足防冻需要时，容易造成管束受冻结冰。迫于防冻压力，往往要求维持高排汽压力运行，但排汽压力过高，会降低机组经济性。当环境温度低于5℃时，理论上排汽压力应在8～9kPa左右运行，甚至更低（接近阻塞背压7.6kPa）。为保证空冷凝汽器内蒸汽流量大于最小防冻流量，可通过解列局部空冷凝汽器停运部分风机，以降低运行空冷凝汽器的压力，提高机组真空。在空冷岛四周或上风口增加挡风墙，对空冷风机采用变频运行，对冬季防冻非常有利，应创造条件实施相关改造。

19）对于空冷机组，在空冷岛散热片上加装喷淋装置，背压25kPa以上时投入喷淋装置，背压可降低2.5kPa。

20）对结构不合理、效率低的抽气器或真空泵，应采取更换新型高效抽气器或真空泵、增加或改造冷却装置等措施，进行有针对性的技术改造，以提高其运行效率。

例9-6 已知某300MW汽轮机排汽饱和温度$t_{cos}=35℃$，排汽焓$h_s=2290kJ/kg$；凝结水温度$t_{cot}=34℃$，凝汽器循环冷却水进水温度为19℃，排汽量$D_s=550t/h$，冷却水量$D_w=30\,800t/h$。求凝汽器循环冷却水温升Δt及循环水出水温度，以及过冷度及端差。此时凝汽器真空值为96kPa，当地大气压为0.101MPa，问此台机组当时真空度为多少？凝汽器压力是多少？

解： 冷却倍率$m=30\,800/550=56$，则冷却水温升为

$$\Delta t=(h_s-h_{cot})/(c_p\times m)=(2290-34\times 4.186\,8)/(4.186\,8\times 56)=9.2(℃)$$

循环水出水温度为

$$t_2=19+9.2=28.2(℃)$$

端差为

$$\delta t=t_s-t_{w2}=35-28.2=6.6(℃)$$

真空度为

$$p_{vg}=\frac{p_v}{p_b}\times 100\%=96/101\times 100\%=95.05\%$$

凝汽器压力为

$$p=p_b-p_v=101-96=5(kPa)$$

(22)（凝汽器）初始温差（initial temperature difference of condenser）：凝汽器中汽轮机排汽温度与冷却水进口温度之差。

(23)排汽焓（exhalpy enthalpy）：排入凝汽器的湿蒸汽的比焓，以h_s表示。由于汽轮机排汽属于饱和蒸汽，具有一定的湿度，假定排汽干度为x，则排汽焓计算公式为

$$h_{cos}=xh_s+(1-x)h_{c0}$$

式中 h_{cos}——排汽焓，kJ/kg；

x——排汽干度；

h_s——排汽压力下的饱和蒸汽焓，kJ/kg；

h_{c0}——排汽压力下的饱和水焓，kJ/kg。

例9-7 一台容量为300MW的汽轮机，已知其凝汽器内的压力$p_s=5kPa$，排汽进入凝汽器

时的干度 $x=0.93$，排汽压力下的饱和水焓 $h_{c0}=137.77$kJ/kg，饱和蒸汽焓 $h_s=2561.6$kJ/kg。试求该排汽焓。

解： 排汽焓为

$$h_{cos}=xh_s+(1-x)h_{c0}=0.93\times2561.6+(1-0.93)\times137.77$$
$$=2382.3+9.6=2391.9(\text{kJ/kg})$$

（24）凝汽器端差、终端温差、传热端差（terminal temperature difference of condenser）：凝汽器中汽轮机排汽温度与凝汽器冷却水出口温度之差。计算公式为

$$\delta t=t_{cos}-t_{w2}$$

式中 δt——传热端差，℃；

t_{cos}——汽轮机排汽温度，℃；

t_{w2}——冷却水出口温度，℃。

例 9-8 一台容量为 300MW 的汽轮机，已知其凝汽器压力 $p_{\infty}=5$kPa，排汽进入凝汽器时的干度 $x=0.93$，排汽的质量流量 $D_m=570$t/h。若凝汽器冷却水的进出口温度分别为 18℃和 28℃，水的平均定压质量比热 $c_p=4.187$kJ/（kg·℃），排汽压力下的饱和水焓 $h_{cs}=137.77$kJ/kg，饱和蒸汽焓 $h_s=2561.6$kJ/kg。试求该凝汽器的冷却倍率和循环冷却水量。

解： 排汽焓为

$$h_{cos}=xh_s+(1-x)h_{c0}=0.93\times2561.6+(1-0.93)\times137.77$$
$$=2391.9(\text{kJ/kg})$$

凝汽器热平衡方程为

$$D_m\times(h_{cos}-h_{cs})=D_wc_p(t_2-t_1)D_w=[D_m\times(h_{cos}-h_{cs})]/[c_p(t_2-t_1)]$$
$$=570\times(2391.9-137.7)]/[4.187\times(28-18)]$$
$$=30\ 687.7(\text{t/h})$$

冷却倍率为

$$m=D_w/D_m=30\ 687.7/570=53.84$$

例 9-9 已知进入凝汽器的蒸汽量 $D_{\infty}=198.8$t/h，凝汽器设计压力 $p_s=0.054$MPa。凝汽器排汽焓 $h_{cos}=2290$kJ/kg，凝结水焓 $h_{\infty}=139.3$kJ/kg，冷却水的进水温度 $t_1=20$℃，冷却水比热容 $c_p=4.186\ 8$kJ/（kg·℃），冷却水量 12 390t/h，p_{∞}压力下蒸汽的饱和温度 $t_s=34.25$℃。求冷却倍率、冷却水温升、传热端差。

解： 冷却倍率为

$$m=D_w/D_{\infty}=12\ 390/198.8=62.3$$

冷却水温升为

$$\Delta t=(h_{cos}-h_{\infty})/(c_p\times m)$$
$$=(2290-139.3)/(4.186\ 8\times62.3)=8.25(℃)$$

冷却水出口温度为

$$t_2=t_1+\Delta t=20+8.25=28.25(℃)$$

则传热端差为

$$\delta t=t_s-t_2=34.25-28.25=6.0(℃)$$

端差的大小与凝汽器单位冷却面积的蒸汽负荷、凝汽器钛（铜）管清洁程度及真空系统严密性有关。凝汽器管壁被沾污、结水垢、沉积有机物或泥渣，会使传热系数下降，真空恶化，端差增加，因此端差必须控制在设计值以内（湿冷机组一般不大于 7℃；空冷机组一般不大于 2.8℃）。端差每增加 1℃，热耗增加0.3%～0.5%。凝汽器端差增大的原因如下：

1）循环水进水温度太低。

2）冬季循环水量过大，排水温度低。

3）未设胶球清洗装置、在缺陷投运不正常或因各种原因收球率偏低，引起凝汽器冷却水管清洁度差，换热效果差。按在同一负荷下，如果真空系统严密，抽汽器（或真空泵）工作正常，则端差增大表明凝汽器污脏。

4）机组真空严密性差，水室真空泵不能正常投运使端差增大。

5）冬夏循环水温差大、凝汽器换热面积偏小。

6）机组旁路、疏水系统等内漏，造成凝汽器热负荷过高。

7）加热器水位低，造成部分抽汽进入凝汽器。

8）高压加热器事故疏水阀未关严或内漏，造成大量高温疏水进入凝汽器。

9）凝汽器循环水侧积有空气，换热效果差。

10）循环水水质变差等致使换热管脏污。

11）循环水泵运行方式不当、循环水泵容量小、杂物堵塞凝汽器等原因造成循环水流量偏小，导致真空差，排汽温度高。

12）机组供热抽汽量大时排汽流量减少，使端差增大。

13）填料质量不佳或冬季结冰后碎裂，如果循环水旋转滤网运行不好极易导致凝汽器淤堵，循环水流量减少后凝汽器端差将明显升高。

14）凝汽器堵管数量较多，传热面积减少。

15）原始计算数据测量有误或统计计算方法错误。

降低凝汽器端差的对策如下：

1）加强对凝汽器胶球清洗系统的管理，设立专人负责及时投球，并随时消除缺陷，要求投入率达到98%。

2）通过冷端优化运行调整，实现循环水泵的最佳组合运行方式，合理调整循环水量。

3）检查机组旁路、疏水系统及高/低压加热器事故疏水等阀门正常关闭，避免大量热负荷进入凝汽器。

4）对循环水系统加入次氯酸钠，控制循环水系统微生物含量，减轻凝汽器污染。

5）定期进行真空系统严密性试验，及时查漏、堵漏。

6）凝汽器循环水水侧真空泵投自动，及时排掉循环水侧空气。

7）及时消除循环水加药装置缺陷，保证循环水质劣化后，能进行加药处理并加强排污，减轻凝汽器污染。

8）低负荷停半边凝汽器进行清洗，采用凝汽器循环水反冲洗或凝汽器干蒸等方法，清洗凝汽器冷却水管内污物。检修时对凝汽器冷却水管及汽侧进行清理，清除硬垢，保证换热效果。必要时对凝汽器进行酸洗，可有效降低凝汽器端差。

9）消除凝汽器及真空系统漏点，提高真空严密性。

10）更换凝汽器内被堵冷却水管，保证凝汽器有足够的换热面积。

11）检查核实低压缸排汽压力和循环水出水温度测量是否准确可靠，检查MIS或SYS系统中统计期内凝汽器端差统计计算方法是否正确。统计期内凝汽器端差＝统计期内排汽压力平均值对应的饱和温度－循环水出水温度。

12）必要时对胶球系统进行改造。

13）如系循环水泵容量小、效率低造成循环水流量小，凝汽器端差偏大，建议进行循环水泵提效改造和增容改造。

14）凝汽器为铜管结构，易污染和腐蚀，影响胶球清洗正常投入。建议可对凝汽器铜管更换为不锈钢材质。

15）利用停机机会疏通凝汽器、冷却水塔，必要时更换性能较好的填料，并加强对旋转滤网的检修维护。

（25）凝汽器水位、热井水位（condenser water level）：凝汽器热水井水位高度。一般热水井的水位应保持在水井的1/3～2/3之间，如果水位过高，淹没部分凝汽器管束，汽轮机排汽凝结的空间减小，换热空间减小，排汽温度升高，真空下降，机组的经济性下降。如果水位过低，凝结水泵耗电较少，但是容易使水泵产生汽蚀，对叶轮损坏严重，运行时使水泵产生一定的振动及出口压力摆动的现象。凝结器水位升高的原因如下：

1）凝结水泵存在缺陷，工作不正常。

2）凝结水泵故障跳闸，备用泵未联动。

3）凝汽器或加热器铜管泄漏。

4）凝结水再循环门或低压缸喷水门误开或开度过大。

5）凝结水出口管上阀门误关或备用泵出口止回阀不严。

6）凝结水泵进口滤网脏污堵塞。

7）凝结水泵入口轴封漏入空气，致使水泵打不上水。

8）机组启动中凝汽器水位调整不当。

9）凝汽器软化水补水调整门失灵或不能严密关闭。

10）凝结器水位自动调节装置失灵。

11）补水量突然增加，凝结水泵不能及时将凝结水排出。

12）变频调节引起低频率时凝结水泵出力不足。

防止凝结器水位升高的措施如下：

1）停止补水。

2）从凝结水泵出口管道的放水门就可放水，一般在低压加热器出口。

3）再循环门应关闭。

4）封堵凝汽器或加热器的泄漏铜管。

（26）胶球清洗装置投入率、胶球（装置）投入率（service rate of rubber ball cleaning system）：胶球清洗系统是指利用胶球在凝汽器冷却水管内运动来清洗管内污垢的机械系统，由胶球泵、装球室、收球网、管路和阀门等组成。统计期内胶球清洗装置正常投入次数与该装置应投入次数之比值的百分数称为胶球投入率。计算公式为

$$\phi_{jq}=\frac{t_{st}}{t_{yt}}\times 100\%$$

式中 ϕ_{jq}——凝汽器胶球装置投入率，%；

t_{st}——凝汽器胶球装置实际投入运行小时数，h；

t_{yt}——凝汽器胶球装置应投入运行小时数，h。

有的学者认为凝汽器胶球装置投入率计算公式为凝汽器胶球装置投入率＝$\frac{\text{胶球装置正常投入次数}}{\text{应投入胶球装置次数}}\times 100\%$。要求凝汽器胶球装置每天运行1～2次，每次不少于2h；检查胶球装置投运记录，考核期内胶球装置投入率应不低于98%。投入率低的原因如下：

1）凝汽器冷却水管收球网脏、堵球，无法正常投入。

2）胶球清洗装置存在运行中无法处理的缺陷，无法正常投入。

3）循环水压低造成的收球率低或无回球，无法正常投入。

4）水侧充满度不足造成的收球率低或无回球，无法正常投入。

5）凝汽器冷却水管收球网脏、堵球。

6）胶球清洗装置存在运行中无法处理的缺陷。

提高凝汽器胶球装置投入率的措施如下：

1）应制定凝汽器胶球清洗管理制度，设立凝汽器胶球装置设备专责人。汽轮机运行专工负责设备日常运行情况的监督，汽轮机检修专工负责设备缺陷消除情况的监督。

2）胶球清洗投球人员应按规定数量投球，按规定时间投球，确保清洗时间，按时收球，做好胶球清洗工作。

3）维修人员应按规定定期巡视胶球清洗设备运行情况，及时消除收球网堵球、漏球造成收球率低的缺陷，做到设备缺陷不过天。

4）对于设计不合理、设施有先天缺陷的，应在大、小修中进行改造。

5）节能专责人负责收球率、投入率的分析监督。胶球装置投入率纳入部门考核指标中。

6）合理调整循环水量，保证循环水压力。

7）清洗循环水管收球网。

8）凝汽器冷却水管内漏、渗漏和结垢及收球网堵球、漏球造成收球率低时，应及时消除相关缺陷，保证投运率。

9）检查更换胶球系统执行机构、胶球泵等设备的易损部件，提高设备运行可靠性。

10）对凝汽器胶球清洗装置进行改造，如收球网板、执行机构、胶球泵、胶球系统管路等。推荐采用达极公司的胶球清洗系统和专用胶球。德国达极公司作为全球首家研发胶球清洗装置的公司，其上海分公司在国内数十家电厂成功实施了胶球清洗系统改造，主要技术有：每套胶球系统根据凝汽器的结构和运行工况“度身定制”；具有可靠的收球网段，采用倒V型收球网和合理的导流板；根据运行工况和结垢特点配置胶球，选用质量优异的胶球，备有上万种不同材质、密度和涂层的胶球供选用；采用宽流道、低转速的专用胶球泵等。

(27)（胶球清洗装置）收球率（rate of collected ball of rubber ball cleaning system）：计算期内，凝汽器胶球清洗装置运行期间，每次胶球投入，正常运行30min后，收球15min，实际收回胶球数与投入胶球数比值的百分数。与收球网的完整性、严密性、凝汽器结垢、堵杂物程度、胶球清洗系统连续投运时间、胶球清洗系统畅通程度有关，其计算公式为

$$\phi_{sq}=\frac{N_{sq}}{N_{tq}}\times 100\%$$

式中 ϕ_{sq}——凝汽器胶球装置收球率，%；

N_{sq}——计算期内凝汽器胶球装置收球数量，只；

N_{tq}——计算期内凝汽器胶球装置投球数量，只。

实测或检查胶球装置收球记录，考核期内胶球装置收球率合格应大于或等于90%，良好应达到94%。收球率低的原因如下：

1）凝汽器循环水品质不合格造成冷却水管内表面、收球网格结垢，管孔滤网堵塞。

2）凝汽器循环水管内流速（流量）不足，低于设计值15%，胶球穿越铜管能量不足，造成局部堵球。

3）凝汽器收球网设计存在缺陷、设计翻转角度过大或过小导致收球网堵球。

4）凝汽器收球网的转动结合部位间隙超标，投球室存在空洞或收球网关闭不严密导致跑球。

5）凝汽器投球前新胶球未经充分浸泡，胶球密度小，停留在凝汽器水室及管道顶部，影响

收球。

6）循环水母管压力低，造成凝汽器水侧水量充满不足，回球不好。

7）杂物堵塞凝汽器冷却水管，或聚集在收球网口影响胶球系统收球。

8）胶球质量差或尺寸不满足设计使用要求，新胶球较硬或过大，不易通过铜管。

9）循环水温过高导致胶球黏结。

10）水室上部积存有空气。

11）胶球系统设备老化。凝汽器进口水室存在涡流、死角，胶球聚集在水室中。

提高胶球回收率的方法如下：

1）明确责任，制定合理的操作规程，设专人定期进行维护。胶球装置收球率发生较大变化时，应及时分析、查明原因，属于设备问题应及时通知维修人员检修。

2）堵死角。对凝汽器水室内的死角、盲孔或涡流区，加装流线型导流板或孔径不大于7mm的球面网罩，减少水室内的旋涡和串缝，以免胶球滞留。

3）合理设计。在胶球清洗管路系统设计时应尽量减少弯头，严格执行管道焊接工艺，不允许出现焊口错位、破口不打毛刺便焊接等现象。

4）正确安装。在直流供水的冷却水系统中，胶球泵入口管的标高应低于收球网网底位置。装球室应尽量接近胶球泵。收球网内壁应光滑不卡球，且装在冷却水出水管的垂直管段上。

5）清垢。停机检修时，水室中垢片、锈片及其他一切杂质必须清理干净，否则水室的杂物和脱落的碎物可能会造成凝汽器管和收球网堵塞。杂物堵塞凝汽器循环水管造成胶球清洗装置清洗无效时，及时对凝汽器半边解列清洗或对收球网进行反冲洗，将杂物清洗出系统。

6）堵漏。胶球清洗装置投入运行前，若已发现冷却管泄漏，则应予以更换或堵塞。胶球清洗装置投入运行后，应注意凝结水水质是否有恶化现象，因为胶球可能把已经堵塞的泄漏处重新擦开；如果凝结水水质恶化，则应采取堵漏措施，或从装球室中加入湿木屑，暂时将泄漏处堵住，然后酌情采取其他措施。

7）合理地选换胶球。调研同类型凝汽器胶球使用经验，选用合格的胶质硬球，湿态胶球视相对密度为1.00～1.15；在使用期限内及使用条件下，湿态胶球比凝汽器换热管内径大1～2mm；胶球膨胀率控制在0.5～1.0mm之内。在设计或运行时，必须对胶球的规格、性能、质量和供货验收标准提出严格的要求，不能使用任意胶球。运行中如果凝汽器脏污严重，应先采用较软和较小的胶球，才能保证胶球畅通无阻；然后再改用稍硬、稍大的胶球，这样即能保证较高的收球率，又能取得良好的清洗效果。

8）制定合适的清洗时间。胶球清洗时间应根据具体机组，针对不同水质制定不同的清洗时间和清洗频次。制定的原则是在间隔时间内，冷却管内不会形成坚实的污垢附着物或藻类物质。有的电厂每天清洗一次，每次15～30min，也有的电厂每周清洗一次，每次30min。建议胶球清洗每天一次，一次保证30～60min。

9）定期检查胶球。及时剔除磨损到最小直径以下或失去弹性的胶球；及时补充新球，使收球室内的胶球数量达到下次投球运行的定额值，并做好记录，确保下次胶球清洗的正常有效运行。

10）保证冷却水母管压力（提高冷却水流速）。胶球清洗装置的正常运行是以冷却水达到一定压力为前提的，当电厂拥有的汽轮发电机组较多、冷却水母管压力偏低时，应在投球清洗前增开冷却水泵台数；如果冷却水母管原设计压力就低，则只能关小非清洗机组冷却水进口阀门，以提高清洗机组的冷却水进口压力。

11）调节循环水量。根据季节和运行方式，通过调整凝汽器出水阀门开度等，选择在合适的循环水量下清洗或收球，避免胶球穿越冷却水管能量不足，堵在管口。

12）投球前浸泡胶球。投球前胶球应充分进行浸泡，投胶球时一定要确保系统阀门或操纵杆处于正常的投球或收球位置。

13）充分排气。对具有虹吸作用的凝汽器水室，在水室最高点装设水室真空泵，水室真空泵根据进口阀前、后压差开启或者关闭，及时抽出水室中聚集的气体；无虹吸作用的凝汽器水室启动时，水室应充分排气，运行中定期排气（或节流连续排气）。

14）定期检修循环水泵进口旋转滤网或二次滤网。清洗循环水泵入口旋转滤网、凝汽器循环水一二次滤网和收球网杂物，及时修补和更换损坏的滤网。

15）根据循环水质及时加次氯酸钠，保持循环水清洁，防止杂物堵塞冷却水管，或聚集在收球网口影响胶球系统收球。

16）胶球系统优化改造。检查处理胶球系统管路过长、弯头过多、管路焊接错口、收球网布置不合理等影响胶球流畅通过的缺陷。有条件的还可降低胶球泵位置，以增加胶球泵入口压头，提高收球率。保持活动收球网表面的光滑清洁，防止由于收球网表面有毛刺使胶球粘在收球网表面，降低收球率。

17）循环水二次滤网和胶球收球网采用旋转式滤网改造。某电厂机组循环水二次滤网为固定网芯，水流外旋清污，自清污能力差，基本无清洁功能，导致循环水流动受阻，影响胶球清洗系统的正常投运。同时，胶球收球网为固定漏斗网，无反洗功能，胶球投运一段时间后收球网板污物增加造成堵塞。改造方案为更换电动旋转反冲洗二次滤网及旋摆自锁反冲洗收球网。二次滤网网孔直径为6.5mm，自清污能力强，网芯旋转，刮污板刮污，反向水流从网芯内侧向网芯外侧反冲洗清污；胶球收球网实现了旋摆自锁反冲洗功能。

18）确定合适的投球数量。正常投球数量应为凝汽器单流程冷却管总根数的7%～10%。例如某300MW机组配N16800-1型对分、双流程表面式凝汽器，主凝结区为17 924根冷却管，空冷区和迎汽区为1808根冷却管，冷却管总根数为19 732根，按照单流程8%根数计算，单程单侧投球数量为19 732/4×8%＝395个。

19）对收球网关闭不到位的问题，应利用检修机会将收球网进行全面调整，增大收球网马达力矩，并设置限位装置，确保收球网可靠关闭。

（28）清洁度、清洁系数（cleanness factor）：冷凝管的总传热系数与设计传热系数的比值，符号为ξ_c。清洁系数受冷却水质条件影响较大，见表9-11。

表9-11　　清洁系数ξ_c取值

项　目	清洁系数ξ_c	项　目	清洁系数ξ_c
直流供水和清洁水	0.80～0.85	新铜管（运行铜管）	0.85(0.80～0.85)
循环供水和化学处理水	0.75～0.80	新钛管（运行钛管）	0.90(0.85～0.90)
脏污冷却水或可能形成矿物沉淀水	0.65～0.75	新不锈钢管（运行不锈钢管）	0.90(0.80～0.90)
具有连续清洗的凝汽器	0.85		

清洁系数是用来表征管子脏污程度的量，它是在相同的冷却水速度和温度，相同的蒸汽温度和流量下，旧管子与新管子传热系数的比值。整个凝汽器的清洁系数是所有管子清洁系数的平均值。通常选用一定数量有代表性的管子进行试验，以确定整个凝汽器的传热系数。

因为一般凝汽器均有设计清洁系数ξ_{c1}和总体传热系数K_1，因此当总体传热系数变为K_2时的清洁系数ξ_{c2}可由下式求得，即

$$\xi_{c2}=\frac{K_2}{K_1}\xi_{c1}$$

K_1、K_2所对应的试验工况应相同（仅清洁系数不同），如不同应设法修正。如果在运行样管中的水速与整台凝汽器的平均值不一致，则试验所确定的清洁系数应按下列方程进行修正，即

$$\frac{\xi_{c1}}{\xi_{c2}}=\left(\frac{v_{w2}}{v_{w1}}\right)^m$$

上述方程是假定单管或整台凝汽器的清洁系数与通过管子的水速的 m 次方成反比的条件下建立的。当试验是在两种或更多的水速下进行时，指数 m 即可根据上述方程确定；如果试验仅在一种水速下进行，则 m 值就不能用计算方法确定，此时建议 $m=0.13$。

制造厂的性能保证书中，对凝汽器的清洁系数给出了定值或合理范围。凝汽器清洁度低是影响机组冷端性能的一个重要原因。凝汽器设计清洁度一般为 0.8～0.85，而国产引进型 300MW 机组平均运行清洁度为 0.6。例如某电厂 1 号机组改造前运行清洁度仅为 0.37，此项影响真空约 2.45kPa。提高凝汽器清洁度的措施如下：

1）对于冷却管内壁钙垢层较厚的凝汽器进行酸洗。

2）正常投入凝汽器胶球清洗装置。对于胶球清洗装置所选用的胶球，其直径、硬度和重度要根据本厂凝汽器实际运行情况并参考专家意见分析确定。有条件的可实现凝汽器根据清洁度自动清洗。

3）设置循环水二次滤网。在采用开式循环的电厂，由于近年来河流、湖泊污染程度的日益加重，循环水中夹带大量杂物；在多采用闭式循环的北方地区，冬季时间长，气温低，循环水冷却塔中的淋水填料会因结冻而破碎，破碎后的填料碎片进入循环水系统，从而阻塞冷却管及凝汽器水室，影响胶球清洗装置的正常运行，所以，应安装循环水二次滤网装置。

4）定期清理凝汽器水室。由于循环水水质欠佳或者二次滤网运行质量的缺陷，造成凝汽器水室杂物堆积，杂物卡在冷却管内使胶球无法正常运行或者使冷却水流量降低。

5）加强凝汽器维护工作，建立凝汽器运行中半边清洗的制度，提高凝汽器的清洁系数。

6）加强对凝汽器胶球清洗的管理，根据循环水质情况确定每天通球清洗次数和时间，设专人负责及时投球，并随时消除缺陷。

7）运行中发现胶球清洗装置的胶球循环速度降低时，应检查胶球输送系统的工作情况，发现问题及时处理。运行中应注意凝汽器端差的变化，定期测算凝汽器的清洁系数，以检查胶球清洗效果。

提高清洁系数的主要措施如下：

1）采取凝汽器胶球清洗装置，选用合适胶球，提高收球率，增加胶球清洗时间和频率。根据凝汽器冷凝管内壁脏污（垢）的具体情况，选择合适的胶球，保证胶球清洗装置正常投运和收球率达 90%以上。对于凝汽器水侧的软垢，可以选择普通海绵球。干态的海绵球球径应等于冷凝管的内径，湿态的海绵球球径应比冷凝管内径大 1～2mm。对于凝汽器水侧的硬垢，可以选择硬球（塑料球）和金刚砂球，塑料硬球靠撞击除硬垢；金刚砂球靠摩擦除硬垢。塑料硬球的球径应比冷凝管内径小 0.5～1mm；湿态金刚砂球球径应比冷凝管内径大，且不大于 1mm。对于冷却水量小（流速低）造成收球率低的情况，可以尝试关闭或关小半侧凝汽器冷却水入（出）口门，进行半侧收球，提高收球率。

2）去除水中杂质。直流冷却系统杂质较多，原则上应加装二次滤网或对二次滤网进行改造，提高二次滤网过滤和自清洗性能，并保证正常投运。对于北方泥沙含量大的冷却水水源，应充分沉淀和过滤后才能作为冷却塔的补充水源。

3）循环水中加阻垢剂，控制循环水水质和有机物。

4）利用一切可利用的时机和手段对冷凝管进行清洗和水室杂质清理。如利用每一次停机机会进行高压水冲洗；条件允许的情况下，机组运行中凝汽器半侧运行，对另一半进行清洗等。

5）必要时对凝汽器冷凝管进行酸洗。

6）对不能清除顽垢或铜管已经减薄超标的凝汽器，可考虑换管技术改造。

7）目前国内许多电厂胶球系统连续运行5天，周末进行收球，并及时更换部分损坏的胶球后继续运行，尽最大可能保证凝汽器冷却管的连续清洗。建议其他电厂效仿这一做法，确保胶球清洗效果。

（29）漏气量（condenser air leakage）：从处于真空条件下的汽轮机设备（如凝汽器、低压给水加热系统等）和管道、阀门中的不严密处漏入凝汽器内的空气。凝汽器漏气量与凝汽器设备的尺寸、结构完善程度、安装质量和运行情况等因素有关。漏气量随机组负荷的减小而增大，因为在低负荷时，处于真空状态下工作的区域增大，使漏气范围扩大。由于影响的因素太多，所以漏气量难以精确计算，凝汽器在稳定工况下运行时，漏气量几乎等于抽气量。不同容量机组凝汽器漏气量限值见表9-12。大型凝汽器容许的漏气量 G_{lk} 可按下列经验公式进行估算，即

$$G_{lk}=\frac{D_{zq}}{25}+7.2$$

式中 D_{zq}——汽轮机排入凝汽器的蒸汽量，t/h；

G_{lk}——大型凝汽器容许的漏气量，kg/h。

表 9-12　　不同容量机组凝汽器漏气量限值

机组容量(MW)	漏气量(kg/h)	机组容量(MW)	漏气量(kg/h)
⩽25	5	250	25
50	10	300	30
100	15	500	40
200	20	600	50

例 9-10　300MW 机组，凝汽器 $p_k=5.2$kPa，总排汽量 $D_{zq}=595\ 000$kg/h，求凝汽器容许的漏气量。

解：总排汽量 $D_{zq}=595\ 000$kg/h=595t/h，则容许的漏气量为

$$G_{lk}=\frac{595}{25}+7.2=31(\text{kg/h})$$

消除或减弱凝汽器汽侧空气聚集的主要措施如下：

1）提高机组真空系统严密性。通过各种技术手段进行真空系统检漏，及时发现真空系统泄漏点，并进行彻底处理。机组在80%额定负荷以上运行时，应确保湿冷机组真空严密性小于或等于200Pa/min；机组在50%～80%额定负荷运行时，应确保湿冷机组真空严密性小于或等于270Pa/min。

2）进行真空泵及抽空气系统诊断试验，确认真空泵抽吸能力下降的主要原因，并有针对性地进行治理。真空泵抽吸能力变差主要是真空泵工作水温度升高引起的，应从工作水的冷却系统查找原因。

3）通过诊断试验确认双背压凝汽器高、低压抽空气管路存在的问题，进行抽空气管路完善和改进，确保抽气设备能及时抽出凝汽器内聚积的空气。

4）启动前必须放气彻底。

（30）比耗功率（specific power）：抽气器抽吸单位漏气量所消耗的功率，计算公式为

$$P_u = \frac{P_p}{q_a}$$

式中 P_u——比耗功率，kW/（kg/h）；

P_p——耗功，即抽气器所消耗的功率，kW；

q_a——抽吸的干空气量，kg/h。

对于射水抽气器，所消耗的功率为

$$P_p = \frac{q_V(p_w + H_0\rho g - p_{am})}{3600 \times 10^3 \eta_p \eta_m}$$

式中 P_p——抽气器所消耗的功率，kW；

q_V——工作水体积流量，m^3/h；

H_0——水泵安装平面至工作喷嘴进口处的高度，m；

p_w——工作水的绝对压力，Pa；

p_{am}——大气压力，Pa；

ρ——水的密度，kg/m^3；

g——重力加速度，m/s^2；

η_p——工作水泵效率，%；

η_m——拖动水泵电动机的效率，%。

对于水环式真空泵，所消耗的功率为

$$P_p = \frac{3.837 \times 10^7 q_a R(273 + t_w)\ln\frac{p_2}{p_1}}{60\eta_p \eta_m}$$

式中 P_p——真空泵所消耗的功率，kW；

q_a——真空系统漏入的空气量，kg/h；

R——气体常数，N·m/kg；

t_w——工作水温度，℃；

p_1——吸入压力，MPa；

p_2——排气压力，MPa；

η_p——真空泵效率，%；

η_m——拖动真空泵电动机的效率，%。

例如200MW机组配备不同类型的抽气器，其主要参数见表9-13。600MW机组配备液环式真空泵的主要参数见表9-14。

表9-13　　200MW机组不同类型的抽气器技术特性

抽气器类型	工作介质参数			吸入干空气量(kg/h)	吸入室压力(kPa)	耗功计算值(kW)	运行与备用台数	比耗功率[kW/(kg/h)]
	压力(MPa)	温度(℃)	流量(t/h)					
射汽抽气器	0.589	158	1.1	75	4.41	194	1+1	2.59
射水抽气器	0.589	20	860	75	3.92	176	1+1	2.35
离心式LEBEL真空泵	—	20	178	31	3.42	40	2+1	1.29

表 9-14　　600MW 机组液环式真空泵技术特性

泵组型号	真空泵型号	吸入干空气量 (kg/h)	抽吸压力 (kPa)	转速 (r/min)	工作水量 (kg/h)	电动机功率 (kW)	耗功 (kW)
2BW4-353-OEL4 (2BW4-353-OBK4)	2BE1-353	60	4.6	490	22	110	55

(31) 真空（系统）严密性、真空下降率、真空下降速度（vacuum decreasing rate）：机组真空系统的严密程度，以真空下降速度表示。试验时，负荷稳定在额定负荷的 80%以上，在停止抽气设备的条件下，30s 后开始每 0.5min 记录真空值一次，共记录 8min，取后 5min 的真空下降值。真空系统严密性至少每月测试一次，以测试报告和现场实际测试数据作为监督依据。计算公式为

$$V_{zk}=\frac{\Delta p_{yl}}{t_{sy}}$$

式中　Δp_{yl}——试验期凝汽器压力增加值，Pa；

t_{sy}——试验时间，min；

V_{zk}——凝汽器真空下降速度，Pa/min。

对于湿冷机组，100MW 及以下机组的真空下降速度不高于 400Pa/min，100MW 以上机组的真空下降速度不高于 270Pa/min。空冷机组真空系统严密性小于或等于 130Pa/min。

真空严密性差的原因如下：

1）轴封体中分面漏空气，低压轴封间隙大。

2）某些汽轮机润滑油含微水量较高，被迫降低主机轴封压力。

3）中低压缸连通管法兰结合面不严密。

4）备用真空泵进口蝶阀关闭不严，且真空泵汽水分离器排汽止回阀关闭不严或分离器水位过低。

5）低压缸水平中分面漏空气，尤其是缸体变形最大处。

6）汽轮机低压缸及给水泵汽轮机防爆膜或安全门损坏。

7）凝汽器喉部膨胀节、焊缝缺陷等存在漏空气。

8）低压轴封供汽压力不足。

9）给水泵汽轮机负压系统漏空气影响。

10）给水泵汽轮机轴封间隙大；给水泵汽轮机排汽蝶阀前、后法兰漏。

11）高、低压加热器事故疏水，主/再热蒸汽管道疏水等有关疏水阀后管道泄漏。

12）真空破坏阀未关严，水封不良。

13）轴封冷却器疏水水封破坏。

14）凝汽器外置式疏水扩容器，扩容器水位低导致凝汽器疏水阀误开或内漏。

15）旁路系统误动。

提高真空严密性的对策如下：

1）应定期进行真空严密性试验，如严密性指标不合格，则应及时进行负压系统检漏、堵漏。真空严密性应每月测试一次并建立试验台账。

2）机组检修时应通过高位灌水或氦质谱检漏仪查找真空漏点，并进行有效封堵。

3）如因热力系统布置原因或低压缸轴封问题引起真空严密性不合格，应结合检修进行系统改造和轴封型式的改造。

4）真空严密性试验时建议对多个真空测点和背压测点数值变化进行记录分析，对测点之间的偏差反映出的如测量管路和表计安装不规范等问题进行治理。

5）运行中适当提高轴封供汽压力。

6）应通过检修及时消除真空泵存在的缺陷。

7）对于空冷机组，安装空冷岛排汽装置逆流区防寒帘，防止空冷岛排气装置因被冻坏而漏真空。

8）完成主机、给水泵汽轮机抽真空系统隔离改造。

9）更换破损的汽轮机低压缸或给水泵汽轮机排汽缸防爆膜。

10）对于低压缸水平结合面漏空气，应对上下缸立面法兰打磨、满焊，并探伤检查低压缸中分面胶条槽道，对无过渡圆角处进行修理。某电厂200MW机组A修期间对低压缸水平结合面及端部轴封盒水平结合面进行开槽（12mm×5mm），加装耐高温密封填料（耐高温胶条 $\phi 8\times 8$mm，镍基石墨填料 8mm×8mm），消除了低压缸水平结合面漏汽，真空严密性由原来的600Pa/min降低到200Pa/min。

11）检查凝汽器喉部膨胀节及焊口，补挖并消除缺陷。

12）检查调整轴封加热器疏水水封、凝汽器膨胀节水封等正常。

13）检查连通管法兰结合面的严密情况，探伤检查连接管焊口，更换新的成型垫。

14）发现真空下降，应校对排汽温度表及其真空表，查明原因，采取对策，启动备用真空泵或射水抽气器。真空下降值达到87kPa时应及时汇报，并设法恢复真空。

（32）真空严密性合格率（qualified ratio of vacuum decreasing rate）：凝汽器及真空系统普遍存在真空低、严密性差等问题，严重影响着机组的经济运行。真空严密性差是真空低的主要原因之一。由于机组真空系统庞大而复杂，影响真空的环节多，所以提高机组真空严密性一直是各电厂较为棘手的问题。根据国产引进型300MW机组真空严密性对其真空影响的试验数据统计分析得知，真空下降速度降低0.1kPa/min，其真空提高约0.12kPa。真空严密性合格率计算公式为

$$L_{zk}=\frac{N_{hg}}{N_{sy}}\times 100\%$$

式中 N_{hg}——计算期内真空严密性合格次数，次；

N_{sy}——计算期内真空严密性试验次数，次；

L_{zk}——单机真空严密性合格率，%。

严密性治理的唯一办法就是真空检漏。检漏可采取停机灌水检漏或者在运行中使用气体检漏的方法。检漏工作技术要求并不高，关键在于认真、细致，同时对于查漏发现的泄漏点，根据漏率大小分期、分批严格处理，确保密封。检漏工作并非一次就能完成，往往需要多次反复进行，经过严格堵漏处理后，机组的真空严密性一定能够得到明显提高。通过不懈努力最终使无法进行严密性试验的机组其严密性指标达到优秀的电厂为数不少。例如某电厂4台机组，2001年共进行查漏31台次，发现漏点201处，处理漏点191处，真空严密性水平大幅提高。2000年全厂平均真空值为91.5kPa，2001年全厂平均真空值为92.7kPa。年节标煤约2万t。

（33）最低吸入压力、最小吸入绝对压力、极限（吸入）压力、最小吸入绝压、极限抽吸背压（ultimate perssure）：泵装有标准试验罩并按规定条件工作，在不引入气体（密闭的，无外来气体）正常工作的情况下，趋向稳定的最低压力，单位为Pa、kPa或mbar。1mbar=0.1kPa。

例如在水温为15℃，气温20℃的情况下，2BE1水环真空泵的极限吸入压力为3.3kPa；ZJQ1200气冷罗茨真空泵的极限吸入压力为1.3kPa；ZJP1200非气冷罗茨真空泵的极限吸入压力可达0.03Pa。

第二节 回热设备指标

(1) 给水压力损失、管侧阻力 (tube side pressure loss)：加热器给水进口压力与出口压力之差。

(2) 壳侧阻力 (shell side pressure loss)：加热器蒸汽进口压力与疏水出口压力之差。

(3) 加热器温升、给水温升 (feed water temperature rise)：加热器给水出口处温度与进口处温度之差。某电厂各加热器温升设计值见表 9-15。

表 9-15 某电厂各加热器温升设计值 (℃)

序号	机组等级	100%负荷	75%负荷	50%负荷	40%负荷	30%负荷	加热器编号
1	350MW	19～35	17～33	15～31		14～29	5～8号
2	超临界 660MW	19～39	14～37	7～35	3.5～34	1.09	
3	350MW	28～30	23～31	21～28		14～34	1～3号
4	超临界 660MW	21～43	20～39	18～36	18～34	17～32	

加热器温升降低的原因如下：

1) 加热器旁路阀未关严，或加热器水侧水室分程隔板变形、开焊等造成加热器进出口短路，给水未经加热直接到加热器出口。

2) 加热器处于低水位运行，加热器的疏水凝结段及放热段换热不充分。

3) 加热器进汽管道上的某一阀门因故没有全开，加热器进汽流量不足。

4) 抽汽管道上疏水阀未关或内漏，造成加热蒸汽量减少。

5) 加热器因泄漏堵管率高，换热面积不足。

6) 加热器管子表面脏污、结垢，换热不良。

7) 加热器积聚空气，或加热器的抽空气管路阻塞，不凝结气体累积后影响加热器的换热效率。

8) 加热器事故疏水调节阀存在内漏现象。

9) 汽缸内部缺陷造成加热器抽汽口堵塞、抽汽压力降低等，抽汽供给加热器的热量不够。

提高加热器温升的对策如下：

1) 将加热器旁路阀关严，消除内漏。

2) 控制加热器水位在正常范围内，防止加热器水位控制过高，造成管束被淹没，影响换热。

3) 检查并全开抽汽管道上的电动阀、止回阀，保障加热充足。

4) 关闭抽汽管道上疏水阀，处理内漏阀门，防止加热蒸汽量减少。

5) 对加热器进行检修处理，及时清除加热器管子表面脏污、结垢，增强换热效果。

6) 加热器投停或运行中，及时放空气。

7) 对加热器内漏及时进行处理。

8) 及时消除加热器事故疏水调阀内漏现象。

(4) 加热器(上)端差、加热器终端温差、给水端差(TTD：terminal temperature difference)：加热器进口处的蒸汽压力对应的饱和温度与加热器出口处的给水温度的差值。计算公式为

$$\Delta t = t_{bh} - t_{cs}$$

式中 Δt——加热器上端差，℃；

t_{bh}——进口蒸汽压力下饱和温度,℃；

t_{cs}——加热器的水侧出口温度,℃。

给水端差反映了加热器的换热效率和换热能力。加热器端差不应大于其设计值。带过热蒸汽冷却段的高压加热器给水端差一般为－1～2℃，不带过热蒸汽冷却段的高压加热器给水端差一般为1～3℃，大容量机组取下限值。低压加热器给水端差一般为2～3℃。引进型300MW机组实际运行中普遍存在加热器端差大的问题，例如某电厂4台300MW机组加热器端差情况见表9-16。国产300MW机组加热器端差平均增加1℃（从1号加热器到8号加热器均各自增加1℃）时，发电煤耗率上升约0.30g/kWh。一般情况下，高压加热器的端差增大、同时温升降低，则最大的可能是高压加热器水室分程隔板变形或损坏，应立即进行修复或更换。水室分程隔板变形或损坏后，高压加热器的端差和温升随着运行时间的变化表现规律十分明显，即随着运行时间的增加（含机组启、停次数增加），端差逐步增大、温升逐步减小，同时加热器给水阻力下降。

表9-16　　某厂300MW机组回热加热器端差情况

加热器	抽汽压力(MPa)			温升(℃)				上端差(℃)		下端差(℃)		
	设计值	实际值	饱和温度*(℃)	设计值	实际值	进水温度	出水温度	设计值	实际值	设计值	实际值	疏水温度
JG1	5.85	6.03	277.0	30.4	25	246	271	−1.7	6.0	5.56	3	249
JG2	3.579	3.63	246.2	41.5	40	206	246	0	0.2	5.56	5	211
JG3	1.648	1.67	206.3	26.7	33	173	206	0	0.3	5.56	5	178
CY4	0.843	0.77			37	135	172					
JD5	0.388	0.275	141.3	31.5	30	105	135	2.8	6.3	5.56	10	115
JD6	0.127	0.058	112.9	19.9	18.8	86.2	105	2.8	7.9	5.56	6.9	93.1
JD7	0.066	−0.034		22.3			86.3	2.8		5.56		77.2
JD8	0.025	−0.076		26.3		42		2.8		5.56		47.3

* 饱和温度是根据"抽汽压力(表压)＋当地大气压力"的绝对大气压力，从饱和水蒸气热力参数表中查取。

影响给水端差的主要原因如下：

1）加热蒸汽压力不稳或抽汽管道上电动阀、止回阀未全开，造成加热不足。

2）加热器汽侧排空气不畅，导致不凝结气体聚集，影响换热。

3）加热器管子表面结垢，换热不良。加热器长期运行后，会在管子内外表面形成以氧化铁为主的污垢，降低了传热效果，增加压力损失和管内外温差，引起传热不足，使高压加热器出口温度降低，造成高压加热器给水端差偏大。

4）加热器管束或管板内漏。加热器堵管率超过10%，传热面积较少。

5）壳侧水位。加热器端差增加主要取决于其运行性能，在不考虑加热器堵管及设备缺陷前提下，与其壳侧水位有直接的关系。如果壳侧水位过高，多淹没了一部分有效传热面积，给水在加热器中的吸热量则会减少，也就减少了给水温升，使加热器给水端差增大，疏水端差相对减小；如果壳侧水位过低，不能浸没内置式疏水冷却段入口，加热蒸汽就会直接进入疏水冷却段，其后果会使疏水冷却段几乎丧失冷却作用。

6）加热器水室分程隔板变形或损坏，造成部分给水短路。

7）加热器旁路阀未关严或存在内漏。凝结水或给水不经过加热器，而是从加热器的旁路通过，同样会引起端差的增大。

8）抽汽管道上疏水阀未关或内漏，造成加热蒸汽量减少。

9）疏水温度、加热器进水温度测点测量误差。

10）高压加热器水位零位不准，加热器水位与正常值存在偏差。

11）抽汽参数偏离设计值或高压加热器型式不当导致换热面积偏小。

12）负荷突变，水侧流量突然增加。在额定负荷下，进汽量是一定的，放出的热量基本一定，当给水流量增大时，温升下降，从而导致高压加热器上下端差加大。

13）疏水器或疏水调整门工作失常（卡涩），疏水水位上升。

降低加热器端差的主要措施如下：

1）监视各级段抽汽压力，运行中并保持抽汽压力稳定。

2）检查抽汽止回阀或闸阀是否卡涩，加热器进汽口蒸汽通道是否受阻。

3）在启动过程中，排出加热器内部积聚的空气，提高传热效果。保证加热器运行中正常排气通畅。

4）监视加热器运行水位，防止加热器水位控制过高，造成管束被淹没，影响换热效果。

5）检查消除水室分程隔板泄漏短路及加热器汽侧短路。

6）对于堵管超过规定值且经确认堵管造成了端差增加的加热器可以考虑技术改造或更换。

7）运行中将加热器旁路阀门或高压加热器进口三通阀关严，消除内漏，防止凝结水（给水）旁路现象。

8）及时处理加热器疏水系统及其控制装置缺陷，关闭抽汽管道上疏水阀，处理内漏阀门。

9）校核远传水位及就地磁翻板水位计；校核下端差计算所用到的温度测点。

10）当加热器管束堵管率过高或腐蚀严重时，可考虑更换成新的加热器管束。

11）清理、清洗加热器管子表面脏污。当加热器管束结垢严重时，可采用酸洗方法予以解决。

（5）疏水端差、加热器下端差、加热器初温差（DCA：drain cooler approach）：加热抽汽疏水出口处的疏水温度与水侧给水入口水温的差值。计算公式为

$$\Delta t_{xd}=t_{ss}-t_{js}$$

式中 Δt_{xd}——加热器下端差，℃；

t_{ss}——加热器疏水温度，℃；

t_{js}——加热器的水侧进口温度，℃。

疏水端差反映了疏水冷却段的换热能力和效率。高压加热器疏水端差一般为5～10℃，对于大型机组取下限值。某电厂各加热器下端差设计值见表9-17。

表9-17　某电厂各加热器下端差设计值　℃

序号	机组等级	100%负荷	75%负荷	50%负荷	40%负荷	30%负荷	加热器编号
1	350MW	21～37	19～35	17～32		13～29	5～8号
2	超临界660MW	5.55	5.55	5.56	5.55	5.55	
3	350MW	8～12	5.4～6	3.3～4.4		1.3～3.1	1～3号
4	超临界660MW	5.5	5.5～5.6	5.5～5.6	5.5～5.6	5.6	

疏水端差变差的原因如下：

1）加热器水位低，疏水冷却段换热效果差。

2）加热器积聚空气，影响换热。

3）加热器管束或管板存在内漏现象。

4）加热器事故疏水调阀存在内漏现象。

5）加热器管子表面脏污、结垢，换热不良。

6）水位过高淹没了管束，影响换热。

7）加热器旁路阀未关严或内漏。

降低加热器疏水端差的主要措施如下：

1）通过调整疏水水位，降低疏水端差。疏水端差对疏水水位变化不敏感的情况下，可能是加热器疏水冷却段进水口变形或损坏。

2）注意机组负荷和疏水调节阀开度的关系。当机组负荷未变时，如疏水调节阀开度变大，有可能管子发生了轻度泄漏。

3）定期冲洗水位计，防止出现假水位。

4）加热器投停或运行中，及时放空气。

5）及时消除加热器事故疏水调节阀内漏现象。

6）消除加热器旁路阀或高压加热器进口三通阀内漏缺陷。

7）及时处理加热器疏水系统及其控制装置缺陷，确保加热器水位正常。

8）清理、清洗加热器管子表面脏污。

9）检查处理管板变形引起的管端口泄漏。检查消除水室分程隔板泄漏短路及加热器汽侧短路。

10）进行高压加热器水位优化试验。正常运行中，高压加热器水位控制在规定的设定值范围内，由于受负荷影响和抽汽压力、温度影响，以及测量误差的影响，在不同负荷下，高压加热器水位不同，造成加热效果不同。当高压加热器下端差偏离设计范围（正常值在5～6℃）时，说明加热器实际水位控制不当，发生水位过高淹没疏水冷却段，或水位过低造成本级加热器的抽汽排挤下一级加热器。应根据实际水位情况和优化后的运行效果，校准加热器水位测量回路，并相应修改加热器水位连锁、保护定值。

例 9-11 某300MW机组额定工况下各高压加热器设计参数见图9-4，求高压加热器上端差和下端差。

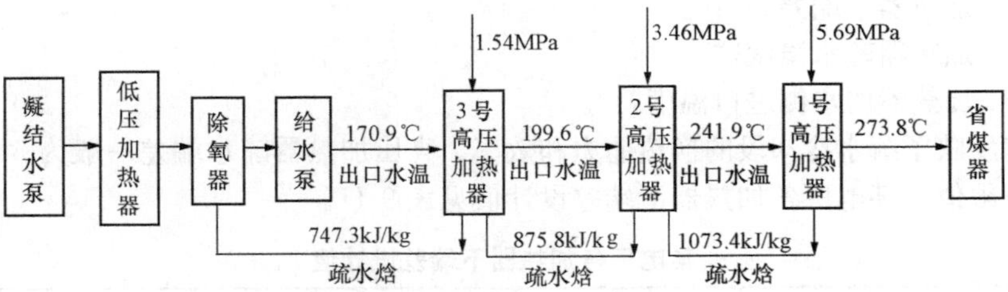

图9-4 加热器端差

解：已知3段抽汽压力为1.54MPa，查汽水性质表其饱和温度为199.6℃；2段抽汽压力为3.46MPa，查汽水性质表其饱和温度为241.9℃；1段抽汽压力为5.69MPa，查汽水性质表其饱和温度为272.1℃。因此3号高压加热器上端差为199.6－199.6＝0（℃），2号高压加热器上端差为241.9－241.9＝0（℃），1号高压加热器上端差为272.1－273.8＝－1.7（℃）。

已知3号高压加热器疏水焓为747.3kJ/kg，查汽水性质表其饱和温度为176.4℃；2号高压加热器疏水焓为875.8kJ/kg，查汽水性质表其饱和温度为205.1℃；1号高压加热器疏水焓为875.8kJ/kg，查汽水性质表其饱和温度为247.5℃。因此3号高压加热器下端差为176.4－170.9＝5.5（℃），2号高压加热器下端差为205.1－199.6＝5.5（℃），3号高压加热器下端差为247.5－241.9＝5.6（℃）。

(6) 抽汽（管道）压损（extraction line pressure drop）：从汽轮机抽汽口到加热器进汽口的蒸汽压力损失。包括蒸汽流经管道、抽汽止回阀和进汽电动门的压损。计算公式为

$$\Delta p=\frac{p_1-p_2}{p_1}\times 100\%$$

式中 Δp——抽汽压损，%；

p_1——抽汽口压力，MPa；

p_2——加热器进口压力，MPa。

端差一定时，如压损增大，则加热器出口水温度下降，本级抽汽量减少，高一级抽汽量增大，回热抽汽做功比下降，凝汽流做功比增大，冷源损失增加，从而导致机组效率下降。某600MW超临界机组1段抽汽压损每变化1个百分点，发电煤耗率变化0.05g/kWh；2段抽汽压损每变化1个百分点，发电煤耗率变化0.02g/kWh；3段（或4段、5段）抽汽变化1个百分点，发电煤耗率变化0.02g/kWh；6段（或7段、8段）抽汽压损每变化1个百分点，发电煤耗率变化0.01g/kWh。

运行中影响压损的因素：

1）回热抽汽管上的阀门开度不足。

2）抽汽管的管径小。

3）抽汽管的局部阻力（即装设的阀门多少和阀门类型）。

一般面式加热器抽汽管压降不应大于抽汽压力的10%，大容量机组取4%～6%。降低压降的主要措施：

1）抽汽管上必须设的逆止阀应选用阻力小的类型。

2）回热加热器采用滑压运行。

3）适当增大抽汽管的管径。

(7) 高压加热器投入率（rate of utilization of HP heaters）：高压加热器位于除氧器之后，给水泵与锅炉之间，在给水泵出口压力下工作。它的作用是利用汽轮机中间级的抽汽来加热锅炉给水，提高进入锅炉的给水温度。高压加热器投入率是指在统计期内，高压加热器运行的小时数与机组运行的小时数之比。另一定义为：投入高压加热器套数与高压加热器设计总套数的百分比。常用计算公式为

$$\Delta h=\frac{h_1-h_2}{h_1}\times 100\%$$

式中 Δh——高压加热器投入率，%；

h_1——机组运行小时数，h；

h_2——加热器事故停运时间，h。

监督检查时，应检查能耗报表，对于随机启停机组高压加热器投入率应大于或等于98%，对于定负荷启停机组，高压加热器投入率应大于或等于95%，不考核开停调峰机组。

高压加热器由于处于高压下工作，容易损坏，损坏后高压加热器不能投入运行，给水温度将下降。表9-18所示为高压加热器不能投入运行后，给水温度降低的数值。高压加热器投入率每降低1%，发电煤耗升高0.08g/kWh。

高压加热器投入率低的原因如下：

1）高压加热器启停时温度变化太快或负荷变化太快导致加热器水温变化较大，产生过大热应力导致高压加热器损坏。

2）水质不良，导致管子的锈蚀损坏。

表 9-18　　高压加热器不投入运行时给水温度降低的数值

机组类别	高压加热器出口水温（℃）	给水泵出口水温（℃）	高压加热器停运时给水温度降低值（℃）
中压机组	164	104	60
高压机组	222～239	160	62～79
超高压机组	240	160	80
亚临界压力机组	258～263	160	98～103

3）疏水水位控制不好引起的疏水冷段汽水两相流，导致管子冲蚀汽蚀，导致高压加热器泄漏。

4）高压加热器设备设计或制造的缺陷。

5）加热器管子管壁过薄，管内流速偏高产生的管道磨损，导致泄漏。

6）抽汽电动门关闭不严导致高压加热器不能隔离检修，被迫停用。

7）疏水调节装置发生故障。

8）疏水管道、水位计、温度测点泄漏，给水管道、给水阀门、安全门等发生故障。

9）加热器防振设计不合理，导致管子、管板疲劳损坏，

提高高压加热器投入率的对策如下：

1）要规定和控制高压加热器启停中的温度变化率，防止温度急剧变化。冷态启动或工况变化时，温度变化率一般应限制在 38℃/h，当温度突变 50℃/h 时，管板上的最大集中应力约为 300MPa，已接近管板材料的屈服极限。在加热器启动时，温度尚未达到给水温度之前，可打开给水出口旁路阀，按选定的温升速率监视加热器的温升；当达到给水温度并且稳定后，再打开给水出口阀以免发生水击。

2）加强高压加热器疏水水位的监视和调整，维持正常的运行水位，防止管子冲蚀、汽蚀导致泄漏。

3）除高压加热器解列外，保持高压加热器旁路阀门关闭。

4）对加热器疏水管道、阀门、水位计等部位的泄漏点，如有条件，可进行带压堵漏。

5）检查、维护好疏水调节装置热工自动及保护装置。

6）通过检修，消除管束或管板内漏；更换管壁过薄的加热器管子。

7）对因汽水两相流冲刷易发生泄漏的部位采取防冲刷措施。

8）加热器防振设计不合理，导致管子、管板疲劳损坏，需进行改造。

9）当加热器长时间停运时，应在完全干燥后在汽侧充入干燥的氮气，以防止停运后的腐蚀，延长加热器的使用寿命。

10）要注意各级加热器的端差和相应抽汽的充分利用，使回热系统处于最经济的运行方式。

11）在加热器启动时，应保持加热器排气畅通。将加热器内非凝结气体排出，是保证加热器正常工作的重要条件。加热器内如有非凝结气体聚集，不但会降低加热器效率，而且还会加快部件的腐蚀。监视加热器的端差，可以判断排气是否畅通。但是当加热器超负荷、管束泄漏或结垢时也会引起终端差增大，应予具体分析对待。

12）避免加热器超负荷运行。加热器在超负荷工况运行时，蒸汽和给水都会加大加热器的工作应力，缩短加热器的使用寿命。如两台并联的加热器一台停运时，另一台将会严重超负荷，这种工况应当避免。

（8）高压加热器全停功率（THOS：all of the turbine high pressure heating operation stopping)：汽轮发电机组能在高压加热器全部停运时，除部分回热系统不能正常运行及进汽量不同外（给水温度一般可达额定温度65%以上，进汽量约为额定的80%以上），其他条件同TMCR工况时保证机组能输出额定功率。当高压加热器全部切除时，机组能连续安全带100%额定功率运行。N660-25/600/600型汽轮机主要设计参数见表9-19。

表9-19　　N660-25/600/600型汽轮机主要设计参数

项目	单位	TRL工况	TMCR工况	VWO工况	THA工况	THOS工况
热耗率	kJ/kWh	7573	7381	7406	7342	7600
主蒸汽压力	MPa	25	25	25	25	22.355
主蒸汽温度	℃	600	600	600	600	600
再热蒸汽温度	℃	600	600	600	600	600
高压排汽压力/温度	MPa/℃	5.992/374.9	6.037/375.9	6.317/383.9	5.7/364.7	5.922/387.0
主蒸汽进汽量	t/h	1906.1	1906.1	2001.4	1792.5	1573.2
再热蒸汽流量	t/h	1605.6	1615.3	1690.9	1524.6	1560.1
平均背压	kPa	9.6	4.6	4.6	4.6	4.6
给水温度	℃	294	294.4	297.8	290	195.3
补水率	%	3	0	0	0	0
发电机端功率	MW	660	686.613	709.514	660	660

(9) 高压给水旁路泄漏率（leak rate of HP heaters bypass)：指高压给水旁路泄漏量与给水流量的百分比。

高压给水旁路泄漏率用最后一个高压给水加热器（或最后一个蒸汽冷却器）后的给水温度与最终给水温度的差值来监测。高压给水旁路泄漏率应每月测量一次。

最后一个高压给水加热器（或最后一个蒸汽冷却器）后的给水温度应等于最终给水温度。

降低高压给水旁路泄漏率的主要措施如下：

1）高压加热器进口三通阀（即进口联成阀）容易向高压加热器旁路侧内漏，应利用检修机会对出现泄漏的高压给水旁路门进行检查处理。

2）经常对最后一级高压加热器出口温度和最终给水温度比较，判断高压加热器旁路是否泄漏。

3）如果在运行中高压加热器进口三通阀未全开，或者高压加热器旁路门未关严，可能使给水走旁路，使加热器传热端差增大。应检查并全开进口三通阀，及时手动关上三通阀。

4）加热器旁路门漏水，使加热器传热端差增大。运行中应注意检查加热器出口水温与相邻高一级加热器入口水温度是否相同，若相邻高一级加热器入口水温降低，则说明该级加热器的旁路门漏水，应尽早处理。

5）水室分隔板焊缝开裂或螺栓连接的分隔板垫圈不严密等会使给水走旁路，因此在检修中应检查补焊水室分隔板，或更换垫圈。

(10) 疏放水阀门泄漏率（drain and blowdown water valve bypass leakage rate)：内漏和外漏的阀门数量占全部疏放水阀门数量的百分数。对各疏放水阀门至少每月检查一次，以检查报告作为监督依据。疏放水阀门泄漏率不大于3%。

疏水系统阀门是火电厂中最为常用的热力设备之一。阀门内漏不仅会造成一定量的蒸汽短路不做功，还会增加凝汽器的热负荷，导致机组排汽真空降低，发电热耗增加。300MW机组各主要阀门泄漏量对发电煤耗的影响见表 9-20。

表 9-20　主要阀门泄漏量对机组经济性的影响

序号	名　称	参数变化	对热耗的影响		对煤耗的影响
			kcal/kWh	kJ/kWh	g/kWh
1	高压旁路漏至冷端再热器	增加 1t/h	0.274	1.147	0.046
2	低压旁路漏至凝汽器	增加 1t/h	2.085	8.729	0.348
3	主蒸汽漏至凝汽器	增加 1t/h	2.331	9.759	0.389
4	冷端再热器漏至凝汽器	增加 1t/h	1.669	6.988	0.279
5	1 号高压加热器危急疏水漏至凝汽器	增加 1t/h	0.397	1.662	0.066
6	2 号高压加热器危急疏水漏至凝汽器	增加 1t/h	0.273	1.143	0.046
7	3 号高压加热器危急疏水漏至凝汽器	增加 1t/h	0.200	0.837	0.033
8	除氧器放水漏至凝汽器	增加 1t/h	0.106	0.444	0.018
9	5 号低压加热器辅调疏水漏至凝汽器	增加 1t/h	0.061	0.255	0.010
10	6 号低压加热器辅调疏水漏至凝汽器	增加 1t/h	0.037	0.155	0.006
11	高压旁路减温水漏至冷端再热器	增加 1t/h	0.402	1.683	0.067
12	1 段抽汽漏至凝汽器	增加 1t/h	1.876	7.854	0.313
13	3 段抽汽漏至凝汽器	增加 1t/h	1.713	7.172	0.286
14	4 段抽汽漏至凝汽器	增加 1t/h	1.370	5.736	0.229
15	5 段抽汽漏至凝汽器	增加 1t/h	1.014	4.245	0.169
16	6 段抽汽漏至凝汽器	增加 1t/h	0.715	2.994	0.119

阀门泄漏分为内漏和外漏。疏放水阀门泄漏的原因如下：

1）疏放水阀操作时未关闭严密，造成冲刷内漏。

2）全开全关型疏放水阀停留在中间位置，造成冲刷内漏。

3）将疏放水阀作为调整门进行操作。

4）系统本身太脏，造成阀芯或阀板、阀座等被杂质冲刷损伤，引起阀门内漏。

5）阀门法兰或门盖、盘根压盖等，由于垫片等问题出现泄漏。

6）阀体本身制造有问题出现外漏，如阀体砂眼，阀门产品不合格。

7）阀门长期汽蚀等原因造成泄漏。

8）长时间运行，蒸汽冲刷阀门密封面所致。

9）内密封破损，引起内漏。

10）密封圈破损，填料磨损等原因造成外漏。

疏水系统阀门泄漏的主要原因是阀门打开或关闭的短短几秒钟瞬间，阀门前后的压差较大，引起汽流冲刷、磨损、汽蚀，导致阀门密封面损坏、内漏。对阀门内漏的判断，是治理阀门内漏的前提，如果阀门严密，阀体及阀后温度基本上可以降至环境温度。因此从理论上讲，可以通过阀门前后温度的差值来判断阀门的内漏情况。但生产现场有些管道布置复杂，保温完善，要想准确测量阀门前后温度比较困难，目前较好的办法是使用红外线测温仪测量靠近阀门阀体处阀杆的温度。如果阀门内漏，阀体温度相应会上升，并且阀体的温度与内漏的程度基本一致。根据经验，结合不同压力等级系统疏水泄漏量试验情况，考虑金属的传导和散热，以疏水阀阀体上尽可能测到的最高温度判断阀门的内漏情况。

从设计方面减少疏水阀门内漏的措施如下：

1）在疏水阀门的门前、门后管道外壁上加装管壁温度测点并引入DCS系统，使疏水阀门的严密性状况一目了然。不仅为检修提供了依据，而且使疏水阀门泄漏状况公开化，便于各级技术人员对疏水阀门的泄漏情况进行监督管理。

2）电动主汽阀与自动主汽阀之间距离较近，且电动主汽阀后与自动主汽阀前都有疏水管的情况下，可保留一个位置较低的疏水，取消另一个疏水。

3）抽汽止回阀与加热器进汽电动门之间距离较近，且抽汽止回门后与加热器进汽电动门前都有疏水管的情况下，可保留一个位置较低的疏水，取消另一个疏水。

4）加热器进汽电动门与加热器距离较近，且进汽电动门后管道无U形管段，可以将加热器进汽电动门后的管道疏水取消。

5）对于高压加热器危急疏水、除氧器溢流放水的疏水门，可由一个电（气）动门加一个手动门改为2个电（气）动门，使高压加热器、除氧器水位信号同时联动2个电（气）动门。这样不仅能够减少内漏，而且运行中2个电（气）动门可以定期分别打开试验。

6）对于新设计机组，可以将高压旁路、低压旁路布置在蒸汽管道上方并设计预暖管道，取消门前、门后疏水及原预暖管道，减少热量损失。

从运行、检修方面减少疏水泄漏的措施如下：

1）在汽轮机启动、停机过程中，运行人员应严格执行运行标准中对疏水阀门开启和关闭的规定，按时开启、关闭疏水阀门，严禁早开、晚关疏水阀门，以免蒸汽过度冲刷造成疏水阀门损坏。对于疏水阀门前、后管壁有温度测点的机组，可以以DCS历史数据中的温度作为阀门开启、关闭的记录；对于无管壁温度测点的机组，应在运行记录中明确记录阀门开启、关闭的时间、机组工况。

2）对于非调整型的疏水阀门，进行全开全关型疏放水阀操作时，要操作到位。如需开启应全开，防止阀门节流冲刷造成损坏。

3）对于疏水电动门，在机组每次启动后都应对管壁温度测点或红外线测温仪测得的温度进行分析，如果存在内漏应及时对电动门进行二次调整，防止阀门节流冲刷造成损坏。

4）正确操作阀门。在手动关闭阀门时必须关严，这样可以避免阀门被冲刷。

5）正确调整阀门行程。电动门、气动门关行程最好为0。现在一般阀门是通过力矩来确定关位的，一定要精心整定，确保阀门可以关严，防止冲刷。

6）关断阀或者全开或者全关，不要在中间位运行，防止冲刷。

7）有些电动或气动疏水阀内漏时，可以将手动截止门关闭，避免长时间冲刷，检修时只需要少许研磨即可，同时也可以减少经济损失。

8）机组启动后关闭的疏水门，过几个小时再热紧一次，这样有利于阀门关严。

9）在汽轮机启动、停机过程中，运行人员应严格执行运行规程中对疏水阀门开启和关闭的规定，按时开启、关闭疏水阀门。严禁早开、晚关疏水阀门，以免蒸汽过度冲刷造成疏水阀门损坏。

10）对于已投产机组，在运行中必须开启的高压旁路后疏水，可以将疏水接至高压辅汽联箱，减少热量损失。

11）严禁将疏放水阀作为调整门进行操作。

12）日常重点检查锅炉侧定期排污系统和锅炉疏放水阀门，以及高压加热器危急疏水门、低压加热器危急疏水门、疏水箱疏放水阀门、低压旁路门、除氧器溢流放水门、给水泵再循环电动调节门（最小流量阀）、再热蒸汽疏水门等。

13）利用检修机会对系统进行检查，必要时进行杂质清理。利用检修机会对阀门进行修复和更换。

14）使用质量好的垫片、盘根，利用检修机会对盘根等进行检查，必要时进行更换。

15）使用质量好的阀门，安装使用前要仔细检查阀门质量。

16）从疏水系统的合并优化角度出发，精简疏水系统的阀门数量。

（11）给水溶解氧、给水含氧量（water supply oxygen）：单位体积的给水含有溶解氧的质量。给水溶解氧过大，会使给水管道、锅炉设备和汽轮机通流部分遭受腐蚀，缩短设备寿命，因此要严格控制运行中的给水溶解氧不超过 7μg/L（中压及以下锅炉不超过 15μg/L，直流炉加氧处理给水时要求溶解氧在 30～150μg/L 范围内）。除氧器出水含氧量升高（即给水含氧量大）的原因和处理措施如下：

1）如除氧器进水温度过低，凝结水含氧量不合格。当除氧器内压力突然升高时，水温变化跟不上压力的变化，水温暂时低于升高后压力下的饱和温度，因而水中含氧量随之升高，待水温上升至升高后压力下的饱和温度时，水中的溶解氧才又降至合格范围内。因此应保持运行中的除氧器内压力和温度的稳定，切勿突变。

2）除氧器补水含氧量大，超过除氧器的设计值。

3）如果除氧器进汽量不足，给水温度未达到饱和温度，则应增加进汽量。

4）如果除氧器向空排气阀开度过小，应调整开度。

5）如果喷雾式除氧器喷头堵塞，雾化效果不好，应联系检修处理。

6）除氧器汽水管道排列不合理，进水位置过低。

7）如果取样器内部泄漏，导致化验不准，应改进取样方式或更换。

8）如果补水不均匀，进水量过大，给水箱水位波动引起加热不均，应均匀补水。

9）凝结水含氧量大。如果凝结水过冷却，凝结水水面上的蒸汽分压力降低，则空气分压力增大，导致水中的溶解氧增大；或者凝结水泵盘根密封水中断或水量过少引起盘根漏气；或者凝汽器的抽气器工作失常，引起凝汽器内空气积存过多；或者凝汽器本体部分和热井存在泄漏点。因此引起凝结水含氧量大的原因很多，应有针对性地处理缺陷。

10）除氧器淋水盘孔眼堵塞，应联系检修处理。

（12）高压加热器（疏水）水位（heater water level）：高压加热器是一种表面式热交换器，一般放在除氧器之后，用汽轮机的抽汽来加热给水，抽汽加热后就凝结成疏水，疏水在高压加热器底部聚集后，低于高压加热器几何中心线（0 点为中心线）的距离，或者偏离高压加热器正常水位（0 点为正常水位）的距离叫作高压加热器水位。

高压加热器都装有疏水调节阀，用来不断地排出加热蒸汽凝结后的疏水，这些疏水的水位需要维持一定。水位过高，会使加热器的有效传热面积减小，上端差增大，影响加热效果，导致出水温度偏低，还可能使加热器压力升高，严重的会引起疏水从抽汽管倒流入汽轮机，形成汽轮机进水事故；水位降低会使疏水淹没管道面积减小，下端差增大；水位过低，加热蒸汽可能直接通过疏水阀排出，下端差增大，影响加热效果和经济性，同时处于疏水冷却段进口区的管束，将受到蒸汽的冲刷而损坏。因此，对高压加热器的水位需要进行自动调节，以维持水位一定。制造厂一般在加热器产品的壳体上标明“正常水位”的位置，并且在提供给用户的资料上也已说明。但应注意，这个水位是一个静态水位，这个水位静态时是淹没疏水冷却段的潜水口的，也是能产生水封的。但是一旦加热器投入正常运行，会产生一个虚假的水位。根据美国热交换器协会 HEI《给水加热器标准》的推荐，当加热器在运行过程中端差偏大，需要做加热器水位调整试验，其水位调整的基本原则是：提高加热器水位，当疏水出口温度最低，即当水位提高到疏水温度不再降低时，说明此时已无蒸汽进入水封，然后再考虑适当增加 10mm 裕量即为最低水位值，而高水位则以不淹没排空气管为限。

例如某 660MW 机组高压加热器的水位定值见表 9-21。3 台高压加热器水位低Ⅰ值为 −30mm，高Ⅰ值为 160mm，调整前各高压加热器都按 0mm 左右运行。该电厂调整前后实际运行各高压加热器端差与设计值比较见表 9-22。通过计算，调整前实际运行中高压加热器上下端差的增大，使机组相对内效率降低 0.136%，热耗率提高 10.12kJ/kWh。通过高压加热器水位调整试验后，使机组相对内效率提高了 0.070%，机组热耗率降低了 5.20kJ/kWh。

表 9-21　某 660MW 机组高压加热器的水位定值

项目	高Ⅲ水位	高Ⅱ水位	高Ⅰ水位	正常水位	低Ⅰ水位	低Ⅱ水位	备注
定值	−100mm	−590mm	−640mm	−800mm	−830mm	−850mm	0 点为中心线
定值	700mm	210mm	160mm	0mm	−30mm	−50mm	正常水位

表 9-22　各高压加热器端差设计值与实际运行值

工况	设计工况（℃）		调整前实际运行工况			调整后实际运行工况			
	上端差	下端差	上端差（℃）	下端差（℃）	水位（mm）	上端差（℃）	下端差（℃）	水位（mm）	相对内效率提高（%）
1 号高压加热器	−1.7	5.6	1.13	26.56	0	1.20	14.05	90	0.005 6
2 号高压加热器	0	5.6	0.23	19.41	0	0.92	8.68	120	0.063 2
3 号高压加热器	0	5.6	1.03	13.66	0	1.07	13.60	90	0.001 2

疏水水位高的主要原因：

1）疏水调节阀失灵或发生卡涩。

2）机组超负荷运行。

3）高压加热器泄漏，给水进入汽侧。

4）误操作，疏水门关小或关。

5）水位计失灵或假水位。

高压加热器水位高的处理措施：

1）疏水阀尽可能地布置在靠近接受疏水的设备处，缩短疏水阀后疏水管道的长度，并且疏水阀后管道选用管径大，管壁厚，材质好的管道。

2）布置在疏水调节阀下游的第一个弯头以三通代替，在三通的直通出口装设不锈钢堵板。

3）核对电接点水位计与石英玻璃管水位计。

4）核对负荷与疏水调整门开度，检查给水温度及疏水温度变化，判断是否钢管泄漏。

5）将疏水调整门切为手动，并开大疏水调整门。

6）检查除氧器运行情况，疏水是否未切换。

7）如果水位在低水位时全关；当加热器水位达到至高Ⅱ值水位时，检查危急疏水门应自动开足，将疏水排向凝汽器事故疏水扩容器，否则手动开启。危急疏水门在正常水位时全关，在高Ⅱ值水位时全开。

8）如果高压加热器水位至高Ⅲ值水位时，检查高加进汽门、抽汽逆止门关闭，开启有关抽汽逆止门后疏水。同时高压加热器保护动作，给水走旁路。自动切除高压加热器。

第三节　水　泵　指　标

（1）给水泵出力比（output ratio of feed-water pump）：给水泵最大流量与锅炉最大蒸发量的百分比，并取整。

在每一给水系统中，给水泵出口的总容量（即最大给水消耗量，不包括备用给水泵），均应保证供给其所连接的系统的全部锅炉在最大连续蒸发量时所需的给水量，并留有一定的裕量。对于汽包炉，应为锅炉最大连续蒸发量的110%；对于直流炉，应为锅炉最大连续蒸发量的105%。

对125、200MW机组，宜配置2台容量各为最大给水量100%或3台容量各为最大给水量50%的调速电动给水泵。对200MW机组，经技术经济比较论证，认为合理时，也可采用汽动给水泵。

对300MW机组的运行给水泵，宜配置1台容量为最大给水量100%或2台容量各为最大给水量50%的汽动给水泵。对300MW机组，当运行给水泵为1台100%容量的汽动给水泵时，宜设置1台容量为最大给水量50%的调速电动给水泵作为启动和备用给水泵；当运行给水泵为2台50%容量的汽动给水泵时，宜设置1台容量为最大给水量25%～35%的调速电动给水泵作为启动和备用给水泵，也可以采用定速电动给水泵并加设大压差节流阀。对300MW及以上容量空冷机组，且经技术经济比较后认为合理时，可设置3台容量各为最大给水量50%的调速电动给水泵。

对600MW及以上机组的运行给水泵，宜配置2台容量各为最大给水量50%的汽动给水泵，设置1台容量为最大给水量25%～35%的调速电动给水泵作为启动和备用给水泵。

例9-12　某660MW锅炉最大蒸发量为2001t/h，配2台MDG366离心式6级叶轮、叶轮直径为360mm的汽动给水泵，单泵最大出口流量为1060t/h。求给水泵出力比。

解：给水泵出力比＝1060/2001×100%＝53.0%≈53%

（2）循环水泵出力比（output ratio of circulating water pump）：循环水泵最大流量与汽轮机TMCR工况下设计循环水量的百分比，并取整。

闭式循环冷却水系统应设置2台循环水泵，单台循环水泵的容量应不小于机组最大冷却水量的110%。开式循环冷却水系统应设置2台循环水泵，单台循环水泵的容量应不小于机组最大冷却水量的50%，开式循环冷却水系统应根据系统布置计算确定是否需设升压水泵或需设升压水泵供水的范围。

例9-13　某660MW汽轮机TMCR工况下排汽的质量流量D_m＝1169.3t/h（含给水泵汽轮机排汽量），凝汽器设计循环倍率m＝62.5；配备2台92LKXA-17.6型立式斜流循环水泵，驱动电动机为双速电动机，额定功率为3150/2200kW，单泵出口直径为92in（2300mm），扬程为17.6m，流量为10.63m^3/s。求循环水泵出力比。

解：循环水量为

$$D_w = 62.5 \times 1169.3 = 73\,081.2(t/h)$$

循环水泵流量＝10.63m^3/s＝38 268t/h

循环水泵出力比＝38 268/73 081.2×100%＝52.4%≈52%

（3）凝结水泵出力比（output ratio of condensation pump）：凝结水泵保证效率点（设计点）流量与汽轮机TMCR工况下设计凝结水量（包括给水泵汽轮机排汽量）的百分比，并取整。

凝汽式机组的凝结水泵台数、容量应满足下列要求：单台凝汽式机组宜装设2台凝结水泵，每台凝结水泵容量为最大凝结水量的110%；如大容量机组需装设3台容量各为最大凝结水量

55%的凝结水泵，应进行技术经济比较后确定。

供热式机组的凝结水泵台数、容量应满足下列要求：工业抽汽式供热机组或工业、采暖双抽式供热机组，每台宜装设2台或3台凝结水泵；当机组投产后即对外供热时，宜装设2台110%设计热负荷工况下凝结水量或3台55%最大凝结水量的凝结水泵，两者比较取较大值；当机组投产后需较长时间在纯凝汽工况或低热负荷工况下运行时，宜装设3台110%设计热负荷工况下凝结水量或3台55%最大凝结水量的凝结水泵，两者比较取较大值。

例 9-14 某660MW汽轮机TMCR工况下排汽的质量流量 $D_m=1169.3$t/h（含给水泵汽轮机排汽量），凝汽器设计循环水量 $D_w=20.6295\text{m}^3/\text{s}$；配备2台10LDTNB-5PJ型立式多级（5级）叶轮凝结水泵，扬程为353m，流量为1280t/h，驱动电动机为变频调节，额定功率为2000kW。求凝结水泵出力比。

解：凝结水量为1169.3t/h，凝结水泵流量为1280t/h，则

凝结水泵出力比=1280/1169.3×100%=109.5%≈110%

（4）型式数（type number）：型式数是个无因次的相似准则数，而比转速是一个有因次的相似准则数，对物理量的单位要求严格，在国际上应用因采用单位不同而受到限制。为此国际标准化组织定义了型式数，由下式定义，即

$$K=\frac{2\pi g\sqrt{Q_1}}{60H_1{}^{3/4}}$$

式中 K——型式数；

g——重力加速度，m/s^2；

Q_1——泵入口的体积流量，m^3/s；

H_1——泵的单级扬程，m。

（5）重力加速度、自由落体加速度（gravitional acceleration）：地面附近一个物体受重力作用下所具有的加速度，方向垂直向下，符号为 g。国际上将在纬度45°的海平面精确测得的物体重力加速度 9.80665m/s^2 作为重力加速度标准值，一般取 $g=9.81\text{m/s}^2$。

两个物体之间的万有引力为

$$F=\frac{GMm}{r^2}$$

根据牛顿第二定律有

$$F=ma=mg$$

联合上述二式求得

$$g=\frac{GM}{r^2}$$

式中 G——引力常数，为 $6.67259\times10^{-11}\text{N}\cdot\text{m}^2/\text{kg}^2$；

M——球体的质量，kg；

m——质点的质量，kg；

r——球体的半径，m。

（6）基准面（reference plane）：通过叶轮叶片进口边的外端所描绘圆的中心的水平面。制造厂应根据正确的基准点在给水泵上标明所处基准面的位置。

（7）泵能效基准值（efficency reference vale of energy efficiency for pumps）：对于指定的泵，根据设计流量，由表9-23和表9-24用内插法查取的效率，是当前泵行业较好产品的效率平均值，通常用 η 表示。

表 9-23 单级清水离心泵效率基准值与目标限定值

q_v（m^3/h）	5	10	15	20	25	30	40	50	60	70	80
基准值 η（%）	58.0	64.0	67.2	69.4	70.9	72.0	73.8	74.9	75.8	76.5	77.0
目标限定值 η_2（%）	56.0	62.0	65.2	67.4	68.9	70.0	71.8	72.9	73.8	74.5	75.0
q_v（m^3/h）	90	100	150	200	300	400	500	600	700	800	900
基准值 η（%）	77.6	78.0	79.8	80.8	82.0	83.0	83.7	84.2	84.7	85.0	85.3
目标限定值 η_2（%）	75.6	76.0	77.8	78.8	80	81	81.7	82.2	82.7	83	83.3
q_v（m^3/h）	1000	1500	2000	3000	4000	5000	6000	7000	8000	9000	10 000
基准值 η（%）	85.7	86.5	87.2	88.0	88.6	89.0	89.2	89.5	89.7	89.9	90.0
目标限定值 η_2（%）	83.7	84.6	85.2	86	86.6	87	87.2	87.5	87.7	87.9	88

注 表中单级双吸离心泵的流量是指全流量值。

表 9-24 多级清水离心泵效率基准值与目标限定值

q_v（m^3/h）	5	10	15	20	25	30	40	50	60
基准值 η（%）	55.4	59.4	61.8	63.5	64.8	65.9	67.5	68.9	69.9
目标限定值 η_2（%）	53.4	57.4	59.8	61.5	62.8	63.5	65.5	66.9	67.9
q_v（m^3/h）	70	80	90	100	150	200	300	400	500
基准值 η（%）	70.9	71.5	72.3	72.9	75.3	76.9	79.2	80.6	81.5
目标限定值 η_2（%）	68.9	69.5	70.3	70.9	73.3	74.9	77.2	78.6	79.5
q_v（m^3/h）	600	700	800	900	1000	1500	2000	3000	
基准值 η（%）	82.2	82.8	83.1	83.5	83.9	84.8	85.1	85.5	
目标限定值 η_2（%）	80.2	80.8	82.1	81.5	81.9	82.8	83.1	83.5	

（8）水泵能效限定值（minimum allowable vale of energy efficiency for pumps）：在规定测试条件下，允许水泵规定点的最低效率。GB 19762—2007《清水离心泵能效限定值及节能评价值》规定：当流量在 5～10 000m^3/h 范围内时，水泵能效限定值按表 9-23 和表 9-24 确定。当流量大于 10 000m^3/h 时，单级单吸水泵能效限定值为 87%，单级双吸水泵能效限定值为 86%。

（9）规定点效率（efficency of specified point）：对于指定的泵，在设计时，所给定的流量和扬程所确定的点对应的效率，通常用 η_0 表示，$\eta_0=\eta-\Delta\eta$。η 为效率基准值，$\Delta\eta$ 为效率修正值。根据比转速 n_s，由表 9-25 用内插法查取的效率修正值，也可以直接在水泵性能曲线上查得。

表 9-25 多级清水离心泵效率修正值

n_s	20	25	30	35	40	45	50	55	60
$\Delta\eta$（%）	32	25.5	20.6	17.3	14.7	12.5	10.5	9.0	7.5
n_s	65	70	75	80	85	90	100	110	120
$\Delta\eta$（%）	6.0	5.0	4.0	3.2	2.5	2.0	1.0	0.5	0
n_s	130	140	150	160	170	180	190	200	210
$\Delta\eta$（%）	0	0	0	0	0	0	0	0	0
n_s	220	230	240	250	260	270	280	290	300
$\Delta\eta$（%）	0.3	0.7	1.0	1.3	1.7	1.9	2.2	2.7	3.0

（10）水泵目标能效限定值（the target minimum allowable vale of energy efficiency for pumps）：在2009年7月以后，允许水泵规定点的最低效率。目标能效限定值均比基准值小2个百分点，通常用η_2表示。泵能效限定值见表9-26。

（11）水泵节能评价值（evaluating vale of energy efficiency for pumps）：在规定测试条件下，节能型水泵效率应达到的最低保证值，通常用η_3表示。当流量在5～10 000m³/h范围内时，水泵节能评价值按表9-24确定。当流量大于10 000m³/h时，水泵节能评价值为90%。

表9-26 泵能效限定值和节能评价值

泵类型	流量（m^3/h）	比转速n_s	泵规定点效率η_0（%）	泵能效限定值η_1（%）	目标限定值η_2（%）	泵节能评价值η_3（%）
单级单吸清水离心泵	≤300	120～210	$\eta_0=\eta$	$\eta_1=\eta_0-3$	$\eta_2=\eta_0-2$	$\eta_3=\eta_0+2$
		<120，>210	$\eta_0=\eta-\Delta\eta$	$\eta_1=\eta_0-3$	$\eta_2=\eta_0-2$	$\eta_3=\eta_0+2$
	>300	120～210	$\eta_0=\eta$	$\eta_1=\eta_0-3$	$\eta_2=\eta_0-2$	$\eta_3=\eta_0+1$
		<120，>210	$\eta_0=\eta-\Delta\eta$	$\eta_1=\eta_0-3$	$\eta_2=\eta_0-2$	$\eta_3=\eta_0+1$
单级双吸清水离心泵	≤600	120～210	$\eta_0=\eta$	$\eta_1=\eta_0-3$	$\eta_2=\eta_0-2$	$\eta_3=\eta_0+2$
		<120，>210	$\eta_0=\eta-\Delta\eta$	$\eta_1=\eta_0-3$	$\eta_2=\eta_0-2$	$\eta_3=\eta_0+2$
	>600	120～210	$\eta_0=\eta$	$\eta_1=\eta_0-4$	$\eta_2=\eta_0-2$	$\eta_3=\eta_0+1$
		<120，>210	$\eta_0=\eta-\Delta\eta$	$\eta_1=\eta_0-4$	$\eta_2=\eta_0-2$	$\eta_3=\eta_0+1$
多级清水离心泵	≤100	120～210	$\eta_0=\eta$	$\eta_1=\eta_0-3$	$\eta_2=\eta_0-2$	$\eta_3=\eta_0+2$
		<120，>210	$\eta_0=\eta-\Delta\eta$	$\eta_1=\eta_0-3$	$\eta_2=\eta_0-2$	$\eta_3=\eta_0+2$
	>100	120～210	$\eta_0=\eta$	$\eta_1=\eta_0-4$	$\eta_2=\eta_0-2$	$\eta_3=\eta_0+1$
		<120，>210	$\eta_0=\eta-\Delta\eta$	$\eta_1=\eta_0-4$	$\eta_2=\eta_0-2$	$\eta_3=\eta_0+1$

例9-15 某单级双吸清水离心泵规定点性能参数（设计值）为：$q_V=800m^3/h$，$H=12m$，$n=1470r/min$。求其能效限定值η_1、目标限定值η_2和节能评价值η_3。

解：比转速为

$$n_s=3.65n\frac{\sqrt{q_V}}{H^{3/4}}=3.65\times1470\frac{\sqrt{\dfrac{800}{2\times3600}}}{12^{3/4}}=277.4$$

根据表9-23，当$q_V=800m^3/h$时，泵能效基准值$\eta=85.0\%$。

根据表9-25，当$n_s=277.4$时，泵效率修正值$\Delta\eta=2.1\%$；则泵规定点效率为

$$\eta_0=\eta-\Delta\eta=85.0\%-2.1\%=82.9\%$$

泵能效限定值为

$$\eta_1=\eta_0-4\%=82.9\%-4\%=78.9\%$$

目标限定值为

$$\eta_2=\eta_0-2\%=82.9\%-2\%=80.9\%$$

泵节能评价值为

$$\eta_3=\eta_0+1\%=82.9\%+1\%=83.9\%$$

例9-16 某单级双吸清水离心泵规定点性能参数（设计值）为：$q_V=12\,000m^3/h$，$H=23m$，$n=1470r/min$。求其能效限定值η_1和节能评价值η_3。

解：由于流量=12 000m³/h>10 000m³/h，因此单级双吸水泵能效限定值$\eta_1=86\%$，节能

评价值 $\eta_3=90\%$。

（12）转速（speed of rotation）：水泵轴每分钟的转数，用 n 表示，单位为 r/min。

（13）流量（rate of flow）：单位时间内从泵出口排出液体的数量。可以是体积流量，也可以是质量流量。

（14）体积流量（volume rate of flow）：单位时间内从泵出口排出并进入管路的液体体积，以 q_V 表示，单位为 m^3/s。

（15）质量流量（mass rate of flow）：单位时间内从泵出口排出并进入管路的液体质量。单位为 kg/s 或 t/h，其值为 $q=q_V\rho$。

（16）流速（velocity of flow）：流速 v 等于体积流量 q_V 除以管路横截面积 A，计算公式为

$$v=\frac{q_V}{A}$$

式中 A——该截面面积，m^2；

q_V——该截面容积流量，m^3/s；

v——该截面平均流速，m/s。

（17）水头（water head）：任意断面处单位质量水的能量，等于比能（单位质量水的能量）除以重力加速度，单位为 m。

（18）水力损失、水头损失（head loss）：水流中单位质量水体因克服水流阻力做功而损失的机械能。

（19）位置水头（height above reference plane）：被测量水平面与基准面之间的垂直高差，以 Z 表示。如果测量水平面在基准面之上，Z 为正值；反之，Z 为负值。

（20）压力水头（pressure head）：对应表压力 p_g 的压力能量 H_p。计算公式为

$$H_p=\frac{p_g}{\rho g}$$

如果该表压力高于大气压力，其值为正；低于大气压力，其值为负。

（21）速度水头（velocity head）：单位质量运动液体的动能，用下式表示，即

$$H_v=\frac{v^2}{2g}$$

（22）总水头（total head）：在任一截面处液体的位置水头、压力水头和速度水头之和，单位为 m，总水头 H 为

$$H=Z+\frac{p_g}{\rho g}+\frac{v^2}{2g}$$

（23）入口总水头（inlet total head）：泵入口截面处液体的总水头 H_1 为

$$H_1=Z_1+\frac{p_{g1}}{\rho g}+\frac{v_1^2}{2g}$$

（24）出口总水头（outlet total head）：泵出口截面处液体的总水头 H_2 为

$$H_2=Z_2+\frac{p_{g2}}{\rho g}+\frac{v_2^2}{2g}$$

（25）水泵出口压力（outlet pressure）：水泵出口压力等于水泵进口压力＋水泵扬程×介质密度，单位为 MPa，1m＝0.009 8MPa。由于水泵进口压力很小，可以近似认为水泵出口压力等于水泵扬程×介质密度。

例 9-17 660MW 机组配备 10LDTNB-5PJ 凝结水泵，设计点流量为 1550t/h，扬程为 353m，

轴功率为1753kW，进口压力为4.6kPa，进水密度为1000kg/m³，求凝结水泵选用电动机容量和出口压力。

解：电动机容量为

$$P_N=1.1\times1753=1928.3\approx2000(\text{kW})$$

$$\text{出口压力}=4.6+353\times0.0098\times1000=3464\ (\text{kPa})\ =3.46(\text{MPa})$$

(26) 水泵能头、扬程（pump total head）：指单位质量液体通过泵后所获得的能量，等于泵的出口总水头与入口总水头的代数差，约等于水泵出口压力减去入口压力。以 H 表示，单位为m。计算公式为

$$H=\frac{p_{g2}-p_{g1}}{\rho g}+\frac{v_2^2-v_1^2}{2g}+(Z_2-Z_1)$$

一般计算水泵扬程用下列公式，即

$$H=\frac{p_{g2}-p_{g1}}{\rho g}$$

式中 p_{g1}，p_{g2}——泵进出口断面处液体的表压力，Pa；

v_1，v_2——泵进出口断面处液体的绝对速度，m/s；

ρ——液体密度，对于淡水 $\rho=1000\text{kg/m}^3$，对于海水 $\rho=1024\text{kg/m}^3$，kg/m³；

Z_1，Z_2——泵进、出口断面中心到基准面之间的距离，m。

例9-18 1台10级离心泵，入口压力 $p_1=0.21$MPa，出口压力 $p_2=6.5$MPa，入口水温 $t=109.32$℃，饱和水温密度 $\rho=951.2\text{kg/m}^3$，求该泵的总扬程和单级扬程。

解：根据水泵扬程公式得泵的总扬程为

$$H_t=(p_2-p_1)/(\rho g)$$
$$=(6.5\times10^6-0.21\times10^6)/(951.2\times9.81)=471.5(\text{m})$$

每级扬程为

$$H=H_t/10=471.5/10=47.15(\text{m})$$

(27) 入口总水头损失（loss of head at inlet）：入口测量点处液体的总水头与泵入口截面（泵入口法兰与其入口管道的结合面）处液体的总水头之差。

(28) 出口总水头损失（loss of head at outlet）：出口测量点处液体的总水头与泵出口截面（泵出口法兰与其出口管道的结合面）处液体的总水头之差。

(29) 泵输入功率（pump power input）：原动机传输给泵的功率。

(30) 泵输出功率（pump power output）：传递给流经泵的液体的机械功率。

(31) 泵有效功率（pump effective power）：单位时间内，泵传递给液体的功率。以 P_u 表示，单位为kW。计算公式为

$$P_u=p_F q_V=\rho g q_V H\times10^{-3}$$

式中 ρ——流体密度，对于空气取1.29kg/m³；

g——重力加速度，取9.81m/s²；

p_F——水泵全压，Pa；

P_u——有效功率，%。

例9-19 某水泵流量 $q_V=25$L/s，水泵出口压力表读数 $p_{g2}=320\,000$Pa，入口处真空表读数 $p_{g1}=40\,000$Pa，吸入管直径 $d_1=1000$mm，出水管直径 $d_2=750$mm，电动机功率 $P_e=12.6$kW，水泵效率 $\eta=81\%$。试求水泵的有功功率。

解：泵进口流速为

$$v_1=\frac{q_V}{A_1}=\frac{q_V}{\pi\left(\frac{d_1}{2}\right)^2}=\frac{25\times10^{-3}}{3.14\left(\frac{1}{2}\right)^2}=0.0318(\mathrm{m^3/s})$$

泵出口流速为

$$v_2=\frac{q_V}{A_2}=\frac{q_V}{\pi\left(\frac{d_2}{2}\right)^2}=\frac{25\times10^{-3}}{3.14\left(\frac{0.75}{2}\right)^2}=0.0566(\mathrm{m^3/s})$$

扬程为

$$H=\frac{p_{g2}-p_{g1}}{\rho g}+\frac{v_2^2-v_1^2}{2g}+(Z_2-Z_1)\approx\frac{320\,000-40\,000}{1000\times9.81}+\frac{0.0566^2-0.0318^2}{2\times9.81}$$
$$=28.54+0=28.54\ (\mathrm{m})$$

有功功率为

$$P_u=\rho g q_V H\times10^{-3}=1000\times9.81\times25\times10^{-3}\times28.54\times10^{-3}=7.0(\mathrm{kW})$$

（32）泵轴功率（pump power input）：泵轴所接受的功率。通常指泵的输入功率，以 P_{sh} 表示，单位为 kW。

（33）泵效率（pump efficiency）：有效功率和轴功率之比，用 η 表示，单位为%。计算公式为

$$\eta=\frac{P_u}{P_{sh}}\times100\%$$

例 9-20 已知某循环水泵出口水压为 0.29MPa，流量为 8500m³/h，水的密度 $\rho=1000\mathrm{kg/m^3}$，效率为 72%。求循环水泵的轴功率和有效功率。

解： $H=0.29\mathrm{MPa}=0.29\times102=29.6$（m 水柱）

$$q_V=8500\mathrm{m^3/h}=8500/3600=2.36(\mathrm{m^3/s})$$

则有效功率为

$$P_u=\rho g q_V H/1000=1000\times9.81\times2.36\times29.6/1000=685.3(\mathrm{kW})$$

轴功率为

$$P_{sh}=P_u/\eta=685.3/0.72=951.8(\mathrm{kW})$$

（34）（水泵）内功率（internal power）：液体通过泵时要引起一定系列损失 $\Sigma\Delta P$，实际消耗于液体的功率。以 P_i 表示，单位为 W。计算公式为

$$P_i=P_u+\Sigma\Delta P$$

式中 $\Sigma\Delta P$ ——除轴承外在泵内损失掉的功率。

（35）（水泵）内效率（internal efficiency）：泵的有效功率和内功率之比，用 η_i 表示，单位为%。计算公式为

$$\eta_i=\frac{P_u}{P_i}\times100\%$$

（36）原动机输入功率（driver power input）：泵的原动机（如电动机）所接受的功率。以 P_{gr} 表示，单位为 W。

（37）泵组效率（overall efficiency）：泵的有效功率和原动机输入功率之比，用 η_{gr} 表示，单位%。计算公式为

$$\eta_{gr}=\frac{P_u}{P_{gr}}\times100\%$$

例 9-21 某水泵流量 $q_V=25\mathrm{L/s}$，水泵出口压力表读数 $p_{g2}=320\,000\mathrm{Pa}$，入口处真空表读数

$p_{g1}=40\,000\text{Pa}$，吸入管直径 $d_1=1000\text{mm}$，出水管直径 $d_2=750\text{mm}$，电动机功率 $P_{gr}=10\text{kW}$，水泵效率 $\eta=81\%$，电动机效率 $\eta_1=90\%$。试求水泵的有功功率、泵组效率和传动效率 η_2。

解：泵进口流速为

$$v_1=\frac{q_V}{A_1}=\frac{q_V}{\pi\left(\frac{d_1}{2}\right)^2}=\frac{25\times10^{-3}}{3.14\left(\frac{1}{2}\right)^2}=0.031\,8(\text{m}^3/\text{s})$$

泵出口流速为

$$v_2=\frac{q_V}{A_2}=\frac{q_V}{\pi\left(\frac{d_2}{2}\right)^2}=\frac{25\times10^{-3}}{3.14\left(\frac{0.75}{2}\right)^2}=0.056\,6(\text{m}^3/\text{s})$$

扬程为

$$H=\frac{p_{g2}-p_{g1}}{\rho g}+\frac{v_2^2-v_1^2}{2g}+(Z_2-Z_1)\approx\frac{320\,000-40\,000}{1000\times9.81}+\frac{0.056\,6^2-0.031\,8^2}{2\times9.81}$$
$$=28.54+0=28.54\ (\text{m})$$

有功功率为

$$P_u=\rho gQH\times10^{-3}=1000\times9.81\times25\times10^{-3}\times28.54\times10^{-3}=7.0(\text{kW})$$

泵轴功率为

$$P_{sh}=\eta P_u=81\%\times7.0=5.67(\text{kW})$$

泵组效率为

$$\eta_{gr}=\frac{P_u}{P_{gr}}\times100\%=\frac{7}{10}\times100\%=70\%$$

传动效率为

$$\eta_2=\frac{\eta_{gr}}{\eta\eta_1}=\frac{70\%}{0.81\times0.90}=96.0\%$$

（38）比转速、比转数（specific speed）：判别泵水力特征的相似准数，能综合反映泵或风机性能的参数。比转速一般按最高效率点计算，对于相似泵，不管尺寸大小、转速高低，比转速均是一定的。用下式定义，即

$$n_s=\frac{3.65n\sqrt{q_V}}{H^{3/4}}$$

式中 n_s——比转速；

q_V——体积流量，m^3/s；

n——泵转速，r/min；

H——扬程（多级泵取单级扬程），m。

为了消去流量相似定律和扬程相似定律中的叶轮尺寸 d，将流量相似定律等式两边平方，将扬程相似定律等式两边立方，联立消去线形尺寸 $(d_1/d_2)^6$ 得

$$\left(\frac{q_1}{q_2}\right)^2/\left(\frac{n_1}{n_2}\right)^2=\left(\frac{H_1}{H_2}\right)^3/\left(\frac{n_1}{n_2}\right)^6$$

$$\left(\frac{q_1}{q_2}\right)^2=\left(\frac{H_1}{H_2}\right)^3/\left(\frac{n_1}{n_2}\right)^4$$

则得

$$\frac{n_1\sqrt{q_1}}{H_1^{3/4}}=\frac{n_2\sqrt{q_2}}{H_2^{3/4}}=\text{const}$$

即几何相似的水泵和风机在相似运行状态，其比值 $\frac{n\sqrt{q}}{H^{3/4}}$ 必然相等。它反映了相似泵或风机的特征。我国计算比转速公式中出现了3.65，这是由于比转速的概念最初是从水轮机的参数引出的，其比转速按下式计算，即

$$n_s=\frac{n\sqrt{P}}{H^{5/4}}=\frac{3.65n\sqrt{q_V}}{H^{3/4}}$$

$$P=\frac{\rho g q_V H}{735}$$

式中 P——泵的有效功率，kW；

ρ——常温清水密度，$\rho=1000\text{kg/m}^3$，kg/m³。

从公式可以看出大流量的泵比转速大，小流量的泵比转速小。比转速在30～300之间为离心泵，比转速在300～500之间为混流泵，比转速在500～1000之间为轴流泵。

（39）（液力耦合器）转速比、传动效率（speed ratio）：液力耦合器的泵轮转速与涡轮转速的比值，反映了液力耦合器的传动效率，计算公式为

$$\eta=\frac{n}{n_0}$$

式中 n——泵轮的转速，r/min；

n_0——涡轮的转速，r/min；

η——传动效率。

（40）（液力耦合器）转差率、滑差率（slip）：液力耦合器的涡轮转速与泵轮的转速的差值与涡轮的转速之比。反映了液力耦合器的传动损失，计算公式为

$$s=1-\frac{n}{n_0}=1-\eta$$

式中 s——液力耦合器的转差率；

n——泵轮的转速，r/min；

n_0——涡轮的转速，r/min；

η——传动效率。

（41）汽蚀余量（net positives uction）：泵进口处液体所具有的能量与液体发生汽蚀时所具有的能量的差值，即泵出口总水头加上相应于大气压力的水头减去相应于汽化压力的水头。用公式表示为

$$\text{NPSH}=H_1+\frac{p_b}{\rho g}-\frac{p_v}{\rho g}$$

式中 NPSH——汽蚀余量，m；

H_1——泵入口总水头，m；

p_b——大气压力，Pa；

p_v——汽化压力，Pa。

泵出口单位质量液体所具有的超过压力最低点的压力能头的富裕能头，称为必需的汽蚀余量。汽蚀余量大，则泵运行时具有的抗汽蚀性能好。必需的汽蚀余量NPSH与泵几何安装高度 H_x 的关系为

$$H_x=p_b-\text{NPSH}-p_f$$

式中 H_x——几何安装高度，当 H_x 为正值时，称为吸上高度；当 H_x 为负值时，称为倒灌高

度，m；

NPSH——必需的汽蚀余量，m；

p_f——入口管道阻力，m。

例 9-22 某泵必需汽蚀余量 NPSH=5m，入口管道阻力为 $p_f=3$m，大气压力 $p_b=10.33$m 水柱。求泵的吸上高度及安装要求。

解：吸上高度为

$$H_x = p_b - \text{NPSH} - p_f = 10.33 - 5 - 3 = 2.33(\text{m 水柱})$$

H_x 为正值，表明泵允许安装在液面之上，且泵叶轮中心线高于入口液面的距离不得高于 2m。

(42) 炉水循环泵单耗、炉水泵单耗（unit electric consumption of boiler water circulating pump）：锅炉每产生 1t 蒸汽炉水循环泵消耗的电量。计算公式为

$$b_{lx} = \frac{W_{lx}}{D_L}$$

式中 b_{lx}——炉水循环泵单耗，要求不高于 0.45kWh/t，kWh/t；

W_{lx}——统计期内炉水循环泵消耗的电量，kWh；

D_L——统计期内主蒸汽流量累计值，t。

(43) 炉水循环泵耗电率、炉水泵耗电率、炉水泵厂用电率（electric consumption ratio of boiler water circulating pump）：统计报告期内炉水循环泵所耗用的电量与机组发电量的百分比。计算公式为

$$L_{lx} = \frac{W_{lx}}{W_f} \times 100\%$$

式中 L_{lx}——炉水循环泵耗电率，%；

W_{lx}——统计期内炉水循环泵消耗的电量，kWh；

W_f——统计期内机组发电量，kWh。

炉水泵耗电率应不大于 0.15%。炉水泵耗电率偏高的原因如下：

1）炉水泵运行方式不合理。

2）炉水泵效率低。

3）炉水泵出力不足。

4）驱动电动机不是高效电动机。

降低炉水循环泵耗电率的对策如下：

1）控制炉水泵电动机低压冷却水温度和冷却水流量在规定范围内。

2）严格监视炉水泵出、入口压差。

3）优化炉水泵运行方式，炉水泵保持运行 2 台，1 台备用。

4）监视和调整好汽包水位，防止汽包水位低导致炉水泵工作不正常振动。

5）提高汽包压力或适当降低给水温度，以消除炉水泵进口汽化现象。

6）检修期间解体检查炉水泵出口阀，消除炉水泵系统泄漏缺陷。

7）驱动电动机更换为高效电动机。

(44) 循（环水）泵耗电率、冷却水泵耗电率、循环水系统耗电率（electric consumption ratio of circulating water pump）：统计期内循环水泵消耗的电量与机组总发电量的百分比。计算公式为

$$L_{xhb} = \frac{W_{xhb}}{\sum W_f} \times 100\%$$

式中 L_{xhb}——循环水泵耗电率，%；

W_{xhb}——循环水泵耗电量，kWh；

$\sum W_f$——机组发电量，kWh。

循环水泵选型综合建议如下：

1）设计循环水系统阻力计算结果不准确，裕量过大，会导致循环水泵设计扬程偏高（标准最大阻力加20%余量，流量为最大冷却水量的1.1倍）。实际运行中泵运行在低扬程、大流量区域，若扬程设计偏差过大，将会导致循环水泵电动机过电流。因此建议设计时，只考虑最大阻力，不用另外再增加20%的余量。

2）建议循环水泵按照2×50%容量配置，至少1台循环水泵能双速运行。如经济条件许可，可以考虑加装变频器实现循环水泵连续调速运行。

3）循环水泵的电动机容量冗余系数以不超过1.2为宜。

要求亚临界机组循环水泵耗电率小于或等于0.75%。660MW超（超）临界机组循环水泵耗电率小于或等于0.7%。循环水泵耗电率高的原因如下：

1）循环水泵运行效率低。

2）循环水泵性能与循环水系统阻力不匹配。循环水泵的流量扬程特性与循环水系统阻力特性相匹配是循环水系统甚至是整个冷端系统节能运行的关键。在设计流量工作点，当循环水泵配套的扬程高于系统阻力时，会导致循环水泵实际运行在低扬程大流量区域。在冬季水温度较低时，凝汽器冷却水流量偏大，机组真空高于极限真空，同时过高的流速可能会冲刷铜管的胀口，造成安全性问题。当循环水泵配套的扬程小于系统阻力时，会导致循环水泵实际运行在高扬程小流量区域，凝汽器冷却水流量偏小，直接影响机组运行经济性。无论流量偏大或偏小，循环水泵都偏离设计工作点，导致循环水泵的运行效率偏低。

3）循环水泵运行方式不合理。

4）机组负荷率低或频繁启停、调峰。

5）备用循环水泵出口蝶阀不严。

6）循环水泵进口旋转滤网工作不正常或脏污。

7）凝汽器循环水二次滤网差压大或工作不正常。

8）循环水泵电动机高速运行。

9）吸水口淤泥等部分堵。

10）潮位低。

11）循环水管路阻力大。

12）水泵水室存有空气，破坏了循环水虹吸。

13）凝汽器钛管被污染。

降低循环水泵耗电率的对策如下：

1）循环水泵运行方式优化。循环水泵供水量大对提高真空、降低煤耗有利，但是供水量过多会造成凝结水过冷却度增加，同时多开泵会多用电。从节能降耗的角度出发，循环水泵的运行方式越灵活（流量调节范围越大），机组的运行经济性就越好。对于循环水系统宜采用扩大单元制供水系统，每台机组设2台循环水泵，循环水母管之间需设联络门，实现不同季节、不同负荷下循环水泵优化运行。如夏季1台机组2台循环水泵（1高1低）运行或2台机组3台循环水泵（2高1低）；春、秋季2台机组3台循环水泵（1高2低）运行；冬季1台机组1台低速循环水泵运行。

2）胶球清洗装置正常投运，维持凝汽器冷却水管清洁。

3）加强循环水泵入口旋转滤网的监视和调整，及时进行旋转滤网冲洗。

4）加强循环水入口滤网清理，清除循环水滤网淤泥附着物，减少系统阻力。

5）检查相关阀门，保证阀门严密性。

6）调整好循环水泵内部动静间隙，提高循环水泵效率。如循环水泵运行效率低于76%，建议进行循环水泵增效改造。首先对循环水系统的阻力特性和循环水泵进行性能诊断试验，确定循环水系统的阻力特性曲线，测试循环水泵的运行效率和性能。对循环水泵叶轮进行改进，重新设计叶轮，采用高效叶片型线，同时使设计工况点与泵的运行工况一致，达到提高泵运行效率的目的，从而降低泵运行轴功率，减少电动机输出功率。

7）采用双速循环水泵，根据季节调节流量。可选用双速电动机驱动水泵，根据各季节气象条件的改变选择驱动转速，调节供水量，达到节能的目的。对于配置两台循环水泵的机组，原则上推荐一台循环水泵双速改造，这样单台机组循环水泵的运行方式有一机一泵（低速）、一机一泵（高速）、一机两泵（一高速、一低速）、一机两泵（两台高速）四种。可通过冷端系统运行优化试验，寻求在机组不同负荷、不同循环水温度条件下的机组最佳真空和循环水泵的最佳运行方式，真正实现汽轮机冷端系统的节电和节能。循环水泵电动机降速改造后耗电率一般降低0.1个百分点。例如某300MW机组配备2台2000kW循环水泵（电动机为YKSL2000-16/1730-1立式异步电动机），冬季气温低，机组低负荷运行时，循环水泵出力过大，因而浪费了大量的电能。为此，将2号电动机改造为单绕组双速，即2000/1400kW，16/18P，375/333r/min双极变速运行。当电动机在18级运行时，其流量为原高速挡流量的0.889倍，扬程为原高速挡扬程的0.79倍，轴功率为原高速挡轴功率的0.702倍。改后2号电动机在低速下运行定子电流由原来的225A降至175A。华能海门电厂1000MW机组在1A循环水泵电动机双速节能改造成功的经验上，推广到其余机组的所有循环水泵电动机，并已全部投入运行，循环水系统耗电率下降0.1个百分点，节能效果显著。

8）采用高压变频技术，对循环水泵转速进行无级调速，根据机组不同负荷的最佳真空，调节泵的运行转速，调节循环水泵流量。改为变频运行的控制要点是要准确地确定机组不同环境温度、不同负荷下的最佳真空。

9）提高循环水泵效率。经试验证明，循环水泵内部铸造表面研磨打光后，水泵的效率将能提高6%～7%。目前约50%以上现有在运机组的循环水泵实际运行效率约为70%，有的泵效率甚至低于60%。最常见的循环水泵改造为更换高效叶轮改造，改造后泵的效率一般能提高约10个百分点，达到80%左右。但是由于泵的效率并不全部取决于叶轮，其他过流部件（含静止部分）对效率的影响不容忽视（尤其是立式蜗壳泵）。因此建议对循环水泵整体提效改造，即在保留原有泵安装基础、泵进出口尺寸和方位、电动机不变、满足凝汽器设计冷却水流量的条件下，更换一台与原有循环水系统阻力匹配的采用高效水力模型设计制造的全新高效混流循环水泵。如邹县电厂、十里泉电厂、黄台电厂的300MW机组的循环水泵整体改造后，实际运行效率都在85%以上。有的电厂改造后效率可提高20%，提高真空约0.12～0.3kPa。

10）海水脱硫机组增设循环水旁路。对于使用海水脱硫的机组，应增设凝汽器冷却水旁路，当水温较低时部分冷却水走旁路，既保证了海水脱硫的水量，也降低了凝汽器冷却水流量，从而降低了凝结水过冷度。同时绝大部分海水走旁路，降低了循环水系统阻力和循环水泵功耗。

11）去掉循环水系统中多余的阀门，改善管道形状，尽可能减少管道阻力损失。

12）排净凝汽器水室内空气，以维持稳定的循环水虹吸作用。

13）夏季采用往循环水中加氯来保证水质；加强旋转滤网的冲洗；利用大小修采用高压水对凝汽器管子进行清洗。

14）机组停运时，机组解列后立即停运一台高速循环水泵，单元保持一高一低两台循环水泵母管制运行，停机机组凝汽器回水门进行节流。机组启动时如需要启动循环水泵，启动后应将运行机组循环水泵停运一台，保持一高一低运行。

15）新建机组循环水泵按照2×50%容量配置，至少一台循环水泵能双速运行。如经济条件许可，可以考虑加装变频器实现循环水泵连续调速运行。循环水泵电动机双速运行在一定程度上实现了循环水泵运行方式和运行流量的多样化，通过运行方式优化试验，结合机组负荷、冷却水温度，可以得到机组最佳运行真空对应的最佳循环水泵运行方式。

（45）真空泵耗电率、真空泵厂用电率、抽真空系统耗电率（electric consumption rate of vacuum pump）：统计期内真空泵消耗的电量与机组总发电量的百分比。

影响真空泵运行性能的主要因素有工作水温度、真空泵转速、抽吸口压力和温度等。从运行角度看，工作水温度是影响真空泵抽吸能力的最常见和最主要的因素。解决工作水温度高的问题，可以从降低工作水的冷却水温度、提高工作水冷却器换热能力（面积）和效率、增加冷却水流量等方面着手。必须经过诊断试验，确认工作水温度升高的主要原因，通常可采取的主要措施如下：

1）对于新设计的机组，应配置3×50%容量双级水环式真空泵。

2）对于现役机组，通过优化调整，可以保持1台真空泵运行。

3）真空泵冷却水系统改造。具体的解决方法须考虑运行安全性、可靠性和投资回收年限。最安全可靠、简单易行的措施是寻找低温的冷却水源，替代现有的利用循环水冷却，保证机组迎峰度夏的安全经济性。如低温的工业水、地下水或中央集中空调冷冻水等。在没有低温水源的情况下，可以增设强制制冷设备对真空泵工作液进行强制冷却。

4）定期清理和清洗真空泵工作水冷却器。如果冷却水杂质较多，可以考虑更换为易于清理和清洗的冷却器型式。

5）增加冷却器的冷却面积和冷却水流量。

6）加装罗茨真空泵。对于水环真空泵，设计部门在设计选型时，主要考虑快速启机的响应速度（30min内能达到启机要求真空值）和最大的允许漏气量作为选型原则，但在机组正常运行时，维持系统真空时有较大富余量。水环真空泵自身的特性决定了它的效率较低（30%）；水环真空泵性能、出力受制于工作水温度的变化，当工作水达到35℃以上，抽气能力急剧下降60%～80%及以上，这是在夏天有些机组需启动2台真空泵来维持凝汽器真空的主要原因。华能汕头电厂目前装有2台300MW燃煤纯凝发电机组，配置的抽真空设备为NASH水环式真空泵，型号均为TC-11E，一运一备，配置电动机功率为160kW，真空泵运行电流为213A（更换过叶轮后）。为了节能，投入170万元对真空系统改造。不改变原有真空泵及系统的功能作用，只是在原抽真空系统中并接了一台高性能罗茨真空泵，在正常运行中投入运行来维持凝汽器真空。机组启动时，按原运行方式将原有抽真空设备投入运行，用以建立真空；机组运行正常、真空稳定情况下，罗茨真空泵组投入运行、用以维持真空，原有抽真空设备切除做备用，仍为一运一备运行方式。改造后罗茨真空泵组效率高达70%，功率仅为24kW，年可节省电量57万kWh。

（46）凝结水泵耗电率、凝结水系统耗电率、凝泵耗电率（electric consumption rate of condensation pump）：统计期内凝结水泵消耗的电量（包括凝结水升压泵的电量损耗）与机组总发电量的百分比。计算公式为

$$L_{nb}=\frac{W_{nb}}{W_f}\times 100\%$$

式中 L_{nb}——凝结水泵耗电率，%；

W_{nb}——凝结水泵和凝结水升压泵消耗的电量之和，kWh；

W_f——统计期内机组发电量，kWh。

凝汽器由于设备结垢、腐蚀的原因引起泄漏，使冷却水渗入凝结水中。火电厂汽水系统中的设备和管道，往往由于某些腐蚀性物质的作用而遭到腐蚀，致使凝结水中含有金属腐蚀产物。锅炉补充水虽经深度除盐处理，但由于种种原因（如原水中有机物含量高等），补充水中仍含有一定量的残留盐分。此外，除盐水流过除盐水箱、除盐水泵和管道，也会携带少量的悬浮物及溶解气体而进入给水。因此这就需要安装凝结水精处理装置，其目的是去除凝结水中的金属腐蚀产物，去除凝结水中的微量溶解盐类，去除随冷却水漏入的悬浮固形物。凝结水处理设备与热力系统的连接方式有两种：低压系统连接方式和中压系统连接方式，见图 9-5。

对于 300MW 及以上机组，如果配有凝结水精处理装置，一般采用低压系统连接方式，见图 9-5（a）。水处理设备串联在低压凝结水泵（也称为一级凝结水泵）和凝结水升压泵（也称为二级凝结水泵）之间。凝结水泵在 1～1.3MPa 压力下运行，将凝结水从热井中抽吸出来送入除盐设备，因此精处理装置（如混床）是在较低压力下工作的。为了能将混床后的凝结水再经低压加热器送入除氧器，需在混床之后设置凝结水升压泵。

中压系统连接方式见图 9-5（b）。精处理装置串联在凝结水泵和低压加热器之间，压力为 2.5～3.5MPa。采用中压凝结水系统简化了热力系统，提高了系统的严密性，能耗省，也为凝结水处理系统布置在汽机房创造了条件。美国 80％的凝结水处理系统采用中压系统运行。

例如某 300MW 机组配备 2 台凝结水泵和 2 台凝结水升压泵，设备型号参数见表 9-27。

表 9-27　　300MW 机组凝结水泵和升压泵参数

项目	型号	流量（t/h）	扬程（m）	转速（r/min）	效率（%）	电动机功率（kW）	电压（V）	电流（A）
凝结水泵	9LDTN-2	810	84	1480	75	315	6000	36.4
升压泵	NS300	795	204	2980	80	630	6000	72.0

图 9-5　凝结水处理设备与热力系统的连接方式

（a）低压系统连接方式；（b）中压系统连接方式

1—汽轮机；2—发电机；3—凝汽器；4—凝结水泵；5—凝结水处理设备；6—凝结水升压泵；7—低压加热器

凝结水泵输送的是相应于凝汽器压力下的饱和水，在凝结水泵入口易发生汽化。因此水泵性能中规定了进口侧的灌注高度，借助水柱产生的压力使凝结水离开饱和状态，避免汽化。因而凝结水泵安装在热井最低水位以下，使水泵入口与最低水位维持在 0.9～2.2m 的高度差，利用该段水柱的静压提高水泵进口处压力，使水泵进口处水压高于其所对应的饱和压力。国产 300 MW 机组配置的凝结水泵或者凝结水升压泵扬程普遍偏高，是影响机组热经济性的因素之一。凝结水通过低压加热器进入除氧器，除氧器最大工作压力不超过 0.7MPa，进入除氧器的凝结水最大工作压力在 1.0MPa 左右。现场数据表明凝结水从零米到除氧器克服标高与管道阻力所需压头为 1.2MPa，则在凝结水泵或者凝升泵出口的凝结水压头只要达到 2.2MPa 即可满足除氧器上水要求。然而不少电厂凝结水泵或凝升泵出口的凝结水压头达到 2.5～2.7MPa，这些富裕的能量只能通过除氧器给水调节阀的节流损失掉。而且随着机组负荷的下降，凝结水流量降低，凝结水泵出口压力降会更高。因此，凝结水泵或凝结水升压泵改造很有必要，而且节能效果显著。

凝结水泵选型及调速运行方式如下：

1）凝结水泵的电动机容量冗余系数为 1.1，在保证出力的情况下，电动机配套功率不宜过大（冗余系数不大于 1.2），可以节约变频器的投资。凝结水泵电动机应配置变频调速装置。

2）建议纯凝机组配置 2×100％容量凝结水泵，变频器为一拖二方式，利于运行调控，并节省布置空间。热网疏水回除氧器的供热机组，建议配置 3×50％容量凝结水泵，配置 2 台变频器，且变频器在 3 台泵之间能切换。

3）为了充分发挥机组调峰运行时的凝结水泵变速运行节能效果，建议在保证除氧器上水的情况下，尽量降低凝泵出口压力。350～600MW 超临界机组设置为 1.5MPa；600～1000MW 超超临界机组设置为 1.8MPa。降低凝结水泵出口压力的主要方法有：对于没有凝结水辅助调整门的机组，部分开启凝结水调整门旁路门，再通过调节凝结水调整门开度来实现；对于有凝结水辅助调整门的机组，开启凝结水辅助调整门，再通过调节凝结水调整门开度来实现；如还不行，则开启调整门旁路门和辅助调整门，再通过调节凝结水调整门开度来实现。

要求凝结水泵耗电率小于或等于 0.20％。凝结水耗电率高的原因如下：

1）凝结水泵运行或调节效率低。

2）凝结水泵再循环阀内漏。

3）机组负荷率低或频繁启停、调峰。

4）备用泵出口阀、止回阀不严。

5）除氧器高水位溢流阀误开或内漏。

6）疏水到凝汽器量增加，从而使凝结水泵耗电率增加。

7）凝结水泵母管阀门关闭不严。

8）凝结水系统各放气、放水阀、安全阀关闭不严。

9）凝结水泵选型裕量大，除氧器水位调整门节流损失大。

10）系统中部分设备对凝结水压力有最低要求，若凝结水压力太低会影响这些设备和系统的安全，如低压旁路减温水、低压缸后缸喷水、给水泵（前置泵）密封水，都要求凝结水压力不能低于相应数值。凝结水泵转速和出口压力因此维持较高。

11）凝结水泵泵组在低频区间与基础发生共振，导致低频工况下凝结水泵振动大影响设备安全。凝结水泵变频被迫调整到偏离该振动的频率范围，因此变频器运行频率较高。

12）变频设备存在质量问题，特别是夏季温度较高时有的凝结水泵变频器功率单元发热导致变频器退出运行，凝结水泵被迫工频运行。

13）凝结水泵变频后，相关的热工逻辑没有进行优化。比如除氧器水位与除氧器上水调门的逻辑关系没有及时优化调整，上水主调门和旁路副调门可能还存在节流，除氧器水位没有完全通过凝结水泵变频器转速来调节，这也是凝结水泵变频后耗电率偏高的一个原因。

14）凝结水经过化学精处理装置，阻力大。

降低凝结水泵耗电率的对策如下：

1）加强运行监视，保证凝结水泵变频运行正常，降低节流损失。

2）检查处理备用泵出口阀、止回阀不严缺陷。定期对凝结水系统的放水门、再循环门进行检查，消除内漏。

3）清理凝结水泵进口滤网，消除水管附着物，减少阻力。

4）调整好凝结水泵内部动静间隙，提高凝结水泵效率。

5）及时修复或更换损坏的凝结水泵叶片等。

6）调整凝结水泵盘根松紧度。

7）凝结水泵电动机宜加装变频调节装置，以降低部分负荷下凝结水泵耗电率。凝结水泵电动机变频改造后，耗电率一般降低 0.2 个百分点。邯峰发电厂 660MW 燃煤发电机组的凝结水泵电动机变频改造后，凝结水泵耗电率由 0.37%降至 0.16%。

8）在凝结水泵电动机加装变频调节装置后，宜根据机组实际状况，在保证凝结水母管压力的条件下，修改除氧器进水控制逻辑。机组在运行中保持除氧器进水门和旁路门全开，通过调节凝结水泵、凝升泵的转速控制除氧器水位。此外，及时调整低压旁路减温水压力低保护定值、给水泵密封水差压低保护定值、凝结水压力低开启备用泵定值。上都电厂 600MW 超临界空冷机组，完成 5、6 号机组凝结泵上水调门逻辑修改工作，解决了 5、6 号机组凝结水上水调门一直节流运行的问题，使凝结泵耗电率降低 0.04 个百分点。

9）对于新设计机组，优先选择 3×50%容量凝结水泵，也可选择 2×100%容量凝结水泵。凝结水泵扬程选择宜根据凝结水系统设计特点进行仔细核算，防止凝结水泵扬程选取过大。此外，凝结水泵电动机应加装变频调节装置，以降低部分负荷下凝结水泵耗电率。

10）凝结水泵增效改造。凝结水泵变频运行，其运行效率得到一定的改善（相对于定速运行），但凝结水泵本身的效率有一定的下降，造成凝结水泵耗功增大。通过凝结水泵性能诊断试验，确认凝结水泵运行效率（一般情况下效率应达到 80%以上），作为凝结水泵增效改造的依据。凝结水泵叶轮改造为高效叶轮方案可提高凝结水泵的运行效率，从而达到节能降耗的目的，但是不能减小除氧器水位调整门的压损。也可对凝结水泵扬程进行调整，取掉一级叶轮，降低凝结水泵扬程，流量和效率不变，减少运行时凝结水系统的节流损失。凝结水泵或凝升泵主要有以下改造方式：

a）泵整体更换。

b）更换一级叶轮。

c）更换整个转子。

d）去掉一级叶轮。例如某 300MW 机组汽轮机配备 2 台上海凯式比泵业有限公司生产的 NLT350-400X-6-D 型凝结水泵，流量为 970t/h，功率为 1000kW。因设计选型时凝结水泵的裕量较大，机组满负荷运行时除氧器上水调门的开度只有 30%不到，节流损失较大。因此在机组小修时安排了 A 凝结水泵叶轮取消一级。改造后，通过试运行，A 凝结水泵电流约降低 10～15A，实现了投资不大但节能明显的效果。

11）杂项用水治理。通过凝结水杂项用水的治理，进一步降低凝结水泵出口流量，达到节电的效果。根据机组运行需要，通过安装高质量可调节阀门，合理控制杂用水用量，能有效降低凝结水泵的出口流量和厂用电消耗。华能沁北电厂 600MW 超临界机组凝结水泵进行了变频改造，但是凝结水泵耗电率仍偏高 0.25%左右，利用大修机会取消了凝结水泵一级叶轮，耗电率降低。

12）凝结水杂用水用户中如有压力要求，可通过对该系统增设升压泵或者将这些杂用水取水点移到精处理之前，可提高去各杂用水用户的水压 0.1MPa 以上。

13）低频率存在共振的机组，可以通过对凝结水泵电动机进行动平衡试验来解决。华能伊敏电厂 6 号机组（哈汽超临界 600MW）通过在凝结水泵电动机顶部加装平衡盘解决了在 33Hz 共振的问题，目前凝结水泵变频器转速可以降低到30Hz，凝结水泵耗电率在原来基础上再次降低0.05个百分点。

14）针对变频器质量不佳或运行不稳定，建议凝结水泵变频器改造前充分调研，了解和选用质量较好的变频器。

15）加强凝结水泵变频器滤网清理和通风散热，防止运行中出现功率单元发热被迫退出变频器而采用工频运行的方式。

16）如果凝结水水质合格，可以走旁路，不需要经过化学精处理装置中的2台高速混床。

17）对于凝结水泵、凝升泵串联运行的凝结水系统，机组低负荷时可考虑试行停运凝升泵的运行方式。

18）对于设计3台50%额定容量凝结水泵的凝结水系统，机组低负荷时应采用单台凝结水泵的运行方式。

19）通常汽动给水泵采用迷宫式密封，密封水取自凝结水精处理后，为保证给水泵密封效果，对凝结水母管压力有一定要求。优先选取给水泵轴端密封为机械密封方式，避免由于密封水压力低保护而限制凝结水泵调速运行的经济性。

（47）给水泵单耗（unit electric consumption of feed-water pump）：是指统计期内电动给水泵消耗的电量与电动给水泵出口的流量累计值的比值。计算公式为

$$b_{db}=\frac{W_{db}}{\sum D_{gs}^{q}}$$

式中 b_{db}——电动给水泵单耗，kWh/t；

W_{db}——电动给水泵消耗的电量，kWh；

D_{gs}^{q}——统计期内电动给水泵出口的流量累计值，t。

（48）给水泵耗电率、给水泵厂用电率（electric consumption rate of feed-water pump）：指统计期内电动给水泵消耗的电量与机组总发电量的百分比。电动给水泵耗电率（含前置泵）小于或等于2.3%。计算公式为

$$L_{db}=\frac{W_{db}}{W_{f}}\times 100\%$$

式中 L_{db}——给水泵耗电率，%；

W_{db}——电动给水泵消耗的电量，kWh；

W_{f}——统计期内机组发电量，kWh。

根据给水泵组的实际运行情况，给水泵组选型综合建议如下：

1）原则上采用汽动给水泵，350MW等级超临界空冷机组可采用电动给水泵。

2）杭州汽轮机股份公司引进西门子公司积木块设计技术，专门设计、制造不同容量、不同参数变转速工业汽轮机，给水泵汽轮机性能略优，建议尽量选择杭汽生产的给水泵汽轮机。

3）按照GB 50660《大中型火力发电厂设计规范》，给水泵的设计容量和扬程裕量非常充足，导致给水泵实际运行工况点远低于设计点。建议在保证给水泵出力安全的前提下，降低给水泵的原设计扬程到90%。

4）目前多数汽动泵组的前置泵扬程选型偏高约50%，造成实际运行中前置泵厂用电率偏高，导致给水泵入口有效汽蚀余量远高于必需汽蚀余量。因此，在设计时任何工况下，前置泵扬程只要能满足给水泵必需汽蚀余量的2倍即可。目前，多数机组给水泵前置泵设计扬程偏高。对于已投产前置泵可通过叶轮改造（叶轮切削）降低前置泵扬程，通过降低扬程改造后，可降低厂用电率约0.03～0.05个百分点。

5）优先选取给水泵轴端密封为机械密封方式，避免由于密封水压力低保护而限制凝结水泵调速运行的经济性。

给水泵耗电率高的原因如下：

1）给水泵设计配置容量大，运行效率低。

2）给水泵再循环阀内漏。

3）汽动给水泵密封方式不合理。

4）汽动给水泵故障率高，切换频繁。

5）机组负荷率低或频繁启停、调峰。

6）电动给水泵运行或调节效率低。

7）机组运行 AGC 投入，负荷波动较大，给水泵启停次数增加。

8）减温水流量增加。

9）电动给水泵减速器效率低，造成输出效率低，给水泵耗电量偏高。

10）耦合器勺管卡涩；耦合器齿轮损坏。

11）管路布置阻力大。

降低给水泵耗电率的对策如下：

1）新设计机组优先选用100％BMCR 容量的汽动给水泵，不设备用电动给水泵。300MW 及以上湿冷机组和部分 600MW 及以上空冷机组均采用汽动给水泵。按照 GB 50660—2011《大中型火力发电厂设计规范》设计要求，300MW 机组配置2×50％汽动给水泵，再配置 1×50％电动给水泵，电动给水泵为调速泵，以满足机组启停或作为机组运行中的备用泵。600MW 机组配置2×50％汽动给水泵，再配置 1 台 20％～30％定速泵，以满足机组启停。通常，给水泵汽轮机容量越大，效率越高，给水泵汽轮机消耗蒸汽量越小，机组经济性越好。因此，采用 1×100％汽动给水泵有利于机组节能。在国外很多百万机组上采用的单台 100％汽动给水泵，在国内却很稀少。

传统的给水泵配置为 2×50％ 汽动给水泵＋ 1×50％启动电动给水泵，在机组的启动阶段，采用电动泵进行锅炉进水、冷态和热态水冲洗，以及锅炉启动等。而在锅炉点火后所产的蒸汽，却通过旁路系统直接送入凝汽器而白白浪费。采用 100％汽动给水泵，自配独立凝汽器，可单独启动，不设电动泵。其启动汽源取自相临机组（或二期）的冷再热蒸汽。如此配置，可大大降低给水泵在机组启停阶段的能耗。采用 100％ 汽动给水泵后，机组启动阶段给水泵所耗能源为临近汽轮机已做过功的高压缸排汽而非高价值的电力。而一旦锅炉产汽后，给水泵汽轮机的汽源即可适时切回本机（冷再热蒸汽），这将大大降低机组启动阶段的给水泵能耗。

在机组启停期间，采用 1×100％汽动泵时，需要临炉蒸汽或启动锅炉向给水泵汽轮机供汽，系统简单、投资省。采用 1×100％汽动给水泵时，当给水泵或给水泵汽轮机出现故障，必须停运给水泵时，机组必须同时停运。因此，对汽动给水泵组的可靠性要求较高。采用 2×50％汽动给水泵时，当某一台给水泵组发生故障，机组仅降低负荷时，不必停运，机组运行的可靠性较高。

上海外高桥第三发电有限责任公司 1000MW 机组，设计热耗率为 7320kJ/kWh，在设计时采用了 1×100％汽动给水泵，取消了常规的电动给水泵，给水泵前置泵也采用给水泵汽轮机驱动。由于给水泵汽轮机和给水泵均采用国外进口的高效设备，泵组运行可靠性较高，节能效果也比较明显。在我国首次采用 100％汽动给水泵，自配独立凝汽器，可单独启动，取消电动给水泵。简化系统，降低投资约 1 亿元。在同等条件下，与同类型汽轮机相比，由于采用 1×100％汽动给水泵及法国阿尔斯通给水泵汽轮机效率高，在 100％负荷下，运行效率达 86.7％，给水泵汽轮机进汽量降低9t/h，汽轮机热耗率降低17kJ/kWh，发电煤耗降低0.63g/kWh。给水泵主泵与前置泵采用同轴驱动，厂用电率降低0.16～0.18个百分点。

2）尽量减少给水泵与锅炉之间给水管道中的弯头、阀门和异型部件的数量，减少给水流动阻力损失。建议取消省煤器入口电动给水门和送止门，将小流量上水调门移至给水泵出口。

3）启动期间，尽量采用前置泵上水。从锅炉汽包上水至机组并网，需要10h以上。合理安排设备的启动，有效地降低厂用电量，同时还大大减少外购电量。在每次启动中均采用前置泵向锅炉汽包上水，合理关闭炉侧疏水，提高除氧器的压力。

4）机组正常运行时，锅炉上水旁路小流量上水调门保持全开，减小给水系统阻力。

5）联系锅炉进行燃烧调整，合理优化燃烧方式，降低减温水量。

6）利用检修机会对电动给水泵减速器进行检查处理，提高减速器工作效率。

7）通常汽动给水泵采用迷宫式密封，密封水取自凝结水精处理后。为保证给水泵密封效果，对凝结水母管压力有一定要求。为保证低负荷时凝结水泵变频装置的节能效果，通过增设给水泵密封水增压装置，如600MW超临界机组加装50m扬程的管道泵，或由凝结水泵出口（凝结水精处理前）引出密封水，进一步降低凝结水母管压力，充分发挥变频调节装置的节能效果。

8）加强对给水泵最小流量阀（给水泵再循环阀）的维护，减少给水泵最小流量阀内漏。国产机组给水泵再循环阀内漏是一个普遍现象。再循环阀由于前后压差很大，且给水温度接近饱和温度，在小开度运行时极易引起汽蚀冲击而造成泄漏。在防治上，一是尽量避免调节阀频繁开启或在小流量状态长时间运行；二是利用检修机会对调节阀通流部件进行研磨修复，并确保调节阀关闭严密；三是采用先进技术对调节阀进行换型改造。部分电厂在给水泵再循环阀前加装电动隔离阀，正常运行时保持电动隔离阀在关闭状态，通过逻辑设计，在给水流量降低至再循环调节阀开启前，先行开启电动隔离阀，有效降低了运行中再循环阀门的内漏。

9）检修时应调整好给水泵的内部间隙，以提高给水泵的效率。通常给水泵的内部间隙若增大0.4～0.6mm，给水泵的效率将降低3%～4%。

10）给水泵出口压力应符合将给水打入汽包所需的压力，不应使富裕压力过大。

11）母管制给水系统采用第三代高效给水泵。汽动给水泵应采用变速给水泵汽轮机调节，电动给水泵应采用液力耦合器调节或变频器调节。

12）变速调节给水泵应全程参与给水流量的调节，以减少给水调门节流损失或取消给水调门。

13）检查处理液力耦合器故障引起调速性能差的缺陷。

14）300MW及以上机组的给水泵采用专用给水泵汽轮机拖动。300MW及以上机组电动给水泵耗电量约占全部厂用电量的50%左右，采用汽动给水泵后，可以减少厂用电，使整个机组向外多供2%的电量。电动给水泵（电动泵）改为汽动给水泵（汽动泵）后，可大幅度降低厂用电率（约为2.3～2.5个百分点），增加上网电量，同时机组供电煤耗率降低约1.0～2.0g/kWh。

15）给水泵汽轮机应尽可能利用较低能级的抽汽汽源。可以通过辅汽来提高给水泵汽轮机汽源的灵活性。

16）机组启动时，优先启动汽动给水泵运行，无特殊原因，不应启动电动给水泵运行。

17）给水泵入口滤网应定期清理，保持清洁。

18）进行给水系统改造。目前，给水系统存在如下问题：①给水泵汽轮机额定功率远大于给水泵的轴功率，形成大马拉小车情况，致使给水泵汽轮机运行工况点偏离设计工况点，运行效率下降。对给水泵汽轮机实施改造，可以考虑去掉一级叶轮，或者整个通流部分进行改造。②配套的给水泵设计扬程偏高。解决途径是可以考虑去掉一级叶轮，或者更换为采用引进技术生产的新一代调速泵组。例如多家电厂用英国WEIR泵公司技术制造的DGT600-240型半容量调速给水泵改造成功，其可靠性提高，维护工作量减小，实测效率达80%以上；另外尚有QG525-240型和TDG525-240型成功改造的实例。

19）液力耦合调速电动给水泵变频改造。我国200MW和300MW等级火力发电机组的液力耦合调速电动给水泵耗电量通常约占单元机组发电量的1.5%～2.5%，相当于厂用电率的20%～33%，是机组辅机中的耗电大户。亚临界330MW亚临界火力发电机组一般配有3×50%液力耦合器调速给水泵，单台泵电动机功率为5500kW。机组正常运行时投入2台给水泵运行，另外1台给水泵备用。机组满负荷时2台给水泵总的静态功耗约8500kW，满负荷时耗用电率为2.5%左右，直接影响到全厂的能耗指标。某电厂1号机组为330MW亚临界火力发电机组，配有典型的液力耦合调速电动给水泵系统，配有3×5500kW给水泵电动机。电厂对给水泵电动机采取二拖三变频改造，在进行变频节能改造过程中选用保留液力耦合器调速的方案，保留液力耦合器液力调速功能，不改变原有电动机型式，正常运行时将耦合器输出转速置于最大值（勺管置于100%状态）；给水泵电动机增加一套高压变频器进行调速；拆除耦合器内主油泵，改由增设的外置电动润滑油泵、电动工作油泵代替；由电动机变速后经耦合器驱动给水泵，正常运行中变频调速，在变频器故障时切换到工频，由液力耦合器进行调速。变频器采用东方日立（成都）电控设备有限公司日立系列原装进口的DHVECTOL-HI05500/06高压变频器，额定容量为5500kVA，功率因数大于0.97，效率大于97%，散热采用空气-水冷的组合式散热方案。改造后，每台机组2台给水泵长期变频运行，另1台给水泵工频备用。正常运行时将耦合器输出转速置于最大值（勺管置于100%状态）；该项目节电率为20%，2台给水泵变频年节电不低于1100万kWh，厂用电率下降0.5个百分点。

20）按照GB 50660《大中型火力发电厂设计规范》，给水泵的设计容量和扬程裕量非常充足（汽包炉容量最大流量的110%，扬程计算值增加20%；直流炉容量105%，扬程加10%），导致给水泵实际运行工况点远低于设计点。建议在保证给水泵出力安全的前提下，降低给水泵的设计扬程。

（49）前置泵耗电率（electric consumption rate of booster pump）：指统计期内前置泵消耗的电量之和与机组总发电量的百分比。计算公式为

$$L_{qb}=\frac{W_{qb}}{W_f}\times 100$$

式中 L_{qb}——前置泵耗电率，%；

W_{qb}——前置泵消耗的电量，kWh；

W_f——统计期内机组发电量，kWh。

前置泵是指用来提高给水泵进口压力，防止给水泵汽蚀，安置在给水泵之前的离心式泵。实际上前置泵电动机功率是比较大的，而且相差很大。例如某电厂300MW机组配备2台FA1D56型前置泵，扬程为100m，配备2台250kW（6kV）前置泵电动机。而有的300MW机组配备2台YNKn300/200-20J型前置泵，扬程为47m，配备2台110kW（0.38kV）前置泵电动机，因此前置泵耗电率差值在1倍以上。但总的要求是：300MW机组前置泵耗电率小于或等于0.18%，660MW超（超）临界机组闭式泵耗电率小于或等于0.20%。

在任何工况下，前置泵扬程只要能满足给水泵必需汽蚀余量的2倍即可。目前，多数机组给水泵前置泵设计扬程偏高。在满足给水泵必需汽蚀余量的前提下对前置泵进行了叶轮车削，前置泵电耗率可下降0.03个百分点左右。华能沁北电厂对600MW超临界机组汽前泵端盖密封形式进行改造，泵出力有效提高，设备正常运行电动机电流有了较大降低，同等工况下前置泵电动机

电流降低15A左右，前置泵电耗率由0.22%下降至0.15%。

华润电力温州有限公司2台N1008-25/600/600型超超临界汽轮机，给水系统设置2台50%汽动给水泵与前置泵同轴（给水泵两头出轴，一端与给水泵汽轮机连接，另一端通过变速箱与前置泵连接，布置于汽轮机零米层同一平台），省掉了前置泵电机（轴功率807kW，电机铭牌功率一般为1100kW），经过给水泵汽轮机厂核算，汽动给水泵组同轴布置方案中给水泵汽轮机的耗汽量比电动前置泵方案增加了2.1%，主汽轮机的THA工况热耗率为7324kJ/kWh，上升了9.0kJ/kWh，但是由于减少了前置泵电机，机组的厂用电率降低了0.16个百分点。如果锅炉效率按照94%，管道效率按照99%计算，汽动给水泵组同轴布置方案中前置泵靠给水泵汽轮机驱动方式增加的标准煤量为$G_1=9.0\times1\,008\,000/(29\,307.6\times94\%\times99\%)=332.63$（kg/h）。上网功率增加$W=1\,008\,000\times0.16\%=1612.8$kW。

当采用电动前置泵时，电机效率按照95%计算，2台电动前置泵耗电量为$P=2\times807/0.95=1698.95$kW。按照采用汽动前置泵时汽轮机的热耗率将电动前置泵耗电量折算成标准煤量为$G_2=1698.95\times7324/(29\,307.6\times94\%\times99\%)=456.23$（kg/h）。可见采用汽动给水泵同轴方案，每年按运行5000h计算，1年可节约标准煤量618t，增加电量806.4万kWh，厂用电率降低了0.16个百分点。

(50)（电动）给水系统耗电率、给水系统厂用电率、给水泵组耗电率（electric consumption rate of feed-water system）：指统计期内电动给水泵和前置泵消耗的电量之和与机组总发电量的百分比。计算公式为

$$L_{dx}=L_{db}+L_{qb}$$

式中 L_{db}——给水泵耗电率，%；

L_{qb}——前置泵耗电率，%；

L_{dx}——给水系统耗电率，%。

对于湿冷机组，给水系统耗电率不应大于2.3%，空冷机组不应大于2.4%。在保证除氧器和前置泵布置之间标高差的情况下，可采用给水泵汽轮机同轴驱动前置泵和给水泵。

(51)闭式（冷水）泵耗电率、闭冷泵耗电率（electric consumption rate of closed cycle pump）：指统计期内闭式泵消耗的电量之和与机组总发电量的百分比。计算公式为

$$L_{bs}=\frac{W_{bs}}{W_f}\times100\%$$

式中 L_{bs}——闭式泵耗电率，%；

W_{bs}——闭式泵消耗的电量，kWh；

W_f——统计期内机组发电量，kWh。

有的机组闭式泵配备裕量过大。如某300MW机组配备闭式泵型号为20sh-9，流量为2016m^3/h，扬程为59m，电动机功率为560kW；配备开式泵型号为24sh-19，流量为3168m^3/h，扬程为32m，电动机功率为400kW。而某660MW机组配备闭式泵型号为SLOW350-520B，流量为2500m^3/h，扬程为44m，电动机功率为450kW；配备开式泵型号为SLOW500-650B，流量为3900m^3/h，扬程为24m，电动机功率为400kW。因此闭式泵耗电率相差很大，总的要求是300MW亚临界机组闭式泵耗电率小于或等于0.18%，660MW超（超）临界机组闭式泵耗电率小于或等于0.15%。

(52)开式（冷水）泵耗电率（electric consumption rate of open cycle pump）：指统计期内开式泵消耗的电量之和与机组总发电量的百分比。计算公式为

$$L_{ks}=\frac{W_{ks}}{W_f}\times100\%$$

式中 L_{ks}——开式泵耗电率，%；

W_{ks}——开式泵消耗的电量，kWh；

W_f——统计期内机组发电量，kWh。

要求开式泵耗电率小于或等于 0.055%。为适应季节变化机组开式冷却水流量的不同需求，开式泵（或称开式冷却水泵、开式水泵、开式循环水泵）节电可以采取如下措施：

1）开式泵运行方式优化。有些机组当本机两台循环水泵同时运行时，循环水压力（包括虹吸作用）能够克服开式水系统阻力，从而可以停运开式泵；或对开式泵增加旁路，停运开式泵。

2）加装旁路。冬季工况下，停运开式水泵，开式冷却水通过旁路自流。在循环水泵扬程较小，部分开式冷却水冷却设备用水量要求较高的情况下，可以增设单独的增压泵（如冷却器冷却水等）。金桥热电厂 300MW 机组开式冷却水泵（开冷泵）加装旁路，当冬季循环水温度低于 10℃时，将开冷泵停运，用循环水带辅机冷却水，厂用电率降低约 0.01 个百分点。

3）开式冷却水泵双速改造。在春秋季节低速运行，降低开式水泵电耗。只有在夏季 3 个月高温时，高速运行。威海电厂 3 号 300MW 机组 1 台开式水泵（流量为 3168m^3/h，扬程为 32m，功率为 400kW，额定电流为 47A）实施高低速改造后，在低速运行时额定功率为 200kW，额定电流为 28A。在春秋季节低速运行，降低开式水泵电耗；冬季低温（海水温度降至 22℃，且闭式水水水交换器出口温度连续 3 天低于 28℃）时，停止开式泵运行；夏季高温（冷却水温度达到 22℃且闭式水水水交换器出口温度达到 28℃）时，将开式泵切至高速运行。

4）安装小容量开式水泵。杨柳青电厂 7、8 号 300MW 机组开式水系统各新增 1 台 60%额定流量的开式水泵（流量为 1250 m^3/h，扬程为 16m，功率为 75kW），小流量水泵在春、秋、冬季能运行 8 个月，比大流量水泵功率降低 85kW，达到节电目的。

5）将 2 台机组的开式水系统进行联络。联络后，不仅机组启停过程中可以在不开循环水泵的情况下给启停机组提供开式冷却水，而且在循环水温较低时，可考虑使用 1 台开式水泵供给 2 台机组开式冷却水。

6）在非高温季节开式泵停运。循环水泵在设计时其扬程就很高了，可以不再增压，循环水即可到达每个辅机系统。在冬季，当循环水温度降至 20℃以下时，开式水泵可以停运，而将开式水泵的进出口隔离阀保持开启，即可维持各被冷却介质的温度在允许范围。

7）变频改造。沁北电厂完成 600MW 超临界机组开式冷水泵变频改造，改造后开冷泵耗电率降低 0.05 个百分点。

(53) 汽动给水泵组效率（steam feed water pump group efficiency）：汽动给水泵组中供给汽动给水泵汽轮机的能量被泵组有效利用的程度。计算公式为

$$\eta_z=\eta_{sb}\eta_{xj}$$

式中 η_z——汽动给水泵组效率，%；

η_{sb}——给水泵效率，%；

η_{xj}——给水泵汽轮机效率，%。

例 9-23 某超超临界 680MW 机组发电机效率为 98.95%，给水泵效率为 83%，给水泵汽轮机效率为 81%。求汽动给水泵组效率。

解：汽动给水泵组效率为

$$\eta_z=\eta_{sb}\eta_{xj}=81\%\times83\%=67.23\%$$

给水泵组效率低的原因及处理对策如下：

1）机组正常运行时，汽动给水泵最小流量阀开启。机组正常运行时，给水泵流量满足要求时，汽动给水泵最小流量阀应保持关闭。

2）给水泵汽轮机低压汽源满足要求时，却一直用辅汽供汽，未及时进行切换。因此在机组启动过程中，当低压汽源满足要求时，应及时进行切换。在机组停运过程中，当给水泵汽轮机低压调节阀接近全开时，切至辅汽供汽。

3）未及时进行给水大、小阀切换，造成节流损失大。当给水量满足要求时，应及时进行给水大、小阀切换，采用三冲量调节。

4）给水泵机械密封泄漏严重。应利用检修机会对泄漏的机械密封进行更换。

5）给水泵密封环间隙大。应利用给水泵大修机会对给水泵密封环间隙进行检查处理。

6）最小流量阀泄漏。应利用检修机会对最小流量阀进行检查处理。

7）给水泵效率低。检修时应解体处理给水泵内部动静摩擦、密封间隙偏大的缺陷。减少给水泵与锅炉之间给水管道中的弯头、阀门和异型部件的数量，以减小流阻损失。调整给水泵内部动静间隙，采用复合材料制成的密封环、导叶套。

8）由于杭汽生产的给水泵汽轮机性能略优，东汽、哈汽、上汽生产的给水泵汽轮机性能相当，青岛捷能生产的给水泵汽轮机性能略差，建议尽量选择杭汽生产的给水泵汽轮机。

（54）汽动给水泵组汽耗率、给水泵汽轮机组汽耗率（steam consumption rate of steam feed water pump group）：汽动给水泵组输出单位功率的汽耗量。某电厂汽动给水泵组汽耗率设计值见表 9-28。

表 9-28　某电厂汽动给水泵组汽耗率设计值　kg/kWh

序号	机组等级	100%负荷	75%负荷	50%负荷	40%负荷	30%负荷
1	350MW	4.77	5.12	5.12		11.07
2	680MW	4.75	5.04	5.3	5.54	5.93

$$汽动给水泵组汽耗率=\frac{汽动给水泵汽轮机的进汽流量\ G_{qb}\ (kg/h)}{给水泵的输出功率\ (kW)}$$

给水泵组汽耗率高的原因如下：

1）给水泵汽轮机低压汽源满足要求时，一直用辅汽供汽，未及时进行切换。

2）机组升降负荷幅度过大，造成给水泵汽轮机转速大幅波动，供汽量大幅波动。

3）给水泵汽轮机供汽管道疏水开启过大、过多。

4）给水泵汽轮机排汽压力过高，造成汽耗量增大。

5）给水泵汽轮机通流部分效率低。包括给水泵汽轮机汽缸效率低，配汽机构的节流损失大。

6）给水泵机械密封泄漏严重。

7）给水泵再循环门等系统存在内漏。

8）汽动给水泵故障率高，启停频繁。

9）给水泵汽轮机排汽蝶阀未开足。

降低给水泵组汽耗率的对策如下：

1）在机组启动过程中，当给水泵汽轮机低压汽源满足要求时，应及时将辅汽供汽切换至低压汽源。在机组停运过程中，当给水泵汽轮机低压调节阀接近全开时，切至辅汽供汽。

2）在机组升降负荷应缓慢进行，防止给水泵汽轮机转速大幅波动，引起供汽量大幅波动。

3）给水泵汽轮机供汽温度满足时，及时关闭或关小疏水，减少蒸汽损耗。保持热力系统严密性，及时消除阀门、疏放水系统等内漏缺陷。

4）运行中保持给水泵汽轮机合适的排汽压力，防止排汽压力过高，造成汽耗量增大。

5）运行中应合理调整给水泵汽轮机调节阀的重叠度，减少节流损失。

6）利用检修机会对泄漏的机械密封进行更换。

7）利用检修机会对最小流量阀内漏进行检查处理或更换。

8）加强巡查和分析，及时发现蝶阀异常并进行处理。

9）保持给水泵汽轮机热力系统严密性，及时消除阀门、疏放水系统等内漏缺陷。

10）合理调整给水泵汽轮机调节阀的重叠度，减少节流损失。

11）利用大修机会解体处理给水泵内部动静摩擦、密封间隙偏大的缺陷。

第四节 湿式冷却塔指标

（1）气水比（air/water ratio）：进冷却塔干空气质量流量与进塔冷却水质量流量之比，符号为λ。

（2）冷却能力（cooling capacity）：将试验中实测的工况条件修正到设计工况条件下，冷却塔的散热量的比值。冷却塔实测冷却能力应大于95%，冷却塔的实测冷却能力计算式为

$$\eta_{sq}=\frac{Q_0}{Q_d}=\frac{G_g}{Q_d\lambda_c}\times 100\%$$

式中 η_{sq}——按修正的冷却水量计算的实测冷却能力，%；

Q_0——修正到设计工况条件下的冷却水量，kg/s；

Q_d——设计冷却水量，kg/s；

G_g——实测进塔空气量，kg/s；

λ_c——修正到设计工况条件下的气水比。

（3）冷却数（cooling number）：表征冷却塔内包括喷淋区、淋水填料区和填料下的雨区在内的淋水装置的热交换能力的特征数，符号为Ω。实用的冷却数计算公式为

$$\Omega=\frac{c_w\Delta t}{6}\left(\frac{1}{h''_1-h_2}+\frac{4}{h''_m-h_m}+\frac{1}{h''_2-h_1}\right)$$

$$h''_1=1.005\,t_1+(2500+1.846\,t_1)\frac{0.622p_{t_1}}{p-p_{t_1}}$$

$$h''_2=1.005\,t_2+(2500+1.846\,t_2)\frac{0.622p_{t_2}}{p-p_{t_2}}$$

$$h''_m\approx\frac{h''_1+h''_2}{2}$$

$$h_m=\frac{h_1+h_2}{2}$$

式中 Ω——冷却数；

h''_1——空气温度相当于进塔水温t_1时的饱和空气焓，kJ/kg；

h''_2——空气温度相当于出塔水温t_2时的饱和空气焓，kJ/kg；

p_{t_1}——进塔空气在t_1时的饱和水蒸气压力，Pa；

p_{t_2}——进塔空气在t_2时的饱和水蒸气压力，Pa；

Δt——水温差，$\Delta t=t_1-t_2$，℃；

h''_m——空气温度相当于平均水温$t_m=\dfrac{t_1+t_2}{2}$的饱和空气焓，kJ/kg；

h_m——塔内空气平均焓，kJ/kg。

（4）环境空气干、湿球温度（ambient dry-wet bulb temperature）：在冷却塔上风向且不受出

塔空气回流影响条件下测得的空气干、湿球温度。干球温度符号为θ_0，湿球温度符号为τ_0。

(5) 进塔空气干、湿球温度（inlet air dry-wet bulb temperature）：包括湿空气回流和外部干扰影响在冷却塔进风口测得的空气干、湿球温度。

(6) 冷却塔进水温度、水塔进口循环水温度（cooling tower water temperature）：循环水进入冷却水塔的进口温度，以t_{tj}表示，一般在塔的进水管或竖井处测取。

(7) 水塔（冷却）效率（into cooling tower water temperature）：水塔实际冷却幅宽与极限冷却幅宽的百分比，符号为η_c。计算公式为

$$\eta_c=\frac{\Delta t_t}{t_{tj}-\tau_0}\times 100\%=\frac{t_{tj}-t_{tch}}{t_{tj}-\tau_0}\times 100\%$$

式中 Δt_t——冷却幅宽，℃；

η_c——水塔效率，%；

t_{tj}——冷却塔入口水温，℃；

t_{tch}——冷却塔出口水温，℃；

τ_0——空气湿球温度，℃。

提高水塔效率的主要措施如下：

1）选择性能优良的淋水填料。循环水散热过程与塔内空气分布、水分布与淋水填料的性能密切相关，淋水填料性能的优劣直接影响冷却塔的运行经济性。

2）保持最佳循环水流量。增加循环水量有益于凝汽器侧热交换，但是对冷却塔存在最佳循环水量。当出塔空气的相对湿度未达到饱和时，增加循环水量，可使出塔空气逐渐趋于饱和。若继续增加循环水量，出塔水温反而很快升高，因为空气吸收热量已达饱和，过量热水放出的热量已无法被空气再吸收。

3）采取喷嘴在填料上方向上喷雾配水的方式。这种向上喷雾配水的方式具有携气流上升和凝聚后自由降落两个过程，冷却停留时间更长。更重要的是在填料上方吸收一部分热负荷，使填料内冷却的热负荷降低，冷却效果更好。

4）加装翼形导风板。导风板能使来自各方向的侧风均能够以比较合理的角度进入冷却塔，并抑制塔内有害旋涡的生成，循环水温度将降低1.5～2℃。

(8) 冷却（塔）幅高（wet cooling tower approach）：湿冷塔出口水温与大气湿球温度（理论冷却极限）的差值。计算公式为

$$\Delta t_{fg}=t_{tch}-\tau_0$$

式中 Δt_{fg}——湿冷冷却塔冷却幅高，℃；

t_{tch}——冷却塔出口水温，在塔的回水沟处测取，℃；

τ_0——大气湿球温度，℃。

湿式冷却塔的冷却幅高应每月测量一次，以测试报告和现场实际测试数据作为监督依据。在冷却塔热负荷大于90%的额定负荷、气象条件正常时，夏季测试的冷却塔出口水温度不高于大气湿球温度7℃。降低冷却幅高的措施如下：

1）自然通风冷却塔加装空气动力涡流装置。双曲线冷却塔本身具有上浮空气抽力大、空气分布相对均匀的特点，但在空气和循环水热水交换的过程中，双曲线冷却塔内还存在涡流区间，这个区间约占水塔内部空间的1/3。涡流区的存在，明显降低了冷却塔的冷却效率。冷却水塔加装空气动力涡流装置可以提高冷却塔效率，降低循环水的温度，从而提高凝汽器真空度。杨柳青热电厂引进该项技术对6号水塔进行改造。在水塔入风口处安装导向板（空气动力涡流装置），经西安热工院测试，3m/s风速以下循环水温度比技改前降低0.33℃，4.8m/s风速循环水温度

比技改前降低 1.07℃，降低煤耗率 1.25g/kWh。

2）冷却塔的补水管路应直接接至水池，排污管路应从凝汽器循环水出口管路接出，以进一步降低循环水入口温度（但注意当冷却塔底部存在淤泥时，要及时进行底部排污）。

3）对有内、外圈供水方式的冷却塔，如冬季为防冻需要停止内圈喷水，环境温度回升后，要及时投运内圈喷水。机组单循环水泵运行时，采取水塔虹吸优化运行，实现全塔淋水。

4）冬季对冷却塔加装挡风板防冻时，要注意根据环境温度合理调整挡风板挂板数量，保持循环水温度不高于 10℃。伊敏电厂对水塔挡风板进行自动调整改造，根据季节及时调整挡风板开度，起到较好效果。

5）应创造条件进行循环水母管制改造，根据不同的季节和机组运行方式，实行冬季“两机一塔”或夏季“一机两塔”等运行方式，以降低冬季的循环水泵电耗和夏季的冷却塔幅高。

6）冷却塔喷溅装置改造。华能沁北电厂对 600MW 超临界机组冷却塔喷溅装置进行了改造，采用 JNX-03 旋转型喷溅装置替代反射Ⅲ型与 XPH 型旋流式喷溅装置，解决了反射Ⅲ型及旋流式喷溅装置淋水均匀性差的问题，降低水塔的出水温度，进而降低汽轮机排汽压力。4 号冷却塔改造后循环水出口温度较改造前降低 1.15℃。

7）淋水填料改造。华能瑞金电厂 350MW 超临界燃煤机组冷却塔改用换热性能好的斜折波冷却塔淋水填料，同等情况下比 S 波淋水填料降低冷却塔出水温度 0.2℃。

例 9-24　某水塔入口水温为 32℃，出口水温为 26℃，空气湿球温度为 24℃。求水塔效率、冷却幅宽和冷却幅高。

解：水塔效率为

$$\eta_c = \frac{t_{tj} - t_{tch}}{t_{tj} - T_0} \times 100\% = \frac{32-26}{32-24} \times 100\% = 75\%$$

冷却幅宽为

$$\Delta t_t = t_{tj} - t_{tch} = 32 - 26 = 6\ (℃)$$

冷却幅高为

$$\Delta t_{fg} = t_{tch} - \tau_0 = 32 - 24 = 8\ (℃)$$

(9) 冷却塔（循环水）温降、冷却水温差、冷却幅宽（temperature drop of wet cooling tower/cooling width）：是指循环水进入冷却水塔的进口温度与出冷却水塔的出口温度的差值，与冷却水塔的清洁程度、堵杂物程度、冷却水塔通风程度、冷却水塔淋水密度、冷却水塔水流分布密度、冷却水塔效率等有关。其计算公式为

$$\Delta t_{wj} = t_{tr} - t_{tc}$$

式中　Δt_{wj}——湿式冷却塔的循环水温降,℃；

t_{tc}——冷却水塔出口循环水温度，在塔的回水沟处测取,℃；

t_{tr}——冷却水塔进口循环水温度，在塔的进水管或竖井处测取,℃。

冷却塔温降变化 1℃，影响热耗变化 0.3%～0.5%。监督冷却塔冷却效果时应进行下列三方面的检查：

1）外观检查。主要包括：溅水碟完整，不脱落，无堵塞；淋水填料外观整齐，无缺损，无变形，无杂物；配水系统保持清洁，无漏水，无溢水；除水器安放平稳，无缺损，无变形；淋水密度均匀，冷却水较干净。

2）性能测试。主要包括：大气干、湿球温度，大气压力、大气风速和风向；进塔空气干、湿球温度；进塔水温，出塔水温；冷却水量。

3）性能计算。计算方法参见 DL/T 1027—2006《工业冷却塔测试规程》。

监督检查时，必须提供冷却塔热力特性设计曲线和试验曲线。对冷却塔冷却效果的检查最好在夏季测试，循环水塔冷却效率应不小于95%，循环水塔温降越低越好。

提高循环水塔冷却效率，增大循环水塔温降的措施如下：

1）制定冷却塔管理实施细则，明确各自的监督职责，考核与奖惩挂钩。

2）对冷却效果较差和冬季结冰严重的冷却塔，应通过增加喷头、采用新型喷溅装置、更换新型填料、进行配水槽改造等措施进行技术改造，以提高其冷却效果，减轻或消除冬季结冰现象。

3）加强对冷却塔维护，根据水塔运行状况提出水塔清淤建议。结合主机设备大小修，清理水池淤泥和杂物，疏通喷嘴，使循环水冷却塔经常在较佳的效率下运行。

4）建立循环水定期监测制度，做好水质监督，确保水质稳定，严禁在不进行净化处理的情况下在循环水中养鱼。

5）严格循环水处理监督机制，建立冷却塔运行报表制，记录主要运行数据。报表记录内容至少包括冷却塔循环水进口温度、冷却塔循环水出口温度、空气温度、湿球温度、水槽水量分布情况、淋水密度、循环水流量等。

6）节能专责人要定期分析、检查水塔温降、水塔出口水温，提出水塔运行存在的问题，提出改善冷却效果的措施。

7）冷却塔冬季要做好防冻措施，在凝汽器冷却水管可以承受、安全的前提下，水塔出口水温度应稳定在8℃左右运行。

8）维护人员按规定巡视、检查水塔运行情况，发现设备缺陷及时消除。要及时更换损坏的喷嘴和溅水碟，修复损坏的淋水填料。

（10）进塔水压（tower pumping head）：即配水高度，对于自然通风冷却塔是指配水竖井内的水面水位与塔储水池水面水位差值；对于机械通风冷却塔则是指进塔水管中心线处的总水头与塔储水池水面间的差值。

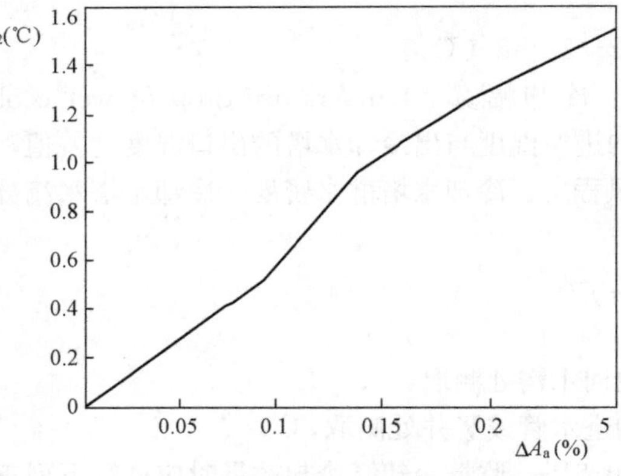

图9-6 淋水面积对出塔水温的影响

（11）淋水面积（area of water drenching）：冷却塔内淋水填料顶面可淋到水和通风的净面积，符号为A_a。由于运行方式不当、维护不及时造成喷嘴堵塞、填料破损及生长藻类，致使换热面积减少、淋水密度增加。图9-6所示为淋水面积相对减少1%～25%的出塔水温变化情况。

（12）填料高度（height of packing）：淋水填料顶面与底面之间的垂直距离。淋水填料是设置在冷却塔内，使水溅散成水滴或水膜，以增加水和空气接触面积和时间的一种装置。

（13）淋水密度（mass water flow per unit plan area of packing）：单位时间内每平方米填料断面的循环水质量流量。

（14）浓缩倍率、浓缩倍数（circulating ratio）：在循环冷却水系统运行过程中，循环水通过冷却塔时水分不断蒸发，因蒸发掉的水中不含盐分，所以循环水中的溶解盐类不断浓缩，其含盐量也随之增加。为了不使循环水的含盐量无限制地增加，防止由此产生的种种危害，必须适当排放一部分循环水（即排污），同时补充一部分新水。由于循环水的含盐量大于新水的含盐量，所以循环水的含盐量与新水的含盐量之比称为浓缩倍数，符号为N。计算公式为

$$N=\frac{\rho_R}{\rho_M}$$

式中 N——浓缩倍率；

ρ_R——循环水中的含盐量，mg/L；

ρ_M——补充水中的含盐量，mg/L。

浓缩倍数越大，节水程度越高，可以减少取水量。一般情况下浓缩倍数最佳数值是4～5倍。浓缩倍数是循环冷却水系统运行管理的一项重要控制参数，浓缩倍率越大，节水程度越高，既可减少新水量，又可减少系统中阻垢、缓蚀剂的补充消耗量；但是另一方面又对新水与循环水的处理提出了更高的要求，因为系统中离子浓度增加，加重了腐蚀、结垢的危害，从而增加了水处理的费用。因此循环冷却水系统的最佳浓缩倍数应根据节水要求、不同水质、凝汽器管材、水处理技术等方面进行综合分析确定。一般情况下各种循环水处理方案应达到如下效果：

1）加稳定剂（即阻垢剂）可以使循环水浓缩倍率达到2～2.5。

2）加酸碱稳定剂可以使循环水浓缩倍率达到3左右。

3）石灰石处理可以使循环水浓缩倍率达到4以上。

4）采用弱树脂等方式处理时，浓缩倍率可控制在5.0左右。

提高循环水的浓缩倍率的措施如下：

1）采用高效的阻垢缓蚀剂。循环水处理采用加阻垢缓蚀剂及加酸方式，在这种处理方式固定的前提下，如果补充水氯离子、硬度和碱度降低，可以适当提高浓缩倍率。同时加强循环水电导率的监督，控制循环水对系统的腐蚀，针对凝汽器碳钢部件加碳钢缓蚀剂。

2）控制有机磷含量。合理控制循环水有机磷含量（阻垢剂加药量）及碱度，可以有效控制循环水结垢趋势。

3）加酸降低碱度。加硫酸降碱度可以提高浓缩倍率，减少系统结垢，但应考虑硫酸盐对水泥构件的腐蚀，硫酸根控制不超过600mg/L。

4）降低补充水的硬度和碱度（如石灰处理或弱酸阳离子交换处理）。

5）适当添加杀菌剂和粘泥剥离剂。

（15）蒸发损失水量（evapotranspiration loss）：在冷却塔中，由于热水与冷空气在塔内产生热交换，所以部分水量因蒸发变成蒸汽而逃逸掉的水量。循环水的冷却是通过冷却塔使水与空气接触，由水的蒸发散热、热传导和热辐射三种方式共同作用而实现的。在冷却塔内，热水与空气之间发生两种传热作用，即蒸发传热和接触传热，每蒸发1kg水，要带走约2545kJ的热量。蒸发传热带走的热量约占冷却塔中传热量的75%，接触传热带走的热量约占冷却塔中传热量的25%。由于冷却塔中水的蒸发而散发出的热量因大气温度的不同而有很大的差别。在冬季，蒸发散热量约占冷却塔中全部发散出热量的50%，在夏季约为100%，在春秋季约为75%。计算公式为

$$E_R=ZR\Delta t$$

式中 E_R——蒸发损失水量，m^3/h；

R——循环水量，m^3/h；

Δt——冷却塔进出口水温差，℃；

Z——蒸发损失系数，与环境温度有关，取值见表9-29，1/℃。

表9-29　蒸发损失系数与环境温度的关系

环境温度（℃）	−10	0	10	20	30	40
Z（1/℃）	0.000 8	0.001 0	0.001 2	0.001 4	0.001 5	0.001 6

（16）风吹损失水量、吹散水量、飘滴损失水量（wind blows loss water）：在冷却塔中，由于冷空气借助风机动力或自然风力，部分水量会因风力夹带出冷却塔而损失掉的水量。计算公式为

$$E_D=KR$$

式中 E_D——风吹损失水量，m^3/h；

K——吹散损失系数，一般可取0.1%～0.5%，当风筒式冷却塔装有捕水器（即收水器）时，可取0.1%；无收水器时，可取0.3%～0.5%。对于机械通风冷却塔，可取0.2%～0.3%。

（17）循环冷却系统耗水量（quantity of water consumption for circulating system）：风吹损失水量与蒸发损失水量之和。计算公式为

$$V_{con}=E_R+E_D$$

（18）排污损失水量（water pollution loss）：冷却水由于重复循环，水中固体浓度逐渐增加，影响水质和传热性，因此部分排放，并补充新鲜水，这部分排放掉的水量，就是排污损失水量。计算公式为

$$E_B=\frac{E_R+E_D-NE_D}{N-1}$$

$$E_M=E_R+E_D+E_B$$

式中 E_M——补充水量，m^3/h；

E_B——排污损失水量，m^3/h；

N——浓缩倍率。

从上式可以看出，循环水浓缩倍率越大，排污损失越小，补充水量就越小。

例9-25 某厂循环冷却水系统的循环量R为10 000m^3/h，冷却塔进、出口的水温分别为30℃和20℃。试求浓缩倍率N为4时的补充水量E_M、排污水量E_B、补充水量、补充水率，以及系统耗水量。

解：蒸发损失水量为

$$E_R=0.001\,4R\Delta t=0.001\,4\times10\,000\times(30-20)=140\ (m^3/h)$$

风吹损失水量为

$$E_D=0.2\%R=0.002\times10\,000=20\ (m^3/h)$$

排污损失水量为

$$E_B=\frac{E_R+E_D-NE_D}{N-1}=\frac{140+20-2\times20}{4-1}=40\ (m^3/h)$$

补充水量为

$$E_M=E_R+E_D+E_B=140+20+40=200\ (m^3/h)$$

补充水率为

$$E_M/R=\frac{200}{10\,000}=2\ (\%)$$

系统耗水量为

$$V_{con}=E_R+E_D=140+20=160\ (m^3/h)$$

（19）机力塔耗电率、冷却塔耗电率（electric consumption rate of mechanical draft cooling tower）：是指统计期内全厂的冷却塔耗电量与统计期内全厂机组发电量的百分比，与冷却塔风机效率、水塔清洁程度、堵杂物程度、积淤泥程度有关。其计算公式为

$$L_{jl}=\frac{W_{jl}}{W_f}\times 100\%$$

式中 L_{jl}——机力塔耗电率,%;

W_{jl}——机力塔耗电量，kWh；

W_f——机组发电量，kWh。

第五节 空冷岛指标

(1) 外界设计风速（design wind velocity）：对于直接空冷系统，外界设计风速是指空冷凝汽器蒸汽分配管顶1m高处无干扰的环境平均风速；对于间接空冷系统，外界设计风速是指冷却塔顶处无干扰的环境平均风速。该平均风速应根据气温大于或等于25℃，且10min的平均风速每年平均不超过50次的对应风速，并且在该平均风速以下，汽轮机出力不受影响。

(2) 空气流速、环境风速（wind velocity）：在空冷凝汽器顶端上方约1m处，未受干扰的环境空气平均风速，单位为m/s。流速测点布置见图9-7。

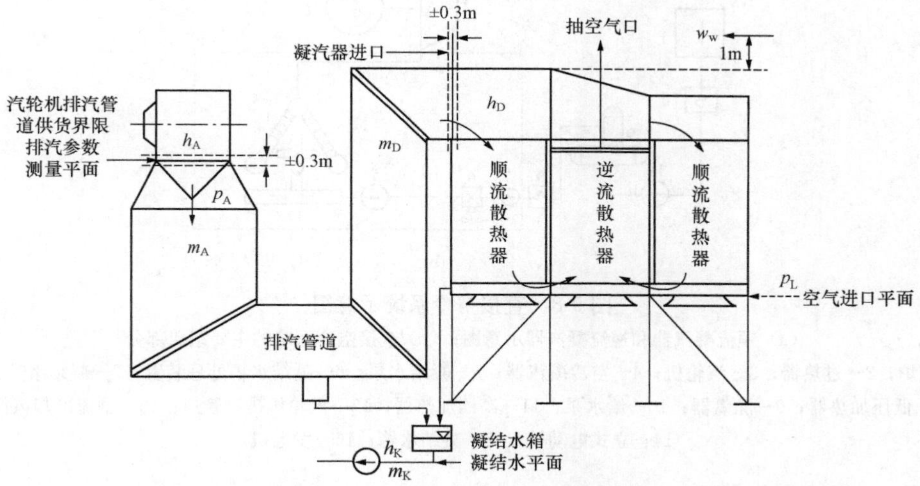

图9-7 直接空冷排汽参数测量点布置

(3) 迎面风速（face velocity）：冷空气通过空冷凝汽器或空冷散热器管束有效平面区域内的平均风速。单位为m/s。设计迎面风速对于直接空冷系统，单排管采用1.8～2.3m/s，双排管采用2.0～2.5m/s，三排管采用2.5～3.0m/s；对于间接空冷系统，采用1.6～1.9m/s。

(4) 顺逆流比（parallel-cross bundle number than）：在直接空冷系统中，顺流管束的数量与逆流管束的数量的比例。对于单排管，顺逆流比不宜大于85∶15；对于双排管和三排管，顺逆流比不宜大于80∶20。间接空冷系统无顺逆流比。

直接空冷系统由排汽管道、空冷凝汽器、凝结水箱、真抽真空设备及其管阀系统构成，见图9-8。以环境空气作为冷源，通过空冷凝汽器将汽轮机的排汽引入室外空冷凝汽器内，直接冷凝成水。基于防冻的要求，直接空冷系统一般需设置顺流凝汽器（主凝汽器，可冷凝75%～80%的蒸汽）和逆流凝汽器（分凝汽器）。直接空冷系统中大部分的蒸汽在顺流凝汽器中被冷凝，剩余的小部分蒸汽再通过逆流凝汽器被冷凝。在逆流凝汽器中，由于蒸汽和凝结水的运动方向相反，凝结水不易冻结。在逆流凝汽器的顶部设有抽真空系统，可将系统内的空气和不凝结气体抽出。

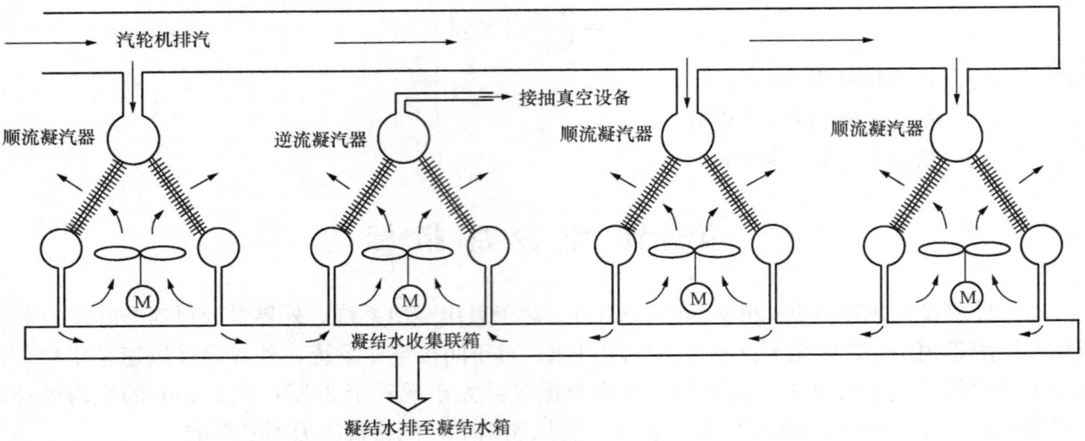

(a)

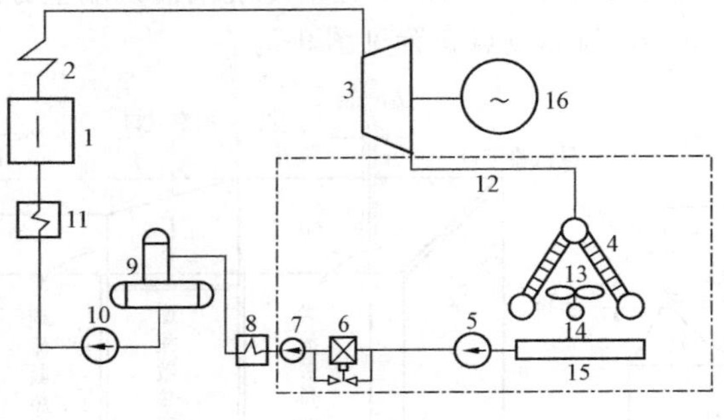

(b)

图 9-8　直接空冷系统示意图

(a) 顺流凝汽器和逆流凝汽器示意图；(b) 直接空冷系统的主要组成部分

1—锅炉；2—过热器；3—汽轮机；4—空冷凝汽器；5—凝结水泵；6—凝结水精处理装置；7—凝结水升压泵；8—低压加热器；9—除氧器；10—给水泵；11—高压加热器；12—汽轮机排汽管道；13—轴流冷却风机；14—立式电动机；15—凝结水箱；16—发电机

(5) 空冷散热器（总）散热面积（condenser heat exchange surface）：空冷散热器冷却元件与冷却水接触的总的外表面积。

空冷散热器是在间接空冷系统中，将循环水的热量散发到大气中的换热器。空冷散热器安装在间接空冷系统中的空冷塔上。间接空冷系统以环境空气作为冷源，以密闭的循环水作为中间介质，将汽轮机排汽的热量传给循环水，密闭循环水再通过空冷散热器（空冷塔）将热量传给大气。该系统一般由表面式凝汽器、循环水泵、散热器、自然通风空冷塔、循环水管等组成，散热器塔外垂直布置，一机一塔，见图 9-9。某 1000MW 超超临界间接空冷机组，空冷散热器按 4 排铝质带孔翅片板全铝制热交换器设计，由碳钢短支腿支撑布置在自然通风冷却塔外围一周。散热器管束成对布置组成冷却三角，冷却三角被划分为 12 个冷却扇段，共 214 个冷却三角。每台机组的空冷散热器翅片管总散热面积为 205.5 万 m^2，通过散热器的迎面风速为 1.7m/s。

(6) 冷却风机轴功率、风机拖动功率（input power of cooling fan）：作用在冷却风机轮毂传动轴上的功率，不包括传动部分消耗的功率。符号为 P_L。

(7) 设计气温确定的方法很多，第一种方法是 100％负荷温度法：根据典型年“气温—小时”分布及电站调度曲线和负荷模式整理出机组不同负荷的“气温—小时”分布，按 100％负荷

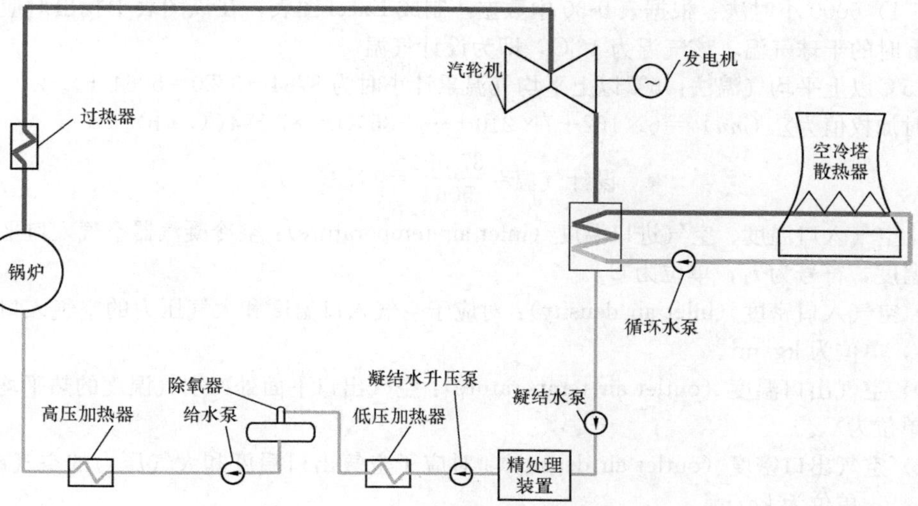

图 9-9　间接空冷原则型汽水系统图

模式的小时数的加权平均值作为汽机的"设计气温"。第二种方法是 6000 小时法：在制成的典型年 8760h 气温统计表上，气温从低到高排列，找出 6000h 所对应的气温即为设计气温。第三种方法是 5℃以上平均气温法：在制成的典型年 8760h 气温统计表上，气温从 6℃开始（不包括 5℃）到高排列，求得加权平均值。典型年的选取方法：先从当地的气象资料中找出多年的算术平均气温为 X，然后从已有记载的小时气温中找出近 5 年中每年的算术平均气温 Y，若 X＝Y，则算术平均气温为 Y 的该年即为典型年。

例 9-26　某空冷电厂所处环境的典型年气温统计见表 9-30。用 6000 小时法和 5℃以上平均气温法分别确定该电厂设计气温。

表 9-30　　**某空冷电厂所处环境的典型年气温统计表**

干球气温 m（℃）	小时数 n（h）	累计小时数（h）	干球气温 m（℃）	小时数 n（h）	累计小时数（h）
5℃以下	3720	3720	21	246	7482
6	162	3882	22	162	7608
7	210	4092	23	258	7866
8	156	4248	24	174	8040
9	234	4698	25	150	8190
10	216	4932	26	114	8304
11	234	5148	27	114	8418
12	216	5442	28	102	8520
13	294	5634	29	84	8604
14	192	5796	30	42	8646
15	162	6012	31	36	8682
16	216	6270	32	66	8748
17	258	6546	33	18	8766
18	276	6888	34	12	8778
19	342	7236	35	6	8784
20	348	7482	小时总计	—	8784

解：1）6000小时法：根据表9-30中数据，制成Excel图表，在该图表中找出对应累计小时为6000h时的干球气温，该气温为16℃，即为设计气温。

2）5℃以上平均气温法：5℃以上平均气温累计小时为8784－3720＝5064(h)。

小时加权值为∑（mn）＝6×162＋7×210＋…＋35×6＝87 594(℃·h)。

$$设计气温=\frac{87\ 594}{5064}=17.3(℃)$$

（8）空气入口温度、空气进口温度（inlet air temperature）：空冷凝汽器空气入口平面处冷空气平均温度，符号为t_1，单位为℃。

（9）空气入口密度（inlet air density）：对应于空气入口温度和大气压力的空气入口密度，符号为ρ_{L1}，单位为kg/m^3。

（10）空气出口温度（outlet air temperature）：空气出口平面处冷空气温度的热平均值，符号为t_2，单位为℃。

（11）空气出口密度（outlet air density）：对应于空气出口温度和大气压力的空气出口密度，符号为ρ_{L2}，单位为kg/m^3。

（12）空气体积流量（volumetric air flow）：风机出口处空气体积流量，通常正压分布的空气体积流量为空气质量除以入口处空气密度，符号为V_L，单位为m^3/s。

（13）静压升值、静压升（static pressure rise）：空气通过冷却风机增压的值，用于克服空冷凝汽器空气入口至出口全部流动阻力，符号为Δp_L，单位为Pa。

（14）风机静压效率（static fan efficiency）：空气体积流量与风机静压升值的乘积除以风机拖动功率。计算公式为

$$\eta_v=\frac{V_L\Delta p_L}{P_L}$$

式中 P_L——冷却风机轴功率，kW；

V_L——空气体积流量，m^3/s；

Δp_L——静压升值，Pa；

η_v——风机静压效率，%。

（15）空冷风机耗电率（electric consumption rate of air cooling fan）：是指统计期内单元直接空冷机组的空冷凝汽器中冷却风机耗电量与机组发电量的百分比。计算公式为

$$L_k=\frac{W_{kl}}{W_f}\times100\%$$

式中 L_k——空冷塔耗电率，%；

W_{kl}——空冷塔耗电量，kWh；

W_f——统计期内机组发电量，kWh。

在直接空冷系统中，空冷凝汽器包含下述功能组：蒸汽管道、冷却风机、冷凝器管束、凝结水收集联箱、抽真空系统，见图9-10。风机与安装其上呈A型布置的翅片管束组成一个冷却三角，翅片管束布置的顶角约为60°。其工艺流程为：汽轮机排汽通过大直径的排气管道引至室外的空冷凝汽器内，布置在空冷凝汽器下方的轴流冷却风机驱动空气流过冷却器外表面，将排汽冷凝为凝结水，凝结水再经泵送回汽轮机的回热系统。直接空冷系统的基本单元称为冷却段，它是指一台风机与数组翅片管束的总成。

某600MW亚临界机组空冷系统的主要设计参数为：散热面积为1 645 000m^2，迎风面积为14 000m^2，顺流面积为1 283 100m^2，逆流面积为361 900m^2，顺逆流段数比为5∶2，冷却段数为56，空冷器迎面风速为2.1m/s。每个冷却段配一台轴流风机，风机主要设计参数为：风机直径为

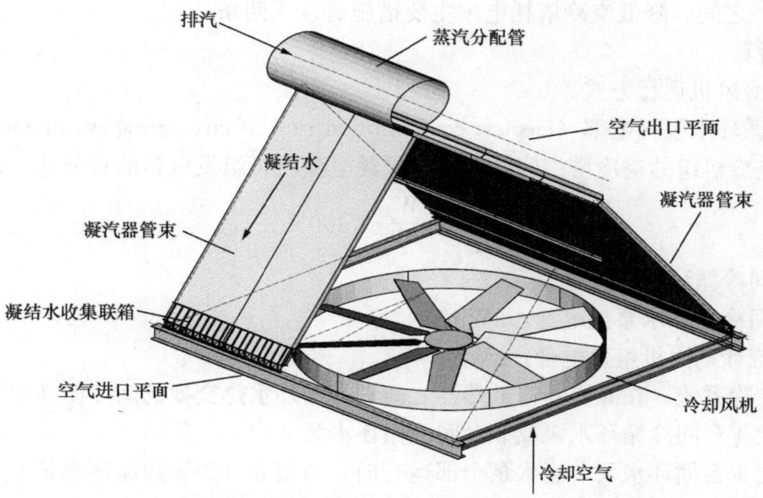

图 9-10 空冷凝汽器主要组件

9.14m，风机转速为 65r/min，空气流量为 525m³/s，风压为 130Pa，风机轴功率为 132kW（或 110kW），空冷器迎风面风速为 2.10m/s，台数为 56 台（或 64 台），风机电动机电压为 380V。

1 台 300MW 空冷机组，一般需要配置 30 台 90kW 或 24 台 110kW 冷却风机，受环境温度及运行操作方式影响较大，空冷塔耗电率通常在 0.7%～0.8%。某台 300MW 机组设置 24 台轴流式风机，变频调速，其转速在 25%～110%额定转速之间无级变速。风机电动机功率为 110kW。空冷凝汽器换热管束由三排椭圆翅片管及其钢架组成，总散热面积为 793 962m²。其直接空冷机组设计参数见表 9-31。

表 9-31　　300MW 直接空冷机组设计参数

序号	项目	单位	设计工况				
			TRL	TMCR	THA	VWO	最低运行背压
1	环境温度	℃	30	14	16.4	13	4
2	汽轮机排汽量	t/h	697.1	680.1	636.4	696.9	660.7
3	排汽焓	kJ/kg	2534.3	2427.4	2434.5	2424.7	2400.4
4	汽轮机排汽背压	kPa	33	14.6	14.6	14.6	9.6
5	汽轮机输出功率	MW	310.233	3331.017	310.294	339.804	331.173
6	空冷凝汽器散热面积	m²	793 962				
7	迎风面风速	m/s	2.41	2.41	2.41	2.41	2.41
8	风机直径	m	10.363				
9	风机台数	台	24	24	24	24	24
10	全部风机消耗功率	kW	2，010	2，117	2，100	2，125	2，290
11	汽轮机排热量	MW	434.40	416.30	390.80	426.10	405.80

例如山西某 300MW 亚临界空冷机组，机组在 5～11 月的空冷耗电率最高，基本保持在 1.1%左右，对应机组的厂用电率保持在 8.5%左右。而在 11 月～次年 3 月时，由于气温较低，机组能在较低的背压下运行，空冷耗电率迅速下降，平均在 0.4%左右，对应机组的厂用电率保

持在7.5%～8%之间。降低空冷塔耗电率主要措施有以下两条：

1）变频运行。

2）优化空冷风机运行方式。

（16）间冷循环水泵耗电率（electric consumption rate of circulating water pump）：是指统计期内单元间接空冷机组的空冷塔中间冷循环水泵耗电量与机组发电量的百分比。计算公式为

$$L_{jk}=\frac{W_{jlb}}{W_f}\times 100\%$$

式中 L_{jk}——间冷循环水泵耗电率，%；

W_{jlb}——间冷循环水泵耗电量，kWh；

W_f——统计期内机组发电量，kWh。

对于间接空冷系统，在凝汽器与散热器之间进行循环水热交换的间冷循环水泵一般采用离心泵，每台机组配4台间冷循环水泵或3台间冷循环水泵。

每台机组配4台循环水泵，当水泵全部运行时，可提供100%的循环水流量；3台水泵运行时，可提供85%的循环水流量；2台水泵运行时，可提供60%的循环水流量。对于1机3泵配置方案，3台水泵全部运行时，可提供100%的循环水流量；2台水泵运行时，可提供75%的循环水流量。

1机4泵有3种设计方案：①定速水泵方案，即1机4泵均采用定速，2台机组共配置8台定速水泵；②双速水泵方案，即1机4泵均采用双速，2台机组共配置8台双速水泵；③变频水泵方案，即1机4泵中3台水泵采用变频，另一台水泵采用定速，2台机组共配置3台变频水泵和2台定速水泵。

定速水泵方案采用固定叶片水泵，为常规水泵，大型水泵制造厂均有比较成熟的设计制造经验，适合于扬程或水位变化不大的情况下使用。目前在电厂使用业绩较多，价格较低。对于1000MW机组1机4泵方案，每台定速水泵的主要参数为：流量为6.16m^3/s，扬程为25.6m，电动机功率为2000kW。对于1000MW机组1机3泵方案，水泵参数为：流量为8.21m^3/s，扬程为25.6m，电动机功率为2750kW。

双速水泵方案一般用于北方负担冬季供暖负荷的热电厂，此类机组由于冬季凝汽量减少加之气温较低，单靠减少运行水泵台数也会出现冷却水温偏低现象，水量仍然偏大，宜采用双速电动机低速运行，以减少厂用电。另外对于水源水位变幅随季节变化较大的直流供水系统，在高水位季节可根据机组负荷情况调整采用低速运行，减少厂用电。采用双速电动机水泵，水泵本体价格基本不变，但电动机比单速电动机高约30%，折合为泵组整套造价约提高15%。

对于1000MW机组，每台双速水泵的主要参数为：高速流量为6.16m^3/s，低速流量为4.93m^3/s，高速扬程为25.6m，低速扬程为16.64m，高速电动机功率为2000kW，低速功率为1100kW。

变频水泵方案根据扬程或水位变幅自动变速，节省电耗，可满足不同工况条件下的安全稳定运行。但变频器的价格较高，每千瓦约合人民币500元，制约其大规模应用。但变频泵循环水量可以在18%～100%之间调节，调节幅度为0.5%～15%，调节非常灵活，对机组容量变化和环境变化的适应能力很强，完全能适应汽轮机热负荷和环境气温的变化，满足电厂汽轮机各工况和各季节的运行。

（17）凝汽器进口温差（initial temperature difference）：空冷凝汽器进汽温度与进口空气温度之差。计算公式为

$$\Delta\theta_1=\theta_D-t_1$$

式中 $\Delta\theta_1$——凝汽器进口温差,℃;

θ_D——凝汽器进汽温度,℃;

t_1——进口空气温度,℃。

(18)(空冷系统)初始温差(ITD:initial temperature difference):指汽轮机排汽饱和温度与冷却空气入口温度的差值。计算公式为

$$ITD=t_k-t_1$$

式中 t_k——汽轮机排汽饱和温度,℃;

t_1——大气干球温度,℃。

初始温差ITD的取值存在分歧。国外ITD取值都高于30℃;国内取值较低,一般为27～30℃。根据许多优化计算结果和工程实践经验,在我国三北地区,ITD设计值的范围均宜在30～40℃。

(19)对数平均温差(logarithmic mean temperature difference):蒸汽与冷却空气间温度降的平均值,单位为℃。计算公式为

$$\Delta t_{LMTD}=\frac{(\theta_D-t_1)-(\theta_D-t_2)}{ln\dfrac{\theta_D-t_1}{\theta_D-t_2}}$$

式中 Δt_{LMTD}——对数平均温差,℃;

θ_D——与空冷凝汽器入口蒸汽压力对应的饱和温度,℃;

t_1、t_2——空冷凝汽器空气进、出口温度,℃。

θ_D为与空冷凝汽器入口蒸汽压力对应的饱和温度,不可采用与排汽压力对应的饱和温度T_{BS}进行计算。

(20)传热系数(heat transmission coefficient):在一定的传热面积A下,在冷热流体温降按对数平均温差计算时凝汽器传给空气的总热量Q,单位为W/(m^2·℃)。计算公式为

$$K=\frac{Q}{A\times\Delta t_{LMTD}}$$

式中 Δt_{LMTD}——对数平均温差,℃;

Q——凝汽器散热量,W;

A——凝汽器传热面积,m^2。

(21)(空冷器)凝结水过冷度(condensate subcooling temperature):按照常规,凝结水过冷度的定义是在凝汽器压力下的饱和温度减去凝结水温度。但是在空冷电厂实际计算过冷度时,一般采用汽轮机排汽压力对应的饱和温度与凝结水箱出口的凝结水温度的差值进行计算。空冷器凝结水过冷度在2～4℃范围内。

(22)(空冷)排汽压力(exhaust steam pressure):垂直于排汽流动方向的汽轮机排汽口平面±0.3m处排汽平均静压力,单位为Pa。

对于湿冷机组,排汽压力与背压相等。但是对于直接空冷系统,汽轮机的背压与排汽压力不是一个概念。汽轮机的背压是指在2个低压缸排汽出口处的绝对压力;空冷机组的"背压"则是汽轮机的2根大直径排汽管道水平段处测得的压力(平均比汽轮机低压缸排汽口的压力低0.06kPa)。而且由于蒸汽在排汽管道和配汽管道内的流动阻力,到了空冷凝汽器进口处,压力要比汽轮机低压缸排汽口的压力低约0.55kPa。加上空冷凝汽器蒸汽联箱管顺、逆流凝汽器的管道损失,整体压降有2.0kPa左右。资料显示,在冬季运行时如果汽轮机的背压在9kPa左右时,蒸汽到达空冷凝汽器总体流动的压降可以达到2.6kPa。也就是说,在空冷凝汽器的凝结水收集

联箱处的压力是6.4kPa。对应于9kPa排汽压力的饱和温度是43.79℃，而对应6.4kPa压力的饱和温度是37.09℃左右。这样在凝结水收集联箱处的理论凝结水温度应该为37.09℃左右，过冷度约为6.7℃。应将凝结水温度控制到空冷凝汽器各排凝结水收集联箱的测点，对应各排分别进行监视控制。对于直接空冷机组，凝结水过冷度控制是汽轮机低压缸排汽压力对应的饱和温度与各排下联箱的凝结水平均温度的差值。也就是说，在冬季运行期间，同时应监视并控制8个“过冷度”的参数。另外，对于凝结水过冷度指标，应根据实际安装的系统管道阻力进行确定。

（23）排汽温度（exhaust steam temperature）：与排汽压力相对应的饱和温度，单位为℃。

（24）排汽质量流量（exhaust steam mass flows）：流经汽轮机排汽口处的总的湿蒸汽质量流量，单位为kg/s。

（25）空冷凝汽器入口压力、凝汽器进汽压力（condenser inlet steam pressure）：垂直于排汽流动方向的第一个空冷凝汽器入口平面±0.3m处蒸汽平均静压力，单位为Pa。

（26）空冷凝汽器入口温度、凝汽器进汽温度（condenser inlet steam temperature）：与空冷凝汽器入口蒸汽压力对应的饱和温度，符号为θ_D，单位为℃。

（27）空冷凝汽器质量流量（condenser mass flows）：空冷凝汽器入口截面处总的湿蒸汽质量流量，单位为kg/s。

（28）温度效率（temperature efficiency）：符号为E，定义为

$$E=\frac{t_2-t_1}{\mathrm{ITD}}$$

式中　t_1——大气干球温度，℃；

t_2——出口空气温度，℃。

（29）凝结水温度（condensate temperature）：凝结水箱出口与凝结水泵之间的管道处凝结水平均温度，单位为℃。

（30）凝结水质量流量（condensate mass flows）：通过凝结水泵出口的凝结水质量流量，单位为kg/s。

（31）凝结水含氧量、凝结水溶解氧（oxygen content）：凝结水箱或凝结水泵吸入口处溶解于凝结水的相对氧量，单位为kg/kg。对于高压以下的湿冷机组，凝结水溶解氧要求在50μg/L以下；对于亚临界机组要求在30μg/L以下；对于超临界机组要求在20μg/L以下。空冷机组凝结水水质特点如下：

1）凝结水含盐量低。由于采用空气冷却，空冷机组不存在常规水冷式机组凝汽器因泄漏污染凝结水的问题，因此其凝结水含盐量明显低于常规湿冷机组的凝结水，数值大小仅取决于蒸汽品质以及系统产生的腐蚀物。

2）凝结水温度高。由于空冷机组的背压比湿冷机组高，所以空冷机组凝结水温度比湿冷机组要高，一般可达60～80℃。因此，凝结水如采用离子交换法进行处理，其所用树脂的耐温性能必须较好。

3）凝结水系统溶氧超标。根据已投产的直接空冷机组来看，普遍存在凝结水溶氧量偏高的问题。分析认为溶氧量高可能与机组正常补水、空气进入凝结水系统设备，以及庞大的空冷系统有关。

凝结水存在溶解氧量将威胁机组的经济性和安全性。凝结水溶氧量较大时，会引起凝结水系统、给水系统的管道腐蚀，腐蚀产物在直接影响水质的同时将使系统过冷度增加，降低机组的经济性。因此从设计、检修、运行维护等方面应给予足够的重视，尽最大努力减少这种泄漏，同时将不凝结气体及时排除。凝结水溶解氧量是表征凝结水水质的重要指标之一，它直接影响机组的

经济性和安全性。国内目前还没有针对空冷机组的凝结水溶氧指标，暂时只能沿用湿冷机组的控制值。目前我国已投产的直接空冷机组，普遍存在凝结水溶氧量偏大的问题。

造成直接空冷机组凝结水溶解氧超标的主要原因如下：

1）空气漏入汽轮机负压系统从汽轮机负压系统漏入空气的部位基本与湿冷机组相近，如汽轮机的低压轴封系统、凝结水泵的机械密封处、负压系统阀门的盘根处的漏气，以及空冷凝汽器设备因振动、变形、膨胀不均等致使焊口产生裂纹而使空气进入。

2）补充进入系统的除盐水带入的氧气。进入的氧气会在凝结水中溶解，最终使凝结水溶解氧量增加。根据补水点的位置分三种方式，即补水到汽轮机的主蒸汽管道、补水至空冷凝汽器和补水至主凝结水箱。

补水到汽轮机主蒸汽管道方式的优点是：对于确定的补水量经过喷嘴雾化后，在汽轮机排汽管道可用全部的乏汽进行除氧，距离真空抽气口流程较长，有足够的氧分离时间，不存在防冻问题。缺点是：补入系统的水进入热井，会造成热井水位升高（正常情况下，热井疏水泵的出力能够满足补水量的附加流量）。

补水至空冷凝汽器方式的优点是：可利用排至空冷岛的蒸汽对补水进行加热除氧，距真空抽气口距离较近，有利于氧的抽出。缺点是：到空冷散热器的管线较长，虽有保温，冬季仍有冻坏的可能。为维持凝结水箱正常水位，需将部分凝结水排至补充水箱，增加了凝结水泵电耗。为了防冻，需控制最低流量，运行操作要求较高。

补水至主凝结水箱的优点是：可以依靠凝结水箱的负压，不需要启动凝结水补充水泵即可将水补入系统，补水的管线较短，防冻要求低。缺点是：从目前凝结水溶氧量看，补水点真空除氧效果较差。

要真正解决直接空冷机组凝结水的溶氧问题难度较大，还需要结合国内外情况进一步研究，认真分析症结所在，逐个环节突破。当然，国内目前还没有针对机组的凝结水溶氧量指标，考虑到空冷系统庞大，漏点不可避免，建议按湿冷机组限值的1.2倍控制。

(32) 设计背压（design back pressure）：适合空冷电厂特定条件，并通过空冷装置优化后对应上述的“设计气温”的背压值。根据电厂的特定条件，初步对空冷系统采用THA流量下的变工况特性（补水率为0）优化计算，优化计算方案中不少于3个ITD值（初始温差），采用年总费用最小法进行。对优化计算结果经综合分析后，选取合理的优化方案。在优化方案数据表中，查出对应设计气温的背压值取整后作为汽轮机的设计背压；查出对应“满发气温”的背压值取整后作为汽轮机的满发背压。

我国湿冷机组的背压一般为4.9kPa左右，空冷机组额定背压的范围约在13～17kPa之间，一般为15kPa。设计背压每降低2kPa，冷却裕量增加约6%～7%。

(33) 满发气温（inlet air temperature at full power）：夏季保证机组发额定功率（TRL工况）时的最高气温。当电网要求机组夏季发额定功率时，建议电厂不满发小时数不宜低于湿冷水平。现阶段空冷不满发小时数不宜少于200h。根据典型年气温小时原始资料（精确到0.1℃），查出200h左右的气温值为机组夏季发额定功率的气温，俗称满发气温。

(34) 满发背压（back pressure at full power）：汽轮机在额定进汽参数条件下，根据电网要求在夏季某一较高气温（对应满发气温）下，保证机组发额定功率时的背压值。确定最高满发背压的途径有两个：①先定最大进汽量，再计算出最高满发背压；②先定非满发小时数，再按气象资料确定最高满发气温，由优化的ITD推算出最高满发背压。目前我国空冷汽轮机的最高满发背压一般为30、35、46kPa。

(35) 阻塞背压（choking bask pressure）：指空冷汽轮机末级叶片出口处的蒸汽流速接近该

处声速的背压值。汽轮机进汽量等于能力工况进汽量（铭牌进汽量），当外界气温下降，引起机组背压下降到某一数值时，再降低背压也不能增加机组出力时的工况，称为铭牌进汽量下的阻塞背压工况。汽轮机在该工况条件下安全连续运行，此时汽轮机的背压称为铭牌进汽量下阻塞背压。为了规范汽轮机的技术条件，这里特指 TMCR 流量条件下的阻塞背压值，一般为 7.6kPa。阻塞背压工况条件如下：

1）额定主蒸汽参数及再热蒸汽参数所规定的汽水品质。

2）补给水率为 0%。

3）对应该工况的设计给水温度。

4）全部回热系统正常运行，但不带厂用辅助蒸汽。

5）发电机效率为 99.0%，额定功率因数为 0.9（滞后），额定氢压。

（36）实际背压、运行背压（operating bask pressure）：汽轮机运行中实际所具有的背压，符号为 p_k，单位为 kPa。在空冷机组的正常运行中，运行背压是经常变化的。由于大气干球温度的昼夜变化大，一年四季的温度变化范围更大，故空冷机组背压变化大。一般情况下，空冷机组的背压变化是湿冷机组的 2.5～3 倍。

影响运行背压变化的原因有很多，主要有汽轮机进（排）汽量、排汽冷却能力、大气温度等。

1）汽轮机进（排）汽量。背压的变化与进汽量的变化成正比例关系，见图 9-11。进汽量越小，背压越小。进汽量每减小 0.1%，背压减小 1.5kPa。

2）排汽冷却能力。在空冷机组的实际运行中，对于排汽冷却的调节有改变空气流量和喷湿 2 种方法。在直接空冷系统中，空气流量是由轴流风机的台数和转速进行控制的，空气流量增加，背压减小，见图 9-12。对于喷湿，即投运喷淋冷却（也称尖峰冷却）系统。

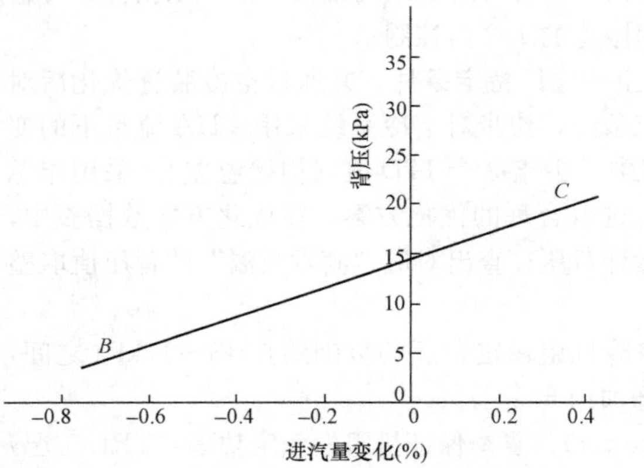

图 9-11　背压与进汽量的关系曲线

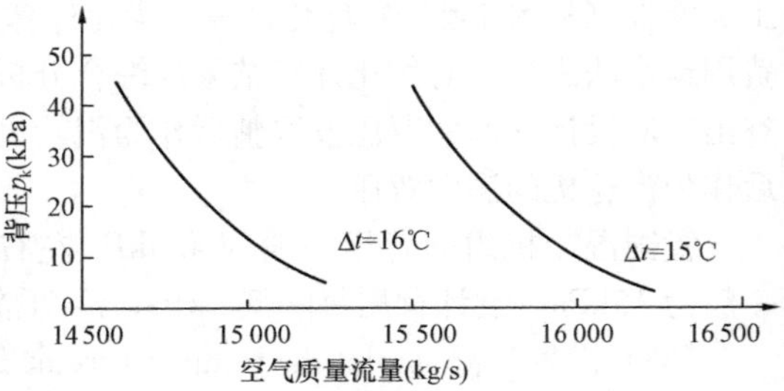

图 9-12　空气流量与背压的关系

喷淋冷却系统的工作原理有两种：一种是直接蒸发冷却，原理是将雾化的除盐水直接喷在换热器表面，利用水汽化吸热降低换热器表面温度，从而增强换热器的换热效果；另一种是绝热增湿冷却，原理是将雾化的除盐水喷在冷却风机的出口或入口，增加湿空气的含湿量。水分蒸发需要热量，因而加湿后空气的温度降低，达到降低机组背压的目的。上都电厂使用喷淋冷却系统，在春季高温期每月喷淋一次空冷散热器，可使背压降低 1～2kPa，夏季高温期，循环冲洗空冷散热器，全年影响煤耗降低 2.5～3g/kWh。

3）大气温度。大气温度的变化对背压的影响是不可忽视的一个重要问题。背压随气温的提升而增高。在确定工况下，由图 9-13 可查知最高环境气温时相应的背压。绘制出气温与背压的关系曲线后，能够方便地查出二者的相关数据，对空冷系统和汽轮机设计中的相互衔接以及整个机组的运行控制是很有用处的。

4）鳍片管清洁度。空冷凝汽器鳍片间距约为 2～3mm，随着运行时间的积累，灰尘、泥沙、柳絮等杂物会在鳍片间沉积，增加鳍片热阻，使其散热能力变差，引起排汽压力升高。据有关资料表明，一台 600MW 直接空冷机组在夏季满发设计气温下，当积灰厚度达到 0.6～1mm 时，汽轮机排汽压力会上升 5～6kPa。空冷岛冲洗装置多为半自动装置，可以上下自动冲洗，不能左右自动冲洗，冲洗时需要投入大量的人力，且冲洗水量只能满足单列单侧冲洗，冲洗效率较低，冲洗周期较长，不能满足带负荷需要。一般情况下，冲洗一台机组的空冷岛需要 30 天左右。因此建议加装自动清洗装置，并设置专业人员对清洗效果进行有效的监管。上安电厂针对空冷机组主变压器、启动变压器上方不能冲洗的间隔，通过技改实现在线冲洗，使机组背压降低 2.2kPa。

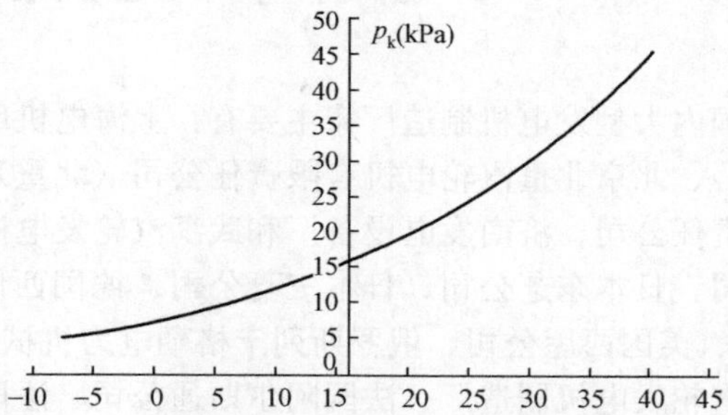

图 9-13 气温与背压的关系曲线

5）其他因素。除了前述几个影响运行背压的主要因素之外，还有大风（风速、风向）、散热器内外表面的污染和结垢、热回流等。需要特别注意的是，风速、风向与夏季高温时段的叠加，能使背压大幅上升，直至被迫停机。污染和结垢会直接使传热系数和传热面积减小，背压必然会升高。

在工程实践中，注意散热器整体布置的方位、加装挡风墙、采用散热器外表面定期冲洗，以及监督控制散热器内被冷却介质的品质等都是减少这些不利影响的有效措施。

（37）铭牌出力工况、TRL 工况（steam turbine rated load）：空冷汽轮发电机组能在下列条件下安全连续运行，发电机输出铭牌功率工况。此工况条件如下：

1）额定主蒸汽参数。

2）背压为 35kPa。

3）补给水率为 3%。

4）对应该工况的设计给水温度。

5）全部回热系统正常运行，但不带厂用辅助蒸汽。

6）发电机效率为 99.0%，额定功率因数为 0.9（滞后），额定氢压。

第十章　电侧指标管理与控制

国内大型发电机制造厂家主要有：上海电机厂（上电）、哈尔滨电机厂（哈电）、东方电机厂（东电）、北京北重汽轮电机有限责任公司（北重）、南京汽轮发电集团有限公司、北京汽轮电机有限责任公司、济南发电设备厂和武汉汽轮发电机厂。国外大型发电机制造厂家主要有：日本日立公司、日本东芝公司、日本三菱公司、德国西门子公司、德国 ABB 公司、美国通用电气公司（GE）、美国西屋公司、俄罗斯列宁格勒电力机械制造厂、俄罗斯圣彼得堡汽轮机厂、俄罗斯乌拉尔汽轮发电机制造厂、法国阿尔斯通公司、法国电气机械公司、英国通用电器阿尔斯通公司、西班牙 ABB 公司、瑞士 ABB 公司、意大利阿斯金（ANSALDO）公司、捷克斯柯达公司别尔森工厂等。发电机型号由大写汉语拼音和数字来表示：其中第一组是 1～3 个大写汉语拼音，表示发电机类型，如 QF 表示汽轮发电机，T 表示同步汽轮发电机，W 表示无刷励磁发电机，R 表示燃气汽轮发电机；第二组是大写汉语拼音，表示发电机冷却方式，如 G 或 C 表示空冷，S 表示水内冷，SS 表示双水内冷（定子和转子），N 表示氢内冷，Q 表示氢外冷，SN 表示水氢氢冷却，QN 表示定子氢外冷转子氢内冷，如果没有第二组汉语拼音则表示全空冷；第三组数字表示发电机额定功率；第四组数字表示发电机极数；第五组数字表示发电机输出额定电压（也可没有）。如 QFSN-330-2 表示定子绕组水冷、定子铁芯和转子绕组氢内冷、330MW、2 极（对应 3000r/min）的汽轮发电机；QFW-12-2A 表示汽轮发电机、无刷励磁、全空冷、12MW、2 极 3000r/min、设计序号为 A；QF-25-2 表示空气冷却汽轮发电机、额定功率为 25MW、2 极机；TQN-200-2 表示同步汽轮发电机、全氢冷、200MW、2 极；QFS-135-2 表示汽轮发电机、全水冷、135MW、2 极；QFR-400-2-20 表示燃气汽轮发电机、全氢冷、400MW、2 极、20kV；WX21Z-085LLT 表示山东济南发电设备厂生产，其中 21 表示发电机机座号，对应容量为 120～230MW（23 对应 200～310MW），Z 表示分立式轴承；WX 表示引进瑞士 ABB 公司的无刷励磁空气冷却发电机。

第一节 发电机指标

（1）发电机额定功率（rated power of generator）：发电机在额定参数（电压、电流、频率、功率因数）运行时连续输出的有功功率，符号为 P_N。发电机额定功率计算公式为

$$P_N=\sqrt{3}U_N I_N\cos\varphi_N$$

（2）发电机最大连续功率（maximum continuous power of generator）：发电机能够长期连续安全运行的最大允许输出功率。符号为 P_{max}。发电机额定功率计算公式为

$$P_{max}\approx(1.05\sim1.1)P_N$$

（3）发电机额定无功功率（rated reactive power of generator）：发电机在额定参数（电压、电流、频率、功率因数）运行时输出的无功功率，符号为 Q_N。发电机额定无功功率计算公式为

$$Q_N=\sqrt{3}U_N I_N\sin\varphi_N$$

（4）发电机额定电流（rated current of generator）：在额定参数运行时，流过发电机定子绕组的标称线电流。符号为 I_N。

（5）发电机额定电压（rated voltage of generator）：在额定参数运行时，发电机出线端的标

称线电压。符号为U_N。

(6) 发电机额定功率因数 (rated power factor of generator)：在额定工况下有功功率与视在功率的比值。即在额定功率时，相电流与相电压之间相位差的余弦值，符号为$\cos\varphi_N$。大型汽轮发电机额定功率因数一般为0.9（滞后）或0.85（滞后）。

(7) 发电机额定容量、额定视在功率 (rated capacity of generator)：发电机在制造厂规定的额定转速、电压、功率因数以及额定的冷却条件下运行时，在出线端以千伏安表示的连续输出容量，符号为S_N。额定容量计算公式为

$$S_N=\sqrt{3}U_N I_N=\frac{P_N}{\cos\varphi_N}$$

视在功率、有功功率和无功功率存在如下关系，即

$$S_N^2=Q_N^2+P_N^2$$

例 10-1 某汽轮机发电机 QFSN-660-2，额定功率因数$\cos\varphi_N=0.9$（滞后），额定功率$P_N=660$MW，最大连续功率$P_{max}=711$MW，求其额定容量。

解：额定容量为

$$S_N=\frac{P_N}{\cos\varphi_N}=\frac{660}{0.9}=733.3\ (\text{MVA})$$

例 10-2 型号为 QFS-300-2 型的汽轮发电机，额定电压$U_N=20$kV，额定功率因数$\cos\varphi_N=0.85$。试求额定转速n_N以及额定电流I_N分别是多少。

解：由型号可知，发电机极数为2，即极对数$p=1$（对），则额定转速为

$$n_N=\frac{60f}{p}=\frac{60\times 50}{1}=3000\ (\text{r/min})$$

由公式$P_N=\sqrt{3}U_N I_N\cos\varphi_N$计算额定电流为

$$I_N=\frac{300\times 1000}{\sqrt{3}\times 20\times 0.85}=10\ 188.8\ (\text{A})$$

例 10-3 某台汽轮发电机，其定子线电压为13.8kV，线电流为6150A，求该发电机的额定功率、额定容量、额定无功功率。若负载的功率因数由0.85降到0.6，求有功功率、无功功率如何变化。

解：1）当功率因数$\cos\varphi_N=0.85$时，额定功率为

$$P_N=\sqrt{3}U_N I_N\cos\varphi_N=\sqrt{3}\times 13.8\times 6.15\times 0.85\approx 124.9\ (\text{MW})\approx 125\text{MW}$$

$\theta_N=\arccos 0.85=31.79°$，则额定无功功率为

$$Q=\sqrt{3}U_N I_N\sin\varphi_N$$
$$=\sqrt{3}\times 13.8\times 6.15\times \sin 31.79°\approx 77.5(\text{Mvar})$$

额定容量为

$$Q=\sqrt{3}U_N I_N=\sqrt{3}\times 13.8\times 6.15\approx 147\ (\text{MVA})$$

2）当功率因数$\cos\varphi_2=0.6$时，$\varphi_2=\arccos 0.6=53.1°$，则

$$P_2=\sqrt{3}\times 13.8\times 6.15\times 0.6=88.2(\text{MW})$$

$$Q_2=\sqrt{3}\times 13.8\times 6.15\times \sin 53.1°=117.5(\text{Mvar})$$

可见负载功率因数的变化由0.85降到0.6时，发电机有功功率由125MW下降到88MW，发电机无功功率由77.5Mvar上升到117.5Mvar。

(8) 发电机最大连续容量 (maximum continuous capacity of generator)：制造厂对发电机在

规定的条件下允许做长期运行的最大千伏安容量。

(9) 电压变化率（voltage change ratio）：发电机在额定负载及额定电压下运行时，如果保持励磁电流为额定励磁电流不变，当发电机甩掉全部负荷时，发电机的端电压将上升到空载电压 E_0。把发电机从额定负载到空载时的电压升高值与额定电压的百分比，称为电压变化率。现代大型发电机一般都有自动调整电压的设备，为了防止发电机突然甩负荷时端电压上升太高，要求电压变化率不应大于 50%，一般在 30%～48%之间。计算公式为

$$\Delta U=\frac{E_0-U_N}{U_N}\times 100\%$$

式中 U_N——发电机额定电压，V；

E_0——额定励磁电流下的空载电压，V；

ΔU——电压变化率，%。

(10) 发电机充气容积、充氢容积、机壳容积（generator air volume）：标准压力为 101 325kPa和温度为 0℃时，发电机壳体内部可以充气的体积。例如 QFSN-660-2 型 660MW 水氢氢发电机充气容积为 90m³，QFR-400-2 型全氢冷 400MW 发电机充气容积为 120m³，QFSN-300-2 型 300MW 水氢氢发电机充气容积为 72m³。

(11) 发电机漏氢量、氢气泄漏量（generator hydrogen leakage amount）：发电机本体在氢气湿度和纯度合格的条件下，在额定负荷下稳定运行时每昼夜（24h）的漏氢量。DL/T 607《汽轮机发电机漏水、漏氢的检验》规定交接验收时每昼夜的漏氢量为 3.2m³/d 为合格，2.0m³/d 为优秀；大修后每昼夜的漏氢量 4.2m³/d 为合格，2.6m³/d 为优秀。但是发电机生产厂家提供的设计资料要求每昼夜的漏氢量小于 10m³/d 即为合格。氢气泄漏量计算公式为

$$\Delta V_H=V_H\frac{273+t_0}{p_0}\times\frac{24}{\Delta h}\times\left(\frac{p_1+p_{B1}}{273+t_1}-\frac{p_2+p_{B2}}{273+t_2}\right)$$
$$=2695V_H\frac{24}{\Delta h}\times\left(\frac{p_1+p_{B1}}{273+t_1}-\frac{p_2+p_{B2}}{273+t_2}\right)$$

式中 V_H——发电机的充气容积，m³；

ΔV_H——在绝对大气压力 p_0 和环境温度 t_0 状态下的每昼夜平均漏气量，m³/d；

Δh——正式试验进行连续记录的时间小时数，h；

p_0——给定状态下的大气压力，p_0=0.101 3MPa，MPa；

p_1——试验开始时发电机氢气系统内的气体压力（表压），MPa；

p_2——试验结束时发电机氢气系统内的气体压力（表压），MPa；

t_0——给定状态下的环境温度，t_0=0℃，℃；

t_1——试验开始时发电机氢气系统内的气体平均温度，℃；

t_2——试验结束时发电机氢气系统内的气体平均温度，℃；

p_{B1}——试验开始时的大气压力，MPa；

p_{B2}——试验结束时的大气压力，MPa。

(12) 发电机漏氢率（generator hydrogen leakage rate）：指在规定压力下，每昼夜泄漏到发电机充氢容积外的氢气量与发电机氢气系统内原有总氢气量之比。漏氢率不应高于 2.5%。发电机漏氢率高的原因如下：

1) 发电机内冷水系统泄漏，氢漏入内冷水中。

2) 发电机密封油油压低，氢进入油系统或外溢。

3) 发电机端盖、出线套管、各人孔、手孔盖板密封不良。

4）氢系统除湿装置和密封油系统管道、阀门、仪表接头等处外漏。

5）发电机氢系统排污、补氢等阀门不严。

6）密封瓦密封不良。密封瓦径向间隙标准为0.20～0.25mm，运行中机组的异常震动及密封油温的控制不合理造成汽端和励端密封瓦磨损，造成密封瓦与轴的配合间隙超标，造成密封油油膜难以形成，无法有效起到阻断氢气外泄。

7）发电机氢气冷却器泄漏，氢气漏入冷却水中。

8）发电机转子轴颈磨损。发电机转子轴颈磨损是造成的主要原因。汽端和励端密封瓦处轴径如果磨损和拉伤，形成了凹槽，应引起发电机氢气纯度下降快和氢气泄漏大。

降低发电机漏氢率的对策如下：

1）及时发现并消除氢漏入定冷水系统缺陷。

2）严密关闭氢气系统排污门、事故排氢门等氢气系统阀门。

3）保持发电机密封油压高于氢压，并在规定范围内运行。

4）发电机漏氢率应每月实际试验一次。

5）检查氢、空侧的微差压油压近似相等（±490Pa），必要时调整平衡阀，防止窜油。

6）每天抄录定冷水水箱顶部气体流量表读数，及时发现氢漏入定冷水的缺陷并予以处理。

7）及时消除密封油泵、平衡阀、差压阀等设备存在的缺陷，使密封油压与发电机内气体压力的压差维持正常范围，并能随时跟踪。

8）定期捉漏，及时消除氢系统除湿装置和密封油系统管道、阀门、仪表接头等处泄漏缺陷。

9）发电机氢系统补氢、排污、事故排氢等阀门内漏时，应设法及时消缺。

10）停机后进行氢气冷却器水压试验，检查处理泄漏缺陷。

11）启动前应进行整体气密性试验，查找漏点，全部消除合格后才能进行氢置换。

12）密封瓦间隙必须调整合格，若发现发电机大轴密封瓦处轴颈有磨损的沟槽，应及时处理。

(13) 漏空气量（generator air leakage amount）：发电机按试验压力充入空气后，每昼夜泄漏出来的空气量，换算到给定状态（p_0、t_0）下的体积，单位为m^3/d，符号为ΔV_A。漏氢气量与漏空气量的换算系数K_2为

$$K_2 \approx \frac{\Delta V_H}{\Delta V_A} \approx 38$$

(14) 漏空气率（air leakage rate）：发电机按试验压力充入空气后，在试验结束的压力和温度状态下，每昼夜漏泄出来的空气量（试验终了时的压力p_2、温度t_2）与发电机中在同等压力、温度状态（p_2、t_2）下的空气量之比，单位为%，符号为δ_A。

(15) 发电机氢压（generator hydrogen pressure）：发电机内的氢气在发电机端部风扇的驱动下，以闭式循环方式在发电机内做强制循环流动的压力，单位为MPa。额定氢压一般为0.25、0.3 MPa或0.41MPa。发电机氢压高可能是压力调节器故障，或者氢冷却器有空气，或冷却水量不足，或者补氢量过大。发电机氢压低可能是氢气系统有泄漏，或者供氢压力低，或减压器故障。

(16) 发电机氢湿度、氢气（绝对）湿度、露点温度（generator hydrogen humidity）：指使氢气中水汽质量与当时温度下湿氢气的总体积之比，单位为g/m^3，一般以露点温度表示氢气湿度。在运行氢压下，氢湿气度不应大于4.5g/m^3，相对湿度不大于85%。根据DL/T 651《氢冷发电机氢气湿度的技术要求》规定：在运行氢压下，氢湿气度应为$-25℃ \leqslant t_d$（露点温度）$\leqslant -5℃$。但是发电机生产厂家提供的设计数据要求$-25℃ \leqslant t_d$（露点温度）$\leqslant 10℃$，有的为$-14℃ \leqslant t_d$

（露点温度）≤−2.5℃。发电机氢湿度高的原因如下：

1）发电机氢气由供氢站储氢罐供给的情况下，如储氢罐内有水，尤其夏季室外温度高，水部分蒸发，会增加氢气湿度。

2）发电机内冷水系统泄漏，水漏入发电机中。

3）油中含水量大，密封油质不合格。

4）氢气干燥器不能正常投入或氢气干燥器工作效率低。

5）内冷水温度低于氢温造成结露。

6）氢气压力低于水压。

7）氢站来的氢气品质不合格。

8）汽轮机轴封压力过高，使密封油中的水分增大。

9）检测仪表故障。

10）氢气干燥器故障。氢气干燥器用于干燥发电机内的氢气，以防机内水分过高时，对发电机的高压绝缘件或高应力金属结构件产生危害。干燥器由两个干燥塔组成，塔内装填有高性能干燥剂和加热元件，一个工作时，另一个加热再生。每个塔内都装有一台循环风机，连续工作。工作塔内的风机用于加大气体循环量并使气体在干燥剂内分布均匀；再生塔内的风机用于循环再生气体，迫使再生气体经过凝汽器、气水分离器等，使干燥剂内吸附的水分分离出来。由于是闭式循环，所以不消耗氢气，也不会引入空气。

处理问题的对策如下：

1）氢气除湿装置定期放水或更换干燥剂，保证氢气除湿装置正常投用。

2）控制氢气、内冷水温度在正常范围内。

3）做好化学监督，保证密封油质合格。

4）定期检查发电机漏水检漏仪是否有水、油排出。

5）定期检查确保平衡阀工作正常，将氢侧、油侧微差压调整到正常范围，防止窜油。

6）发电机定子绕组进行整体水密性试验，并消除漏点。

7）做发电机定子绕组水路水压试验，主要检查定子端部接头、绝缘引水管、汇水管、过渡引线及排水管等处有无渗漏现象。

8）发电机一般设置了提高定子绕组冷却水温度的电加热器，运行人员应根据氢气温度，投入加热器，使水温高于氢温5℃左右。

9）运行中保证氢气压力大于水压0.03MPa以上。

10）保障氢站来的氢气品质合格。

11）汽轮机轴封压力不应过高。

12）检查氢气压力、纯度监测装置电源是否送上，若没有则送上电源。

（17）（发电机）氢（气）纯度（generator hydrogen purity）：是指氢气占混合气体总量的容积百分比。

氢气在气体中密度最小，通风损耗最小。另外氢气的传热系数是空气的5倍，换热能力好。但是最大的缺点是一旦与空气混合后在一定比例内（4%～75%）具有强烈的爆炸特性，所以发电机外壳设计成防爆型，气体置换采用CO_2作为中间介质。氢气内不能混进太多的空气，否则当碰到点火花或高温就会引起爆炸，并产生0.5～0.6MPa的爆炸力，因此氢纯度不能太低；另外氢纯度降低可能造成发电机绝缘下降，严重威胁发电机的安全；同时氢纯度每下降1个百分点，通风损耗和转子摩擦损耗将增加11%。因此制造厂家要求运行中氢纯度应大于96%或95%。发电机氢纯度低的原因如下：

1）转子密封破坏。

2）氢气冷却器铜管有沙眼或裂纹，造成氢气进入冷却水系统。

3）运行中发生误开排氢门的操作。

4）氢气管道或氢气系统阀门、法兰不严密泄漏。

5）发电机突然甩负荷，引起过冷却而造成氢压降低。

6）轴封油压过低或供油中断。

7）汽端密封瓦或励磁端密封瓦有缺陷、间隙大，或密封瓦垫片破碎，造成氢气大量进入油系统、定子引出线套管。

8）供氢母管氢压低。

9）补充新氢的纯度低。

10）定子内冷水系统，尤其绝缘引水管接头等部位不严密，使氢气漏入冷却水。

11）发电机壳内进油。

12）平衡阀调节失灵。氢侧密封油装置的平衡阀调节失灵，会造成氢气侧密封油压过高或过低，使中间环处的空、氢侧密封油平衡被破坏，导致空、氢侧密封油之间的串流增大。当氢侧密封油压过高，氢侧密封油将通过中间环流至空侧密封油当中，氢侧密封油箱油位下降。为维持氢侧密封油箱油位，空侧密封油自动补油至氢侧密封油箱，这样富含空气和湿气的油使氢侧密封油受到污染，使氢气纯度下降。当氢侧密封油压过低时，空侧密封油直接进入氢侧密封油当中，回至消泡箱，扩容并释放空气和湿气，使氢气品质恶化。

13）补入氢气体积不足。氢冷发电机在正常运行期间，氢气纯度至少保持在95%或以上。必须补氢的原因是氢气的泄漏包括从密封油真空系统排出的氢气，这就需要补氢以维持氢气压力。而空气的渗入则要求补氢以维持氢气纯度。图10-1中“目标氢气纯度与补氢量的关系曲线”表示发电机在运行时，机内每渗入1单位空气，为了保持一定的纯度，需要补入多少单位的氢气来维持。例如为了保持氢气纯度为95%，每补偿1单位的空气就需要补入约23.5单位的氢气。同理，如渗入1单位空气后充入约100单位的氢气，氢气纯度可保持在98%。

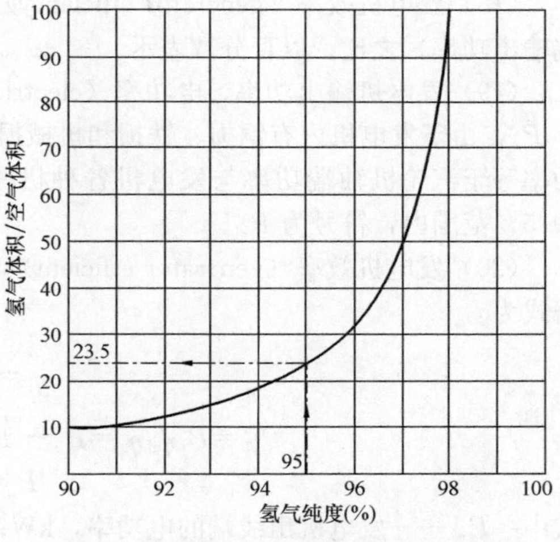

图10-1 目标氢气纯度与补氢量关系
（补充氢气纯度99%）

14）气体分析仪发生故障。

15）密封油系统的真空泵失灵，导致密封油未除气，油中内含的气体进入发电机，从而导致氢气的纯度降低。

提高氢气纯度的对策如下：

1）监视密封油压，维持氢、油差压正常。运行中，密封油压应比氢压高0.084MPa，不允许密封油压与氢压差低于0.056MPa。

2）修复转子密封。

3）做好化学监督，保证密封油质合格。

4）修复氢气冷却器铜管、氢气管道或氢气系统阀门。

5）调整密封瓦间隙，减少氢侧回油量，修复密封瓦。

6）发电机定子绕组进行整体水密性试验，并消除漏点。

7）校验平衡阀、压差阀，消除密封油系统的缺陷。

8）做氢气冷却器水压试验，检查发电机氢冷器有无泄漏。

9）当氢压低于0.1MPa时，应随时调整针形阀开度，维持油、氢压差，防止跑油。

10）补充新氢的纯度不应低于99%。

11）发电机漏氢量大时，应对内冷水箱、氢气冷却器放气门、发电机两侧轴瓦、密封油系统进行重点排查。

12）采用专门检漏仪、涂刷洗衣粉水或肥皂水等方法查找。

13）如果两个气体分析仪长期显示不同的值，则意味着两个或其中一个仪器发生故障，请通知供货或生产厂家进行处理。

14）如气体分析仪经检查正常，则应排污补氢来提高氢气纯度。

15）在氢侧油系统上加装密封油净化装置。利用道尔顿分压定律的原理来分离密封油中的气体和水分，分离出来的水分被分离装置上的真空泵抽走排入大气。经过净化装置处理过的油通过循环油泵进入氢侧油系统中。

16）安装并投入氢气提纯装置，并保证正常运行。

17）修复失灵的平衡阀。密封油系统平衡阀由于长时间运行过程中的磨损，会造成平衡阀活塞杆与壳体配合间隙增大，造成内漏使平衡阀工作失常，为彻底解决此问题，可在平衡阀活塞杆与壳体配合处加装青铜合金衬套，以提高其可靠性能。

(18) 发电机效率（generator efficiency）：发电机有功输出功率与有功输入功率（汽轮机轴端输出功率）之比。以百分数表示。

(19) 发电机输出功率、电功率（electric power）：如果单独看发电机，其输入功率为轴端功率 P_e，由于发电机内有铜损、铁损和机械损耗，则输出功率比轴端功率 P_e 要小一些。发电机电功率等于汽轮机轴端功率与发电机各种机械损失和电损失之差。大功率发电机效率在98%～99.5%范围内，符号为 P_{el}。

(20) 发电机效率（generator efficient）：发电机输出的电功率与汽轮机轴端功率之比，计算公式为

$$\eta_g=\frac{P_{el}}{P_e}\times100\%$$

$$P_{el}=P_i\eta_m\eta_g=P_e-P_{st}-P_{ad}-P_{ir}-P_{me}-P_{fw}-P_{ex}$$

$$P_e=P_N+\sum P$$

式中 P_{el}——发电机出线端的电功率，kW；

P_{st}——发电机定子铜损，kW；

P_{ad}——发电机附加损耗，kW；

P_{ir}——发电机铁损，kW；

P_{me}——机械损耗，kW；

P_{fw}——电刷摩擦通风损耗，kW；

P_{ex}——励磁损耗，kW；

$\sum P$——发电机总损耗，kW；

P_e——汽轮机的轴端功率，即发电机输入功率，kW。

(21) 发电机铜损（generator copper loss）：电流流过定子绕组和转子绕组在导线电阻上产生的电能损耗，符号为 P_{st}。

(22) 发电机附加损耗 (generator additional loss)：发电机端部漏磁通在其附近铁质构件(如外壳、护环和滑环等) 中产生的涡流损耗，各种高次谐波磁通产生的损耗，由于齿和槽存在引起的脉振损耗，以及交流电在定子绕组上因趋肤效应引起的电能损耗。符号为 P_{ad}。

(23) 发电机铁损 (generator iron loss)：发电机铁损由主磁通在发电机定子铁芯磁滞及涡流损耗、齿部磁通脉振损耗以及气隙磁通脉动在转子和定子表面产生的损耗三部分构成，符号为 P_{ir}。

(24) 机械损耗 (mechanical loss)：在额定转速下的轴承摩擦总损耗，符号为 P_{me}。

(25) 电刷摩擦通风损耗 (friction and windage loss)：在额定转速下的集电环摩擦损耗、风扇损耗和通风系统损耗的总损耗，符号为 P_{fw}。

(26) 励磁损耗 (excitation loss)：励磁电流在励磁回路中产生的铜损和励磁整流柜铜损，符号为 P_{ex}。

例 10-4 某汽轮机发电机 QFSN-660-2，额定功率因数 $\cos\varphi_N=0.9$ (滞后)，额定功率 $P_N=660$MW，发电机附加损耗 $P_{ad}=932$kW，发电机铁损 $P_{ir}=579$kW，机械损耗 $P_{me}=1476$kW，电刷摩擦通风损耗 $P_{fw}=46$kW，励磁损耗 $P_{ex}=70$kW，发电机定子铜损 $P_{st}=1872$kW，求发电机输入功率和发电机效率。

解： 发电机总损耗 $\sum P=P_{ad}+P_{ir}+P_{me}+P_{fw}+P_{ex}+P_{st}$

$$=932+579+1476+46+70+1872=6864\ (\text{kW})$$

发电机输入功率为

$$P_e=P_N+\sum P=660+6.864=666.864\ (\text{MW})$$

发电机效率为

$$\eta_g=\left(1-\frac{6.864}{666.864}\right)\times 100\%=98.97\%$$

(27) 可能出力 (generator available output)：发电机组在保证连续、安全运行条件下所能达到的最大出力。

(28) 发电机组的调节范围 (control range of a generating unit)：发电机组有功功率的调节范围。

(29) 励磁系统额定电流 (excitation system rated current)：在规定的运行条件下，并考虑通常由于发电机电压和频率变化引起发电机对励磁的最大要求时，励磁系统能够长期连续输出的最大直流电流，以 I_{EN}表示。

(30) 励磁系统额定电压 (excitation system rated voltage)：在规定的运行条件下，励磁系统输出额定电流，并考虑大多数通常由于发电机电压和频率变化引起发电机对励磁的最大要求时，励磁系统能够提供的在其输出端的直流电压，以 U_{EN}表示。

(31) 励磁顶值电流 (excitation system ceiling current)：在规定的时间内，励磁系统从它的输出端能够连续提供的最大直流电流，以 I_P 表示。

(32) 励磁顶值电压 (excitation system ceiling voltage)：在规定的条件下，励磁系统从它的输出端能够提供的最大直流电压，以 U_P 表示。

(33) 励磁顶值电流倍数 (excitation system ceiling current ratio)：励磁系统顶值电流与额定磁场电流的比值，以 K_{IP}表示。

(34) 励磁顶值电压倍数 (excitation system ceiling voltage ratio)：励磁系统顶值电压与额定磁场电压的比值，以 K_{UP}表示。

(35) 额定励磁电流、额定磁场电流（rated field current）：同步发电机运行在额定电压、电流、功率因数与转速下，其磁场绕组中的直流电流，以 I_{fN} 表示。

(36) 额定励磁电压、额定磁场电压（rated field voltage）：在磁场绕组上产生额定磁场电流所需的发电机磁场绕组端部的直流电压。这时磁场绕组的温度应是在额定负载、额定工况以及初级冷却介质在最高温度条件下的温度，以 U_{fN} 表示。

(37) 空载励磁电流、空载磁场电流（no-load field current）：同步发电机在空载、额定转速下产生额定电压所需的发电机磁场绕组的直流电流，以 I_{f0} 表示。

(38) 空载励磁电压、空载磁场电压（rated field voltage）：在磁场绕组温度为 25℃时，产生空载磁场电流所需的发电机磁场绕组端部的直流电压，以 U_{f0} 表示。

第二节 变压器指标

(1) 节电年收益（power saving annuai eamings）：采用节能型电气设备（如节能型变压器、高效电动机、绿色照明）或实施其他节电措施后，每年减少的电费支出额。

一般来说，在变压器通电以后，空载损耗是一个稳定的数值，而负载损耗则与变压器所带的负载有关，且与负载容量成正比例关系。在评价变压器节电方面时，简单的节电年收益计算公式为

$$\Delta B = CT(\Delta P_{\circ} + \Delta P_{k}\beta^{2})$$

式中 ΔB——变压器节电年收益，元/年；

C——电价，按照 0.5 元/kWh 计算；

T——全年带电小时数，取 8760h；

$\Delta P_{\circ}$——与 S11 型变压器比空载损耗差，kW；

ΔP_{k}——与 S11 型变压器比负载损耗差，kW；

β——变压器负载率，可按实际负荷率计算，粗略计算可取 0.5。

例 10-5 某配电 S9 型变压器的容量为 200kVA，空载损耗 $P_{\circ}=480$kW，负载损耗 $P_{k}=2600$kW，如果分别采用 S11、S14、SH15 进行更换，投资额见表 10-1，试问哪种方案节电年收益最大。

表 10-1　　各种节电方案比较

容量 (kVA)	类型	投资 (元)	空载损耗差 $\Delta P_{\circ}$ (W)	负载损耗差 ΔP_{k} (W)	节电年收益 ΔB (元/年)	投资回收期 (年)
200	S11	46 000	160	0	841.0	54.7
	S14	56 700	240	390	1773.9	32.0
	SH15	62 300	360	0	1892.2	33.0

解： 采用 S11-200 变压器时，节电年收益为

$$\Delta B = CT(\Delta P_{\circ} + \Delta P_{k}\beta^{2})$$
$$= 0.6 \times 8760 \times (160 + 0) \times 10^{-3} = 841.0(元)$$

采用 S14-200 变压器时，节电年收益为

$$\Delta B = CT(\Delta P_{\circ} + \Delta P_{k}\beta^{2})$$
$$= 0.6 \times 8760 \times (240 + 390 \times 0.5^{2}) \times 10^{-3} = 1773.9(元)$$

采用 SH15-200 变压器时，节电年收益为

$$\Delta B = CT(\Delta P_{o} + \Delta P_{k}\beta^{2})$$
$$= 0.6 \times 8760 \times (360 + 0) \times 10^{-3} = 1892.2(\text{元})$$

从例题可以直观地看出，更换的节能变压器都不能在短期内收回投资。比较而言，S14 型变压器投资回收期最短，非晶合金变压器节电年收益最高。综合比较建议采用 S14 型变压器。

(2)（节电设备）投资回收期（pay back period）：节电设备投资额与节电年收益之比。

(3) 变压器自然寿命、热寿命（transformer natural life）：变压器在额定负载下长期连续运行的期限。GB/T 17468—2008《电力变压器选用导则》规定为 20 年。在额定热点温度的基础上，每增加 6℃（油浸式）或 10℃（干式），其热寿命减少一半。

(4) 变比（ratio of transformation）：即为变压器一次、二次绕组的匝数比，用 k 表示。实际中也常用变压器的额定电压之比表示变压器的变比。

(5) 电压调整率（voltage regulation）：当变压器外加电源电压一定，变压器从空载到负载运行时，二次绕组电压的变化程度。它反映了变压器供电电压的稳定程度。

(6) 额定电流（rated current）：是指按额定容量与额定电压计算出的线电流。一次绕组上的额定电流用符号 I_{1N} 表示；二次绕组上的额定电流用符号 I_{2N} 表示。

(7) 额定电压（rated voltage）：变压器空载运行时绕组端电压的保证值。一次绕组上的额定电压用符号 U_{1N} 表示；二次绕组上的额定电压用符号 U_{2N} 表示。

(8) 额定容量（rated capacity）：变压器在额定状态下能够输出的视在功率，符号为 S_N，单位为伏·安（VA）。对于单相变压器，一次绕组的额定电压与额定电流的乘积称为变压器的额定容量；对于三相变压器，额定容量计算公式为

$$S_N = \sqrt{3}U_{2N}I_{2N} = \sqrt{3}U_{1N}I_{1N}$$

(9) 变压器效率（efficiency of transformer）：变压器的输出有功功率与输入有功功率的百分比。通常中小型变压器效率约为 0.96～0.98，大型变压器一般在 0.99 以上。变压器效率计算公式为

$$\eta = \frac{P_2}{P_1} = \frac{P_2}{P_2 + \sum P} = 1 - \frac{\sum P}{P_2 + \sum P} = 1 - \frac{P_0 + \beta^2 P_{KN}}{P_0 + \beta^2 P_{KN} + P_{me} + \beta S_N \cos\varphi}$$

式中 P_2——变压器二次侧输出有功功率，kW；
P_1——变压器一次侧输入有功功率，kW；
P_0——变压器空载损耗，kW；
P_{KN}——变压器负载损耗，kW；
P_{me}——变压器冷却风机和油泵的损耗，kW；
β——变压器负载率，%；
$\cos\varphi$——变压器功率因数，大型变压器额定工况下功率因数一般为 1；
$\sum P$——变压器有功损耗，kW。

例 10-6 660MW 机组配 SFP10-780000/220 主变压器，额定容量为 780MVA，高压侧额定电压为（242±2）kV×2.5%，空载损耗 P_0 = 236.971kW，变压器负载损耗 P_{KN} = 1478.821kW，冷却风机和油泵的损耗 P_{me} = 72.8kW。求额定工况的下主变压器总损耗和效率。

解：主变压器总损耗为

$$\sum P = P_0 + P_{KN} + P_{me} = 236.971 + 1478.821 + 72.8$$
$$= 1788.592(\text{kW})$$

主变压器效率为

$$\eta=\left(1-\frac{\sum P}{P_2+\sum P}\right)\times 100\%$$

$$=\left(1-\frac{1788.592}{780\ 000+1788.592}\right)\times 100\%=99.77\%$$

（10）负载能力（load capacity）：变压器仅在所确认的一定时间间隔内所能够输出的实际容量值。

（11）固定损耗、空载损耗（no-load loss）：当以额定频率的额定电压施加于一个绕组的端子上，其余绕组开路时，变压器所吸取的有功功率，符号为 P_0。空载损耗就是固定损耗，与通过的电流无关，但与元件所承受的电压有关。空载损耗与温度基本无关。通常变压器的空载损耗包括铁损（铁芯的磁滞损耗和涡流损耗）和励磁损耗。空载励磁电流很小，所以励磁损耗可忽略不计。变压器空载时，由于原绕组的电阻一般都很小，空载电流与电压之间的相位差很大（接近90°），所以铜损可忽略，即空载损耗基本上等于铁损，$P_0 \approx P_{Fe}$。目前常用的铁芯柱与铁轭净截面积相等的铁芯结构，空载损耗计算公式为

$$P_0=K_pG_{Fe}p_t$$

式中　K_p——空载损耗附加系数，对于单相卷铁芯 $K_p=1.05$，三相卷铁芯 $K_p=1.15\sim1.20$，三相叠片铁芯 $K_p=1.15\sim1.35$；

G_{Fe}——硅钢片总质量，kg；

p_t——硅钢片单位质量损耗，按设计磁通密度查表可得，W/kg。

要降低空载损耗，必须降低铁芯总量 G_{Fe}、单位损耗 p_t 和工艺系数 K_p。这就需要采用下列方法：

1）采用性能优良的硅钢片。硅钢片（包括非晶合金片）性能越好，单位损耗 p_t 越小，则空载损耗和铁芯质量都可以降低。例如厚度为 0.23mm 的冷轧晶粒取向硅钢片，如果再经过激光照射或等离子处理，在 50Hz、1.5T（特斯拉）条件下铁损可以降低到 0.9W/kg。如果采用非晶合金铁芯，在 60Hz、1.5T 条件下铁损可以降低到 0.44W/kg。

2）改进铁芯结构和工艺，降低工艺系数 K_p。当硅钢片性能一定时，单位损耗一定；而降低铁芯总量时，磁密增大，单位损耗成二次方增大，空载损耗反而上升，故降低工艺系数比较好。

3）每层即每一叠的片数，在工艺条件许可时应尽可能少（一般采用 2 片或 3 片一叠）。

4）每层叠片的片形尽可能简单，因为简单的片形可以简化生产流水线，便于调整和生产，减少工时，提高工效。

5）采用薄硅钢片，不仅可有效减少涡流，而且能降低集肤效应的不良影响。因此，要求用薄的硅钢片来叠装铁芯，硅钢片越薄，其效果越好。但硅钢片越薄，加工这种硅钢片的工艺越复杂、成本越高。

6）材料加工和生产工艺过程要严格控制质量。如硅钢片材料不良、毛刺大、绝缘不好、铁芯中某一部分短路。高导磁片工艺要求很高，碰撞、弯曲、摔打、传递、剪切、叠板等都有可能引起损耗增大，因此要求加工和生产工艺要有合适的装备，员工要求细致操作和有经验，否则单位损耗 p_t 会增大。

（12）（变压器）铁损（iron loss）：铁芯在变磁通作用下所产生的磁滞损耗和涡流损耗之和。变压器的铁损与变压器的一次电压有关，与二次负荷无关。也就是说，只要变压器一次侧有电压就一定有铁损产生，电压一定，铁损就是一定的，符号为 P_{Fe}。计算公式为

$$P_{Fe}=K_pG_{Fe}p_t$$

式中　P_{Fe}——变压器铁损，W；

K_p——空载损耗附加系数（即空载损耗工艺系数），一般取为1.05～1.35；

G_{Fe}——硅钢片总质量，kg；

p_t——硅钢片的铁损，按设计磁通密度查发电机设计有关图表可得，W/kg。

硅钢片也有铁损，即在某一特定频率（如50Hz或60Hz）的交流磁场下，磁化到特定的磁通密度（如1.5T或1.7T）时，单位质量的硅钢片所损失的能量值。

通常对于不同铁芯叠片，铁芯直径越大，所选取的空载附加系数越小。我国64、73标准的变压器采用热轧硅钢片作为铁芯的导磁材料。由于热轧硅钢片无方向性，所以三相铁芯都采用直接缝，热轧硅钢片铁损一般为5W/kg以上（如DR510-50热轧硅钢片，厚度为0.5mm，在50Hz、1.5T条件下铁损为5.1W/kg）。20世纪80年代我国开始将冷轧硅钢片作为铁芯的导磁材料，由于采用有方向性的冷轧硅钢片，所以三相铁芯都是采用45°斜接缝。无取向冷轧硅钢片铁损一般为5W/kg以下（如DW470-50冷轧无取向硅钢片，厚度为0.5mm，铁损为4.7W/kg），有取向冷轧硅钢片铁损一般为1.5W/kg以下（如DQ133-30冷轧无取向硅钢片，厚度为0.3mm，铁损为1.33W/kg）。

（13）附加损耗（supplementary load loss）：从负载损耗中减去 I^2R 损耗（折算到相应温度的参考温度）后所得到的损耗值。I 为绕组电流的有效值，R 为折算到相应温度的绕组直流电阻。它不完全取决于材料本身，而主要与变压器的结构及生产工艺等有关。所以无论什么类型的变压器都存在附加铁损，只是大小有差别。通常，引起附加损耗的原因主要有以下方面：

1）磁通波形中有高次谐波分量，将引起附加涡流损耗。

2）由于机械加工所引起的磁性能变坏所导致损耗增大。

3）在铁芯接缝以及芯柱与铁轭的T型区等部位所出现的局部损耗的增大等。

对于附加铁损的计算，常借助引入一个"附加损耗系数"的办法来处理，当然这纯粹是一个经验系数，不可能依靠理论推导来求得。大型变压器的附加损耗约占负载损耗的20%。造成附加损耗的主要原因是漏磁场，因此降低附加损耗首先就要降低漏磁场强度，控制好绕组高度的安匝分布，以减少横向漏磁；必要时采取同心式绕组排列以减少轴向漏磁。

（14）涡流损耗（eddy current loss）：在交变磁场作用下，铁芯中产生感应电动势，这将在垂直于磁通方向的铁芯平面内产生旋涡状的感应电流，称为涡流。由涡流在铁芯电阻上产生的发热损耗，称为涡流损耗。涡流损耗与频率、最大磁通密度、硅钢片的厚度三者有关。经典的涡流损耗 P_w 的大小可用下式计算，即

$$P_w = C_2 \frac{B_m^2 f^2 a^2}{\rho}$$

式中　C_2——取决于硅钢片材料性质的系数；

a——硅钢片的厚度；

ρ——硅钢片的电阻率。

（15）磁滞损耗（eddy current loss）：是指铁磁材料在反复磁化过程中由于磁滞现象所产生的损耗。微观地来看，磁滞损耗与硅钢片内部的结晶方位、结晶纯度、内部晶粒的畸变等因素都有关系。磁滞损耗与频率成正比；与最大磁通密度的二次方成正比（在日本东京制铁株式出版社的《新日本制铁电磁钢板》中提到有的硅钢片厂家认为，磁滞损耗的大小与 B_m 的1.6次方成正比）。具体来说磁滞损耗 P_c 的大小可用下式计算，即

$$P_c = C_1 B_m{}^2 f V$$

式中　C_1——由硅钢片材料特性所决定的系数（与铁芯磁导率、密度等有关）；

B_m——交变磁通的最大磁通密度；

f——频率；

V——铁磁材料总体积。

（16）电能损耗（electric energy loss）：铜损与铁损功率之和对时间的积分。

（17）可变损耗、负载损耗（load loss）：包括负载有功损耗和无功损耗。有功损耗主要是负载电流通过绕组时在电阻上的损耗，一般称铜损 P_{Cu}。无功损耗是漏磁通在绕组上产生的损耗，可以忽略不计。负载损耗符号为 P_K。其大小随负载电流而变化，与负载电流的平方成正比。负载损耗值通常是指相应参考温度下的数值，参考温度值则要看变压器绝缘材料的耐热等级。对油浸式变压器而言，不论是自冷、风冷或强油风冷，都是A级绝缘材料，其参考温度是根据传统概念加以规定的，都是75℃。

可变损耗中的有功部分（铜损 P_{Cu}）计算公式为

$$P_{Cu}=P_{KN}\left(\frac{S}{S_N}\right)^2$$

式中 P_{Cu}——变压器的运行铜损，kW；

S——变压器实际容量，kVA；

S_N——变压器额定容量，kVA；

P_{KN}——变压器的额定负载损耗，kW。

可变损耗中的无功部分计算公式为

$$Q_{Cu}=k_U S_N\left(\frac{S}{S_N}\right)^2$$

式中 Q_{Cu}——变压器的可变损耗，kvar；

S——变压器实际容量，kVA；

S_N——变压器额定容量，kVA；

k_U——变压器的阻抗电压，%。

降低负载损耗的主要方法如下：

1）选用节能型变压器。变压器传递功率过程中要产生损耗，分别为空载损耗和负载损耗，在确保变压器安全和可靠运行的基础上，要选用损耗低的变压器。因为节能型变压器不但空载损耗会降低一些，而且负载损耗也会大幅度降低。

2）当用电负荷一定时，选用不同容量变压器条件下的有功损耗、损耗率和效率。一般认为配电变压器负荷率为额定容量的70%～80%较合适，而对主变压器则应尽量按最大需求选择容量。经过计算，常用S7变压器的最高效率相对应的负荷率大致都在0.5，满载时，运行效率将下降0.35%～0.56%，如果过载运行，运行效率将明显下降。

3）用技术经济比较法来选变压器。在额定电压允许情况下，提高引入的高压电压等级，是降低线损率的有效措施。一般在35kV及以上供电电网中，每提高运行电压1%，可降损1.2%。

4）采用节能型无功补偿装置，实现无功分散和就地补偿。采用无功自动补偿装置提高负载的功率因数，减少无功损耗，提高运行效率。无功补偿就是借助于无功补偿设备提供必要的无功功率，以提高系统的功率因数，降低能耗。

5）平衡三相负载可以降低变压器的损耗。限制变压器最高负荷和最低负荷，控制过载、轻载和空载现象。力求三相负荷平衡，以减少负荷不对称产生的附加铜损。

6）提高功率因数需要增加电容器容量。根据要求，配电变压器的功率因数应为0.9～0.96，一般并联电容器的装设容量数为变压器容量数的15%～30%。

（18）铜损（copper loss）：指原、副绕组中电流在电阻上的有功功率损耗，与负载电流的平方成正比，随负载的变化而变化，因此称为可变损耗。符号为 P_{Cu}。额定电流下的铜损近似等于短路试验电流为额定值时输入的有功功率 P_{KN}，忽略励磁电流 I_0，任意负载下，铜损与负载系数的平方成正比。测量变压器铜损往往通过短路试验来测定。在短路试验中，将变压器低压侧绕组短接，而给另一个绕组加上适当小的电压，使通过两个绕组的电流都等于额定值，称为短路电压。因为短路电压很低，所以此时变压器的铁损可以忽略不计，此时测得的功即可认为是变压器在额定状态下的铜损。计算公式为

$$P_{Cu}=\beta^2 P_{KN}$$

式中 β——变压器负载率，%；

P_{KN}——额定电流下的输入有功功率，kW。

(19) 冷却装置损耗（loss of cooling device）：变压器冷却风机和（潜）油泵的损耗之和。大型变压器的冷却装置包括两部分：①内部冷却系统，它保证绕组、铁芯的热量散在油中；②外部冷却系统，它保证油中的热量散到变压器外。变压器冷却方式分为油浸自冷式、油浸风冷式和强迫油循环风冷式。油浸自冷式没有冷却风机和（潜）油泵，但是有散热器；油浸风冷式有冷却风机和散热器，散热器旁边安装几个冷却风机；强迫油循环风冷式带风机散热器，与油箱主壳体的连接管上安装（潜）油泵，强制油箱体内的油从上部吸入散热器，再从变压器的下部进入油箱体内，实现强迫循环。符号为 P_{me}。

例如 660MW 机组配 SFP10-780000/220 主变压器，额定容量为 780MVA，高压侧额定电压为（242±2kV）×2.5%，空载损耗 P_0=236.971kW，变压器负载损耗 P_{KN}=1478.821kW，共 7 台冷却风机（1 台备用）和油泵，其中风扇损耗为 46.2kW，油泵损耗为 26.6kW，冷却装置损耗 P_{me}=72.8kW。

(20) 绝缘水平（insulation level）：设备的耐受电压，表示绝缘的介电强度特性。不同设备最高电压 U_m 下变压器绕组的额定耐受电压见表 10-2。

表 10-2　不同设备最高电压 U_m 下变压器绕组的额定耐受电压　kV

系统标称电压（方均根值）	设备最高电压 U_m（方均根值）	额定雷电冲击耐受电压（峰值）		额定短时感应或外施耐受电压（方均根值）
		全波	截波	
3	3.6	40	45	18
6	7.2	60	65	25
10	12	75	85	35
15	17.5	105	115	45
20	24	125	140	55
35	40.5	200	220	85
66	72.5	325	360	140
110	126	480	530	200
220	252	850 950	950 1050	360 395
330	363	1050 1175	1175 1300	460 510
500	550	1425 1550	1550 1675	630 680

（21）变压器绝缘电阻（transformer insulation resistance）：绝缘材料又称电介质，通俗地讲就是能够阻止电流在其中通过的材料，即不导电的材料。电力设备中的绝缘材料是不导电的物质，但并不是绝对不导电。在直流电压的作用下，电介质中有微弱的电流流过。根据电介质材料的性质、构成及结构等的不同，这部分电流可视为由三部分电流构成，见图10-2。

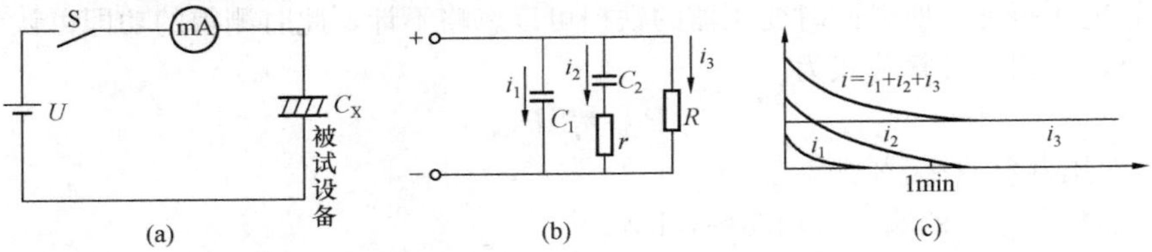

图10-2　绝缘电阻试验接线图与等值电路图

（a）试验接线图；（b）等值电路图；（c）吸收曲线

1）电容电流 i_1。直流电压作用到绝缘材料上，加压瞬间相当于给电容充电。用一个纯电容 C_1 表示。

2）吸收电流 i_2。吸收电流由缓慢极化和夹层极化产生，用一个电容 C_2 和电阻 R 串联表示。

3）泄漏电流 i_3。这部分电流是由于介质的电导引起的，是理论上要测试的电流，用电阻 R 表示。

4）实际电流（总电流）i。上述三个电流加在一起，是实际电流。

所谓绝缘电阻就是指加于试品上的直流电压于流过试品的泄漏电流之比，即

$$R=U/i_3$$

式中　U——加于试品两端的电压，V；

i_3——对应于电压 U，试品中的泄漏电流，A；

R——试品的绝缘电阻，MΩ。

绝缘电阻分为高对低及地、低对高及地、高压对低压三类。

1）高对低及地。（一次绕组对二次绕组和外壳）高压绕组对低压绕组及外壳的绝缘电阻。

2）低对高及地。（二次绕组对一次绕组和外壳）低压绕组对高压绕组及外壳的绝缘电阻。

3）高压对低压。（一次绕组对二次绕组）高压绕组对低压绕组的绝缘电阻。

用兆欧表测量变压器的低压侧绝缘电阻，其接线方式见图10-3，将变压器低压绕组用短接线进行短接，高压绕组进行短路接地。如果变压器表面泄漏较大，应装屏蔽环，并用绝缘导线引接兆欧表“G”端。绝缘电阻表“L”端接变压器低压绕组短接线上，“E”端接地。接线经检查无误后，按下“开始”按钮，仪器开始工作，1min后记录绝缘电阻值。测试完成后，先将仪表与试品断开，再按下“停止”按钮，使仪器恢复。最后对变压器测试部位放电。

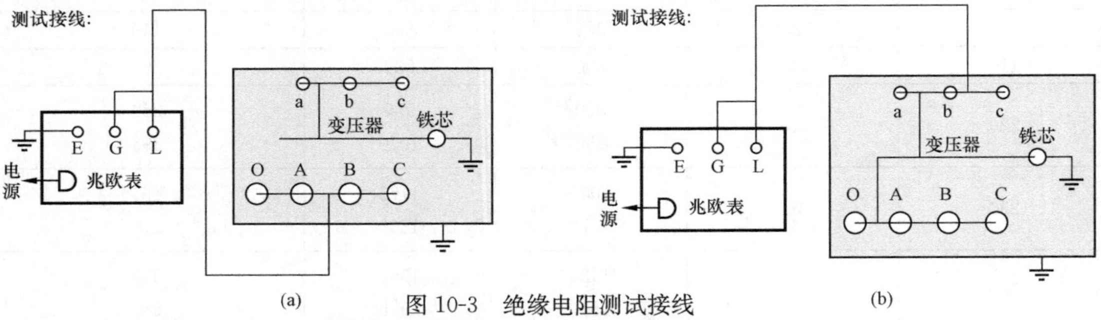

图10-3　绝缘电阻测试接线

（a）高压侧绝缘电阻测试接线；（b）低压侧绝缘电阻测试接线

用兆欧表测量设备的绝缘电阻，由于受介质吸收电流的影响，所以绝缘值随时间逐步增大，通常读施加电压60s的数值或稳定值作为工程上的绝缘电阻值。测量绝缘电阻可以检测出绝缘是否有贯穿性的集中性缺陷、整体受潮或贯穿性受潮。绝缘电阻合格值的标准如下：

1）该次测得的绝缘电阻值与上次测得的数值换算到同一温度下相比较，该次数值不得比上次数值降低30％。

2）变压器电压等级为35kV及以上，且容量在4000kVA及以上时，应测量吸收比。吸收比与产品出厂值相比应无明显差别，在常温下应不小于1.3；当R_{60s}大于3000MΩ时，吸收比可不做考核要求。

当测量绝缘电阻的温度差不是表10-3中所列数值时，其换算系数A可用线性插入法确定，也可按下式计算，即

$$A=1.5^{K/10}$$

表10-3　油浸式电力变压器绝缘电阻的温度换算系数

温度差K（℃）	5	10	15	20	25	30	35	40	45	50	55	60
换算系数A	1.2	1.5	1.8	2.3	2.8	3.4	4.1	5.1	6.2	7.5	9.2	11.2

注　1. 表中K为实测温度减去20℃的绝对值。
2. 测量温度以上层油温为准。

校正到20℃时的绝缘电阻值计算方法如下。当实测温度为20℃以上时计算式为

$$R_{20}=AR_t$$

当实测量温度为20℃以下时计算式为

$$R_{20}=R_t/A$$

式中　R_{20}——校正到20℃时的绝缘电阻值，MΩ；

R_t——在测量温度下的绝缘电阻值，MΩ。

（22）吸收比（transformer absorptance）：在施加直流电压开始至第60s和第15s时读取的绝缘电阻绝对值，即电介质施加直流电压后第15s时的泄漏电流对第60s时的泄漏电流的比值，符号为R_{60}/R_{15}。吸收比反映实际电流衰减的快慢情况，对检查绝缘电阻的局部缺陷和套管脏污比较灵敏，中小型变压器的吸收现象要弱一些，根据吸收比的变化就可以判断绝缘的状况。当绝缘严重受潮时，吸收比接近于1。容量在4000kVA及以上时，制造厂应提供吸收比实测值。通常测量温度在10～40℃。

例10-7　某S9-630/10变压器测试绝缘电阻，结果见表10-4。求高压对地、低压对地和高压对地压的吸收比，并判断绝缘是否受潮。

表10-4　S9-630/10变压器绝缘电阻测试结果

环境温度	17℃	环境湿度	60％
加压绕组	对应时间下的绝缘电阻		
	15s	60s	
高压对地（MΩ）	17 000	20 000	
低压对地（MΩ）	12 000	15 000	
高压对低压（MΩ）	13 000	15 000	

解：对于高压对地，其吸收比为

$$R_{60}/R_{15}=20\,000/17\,000=1.17$$

对于低压对地，其吸收比为

$$R_{60}/R_{15}=15\,000/12\,000=1.25$$

对于高压对地压，其吸收比为

$$R_{60}/R_{15}=15\,000/13\,000=1.15$$

计算结果表明，三种吸收比均小于 1.3。但是由于变压器容量为 630kVA，小于 4000kVA，所以吸收比不是绝缘受潮的直接判据。同时 $R_{60s}=15\,000\sim20\,000\text{M}\Omega$，远大于 3000MΩ，说明绝缘完好。

（23）极化指数（polarization index of transformer）：对于大容量和吸收过程较长的试品，如大型变压器、电缆等，有时吸收比尚不足反映吸收的全过程。而采用较长时间的绝缘电阻比值，即采用 10min 的绝缘电阻（R_{10min}）与 1min 的绝缘电阻值（R_{1min}）的比值 PI 来描述绝缘吸收的全过程，PI 称为绝缘极化指数。计算公式为

$$\text{PI}=\frac{R_{10min}}{R_{1min}}$$

（24）变压器的绝缘等级（insulation class of transformer）：指其所用绝缘材料的耐热等级，分 A、E、B、F、H 级。绝缘等级并不是绝缘强度的概念，而是允许温升的标准，各绝缘等级具体允许温升标准见表 10-5。

表 10-5　各绝缘等级具体允许温升标准　℃

绝缘等级	A	E	B	F	H	C
最高允许温度	105	120	130	155	180	220
绕组温升限值	65	75	80	100	125	160
性能参考温度	80	95	100	120	145	180
上层油运行温度	95	110	120	145	175	210

（25）变压器温度（transformer temperature）：变压器油箱中的上层油温。温升是指变压器上层油温减去环境温度。对于 A 级绝缘，规定变压器上层油温温升不得超过 55℃，绕组温升不得超过 65℃，且以环境温度 40℃为准。因此 A 级绝缘的最高允许温度为 65℃＋40℃＝105℃，变压器上层油温运行温度不得超过 55℃＋40℃＝95℃。

（26）变压器绕组热点温度（transformer winding hot-spot temperature）：出现在变压器绕组绝缘系统中最热部位的最高温度。热点温度不能超过表 10-5 中的最高允许温度。热点温度代表着变压器负载的热极限值，通常在变压器绕组上端部位，因涡流损耗比较集中，而且散热条件最不利，此处导体与平均温度之间的差值最高。

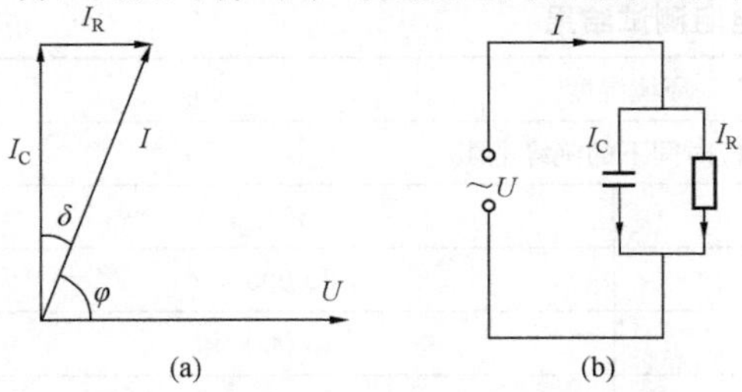

图 10-4　功率因数与介质损耗角的关系
（a）电流与电压相量图；（b）电介质在交流电压下的等值电路

（27）介质损耗因数、介质损耗角正切值（dielectric loss factor）：即介质损耗正切值，是指介质损耗角正切值，符号为 $\tan\delta$。介质损耗指的是绝缘材料在电场作用下，由于介质电导和介质极化的滞后效应，在其内部引起的能量损耗，也称介质损失，简称介损。介质损耗因数指的是衡量介质损耗程度的参数。介质损耗角是指在交变电场作用下，电介质内流过的电流相量与电压相量之间夹角（电流超前电压的夹角 φ 称为功率因数角）的余角 δ，简称介损角，见图 10-4。

测量介质损耗是一种传统的、十分有效的判断电气设备绝缘状况的方法。绝缘能力的下降直接反映为介损增大。介损增大的原因可能是绝缘受潮、绝缘油受污染、老化变质等。容量在8000kVA及以上时，制造厂应提供介质损耗因数测试值，$\tan\delta$一般不大于0.5%。介质损耗因数计算公式为

$$\tan\delta=\frac{P}{Q}$$

式中 P——变压器有功功率；

Q——变压器无功功率。

介质损耗因数测试通常在10～40℃温度下进行。当测量时的温度与产品出厂试验温度不符合时，可按表10-6换算到同一温度时的数值进行比较。

表10-6　　介质损耗角正切值 $\tan\delta$（%）温度换算系数

温度差 K	5	10	15	20	25	30	35	40	45	50
换算系数 A	1.15	1.3	1.5	1.7	1.9	2.2	2.5	2.9	3.3	3.7

注 1. 表中 K 为实测温度减去20℃的绝对值。
2. 测量温度以上层油温为准。

当测量时的温度差不是表10-6中所列数值时，其换算系数 A 可用线性插入法确定，也可按下式计算，即

$$\tan\delta_2=\tan\delta_1\times1.3^{\frac{t_2-t_1}{10}}$$

式中 $\tan\delta_1$——t_1温度时的$\tan\delta$值；

$\tan\delta_2$——t_2温度时的$\tan\delta$值。

测量绕组连同套管的介质损耗角正切值$\tan\delta$，应符合下列规定：

1）当变压器电压等级为5kV及以上且容量在8000kVA及以上时，应测量介质损耗角正切值$\tan\delta$。

2）被测绕组的$\tan\delta$值不应大于产品出厂试验值130%。

（28）阻抗电压、短路电压（impedance voltage/short-circuit voltage）：在额定频率和参考温度下，当变压器二次绕组短路（稳态），一次绕组流通额定电流而施加的电压占额定电压的百分数。对多绕组变压器，除试验的一对绕组外，其余绕组开路，并使其中流过的与该对绕组中的额定容量较小的绕组相对应的额定电流时的施加电压的百分数。符号为 k_U，可由产品目录查得。一般电力变压器 $k_U=0.04\sim0.14$。

（29）空载电流（no-load current）：在额定频率和参考温度下，变压器二次绕组开路，一次绕组施加额定电压时，流过绕组线路端子的电流。变压器空载电流一般采用占额定电流的百分数表示，符号为 k_I，可由产品目录查得。一般中小型电力变压器 $k_I=0.01\sim0.03$。

（30）综合功率损耗（composite power loss）：变压器运行中有功功率损耗与变压器无功功率消耗使其受电网增加的有功功率损耗之和，符号为 ΔP_Z。

（31）无功功率损耗（reactive power loss）：变压器传输无功电流分量在电阻上引起的损耗称为无功功率损耗。变压器在某一负载下的无功功率损耗为

$$Q=Q_0+K_T\beta^2Q_{KN}=k_IS_N+K_T\beta^2k_US_N$$

$$Q_0=\sqrt{3}U_NI_0\sin\varphi_1=\sqrt{S_0^2-P_0^2}\approx S_0=k_IS_N$$

$$Q_{KN}=\sqrt{S_{KN}^2-P_{KN}^2}\approx S_{KN}=\sqrt{3}U_{KN}I_{KN}=k_US_N$$

式中 Q_0——变压器在额定电压下的空载无功功率（励磁功率），var；

Q_{KN}——变压器在额定电流短路时的无功功率（漏磁功率），var；

k_I——变压器空载电流与额定电流之比；

k_U——变压器额定电流下的阻抗电压标幺值；

K_T——负载波动损耗系数。

（32）变压器损耗、有功功率损耗、有功损耗（transformer total loss）：空载损耗和负载损耗之和。变压器辅助设备中的损耗不包括在总损耗内，应另外单独列出。变压器有功损耗$\sum P$包括铁耗P_{Fe}和铜损P_{Cu}，符号为$\sum P$，计算公式为

$$\sum P = P_{Fe} + P_{Cu} = P_0 + K_T \beta^2 P_{KN}$$

式中 $\sum P$——变压器有功损耗，kW；

P_{Fe}——变压器铁耗，kW；

P_{Cu}——变压器铜损，kW；

K_T——负载波动损耗系数。

（33）变压器损耗率（transformer total loss rate）：变压器损耗占输入有功功率的百分比。变压器损耗率应不高于0.3%。变压器损耗率高的原因如下：

1）变压器冷却器未及时清扫，或部分冷却器散热条件差。

2）变压器油质超标。

3）机组负荷率低。

4）变压器制造或检修质量差。

5）变压器容量不匹配。

6）二次压降大。

7）TA、TV误差大。

8）变压器铁芯硅钢性能差。

处理问题的对策如下：

1）检查变压器冷却器投入情况，确保变压器冷却装置正常投入；及时清扫变压器冷却器散热片，改善变压器散热条件。

2）定期化验变压器油质，保证变压器油质合格。

3）定期对主变压器进行二次压降测试，发现超标及时分析原因，制定解决措施。

4）校验变压器测温元件，保证变压器温度显示准确。

5）进行变压器绝缘油的电气试验和化学试验，并根据油质情况，过滤或再生绝缘油，必要时调换绝缘油。

6）吊罩后，应检查铁芯接地情况及穿芯螺栓绝缘，检查、清理绕组及绕组压紧装置、垫块、引线各部分螺栓、接线板。

7）更换运行中受冲击或超期服役质量下降损耗大的变压器。

8）将变压器铁芯硅钢更换为性能较好的硅钢片。华能瑞金电厂将350MW机组主变压器铁芯硅钢片由120型更换为105型，硅钢片选得更薄，降低了主变压器的铁损。

（34）损耗比（loss ratio）：负载损耗与空载损耗之比，一般为10%左右。

（35）综合功率损耗率（composite power loss rate）：变压器综合功率损耗与其输入的有功功率之比的百分数，符号为$\Delta P_Z\%$。

（36）无功经济当量（reactive economical equivalent）：变压器无功消耗每增加或减少单位数值时引起受电网有功功率损耗增加或减少的量。符号为K_Q。直接由发电厂母线供电的变压器无功功率当量K_Q取0.04。

(37) 变压器负载率、负载系数（loading of transformer）：变压器的负载电流与额定电流之比，以 β 表示。变压器的负载率可按下式计算，即

$$\beta=\frac{S}{S_N}=\frac{I_2}{I_{2N}}=\frac{I_1}{I_{1N}}$$

$$S_N=\sqrt{3}U_{2N}I_{2N}=\sqrt{3}U_{1N}I_{1N}$$

式中 S_N——三相变压器额定容量，VA；

U_{1N}——电源加到变压器原绕组上的额定电压，V；

U_{2N}——原边加上额定电压后，副边开路即空载运行时副绕组的端电压，V；

S——三相变压器实际负载，VA；

I_{1N}、I_{2N}——原边加上额定电压后，原、副绕组额定线电流，A。

(38) 平均负载系数、平均负载率（average load coefficient）：一个统计周期内，变压器输出的视在功率与变压器额定容量之比，以 β_P 表示。变压器的平均负载率可按下式计算，即

$$\beta_P=\frac{W_T\times 1000}{TS_N\cos\varphi}$$

式中 $\cos\varphi$——在时间 T 内变压器计量侧的平均功率因数；

T——统计期内的小时数，h；

W_T——统计期内变压器计量侧的电能，kWh。

(39) 经济负载率（active economic load ratio）：变压器效率最高时的负载系数，以 K_j 表示。最大效率发生在铁耗 P_0 与铜损 P_{KN} 相等的时间，以 β_j 表示。计算公式为

$$\beta_j=\sqrt{\frac{P_0}{K_TP_{KN}}}$$

式中 K_T——负载波动损耗系数。

(40) 综合经济负载率（comprehensive economic load ratio）：变压器可变综合损耗等于固定综合损耗时的负载效率。以 β_{jZ} 表示，计算公式为

$$\beta_{jz}=\sqrt{\frac{P_0+K_QQ_0}{P_{KN}+K_QQ_{KN}}}=\sqrt{\frac{P_0+K_Qk_IS_N}{P_{KN}+K_Qk_US_N}}$$

(41) 综合经济效率（comprehensive economic efficiency）：在综合经济负载率下变压器的效率，以 η_{jZ} 表示。

(42) 负载波动损耗系数（dissipation coefficient of wavy load）：一个统计周期内，负载波动条件下的变压器负载损耗与平均负载条件下的负载损耗之比，符号为 K_T。当负载系数 β 在 50% 左右时，$K_T\approx1.5$；β 在 90% 时，$K_T\approx1.0$。

例 10-8 1 台 S9-1250kVA 变压器有关设计数据为：变比＝10/4kV，$P_0=1.95$kW，$P_{KN}=12.0$kW，$k_I=0.6\%$，$k_{U1}=4.5\%$。负载为 $P=800$kW，$\cos\varphi_2=0.7$ 滞后。

1) 当负载波动损耗系数 $K_T=1.002$ 时，求变压器的负载率、效率和经济负载率。

2) 当无功功率当量取 0.1 时，求变压器的综合经济负载率、综合效率和综合经济效率。

解：1) 负载电流为

$$I_1=\frac{P}{\sqrt{3}U_{N1}\cos\varphi_2}=800/(1.732\times10\times0.7)=65.99(\text{A})$$

1250kVA 变压器额定电流为

$$I_{N1}=1250/(1.732\times10)=72.17(\text{A})$$

此时的负载率为

$$\beta=\frac{I_1}{I_{1N}}=65.99/72.17=0.914$$

变压器效率为

$$\begin{aligned}\eta&=1-\frac{P_0+\beta^2P_{KN}}{P_0+\beta^2P_{KN}+\beta S_N\cos\varphi}\\&=1-(1.95+0.914^2\times12)/(1.95+0.914^2\times12.0+0.914\times1250\times0.7)\\&=0.985=98.5\%\end{aligned}$$

经济负载率为

$$\beta_j=\sqrt{\frac{P_0}{K_TP_{KN}}}=\sqrt{\frac{1.95}{1.002\times12}}=40.27\%$$

2）变压器综合效率为

$$\begin{aligned}\eta&=1-\frac{P_0+\beta^2(P_{KN}+K_Qk_US_N)+K_Qk_IS_N}{P_0+\beta^2(P_{KN}+K_Qk_US_N)+K_Qk_IS_N+\beta S_N\cos\varphi_2}\\&=1-(1.95+0.914^2\times12.0+0.914^2\times0.1\times0.045\times1250+0.1\times0.006\times1250)/\\&\quad(1.95+0.914^2\times12.0+0.914^2\times0.1\times0.045\times1250+0.1\times0.006\times1250+\\&\quad0.914\times1250\times0.7)=0.979=97.9\%\end{aligned}$$

综合经济负载率为

$$\beta_{jz}=\sqrt{\frac{P_0+K_Qk_IS_N}{P_{KN}+K_Qk_US_N}}=\sqrt{\frac{1.95+0.1\times0.006\times1250}{12.0+0.1\times0.045\times1250}}=0.391$$

综合经济效率为

$$\begin{aligned}\eta_{jz}&=1-(1.95+0.1\times0.006\times1250+0.391^2\times12.0+0.391^2\\&\quad\times0.1\times0.045\times1250)/(1.95+0.1\times0.006\times1250+0.391^2\\&\quad\times12.0+0.391^2\times0.1\times0.045\times1250+0.391\times1250\times0.7)\\&=98.45\%\end{aligned}$$

第三节 电动机指标

（1）磁导率、导磁系数（magnetic permitivity）：磁感应强度与磁场强度的比值称为磁导率。磁导率是衡量磁性材料磁化难易程度的性能指标，符号为 μ，单位为 H/m。非磁性物质的磁导率近似等于真空的磁导率，而铁磁性物质的磁导率远大于真空的磁导率。

（2）磁感应强度、磁通量密度（flux density）：磁场中某一点的磁场强度（其方向与产生磁场的电流的方向遵循右螺旋关系），等于放在该点与磁场方向垂直的通电导线所受的磁场作用力与导线中的电流强度和导线长度乘积的比值，它是衡量磁性材料磁性强弱的重要指标。磁感应强度亦称为磁通量密度，符号为 B，单位为 T（特斯拉）。

（3）磁滞损耗（hysteresis loss）：放在交变磁场中的铁磁体，因磁滞现象而产生一些能量损耗，从而使铁磁体发热，这种损耗称为磁滞损耗。

（4）铁（芯）损（耗）（total loss in the iron）：单位质量的铁磁材料在动态磁化条件下，由于磁滞和涡流效应而消耗的能量称为铁损，它包括磁滞损耗、涡流损耗和剩余损耗，符号为 P_{Fe}，单位为 W/kg。由于正常运行时，转子频率很低，一般只有 1～3Hz，转子铁耗很小，可以忽略不计，因此铁芯损耗实际上仅为定子铁耗。铁耗大小取决于铁芯材料、磁场频率和磁通密度，近似公式为

$$P_{Fe}=kf^{1.3}B^2$$

式中 B——磁通密度；

f——转子频率。

(5) 铜损（copper loss）：在交流铁芯线圈中，定子绕组和转子绕组流过的电流所产生的发热损耗称为铜损。铜损与负载电流的平方成正比，包括定子铜耗 P_{cu1} 和转子铜耗 P_{cu2}。

(6) 附加损耗、杂散损耗（stray loss）：包括附加铜耗和附加铁耗，符号为 P_{ad}。附加铜耗主要是由于定子绕组有电流后，产生槽漏磁通，这部分漏磁通使槽内导线在其截面积上的电流分布不均匀，靠近槽口的地方电流密度大，这就是所谓的电流集肤效应。显然电流分布不均时的铜耗要比分布均匀时的要大，多出来的部分就是附加铜耗；附加铁耗主要是由于定、转子上有齿槽存在，当电动机旋转时使气隙磁通发生脉振，从而在定、转子铁芯中产生附加损耗。另外定子端部漏磁通在铁芯压板、端部支架和端盖里也会产生附加铁耗。

(7) 空载损耗、固定损耗（fixed loss）：是指电动机运行时的固有损耗，它与电动机制造工艺、结构设计等有关，而与负载大小无关。固定损耗包括铁损、空载杂散损耗及机械损耗。符号为 P_o。

(8) 机械损耗（mechanical loss）：是指电动机运行时的由于轴承摩擦和通风系统等产生的损耗，符号为 P_{mec}，包括轴承摩擦损耗和通风损耗，对绕线式转子还存在电刷摩擦损耗。机械损耗主要是通风损耗，通风损耗主要取决于冷却风机效率、风道阻力和电动机转速等。通风损耗正比于转速的三次方。电动机容量越大，机械损耗越大，在总损耗中所占的比重越大。

(9) 负载损耗、可变损耗（variable loss）：是指电动机由负载电流引起的损耗，包括铜耗、杂散损耗等，符号为 P_{ch}。

(10) 旋转磁场转速、同步转速（synchronous speed）：三相异步电动机的旋转磁场的转速称为同步转速，用 n_0 表示。计算公式为

$$n_0=\frac{60f}{p}$$

式中 n_0——电动机同步转速，r/min；

f——电源频率，Hz；

p——电动机绕组的极对数。

(11) 转差率（slip）：同步转速和转子转速的差值与同步转速之比。表示三相异步电动机的转子转速（n）与定子旋转磁场转速（n_0）相差程度的物理量，是表示异步电动机运行状态的重要参数。异步电动机正常运行时的转差率 s 都很小，$s=0.01\sim0.05$，计算公式为

$$s=1-\frac{n}{n_0}=\frac{P_{Cu2}}{P_{em}}$$

式中 n——转子实际转速，r/min；

n_0——电机同步转速，r/min；

P_{Cu2}——转子铜耗，W；

P_{em}——电磁功率，W。

例 10-9 已知一台异步电动机的额定频率 $f=50$Hz，磁极对数 $p=2$，转差率 $s=0.04$。试计算这台电动机的额定转速是多少。

解：同步转速为

$$n_0=\frac{60f}{p}=\frac{50\times60}{2}=1500\ (\text{r/min})$$

又因为 $s=1-\dfrac{n}{n_0}$，所以电动机的额定转速为

$$n=(1-s)n_0=(1-0.04)\times 1500=1440(\text{r/min})$$

例 10-10 异步电动机的额定转速为 1420r/min，电源频率为 50Hz，试计算该电机的极对数。

解：同步转速 n_0 为 1500r/min，则极对数为

$$p=\frac{60f}{n_0}=\frac{60\times 50}{1500}=2$$

因此该电动机的极对数为 2。

(12) 电磁转矩 (electromagnetic torque)：三相异步电动机转子电流与旋转磁场的相互作用产生电磁力，使电动机转子产生电磁转矩，其大小与转子电流以及旋转磁场每极磁通成正比，符号为 M_{em}。电磁功率 P_{em} 与转矩的关系式为

$$P_{em}=M_{em}\Omega_0=\frac{M_{em}\Omega}{1-s}$$

$$\Omega_0=2\pi\frac{n_0}{60}=\frac{\Omega}{1-s}$$

式中 Ω——机械角速度，rad/s；

Ω_0——同步角速度，rad/s。

(13) 额定转矩 (rated torque)：额定负载时电动机转轴上产生的电磁转矩，符号为 M_N，计算公式为

$$M_N=M_2=\frac{P_2}{\Omega}=\frac{P_N}{\Omega_N}=\frac{P_N}{2\pi\frac{n_N}{60}}=9.55\frac{P_N}{n_N}$$

式中 P_N——异步电动机额定功率，W；

M_N——异步电动机额定转矩，N·m。

(14) 过载系数 (overload ratio)：电动机的最大转矩与额定转矩的比值，衡量电动机短时过载能力，一般为 1.8～2.5。计算公式为

$$\lambda=\frac{M_{max}}{M_N}$$

式中 λ——异步电动机过载系数；

M_{max}——异步电动机额定转矩，N·m；

M_N——异步电动机额定转矩，N·m。

(15) 额定电压 (rated voltage)：是指电动机在额定情况下运行时，外加于定子绕组上的线电压，符号为 U_N，单位为伏特 (V)。

(16) 额定电流 (rated current)：在额定电压下，轴端有额定功率输出时，流过定子绕组的线电流，符号为 I_N，单位为安培 (A)。

(17)（电动机）功率因数 (power factor)：电动机输入端的有功功率（输入功率）与视在功率之比，符号为 $\cos\varphi$，计算公式为

$$\cos\varphi=\frac{P_1}{S}=\frac{P_1}{\sqrt{3}U_1I_1}=\frac{P_2}{\sqrt{3}U_1I_1\eta}=\frac{P_1}{\sqrt{P_1^2+Q^2}}$$

式中 P_1——电动机输入功率，W；

S——电动机视在功率，VA。

(18) 额定功率因数 (rated power factor)：是指电动机在额定情况下运行时的功率因数，符号为 $\cos\varphi_N$。电动机额定功率因数为 0.75～0.9。

(19) 电磁功率 (electromagnetic power)：电源克服电动机反电动势所消耗的功率，并经磁

场转化为机械能。三相异步电动机运行时电源向定子送入功率 P_1，定子绕组中有铜损耗 P_{Cu1} 和旋转磁场在定子铁芯中造成的磁滞涡流损耗（即铁损 P_{Fe}），扣除这两项损耗之后，剩下的功率就是通过气隙中的旋转磁场，即利用电磁感应作用传递到转子上的电磁功率 P_{em}。计算公式为

$$P_{em}=P_1-P_{Cu1}-P_{Fe}$$

（20）输出功率（motor output power）：电动机输出的轴功率。即从总机械功率 P_m 中减去机械损耗 P_{mec} 和附加损耗 P_{ad}，得到电动机轴端输出功率，符号为 P_2。计算公式为

$$P_2=P_m-P_{mec}-P_{ad}$$

（21）输入功率（motor input power）：电动机驱动装置接线端的电功率，符号为 P_1。计算公式为

$$P_1=P_{em}+P_{Cu1}+P_{Fe}$$

（22）额定功率（rated power）：在额定条件下，电动机轴端输出的机械功率，以 P_N 表示，单位为 kW 或 W。计算公式为

$$P_N=\sqrt{3}U_NI_N\eta_N\cos\varphi_N=3U_\varphi I_\varphi\eta_N\cos\varphi_N$$

式中 P_N——电动机额定功率，W；
U_N、U_φ——电动机额定输入线电压、相电压，V；
I_N、I_φ——电动机额定输入线电流、相电流，A；
$\cos\varphi_N$——电动机额定功率因数；
η_N——电动机在额定情况下运行时的效率，%。

例 10-11 一台星形接法的三相异步电动机，接到相电压为 220V 的三相电源上，其相电流是 10A，电动机的功率因数是 0.72，求电动机的有功功率。

解：$P=3U_\varphi I_\varphi\cos\varphi=3\times220\times10\times0.72\text{W}=4.57$（kW）

例如一台三相异步电动机额定功率 $P_N=20$kW，额定电压 $U_N=380$V，额定功率因数 $\cos\varphi_N=0.85$，额定效率 $\eta_N=91\%$，请计算额定电流 I_N 是多少。

解：额定电流为

$$I_N=\frac{P_N}{\sqrt{3}U_N\cos\varphi_N\eta_N}=\frac{20\times10^3}{\sqrt{3}\times380\times0.85\times0.91}=39.29\ \text{(A)}$$

（23）电（动）机效率（motor efficiency）：电动机输出功率对输入功率之比，通常以百分数表示。计算公式为

$$\eta_d=\frac{P_2}{P_1}\times100\%$$

式中 P_2——电动机输出，W；
P_1——电动机输入功率，W；
η_d——电动机效率，%。

（24）电动机总损耗（power losses of a machine; total loss of a machine）：在某一给定时刻输入与输出功率之差。

例 10-12 某四极三相异步电动机的数据为：$P_N=15$kW，$U_N=380$V，$I_N=20.1$A，定子为△接法，定子铜耗 $P_{Cu1}=800$W，转子铜耗 $P_{Cu2}=400$W，铁耗 $P_{Fe}=380$W，机械损耗 $P_{mec}=100$W，附加损耗 $P_{ad}=250$W。试计算该电动机额定负载时的转差率、额定转速、输入功率和电磁转矩。

解：同步转速为

$$n_0=\frac{60f_0}{P}=\frac{60\times50}{2}=1500\ \text{(r/min)}$$

电磁功率为

$$P_{em}=P_2+P_{mec}+P_{ad}+P_{Cu2}=15+0.1+0.25+0.4=15.75\ (kW)$$

额定转差率为

$$S_N=\frac{P_{Cu2}}{P_{em}}=\frac{0.400}{15.75}=0.0254$$

额定转速为

$$n_N=(1-s)n_0=(1-0.0254)\times 1500=1462(r/min)$$

机械角速度为

$$\Omega=2\pi\frac{n}{60}=2\pi\frac{1462}{60}=153.1\ (rad/s)$$

电磁转矩为

$$M_{em}=\frac{P_{em}(1-s)}{\Omega}=\frac{15.75\times(1-0.0254)\times 10^3}{153.1}=100.3(N\cdot m)$$

输入功率为

$$P_1=P_{em}+P_{Cu1}+P_{Fe}=15.75+0.8+0.38=16.93(kW)$$

$$\eta=\frac{P_2}{P_1}\times 100\%=15.75/16.93\times 100\%=93.0\%$$

（25）无功经济当量（var economic equivalent of a machine）：电动机运行时每 1kvar 无功功率所引起的电网有功功率损耗，符号为 K_Q。对于功率因数已集中补偿到 0.9 及以上的厂矿区，$K_Q=0.02\sim0.04$；对于二次变压的电动机，$K_Q=0.05\sim0.07$；对于其他功率因数没有做补偿的厂矿或经过三次变压，$K_Q=0.08\sim0.1$。发电厂母线直配工厂，$K_Q=0.02\sim0.04$。

（26）电动机综合功率损耗（comprehensive power loss of motor）：电动机运行时的有功功率损耗与无功功率使电网增加的有功功率损耗之和。当电流通过线路电阻时，其功率损耗的大小与电流的平方成正比。而电流包含了无功电流和有功电流，无功电流分量在电阻上引起的损耗称为无功功率损耗。如果单位无功功率可能引起的有功功率损耗为 K_Q（W/var），则电动机的综合功率损耗为

$$\sum P_Z=\sum P+K_QQ$$

$$Q=Q_0+K^2\left(\frac{P_N\tan\varphi}{\eta_N}-Q_0\right)$$

$$Q_0=\sqrt{3}U_NI_{0N}\sin\varphi_0=\sqrt{3U_N^2I_{0N}^2-P_0^2}$$

式中 $\sum P_Z$——电动机的综合功率损耗，W；

K_Q——无功功率当量；

Q——电动机的无功功率，var；

Q_0——电动机空载时无功功率，var；

φ_0——电动机空载功率因数角；

φ——电动机功率因数角，$\varphi=\arccos\varphi$。

因此综合功率损耗为

$$\sum P_Z=\sum P+K_QQ$$

（27）电动机综合效率（comprehensive efficiency of motor）：电动机输出功率与对应的电动机综合消耗功率之比。计算公式为

$$\eta=\frac{P_2}{P_1}=\frac{KP_N}{KP_N+\sum P_Z}$$

(28) 综合经济效率 (comprehensive economic efficiency): 在经济负载率下电动机的效率，以 η_{jZ}表示。计算公式为

$$\eta_{jZ}=\frac{K_{jz}P_N}{K_{jz}P_N+2P_0+2K_Q\sqrt{3}U_NI_{0N}}$$

(29) 电动机额定综合效率 (rated comprehensive efficiency of motor): 电动机在额定负载运行时的综合效率。

(30) 负载系数 (oad coefficient): 即负载率，电动机输出功率与其额定功率之比。计算公式为

$$K=\frac{P_2}{P_N}\approx\sqrt{\frac{I_1^2-I_{0N}^2}{I_N^2-I_{0N}^2}}$$

式中 I_N——电动机额定线电流，A；

I_{0N}——电动机额定电压下的空载线电流，一般额定电压下的空载电流约为额定电流的20%～30%，A；

I_1——电动机负载线电流，A。

(31) 经济负载率 (active economic load ratio): 电动机效率最高时的负载率，符号为 K_j。可以证明，当电动机的固定损耗等于可变损耗时，电动机的效率出现最大值，计算公式为

$$K_j=\sqrt{\frac{P_0}{\left(\frac{1}{\eta_N-1}\right)P_N-P_0}}$$

式中 P_0——电动机的空载损耗，W；

P_N——电动机额定功率，W；

K_j——电动机经济负载率。

(32) 综合经济负载率 (comprehensive economic load ratio): 电动机可变综合损耗等于固定综合损耗时的负载率，以 K_{jZ}表示，计算公式为

$$K_{jZ}=\frac{\sqrt{P_0+K_Q\sqrt{3}U_NI_{0N}}}{\sqrt{\left(\frac{1}{\eta_N}-1\right)P_N-P_0+K_Q\left(\frac{P_N\tan\varphi_N}{\eta_N}-\sqrt{3}U_NI_{0N}\right)}}$$

(33) 综合经济效率 (comprehensive economic efficiency): 在综合经济负载率下电动机的效率，以 η_{jZ}表示，计算公式为

$$\eta_{jZ}=\frac{K_{jz}P_N}{K_{jz}P_N+2P_0+2K_Q\sqrt{3}U_NI_{0N}}$$

例 10-13 某发电机额定功率为 20kW，空载损耗 700W，空载电流为 15A，额定效率为90%，功率因数为 0.85，电动机实际电流为 30A。求该电动机实际负载率和输出功率、经济负载率和经济效率，以及综合经济负载率和综合经济效率（无功当量取 0.1）。

解：电动机额定电流为

$$I_N=20\ 000/\ (\sqrt{3}\,380\times0.9\times0.85)\ =39.7\ (A)$$

实际负载率为

$$K=\sqrt{\frac{I_1^2-I_{0N}^2}{I_N^2-I_{0N}^2}}=\sqrt{\frac{30^2-15^2}{39.7^2-15^2}}=0.707$$

实际输出功率为

$$P_2=0.707\times20=14.1\ (kW)$$

经济负载率为

$$K_j=\frac{\sqrt{P_0}}{\sqrt{\left(\frac{1}{\eta_N}-1\right)P_N-P_0}}=\frac{\sqrt{0.7}}{\sqrt{\left(\frac{1}{0.9}-1\right)\times 20-0.8}}=0.701$$

经济效率为

$$\eta_j=\frac{K_jP_N}{K_jP_N+2P_0}=\frac{0.701\times 20}{0.701\times 20+2\times 0.7}=90.9\%$$

由于 $\cos\varphi_N=0.85$，所以 $\tan\varphi_N=0.6197$，则综合经济负载率为

$$K_{jZ}=\frac{\sqrt{P_0+K_Q\sqrt{3}U_NI_{0N}}}{\sqrt{\left(\frac{1}{\eta_N}-1\right)P_N-P_0+K_Q\left(\frac{P_N\tan\varphi_N}{\eta_N}-\sqrt{3}U_NI_{0N}\right)}}$$

$$=\frac{\sqrt{0.7+0.1\times 0.38\times 15\sqrt{3}}}{\sqrt{\left(\frac{1}{0.9}-1\right)20-0.7+0.1\left(\frac{20\times 0.6197}{0.9}-\sqrt{3}\times 0.380\times 15\right)}}=0.939$$

综合经济效率为

$$\eta_{jZ}=\frac{K_{jZ}P_N}{K_{jZ}P_N+2P_0+2K_Q\sqrt{3}U_NI_{0N}}$$

$$=\frac{0.939\times 20}{0.939\times 20+2\times 0.7+2\times 0.1\sqrt{3}\times 0.38\times 15}=84.8\%$$

（34）电动机能效限定值（minimum allowable values of energy efficiency for motors）：在标准规定测试条件下，允许电动机效率最低的保证值。对应能效 3 级。

（35）电动机目标能效限定值（target minimum allowable values of energy efficiency for motors）：在 2013 年 9 月 1 日后，允许电动机的最低效率，该值实施后将替代电动机能效限定值。对应能效 2 级，相当于 IE1。

（36）电动机节能评价值（evaluating values of energy conservation for motors）：在标准规定测试条件下，满足节能认证要求的电动机效率应达到的最低保证值。对应能效 3 级，能效相当于 IE2。IE 为国际能效分级的缩写。

（37）能效等级（energy efficiency index）：是表示电器产品能效高低差别的一种分级方法，按照国家标准相关规定，目前我国的家用电器能效标识将能效分为 5 个等级。等级 1 表示产品节电已达到国际先进水平，能耗最低；等级 2 表示产品比较节电；等级 3 表示产品能源效率为我国市场的平均水平；等级 4 表示产品能源效率低于市场平均水平；等级 5 是产品市场准入指标，低于该等级要求的产品不允许生产和销售。能效等级标识分别由不同的颜色和长度来表示。深绿色代表国际先进水平，其次是绿色代表环保与节能，橙色、黄色代表警告。电动机根据 GB 18613—2012《中小型三相异步电动机能效限定值及能效等级》分为 IE1、IE2、IE3 共三个等级。其中 IE1 为基本效率，IE2 为高效率，IE3 为超高效率。提高电动机能效的主要措施如下：

1）定转子铁芯采用低损耗冷轧电工硅钢板来降低铁耗。国外早已停止了热轧电工硅钢板的生产，而国内生产企业一直是热轧片和冷轧片并存使用。但是高效率电动机的生产只有采用质量稳定、损耗较低的冷轧片，才能保证较大幅度而且稳定地降低电动机的铁耗。

2）定子绕组采用低谐波绕组降低铜耗和杂耗。对于高效率电动机的生产，就有必要采用低谐波绕组来改善电动机的磁势波形，从而降低电动机杂耗和定转子绕组的铜耗。

3）采用先进合理的通风结构降低机械损耗。高效率电动机采用了锥形风罩和带锥形挡风板

的风扇结构，具有优良的通风效果，可以在风耗和摩擦损耗很小的情况下产生足够的风量，达到很好的散热冷却效果，并且可以有效降低机械噪声。

4）采用有效的工艺措施降低电动机杂耗。在采用适当的定、转子槽配合和转子槽斜度的同时，适当调整定、转子气隙值并对加工后的转子进行多项处理，从而降低和控制杂散损耗。

例 10-14 某 Y132S-4 5.5kW 电动机，△接法，380V，$P_{mec}=60$W，$P_0=250$W，$\eta_N=0.855$，$\cos\varphi=0.84$，$I_{0N}=4.7$A，实际负载线电流为 10A，换为 YE3 电动机 5.5kW（额定效率为 89.6%，功率因数为 0.83，机械损耗为 60W，空载损耗为 235W）。假定年运行 6000h，Y 系列电动机每千瓦投资约 190 元/kW，YE3 系列电动机每千瓦投资约 250 元/kW，电费价格为 0.8 元/kWh。问节约多少电功率（不考虑无功影响）？几年可以收回投资？

解： Y5.5kW 电动机额定电流为

$$I_N=\frac{P_N}{\sqrt{3}U_N\eta_N\cos\varphi_N}=\frac{5500}{\sqrt{3}\times380\times0.855\times0.84}=11.64(\text{A})$$

Y5.5kW 电动机有功损耗为

$$\begin{aligned}\sum P_A&=P_o+K^2\left[\left(\frac{1}{\eta_N}-1\right)P_N-P_o\right]=250+\left(\frac{9}{11.64}\right)^2\left[\left(\frac{1}{0.855}-1\right)5500-250\right]\\&=658.2(\text{W})\end{aligned}$$

换成 YE3-5.5kW 电动机后，额定电流为

$$I_N=\frac{P_N}{\sqrt{3}U_N\eta_N\cos\varphi_N}=\frac{5500}{\sqrt{3}\times380\times0.896\times0.83}=11.24(\text{A})$$

YE3-5.5kW 电动机有功损耗为

$$\begin{aligned}\sum P_B&=P_o+K^2\left[\left(\frac{1}{\eta_N}-1\right)P_N-P_o\right]=235+\left(\frac{10}{11.24}\right)^2\left[\left(\frac{1}{0.896}-1\right)5500-235\right]\\&=554.3(\text{W})\end{aligned}$$

所以改换成 YE3-5.5kW 电动机后，节约电功率为

$$\Delta P=658.2-554.3=103.9\ (\text{W})$$

高效电动机每年平均节约电费为

$$\begin{aligned}F_y&=0.8\text{ 元}/\text{kWh}\times0.1039\times6000\text{kWh}\\&=498.7\text{ 元}\end{aligned}$$

投资回收期为

$$T=\frac{(250-190)\ \times5.5}{498.7}=0.66\ (\text{年})$$

因此，配用价格高的高效率电动机后，增加了初投资，但在半年多的时间即可收回投资。

(38) 效率容差（efficiency tolerance）：铭牌上的效率标称值 η_b 与其测量值（如效率检测报告中的试验值 η_c）之间的允许偏差。根据《旋转电机定额和性能》（GB 755—2008）：对于 150kW 及以下电机，效率容差为 -15%（$1-\eta_b$）；对于 150kW 以上电机，效率容差为 -10%（$1-\eta_b$）。

例如某市推荐能效之星电动机型号为 YE3-160M1-2-11kW，电动机标称效率为 91.2%，在出具的检测报告中实测值为 90.2%，实测值低于标称值 1%，效率容差为 -15%（$1-\eta_b$）$=-15\%$（$1-0.912$）$=-1.32\%$，差值在容差范围内，因此该电动机符合 GB 18613—2012《中小型三相异步电动机能效限定值及能效等级》标准要求。

第四节 照明指标

(1) 辐射通量（radiant flux）：发射、传输或接收的某一光辐射形式的功率，符号为 Φ_e 或 P，

单位为瓦特（W）。

（2）额定电流（rated current）：灯泡（管）在额定电压下工作时的设计电流。

（3）额定电压（rated voltage）：灯泡（管）的设计电压。通常我国和亚洲大多数国家是220V（日本和韩国除外），欧洲是230V，澳大利亚是240V，北美（美国）、日本（韩国）和大部分中、南美洲国家是110V。

（4）工作电压（working voltage）：光源及其附件所组成的回路工作时所需要的一定范围的电压。工作电压通常为额定电压－20%～＋10%范围内正常工作，如额定电压为220V，则工作电压为176～242V，这样避免了有些国家因为电压不稳定而造成的大量节能灯损坏。

（5）额定功率（rated power of a lamp）：即打印功率，电灯在额定电流下的标称消耗功率，即在不考虑线路、镇流器等各种损耗的输出功率。在电灯外部包装可以看到的功率。符号为 P_N。

（6）实际功率（real power of a lamp）：即灯泡工作时所消耗的功率。实际功率是看不到的，只有通过仪器才能测出来，我国出台了GB/T 17263—2002，标准规定实际功率不得低于打印功率的85%。

（7）安装功率（total power of a lamp）：即总功率，是指电灯的额定功率加上附件（如镇流器）损耗功率后的消耗功率，即灯泡及其附件工作时所消耗的功率。符号为 P_t。

（8）线路功率因数（power factor of a circuit）：镇流器和与之配套的光源整体消耗的有功功率与电源提供的视在功率之比。

例 10-15 有一日光灯线路，额定电压为220V，频率为50Hz，线路的电阻为200Ω，电感为1.66H。试计算该线路的有功功率、无功功率、视在功率和功率因数。

解 线路的阻抗为

$$Z=R+\mathrm{j}\omega L=200+\mathrm{j}2\times\pi\times50\times1.66=200+\mathrm{j}521$$

线路的电流为

$$I=\frac{U}{Z}=\frac{220}{\sqrt{220^2+521^2}}=0.394\ (\mathrm{A})$$

线路的视在功率为

$$S=UI=220\times0.394=86.74\ (\mathrm{VA})$$

线路的有功功率为

$$P=I^2R=(0.394)^2\times200=31\ (\mathrm{W})$$

线路的无功功率为

$$Q=I^2X_L=(0.394)^2\times521=81(\mathrm{var})$$

线路的功率因数为

$$\cos\varphi=\frac{P}{S}=\frac{31}{86.7}=0.358$$

（9）光通量（luminous flux）：光源在单位时间内向四周空间辐射出的使人产生光感觉的能量，符号为 ϕ，单位为流明（lm）。1lm 等于一个具有均匀分布 1cd 发光强度的点光源在一球面度立体角（1sr 即 1 球面度）内发射的光通量。计算公式为

$$\phi=K_m\int_0^\infty\frac{\mathrm{d}\phi_e(\lambda)}{\mathrm{d}\lambda}\cdot V(\lambda)\cdot\mathrm{d}\lambda$$

式中 $\mathrm{d}\phi_e(\lambda)/\mathrm{d}\lambda$——辐射通量的光谱分布；

$V(\lambda)$——光谱光（视）效率（即光效）；

K_m——辐射的光谱（视）效能的最大值，在波长为555nm的单色波辐射时，K_m值为683lm/W，1m/W。

(10) 发光强度、光强(luminous intensity):光源在某一特定方向上单位立体角(1sr)内辐射的光通量,符号为 I,单位为坎德拉(cd),过去使用国际烛光(cp),1cp=1.038cd。1979 年 10 月第十届国际计量大会通过定义:坎德拉是一光源在给定方向上的发光强度,该光源发出频率为 540×10^{12} Hz 的单色辐射,且在该方向上的辐射强度为 1/683W 的每球面度。计算公式为

$$I=\frac{d\phi}{d\Omega}$$

式中 $d\Omega$——光源在给定方向的立体角元,sr;

$d\phi$——光源在给定方向的立体角元 $d\Omega$ 内传输的光通量,lm。

若点光源发射的光通量比较均匀,四周各个方向的光强相等,由于球体包含的立体角 $\Omega=4\pi$,所以平均球面发光强度为

$$I=\frac{d\phi}{d\Omega}=\frac{\phi}{\Omega}=\frac{\phi}{4\pi}$$

例 10-16 一盏 220V、40W 的白炽灯,其发出的光通量为 350lm,求该裸灯泡的平均光强。

解:平均光强为

$$I=\frac{d\phi}{d\Omega}=350\ \text{lm}/4\pi=28\text{cd}$$

(11) 亮度(luminance):发光体在给定方向单位投影面积上的发光强度,称为发光体在该方向上的亮度,单位为坎德拉/米^2 (cd/m^2),此外亮度的单位还有熙提(sb),1sb=10 000cd/m^2。计算公式为

$$L=d\phi/(dA\cdot\cos\theta\cdot d\Omega)=dI/(dA\cdot\cos\theta)$$

式中 $d\phi$——通过给定点的束元传输的并包含给定方向立体角 $d\Omega$ 内传播的光通量,lm;

dA——包括给定点的辐射束截面积,m^2;

dI——光源在给定方向的立体角元 $d\Omega$ 内传输的光强,cd;

θ——辐射束截面积与辐射束方向的夹角。

40W 荧光灯的表面亮度约为 7000cd/m^2,无云的晴朗天空亮度约为 5000cd/m^2。

(12) 照度(illuminance):在单位面积上得到的光通量,单位为勒克斯(lx)。1lx 相当于 1m^2被照面上的光通量为 1lm 时的照度,即 1lx=1lm/m^2。在一只 40W 白炽灯下 1m 远处的照度约为 30lx,加搪瓷伞后增加到 70lx。夏季中午阳光直射下的地面照度约为 10 000lx,冬季中午阳光直射下的地面照度约为 1000lx,圆月夜地面照度约为 0.2lx,晴朗的白天室内为 100~500lx。照度大小可用照度计测量。主要设计照度标准值见表 10-7。计算公式为

$$E=\frac{d\phi}{dA}$$

式中 E——照度,lx;

ϕ——被照面上的光通量,lm;

A——被照面的面积,m。

表 10-7 主要设计照度标准值

场所	参考平面	照度标准值 (lx)	眩光值 (UGR)	显色指数 Ra
设计室、老年阅览室、计算机站、精细实验室	距地面 0.75 水平面	500	19	80
一般阅览室、普通办公室、接待室、营业厅、化验室、实验室、集中控制室、单元控制室、教室、会议室	距地面 0.75 水平面	300	19	80

续表

场　所	参考平面	照度标准值 (lx)	眩光值 (UGR)	显色指数 Ra
配电室、变压器室、蓄电池室	距地面 0.75 水平面	200	—	60
电厂汽机房（发电机房）运转层	地面	200	—	60
电厂锅炉房底层	地面	100	—	60
电厂汽机房底层	地面	100	—	60
化水处理室	地面	100	—	60
锅炉本体平台、楼梯	地面	100	—	60
电缆夹层	地面	30	—	60
电缆隧道	地面	15	—	60
卸煤作业区	地面	15	—	—
主干路	地面	5	—	—
储煤场	地面	3	—	—
次干路	地面	3	—	—

（13）亮度对比（luminance contrast）：视野中目标和背景的亮度差与背景亮度之比，计算公式为

$$C=\frac{L_t-L_b}{L_b}$$

式中　C——亮度对比；

L_t——目标亮度；

L_b——背景亮度。

（14）（发）光效（率）（spectral luminous efficiency）：人们以消耗 1W 电功率产生的流明数来评价电光源的特性，即电光源产生的光通量与消耗功率之比称为发光效率，简称光效，单位为流明/瓦（lm/W）。电能转换为光能的效率越高，光效越高。荧光灯的功效包括镇流器的功率损耗。不同照明的发光效率比较见表 10-8。

例 10-17　一只 36W T8 荧光灯（25mm 管直径的日光灯）产生 3350lm 的光通量，配备一只低损耗铁磁性镇流器的热功率损耗为 5W。求其光效。

解：36W T8 荧光灯光效等于 3350/(36+5) ＝81.7(m/W)。

表 10-8　　**不同照明的发光效率比较**

光源	LED	低压钠灯	高压钠灯	金卤灯	汞灯	节能荧光灯	卤钨灯	白炽灯
光效（lm/W）	231	200	130	90	65	60	25	11

（15）色温（度）（colour temperature）：当某一种光源的色品与某一温度下完全辐射体（黑体）的色品完全相同时，则黑体的这个温度就称为该光源的色温。其符号为 T_c，单位为开（K）。灯具（或者其发出的光）越热，其色温越低。灯具显得越凉（越蓝），色温越高。例如烛光色为 2700K，暖白色为 3000K，白色为 3500K。

（16）显色指数（colour rendering index）：指在待测光源照射下物体的颜色，与标准光源照射下显示的颜色相符合的程度，即使物体显示其真正颜色的程度。符号为 CRI 或 Ra（发音为 array）。显色指数由光源的光谱功率分布或光谱决定。例如，人们在买衣服时会本能地将其拿至窗户附近，因为他们知道这样会使衣服显示其真正的颜色而不会失真。换句话说，日光具有最佳的

显色能力。灯具正确显示颜色的能力各不相同。例如，白炽灯发出光谱内的所有颜色，因此，它们将会使几乎所有颜色正确显色。另一方面，低压钠（SOX）灯发出的近乎所有光均在光谱的黄色/橙色部分，因此仅会使黄色/橙色正确显色。颜色失真越小，显色指数越高，表示光源的显色性越好。显色指数是根据CIE（国际照明委员会）规定的8种不同色调的试验色，在被测光源和参考光源照明下的色位移平均值确定的。国际上规定参照光源的显色指数CRI为100（显色性最好）。一般情况下白炽灯显色指数为100，LED灯显色指数为75，低压钠灯为15。显色指数小于50时显色性较差，显色指数大于75时显色性较好。

（17）灯具效率（luminaire efficiency）：在相同的使用条件下，灯具发出的总光能量与灯具内所有光源发出的总光能量之比。荧光灯灯具出口为开敞式时，灯具效率大于或等于75%，加上透明保护罩时，灯具效率大于或等于65%；对于高强度气体放电灯具，出口为开敞式时，灯具效率大于或等于75%，加上格栅或透明罩时，灯具效率大于或等于60%。

（18）（灯的）额定光通量（rated luminous flux of a type of lamp）：由制造厂给定的某种灯泡在规定条件下（额定电压、额定电流）工作的初始光通量值，单位为lm。

（19）（光源）寿命（life of a lamp）：灯泡点燃到失效，或者根据某种规定标准，点到不能再使用的状态时的累计燃点时间。寿命分为平均寿命和有效寿命，产品说明书上的寿命是指平均寿命。

（20）平均寿命（average life）：是指一组光源从同时点燃至50%的光源损坏为止的累计点燃时间的算术平均值。

（21）有效寿命（effective life）：是指灯开始点燃至灯的光通量衰减到额定光通量初始值的70%时所经历的点灯时数。

（22）采光系数（daylight factor）：在室内给定平面的一点上，由直接或间接地接收来自假定和已知天空亮度分布的天空漫射光而产生的照度与同一时刻该天空半球在室外无遮挡水平面上产生的天空漫射光照度之比。

（23）T标识（market T）：不同类型的荧光灯管通过以英制度量对直径进行标识。尽管欧洲的灯生产商以毫米为单位表示灯尺寸，但是原始（美国）系统以1in的1/8为单位表示灯直径，以英寸为单位表示灯长度，当今的灯/电力行业仍然保留了这一原始系统。例如T2表示灯管直径为$2\times 1/8''=1/4''=7$mm，T8表示灯管直径为$8\times 1/8''=1''=25$mm。

（24）（灯）节电量（amount of electricity saving）：指在提供相同光通量条件下，用高效电光源替代相对低效电光源所节约的电量，会降低照明服务水平（如关灯不用影响到作业照明质量）的情况不属于节电之列。节电量分为寿期节电量和年节电量。寿期节电量计算公式为

$$\Delta W_{sq}=(P_d+\Delta P_d-P_g-\Delta P_g)h_g$$

式中 ΔW_{sq}——寿期节电量，kWh；

P_d、ΔP_d——原用灯功率和原用灯镇流器功耗，kWh；

P_g、ΔP_g——高效灯功率和高效灯镇流器功耗，kWh；

h_g——高效灯有效寿命，h。

年节电量计算公式为

$$\Delta W_{nj}=(P_d+\Delta P_d-P_g-\Delta P_g)h_n$$

式中 ΔW_{nj}——年节电量，kWh；

P_d、ΔP_d——原用灯功率和原用灯镇流器功耗，kWh；

P_g、ΔP_g——高效灯功率和高效灯镇流器功耗，kWh；

h_n——高效灯年照明时数，h。

（25）（灯）节电率（electricity saving rate）：用高效灯替代原来的高能耗灯功率减少量与原

有灯总功率的比值。计算公式为

$$\lambda_d=\frac{P_d+\Delta P_d-P_g-\Delta P_g}{P_d+\Delta P_d}$$

式中 λ_d——节电率，%。

例 10-18 某厂房用照明为 15 只 40W 白炽灯，每天照明 5h，请问使用 8W 节能灯替代白炽灯，需要几只节能灯？一年按 300 天、电费 0.6 元/kWh 计算，每年可节约多少电费？

解： 1 只 40 W 白炽灯的光通量为 11×40＝440（lm），1 只 8 W 节能灯的光通量为 60×8×0.85＝408lm，则

$$需要节能灯数量=\frac{40\times15\times11}{8\times0.85\times60}=16（只）$$

替代前年电费＝15×40W×5h×300×0.6 元/kWh＝540（元）

替代后年电费＝16×8W×5h×300×0.6 元/kWh＝115.2（元）

每年节约电费＝540－115.2＝424.8（元）

例 10-19 用一只 10W 紧凑型荧光灯替代一只 50W 的普通白炽灯，它们提供的光通量相同，紧凑型荧光灯的有效寿命为 2500h，电子镇流器功耗为 4W，年照明时数 2000h。则它们的寿期节电量和年节电量各是多少？节电率是多少？

解： 寿期节电量为

$$\begin{aligned}\Delta W_{sq}&=(P_d+\Delta P_d-P_g-\Delta P_g)h_g\\&=(0.05+0-0.01-0.004)\times2500=90(\text{kWh})\end{aligned}$$

年节电量为

$$\begin{aligned}\Delta W_{nj}&=(P_d+\Delta P_d-P_g-\Delta P_g)h_n\\&=(0.05+0-0.01-0.004)\times2000=72(\text{kWh})\end{aligned}$$

节电率为

$$\lambda_d=\frac{P_d+\Delta P_d-P_g-\Delta P_g}{P_d+\Delta P_d}=\frac{0.05+0-0.01-0.004}{0.05+0}=72(\%)$$

（26）平均照度（average illuminance）：规定表面上的照度平均值。平均照度的计算通常应用利用系数法，该利用系数法适用于灯具均匀分布、墙和天棚反射系数较高、空间无大型遮挡的室内一般照明，也适用于灯具均匀分布的室外照明，该方法计算比较准确。平均照度的计算公式为

$$E_{av}=\frac{N\phi KU}{A}$$

式中 ϕ——光源的额定光通量，lm；

E_{av}——工作面上的平均照度，lx；

N——光源数量，只；

U——利用系数；

A——工作面面积，m^2；

K——灯具维护系数。

（27）利用系数（utilization factor）：投射到参考平面上的光通量与照明装置中的光源的额定光通量之比。计算式为

$$U=\frac{\phi_1}{\phi}$$

式中 ϕ——光源的额定光通量，lm；

ϕ_1——自光源发射最后投射到工作面上的光通量，lm。

利用系数是灯具光强分布、灯具效率、房间形状、室内表面反射比的函数，计算比较复杂，为此常按一定条件编制灯具利用系数表，以供设计使用，由制造厂家提供。当手头没有选用的灯具利用系数表时，可参考表 10-9 和表 10-10 选取利用系数。表 10-9 和表 10-10 中所列数据为地板空间反射比为 0.2 时的数值，若地板空间反射比不是 0.2，则应采用适当的修正系数进行修正。如手头没有利用系数修正表，空间反射比为 0.3 时，修正系数一般可取 1.02～1.06；空间反射比为 0.1 时，修正系数一般可取 0.94～0.99。特别需要注意的是目前利用系数（*U*）表中依据的室空间比，而不是空间系数。如果室空间比或墙反射比不是表中数值，可以采用内插法得出。

表 10-9　　利用系数（*U*）表（YJK-1/40 型简式控照日光灯）

有效顶棚反射比（%）	80			70			50				30				0
墙反射比%	70	50	30	70	50	30	70	50	30	10	70	50	30	10	0
室空间比	利用系数														
1	0.90	0.85	0.80	0.87	0.83	0.79	0.83	0.79	0.76	0.73	0.79	0.76	0.73	0.70	0.66
2	0.82	0.75	0.69	0.80	0.73	0.67	0.76	0.70	0.65	0.61	0.72	0.67	0.63	0.60	0.56
3	0.75	0.66	0.59	0.73	0.65	0.58	0.69	0.62	0.57	0.52	0.66	0.60	0.55	0.51	0.48
4	0.69	0.59	0.51	0.67	0.57	0.50	0.63	0.55	0.49	0.44	0.60	0.53	0.48	0.44	0.41
5	0.63	0.52	0.44	0.61	0.51	0.44	0.58	0.49	0.43	0.38	0.55	0.48	0.42	0.38	0.35
6	0.58	0.47	0.39	0.57	0.46	0.39	0.54	0.45	0.38	0.33	0.51	0.43	0.37	0.33	0.31
7	0.54	0.42	0.35	0.52	0.42	0.34	0.50	0.40	0.34	0.29	0.47	0.39	0.33	0.29	0.27
8	0.50	0.38	0.31	0.48	0.38	0.31	0.46	0.36	0.30	0.25	0.44	0.35	0.30	0.25	0.24
9	0.46	0.35	0.28	0.45	0.34	0.27	0.43	0.33	0.27	0.22	0.41	0.32	0.27	0.22	0.21
10	0.42	0.30	0.23	0.41	0.30	0.23	0.39	0.29	0.23	0.19	0.37	0.28	0.23	0.19	0.17

表 10-10　　利用系数（*U*）表（YG1-1/40 型简式日光灯）

有效顶棚反射系数	0.70				0.50				0.30				0.10				0
墙反射系数	0.70	0.50	0.30	0.10	0.70	0.50	0.30	0.10	0.70	0.50	0.30	0.10	0.70	0.50	0.30	0.10	0
室空间比	利用系数																
1	0.75	0.71	0.67	0.63	0.67	0.63	0.60	0.57	0.59	0.56	0.54	0.52	0.52	0.50	0.48	0.46	0.43
2	0.68	0.61	0.55	0.50	0.60	0.54	0.50	0.46	0.53	0.48	0.45	0.41	0.46	0.43	0.40	0.37	0.34
3	0.61	0.53	0.46	0.41	0.54	0.47	0.42	0.38	0.47	0.42	0.38	0.34	0.41	0.37	0.34	0.31	0.28
4	0.56	0.46	0.39	0.34	0.49	0.41	0.36	0.31	0.43	0.37	0.32	0.28	0.37	0.33	0.29	0.26	0.23
5	0.51	0.41	0.34	0.29	0.45	0.37	0.31	0.26	0.39	0.33	0.28	0.24	0.34	0.29	0.25	0.22	0.20
6	0.47	0.37	0.30	0.25	0.41	0.33	0.27	0.23	0.36	0.29	0.25	0.21	0.32	0.26	0.22	0.19	0.17
7	0.43	0.33	0.26	0.21	0.38	0.30	0.24	0.20	0.33	0.26	0.22	0.18	0.29	0.24	0.20	0.16	0.14
8	0.40	0.29	0.23	0.18	0.35	0.27	0.21	0.17	0.31	0.24	0.19	0.16	0.27	0.21	0.17	0.14	0.12
9	0.37	0.27	0.20	0.16	0.33	0.24	0.19	0.15	0.29	0.22	0.17	0.14	0.25	0.19	0.15	0.12	0.11
10	0.34	0.24	0.17	0.13	0.30	0.21	0.16	0.12	0.26	0.19	0.15	0.11	0.23	0.17	0.13	0.10	0.09

（28）室形指数（room index）：是指计算利用系数时，用来表示房间几何特征的数字或代

号，以符号 RI 表示。室形指数计算公式为

$$RI=\frac{L\times W}{H(L+W)}$$

式中 L——房间进深，m；

W——房间宽度，m；

H——计算高度，即灯具出光口在工作面以上的高度，m；

RI——室形指数。

北美国家采用室空间比来表示室内空间比例，以符号 RCR 表示，其计算公式为

$$RCR=\frac{2.5\times H\times \text{室内空间周边长度}}{\text{室空间地面积}}=\frac{2.5\times H\times 2(L+W)}{LW}=\frac{5H(L+W)}{LW}$$

因此 RI 和 RCR 间的换算关系为

$$RI=\frac{5}{RCR}$$

例 10-20 某车间长 30m、宽 15m、高 5m，灯具安装高度距地高度为 4.2m，工作度高度为 0.75m，试计算其室形指数和空间比。

解： 计算高度 $h=4.2\text{m}-0.75\text{m}=3.45\text{m}$，则室形指数为

$$RI=\frac{L\times W}{H(L+W)}=\frac{30\times 15}{3.45(30+15)}=ab/[h(a+b)]=2.899$$

空间比为

$$RCR=\frac{5H(L+W)}{LW}=\frac{5\times 3.45(30+15)}{30\times 15}=1.725$$

（29）反射比、反射系数（reflectance）：在入射辐射的光谱组成、偏振状态和几何分布给定条件下，反射的光通量与入射通量之比，符号为 ρ。为简化计算，将顶棚空间视为位于灯具平面上，且具有有效反射比 ρ_{cc} 的假想平面；将地板空间视为位于工作面上，且具有有效反射比 ρ_{fc} 的假想平面；光在假想平面上的反射效果与实际效果一样。顶棚有效反射比计算公式为

$$\rho_{cc}=\frac{\rho_c A_c}{A_s-\rho_c A_s+\rho_c A_c}$$

式中 ρ_{fc}——顶棚有效反射比；

ρ_f——顶棚空间内表面积的平均反射比；

A_f——顶棚空间的开口面积（即顶棚有效面积、灯具平面面积），m^2；

A_{fs}——顶棚空间的内表面积（即顶棚有效面积与顶棚空间部分墙面面积之和），m^2。

顶棚空间是指灯具平面与房间顶棚之间的空间，顶棚空间部分墙面是指顶棚空间的四周墙面。地板有效反射比计算公式为

$$\rho_{fc}=\frac{\rho_f A_f}{A_{fs}-\rho_f A_{fs}+\rho_f A_f}$$

式中 ρ_{fc}——地板有效反射比；

ρ_c——地板空间内表面积的平均反射比；

A_c——地板空间的开口面积（即地板有效面积、工作面面积），m^2；

A_{fs}——地板空间的内表面积（即地板有效面积与地板空间部分墙面面积之和），m^2。

墙面平均反射比计算公式为

$$\rho_{wa}=\frac{\rho_w(A_w-A_g)+\rho_g A_g}{A_w}$$

式中 ρ_{wa}——墙面平均反射比；

A_w——墙面总面积（包括窗面积），m^2；

A_g——玻璃窗面积，m^2；

ρ_w——墙面反射比；

ρ_g——玻璃窗反射比，可近似地取为 0.1。

对于顶棚或地板，由于是由不同反射比的几部分组成的，所以应利用下式计算地板或顶棚平均反射比，即

$$\rho=\frac{\sum \rho_i A_i}{\sum A_i}$$

式中 ρ_i——第 i 块表面的实际反射比；

A_i——第 i 块表面的面积，m^2；

ρ——平均反射比。

（30）（灯具）维护系数（maintenance factor）：照明装置在使用一定周期后，在工作面上的平均照度与该装置在相同条件下新装时在同样条件下同一表面上所得到的平均照度之比。维护系数 K 一般为 0.7，具体值可查表 10-11 选取。

表 10-11　　灯具的维护系数

环境污染特征	工作场所	维护系数	照明器擦洗次数（次/年）
清洁	住宅卧室、写字楼、餐厅、阅览室	0.80	2
	仪表车间、控制室、办公室、实验室、计算机室、汽机房、屋内配电室等	0.70	1
一般	商店营业厅、候车候船室、影剧院观众厅	0.70	2
	中央修配厂、装配车间、材料库、水（油）处理室、水泵房、机械加工车间等	0.65	1
污染严重	厨房、锻工车间、铸工车间、水泥车间等	0.60	3
	锅炉房、输煤系统、灰浆泵房等	0.55	2
室外	站台、道路和广场	0.65	2
	厂前区、厂内主干道、储煤场、屋外配电装置等	0.65	1

例 10-21　某汽机房长度 $L=81m$，宽度 $W=34m$，高度 $H=34m$。室内表面反射比分别为：顶棚 $\rho_c=0.5$，墙面 $\rho_w=0.5$，地面 $\rho_f=0.2$。安装了 52 套 400W ZJD-400 型金属卤化物灯，光源光通量 $\phi=35\,000lm$，金属卤化物灯至地面高度为 $H_1=17.5m$。问距离地面 0.75m 高的工作面上的平均照度是否满足 200lx 标准要求。

解： $H=17.5-0.75=16.75$（m）

则室空间比为

$$RCR=\frac{2.5\times 2H(L+W)}{LW}=\frac{2.5\times 2\times 16.75(81+34)}{81\times 34}=3.5$$

有效顶棚反射比为

$$\rho_{cc}=\rho_c=0.5$$

墙面平均反射比为

$$\rho_{wav}=\frac{\rho_w(A_w-A_g)+\rho_g A_g}{A_w}=\frac{\rho_w A_w}{A_w}=0.5$$

查表 10-11 可知汽机房的灯具维护系数 $K=0.7$。

由于手头没有制造厂提供的利用系数表，根据 $\rho_{cc}=50\%$，$\rho_{wav}=50\%$，RCR=3.5，查表 10-9 得 $U=0.52$。则平均照度为

$$E_{av}=\frac{N\phi KU}{LW}=\frac{52\times 35\ 000\times 0.7\times 0.52}{81\times 34}=240.55(\text{lx})>200\text{lx}$$

因此其平均照度满足标准要求。

（31）节能效益比（energy efficiency ratio）：目标效能值即 100lx/m² 所需用电功率。将照明方案中实际能耗指标与目标效能值比较，当实际能耗指标低于目标效能值时，说明达到了节能标准，该比值称为节能效益比 E_R。计算公式为

$$E_R=\frac{e_1}{e_2}$$

$$e_2=\frac{N(P_1+P_2)}{A}\times\frac{100}{E_{sj}}$$

式中 e_1——目标效能值，W/(m² · 100lx)；

e_2——照明工程实际效能值，W/(m² · 100lx)；

N——灯数，只；

A——被照明的面积，m²；

P_1——单台光源功率，W；

P_2——单台光源镇流器功率，W；

E_{sj}——照明工程实际照度，lx；

E_R——节能效益比，当 $E_R\geqslant 1$ 时，满足节能评价要求。

（32）灯具数量（number of lamps）：为了满足设计范围内光通量需求，需要安装的灯具总数量。计算公式为

$$N=\frac{EA}{\phi KU}=\frac{EA}{P_L}$$

式中 N——灯具数量，取整，只；

P_L——灯额定功率，W；

E——设计要求的平均照度，lx。

（33）目标效能值（target value energy efficiency）：即节能评价值，在标准规定照度条件下，单位照明面积的照明功率，满足节能评价要求的最低保证值。令 $K=0.7$，$E=100$lx，计算出不同室空间比 RCR（工作面取距离地面 0.8m 处）下的目标效能值列于表 10-12。设计人员可依据该表做出合理的照明设计，合理选用先进优质产品。首先应根据实际使用条件，尽可能选用高效节能光源。当维护系数低于 0.7 时，表 10-12 所列数据应乘以 1.17。当灯泡功率低于 400W，混光光源功率低于 650W 时，表 10-12 所列数据应乘以光源效率修正系数，功率越小，效率修正系数越高。其范围为：NGX、DDG、GGY＋NG 为 1～1.33；ZJD、KNG、KNG＋NGX、ZJD＋NGX、ZJD＋NG、KNG＋NG 为 1～1.17。

表 10-12　目标效能值 e_1　W/(m²·100lx)

RCR	灯具悬挂高度 4m 以上的车间					灯具悬挂高度 4m 以下的车间	辅助建筑及公共建筑	
	NGX	ZJD+NG	ZJD ZJD+NGX KNG+NG	GGY+NG KNG+NGX	KNG DDG	荧光灯	建筑灯具 荧光灯	玻璃建筑灯具 白炽灯
1	2.57	2.71	3.05	3.26	3.48	4.41	5.06	25.82
2	2.83	2.97	3.36	3.59	3.83	4.94	5.41	32.89
3	3.19	3.35	3.78	4.04	4.32	5.56	5.81	37.52
4	3.15	3.31	3.73	3.99	4.26	6.45	6.21	42.88
5	3.35	3.52	3.98	4.25	4.55	7.06	6.58	49.00
6	3.49	3.66	4.14	4.43	4.73	7.95	6.92	54.57
7	3.22	3.39	3.82	4.09	4.37	8.90	7.59	61.56
8	3.40	3.57	4.03	4.31	4.60	8.40	6.83	68.60
9	3.59	3.77	4.25	4.55	4.86	9.47	7.19	75.03
10	3.99	4.18	4.72	5.05	5.40	10.11	7.92	82.79

（34）照明功率密度（lighting power density）：单位面积上一般照明的安装功率（包括光源、镇流器或变压器等附属用电器件），符号为 LPD，单位为瓦特每平方米（W/m²）。主要设计功率密度限值不能超过表 10-13 所列数据。计算公式为

$$\mathrm{LPD}=\frac{P_t N}{A}$$

式中　P_t——安装功率，W；

A——被照明的面积，m²；

N——照明灯具数量，只；

LPD——照明功率密度，W/m²。

表 10-13　主要设计功率密度限值

场　所	对应照度值 (lx)	功率密度（W/m²）	
		现行值	目标值
设计室、主控室、计算机站、计量室、老年阅览室、精细实验室	500	15	13.5
一般阅览室、教室、普通办公室、接待室、营业厅、一般实验室、一般控制室、会议室	300	9	8
资料室、配电室	200	8	7
电厂发电机房	200	6	5
电厂锅炉房	100	5	4.5

注　当房间或场所的室形指数值小于或等于 1 时，其照明功率密度限值应增加，但增加值不应超过限值的 20%。

例 10-22　某计量室的建筑面积为（4×5）m²，拟采用 YG1-1 简式荧光灯照明。办公桌面高 0.8m，灯具吊高 3.1m，每套灯具内安装 40W 荧光灯一只，要求平均照度达到 150lx。试计算需

要安装灯具的数量。

解： 计算高度 $h=(3.1-0.8)\ \text{m}=2.3\text{m}$，计算面积 $A=4\times5\text{m}^2=20\text{m}^2$。

查表 10-13 得计量室单位面积安装功率为 15W/m^2，则总安装功率为

$$P_Z=EA=15\times20=300\ (\text{W/m}^2)$$

灯具数量为

$$N=\frac{P_Z}{P_L}=\frac{300}{40}=7.5\ (盏)\approx7\ 盏$$

例 10-23 某办公室房间长 8.2m，宽 4.8m，高 3.3m。该房间选用 YG1-1/36 型筒式荧光灯，光通量为 2200lm，简易吊链安装，安装高度为 2.8m。该房间内各表面的反射比和室内空间的划分见图 10-5，设计照度为 $E=300\text{lx}$。试确定所需灯具数，并确定是否符合节能要求。

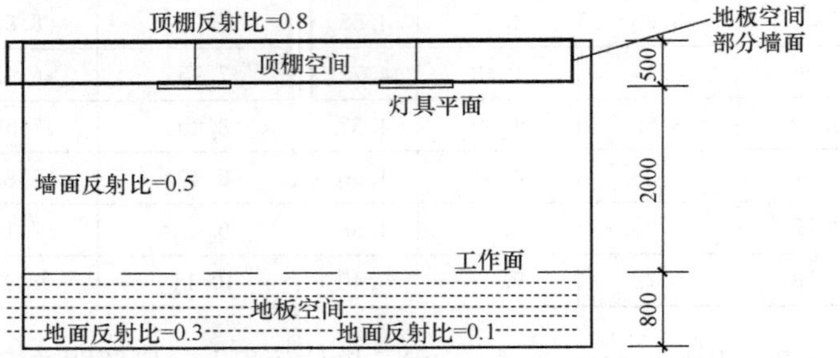

图 10-5 房间空间及反射比

解： 室空间比为

$$\text{RCR}=\frac{2.5\times2H(L+W)}{LW}=\frac{2.5\times2\times(2.8-0.8)(8.2+4.8)}{8.2\times4.8}=3.3$$

顶棚内表面积为

$$A_s=8.2\times4.8+2\times8.2\times0.5+2\times4.8\times0.5=52.36\ (\text{m}^2)$$

顶棚平均反射比为

$$\rho_C=\frac{\sum\rho_iA_i}{\sum A_i}=\frac{0.8\times(8.2\times4.8)+0.5\times(0.5\times8.2)\times2+0.5\times(0.5\times4.8)\times2}{(8.2\times4.8)+(0.5\times8.2)\times2+(0.5\times4.8)\times2}=0.72$$

顶棚反射比为

$$\rho_{cc}=\frac{\rho_cA_c}{A_s-\rho_cA_s+\rho_cA_c}=\frac{0.73\times8.2\times4.8}{52.36-0.73\times52.36+0.73\times8.2\times4.8}=0.67=0.7$$

根据 RCR=3.3，$\rho_W=0.5$，$\rho_{cc}=0.7$，查表 10-10 用内插法可得 $U=0.51$，则地板平均反射比为

$$\rho=\frac{0.1\times(8.2\times4.8)+0.3\times(0.8\times8.2)\times2+0.3\times(0.8\times4.8)\times2}{(8.2\times4.8)+(0.8\times8.2)\times2+(0.8\times4.8)\times2}=0.17$$

地板反射比为

$$\rho_{fc}=\frac{\rho_fA_f}{A_{fs}-\rho_fA_{fs}+\rho_fA_f}=\frac{0.17\times8.2\times4.8}{52.36-0.17\times52.36+0.17\times8.2\times4.8}=0.13$$

计算得到地板反射比不是 0.2，因此应对利用系数 U 进行修正。因为 $\rho_{fc}=0.1$，得修正系数为 0.959，所以 $U=0.959\times0.51=0.489$，查表 10-11 得灯具维护系数 $K=0.8$，则灯具数量为

$$N=\frac{EA}{\phi KU}=\frac{300\times8.2\times4.2}{2200\times0.489\times0.8}=13.7\approx14$$

$$E_{av}=E_{sj}=\frac{N\phi_s UK}{A}=\frac{14\times2200\times0.489\times0.8}{8.2\times4.8}=306(\text{lx})$$

照明功率密度为

$$\text{LPD}=\frac{P_t N}{A}=\frac{(36+5)\times14}{8.2\times4.8}=14.6(\text{W/m}^2)$$

根据表 10-13 可知，LPD 限值应小于或等于 9W/m²，所以不满足照明节能限值要求。

第十一章　联合循环机组指标管理与控制

联合循环机组最重要的设备是燃气轮机。燃气轮机是将气体压缩、加热后在透平中膨胀，把其部分热能转换为机械能的旋转式动力机械，一般由压气机、燃烧室、透平、控制系统及基本的辅助设备组成。图 11-1 所示为回热单轴燃气轮机结构。其中透平（涡轮）是利用工质的膨胀产生机械动力的燃气轮机部件；压气机是利用机械能使空气或其他气体压缩，提高其压力，并伴有温度升高的燃气轮机部件；燃烧室是燃料在其中发生燃烧反应，使其化学能转化成为高温工质（燃气）热能的燃烧设备。

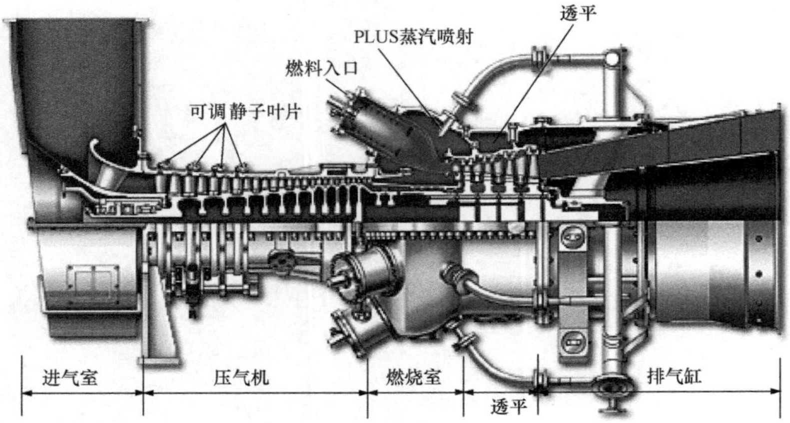

图 11-1　燃气轮机结构示意图

第一节　燃 气 轮 机 指 标

（1）转子临界转速（critical speed of rotor）：转子达到最大固有振幅时的特定转速。

（2）冷煤气效率（cooled coal gas efficiency）：IGCC 气化炉所生成煤气的化学能占气化用煤化学能的百分比。性能良好的气化炉，冷煤气效率可达 80%左右。计算公式为

$$\eta_1=\frac{h_{car}}{h_{ar}}\times 100\%$$

式中　η_1——冷煤气效率，%；

h_{car}——所生成煤气的化学能，kJ；

h_{ar}——气化用煤的化学能，kJ。

（3）碳的转化率（charcoal percent conversion）：IGCC 气化炉将煤转化成煤气成分的碳量与煤中所含碳量的百分比。性能良好的气化炉，碳的转化率可达 99%以上。计算公式为

$$\eta_c=\frac{C_{car}}{C_{ar}}\times 100\%$$

式中　η_c——碳的转化率，%；

C_{car} ——转化成煤气成分的碳量，%；

C_{ar} ——煤中所含碳量，%。

（4）燃气轮机进气系统压差、压气机入口滤网压差、过滤器压差、压气机进口滤网压差、压气机进口压降（inlet the pressure diffrernce of compressor）：压气机滤网压差是指燃气轮机压气机进气滤网进口处空气压力与滤网出口处压力差。分为一级滤网压差和两级滤网总压差。一般一级滤网压差要求小于或等于 0.375MPa，两级滤网总压差小于或等于 1.0MPa。压气机滤网（过滤器）的主要作用是过滤掉空气中的浮尘和一些细小的颗粒物，防止其进入燃气轮机污染压气机叶片，对压气机叶片造成冲击性损害，甚至引起压气机喘振，影响整个燃气-蒸汽联合循环机组的安全和经济运行。当燃气轮机经过长时间运行之后，压气机滤网的污染情况逐渐加重，压气机滤网压差会逐渐增大。由于滤网发生堵塞，使得进入压气机中的空气量减少，参与燃烧做功的燃料量也就相应下降，从燃气透平做完功排入余热锅炉中的烟气量对应减少，余热锅炉产汽量下降，进入蒸汽轮机中做功的蒸汽量减少，最终导致整个燃气-蒸汽联合循环机组的热效率降低，输出功率减少。有关资料表明，9F 型燃气轮机压气机进口压降每增加 1kPa，燃气轮机出力下降 1.42%，热耗率增加 0.45%。燃气轮机压气机滤网压差高的原因如下：

1）运行时间长，导致燃气轮机压气机滤网表面积灰严重。由于自然环境中的空气本身就含有浮尘和一些细小的颗粒物，且随着机组运行时间的增加，一些细小的灰尘或颗粒物将会慢慢附着在燃气轮机压气机滤网表面。久而久之，就会在压气机滤网表面上形成积灰，堵塞压气机滤网，使得压气机滤网压差逐渐增大。

2）燃气轮机压气机滤网外部有大块的杂物覆盖。当燃气轮机压气机滤网外部有大块的杂物覆盖时，燃气轮机压气机滤网将会出现堵塞现象。此时燃气轮机压气机滤网压差将会升高，直接影响整个燃气-蒸汽联合循环机组的安全和经济运行。

3）自清反吹系统失灵。为确保整个燃气-蒸汽联合循环机组的安全和经济运行，燃气轮机组上一般都装有自清反吹系统。该系统的主要作用是在机组正常运行期间通过自动方式或定时方式对压气机滤网进行自动反吹清洁工作，以吹走压气机滤网表面上的积灰。当自清反吹系统出现失灵现象时，压气机滤网的清洁程度将会受到很大影响，由于压气机滤网表面灰尘的不断积聚，滤网出现堵塞现象，导致压气机滤网压差逐渐增大。

4）环境出现长时间雾霾、雨雪等恶劣天气，导致进气系统粗滤的内部吸附有大量的灰尘并在表面形成板结。

燃气轮机压气机滤网压差高的处理对策如下：

1）燃气轮机压气机滤网压差高，说明燃气轮机压气机滤网发生了堵塞，此时应就地检查自清反吹系统是否正常工作，燃气轮机压气机滤网外部是否有大块的杂物覆盖。如发现自清反吹系统失灵，应迅速查找自清反吹系统失灵的原因，待处理正常后将自清反吹系统投自动。

2）机组正常运行期间，应加强对整个进气系统压差值变化趋势的监视，定时检查自清反吹系统投用并工作正常。当反吹线路或反吹电磁阀出现泄漏现象时，应将泄漏的反吹线路解列，并及时通知检修人员进行处理。

3）运行人员需经常检查进气系统的压差，如滤网压差达到高限，应查找进气系统阻力偏大原因，必要时对进气过滤装置进行改造或更换。

4）在一级滤网压差高于 750Pa 时，投运进气滤网反吹装置，降低滤网压差。

5）停机时对进气系统过滤装置处杂质进行清理。

6）搭设阻雪棚。既能防止雨雪天气对空滤器的影响，又能对较大的颗粒物起到一定的阻拦作用，进一步延长滤芯的使用寿命。

7）根据以往的运行经验，一般半年左右（3500h）需要更换一次滤网，所以应提前准备好备品备件。需要注意的是，在机组运行期间，需监控整个过滤系统的总压差，当过滤元件受污染时，压差增大，将产生报警，总压差超限（如1.6kPa）将停机处理。

（5）压气机输入功率、压气机耗功（compressor input power）：驱动压气机部件所需的功率总量，包括轴承和送风的损失。

（6）压气机机械效率（mechanical efficiency）：压缩工质所需功率与压气机输入功率之比。

（7）压气机等熵功率（compressor isentropic power）：在绝热和可逆过程的条件下，压缩工质所需的功率（即理论上所需要的压缩功）。

（8）压气机（等熵）效率（compressor isentropic efficiency）：压气机等熵功率与实际压缩工质所需功率之比。

（9）级轮周效率（wheel efficiency）：透平级的单位质量工质在动叶上所做的功与级的等熵焓降之比。

（10）压气机进气温度（compressor inlet temperature）：指压气机进口处（压气机进口法兰处或进气喇叭口处）空气的温度（℃）。

（11）压气机进气压力（compressor inlet pressure）：指压气机进口处（压气机进口法兰处或进气喇叭口处）空气的（绝对压力）总压（kPa）。总压是大气压、压力表静压和动压的代数和。

（12）压气机排气参数（compressor outlet parameter）：压气机出口法兰处按工质的质量流量加权平均的绝对滞止压力和滞止温度。

（13）压气机出口温度、压气机排气温度（compressor outlet temperature）：压气机中空气经压缩后的出口温度。

（14）压气机出口压力、压气机排气压力（compressor outlet pressure）：压气机中空气经压缩后在扩压器处的出口压力。

（15）压气机压缩比、压比、增压比（compressor pressure ratio）：压气机的出口绝对滞止压力与进口绝对滞止压力之比。一般取压气机汽缸的进、出口法兰面处的空气总压。计算公式为

$$\pi=\frac{p_2}{p_1}$$

式中 π——压缩比；

p_1——压气机的进气压力，kPa；

p_2——压气机的排气压力，kPa。

压气机进气压力一般是大气压力。当温比一定时，机组的热效率随着压比的增加先增后减，期间存在一个使循环热效率最大的压比称为效率最佳压比。一般压比为10～16。例如杭州半山发电有限公司PG9351FA型燃气轮机的压气机压缩比为15.4。

（16）级效率（stage efficiency）：对于透平来说，是指级的实际焓降与级的等熵焓降之比；对于压气机来说，是指级的等熵压缩功与级的实际耗功之比。

（17）内效率（internal efficiency）：对于透平来说，是指实际焓降与等熵焓降之比；对于压气机来说，是指等熵压缩与实际消耗的压缩功之比。

（18）等熵压缩功（isentropic compression work）：假定气体压缩过程中无损失与外界无热交换时的理想压缩功。

（19）透平（输出）功率（turbine power）：透平的毛输出功率（未扣除轴承、送风摩擦和抽吸损失）。

（20）透平机械效率（mechanical efficiency）：透平轴端的输出功率或透平输出功率与输入给

透平轴的功率之比值。透平轴端的输出功率是扣除轴承、送风摩擦和抽吸损失的透平输出功率。

(21) 燃料空气比 (fuel-air ratio)：燃料-空气的混合物中燃料与空气的质量比。

(22) 理论燃料空气比 (stoichiometricf uel-air ratio)：即化学计量燃料空气比，燃料完全燃烧时，具有精确比例的燃料空气混合物中燃料与空气的质量比。

(23) 当量比 (equivalence ratio)：实际的燃料空气比除以理论燃料空气比。如果该值大于1，则表示比理论混合物富；该值小于1，则表示比理论混合物贫。

(24) 过量空气比 (excess air ratio)：理论燃料空气比除以实际燃料空气比并减去1。如过量空气比为2，则表示所提供的空气是所需的3倍。

(25) 燃料系数 (fuel coefficient)：燃烧室过量空气系数的倒数。

(26) 燃料喷射压力 (fuel injection pressure)：燃烧室燃料喷嘴入口燃料的压力。

(27) 压力恢复系数、压力保持系数 (pressure recover factor)：工质流过燃烧室通道时，出口全压与入口全压之比。在燃气轮机燃烧室中为出口燃气的全压与入口空气的全压之比。

(28) 燃料（与）空气比、燃空比 (fuel-air ratio)：燃料与空气的流量比。

(29) 燃料流量 (fuel flow)：是指单位时间内实际供给燃气轮机的燃料量（单位为 kg/h 或 m^3/h）。

液体燃料流量 (kg/h) 的测量可采用喷嘴、孔板、文丘里流量计、液体流量计。测量方法见 GB/T 2624—2006 系列标准。

气体燃料流量 (m^3/h) 的测量可采用容积式流量计、叶轮式流量计、喷嘴、孔板、文丘里流量计。

(30) 理论燃烧温度 (theoretical combustion temperature)：在绝热条件下燃料完全燃烧时，燃烧室燃气所能达到的平均最高温度。

(31) 燃烧强度 (combustion intensity)：在单位大气压力或单位绝对压力下，燃烧室火焰筒单位体积单位时间内释放的燃料能量的量度。通常它的单位是兆瓦每立方米绝对压力［MW/(m^3 · ata)］。

(32) 比燃烧强度 (specific combustion intensity)：考虑了燃烧室压力影响以后的燃烧强度。压力升高，燃烧强度下降。压力影响用压力升高的 n 次方（n 值通常为 1.8）表示而不直接用压力值表示。

(33) 容积热强度 (volumetric heat release rate)：单位时间内，在燃烧室单位容积中，燃料燃烧所释放出来的热量。

(34) 面积热强度 (area heat release rate)：单位时间内，燃烧室单位截面上燃料燃烧所释放出来的热量。

(35) 燃烧室效率 (combustor efficiency)：燃烧过程中，释放给工质的能量与在燃烧室内所消耗燃料的净能之比。符号为 η_B。由于存在不完全燃烧和散热损失，所以燃烧室效率小于1。目前 η_B 的范围为 0.96～0.99。

(36) 透平进气温度、透平（参考）进口温度、燃烧室出口温度 (TIT：turbine inlet temperature)：燃烧室出口燃气的平均总温（即滞止温度），即透平第一级静叶前工质的平均温度，符号为 t_3。单机容量 100MW 级 E 级燃气轮机的燃烧室出口燃气温度为 1100℃，比 E 级优越的 F 级（200MW 级）燃气轮机的燃烧室出口燃气温度为 1320℃。由于 t_3 温度很高，不可能直接用热电偶测量，只能测量燃气轮机排气温度 t_4，然后换算成进气温度 t_3。换算公式为

$$t_3 = t_4\left(\frac{p_3}{p_4}\right)^{\frac{k-1}{k}}$$

式中 t_3——透平进气温度，℃；

t_4——透平排气温度，℃；

p_3——透平进气压力，kPa；

p_4——透平排气压力，kPa；

k——排气绝热指数。

（37）燃气轮机排气流量、透平排气流量（exhaust flow for a turbine）：透平排气室出口法兰处工质的质量流量。

（38）燃（气轮）机排气温度、透平排气温度、燃气轮机排烟温度（EXT：exhaust temperature for a turbine）：燃气透平出口法兰处平面工质的温度，符号为 t_4。为了保证精度，必须用四个以上的温度传感器测量，取算术平均值。

（39）经修正的透平出口温度（OTC：outlet temperature calculated）：经过修正的透平出口工质温度。如对于F型燃气轮机而言，由于透平入口温度很高（约1350℃），无法实现长期直接测量，而透平出口温度相对较低（约600℃），易被精确测得。因此，一般用燃气轮机的排烟温度控制器控制透平出口温度（经修正后）来间接控制燃气轮机透平入口温度。OTC是一个虚拟的被控变量，通过它可间接表征透平入口温度的状况。因为对于燃气轮机而言，压气机入口温度、燃气轮机转速和空气相对湿度等因素会影响燃气轮机透平的膨胀比，继而影响透平的焓降及透平出口温度。若将容易测得的透平出口温度进行压气机入口温度、燃气轮机转速和空气相对湿度等因素的修正，则经过修正的燃气轮机透平出口温度与透平入口温度将形成相对固定的对应关系。因此，通过控制OTC，可间接控制燃气轮机透平入口温度，实现排烟温度控制目标。

（40）叶片通道温度（BPT：blade path temperature for a turbine）：燃气透平末级动叶下游通道处工质的温度。M701F3型燃气轮机额定功率为270MW，透平第一级喷嘴入口温度为1400℃，叶片通道温度平均值为603℃。

（41）（透平）轮间温度（wheel space temperature）：透平轮间温度是取自轮盘径向对称位置上两支热电偶读数的平均值，两支热电偶读数之差称为两点温差。机组在启动过程以及正常运行时，轮间温度和两点温差都必须监测。为了确保透平各部件不因超温而损坏，在机组中布置了12支热电偶用来监测透平的轮间温度。机组运行时所允许的最高透平轮间温度值和温差值见表11-1。轮间温度高说明高温通道中的动叶、喷嘴、护环及轮盘可能工作在超温状态，导致热部件损坏。

表11-1 最高透平轮间温度值和温差值

测点位置	热电偶代号	轮间温度设定值（℃）	两点温差设定值（℃）
一级前（内侧）	TT-WS1F1-1、2	427	83
一级后（外侧）	TT-WS1A0-1、2	510	83
二级前（外侧）	TT-WS2F0-1、2	510	83
二级后（外侧）	TT-WS2A0-1、2	510	83
三级前（外侧）	TT-WS3F0-1、2	454	83
三级后（外侧）	TT-WS3A0-1、2	427	83

对于轮间温度高的情况，其原因可能有以下几种：

1）冷却空气有堵塞现象。如果冷却空气有堵塞现象，就有可能使得该喷嘴和叶轮内部的温度升高。

2）热电偶安装时未插入护套管内部。热电偶在安装过程中，若热电偶插到了护套管外，未插入护套管内部，此时检测到的温度就是喷嘴内部通道壁上的温度，喷嘴冷却气道的内部通道壁上的温度也可能是600℃以上。

3）喷嘴扇段之间的密封性能不好。如果喷嘴扇段之间的密封性能不好，使得高温气流流入喷嘴段的内部腔室，则该段喷嘴内部的温度都高，透平级前轮间热电偶的检测温度也较高。

4）热电偶本身质量原因。

5）透平的密封磨损。

6）透平的静子有过度的变形。

7）燃烧系统故障。

透平轮间温度高的预防措施如下：

1）每次检修更换下来的喷嘴部件送至专业单位维修，安装前确保热电偶套管内无异物。

2）每次检修更换热电偶时，对热电偶插入的深度逐一做好记录，以便新件安装后对比确认新装热电偶的插入是否到位。

3）每次检修要确保热电偶的位置安装正确，热电偶本身的质量没有问题，必要时对热电偶进行校验。

（42）燃气轮机排气压力（exhaust pressure for a turbine）：燃气透平出口法兰处平面工质的绝对滞止压力，即排气室出口处的工质总压。例如杭州半山发电有限公司PG9351FA型燃气轮机排气压力为104.7kPa（a），透平排气温度为609℃，排气流量为2363.8t/h。

（43）燃气轮机排气速度（exhaust velocity for a turbine）：排气室出口处的气流速度。

（44）燃气轮机速比（velocity ratio for a turbine）：燃气轮机级的圆周速度与级中气流的理想速度或静叶（喷嘴）的出口气流速度之比。

（45）膨胀比、压比（expansion pressure ratio）：燃气轮机膨胀过程中，气流出口全压与进口全压（静压）的比值。

（46）最佳压比（optimum pressure ratio）：燃气轮机循环效率最高或比功最大时的压比。燃气轮机循环效率或比功随压气机压比的增大而增大，但到一定值后就开始减小，这个值就是最佳压比。燃气温度越高，相应的最佳压比越高，因此，提高燃气的温度要相应提高压比。

（47）轮毂比（tip-hub ratio）：透平叶轮上叶片外径与内径之比。

（48）温（度）比（compressor thermal ratio）：透平的进口温度与压气机进口温度之比。计算公式为

$$\tau=\frac{t_3}{t_1}$$

式中 τ——温度比；

t_1——压气机进口温度，℃；

t_3——透平进口温度，℃。

另一种定义为：温比是指循环最高温度（即透平进口的燃气初温）与最低温度之比。计算公式为

$$温比=\frac{燃气透平的燃气初温}{燃气轮机排气温度}$$

燃气初温是指燃气透平第1级喷嘴后缘平面处燃气的平均滞止温度。一般燃气初温为1150～1400℃。在同一压比下，温比越大，机组的比功越大。一般来说，燃气初温每提高100℃，机组比功大约增加20%～40%，热效率增加2%～5%。

（49）流量系数（flow coefficient）：通过叶栅或孔口等通道的实际流量与理想流量之比。

（50）速度系数（velocity coefficient）：透平静叶或流动叶出口的气流实际速度与理想速度的比值。

（51）（燃气轮机）标准额定输出功率（standard rated output of gas turbine）：燃气轮机在标准参考条件及额定负荷工况下，并处于新和清洁状态下运行时的标称或保证的输出功率。标准参考条件是指燃气轮机额定值所规定的如下条件：

1）在压气机进气口和在透平排气法兰处的大气温度为15℃（或20℃），大气压力为101.325 kPa，大气相对湿度为60%。

2）用来冷却工质的冷却水或冷却室气的温度为15℃（或20℃）。

3）标准气体燃料（CH_4）的C/H质量比为3.0，净比能为50 000kJ/kg。

4）标准燃料油（蒸馏油），其C/H质量比为7.0，净比能为42 000kJ/kg。

5）（燃气轮机）额定输出功率、额定功率（rated output of gas turbine）：燃气轮机在额定工况并处于新和清洁状态下运行时的标称或保证的输出功率。新和清洁状态是指燃气轮机处于新的（运行少于一定小时数，如100h，没有可测到的损伤）状态，或对发现的任何明显缺陷已立即进行检查和校正，使所有相关零件处于良好状态时的状态。燃料不同，如天然气和重油，界定新和清洁状态前允许的运行小时数的规定差异较大。不同的制造商对燃气轮机新和清洁状态的规定也有所不同。

（52）（燃气轮机）最大连续功率（maximum continuous power of gas turbine）：在规定条件下燃气轮机保持连续输出的最大功率。

（53）（燃气轮机）尖峰负荷额定输出功率（peak load rated output of gas turbine）：燃气轮机在规定的条件和在透平尖峰负荷的额定温度下，并处于新和清洁状态下运行时的标称或保证的输出功率。

（54）燃气轮机基本负荷额定输出功率（base load rated output of gas turbine）：燃气轮机在规定的条件和在透平基本负荷的额定温度下，并处于新和清洁状态下运行时的标称或保证的输出功率。

（55）（燃气轮机）极限输出功率、极限功率（limiting output）：燃气轮机由强度和结构条件所限定的在任何状态下的最大允许输出功率。

（56）燃气轮机折算输出功率、修正输出功率（referred output）：燃气轮机的试验输出功率换算到在折算（修正）条件下的输出功率。

（57）（燃气轮机）比功率（specific power）：燃气轮机的净输出功率与压气机进气质量流量之比，即动力装置单位流量的工质输出的功率。计算公式为

$$W_e = \frac{P_{gt}}{M_a}$$

式中 W_e——比功率，kW·s/kg；

M_a——压气机进气质量流量，kg/s；

P_{gt}——燃气轮机的净输出功率（出线端电功率），kW。

（58）燃气轮机耗热量（gas turbine heat consumption）：燃气轮机单位时间内消耗的燃料净比能，符号为HI。根据GB/T 28686—2012《燃气轮机热力性能试验》，燃气轮机耗热量应为：燃气轮机单位时间内消耗的燃料净比能与燃料显热之和。计算公式为

$$HI = q_f \, NSE + H_s$$

$$H_s = q_f c(t_s - t_{rei})$$

$$h_s \approx t$$

式中 HI——单位时间内耗热量，kJ/h；

H_s——燃料的显热，kJ/h；

NSE——燃料的净比能，kJ/kg；

q_f——实际的燃料流量，kg/h；

t_s——燃料实际温度，℃；

c——燃料的比热容，kJ/(kg·℃)；

t_{rei}——基准温度，℃。

(59) 燃气轮机热耗率（gas turbine heat rate)：燃气轮机单位时间内消耗的燃料净比能与输出净功率的比值，符号为 HR。根据 GB/T 28686—2012《燃气轮机热力性能试验》，燃气轮机热耗率应为：燃气轮机单位时间内消耗的燃料净比能与燃料显热之和，在同一单位下与输出净功率的比值。如 GE 公司生产的 9FA 级燃气轮机规定在天然气的热值为 48 686.3kJ/kg 下热耗率为 6235.4kJ/kWh。计算公式为

$$\mathrm{HR}=\frac{\mathrm{HI}}{P_{\mathrm{gt}}}=\frac{3600}{\eta_{\mathrm{rj}}}$$

式中 HR——燃气轮机热耗率，kJ/kWh；

HI——单位时间内耗热量，kJ/h；

η_{rj}——燃气轮机热效率，%；

P_{gt}——净输出功率，kW。

(60) 燃气轮机机械损失（gas turbine mechanical losses)：由燃气轮机转子的轴承和送风损失引起输出功率的减少。也包括轴驱动的辅助设备。

(61)（燃气轮机）热效率（gas turbine thermal efficiency)：燃气轮机发电量的当量热量与供给燃料净比能的百分比。根据 GB/T 28686—2012《燃气轮机热力性能试验》，燃气轮机热效率应为：燃气轮机发电量的当量热量与单位时间内耗热量的百分比。计算公式为

$$\eta_t=\frac{P_{\mathrm{gt}}\times 3600}{\mathrm{HI}}$$

式中 HI——单位时间内耗热量，kJ/h；

η_t——燃气轮机热效率，%；

P_{gt}——净输出功率，kW。

例 11-1 某燃气轮机的气体燃料成分见表 11-2。燃料实测温度为 26℃，质量流量为 q_f＝25 000kg/h。发电功率 P_{gt}＝120MW，求燃气轮机的热效率和热耗率。

表 11-2 气体燃料成分与性质（基准温度为 10℃）

成分	摩尔分数 x_i	相对分子量 M_i	净比能 NSE（kJ/kg）	比热[kJ/(kg·℃)]
甲烷	82.78%	16.043	50 036.7	2.16
乙烷	10.92%	30.069	47 518.3	1.73
丙烷	5.0%	44.096	46 339.0	1.93
异丁烷	1.0%	58.122	45 565.9	1.91
n-丁烷	0.30%	58.122	45 724.0	1.91

解： 混合气体分子量为

$$M = \sum M_i x_i$$
$$= 82.78\% \times 16.043 + 10.92\% \times 30.069 + 5\% \times 44.096 + 1\% \times 58.122 + 0.3\% \times 58.122$$
$$= 19.524$$

甲烷质量百分比＝82.78％×16.043/19.524＝0.680

乙烷质量百分比＝10.92％×30.069/19.524＝0.168

丙烷质量百分比＝5％×44.096/19.524＝0.113

异丁烷质量百分比＝1％×58.122/19.524＝0.030

n-丁烷质量百分比＝0.3％×58.122/19.524＝0.001

净比能为

$$\text{NSE} = 0.680 \times 50\,036.7 + 0.168 \times 47\,518.3 + 0.113 \times 46\,339 + 0.030 \times 45\,565.9 + 0.001 \times 45\,724$$
$$= 48\,657.0\ (\text{kJ/kg})$$

$$c = \sum M_i c_i$$
$$= 82.78\% \times 2.16 + 10.92\% \times 1.73 + 5\% \times 1.93 + 1\% \times 1.91 + 0.3\% \times 1.91$$
$$= 2.10$$

燃料显热为

$$H_s = q_f c (t_s - t_{rei})$$
$$= 25\,000\text{kg/h} \times 2.10 \times (26 - 10)\ \text{kJ/kg}$$
$$= 840\,000\ \text{kJ/h}$$

总输入能量即燃气轮机耗热量为

$$\text{HI} = q_f\,\text{NSE} + H_s = 25\,000\text{kg/h} \times 48\,657.0\text{kJ/kg} + 840\,000\text{kJ/h}$$
$$= 1\,217\,265\,000\text{kJ/h}$$

燃气轮机热效率为

$$\eta_t = \frac{3600 P_{gt}}{\text{HI}} = \frac{120\,000\text{kWh/h} \times 3600\text{kJ/kWh}}{1\,217\,265\,000\text{kJ/h}} = 35.49\%$$

燃气轮机热耗率为

$$\text{HR} = \frac{\text{HI}}{P_{gt}} = \frac{1\,217\,265\,000\text{kJ/h}}{120\,000\text{kW}} = 10\,143.9\text{kJ/kWh}$$

(62)（燃气轮机）折算热效率、折合热效率、修正热效率（referred thermal efficiency/corrected thermal efficiency）：把任意大气状态下测出的热效率按相似原理折合为在标准大气状态或规定条件下相应的热效率。

(63)（燃气轮机）燃料消耗率（specific fuel consumption）：燃气轮机每单位输出功的燃料消耗量。即燃气轮机每发出 1kWh 电量消耗一定热值天然气的量。单位为 kg/kWh 或 m^3/kWh。

第二节 联合循环指标

(1) 折合功率（corrected power）：把任意大气状态下测得的功率按相似原理，动力装置输出端功率折合到标准大气状态或规定条件下相应的功率。其中动力装置输出端是指燃气轮机连接被驱动机械的联轴器（驱动用）或主发电机出线端（发电用）。

(2) 热能利用率（heat utilization）：动力装置输出功与供给外界有用热能之和对于所消耗热

量之比。

(3) 蒸汽空气比、蒸空比（steam-air ratio）：燃气-蒸汽联合循环中或蒸汽回注燃气轮机中，参与做功的蒸汽质量流量与燃气轮机压气机进口空气质量流量之比。计算公式为

$$v=\frac{G_s}{G}$$

式中 G_s——联合循环汽轮机主蒸汽流量，kg/h；

G——压气机进口空气质量流量，kg/h。

(4) 燃料比能、燃料热值（fuel specific energy）：单位质量的燃料完全燃烧时所释放出的高位热能，单位为 kJ/kg。

(5) 燃料净比能、燃料低位热值（fuel net specific energy）：单位质量的燃料完全燃烧时所释放出的低位热能，单位为 kJ/kg，符号为 NSE。对于气体燃料，其净比能等于各成分的质量百分比与其按质量计算的净比能乘积之和。

例 11-2 某混合气体燃料组分为甲烷（CH_4）77.5%、乙烷（C_2H_6）16.0%、二氧化碳（CO_2）6.5%，其相对分子质量分别为 16.04、30.07 和 44.096，其中甲烷净比能为 50 000kJ/kg、乙烷净比能为 47 525kJ/kg、二氧化碳净比能为 0kJ/kg。求参比条件下混合气体燃料的相对密度和净比能。

解：混合气体燃料相对分子质量为

$$M=\sum M_i x_i=77.5\%\times16.04+16.0\%\times30.07+6.5\%\times44.096=20.108$$

甲烷质量百分比=77.5%×16.04/20.108=0.618

乙烷质量百分比=16.0%×30.07/20.108=0.239

则净比能为

$$NSE=0.618\times50\ 000+0.239\times47\ 525=42\ 258\ (kJ/kg)$$

(6) 燃油处理系统单耗（unit electric consumption of oil handing system）：燃气轮机燃油处理系统每处理 1t 燃油所消耗的电量。

(7) 燃油处理系统耗电率（electric consumption ratio of oil handing system）：统计报告期内，燃气轮机燃油处理系统消耗的电量与机组发电量的百分比。计算公式为

$$L_{ry}=\frac{W_{ry}}{W_f}\times100\%$$

式中 L_{ry}——燃油处理系统耗电率，%；

W_{ry}——燃气轮机燃油处理系统消耗的电量，万 kW；

W_f——机组发电量，万 kW。

(8) 气体燃料增压系统单耗（unit electric consumption of the fuel gas pressurization system）：燃气轮机气体燃料增压系统每处理 1m^3 气体燃料所消耗的电量。

(9) 气体燃料增压系统耗电率（electric consumption ratio of the fuel gas pressurization system）：统计报告期内，燃气轮机气体燃料增压系统消耗的电量与机组发电量的百分比。

(10) 余热锅炉热端温差（hot end temperature difference of heat recovery boiler）：余热锅炉换热过程中高压过热器入口烟气与高压过热器出口主蒸汽之间的温差，符号为 ΔT_s。降低温差 ΔT_s，可以得到较高的过热度，从而提高过热蒸汽品质。但降低温差，同时也会使过热器的对数平均温差降低，也就是增大了过热器的传热面积，增大金属耗量。一般来说热端温差 ΔT_s 在30～60℃范围内是合适的。计算公式为

余热锅炉热端温差（℃）＝余热锅炉高压过热器入口烟气温度 t_{yr}（℃）－余热锅炉高压过热器出口主蒸汽温度（℃）

（11）余热锅炉节点温差、窄点温差（heat recovery boiler node difference in temperature）：余热锅炉换热过程中蒸发器出口烟气与被加热的饱和水汽混合物之间的最小温差。对于双压/三压余热锅炉应分别计算各压力等级换热面相应的节点温差，符号为 ΔT_p。当节点温差 ΔT_p减小时，余热锅炉的排烟温度会下降，烟气余热回收量会增大，蒸汽产量和蒸汽轮机输出功率都随之增加，余热锅炉效率提高。但是平均传热温差也随着减小，这必将增大余热锅炉的换热面积，增大金属耗量。一般来说节点温差 ΔT_p在 10～20℃范围内是合适的。

（12）余热锅炉接近点温差（heat recovery boiler approach point difference in temperature）：余热锅炉省煤器出口压力下饱和水温度与出口水温之间的温差。对于多压余热锅炉应分别计算各压力等级相应的接近点温差。符号为 ΔT_a。接近点温差 ΔT_a增大时，省煤器由于对数平均温差增大，致使其换热面积有所减小；但是蒸发器的对数平均差却会减小很多，导致蒸发器的换热面积要增大很多；而过热器换热面积不变，因此余热锅炉总的换热面积会增加。当节点温差选定后，减小接近点温差有利于减小余热锅炉的总换热面积和投资费用。但是接近点温差过小，则在部分负荷工况下或启动过程中，省煤器内就会发生部分给水蒸发的问题，导致部分省煤器管壁过热现象。因此 ΔT_a一般选择 5～20℃。

（13）余热锅炉热效率、余热利用率（thermal efficiency of heat recovery boiler）：余热锅炉有效利用热量占余热锅炉输入热量的百分比。计算公式为

$$\eta_{yg}=\frac{Q_{2ye}}{Q_{1yr}}\times 100\%\approx\frac{t_{yr}-t_{yc}}{t_{yr}-t_a}\times 100\%$$

式中 η_{yg}——余热锅炉热效率，%；

Q_{2yr}——余热锅炉有效利用热量，GJ；

Q_{1yr}——余热锅炉输入热量，GJ；

t_{yr}——余热锅炉高压过热器入口烟气温度，℃；

t_{yc}——余热锅炉烟气出口温度，℃；

t_a——环境空气温度，℃。

一般情况下，余热锅炉烟气出口温度在 80～180℃的范围内选取，余热锅炉热效率一般在70%～85%范围内。

（14）回热器终温差（final temperature difference of regenerator）：回热器热流体进口温度与冷流体出口温度之差。

（15）温度有效度（temperature effectiveness）：热交换器的冷流体和热流体的进出口温差与冷流体和热流体进口温度差之比。

（16）过量空气系数、空气消耗系数（coefficient of air consumption）：是指实际空气需要量 V_s与理论空气需要量 V_0的比值，计算式为

$$\alpha=\frac{V_s}{V_0}$$

1）理论空气需要量是通过化学反应式来计量的，即

$$\begin{array}{cccc} CH_4 + & 2O_2 = & CO_2 + & 2H_2O \\ 1m^3 & 2m^3 & 1m^3 & 2m^3 \end{array}$$

从式中可以看出 $1m^3$ 天然气完全燃烧需要 $2m^3$ 的氧气。氧气在空气中的比例是 21%，所以可知 $1m^3$ 天然气完全燃烧需要的空气量为

$$V_s=2/21\%=\frac{2\times 100}{21}=9.5\ (m^3)$$

2）空气消耗系数 α 值的确定。空气消耗系数是一个经验值，燃料的种类、燃烧方法、燃烧设备的构造等都会影响 α 值。在选取 α 值时一定要从实际出发，全面考虑问题。表 11-3 所示为各种燃料在不同情况下所采用的空气消耗系数 α 值，可供参考。

表 11-3　　空气消耗系数 α

燃料种类	燃烧方法	α
固体燃料	人工加煤	1.2～1.5
	机械加煤	1.2～1.3
	粉煤燃烧	1.15～1.25
液体燃料	低压喷嘴	1.10～1.15
	高压喷嘴	1.20～1.25
气体燃料	有焰燃烧	1.05～1.20
	无焰燃烧	1.03～1.05

3）实际空气需要量为

$$V_s=\alpha V_0$$

当 $V_0=9.5\text{m}^3$，$\alpha=1.05$ 时，则

$$V_s=1.05\times9.5=9.98\ (\text{m}^3)$$

这时天然气在混合气体中的浓度$=\dfrac{1}{9.98+1}=9.1$（%）。

当 $\alpha=1.20$ 时，则

$$V_s=1.20\times9.5=11.40\ (\text{m}^3)$$

这时天然气在混合气体中的浓度$=\dfrac{1}{11.40+1}=8.1$（%）。

8.1%和 9.1%都在天然气燃烧浓度极限范围（5.1%～13.9%）之内，哪种情况燃烧更好，应在实践中观察。空气消耗系数 α 值的影响因素如下：

1）当空气消耗系数 α 值增大时，实际空气消耗量随之成比例增加。一方面从设计的角度来看，需要增加供风和排烟系统的能力，从而增加投资费用和动力消耗；另一方面在现实生产中，往往由于 α 值的增大，使整个系统阻力增加，而引起烟囱抽力不足，影响环境且造成浪费。

当 α 值增大时，炉内过量气体体积增大，同时循环气体量增大，导致单位体积燃烧产物热含量降低（即燃烧热没变，气体体积增大，气体含的热量平均值就会降低，从而使炉温降低）。在燃烧产物离开炉膛时，带走的热损失总量也增大，总结果使炉温降低。

当 α 值增大时，虽可保证最大程度的完全燃烧，但此时燃烧产物中 N_2、O_2 绝对数量增加，而使燃烧产物中 CO_2、H_2O（汽）的含量相对减少，削弱了烟气在高温炉膛中的辐射能力。

以上说明，当 $\alpha>1$ 时，随着 α 值的增加，不仅燃烧温度降低、燃烧产物的辐射能力减弱，而且随产物带走的热损失也增加。

2）当 $n<1$ 时，α 值越小，不完全燃烧热损失越大。显然，α 值过大或过小，都会使燃料利用程度降低。

可见，在保证最大程度完全燃烧的前提下，α 值越小越好。

（17）燃气-蒸汽联合循环功率、燃气-蒸汽联合循环出力（power of combined cycle）：联合循环中燃气轮机、蒸汽轮机两部分输出功率之和。计算公式为

$$P_{cc}=P_{gt}+P_{st}$$

式中 P_{cc}——燃气-蒸汽联合循环功率，MW；

P_{gt}——联合循环中燃气轮机出线端电功率，MW；

P_{st}——联合循环中汽轮发电机出线端电功率，MW。

（18）（联合循环）蒸燃功比（steam-gas power ratio）：燃气-蒸汽联合循环中，蒸汽循环输出功率与燃气循环输出功率之比。计算公式为

$$K_{cc}=\frac{P_{st}}{P_{gt}}\times 100\%$$

式中 K_{cc}——联合循环蒸燃功比，%。

（19）（联合循环）蒸功比、蒸功百分率、蒸功百分比（steam power ratio）：燃气-蒸汽联合循环中，蒸汽循环输出功率与联合循环输出功率之比。计算公式为

$$K_{zg}=\frac{P_{st}}{P_{cc}}\times 100\%$$

式中 K_{zg}——联合循环蒸功比，%。

例 11-3 某 IGCC 中，燃气轮机额定功率为 82MW，汽轮机额定功率为 46MW，求其联合循环保证出力、蒸功比和蒸燃功比。

解： 联合循环保证出力为

$$P_{cc}=P_{gt}+P_{st}=82+46=128\text{（MW）}$$

蒸燃功比为

$$K_{cc}=\frac{P_{st}}{P_{gt}}\times 100\%=\frac{46}{82}\times 100\%=56.1\%$$

蒸功比为

$$K_{zg}=\frac{P_{st}}{P_{cc}}\times 100\%=\frac{46}{128}\times 100\%=35.9\%$$

（20）（联合循环）功热比（power-heat ratio）：燃气-蒸汽联合循环中，输出的净机械功之和与对外供热量之和的比值。

（21）联合循环热耗率、机组毛热耗率（heat rate of combined cycle）：联合循环机组的供给燃料净比能除以燃气轮机和汽轮机发电机输出端的输出功率的比值，小于燃气轮机热耗率，符号为 q_{cc}。计算公式为

$$q_{cc}=\frac{B_f\cdot \mathrm{NSE}}{P_{cc}}$$

式中 q_{cc}——联合循环热耗率，kJ/kWh；

B_f——联合循环机组的燃料消耗量，kg/h；

NSE——燃料低位热值，kJ/kg。

如杭州半山发电有限公司 S109FA 机组的保证热耗率为 6268.3kJ/kWh，而其中的燃气轮机保证热耗率为 9757kJ/kWh。

（22）联合循环净热耗率、机组净热耗率（net heat rate of combined cycle）：由输入到 IGCC 机组的所有燃料和其他能量流的总输入热量（kJ）除以燃气轮机和汽轮机发电机输出端的净输出功率（kW）。净输出功率等于燃气轮机和汽轮机发电机输出端的毛输出功率之和减去所有的厂用电功率（辅机耗功）。

（23）联合循环热效率、联合循环效率、发电效率、机组热效率、发电热效率（thermal efficiency of combined cycle/generating efficiency）：联合循环发电机组发电量的当量热量与供给燃料净比能的百分比，符号为 η_{1h}。计算公式为

$$\eta_{1h}=\frac{3600}{q_{cc}}\times 100\%$$

或

$$\eta_{1h}=\frac{P_{rj}+P_{qj}}{Q_{rj}+Q_{br}}\times 100\%$$

或

$$\eta_{1h}=\frac{3600W_f}{B_f NSE}$$

式中 q_{cc}——联合机组热耗率，kJ/kWh；

P_{rj}——燃气轮机输出功率，kW；

P_{qj}——汽轮机输出功率，kW；

Q_{rj}——燃气轮机循环吸入的热流量，kW；

Q_{br}——通过余热锅炉补燃吸入的热流量，kW；

B_f——单位时间内燃料输入量，kg/h；

NSE——燃料的低位发热量，kJ/kg。

由于联合循环将燃气轮机循环和汽轮机循环组合在一起，其效率还可以表示为

$$\eta_{1h}(\%)=\eta_{rj}+\frac{(100-\eta_{rj})\eta_{yg}\eta}{10\ 000}$$

式中 η_{yg}——余热锅炉热效率，%；

η——汽轮发电机组热效率，%；

η_{rj}——燃气轮发电机组热效率，%。

影响联合循环热效率的因素如下：

1）环境温度。环境温度升高时，压气机进口温度就升高，在同样工况下，压气机功耗将升高，燃气轮机输出功率下降，导致燃气轮机效率下降。另一方面，当环境温度升高时，燃气轮机排气温度升高，余热锅炉产生的主蒸汽温度升高，蒸汽轮机效率升高。但是后者比前者升高幅度小一些，所以随着环境温度升高，联合循环效率稍微下降。

2）大气压力、环境相对湿度。二者对联合循环效率几乎没有影响。

3）燃料成分。联合循环效率随着燃料碳氢比的降低而降低，随着燃料热值降低而降低。对于M701F3型联合循环机组，功率为390MW，天然气热值从40 403kJ/kg上升到49 291kJ/kg，联合循环热效率上升0.2个百分点。具体见图11-2。

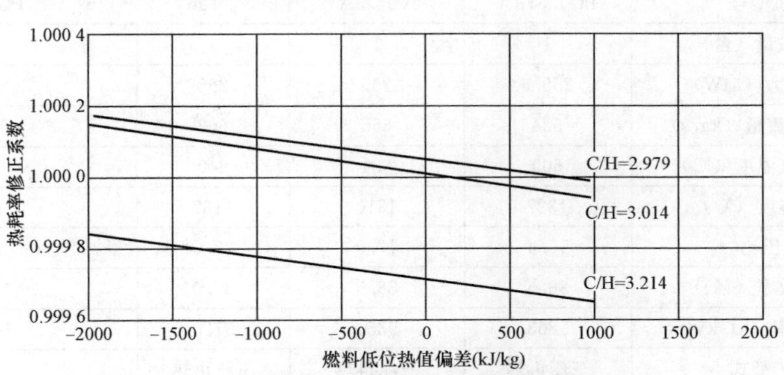

图11-2　低位热值偏离设计值对热耗率的修正系数

注：1. 偏差＝测量值－设计值。

2. C/H为燃料成分中碳氢质量比（不包括CO_2中的碳）。

4）汽水系统泄漏率。汽水系统泄漏率每增加1个百分点，联合循环热效率下降0.1个百分点。

提高燃气轮发电机组热效率的主要措施如下：

1）采用间冷循环。在压缩工程中，把工质引至冷却器冷却后，再回到压气机中继续压缩的中间冷却、逐渐压缩的过程。

2）采用再热循环。在膨胀过程中，把工质引至再热燃烧室中加热后，再回到透平中继续膨胀以完成膨胀的过程。

例 11-4 杭州半山发电有限公司 S109FA 机组的保证热耗率 $q_{cc}=6268.3$kJ/kWh，求其保证联合循环效率。

解： 保证联合循环效率为

$$\eta_{lh}=\frac{3600}{6268.3}\times 100\%=57.43\%$$

（24）（联后循环）供电效率、净热效率、供电热效率（power supply efficiency）：发电机轴端输出的功扣除机组厂用电量后的净功，与单位时间内输入机组的燃料低位热值的百分比，即扣去厂用电量 W_{cy}（kWh）的全厂热效率称为供电热效率，用 η_{ap}表示。计算公式为

$$\eta_{ap}=\frac{3600(W_f-W_{cy})}{B_f\text{NSE}}=\eta_{lh}(1-L_e)$$

$$L_e=\frac{W_{cy}}{W_f}$$

式中 L_e——厂用电率，%；

η_{ap}——供电效率，%。

20世纪70年代的成熟产品是单机容量100MW级的E级燃气轮机，燃烧室出口燃气温度为1100℃，联合循环的发电效率为43%～45%。从20世纪80年代后期开始，性能比E级优越的F级（200MW级）机组投入运行，燃烧室出口燃气温度为1320℃，联合循环的发电效率为55%～58%。采用E级和F级燃气轮机的联合循环机组性能参数见表11-4。

表 11-4　带余热锅炉的燃气轮机的联合循环机组性能参数

项　目	F级燃机		E级燃机	
	GE	西门子	阿尔斯通	GE
联合循环型号	S109FA	SUDIS94.3A	KA26-1	STAG-209E
燃气轮机型号	PG9351FA	V94.3A	GT26	PG9171E
燃气轮机数量（台）	1	1	1	2
燃气轮机出力（MW）	255.6	265	265	2×112.4
燃气轮机排气流量（kg/s）	624	656	562	385.8
燃气轮机排气温度（℃）	609	584	640	555
透平进气温度（℃）	1327	1310	1167	1124
压气机压比	15.4	17.0	32.0	12.3
燃气轮机效率（%）	36.5	38.5	37.0	33.55
燃气轮机热耗率（kJ/kWh）	9863	9351	9730	10 730
余热锅炉型式	三压再热	三压再热	三压再热	双压
余热锅炉台数（台）	1	1	1	2
高压蒸汽流量（t/h）	283.1	290.2	301	183.7

续表

项目	F级燃机			E级燃机
	GE	西门子	阿尔斯通	GE
高压蒸汽压力（MPa）	10.41	11.22	11.81	6.78
高压蒸汽温度（℃）	568.1	566.1	568	525
中压蒸汽流量（t/h）	311.2	319	331.6	—
中压蒸汽压力（MPa）	2.36	2.866	2.75	—
中压蒸汽温度（℃）	567.7	565.7	568	—
低压蒸汽流量（t/h）	44.4	39.3	29.5	38.5
低压蒸汽压力（MPa）	0.388	0.45	0.49	0.42
低压蒸汽温度（℃）	256.4	266.1	255	245
排烟温度（℃）	84	90	103	105
汽轮机出力（MW）	135.2	120	128	124
联合循环出力（MW）	390.8	385	393	348.8
联合循环效率（%）	56.7	57.7	57.9	49
联合循环热耗（kJ/kWh）	6349	6239	6218	7348
NO_x 排放量（μL/L）	25	25	25	25

（25）辅机耗功、辅助负荷（auxiliary power）：联合循环机组中所有用电设备（不包括气体燃料压缩机）消耗的电功率。从由燃气轮机和汽轮发电机端测量的毛输出功率中减去该功率，即得到机组的净输出功率。

（26）Wobbe 指数（WI：wobbe index）：燃料热值除以燃料比重（相对于空气）的平方根所得的值。在规定的状态下，从通过燃料调节阀的气体燃料得到的热值输入与 Wobbe 指数成正比。计算公式为

$$WI=\frac{NSE}{\sqrt{d}}$$

式中 WI——Wobbe 指数；

NSE——燃料净比能，kJ/kg；

d——燃料比重。

有的成套商提供的 Wobbe 指数计算公式为

$$WI=\frac{NSE}{\sqrt{dT_{qa}}}$$

式中 WI——Wobbe 指数；

NSE——燃料净比能，kJ/kg；

T_{qa}——气体燃料绝对温度，K；

d——0℃、101 325Pa 时的燃料比重。

（27）燃料比重（relative density）：气态燃料的气密度与空气密度的比值，计算公式为

$$d=\frac{\rho_q}{\rho_{air}}$$

式中 ρ_q——气态燃料的气密度；

ρ_{air}——0℃、101 325Pa时的空气密度；

d——燃料比重。

(28) 联合循环投入率（combined cycle service rate）：当燃气轮机运行时，余热锅炉累计运行时间与燃气轮机累计运行时间的百分比。计算公式为

$$K_{sr}=\frac{T_{gt}}{T_{st}}\times 100\%$$

式中 T_{gt}——余热锅炉累计运行时间，h；

T_{st}——燃气轮机累计运行时间，h；

K_{sr}——联合循环投入率，%。

(29)（燃料）气耗率、综合气耗率（consumption rate of fuel gas）：联合循环机组单位输出功的燃料消耗量。即联合循环机组每发出 1kWh 电量消耗一定热值天然气（合成气）的量，单位为 m^3/kWh。一般综合气耗率小于 0.2m^3/kWh。

1）机组开机方式。燃气轮机联合循环机组的启动和停机过程是一个燃料不断变化、机组负荷不断变化的过程，并且启动的过程还与机组停用时间的长短有关。机组停用时间越长，则余热锅炉内蒸汽的温度和压力就越低，汽轮机汽缸的温度也就越低，机组启动的时间也就越长（单轴联合循环必须考虑启动过程中温度的匹配），这样必然造成启动过程整体平均热耗率的提高。因此减少机组启停是做好节能工作的重要方面。西门子公司 V94.3A 型 390MW 燃气轮机每次冷态机组启动要比热态机组启动多消耗 8.7 万 m^3 天然气；每次机组温态启动比机组热态启动多消耗约 3 万 m^3 天然气。华能河南中原燃气轮机电厂针对冷态启动暖机时间过长，通过研究，将低真空保护跳闸的设定点由 30kPa 降低到 26kPa。采取该措施后，冷态启动 4.5h 即可冲转，而如果不加以控制真空，冷态启动计时可能长达 6～7h，可以节约 2h 以上的启动时间。

2）环境温度。当环境温度升高时，由于压气机的效率下降、流量降低，燃气轮机的热耗率将上升；反之，当环境温度降低时，热耗率将下降。例如 V94.3A 型燃气轮机当高于设计温度（15.6℃）20℃时，热耗率将升高 3%，见图 11-3。

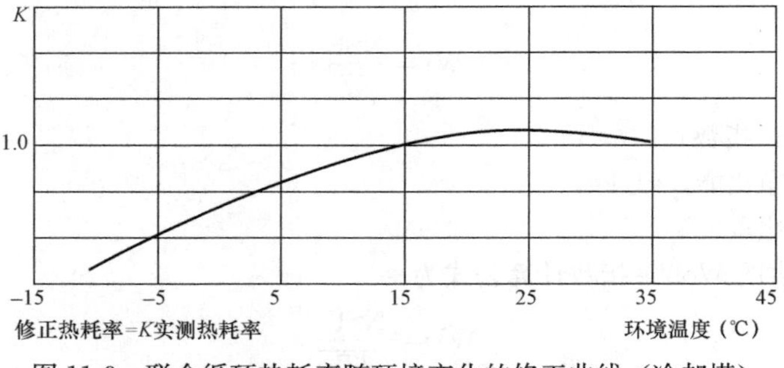

图 11-3 联合循环热耗率随环境变化的修正曲线（冷却塔）

3）机组的运行负荷。燃气轮机效率变化与一般燃煤机组有所不同，燃煤机组的效率在基本负荷区域一般变化范围不大，而联合循环机组的循环效率随着负荷的降低是呈抛物线型下降的。从 GE 公司提供的修正曲线（见图 11-4）中可以看出，当机组在 70%负荷下运行时，其热耗率将增加 7%。此时应在多发电的基础上还要努力提高机组负荷率。还应合理安排检修时间，避免在气量充裕的月份进行检修，一般安排在气量短缺的冬季进行设备检修。做好气量与电量的营销工作，争取更多的气量和电量。优化机组的运行方式，在同样供气量的情况下，尽量提高机组的负荷率。

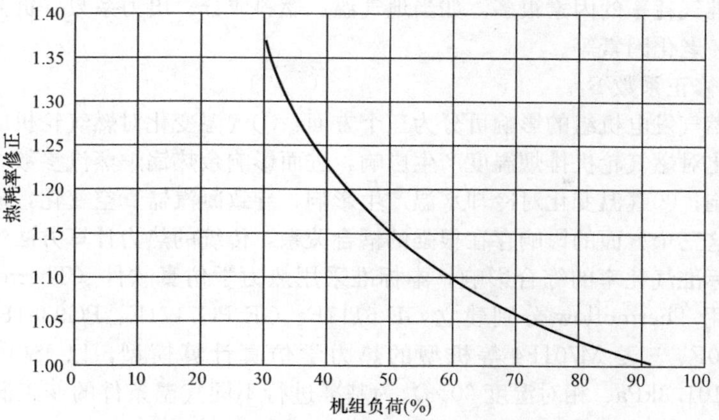

图 11-4 GE 公司提供 V94.3A 型燃气轮机的热耗率修正曲线

4）燃料成分。天然气燃料成分的变化，尤其是其中有效燃烧成分甲烷的含量变化，是关系到天然气发热量的关键。天然气中甲烷的含量下降，杂质成分和重烃类成分的含量就会上升，无疑会造成天然气发热量的等比例下降（重烃类成分虽然也能燃烧放出热量，但重烃类物质在天然气温度低于 21℃时，会自动凝结成液态，作为疏水而被排放，而作为杂质的主要成分氮气，只会恶化燃烧工况和燃气轮机排放指标）。如果天然气中甲烷含量从 94.5%下降到 93.5%，则天然气发热量也会随之下降 1 个百分点，按照目前天然气低位发热量 33 410kJ/m^3 计算，气耗率将上升 0.001 8m^3/kWh（标准状态）。

5）燃气轮机出口 OTC 温度下调。由于 V94.3A 燃气轮机采用燃烧室的特殊燃烧方式，造成燃烧室燃烧脉动始终是一个难以解决的问题。为解决燃烧室脉动异常，技术人员往往采用降低燃气轮机出口 OTC 温度的方法。燃气轮机出口 OTC 温度的下调，将使排入余热锅炉的热量有相应幅度的减小，使得余热锅炉的产汽参数随之下降，汽轮机的效率无疑将逐步降低。

（30）发电标准气耗率（standard natural gas consumption per unit production of power generation）：统计期内，燃气发电机组每发出 1MWh 电能所消耗的天然气折算为标准天然气的量，计算公式为

$$g_{sf}=\frac{G_s\times(1-\alpha)}{W_f}$$

式中 g_{sf}——发电标准气耗率，m^3/MWh；

G_s——统计期内，机组耗用天然气折算为标准天然气的量，m^3；

α——燃气热电联产机组供热比，%，计算方法按照 DL/T 904—2015 执行；

W_f——统计期内的机组发电量，MWh。

（31）供电标准气耗率（standard natural gas consumption per unit production of power supply）：统计期内，燃气发电机组每供出 1MWh 电能所消耗的天然气折算为标准天然气的量。计算公式为

$$g_{sg}=\frac{g_{sf}}{1-L_{fd}}$$

式中 g_{sg}——供电标准气耗率，m^3/MWh；

L_{fd}——发电厂用电率，%。

影响供电标准气耗率的因素很多，如当地气温、燃料成分、出力系数（负荷率）、启动次数、供热、冷却方式、老化因素等。

1）当地气温修正系数 S_1。

当地气温对燃气发电机组的影响可分为三个方面：①气温变化对燃气轮机的出力和效率产生影响；②气温变化对燃气轮机排烟温度产生影响，进而影响余热锅炉蒸汽参数，最终对汽轮机出力和效率产生影响；③气温变化对冷却水温产生影响，导致凝汽器真空变化，进而影响汽轮机出力和效率。由于这三个方面的影响存在很强的耦合关系，传统的热力计算方法难以确定气温对燃气发电机组发电标准气耗率的综合影响，本标准采用热力学仿真软件（Thermoflow）进行变工况计算分析。利用 Thermoflow 分别建立 GE 6111F、GE PG7171E、PG9351FA、西门子 SGT-2000E、SGT-4000F、三菱 M701F4 等机型的热力学仿真计算模型，以 ISO 工况（大气温度 15℃、大气压力 101.3kPa、相对湿度 60%）为基准进行不同气温条件的变工况计算，可得到供电标准气耗率的修正系数（供电标准气耗率的变化系数）见表 11-5。

表 11-5　当地气温对供电标准气耗率的修正系数

环境温度（℃）	修正系数							
	F 级				6F	E 级		
	GE	西门子	三菱	平均	GE	西门子	GE	平均
−4	1.016 66	1.021 91	1.004 61	1.014 39	1.009 42	1.011 88	1.013 00	1.012 44
−2	1.014 59	1.019 14	1.003 74	1.012 49	1.007 46	1.009 75	1.010 20	1.009 98
0	1.012 59	1.016 48	1.002 96	1.010 68	1.005 73	1.007 82	1.007 75	1.007 78
2	1.010 67	1.013 93	1.002 25	1.008 95	1.004 22	1.006 09	1.005 64	1.005 86
4	1.008 81	1.011 48	1.001 62	1.007 30	1.002 94	1.004 55	1.003 86	1.004 21
6	1.007 02	1.009 14	1.001 06	1.005 74	1.001 88	1.003 21	1.002 44	1.002 82
8	1.005 30	1.006 91	1.000 59	1.004 26	1.001 05	1.002 07	1.001 35	1.001 71
10	1.003 65	1.004 78	1.000 20	1.002 87	1.000 45	1.001 12	1.000 60	1.000 86
12	1.002 06	1.002 75	0.999 88	1.001 57	1.000 07	1.000 37	1.000 19	1.000 28
14	1.000 55	1.000 84	0.999 64	1.000 34	0.999 91	0.999 82	1.000 13	0.999 97
15	1	1	1	1	1	1	1	1
16	0.999 66	1.000 32	1.000 40	1.000 12	1.000 58	1.000 30	1.000 41	1.000 35
18	0.999 77	1.000 57	1.001 38	1.000 57	1.001 85	1.000 95	1.001 03	1.000 99
20	1.000 40	1.001 24	1.002 68	1.001 44	1.003 59	1.002 00	1.001 99	1.001 99
22	1.001 56	1.002 31	1.004 28	1.002 72	1.005 80	1.003 44	1.003 29	1.003 37
24	1.003 26	1.003 79	1.006 19	1.004 41	1.008 47	1.005 28	1.004 93	1.005 11
26	1.005 48	1.005 67	1.008 42	1.006 52	1.011 61	1.007 51	1.006 92	1.007 21
28	1.008 23	1.007 97	1.010 95	1.009 05	1.015 21	1.010 14	1.009 24	1.009 69
30	1.011 51	1.010 67	1.013 78	1.011 99	1.019 29	1.013 16	1.011 91	1.012 53
32	1.015 32	1.013 77	1.016 93	1.015 34	1.023 83	1.016 58	1.014 92	1.015 75
34	1.019 66	1.017 29	1.020 39	1.019 11	1.028 83	1.020 39	1.018 27	1.019 33
36	1.024 52	1.021 21	1.024 15	1.023 29	1.034 31	1.024 59	1.021 96	1.023 27
38	1.029 92	1.025 53	1.028 23	1.027 89	1.040 25	1.029 19	1.025 99	1.027 59
40	1.035 85	1.030 27	1.032 61	1.032 91	1.046 66	1.034 19	1.030 36	1.032 27

从表 11-5 中可以看出，当大气温度在$-4\sim8$℃、$10\sim20$℃、$20\sim40$℃范围内修正系数相差较小，因此将大气温度对各容量等级燃气发电机组供电标准气耗的修正系数表达如下。

400MW 等级为

$$S_1=K_1+K_2\times1.0141+K_3\times1.0083$$

200MW 等级为

$$S_1=K_1+K_2\times1.0144+K_3\times1.0064$$

100MW 等级为

$$S_1=K_1+K_2\times1.0216+K_3\times1.004$$

式中 K_1——春秋季（3、4、5、10、11 月份）的发电量占年度总发电量的比重，其修正系数为 1；

K_2——夏季（6、7、8、9 月份）的发电量占年度总发电量的比重，其修正系数为 1.015；

K_3——冬季（1、2、12 月份）的发电量占年度总发电量的比重，修正系数为 1.008。

2）燃料成分修正系数 S_2。

依据不同设备厂家提供的燃气发电机组性能修正曲线（包括 GE、三菱、西门子公司的 E 级、F 级燃气发电机组），获得不同机型不同碳氢质量比下，燃料低位热值与联合循环热耗修正系数的数据，并进行数据汇总、制图、图表分析、曲线拟合。鉴于各碳氢质量比下拟合得到的多条曲线皆为直线，故求取曲线均值，即相交直线的角平分线作为燃料低位热值与燃气发电机组热耗修正系数的关系曲线，由此获得 400MW 等级、200MW 及以下等级函数关系式，见表 11-6。

表 11-6　燃料成分修正系数

容量等级	C/H	修正系数
400MW 等级	C/H = 3.0	1.335 5E-07×LHV+0.993 56
	C/H = 3.15	1.394 2E-07×LHV+0.993 62
	C/H = 3.3	1.781 9E-07×LHV+0.992 00
200MW 及以下	C/H = 3.0	2.515 9E-07×LHV+0.988 00
	C/H = 3.15	0.742 9E-07×LHV+0.996 50
	C/H = 3.27	2.605 8E-07×LHV+0.989 5

注　C/H 为燃料碳氢质量比；LHV 为燃料低位质量热值（kJ/kg）；C/H 不在上述数值上的，采用插值方法计算。

3）出力系数修正系数 S_3。

通过对多台燃气发电机组统计得到如下结论：当负荷率 x 小于或等于 75%时，400MW 级修正系数的函数为 $x^{-0.17}$，200MW 级修正系数的函数为 $x^{-0.18}$；当负荷率 x 大于 75%时，400MW 级修正系数的函数为 $x^{-0.05}$，200MW 级修正系数的函数为 $x^{-0.07}$。

4）供热修正系数 S_5。

供热对机组供电标准气耗的修正系数计算公式为

$$\text{供热机组修正量}=0.878\times C_{pi}\times R_{pi}\times31.88$$

$$R_{pi}=\frac{\text{机组年供热量(GJ)}}{\text{机组年发电量(万 kWh)}}$$

式中 R_{pi}——机组统计期内供热量与发电量数据比值；

31.88——根据热量法计算的燃气供热机组理论供热标准气耗率，Nm^3/GJ；

0.878——供电标准煤耗修正量折算为标准供电标准气耗的系数，计算方法：标煤热值（29308）/标准天然气热值（33350）=0.878；

C_{pi}——不同抽汽压力供热时的供电煤耗调整系数，用下列公式计算：

$$0 < P_i < 0.879 \qquad C_{pi} = 1.506 - 0.97\log(\overline{P}_i + 0.1)$$

$$0.879 < P_i < 3.92 \qquad C_{pi} = 1.505 - 1.404\log(\overline{P}_i + 0.1)$$

（32）供热标准气耗率（standard natural gas consumption per unit production of heat-supply）：统计期内，燃气发电机组每供出 1GJ 热能所消耗的天然气折算为标准天然气的量。计算公式为

$$g_\alpha = \frac{D_{ng} \cdot \beta_h}{Q_{tp(h)}} \times 10^6 = \frac{D_{ng} \cdot \sum D_h \cdot (h_h - h'_h)}{D_{ng} \cdot \mathrm{NSE} \cdot \eta_{hr} \cdot \eta_p \cdot \sum (D_h \times h_h)} \times 10^6 = \frac{1}{LHV_{ng} \cdot \eta_{hr} \cdot \eta_p} \times \gamma \times 10^6$$

$$\gamma = \frac{\sum D_h \cdot (h_h - h'_h)}{\sum (D_h \times h_h)}$$

式中 g_α——机组供热热耗率，m^3/GJ；

$Q_{tp(h)}$——机组供热量，kJ/h；

β_h——供热成本分摊比，$\times 10^6$；

D_{ng}——天然气耗气量，Nm^3/h；

NSE——天然气低位发热量，kJ/Nm^3；

D_h——供热抽汽量，kg/h；

h_h——供热抽汽比焓，kJ/kg；

h'_h——供热回水比焓，kJ/kg；

η_{hr}——换热效率，推荐取值 0.95；

η_p——管道效率，推荐取值 0.99。

γ——计算系数。

供热蒸汽供热不回收，供热回水比焓取 20℃时的补水焓值，因为供热蒸汽比焓远大于补水焓，故 γ 近似等于 1。忽略 γ 的影响，因此可得

$$g_\alpha = \frac{1}{\mathrm{NSE} \cdot \eta_{hr} \cdot \eta_p} \times 10^6 = \frac{1}{33\,350 \times 0.99 \times 0.95} \times 10^6 = 33.18(Nm^3/GJ)$$

管道效率和换热效率分别取 0.99 和 0.95 时，当燃料为标准天然气时，低位热值为 33 350kJ/Nm^3，计算得出燃气机组供热气耗率为 31.88Nm^3/GJ。

（33）（联合循环）厂用电率（auxiliary power consumption ratio of combined cycle）：联合循环机组发电生产过程的自用电量占发电量的百分比。单位为%。燃气联合循环机组纯凝工况厂用电率一般为 2%左右。影响燃气联合循环机组厂用电率的因素如下：

1）负荷率。机组的负荷率高，燃气轮机的气耗率和机组厂用电率就低。例如某西门子 SGT5-4000F 燃气循环机组连续运行时，在 83%负荷时厂用电率为 1.5%，在 71%负荷时厂用电率为 1.56%。

2）主机运行方式。燃气循环机组一般作为调峰机组，燃气轮机常采用日开夜停的二班制运行方式。机组采用二班制运行方式时，机组停机后仍必须保持相应辅机运行一段时间；启动前需将各辅机操作至启动状态，且启动时需对余热锅炉进行清吹，因此机组的启停次数对厂用电率影响较大。当机组采用二班制运行方式时，厂用电率相比连续运行时明显增加。例如某西门子 SGT5-4000F 燃气循环机组在 71%负荷连续运行时，厂用电率为 1.56%；在 71%负荷二班制运行方式时，厂用电率为 1.96%；在 73%负荷二班制运行方式时，厂用电率为 1.65%。

3）辅机运行方式。余热锅炉的进水方式一般有三种：①采用凝结水泵和给水泵向余热锅炉进水；②采用凝结水泵直接向余热锅炉进水；③采用凝结水输送泵，通过停机稳压管线向余热锅

炉进水。当采用凝结水泵、给水泵进水时，同时需要由闭式冷却水系统向泵轴承提供冷却水，故必须启动闭冷水泵，且闭式冷却水系统温度上升时，还需启动循环水泵通过闭式冷却水换热器冷却闭式冷却水，耗电量很大；而采用380V凝结水输送泵进水时，由于无需启动上述6kV辅机，大大降低了余热锅炉进水时的厂用电率，耗电量很小。故机组全冷态启动时，采用凝结水输送泵向余热锅炉进水；当机组温态启动时，由于凝结水输送泵的压头不足以克服汽包压力和沿程阻力，采用凝结水泵直接向余热锅炉进水，采用凝结水泵直接上水耗电量约是凝结水泵和给水泵上水耗电量的三分之一；当机组热态启动，先通过凝结水泵向余热锅炉中压、低压汽包进水，再启动给水泵向余热锅炉高压汽包进水。

第十二章 热电联产机组指标管理与控制

第一节 供热参数指标

（1）供热面积（area of heat-supply service）：供暖建筑物的建筑面积。

（2）热负荷（heatload）：供热系统的热用户或用热设备在单位时间内所需的供热量。包括供暖（采暖）、通风、空调、生产工艺和热水供应热负荷等几种。

（3）热化系数（coefficient of heat supply）：热网的最大热化供热量 Q_{htmax} 与热网的最大热负荷 Q_{hmax} 的比值，计算公式为

$$a_{tp}=\frac{Q_{htmax}}{Q_{hmax}}$$

式中 Q_{htmax}——热网的最大热化供热量，GJ；

Q_{hmax}——热网的最大热负荷，GJ；

a_{tp}——热化系数。

热化供热量是指供热汽轮机的抽汽或排汽供热量，热网热负荷包括热化供热量和锅炉直接供热量。对于以常年热负荷（即工业热负荷）为主的系统，热化系数要求为 0.6～0.8；对于以季节热负荷（即采暖热负荷）为主的系统，热化系数要求为 0.5～0.7。

（4）供水温度（supply water temperature）：热水供热系统中供水结算点热水的温度。设计工况下所选定的供水温度称为设计供水温度。

（5）回水温度（return water temperature）：供热系统中循环水在锅炉或热水加热器进口处的温度。

（6）设计供回水温差（design for the return water temperature difference）：设计供水温度与设计回水温度之差。

（7）最佳供回水温差（best for the return water temperature difference）：经技术经济分析所确定的设计条件下供水温度与回水温度之差的最佳值。

（8）供水压力（pressure of supply water）：热水供热系统中供水管内的压力。

（9）回水压力（pressure of return water）：供热系统中循环水在锅炉或热水加热器进口处的压力，即热水供热系统中回水管内的压力。

（10）供热抽（排）汽压力（pressure of extraction steam）：抽汽式汽轮机供给热网的抽汽压力或背压式汽轮机的排汽压力。单位：MPa。

（11）热网加热器上端差（terminal temperature difference of heating supply heater）：加热器进口蒸汽压力下的饱和温度与水侧出口温度的差值，计算公式为

$$\Delta t=t_{bh}-t_{cs}$$

式中 Δt——加热器上端差，℃；

t_{bh}——进口蒸汽压力下饱和温度，℃；

t_{cs}——加热器的水侧出口温度，℃。

热网加热器端差增大会使汽轮机抽汽点压力升高，降低循环效率。造成加热器端差增大的主要原因是加热器水位定值不合理、加热器旁路门或水室隔板泄漏、加热器内部结垢或加热器内部

积聚空气，以及加热器堵管超标等。

（12）热网加热器下端差（drain cooler approach of heating supply heater）：加热器疏水温度与水侧进口温度的差值，计算式为

$$\Delta t_{xd}=t_{ss}-t_{js}$$

式中 Δt_{xd}——加热器下端差，℃；

t_{ss}——加热器疏水温度，℃；

t_{js}——加热器的水侧进口温度，℃。

（13）供热量（heat-supply amount）：统计报告期内机组对外供出蒸汽或热水计量点与其返回计量点的热量差。供热量包括汽轮机和锅炉供给厂外的蒸汽或热水的热量之和，减去返回冷凝水和补给软化水的含热量后计算求得。计算公式为

$$\begin{aligned}Q_{gr}=&D_{q}\times(h_{q}-h_{f0})\times10^{-3}-D_{fc0}\times(h_{fc0}-h_{f0})\times10^{-3}\\&+D_{f}\times(h_{gf}-h_{hf})\times10^{-3}+D_{bf}\times(h_{sf}-h_{f0})\times10^{-3}\\&+D_{xh}\times(t_{gs}-t_{hs})\times4.18\times10^{-3}\,(GJ)\end{aligned}$$

式中 Q_{gr}——对外供热量，GJ；

D_{q}——外供汽量，t；

h_{q}——供汽焓，kJ/kg；

h_{f0}——天然水焓，kJ/kg；

D_{fc0}——返回冷凝水量，t；

h_{fc0}——冷凝水焓，kJ/kg；

D_{f}——对外供热水量，t；

h_{gf}——供热水焓，kJ/kg；

h_{hf}——供热回水焓，kJ/kg；

D_{bf}——热网补充水量，t；

h_{sf}——热网补充水焓，kJ/kg；

D_{xh}——循环水供暖供水量，t；

t_{gs}——循环水供水温度，℃；

t_{hs}——循环水回水温度，℃。

供热量包括背压机组或抽汽机组及锅炉直接对外用户供应的热量，也包括对本厂生活区的供热量，但不包括生产用汽，如除氧器用汽、暖风器用汽、吹灰用汽、伴热用汽等。新装锅炉在未正式投入生产前，以及原来锅炉大修或改进后试运转期间对外供出的热量，应计入供热量中。供热的流量表超出允许误差范围时，应进行调整或更换表计。

例 12-1 某热电厂当月对外供汽量为 35.5t/h，供汽热焓值为 3070kJ/kg；循环水供暖供水量为 2750t/h，循环水供水温度为 55℃，循环水回水温度为 45℃，循环水凝汽器入口天然温度为 20℃；热网对外供热水量为 35t/h，供热水温度为 90℃，回水温度为 60℃；热网补充软化水量为 0.1t/h，补水温度为 95℃。当月累计运行 720h，求当月对外总供热量。

解： 总供热量为

$$\begin{aligned}Q_{gr}=&D_{q}\times(h_{q}-h_{f0})\times10^{-3}-D_{fc0}\times(h_{fc0}-h_{f0})\times10^{-3}+D_{f}\times(h_{gf}-h_{hf})\times10^{-3}+D_{bf}\\&\times(h_{sf}-h_{f0})\times10^{-3}+D_{xh}\times(t_{gs}-t_{hs})\times4.18\times10^{-3}\,(GJ)\\=&[35.5\times(3070-20\times4.18)+35\times(90-60)\times4.18+0.1\times(95-20)\times4.18+2750\\&\times(55-45)\times4.18]\times720\times10^{-3}\,(GJ)\\=&162\ 279.0\,(GJ)\end{aligned}$$

例 12-2 某热电厂抽汽供热量为151.5GJ/h，抽汽焓为2900MJ/t，热用户的返回凝结水量为25%，凝结水温度为80℃，与温度为20℃的补充水混合后作为供热补充水。从用户侧计算供热蒸汽量。

解：混合后补充水温度为

$$t=(25\%\times80+75\%\times20)=35\ (℃)$$

由于 $D_q \approx D_{bf}$，则供热蒸汽量为

$$D_q=\frac{Q_{gr}}{h_q-h_{f0}}=\frac{151.5\times10^3}{2900-35\times4.187}=55.0\ (t/h)$$

（14）供热（成本分摊）比（heat-supply ratio）：统计报告期内机组供热量与汽轮机热耗量的比值，以 a_r 表示。计算公式为

$$a_r=\frac{Q_{gr}}{H_{fg}}\times100\%$$

式中 a_r——供热比，%；

Q_{gr}——对外供热量，GJ；

H_{fg}——发电、供热总耗热量，GJ。

发电、供热总耗热量 H_{fg}(GJ) =汽轮机进汽热量－锅炉给水热量＋自锅炉经减温减压器及锅炉直接对用户的供热量

=汽轮机进汽量(t)×(机进汽焓－给水焓)×10^{-3}＋减温减压器供汽量(t)×(供汽焓－天然水焓)×10^{-3}

某300MW机组采用冷段再热蒸汽抽汽供热，每1%供热比的供热量将影响汽轮机热耗率30kJ/kWh，即影响机组发电煤耗率约1.1g/kWh，见表12-1。

表 12-1　每月供热比变化对发电煤耗率的影响

发电标煤量（t）	247 429	215 110	184 500	174 825	230 418	2 429 120	212 972	164 424
供热标煤量（t）	0	728	811	1114	1707	22 830	3073	3070
供热比（%）	0	0.34	0.44	0.64	0.74	0.94	1.44	1.87
发电煤耗率影响量（g/kWh）	0	0.4	0.5	0.7	0.8	1.0	1.6	2.1

（15）热电比、供热发电比（heat to electricity ratio）：统计报告期内机组供热量与供电量在同一量纲下之比，以 I 表示。计算式为

$$I=\frac{Q_{gr}}{W_g\times3600}\times100\%$$

式中 I——热电比，%；

Q_{gr}——供热量，kJ；

W_g——供电量，kWh。

热电比也可以指对应每发电1MWh所供出的热量，即

$$I=\frac{Q_{gr}}{W_f}$$

式中 I——热电比，GJ/MWh；

Q_{gr}——统计期内的供热量，GJ；

W_f——发电量，MWh。

（16）供热能力（heating capacity）：热电厂向用户输送热量的设计能力，单位为 MW 或 GJ/h。也可将设计供热面积称为供热能力，单位为万 m^2，1MW＝3.6GJ/h≈1.67 万 m^2。《城市燃气和集中供热企业资质管理规定》（城建〔1993〕839 号）要求：供气能力在 20 万户以上的燃气企业和供热能力在 500 万 m^2 的供热企业的资质审查由国务院行政主管部门负责。

例 12-3 某热电厂设计对外供汽量为 35.5t/h，供汽热焓值为 3070kJ/kg；循环水供水量为 2750t/h，循环水供水温度为 55℃，循环水回水温度为 45℃，循环水凝汽器入口天然温度为 20℃；热网对外供热水量为 35t/h，供热水温度为 90℃，回水温度为 60℃；热网补充软化水量为 0.1t/h，补水温度为 95℃。求供热能力。

解：供热能力为

$$
\begin{aligned}
Q_{gr} &= [D_q \times (h_q - h_{f0}) \times 10^{-3} - D_{fc0} \times (h_{fc0} - h_{f0}) \times 10^{-3} + D_f \times (h_{gf} - h_{hf}) \times 10^{-3} \\
&\quad + D_{bf} \times (h_{sf} - h_{f0}) \times 10^{-3} + D_{xh} \times (t_{gs} - t_{hs}) \times 4.18 \times 10^{-3} \text{(GJ/h)} \\
&= 35.5 \times (3070 - 20 \times 4.18) + 35 \times (90 - 60) \times 4.18 + 0.1 \times (95 - 20) \\
&\quad \times 4.18 + 2750 \times (55 - 45) \times 4.18] \times 10^{-3} = 225.39 \text{(GJ/h)} \\
&= 62.6 \text{(MW)}
\end{aligned}
$$

（17）供暖指标、热指标（heating load index）：单位建筑面积或体积的供暖热负荷。建筑采暖热指标与室外温度、建筑维护结构、保温材料的传热系数、窗体的传热系数、建筑物体形系数、新风量大小、热损失等都有关系，致使同类建筑的热指标有所差异，各地的热指标更有所差异。CJJ 34—2010《城市热力网设计规范民用住宅》提出的采暖热指标推荐值见表 12-2。

表 12-2　采暖热指标推荐值 q_f（W/m²）

建筑物类型	住宅	居住区综合	学校、办公	医院、托幼	旅馆	商店	食堂、餐厅	大礼堂、体育馆
未采取节能措施	58～64	60～67	60～80	65～80	60～70	65～80	115～140	115～165
采取节能措施	40～45	45～55	50～70	55～70	50～60	55～70	100～130	100～150

注　热指标中已包括约 5% 的管网热损失。

（18）供暖面积热指标、采暖面积热指标（space-heating load data per unit floor area）：单位建筑面积的供暖热负荷。供暖面积热指标的大小主要取决于通过垂直围护结构向外传递的热量，它与建筑物平面尺寸和层高有关，因而不是直接取决于建筑平面面积。

（19）采暖体积热指标、供暖体积热指标（space-heating load data per unit building volume）：单位建筑物外围体积在单位室内外温差下的供暖热负荷。用供暖体积热指标表征建筑物供暖热负荷的大小，物理概念清楚，但采用面积热指标法比体积热指标更易于概算，所以多采用供暖面积热指标法进行概算。计算公式为

供热热效率

$$\eta_{gr} = \frac{Q_{gr} \times 10^3}{29\,307.6 B_{gr}} \times 100\% = \frac{3989.1 \times 10^3}{157.97 \times 29\,307.6} \times 100\% = 86.16\%$$

（20）供热水耗率（water consumption rate of heat-supply）：每供出 1GJ 热量所耗用的新鲜水量，单位为 m^3/GJ。计算公式为

$$d_r = \frac{(V_i - V_{gr})\alpha_r + V_{gr}}{Q_{gr}}$$

式中　d_r——供热水耗率，m^3/GJ；

V_i——统计期内生产过程中的取水量，m^3；

V_{gr}——供热时凝结水或循环水损失量，m^3；

α_r——供热比，%；

Q_{gr}——统计期内的供热量，GJ。

（21）热网循环泵单耗（unit electric consumption of circulation pump of heating network）：报告期内供热首站内热网循环泵耗电量与供热量的比值，单位为 kWh/GJ。计算公式为

$$L_{rx}=\frac{W_{rx}}{Q_{gr}}\times 100\%$$

式中 L_{rx}——热网循环泵单耗，kWh/GJ；

W_{rx}——报告期内供热首站内热网循环泵耗电量，kWh；

Q_{gr}——统计期内的供热量，GJ。

也可以定义为：

$$L_{rx}=\frac{W_{rx}}{G_{rx}}\times 100\%$$

式中 L_{rx}——热网循环泵单耗，kWh/t；

W_{rx}——报告期内供热首站内热网循环泵耗电量，kWh；

G_{rx}——热网循环泵流量，t。

影响热网循环泵单耗的主要因素是系统阀门内漏（如再循环阀）、出口管道节流，电动机设计功率与设备出力不匹配。

降低热网循环泵单耗的主要措施如下：

1）加强对出口流量、压力和阀门内漏情况的监视。

2）应尽量减少泵出口管道节流，检查再循环关闭是否严密。

3）热网循环泵应采用变频调节，不应采用出口门调节的定速泵。例如呼和浩特金桥热电厂2×300MW 热电联产机组，配备 5 台 1000kW 的热网循环泵，电厂将 1、3 号热网循环泵改造为一拖二变频调节方式。改造前，3 号热网循环泵电流平均为 110.96A，热网循环泵流量为2358.6t/h，每小时耗电量为 957.09kWh，热网循环泵单耗为 0.425kWh/t；改造后 3 号热网循环泵电流平均为 62.32A，循环泵流量为 2071.53t/h，每小时耗电量为 537.50kWh，每小时节电量为 419.59kWh，热网循环泵单耗为 0.272kWh/t，节电率为 36%。

4）热网循环水泵改为蒸汽驱动。例如满洲里热电厂进行热网循环水泵电驱动改蒸汽驱动改造。电厂总装机为 4×12MW 机组（配套 6×75t/h 循环流化床锅炉），其中 1、2 号机组为 C12-3.43/0.49 抽凝式，3、4 号机组为 B12-3.43/0.49 背压式，机组采用母管制，给水系统采用母管制，加热蒸汽采用母管制，热网循环水泵 8 台，热网加热器 9 台。热网循环泵改造方案为：将1、5、7 号热网循环泵进行改造，将 3 台泵更换为 3 台流量为 2000t/h、扬程为 80m、转速为3000r/min 的热网循环泵，每台泵的轴功率为 580kW。保留原有的 2、3、4、6、8 号电动热网循环泵作为备用。改造后的每台热网循环泵配备一台 580kW 低压汽轮机，该汽轮机与热网循环泵连接，直接拖动热网循环泵。汽轮机进汽取自热网蒸汽母管，排汽直接进入热网换热器。将 1、8 号热网加热器作为低压换热器，回收所有汽动给水泵排汽。

第二节 供热效率指标

（1）有效热能产出比率（effective heat output ratio）：统计期内热电厂扣除厂用热后输出的供热量 Q_h 与输出产品的总能量（$3600W_e+Q_h$）的比值，计算公式为

$$\eta_{tp}=\frac{Q_h}{3600W_e+Q_h}\times 100\%$$

式中　η_{tp}——有效热能产出比率，%；

Q_h——统计期内热电厂扣除厂用热后输出的供热量，kJ；

W_e——统计期内热电厂发电量折算出的热量，kJ。

热电厂的有效热能产出比率不应低于20%。根据GB/T 6423《热电联产系统技术条件》，W_e为统计期内热电厂扣除厂用电后输出的供电量（kJ）。

（2）热电厂的燃料利用系数（rate of fuel utilization）：是指输出电、热两种产品的总能量与输入能量的百分比。它将高品位的电能按热量单位折算后与对外供热量相加，不能表明热、电两种能量产品在品位上的差别，只能表明燃料能量在数量上的有效利用程度，故称热电厂的燃料利用系数。计算公式为

$$\eta_{tp}=\frac{3600P_e+Q_h}{BQ_{net,\ ar}}$$

式中　P_e——热电厂的总发电功率，kW；

Q_h——热电厂的供热量，kJ/h；

B——热电厂总（包括发电年和供热）耗煤量，kg/h；

$Q_{net,\ ar}$——煤的收到基低位发热量，kJ/kg。

η_{tp}既不能比较供热式机组间的热经济性，也不能比较热电厂的热经济性。它只能表明热电厂的燃料能量有效利用程度，一般$\eta_{tp}=(1.5\sim 2.0)\eta_{cp}$。在设计热电厂时，该指标用以估计热电厂的燃料消耗量。

（3）供热管网输送效率（heat transfer efficiency of heating network）：供热管网输出总热量与供热管网输入总热量的比值。

（4）热网效率（efficiency of heating network）：供热机组单独供热时，统计期间的对外供热量与供热热源热量的百分比。计算公式为

$$\eta_{hs}=\frac{Q}{29\ 307.6B_r\times\eta_{bl}\eta_{gd}}$$

式中　Q——对外供热量，kJ；

η_{hs}——热网效率，%；

η_{bl}——锅炉热效率，%；

η_{gd}——管道效率，%；

B_r——供热标准煤耗量，kg。

例12-4　一台背压式汽轮发电装置，进汽参数$p_0=3.4\text{MPa}$，$t_0=435℃$，排汽压力$p_c=0.5\text{MPa}$，额定工况下外供蒸汽热量$Q_h=25\ 000\text{kJ/s}$，汽轮发电机组相对内效率$\eta_i=0.753$，汽轮机机械效率和发电机效率$\eta_m\eta_g=0.92$。若该机组在额定供热量情况下，年运行4000h，锅炉和管道效率为0.88，年供热消耗标准煤量为14 410t，求：

1）出口蒸汽流量（对外供蒸汽流量）G_h和总电功率P_N。

2）汽耗率d和热耗率q。

3）该机组年发电量W_f和供热量Q_h。

4）热网效率η_{hs}。

解：1）已知进汽参数$p_0=3.4\text{MPa}$，$t_0=435℃$，排汽压力$p_c=0.5\text{MPa}$，由h-s图可以查得：新蒸汽比焓$h_{ms}=3303\text{kJ/kg}$，等比熵膨胀到排汽压力p_c比焓$h_{ct}=2809\text{kJ/kg}$，热网回水比焓$h_{hs}=636\text{kJ/kg}$，则汽轮机中的理想比焓降为

$$\Delta h_t = h_{ms} - h_{ct} = 3303 - 2809 = 494 \text{（kJ/kg）}$$

汽轮机中的实际比焓降为

$$\Delta h_i = \Delta h_t \eta_{ri} = 494 \times 0.753 = 372 \text{（kJ/kg）}$$

排汽比焓降为

$$h_c = h_{ms} - \Delta h_i = 3303 - 372 = 2931 \text{（kJ/kg）}$$

热网供蒸汽比焓降为

$$\Delta h_h = h_c - h_{hs} = 2931 - 636 = 2295 \text{（kJ/kg）}$$

对外供蒸汽热量为

$$Q_h = 25\,000 \text{kJ/s}$$

对外供蒸汽流量为

$$G_h = \frac{Q_h}{\Delta h_h} = \frac{25\,000}{2295} = 10.89 \text{（kg/s）} = 39.20 \text{t/h}$$

汽轮发电机组功率为

$$P_N = G_h \Delta h_i \eta_m \eta_g = 10.89 \times 372 \times 0.92 = 3727.0 \text{（kW）}$$

2）汽耗率为

$$d = \frac{G_h}{P_N} = \frac{39\,200}{3727} = 10.52 \text{（kg/kWh）}$$

热耗率为

$$q = d(h_{ms} - h_{hs}) = 10.52 \times (3303 - 636) = 28\,056.8 \text{（kJ/kWh）}$$

3）年发电量为

$$W_f = P_N \times 4000 = 14\,920 \text{（kWh/a）}$$

年供热量为

$$Q_h = Q_h \times 3600 \times 4000 = 25\,000 \times 3600 \times 4000 = 360\,000 \text{（GJ/a）}$$

4）对外供蒸汽热量为

$$Q_h = 25\,000 \text{kJ/s} = 9 \times 10^7 \text{kJ/h}$$

供热标准煤耗量为

$$B_r = \frac{14\,410\,000 \text{kg}}{4000 \text{h}} = 3602.5 \text{（kg/h）}$$

热网效率为

$$\eta_{hs} = \frac{Q_h}{29\,307.6 B_r \times \eta_{bl} \eta_{gd}} = \frac{9 \times 10^7}{29\,307.6 \times 3602.5 \times 0.88} = 0.969$$

（5）管网热损失（率）、供热管道损失率（heat loss of heating network/heating pipe heat loss rate)：供热管网的热损失量与供热量的百分比。计算公式为

$$\eta_{gs} = \frac{Q_{gs}}{Q_{gr}} \times 100\%$$

式中 η_{gs}——供热管道损失率，%；

Q_{gs}——供热管道损失热量，GJ；

Q_{gr}——供热量，GJ。

管网热损失应控制在5%以内。蒸汽管网热损失途径主要有：①保温效果差引起蒸汽焓值降低；②管道散热导致在沿途出现凝结水；③管线沿途跑冒热损失；④凝结水没有完全回收。

或者定义为

$$\text{供热管道损失率} = \frac{\text{热电厂出口焓值} - \text{用户侧焓值}}{\text{热电厂出口焓值}} \times 100\%$$

供热管网的热损失量是指供热过程中损失的热量，它是供热量与售（用）热量的差额，即

供热管网的热损失量=供热量−售热量

（6）总热效率、全厂热效率（gross thermal efficiency）：热电联产业机组单位时间的供热量与供电量折热后之和，与燃料供入能量总和之百分比。计算公式为

$$\eta_c=\frac{Q_{gr}+W_g\times 3600}{B_b\times Q_{net,\ ar}}\times 100\%$$

式中 η_c——总热效率，即全厂热效率，%；

Q_{gr}——统计期内的供热量，kJ；

W_g——统计期内的供电量，kWh；

B_b——统计期内耗用标准煤量，kW；

$Q_{net,\ ar}$——统计期内的标准煤低位发热量，$Q_{net,ar}$=29 308kJ/kg。

提高总热效率的主要措施如下：

1）抽凝低真空供热机组改造为背压供热机组。某热电厂将1、2号低真空供热机组（2×25MW）改造为背压供热机组，将背压汽轮机做完功的蒸汽（压力为0.3MPa、温度为180℃）排至热网加热器加热热网循环水，降低排汽冷源损失，提高供热能力。

2）工业供汽机组改造方式优化。北仑港电厂（1000MW机组）采用背压式引风机驱动给水泵汽轮机的排汽实施工业供汽；苏州热电厂将电动给水泵改造为背压式给水泵汽轮机驱动，给水泵汽轮机排汽对外供热。

3）在锅炉尾部烟道加装低压省煤器（烟气换热器），充分利用锅炉排烟余热，非供热期加热凝结水，供热期作为热网加热器使用，提高低压省煤器系统的经济性。

例12-5 某热电厂全年一炉一机运行，炉为75t/h蒸汽锅炉，机为6MW抽凝式汽轮机，2010年主要运行数据如下：锅炉耗煤量为89 000t，煤的加权平均热值为22 800kJ/kg。机组外供汽压力平均绝对值为0.85MPa，温度平均值为300℃，汽量为81 570t。企业同时对外余热供暖，出水压力平均绝对值为0.7MPa，温度平均值为60℃；回水压力平均绝对值为0.4MPa，温度平均值为45℃，循环量为5 450 000t。机组发电量为8400万kWh，厂用电率为13.5%，求其热电比和总热效率。

解：供热量为

$$Q_{gr}=81\ 570\times 3055+5\ 450\ 000\times 4.18(60-45)=59\ 0911\ (\text{GJ})$$

供电量为

$$W_g=8400\times 13.5\%=7266\ (\text{万 kWh})$$

热电比为

$$I=\frac{Q_{gr}}{W_g\times 3600}\times 100\%=590\ 911/(72.66\times 3600)\times 100\%=225.9\%$$

总热效率为

$$\eta_c=\frac{Q_{gr}(\text{kJ})+W_g(\text{kWh})\times 3600}{B(\text{kg})\times Q_{net,\ ar}(\text{kJ/kg})}\times 100\%$$

$$=(590\ 911+72.66\times 3600)\times 1000/(89\ 000\times 22\ 800)\times 100\%=42.0\%$$

（7）供热热效率（heat-supply efficient）：是指热电厂供热量与生产这些热量所耗用热量的百分比，计算公式为

$$\eta_{gr}=\frac{Q_{gr}\times 10^3}{29\ 307.6B_{gr}}\times 100\%$$

式中 η_{gr}——供热热效率，%；

Q_{gr}——计算期内供热量，GJ；

B_{gr}——计算期内供热标准煤耗量，t。

提高供热热效率的措施如下：

1）提高供热机组的设计供热能力的利用率。

2）工业供热与采暖供热分开供应。如果住宅采暖供热与生产用汽使用同一高压抽汽，将对能源造成很大的损失，因为低压抽汽和高压抽汽热耗量相差一倍。

3）在保证生产需要的前提下，合理地调整抽汽压力，一般高压抽汽压力为0.8～1.3MPa，化工、制药、纺织等工业用汽为0.4～0.6MPa。

4）采用300MW等级及以上的高参数大容量供热机组。

5）开展供热机组经济调度。例如几台抽汽式供热机组并列运行，其抽汽量的分配应按汽轮机等微增的高低相反的顺序分配。

（8）热电厂热效率、热电厂能源利用率（energy utilization efficient of thermal power plant）：热电厂产出的总热量（供热量和发电量折算热量）与生产这些热量所耗用的热量的比率，计算公式为

$$\eta_{rd}=\frac{Q_{gr}\times 10^{3}+3600W_{f}\times 10}{29\ 307.6(B_{gr}+B_{f})}\times 100\%$$

式中 η_{rd}——热电厂热效率，%；

Q_{gr}——计算期内供热量，GJ；

W_{f}——计算期内发电量，kWh；

B_{gr}——计算期内供热标准煤耗量，t；

B_{f}——计算期内发电标准煤耗量，t。

例12-6 某热电厂当日锅炉总耗用标煤为1050t，发电量为258.5万kWh；汽轮机进汽量为10 000t，进汽焓为3500kJ/kg，给水温度为220℃。当日抽汽量为5000t，抽汽压力为1MPa，抽汽温度为230℃，抽汽焓为2898kJ/kg，抽汽用于生产用汽和热网加热器；锅炉经减温减压器的直接供汽量为300t，供汽焓为2500kJ/kg，返回冷凝水为150t，返回冷凝水温度为60℃；热网供热水量为26 000t，供热水温度为95℃，回水温度为65℃；热网补充软化水量为70t，软化水温度为100℃；补充水天然温度为20℃。求当日对外供热量、供热比和热电厂热效率。

解： 当日供热量为

$$\begin{aligned}Q_{gr}&=D_{q}\times(h_{q}-h_{f0})\times10^{-3}-D_{fc0}\times(h_{fc0}-h_{f0})\times10^{-3}\\&\quad+D_{f}\times(h_{gf}-h_{hf})\times10^{-3}+D_{bf}\times(h_{sf}-h_{f0})\times10^{-3}\\&\quad+D_{xh}\times(t_{gs}-t_{hs})\times4.18\times10^{-3}(\text{GJ})\\&=[300(2500—20\times4.187)-150\times(60—20)\times4.187+26\ 000\\&\quad\times(95-65)\times4.187+70\times(100—20)\times4.187]\times10^{-3}\\&=3989.1(\text{GJ})\end{aligned}$$

发电、供热总耗热量为

$$\begin{aligned}H_{fg}&=\text{汽轮机进汽量(t)}\times(\text{进汽焓}-\text{给水焓})\times10^{-3}+\text{减温减压器供汽量(t)}\\&\quad\times(\text{供汽焓}-\text{天然水焓})\times10^{-3}\\&=[10\ 000(3500-220\times4.187)+300(2500-20\times4.187)]\times10^{-3}\\&=26\ 513.35(\text{GJ})\end{aligned}$$

供热比为

$$a_r = \frac{Q_{gr}}{H_{fg}} = \frac{3989.1}{26\ 513.35} = 0.150$$

热电厂热效率为

$$\eta_{rd} = \frac{Q_{gr} \times 10^3 + 3600W_f \times 10}{29\ 307.6(B_{gr} + B_f)} \times 100\%$$

$$= \frac{3989.1 \times 10^3 + 3600 \times 258.5 \times 10}{29\ 307.6 \times 1050} \times 100\%$$

$$= 43.20\%$$

供热标煤耗量为

$$B_{gr} = B_b \times a_r = 1050 \times 0.150 = 157.5(t)$$

供热标准煤耗率为

$$b_{gr} = \frac{B_{gr} \times 10^3}{Q_{gr}} = \frac{157.5 \times 10^3}{3989.1} = 39.48(kg/GJ)$$

例 12-7 某 50MW 单抽汽式机组的有关数据为：新蒸汽（主蒸汽）比焓 $h_{ms}=3475.5$kJ/kg，供热抽汽比焓 $h_h=2620.5$kJ/kg，排汽比焓 $h_c=2391.5$kJ/kg，供热回水比焓 $h_{hs}=334.5$kJ/kg，给水比焓 $h_{fw}=315.5$kJ/kg，主蒸汽流量 $G_{ms}=210\ 385$kg/h，供热抽汽量 $G_h=193\ 385$kg/h，锅炉和管道整体热效率 $\eta_{gd}\eta_{bl}=0.88$，热网效率 $\eta_{hw}=0.97$。计算该机组额定工况下的各分项热经济指标。

解： 热电厂电功率 $P_N=50\ 000$kW，则机组总热耗量为

$$Q_0 = G_{ms}(h_{ms} - h_{fw}) = 210\ 385 \times (3475.5 - 315.5)\ (kJ/h)$$
$$= 664.82(GJ/h)$$

热电厂总热耗量为

$$H_{fg} = \frac{Q_0}{\eta_{gd}\eta_{bl}} = \frac{664.82}{0.88} = 755.48(GJ/h)$$

热电厂供热量为

$$Q_{gr} = G_{gr}(h_h - h_{hs}) = 193\ 385 \times (2620.5 - 334.5)\ (kJ/h)$$
$$= 442.08\ GJ/h$$

热电厂用户热负荷为

$$Q = Q_{gr}\eta_{hw} = 442.08 \times 0.97 = 428.82(GJ/h)$$

热电厂标煤总耗量为

$$B_b = \frac{H_{fg} \times 10^3}{29\ 307.6} = \frac{755.48 \times 10^3}{29\ 307.6}\ (t/h) = 25.78t/h$$

供热比为

$$a_r = \frac{442.08(GJ/h)}{664.82(GJ/h)} = 0.665$$

供热标煤耗量为

$$B_{gr} = a_r B_b = 0.665 \times 25.78t/h = 17.14(t/h)$$

发电标煤耗量为

$$B_f = B_b - B_{gr} = 25.78 - 17.14 = 8.64(t/h)$$

发电标准煤耗率为

$$b_f=\frac{B_f}{P_N}=\frac{8.64\times10^6}{50\ 000}=172.8(g/kWh)$$

供热标准煤耗率为

$$b_r=\frac{17.14\times10^3(kg/h)}{442.08(GJ/h)}=38.77(kg/GJ)$$

供热热效率为

$$\eta_{gr}=\frac{442.08\times10^6(kJ/h)}{17.14\times10^3(kg/h)\times29\ 307.6}\times100\%=88.0\%$$

（9）供热单位成本（heating unit cost）：供热总成本与供热量的比率，计算公式为

$$COS_r=\frac{F_{gr}}{Q_{gr}}$$

式中 COS_r——供热单位成本，元/GJ；

F_{gr}——统计期内供热总成本，元；

Q_{gr}——统计期内供热量，GJ。

或者定义为

$$COS_r=\frac{F_{gr}}{A_{gr}}$$

式中 COS_r——供热单位成本，元/m²；

F_{gr}——统计期内供热总成本，元；

A_{gr}——统计期内供热面积，m²。

供热总成本是指热电厂为供热所发生的一切费用，包括燃料费、购电费、水费、材料费、工资福利金、折旧费、维护费和管理费等。

厂供热量是指热电厂向厂外供出的蒸汽或热水的含热量之和。

例 12-8 某市供暖折旧费 3.3 元/m²，水电费 1.9 元/m²，工人薪酬福利 1.7 元/m²，维护费 1 元/m²，管理费 0.1 元/m²，供热时间 135 天，供暖指标 $q_f=50W/m^2$，煤炭价格 700 元/tce，供热煤耗率为 40kg/GJ。锅炉效率和管道效率 $\eta_{bl}\eta_{gd}=90\%$，暖网效率 $\eta_{hs}=98\%$，供热管道损失率 $\eta_{gs}=5\%$，供热标准煤耗率 $b_{gr}=40kg/GJ$。试确定该市单位面积煤耗率以及供热单位成本。

解： 1）对于供热公司。采暖季供热量为

$$\begin{aligned}Q_{gr}&=q_f\times135\times24=162\ 000(Wh/m^2)=162kWh/m^2\times3600kJ/kWh\\&=583\ 200kJ/m^2=0.583GJ/m^2\end{aligned}$$

考虑到锅炉效率和管道效率 $\eta_{bl}\eta_{gd}=90\%$，暖网效率 $\eta_{hs}=98\%$，供热管道损失率 $\eta_{gs}=5\%$，则

$$\text{每个采暖季单位面积煤耗率}=\frac{0.583\times10^6}{29\ 308\times0.9\times0.95\times(1-5\%)}=23.7\ (kgce/m^2)$$

供热煤炭成本为

$$F_{gr}=\frac{b_{gr}\times0.7}{\eta_{bl}\eta_{gd}\eta_{hs}(1-\eta_{gs})}=\frac{40\times0.7}{0.9\times0.98\times(1-0.05)}=33.42\ (\text{元/GJ})$$

单位面积煤炭成本为

$$f_{gr}=F_{gr}\times Q_{gr}=33.42\times0.583=19.5\ (\text{元/m}^2)$$

供热单位成本为

$$\begin{aligned}COS_r&=\text{单位面积煤炭成本}+\text{水电费}+\text{工资福利金}+\text{折旧费}+\text{维护费}+\text{管理费}\\&=19.5+1.9+1.7+1+0.1=24.2\ (\text{元/m}^2)\end{aligned}$$

2）对于电厂。供热煤炭成本为

$$F_{gr}=\frac{b_{gr}\times 0.7}{\eta_{bl}\eta_{gd}\eta_{hs}}=\frac{40\times 0.7}{0.9\times 0.98}=31.7\text{（元/GJ）}$$

如果电厂水电费、折旧费等费用按照10%供热煤炭成本计算，则供热单位成本

$$COS_r=1.1\times 31.7=34.9\text{（元/GJ）}$$

该例说明，对于城市供热，当标准煤价格达到700元/tce时，供热公司按24.2元/m^2收费是合理的。对于电厂来说，供应给供热公司的热量价格应不低于34.9元/GJ才是合理的。

第十三章 电 厂 能 效 指 标

第一节 功 率 指 标

（1）电力负荷（power load）：地区工业、农业、商业和市政等所需电功率或电量。分为用电负荷 P_y、供电负荷 P_g 和发电负荷 P_f。供电负荷等于用电负荷＋线损负荷，发电负荷＝供电负荷＋厂用电负荷。

（2）无功功率、无功负荷（reactive power/reactive load）：用于电场和磁场之间连续交换电能的电力负荷中不做功部分的功率，即电感（电容）性负载建立和维持磁场的电功率，包括电力系统中感性元件及电力电子电路中吸收的无功功率等。在电感（电容）性负载回路中，半周期时间里把电源的能量转变成磁场（电场）的能量储存起来，在另外半周期的时间里又把磁场（电场）的能量送还给电源。无功功率只是与电源进行能量交换，并没有真正的消耗能量。无功和有功同样重要，没有无功，变压器不能变压，电动机不能转动，电力系统不能正常运转。无功功率用大写字母 Q 表示，单位为 var（乏）。

无功负荷是视在功率的无效分量，计量单位为 kvar，计算公式为

$$单相无功负荷(\text{kvar})=电流值(\text{A})\times 电压值(\text{kV})\times \sqrt{1\ \cos^2\varphi}$$

$$三相无功负荷(\text{kvar})=\sqrt{3}\times 电流值(\text{A})\times 电压值(\text{kV})\times \sqrt{1\ \cos^2\varphi}$$

为了减少供电网路因传输无功功率而造成的电能损失和电压损失，保证电力网的经济运行，应采取措施改善电路的功率因数。无功就地补偿是在电力设备（如异步电动机）附近设置并联补偿电容器。无功就地补偿所需要电容器容量计算式为

$$Q_C=\sqrt{3U_N^2I_{0N}^2-P_0^2}$$

$$C=\frac{Q_C\times 10^6}{2\sqrt{3}\pi f U_N{}^2}$$

式中 Q_C——电容器的无功容量，var；

C——电容器的电容量，μF；

U_N——电动机额定线电压，V；

I_{0N}——电动机在额定线电压下的空载电流，A；

P_0——电动机空载功率，W。

例 13-1 1台四极三相异步电动机额定功率 P＝80kW，电源为 50Hz、380V，功率因数 $\cos\varphi$＝0.88，空载电流为 42A，空载损耗为 2550W，效率为 93%，求电动机无功补偿电容器的电容值。假定不知道空载电流值，求无功补偿电容器的电容值。

解： 无功补偿容量为

$$Q_C=\sqrt{3U_N^2I_{0N}^2-P_0^2}=\sqrt{3\times 380^2\times 42^2-2550^2}=27\ 525\ (\text{var})$$

补偿电容量为

$$C=\frac{Q_C\times 10^6}{2\sqrt{3}\pi f U_N^2}=\frac{27\ 525\times 10^6}{2\sqrt{3}\times 3.14\times 50\times 380^2}=350.5\ (\mu F)$$

（3）视在功率、表观功率（apparent power）：端电压有效值与电流有效值之乘积。它表示电气设备的容量，用大写字母 S 表示，单位为 V·A（伏安）。视在功率与无功功率、有功功率之间的关系为

$$S^2=P^2+Q^2$$

（4）功率因数、力率（power factor）：有功功率与视在功率之比，以 $\cos\varphi$ 表示。计算公式为

$$\cos\varphi=\frac{P}{S}$$

式中 $\cos\varphi$——功率因数；

P——有功功率，kW；

S——视在功率，kVA。

例 13-2 已知某发电机的某一时刻的有功功率 P 为 240MW，无功功率 Q 为 70Mvar，此时发电机发出的视在功率是多少？功率因数是多少？

解：根据公式 $S^2=P^2+Q^2$ 可得视在功率为

$$S=\sqrt{P^2+Q^2}=\sqrt{240^2+70^2}=250\ (\mathrm{MVA})$$

功率因数为

$$\cos\varphi=\frac{P}{S}=\frac{240}{250}=0.96$$

电网的功率因数低，会导致发电设备容量不能完全利用，且增加输电线路上的损耗。提高功率因数的办法有：在变电站内装设无功补偿设备，如调相机、电容器组等；对用户可装设就地补偿电容器等。功率因数可由力率表直接读出，或由同一瞬时的电能表、电流表和电压表的读数用下式求出，即

$$三相功率因数=\frac{三相有功功率(\mathrm{kW})}{\sqrt{3}电压(\mathrm{kV})\times 电流(\mathrm{A})}$$

$$加权平均功率因数=\frac{报告期有功电量(\mathrm{kWh})}{\sqrt{报告期有功电量^2+报告期无功电量^2}}$$

电厂要求所有用电设施的功率因数大于或等于 0.85。高压供电的工业用户和高压供电装有带负荷调整电压装置的电力用户功率因数为 0.90 及以上；其他 100kVA 及以上电力用户和大、中型电力排灌站以上的功率因数为 0.85 及以上；农业用电功率因数为 0.85 及以上。提高功率因数的措施如下：

1）各级电力部门要对所管辖电网（包括输配电线路、变电站和用户）的电压质量、无功电力、功率因数和补偿设备的运行进行监督。

2）各电力用户要向当地供电部门按期报送电压质量和无功补偿设备的安装容量和投入情况，以及无功电力和功率因数等有关资料。

3）电网各级调度部门对其调度管辖范围内的电网进行电压监测，由归口单位进行考核。并选定一批能反映电网电压水平的监测点。

4）所有变电站和带地区供电负荷发电厂 10（6）kV 母线是中压配电电网的电压监测点。其电压应根据保证中、低压用户受电端电压合格的要求，规定其高峰、低谷电压值和允许的电压偏

移范围，并进行监测。

5）各发电厂（包括并入电网运行的企业自备电厂、地方电厂、小水电等）和一次变电站对电压、电流、有功和无功电力等运行参数，全天按小时进行记录或仪表自动打印记录。

6）各级电力调度部门应按月平衡各级电网分地区、分变电站的无功出力和负荷，分析电网潮流和电压的变化，要大力开展无功优化工作，据此合理安排运行方式，调整无功出力，改善电压质量，提高经济运行水平。

7）电力调度部门要根据电网负荷变化和调整电压的需要，编制和下达发电厂、变电站的无功出力曲线或电压曲线。

8）发电厂的发电机和变电站的调相机要严格按照调度下达的无功出力曲线或电压曲线按逆调压的原则运行，没有特殊情况或未经调度同意，不得任意改变无功出力。水/火电厂在系统需要时，按调度指令，发电机可改为调相运行。

9）电力用户装设的各种无功补偿设备（包括调相机、电容器、同步电动机）要按照负荷和电压变动及时调整无功出力，防止无功电力倒送。

（5）无功电能（reactive energy）：在交流系统内，与电力系统和其所接设备的运行有关的电场和磁场之间连续交换的电能。

（6）有功电能（active energy）：电磁能中可以转换为其他形式能量的电能。

（7）有功功率、有功负荷（active power/active load）：电力系统电能中可以转换为机械能、热能等形式做功的部分功率。即一个周期内瞬时功率的时间积分的平均值。用大写字母 P 表示，单位为 W（瓦特）。对于正弦电压及电流，复功率的实部即有功功率，即电阻性负载所消耗的电功率，计算式为

$$P=S\cos\varphi$$

$$\text{单相有功负荷(kW)}=\text{电流值(A)}\times\text{电压值(kV)}\times\cos\varphi$$

$$\text{三相有功负荷(kW)}=\sqrt{3}\times\text{电流值(A)}\times\text{电压值(kV)}\times\cos\varphi$$

式中 $\cos\varphi$——设备的功率因数。

有功负荷可由电能表直接读出，或按同一瞬时的电压表、电流表和力率表的读数用上述公式计算得到。这样读出或计算出的有功负荷是瞬时有功负荷。

（8）负荷率（load factor）：平均负荷与最大负荷的比率。用于说明负荷的均衡程度，符号为 K_P，单位为%。数值大表明带负荷均衡，发电设备能力利用高。计算式为

$$K_P=\frac{P_{av}}{P_{max}}\times100\%$$

式中 K_P——负荷率，%；

P_{av}——计算期平均负荷，万 kW；

P_{max}——计算期最高负荷，万 kW。

（9）平均负荷（average load）：平均负荷是指计算期内瞬时负荷的平均值，即在一定时间内的发电量与计算期内的日历小时之比。平均负荷表明发、供、用电设备在报告期内达到的平均生产能力和用电设备平均开动的能力，反映发电设备带负荷的状况，符号为 P_{av}。计算公式为

$$\text{计算期内平均负荷(万 kW)}=\frac{\text{计算期发电量(万 kWh)}}{\text{计算期日历小时(h)}}$$

对于发电厂，由于机组受调峰停机等因素的影响，按此公式计算的平均负荷，以及利用平均负荷计算的负荷率，均不能准确反映发电机运行带负荷状况，所以在计算平均负荷时应采用下列

公式计算，即

$$P_{av}=\frac{W_f}{t_{yx}}$$

式中 P_{av}——计算期内平均负荷，万 kW；

W_f——计算期内发电量，万 kWh；

t_{yx}——计算期内运行小时，h。

例 13-3 某电厂 320MW 机组年发电量为 177 522.6 万 kWh，日历小时 8760 h，运行小时 7425.18h，求平均负荷。

解：平均负荷为

$$P_{av}=\frac{W_f}{t_{yx}}=\frac{177\ 522.6}{7425.18}=23.91\ (万\ kW)$$

(10) 低谷负荷（valley load)：在给定的期间（如 1 天）系统负荷较低时间段中的负荷值。

(11) 最低负荷、最小负荷（minimum load)：在给定的期间（如 1 天）系统出现的最小负荷。也是低谷负荷的最低值。

(12) 基（本负）荷（base load)：在电网日负荷曲线上，最小负荷以下部分的负荷。平均负荷与最小负荷之间的部分称为中间负荷。

(13) 尖峰负荷、峰荷（peak load)：在给定的期间（如 1 天）系统负荷较高时间段的负荷值。在电网日负荷曲线上，平均负荷以上的部分为尖峰负荷，1 天中可能有多于 1 个峰荷时间段。

(14) 最高负荷、最大负荷（top load)：在给定的期间（如 1 天、1 年）系统出现的最大负荷，也是尖峰负荷的最高值，符号为 P_{max}。一般指报告期内，每小时（或 15min 或 30min）记录的负荷中，数值最大的一个。

(15) 负荷系数、出力系数（output factor/output coefficient)：在统计报告期内，机组输出功率平均值与机组额定功率之比，即机组利用小时数与运行小时数之比。符号为 L_P，单位为%。计算公式为

$$L_P=\frac{P_{av}}{P_N}\times 100\%$$

式中 L_P——出力系数，%；

P_{av}——计算期平均负荷，万 kW；

P_N——额定容量，万 kW。

单元机组出力系数用于表明发电设备的利用程度，出力系数大，表明发电设备能力利用率高。出力系数影响供电煤耗幅度很大，负荷越高，供电煤耗越低；负荷越低，供电煤耗越高。要大幅度地降低煤耗，首先要鼓励社会多用电，增加负荷率；其次依据最近试验数据制定各机组的等微增率调度曲线，合理在机组间分配负荷，真正实现厂内经济调度，降低煤耗；最后要提高设备检修质量，减少因设备故障引起的非计划停运和降低出力事件。

机组负荷率低引起热耗上升。据统计，大型火电机组负荷率每降低 1%，机组热耗率增加 0.05%～0.4%。1997 年由西安热工研究院和华东、东北两所电力设计院等单位共同对上海某电厂 3 号机组（引进型 300MW，1996 年 12 月 21 日投产）进行全面煤耗分析试验，结论如下：引进型 300MW 机组随着负荷降低，其供电煤耗逐步增加，负荷率在 80%～100%范围内，负荷率每减少 1%，供电煤耗增加 0.14g/kWh；负荷率在 50%～80%范围内，供电煤耗随负荷率的变化急剧变化，负荷率每减少 1%，供电煤耗增加 1.14g/kWh；到 125MW 出力时，供电煤耗达到 382.2g/kWh，高于国产 125MW 机组煤耗水平，见表 13-1。

表 13-1　　某厂 3 号机组正平衡测试供电煤耗率与负荷率的关系

机组出力（MW）	负荷率（%）	厂用电率（%）	发电煤耗率（g/kWh）	供电煤耗率（g/kWh）
299	99.7	4.84	317.26	333.4
240	80.0	5.47	317.81	336.2
182	60.7	6.41	330.56	353.2
154	51.3	7.84	340.07	369.0
126	42.0	8.39	349.77	381.8

注　供电煤耗率已经考虑了厂用电率的影响。

（16）计算负荷（calculated load）：用统计计算出的，用来选择和校验变压器容量及开关设备、连接该负荷的电力线路的负荷值。在工程上为了取值和计算方便，一般将最大负荷乘以需要系数作为计算负荷。

（17）（总）装机容量、发电设备容量（total installed capacity）：对于机组，从设备的构造和经济运行条件考虑的长期最大生产能力。对于电网，是指电力系统中已移交生产的所有各类发电机组的额定（或铭牌）有功功率之和。电力系统的总装机容量除应满足系统最大负荷需要外，还应有足够的备用容量。

计算发电设备容量时应注意以下几点：

1）发电设备容量是指已经安装完毕并经试运验收，正式投入生产后的机组容量。包括正常生产和备用、检修、改装、故障以及封存的设备容量。

2）发电机组的容量以其铭牌上标定的容量为准，未经上级技术主管部门批准，不能变动。

3）组成发电机组的原动机（水轮机、汽轮机）和发电机的单机容量不一致时，应以其中铭牌容量最小的作为该机组的容量。

4）发电机组暂做调相运行时，发电厂的发电设备容量不变。

5）发电设备容量应包括供应本厂厂用电的发电机组的容量，但同轴励磁机（包括专供大容量机组的发电机转子直流电的励磁机）、变波机等的设备容量不包括在内。

6）新建发电厂或扩建发电厂，应在发电机组、锅炉和升压站都投入运行并验收合格后，才能计算设备容量。

7）退役或报废的机组，从上级批准之日起不计其容量。如果退役或报废后又转给其他单位发电，则应计入其他单位（接受单位）的发电设备容量。

（18）发电厂最小出力、发电设备技术最小出力（minimum output of power plant）：发电厂在保证连续、安全运行条件下所允许的最小出力。对于机组，是指锅炉在设计燃料品种和质量下，稳定燃烧时发电机组安全运行的最小出力。以机组额定容量的百分数表示。发电设备技术最小出力一般由锅炉最小稳燃负荷来考核。

（19）发电设备实际可能出力、可调出力（feasible capacity）：是指发电厂在计算期末一日的发电机组、锅炉和升压站等设备共同配合下，同时考虑火电厂受燃料供应、水电站受水量水位等影响，实际可能达到的生产能力。它是期末发电设备容量扣除故障、检修及封存的设备后的容量。简单地说，可调出力是指生产运行中，电力系统全部发电设备实际可调出的容量。发电设备可调出力分为期末发电设备可调出力和发电设备平均可调出力。计算公式为

$$P_{Pd}=\frac{\sum_{i=1}^{n}(P_{ai}t_{di})}{t_r}\times 100\%$$

单机可调出力为

$$P_{ai}=\text{单机铭牌容量}-\text{单机限制出力容量}$$

期末发电设备可调出力为

$$P_{Pd}=\Sigma\text{（期初发电设备容量+技术改造后综合提供容量}-\text{封存设备容量}-\text{机组缺陷减少出力}-\text{检修容量}-\text{故障容量}-\text{燃料供应或水量水位影响限制容量）}$$

式中 P_{Pd}——全厂发电设备平均可调出力，MW；

P_{ai}——计算期第 i 台机组可调出力，MW；

n——全厂机组总台数，台；

t_{di}——计算期第 i 台机组可调小时，h；

t_r——报告期日历小时数，h。

一般情况下，可调出力比装机容量小，有以下方面原因：

1）部分机组的计划或非计划检修。

2）部分水电机组因水库水位低于正常水位，而不能达到额定出力。

3）夏季部分火电机组因冷却水温度升高而降低出力。

4）由于输电线路故障、变压器容量不足等原因限制部分发电机组不能满出力运行。

（20）备用容量（reserve capacity）：为保证电力系统安全可靠地连续运行，系统内的发电设备容量除满足系统负荷的需要外，还应预留的一部分容量。备用容量/最高负荷×100%，称为备用容量系数。一般电力系统取备用容量系数 20%～30%。备用容量应包括负荷备用（为适应电力系统中负荷的短时波动，并担负 1 日之内计划外负荷增加而设的备用容量，电力系统一般要有用电负荷的 2%～5%的出力留为负荷备用），事故备用（在发电设备发生偶然故障时，为使用户不受严重影响，维持系统正常运行所需的备用容量，10%的出力留为事故备用），以及检修备用（使系统中发电设备能定期检修而设置的备用容量，8%～15%的出力留为检修备用）。前两种备用容量包括在运行中的机组容量内，称为热备用；后一种备用是系统中未运转的，但可由随时启动投入的机组承担，称为冷备用。

（21）机组输出功率、机组出力（gross output of a unit）：机组的主发电机及辅助发电机端子处发出的电功率之和。

（22）机组净输出功率、机组净出力（net output of a unit）：机组总输出功率减去有关辅助设备的消耗。

（23）机组最大容量（maximum capacity of a unit）：发电机组处于正常工作状态时，在连续运行中可能发出的最大机组总输出功率。

（24）最大连续功率（maximum continuous power）：在规定条件下，动力装置输出保持连续输出的最大功率。

（25）机组额定功率（rated power of a unit）：机组在额定参数下，不超过规定寿命可长期运行的发电机端子处发出的电功率。

第二节 电 量 指 标

（1）电能表倍率（electric energy meter ratio）：实际电能与电能表的读数差比值。计算实际电量时需要用读数乘以倍率，一般用电流互感器和电压互感器来配合使用。计算式为

$$\text{倍率}=\text{电压互感器变比}\times\text{电流互感器变比}$$

电流互感器变比是指电流互感器一次电流与二次电流之比。电流互感器的运行情况相当于二

次侧短路的变压器，忽略励磁电流，安匝数相等，即

$$I_1N_1=I_2N_2$$

式中 I_1、N_1——电流互感器一次绕组电流与匝数；

I_2、N_2——电流互感器二次绕组电流与匝数。

因此电流互感器变比为

$$k_I=\frac{I_1}{I_2}=\frac{N_2}{N_1}$$

额定一次电流标准值为：10、12.5、15、20、25、30、40、50、60、75A，以及它们十进位倍数或小数；额定二次电流标准值为1A或5A。一般情况下，计量用电流互感器变流比的选择应使其一次额定电流 I_{1N}不小于线路中的负荷计算电流。如线路中负荷计算电流为350A，则互感器的变流比应选择400/5。保护用的电流互感器为保证其准确度要求，可以将变比选得大一些。

电压互感器变比为

$$k_U=\frac{U_1}{U_2}=\frac{N_1}{N_2}$$

额定一次电压标准值为：380、6000、10 000、20 000、35 000、110 000、220 000、330 000V和500 000V；额定二次电压标准值为100V。

例 13-4 某电厂1号300MW机组高压厂用变压器电能表计量配套的电流互感器变比为1500/5=300，电压互感器变比为20 000/100=200。该电能表本月读数为3364.72，月初底码为3234.50；脱硫变压器电能表计量配套的电流互感器变比为500/5=100，电压互感器变比为20 000/100=200，该电能表本月读数为5457.4，月初底码为5401.84。本月1号机组集控电能表倍率为600 000，该电能表本月读数为13 803.29，月初底码为13 509.65。如果本月1号机组上网电量为16 694.28万kWh，求该机组该月发电厂用电率和综合厂用电率。

解：高压厂用变压器电能表的倍率为300×200=60 000，则本月高压厂用变压器实际电量为

$$(3364.72-3234.50)\times 60\ 000=7\ 813\ 200\ (\text{kWh})$$

脱硫变压器电能表的倍率为

$$100\times 200=20\ 000$$

本月脱硫变压器实际电量为

$$20\ 000=1\ 111\ 200\ (\text{kWh})$$

本月发电厂用电量为

$$1\ 111\ 200+7\ 813\ 200=8\ 924\ 400\ (\text{kWh})$$

本月发电量为

$$(13\ 803.29-13\ 509.65)\times 600\ 000=176\ 184\ 000(\text{kWh})=17\ 618.4\text{万 kWh}$$

$$\text{该月发电厂用电率}=\frac{892.44}{17\ 618.4}\times 100\%=5.07\%$$

$$\text{该月综合厂用电率}=\frac{17\ 618.4-16\ 694.28}{17\ 618.4}\times 100\%=5.25\%$$

（2）发电量（electricity production）：在统计报告期内，机组（或电厂）从发电机端输出的总电量，符号为 W_f。发电厂的发电量应包括供应本厂的厂用电量，但不包括励磁机的发电量。新装发电机组在未正式投入生产前，以及发电机组大修或改进后试运转期间所发的电量，凡已被本厂或用户利用的，均应计入该厂的发电量中。电量的基本计量单位是“kWh（千瓦时）”。过去常说的“度”就是指kWh。

发电量以发电机机端电能表计量数据为准。发电量在统计时，一般按能源的类型分为水力、火力（煤、油、气）、核能、地热、太阳能、潮汐和风能等发电量。发电量根据发电机端的电能表读数来计量，以电厂综合统计口径为准。电能表应规定在每日 24 时准时抄表，由当日 24 时与上日 24 时电能表读数之差乘以电能表的倍率（即电能表常数），即得到发电机组的日发电量。一个发电厂内各台发电机组日发电量的总和，就是该厂的日发电量。其计算公式为

$$\text{机组日发电量}=(\text{该机组发电机端电能表本日 24 时读数}-\text{该电能表上日 24 时读数})\times\text{该电能表倍率}$$

$$\text{机组月发电量}=(\text{该机组发电机端电能表当月末最后一日 24 时读数}-\text{该电能表上月末最后一日 24 时读数})\times\text{该电能表倍率}$$

$$\text{机组年发电量}=\sum_{i=1}^{n}[(\text{第 } i \text{ 机组发电机端电能表当日 24 时读数}-\text{该电能表上日 24 时读数})\times\text{该电能表倍率}]$$

计算电量时应注意以下几点：

1）发电厂的发电量应包括供应厂用电的发电机组的发电量，但不包括励磁机发出的电量。

2）新安装发电机组在未正式投入生产前，以及发电机组大修或改进后试运行期间所发电量。凡已被本厂或用户利用的，均应计入该厂的发电量中；未被利用的（如在水中放掉的等）则不应被计入。

3）发电机组临时做调相运行时，应注意电能表的装置情况。如仅用一只可逆转电能表时，必须对每次发电运行起止时的电能表计读数做好记录，以正确计算该发电机的发电量。

4）发电机组电能表应按规定时间定期检验，使表计经常在允许误差范围内运行；当发电机电能表计误差超出允许误差范围时，应根据相关电能表计与检测结果及时进行调整。

5）当发电机组电能表发生故障时，应每小时记录其功率表，以此估算其日发电量，并尽快修复或调换电能表。

6）电能表计若安装在变压器端，则需通过试验算出变压器损失。在计算发电量时，应将变压器端电量加上变压器损失，换算为发电机端电量。

（3）发电负荷满点率（power load rate full working hours）：统计期内发电负荷满点点数占发电负总点数的百分比，分为高峰时间段发电负荷满点率和低谷时间段发电负荷满点率，二者的统计计算方法和公式完全一致。计算公式为

$$L_{gf}=\left(1-\frac{P_{gfb}}{P_{gfm}}\right)\times100\%$$

$$L_{dg}=\left(1-\frac{P_{dgb}}{P_{dgm}}\right)\times100\%$$

式中 L_{gf}——高峰时间段发电负荷满点率，%；

L_{dg}——低谷时间段发电负荷满点率，%；

P_{gfb}——高峰时间段发电负荷不满点点数，点；

P_{gfm}——高峰时间段发电负荷总点数，点；

P_{dgb}——低谷时间段发电负荷不满点点数，点；

P_{dgm}——低谷时间段发电负荷总点数，点。

高峰和低谷发电量统计时间段，应根据区域电网统计、考核规定执行。高峰段时间一般为：8～11 时，17～21 时，共 7h。低谷段时间一般为：0～6 时，12～13 时，22～24 时，共 9h。

运行人员按点记录机组指示负荷，按时间段计算每小时发电量。并检查发电负荷是否带到调

度给定的预计负荷，计算时间段内发电量是否满足要求。

统计员按日分班统计各机组高峰、低谷整点负荷及相应时间段内发电量的完成情况。记录未达到考核要求的整点负荷、欠发电量及其原因，并在日报上报出。

运行监盘人员要精心操作、及时调整，确保机组负荷稳定在调度给定的负荷下运行，并发足相应的电量。

运行班长应检查责任内机组整点负荷是否带到电网给定负荷，以及机组电负荷是否在电网给定负荷下运行。

统计人员应建立健全统计卡片、台账，做好分项统计，并按规定定期、及时报送统计报表。

电厂应制定相应的高峰、低谷时间段发电量的考核制度。

（4）下网电量（off-grid energy）：购电方在下网电量计量点从系统（电网）输出的电量，也即购电方从市场购买的电量。

（5）上网电量、售电量（on-grid energy）：发电企业在上网电量计量点向系统（电网）输入的电量，即发电企业向市场出售的电量，即电厂主变压器出口侧有功电能表计量的净送出电量。符号为W_{sw}。计算公式为

$$W_{sw}=W_{gk}-W_{wg}$$

式中 W_{sw} ——统计期内上网电量，kWh；

W_{gk} ——统计期内全厂的关口电量，kWh；

W_{wg} ——统计期内全厂的外购电量，kWh。

上网电量＝发电量－生产厂用电量－非生产用电量－主变压器和线路损失电量

－电网购入电量

＝供电量－非生产用电量－厂内变压器和线路损失电量

发电厂计算的上网电量与其升压站各条线路供电量之和的差不应超过1%。发电量、供电量、上网电量这三部分电量的分界点见图13-1。

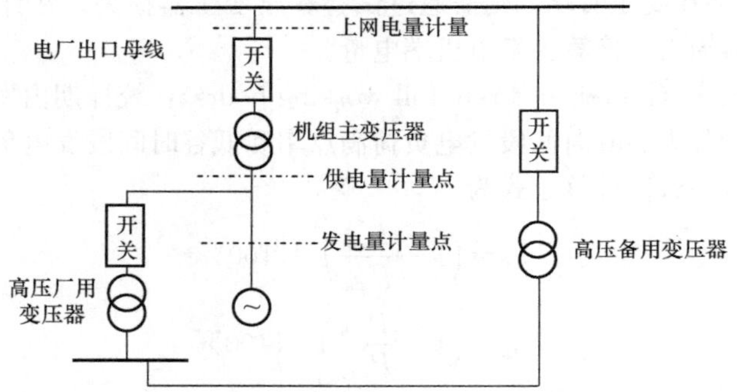

图13-1 发电量、供电量、上网电量计量分界点

上网电量以火电厂与购电方产权分界点的关口计量点电能表计量为准。计算式为

机组日上网电量＝(该机组并网点计量关口表本日24时读数－该关口表上日24时读数)

×该电能表倍率

机组月上网电量＝(该机组并网点计量关口表当月末最后一日24时读数

－该关口表上月末最后一日24时读数)

×该电能表倍率

机组年上网电量＝Σ该发电机组月上网电量

（6）厂用电量（auxiliary power consumption）：在统计报告期内，发电厂内部的用电负荷量。

（7）生产厂用电量（auxiliary power consumption for production）：在统计报告期内，机组（或电厂）直接用于发电、供热、供汽等与生产有关的辅助设备消耗的电量，符号为 W_{sc}。计算公式为

$$W_{sc}=W_{gc}+W_{qb}+W_{tl}$$

式中 W_{sc}——生产厂用电量，kWh；

W_{tl}——脱硫系统没有接入高压厂用变压器时耗电量，kWh；

W_{gc}——高压厂用变压器（高厂变）抄见电量，kWh；

W_{qb}——启动/备用变压器（启备变）本机启动耗电量，即外购电量，kWh。

下列用电量不计入生产厂用电量的计算：

1）新设备或大修后设备的烘炉、煮炉、暖机、空载运行的电量。

2）新设备在未正式移交生产前的带负荷试运行期间耗用的电量。

3）A、B级计划大修以及停用状态（经有关部门批准封存停用或进行长时间改造而停止使用的状态，称为停用状态）期间施工用的电量。

4）发电机做调相机运行时耗用的电量。

5）厂外运输用自备机车、船舶等耗用的电量。

6）线路输配电用的升、降压变压器（不包括厂用变压器）、变波机、调相机等消耗的电量。

7）修配车间、副业、综合利用及非生产用（食堂、宿舍、幼儿园、学校、医院、服务公司和办公室）的电量。

（8）（计算）供电量（electricity supply quantity）：在统计报告期内，机组（或电厂）发电量减去与生产有关的辅助设备的消耗电量。供电量包括上网电量、主变损耗和机组自带的非生产用电量，符号为 W_g。计算公式为

$$W_g=W_f-W_{sc}$$

式中 W_{sc}——统计期内生产厂用电量，kWh；

W_g——统计期内供电量，kWh；

W_f——统计期内发电量，kWh。

购入电量是指电厂为生产所需，从其他独立发电企业、其他电网经营企业、自备电厂购入的电量，一般通过厂内高压备用变压器输入。

非生产用电量是指生活用电、机组大修用电、技改工程施工用电和新建机组启动用电等。

生产厂用电量为高压厂用变压器、备用变压器和脱硫变压器（后期增加脱硫系统，原高压厂用变压器可能容量不足，又增加了专用脱硫变压器）读数之和。计算式为

某发电机组日供电量＝该机组本日发电量－该机组本日生产厂用电量

某发电机组月供电量＝该机组本月发电量－该机组本月生产厂用电量

某发电机组年供电量＝Σ该发电机组月供电量

（9）发电厂用电量（auxiliary power consumption for power generation）：统计报告期内机组（或电厂）直接用于纯发电耗用的厂用电量（如循环水泵、凝结水泵耗电量），符号为 W_{fd}。对于既发电又供热或供汽机组，只与发电有关的辅助设备用电量计在发电厂用电量内，与发电、供热、供汽等生产活动都相关的辅助设备的用电量按热电比进行分摊。对于纯发电机组，发电厂用电量即为生产厂用电量。

（10）供热厂用电量（auxiliary power consumption for heat-supply）：统计报告期内机组直接用于纯供热耗用的厂用电量，符号为 W_{gr}。计算公式为

$$W_{gr}=(W_{qc}-W_{fd}-W_{rw})a_r+W_{rw}$$

式中　W_{qc}——统计期内全厂厂用电量，kWh；

W_{gr}——统计期内供热厂用电量，kWh；

a_r——供热比；

W_{fd}——统计期内发电厂用电量，kWh；

W_{rw}——纯热网用的厂用电量，kWh。

纯热网用的厂用电量包括热网循环泵、热网补水泵、热网疏水泵、热网凝结水泵等只与供热有关的设备用电量。

(11) 综合厂用电量（integrated auxiliary power consumption）：在统计报告期内，全厂发电量和外购电量之和与上网电量的差值，符号为W_{zh}。计算公式为

$$W_{zh}=W_f+W_{wg}-W_{sw}-W_{gr}$$

式中　W_{zh}——综合厂用电量，kWh；

W_f——发电量，kWh；

W_{sw}——上网电量，kWh；

W_{gr}——供热厂用电量，kWh；

W_{wg}——启动备用变压器电量即外购电量，万kWh。

(12) 电能损耗（electric energy loss）：电能沿送电线路传输和通过变压器绕组时所发生的能量损失。

(13) 功率损耗（loss of power）：一定功率沿送电线路输送和通过变压器绕组时所发生的有功和无功功率损失。

(14) 线损、线路损耗（line loss）：电能在电网传输过程中，在输电、变电、配电和营销等各个环节所产生的电能损耗或功损耗率。线损包括输电损耗和配电损耗。线路损耗计算公式为

$$P_{L1}=I^2rL=\frac{rL(P^2+Q^2)}{U^2}$$

式中　P_{L1}——线路损耗，W；

P——线路有功功率，W；

Q——线路无功功率，var；

r——供电线路的单位电阻，Ω/m；

L——供电线路的长度，m。

例 13-5　电动机容量为55kW，6极，380V，Y接，效率为92.5%，功率因数为0.88，额定电流为102.7A；供电变压器容量为500kVA，短路阻抗为4%，供电导线单位长度阻抗为0.54Ω/km，线路长度为0.05km，负载率为0.5时电动机效率$\eta=92.6\%$，功率因数$\cos\varphi=0.78$。求该工况下的线损。

解：功率因数$\cos\varphi=0.78$，$\tan\varphi=0.539\,7$，则电动机输出有功功率为

$$P=KP_N=0.5\times55\,000=27\,500\text{（W）}$$

无功功率为

$$Q=\frac{P\tan\varphi}{\eta}=27\,500\times0.539\,7/0.926=16\,027.8\text{（var）}$$

线路损耗为

$$P_{L1}=\frac{rL(P^2+Q^2)}{U^2}=\frac{0.54\times0.05\times(27\,500^2-16\,027.8^2)}{380^2}=93.4\text{（W）}$$

(15) 定额线损、线损指标 (normed line loss)：根据电力网实际线损，结合下一考核期内电网结构、负荷潮流情况及降损措施安排情况，经过测算，上级批准的线损指标。

(16) 线损率 (line loss rate)：电力网络中损耗的电能（线路损失负荷）与向电力网络供应电能（供电负荷）的百分数。计算公式为

$$\Delta L=\frac{W_{sw}-W_{s}}{W_{s}}\times 100\%$$

式中 W_{sw} ——统计期内电厂上网电量总和，kWh；

W_{s} ——统计期内电力部门对外售电量总和，kWh；

ΔL ——线损率，%。

(17) 电量不平衡率 (unbalance rate of energy)：火力发电厂母线电量与母线各分支电量之和的误差绝对值与母线电量的比率，计算公式为

$$\varepsilon_{e}=\frac{U_{0}-\sum_{i=1}^{k}U_{i}}{U_{0}}\times 100\%$$

式中 ε_{e} ——电量不平衡率，%；

U_{0} ——母线电量（上网电量），kWh；

k ——母线分支数量，条；

U_{i} ——第 i 条母线分支电量，kWh。

$$\text{电量不平衡率}=\frac{\text{母线电量}-\text{母线各分支电量之和}}{\text{母线电量}}\times 100\%$$

发电厂和变电站的运行人员应加强对电能计量的运行管理，按月做母线和全厂、全站的电量平衡计算。发电厂母线和 220kV 及以上的变电站母线的电量不平衡率不超过±1%；220kV 以下的变电站母线的电量不平衡率不超过±2%。

第三节 能效设计指标

能效指标设计值主要依据 GB 50660—2011《大中型火力发电厂设计规范》、DL/T 5153—2002《火力发电厂厂用电设计技术规定》和《热电联产项目可行性研究技术规定》（原国家计委计基础〔2001〕26 号）。

一、纯凝式机组设计供电煤耗率

(1) 设计发电煤耗率 (design value of gross coal consumption rate for condensing unit)：根据纯凝式机组的锅炉额定效率、汽轮机额定热耗率计算出的发电煤耗率。即设计发电煤耗率（或设计供电煤耗率）是在设计状态下，单元机组与外界隔绝，疏放水阀门隔离，锅炉不吹灰、排渣、排污，热力系统不补水情况下的发电煤耗率（或供电煤耗率）。计算公式为

$$b_{fn}=\frac{1}{29.308}\times\frac{q_{0}}{\eta_{bln}\eta_{gdn}}=\frac{123}{\eta_{bln}\eta_{gdn}\eta_{n}}=\frac{123}{\eta_{cpn}}$$

$$\eta_{cpn}=\eta_{bln}\eta_{gdn}\eta_{n}$$

$$q_{0n}=\frac{3600}{\eta_{n}}$$

式中 b_{fn} ——机组设计发电煤耗率，g/kWh；

η_{n} ——机组设计热效率，%；

η_{cpn} ——机组设计电厂热效率或称设计发电热效率，%；

η_{bln}——锅炉设计效率，计算机组设计煤耗率所用的锅炉效率取用供货合同中锅炉的低位热值下的保证热效率，%；

η_{gdn}——管道效率，计算机组设计标准煤耗率所用的管道效率按照99%计算，%；

q_{0n}——汽轮机供货合同中供方向需方保证的热耗率，取用汽轮机热耗率验收工况（THA工况）下的保证热耗率，kJ/kWh。

（2）设计供电煤耗率（net coal consumption rate of condensing unit）：根据纯凝式机组的设计发电煤耗率和设计厂用电率计算出来的供电煤耗率。计算公式为

$$b_{gn}=\frac{b_{fn}}{1-L_{fdn}}$$

式中 L_{fdn}——纯凝机组设计厂用电率，%；

b_{gn}——纯凝机组设计供电煤耗率，g/kWh。

（3）设计厂用电率（net coal consumption rate of condensing unit）：按照DL/T 5153—2002《火力发电厂厂用电设计技术规定》附录A得到的厂用电计算负荷和机组额定功率计算出来的厂用电率。计算公式为

$$L_{fdn}=\frac{S_c\cos\varphi_{av}}{P_{en}}\times 100\%$$

式中 L_{fdn}——纯凝机组设计厂用电率，%；

P_{en}——发电机的额定功率，kW；

S_c——按照DL/T 5153—2002《火力发电厂厂用电设计技术规定》附录A得到的厂用电计算负荷，kVA；

$\cos\varphi_{av}$——电动机在运行时的平均功率因数，一般取0.8。

二、供热式机组能效指标

（1）设计发电煤耗率（design value of gross coal consumption rate for heat sopply unit）：根据供热式机组的锅炉额定效率、汽轮机额定热耗率计算出的发电煤耗率。计算公式为

$$b_{frn}=\frac{1}{29.308}\times\frac{q_0}{\eta_{bln}\eta_{gdn}}=\frac{123}{\eta_{bln}\eta_{gdn}\eta_r}=\frac{123}{\eta_{cpn}}$$

$$\eta_{cpn}=\eta_{bln}\eta_{gdn}\eta_r$$

$$q_{0n}=\frac{3600}{\eta_r}$$

式中 b_{frn}——供热机组设计发电煤耗率，g/kWh；

η_r——供热机组设计热效率，%；

η_{cpn}——机组设计电厂热效率或称设计发电热效率，%；

η_{bln}——锅炉设计效率，计算机组设计煤耗率所用的锅炉效率取用供货合同中锅炉的低位热值下的保证热效率，%；

η_{gdn}——管道效率，计算机组设计标准煤耗率所用的管道效率按照99%计算，%；

q_{0n}——汽轮机供货合同中供方向需方保证的热耗率，取用汽轮机热耗率验收工况（THA工况）下的保证热耗率，kJ/kWh。

（2）设计供电煤耗率（design value of net coal consumption rate for heat sopply unit）：根据供热式机组的设计发电煤耗率和设计厂用电率计算出来的供电煤耗率。计算公式为

$$b_{grn}=\frac{b_{frn}}{1-L_{rdn}}$$

式中 L_{rdn}——供热机组设计的发电厂用电率，%；

b_{grn}——供热机组设计供电煤耗率，g/kWh。

(3) 设计发电厂用电率（design value of station service power consumption ratio for heat sopply unit）：按照 DL/T 5153—2002《火力发电厂厂用电设计技术规定》附录 A 得到的厂用电计算负荷和机组额定功率计算出来的发电厂用电率。计算公式为

$$L_{rdn}=\frac{(S_c-S_{cozw})(1-\alpha)\cos\varphi_{av}}{P_{en}}\times 100\%$$

$$\alpha_n=\frac{Q_{grn}}{Q_{0n}}$$

式中 L_{rdn}——供热机组设计发电厂用电率，%；

P_{en}——发电机的额定功率，kW；

S_{cozw}——用于热网的厂用电计算负荷，kVA；

α_n——设计供热比，%；

Q_{grn}——统计期内的供热量，kJ；

Q_{0n}——统计期内的汽轮机进口热耗量，kJ；

P_{en}——发电机的额定功率，kW；

S_c——按照 DL/T 5153—2002《火力发电厂厂用电设计技术规定》附录 A 得到的厂用电计算负荷，kVA；

$\cos\varphi_{av}$——电动机在运行时的平均功率因数，一般取 0.8。

(4) 设计供热厂用电率（design value of heating auxiliary power consumption ratio for heat sopply unit）：按照 DL/T 5153—2002《火力发电厂厂用电设计技术规定》附录 A 得到的厂用电计算负荷和机组额定功率计算出来的供热厂用电率。计算公式为

$$L_{rrn}=\frac{[(S_c-S_{cozw})\alpha_n+S_{cozw}]\cos\varphi_{av}}{P_{en}}\times 100\%$$

式中 L_{rrn}——供热机组设计供热厂用电率，%。

或者定义为

$$L_{rrn}=\frac{W_{rn}}{Q_{rn}}$$

$$W_{rn}=\alpha_n(W_{cyn}-W_{cfn}-W_{crn})+W_{crn}$$

式中 L_{rrn}——设计供热厂用电率，kWh/GJ；

W_{rn}——设计供热耗用的厂用电量，kWh；

Q_{rn}——设计供热量，GJ；

α_n——设计供热比，%；

W_{cyn}——设计厂用电量，kWh；

W_{cfn}——设计纯发电厂用电量，指循环水泵、凝结水泵和他励磁机用电量等，kWh；

W_{crn}——设计纯供热厂用电量，指热网循环水泵、疏水泵、供热首站其他设备耗用的电量，kWh。

(5) 设计供热煤耗率（design value of coal consumption rate for heat-supply）：根据额定工况下热电厂供热热效率计算出的供热煤耗率。计算公式为

$$b_{rn}=\frac{34.12}{\eta_{rn}}$$

$$\eta_{rn}=\eta_{bln}\eta_{gdn}\eta_{hsn}$$

式中 b_{rn}——设计供热标准煤耗率，kg/GJ；

η_{rn} ——热电厂设计供热热效率，%；

η_{hsn} ——热网首站设计换热效率，一般取 98%，%。

根据三部委发布《热电联产项目可行性研究技术规定》（原国家计委计基础〔2001〕26 号）附件 2（热电联产项目可行性研究计算方法），供热标准煤耗率 b_r 不仅要考虑总耗煤量的一次分摊，而且也要考虑厂用电量的二次分摊。因此设计供热标准煤耗率为

$$b_{rn}=\frac{34.12}{\eta_{bln}\eta_{gdn}}+L_{rrn}\cdot b_{fp}\times10^{-3}$$

$$b_{fp}=\frac{b_{fc}P_{fc}T_{fc}+b_{ff}P_{ff}T_{ff}}{W_f}$$

式中 b_{rn} ——设计供热标准煤耗率，kg/GJ；

b_{fp} ——平均发电煤耗率，g/kWh；

b_{ff} ——非采暖期汽轮机发电机组的发电煤耗率，g/kWh；

P_{ff} ——非采暖期发电功率，kW；

T_{ff} ——非采暖期利用小时，h；

b_{fc} ——采暖期汽轮机发电机组的发电煤耗率，g/kWh；

P_{fc} ——采暖期发电功率，kW；

T_{fc} ——采暖期利用小时，h；

L_{rrn} ——设计供热厂用电率，kWh/GJ。

（6）设计综合厂用电率（comprehensive power consumption rate）：额定工况下全厂综合厂用电量与发电量的比值，计算公式为

$$L_{zhn}=L_{fcyn}+L_{rrn}\frac{Q_{rn}}{W_{fn}}\times100\%$$

式中 Q_{rn} ——设计供热量，kJ；

W_{fn} ——设计发电量，kWh；

L_{fcyn} ——设计发电厂用电率，%；

L_{rrn} ——设计供热厂用电率，kWh/GJ；

L_{zhn} ——设计综合厂用电率，%。

根据《热电联产项目可行性研究技术规定》（原国家计委计基础〔2001〕26 号）附件 2（热电联产项目可行性研究计算方法）中的办法，燃煤电厂 75t/h 及以下链条炉供热厂用电率 L_{rrn} 一般取 5.73kWh/GJ；对于 75t/h 及以下循环流化床和煤粉炉供热厂用电率 L_{rrn} 按下式进行修正，即

$$L_{rrn}=5.73[1+2(\eta_{gl}-0.8\%)]\ (\mathrm{kWh/GJ})$$

对于 75t/h 以上的各种锅炉，L_{rrn} 可直接 5.73kWh/GJ。

例 13-6 某热电厂采用 1 台 CC12-4.9/0.98/0.17 型双抽汽供热式次高压汽轮发电机组和 1 台 B6-4.9/0.98 型背压供热式次高压汽轮发电机组，配 3 台 75t/h 次高压循环流化床锅炉。采暖期 2 机 3 炉运行；非采暖期最大负荷工况 2 机 2 炉运行，最小负荷工况 B6 汽轮机停运，CC12 汽轮机和 2 炉运行。在采暖期循环流化床锅炉效率 $\eta_{gln}=83\%$，管道效率 $\eta_{gdn}=98\%$，发电功率为 18 000kW，该地区采暖期 97 天（$T_{fc}=2328$h），年供热量 $Q_{rn}=2\ 073\ 880$GJ，汽水损失率 $\xi=3\%$，采暖期汽轮机进汽量 $D_0=176.93$t/h，汽轮机进汽焓 $i_0=3283.7$kJ/kg，锅炉给水焓 $i_{fw}=636$kJ/kg，锅炉生水焓 $i_{sw}=62.8$kJ/kg，抽汽凝结水焓 $i_c=2981$kJ/kg，汽轮机对外供汽量 $D_c=120.8$t/h。

在非采暖期效率 $\eta_{gln}=81\%$，非采暖期 $T_{ff}=8760-2328=6432$（h），考虑机组压负荷和抽

汽机组检修，CC12 汽轮机运行时间减少 1241h。非采暖期汽轮机进汽量 $D_0=101.07\text{t/h}$，汽轮机对外供汽量 $D_c=65.54\text{t/h}$。非采暖期汽轮机发电机组的发电煤耗率 $b_{ff}=323.0\text{g/kWh}$，发电功率为 11 000kW。

设机组利用时间为 5500h，发电厂用电率 $L_{rdn}=5.5\%$，求热电厂采暖期机组的发电煤耗率 b_{fc}、设计平均发电煤耗率 b_{fp}、设计综合厂用电率 L_{zhn}、设计供热煤耗率 b_{rp} 和设计供电煤耗率 b_{gm}。

解： 设计年发电量为

$$W_{fn}=5500\text{h}\times(6000+12\,000)\text{kW}=99\,000\,000\text{kWh}$$

采暖期汽轮机发电机组的发电热耗率为

$$\begin{aligned}q_c&=\frac{D_0(1+\xi)(i_0-i_{fw})-D_c(i_c-i_{sw})}{P}\times1000\\&=\frac{176.93\times(1+0.03)(3283.7-636)-120.8\times(2981-62.8)}{6000+12\,000}\times1000\\&=7221.82\ (\text{kJ/kWh})\end{aligned}$$

采暖期汽轮机发电机组的发电煤耗率为

$$b_{fc}=\frac{q_c\times1000}{29\,308\eta_{gln}\eta_{gdn}}=\frac{7221.82\times1000}{29\,308\times0.83\times0.98}=302.94\ (\text{g/kWh})$$

年平均发电煤耗率为

$$\begin{aligned}b_{fp}&=\frac{b_{fc}P_{fc}T_{fc}+b_{ff}P_{ff}T_{ff}}{W_f}\\&=\frac{302.94\times18\,000\times2328+323.0\times11\,000\times(6432-1241)}{99\,000\,000}=314.53\ (\text{g/kWh})\end{aligned}$$

供热厂用电率为

$$\begin{aligned}L_{rm}&=5.73[1+2(\eta_{gln}-0.8\%)]\\&=5.73\times[1+2(83\%-0.8\%)]=6.074\ (\text{kWh/GJ})\end{aligned}$$

设计综合厂用电率为

$$\begin{aligned}L_{zhn}&=L_{fcyn}+L_{rm}\frac{Q_m}{W_{fn}}\times100\%\\&=5.5\%+6.074\times\frac{2\,073\,880}{99\,000\,000}\times100\%=18.22\%\end{aligned}$$

设计供热煤耗率为

$$\begin{aligned}b_m&=\frac{34.12}{\eta_{bln}\eta_{gdn}}+L_{rm}b_{fp}\times10^{-3}\\&=\frac{34.12}{0.83\times0.98}+6.074\times314.53\times10^{-3}=43.86\ (\text{kg/GJ})\end{aligned}$$

设计供电煤耗率为

$$b_{gm}=\frac{b_{fm}}{1-L_{rdn}}=\frac{b_{fp}}{1-L_{rdn}}=\frac{314.53}{1-0.055}=332.84\ (\text{g/kWh})$$

第四节 能效运行指标

关于在役机组的能效运行实际指标的计算方法，最早见于原国家电力工业部下发《电力网和火力发电厂省煤节电工作条例》（电生字〔1979〕第 66 号）的通知附录二里（1979 年 9 月 27 日）。该附录二“煤耗和厂用电率计算方法”规定了凝汽式电厂和供热电厂发供电煤耗的计算方法，为今后火电企业煤耗率计算规范化、标准化奠定了基础。可以说，在此之前火电能效指标的计算处于一种无序的状态，随意性较大。为加强火电厂发供电煤耗的科学管理，使煤耗率计算更加准确，原电力部在1993年下发了《火力发电厂按入炉煤量正平衡计算发供电煤耗的方法（试行）》（电安生〔1993〕457号）的通知，分门别类地详细规定了正平衡计算煤耗率的方法，这是煤耗率计算规范化、制度化发展历程中的一件大事，具有“里程碑”意义。2001年1月11日，原国家发展计划委员会、经济贸易委员会等三部委发布的《热电联产项目可行性研究技术规定》（原国家计委计基础〔2001〕26号），对供热机组能效指标计算明确了方法。2004年12月14日，国家发改委发布了DL/T 904—2004《火力发电厂技术经济指标计算方法》，该标准将火电机组能效指标的计算方法进行了统一规定，力推了火电机组能效指标规范化、标准化发展。

一、厂用电

（1）厂用电率、厂用电系数（auxiliary power consumption ratio）：发电厂直接用于发电生产过程的自用电量占发电量的百分比，过去曾称为厂用电系数。厂用电率分为生产厂用电率、辅助厂用电率和综合厂用电率。

（2）生产厂用电率（auxiliary power consumption ratio for production）：统计报告期内机组（或电站）生产厂用电量与发电量的比值，符号为L_{sc}。计算公式为

$$L_{sc}=\frac{W_{sc}}{W_f}\times 100\%$$

$$W_{sc}=W_{fd}+W_{gr}$$

式中 L_{sc}——生产厂用电率，%；

W_{sc}——生产厂用电量，万kWh；

W_{fd}——发电耗用的厂用电量，kWh；

W_{gr}——供热耗用的厂用电量，kWh；

W_f——机组发电量，万kWh。

（3）发电厂用电率（auxiliary power consumption ratio for power generation）：统计报告期内机组发电厂用电量与发电量的比值。对于纯发电机组，发电厂用电率等于生产厂用电率。计算公式为

$$L_{fcy}=\frac{W_{fd}}{W_f}\times 100\%=\frac{W_{cy}+W_{wg}-W_{kc}-W_{gr}}{W_f}\times 100\%$$

$$L_{fz}=\frac{W_{fz}}{W_f}\times 100\%$$

$$L_{fs}=\frac{W_{kc}}{W_f}\times 100\%$$

$$W_{fd}=W_{cy}+W_{wg}-W_{kc}-W_{gr}$$

$$W_{fz}=W_{qc}-W_{fd}-W_{kc}-W_{gr}$$

$$W_{qc}=W_f-W_{gk}+W_{wg}$$

式中 L_{fcy}——发电厂用电率，%；

L_{fz}——辅助厂用电率，%；

L_{fs}——非生产厂用电率，%；

W_{cy}——统计期内表计厂用电量，kWh；

W_{qc}——全厂厂用电量，kWh；

W_{fz}——辅助的厂用电量，kWh；

W_{wg}——机组外购电量，kWh；

W_{kc}——按规定应扣除的其他用电量（非生产用电量），kWh。

300MW 等级及以上机组电动给水泵改为汽动给水泵，可大幅度降低厂用电率，增加上网电量，同时能有效提高机组的整体经济性。例如华能淮阴电厂 330MW 机组电动给水泵改为汽动给水泵工程比较成功，其改造方式为：拆除原有 3 台 50%BMCR 容量电动给水泵中的 1 台，新建 1 台 100%BMCR 容量的汽动给水泵组，另 2 台电动给水泵组备用，备用容量为 100%。淮阴电厂 5 号机组电动泵改为汽动泵后，厂用电率明显降低。在机组负荷为 249.9MW（负荷系数约为 0.75）时，厂用电率为 5.37%，较电动给水泵方式下的厂用电率降低约 2.42 个百分点。

在机组负荷为 249.9MW（负荷系数约为 0.75）时，汽轮机热耗率为 8062.17kJ/kWh，机组发电煤耗率为 295.54g/kWh，供电煤耗率为 312.32g/kWh。相对改造前汽轮机热耗率升高了 153.07kJ/kWh，机组发电煤耗率升高 5.61g/kWh，但供电煤耗率降低 2.11g/kWh。

（4）供热厂用电率（auxiliary power consumption ratio for heat-supply）：统计报告期内机组供热耗用的厂用电量折算成热量与供热量的百分比值。计算公式为

$$L_{gr}=\frac{W_{gr}\times 3600\times 10^{-6}}{Q_{gr}}\times 100\%$$

式中 W_{gr}——统计期内供热厂用电量，kWh；

Q_{gr}——统计期内供热量，GJ；

L_{gr}——供热厂用电率，%。

$$\text{供热厂用电量}=\text{纯供热用电量}+\text{供热比}\times(\text{全部厂用电量}-\text{纯发电用电量}-\text{纯供热用电量})$$

$$\text{发电厂用电量}=\text{纯发电用电量}+\frac{\text{发电耗热量(GJ)}}{\text{发电、供热总耗热量(GJ)}}\times(\text{全部厂用电量}-\text{纯发电用电量}-\text{纯供热用电量})$$

纯供热用电量是指热网水泵、热网疏水泵、供热蒸发站等用电，为统计期热网站电能表累计值；纯发电用电量是指循环水泵、凝结水泵、他励磁用电量等。或者可定义为

$$L_{gr}=\frac{W_{gr}}{Q_{r}}$$

式中 W_{gr}——供热耗用的厂用电量，kWh；

Q_{r}——统计期供热量，GJ；

L_{gr}——热电厂供热厂用电率（科学地讲应称为单位供热厂用电耗），kWh/GJ。

关于供热厂用电率，因为有三种定义，《火力发电厂技术经济指标计算方法》（DL/T 904）有关供热厂用电率的定义和公式值得商榷。因此究竟使用哪个定义和计算公式，就要看要求上报供热厂用电率的单位。二者之间有如下关系：

$$L_{rm}(\text{kWh/GJ})=\frac{3600\text{kJ/kWh}\times\text{kWh }10^{-6}}{\text{GJ}}\times 100\%=0.36\ (\%)$$

例 13-7 某电厂某供暖月，供热量 133 202.30GJ，供热标煤耗量 5461.29t，发电标煤耗量 46 724 t，供热厂用电量 104.36 万 kWh，求供热比和供热厂用电率（kWh/GJ 或%）。

解：供热比 $a_{r}=\frac{5461.9}{5461.9+46\ 724}\times 100\%=10.47\%$

供热厂用电率 $L_{gr}=\frac{W_{gr}}{Q_{r}}=\frac{104.36\times 10^{4}}{133\ 202.3}=7.83(\text{kWh/GJ})=7.83\times 0.36(\%)=2.82\%$

我国平均供热厂用电率为 7kWh/GJ（即 2.52%）左右。降低供热厂用电率的主要措施如下：

1）定期对电能、热能计量器具进行校验，发现问题及时处理，保证计量的准确性。

2）合理调整供热系统运行方式，降低机组低负荷段的辅机耗电率。

3）制定合理的热、电耗电量分摊原则。

4）尽量多供热。

5）热网电动循环水泵改造为汽动循环水泵。满洲里热电厂 4×12MW 机组，加热蒸汽采用母管制，配热网循环水泵 8 台，热网加热器 9 台。将 3 台电动循环水泵更换为 3 台流量为 2000t/h、扬程为 80m、转速为 3000r/min 的热网循环水泵，每台泵的轴功率为 580kW 左右。保留原有的 5 台电动热网电动循环水泵作为备用。改造后的每台热网循环水泵配备 1 台 580kW 低压汽轮机，该汽轮机与热网循环水泵连接，直接拖动热网循环水泵。汽轮机进汽取自热网蒸汽母管，排汽直接进入热网换热器。将 2 台热网加热器作为低压换热器，回收所有汽动循环水泵排汽。

6）锅炉电动给水泵改造为汽动给水泵。满洲里热电厂 4×12MW 机组，机组采用母管制，给水系统采用母管制，对 2 台电动给水泵拆除，原有 2 台 280kW 电动机保留作为异步发电机用。更换成 2 台 150t/h 汽动给水泵（该给水泵轴功率为 360kW 左右），每台汽动给水泵配备 1 台 650kW 低压汽轮机。该汽轮机安装在原有锅炉给水泵电动机后端（该电动机需要进行双伸轴改造），将电动机与锅炉汽动给水泵同时拖动。汽轮机进汽取自 0.27MPa 蒸汽母管，排汽直接进入热网加热器。

7）降低热网回水温度，提高供回水温差。采用“小流量大温差”的热网运行方式，对提高供热温差和供热效率、降低热网循环水量非常重要。根据供热单位目前的供暖现状，二级网的供回水温差一般不超过 10℃。增大 5℃供回水温差后的流量较原流量减小 33%。包头第二热电厂实施各换热站板式加热器增加面积的改造，能降低回水温度 5～10℃，效益非常显著。

（5）综合厂用电率（comprehensive power consumption rate）：统计报告期内全厂综合厂用电量与发电量的比值，即全厂发电量与上网电量的差值与全厂发电量的比值。计算公式为

$$L_{zh}=\frac{W_{zh}}{W_f}\times 100\%=\frac{W_f-W_{gk}+W_{wg}-W_{gr}}{W_f}\times 100\%$$

式中 L_{zh}——综合厂用电率，%；

W_f——统计期内发电量，kWh；

W_{zh}——统计期内综合厂用电量，kWh；

W_{gk}——统计期内全厂的关口电量，kWh；

W_{wg}——统计期内全厂的外购电量，kWh。

综合厂用电率高的原因如下：

1）发电厂用电率高。

2）主变压器损耗、线路损耗高。

3）变压器冷却器故障，散热条件差。

4）机组负荷率低。

5）主变压器二次压降超标。

6）供热厂用电量大。

7）启动次数多，启动能耗大。

8）停机次数多，停机能耗大。

降低综合厂用电率的对策如下：

1）采取降低发电厂用电率的措施。

2）降低变压器损耗的措施。选用容量匹配的变压器。保证变压器散热设备运行良好。加强变压器油质监督，保证油质合格。定期对主变压器进行二次压降测试，发现超标及时分析原因，

制定措施。提高检修质量，做好质量验收工作。

3）降低供热厂用电率的措施。定期校验供热系统计量器具，保证其计量的准确性。在满足供热系统正常运行的情况下，优化供热设备系统及其运行方式。

4）合理安排机组检修和消缺，减少机组启停次数，特别是机组非计划减出力和非计划停运次数。

5）应用先进技术对能耗较高的设备进行节能改造，如对送风机、引风机、凝结水泵、给水泵等进行高效、变速改造。

6）做好生产厂区内的照明优化，使用节能灯具，尽量减少照明灯的数量及照明时间。

7）降低停机能耗。

8）降低启动能耗。

（6）全厂厂用电率（total plant power consumption rate）：统计报告期内全厂厂用电量与发电量的比值。计算公式为

$$L_{qc}=\frac{W_{qc}}{W_f}\times 100\%=\frac{W_f-W_{gk}+W_{wg}}{W_f}\times 100\%$$

$$W_{qc}=W_f-W_{gk}+W_{wg}=W_{zh}+W_r$$

式中　L_{zh}——全厂厂用电率，%；

W_f——统计期内发电量，kWh；

W_{zh}——统计期内综合厂用电量，kWh；

W_{qc}——统计期内全厂厂用电量，kWh；

W_{gk}——统计期内全厂的关口电量，kWh；

W_{wg}——统计期内全厂的外购电量，kWh。

对于电厂，外购电量一般是高压备用变压器用电量，由于一般是2台机组共用1台高压备用变压器，因此应按照发电量份额分摊到每台机组上。

（6）辅助厂用电率（auxiliary power rate）：机组供电量与上网电量之差占发电量的百分比。计算公式为

$$L_{au}=\frac{W_g-W_{sw}}{W_f}\times 100\%=L_{zh}-L_{sc}$$

式中　W_g——机组供电量，kWh；

W_{sw}——上网电量，kWh；

L_{au}——辅助厂用电率，%；

L_{zh}——综合厂用电率，%；

L_{sc}——生产厂用电率，%。

机组供电量与上网电量之差包括主变压器损耗电量和主变压器线损电量，主变压器损耗电量包括负载损耗电量和空载损耗电量，二者一般为输送电量的0.5%左右，而主变压器线损电量很小，因此，辅助厂用电率一般不超过0.5%～0.8%。影响辅助厂用电率的主要因素是：

1）关口电能表误差大，超过规定值。

2）主变压器老化，铁损和铜损增加。

3）主变压器线路电缆有损伤或老化，接头氧化等，导致线损增加。

4）电流互感器、电压互感器误差超过规定值。

5）关口电能表二次回路出现问题。例如青海桥头铝电有限公司125MW机组两条输出母线

线路的电能表电压输入端子二次电压值与线路电压互感器输出侧二次电压值不一样，存在偏差，导致辅助厂用电率在1.25%左右。检查发现电能表电压输入端子二次电压值为101.5V，而线路电压互感器输出侧二次电压值为103.5V，二者有2V的偏差。进一步检查发现，母线线路电压互感器二次回路设置有一个转换开关，测量该转换开关两端电压时，发现转换开关两端电压值不一样，说明该转换开关触点不良，电厂随后将该转换开关拆除，将相应电压回路进行接点短接改造，送电投入运行后，测量电能表的输入二次电压值与线路电压互感器输出侧二次电压值基本一致，没有压降。改造后辅助厂用电率恢复0.8%以内。

例13-8 某电厂300MW机组，2月份发电量13 589.4万kWh，上网电量12 555.77万kWh，供热量214 797.31GJ；生产厂用电量945.33万kWh，其中发电厂用电量772.81万kWh，供热厂用电量172.52万kWh。外购电量0万kWh。求生产厂用电率、发电厂用电率、供热厂用电率、综合厂用电率和全厂厂用电率。

解：

生产厂用电率 $L_{sc}=\dfrac{W_{sc}}{W_f}\times100\%=\dfrac{945.33}{13\ 589.4}\times100\%=6.96\%$

发电厂用电率 $L_{fcy}=\dfrac{W_{fd}}{W_f}\times100\%=\dfrac{772.81}{13\ 589.4}\times100\%=5.69\%$

供热厂用电率 $L_{gr}=\dfrac{W_{gr}\times3600\times10^{-6}}{Q_{gr}}\times100\%=\dfrac{172.52\times10^4\times3600\times10^{-6}}{214\ 797.31}\times100\%$

$=2.89\%$

综合厂用电率 $L_{zh}=\dfrac{W_{zh}}{W_f}\times100\%=\dfrac{W_f-W_{gk}+W_{wg}-W_{gr}}{W_f}\times100\%$

$=\dfrac{13\ 589.4-12\ 555.77+0-172.52}{13\ 589.4}\times100\%=6.34\%$

全厂厂用电率 $L_{qc}=\dfrac{W_{qc}}{W_f}\times100\%=\dfrac{W_f-W_{gk}+W_{wg}}{W_f}\times100\%$

$=\dfrac{13\ 589.4-12\ 555.77+0}{13\ 589.4}\times100\%=7.61\%$

二、效率

(1) 电厂绝对效率、发电热效率、全厂热效率、电厂毛热效率、(发) 电厂热效率 (thermal efficiency of power plant)：发电厂中发电机发出的电功率的当量热量占燃料供给锅炉的热量的百分数，用 η_{cp} 表示。反平衡计算方法为

$$\eta_{cp}=\eta_{gd}\eta_{bl}\eta=\eta_{gd}\eta_{bl}\eta_m\eta_t\eta_i\eta_g$$

$$\eta_{cp}=\frac{3600P_{el}}{BQ_{net,\ ar}}=\eta_{gd}\eta_{bl}\eta_m\eta_t\eta_i\eta_g=\eta_{gd}\eta_{bl}\eta$$

式中 η_{cp}——电厂热效率，%；

η_{cp}——全厂热效率，%；

η_{gd}——管道热效率，%；

η_{bl}——锅炉热效率，%；

η_g——发电机效率，%；

η——机组热效率，%；

B——单位时间内锅炉输入的燃煤量，kg/h；

P_{el}——发电机发出的电功率，kW；

$Q_{net,\ ar}$——燃煤的低位发热量，kJ/kg。

例 13-9 某电厂三期工程 660MW 超超临界机组设计热耗率为 7342kJ/kWh，锅炉效率为 93.9%，管道效率为 99%，求机组设计热效率、电厂热效率和设计发电煤耗率。

解： 机组热效率为

$$\eta=\frac{3600}{q}=3600/7342=49.03\%$$

电厂热效率为

$$\eta_{cp}=\eta\eta_{gd}\eta_{bl}=49.03\%\times99\%\times93.9\%=45.58\%$$

$$\text{发电煤耗率}=7342/(0.99\times0.939\times29\ 307.6)=0.269\ 5(\text{kg/kWh})$$

（2）供电热效率、净热效率（thermal efficiency of electricity supply）：扣去发电厂用电量 W_{fd} 的全厂热效率称为供电热效率或净热效率，用 η_{ap} 表示。计算公式为

$$\eta_{ap}=\eta_{cp}(1-L_{fd})$$

式中 L_{fd}——发电厂用电率，%。

（3）单元机组总热效率（gross thermal efficiency of a unit）：在统计报告期内，单元机组发电量和对外供热量之和与该装置同期内耗用燃料的输入热量在同一量纲下之比。

（4）单元机组净热效率（net thermal efficiency of a unit）：在统计报告期内，单元机组供电量和对外供热的净热能之和与该装置同期内耗用燃料的输入热量在同一量纲下之比。

单元机组对外供热的净热能＝供热量－直接用于供热耗用的厂用电量折算的热量。

（5）电厂热耗率（heat rate of power plant）：机炉电机组每产生 1kWh 电能所消耗的热量，符号为 q_{cp}，单位为 kJ/kWh。计算公式为

$$q_{cp}=\frac{BQ_{net,\ ar}}{P_{el}}=\frac{3600}{\eta_{cp}}=\frac{3600}{\eta_{gd}\eta_{bl}\eta}$$

（6）停机能耗（energy consumption of downtime）：机组从停机操作到负荷降低到最低稳燃负荷开始，到机组完全停止运行之前消耗的能源量。降低停机能耗的措施如下：

1）机组停运过程中，负荷降至一半时，退出一台给水泵汽轮机，并退出脱硫系统中的 1 台海水升压泵或浆液泵。

2）机组解列后 10min 内，停运脱硫系统中的所有曝气风机。

3）机组解列后 1h 内，停运 1 台循环水泵，需根据现场循环水方式而定（一般为 2 机 2 泵母管制运行方式）。

4）汽动给水泵打闸后 2h 内，停运前置泵，若需要暖管可保留 1 台前置泵运行。

5）接值长锅炉消压放水命令后，停运给水泵汽轮机油泵、EH 油泵。锅炉消压放水结束后，检查本体疏水集管温度、低压缸排汽温度，停运凝结水泵并做好隔离措施。

6）冬季机组停运备用，闭式水系统需保持运行防冻；其他季节如闭式水系统无用户，安排停运。

7）机组停机后关闭主汽管道疏水，采用定时进行疏水的方式；在锅炉熄火后，停运给水泵。并根据主蒸汽压力及各疏水情况破坏真空，停轴封。

8）机组停止、锅炉熄火吹扫 5～10min 后，及时停止送、引风机，停止等离子冷却水泵。将海水升压泵频率降至最低，当原烟气温度降至 65℃以下时，停运海水升压泵。

9）磨煤机停止后及时停止液压油站，轴承温度低于 50℃后，停运润滑油站。

10）一次风机停止后及时停运液压油站，轴承温度低于 50℃后，停运润滑油站。送风机停止后，及时停运液压油站。引风机停止后，电动机静止，停运电动机润滑油站。

11）引风机停运 2h，停运轴冷风机。

12）空气预热器入口烟温低于 150℃，停止空气预热器。

13）机组停运后再热器烟道烟温低于150℃，停止火检冷却风机和等离子冷却风机。

14）汽动给水泵打闸后，根据油温及时停运开式水。

15）锅炉熄火1h内，全面检查干排渣系统各处无积渣后停止运行。

16）锅炉熄火1h内，将所有电除尘振打投入连续运行4h后停止运行。

17）锅炉熄火后，反吹干除灰系统所有灰斗，约8h后停止干除灰系统和1台除灰空气压缩机。

（7）启动能耗（starting energy consumption）：机组从启动操作开始，到机组带最低稳定负荷之前消耗的能源量。降低启动能耗的措施如下：

1）有条件的机组冷态启动时，在锅炉进水后即可投入锅炉底部蒸汽加热，并利用邻炉输粉，以减少锅炉点火初期的用油。

2）单元机组，应尽量采用滑参数运行，以减少启动用油量。

3）在机组启动过程中，条件许可的情况下应尽可能早地投入磨煤机。

4）机组冷态开机应提前进行凝汽器冲洗、凝结水系统冲洗、除氧器水系统冲洗工作。

5）在锅炉准备点火启动风机前1h启动脱硫系统海水升压泵。在机组负荷超过50%时，根据脱硫系统指标排放情况适时启动第2台海水升压泵。

6）机组负荷250MW以上，根据疏水集管温度及时检查关闭相关的减温喷水，对阀门内漏的疏水管路及时联系检修检查处理。

7）机组启动过程，保持开式泵停运，开启开式泵进出口门，通过节流凝汽器循环水排水电动门，维持闭式水温度在正常范围内。

8）冷态开机在能满足锅炉上水的情况下，在除氧器水质合格情况下使用前置泵上水；如除氧器水质达不到要求，则锅炉上水采用上水泵直接上水。凝结水、除氧器水质合格情况下，启动前置泵进行锅炉上水工作，以减少锅炉冷态、热态冲洗时间，缩短机组启动时间。

9）根据机组并网时间，确定合理、适当的锅炉点火及设备投运时间。在点火前2.5h，启动引风机轴冷风机。在点火前1.5h投入引风机、一次风机、送风机、AB磨煤机辅机润滑、液压油站。

10）凝结水系统在除氧器上水时投入运行，上水完毕后停运备用；在锅炉上水时投入运行。

11）锅炉准备点火前8h投入电除尘器绝缘子加热，机组启动完毕，正常运行8h后停止运行电除尘器绝缘子加热。

12）锅炉启动风机后，启动1台除灰空气压缩机，对干除灰系统进行反吹后投入自动运行。

13）锅炉启动风机后，投入干排渣系统。

14）同时配有汽动给水泵和电动给水泵的汽轮机，可将电动给水泵仅作为给水管道、高压加热器等注水升压用。压力升至一定数值之后，即并入汽动给水泵，停运电动给水泵，由汽动给水泵来完成冷态冲洗、热态冲洗、锅炉升温升压、暖机、冲转、并网、升负荷等一系列启动过程。

15）对于中间储仓式制粉系统。锅炉启动过程中，为节约用油，希望早投粉。但启动制粉系统受到二次风温的影响，同时启动后乏气排入炉膛上部，燃烧不充分，易引起锅炉尾部受热面积粉，存在锅炉尾部二次燃烧的风险。采用邻炉输粉则在一定程度上既能满足锅炉启动过程初期对煤粉的需要，又能够避免锅炉尾部二次燃烧的风险。同时，锅炉正常运行中，邻炉输粉装置的存在，则为两台炉制粉系统的经济调度提供基础，可以减少制粉系统的启停次数，既可以延长磨煤机电动机的使用寿命，也可以节省因制粉系统停止过程出力降低而增加的耗电量。

三、煤耗

（1）发电（标准）煤耗率（gross coal consumption rate of power generation）：机组发出

1kWh电能所消耗的标准煤量，以b_f表示。平时所说的"发电煤耗"是不规范的称谓，因为发电煤耗有两种可能：一种是发电煤耗量，另一种是发电煤耗率。就像机组热耗可能是指机组热耗量，也可能是机组热耗率，在口语中可能出现这种不严谨的称谓，但是在书籍中决不允许出现。发电标准煤耗率计算公式为

$$b_f = B_b \times (1 - a_r/100)/W_f \times 10^6$$

式中 b_f——发电标准煤耗率，g/kWh；

B_b——统计期内耗用标准煤量，t；

a_r——供热比，%；

W_f——统计期内发电量，kWh。

反平衡计算公式为

$$b_f = \frac{q}{\eta_{bl}\eta_{gd} \times 29.307\,6} = \frac{3600}{\eta_{bl}\eta_{gd}\eta_m\eta_t\eta_i\eta_g \times 29.307\,6} = \frac{122.83}{\eta_{cp}}$$

式中 3600——电的热当量，kJ/kWh。

上式表明，发电煤耗率与全厂热效率成反比，热效率越高，发电煤耗率就越低。同时当锅炉效率一定时，汽轮机组热耗率也与全厂热效率成反比，热效率越高，汽轮机组热耗率就越低。另一方面，知道了锅炉热效率和汽轮机组热耗率，也就知道了全厂热效率，从而得到发电煤耗率的反平衡计算结果。发电煤耗率高的原因如下：

1）排烟温度高、灰渣可燃物损失大、锅炉氧量过大或过小、散热损失大、煤质差等原因造成锅炉效率低。

2）主蒸汽压力和主蒸汽温度等蒸汽初参数低，高压缸排汽压力和高压缸排汽温度等蒸汽终参数高。

3）给水温度低、凝汽器真空差、汽水系统严密性差（疏放水系统、旁路系统）等原因造成汽轮机热耗率高。

4）汽轮机通流部分效率低。汽轮机高、中、低压缸效率低；汽轮机高压配汽机构的节流损失大（如调节汽门重叠度不佳等）。

5）管道效率低。

6）机组负荷率低，负荷调整频繁。

7）热电耗煤量分摊方法不合理、热网设备效率低等原因造成供热煤耗率偏低。

8）发电煤耗数据不准确，入炉煤低位发热量、原煤耗量、发电量数值和实际数值误差大。

9）机组优化运行未及时调整，影响耗差分析。

10）煤质监督管理不到位，入厂煤和入炉煤热值差偏大，煤场储煤损耗大。

11）节能降耗技术改造力度不够。

12）管理不到位，设备可靠性差，机组非计划停运次数多。

降低发电煤耗率的对策如下：

1）降低排烟温度，降低飞灰可燃物、炉渣可燃物，控制锅炉氧量，降低散热损失，控制煤粉细度。

2）提高主蒸汽参数，控制再热蒸汽温度，提高凝汽器真空，提高给水温度，及时消除减温水、疏水等系统阀门泄漏缺陷。

3）减少再热器减温水量。

4）合理调整高压调节阀的重叠度。

5）结合机组检修对汽轮机通流部件进行除垢、调整动静间隙。

6）采用先进的煤粉燃烧技术，使锅炉适应所燃煤种，提高燃烧效率。

7）进行汽轮机汽封改造和通流部分改造。

8）蒸汽系统疏水、高压加热器疏水系统改造。

9）挖掘机组启停过程中的节能潜力。

10）加强耗差分析，及时调整，不断完善机组优化运行管理工作。

11）认真开展煤质监督工作。加强沟通，尽量采购适合锅炉设计指标要求的燃煤。加强炉煤掺配，控制入炉指标稳定。

12）制定合理的热、电耗煤量的分摊原则。

13）加强供热流量、温度、压力表计的管理。加强热网系统巡检，做好日常维护工作。

例 13-10 已知条件见例 8-7，求机组热耗率和电厂热耗率、机组热效率和电厂热效率、管道效率、发电煤耗率。

解： 汽轮机热耗量为

$$\begin{aligned}Q_0 &= G_0 h_{ms} + G_{rh} q_{rh} + G_f h''_f + G_{ma} h_{ma} - G_{fw} h_{fw} - G_{ss} h_{ss}\\ &= [1805 \times 3394.4 + 1470 \times 521.33 + 10.03 \times 2772.1 + 26.35 \times 62.8\\ &\quad - 1826.06 \times 1210.86 - 33.6 \times 745] \times 10^3 = 4686.57 \times 10^6 \ (\text{kJ/h})\end{aligned}$$

机组热耗率为

$$q = \frac{Q_o}{P_{el}} = \frac{4686.57 \times 10^6}{600\ 000} = 7810.95(\text{kJ/kWh})$$

锅炉热负荷为

$$\begin{aligned}Q_b &= G_b h_b + G_{rh} q_{rh(b)} + G_{bl} h_{bl} - G_{fw} h_{fw} - G_{ss} h_{ss}\\ &= [1823.23 \times 3394.4 + 1470 \times 521.33 + 18.23 \times 1848.1\\ &\quad - 1826.06 \times 1210.86 - 33.6 \times 745] \times 10^3 = 4752.68 \times 10^6 (\text{kJ/h})\end{aligned}$$

管道效率为

$$\eta_{gd} = \frac{Q_o}{Q_b} = \frac{4686.57 \times 10^6}{4752.68 \times 10^6} = 98.61\%$$

机组热效率为

$$\eta = \frac{3600}{q} = \frac{3600}{7810.95} = 46.09\%$$

电厂热效率为

$$\eta_{cp} = \eta_{gd} \eta_{bl} \eta = 0.986\ 1 \times 0.925 \times 0.460\ 9 = 42.04\%$$

电厂热耗率为

$$q_{cp} = \frac{3600}{\eta_{cp}} = \frac{3600}{0.420\ 4} = 8563.3(\text{kJ/kWh})$$

发电煤耗率为

$$b_f = \frac{122.8}{\eta_{cp}} = \frac{122.8}{0.420\ 4} = 292.10(\text{g/kWh})$$

(2) 供电（标准）煤耗率、生产供电煤耗率（coal consumption rate of power supply）：机组每对外提供 1kWh 电能平均耗用的标准煤量，以 b_g 表示。计算公式为

$$b_g = \frac{B_b(1 - \alpha_r) \times 10^6}{W_f - (W_{cy} + W_{wg} - W_{kc} - W_{gr})} = \frac{b_f}{1 - L_{fcy}}$$

$$B_b = B_d + B_r = B_h - B_{kc}$$

$$b_f = \frac{B_b(1-\alpha_r)\times 10^6}{W_f}$$

式中　b_g——在役机组的供电标准煤耗率（即生产供电煤耗率），g/kWh；
B_b——统计期内全厂耗用的标准煤量，t；
b_f——发电标准煤耗率，g/kWh；
α_r——供热比，%；
L_{fcy}——发电厂用电率，%；
W_f——统计期内发电量，kWh；
W_{cy}——统计期内表计厂用电量，kWh；
W_{gr}——供热耗用的厂用电量，kWh；
W_{kc}——按规定应扣除的其他用电量（非生产用电量），kWh。

供电标准煤耗综合反映火电厂生产单位产品的能源消耗水平。由于电厂安装的机组容量、类型、所处自然环境、系统运行方式、燃用煤种等客观因素的影响，实际供电标准煤耗率差别很大，无法按同一标准进行考核，应引入供电煤耗考核基础值的概念。

根据锅炉效率和锅炉所生产的蒸汽含热量反算出的供电煤耗率，称为反平衡供电煤耗率。根据入炉煤、油计量装置实测得的发电所消耗的原煤量、燃油量，并按其平均热值计算出耗用的标准煤量，来计算的供电煤耗率，称为正平衡供电煤耗率。一般100MW及以上机组火电厂的供电煤耗率为305～400g/kWh。供电煤耗率是按照厂供电量计算的消耗指标，厂供电量是发电厂的最终产品，因此它反映了火力发电厂生产单位电能的综合能耗水平，是国家对火力发电厂的重要考核指标之一。

为了正确反映发电厂的经济运行水平，统一全国煤耗率和厂用电率的计算，特规定下列燃料消耗量和厂用电量，不计入煤耗率和厂用电率。

1）新设备或计划检修（或状态检修）后设备的烘炉、煮炉、暖机、空载试运行的燃料和电力消耗。

2）新设备在未移交生产前的带负荷试运行期间，由于运行不正常，使全厂煤耗、厂用电率显著升高而多消耗的燃料和电力。这期间的煤耗率和厂用电率可按前5天的平均实际数值计算。

3）设备计划检修、更改工程、扩建新机组、基建等施工耗用的燃料和电力。

4）做热效率或其他试验的机组，在试验期间，由于经常变化调整操作而多消耗的燃料和电力。这期间的煤耗率和厂用电率可按前5天的平均热效率和耗电率实际数值计算。

5）自备机车、船舶等耗用的燃料和电力。

6）修配厂、副业、综合利用等非发电用的燃料和电力。

7）输配电用的升、降压变压器（不包括厂用电变压器）、变频机、调相机等消耗的电力。

8）发电机做调相运行时耗用的燃料和电力。

供电煤耗率高的原因如下：

1）发电煤耗率高。

2）厂用电率高。

3）能源计量不准确。

4）燃烧煤种煤质偏离锅炉设计值较大。收到基水分变化1个百分点，煤热值变化251～335kJ/kg，影响供电煤耗率变化0.25～0.34g/kWh；收到基灰分变化1个百分点，煤热值变化376～418kJ/kg，影响供电煤耗率变化0.38～0.42g/kWh；收到基热值变化1000kJ/kg，供电煤耗率变化 0.8～1.1g/kWh。

5）季节因素影响（不可控）。

6）管道效率低。

7）机组负荷率影响。在 70%～80%负荷率之间，负荷率每变化 1 个百分点，影响供电煤耗率变化 0.6g/kWh。

8）供热煤耗率偏低。热、电耗煤量分摊方法不合理；供热流量虚低；供热压力温度参数虚低；热网设备效率低；供热比低。

9）机组优化运行基准值未及时正确调整，影响耗差分析。

10）燃烧非单一煤种时，未进行合理混配煤；燃烧煤种变化后，未进行燃烧优化调整。

降低供电煤耗率的对策如下：

1）降低发电煤耗率。如采用先进的设计技术和加工工艺、采用先进的附属设备和部件，对汽轮机通流部分进行改造，可以提高机组容量和缸效率，从而大幅度地降低发电煤耗。

2）降低厂用电率。在目前电网峰谷差大、调峰幅度大的运行方式下，主要辅机存在“大马拉小车”的现象，不但运行非常不经济，而且大功率电动机的频繁启动对设备的寿命影响也较大。因此，应加大送风机、引风机等动力的变速改造。

3）认真抓好煤质监督工作，控制入炉煤质量，选择适合锅炉燃烧的煤种。按标准对煤样进行工业分析，化验人员应及时将化验结果提供给运行和管理部门，以便于运行人员掌握和控制煤炭质量，从而指导各机组的经济燃烧。有条件的电厂要安装煤质在线分析设备，进行煤质实时分析，并根据煤质来上煤。保证上到煤仓的煤是已知分析结果的煤。将煤质分析报告提前交到运行人员的手里，使运行人员能够及时进行燃烧调整，提高燃烧的安全性和经济性。

4）加强能源计量器具的管理工作，每月至少 2 次校验调整，每年 1 次鉴定，保证计量的准确性。

5）挖掘机组启停过程中的节能潜力。

6）加强耗差分析，及时调整基准值，不断完善机组优化运行管理工作。采用先进的运行在线能耗分析技术和系统，实现机组优化管理，提高机组运行经济性。

7）由于煤炭市场逐步放开，许多电厂的煤源、煤种不稳定，诸多煤炭指标严重偏离设计煤种，给锅炉安全经济运行带来了较大的影响，因此应通过完善燃料采购、配煤掺烧的管理，努力克服当前煤炭市场的不利因素，尽量提高入炉煤的质量，确保锅炉燃烧最大限度地接近设计工况。凡燃烧非单一煤种的电厂，要实行配煤责任制，每天根据不同煤种和锅炉设备特性，研究确定掺烧方式和掺烧配比，并通知有关岗位执行。

8）制定合理的热、电耗煤量分摊原则。加强热网系统巡检，做好日常维护工作。

9）根据原电力工业部《火力发电厂按入炉煤量正平衡计算发供电煤耗的方法（试行）》规定正确计算供电煤耗率，火力发电厂煤耗计算以正平衡为主，反平衡计算校核。

10）采用大容量高参数的火电机组，不仅有利于提高锅炉效率，而且能够大大减少大气污染。

11）开展经济调度，有针对性地指导各机组的经济运行工作。依据最近试验制定各机组的等微增调度曲线。按电网调度要求和等微增原则，确定本厂和机组微增调度方案，进行电、热负荷的合理分配，使机组在相应负荷的高效区运行。

12）积极开展技术交流和竞赛活动，正确理解小指标竞赛，制定科学完善的小指标竞赛考核办法。有些运行人员为了小指标竞赛，夏天少开循环水泵和真空泵，表面上看节省了厂用电，但机组实际热耗却上升，造成了发电煤耗上升。

13）加强燃料运行交接班制度，坚持做到原煤仓满仓或按煤位交接班及定煤粉仓粉位交接班，以减少实施单台机组计算煤耗的系统误差。

14）做好储煤场的管理，合理分类堆放，减少煤场储存损失。对储存烟煤等高挥发分煤种的储煤场，要定期测温，采取措施，防止自燃和煤的发热量损失。煤炭在煤场堆放时间较长时，要堆放整齐、压实，并做好防风吹、防雨水冲的措施。特别是在雨季煤场要留有足够的雨水通道，以减少场损。每月对煤场认真盘点。

15）300MW及以下容量供热或纯凝机组改造双转子互换循环水供热。目前湿冷机组汽轮机设计排汽压力多为4.9kPa，排汽温度约为33℃，循环水温度约为40℃，而凝汽器容许的最高排汽温度为80℃。在冬季，可通过提高汽轮机排汽温度和排汽压力，进而提高循环水温度（约70～80℃），满足热用户的采暖需求。为保证汽轮机运行的经济性，可更换1根新低压转子，该转子取掉低压转子末级或末两级叶片，以提高汽轮机排汽温度和排汽压力。低压缸双背压双转子互换循环水供热是低真空供热的一种形式，它采用两根低压转子，在采暖期和非采暖期使用不同的低压转子，以满足机组冬季、夏季不同设计背压的要求。

16）300MW及以上容量纯凝机组改造为抽汽供热机组。可采用在中低压联通管上打孔抽汽进行采暖供热改造，也可利用再热冷段或中压缸抽汽进行工业用汽供热改造。当采用中低压联通管打孔抽汽对凝汽式机组进行供热改造时，应保持汽轮机本体原结构及通流部分不变，并在其安全的前提下，在联通管上设置调整蝶阀，供热抽汽由蝶阀前引出，通过蝶阀控制抽汽参数。改造后的典型系统见图13-2。

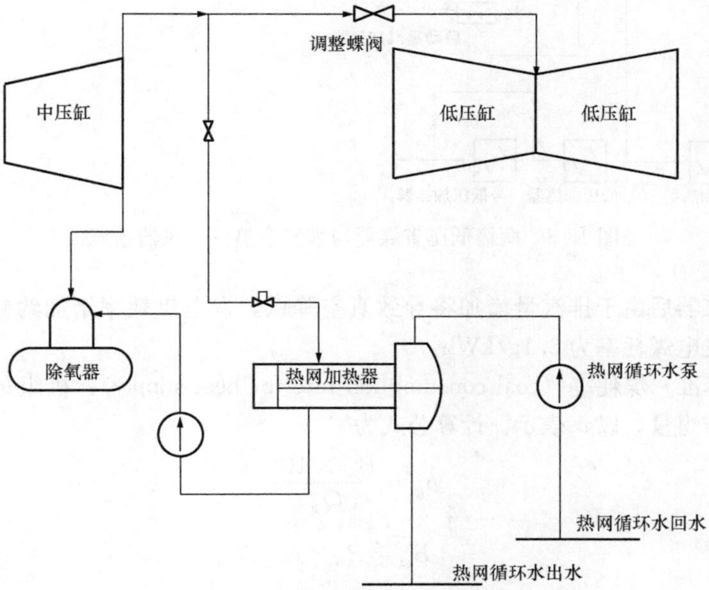

图13-2 机组供热改造后的典型系统

纯凝汽轮机组改为供热机组后，热量得到了充分利用，减少了机组的冷源损失，因此机组的对外供电煤耗率也会大幅下降。根据计算，机组对外供热比每提高1个百分点，机组的供电煤耗率将下降1～2g/kWh。因此当机组采用中低压联通管打孔抽汽对外供热时，如果对外供热的供热比达到20%，机组的供电煤耗可下降约20～40g/kWh。对于125MW及200MW机组，供电煤耗率可达到325g/kWh；而对于300MW及600MW等级亚临界机组，则可达到300～310g/kWh。

因此节能量相当可观。

17）加装低温省煤器（即烟气冷却器）。锅炉低温省煤器有两种技术方案：加热低压给水（主凝结水）方案，又称低压省煤器。另一方案是加热低压给水和加热暖风器联合方案，利用烟气余热一部分加热低压给水（主凝结水），另一部分加热空气预热器入口的冷空气，该方案可替代汽轮机抽汽以加热暖风器，从而减少蒸汽抽汽量，增加机组发电出力。

华能某电厂6号锅炉是哈尔滨锅炉厂引进日本三菱技术设计和制造的HG-2001/26.15-YM3型超超临界、一次中间再热、变压运行单炉膛燃煤直流炉。锅炉的年平均排烟温度接近128℃，满负荷排烟温度达到132℃。为此安装两级低压省煤器与烟气余热供暖风器系统，见图13-3：一级低压省煤器设置在除尘器入口烟道上，将烟气温度由152℃（预热器进口空气温度升高）降低至90℃；二级低压省煤器设置在引风机和脱硫系统之间的烟道上，将烟气温度从90℃降低至70℃。

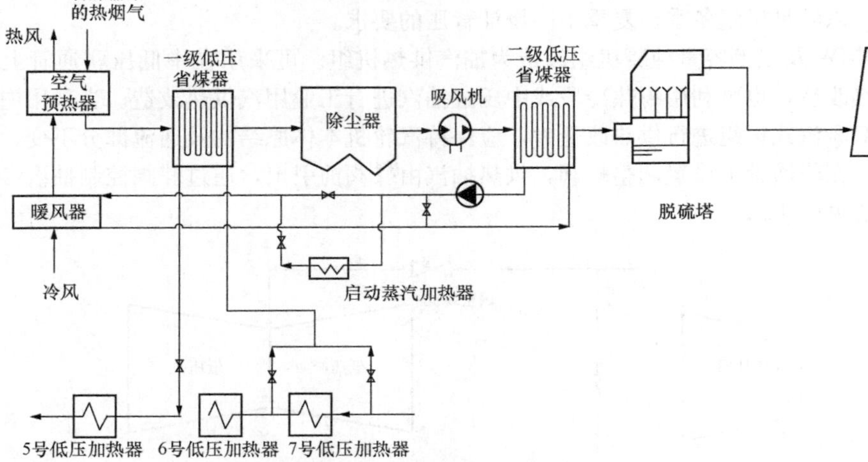

图13-3　两级低压省煤器与烟气余热供暖风器系统

增设低压省煤器后由于排汽量增加将导致真空降低，发电煤耗率增加约0.59g/kWh。因此改造后平均节省发电煤耗率为3.1g/kWh。

（3）供热（标准）煤耗率（coal consumption rate for heat-supply）：机组每对外供热1GJ的热量所消耗的标准煤量，以b_r表示。计算公式为

$$b_{gr}=\frac{B_{gr}\times 10^3}{Q_{gr}}$$

$$B_{gr}=B_b\times a_r$$

$$B_b=B_f+B_{gr}$$

式中　b_{gr}——供热标准煤耗率，kg/GJ；

B_b——统计期内耗用标准煤量（发电、供热耗用标准煤总量），t；

B_f——发电耗用标准煤总量，t；

B_{gr}——供热用标准耗煤量，t；

Q_{gr}——供热量，GJ；

a_r——供热比。

根据三部委发布的《热电联产项目可行性研究技术规定》（原国家计委计基础〔2001〕26号），平均供热标准煤耗率计算公式为

$$b_{rp}=\frac{34.12}{\eta_{bl}\eta_{gd}}+L_{gr}\cdot b_{fp}\times 10^{-3}$$

式中 L_{gr}——热电厂供热厂用电率，kWh/GJ；

b_{fp}——热电厂采暖期和非采暖期年平均发电煤耗率，g/kWh；

b_{rp}——热电厂供热标准煤耗率，kg/GJ。

(4) 综合供电（标准）煤耗率、上网供电煤耗率（integrated net coal consumption rate）：机组每向电网提供 1kWh 电能平均耗用的标准煤量，以 b_{zh} 表示。综合供电煤耗率一般要求按照 DL/T 904—2015《火力发电厂技术经济指标计算方法》计算。DL/T 904—2015 中提供的综合供电煤耗率和综合厂用电率计算公式为

$$b_{zh}=\frac{B_b\times 10^6}{W_{gk}-W_{wg}}=\frac{b_f}{(1-L_{zh})(1-\alpha_r)}$$

$$B_b=B_h-B_{kc}$$

$$B_d=B_b(1-\alpha_r)$$

$$\alpha_r=\frac{Q_r}{Q_0}$$

$$b_f=\frac{B_b(1-\alpha)\times 10^6}{W_f}$$

式中 b_{zh}——综合供电标准煤耗率，g/kWh；

B_b——统计期内全厂耗用的标准煤量，t；

B_h——统计期内全厂耗用的标准煤统计总量，t；

B_{kc}——统计期内全厂耗用的其他标准煤量，t；

B_d——统计期内发电耗用的其他标准煤量，t；

b_f——发电标准煤耗率，g/kWh；

α_r——供热比，%；

Q_r——统计期内的供热量，kJ；

Q_0——统计期内的汽轮机进口热耗量，kJ；

L_{zh}——综合厂用电率，%；

W_f——机组发电量，kWh；

W_{wg}——全厂的外购电量，kWh；

W_{gk}——全厂的关口供电量（上网电量），kWh。

实际上该公式是有问题的，因为统计期内全厂耗用的标准煤量包含了供热耗煤量，如果供热量很大，供热耗煤量超过发电耗煤量，则按上述公式计算出来的综合供电标准煤耗率将严重偏离机组供电标准煤耗率常规水平，能够达到常规水平的 2 倍。

例如某 300MW 机组一年标煤耗量为 $B_b=800\ 000$t，应扣除的其他标煤量 $B_{kc}=0$，供热比为 30%，发电量 $W_f=180\ 000$ 万 kWh，供热量 $Q_r=6\ 000\ 000$GJ，综合厂用电率 $L_{zh}=5.5\%$，则发电煤耗率为

$$b_f=\frac{B_b(1-\alpha)\times 10^6}{W_f}=\frac{800\ 000\times(1-0.3)\times 100}{180\ 000}=311.1\ (\text{g/kWh})$$

综合供电标准煤耗率为

$$b_{zh}=\frac{B_b(1-\alpha)\times10^6}{W_f(1-L_{zh})}$$

$$=\frac{800\ 000\times(1-0.3)\times10^6}{180\ 000\times10^4\times(1-0.055)}=329.22\ (g/kWh)$$

如果按照上述标准提供的公式，则综合供电标准煤耗率为

$$b_{zh}=\frac{B_b\times10^6}{W_f(1-L_{zh})}=\frac{800\ 000\times10^6}{180\ 000\times10^4(1-0.055)}=470.31\ (g/kWh)$$

一般情况下300MW机组综合供电标准煤耗率为330～350g/kWh，根据供热好处归电的原则，对于热电联产机组，综合供电标准煤耗率应小于350g/kWh，但是计算结果却相反。问题出在该标准把综合供电标准煤耗率与全厂标准煤耗率混为一谈。首先标准应明确综合供电标准煤耗率计算公式中的标准煤耗量应为与供电相关的标准煤耗量，与供热相关的标准煤耗量无关；第二个问题是综合供电煤耗率应包括非生产用能量。因此，正确的综合供电煤耗率和综合厂用电率计算公式为

$$b_{zh}=\frac{(B_h-B_r)\times10^6}{W_f-(W_{qc}-W_r)}=\frac{(B_h-B_r)\times10^6}{W_f(1-L_{zh})}$$

$$B_h=B_b+B_{kc}=B_d+B_r+B_{kc}$$

$$W_{zh}=W_{qc}-W_{gr}$$

$$L_{zh}=\frac{W_{zh}}{W_f}\times100\%$$

式中 b_{zh}——综合供电标准煤耗率，g/kWh；

B_b——统计期内全厂耗用的标准煤量，t；

B_h——统计期内全厂耗用的标准煤统计总量，t；

B_d——统计期内发电耗用的标准煤量，t；

B_r——统计期内供热耗用的标准煤量，t；

B_{kc}——统计期内全厂耗用的其他标煤量，t；

L_{zh}——综合厂用电率，%；

W_{zh}——综合厂用电量，kWh；

W_{gr}——供热耗用的厂用电量，kWh。

计算与政府签订的年度节能量目标时，采用的产品单位能耗必须用实际综合供电标准煤耗率计算。

（5）机组性能系数（unit performance coefficient）：供电煤耗率目标值（或基础值）与完成值之比，符号为γ，γ越大，性能越好。计算公式为

$$\gamma=\frac{b_{tn}}{b_n}$$

式中 γ——机组性能系数；

b_{tn}——供电煤耗率目标值，g/kWh；

b_n——供电煤耗率完成值，g/kWh。

例 13-11 已知某电厂1、2号机组为抽汽供热凝汽式320MW火电机组，有关运行数据见表13-2，求发电煤耗率、生产供电煤耗率、综合供电煤耗率、全厂供电煤耗率、发电厂用电率、辅助和非生产厂用电率、综合厂用电率和全厂厂用电率。

表 13-2　　纯凝 320MW 火电机组运行数据

项　　目	1号		2号	
	当月	累计	当月	累计
发电标准煤耗量 B_d（t）*	13 395.65	81 265.09	52 959.66	126 952.65
供热标准煤耗量 B_r（t）*	0.00	11 562.04	5381.38	10 927.89
其他标准煤耗量 B_{kc}（t）	657.56	5078.41	552.61	2565.92
总标准煤耗量 B_b（t）*	13 395.65	92 827.13	58 341.04	137 880.54
标准煤统计总耗量 B_h（t）	14 053.21	97 905.54	58 893.65	140 446.46
发电量 W_f（万 kWh）	4585.20	27 310.20	18 328.80	43 283.40
关口电量 W_{gk}（万 kWh）	4301.12	25 440.59	17 286.43	40 764.42
外购电量 W_{wg}（万 kWh）	0.00	0.00	0.00	0.00
供电量 W_g（万 kWh）*	28 658.16	43 537.96	38 013.81	107 023.09
表计厂用电量 W_{cy}（万 kWh）	232.30	1668.86	922.23	2367.66
供热量 Q_r（GJ）	0.00	282 001.0	131 328.51	266 533.90
供热比（%）	0.00	12.455	9.224	7.926
发电厂用电量 W_d（万 kWh）*	221.43	1442.55	823.97	2136.01
供热厂用电量 W_r（万 kWh）*	0.00	198.65	89.66	188.48
辅助厂用电量 W_{fz}（万 kWh）*	51.78	200.75	120.14	151.32
其他厂用电量 W_{kc}（万 kWh）*	10.87	27.66	8.60	43.17
全厂用电量 W_{qc}（万 kWh）*	284.08	1869.61	1042.37	2518.98
发电煤耗率 b_f（g/kWh）*	292.15	297.56	288.94	293.31
生产供电煤耗率 b_g（g/kWh）*	306.97	314.16	302.53	308.53
综合供电煤耗率 b_{zh}（g/kWh）*	326.73	336.76	307.91	316.26
供热标准煤耗率 b_{gr}（kg/GJ）*	0.0	41.0	41.0	41.0
全厂供电煤耗率 b_{qc}（g/kWh）*	326.73	339.39	309.56	317.72
辅助厂用电率 L_{fz}（%）*	1.129	0.735	0.655	0.350
非生产厂用电率 L_{fs}（%）*	0.237	0.10	0.045	0.10
发电厂用电率 L_{fcy}（%）*	4.83	5.28	4.50	4.93
综合厂用电率 L_{zh}（%）*	6.20	6.12	5.20	5.38
供热厂用电率 L_{gr}（kWh/GJ）*	0.0	7.04	6.83	7.07
全厂厂用电率 L_{qc}（%）*	6.20	6.85	5.69	5.82

*　表示后面所列数据为计算值，不带“*”表示数据为统计值。

解： 为了节省篇幅，解答只以本例 2 号机组当月为例说明计算过程。

1）发电煤耗率计算过程。全厂总标准煤耗量为

$$B_b = B_h - B_{kc} = 58\ 893.65 - 552.61 = 58\ 341.04(\text{t})$$

发电煤耗率为

$$b_f = \frac{B_b(1-\alpha)\times 10^6}{W_f} = \frac{58\ 341.04\times(1-0.092\ 24)}{18\ 328.80}\times 100 = 288.94(\text{g/kWh})$$

2）生产供电煤耗率和发电厂用电率计算过程。生产供电煤耗率为

$$b_g=\frac{B_b(1-\alpha)\times10^6}{W_f-(W_{cy}+W_{wg}-W_{kc}-W_{gr})}$$

$$=\frac{58\ 341.04\times(1-0.092\ 24)}{18\ 328.8-922.23-0+8.60+89.66}\times100=302.54\ (\text{g/kWh})$$

或

$$b_g=\frac{b_f}{1-L_{fcy}}=\frac{288.94}{1-0.044\ 95}=302.54\ (\text{g/kWh})$$

$$L_{fcy}=\frac{W_{cy}+W_{wg}-W_{kc}-W_{gr}}{W_f}\times100\%$$

$$=\frac{922.23+0-8.60-89.66}{18\ 328.8}\times100\%=4.495\%$$

3）辅助和非生产厂用电率计算过程。全厂厂用电量为

$$W_{qc}=W_f-W_{gk}+W_{wg}=18\ 328.8-17\ 286.43+0$$

$$=1042.37(\text{万 kWh})$$

发电厂用电量为

$$W_{fd}=W_{cy}+W_{wg}-W_{kc}-W_{gr}=922.23+0-8.60-89.66$$

$$=823.97(\text{万 kWh})$$

辅助厂用电量为

$$W_{fz}=W_{qc}-W_{fd}-W_{kc}-W_{gr}=1042.37-823.97-8.6-89.66$$

$$=120.14(\text{万 kWh})$$

$$L_{fz}=\frac{W_{fz}}{W_f}\times100\%=\frac{120.14}{18\ 328.8}\times100\%=0.655\%$$

$$L_{fs}=\frac{W_{kc}}{W_f}\times100\%=\frac{8.60}{18\ 328.8}\times100\%=0.045\%$$

4）综合供电煤耗率和综合厂用电率计算过程。计算式为

$$b_{zh}=\frac{(B_h-B_r)\times10^6}{W_f-W_{qc}+W_{gr}}=\frac{58\ 893.65-5381.38}{18\ 328.80-1042.37+89.66}\times100=307.91(\text{g/kWh})$$

综合厂用电量为

$$W_{zh}=W_{qc}-W_{gr}=1042.37-89.66=952.71(\text{万 kWh})$$

综合厂用电率为

$$L_{zh}=\frac{W_{zh}}{W_f}\times100\%=\frac{952.71}{18\ 328.80}\times100\%=5.20\%$$

5）全厂供电煤耗率和全厂厂用电率计算过程。全厂供电煤耗率为

$$b_{qc}=\frac{B_h\times10^6}{W_f-W_{qc}}=\frac{58\ 893.65}{18\ 328.80-1042.37}\times100=340.69(\text{g/kWh})$$

全厂厂用电率为

$$L_{qc}=\frac{W_{qc}}{W_f}\times100\%=\frac{1042.37}{18\ 328.80}\times100\%=5.69\%$$

6）供热标准煤耗率和供热厂用电率计算过程。计算式为

$$b_{gr}=\frac{B_r}{Q_r}\times 1000=\frac{5381.38}{131\ 328.51}\times 1000=40.98(\text{kg/GJ})$$

$$L_{gr}=\frac{W_{gr}}{Q_r}=\frac{89.66\times 10\ 000}{131\ 328.51}=6.83(\text{kWh/GJ})$$

或

$$L_{gr}=\frac{3600W_{gr}}{Q_r\times 1\ 000\ 000}\times 100\%=\frac{3600\times 89.66\times 10\ 000}{131\ 328.51\times 1\ 000\ 000}\times 100\%=2.46\%$$

第十四章 环境保护指标管理与控制

第一节 环境保护通用指标

（1）细颗粒（物）、PM2.5（fine particulate matter）：指环境空气中空气动力学当量直径小于或等于 2.5μm（微米）的颗粒物。它能较长时间悬浮于空气中，在空气中含量浓度越高，就代表空气污染越严重。虽然 PM2.5 只是地球大气成分中含量很少的组分，但它对空气质量和能见度等有重要的影响。与较粗的大气颗粒物相比，PM2.5 粒径小，面积大，活性强，易附带有毒、有害物质（如重金属、微生物等），且在大气中的停留时间长、输送距离远，因而对人体健康和大气环境质量的影响更大。细颗粒物的化学成分主要包括有机碳（OC）、元素碳（EC）、硝酸盐、硫酸盐、铵盐、钠盐（Na^+）等。

细颗粒物主要有自然源和人为源两种来源。自然源包括土壤扬尘（含有氧化物矿物和其他成分）海盐（颗粒物的第二大来源，其组成与海水的成分类似）、植物花粉、孢子、细菌等。自然界中的灾害事件，如火山爆发向大气中排放了大量的火山灰，森林大火或裸露的煤原大火及尘暴事件都会将大量细颗粒物输送到大气层中。人为源包括固定源和流动源。固定源包括各种燃料燃烧源，如发电、冶金、石油、化学、纺织印染等各种工业过程，以及供热、烹调过程中燃煤与燃气或燃油排放的烟尘。流动源主要是各类交通工具在运行过程中使用燃料时向大气中排放的尾气。PM2.5 可以由硫和氮的氧化物转化而成。而这些气体污染物往往是人类对化石燃料（煤、石油等）和垃圾的燃烧造成的。在发展中国家，煤炭燃烧是家庭取暖和能源供应的主要方式。没有先进废气处理装置的柴油汽车也是颗粒物的来源。燃烧柴油的卡车，排放物中的杂质导致颗粒物较多。在室内，二手烟是颗粒物最主要的来源。颗粒物的来源是不完全燃烧，因此只要是靠燃烧的烟草产品，都会产生具有严重危害的颗粒物。

预防和缓解 PM2.5 的方法如下：

1）过滤法。包括空调、加湿器、空气清新器等，优点是明显降低 PM2.5 的浓度，缺点是滤膜需要清洗或更换。

2）水吸附法。超声雾化器、室内水帘、水池、鱼缸等，能够吸收空气中的亲水性 PM2.5，缺点是增加湿度，对憎水性 PM2.5 不能有效去除。

3）植物吸收法。植物叶片具有较大的表面积，能够吸收有害气体和吸附 PM2.5，优点是能产生有利气体，缺点是吸收效率低，有些植物会产生有害气体。

4）雾霾天气少开窗，最好不出门或晨练。雾霾天气不主张早晚开窗通风，最好等月亮出来再开窗通风。尤其是有呼吸道疾病和心血管疾病的老人，雾天最好不出门，更不宜晨练，否则可能诱发病情，甚至引起生命危险。专家指出，雾霾天气气压高，空气中的含氧量有所升高，人们很容易感到胸闷，早晨潮湿寒冷的雾气还会造成冷刺激，很容易导致食管痉挛、血压波动、心脏负荷加重等。同时，雾中的一些病原体会导致头痛，甚至诱发高血压、脑溢血等疾病。因此，患有心血管疾病的人，尤其是年老体弱者，不宜在雾霾天气出门，更不宜晨练，以免发生危险。

5）外出戴专业防尘口罩。一般常规口罩不会起到作用，因为颗粒物太细小，KN90、KN95、N95 级别的防尘口罩才能有效过滤这类细颗粒物，同时还要选择适合自己的口罩，避免不密合导致周围泄漏。

6）尽量减少吸烟甚至不吸烟。烟雾中有大量PM2.5，会对人体有着直接和间接的危害。如果无法阻止周边的人吸烟，则应该尽量远离烟雾。

7）设定机动车排放标准，尽量减少机动车运行。对某类车辆实施禁行，或者在污染严重区域禁止所有车辆行驶。

8）停运某些污染源。要限制或关停大型锅炉和工业设备。关闭城市内的建筑工地也有助缓解污染。

（2）可吸入颗粒物、PM10（inhalable particulate matter）：指空气动力学当量直径（指在低雷诺数的气流中与单位密度球具有相同末沉降速度的颗粒直径）小于或等于10μm的颗粒物。颗粒物由于粒径不同，在重力作用下，沉降特性也不同，如粒径小于10μm的颗粒可以长期飘浮在空中，称为飘尘。而粒径大于10μm的颗粒，则能较快地沉降，因此称为降尘。可吸入颗粒物是在环境空气中长期飘浮的悬浮微粒，对大气能见度影响很大。一些颗粒物来自污染源的直接排放，比如烟囱与车辆；另一些则是由环境空气中硫氧化物、氮氧化物、挥发性有机化合物及其他化合物互相作用形成的细小颗粒物，它们的化学和物理组成依地点、气候、一年中的季节不同而变化很大。可吸入颗粒物通常来自在未铺沥青、水泥的路面上行使的机动车、材料的破碎碾磨处理过程以及被风扬起的尘土。

可吸入颗粒物可以被人体吸入，沉积在呼吸道、肺泡等部位从而引发疾病。颗粒物的直径越小，进入呼吸道的部位越深。10μm直径的颗粒物通常沉积在上呼吸道，5μm直径的可进入呼吸道的深部，2μm以下的可100％深入到细支气管和肺泡。可吸入颗粒物被人吸入后，会累积在呼吸系统中，引发许多疾病。对粗颗粒物的暴露可侵害呼吸系统，诱发哮喘病。越细小的颗粒物对人体危害越大，粒径超过10μm的颗粒物可被鼻毛吸留，也可通过咳嗽排出人体；而粒径小于10μm的可吸入颗粒物可随人的呼吸沉积肺部，甚至可以进入肺泡、血液。PM10进入呼吸道后，大部分可被呼吸道表面的纤毛-黏液层黏附或清除，但过多的微粒沉积会对气道产生刺激，并导致平滑肌收缩慢支炎、肺气肿患者气道对有害刺激的反应性降低，清除能力减弱，使较多的颗粒物进入小气道和肺泡，加重了对肺功能的损害。在肺部沉积率最高的是粒径为1μm左右的颗粒物。这些颗粒物在肺泡上沉积下来，损伤肺泡和黏膜，引起肺组织的慢性纤维化，导致肺心病，加重哮喘病，引起慢性鼻咽炎、慢性支气管炎等一系列病变，严重的可危及生命。颗粒物对儿童和老年人的危害尤为明显。

可吸入颗粒物的形成主要有两个途径：①各种工业过程（燃煤、冶金、化工、内燃机等）直接排放的超细颗粒物；②大气中二次形成的超细颗粒物与气溶胶等。其中，第一种途径是可吸入颗粒物的主要形成源，也是可吸入颗粒物污染控制的重要对象。

（3）总悬浮颗粒物（TSP：tofal suspended pariculates）：指能悬浮在空气中，空气动力学当量直径小于或等于100μm的颗粒物。

（4）细颗粒（物）指数（index of fine particulate matter）：指每立方米空气中含有细颗粒物的24h平均质量，是重要的测控空气污染程度的指标，单位为$\mu g/m^3$。细颗粒物指数的标准是由美国在1997年提出的，主要是为了更有效地监测随着工业化日益发达而出现的、在旧标准中被忽略的对人体有害的细小颗粒物。

虽然细颗粒物只是地球大气成分中含量很少的组分，但与较粗的大气颗粒物相比，细颗粒物对人体健康的危害要更大。因为细颗粒物粒径小，富含大量的有毒、有害物质且在大气中的停留时间长、输送距离远，因而对人体健康和大气环境质量的影响更大。研究表明，直径越小，进入呼吸道的部位越深。10μm直径的颗粒物通常沉积在上呼吸道，2μm以下的可深入到细支气管和肺泡。细颗粒物进入人体到肺泡后，直接影响肺的通气功能，使机体容易处在缺氧状态。2012年联合国环境规划署公布的《全球环境展望 5》指出，全球每年有 200 万的过早死亡病例与颗粒物污染有关。

（5）排放达标指数（emission standard index）：主要污染物排放考核指数，其计算公式为

$$K=\frac{1}{n}\sum_{i=1}^{n}\frac{C_i}{C_{0i}}$$

式中 n ——排放物监测次数；

C_i ——第 i 次（个）污染物实测排放浓度（量）或噪声分贝；

C_{0i} ——第 i 次（个）污染物允许排放浓度（量）或噪声分贝；

K ——排放达标指数，用于烟尘、COD、SS、pH 值、粉煤灰（渣）综合利用和噪声时分别用 K_A、K_{COD}、K_{SS}、K_{pH}、K_V 和 K_Z。

排放达标指数 K 越低，对外污染越轻。

例 14-1 某电厂有 3 个烟囱，1 号烟囱高度为 80m，烟尘允许排放浓度 $C_{01}=650$kg/h，实际排放浓度 $C_1=90$kg/h；2 号烟囱高度为 100m，烟尘允许排放浓度为 $C_{02}=1200$kg/h，实际排放浓度 $C_2=1250$kg/h；3 号烟囱高度为 120m，烟尘允许排放浓度 $C_{03}=1700$kg/h，实际排放浓度 $C_3=1200$kg/h。求该厂烟尘排放达标指数。

解：

$$KA_1=\frac{C_1}{C_{01}}=\frac{900}{650}=1.385$$

$$KA_2=\frac{C_2}{C_{02}}=\frac{1250}{1200}=1.042$$

$$KA_3=\frac{C_3}{C_{03}}=\frac{1200}{1700}=0.706$$

则该厂烟尘排放达标指数为

$$K=\frac{1}{3}(1.385+1.042+0.706)=1.04$$

（6）空气污染指数（API：air pollution index）：是一种反映和评价空气质量的方法，就是将常规监测的几种空气污染物的浓度简化成为单一的概念性数值形式、并分级表征空气质量状况与空气污染的程度。其结果简明直观，使用方便，适用于表示城市的短期空气质量状况和变化趋势。空气污染指数是根据环境空气质量标准和各项污染物对人体健康和生态环境的影响来确定污染指数的分级及相应的污染物浓度限值。API 是根据 1996 年颁布的空气质量“旧标准”（GB 3095—1996《环境空气质量标准》）制定的空气质量评价指数，评价指标有二氧化硫、二氧化氮、可吸入颗粒物（PM10）三项污染物。API 值小于或等于 50，说明空气质量为优，相当于达到国家空气质量一级标准。API 值大于 200，表明空气质量较差，超过国家空气质量三级标准，一定时间接触后，对人体危害较大。从 2011 年末开始，多个城市出现严重雾霾天气，市民的实际感受与 API 显示出的良好形势反差强烈，呼吁改进空气评价标准的呼声日趋强烈，于是 API 被空气质量指数所代替。API 确定方法如下。

当某种污染物浓度 $C_{i,j}\leqslant C_i\leqslant C_{i,j+1}$ 时，其污染分指数为

$$I_i=\frac{(C_i-C_{i,j})(I_{i,j+1}-I_{i,j})}{C_{i,j+1}-C_{i,j}}+I_{i,j}$$

式中 I_i ——第 i 种污染物的污染分指数；

C_i ——第 i 种污染物的实测浓度值；

$I_{i,j}$ ——表 14-1 所列第 i 种污染物 j 转折点的污染分项指数值；

$C_{i,j}$——表14-1所列第j转折点上第i种污染物（对应于$I_{i,j}$）浓度限值；

$C_{i,j+1}$——表14-1所列第$j+1$转折点上第i种污染物（对应于$I_{i,j+1}$）浓度限值。

表14-1　空气污染指数对应的污染物浓度限值

污染指数	污染物浓度 C_i（mg/m^3）				
API（I_i）	SO_2（日均值）	NO_2（日均值）	PM10（日均值）	CO（小时均值）	O_3（小时均值）
0	0	0	0	0	0
50	0.050	0.080	0.050	5	0.120
100	0.150	0.120	0.150	10	0.200
200	0.800	0.280	0.350	60	0.400
300	1.600	0.565	0.420	90	0.800
400	2.100	0.750	0.500	120	1.000
500	2.620	0.940	0.600	150	1.200

各种污染参数的污染分指数都计算出以后，取最大者为该区域的空气污染指数API，即

$$\mathrm{API}=\max(I_1,I_2,\cdots,I_i,\cdots,I_n)$$

根据空气污染指数API计算值，查表14-2，可以得到空气质量状况。

表14-2　空气指数范围及相应的空气质量类别

空气污染指数		空气质量指数			
API	空气质量状况	AQI	细颗粒物指数（$\mu g/m^3$）	空气质量级别	空气质量类别
0～50	优	0～50	0～35	一级	优
51～100	良	51～100	35～75	二级	良
101～200	轻度污染	101～150	75～110	三级	轻度污染
		151～200	110～150	四级	中度污染
201～300	中度污染	201～300	150～250	五级	重度污染
＞300	重度污染	＞300	＞250	六级	严重污染

例14-2　某城市的PM10日均值为0.210mg/m^3，SO_2日均值为0.105mg/m^3，NO_2日均值为0.080mg/m^3，试确定该城市的空气污染分指数、空气污染指数、首要污染物和空气质量。

解：按照表14-1，PM10实测浓度C_i＝0.210mg/m^3介于0.150mg/m^3和0.350mg/m^3之间，按照该浓度范围内污染指数与污染物的线性关系进行计算，即此处浓度限值$C_{i,j}=0.150mg/m^3$，$C_{i,j+1}=0.350mg/m^3$，而相应的分指数值$I_{i,j}=100$，$I_{i,j+1}=200$。则PM10的污染分指数为

$$I_{\mathrm{PM10}}=\frac{(C_i-C_{i,j})(I_{i,j+1}-I_{i,j})}{C_{i,j+1}-C_{i,j}}+I_{i,j}=\frac{(0.210-0.150)\times(200-100)}{0.350-0.150}+100=130$$

同理，SO_2的污染分指数为

$$I_{SO_2}=\frac{(0.105-0.050)\times(100-50)}{0.150-0.050}+50=100$$

NO_2的污染分指数为

$$I_{NO_2}=\frac{(0.080-0)\times(50-0)}{0.080-0}+0=50$$

取污染指数最大者报告该地区的空气污染指数，则有

$$\mathrm{API}=\max(130,100,50)=130$$

首要污染物为可吸入颗粒物（PM10）。根据表 14-2，空气质量属于轻度污染，相当于达到国家空气质量 3 级标准。

（7）空气质量指数（AQI：air quality index）：用细颗粒物、可吸入颗粒物、二氧化硫、二氧化氮、臭氧、一氧化碳等六项主要污染物来定量描述空气质量状况的无量纲指数。根据 GB 3095—2012《环境空气质量标准》，对应的空气质量评价体系也变成了 AQI。"污染指数"变成了"质量指数"，在 API 的基础上增加了细颗粒物（PM2.5）、臭氧（O_3）、一氧化碳（CO）三种污染物指标。空气质量按照空气质量指数大小分为六级，相对应空气质量的六个类别，指数越大、级别越高说明污染的情况越严重，对人体的健康危害也就越大，从一级优、二级良、三级轻度污染、四级中度污染，直至五级重度污染、六级严重污染。不同空气质量评价指标之间的关系见表 14-3。

表 14-3　　空气质量指数及相关信息

空气污染指数（AQI）	空气质量状况	空气质量级别	空气质量颜色	对健康的影响	建议采取的措施
0～50	优	一级	绿色	空气基本无污染	可正常活动
51～100	良	二级	黄色	空气质量可接受，但某些污染物可能对极少数异常敏感人群健康有较弱的影响	极少数异常敏感人群应减少户外活动
101～150	轻度污染	三级	橙色	易感人群症状有轻度加剧，健康人群出现刺激症状	儿童、老年人及心脏病和呼吸系统疾病患者应减少长时间的户外活动
151～200	中度污染	四级	红色	进一步加剧易感人群症状，可能对健康人群心脏和呼吸系统有影响	儿童、老年人及心脏病和呼吸系统疾病患者应避免长时间的户外活动，一般人群应适量减少户外活动
201～300	重度污染	五级	紫色	心脏病和肺病患者症状显著加剧，运动耐受力降低，健康人群中普遍出现症状	儿童、老年人和心脏病、肺病患者应停留在室内，禁止户外活动，一般人群应减少户外活动
＞300	严重污染	六级	褐红色	健康人运动耐受力降低，有明显强烈症状，提前出现某些疾病	儿童、老年人和病人应当留在室内，避免体力消耗，一般人群应避免户外活动

空气质量指数确定方法如下。

第一步是对照各项污染物的分级浓度限值（AQI 的浓度限值参照 GB 3095—2012），以细颗粒物（PM2.5）、可吸入颗粒物（PM10）、二氧化硫（SO_2）、二氧化氮（NO_2）、臭氧（O_3）、一氧化碳（CO）等各项污染物的实测浓度值（其中 PM2.5、PM10 为 24h 平均浓度）分别计算得出空气质量分指数（individual air quality index，简称 IAQI），即

$$\mathrm{IAQI_P}=\frac{\mathrm{IAQI_{Hi}}-\mathrm{IAQI_{Lo}}}{\mathrm{BP_{Hi}}-\mathrm{BP_{Lo}}}(C_\mathrm{P}-\mathrm{BP_{Lo}}+\mathrm{IAQI_{Lo}})$$

式中　$\mathrm{IAQI_P}$——单项污染物 P 的空气质量分指数；

C_P——污染物项目 P 的质量浓度值；

$\mathrm{BP_{Hi}}$——表 14-4 所列与 C_P 相近的污染物浓度限值的高位值；

BP_{Lo}——表 14-4 所列与 C_P 相近的污染物浓度限值的低位值；

$IAQI_{Hi}$——表 14-4 所列与 BP_{Hi} 对应的空气质量分指数；

$IAQI_{Lo}$——表 14-4 所列与 BP_{Lo} 对应的空气质量分指数。

第二步是从各项污染物的 IAQI 中选择最大值确定为 AQI，当 AQI 大于 50 时将 IAQI 最大的污染物确定为首要污染物：

$$AQI=\max\{IAQI_1, IAQI_2, IAQI_3, \cdots, IAQI_n\}$$

式中 IAQI——空气质量分指数；

AQI——空气质量指数；

n——污染物项目。

表 14-4 空气质量分指数及对应的污染物项目浓度限值

空气质量分指数（IAQI）	污染物项目浓度限值									
	二氧化硫（SO_2）24h 平均/（$\mu g/m^3$）	二氧化硫（SO_2）1h 平均/（$\mu g/m^3$）①	二氧化氮（NO_2）24h 平均/（$\mu g/m^3$）	二氧化氮（NO_2）1h 平均/（$\mu g/m^3$）①	颗粒物（粒径小于或等于 10μm）24h 平均/（$\mu g/m^3$）	一氧化碳（CO）24h 平均/（$\mu g/m^3$）	一氧化碳（CO）1h 平均/（$\mu g/m^3$）①	臭氧（O_3）1h 平均/（$\mu g/m^3$）	臭氧（O_3）8h 滑动平均/（$\mu g/m^3$）	颗粒物（粒径小于或等于 2.5μm）24h 平均/（$\mu g/m^3$）
0	0	0	0	0	0	0	0	0	0	0
50	50	150	40	100	50	2	5	160	100	35
100	150	500	80	200	150	4	10	200	160	75
150	475	650	180	700	250	14	35	300	215	115
200	800	800	280	1200	350	24	60	400	265	150
300	1600	②	565	2340	420	36	90	800	800	250
400	2100	②	750	3090	500	48	120	1000	③	350
500	2620	②	940	3840	600	60	150	1200	③	500

① 二氧化硫（SO_2）、二氧化氮（NO_2）和一氧化碳（CO）的 1h 平均浓度限值仅用于实时报，在日报中需使用相应污染物的 24h 平均浓度限值。

② 二氧化硫（SO_2）1h 平均浓度值高于 800$\mu g/m^3$ 的，不再进行其空气质量分指数计算，二氧化硫（SO_2）空气质量分指数按 24h 平均浓度计算的分指数报告。

③ 臭氧（O_3）8h 平均浓度值高于 800$\mu g/m^3$ 的，不再进行其空气质量分指数计算，臭氧（O_3）空气质量分指数按 1h 平均浓度计算的分指数报告。

（8）挥发性有机化合物（VOC：volatile organic compounds）：美国联邦环保署（EPA）的定义是除 CO、CO_2、H_2CO_3、金属碳化物、金属碳酸盐和碳酸铵外，任何参加大气光化学反应的碳化合物。世界卫生组织（WHO）对总挥发性有机化合物（TVOC）的定义为：熔点低于室温而沸点在 50～260℃之间的挥发性有机化合物的总称。这些挥发性有机化合物包括甲醛、氨、乙二醇、酯类等物质。VOC 与 TVOC 是有区别的，VOC 是指 1L 涂料中除去水的物质当中含有有机挥发物的质量，而 TVOC 是指 1L 涂料中含有有机挥发物的质量。大部分内墙涂料的体积固含量大约为 35%～40%，当 TVOC 限量为 100g/L 时，所对应的 VOC 大约为 39～44g/L。

挥发性有机化合物对人体健康有巨大影响。当居室中的 VOC 达到一定浓度时，短时间内人们会感到头痛、恶心、呕吐、乏力等，严重时会出现抽搐、昏迷，并会伤害到人的肝脏、肾脏、大脑和神经系统，造成记忆力减退等严重后果。家庭装饰装修过程中使用的涂料是室内VOC的主要来源之一。因此，各国都对涂料等装饰装修材料中的VOC含量做了限制。国外发达国家对涂料中VOC含量的限制很严格。以欧盟而言，一类（亚光类）涂料不得高于30g/L，二类（有光类）不得高于200g/L；而在国内，GB 18582—2001《内墙涂料中有害物质限量》规定VOC≤200g/L。HBC 12—2002《环境标志认证标准》规定内墙涂料环境标志产品认证要求VOC≤100g。

VOC室外主要来自燃料燃烧和交通运输；室内主要来自燃煤和天然气等燃烧产物、吸烟、采暖和烹调等烟雾，以及建筑和装饰材料、家具、家用电器、清洁剂和人体本身的排放等。

据世界卫生组织在2005年发布的《世界卫生组织甲醛致癌报告》中指出，我国因装修污染引起的年死亡人数为11.1万人，平均每天约304人，并有证据表示这个死亡人数仍在逐年攀升。

降解VOC的方法如下：

1）活性吸附法。在有机废气治理工艺中，吸附是处理效果好、使用较广的方法之一，吸附剂有活性炭、硅藻土、沸石等，其中活性炭吸附应用最多。通过吸附系统，不仅可以使VOC浓度大大降低，实现废气达标排放，而且吸附后通过气提解吸，收集物可回用于生产。

2）引风高空排放法。这是一般企业在装漆、砂磨等岗位使用最多、最简便的方法之一，其成本低、易操作、效果明显。但高空排放只是污染的转移，并没有真正解决污染问题，而引风机功力大小和风口安装高度又直接影响引风效果。

3）燃烧处理法。VOC为有机挥发性物质，易燃烧，可采用常温或催化氧化燃烧处理，气体由引风管道通入锅炉或焚烧炉燃烧，但对高温有机气体还要经过安全论证。该方法处理比较完全，基本可以把VOC转化为CO_2、H_2O。

4）吸收除气法。因VOC一般都溶解于柴油或200号汽油等有机溶剂，可用柴油或200号汽油吸收VOC，吸收后的溶剂可用于燃料或稀释剂。这种方法操作方便、成本低，但吸收处理后一般尚有挥发气体残余，因有机溶剂本身易挥发，所以不能使VOC降为零，若遇高温，则吸收率更低。

5）冷凝收集法。对反应釜高温有机气体可采用冷凝收集，先用直冷凝再螺旋冷凝，该法除气效果明显，易操作、运行成本低，但对低沸点气体效果不佳。

6）生物净化法。有机废气的生物处理是最经济有效的方法，效果好，运行费用低于任何一种处理方法，安全、易操作。VOC的生物净化法有直接微生物净化法、间接生物处理法等。直接生物净化有生物吸收池、生物洗涤池、生物过滤池等方法，其中生物过滤池技术成熟，应用较多。如德国和荷兰建有几百座废气生物滤池，运行效果都很好。间接生物处理法是用水或弱碱液吸收VOC，其中含有的醇类、醛类等物质易溶于水，吸收后的废水再用生物降解，使废水达标排放。植物净化法就是厂区内增加绿化面积，利用绿色植物吸收和转化大气中的污染物来净化空气，这种方法适用于大环境低浓度的污染。

（9）二氧化碳排放绩效（carbon dioxide emissions performance）：燃煤发电企业每发1kWh电能平均排放的CO_2量，用来反映单位电量的CO_2排放强度。火电机组的CO_2排放绩效一般为800g/kWh，燃气轮机组的CO_2排放绩效一般为400g/kWh。

（10）化学需氧量、化学耗氧量（COD：chemical oxygen demand）：表示在强酸性条件下重铬酸钾氧化1L水样中有机物所需的氧量，可大致表示污水中的有机物量。COD是指标水体有机污染的一项重要指标，能够反映出水体的污染程度。单位为mg/L。

化学需氧量越大，说明水体受有机物的污染越严重。有机物对工业水系统的危害很大。含有大量有机物的水在通过除盐系统时会污染离子交换树脂，特别容易污染阴离子交换树脂，使树脂交换能力降低。有机物在经过预处理时（混凝、澄清和过滤），约可减少50%，但在除盐系统中无法除去，故常通过补给水带入锅炉，使炉水pH值降低。有时有机物还可能带入蒸汽系统和凝结水中，使pH值降低，造成系统腐蚀。在循环水系统中有机物含量高会促进微生物繁殖。因此，不管对除盐、炉水或循环水系统，COD都是越低越好，但并没有统一的限制指标。

由于各国的实际情况及河流状况不同，COD的排放标准均不一致。我国GB 8978《污水综合排放标准》中规定，工业废水一级最高容许排放浓度应小于100mg/L，二级最高容许排放浓度应小于300mg/L。在GB 3838—2002《地表水环境质量标准》中规定：Ⅰ类和Ⅱ类水化学需氧量（COD）≤15mg/L，Ⅲ类水化学需氧量（COD）≤20mg/L，Ⅳ类水化学需氧量（COD）≤30mg/L，Ⅴ类水化学需氧量（COD）≤ 40mg/L。

对COD还有另一种表示方法，即化学需氧量排放量。化学需氧量排放量是指一年内全市企业和城镇人口排放的工业废水、生活废水中所含化学需氧量的质量（即有机物氧化分解所消耗氧化剂中的氧可折算成多少吨）。例如，国家环境保护部在世界环境日前夕发布了《2007年中国环境状况公报》。数据显示2007年全国化学需氧量排放量为1383.3万t，比2006年下降3.14%；二氧化硫排放量为2468.1万t，比2006年下降4.66%，主要污染物排放量实现双下降，首次出现了拐点。

（11）生化需氧量、生化耗氧量（BOD：biochemical oxygen demand）：表示水中有机物等需氧污染物质含量的一个综合指标，它说明水中有机物出于微生物的生化作用进行氧化分解，使之无机化或气体化时所消耗水中溶解氧的总数量，单位为mg/L。其值越高，说明水中有机污染物质越多，污染也就越严重。悬浮或溶解状态存在于生活污水和制糖、食品、造纸、纤维等工业废水中的碳氢化合物、蛋白质、油脂、木质素等均为有机污染物，可经好气菌的生物化学作用而分解，由于在分解过程中消耗氧气，故亦称需氧污染物质。若这类污染物质排入水体过多，将造成水中溶解氧缺乏；同时，有机物又通过水中厌氧菌的分解引起腐败现象，产生甲烷、硫化氢、硫醇和氨等恶臭气体，使水体变质发臭。

污水中各种有机物得到完会氧化分解的时间，总共约需100天。为了缩短检测时间，一般生化需氧量以被检验的水样在20℃下、5天内的耗氧量为代表，称其为五日生化需氧量，简称BOD_5。对生活污水来说，它约等于完全氧化分解耗氧量的70%。

一般清净河流的BOD_5不超过2mg/L，若高于10mg/L，就会散发出恶臭味。工业、农业、水产用水等要求生化需氧量应小于5mg/L，而生活饮用水应小于1mg/L。我国GB 8978《污水综合排放标准》规定，在工厂排出口，废水的BOD一级标准的最高容许浓度为20mg/L，二级标准的最高容许浓度为100mg/L。

生化需氧量和化学需氧量的比值（BOD/COD）反映出污水的生物降解能力，能说明水中的有机污染物有多少是微生物所难以分解的。微生物难以分解的有机污染物对环境造成的危害更大。

（12）标准状态（standard condition）：通常所指的标准状态是指规定烟气在压力为101 325Pa、温度为273.16K的状态。对于标准状态同时规定了大气污染物的基准含氧量：油的大气污染物基准含氧量为3%，而煤的大气污染物基准含氧量为6%，燃气的大气污染物基准含氧量为15%。在实际工作中，测量是在不同工作状态下进行的。特别是在烟气中氧含量变化时，由于氧含量不同必然使测试结果不具有可比性，这时就需要用下面的方法进行转换。不同基准氧含量的污染物浓度之间的换算公式为

$$C=C'\times\frac{20.9-O_2}{20.9-O'_2}$$

式中 C——大气污染物基准含氧量浓度，mg/m^3；

C'——实测的大气污染物浓度，mg/m^3；

O'_2——实测的烟气含氧量，%；

O_2——烟气基准含氧量，%。

标准状态一般以 N 表示，如烟尘浓度 $5mg/Nm^3$ 表示每标准立方米烟气中含烟尘 5mg。但是由于标准状态 N 容易与力单位牛顿（N）混淆，因此科技书籍中一般将标准状态“N”符号省略。

如果将燃气轮机和燃煤的排放限制按相同“基准含氧量”折算，则燃气轮机排放限值的数值是原来值的 2.5 倍，即烟尘、二氧化硫、氮氧化物的排放限值分别由 5、35、$50mg/m^3$，变为 12.5、87.5、$125mg/m^3$。

例 14-3 GB 13223—2011《火电厂大气污染物排放标准》规定燃气轮机组烟尘、二氧化硫、氮氧化物的特别排放限值分别为 5、35、$50mg/m^3$，基准含氧量为 15%。求基准含氧量为 6%下的烟尘、二氧化硫、氮氧化物的排放限值。

解：基准含氧量为 6%下的烟尘特别排放限值为

$$C=C'\times\frac{20.9-O_2}{20.9-O'_2}=5\times\frac{20.9-6}{20.9-15}=12.6\ (mg/m^3)$$

基准含氧量为 6%下的 SO_2 特别排放限值为

$$C=35\times\frac{20.9-6}{20.9-15}=88.4\ (mg/m^3)$$

基准含氧量为 6%下的 NO_x 特别排放限值为

$$C=50\times\frac{20.9-6}{20.9-15}=126.3\ (mg/m^3)$$

本例说明，除了燃气轮机组烟尘的排放限值稍低于燃煤烟气的特别排放限值外，二氧化硫、氮氧化物特别排放限值反而比燃煤机组要求更宽松。

（13）碳氧化率（carbon oxidation rate）：指燃料中的碳在燃烧过程被氧化的比率，表征燃料燃烧的充分性。计算公式为

$$OF_i=1-\frac{(G_zC_z+G_hC_h/\eta_{cc})\times10^6}{FC_iQ_{neti}CC_i}\approx1-\frac{(G_zC_z+G_hC_h)\times10^6}{FC_iQ_{neti}CC_i}$$

$$G_z+G_h=FC_iA_{ar}$$

式中 OF_i——第 i 种化石燃料的碳氧化率，建议值见表 14-5，%；

FC_i——统计期内第 i 种化石燃料的消耗量，t（km^3）；

Q_{neti}——第 i 种化石燃料的平均低位发热值，kJ/kg（kJ/m^3）；

CC_i——第 i 种化石燃料的单位热值含碳量，见表 14-5，tC/TJ（吨碳/太焦）；

G_z——统计期内炉渣产量，t；

η_{cc}——除尘效率，一般可取 99.5%，%；

C_z——炉渣的平均含碳量，%；

G_h——统计期内飞灰产量，t；

C_h——飞灰的平均含碳量，%；

A_{ar}——燃料收到基灰分，%。

表 14-5　　不同燃料的单位燃料含碳量与碳氧化率建议值

燃料种类		单位热值含碳量 CC_i（tC/TJ）	碳氧化率 OF_i	备注
固体燃料	无烟煤	27.40	0.94	大型电厂煤粉锅炉取 0.98～0.99，流化床电厂锅炉取 0.96～0.98，工业锅炉取 0.9
	烟煤	26.18	0.93	
	褐煤	28.07	0.96	
	炼焦煤	25.41	0.98	
	型煤	33.56	0.90	
	焦炭	29.42	0.93	
	其他焦化产品	29.42	0.93	
液体燃料	原油	20.08	0.98	电厂锅炉取 0.99，其他行业均可取 0.98
	燃料油	21.10	0.98	
	汽油	18.90	0.98	
	柴油	20.20	0.98	
	喷气煤油	19.50	0.98	
	一般煤油	19.60	0.98	
	NGL（天然气凝液）、LPG（液化石油气）	17.20	0.98	
	沥青	22.00	0.98	
	石油焦	27.50	0.98	
	石脑油、润滑油、其他油品	20.0	0.98	
气体燃料	天然气	15.32	0.99	所有行业均可取 0.99
	炼厂干气	18.20	0.99	
	焦炉煤气	13.58	0.99	
	其他	12.20	0.99	

例 14-4　山东某电厂 2012 年烟煤消耗量 FC_i=370 万 t，低位发热量 Q_{neti}=17 000kJ/kg，灰分含量 A_{ar}=25%，除尘效率 η_{cc}=99.6%，炉渣的平均含碳量 C_z=4%，飞灰的平均含碳量 C_h=2%，求该电厂 2012 年煤的碳氧化率。

解：查表 14-5 得煤的单位热值含碳量为

$$CC_i = 26.18\text{tC/TJ}$$

炉灰渣产量为

$$G_z + G_h = FC_i A_{ar} = 370 \times 25\% = 92.5\ (\text{万 t})$$

渣产量为

$$G_z = (G_z + G_h) \times 0.1 = 92.5 \times 0.1 = 9.25\ (\text{万 t})$$

灰产量为

$$G_h = (G_z + G_h) \times 0.9 = 92.5 \times 0.9 = 83.25\ (\text{万 t})$$

碳氧化率为

$$OF_I = 1 - \frac{(G_z C_z + G_h C_h) \times 10^6}{FC_i Q_{neti} CC_i} = 1 - \frac{(9.25 \times 4\% + 83.25 \times 2\%) \times 10^6}{370 \times 17\,000 \times 26.18}$$
$$= 0.988$$

或者

$$OF_I = 1 - \frac{(G_z C_z + G_h C_h/\eta_{cc}) \times 10^6}{FC_i Q_{neti} CC_i}$$

$$= 1 - \frac{(9.25 \times 4\% + 83.25 \times 2\%/0.996) \times 10^6}{370 \times 17\,000 \times 26.18} = 0.988$$

(14)温室气体排放总量、二氧化碳排放量(greenhouse gas emissions)：发电企业的温室气体排放总量包括企业边界内化石燃料燃烧排放、脱硫过程的排放和净购入使用电力产生的排放量之和。计算公式为

$$E_{CO_2} = E_{rs} + E_{tl} + E_{wg}$$

$$E_{rs} = \sum_{i=1}^{n} (AD_i EF_i)$$

$$AD_i = FC_i Q_{neti} \times 10^{-6}$$

$$EF_i = CC_i OF_i \times \frac{44}{12}$$

$$E_{tl} = \sum_{k=1}^{m} (CAL_k EF_k)$$

$$CAL_k = M_k \varepsilon_k$$

$$EF_k = EF_{kt} TR$$

$$E_{wg} = W_{wg} EF_{wg}$$

$$EF_{wg} = \frac{\sum_{i=1}^{n} \sum_{j=1}^{m} (FC_{ij} Q_{netij} EF_{ij}) \times 10^{-6}}{\sum_{j=1}^{m} W_{gj}}$$

式中 E_{CO_2}——温室气体排放总量，t；

E_{rs}——发电企业燃烧化石燃料排放的二氧化碳量，t；

E_{tl}——发电企业脱硫过程产生的二氧化碳排放量，t；

E_{wg}——发电企业净购入使用电力产生的二氧化碳排放量，t；

AD_i——第 i 种化石燃料的消耗量，TJ；

EF_i——第 i 种燃料的排放因子(量化单位活动水平温室气体排放量的系数)，tCO_2/TJ；

i——化石燃料的种类；

FC_i——统计期内第 i 种化石燃料的消耗量，$t(km^3)$；

Q_{neti}——第 i 种化石燃料的平均低位发热值，$kJ/kg(kJ/m^3)$；

Q_{netij}——第 j 座电厂第 i 种化石燃料的平均低位发热值，$kJ/kg(kJ/m^3)$；

W_{gj}——电厂 j 在统计期内所提供给电网的净电量，MWh；

CC_i——第 i 种化石燃料的单位热值含碳量，见表 14-5，tC/TJ；

OF_i——第 i 种化石燃料的碳氧化率，见表 14-5，%；

44/12——二氧化碳与碳的分子量之比；

CAL_k——统计期内第 k 种脱硫剂中碳酸盐消耗量，t；

EF_k——第 k 种脱硫剂中碳酸盐的排放因子，tCO_2/t 碳酸盐；

k——脱硫剂类型；

m——区域内电厂总数，座；

M_k——统计期内第 k 种脱硫剂中碳酸盐消耗量，t；

ε_k——脱硫剂中碳酸盐($CaCO_3$ 或 $MgCO_3$)的纯度，ε_k 一般取 90%，%；

EF_{kt}——完全转化时脱硫过程的排放因子，见表 14-6，tCO_2/t 碳酸盐；

TR——脱硫剂中碳酸盐的转化率，TR=100%，%；

W_{wg}——企业的净购入电量，MWh；

EF_{wg}——区域电网年平均供电排放因子，2015 年全国电网平均排放因子 EF_{wg} = 0.610 1tCO_2/MWh。

表 14-6 **碳酸盐排放因子 EF_{kt} 值** （tCO_2/t 碳酸盐）

碳酸盐	排放因子 EF_{kt}	碳酸盐	排放因子 EF_{kt}
$CaCO_3$	0.440	Li_2CO_3	0.596
$MgCO_3$	0.552	K_2CO_3	0.318
$NaCO_3$	0.415	$SrCO_3$	0.298
$BaCO_3$	0.223	$FeCO_3$	0.380

例 14-5 山东某电厂 2012 年烟煤消耗量 FC_1=370 万 t，低位发热量 Q_{net1}=17 000kJ/kg；柴油消耗量 FC_2=250t，低位发热量 Q_{net2}=42 652kJ/kg，年消耗脱硫剂 M_k=117 500t，$CaCO_3$ 纯度 ε_k=90%，外购电力量 W_{wg}=600 万 kWh，年发电量为 715 000 万 kWh，净上网电量为 675 000 万 kWh，求该电厂 2012 年二氧化碳排放量和供电排放因子。

解： 1）煤的活动水平为

$$AD_1 = FC_1 Q_{net1} \times 10^{-6} = 3\ 700\ 000t \times 17\ 000 \times 10^{-6} = 62\ 900\ (TJ)$$

查表 14-5 得 CC_1=26.18 tC/TJ，则煤的排放因子为

$$EF_1 = CC_1 OF_1 \times \frac{44}{12} = 26.18 \times 0.98 \times 44/12 = 94.0\ (tCO_2/TJ)$$

煤燃烧排放二氧化碳量为

$$E_{rs1} = AD_1\ EF_1 = 62\ 900 \times 94.0 = 5\ 912\ 600\ (tCO_2)$$

2）油的活动水平为

$$AD_2 = FC_2 Q_{net2} \times 10^{-6} = 250t \times 42\ 652 \times 10^{-6} = 10.66\ (TJ)$$

查表 14-5 得 CC_2=20.20tC/TJ，则油的排放因子为

$$EF_2 = CC_2 OF_2 \times \frac{44}{12} = 20.2 \times 0.98 \times 44/12 = 72.6\ (tCO_2/TJ)$$

油燃烧排放二氧化碳量为

$$E_{rs2} = AD_2\ EF_2 = 10.66 \times 72.6 = 773.9\ (tCO_2)$$

3）脱硫过程查表 14-6 得，EF_{kt}=0.44tCO_2/t，碳酸盐消耗量为

$$CAL_k = M_k \varepsilon_k = 117\ 500 \times 90\% = 105\ 750\ (t)$$

脱硫排放二氧化碳量为

$$E_{tl} = \sum_{k=1}^{m} (CAL_k\ EF_k) = 105\ 750 \times 0.44 = 46\ 530\ (tCO_2)$$

4）EF_{wg}=0.610 1tCO_2/MWh，则外购电力排放二氧化碳量为

$$E_{wg} = W_{wg} EF_{wg} = 6000 \times 0.610\ 1 = 3660.6\ (tCO_2)$$

5）电厂二氧化碳排放总量为

$$E_{CO_2} = E_{rs} + E_{tl} + E_{wg} = (5\ 912\ 600 + 773.9) + 46\ 530 + 3660.6 = 5\ 963\ 564.5 (tCO_2)$$

6）供电排放因子为

$$EF_{wg}=\frac{\sum_{i=1}^{n}\sum_{j=1}^{m}(FC_{ij}Q_{netij}EF_{ij})\times 10^{-6}}{\sum_{j=1}^{m}W_{gj}}$$

$$=\frac{(3\ 700\ 000\times 17\ 000\times 94+250\times 42\ 652\times 72.6)\times 10^{-6}}{6\ 750\ 000}$$

$$=0.876\ 0\ (tCO_2/MWh)$$

（15）供电碳排放强度（carbon dioxide emissions intensity of power supply）：发电企业对外每供 1kWh 电能时平均排放的 CO_2 量，用来反映单位供电量的 CO_2 排放绩效。单位为 g/kWh 或 tCO_2/MWh，计算公式为

$$PI_{CO_2}=\frac{(1-\alpha_r)E_{CO_2}}{W_g}\times 10^3$$

式中 E_{CO_2}——二氧化碳排放总量，tCO_2；

PI_{CO_2}——供电碳排放强度，tCO_2/MWh；

α_r——供热比，%；

W_g——全厂的关口供电量（上网电量），kWh。

（16）供热碳排放强度（carbon dioxide emissions intensity of heating supply）：热电企业单位供热量排放的 CO_2 量，用来反映单位供热量的 CO_2 排放绩效。单位为 kg/GJ 或 tCO_2/TJ。计算公式为

$$RI_{CO_2}=\frac{\alpha_r E_{CO_2}}{Q_r}\times 10^3$$

式中 E_{CO_2}——二氧化碳排放总量，tCO_2；

RI_{CO_2}——供热碳排放强度，tCO_2/TJ；

α_r——供热比，%；

Q_r——统计期内的供热量，GJ。

第二节 除灰尘系统指标

（1）电场数（number of electric field）：电除尘器沿气流流动方向的电场数量，沿气流流动方向将各室分为若干段，每一段有完整的收尘极和电晕极，并配相应的一组高压电源装置，称每个独立段为一电场。电除尘器一般设有 3～6 个电场。

（2）电场高度、极板有效高度（height of electric field）：一般将收尘极板的有效高度（即除去上下两端夹持端板的收尘极高度）称为电场高度。符号为 h，单位为 m。当截面积 $A>80m^2$ 时，由于要设置双进风口，而且 $h=(0.7\sim 1)B_s\approx B_s$，因此计算公式为

$$h\approx\sqrt{\frac{A}{2}}$$

式中 h——电场高度，计算值要圆整，m；

B_s——室宽度，m；

A——电场截面积，m^2。

(3) 电场宽度(width of electric field):一般将一个室最外两侧收尘极轴线之间的有效距离(减去板阻流宽度,板阻流宽度约等于板型厚度,因此可忽略不计)称作电场宽度,它等于电场通数与同极间距(相邻两排极板的中心距)的乘积。即垂直于烟气流方向一个室的有效宽度,符号为 B,单位为 m。计算公式为

$$B=2bZ/2=bZ$$

式中 Z——电场通道数;

b——阳极板与相邻阴极线的中心距;

$2b$——收尘极板的间距。

(4) 电场截面(section of electric field):即电场截面积,一般将电场高度与电场宽度的乘积称为电场截面,它是表示电除尘器规格大小的主要参数之一。符号为 A,单位为 m^2。电场截面积计算公式为

$$A=\frac{Q}{3600v}$$

式中 A——电场截面积,m^2;

Q——被处理烟气量,m^3/h;

v——电场风速,m/s。

(5) 电场通道数(channel number of electric field):即阳极板排数,电场中两排极板之间的宽度称为通道,电场中的极板总排数减 1 称为电场通道数,符号为 Z。计算公式为

$$Z=\frac{A}{2bh}$$

式中 A——电场截面积,m^2;

h——极板有效高度,m;

$2b$——收尘极板的间距,m。

(6) 电场长度(length of electric field):在一个电场中,沿气体流动方向一排收尘极板的宽度(即每排极板第一块极板的前端到最后一块极板末端的距离)称作单电场长度。沿气流方向各个单电场长度之和,称作电除尘器的电场长度。符号为 L 或 l,单位为 m。单电场长度 l 按下式确定,即

$$l=\frac{A}{2nZh}$$

式中 n——电场数,个;

h——极板有效高度,m;

l——单电场长度,m;

Z——电除尘器通道数。

上述单电场长度 l 计算值按每块极板的名义宽度 0.5m 的倍数进行圆整,单电场长度一般选择 3.5～4.5m。电除尘器的总电场长度 L 为

$$L=nl$$

(7) 烟气处理时间、停留时间(treatment time):烟气流电场长度所需要的时间称为停留时间,它等于电场长度与电场风速之比。符号为 t,单位为 s,一般在 10s 以上。计算公式为

$$t=\frac{L}{v}=\frac{nl}{v}$$

式中 n——电场数,个;

l——单电场长度，m；

L——总电场长度，m；

v——电场风速，m/s。

（8）除尘效率（collection efficiency）：单位时间内，除尘器捕集到的粉尘质量占进入除尘器粉尘质量的百分比。计算公式为

$$\eta = 1 - \frac{C_0}{C_E} = 1 - e^{-\frac{A}{Q}\omega} = 1 - e^{-SCA\omega}$$

$$SCA = \frac{A}{Q}$$

式中 η——除尘效率，%；

A——总收尘极面积，m^2；

Q——处理烟气流量，m^3/s；

ω——尘粒驱进速度，荷电悬浮尘粒在电场力作用下向收尘极表面运动的速度称为尘粒的驱进速度，m/s；

SCA——比收尘面积，即 1s 净化 $1m^3$ 烟气所需要的收尘面积，$m^2/m^3/s$。

浓度法试验效率计算公式为

$$\eta = \frac{C_1 - C_2(1 + \Delta\alpha)}{C_1} \times 100\%$$

式中 C_1——电除尘器进口标准状态下烟气含尘浓度，g/m^3；

C_2——电除尘器出口标准状态下烟气含尘浓度，g/m^3；

$\Delta\alpha$——电除尘器漏风率，%。

除尘器的除尘效率应每年监测 1 次。提高电除尘器效率的措施如下：

1）调整除尘器出入口挡板走向，在烟道中安装导流板，使各除尘器入口烟气量均匀、气流分布均匀。入口烟道走向不合理及内部导流板布置不合理，会造成各分支烟道阻力不同，导致电场内气流分布不均。从多依奇-安德森电除尘器效率公式可以看出，当收尘极板面积和有效驱进速度一定时，增加烟气量（即提高电场烟气流速）就会降低除尘效率。当烟气气流分布不均时，在流速低处所增加的除尘效率远不足以弥补流速高处（流速高处二次扬尘严重）效率的降低，因而总效率降低。

2）选取合适的阴极线型和结构设计，同时通过提高安装质量，消除阴极线结构应力，保障阴极线完好；如果振打锤质量过大，落体加速度加大，则会造成阴极线断裂，引起电场短路，电压加不上。因此适当减少阴极振打锤质量，也可以减少阴极线频繁断裂现象。例如某电厂原来的阴极振打锤质量为 4.5kg/只，后改为 3kg/只，阴极线断裂现象明显减少。

3）减少烟道漏风和电除尘器本体漏风。根据效率设计计算公式可以看出，一旦电场烟气流速已经确定，运行中保证低的烟气量可以提高电除尘器运行效率。因此在保证锅炉燃烧设计煤种的情况下，尽量减少漏风（即减少烟气量）是非常必要的。

4）使灰斗中的灰及时排出，并在灰斗下部形成灰封，以避免二次扬尘。

5）电除尘器效率与比集尘面积和驱进速度有关。比集尘面积是指处理单位流量烟气所需要的集尘面积，即 $\frac{A}{V}$。驱进速度越高，所需的比集尘面积越小，但由于受多种因素影响，驱进速度的选取受到一定限制，一般电厂电除尘器的驱进速度不宜大于 0.085m/s。

6）保持较低的烟气流速。烟气流速过高，烟气在电场内的停留时间短，粉尘不能充分荷电，

大大降低了除尘效率。烟气流速一般选择 0.8～1.1m/s 并尽量选取较低值，以增加烟气在电场内的停留时间，使粉尘充分荷电，适应粉尘比电阻高难荷电的特性。

7）电除尘器的清灰是电除尘器运行过程中一个重要环节，清灰效果直接影响到除尘效率。而要达到良好的清灰目的，必须使阳极板和阴极线受到恰当的振打力，既要保证粉尘脱离极板和极线，又要不产生二次飞扬。因此不但要选择合适的振打方式，而且要选择合适的振打周期。如果调整不当，除尘器效率会下降，甚至造成粉尘的二次飞扬，使除尘效率进一步降低。所以最好采用改变振打周期的办法，根据除尘器高压柜的输出功率（电晕功率较大的一组数据对应的振打周期是最佳方案）来确定合适的振打周期。

8）降低排烟温度。排烟温度过高，导致烟气密度小，使运行电压下降（火花放电电压与烟气密度成正比），粉尘黏性增大，黏附力增强，使电除尘器收尘性能下降，除尘效率降低。

9）加装低低温省煤器。加装低低温省煤器后，电除尘器入口烟气量降低（如烟气温度从128℃降低到90℃后，烟气体积流量减少 9.48%），除尘效率提高。同时，处理烟气温度降低，粉尘比电阻降低一个数量级，有利于提高收尘效率。

10）单相电源改造为三相电源。采用工频三相制供电，三相同步移相调压，三相变压器同步升压，经三相交替叠加整流，形成一路高压直流输出，加到电除尘器本体放电极。三相交替叠加整流后，二次输出平均电压等于单相电源平均电压的 1.35 倍，能有效提高电场场强，大幅提高粉尘驱进速度。三相电源除尘效率可以提高 45%。

11）在脱硫后增加 1 级湿式电除尘器，湿式除尘器效率可以达到 80%以上，但运行阻力增加 500Pa。

例 14-6 哈尔滨第三发电厂 200MW 锅炉（HG-670/140-11）用电除尘器除尘。处理烟气量为 725 000m^3/h，烟气温度为 155℃，电场数为 3 个，驱进速度为 0.085m/s，收尘面积为 13 765m^2，烟气速度为 0.96m/s，入口含尘浓度为 35 000mg/m^3（标准状态），本体漏风小于 5%。请问该厂除尘器设计效率 99.6%是否能够达到。

解：除尘器效率为

$$\eta=(1-e^{-\frac{13\,765\times 0.085\times 3600}{725\,000}})\times 100\%=99.70\%$$

因此该厂电除尘器的保证除尘效率 99.6%是合理的。

(9) 烟气流速、电场风速（electric field gas speed）：是指电除尘器在单位时间内处理的烟气量与电场断面的比值，计算公式为

$$v=\frac{Q}{A}$$

式中 v——电场风速，m/s；

Q——处理烟气流量，m^3/s；

A——电场截面积，m^2。

烟气在电除尘器内的电场风速视电除尘器规格大小和被处理的烟气特性而定，一般选取 0.8～1.2m/s。

(10) 粉尘驱进速度（dust drift velocity）：荷电悬浮尘粒在电场力作用下向收尘极板表面运动的速度。它与电场强度、空间电荷密度、粒子性质等多种因素有关，用符号 ω 表示。根据多依奇效率公式，当被处理的烟气量和要求的除尘效率不变时，粉尘驱进速度值越大，则所需的收尘极板面积越小。例如 ω 为 0.13m/s 和 0.065m/s 的电除尘器，在处理相同烟气量和达到相同除尘效果的情况下，其除尘器的体积几乎相差一倍。对于电厂锅炉的电除尘器，影响 ω 的因素虽然很多，但实际上煤的含硫量和粉尘颗粒的直径是影响 ω 值的主要因素。煤的收到基含硫量越

大，粒度越大，粉尘驱进速度也应越大。一般情况 $\omega=6.0\sim9.0$cm/s，常取 7.5cm/s。

(11) 收尘极面积、集尘面积（specific collecting surface）：收尘极板的有效投影面积，由于极板的两个侧面均起收尘作用，所以两面均应计入。每一排收尘极的收尘面积为单电场长度与电场高度的乘积的两倍，每一个电场的收尘面积为一排极板的收尘面积与电场通道数的乘积，一个室的收尘面积为单电场收尘面积与该室电场数的乘积。一般所说的收尘面积多指室的收尘面积。设计时按下式计算所需要的收尘极面积，即

$$A=k\frac{Q}{\omega}\ln\frac{1}{1-\eta}$$

式中 A——所需要的收尘极面积，m^2；

η——除尘器要求的除尘效率，%；

ω——粉尘驱进速度，m/s；

Q——被处理的烟气量，m^3/s；

k——储备系数，一般取 1.0～1.3。

(12) 比收尘面积、比集尘面积（specific collecting area）：单位流量的烟气所分配到的收尘面积称为比收尘极面积。它等于收尘极面积（m^2）与烟气流量的烟气量（m^3/s）之比。比收尘面积的大小，对电收尘器的收尘效果影响很大。它是电收尘器的重要结构参数之一，单位为 $m^2/m^3/s$。计算公式为

$$\text{SCA}=\frac{A}{Q}$$

(13) 被除尘器处理的烟气量、处理烟气流量（treatment of fue gas flow）：通常指工作状态下电除尘器入口与出口烟气量的平均值。它等于工作状态下电除尘器入口处的烟气流量与除尘器漏风量的一半之和。符号为 Q，单位为 m^3/s。实测数据时按下列公式计算，即

$$V_{gi}=B_i(V_{si}-V_{H_2Oi})$$

$$V_{si}=\left(1-\frac{q_4}{100}\right)\left[\frac{Q_{net,ar}}{4026}+0.77+1.0161(\alpha-1)V_{0i}\right]$$

$$V_{0i}=0.0889(C_{ar}+0.375S_{ar})+0.265H_{ar}-0.0333O_{ar}$$

$$V_{H_2Oi}=0.1116H_{ar}+0.0124M_{ar}+0.0161\alpha V_{0i}$$

式中 V_{gi}——燃煤锅炉除尘器处理干烟气量，km^3/h；

V_{si}——每千克燃煤湿烟气排放量，m^3/kg；

V_{0i}——每千克燃煤需要的理论空气量，当没有元素分析时，按经验公式 $V_{0i}=0.000263Q_{net,ar}$ 计算，m^3/kg；

V_{H_2Oi}——每千克燃煤排放湿烟气中水蒸气含量，m^3/kg；

$Q_{net,ar}$——燃煤收到基低位发热量，kJ/kg；

C_{ar}、S_{ar}、H_{ar}、O_{ar}——燃煤收到基含碳量、含硫量、含氢量、含氧量，%；

M_{ar}——燃煤收到基水分，%；

α——除尘器出口过量空气系数；

B_i——每台锅炉年平均负荷下每小时燃烧原煤量，t/h；

q_4——机械未完全燃烧热损失，%。

(14) 一次电压（primary voltage）：输入到整流变压器一次侧的交流电压。符号为 u_1。

(15) 一次电流（primary current）：输入到整流变压器一次侧的交流电流。

(16) 二次电压（secondary voltage）：整流变压器输出的直流电压。它是高压输出端与除尘器接地端之间测得的直流电压平均值，符号为 u_2。电除尘器运行所需要的最高二次电压 u_{2m} 按除尘器极间距 b 的大小选取，即

$$u_{2m}=b\times 0.35\text{kV/mm}$$

式中 u_{2m}——最高二次电压，kV；

b——极间距，mm。

整流器额定电压可以取 u_{2m} 的圆整数。

(17) 二次电流（secondary current）：整流变压器（整流器）输出的直流电流。它是整流器接地端上的毫安表测得的通向电除尘器的直流电流的平均值。整流变压器输出的最大二次电流 i_{2m} 按除尘器收尘面积 A 的大小选取，即

$$i_{2m}=0.4\text{mA/m}^2\times\frac{A}{2n}\text{（圆整）}$$

式中 i_{2m}——最高二次电流，mA；

A——除尘器收尘面积，m^2；

n——电场数，个。

整流器额定电压可以取 $1.1i_{2m}$ 值。

例 14-7 某厂 300MW 火电固态排渣炉（1025t/h）配套的电除尘器，150℃时比电阻为 $5.1\times10^{11}\Omega\cdot\text{cm}$，处理烟气量 $Q=2\,030\,000\ \text{m}^3/\text{h}$（$563.9\ \text{m}^3/\text{s}$），电场风速选择 $v=1.08\ \text{m/s}$，进口粉尘浓度为 20g/m^3，要求出口浓度为 40mg/m^3，除尘效率大于或等于 99.8%，允许本体漏风率小于或等于 5%。求电除尘器参数，并选择整流器参数。

解： 1）收尘极板的间距。考虑到 6 电场体积较大，由于空间限制，极板间距小一些，所以选取 390mm 极板间距，即 $2b=0.39\text{m}$。

2）粉尘驱进速度。ω 值取 0.07m/s。

3）除尘效率为

$$\eta=\frac{20\,000-40}{20\,000}=99.8\ (\%)$$

4）电场数。除尘效率 η 为 99.8%，根据经验，除尘效率为 99.8% 时可选 6 个电场，此例选取双室六电场的结构形式，$n=6$。

5）收尘极面积为

$$A=k\frac{Q}{\omega}\ln\frac{1}{1-\eta}$$

$$=1.1\times\frac{2\,030\,000}{3600\times0.07}\ln\frac{1}{1-0.998}=55\,068.3\ (\text{m}^2)$$

6）电场截面积为

$$A=\frac{Q}{3600v}=\frac{2\,030\,000}{3600\times1.08}=522.1\text{m}^2\text{，取整 }A=523\text{m}^2\text{。}$$

7）极板有效高度为 $h=\sqrt{\frac{A}{2}}=\sqrt{\frac{523}{2}}=16.2$（m），圆整得 $h=16\text{m}$，电除尘器设双进风口。

8）电场有效宽度。通道数 $Z=\frac{A}{2bh}=\frac{523}{0.39\times16}=83.8$，进行圆整得 $Z=84$，每室 42 个

通道。

电场有效宽度为

$$B=Z\times b=84\times 0.39/2=16.4\ (\mathrm{m})$$

9）电场长度。单电场长度为

$$l=\frac{A}{2nZh}=\frac{55\,068.3}{2\times 6\times 84\times 16}=3.41\ (\mathrm{m})$$

按每块极板的名义宽度 0.5m 的倍数进行圆整，取 $l=3.5$m。

则总电场长度为

$$L=nl=6\times 3.5=21\ (\mathrm{m})$$

10）停留时间为

$$t=\frac{ln}{V}=\frac{3.5\times 6}{1.08}=19.4\ (\mathrm{s})$$

11）比集尘面积为

$$\mathrm{SCA}=\frac{A}{Q}=\frac{2\times 6\times 84\times 16\times 3.5}{563.9}=100.1\ (\mathrm{m^2/m^3/s})$$

12）整流器参数。电除尘器运行所需要的最高工作电压为 $u_{2\mathrm{m}}=b\times 0.35\mathrm{kV/mm}=390/2\times 0.35=68.3$（kV），取整流器的额定电压 $u_{2\mathrm{e}}=70$kV。

电除尘器运行所需要的最大电晕电流 $i_{2\mathrm{m}}=0.4\ \mathrm{mA/m^2}\times\dfrac{A}{2n}=0.4\times\dfrac{55\,068.3}{2\times 6}=1836$（mA）$\approx 2$（A），取整流器的额定电流 $i_{2\mathrm{e}}=2\times 1.1$（A）。

所以可以选择 GGAJ02D 型-1.6A/70kV 高压供电设备 2×12 台。

13）验证实际除尘效率。计算式为

$$\eta=1-e^{-\frac{A}{Q}\omega}=1-e^{-\frac{2\times 6\times 84\times 16\times 3.5}{563.9}\times 0.07}=99.91\%>99.8\%$$

则该除尘器符合设计要求。

（18）电晕电流（corona current）：在相互对置着的放电极和收尘极之间，通过高压直流电建立起极不均匀的电场。当外加电压升到某一临界值（即电场达到了气体击穿的强度）时，在放电极附近很小范围内会出现蓝白色辉光，并伴有“嘶嘶”的响声，这种现象称为电晕放电。它是由于放电极外的高电场强度，其通过的气体被局部击穿所引起的。发生电晕放电时，在电极间流过的电流称为电晕电流。

（19）电除尘器内的烟气速度（flue velocity in electric dust collector）：烟气流经电场的平均速度。指电除尘器单位时间内处理的烟气量和电场流通面积的比值。

（20）粉尘比电阻（dust resistivity）：单位面积的粉尘在单位厚度时的电阻值，符号为 ρ，单位为 Ω·cm。粉尘分为低比电阻粉尘（$\rho<10^4$ Ω·cm）、中比电阻粉尘（10^4 Ω·cm$<\rho<5\times 10^{10}$ Ω·cm）和高比电阻粉尘（$\rho>5\times 10^{10}$ Ω·cm）。比电阻大于 5×10^{10} Ω·cm，影响电晕电流、粉尘荷电量和电场强度，使除尘效率下降；高比电阻会使粉尘黏附力增大，不易被振打下来；低比电阻粉尘易因静电感应获得正电荷，使极板上的粉尘重新被排斥到电场空间，降低除尘效率。

（21）粉尘浓度（dust concentration）：单位体积气体中所含有的粉尘质量。入口粉尘浓度指除尘器入口含尘气体的单位标准状态体积中所含固体颗粒物的质量；出口粉尘浓度指除尘器出口含尘气体的单位标准状态体积中所含固体颗粒物的质量，单位为 $\mathrm{g/m^3}$ 或 $\mathrm{mg/m^3}$。

（22）电晕功率（corona power）：是指投入到电除尘器的有效功率，它等于电场的平均电压和平均电晕电流的乘积。电晕功率越大，除尘效率越高。

（23）除尘器本体阻力、除尘器压力损失、除尘器（运行）阻力（resistance）：电除尘器入口和出口烟道内烟气的平均全压之差，包括设备阻力和烟道阻力。它是烟气在流经电除尘器的过程中，克服与电除尘器内部结构的冲刷，摩擦阻力和气流紊乱对速度的不利影响而消耗的机械能。它与电除尘器内部的结构形式、气流分布、流速等因素有关，一般情况下4电场电除尘器的阻力为200～300Pa，湿式除尘器运行阻力为500～600Pa。电袋除尘器的阻力为1.2kPa以下，布袋除尘器的阻力在1.5kPa以下。

(24) 分级（除尘）效率（grade efficiency）：除尘器对某一粒径（或粒径范围）粉尘的除尘效率。

(25) 穿透率、透过率（penetration rate）：单位时间内，除尘器排出的粉尘质量占进入除尘器粉尘质量的百分比。计算公式为

穿透率＝1－除尘效率

(26) 切割粒径、分离界限粒径（cut size）：除尘器的分级效率等于50％时对应的粉尘粒径。

(27) 除尘器能耗（power consumption of dust collector）：除尘器正常运行时所消耗的各种能量（水、电、油、压缩空气、蒸汽等），以及克服其除尘器阻力所消耗的能量。

(28) 除尘器漏风系数（air leakage factor）：除尘器出口过量空气系数与入口过量空气系数之差，可用烟气分析仪测定O_2浓度，然后按下式计算除尘器漏风系数，即

$$\Delta\alpha = \alpha'' - \alpha'$$

$$\alpha' = \frac{21}{21 - O_2'}$$

$$\alpha'' = \frac{21}{21 - O_2''}$$

式中 $\Delta\alpha$——除尘器漏风系数；

α''——除尘器出口烟气的过量空气系数；

α'——除尘器进口烟气的过量空气系数；

O_2'、O_2''——除尘器进口、出口烟气的氧量。

(29) 除尘器漏风率（air leakage rate）：漏入除尘器空气质量占进入除尘器烟气质量的百分率。计算公式为

$$A_e = \frac{Q_2 - Q_1}{Q_1} \times 100\%$$

或

$$A_e = \frac{RO_2' - RO_2''}{RO_2'} \times 100\%$$

除尘器漏风率常采用下列公式计算，即

$$A_e = \frac{O_2'' - O_2'}{K - O_2''} \times 100\%$$

式中 Q_1——电除尘器进口标准状态下的烟气量，m^3/h；

Q_2——电除尘器出口标准状态下的烟气量，m^3/h；

A_e——电除尘器漏风率，％；

RO_2'——电除尘器进口烟气中RO_2成分，％；

RO_2''——电除尘器出口烟气中RO_2成分，％；

O_2'——电除尘器进口烟气含氧量，％；

O_2''——电除尘器出口烟气含氧量，％；

K——当地大气中含氧量，可根据海拔高度查得，一般情况下，大气中的含氧量按

体积比约为 20.6%，%。

从上述计算公式可以看到，除尘器和空气预热器的漏风系数计算方法完全相同。检查监督时应以检测报告为准，每季测量一次除尘器漏风率，并不允许超过下列规定值：布袋除尘器为 3%；电气除尘器为 5% ；旋风式和湿式除尘器为 5%。

电除尘器漏风率的危害如下：

1）电除尘器一般是在负压下运行，如果壳体的连接处密封不严，就会从外部漏入冷空气，使通过电除尘器的风速增大，电除尘器性能变差。

2）有的电厂为了防止电除尘器被高温损坏，在入口管道处开设冷风门，这是很不合适的。因为掺入的冷风越多，除尘效果就越恶化。

3）电除尘器捕集的粉尘一般都比较细，如果从灰斗或排灰装置漏入空气，将会造成已收集的粉尘产生再次飞扬，也会使除尘器效率降低。

4）若从检查门、烟道、伸缩节、烟道闸门、绝缘套管等处漏入空气，不仅会增加电除尘器的烟气处理量，而且会由于温度下降出现冷凝水，引起电晕极结灰肥大、绝缘套管爬电和腐蚀等后果。

除尘器漏风率高的原因如下：

1）卸灰阀转轴盘根或其上方的插板箱盘根泄漏。

2）电除尘壳体保温、密封不好造成局部结露锈蚀漏风。

3）干式除灰系统中的螺旋输灰机密封损坏。

4）湿法除灰系统中箱式冲灰水箱水封漏风。

5）灰斗结合面、焊缝处漏风。

6）电除尘壳体、进出气烟箱等处密封不严。

7）灰斗人孔门、检修人孔门、阴极振打小室人孔门和绝缘子室人孔门不严密。

降低除尘器漏风率的对策如下：

1）定期更换卸灰阀盘根。

2）对发现的漏风缺陷要及时填写缺陷记录，通知检修人员及时消除。

3）对腐蚀的壳体及时进行保温、防腐处理。

4）消除除尘器壳体、烟道、各人孔门、防爆门等处的漏风。

5）经常检查螺旋输灰机、斜槽输灰机等密封是否良好，及时更换密封填料；对箱式水封器的法兰结合面填料及时更新。

6）灰斗上口四周与底梁的上平面所有接缝处均应满焊，以保证除尘器的严密性。

(30) 过滤风速（filtration velocity of bag filter)：含尘气流通过滤料有效面积的表观速度。

(31) 过滤面积（filtration area of bag filter)：起滤尘作用的有效面积。

(32) 气布比（air-to-cloth ratio)：在工况条件下，单位时间内单位有效过滤面积上处理含尘气体量，单位为 $m^3/(m^2 \cdot h)$。

(33) 湿式除尘器水气比（water to air ratio of wet dust collector)：净化单位体积（标准状态）的含尘气流所需用的水量，单位为 L/m^3 或 L/（$1000m^3$)。

(34) 湿式除尘器补充水量（replenished water quantity of wet dust collector)：由于蒸发、流失等原因需增加的水量，单位为 L/h 或 t/h。

(35) 湿式除尘器脱水效率（dewatering efficiency of wet dust collector)：脱水器捕集到的液滴质量与进入脱水器的液滴总质量之比。

(36) 除尘系统单耗（unit electric consumption of dust collection system)：锅炉每燃烧 1t 原

煤，除尘系统消耗的电量。除尘系统是指将烟气中的颗粒烟尘加以收集清除的装置。除尘方法包括水膜、干法静电、湿法静电、电袋、袋式、其他。

(37) 除灰系统单耗 (unit electric consumption of ash removal system)：锅炉每燃烧1t原煤，除灰系统消耗的电量。火力发电厂燃煤锅炉的灰渣除由烟囱排出飞灰外，均收集在炉底的排渣槽和除尘器的落灰斗内，这些灰渣必须及时予以排除，以保证锅炉的正常运行。用来排除灰与渣并将它们运往发电厂厂区之外的设施称为除灰系统。要求干式除灰系统耗电率小于或等于0.20%，单耗小于等于4.8kWh/t；湿式除灰系统耗电率小于或等于0.30%，单耗小于等于7.0kWh/t。计算公式为

$$b_{ch}=\frac{W_{ch}}{B_L}$$

式中 b_{ch}——除灰系统单耗，kWh/t；

W_{ch}——统计期内除灰系统消耗的电量，kWh；

B_L——锅炉燃料累计消耗量，t。

(38) 除尘系统耗电率 (electric consumption rate of dust collection system)：在统计报告期内，除尘系统消耗的电量与机组发电量的百分比。

要求亚临界除尘系统耗电率小于或等于0.25%，660MW超（超）临界除尘系统耗电率小于或等于0.20%。除尘系统耗电率高的原因如下：

1) 除尘系统运行方式不合理，导致除尘设备耗电率升高。

2) 燃煤灰分高，锅炉燃烧灰量过大。

3) 阴阳极振打系统故障，除尘器除尘效果差。

4) 机组负荷率低，相对除尘系统的耗电率升高。

5) 阴、阳极振打系统故障。

6) 空气预热器、烟道、电除尘本体、挡板、阀门等设备漏风，烟气量大。

7) 烟气温度高，烟气量大。

8) 除尘系统阻力大。

9) 电除尘器电场数量增加。2011年GB 13223—2011《火电厂大气污染物排放标准》实施后，特别是最近几年要求烟尘超低排放，不但电厂数量增加，而且又增加了湿式除尘器，导致除尘系统耗电率剧增。例如某300MW机组A修中将3电场电除尘器改造成6电场电除尘器后，电除尘耗电率比改造前高0.06个百分点。

降低除尘系统耗电率的对策如下：

1) 优化除尘系统运行方式。根据典型煤种，选取不同负荷，结合吹灰情况等，在保证烟尘排放浓度达标的情况下，试验确定最佳的供电控制方式（除尘器耗电率最小）及相应的控制参数。

2) 根据运行试验的结果，确定运行工作制度（卡片），加强监视调整。

3) 加强飞灰系统运行监视，防止灰斗出现积灰现象。

4) 加强除尘系统设备巡检，发现问题及时填报缺陷，联系处理。

5) 检修时全面检修振打系统设备，日常维护定期给设备加油，检查设备消除设备地脚松动等缺陷。

6) 提高入炉燃煤煤质，及时联系加强配煤。

7) 对于早期投运的不具备间歇供电运行方式功能，或不具备各种供电方式自动转化功能的控制器，宜进行电除尘控制系统升级改造。

8）对早期除尘器前级电场电源进行改造，以提高除尘效率。新型电源是指采用对电除尘器更能提供有效供电的电源，主要包括三相电源、高频电源等；它们可以提供更高的运行二次电压和适中的二次电流，增强了烟尘的荷电和收集，使除尘效率得到提高，并使其他电场可以更好地采用间歇供电达到节电的效果。

9）通过各种方法降低除尘器阻力。电除尘器的正常阻力在500Pa以下；电袋除尘器的正常阻力应控制在1.2kPa以下；布袋除尘器的正常阻力应控制在1.5kPa以下。

10）电除尘器高压电源节电的主要调整方法。高压电源采用停部分电场（或停供电区）的运行方式；降低高压电源的运行参数；高压电源采用间歇供电运行方式；利用上位机控制系统，可调整运行方式和参数；通过优化调整试验和完善控制程序，使其控制系统能依据燃煤和机组负荷变化自动切换控制方式。电除尘器节电智能控制系统应能根据运行条件的变化，结合电除尘器运行优化试验结果，自动调节其高压和低压电器运行方式和参数，保证其稳定工作在高效、节能状态。

11）低压电器设备节电方法。低压电器节电主要在灰斗电加热上，若将灰斗电加热改为蒸汽加热，则可节约部分电耗。如600MW机组灰斗电加热额定功率约为250kW，而电厂蒸汽的能耗是较低的。同时对振打周期的合理调整控制，不仅可以提高除尘效率，而且可以节电。

12）对于袋式除尘器，应制定袋式除尘器粉尘的清灰制度，定期清除粉尘，控制清灰的周期和时间。袋式除尘器运行中维持正常阻力，应根据使用情况和滤袋材质定期更换滤袋。

13）对于天气较热的南方电厂可以停运灰斗加热装置。电除尘灰斗伴热有电加热和蒸汽伴热两种方式，部分电厂将灰斗伴热由电加热改造成低压蒸汽伴热，取得较好的节电效果。锅炉正常运行条件下，因为排烟温度一般在110～130℃左右，烟气和灰斗内部烟气之间具有烟气导热和对流换热作用，灰斗外部具有良好的保温层。因此，灰斗内部烟气和灰斗壁面有较高的温度，当环境温度达到一定的情况下，灰斗最下部温度仍然高于烟气露点温度，结灰、篷灰、堵灰的可能性很小，停用灰斗伴热是可行的。南方某电厂经试验，当环境温度高于23℃时，完全停运电除尘灰斗蒸汽或电加热是可行的。

(39) 除渣系统耗电率（electric consumption rate of slag removal system）：在统计报告期内，除渣系统消耗的电量与机组发电量的百分比。要求除渣系统耗电率小于或等于0.08%。除渣系统耗电率高的原因如下：

1）除渣系统运行方式不合理，导致除渣设备的耗电率升高。

2）除渣系统管道结垢、堵塞，增加设备运行时间。

3）燃煤灰分大，除渣、石子煤系统的设备运行时间长。

4）除渣设备运行效率低。

5）高压水管道泄漏，冲渣效率低。

6）低压水管道泄漏，水量偏高。

7）炉渣裂化不好，碎渣机工作不正常，渣块大，出渣困难，用电多。

8）渣斗内斜坡冲洗喷嘴堵塞，造成渣斗内焦块堆积，降低出渣效率。

9）机组负荷率低，除渣系统的耗电率相对升高。

降低除渣系统耗电率的对策如下：

1）优化除渣系统运行方式。由于炉底渣系统（水力）是针对锅炉吹灰时的最大渣量进行设计的，所以捞渣机的出力对日常渣量具有较大的富余容量。针对平时低负荷、夜间低谷及煤种情况，经过计算和试验可适当停运几个小时。

2）根据煤质情况选取掺烧方式，减少灰渣中游离氧化钙成分，降低结垢情况。

3）定期检查渣水管道结垢情况，及时除垢。

4）采用添加除垢剂方法减轻结垢。

5）提高入炉煤质。

6）检查检修除渣系统内阀门，消除缺陷。

7）消除碎渣机等设备故障。

8）停炉时更换、疏通冲洗喷嘴，增加底部冲洗。

9）除渣前投入碎渣机轴封水，除渣完毕后关闭。

10）按照定期工作要求启动灰浆泵，采用变频启动时，启动后采用高转速运行，用最短的时间将水排净。

11）根据储水池水位情况，灰浆泵启动后开启浓缩机放浆门排浆，降低浓缩机水位，减少启动次数。

（40）除灰系统耗电率（electric consumption rate of ash handling system）：在统计报告期内，除灰系统消耗的电量与机组发电量的百分比。计算公式为

$$L_{ch}=\frac{W_{ch}}{W_f}\times 100\%$$

式中 L_{ch}——除灰系统耗电率，%；

W_{ch}——统计期内除灰系统消耗的电量，kWh；

W_f——统计期内机组发电量，kWh。

除灰系统耗电率高的原因如下：

1）除灰系统运行方式不合理，导致除灰设备耗电率升高。

2）燃煤灰分高，锅炉燃烧灰量过大，超出飞灰系统输送出力，灰斗积灰造成高料位。

3）除灰系统运行输送压力高，输送效率低。

4）除灰空气压缩机、灰浆泵运行效率低。

5）机组负荷率低，相对灰渣系统的耗电率升高。

6）飞灰气锁阀、仓泵进、出料阀内漏，飞灰系统运行输送压力高，输送效率低。

7）输灰系统外漏。

8）输送空气压缩机故障，运行不正常。

9）灰库布袋除尘器除尘效率差，飞灰系统运行输送压力高，输送效率低。

10）锅炉捞渣机、输渣机卡涩；或者锅炉干排渣系统的钢带输渣机、碎渣机、斗提机卡涩。

降低除灰系统耗电率的对策如下：

1）优化除灰系统运行方式，提高除灰空气压缩机运行效率。对用空气压缩机输灰的，要通过与厂用、仪用空气压缩机系统的互联，尽量减少空气压缩机运行台数；要对各台机组的排灰逻辑进行优化，避免同时排（输）灰，创造条件停运飞灰输送风机，或降低风机的加载时间；干除灰系统运行时，采用每台炉干除灰系统配备一台空气压缩机的运行方式，不得随意增加空气压缩机运行。

2）提高入炉燃煤煤质，及时联系加强配煤。

3）根据锅炉负荷和煤质情况及时调整渣浆泵及海水升压泵运行方式，保持合适灰水比。

4）及时检查输灰系统，发现输灰不正常及时检修和更换飞灰气锁阀、仓泵进料阀等。对于采用仓泵输灰的系统，仓泵进料阀内漏是造成输灰气源损失的主要因素。仓泵进料阀动作频繁，磨损比较严重，轻微内漏不容易发现。而多个阀门轻微内漏，就会造成输灰压力低、输灰不畅，甚至堵管，为维持输灰压力需要增开除灰空气压缩机，耗电增加。因此，仓泵进料阀要采用耐磨

材质阀门，并制订定期解体检查治理的计划，保证仓泵进料阀严密，减少输灰气源损失，降低能耗。

5）高温季节停用灰斗伴热，节约电能或热能。电除尘灰斗伴热有电加热和蒸汽伴热两种方式，部分电厂将灰斗伴热由电加热改造成低压蒸汽伴热，取得较好的节电效果。锅炉正常运行条件下，因为排烟温度一般在110～130℃左右，烟气和灰斗内部烟气之间具有烟气导热和对流换热作用，灰斗外部具有良好的保温层。因此，灰斗内部烟气和灰斗壁面有较高的温度，当环境温度达到一定的情况下，灰斗最下部温度仍然高于烟气露点温度，结灰、篷灰、堵灰的可能性很小，停用灰斗伴热是可行的。经验表明黄河以南的电厂，当环境温度高于20℃时，完全停运EP灰斗蒸汽加热或电加热是可行的。

6）做好输送空气压缩机定期检修，发现设备问题及时处理。及时检查除灰系统消除设备漏点。

7）定期检查布袋反吹系统及布袋积灰情况，发现问题及时进行检修更换。

8）定期对锅炉捞渣机、输渣机轴承加油，检修时对设备全面解体检查。

9）定期对钢带输渣机、碎渣机、斗提机轴承加油，检修时对设备全面解体检查。

10）炉底灰渣系统间断运行。对于采用水力除渣的电厂，由于炉底渣系统（水力）是针对锅炉吹灰时的最大渣量进行设计，所以捞渣机的出力对日常渣量具有较大的富余容量。针对平时低负荷及夜间低谷及煤种情况，经过计算和试验可适当停运几个小时。

11）监督灰水系统管道结垢情况，结垢严重时及时进行必要的除垢。

12）优化除灰及输灰系统运行方式，保持合适灰水比，减少灰浆泵和输灰管线的运行数量。

（41）除灰系统出力（output of ash conveying system）：除灰系统在单位时间内输送的飞灰质量。

（42）耗气量（air consumption）：飞灰输送系统运行时消耗的气体流量。

（43）灰气比（ash air ratio）：飞灰输送系统被输送飞灰的质量流量与空气质量流量之比，单位为kg(灰)/kg(气)。

（44）水灰比（water ash ratio）：水力除灰系统中输送1t灰、渣时所需用的水量，以k_s表示。计算公式为

$$k_s = \frac{V_{hz}}{M_{hz}} = \frac{1}{k_h}$$

式中 k_s——水灰比；

V_{hz}——冲灰渣时所耗用的水量，m^3；

M_{hz}——输送灰渣总质量，t。

监督检查时，应现场实测或查看以前的测试记录，每季度测量一次。灰浆的浓度应采用高浓度（水灰比不超过2.5～3）或中浓度（水灰比不超过5～6），尽量不采用低浓度水力除灰（低浓度水力除灰水灰比要求不大于15）。降低灰水比的措施如下：

1）新、扩建燃煤电厂或对老电厂进行技术改造时，优先考虑干灰的综合利用，推广应用正压浓相气力干除灰技术和粉煤灰综合利用技术，将湿除灰系统改为干除灰系统。

2）采用水力除灰的火电厂，要根据排灰量调整冲灰水量，在保证灰水流速的条件下，高浓度输灰系统灰水比维持在1∶3左右，尽可能将稀浆输灰系统改造为浓浆输灰系统。

3）尽可能回收冲灰冲渣水、灰场澄清水，实现灰水闭式循环。

4）推广干除灰技术。有条件的电厂应通过技术改造，尽快达到干灰收集及运输条件，扩大干除灰的收集量和综合利用量。

5）推广干除渣技术。

6）扩大干除灰的收集量和综合利用量。火力发电厂应积极推广干灰调湿堆储工艺，减少冲

灰用水量。

7）喷射水泵、冲渣水泵启动运行正常后，立即关闭注水门，减少消耗。

8）除渣前投入碎渣机轴封水，除渣完毕后关闭。

9）灰浆泵要减少轴封水及冷却水的消耗。灰浆泵只要停运后就关闭轴封水及轴承冷却水，启动前开启。

10）提高脱水仓吸水效果，减少灰渣带水。解决脱水仓吸水效果差的问题，关键是做好吸水器的冲洗工作，重点做好冲洗水喷嘴的检查，如果喷水不正常应及时清理。脱水仓排完渣后，必须检查吸水器冲洗干净，防止时间过长形成板结影响吸水，造成灰渣带水，增加水耗。

（45）灰水比（ash water ratio）：水力除灰系统中输送灰渣量与所需用的水量之比，以 k_h 表示。一般情况下，k_h＝1∶15～1∶2.5。

（46）灰输送阻力（ash conveying resistence）；飞灰输送系统稳定运行时输送器前总进气口处到灰库入口之间的压降。

（47）灰输送速度（ash conveying velocity）：飞灰输送系统管道内气流的初速度、末速度和平均速度。

（48）灰渣产生（总）量（output of ash and slag）：电厂锅炉底部、尾部和除尘器等部位理论上应产生的灰量和渣量之和。

（49）灰渣综合利用量（comprehensive utilization output of ash and slag）：根据火力发电厂煤灰煤渣的化学、物理特性，将灰、渣作为工业、建筑材料等的再利用的总量。

（50）灰渣综合利用率（comprehensive utilization rate of ash and slag）：灰渣综合利用量与灰渣产生量的百分比。

（51）粉煤灰综合利用率（utilization rate of fly ash）：燃煤发电企业粉煤灰（含干法脱硫副产品）综合利用量与产生量的比值。计算公式为

$$粉煤灰综合利用率＝粉煤灰综合利用量/粉煤灰产生量\times 100\%$$

其中，粉煤灰综合利用量指建工、建材、筑路、农业、回填及其他用粉煤灰量之和。

（52）烟尘排放绩效（soot emissions performance）：燃煤发电企业每发 1kWh 电能平均排放的烟尘量，用来反映单位电量的烟尘排放强度。电厂烟尘排放绩效要求不超过 0.2g/kWh。

（53）除尘器投入率（service rate of dust collector）：统计期除尘器电场投入的时间与电除尘器应投入时间的比率，用于反映和考核除尘系统的运行状况，符号为 λ_d。计算公式为

$$\lambda_d = \frac{\sum_{i=1}^{2n} T_{di}}{2nT_d} \times 100\%$$

式中 λ_d——除尘器投入率，%；

T_{di}——统计期电除尘器第 i 个电场实际投入运行时间，h；

n——电除尘器电场数，个；

T_d——统计期电除尘器应投入时间，h。

大型锅炉两只烟道各配一台电除尘器。由于电除尘一般都按烟道排列位置分为左右两室，且每室都安装有 3 电场或 4 电场进行除尘，所以电除尘投入率应综合反映全部电厂的投入情况。因此单炉电除尘投入率计算公式（当锅炉安装电除尘器电场为 3 电场时）为

$$\lambda_d = \frac{每个电场投入运行时间之和(h)}{电除尘器应投入时间\times 6(h)} \times 100\%$$

当锅炉安装电除尘器电场为 4 级时，可将式中的常数 6 用 8 代替，再计算单炉电除尘投入

率。也可定义为

$$电场投入率=\frac{实际投入运行的电场数}{总电场数}\times 100\%$$

电除尘应投入运行时间是指接到生产调度命令后，电除尘器应全部正常投入的时间。计算式为

电除尘应投入时间＝锅炉机组运行时间－锅炉启动阶段不允许投电除尘器时间－运行中锅炉燃烧不稳投助燃油时间－停炉前投油助燃时间－其他非电除尘系统故障造成电除尘器的停运时间

影响电除尘器投入率的因素如下：

1）电场内部短路。出现电场内部短路后，电源控制柜开关跳闸，电场停运，投入率明显下降。造成这种故障的原因是：阴极线出现断线或有部件、异物脱落搭在两极间造成短路；阴极线与阴极小框架的连接不严，运行时由于振打频繁，使连接螺栓松脱，造成阴极线断线引起内部短路。

2）卸、输灰系统故障。电除尘器的卸、输灰系统发生故障，会导致灰斗篷灰，造成阴阳极搭桥形成短路，严重时会将极板和电晕线拉弯，导致异极间距变小，运行电压降低。造成灰斗篷灰的主要原因是：异物掉入灰斗，卡住出口；灰斗加热或保温不良，使灰受潮结块；灰斗冲灰器水封不好，漏风较大；卸灰装置损坏如轴承磨损等；灰斗设计中灰斗壁坡度过小或阻流板安装不合理，缝隙过小，造成卸灰不畅。

3）阴阳极振打故障。当阴阳极振打发生故障时，会造成极板、极线积灰严重，影响电晕放电。阴阳极振打故障的主要原因是：锤头和砧块掉落，使振打力不足；振打连杆与锤的对正不好，造成了振打不及时和不振打；阴阳极振打周期不合理，造成断线和积灰。

4）高压绝缘破损。高压绝缘破损使得绝缘性能下降，电场运行中出现“假闪络”，影响电除尘器正常运行，严重时造成开关跳闸。造成绝缘性能下降的主要原因是：加热装置故障，使绝缘子和石英套管内壁积灰结露爬电；阴极振打转动瓷轴、聚四氟乙烯绝缘板密封不良，结露积灰；高压电缆或电缆终端盒绝缘发生破坏，甚至击穿造成对地短路。

5）粉尘影响。当锅炉燃烧煤质发生较大变化时，对电除尘器电场的投入影响也很大。当煤中灰分增加，烟气中含尘浓度过大时，在电场中易发生电晕封闭现象，使得电晕电流大大降低，甚至到零。

为保证大机组引风机的安全运行，一般要求电除尘器投入率不低于95%，尽量达到98%。提高电除尘器投入率的措施如下：

1）运行人员要视表计指示情况和锅炉的负荷、煤种和粉尘情况进行相应的调整；如负荷高、煤质差、灰分大，第一电场易产生频繁闪络现象，应适当调低供电参数，而将第二、三、四电场尽量保持高供电参数运行；当锅炉负荷不高，煤质较好灰分又低而电场又相当富裕时（如4电场），可采用调低供电参数来节电。

2）检修人员要严格执行各项管理制度，对检修维护设备状况做到心中有数，进行必要的维修，确保电除尘器正常运行。

3）严格贯彻检修工艺规程和质量标准，按规定的大小修项目、工序和质量要求、验收和设备定级考核制度执行。确保螺栓头端部固定焊可靠，并且在检修结束后应将电场内部杂物全部清理干净。

4）整流变压器后的高压直流电缆在除尘器顶部引入电场处，一旦阻尼电阻损坏、脱落或接地，容易产生高次谐波放电。因此应检查恢复和及时更换损坏的阻尼电阻，并使阻尼电阻值和相

功率匹配。

5）电除尘器绝缘子室的石英（电瓷）套管、支撑绝缘子，由于制造质量不良、运输问题、安装应力问题，容易运行一段时间后出现裂纹。因此除在安装时检查复验其质量外，应充分利用停机机会进行全面细致的检查，发现问题及时处理。有的电厂电除尘器原来将振打装置基础直接安装在电除尘器本体顶盖处，顶盖在运行中受热变形使阴极振打装置发生倾斜。振打工作时，受力发生变化，造成阴极磁轴破碎，电场无法投入。后将振打装置基础布置在除尘器本体侧墙，消除了阴极振打倾斜磁轴破碎现象。

6）电除尘器内的极线是电除尘器的薄弱环节，必须按制造厂技术要求进行安装检查。极板极线上应无焊条、金属异物和石棉绳等杂物。一旦极线断裂，在做好安全措施的基础上，最好在低负荷下进行室内消缺工作。

7）振打装置应转动灵活、方向正确，各锤头打击位置和错位角符合设计要求，无卡涩现象，减速机油位正常。

8）大修期间，注意检查高压硅堆元件和电容器元件应无损坏，检查硅堆、电容器、高低压绕组等接线引线应无松动、脱落、变形或过热现象。

9）大修后应对高压直流电缆电阻和耐压进行电气预防性试验；对高压硅整流装置进行保护检验。对欠压延时跳闸、过流保护和过压保护跳闸装置进行调试并符合技术要求。

10）改进灰斗加热和保温。保证灰斗内灰温度在露点温度以上，应尽可能增加蒸汽伴热环管长度或电加热容量。

11）改进卸灰器。将卸灰阀叶轮由 8 片改为 4 片，滑动轴承改为滚动轴承并且与卸灰器本体分离，以减少粉尘对轴承的磨损。

12）建议阴极采用连续振打，选择振打力不宜过大，防止阴极线断线。阳极采用周期振打。另外，运行人员每班对阳极板采取手动连续振打 5～10min，可有效解决积灰严重问题。

13）电除尘器投运前数小时先投入加热系统，运行应经常检查加热情况。特别是在锅炉低负荷和停炉时，应保证加热温度高于烟气露点温度 20～30℃。

第三节 脱硫、脱硝系统指标

（1）脱硫、脱硝机组容量（desulfurization unit capacity、denitration unit capacity）：脱硫、脱硝装置设计处理烟气量对应的锅炉容量。

（2）入口二氧化硫浓度、二氧化硫入口浓度（entrance oxysulfide concentration）：指烟气进入脱硫吸收塔前，将实际测量的 SO_2 体积浓度折算为标准状态下干烟气（101 325Pa，273K，湿度为零）和过量空气系数为 1.4 时的 SO_2 质量浓度。入口 SO_2 浓度计算公式为

$$C_{SO_2}=\frac{2\times S_{ZS}\times 10^3\times K}{0.3678}\approx 5438KS_{ZS}$$

$$S_{ZS}=\frac{S_{ar}}{Q_{net,ar}}\times 1000$$

$$A_{ZS}=\frac{A_{ar}}{Q_{net,ar}}\times 1000$$

$$K=0.63+0.345\times 0.99^{A_j}$$

$$A_j=0.09A_{ZS}(7CaO+3.5MgO+Fe_2O_3)$$

式中 C_{SO_2}——入口 SO_2 浓度，mg/m^3；

0.367 8——当过量空气系数＝1.4 时，煤每 1MJ 发热量产生的干烟气容积为 $0.3678m^3/MJ$ 左右；

S_{ar}、A_{ar}——煤的收到基硫分和灰分，%；

S_{ZS}、A_{ZS}——煤的折算含硫量和折算含灰量，g/MJ；

A_j——煤的碱度；

CaO、MgO、Fe_2O_3——灰中氧化钙、氧化镁和氧化铁的百分比，%；

$Q_{net,ar}$——煤的收到基低位发热量，MJ/kg；

K——烟气中 SO_2 的排放系数，即在煤燃烧过程中不采取脱硫措施时排放出的 SO_2 浓度与原始总生成的 SO_2 浓度之比，%。

例 14-8 某锅炉燃用烟煤，$S_{ar}=2.5\%$，$A_{ar}=36.84\%$，$Q_{net,ar}=17.937MJ/kg$。煤灰中 CaO、MgO、Fe_2O_3 含量分别为 6.96%、1.12%和 9.7%，求其 SO_2 排放浓度。

解：

$$S_{ZS}=\frac{2.5\%}{17.937}\times 1000=1.39(g/MJ)$$

$$A_{ZS}=\frac{36.84\%}{17.937}\times 1000=20.54(g/MJ)$$

$$A_j=0.09\times 20.54(7\times 6.96+3.5\times 1.12+9.7)=115.24$$

$$K=0.63+0.345\times 0.99^{115.24}=0.738$$

则 SO_2 排放浓度为

$$C_{SO_2}=5438KS_{ZS}=5438\times 0.738\times 1.39=5578.41(mg/m^3)$$

（3）出口二氧化硫浓度（effuent-quality concentration）：指烟气经脱硫装置脱除 SO_2 后，将实际测量的 SO_2 排放体积浓度折算为标准状态下干烟气（101 325Pa，273K，湿度为零）和过量空气系数为 1.4 时的 SO_2 质量浓度。

SO_2 浓度有时用 mg/m^3 表示，有时用 $\times 10^{-6}$ 表示，mg/m^3 和 $\times 10^{-6}$ 之间的换算系数是 2.86。分析如下：1mol 任何气体在标准状态下的体积均为 $22.41\times 10^{-3}m^3$，二氧化硫分子量为 64，则 1mol 二氧化硫的质量为 64g，因此 $1\times 10^{-6}=64/22.4mg/m^3=2.86mg/m^3$。其他物质的 mg/m^3 与 $\times 10^{-6}$ 换算关系见表 14-7。

表 14-7　几种气体浓度单位 mg/m^3 与 ppm 间的换算关系

分子式	相对分子质量	标准状态		常温常压	
		由 mg/m^3 换算成 $\times 10^{-6}$	由 $\times 10^{-6}$ 换算成 mg/m^3	由 mg/m^3 换算成 $\times 10^{-6}$	由 $\times 10^{-6}$ 换算成 mg/m^3
H_2	2	11.2	0.089 3	12.2	0.081 8
NH_3	17	1.32	0.759	1.44	0.695
HF	20	1.12	0.893	1.22	0.818
O_2	32	0.70	1.43	0.764	1.31
N_2	28	0.80	1.25	0.873	1.14
NO	30	0.747	1.34	0.815	1.23
H_2S	34	0.659	1.52	0.719	1.39

续表

分子式	相对分子质量	标准状态		常温常压	
		由 mg/m^3 换算成 $\times 10^{-6}$	由 $\times 10^{-6}$ 换算成 mg/m^3	由 mg/m^3 换算成 $\times 10^{-6}$	由 $\times 10^{-6}$ 换算成 mg/m^3
F_2	38	0.589	1.70	0.643	1.55
CO_2	44	0.509	1.96	0.556	1.80
NO_2	46	0.487	2.05	0.532	1.88
O_3	48	0.467	2.14	0.509	1.96
SO_2	64	0.35	2.86	0.382	2.62
Cl_2	71	0.315	3.17	0.344	2.90
CO	28	0.80	1.25	0.873	1.145
N_2O	44	0.51	1.96	0.556	1.795

注 表中单位 m^3 是指标准状态下的体积。

(4) 石灰石碳酸钙分解率（limestone decomposition rate of calcium carbonate）：石灰石中碳酸钙分解为氧化钙的百分率。

(5) 液气比（liquid-gas ratio）：单位体积烟气流量在脱硫吸收塔中用于循环的碱性浆液的体积流量。它在数值上等于单位时间内吸收剂浆液喷淋量与单位时间内脱硫吸收塔入口的标准状态湿烟气体积流量之比，单位是 L/m^3。

(6) 浆液循环时间（cycle time of seriflux）：指吸收塔浆池有效容积（m^3）与循环浆液总量（m^3/min）的比值，单位为 min。

(7) 烟气（在吸收塔内）停留时间（gas residence time in absorption tower）：吸收塔吸收区高度（m）与吸收塔内烟气流速（m/s）的比值，单位为 s。

(8) 钙硫摩尔比、钙硫比（calcium to sulfur molar ratio）：供给的吸收剂中钙的总摩尔数除以供给的燃料中硫的总摩尔数。在理论上脱硫 1mol 的硫需要 1mol 的钙，或者说每脱除 1kg 的硫需要 3.2kg 的石灰石。但是由于石灰石并不是百分之百的 $CaCO_3$，而且 $CaCO_3$ 也不是全部参加反应，还要取决于石灰石本身的反应活性、燃烧温度、石灰石颗粒度、反应物浓度和停留时间等。因此所需钙的摩尔数总比硫的摩尔数多一些，多余的钙所占的比例称为过量率。钙硫摩尔比的计算公式为

$$Ca/S=\frac{32}{100.09}\times\frac{M_s\times\varepsilon}{B\times S_{ar}}$$

式中 Ca/S——钙硫摩尔比；

M_s——石灰石消耗量，t/h；

B——燃煤消耗量，t/h；

ε——石灰石中 $CaCO_3$ 的纯度（$CaCO_3$ 含量的质量百分数），%；

S_{ar}——燃煤收到基含硫量，%。

例 14-9 某 660MW 燃煤机组，燃煤含硫量为 1.0%，燃煤量为 280t/h，石灰石 $CaCO_3$ 纯度为 90%，石灰石耗量为 10t/h，求钙硫摩尔比。

解：

$$Ca/S=\frac{32}{100.09}\times\frac{M_s\times\varepsilon}{B\times S_{ar}}=\frac{32}{100.09}\times\frac{10\times 90\%}{280\times 1\%}=1.03$$

钙硫摩尔比不合格的原因如下：

1）吸收塔石膏浆液浓度偏离设计值。

2）吸收塔石膏浆液 pH 值偏离设计值。

3）吸收塔石灰石浆液加入量不合理。

4）石灰石粉细度超标。

维持合适钙硫摩尔比的对策如下：

1）合理调节石灰石的补浆量，保证 pH 值符合要求。

2）定期分析石膏品质，掌握实际 Ca/S，指导运行操作。

3）定期分析石灰石细度，调整球磨机运行工况，保证石灰石细度在合格范围内。

4）定期检查、校验石灰石、石膏浓度计和 pH 值表计，及时消缺。系统停运后对 pH 值表计和石灰石、石膏浓度计进行标定。

5）加强对石灰石磨制系统设备的维护，检查处理石灰石粉磨制系统存在的缺陷，确保石灰石粉符合规定要求。

（9）脱硫装置压力损失、脱硫运行阻力、脱硫设备阻力（pressure drop of FGD）：脱硫装置连续运行时，燃煤烟气脱硫设备进口法兰处烟气平均全压与出口法兰处烟气平均全压之差，即在脱硫装置各个部分（不包括增压风机）的全压差之和（Pa）。一般脱硫装置压力损失为 1300～2200Pa，仅 GGH 阻力高达 800Pa。

（10）钙硫化学计量比（calcium-sulfur stoichiometric proportion）：投入脱硫系统中钙基吸收剂与脱硫系统脱除的 SO_2 摩尔数之比，它同时表示脱硫系统在达到一定脱硫效率时所需要的脱硫吸收剂的过量程度。

（11）吸收剂利用率（absorbent utilization ratio）：脱硫系统用于脱除 SO_2 的吸收剂占加入脱硫系统吸收剂总量的质量分数。它在数值上等于脱除 SO_2 的摩尔数与加入的钙基吸收剂摩尔数之比。

（12）电能消耗（量）、耗电量（power consumption）：指脱硫装置在设计工况条件下消耗的各种电能之和。

（13）脱硫装置电耗（FGD power consumption）：脱硫装置连续运行时的平均每小时电能消耗量，单位为 kW。

（14）脱硫装置单耗（unit electric consumption of FGD）：锅炉产生每吨蒸汽脱硫装置消耗的电量。

（15）脱硫（系统）耗电率、脱硫装置耗电率（electric consumption rate of FGD）：在统计报告期内，脱硫设备消耗的电量与相关机组总发电量的百分比。计算公式为

$$L_{tl}=\frac{W_{tl}}{W_f}\times 100\%$$

式中 L_{tl}——脱硫耗电率，%；

W_{tl}——统计期内脱硫设备总耗电量，kWh；

W_f——相关机组发电量，kWh。

要求石灰石法脱硫系统耗电率小于或等于 1.0%，海水法脱硫系统耗电率小于或等于 1.2%。引风机和增压风机单独设置的机组，增压风机耗电量计入脱硫装置耗电量。引风机和增加风机合二为一的机组，建议将一体化引风机耗电量的 30%计入脱硫装置耗电量，70%作为引风机耗电

量。脱硫系统耗电率高的原因如下：

1）脱硫系统设计不合理。

2）脱硫系统运行方式不合理，机组负荷变化后未及时调整，煤质变化后未及时优化。

3）烟道漏风使脱硫系统所处理的烟气量增加。

4）GGH设备系统存在结垢或堵塞，除雾器堵塞，脱硫风烟系统阻力大。

5）入炉煤硫分高。入炉煤硫分每增加0.25个百分点，脱硫电耗增加0.1%。

6）旁路挡板泄漏造成烟气回流。

7）增压风机选型不合适，电动机变频器未投运。

8）湿式钢球磨煤机达不到额定出力。

9）近几年各地方政府要求烟气二氧化硫实现超低排放，要求增加一个脱硫塔，或增加脱硫塔高度，导致脱硫系统烟气阻力大幅度上升。例如某660MW机组二氧化硫超低排放改造后，脱硫系统改造阻力增加800Pa，脱硫电功率增加500kW，导致脱硫系统耗电率增加0.08个百分点。

降低脱硫系统耗电率的对策如下：

1）根据含硫量情况，吸收塔可采用N层喷淋层，也可采用$N+1$层喷淋层，宜尽量采用$N+1$层喷淋层，这样可提高浆液循环泵运行的灵活性，降低运行电耗。对大直径（600MW及以上）脱硫塔，气流均布程度对脱硫效率影响较大，可优先考虑选择带有气流均布设备（如托盘）的脱硫塔。为了降低吸收塔的高度，使气流分布更加合理，气液接触更加充分，同时降低浆液循环泵的扬程，可优先采用变径塔（浆池直径大）和“斜切式”吸收塔入口烟道形式。对于海水法脱硫装置，应设计循环水泵至海水脱硫曝气系统的旁路管道，以利于冬季工况的经济运行。

2）开展脱硫系统运行优化。根据煤质硫分，及时调整浆液循环泵运行台数。根据脱硫效率及pH值及时调整海水升压泵（浆液循环泵）、曝气风机（氧化风机）运行方式。在满足脱硫排放指标情况下，尽量维持一台曝气风机（氧化风机）运行。上都电厂优化600MW超临界空冷机组的脱硫浆液循环泵运行方式是低负荷时，脱硫浆液循环泵由原来的3台运行改为2台循环泵运行，厂用电率减少0.1个百分点。

3）脱硫设备启停优化。编制停机后优化运行检查卡，按照机组停运时间长短，分别制订氧化风机启停、吸收塔浆液密度和液位等控制措施。在保证设备安全的情况下，按检查卡要求逐项操作，及时停运辅机设备，降低机组停机进入备用期间的能耗。

4）有条件的地区，应积极争取环保部门的支持，尽量取消烟气换热器（GGH）。如无法取消GGH，应优先采用生产水平和业绩优良的GGH厂家生产的漏风率低、配置防堵换热元件的GGH和除雾滴效果好的屋脊式除雾器；同时，对GGH换热片更换，改造成大通道波形，对缓解GGH积灰结垢效果明显。如南通电厂对350MW机组脱硫GGH换热元件进行换型，将波浪式换热片（DNF型紧凑型换热元件）更换为无锡巴克杜尔公司生产的波浪式与平板式相间的换热片（L形大通道），增大了通流间隙，蒸汽或高压水冲洗效果得到很大改善，GGH差压明显降低，脱硫耗电率降低0.1个百分点左右。

5）及时对脱硫系统吹灰，控制烟气系统内各种设备的阻力不至过分增大。对运行条件恶劣的GGH应采取措施强化吹扫（如提高吹扫压力、增加吹扫枪、改用蒸汽吹扫等）；GGH的正常总阻力应控制在1.05kPa以下，若大于1.5kPa而在线水冲洗也无法降低阻力，则应停运处理；除雾器（脱硫系统用）的正常阻力应控制在200Pa以下；布置在除尘器之后的烟气换热器（也称低温省煤器）的正常阻力应控制在500Pa以内，若大于700Pa则应采取措施予以清灰处理。大小修期间和GGH差压高时，进行高压水冲洗；同时清洗除雾器。

6）加强燃煤采购和配煤管理，入炉煤硫分应控制在设计范围，保持入炉煤含硫量均匀，避免局部时段SO_2排放超标；特别在高负荷时段，通过降低入炉煤含硫量，创造条件少运行浆液循环泵。

7）机组检修时消除旁路挡板卡涩、漏风缺陷。

8）加强设备维护检修，确保变频器可靠投入运行；夏季每天对变频器室空调进行检查，保证不因空调问题影响变频器正常运行。正常运行实时根据负荷和脱硫效率调节海水升压泵变频转速。

9）对于海水脱硫工艺，大功率海水升压泵（海水循环水泵）在技术经济性论证的基础上也可考虑采用变转速设备（如变频或液力耦合器）。

海水脱硫工艺要求排水pH≥6.5，排水溶氧DO≥4mg/L。在排水pH≥7.6时，曝气风机运行与否对排水pH值影响不大，主要依赖增加海水循环量就可以保证合格的排放海水pH值。机组运行期间正常最少保证1台小曝气风机运行，当溶氧值DO大于8.2mg/L时，停止1台大曝气风机运行。此时检查当前排放海水的pH值，如果pH值不合格，则加开1台备用海水循环水泵，如溶氧仍然大于7.6mg/L，再停止1台小曝气风机。当脱硫海水pH值降至6.5时由1台小曝气风机运行切换为1台大曝气风机运行，脱硫海水pH值回升至7稳定30min后，再切为小曝气风机运行。当负荷较低且pH值较高时，可适当关小曝气风机入口挡板。正常运行保持一台大曝气风机油站运行，另一台大曝气风机油站停运，按规定每月进行轮换启动。如溶氧大于7.6mg/L且曝气风机都不运行，排水pH值不合格时应开启1台备用海水循环水泵。

10）增压风机与引风机串联运行的，两风机共同克服锅炉烟气系统与脱硫烟气系统的阻力。要避免出现一个风机在高效区运行，而另一个风机在低效区运行的情况。应通过试验，在机组和脱硫系统安全运行的前提下，找出不同负荷时两风机最节能的联合运行方式（增压风机和引风机电流之和为最小值），最终归纳出最佳运行卡片，指导运行操作。

11）提高湿式钢球磨煤机的出力。对设置湿式制浆系统的电厂，钢球磨煤机的电耗是重要的控制环节。多数电厂钢球磨煤机出力远达不到额定出力，造成钢球磨煤机运行时间长，电耗大。一方面，要对钢球磨煤机加强检查维护，对衬板和钢球进行优化改造，及时添加钢球，必要时进行钢球级配试验，努力将钢球磨煤机提高到额定出力，并降低单耗。另一方面，要对制浆系统进行优化，对制浆循环泵出力、压头及出口管径、再循环阀开度、石灰石旋流器的出力和分离效果等进行分析，确保不因制浆循环系统影响钢球磨煤机的出力，并保证制粉细度在合理范围。

12）对氧化风系统改造。①根据机组负荷率和原烟气SO_2含量，确定合理的氧化风量，在满足氧化需要的同时，创造条件减少氧化风机运行台数。部分电厂，如南通电厂将相邻机组氧化风管进行连通，在低负荷或原煤含硫量低时，停运一台氧化风机运行，有效降低厂用电率。②将传统的罗茨氧化风机改造为单级高速离心风机，高速离心氧化风机具有体积小、噪声低、效率高、维护工作量小的优点，能耗比罗茨风机低15%～20%，具有较好的应用前景。③对离心式氧化风机实施变频改造，增加调节灵活性，进一步降低氧化风机电耗。

13）增压风机与引风机二合一改造，取消增压风机。某660MW超超临界机组增压风机与引风机二合一改造前二者耗电率合计1.032%，改造后耗电率为0.818%，具体情况见表14-8。

表 14-8 660MW 机组增压风机与引风机二合一改造后耗电率变化情况

负荷（MW）		280	330	430	550	660
改造前增压风机电流（A）		135	141	150	180	240
改造后	引风机 A 电流	167	172	200	235	325
	引风机 B 电流	163	168	196	231	321
改造前	引风机 A 电流	155	162	166	201	250
	引风机 B 电流	158	165	169	204	253
改造前、后电流差		118	128	89	119	97
改造前耗电率合计		1.397	1.238	0.985	0.929	0.983
改造后耗电率		1.029	0.899	0.804	0.740	0.854
改造前、后功率差（kW）		1030	1117	777	1039	847
改造前、后厂用电率差（%）		0.368	0.338	0.181	0.189	0.129

14）利用托盘技术。经实践比较证明，在吸收塔进行增容改造时，采用加装一层或两层托盘的技术，可以十分有效地提高脱硫效率，减少浆液循环泵的台数，特别是减少实际运行时的浆液循环泵台数。浆液循环泵可比不采用托盘技术的脱硫装置减少 1～2 台，节省的电量远远抵消托盘增加的烟气阻力带来的影响，值得相关电厂借鉴。

（16）海水（升压）泵耗电率（electric consumption rate of seawater boosting pump）：指统计期内海水法脱硫系统中的海水升压泵消耗的电量之和与机组总发电量的百分比。计算公式为

$$L_{hs}=\frac{W_{hs}}{W_f}\times 100\%$$

式中 L_{hs}——海水升压泵耗电率，%；

W_{hs}——海水升压泵消耗的电量，kWh；

W_f——统计期内机组发电量，kWh。

要求亚临界机组海水升压泵耗电率小于或等于 0.35%，超（超）临界机组海水升压泵耗电率小于或等于 0.25%。降低海水升压泵耗电率的主要手段是进行变频改造。660MW 机组海水升压泵变频改造后，耗电率可以从 0.25%降低到 0.15%。

（17）浆液（循环）泵耗电率（electric consumption rate of serosity circulating pump）：指统计期内石灰石法脱硫系统中的浆液循环泵消耗的电量之和与机组总发电量的百分比。计算公式为

$$L_{jy}=\frac{W_{jy}}{W_f}\times 100\%$$

式中 L_{jy}——浆液循环泵耗电率，%；

W_{jy}——浆液循环泵消耗的电量，kWh；

W_f——统计期内机组发电量，kWh。

亚临界机组浆液循环泵耗电率小于或等于 0.45%，超（超）临界机组浆液循环泵耗电率小于或等于 0.40%。影响石膏浆液循环泵耗电率的因素如下：

1）吸收塔液位。脱硫系统吸收塔运行中，离心式石膏浆液循环泵电流与进口静压是成正比的。吸收塔液位越高，浆液循环泵电流就越高，浆液循环泵耗电率升高，反之就越低。

2）石膏浆液密度。脱硫系统吸收塔运行中，石膏浆液循环泵电流与传输介质的密度成正比。石膏浆液密度越低，泵的电流就越小，浆液循环泵耗电率降低，反之就越大。但是石膏浆液密度直接关系到石膏脱水和性能。密度过低，石膏结晶时间短，石膏生成量少，脱水效果不佳，运行

经济性也不好；密度过高，不但浆液循环泵耗电率升高，而且石膏得不到及时脱出，易造成喷淋层喷嘴、除雾器结垢，甚至会影响脱硫能力。

3）烟气流速。烟气流速与烟气量是成正比的，原烟气流速高，烟气在吸收塔内经过的时间缩短，烟气与石膏浆液雾化层接触时间少，SO_2 吸收就会相应减少，需要的液气比就高，石膏浆液循环泵出力需求就大。在锅炉燃煤品种发生变化时，如果煤质变差，烟气量会发生较大变化；脱硫系统原烟气流速增加较多时，这种情况更加严重。由此可见，降低和稳定原烟气流速，也是降低石膏浆液循环泵电耗的方法之一。

4）浆液循环泵运行方式。石膏浆液循环泵运行方式不当，调整不及时，会增加其电耗。当机组负荷降低较多时，如果2台泵运行可以满足脱硫效率要求，而长时间运行3台泵，电耗必然增加；当机组较高负荷时，3台泵运行，pH值已低至下限，脱硫效率仍偏高，如不及时调整吸收塔浆池液位、降低浆液密度，必然增加石膏浆液循环泵的电耗。

5）石膏浆液pH值。在脱硫系统运行中，石膏浆液pH值越高，钙硫比越高，脱硫效率就会越高，反之越低。但在实际运行中，pH值高至5.8以上，石膏浆液中亚硫酸盐的含量易升高，会增加石膏浆液在设备中结垢的可能性。当pH值达到6.0以上时，这种现象更加严重。特别是长期运行在高pH值，吸收塔喷淋层喷嘴、除雾器等都会发生结垢堵塞现象。吸收塔喷淋层喷嘴堵塞，造成烟气经过喷淋层洗涤不充分，脱硫效率下降。

降低浆液循环泵耗电率的措施如下：

1）实际运行中，根据脱硫系统运行工况来调控吸收塔浆液池液位是一项很细致的工作。可以在运行中根据以下几种情况及时降低吸收塔液位，调整脱硫系统运行方式，以降低石膏浆液循环泵出力，减少其电能的消耗。①机组负荷低，特别是在晚峰后有较长的低负荷时间段，脱硫效率和 SO_2 排放指标裕量较大时；②在原烟气 SO_2 含量较低时，SO_2 排放允许的条件下；③在石膏浆液中亚硫酸盐合格的条件下，允许减少氧化空间。

2）在运行中使石膏浆液尽可能长时间保持低密度运行，节约浆液循环泵电耗效果明显。当然，不能因为要降低石膏浆液密度而增加脱水系统电耗，这就要求在运行方式调整时更加讲究科学性。以下几种运行方式可作为参考：①与吸收塔浆液池液位一起调整，如运行中需要低液位向高液位调整，应尽量以工艺水向吸收塔内补充，液位升高的同时，密度也相应下降；②根据脱水系统运行情况来调整浆液密度，当真空皮带机滤布上部的石膏饼厚度能够保持设定值时（如设定为20mm），尽可能降低石膏浆液密度在低水平；③在原烟气含硫量处于较低的工况时（小于脱硫系统原设计值的工况），脱硫能力不受影响的条件下，保持低密度运行，石膏浆液可以达到吸收 SO_2 量与石膏产生能力的平衡。

3）运行中进行以下运行方式调整降低原烟气流速从而降低浆液循环泵耗电率：①在满足原烟气含氧量的情况下，要求调整锅炉燃烧，尽可能减少炉膛二次风的供给，以降低烟气量。②在机组负荷高、烟气量大的情况下，适当减小增压风机动叶开度，改控制增压风机前烟气压力为控制其出口压力，适当减小增压风机出口风压，但原烟气压力不能波动大，应满足锅炉燃烧的需要。

4）在石膏浆液循环泵运行台数相同时，提高石灰石浆液的供给量，提高pH值，在脱硫系统负荷增加的一定范围内，可以满足脱硫效率的要求。但是pH值不应在5.8以上连续运行超过6h。目前石灰石供浆量投入自动的系统很少，一般为手动控制，在运行中虽然人工操作量大，但及时性好。在提升pH值的过程中，不应大量供给石灰石，防止在吸收塔中聚集局部大量的、来不及反应的石灰石。

5）根据负荷、脱硫进口含硫量，合理添加脱硫添加剂，降低石膏循环浆液泵运行台数，以降低脱硫石膏浆液循环泵耗电率。例如某电厂600MW机组烟气脱硫装置脱硫效率为95.6%，在吸收塔浆液里加入由北京亿凯星石科技发展有限公司研发的YK-88型石灰石湿法脱硫增效剂后（吸收塔入口烟气SO_2浓度相对稳定在3200mg/m³，出口浓度为141mg/m³），对应最高脱硫效率为98.81%。如保证持续每天上午加入增效剂200kg，则长期停运1台浆液循环泵运行，脱硫效率能控制在98.1%以上，吸收塔入口烟气SO_2浓度在3200mg/m³左右，出口烟气SO_2浓度在60mg/m³左右，远小于100mg/m³。停运1台浆液循环泵每年节电量为6kV×65A×0.85×1.732×6500h=373.2万kWh。

6）在满足环保排放要求的前提下，停备尽可能多的浆液循环泵。低负荷时停一台浆液循环泵，可使厂用电率降低0.15个百分点。

（18）增压风机耗电率、增压风机厂用电率（electric consumption rate of booster fan）：在统计报告期内，脱硫系统中的增压风机消耗的电量与机组发电量的百分比。计算公式为

$$L_{zy}=\frac{W_{zy}}{W_f}\times 100\%$$

式中 L_{zy}——增压风机耗电率，%；

W_{zy}——增压风机消耗的电量，kWh；

W_f——统计期内机组发电量，kWh。

亚临界机组增压风机耗电率小于或等于0.50%，带GGH的不超过0.6%；超（超）临界机组增压风机耗电率小于或等于0.40%，带GGH的不超过0.5%。增压风机耗电率高的原因如下：

1）选型过大。

2）脱硫系统阻力大。

3）没有与引风机统一考虑。

4）运行参数调整不合理。

5）增压风机运行效率降低。

降低增压风机耗电率的措施如下：

1）增设增压风机小旁路。根据国家环保要求，电厂脱硫系统已取消烟气旁路，机组非计划停运可能性增大。如华能福州电厂660MW锅炉增设了增压风机小旁路。烟气由增压风机入口弯头处引出接至吸收塔进口。改造后，在增压风机跳闸或设备故障期间，增压风机切至增压风机小旁路运行，整个脱硫系统的烟气阻力损失由引风机承担，锅炉主机应降负荷运行，以克服锅炉BMCR工况下整个烟气系统的阻力，保证烟气正常排放，以提高脱硫系统的可靠性。

2）取消GGH。

3）在正常运行中增压风机风量调整主要根据增压风机入口压力进行调整，入口压力要求控制在负压运行。在高负荷、大烟气流量下增压风机入口压力如果不能保持负压运行，引风机出来的烟气不能及时排出，将会影响锅炉炉膛的压力。为了保证锅炉安全运行，同时为了设备安全运行，必须提高增压风机转速来降低增压风机入口压力，增压风机转速提高后增压风机电流上升导致增压风机耗电量上升。因此在运行中要根据不同负荷控制增压风机入口压力，做到勤调整，使增压风机、引风机联调在最佳的经济运行状态。

4）增压风机叶片积灰会使增压风机效率降低。为了满足增压风机入口压力，就使得增压风机在同一负荷下增压风机转速上升导致增压风机耗电量上升。因此可通过适当控制锅炉燃煤灰分含量、提高电除尘效率、利用机组检修机会清理增压风机叶片积灰等方法，尽可能降低增压风机叶片积灰量。

5）增压风机出口阻力主要与石膏浆液循环泵运行的台数、除雾器压差等因素有关。因此，

在满足环保要求的前提下，根据脱硫进口二氧化硫含量和负荷，可适当添加提效剂等来降低石膏浆液循环泵运行的台数从而降低增压风机出口阻力。脱硫吸收塔除雾器压差越大，增压风机出口阻力就越大，因此在正常运行中尽量保证除雾器压差在低位运行。根据不同负荷调整除雾器冲洗时间、冲洗间隔时间。除雾器压差的大小还和石膏浆液品质运行有关，当石膏浆液中亚硫酸盐含量较高时，由于亚硫酸盐黏附能力较强，亚硫酸盐吸附在除雾器上时，不容易将亚硫酸盐冲洗下来，会导致除雾器压差增大。因此在运行中要确保脱硫吸收塔氧化风量，降低石膏浆液中的亚硫酸盐含量。

6）增压风机变频改造。增压风机变频改造后节电率一般为30%，耗电率可降低0.1～0.15个百分点。例如某300MW机组增压风机变频改造后，其耗电率从0.50%降低到0.38%。

7）取消脱硫增压风机（与引风机合并）可大幅降低厂用电率，已在国内多个电厂应用，是值得推广的较成熟技术。新建电厂应优先采用脱硫增压风机与引风机合并方案，脱硫装置技改工程经技术经济比较后也宜优先采用。保留脱硫增压风机的，在技术经济性论证的基础上可采用变频设备调速。海门电厂2号1000MW机组配备2台AN42e6型静叶可调轴流式引风机和2台AN42e6型静叶可调轴流式增压风机。引风机TB工况设计流量为820.1m^3/s，压力为5741Pa，风机轴功率为5490kW，电动机功率为7400kW。增压风机TB工况设计流量为731.1m^3/s，压力为3600Pa，电动机功率为3400kW。在A检修中实施了引风机与增压风机合并改造。保持原引风机基础不动，更换引风机的集流器、转子、主机壳、中间轴、联轴器、后导叶组及扩压器等部件，风机叶轮由4250mm减少到3750mm，电动机工作转速提高一挡，风机转速由585r/min提高至745r/min，风机功率由7400kW提高到7900kW。改造后机组负荷在1036MW时，总风量为3400t/h，GGH差压为400Pa，引风机静叶开度为75%，电流为550A。预计GGH差压为1000Pa，引风机静叶开度约为85%，电流为665A，完全可满足机组带满负荷的要求。引风机与增压风机合并改造后，厂用电率下降0.56个百分点，考虑扣除GGH清理差压降低，厂用电率降低约0.3个百分点，每年增加上网电量约1200万kWh。

（19）曝气风机耗电率、曝气风机厂用电率（electric consumption rate of aeration fan）：在统计报告期内，海水法脱硫系统中的曝气风机消耗的电量与机组发电量的百分比。计算公式为

$$L_{pq}=\frac{W_{pq}}{W_f}\times 100\%$$

式中 L_{pq}——曝气风机耗电率，%；

W_{pq}——曝气风机消耗的电量，kWh；

W_f——统计期内机组发电量，kWh。

亚临界机组曝气风机耗电率小于或等于0.35%，超（超）临界机组曝气风机耗电率小于或等于0.25%。

（20）氧化风机耗电率、氧化风机厂用电率（electric consumption rate of oxidation fan）：在统计报告期内，石灰石法脱硫系统中的氧化风机消耗的电量与机组发电量的百分比。计算公式为

$$L_{yh}=\frac{W_{yh}}{W_f}\times 100\%$$

式中 L_{yh}——增压风机耗电率，%；

W_{yh}——增压风机消耗的电量，kWh；

W_f——统计期内机组发电量，kWh。

亚临界机组氧化风机耗电率小于或等于0.20%，超（超）临界机组氧化风机耗电率小于或等于0.15%。氧化风机耗电量的大小主要与吸收塔液位、负荷和进口二氧化硫含量有关。氧化风机电流与吸收塔液位成正比，吸收塔液位越高，氧化风机电流就越高，反之则越低。但吸收塔

液位在低液位运行时，石膏浆液密度就越大，导致石膏浆液循环泵电流就越大。因此在正常运行中合理控制吸收塔液位，保证氧化风机和石膏浆液循环泵在经济状况下运行。

氧化风量的大小主要影响吸收塔浆液亚硫酸盐氧化过程，在正常运行中应控制吸收塔出口氧含量高于进口氧含量0.3个百分点左右，在低负荷或吸收塔进口二氧化硫含量较低的情况下可降低氧化风量，达到降低氧化风机耗电量的目的。

(21)（湿式）钢球磨煤机耗电率（electric consumption rate of wet-type mill）：在统计报告期内，石灰石法脱硫系统中的湿式钢球磨煤机消耗的电量与机组发电量的百分比。计算公式为

$$L_{qm}=\frac{W_{qm}}{W_f}\times100\%$$

式中 L_{qm}——湿式钢球磨煤机耗电率，%；

W_{qm}——统计期内湿式钢球磨煤机消耗的电量，kWh；

W_f——统计期内机组发电量，kWh。

湿式钢球磨煤机耗电率约为0.07%，湿式钢球磨煤机耗电量的大小主要与石灰石品质、湿式钢球磨煤机钢球量的多少有关。石灰石颗粒太粗造成出口相同颗粒度石灰石浆液所消耗的钢球量和湿式钢球磨煤机电量就越多，因此保证湿式钢球磨煤机石灰石颗粒度在合理的范围内。湿式钢球磨煤机钢球量的多少直接影响其出力，因此在湿式钢球磨煤机运行中定期添加钢球，保证湿式钢球磨煤机在最大出力下运行，缩短湿式钢球磨煤机的运行时间。

(22) 脱硫石膏品质（gypsum quality）：脱硫石膏品质是指石膏含湿量、石膏纯度、碳酸钙含量、亚硫酸钙含量、氯离子含量等指标。

(23) 脱硫石膏品质合格率（qualified ratio of gypsum quality）：脱硫系统产生的石膏品质合格的数量占总量的百分比。石膏品质合格率低的原因如下：

1）脱硫系统中氯离子含量过低，回用水用量偏小，石膏晶体生成过小。

2）冲洗时间减少，导致石膏浆液氯离子含量偏高。

3）工艺水的质量差，工艺水的氯化物浓度高。

4）吸收塔内空气送入量偏小。

5）真空系统脱水效率低，石膏水分偏大。

6）石灰石品质差，杂质含量偏高。

7）吸收塔内浆液pH值偏低。

8）石灰石配浆浓度偏低或过高。

9）FGD系统进口烟尘浓度偏高，超过设计值。

10）脱硫系统中Ca/S比控制不好。

提高脱硫石膏品质合格率的对策如下：

1）定期监测脱硫系统中氯离子含量，及时调整合格。

2）对石膏皮带脱水机、真空泵等设备应定期进行清洗维护，保证设备的效率；滤布和真空系统是重点检查维护对象；加强对石膏滤饼的冲洗。

3）保证吸收剂石灰石（粉）的质量。应尽可能提高石灰石的纯度及保证合理的细度。

4）合理调节石灰石的补浆量，保证pH值符合要求。

5）合理调节石灰石的配浆量，保持合理的吸收塔浆液密度运行值，浆液含固率不应过小或过大。

6）及时消除电除尘器缺陷，确保电除尘器投运正常。

7）定期监测石膏浆液成分。

8）定期维护校验脱硫装置系统内的重要仪表如 pH 计、密度计等，消除 pH 值表计、密度计的缺陷，使之能真实反映系统的运行状况。

9）及时消除磨粉系统的缺陷，更换易损件，满足石灰石配浆的用粉需要。

10）及时消除氧化风机缺陷，确保风机运行正常，保证吸收塔浆液的充分氧化，定期化验，使塔内浆液的亚硫酸盐在设计范围内。

11）保证工艺水的质量，控制水中的悬浮物、微生物、Cl^-、F^- 等的含量在设计范围内。

12）适当降低吸收塔浆液 pH 值，避免 pH 值大波动，保证塔内浆液 $CaCO_3$ 含量在预定范围内。

13）对石膏浆液旋流器应定期进行清洗维护，定期化验底流密度，发现偏离正常值时及时查明原因并作相应处理。

14）适当地加大废水排放量。

（24）水量消耗、水消耗量（water consumption）：指脱硫装置在设计工况条件下消耗的所有水量之和。

（25）脱硫（系统）水耗、脱硫装置水耗（FGD water consumption）：修正到设计工况下的脱硫装置单位时间内水消耗量，单位为 t/h。脱硫系统水耗要求不超过 0.2kg/kWh。脱硫水耗高的原因如下：

1）脱硫系统水平衡被破坏，增加废水排放量。

2）除雾器除雾效率低。

3）GGH 换热效果差。

4）脱硫水系统泄漏。

5）工业水含盐量偏高。

降低脱硫水耗的对策如下：

1）石膏脱水时及时切至回收水箱，利用回收水配浆和补水。

2）合理安排对除雾器的冲洗次数。

3）根据 GGH 差压情况合理吹扫、冲洗。

4）合理选择脱硫系统的补水方式。

5）控制调整工业水含盐量，使之合格。

6）及时处理脱硫水系统泄漏等缺陷。

7）检查清理石膏脱水系统堵塞的管道并及时处理恢复。

8）检查清理除雾器堵塞，及时处理恢复除雾器设备缺陷。

9）对 GGH 吹扫方式不合理的设计进行改造，如改成蒸汽吹灰等；或者除去 GGH。

（26）吸收剂消耗（量）（absorbent consumption）：指脱硫装置在设计工况条件下消耗的吸收剂的量。

（27）脱硫装置石灰石耗量（FGD linetone consumption）：修正到设计工况下的脱硫装置平均每小时石灰石耗量，单位为 t/h。降低脱硫系统石灰石耗量的措施如下：

1）锅炉正常运行保持床温在 850～900℃，维持氧量 2%～3%，循环流化床锅炉的脱硫效果最佳。

2）脱硫效率随钙硫比增加而增加，在排放满足环保要求的情况下，不要盲目降低 SO_2 排放值，这样会使石灰石粉消耗成倍增加。

3）对特定的石灰石应选用一个最佳的石灰石粒径曲线，粒径在 0.1～0.5mm 范围内的石灰石在炉内停留时间最长，可达到最佳的脱硫效率。

4）应根据煤种含硫量和二氧化硫排放浓度，进行石灰石投量试验，制定耗煤量、SO_2排放量、石灰石耗量的近似关系，指导运行经济调节，降低石灰石耗量。

（28）脱硫装置蒸汽耗量（FGD steam consumption）：修正到设计工况下的脱硫装置平均每小时蒸汽消耗量，单位为 t/h。

（29）脱硫副产品综合利用率（utilization rate of desulfurized by-product）：燃煤发电企业脱硫副产品年利用量与年产生总量的百分比。

（30）二氧化硫排放绩效（sulfur dioxide emissions performance）：燃煤发电企业每发 1kWh 电能平均排放的SO_2量，用来反映单位电量的SO_2排放强度。湿法脱硫火电机组的二氧化硫排放绩效不超过 0.7g/kWh。

（31）综合脱硫效率、脱硫综合效率（desulfurization combined efficiency）：装置投运率与脱硫效率的乘积。计算公式为

$$\eta_z=\lambda\eta_{SO_2}$$

式中 η_z——综合脱硫效率，%；

λ——脱硫装置投运率，%；

η_{SO_2}——脱硫效率，%。

（32）脱硫设施投运率、脱硫装置投运率（desulfurization service rate）：统计期脱硫装置实际运行时间占对应锅炉累计运行时间的百分比，符号为λ_S。计算公式为

$$\lambda_S=\frac{T_{des}}{T_b}\times100\%$$

式中 λ_S——脱硫设施投运率，%；

T_{des}——统计期脱硫装置实际运行时间，h；

T_b——统计期锅炉累计运行时间，h。

要求脱硫设施投运率达到 100%。脱硫设施投运率低的原因如下：

1）浆液循环泵无法投入运行。

2）脱硫系统入口烟温超过允许的最高值。

3）系统入口烟气含尘量超标，GGH 堵灰，风系统阻力大，导致增压风机运行不正常。

4）增压风机因故障无法运行。

5）GGH 因故障无法运行。

6）吸收塔搅拌器无法投入运行。

7）石膏脱水系统脱水不正常。

8）石灰石制粉系统故障，无法及时供粉。

提高脱硫设施投运率的对策如下：

1）及时处理 GGH 吹扫设备缺陷，根据 GGH 差压情况，合理吹扫。

2）合理安排石膏脱水系统运行方式，确保石膏浆液及时处理。

3）调整好锅炉燃烧，确保排烟温度正常。

4）及时消除除尘器缺陷，确保电除尘器投运正常。

5）加强对增压风机运行参数的监视和调整，确保增压风机运行正常。

6）及时处理增压风机油站缺陷，检查修理增压风机动静部分。

7）及时处理浆液循环泵、氧化风机、石膏排浆泵的缺陷。

8）及时处理工艺水系统、石灰石制浆系统缺陷。

9）及时处理石灰石磨机缺陷。

10）及时安排对石膏脱水系统消缺。

11）检查消除吸收塔搅拌器、石膏排出泵等设备缺陷。

12）检查修理脱硫塔内壁衬胶、喷嘴和喷淋层支架衬胶、除雾器和除雾器支架衬胶。

13）检查修理真空皮带脱水机、跑偏装置、真空泵、清洗水泵等。

例 14-11 某 660MW 机组全年运行时间 $T_b=5500h$，脱硫设施停运时间为 200h，脱硫设施入口二氧化硫浓度为 $1000mg/m^3$，出口二氧化硫浓度为 $50mg/m^3$。求脱硫效率、装置投运率和综合脱硫效率。

解： 脱硫效率为

$$\eta_{SO_2}=\frac{C_{1SO_2}-C_{2SO_2}}{C_{1SO_2}}\times100\%=\frac{1000-50}{1000}\times100\%=95.0\%$$

脱硫装置投运率为

$$\lambda=\frac{T_{des}}{T_b}\times100\%=\frac{5500-200}{5500}\times100\%=96.4\%$$

综合脱硫效率为

$$\eta_z=\lambda\eta_{SO_2}=96.4\%\times95.0\%=91.5\%$$

（33）SO_2脱除效率、脱硫（装置）效率（desulfurization efficiency）：指进入吸收塔前、后烟气中 SO_2的质量浓度差除以吸收塔进口前的 SO_2浓度（浓度均换算到同一氧量下），符号为 η_{SO_2}。计算公式为

$$\eta_{SO_2}=\frac{C_{1SO_2}-C_{2SO_2}}{C_{1SO_2}}\times100\%$$

式中 C_{1SO_2}——折算到标准状态、干基、$6\%O_2$下的原烟气中 SO_2浓度，mg/m^3；

C_{2SO_2}——折算到标准状态、干基、$6\%O_2$下的净烟气中 SO_2浓度，mg/m^3。

脱硫效率低的原因如下：

1）入炉煤含硫量过高，原烟气中 SO_2的含量升高，脱硫效率将下降。

2）锅炉负荷高，或 GGH 漏风，烟气量增加。

3）除尘器故障等原因使 FGD 入口烟尘增加。大量的粉尘首先会污染 GGH 换热面使换热效率降低；其次，粉尘进入吸收系统浆液，会吸附在 $CaCO_3$固体颗粒的表面，降低 $CaCO_3$的活性，造成脱硫效率的降低；同时飞灰中不断溶出的一些重金属会抑制 Ca^{2+}与 HSO_3^-的反应；另外烟气含尘浓度高时，还会加大循环浆液对设备和管道的磨损，并引起喷嘴堵塞。

4）液气比低。液气比越大，代表气液接触概率增加。新鲜的石灰石浆液喷淋下来与烟气接触后，SO_2 等气体与石灰石浆液充分接触，加大了 $CaCO_3$ 与 SO_2 的反应机会，从而提高了 SO_2 的去除率，脱硫效率增大。反之，当吸收塔喷淋喷嘴堵塞、浆液循环泵投入数量不足或浆液循环泵叶轮腐蚀、磨损时，导致石灰石浆液循环量降低，从而导致液气比降低，烟气中的 SO_2 会反应不充分，并产生逃逸，从而导致脱硫效率降低。

5）循环浆液的 pH 值偏低。浆液 pH 低有利于亚硫酸钙的氧化，石灰石溶解度增加，却使二氧化硫的吸收受到抑制，脱硫效率大大降低。当 pH 值过低时，二氧化硫的吸收几乎无法进行，且吸收液呈酸性，对设备也有腐蚀，影响脱硫效率。当加入的石灰石粉过多，浆液 pH 值过高时，吸收剂（$CaCO_3$）的溶解度较低，会引起吸收剂的过饱和凝聚，最终使反应的表面积减少，也会降低脱硫效率。二者互相对立。但是在一定范围内提高浆液的 pH 值就意味着增加了可溶性碱物质的浓度，提高了浆液中和吸收 SO_2后产生的 H^+的作用。因此，提高 pH 值就可直接提高脱硫系统的脱硫效率。

6）烟气中的氯化物浓度过高。当烟气通过脱硫吸收塔时，烟气中的 HCl 几乎全部溶于吸收浆液中。因 Cl^- 比 SO_4^{2-} 的活性高（盐酸比硫酸酸性更强），更易与 $CaCO_3$ 发生反应，生成溶于水的 $CaCl_2$，从而使浆液中 Ca^{2+} 的浓度增大。由于同离子效应，将抑制 $CaCO_3$ 的溶解速度，造成脱硫效率的降低。

7）石灰石中 $CaCO_3$ 的含量。石灰石中 $CaCO_3$ 的含量若过低，含其他杂质过多，会给运行带来一些问题，造成吸收剂耗量的增加，同时也使石膏的纯度下降。吸收剂的特性不仅包括其化学成分，也包括其反应活性。吸收剂的活性影响到吸收剂量的溶解速度和溶解度。其活性越好，吸收 SO_2 的能力就越强，对提高脱硫效率越有利。

8）石灰石粉细度的影响。吸收剂的质量主要由石灰石粒度及纯度来表示。石灰石颗粒越细，其表面积越大，反应越充分，吸收速率越快，石灰石的利用率越高。当石灰石浆液粒度大、纯度低时，石灰石浆液与 SO_2 间的反应就会产生阻碍，导致脱硫效率下降。

9）氧化空气量不足。O_2 参与烟气脱硫的化学过程，使 HSO_3^- 氧化为 SO_4^{2-}，是吸收塔内化学反应的有效催化剂。若浆液池内氧化空气供量不足，或氧化空气进入吸收塔的位置距液面没有足够的深度，浆液中 $CaSO_4 \cdot 2H_2O$ 的形成会变慢，浆液中的亚硫酸盐含量将增加，即 HSO_3^- 浓度增大。当其相对饱和度较高时，会发生亚硫酸盐严重抑制作用（反应封闭）。发生此种情况的现象是运行浆液的 pH 值下降，而加入石灰石浆液时，pH 值也没有明显提高，脱硫效率下降，浆液中未反应的石灰石浓度增加。因此运行中必须保证进入脱硫吸收塔的氧化空气量能够满足系统需求。

10）吸收系统的钙硫摩尔比（Ca/S）低。钙硫摩尔比是指每脱除 1mol SO_2 所需加入系统的 $CaCO_3$ 摩尔数。从理论上讲，钙硫摩尔比为 1。但是在实际运行时，为保证脱硫系统运行的效率和稳定性，要保持钙硫摩尔比大于 1。因为 Ca/S 过低不能满足运行要求，使系统脱硫效率降低；但是 Ca/S 过高，又使石膏的品质降低，浪费石灰石粉。

11）烟气流速低。烟气流速快，提高了浆液液滴下降时的扰动，能够促进烟气中 SO_2 与浆液的反应速度，对提高脱硫效率有利。当增压风机叶片、GGH 换热面或除雾器组件结垢时，将会降低烟气流速，导致传质单元数下降，脱硫效率降低。

12）循环浆液的密度低。当循环浆液的密度过高时，浆液中所含 Ca^{2+} 也相对较高，影响了 $CaCO_3$ 的离解，同时也减小了烟气中 SO_2 与浆液液体的接触面积。因此循环浆液的浓度过高对提高烟气脱硫效率是无益的，在运行中，应加强对循环浆液浓度的控制。

13）烟气温度高。当入口烟温过高时，不利于 SO_2 气体溶于浆液，形成 HSO_3^-，并会使吸收塔内除雾器叶片等部件高温变形损坏。同时，出口烟气中的水蒸气含量过高，对烟道、膨胀节及烟囱等设备造成腐蚀，在一定程度上增加了系统缺陷，降低了脱硫效率。

14）烟气与脱硫剂接触时间短。原烟气自 GGH 换热器进入吸收塔后，自下而上流动，与喷淋而下的石灰石浆液雾滴接触反应，接触时间过短，会使反应进行不完全，部分 SO_2 气体甚至来不及反应就被带出吸收塔，导致脱硫效率下降。

提高脱硫效率的对策如下：

1）应合理调配燃煤，尽量将含硫量较低与含硫量较高的原煤掺混使用，保持入炉煤含硫量接近设计值；在高负荷燃用低硫煤，在低负荷燃用高硫煤。应合理调配燃煤，尽量将含硫量较低与含硫量较高的原煤掺混使用，保持入炉煤含硫量接近设计值；在高负荷燃用低硫煤，在低负荷燃用高硫煤。当燃煤硫分超过设计值时，通常采用三种方法：①适当降低吸收浆液的 pH 值以增加石灰石的溶解，强化氧化和结晶反应；②增加氧化空气量，加强氧化反应；③提高吸收塔液位，可在一定范围内增大亚硫酸钙氧化结晶反应的空间和时间。

2）控制烟气中的粉尘浓度。一般湿法脱硫装置的入口烟道处都装有烟气测量系统，要求

FGD入口粉尘含量小于200mg/m^3。降低烟气中的粉尘浓度，可以通过减少燃煤中的灰分含量、增加电除尘电场投入率、提高电除尘振打性能、避免粉尘二次飞扬等措施来控制。

3）提高吸收塔浆液pH值。但是浆液的pH值也不是越高越好，虽然脱硫效率随pH值的升高而升高，但当pH值达到一定数值后，再提高pH值对脱硫效率的影响并不大。因为过高的pH值会使浆液中石灰石的溶解速率急剧下降，同时过高的pH值会造成石灰石量的浪费，并且使石膏含$CaCO_3$的量增大，严重降低了石膏的品质。因此pH值应控制在一个合理的范围内，一般循环浆液pH值控制在4.8～6之间，即可得到品质良好的石膏，又能保证脱硫效率不低于95%。具体方法可根据吸收塔内pH值的变化调整石灰石供浆调节门的开度，增大或减少石灰石浆液量。

4）Ca/S过低不能满足运行要求，使系统脱硫效率降低。但是Ca/S过高，又使石膏的品质降低。因此保持吸收系统的钙硫摩尔比稳定，一般脱硫系统钙硫比保持在1.03左右。

5）对吸收系统水质的控制。因烟气通过脱硫吸收塔时，烟气中的HCl溶于吸收浆液中，造成浆液中Cl^-含量高，造成脱硫效率的降低。因此，应降低浆液中Cl^-的含量。要除去循环浆液中的Cl^-，就要加强对脱硫系统废水处理的运行维护，保证循环浆液中氯离子的有效去除和排出。同时增大废水排放量，以降低Cl^-、重金属等不利于脱硫反应的因素。

6）提高液气比。在其他条件不变的情况下，增大液气比即增加吸收塔循环浆液量，脱硫效率随之升高。在运行中，为保证脱硫效率，应适时增加浆液循环泵的运行台数。在日常维护中要密切监控浆液循环泵的运行状况，并定期对备用泵进行切换试验，确保浆液循环泵的投入率，增大浆液循环量，提高脱硫效率。另外应确保喷淋喷嘴畅通。喷淋喷嘴是循环浆液的唯一出口，如有堵塞将直接影响浆液循环量。在实际应用中，喷淋喷嘴内径一般不大于100mm，并将浆液输送管道设计为内衬陶瓷管道，从而避免橡胶管道内衬脱落造成的喷淋喷嘴堵塞，从而确保喷淋喷嘴完好率，提高吸收塔内浆液覆盖率，增大液气比。

7）提高吸收剂石灰石的品质。石灰石中$CaCO_3$的含量百分比、石灰石的活性、石灰石的细度，对脱硫效率都有影响。因此在运行中，应加强对入口石灰石粉品质的检查和控制，以保证脱硫效率的稳定。

8）提高循环浆液密度。当循环浆液密度过高时，浆液黏度增大，相对减小了浆液与烟气的接触面积，造成浆液中离子的扩散速度变慢，降低了SO_2向浆液中的传质速度。因此在运行中应控制好循环浆液的密度，一般控制在1080～1200kg/m^{3}范围内，系统能够稳定运行。

9）保障烟气流速。在实际情况下，可通过采取以下措施保障烟气流速：①定期清理增压风机叶片。增压风机叶片积垢会降低增压风机出力，使除尘后的烟气不能获得足够的动能，从而降低烟气流速，影响脱硫效率。因此必须定期对增压风机叶片进行清理。②及时冲洗GGH换热面。由于吸收塔反应后的出口烟气温度较低，一部分浆液会凝固沉积在GGH换热面上，降低换热效果，并堵塞流道。可间隔适当时间开启高压冲洗水对换热面进行清洗，减少换热面的积垢，提高烟气流速。③保障除雾器冲洗水稳定运行。为确保充分去除掉烟气中的雾滴，除雾器组件的流道一般设计为S形，流动阻力较大。浆液中的不溶颗粒很容易就附着在除雾器叶片上，阻塞通道，降低烟气流速。因此必须时刻监视除雾器冲洗水系统的运行状况，避免出现因冲洗水压力不足、管道喷嘴堵塞等缺陷引起的除雾器组件结垢。

10）降低烟气温度。进入吸收塔烟气温度越低，越利于SO_2气体溶于浆液，形成HSO_3^-。通常，可加强GGH换热效果，将烟气冷却到60℃左右送入吸收塔内部最为适宜。

11）保障氧化空气量。一般吸收塔氧化风机应每半个月清理一次入口滤网，并对阀门、管道进行检查，确保一台氧化风机运行，保持吸收塔内氧化区内氧量充足，从而使$CaSO_4 \cdot 2H_2O$的形成加快，提高脱硫效率。

12）延长烟气与脱硫剂接触时间。①在设计时提高喷淋管道的高度。②在运行时优先投运对应高位喷淋层的浆液循环泵，从而促使烟气和脱硫剂充分反应，提高脱硫效率。

13）处理烟道和GGH漏风缺陷。烟道漏风使脱硫系统所处理的烟气量增加，使脱硫效率降低。部分电厂不注意对GGH漏风率的控制，运行中GGH漏风率达到3%以上。解决的办法为：①加强GGH漏风率的监测与分析，发现问题及时采取措施；②确保GGH转子对中正确，壳体不变形，外壳保温良好，防止运行中发生卡涩；③对密封间隙进行合理调整，必要时对密封型式进行改造，如采用双密封型式等。

14）加入脱硫添加剂。添加剂具有表面活性作用和pH值缓冲作用，能强化传质，促进SO_2、$CaCO_3$的溶解，促进$CaSO_3$迅速氧化成$CaSO_4$，强化$CaSO_4$的沉淀，降低液气比，减少钙硫比，最终提高SO_2的脱除率。经许多电厂使用，证明在相同工况下，使用添加剂后能明显提高脱硫效率。部分电厂将脱硫添加剂作为日常运行的常规控制手段，在入炉煤含硫量不超过0.8%的情况下，能做到大部分时段保持2台浆液循环泵运行，大大降低了脱硫厂用电率。例如某电厂600MW机组烟气脱硫装置脱硫效率为95.6%，在吸收塔浆液里加入由北京亿凯星石科技发展有限公司研发的YK-88型石灰石湿法脱硫增效剂后（吸收塔入口烟气SO_2浓度相对稳定在3718～4031mg/m^3），对应最高脱硫效率为98.81%。与不添加脱硫增效剂相比，添加脱硫增效剂以后脱硫效率平均升高2个百分点以上。

15）利用原吸收塔，塔顶加高，填料层增高。或者再增加一座吸收塔作为一级吸收塔（一级塔阻力一般为800～900Pa），原吸收塔部分改造后作为二级塔，形成双塔双循环工艺。

16）利用托盘技术。经实践比较证明，在吸收塔进行增容改造时，采用加装一层或两层托盘的技术，可以十分有效地提高脱硫效率，减少浆液循环泵的台数，特别是减少实际运行时的浆液循环泵台数。浆液循环泵可比不采用托盘技术的脱硫装置减少1～2台，节省的电量远远抵消托盘增加的烟气阻力带来的影响，值得相关电厂借鉴。

（34）装置可用率（device availability ratio）：指脱硫（脱硝）装置每年正常运行时间与发电机组每年总运行时间的百分比。计算公式为

$$K_Y=\frac{A-B}{A}\times100\%$$

式中 A——发电机组每年的总运行时间，h；

B——脱硫（脱硝）装置每年因脱硫（脱硝）系统故障导致的停运时间，h；

K_Y——脱硫（脱硝）装置可用率，%。

例14-12 某脱硫系统年运行时间为7000h，机组运行时间为7500h，脱硫系统年故障停运时间为100h，入口二氧化硫浓度为2000mg/m^3，出口二氧化硫浓度为60mg/m^3。求脱硫系统投运率、综合脱硫效率和装置可用率。

解：脱硫系统投运率为

$$\lambda=\frac{7000}{7500}\times100\%=93.33\%$$

脱硫效率为

$$\eta_{SO_2}=\frac{2000-60}{2000}\times100\%=97.0\%$$

综合脱硫效率为

$$\eta_z=\lambda\eta_{SO_2}=0.9333\times97\%=90.5\%$$

装置可用率为

$$K_Y=\frac{A-B}{A}\times100\%=\frac{7500-100}{7500}\times100\%=98.7\%$$

（35）氨氮摩尔比、NH_3/NO_x摩尔比（NH_3/NO_x mole rate）：指脱除 1mol NO_x 所需要的 NH_3（其他还原剂用氮的摩尔数）的摩尔数。根据化学反应方程，氨氮比应该为 1，但实际上都要比 1 大才能达到较理想的 NO_x 还原率。氨氮比大，虽然有利于 NO_x 还原率增大，但氨逃逸加大又会造成新的问题，同时还增加了运行费用。当氨氮比较小时，NO_x 还原率降低。

（36）NO_x 脱除（效）率、脱硝效率（denitration efficiency）：指进入反应器前、后烟气中 NO_x 的质量浓度差除以反应器进口前的 NO_x 浓度（浓度均换算到同一氧量下），直接反映了催化剂对 NO_x 的脱除效率。计算公式为

$$\eta=\frac{C_1-C_2}{C_1}\times100\%$$

式中 η——脱硝效率，%；

C_1——脱硝装置运行时 SCR 反应器入口烟气中 NO_x 含量，mg/m^3；

C_2——脱硝装置运行时 SCR 反应器出口烟气中 NO_x 含量，mg/m^3。

脱硝效率低的原因如下：

1）烟气流量大。在其他反应条件不变的条件下，随着 SCR 反应器入口烟气量的增大，NO_x 的脱除率逐渐降低。

2）烟气温度低。采用 V_2O_5/TiO_2 做催化剂时，烟气温度对脱硝效率有较大的影响。在340～400℃范围内，随着烟气温度的升高，催化剂的反应活性增加，脱硝效率逐渐增加，400℃时脱硝效率达到最大值。烟温大于 400℃时，随着烟温的升高，脱硝效率反而降低。这是由于以下两个原因造成的：①烟温太高导致催化剂烧结使催化剂失活，而且催化剂的烧结过程是不可逆的。②温度超过 400℃时，氨被氧化为氮氧化物。运行中如果机组负荷较低，运行磨煤机台数较少，或者燃烧器摆角幅度偏小，火焰中心温度均将降低，就会造成烟温和再热汽温达不到设计值，导致 SCR 脱硝效率低。

3）烟气 NO_x 浓度高。在机组运行过程中，不能及时根据燃料品质的变化调整锅炉总风量，导致脱硝 SCR 进口 NO_x 含量变化过大，造成出口 NO_x 浓度超限。在保持供氨量及烟气量不变的工况下，脱硝效率随着 SCR 进口 NO_x 浓度的增加而降低。当 SCR 进口 NO_x 浓度大于设计值时，脱硝效率明显降低。

4）烟气中的飞灰多。烟气中的飞灰容易造成催化剂机械磨损和堵灰，催化剂的磨损与通过催化剂孔道的烟速立方成正比。催化剂堵灰造成局部烟气流速增加导致催化剂的大面积磨损、脱硝效率下降及氨逃逸率增加。

烟气中的 CaO、碱金属及 As_2O_3 造成催化剂中毒，即钙化物中毒、碱金属中毒和砷中毒，导致催化剂失活。

5）氨氮摩尔比低。氨氮摩尔比在 0.6～1.0 之间时，脱硝效率随着氨氮摩尔比的增加而明显增加；氨氮摩尔比大于 1.0 时，脱硝效率趋于平衡，基本不变。在机组负荷变化时，如果脱硝系统尿素喷枪自动跟踪速度缓慢，则氨气进气量不够，造成 SCR 出口 NO_x 浓度超限。

6）停留时间小。脱硝效率随着停留时间的增加而增加。在氨氮摩尔比为 1∶1 及反应温度为 400℃的试验条件下，停留时间小于 0.4s 时，随着停留时间的增加脱硝效率显著增加；在 0.4～0.6s 时脱硝效率增加缓慢；停留时间大于 0.6s 时脱硝效率随停留时间的增加比较平缓，趋于平衡。

7）NH_3/NO_x 的混合效果差。氨气在烟道中与烟气的混合效果是选择性催化反应顺利进行的先决条件，如果氨气与烟气未能充分混合，要达到设计的脱硝效率会导致催化剂的用量及氨的逃逸率增加。

提高脱硝效率的主要措施如下：

1）对于砷中毒，普遍采用向炉膛内添加1%～2%的石灰石，石灰石中的CaO与气态 As_2O_3 反应生成不会使催化剂中毒的固态 $CaAsO_4$。

2）可通过如下方法增加氨氮混合效果：①提高注氨格栅喷射点的密度；②烟道内设置静态混合器；③改进烟道形状、在烟气转向处安装导流板；④采用可调节喷射量的喷枪，根据 NO_x 浓度分布调节每一个喷嘴的喷氨量。

3）加强脱硝系统的运行调整。在机组运行过程中，应根据机组负荷和燃料品质的变化，提前手动干预尿素喷枪的喷气量，确保SCR出口 NO_x 浓度在标准规定范围以下。

4）燃煤锅炉安装先进的低氮燃烧器，通过低氮燃烧改造降低后续烟气脱硝的改造投资和运行成本，提高整体脱硝效率。

5）根据实际运行性能，增加备用层催化剂。

6）根据实际运行性能，更换或再生现役催化剂。

7）优化燃烧控制。对燃烧过程进行分级控制，在富燃料区使主燃烧区保持在适当的缺氧状态。在燃烧的末级阶段用SOFA（分隔燃尽风：separated over fire air）对未完全燃烧的煤粉进行氧气补充，使其进行再燃烧，以降低炉内中心温度，减少 NO_x 的产生。例如某电厂根据此控制方法，将脱硝反应器的入口 NO_x 浓度由原来设计的440mg/m³左右降至330mg/m³左右，为脱硝反应器的出口 NO_x 浓度降到100mg/m³以下提供了有利条件，并且减少了喷氨量，降低了运行成本。

8）及时吹灰。当采用声波吹灰器＋蒸汽吹灰器时，应以声波吹灰器为主，蒸汽吹灰器为辅。声波吹灰器一直投运顺控，蒸汽吹灰器主要根据压差适时吹扫。当催化剂层压差正常情况下，蒸汽吹灰器建议每周至少吹扫一次，避免长期不运行设备锈蚀、卡涩。

（37）喷氨量(spray amount of ammonia)：在脱硝装置中氨与稀释风混合后经喷氨格栅进入烟道的液氨流量。计算公式为

$$G_{pa}=\frac{17}{46}Q_{yq}C_{NO_x}NH_3/NO_x\times10^{-6}$$

式中 G_{pa}——喷氨量，kg/h；

C_{NO_x}——入口氮氧化物浓度，mg/m³；

NH_3/NO_x——氨氮摩尔比；

Q_{yq}——处理干烟气量，m³/h；

例14-13 某脱硝装置脱硝效率 $\eta_{tx}=85\%$，NH_3 逃逸率 $\varphi(NH_3)=3\mu L/L$，处理干烟气流量 $Q_{yq}=1\ 850\ 000m^3/h$，入口氮氧化物浓度 $C_{NO_x}=500mg/m^3$，求脱硝装置的氨氮摩尔比和喷氨量。

解：氨氮摩尔比 $NH_3/NO_x=\frac{\varphi(NH_3)}{C_{NO_x}}\times\frac{46}{17}+\eta_{tx}$

$$=\frac{3\times17/22.4}{500}\times\frac{46}{17}+85\%=0.862$$

喷氨量 $G_{pa}=\frac{17}{46}Q_{yq}C_{NO_x}NH_3/NO_x\times10^{-6}$

$$=\frac{17}{46}\times1\ 850\ 000\times500\times0.862\times10^{-6}=294.7(kg/h)$$

（38）SO_2/SO_3转化率（conversion rate of SO_2/SO_3）：烟气中 SO_2转变成 SO_3的体积浓度与 SO_2起始状态的体积浓度之比，称为转化率。计算公式为

$$k=\frac{\varphi_o(SO_3)-\varphi_i(SO_3)}{\varphi_i(SO_2)}$$

式中 k——SO_2/SO_3转化率，%；

$\varphi_o(SO_3)$——反应器出口 SO_3体积浓度，mg/m^3；

$\varphi_i(SO_3)$——反应器入口 SO_3体积浓度，mg/m^3；

$\varphi_i(SO_2)$——反应器入口 SO_2体积浓度，mg/m^3。

SO_2/SO_3转化率是 SCR 系统中的重要指标之一，要求 $k\leqslant1\%$。SO_2/SO_3转化率越高，说明催化剂的活性越好，所需要的催化剂量越少。但高尘布置的脱硝反应器 SO_2/SO_3转化率越高，则越易产生烟道、空气预热器乃至电除尘被硫酸腐蚀的危险。因此，SCR 系统中应严格控制 SO_2/SO_3转化率。

（39）入口氮氧化物浓度、氮氧化物入口浓度（entrance oxynitride concentration）：锅炉炉膛排出干烟气中含有的初始 NO_x 浓度。只有在炉膛后烟气流程中未设 NO_x 脱除装置时，入口氮氧化物浓度和出口氮氧化物浓度才相等。NO_x 是 NO_2、NO 和其他微量氮氧化物的总称，都属于有害污染气体组分。煤粉燃烧最初生成的氮氧化物主要是 NO（约占总体积的 95%），其余基本为 NO_2。在大气中 NO 被氧化成 NO_2。NO_x 生成量与燃烧方式及燃料含氮量有关。计算公式为

$$C_{NO_x}=\frac{21-6}{21-O_2}\times2.05(C'_{NO}+C'_{NO_2})$$

式中 C_{NO_x}——排烟氮氧化物浓度，mg/m^3；

6——标准状态下，$O_2=6\%$；

C'_{NO}、C'_{NO_2}——实测的 NO 及 NO_2体积浓度（干烟气组分），$\times10^{-6}$；

2.05——NO_2的密度，即 46.00/22.41 的值，g/L；

O_2——实测干烟气样品的含氧量，%。

如只测量 NO 的体积浓度 C'_{NO}，可改用下式计算，即

$$C_{NO_x}=\frac{21-6}{21-O_2}\times\frac{2.05}{0.95}C'_{NO}=\frac{32.37}{21-O_2}C'_{NO}$$

（40）综合脱硝效率、脱硝综合效率（denitration combined efficiency）：装置投运率与脱硝效率的乘积。计算公式为

$$\eta_z=\lambda\eta_{NO_x}$$

式中 η_z——综合脱硝效率，%；

λ——脱硝装置投运率，%；

η_{NO_x}——脱硝效率，%。

例 14-14 发电机组容量为 2×660MW，年利用时间为 6000h，年发电量为 79.2 亿 kWh，处理烟气量为 2×2 400 000m^3/h，入口 SO_2浓度为 3400mg/m^3，脱硫效率为 95%，每台炉每小时脱除 SO_2量为 9.30t，2 套脱硫装置年脱除 SO_2量为 93 020t。石灰石消耗量为 2×10t/h，价格为 50 元/t；电耗为 19 400kW，电费为 0.5 元/kWh；工艺水耗量为 2×100t/h，水费为 3 元/t；废水排放量为 2×12.5t/h，每吨废水处理所需药剂费用为 2 元/t。脱硫工程造价为 22 000 万元，设备维护费按脱硫工程造价的 1.5%计，折旧费按折旧年限 10 年计（不考虑残值）。脱硫系统定员 40 人，石膏产量为 2×17t/h，石膏销售价格为 60 元/t。求其年运行费用、脱硫成本和单位发电

量运行费用。

解：1）石灰石成本为 2×10×50=1000（元/h），则

年石灰石成本=1000 元/h×6000h=600 万元

2）废水处理成本为 2×12.5×2=46（元/h），则

年废水处理成本=50 元/h×6000h=30 万元

3）电耗成本为 19 400kW×0.5 元/kWh=9700（元/h），则

年电耗成本=9700 元/h×6000h=5820 万元

4）工艺水耗成本为 2×100t/h×3 元/t=600 元/h，则

年水耗成本=600 元/h×6000h=360 万元

5）工资福利成本。每人按 3 万元/年考虑，则年工资福利成本为

3 万元/年×40=120 万元

6）设备维护费为

22 000 万元×1.5%=330 万元

7）折旧费为

22 000 万元×1/10=2200 万元

8）石膏综合利用效益为

2×17t/h ×60 元/t×6000h=1224 万元

9）年运行费用=600+30+5820+360+120+330+2200−1224 万元=8236 万元

10）初投资成本为

$$C_u=\frac{Z_t}{Q}=\frac{22\ 000}{66\times 2}=166.7\ (\text{元/kW})$$

11）脱硫成本为

$$COS_Y=\frac{Y_F}{M_a}=\frac{8236}{9.302}=885.4\ (\text{元/t})$$

12）单位发电量运行费用为

$$V_{af}=\frac{Y_F}{Q\times T}=\frac{8236}{2\times 66\times 6000}=0.010\ 4\ (\text{元/kWh})$$

第十五章　计量指标管理与控制

第一节　计量误差指标

（1）分度值（scale division value）：计量器具可读数的最后一位。例如某天平的分度值为0.1mg，则它只能精确计量到1mg。

分度值分为实际分度值和检定分度值。实际分度值 d 是指以质量单位表示的下述数值：①对于模拟指示，系指相邻两个标尺标记所对应的值之差；②对于数字指示，系指相邻两个示值之差。

（2）分度数（number of division）：是指最大称量（测量仪器的量程）与实际分度值之比。分度数分为实际分度数和检定分度数，实际分度数计算公式为

$$n=M_{ax}/d$$

式中　n——分度数；

M_{ax}——最大称量；

d——实际分度值。

检定分度数 n 是最大称量与检定分度值之比，检定分度值计算公式为

$$n=M_{ax}/e$$

式中　n——分度数；

M_{ax}——最大称量；

e——检定分度值。

检定分度数代表了秤的相对准确度，因此检定分度数越大，秤的相对准确度越高，反之秤的相对准确度越低。

（3）检定分度值（value of verification scale interval）：是用于衡器分级和检定时使用、以质量单位表示的分度值，以 e 表示。其中，检定分度值代表了秤的绝对准确度（最大允许误差就是1e），因此检定分度值越小，秤的绝对准确度越高，反之秤的绝对准确度越低。

一般 e 大于 d，两者关系为 $d \leqslant e < 10\mathrm{d}$。

（4）准确度、精确度（accuracy）：准确度是表示测量仪器给出接近于真值的响应能力，反映了测量结果既不偏离真值，测得值之间又不分散的程度。它反映了测量结果中系统误差与随机误差的总和，也称“精确度”（简称精度），即准确度表示多次测量平均值与被测量真值之间的符合程度。准确度与“精密度”不同，精密度反映了在规定条件下对被测量进行测量时测量结果之间的符合程度，以相对误差来表示。精密度表示测量结果中随机误差大小的程度，仅仅反映仪器的分散性。多次测量同一量所得的分散性可能很小（精密度高），但若测量结果与真值相差一个较大的值，则测量准确度仍然是较低的。准确度可以用准确度等级和测量仪器的示值误差来定量表示。准确度与“正确度”也有区别，正确度表示测量结果中系统误差大小的程度，因此，准确度＝正确度＋精密度。准确度计算公式为

$$A_c=\frac{x_i-x_0}{x_0}\times 100\%$$

式中 A_c——准确度，%；

x_i——测量平均值；

x_0——真值。

（5）准确度等级、精度等级（accuracy class）：指测量仪器仪表符合一定的计量要求，使误差保持在规定极限以内的测量仪器的等别、级别。准确度等级计算公式为

$$K=\left|\frac{\Delta_{max}}{M_{ax}}\right|\times 100$$

式中 Δ_{max}——绝对误差的最大值；

M_{ax}——仪表量程；

K——准确度等级。

例 15-1 被检电流表的满量程为 200A，最大允许绝对误差为－1A，试确定该电流表的准确度等级。

解：绝对误差的最大值 $\Delta_{max}=-1A$，仪表量程 $M_{ax}=200A$，则准确度等级为

$$K=\left|\frac{\Delta_{max}}{M_{ax}}\right|\times 100=\frac{|-1|}{200}\times 100=0.5$$

则该电流表准确度等级为 0.5 级。

准确度等级是根据该测量仪器满量程的引用误差来划分的。例如指示式电工仪表分为 0.1、0.2、0.5、1.0、1.5、2.5、5.0 等 7 个准确度等级，弹簧管式一般压力表分为 1、1.5、2.5、4 等 4 个准确度等级。它们都是仪表最大允许示值误差以量程的百分数（%）来表示的，取绝对值并去掉"%"，经过圆整，就是我们看到的准确度等级了。电子皮带秤允许误差为±0.5%，则该电子皮带秤的准确度等级为 0.5 级。用能单位的能源计量器具准确度等级应满足表 15-1 的要求。

表 15-1　　用能单位能源计量器具准确度等级要求

计量器具类别	计量目的		准确度等级要求
衡器	进出用能单位燃料的静态计量		0.1
	进出用能单位燃料的动态计量		0.5
	车间及锅炉、炉窑等重点用能设备的能耗考核		±2%
电能表	进出用能单位、次级用能单位有功交流电能计量	Ⅰ类用户	0.5S
		Ⅱ类用户	0.5
		Ⅲ类用户	1.0
		Ⅳ类用户	2.0
		Ⅴ类用户	2.0
	进出用能单位的直流电能计量		2.0
油流量表（装置）	进出用能单位的液体能源计量		成品油 0.5
			重油、渣油 1.0
燃料热量计	用于燃料发热量的计量		±60J/kg
氧量计	用于烟气含氧量的计量		3.0
气体流量表（装置）	进出用能单位的气体能源计量		煤气 2.0
			天然气 1.0
			蒸汽 2.5

续表

计量器具类别	计量目的		准确度等级要求
水流量表（装置）	进出用能单位的水量计量	管径不大于 250mm	2.5
		管径大于 250mm	1.5
	污水流量计量		2.5
温度仪表	用于液态、气态能源的温度计量		1.5
	与气体、蒸汽质量计算相关的温度计量		1.0
压力仪表	用于液态、气态能源的压力计量		1.5
	与气体、蒸汽质量计算相关的压力计量		1.0

自动衡器的准确度等级按其在使用中相对误差分为 0.2、0.5、1.0、2.0 级四种。它们分别用正圆圈起来的符号 0.2 、0.5 、1.0 、2.0 表示，如 (0.2)。而非自动衡器的准确度等级则按约定注符号 (Ⅰ)、(Ⅱ)、 (Ⅲ)、 (Ⅳ) 等表示准确度等级。非自动衡器的准确度等级划分法是：用已知非自动衡器的检定分度值（e）和最大称量（M_{ax}）之比求出检定分度数（n），然后查表 15-2 即可确定其准确度等级。

表 15-2　非自动衡器的准确度等级

准确度等级	检定分度值 e	检定分度数 $n=M_{ax}/e$ 最小	最大	最小称量（下限）
特种准确度 (Ⅰ)	$1\mu g \leqslant e \leqslant 1mg$	可小于 50 000	不限制	$100e$
	$1mg \leqslant e$	50 000		
高准确度 (Ⅱ)	$1mg \leqslant e \leqslant 0.05g$	100	100 000	$20e$
	$e \geqslant 0.1g$	5000	10 0000	$50e$
中准确度 (Ⅲ)	$0.1g \leqslant e \leqslant 2g$	100	10 000	$20e$
	$e \geqslant 5g$	500	10 000	$20e$
普通准确度 (Ⅳ)	$e \geqslant 5g$	100	1000	$10e$

例 15-2　北京宇权公司 MC-800 电子计价秤，$M_{ax}=800g$，$e=0.2g$，求其准确度等级。

解： 检定分度数为

$$n=M_{ax}/e=800/0.2=4000$$

查表 15-2，确定该电子计价秤准确度等级为 (Ⅲ) 等级。

电能计量装置（如电流互感器）铭牌中的准确度等级为“0.5S”，其中 0.5 后面的“S”是英文“special”的缩写，译为特殊，S 代表特殊用途电能计量装置的精度标准。这里“特殊”的意思是指电能计量装置（或电流互感器需与相应的计量表计配套使用，当电能表与所连接互感器的测量范围相同时）在通过额定电流 1%～120%之间的某一电流时均能准确测量。S 级电能表（或电流互感器）与非 S 级电能表（或电流互感器）的主要区别在于对轻负载计量准确度要求不同。非 S 级电能表（或电流互感器）在 $5\%I_b \sim 120\%I_b$（I_b表示标定电流）范围内能保持在规定的误差之内正确计量，而 S 级电能表（或电流互感器）在 $1\%I_b \sim 120\%I_b$范围内都能保持在规定的误差之内正确计量。

当计量器具是由传感器（变速器）、二次仪表组成的测量装置或系统时，表 15-2 所列的准确度等级应是装置或系统的准确度等级。装置或系统未明确给出其准确度等级时，可用传感器与二次仪表的准确度等级按误差合成方法合成。几何合成法计算准确度的方法是：如果有两个以上的误差源 Δ_i，各误差源又彼此独立互不相关，则几何合成法计算准确度为

$$A_c=\sqrt{\Delta_1^2+\Delta_2^2+\cdots+\Delta_n^2}$$

例 15-3 某测量装置由一个传感器和一台二次仪表组成，已知传感器的准确度为 1%，二次仪表的准确度为 0.5%，求测量装置的准确度和准确度等级。

解：采用几何合成法测量装置的准确度，即

$$A_c=\sqrt{0.01^2+0.005^2}=1.12\%$$

因此该测量装置准确度等级为 1.5。

(6)（测量）误差（measuring error）：表示测量值（示值）x_i 与被测量真值（实际值）x_0 之间差值的参数，简称误差。按照误差表示方法可以分为绝对误差、相对误差和引用误差。计算公式为

$$\Delta=\Delta_r+\Delta_s$$

式中 Δ——测量误差；

Δ_r——随机误差；

Δ_s——系统误差。

(7) 绝对误差、示值误差、真误差（absolute error/indication error）：是指测量显示值 x_i 与被测量的真值 x_0 之差，符号为 E_a。测量误差包括系统误差和随机误差，计算公式为

$$E_a=x_i-x_0$$

式中 E_a——绝对误差；

x_i——测量显示值，即示值；

x_0——真值。

例 15-4 被检电流表的测量值 I 为 50A，用标准电流表检定，其电流真值为 $I_0=51\text{A}$，求电流表的示值误差。

解：电流表的示值误差为

$$E_a=x_i-x_0=I-I_0=50-51=-1(\text{A})$$

(8) 相对误差（relative error）：测量仪器的相对误差就是测量仪器的示值误差与其真值之比。相对误差是随示值而变化的，计算公式为

$$E_r=\frac{x_i-x_0}{x_0}\times 100\%$$

式中 E_r——相对误差，%；

x_i——测量值；

x_0——真值。

(9) 引用误差（quoted error）：指测量仪器的误差除以测量仪器的量程（或标称范围的上限）。引用误差都是相对于满量程而言的，是相对误差的一种表现形式。相对误差则是测量误差除以被测量的真值。计算公式为

$$E_q=\frac{x_i-x_0}{M_{ax}}\times 100\%$$

式中 E_q——引用误差，%；

x_i——测量平均值；

x_0——真值；

M_{ax}——仪表量程。

准确度等级是以最大引用误差（允许产生的最大绝对误差与量程的比值）去掉正、负号及百分号来表示的。如某台仪表的最大基本允许引用误差为±1.5%，则该仪表的准确度等级为1.5级；最大基本允许引用误差为±2.5%，则该仪表的准确度等级为2.5级。某温度计量程为200℃，准确度等级为0.2级，则该温度计可能产生的最大误差为200℃×(±0.2%)=±0.4℃。最大引用误差计算公式为

$$E_{qmax}=\frac{\Delta_{max}}{M_{ax}}\times 100\%$$

式中 Δ_{max}——绝对误差的最大值；

M_{ax}——仪表量程；

E_{qmax}——最大引用误差，%。

例15-5 某温度计满量程为200℃，准确度等级为0.2级，求该温度计可能产生的最大误差。

解：根据最大引用误差 $E_{qmax}=\frac{\Delta_{max}}{M_{ax}}\times 100\%=0.2\%$，则该温度计可能产生的最大误差为

$$\Delta_{max}=200℃\times(\pm 0.2\%)=\pm 0.4℃$$

例15-6 一台标称范围为0～150V的电压表，当在示值100V处用标准表检定所得的实际值（标准值）为99.4V，求该处的引用误差和相对误差。

解：该处的引用误差为

$$E_f=\frac{x_i-x_0}{M_{ax}}\times 100\%=\frac{100.0-99.4}{150}\times 100\%=0.4\%$$

该处的相对误差为

$$E_r=\frac{x_i-x_0}{x_0}\times 100\%=\frac{100.0-99.4}{99.4}\times 100\%=0.6\%$$

（10）最大允许误差（值）（maximum permissible error）：测量仪器的最大允许误差是指对给定的测量仪器，在规定的参考条件下，测量仪器在技术标准、计量检定标准等技术标准上所规定的允许误差的极限值。这里规定的是误差极限值，所以实际上就是测量仪器各计量性能所要求的最大允许误差值。可简称为最大允许误差，也可称为测量仪器的允许误差限。最大允许误差可用绝对误差、相对误差或引用误差等来表述。计算公式为

$$\Delta_{max}=M_{ax}E_{qmax}$$

式中 Δ_{max}——最大允许误差；

M_{ax}——仪表量程；

E_{qmax}——最大引用误差，%。

例如某一个年耗煤200万t的电厂电子皮带秤引用误差为±0.5%，年终可能会因为计量误差而出现盈亏=200万t×(±0.5%)=±1万t。

例15-7 准确度等级为1.0级的配热电阻测温用动圈式测量仪表，其测量范围为0～500℃，求其最大允许误差。

解：由于准确度等级为1.0，所以最大引用误差 $E_{qmax}=\pm 1.0\%$，则最大允许误差为

$$\Delta_{max}=M_{ax}E_{qmax}=500\times(\pm 1\%)=\pm 5(℃)$$

第二节 计量三率指标

（1）能源计量器具配备率（equipping rate of energy measuring instrument）：能源计量器具实

际的安装配备数量占理论需要量的百分数。能源计量器具理论需要量是指为测量全部能源量值所需配备的计量器具数量。能源计量器具配备率按下式计算，即

$$R_P = \frac{N_S}{N_X} \times 100\%$$

式中 R_P——能源计量器具配备率，%；

N_S——能源计量器具实际的安装配备数量；

N_X——能源计量器具的理论需要量。

1）能量计量器具各级配备率。能量计量器具各级配备率计算公式为

$$P_{ei1} = \frac{P_{s1}}{P_{y1}} \times 100\%$$

$$P_{ei2} = \frac{P_{s2}}{P_{y2}} \times 100\%$$

$$P_{ei3} = \frac{P_{s3}}{P_{y3}} \times 100\%$$

式中 P_{ei1}、P_{ei2}、P_{ei3}——能量计量器具一级配备率、二级配备率、三级配备率，%；

P_{s1}、P_{s2}、P_{s3}——能量计量一级器具实际配备数量、二级器具实际配备数量、三级器具实际配备数量，只（台、件）；

P_{y1}、P_{y2}、P_{y3}——能量计量一级器具按规定应配备数量、二级器具按规定应配备数量、三级器具按规定应配备数量，只（台、件）。

企业能量计量器具配备率应符合表 15-3 的要求。

表 15-3　　企业能量计量器具配备率要求　　%

能源种类		进出用能单位	进出主要次级用能单位	主要用能设备
电力		100	100	95
固态能源	煤炭	100	100	90
	焦炭	100	100	90
液态能源	原油	100	100	90
	成品油	100	100	95
	重油	100	100	90
	渣油	100	100	90
气态能源	天然气	100	100	90
	液化气	100	100	90
	煤气	100	90	80
载能工具	蒸汽	100	80	70
	水	100	95	80
可回收利用的余能		90	95	—

注 1. 进出用能单位的季节性供暖用蒸汽（热水）可采用非直接计量载能工质流量的其他结算方式。

2. 进出主要次级用能单位的季节性供暖用蒸汽（热水）可以不配备能源计量器具。

3. 在主要用能设备上作为辅助能源使用的电力和蒸汽、水等载能工质，其耗能量很小（低于表 15-3 的要求）可以不配备能源计量器具。

2）企业能量计量器具综合配备率。企业能量计量器具综合配备率计算公式为

$$P_z = P_{ei1} \times 40\% + P_{ei2} \times 40\% + P_{ei3} \times 20\%$$

如果企业没有配备三级能量计量器具时，能量计量器具综合配备率计算公式为

$$P_z = P_{ei1} \times 50\% + P_{ei2} \times 50\%$$

式中 P_z——能量计量器具综合配备率，%。

一般企业能量计量器具综合配备率不能少于95%，电厂应不低于98%。

配备率不合格的原因如下：

1）系统设计安装时，没有考虑电能计量问题。例如350MW进口机组，外方在设计时把6kV的动力设备看作一个用能单元，没有对送风机、引风机等分台计量。

2）已安装的计量器具长期缺乏维护而损坏，未能及时修复或更换。

3）三级计量面广、设备容量小，管理人员不重视。

提高配备率的对策如下：

1）燃煤、燃油、电能以及水、蒸汽等主要能源必须配备一、二级能源计量器具。

2）建立能源计量器具设备台账，并由专人负责管理。

3）损坏而无法修复的能源计量器具及时进行更换。

4）新增加或改造的系统必须安装能源计量器具。

（2）能源计量器具的理论需要量（theoretical requirement of the energy measuring instrument）：用能单位按照GB 17167—2006《用能单位能源计量器具配备和管理通则》规定，应该配备的能源计量器具数量。用能单位能源计量器具的理论需要量应按如下原则确定：

1）进出用能单位的所有能源和水均需安装计量器具。

2）主要次级用能单位满足表15-4的要求，均需加装能源计量器具。

3）主要用能设备满足表15-5的要求，必须安装能源计量器具。

表15-4　主要次级用能单位能源消耗量（或功率）限定值

能源种类	电能	煤炭、焦炭	原油、成品油、石油液化气	重油、渣油	煤气、天然气	蒸汽、热水	水	其他
单位	kW	t/a	t/a	t/a	m^3/a	GJ/a	t/a	GJ/a
限定值	10	100	40	80	10 000	5000	5000	2926

注 1. 表中a是法定计量单位中"年"的符号。
2. 表中m^3指在标准状态下。
3. 2926 GJ相当于100t标准煤，其他能源应按等价热值折算。

表15-5　主要用能设备应配备能源计量器具耗能量最小限定值

能源种类	电力	煤炭、焦炭	原油、成品油、石油液化气	重油、渣油	煤气、天然气	蒸汽、热水	水	其他
单位	kW	t/h	t/h	t/h	m^3/h	MW	t/h	GJ/h
限定值	100	1	0.5	1	100	7	1	29.26

注 1. 对于可单独进行能源计量考核的用能单元（装置、系统、工序、工段等），如果用能单元已配备了能源计量器具，用能单元中的主要用能设备可以不再单独配备能源计量器具。
2. 对于集中管理同类用能设备的用能单元（锅炉房、泵房等），如果用能单元已配备了能源计量器具，用能单元中的主要用能设备可以不再单独配备能源计量器具。

（3）能源计量器具周期受检率（periodic verification rate of energy measuring instrument）：指实际检定数与按规定周期应检定数之比。计算公式为

$$L_{pv}=\frac{N_{pvs}}{N_{pvy}}\times 100\%$$

式中 L_{pv}——能源计量器具周期受检率，%；

N_{pvs}——能源计量器具实际检定数量，台；

N_{pvy}——能源计量器具按规定周期应检定数量，台。

周期受检率应不小于100%。周期受检率不合格的原因如下：

1）能源计量器具或系统存在缺陷，能源计量器具无法受检。

2）有些能源计量器具需要计量检测部门到现场检测。

3）不具备检测的外部条件（非企业内部原因）。

4）机组延期检修不能及时检定（企业内部原因）。

提高周期受检率的对策如下：

1）制定完善的能源计量器具管理制度，由专人负责，按照规定及时进行能源计量器具的校验或送检。

2）能源计量装置应选用便于定期校验的产品，对于无法校验的计量器具应进行更换。

3）建立能源计量器具校验台账，每次校验后在台账内记录，并保存校验报告。

4）及时联系上级计量监督部门到现场检测。

（4）能源计量器具检测合格率（eligible percentage of energy measuring instrument）：实际检验合格数与实际检验数之比。计算公式为

$$L_{pvh}=\frac{N_{pvh}}{N_{pvs}}\times 100\%$$

式中 L_{pvh}——能源计量器具检测合格率，%；

N_{pvs}——能源计量器具实际检验数量，台；

N_{pvh}——能源计量器具实际检验合格数量，台。

衡器检测合格率应为100%；Ⅰ、Ⅱ类电能表检验合格率应不小于98%。检测合格率差的原因如下：

1）能源计量器具使用不当，造成能源计量器具损坏或精度不满足要求。

2）能源计量器具缺乏日常维护和保养，造成能源计量器具损坏或精度不满足要求。

提高检测合格率的对策如下：

1）能源计量器具由专人按照操作规范进行使用。

2）能源计量器具必须具有有效期内的检定（测试）合格证书。计量标准装置的主要配套设备工作正常。

3）能源计量装置检验不合格，禁止投入使用。

（5）计量标准器和标准装置的周检合格率（qualified rate of periodic verification of measurement standard instrument）：计算期内计量标准器和标准装置实际检定合格数占实际检定数的百分比，计算公式为

$$L_{mh}=\frac{N_{msh}}{N_{mss}}\times 100\%$$

式中 L_{mh}——计量标准器和标准装置的周检合格率，%；

N_{msh}——计量标准器和标准装置实际检定合格数量，台；

N_{mss}——计量标准器和标准装置实际检验数量，台。

火电厂要求计量标准器和标准装置的周检合格率应不小于98%。提高计量标准器具和标准

装置周检合格率的措施如下：

1）计量标准器具必须工作正常，无缺陷；具有有效期内的检定（测试）合格证书。计量标准装置的主要配套设备工作正常，技术指标符合要求。

2）最高计量标准器等级应根据被检计量器具的准确度等级、数量、测量量程和计量检定系统表的规定配置。

3）计量标准器应配备齐全，应根据被检计量器具的准确度等级、规格、工作量大小确定。

4）计量标准装置应选用检定工作效率高且带有数据通信接口的产品。如全自动、多表位且能和管理计算机联网等功能的装置。检定数据应能自动存入管理计算机且不能被人为改变。

5）开展仪器仪表检定的标准装置，应按相关标准的要求定期进行检定，并具有有效期内的检定证书。

6）电测计量标准器、标准装置经检定不能满足等级要求但能满足低一等级的各项技术指标，经当地计量标准检定部门认可后可允许降级使用。

（6）计量标准器和标准装置的周期受检率（periodic verification rate of measurement standard instrument）：计算期内计量标准器和标准装置实际检定数占按规定周期应检定数的百分比，计算公式为

$$L_{ms}=\frac{N_{mss}}{N_{msy}}\times 100\%$$

式中 L_{ms}——计量标准器和标准装置的周期受检率，%；

N_{mss}——计量标准器和标准装置实际检定数量，台；

N_{msy}——计量标准器和标准装置按规定周期应检验数量，台。

发电企业的电测计量标准器检定周期应根据标准要求进行周期检定，检定周期一般为 1 年。等级指数小于或等于 0.5 级的标准仪表检定周期一般为 1 年，其余仪表检定周期一般为 2～4 年；重要电量变送器检定周期为 1 年，一般电量变送器为 2～4 年。火电厂要求周期受检率应达到 100%。

（7）能源计量器具计量率、检测率（monitoring rate of measuring instrument）：企业能源计量检测率是衡量企业所消耗的各种能源通过计量器具检测的程度。一级能源计量检测率等于进、出厂能源实际检测总量折合标准煤占进、出厂能源折合标准煤总量的百分数。能源计量检测率的计算公式为

$$L_{mi}=\frac{M_{m1i}+M_{m2i}}{M_{1i}+M_{2i}}\times 100\%$$

$$L_{m}=\frac{\sum_{i=1}^{n}(M_{m1i}+M_{m2i})}{\sum_{i=1}^{n}(M_{1i}+M_{2i})}\times 100\%$$

式中 L_{mi}——第 i 种能源计量检测率，%；

L_{m}——企业综合能源计量检测率，%；

n——企业消耗能源种类，种；

M_{m1i}——第 i 种能源进厂检斤量折合标准煤数量，t；

M_{m2i}——第 i 种能源出厂检斤量折合标准煤数量，t；

M_{1i}——第 i 种能源进厂收入量折合标准煤数量，t；

M_{2i}——第 i 种能源出厂量折合标准煤数量，t。

各种不同发热量的能源折合标准煤的系数，应由企业进行实测平均发热量计算，如实测条件

不具备，可参考表2-11～表2-15选取。

例15-8 某发电厂每年耗煤折合标准煤150万t，检测率为99.5%；耗重油折合标准煤1000t，检测率为100%；耗电量为26 000万kWh，检测率为100%；耗新鲜水量为200万t，检测率为99%。求该企业综合能源计量检测率。

解：耗电量26 000万kWh，折合标准煤为26 000×10^4×0.377 1 kg标煤=98 046t；耗新鲜水量200万t，折合标准煤为200×10^4×0.257 1kg标煤=514.2t。

则企业综合能源计量检测率为

$$L_{m}=\frac{\sum_{i=1}^{n}(M_{m1i}+M_{m2i})}{\sum_{i=1}^{n}(M_{1i}+M_{2i})}\times 100\%$$

$$=\frac{1\ 500\ 000\times 99.5\%+1000\times 100\%+98\ 046\times 100\%+514.2\times 99\%}{1\ 500\ 000+1000+98\ 046+514.2}=99.53\%$$

(8) 计量故障（差错）率（fault rate of measuring instrument）：计算期内实际发生计量故障差错次数占运行电能表、互感器总数的百分比，计算公式为

$$L_{fm}=\frac{N_{fm}}{N_{m}}\times 100\%$$

式中 L_{fm}——计量故障（差错）率，%；

N_{fm}——计算期内实际发生计量故障差错次数，次；

N_{m}——计算期内计量表计、互感器总数，次。

火电厂要求计量故障差错率应不大于1%。降低计量故障差错率的措施如下：

1）安装在生产运行场所的电能计量装置，运行人员应负责监护，保证其封印完好，不受人为损坏。安装在用户处的电能计量装置，由用户负责保护封印完好，装置本身不受损坏或丢失。

2）当发现电能计量装置故障时，应及时进行处理。

3）电能计量技术机构对发生的计量故障应及时处理，对造成的电量差错应认真调查、认定，分清责任，提出防范措施。并根据有关规定进行差错电量的计算。

4）对造成电能计量差错超过10万kWh及以上者，应及时上报上级管理部门。

5）对安装了主副电能表的电能计量装置，主副电能表应有明确标志，运行中主副电能表不得随意调换，对主副表的现场检验和周期检定要求相同。两只表记录的电量应同时抄录。当主副电能表所计电量之差与主表所计电量的相对误差小于电能表准确度等级值的1.5倍时，以主电能表所计电量作为贸易结算的电量；否则应对主副电能表进行现场检验，只要主电能表不超差，仍以其所计电量为准；主电能表超差而副表不超差时才以副电能表所计电量为准；两者都超差时，以主电能表的误差计算退补电量，并及时更换超差表计。

6）待装电能表和现场检验用的计量标准器、试验用仪器仪表在运输中应有可靠有效的防震、防尘、防雨措施。经过剧烈震动或撞击后，应重新对其进行检定。

(9) 皮带秤校验合格率（checking qualified ratio of belt balance）：皮带秤校验合格次数与皮带秤校验总次数的百分比。计算公式为

$$L_{bbh}=\frac{N_{bbh}}{N_{bb}}\times 100\%$$

式中 L_{bbh}——皮带秤校验合格率，%；

N_{bbh}——计算期内皮带秤校验合格次数，次；

N_{bb}——计算期内皮带秤校验总次数，次。

校验合格率低的原因如下：

1）皮带秤缺乏日常维护和保养，造成精度降低。

2）校验操作不当，放料过程中，造成撒煤。

提高皮带秤校验合格率的对策如下：

1）加强皮带秤日常维护和保养。

2）严格按照相关说明进行正确操作，确保放料过程均匀。

3）每月至少校验调整 2 次。

（10）轨道衡校验合格率（checking qualified ratio of wagon balance）：轨道衡校验合格次数与轨道衡校验总次数的百分比，计算公式为

$$L_{wbh}=\frac{N_{wbh}}{N_{wb}}\times100\%$$

式中 L_{wbh}——轨道衡校验合格率，%；

N_{wbh}——计算期内轨道衡校验合格次数，次；

N_{wb}——计算期内轨道衡校验总次数，次。

轨道衡、汽车衡（地磅）必须按规定进行定期校验，并经常保持在合格的运行状态下使用，以确保入厂煤量的准确性。动态轨道衡、动态汽车衡（地磅）、电子皮带秤应每年经上级部门检定 1 次。电子皮带秤的准确度等级一般为 0.5，轨道衡的准确度等级一般为 0.5 或 0.2。

电子皮带秤应每月自校至少 2 次，周检率达 100%。对于 0.5 级的电子皮带秤，如果相对误差大于 0.6%，应重新进行调整，以确保称量的准确性。

煤车经过轨道衡计量时，速度应控制在 5～15km/h。

加强对燃料计量装置的正常维护和校验，皮带秤较前合格率要达到 95%以上，以确保入炉煤量计量的准确性。

轨道衡、汽车衡（地磅）、皮带秤每次校验、调整前后必须做好详细的记录。

电厂要加强轨道衡的日常保养和维护工作，经常检查衡器各部件，发现异常情况及时处理，一般性故障立即排除；不能解决的，及时通知检修人员处理。

第十六章　主要指标分析与控制

第一节　煤耗率指标的影响因素分析和措施

一、影响发电煤耗率的主要因素

影响煤耗指标的主要因素很多，通常影响发电煤耗率的主要因素包括设计因素、实时因素和管理因素三方面。

1. 设计方面的影响因素

（1）燃烧方式。锅炉按燃烧方式分为：循环流化床（CFB）与煤粉炉（包括π型炉、塔式炉和W火焰炉）。其中W火焰煤粉炉主要针对无烟煤、贫煤，因此W火焰煤粉炉的煤耗比π型炉要高一些；CFB应针对劣质煤，煤耗相对煤粉炉要差些。

（2）煤种煤质。对于设计和燃用无烟煤的机组，发电煤耗率相比烟煤机组增加约3.0g/kWh；对于设计和燃用贫煤的机组，发电煤耗率相比烟煤机组增加2.0g/kWh；对于设计和燃用褐煤的机组，发电煤耗率相比烟煤机组增加2.0g/kWh。

（3）排汽冷却方式。机组按照排汽冷却方式分为：湿冷机组与空冷机组（包括直接空冷与间接空冷）。湿冷机组的排汽背压通常在4.9～11.8kPa，南方也有6～11.8kPa；间接空冷通常在13～28kPa，直接空冷在15～35kPa。因此，不同类型的机组，以及同一机组在不同背压下煤耗相差很大。环境温度越高，排汽背压就越高，煤耗就越高；空冷机组排汽背压更高，煤耗比湿冷机组高15g/kWh左右。

（4）蒸汽参数。火电机组按照蒸汽参数分为：亚临界、超临界、超超临界机组。亚临界（16.7MPa/538/538℃）、超临界（24.1MPa/566/566℃）的参数比较固定（少数超临界的参数略有不同），超超临界再细分有普通超超（25～26.25MPa/600/600℃）和高效超超（28MPa/600/620℃）。在设计参数附近，汽轮机主蒸汽压力提高1MPa，热耗率降低约0.17%；再热蒸汽温度每提高10℃，热耗率降低约0.18%；常规超临界机组的热效率比亚临界机组高2%～3%，而超超临界机组的热效率比常规超临界机组高4%以上。后者尽管都叫超超临界，但煤耗差别也会有2g/kWh左右的差别。

（5）季节变化。主要是环境温度变化引起排汽背压的变化，使得汽轮机热耗变化，对锅炉效率影响不大。所以，无论湿冷机组还是空冷机组，夏季和冬季工况的煤耗相差很大。例如，1000MW超超临界电厂的煤耗率，高低背压工况下可能相差17g/kWh（湿冷机组）、26g/kWh（空冷机组）。

（6）再热次数。按照再热次数分为：一次再热和二次再热。以31MPa/566/566/566℃二次再热机组为例，其相比传统的24.2MPa/566/566℃一次再热机组的效率可提高2～3个百分点，可降低供电煤耗率10g/kWh左右。

（7）生产用途。机组按照生产用途分为：纯凝发电机组与供热机组。供热机组（热电联供）因为利用了低温热能，其煤耗率会比纯凝机组好得多，即使小机组也可以轻易地做到200g/kWh以下。所以，千万不要直接比较两种不同的机组。

（8）环保设施。设置脱硫系统GGH或MGGH换热器的机组，供电煤耗率会增加1g/kWh。

超低排放机组供电煤耗率会比达标排放机组增加 1g/kWh。

2. 实时方面的影响因素

（1）锅炉实时因素。

1）排烟温度高。

2）锅炉吹灰效果不佳。

3）灰渣可燃物损失大。

4）锅炉氧量过大或过小。

5）散热损失大。

6）空气预热器漏风率大。

7）煤质偏离锅炉设计值较大。

8）汽水品质差，锅炉排污损失大。

9）汽轮机高压缸排汽温度偏高与再热器不匹配造成减温水量增加。

10）管道效率低。

（2）汽轮机实时因素。

1）汽轮机通流部分效率低。汽轮机高、中、低压缸效率低。汽轮机高压配汽机构的节流损失大（如：调门重叠度不佳等）。

2）蒸汽初参数低。

3）蒸汽终参数高。

4）给水温度低。

5）凝汽器真空差。

6）汽水系统（疏放水系统、旁路系统）严密性差。

7）供热流量低。

8）负荷系数低。

3. 管理因素

（1）供电煤耗率计算数据不准确，或者热、电耗煤量分摊方法不合理。

（2）激励、约束机制不健全，运行职工疏于参数调整。

（3）煤质监督管理不到位，入厂煤和入炉煤热值差虚低。如果热值差比实际值小，那么会引起入炉煤热值虚高，标准煤耗量虚高，发电煤耗率虚高。

（4）贮煤场管理不严，堆放不合理，煤场储煤损耗大。如果人为把煤场储煤损耗率（不应超过 0.4%）调小，那么会引起入炉煤原量虚高，标准煤耗量虚高，发电煤耗率虚高。

（5）燃烧煤种变化后，未针对煤种特性及时制订、落实相应措施。

（6）节能技术改造力度不够，节能潜力大。

（7）设备管理不到位，设备可靠性差，机组非计划停运次数多。

（8）锅炉给煤机皮带秤测量不准确，造成入炉煤量误差大。

（9）入炉煤低位发热量化验不准确，或者采样不具备代表性。入炉煤掺配情况影响入炉煤热值。入炉煤采、制、化工作不规范，与实际入炉煤热值存在偏差。入炉煤热值统计所需热量数据采集不全。

（10）在燃料采购方面，不能采购到满足入炉煤热值要求的煤种。煤炭供应商未完全按煤质标准供货。

（11）机组发电比重。高等参数大容量机组发电量比重大，全厂供电煤耗率就越低。

二、降低发电煤耗率的措施

1. 提高锅炉热效率

（1）控制煤粉细度，降低飞灰可燃物、炉渣可燃物。

（2）及时消除吹灰系统设备缺陷，保持吹灰系统设备完好，并优化吹灰枪投用方式，降低排烟温度。

（3）加强燃烧调整，控制锅炉氧量。

（4）控制入炉煤品质，选择适合锅炉燃烧的煤种。

（5）加强保温，降低散热损失。

（6）进行空气预热器密封系统改造或改变空气预热器旋转方向，降低空气预热器漏风率。

（7）提高给水汽水品质。

2. 降低汽轮机热耗率

（1）蒸汽参数压红线运行，再热蒸汽温度和主蒸汽温度尽量靠近设计值。

（2）控制再热蒸汽温度，尽量减少再热器减温水量。

（3）进行冷端系统优化调整，提高凝汽器真空。

（4）提高高压加热器投入率，提高给水温度。

（5）保持热力系统严密性，及时消除减温水、疏水等系统阀门泄漏缺陷。

（6）合理调整高压调节阀的重叠度。

（7）结合机组检修对汽轮机通流部件进行除垢、调整动静间隙。

3. 技术改造

（1）采用先进的煤粉燃烧技术，使锅炉适应所燃煤种，提高燃烧效率。

（2）空气预热器密封系统改造。

（3）汽轮机汽封系统改造。

（4）蒸汽系统疏水、热力系统简化改造。

（5）对与凝汽器真空度有关的系统进行性能诊断试验，找出薄弱环节，进行技术改造。

（6）汽轮机通流部分改造。

4. 管理措施

（1）与调度及时沟通，一方面努力提高各台机组的负荷系数；另一方面尽量提高高效机组的发电量比重。

（2）严格执行电子皮带秤定期校验制度，电子皮带秤称重精度定期校验，消除影响校验的设备缺陷，称重等级为±0.5%，投运率达到100%，确保称重准确。

（3）挖掘机组启停过程中的节能潜力，及时投运或关停相关辅机设施。

（4）加强耗差分析，及时调整基准值，不断完善机组优化运行管理工作。

（5）采购适烧煤种。燃料采购方面，要尽可能采购到满足锅炉燃烧要求的煤种。对不适应锅炉燃烧指标的燃煤或新煤种，须进行燃烧试验；在经过认真研究、论证的基础上，方可作为燃烧煤种。

（6）加强入炉煤掺配工作。及时准确评估燃料主要指标，确定煤炭煤种、品质水平，根据机组状况、煤种结构和煤炭品质，制定掺配方案，及时下达燃煤掺配操作卡。如果燃料煤质指标超过锅炉燃煤品质控制范围，必须单独堆放，并清楚记录存放位置、数量、煤质指标。根据燃料整体情况，进行煤炭掺配。燃料运行人员统筹考虑煤场及存煤情况，科学合理安排燃料运行工作方式。

（7）加强入炉煤煤质检测。配备经检验合格的入炉煤采样装置，入炉煤机械采样装置按规定周期进行检定，采制样密度必须达到要求，能适应水分大的燃料，运行投入率不低于95%。

(8) 做好贮煤场管理，合理堆放，减少煤场储煤损耗。

(9) 根据大修前的试验结果制定完善的节能降耗技术方案，并在机组检修中实施。

(10) 完善消缺制度，合理安排消缺计划，减少机组非计划减出力和非计划停运次数。

(11) 加强对气候及发电侧、用电侧信息的收集工作，与电网调度加强联系，合理安排检修时间，减少机组的启停次数。

(12) 加强供热流量、温度、压力表计的管理。加强对供热参数的统计管理，确保准确无误。

(13) 加强热网系统巡检，做好日常维护工作。

(14) 制定合理的热、电耗煤量分摊原则。

第二节　厂用电指标的影响因素分析和措施

一、影响厂用电率的主要因素

影响火电机组厂用电指标的主要因素很多，通常影响厂用电率的主要因素包括设计因素、实时因素和管理因素三方面。

1. 设计因素

(1) 燃烧方式。按燃烧方式锅炉分为：循环流化床（CFB）与煤粉炉。循环流化床锅炉为了实现物料在锅炉不断往复的循环燃烧，每台锅炉的风烟系统布置有：2台引风机、2台一次风机、2台二次风机、5台高压流化风机，由于CFB锅炉特殊的燃烧方式，所需的6kV风机台数较多，这是CFB机组厂用电高的主要原因之一。CFB厂用电率相对煤粉炉要高近2个百分点。

(2) 制粉方式。按照制粉方式分有：低速钢球磨中间储仓制粉方式、双进双出钢球磨直吹式制粉方式、中速磨直吹式制粉方式和风扇磨直吹式制粉方式。其中制粉系统耗电率最低的是风扇磨直吹式制粉方式；最高的是低速钢球磨中间储仓制粉方式，一般在1.4%左右（中间储仓式制粉方式磨煤机耗电率0.7%，排粉机耗电率0.7%；双进双出制粉方式磨煤机耗电率1%）；而中速磨直吹式制粉方式居中，一般在0.8%左右（磨煤机耗电率0.4%，一次风机耗电率0.4%）。

磨煤机本身型式不同对厂用电率也有很大影响。MPS中速磨煤机和HP中速磨煤机在磨制同一煤种时，磨煤电耗相差较大。采用HP中速磨煤机比MPS中速磨煤机轴功率要降低30%～35%，全厂厂用电率可降低0.2个百分点以上。

(3) 排汽冷却方式。对于汽动给水泵空冷机组，发电厂用电率会比湿冷机组高0.3个百分点。

(4) 煤种煤质。对于设计和燃用无烟煤的机组，发电厂用电率会比烟煤机组增加0.5个百分点左右；对于设计和燃用贫煤的机组，发电厂用电率会增加0.3个百分点。褐煤水分及灰分较高，故发热量最低，因而燃煤量最大，磨煤机磨煤量增加，同时引起磨煤厂用电率增加较多；另外褐煤水分较高，燃煤量增加时，需要的制粉系统干燥出力及风煤比都要加大，空气预热器入口一次风温度需要提高，一次风量增加较多，一次风机耗电率增加。对于设计和燃用褐煤的机组，发电厂用电率会增加0.4个百分点。

(5) 蒸汽参数。按照蒸汽参数分有：亚临界、超（超）临界机组。亚临界比超超临界机组的厂用电率高1个百分点。

(6) 给水泵型式。对于湿冷机组，如果运行给水泵设计为电动给水泵，则发电厂用电率会比汽动给水泵高2个百分点；对于空冷机组，如果运行给水泵设计为电动给水泵，则发电厂用电率会比汽动给水泵高3个百分点。

(7) 引风机驱动型式。采用汽动引风机机组的厂用电率分两种情况：对于采用“引增合一”的机组，厂用电率比电动引风机可减少0.85个百分点；对于非“引增合一”的机组，厂用电率可减少0.6个百分点。

(8) 环保要求。600MW及以上机组除尘、脱硫系统耗电率分别分0.2%和0.7%，600MW以下机组分别为0.25%和0.8%，如单设增压风机，脱硫系统耗电率会再增加0.4个百分点。湿法脱硫系统耗电率一般在0.8%左右，干式低于0.5%。如果超低排放，又会使全厂综合厂用电率高0.2～0.3个百分点。

(9) 生产用途。按照生产用途分为：纯凝发电机组与供热机组。供热机组（热电联供）因为多了一套供热设施，因此全厂综合厂用电率会比常规燃煤纯凝发电机组高一些，但是由于热电分摊方式决定了发电厂用电率会低一些。

(10) 海拔。当电厂海拔较高时，大气压降低，会对风机轴功率产生一定的影响，如托克托电厂2×600MW机组，海拔在1066m，当地大气压力为90 040Pa，经计算送风机、一次风机、吸风机高度流量修正系数在1.13左右，因此引起送风机、一次风机、吸风机轴功率增加1020kW左右，全厂厂用电率增加了0.17个百分点左右。

(11) 设计选型不合理。辅机设备容量选型偏大（如凝结水泵、循环水泵普遍存在流量偏大、扬程偏高现象），引起辅机设备综合效率低下。

2. 实时因素

(1) 辅机设备运行方式不合理，辅机设备效率低。

(2) 脱硫系统、脱硝系统、除尘系统、输煤系统运行方式不合理。

(3) 机组负荷率低。电厂一般在额定负荷下设计并选择设备，设备最高效率区也在此范围，当电厂长期在较低负荷区域运行时，厂用电率会增加。

(4) 机组非计划减出力和非计划停运次数多。

(5) 变压器内部铁芯有损伤，或者散热设备故障，导致损耗高。

(6) 供热系统辅机运行存在问题（如热网循环水泵效率低、没有优化运行方式、热网循环水泵变频器故障等）。

3. 管理因素

(1) 煤质差。灰分高、可磨性差，导致制粉系统耗电率高。

(2) 能源计量不准确。

(3) 设备缺乏维护，变压器冷却器或变频器未及时清扫，散热条件差。

(4) 变压器油质超标。

(5) 主变压器二次压降超标。

(6) 没有扣除非生产用电。

二、降低常规机组厂用电率的措施

(1) 通过燃烧调整、优化试验和日常运行摸索，研究在不同负荷下，最佳磨煤机的组合方式，克服系统上现有的缺陷情况，尽量达到降低制粉系统电耗的目的。

(2) 坚持做好输煤设备的定期切换试验，及卸煤作业前的系统联动工作，发现问题及时处理，确保设备完好。避免在正式作业过程中因部分设备故障，而导致其他皮带机等设备长时间空载运行。

(3) 加快场地燃料周转速度。对于熟悉的煤种，卸煤时采用直接分流加仓，减少斗轮机工作时间，从而进一步减少斗轮机的耗电量。

(4) 对于双塔串联布置的二氧化硫超低排放系统，应优化浆液循环泵、氧化风机设备运行方式，优化二级塔的 pH 值、吸收塔液位高度、浆液密度控制值。

（5）控制脱硝系统耗电率升高的措施主要在于控制好氨逃逸率，防止喷氨量太大；同时也要优化脱硝系统和声波吹灰的运行方式。

（6）通过优化湿式除尘、电除尘的运行参数，以达到降低除尘系统耗电率的目的：一是进行湿式电除尘优化试验，根据负荷、粉尘浓度适当降低湿式电除尘控制二次电流，排放烟尘浓度略有上升，但仍然控制在 $5mg/m^3$；二是适当降低干式电除尘一电场出力，利用粗灰自身重力降落，加强二电场出力，确保电除尘效率；三是增加烟尘监测频次，随时掌握电除尘出口、湿除出入口烟尘数值，以判断电除尘、湿式除尘运行效率。

（7）降低变压器损耗的措施。保证变压器散热设备运行良好；加强变压器油质监督，保证油质合格；定期对主变压器进行二次压降测试，发现超标及时分析原因，制定措施。

（8）电厂辅助设备变压器大都按 100％容量配置，如维修杂用变、循环水变压器、化水变压器、除灰变压器等，原两台变压器同时运行时较长时间段处于接近空载运行状态，运行损耗大。应通过调整运行方式，将原分列运行改为一台运行、一台热备用，通过母联开关联通的方式，减少了变压器的运行损耗。

（9）降低供热厂用电率的措施。加强热网系统巡检，做好日常维护工作；在满足供热系统正常运行的情况下，优化供热设备系统及其运行方式。

（10）定期对电能计量器具进行校验，发现问题及时处理，保证计量的准确性。

（11）优化辅机系统（如制粉系统、循环水泵、凝结水泵、输煤系统、吹灰系统）运行方式，并及时进行参数调整，保证辅机工作点处于高效区，降低机组低负荷段的辅机耗电率。如根据环境温度，及时调整循环水泵运行方式，实现单机单泵、两机三泵及循泵高速改低速的及时调整；冬季及时调整各冷却器的用水量，减少开式冷却水泵的运行台数；根据汽轮机真空的变化情况，及时调整真空泵的运行情况；凝结水泵要用变频调节，正常运行时保持除氧器水位调节主阀和副阀双阀全开。在保证安全的基础上，尽量降低凝结水母管压力运行；根据锅炉负荷、煤质变化情况，在保证除尘效率的前提下，低负荷段停运电除尘一个电场等。

（12）加大风烟系统漏风治理，正常投用空气预热器自动密封调整装置降低漏风，降低风机单耗。

（13）运行中采用在线清洗系统，检修中采用高压水冲洗方法，提高空气预热器吹灰效果，降低风烟系统阻力。

（14）按照一定比例配煤掺烧，控制入炉煤煤质，降低除灰尘系统和脱硫系统耗电率。

（15）加强运行分析与调整，落实风险预控；提高巡检质量，严格执行运行规程及特殊工况下操作规定，利用仿真机、专工讲课等方式促进运行培训，真正提高运行人员操作水平。减少无操作引起的机组非计划减出力和非计划停运。

（16）抓好计划检修的前期策划、准备及检修质量过程控制、验收调试等环节，提高检修质量。

（17）加强设备治理，提高设备健康水平。严格执行设备缺陷管理制度与风险预控管理制度，缺陷实行周通报、月总结制度，合理安排机组检修和消缺，减少机组启停次数，特别是机组非计划减出力和非计划停运次数。

（18）应用先进技术对能耗较高的设备进行节能改造，如对送风机、引风机、一次风机、凝结水泵、给水泵等进行高效、变速改造。

（19）电除尘器供电方式优化改造。

（20）做好生产厂区的照明优化，使用 LED 节能灯具，尽量减少照明灯的数量及照明时间。

(21) 加强非生产用电管理，倡导节能意识，办公、生活场所等电气设备做到人走关停，对于三产用户和外来施工单位用电，严格进行计量并定期收费。

(22) 提高各台机组负荷系数。提高高效机组发电量比重。

(23) 严格执行机组启、停时的节电措施。如单侧通风，机组启停过程中，全程使用汽动给水泵，汽动引风机等汽动设备，以最大程度减少辅机电耗。

三、降低流化床（CFB）机组厂用电率的措施

对于CFB机组，除了采用上述常规机组措施外，还应采用如下措施：

(1) 在后夜班较长低负荷的时间段（如低谷时段超过3h），要根据计划负荷曲线加强与调度的沟通，提前掌握机组负荷变化动向和时间，以便提前做好节电措施。单机负荷在下述规定的时候，要合理安排2台同单元机组的出力，对减负荷机组的2台循环水泵、2台二次风机和2台引风机，采取停运1台的节电措施，方法如下：

1）停止锅炉二次风机。当机组负荷降至70%时，将准备停运侧的二次风机逐渐降至空载后停运备用。因为在此负荷下，保留1台二次风机运行，就可以保证锅炉能正常燃烧，如煤质变化大，可适当加大一次风量。此时应加强对单侧风机运行时风烟系统的监视与调整，特别是注意防止运行的单侧风机过电流和炉膛压力保护动作。

2）停止循环水泵。当机组负荷降至60%以下，2台循环水泵运行的循环水裕量较大时（真空在79kPa以上，循环水温升小于8℃），如果机组其他相关参数运行正常，可停止1台循环水泵。停运的一台循环水泵，检查确认该循环水泵能满足启动允许条件以后，投入“备用”，以便另一台循环水泵事故跳闸时，此台循环水泵能正常联启。停止一台循环水泵运行后，如果循环水温升大于10℃，且真空小于78kPa，则应启动停运的循环水泵。

(2) 机组启动不启电动给水泵。电动给水泵电动机是电厂耗电最大的设备，功率约占机组的1.8%，减少电动给水泵运行时间，无疑可以大大降低厂用电率。单元2台机组的辅汽系统通过辅汽母管可实现互供。机组启动时，为实现由临机提供辅汽作为小汽轮机汽源、实现用汽动给水泵向锅炉上水，不启电动给水泵，并且当汽动给水泵正常、运行稳定后，投入电动给水泵备用。当机组负荷达到26%时，解除电动给水泵备用，用本机四段抽汽冲转另一台小汽轮机，启动汽动给水泵。启动汽动给水泵正常、稳定后，投入电动给水泵备用。

(3) 优化流化风系统。通过合理调整流化风量、风压，将流化风机运行方式由设计的4运1备改为3运2备，采取措施如下：

1）改逻辑关系，使高压流化风机具备3台投运条件。机组正常运行时保持3台高压流化风机运行，1台投自动备用，另1台投手动备用或转检修。

2）加强对运行的3台高压流化风机运行参数的监视，发现异常要及时将1台备用高压流化风机投运，确保锅炉的运行稳定。

3）当运行中任意1台高压流化风机发生跳闸时，应立即手动启动1台备用高压流化风机运行，并及时对回料阀、外置床、冷渣器的流化风量进行调整，防止因流化风量过低而引起的堵灰。

(4) 降低床压运行。应加强CFB锅炉的排渣，必要的时候通过外置床事故排渣，调整给煤的粒度，维持锅炉的床压在9～11kPa运行。某电厂经过低床压运行试验，采取降低2kPa的床压，即保持锅炉在7～9kPa的低床压运行，使高压厂用变压器的负荷减少了10%。同时，低床压运行还减少锅炉受热面的磨损，也大大减少了锅炉翻床的概率。

(5) 降低风压运行。某300MWCFB辅机参数的设计值普遍比实际运行值大，查看设计资料知道：一次风机设计风压为31.85Pa，二次风机设计风压为16.315kPa，高压流化风机设计风压为150kPa。经过运行实践，若床压控制在8～10kPa，一次风压可以降至18kPa甚至17kPa，二次风压可以降至5kPa甚至4kPa，此时机组仍然能够正常运行。这样不但降低了厂用电，而且还减少了受热面的磨损。

(6) 低氧燃烧。CFB锅炉的物料可以通过热循环回路，不断往复地循环燃烧，即使在含氧量很低的情况下，经过多次循环燃烧后，碳燃尽率仍很高，飞灰含碳量化验中几乎检测不到飞灰含碳量。所以，低氧燃烧能保证CFB锅炉的效率。另外，低氧燃烧，还可以减少送风量，降低二次风机出力，即达到降低厂用电的目的。

(7) 合理提高床温。降低一次风速，强化二次风量，优化燃烧调整，保证床温分布均匀。通过实践提高床温，如将锅炉平均床温由原来的840～900℃，提高到890～940℃，使一、二次风机风量明显降低，使一、二次风机电流明显降低。

(8) 长周期、高负荷地运行。循环流化床锅炉在启动和停运时.需消耗很大的电量，所以保证机组长周期、减少启停次数能有效地降低厂用电率。高负荷运行可降低厂用电量在发电量之中的比例。因为就是再低的负荷，循环流化床锅炉也要保证流化和燃烧正常，而负荷的增加与辅机的出力并非成比增加，这样高负荷所耗电能相应减少，同时高负荷时，物料循环增强，床温较高，燃烧更充分，燃烧用电会有所下降，这样就起到了降低厂用电率的目的。

第三节　负荷系数对机组能耗指标的影响

一、负荷系数影响发电煤耗率的定性分析

影响煤耗指标的主要因素很多，但是负荷系数对机组的能耗指标影响较大，提高机组负荷系数是降低机组能耗指标的关键。通常负荷系数对发电煤耗的影响量主要与以下四个方面因素有关：

(1) 负荷变化对热耗率的影响。主要影响因素是部分负荷下汽轮机缸效率下降导致热耗率上升较多。机组负荷变化的主要因素是：机组平均负荷率低，机组负荷峰谷差大，机组负荷调整频繁。

1) 汽轮机进汽阀节流损失大。对于喷嘴调节机组，在80%负荷以上（亚临界机组）或90%负荷以上（超临界机组）采用定压运行方式，即通过开大或关小最后一只调节汽阀来调整机组负荷，与100%负荷相比调节汽阀节流损失大。对于节流调节带补汽阀的机组，由于补汽阀设计存在缺陷，开启补汽阀后，轴系振动增大，影响机组安全运行，为满足一次调频需要，多数节流调节机组采用调节阀（在部分负荷下设计调节阀全开）调整机组负荷，也导致调节阀节流损失大。

2) 部分负荷下调节级效率降低。对于喷嘴调节机组，由于一只调节阀对应一组喷嘴，调节级存在部分进汽度，负荷越低，调节级效率下降越多。

3) 部分负荷下压力级效率略有降低。由于压力级蒸汽出汽角度发生变化，存在撞击损失，以及二次流损失加大等，导致压力级效率略有降低。

例如某1000MW普通超超临界汽机热耗率，100%汽轮机验收工况（THA）时为7370kJ/kWh，75%THA时为7500kJ/kWh，50%THA时为7820kJ/kWh，40%THA时为8110kJ/kWh。热耗率的划分大致是负荷降到75%时，超超临界机组成了超临界机组水平，50%负荷时成了亚临界机组水平。

(2) 部分负荷下回热系统特性的变化，主要是给水温度降低。

(3) 部分负荷下凝汽器压力的变化。凝汽器压力主要取决于环境温度、循环水流量和低压缸

排入凝汽器的热负荷。在部分负荷下，排入凝汽器的热负荷减少，若循环水泵维持在100%负荷下的运行方式，循环水流量不变，凝汽器压力将低于设计值。因此，可以适当改变循环水泵运行方式，降低循环水流量，在保证凝汽器达到设计压力时，节约一部分厂用电量。一般情况下，部分负荷下凝汽器压力变化将会使发电煤耗略有降低。

(4) 负荷变化对锅炉效率有一定的影响，但影响不大。

二、汽轮机热耗率高于设计值的主要原因

现役汽轮机热耗率普遍高于制造厂设计值（高于设计值150～250kJ/kWh）的根本原因均在于汽轮机高、中、低压缸效率低于设计值。

(1) 高、中压缸存在夹层漏汽，引起3号抽温度达不到设计值，低压缸进汽部位漏汽造成5、6号抽温度偏高，以及偏高的中、低压分缸压力导致中压缸做功份额明显偏小等；高中压段冲动式的叶型设计也不利于部分负荷段时的机组效率。

(2) 运行中汽缸变形较为严重。高、中压缸之间密封不严密导致高压缸排汽漏入中压缸，导致内缸外壁冷却加剧，热应力增加和汽轮机的效率下降，同时机组启机时缸内外壁承受的应力较大。机组频繁调峰启动温差控制不好易导致内缸变形漏汽，高压缸效率降低。

(3) 对于低压缸为三层缸结构，由于密封配合面较多，螺栓分布存在不合理性，密封配合面漏汽严重。华能集团公司与哈尔滨汽轮机厂技术措施：

1) 更换内置法兰螺栓和隔板套法兰螺栓，用20Cr1Mo1VTiB材料代替原25Cr2MoVA和42CrMo材质的螺栓。

2) 低压内缸及隔板套中分面开槽并加装密封键，加强密封效果；汽缸中分面四角开减荷槽，吸收法兰变形。

3) 检修中应注意抽汽口的密封圈应安装好，密封圈应能活动自如，避免因卡涩导致密封不严而漏汽；部分机组对抽汽口加装盘根密封。

(4) 汽轮机高压配汽机构的节流损失大。因此在机组达到规定负荷后，及时调整调节阀运行方式，减少阀门节流损失。

三、负荷系数影响发电煤耗率的定量分析

1. 不同类型机组部分负荷下发电煤耗率

根据不同类型机组部分负荷时的设计性能和试验结果，经统计分析计算给出了不同负荷系数对发电煤耗率的影响量，并根据机组部分负荷厂用电率试验结果，经多台机组统计分析计算，给出了不同负荷系数对供电煤耗率的影响量见表16-1，对对机组厂用电率的影响量，见表16-2。

表16-1　　负荷系数对发、供电煤耗率的影响量

机组类型	发电煤耗率基准值 (g/kWh)	发电煤耗率变化量 (g/kWh)		供电煤耗率变化量 (g/kWh)	
负荷系数	100%	75%	50%	75%	50%
600～1000MW级超超临界节流调节湿冷机组	275	4.7	13.5～14.5	6.03	17.7～19.0
600～1000MW级超超临界喷嘴调节湿冷机组	275	4.7	16.0～17.0	6.03	20.2～21.5
350～600MW超临界湿冷	287	4.5	16～16.5	6.0	20.5～21.3
600MW级超临界汽动给水泵空冷	298	5.0	16.5～17	6.5	21.5～22.3
300～600MW亚临界汽动给水泵湿冷	300	4.2	16～16.5	5.9	21.0～21.8

续表

机组类型	发电煤耗率基准值（g/kWh）	发电煤耗率变化量（g/kWh）		供电煤耗率变化量（g/kWh）	
负荷系数	100%	75%	50%	75%	50%
300MW级亚临界电动给水泵湿冷	295	4.5	14.5～15	6.1	22.5～23.3
600MW级亚临界汽动给水泵空冷	314	5.5	16.5～17	7.1	21.5～22.3
300～600MW亚临界电动给水泵空冷机组	308	5.0	16.0～17	7.5	23.8～25.1

注　表中给出的数值是指煤耗率在相应的负荷系数下与100%负荷时基准值的差值。

表16-2　　负荷系数对厂用电率的影响量

机组类型	厂用电率基准值（%）	厂用电率变化量（%）	
负荷系数	100%	75%	50%
600～1000MW级超超临界节流调节湿冷机组	4	0.45	1.4～1.5
600～1000MW级超超临界喷嘴调节湿冷机组	4	0.45	1.4～1.5
350～600MW超临界湿冷机组	4.5	0.5	1.5～1.6
600MW级超临界汽动给水泵空冷机组	4.7	0.5	1.6～1.7
300～600MW亚临界汽动给水泵湿冷机组	5.2	0.55	1.6～1.7
300MW级亚临界电动给水泵湿冷机组	7	0.88	2.6～2.7
600MW级亚临界汽动给水泵空冷机组	7	0.5	1.6～1.7
300～600MW亚临界电动给水泵空冷机组	8	0.8	2.5～2.6

注　表中给出的厂用电率变化量是指在相应的负荷系数下与100%负荷时基准值的差值。

2. 不同类型机组部分负荷下能耗指标变化量曲线

（1）不同类型机组部分负荷下供电煤耗率变化量曲线。

根据表16-1不同负荷系数对供电煤耗率的影响量，绘制出不同类型机组负荷系数与供电煤耗率变化曲线（见图16-1）。根据图16-1和表16-1，通过电脑插入散点图，并选择设置趋势线格式中的多项式和显示公式，可以绘制负荷系数对机组供电煤耗率影响趋势线（图16-2曲线显示的纵坐标点数据是图16-1对应的供电煤耗率变化量与表16-1对应的供电煤耗率基准值的比值），并建立模拟公式。图16-2显示600～1000MW级超超临界湿冷机组负荷系数对机组供电煤耗率影响系数的模拟公式为

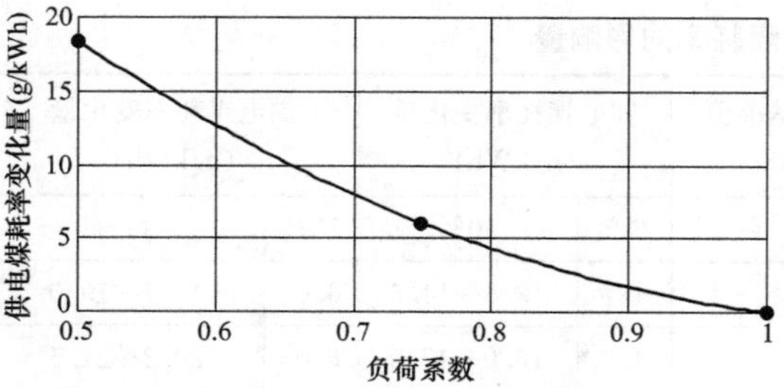

图16-1　600～1000MW级超超临界湿冷机组负荷与供电煤耗率关系

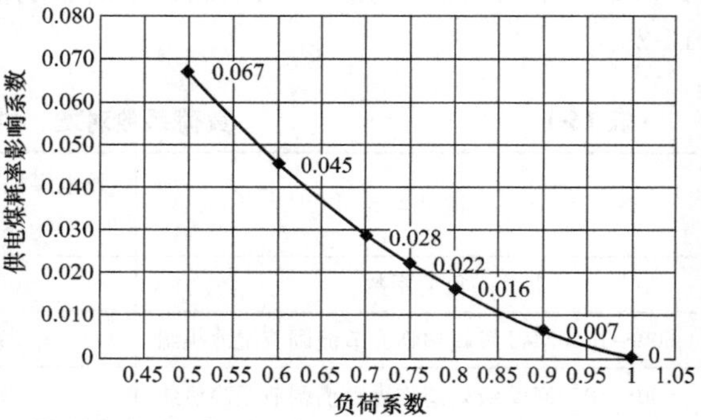

图16-2　600～1000MW级超超临界湿冷机组负荷系数影响煤耗趋势

$$Y=0.1874x^2-0.414x+0.227$$

对于 600～1000MW 级超超临界湿冷机组，当负荷系数为 0.75（即 75%）时，负荷系数对供电煤耗率影响系数为

$$Y=0.1874x^2-0.414x+0.227$$
$$=0.1874\times0.75^2-0.414\times0.75+0.227=0.02191$$

由于 600～1000MW 级超超临界节流调节湿冷机组供电煤耗率基准值为 275g/kWh，因此，负荷系数为 0.75 时，相对 100%负荷，供电煤耗率变化量为 275g/kWh×0.021 91=6.03g/kWh。

同理，当负荷系数为 0.50 时，负荷系数对供电煤耗率影响系数为

$$Y=0.1874x^2-0.414x+0.227$$
$$=0.1874\times0.5^2-0.414\times0.5+0.227=0.06685$$

由于 600～1000MW 级超超临界节流调节湿冷机组供电煤耗率基准值为 275g/kWh，因此，负荷系数为 0.50 时，相对 100%负荷，供电煤耗率变化量为 275g/kWh×0.066 85=18.38g/kWh。

上述分析表明，负荷系数由 1 降到 0.75（负荷率由 100%降低到 75%，降低 25 个百分点），供电煤耗率变化量为 6.03－0＝6.03g/kWh。负荷率每降低 1 个百分点，供电煤耗率变化量为 0.24g/kWh；负荷系数由 0.75 降到 0.50（负荷率由 75%降低到 50%，降低 25 个百分点），供电煤耗率变化量为 18.38－6.03＝12.35g/kWh。负荷率每降低 1 个百分点，供电煤耗率变化量为 0.49g/kWh。

(2) 不同类型机组部分负荷下厂用电率变化量曲线。

根据表 16-2 不同负荷系数对应的厂用电率，通过计算机插入散点图，并选择设置趋势线格式中的多项式和显示公式，可以绘制负荷系数对机组厂用电率影响趋势线（图 16-3 曲线显示的纵坐标点数据是标对应的厂用电率变化量与表 16-2 对应的厂用电率基准值的比值），并建立模拟公式。图 16-3 显示 600～1000MW 级超超临界湿冷机组负荷系数对机组厂用电率影响系数的模拟公式为

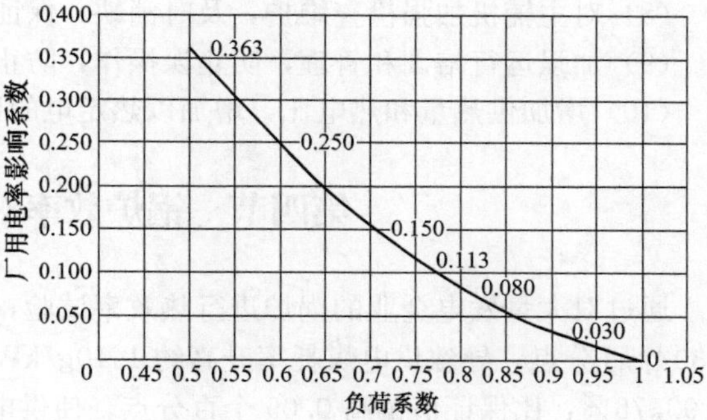

图 16-3　600～1000MW 级超超临界湿冷机组负荷系数影响厂用电率趋势

$$Z=1.0994x^2-2.3756x+1.2765$$

当负荷系数为 0.75 时，负荷系数对厂用电率影响系数为

$$Z=1.0994x^2-2.3756x+1.2765$$
$$=1.0994\times0.75^2-2.3756\times0.75+1.2765=0.11321$$

由于 600～1000MW 级超超临界节流调节湿冷机组厂用电率基准值为 4%，因此，负荷系数为 0.75 时，相对 100%负荷，厂用电率变化量为 4%×0.113 21=0.45（百分点）。

同理，当负荷系数为 0.50 时，负荷系数对厂用电率影响系数为

$$Z=1.0994x^2-2.3756x+1.2765$$
$$=1.0994\times0.5^2-2.3756\times0.5+1.2765=0.36205$$

由于 600～1000MW 级超超临界节流调节湿冷机组厂用电率基准值为 4%，因此，负荷系数为 0.50 时，相对 100%负荷，厂用电率变化量为 4%×0.362 05=1.45（百分点）。

上述分析表明，负荷系数由 0.75 降到 0.50（负荷率由 75%降低到 50%，降低 25 个百分点），厂用电率变化量为 1.45－0.45＝1.0 个百分点。负荷率每降低 1 个百分点，厂用电率变化

量为 0.04 个百分点。

其他类型的机组负荷系数机组供电煤耗率和厂用电率的影响系数分析方式与 600～1000MW 级超超临界节流调节湿冷机组完全一样，这里不再重复。

四、提高机组负荷率的措施

(1) 提前加强与调度机构沟通，争取超发电量。

(2) 通过政府电量计划提高机组负荷率，合理运用政府计划电量分配规则中的奖励措施，争取更多计划电量。当前计划电量奖励措施主要包括调频奖励电量、调峰奖励电量、供热电量、节能电量等。

(3) 加强电力市场开发，签约更多市场电量，必要时增加替代电量，使运行机组计划充足。

(4) 当运行机组电量计划严重不足时，如不是在最小运行方式下运行，优先选择停机，保持运行机组的电量计划充足，合理安排电力计划及运行方式是提高机组运行负荷率的重要手段。

(5) 保证机组运行方式安全，备用设备正常，减少非计划停运。加强检修和维护，保障主要辅机设备健康可靠，减少非计划减出力，使机组多发满发。

(6) 根据负荷情况控制消缺时间。

(7) 实行状态检修，减少计划检修次数。

(8) 对主辅机加强检查维护，及时消缺，保证检修质量。

(9) 加强运行培训和管理，防止误操作，防止保护误动，制定各种措施保证机组安全运行。

(10) 增加供热量和热电比，增加以热定电的比重。

第四节　锅炉效率对能耗指标的影响

通过对大量发电企业的锅炉进行热效率试验，电站锅炉平均效率为 92.15%，比保证值偏低 0.30 个百分点，导致供电煤耗率升高约 1.10g/kWh。其中 1000MW 超超临界机组锅炉效率平均为 93.75%，比保证值偏高 0.09 个百分点，使供电煤耗率降低 0.29g/kWh；600MW 超临界机组锅炉效率平均为 92.92%，比保证值偏低 0.4 个百分点，使供电煤耗率升高 1.44g/kWh；600MW 亚临界机组锅炉效率平均为 92.05%，比保证值偏低 0.77 个百分点，使供电煤耗率升高 2.85g/kWh；300MW 亚临界机组锅炉效率平均为 91.7%，比保证值偏低 0.19 个百分点，使供电煤耗率升高 0.72g/kWh。锅炉效率呈现出从亚临界小容量到超临界大容量逐渐升高的趋势，体现出大容量、高参数锅炉设计的日趋完善的趋势。

一、锅炉效率的计算

本节以一台 300MW 锅炉（1025t/h）为例，说明美国标准 ASME PTC4.1 关于锅炉热效率的计算方法，见表 16-3。

表 16-3　　**锅炉热效率计算（低位发热量）**

项目	符号	单位	数据来源	工况 T-01	工况 T-02
试验煤质特性				300MW	250MW
收到基碳	C_{ar}	%	实测	60.78	60.78
收到基氢	H_{ar}	%	实测	3.89	3.89
收到基氧	O_{ar}	%	实测	10.34	10.34

续表

项目	符号	单位	数据来源	工况 T-01	工况 T-02
收到基氮	N_{ar}	%	实测	0.83	0.83
收到基硫	S_{ar}	%	实测	0.50	0.50
收到基水分	M_{ar}	%	实测	17.70	17.70
收到基灰分	A_{ar}	%	实测	5.96	5.96
收到基低位发热量	$Q_{net,ar}$	kJ/kg	实测	23 080	23 080
大气条件					
大气压力	p_a	Pa	实测	103.3	103.2
干球温度	t_d	℃	实测	5.1	7.9
湿球温度	t_w	℃	实测	0.2	2.1
相对湿度	ϕ	%	实测	33	30
t_d 对应的饱和蒸汽压力	p_b	kPa	$0.6118+0.042781t_d+0.001688t_d^2+0.0000121t_d^3$	0.875	1.061
绝对湿度	W_{mA}	kg/kg	$0.00622\times\phi\times p_b/(p_a-\phi\times p_b/100)$	0.002	0.002
基准温度					
空气预热器进口一次风温（一次风机出口风温）	t_{p8}	℃	实测	25.6	28.1
空气预热器进口二次风温（送风机出口风温）	t_{f8}	℃	实测	18.2	20.0
空气预热器进口一次风量	W_p	t/h	实测	20.0	20.0
空气预热器进口二次风量	W_f	t/h	实测	80.0	80.0
基准温度	t_{RA}	℃	$(W_p\times t_{p8}+W_f\times t_{f8})/(W_p+W_f)$	19.7	21.6
t_{RA} 下对应的饱和水蒸气焓	h_{RV}	kJ/kg	$0.0008t_{RA}^2+1.8557t_{RA}+2501.4$	2538	2542
灰渣可燃物					
飞灰比率	r_f	kg/kg	取设计值	0.70	0.70
省煤器灰斗灰比率	r_{sm}	kg/kg	取设计值	0.00	0.00
大渣比率	r_1	kg/kg	取设计值	0.30	0.30
飞灰可燃物	C_{fh}	%	实测	2.00	2.00
省煤器灰斗灰可燃物	C_{sm}	%	实测	0.00	0.00
大渣可燃物	C_{lz}	%	实测	0.50	0.50
灰渣平均可燃物	C_{av}	%	$r_f\times C_{fh}+r_{sm}\times C_{sm}+r_1\times C_{lz}$	1.55	1.55
实际燃尽碳分	C_b	%	$C_{ar}-A_{ar}\times C_{av}/(100-C_{av})$	60.686	60.686
排烟特性					

续表

项目	符号	单位	数 据 来 源	工况 T-01	工况 T-02
空气预热器出口氧	O_2	%	实测	4.07	4.41
空气预热器出口二氧化碳	CO_2	%	实测	15.14	14.79
空气预热器出口一氧化碳	CO	%	实测	0.012	0.00
空气预热器出口氮	N_2	%	$100-CO_2-O_2-CO$	80.79	80.80
每千克燃料所需干空气量	W_A	m^3/kg	$\{28.02\times N_2\times(C_b+12.01\times S_{ar}/32.07)/[12.01\times(CO_2+CO)]-N_{ar}\}/76.85$	9.85	10.09
每千克燃料所产生干烟气量	W_G	m^3/kg	$(44.01\times CO_2+32.00\times O_2+28.02\times N_2+28.01\times CO)/[1201\times(CO_2+CO)]\times(C_b+12.01\times S/32.07)$	10.24	10.47
排烟温度	t_G	℃	实测	126.4	123.3
烟气中水分	W_{mG}	m^3/kg	$(8.936H_{ar}/100+W_{mA}\times W_A+M_{ar}/100)$	0.542	0.544
烟气中水分分压力	P_{pG}	kPa	$p_a/\{1+150\times C_b/[100W_{mG}\times(CO_2+CO)]\}$	8.54	8.38
排烟中水蒸气焓	h_1	kJ/kg	$0.000\,2t_G^2+1.858\,5t_G+2501.4$	2739.5	2733.5
锅炉实际蒸发量	D	t/h	实测	936	792
烟气平均比热容	C_{pg}	kJ/(kg·℃)	$1.7\times CO_2+1.318\times O_2+1.295\times N_2$	1.357	1.356
锅炉效率					
未燃碳分热损失	q_{uc}	%	$337.225\times A_{ar}\times C_{av}/Q_{net,ar}$	0.13	0.13
干烟气热损失	q_G	%	$W_G\times C_{pg}\times(t_G-t_{RA})/Q_{net,ar}\times100$	6.43	6.25
燃料水分引起的热损失	q_{mf}	%	$M_{ar}\times(h_1-h_{Rv})/Q_{net,ar}$	0.15	0.15
燃料氢引起的热损失	q_H	%	$8.936\times H_{ar}\times(h_1-h_{Rv})/Q_{net,ar}$	0.30	0.29
空气中湿分引起的热损失	q_{mA}	%	$W_{mA}\times W_A\times(h_1-h_{RV})/Q_{net,ar}\times100$	0.01	0.02
一氧化碳引起的热损失	q_{CO}	%	$23\,630.3\times CO\times C_b/(CO_2+CO)/Q_{net,ar}$	0.05	0.00
辐射对流热损失	q_B	%	$0.2\times935/D$	0.20	0.24
未测量热损失	q_{un}	%	按合同取定	0.30	0.30
总热损失	q	%	$q_{uc}+q_G+q_{mf}+q_H+q_{mA}+q_{CO}+q_B+q_{un}$	7.58	7.37
试验锅炉效率	η	%	$100-q$	92.42	92.63
效率修正					
设计燃料收到基碳	C_D	%	取设计值	58.56	58.56
收到基氢	H_D	%	取设计值	3.36	3.36
收到基氧	O_D	%	取设计值	7.88	7.88
收到基氮	N_D	%	取设计值	0.79	0.79

续表

项目	符号	单位	数据来源	工况 T-01	工况 T-02
收到基硫	S_D	%	取设计值	0.63	0.63
收到基水分	M_D	%	取设计值	9.61	9.61
收到基灰分	A_D	%	取设计值	19.17	19.17
收到基低位发热量	$Q_{net,D}$	kJ/kg	取设计值	22 400	22 400
保证进风基准温度	t_b	℃	取设计值	24	24
空气预热器进口烟温	t'_G	℃	实测	393.8	364.8
修正后排烟温度	$t_{G\delta}$	℃	$[t_b(t_G^1-t_G)+t_G^1(t_G-t_{RA})]/(t_G^1-t_{RA})$	129.5	124.9
修正后排烟温度对应的蒸汽焓	$h_{1\delta}$	kJ/kg	$0.000\,8t_{G\delta}^2+1.855\,7t_{G\delta}+2501.4$	2755.1	2745.7
保证基准温度下的饱和蒸汽焓	$h_{RV\delta}$	kJ/kg	$0.000\,2t_b^2+1.858\,5t_b+2501.4$	2546.1	2546.1
每千克燃料燃尽的碳分	$C_{b\delta}$	%	$C_D-A_D\times C_{av}/(100-C_{av})$	58.26	58.26
每千克燃料所需干空气量	$W_{A\delta}$	kg/kg	$\{28.02N_2(C_{b\delta}+12.01\times S_D/32.07)/[12.01\times(CO_2+CO)]-0.8N_D\}/76.85$	9.464	9.693
每千克燃料产生的干烟气量	$W_{G\delta}$	kg/kg	$(44.01CO_2+32.00O_2+28.02N_2+28.01CO)/[12.01(CO_2+CO)]\times(C_{b\delta}+12.01\times S_D/32.07)$	9.840	10.064
烟气平均比热容	$C_{pg\delta}$	kJ/kg·℃	$1.7\times CO_2+1.318\times O_2+1.295\times N_2$	1.357	1.356
干烟气热损失	$q_{G\delta}$	%	$W_{G\delta}\times C_{pg\delta}\times(t_{G\delta}-t_b)/Q_{net,D}\times100$	6.289	6.147
燃料水分引起的热损失	$q_{mf\delta}$	%	$M_d\times(h_{1\delta}-h_{RV\delta})/Q_{net,D}$	0.090	0.086
燃料氢引起的热损失	$q_{H\delta}$	%	$8.936\times H_D\times(h_{1\delta}-h_{RV\delta})/Q_{net,D}$	0.280	0.267
空气中湿分引起的热损失	$q_{mA\delta}$	%	$W_{mA}\times W_{A\delta}\times(h_{1\delta}-h_{RV\delta})/Q_{net,D}\times100$	0.015	0.017
一氧化碳引起的热损失	$q_{co\delta}$	%	$23\,630.3\times CO\times C_{b\delta}/(CO_2+CO)/Q_{net,D}$	0.05	0.00
修正后的热损失	q_δ	%	$q-(q_G+q_{mf}+q_H+q_{mA}+q_{CO})+(q_{G\delta}+q_{mf\delta}+q_{H\delta}+q_{mA\delta}+q_{CO\delta})$	7.356	7.188
修正后锅炉效率	η_δ	%	$100-q_\delta$	92.64	92.81

注 请读者按照表16-3格式使用excel办公软件编制“锅炉热效率计算表”，表16-3工况T-01和工况T-02列对应“数据来源”中如果笔者写有计算公式，请读者在对应的工况T-01和工况T-02中excel表列中按照计算公式编制隐藏的计算公式。这样只要将实测的数据录入本表后，就自动计算出“试验锅炉效率”和“修正后锅炉效率”

表16-3计算说明，在飞灰比率为0.7时，锅炉在300MW修正后的热效率为92.64%；如果飞灰比率为0.9时，锅炉在300MW修正后的热效率为92.62%，说明灰渣比例选取数值对锅炉效率影响不大。

如果试验燃料特性偏离设计值，应将燃料的元素分析及低位发热量设计值替代所有热损失计算有关公式中的相应值，即可求得修正后的各项热损失值和锅炉效率值。

二、影响锅炉效率的主要因素

从上面的锅炉效率过程可以看出，锅炉效率的主要因素如下：

（1）排烟温度。排烟温度高，锅炉效率差。

（2）锅炉氧量。局部缺氧燃烧使锅炉固体不完全燃烧损失上升，特别是“W”火焰锅炉高负荷工况会出现缺氧燃烧和沿炉膛宽度方向氧量分布严重不均（中部缺氧）。

（3）煤粉细度。煤粉粗，燃煤燃烧不充分，锅炉效率差。

（4）灰渣含碳量。飞灰可燃物、灰渣可燃物含碳量大，锅炉效率差。

（5）石子煤量。煤质差矸石多，制粉出力紧张，中速磨风环间隙偏大得不到及时恢复，为提高出力保持高料位运行等原因，造成石子煤量大，石子煤热值高，从而使固体不完全燃烧损失上升。

（6）空气预热器漏风率。空气预热器漏风率大，锅炉效率差。

（7）散热损失。散热损失大，锅炉效率差。

（8）设备完好水平。设备存在缺陷，被迫降参数运行，锅炉效率差。

（9）再热器的减温水量。采用喷水来调节再热汽温是不经济的，喷水减温将增加再热蒸汽的数量，从而增加了汽轮机中、低压缸的蒸汽流量，亦即增加了中、低压缸的出力。如果机组的负荷不变，则势必要限制汽轮机高压缸的出力，即减少高压缸的蒸汽流量，这样就等于部分地用低压蒸汽循环去代替高压蒸汽循环做功，因而必然导致整个机组热经济性的降低。对于亚临界机组，若再热蒸汽中的喷水量为锅炉蒸发量的1%，整个机组的循环热效率将降低0.1%～0.2%，供电煤耗率大约增加0.6g/kWh。

（10）环境温度。进风温度的改变锅炉输入热量和排烟温度。

（11）负荷系数。锅炉效率受负荷系数的影响主要表现在运行氧量及排烟温度两个方面。高负荷时运行氧量小，排烟温度高；低负荷时运行氧量大，排烟温度低。对于现代煤粉锅炉来说，运行氧量与排烟温度二者对锅炉效率的影响基本可以抵消，即负荷变化对锅炉效率影响不大。大量的统计数据表明，75%～85%负荷时较100%负荷锅炉效率略高，50%负荷较100%负荷锅炉效率略低，基本上与保证效率相当。例如，某1000MW超超临界烟煤锅炉效率在100%负荷时为93.9%，75%负荷时为94.9%，50%负荷时为93.5%。某亚临界锅炉效率在100%负荷时为92.64%，83%负荷时为92.81%。

（12）煤质。煤质差必然存在热值低和灰分大直接引起的固体不完全燃烧损失。因煤质差、灰分高，导致煤粉颗粒与氧接触面积减少，增加氧向灰颗粒内部的渗透困难，进而影响燃烧速度和强度，使燃烧不充分；或因煤质差，煤量需求大，磨煤和干燥出力紧张，磨煤机得不到及时维修，出力进一步降低，为保证负荷而提高一次风量，一次风管、分离器及喷燃器通流面积相对不足，引起一次风速高，风温低和煤粉粗，使燃烧不充分。

（13）风机出力。因送、引风机出力不足。送、引风机出力不足导致高负荷工况缺氧燃烧，飞灰可燃物升高。

（14）二次配风。对于四角切圆燃烧方式的锅炉，如果底部二次风口面积相对偏小，就会造成托粉能力不足，造成煤粉离析严重，炉渣可燃物偏高。

（15）炉膛温度低。

三、提高锅炉效率的主要措施

（1）降低锅炉排烟温度。检修好燃烧器摆动气缸和连杆，使之调整灵活。当摆角向上倾时，由于火焰中心的抬高，炉膛出口烟气温度升高；如向下的倾角过大时，可能会造成水冷壁下部或冷灰斗结渣。燃烧器摆角每变化1°，炉膛出口烟气温度平均升高6～7℃。

(2) 控制适当的过量空气系数，改变锅炉含氧量。

(3) 加强锅炉燃烧调整，降低飞灰可燃物、炉渣可燃物。

(4) 控制煤粉细度，严格控制磨煤机风/煤比和旋转分离器转速。

(5) 降低空气预热器漏风率，维持合适一/二次风压。

(6) 及时调整辅助风风门，使之适合燃烧煤种。

(7) 降低磨煤机石子煤排放含煤量，控制磨煤机风/煤比，制粉系统存在缺陷及时联系检修处理。

(8) 更换不合格的保温，降低炉膛、烟道散热损失。

(9) 严格执行定期吹灰制度，及时清理烟道结焦和受热面积灰，提高换热效率，降低排烟温度。

(10) 在再热器壁易超温的部分加装挡板，重新分布烟气流向和流量，减少再热蒸汽事故喷水用量，提高机组运行的经济性。

(11) 尽量保证锅炉燃用煤品质的稳定。根据煤质、机组负荷及燃烧设备的变化因素，及时进行燃烧调整优化试验。

(12) 减少锅炉本体、烟风系统、制粉系统的漏风。

(13) 实现机组自动协调控制运行，及时投入锅炉汽温、汽压自动控制系统。

(14) 提高汽水品质，防止漏水冒汽。

(15) 炉膛温度低锅炉可适当调整卫燃带或在适当位置喷涂隔热涂料，提高炉温。

(16) 送、引风机出力不足首先要对空气预热器和烟风道漏风和阻力大问题进行治理，仍然不足时可考虑风机增容改造，如增速、增加叶片数等。

(17) 针对石子煤量大问题，可减小风环间隙，加强磨煤机维护，及时修复磨损碾磨件，保持合理的一次风率和风温，保持合理的磨煤机料位等。

(18) 汽轮机、锅炉在线优化运行系统采用耗差分析手段，直接显示锅炉经济技术参数、指标的实际值和目标值，指导运行人员经济运行。

第五节　机组供热对能耗指标的影响

在分析机组供热对能耗指标影响前，应准确理解机组供热的主要能耗指标——供热煤耗率的计算方法。

一、供热量的计算方法

计算统计供热煤耗率的前提条件是供热量为已知条件。供热量的计算公式为

$$Q_{gr}=Q_{zg}+Q_{jg}$$

式中　Q_{gr}——统计期内的供热量（指机组在统计期内用于供热的热量），GJ；

Q_{zg}——统计期内的直接供热量（指由汽轮机直接或经减温减压后向热用户提供的热量），GJ；

Q_{jg}——统计期内的间接供热量（指通过热网加热器等设备加热供热介质后间接向用户提供的热量），GJ。

(1) 直接供热量为

$$Q_{zg}=[\sum(D_i h_i)-\sum(D_j h_j)-\sum(D_k h_k)]\div 10^6$$

$$D_i \approx D_k$$

式中 D_i——统计期内的供汽量，kg；

h_i——统计期内直接供汽的焓值，kJ/kg；

D_j——统计期内直接供汽的凝结水回水量，kg；

h_j——统计期内直接供汽的凝结水回水的焓值，kJ/kg；

D_k——统计期内用于直接供热的补充水量，kg；

h_k——统计期内用于直接供热的补充水（自然水）的焓值，kJ/kg。

（2）间接供热量为

$$Q_{jg}=\frac{\sum(D_{ji}h_{ji})-\sum(D_{jj}h_{jj})-\sum(D_{jk}h_{jk})}{\eta_{rw}}\div 10^6$$

$$D_{ji}\approx D_{jj}$$

式中 D_{ji}——统计期内热网循环水的供水量，kg；

h_{ji}——统计期内热网循环水的供水焓值，kJ/kg；

D_{jj}——统计期内热网循环水的供水回水量，kg；

h_{jj}——统计期内热网循环水的回水焓值，kJ/kg；

D_{jk}——统计期内用于热网循环水的补充水量，kg；

h_{jk}——统计期内用于直接供热的补充水（自然水）的焓值，kJ/kg；

η_{rw}——统计期内的热网加热器效率，%。对于热泵 η_{rw} 取 100%，其他可取 98%。

供热机组在同一负荷下，供热量越大，则供电煤耗率越低。

二、汽轮机总热耗量的计算方法

计算统计供热煤耗率的前提的第二个条件是汽轮机总热耗量为已知条件。汽轮机总热耗量是指汽轮发电机组从外部热源取得的热量。对于一次中间再热的抽汽凝汽式机组，汽轮机总热耗量应为给水、冷段再热蒸汽、过热减温水和再热减温水在锅炉内吸热量的总和与管道效率的乘积，即

$$\begin{aligned}Q_{sr}&=\eta_{gd}Q_1=Q_0=(D_{zq}h_{zq}-D_{gs}h_{gs}+D_{zr}h_{zr}-D_{lzr}h_{lzr}-D_{gj}h_{gj}-D_{zj}h_{zj}+D_{go}h_{go})\times T\times 10^{-3}\\&=[(D_{zq}-D_{gj})\times(h_{zq}-h_{gs})+D_{gj}(h_{zq}-h_{gj})+(D_{zr}-D_{zj})\times(h_{zr}-h_{lzr})+D_{zj}\times(h_{zr}-h_{zj})+\\&\quad D_{go}\times(h_{go}-h_{gs})]\times T\times 10^{-3}\end{aligned}$$

$$D_{zq}=D_{gs}+D_{gj}-D_{go}$$

$$D_{zr}=D_{lzr}+D_{zj}$$

$$D_{lzr}=D_{zq}-D_{lg}-D_{cg}-D_{cy}$$

式中 η_{gd}——管道效率，%，设计取 99%，运行中取 97%；

Q_1——锅炉有效利用热量，GJ；

Q_{sr}、Q_0——汽轮机总热耗量，GJ；

D_{zq}——汽轮机主蒸汽流量，t/h；

D_{gs}——最终给水流量，t/h；

D_{zr}——汽轮机再热蒸汽流量，t/h；

D_{lzr}——汽轮机冷段再热蒸汽流量，t/h；

D_{gj}——过热器减温水流量，t/h；

D_{zj}——再热器减温水流量，t/h；

D_{go}——锅炉排污、吹灰或其他泄漏蒸汽（或水）流量，t/h；

h_{zq}——汽轮机主蒸汽焓值，kJ/kg；

h_{gs}——最终给水焓值，kJ/kg；

T——机组运行时间，h；

h_{zr}——汽轮机再热蒸汽焓值，kJ/kg；

h_{lzr}——汽轮机冷段再热蒸汽焓值，kJ/kg；

h_{gj}——过热器减温水焓值，kJ/kg；

h_{zj}——再热器减温水焓值，kJ/kg；

h_{go}——锅炉排污、吹灰或其他泄漏蒸汽（或水）焓值，kJ/kg；

D_{lg}——高压门杆、高压缸前后轴封、高压缸至中压缸的漏汽量，t/h；

D_{cg}——高压缸抽汽至高压加热器的抽汽量，t/h；

D_{cy}——冷段再热蒸汽供厂用抽汽等其他用汽量，t/h。

在试验条件下，锅炉禁止排污和吹灰，因此 $D_{go}\approx 0$，$D_{zq}=D_{gs}+D_{gj}$

则 $Q_{sr}=[(D_{zq}-D_{gj})\times(h_{zq}-h_{gs})+D_{gj}(h_{zq}-h_{gj})+(D_{zr}-D_{zj})\times(h_{zr}-h_{lzr})+D_{zj}\times(h_{zr}-h_{zj})+D_{go}\times(h_{go}-h_{gs})]\times 10^{-3}$

$=[D_{gs}\times(h_{zq}-h_{gs})+D_{gj}(h_{zq}-h_{gj})+D_{lzr}\times(h_{zr}-h_{lzr})+D_{zj}\times(h_{zr}-h_{zj})]\times 10^{-3}$

三、供热比的计算方法

供热比是指统计期内机组用于供热的热量与汽轮机热耗量的百分比。得到供热量和汽轮机总热耗量，即可计算供热比。供热比计算公式为

$$\alpha=\frac{Q_{gr}}{Q_{sr}}\times 100\%$$

式中 α——供热比，%；

Q_{gr}——统计期内的供热量，GJ；

Q_{sr}——统计期内的汽轮机总热耗量，GJ。

供热比 α 实际上是对总热量或总煤量进行分配的比例。根据供热比及电厂统计的总煤耗可计算出发电煤耗量和供热煤耗量。

根据供热正平衡关系：

$$Q_{gr}=29\ 308B_{gr}\eta_{gd}\eta_{bl}\times 10^{-3}$$

式中 Q_{gr}——统计期内的供热量，GJ；

B_{gr}——热电厂用于供热的耗用标准煤量，t。

得

$$B_{gr}=\frac{Q_{gr}}{29.308\eta_{bl}\eta_{gd}}=\frac{\alpha Q_{sr}}{29.308\eta_{bl}\eta_{gd}}=\alpha B_0$$

即

$$\alpha=\frac{B_{gr}}{B_0}$$

式中 B_0——锅炉总耗用标准煤量，t；

η_{bl}——锅炉效率，%；

η_{gd}——管道效率，%。

四、供热煤耗率的计算方法

（1）供热煤耗率的正平衡计算公式为

$$b_r=\frac{1000\times B_0\alpha}{Q_{gr}}$$

式中 B_0——统计期内锅炉总耗用标准煤量，t；

α——供热比，%；

Q_{gr}——统计期内的供热量，GJ；

b_r——供热标准煤耗率，kg/GJ。

（2）供热煤耗率的反平衡计算公式为

$$b_r=\frac{100\ 000}{29\ 308\eta_{bl}\eta_{gd}}=\frac{34.120}{\eta_{bl}\eta_{gd}}$$

式中 η_{bl}——锅炉效率，%；

η_{gd}——管道效率，%。

供热煤耗率是能够反映锅炉效率、管道效率的指标。锅炉效率越高，供热煤耗率越低，分析供热煤耗率还可以判断锅炉正平衡效率是否正常。

五、供电煤耗率的计算方法

1. 发电煤耗率的计算方法

发电煤耗率的反平衡计算公式为

$$b_f=\frac{q_f}{Q_{net,ar}\eta_{bl}\eta_{gd}}$$

式中 b_f——统计期内机组的发电煤耗率，g/kWh；

q_f——统计期内机组的热耗率，kJ/kWh；

$Q_{net,ar}$——标准煤的低位发热量，29 308kJ/kg；

η_{bl}——统计期内锅炉效率，%；

η_{gd}——统计期内管道效率，%。

发电煤耗率的正平衡计算公式为

$$b_f=\frac{B_0-B_{gr}}{W_f}\times 10^6$$

式中 B_0——统计期内锅炉总耗用标准煤量，t；

B_{gr}——统计期内供热耗用标准煤量，t；

W_f——统计期内机组的发电量，kWh。

2. 发电厂用电率的计算方法

根据DL/T 904—2015《火力发电厂技术经济指标计算方法》规定，发电厂用电率的计算公式为

$$L_f=\frac{W_{fy}}{W_f}\times 100\%=\frac{W_{cy}-W_{ry}}{W_f}\times 100\%$$
$$=\frac{W_{cy}-[\alpha(W_{cy}-W_{cry})+W_{cry}]}{W_f}\times 100\%$$
$$W_{cy}=W_f-W_g=W_f-(W_{gk}+W_{qt})=W_{fy}+W_{ry}$$
$$W_{ry}=\alpha(W_{cy}-W_{cry})+W_{cry}$$

必须注意DL/T 904—2015规定的供热厂用电量计算公式，在理论上是不正确的，应改为

$$W_{ry}=\alpha(W_{cy}-W_{cry}-W_{cfy})+W_{cry}$$

根据GB 35574—2017《热电联产单位产品能源消耗限额》规定，发电厂用电率的计算公式为

$$L_f=\frac{W_{fy}}{W_f-W_{ry}}\times 100\%=\frac{W_{cy}-W_{ry}}{W_f-W_{ry}}\times 100\%$$
$$=\frac{W_{cy}-[\alpha(W_{cy}-W_{cry})+W_{cry}]}{W_f-W_{ry}}\times 100\%$$

当然该公式也是不正确的，必须修改为

$$L_{\mathrm{f}}=\frac{W_{\mathrm{fy}}}{W_{\mathrm{fry}}}\times 100\%=\frac{W_{\mathrm{cy}}-W_{\mathrm{ry}}}{W_{\mathrm{f}}}\times 100\%$$

$$=\frac{W_{\mathrm{cy}}-[\alpha(W_{\mathrm{cy}}-W_{\mathrm{cry}}-W_{\mathrm{cfy}})+W_{\mathrm{cry}}]}{W_{\mathrm{f}}}\times 100\%$$

式中 L_{f}——统计期内机组的发电厂用电率，%；

W_{f}——统计期内机组的发电量，kWh；

W_{g}——统计期内机组的供电量，kWh；

W_{gk}——统计期内机组的关口上网电量，kWh；

W_{qt}——统计期内机组的其他电量，kWh；

W_{fy}——统计期内机组的用于发电的厂用电量，kWh；

W_{ry}——统计期内机组的用于供热的厂用电量，kWh；

W_{cy}——统计期内机组的生产厂用电量，kWh；

W_{cfy}——统计期内机组纯发电耗用的厂用电量（包括凝结水泵、循环水泵和励磁机耗电量），kWh；

W_{cry}——统计期内机组纯热网耗用的厂用电量，kWh；

α——供热比，%。

GB 35574—2017 规定的发电厂用电率的计算方法中的分母是发电量减去供热厂用电量的差，这是错误的，分母应改为仅仅发电量一项内容，而不是再减去供热厂用电量。

3. 供电煤耗率的计算方法

供电煤耗率的计算公式为

$$b_{\mathrm{g}}=\frac{b_{\mathrm{f}}}{1-L_{\mathrm{f}}}$$

式中 b_{f}——统计期内机组的发电煤耗率，g/kWh；

b_{g}——统计期内机组的供电煤耗率，g/kWh；

L_{f}——统计期内机组的发电厂用电率，%。

4. 综合供热煤耗率的计算方法

综合供热煤耗率的计算公式为

$$b_{\mathrm{zr}}=b_{\mathrm{r}}+b_{\mathrm{f}}\frac{W_{\mathrm{ry}}}{1000Q_{\mathrm{gr}}}=\frac{34.120}{\eta_{\mathrm{rw}}\eta_{\mathrm{bl}}\eta_{\mathrm{gd}}}+\frac{W_{\mathrm{ry}}}{1000Q_{\mathrm{gr}}}b_{\mathrm{g}}(1-L_{\mathrm{f}})$$

式中 b_{f}——统计期内机组的发电煤耗率，g/kWh；

b_{g}——统计期内机组的供电煤耗率，g/kWh；

L_{f}——统计期内机组的发电厂用电率，%；

b_{r}——供热标准煤耗率，kg/GJ；

b_{zr}——综合供热标准煤耗率，kg/GJ。

六、综合供热标准煤耗限额

GB 35574—2017《热电联产单位产品能源消耗限额》规定现役常规抽凝机组热电联产单位产品能源消耗限额见表 16-4。新建常规机组的年平均供电煤耗率和年平均综合供热煤耗率准入值应不大于表 16-5 值，机组燃用褐煤和机组采用空气冷却方式时不再根据其他影响因素进行修正。

表 16-4　　现役常规抽凝机组热电联产单位产品能源消耗限额

压力参数	能源消耗限额等级					
	1级		2级		3级	
	供电煤耗率(g/kWh)	综合供热煤耗率(kg/GJ)	供电煤耗率(g/kWh)	综合供热煤耗率(kg/GJ)	供电煤耗率(g/kWh)	综合供热煤耗率(kg/GJ)
超临界及以上	≤270	≤40.5	≤280	≤40.5	≤299	≤42.0
亚临界					≤307	≤42.5
超高压(200MW及以上)					≤316	≤43.0
超高压(200MW以下)					≤305	≤43.5

注　年平均供电煤耗率1级值为表16-4中的1级值与燃煤成分、气温、冷却方式、负荷系数的修正系数的乘积，其他等级以此类推。年平均综合供热煤耗率1级值为表16-4中的1级值与燃煤成分的修正系数的乘积，其他等级以此类推。

表 16-5　　新建抽凝机组热电联产单位产品能源消耗限额

压力参数	能源消耗限额等级					
	常规机组准入值		褐煤机组准入值		空冷机组准入值	
	供电煤耗率(g/kWh)	综合供热煤耗率(kg/GJ)	供电煤耗率(g/kWh)	综合供热煤耗率(kg/GJ)	供电煤耗率(g/kWh)	综合供热煤耗率(kg/GJ)
超临界及以上	≤280	≤40.5	≤283	≤41	≤292	≤40.5
亚临界			≤283	≤41	≤292	≤40.5
超高压(200MW及以上)			≤283	≤41	≤292	≤40.5
超高压(200MW以下)			≤283	≤41	≤292	≤40.5

注　新建常规机组指不是燃烧褐煤或不是空气冷的机组。

例 16-1　某热电联产200MW机组CC140/N200-12.7/535/535全年运行数据：发电量 W_f = 104 406×10^4kWh，机组运行6700h，上网电量 W_{gk} = 95 301×10^4kWh，非生产厂用电量 W_{qt} = 100×10^4kWh，凝结水泵和循环水泵耗电量 W_{cfy} = 1010×10^4kWh，热网循环泵耗电量 W_{cry} = 400×10^4kWh，全年耗用标准煤量 B_0 = 451 174.2t，管道效率 η_{gd} = 98%，主蒸汽压力 p_{zq} = 11.67MPa，主蒸汽温度 t_{zq} = 535.9℃，主蒸汽焓 h_{zq} = 3433.0kJ/kg主蒸汽流量 D_{zq} = 618t/h，过热器减温水流量 D_{gj} = 20t/h，再热器减温水流量 D_{zj} = 5t/h，过热器减温水焓值 h_{gj} = 再热器减温水焓值 h_{zj} = 520kJ/kg；高压缸排汽压力 p_{lzr} = 2.298MPa，高压缸排汽温度 t_{lzr} = 303.7℃，高压缸排汽焓（冷段再热蒸汽焓）h_{lzr} = 3025kJ/kg，再热蒸汽压力 p_{zr} = 2.032MPa，再热蒸汽温度 t_{zr} = 535℃，再热蒸汽焓 h_{zr} = 3544.0kJ/kg；再热蒸汽流量 D_{zr} = 511.41t/h，给水压力 p_{gs} = 18MPa，给水温度 t_{gs} = 244.4℃，给水焓 h_{gs} = 1060.0kJ/kg。

工业抽汽压力 p_i = 0.98MPa，工业抽汽温度 t_i = 444℃，工业抽汽焓 h_i = 3358.2kJ/kg，工业抽汽流量 D_i = 42.5t/h，热网补水焓 h_k = 84kJ/kg，工业抽汽小时 T_i = 5800h。

采暖抽汽压力 p_h = 0.226MPa，温度 t_h = 252.5℃，热网循环水的供水焓 h_{ji} = 2975.4kJ/kg，热网循环水流量 D_{ji} = 285.6t/h，回水焓 h_{jj} = 527.6kJ/kg。热网加热器效率 η_{rw} = 98%。采暖抽汽小时 T_{jj} = 3504h。

求汽轮机总热耗量、锅炉效率、供热比、供热量、供热煤耗率、发电厂用电率、供电煤耗率、综合供热煤耗率，并判断供电煤耗率和综合供热煤耗率是否满足国家能耗限额标准要求。

解：(1) 工业抽汽直接供热量为

$$Q_{zg}=\left[\sum(D_ih_i)-\sum(D_jh_j)-\sum(D_kh_k)\right]\div 10^6$$
$$=(D_ih_i-D_jh_j-D_kh_k)\div 10^6$$
$$=5800\times 42\,500\times(3358.2-84)\div 10^6=807\,090.3(\mathrm{GJ})$$

间接采暖供热量为

$$Q_{jg}=\frac{\sum(D_{ji}h_{ji})-\sum(D_{jj}h_{jj})-\sum(D_{jk}h_{jk})}{\eta_{rw}}\div 10^6$$
$$=\frac{285\,600\times 3504\times(2975.4-527.6)}{0.98}\div 10^6=2\,499\,609.4(\mathrm{GJ})$$

供热量为

$$Q_{gr}=Q_{zg}+Q_{jg}=807\,090.3+2\,499\,609.4=3\,306\,699.7(\mathrm{GJ})$$

(2) $Q_{sr}=[D_{gs}\times(h_{zq}-h_{gs})+D_{gj}(h_{zq}-h_{gj})+D_{lzr}\times(h_{zr}-h_{lzr})+D_{zj}\times(h_{zr}-h_{zj})]\times 10^{-3}=[(618-20)\times(3433-1060)+20\times(3433-520)+511.41\times(3544-3035)+5\times(3544-520)]\times 10^{-3}\times 6700=1\,769\,538.7(\mathrm{MJ/h})\times 6700(\mathrm{h})=11\,855\,909.3\mathrm{GJ}$

供热比为

$$\alpha=\frac{Q_{gr}}{Q_{sr}}\times 100\%=\frac{3\,306\,699.7}{11\,855\,909.3}\times 100\%=27.89\%$$

供热标准煤耗量为

$$B_{gr}=\alpha B_0=0.278\,9\times 451\,174.2=125\,832.4(\mathrm{t})$$

(3) 由于 $B_{gr}=\dfrac{Q_{gr}}{29.308\eta_{bl}\eta_{gd}}$

因此锅炉效率为

$$\eta_{bl}=\frac{Q_{gr}}{29.308B_{gr}\eta_{gd}}=\frac{3\,306\,699.7}{29.308\times 125\,832.4\times 0.98}=91.5\%$$

(4) 供热煤耗率为

$$b_r=\frac{1000\times B_0\alpha}{Q_{gr}}=\frac{1000\times 451\,174.2\times 0.278\,9}{3\,306\,699.7}=38.05(\mathrm{kg/GJ})$$

或者 $b_r=\dfrac{34.120}{\eta_{bl}\eta_{gd}}=\dfrac{34.120}{0.915\times 0.98}=38.05(\mathrm{kg/GJ})$

(5) 全部厂用电量为

$$W_{qc}=W_f-W_{gk}=104\,406\times 10^4-95\,301\times 10^4=9105\times 10^4(\mathrm{kWh})$$

生产厂用电量为

$$W_{cy}=W_f-(W_{gk}+W_{qt})=9105\times 10^4-100\times 10^4=9005\times 10^4(\mathrm{kWh})$$

供热厂用电量为

$$W_{ry}=\alpha(W_{cy}-W_{cry}-W_{cfy})+W_{cry}$$
$$=[0.278\,9\times(9005-400-1010)+400]\times 10^4=2518.2\times 10^4(\mathrm{kWh})$$

发电厂用电量为

$$W_{fy}=W_{cy}-W_{ry}=(9005-2518.2)\times 10^4(\mathrm{kWh})$$
$$=6486.8\times 10^4(\mathrm{kWh})$$

发电厂用电率为

$$L_f=\frac{W_{fy}}{W_f}\times 100\%=\frac{6486.8}{104\,406}\times 100\%=6.21\%$$

（6）发电煤耗率为

$$b_f=\frac{B_0-B_{gr}}{W_f}\times 10^6$$

$$=\frac{451\ 174.2-125\ 832.4}{104\ 406}\times 100=311.61(g/kWh)$$

（7）供电煤耗率为

$$b_g=\frac{b_f}{1-L_f}=\frac{311.61}{1-0.062\ 1}=332.24(g/kWh)$$

（8）综合供热煤耗率的计算公式为

$$b_{zr}=b_r+b_f\frac{W_{ry}}{1000Q_{gr}}=38.05(kg/GJ)+\frac{25\ 182\ 000}{1000\times 3\ 306\ 699.7}\times 311.44$$

$$=40.42(kg/GJ)$$

（9）查表16-4知200MW热电联产机组的3级供电煤耗率限额值是316g/kWh，而本机组为b_g=332.24g/kWh，超过标准规定，供电煤耗率判定不合格。

查表16-4知200MW热电联产机组的3级综合供热煤耗率限额值是43g/kWh，而本机组为40.42kg/GJ，小于标准规定，综合供热煤耗率合格。虽然综合供热煤耗率合格，但是由于供电煤耗率判定不合格，因此该热电联产机组综合判定为不合格。

七、影响热电厂热经济指标的主要因素

影响供热机组运行经济指标的因素十分繁多，其影响量也各不相同，一般可将其归为运行设备及热力系统的改变、运行参数、性能指标和运行方式发生变化等几类。机组运行的总体经济指标可由供电煤耗率来表示，而机组的供电煤耗率则主要由机组热耗率、锅炉效率和管道效率确定。一般汽轮机本体性能、热力系统、运行参数以及部分运行方式的变化均会反映在机组的热耗率的变化上；与锅炉燃烧性能有关的则会反映在锅炉效率的变化上；而辅机耗电量的变化则主要反映在厂用电率的变化上。影响供热机组经济指标的主要因素包括：

（1）锅炉效率（排烟温度、飞灰含碳量、煤质等）和管道效率。

（2）过热器和再热器减温水量。

（3）热力系统严密性。

（4）机组正常的蒸汽消耗。

（5）给水回热加热系统（高、低压加热器）。

（6）主、再热蒸汽温度。

（7）低压缸排汽压力。

（8）机组负荷率。

（9）供热抽汽品质和流量。

（10）辅机耗电量（包括环保设施）。

（11）环境温度。

（12）煤种和煤质。

八、供热比对机组煤耗率的影响

对通常的中低压连通管抽汽供热机组，每1%的供热比约使机组的统计发电煤耗率比纯凝方式下下降1.55～1.6g/kWh（对应供电煤耗率为1.65～1.7g/kWh）。华能集团公司对供热机组的经济性考核时，对供热机组发电煤耗率按供热比进行修正：

$$b_f=\frac{b_j}{1+\alpha(c\times b_j-1)}$$

式中　b_f——供热机组发电煤耗率经过供热比修正的计算值，g/kWh；

b_j——各类同容量纯凝汽机组发电煤耗率基础值，g/kWh；

α——供热比，%；

c——对供热汽源压力的供热系数，约 0.004 6。

对于 300MW 亚临界机组，$b_j=301$g/kWh。据上述经验公式，对通常的中低压连通管抽汽供热机组，可以计算出每 1 个百分点的供热比增加，约使机组的供热发电煤耗率降低 1.0～1.3g/kWh，这与实际统计出来的 1.55～1.6g/kWh 偏小一些。

上海某电厂 4 台 N300－165/535/53 汽轮发电机组，汽轮机发电机组配套的亚临界、中间再热单炉膛燃煤 SG1025-540/540/16 锅炉。电厂原有利用启动锅炉房内空间建设的配汽站，分别企业供汽，热源点取自 1～4 号机的低温再热蒸汽，额定供汽压力 3.3MPa、温度 320℃。同时电厂一、二期机组供热抽汽母管联络，互为备用。通过试验得到 3 号锅炉在 310MW 供热、310MW 纯凝、240MW 供热和 180MW 供热 4 个工况下的运行效率分别为 92.22%、92.26%、92.66%和 92.67%，经送风温度修正后，各工况锅炉热效率分别为 92.48%、92.52%、92.87%和 92.86%。达到了 3 号锅炉的设计热效率 92.2%。在 310MW 供热工况（供热冷段再热蒸汽抽汽量 23.59t/h）测得试验热耗率 8431kJ/kWh（基于凝结水流量），在 310MW 纯凝发电工况（供热抽汽量 0t/h）测得试验热耗率 8255kJ/kWh（基于凝结水流量），虽然设计热耗率约为 7925.8kJ/kWh，但由于制造加工工艺和设备安装水平的制约，热耗率为 8100kJ/kWh（扣除冷再泄漏 25t/h，对热耗率的影响约为 120kJ/kWh）。试验结果是：在管道效率取 98.5%时，310MW 负荷供热煤耗率为 37.61kg/GJ；在 180MW 负荷供热煤耗率为 37.43kg/GJ（供热抽汽量 24.29t/h），平均 37.5kg/GJ。

电厂实际燃用煤质由于掺烧大量褐煤、印尼煤等水分、挥发分含量较高的煤种，偏离设计煤种较多（燃煤设计收到基水分为 9.8%，实际水分为 21.4%），主要表现在水分、挥发分含量高，发热量较低。煤水分含量高，发热量低，会导致烟气量变多，排烟温度升高，锅炉排烟热损失上升，热效率下降。并且，由于燃用煤质灰熔点低，结焦特性较强，经常在锅炉尾部受热面结焦，导致炉内换热不足，排烟温度上升。根据 3 号锅炉设计参数核算，满负荷工况下，排烟温度将因煤质影响而上升 10℃，会导致锅炉热效率下降约 0.6 个百分点。此时 310MW 负荷供热煤耗率为 37.86kg/GJ；在 180MW 负荷供热煤耗率为 37.67kg/GJ（供热抽汽量 24.29t/h），平均 37.8kg/GJ，提高了 0.3kg/GJ。

采用常规热平衡计算方法，可以计算得到电厂厂 300MW 机组采用冷段再热器抽汽供热，每 1%供热比的供热量将影响汽轮机热耗率下降 30kJ/kWh，即影响机组发电煤耗率下降约为 $\frac{1.0}{0.93}=1.1$g/kWh。电厂抽汽供热对机组经济性的影响核算见表 16-6。

表 16-6　电厂供热对发电煤耗率指标的修正量

项目	1月	2月	3月	4月	5月	6月	7月	8月	9月	10月	11月	12月	累计
发电标煤耗量（t）	247 429	230 418	215 110	196 946	184 501	174 825	235 691	228 630	164 424	154 870	183 305	212 972	2 429 121
供热标煤耗量（t）	0	1707	728	916	829	1114	2134	3409	3070	2287	3279	3073	22546
供热比（%）	0	0.74	0.34	0.47	0.45	0.64	0.91	1.49	1.87	1.48	1.79	1.44	0.93
对发电煤耗率影响量(g/kWh)	0	0.8	0.4	0.5	0.5	0.7	1.0	1.6	2.1	1.6	2.0	1.6	1.0

九、热电比对机组煤耗率的影响

2001年1月1日开始实行的国家电力公司《一流火力发电厂考核标准（试行）》（国电发〔2000〕196号）对热电厂的供电煤耗考核值的计算修正进行了规定。供热工况下，热电比对供电煤耗的影响值计算公式为

$$b_{gr}=C_{gr1}R_1+C_{gr2}\times R_2$$

式中　b_{gr}——供热影响值，g/kWh；

R_1、R_2——分别为工业和采暖抽汽的热电比，GJ/万 kWh；

C_{gr1}、C_{gr2}——分别为工业和采暖抽汽的修正系数，见表16-7，万 g/GJ。

表16-7　不同抽汽压力供热时的供电煤耗调整系数 C_{gr1}、C_{gr2}

抽汽室压力（MPa）（表压）	C_{gr1}、C_{gr2}（万 g/GJ）	
	亚临界、超高压、高压	中压、次中压
3.919	0.653	—
2.841	0.847	—
1.860	1.092	—
1.370	1.267	—
1.174	1.354	0.971
0.879	1.541	1.110
0.683	1.608	1.228
0.487	1.730	1.381
0.193	2.021	1.748
0.144	2.097	1.844
0.016	2.408	2.230

不同的抽汽室年平均压力 p_i（MPa），抽汽压力调整系数 C_{pi} 不同。对于亚临界、超高压、高压机组：$p_i=0\sim0.879$MPa，$C_{pi}=1.506-0.97\lg(p_i+0.1)$；$p_i=0.879\sim3.92$MPa，$C_{pi}=1.505-1.404g(p_i+0.1)$；对于中压、次中压机组：$C_{pi}=1.1-1.218\lg(p_i+0.1)$。

上述分析说明，对于抽汽压力在0.3～0.9MPa供热机组，当热电比 R 采用GJ/万 kWh单位时，热电比 R 每增加1GJ/万 kWh，供电煤耗率减少1.5～1.9g/kWh。

热电比另一定义为：热电联产机组单位时间的供热量与供电量折热后之百分比。热电比计算公式为

$$\beta=\frac{Q_{gr}\times10^6}{W_g\times3600}\times100\%$$

式中　Q_{gr}——统计期内的供热量，GJ；

W_g——统计期内的供电量，kWh；

β——热电联产机组热电比，%。

当热电比 R 增加1GJ/万 kWh，相当于 β 增加 $=\frac{1\times10^6}{10\,000\times3600}\times100\%=2.78\%$。热电比 R 每增加1GJ/万 kWh，供电煤耗率减少1.5～1.9g/kWh。相当于 β 每增加1个百分点，供电煤耗率减少0.54～0.68g/kWh。

根据某些供热公司既有数据统计分析得出如下结果：热电比增加1个百分点影响供电煤耗率

约 0.93g/kWh。

第六节 煤质对锅炉燃烧和电厂生产的影响

锅炉是根据所燃用的煤质特性而设计。一台锅炉不能什么类别的煤质都能烧。例如烧贫煤的电厂锅炉不能烧不粘煤和长烟煤。对煤炭来说，即使是同一矿区的煤，其性质也有差别，例如同是贫煤矿区，有的矿灰分低，硫分也低，有的矿灰分高，硫分也高。锅炉设计时，不能单烧一个煤矿的煤，其煤质特性指标必须有一个适当的变化范围，因此，在进行电厂初设时必须提供两个煤质资料，一个是设计煤质，另一个是校核煤质。设计煤质是以此煤质资料为主进行锅炉设计，校核煤质是锅炉根据某种煤质特性设计时允许变化的最大限度，也就是在此煤质燃烧的情况下仍能维持安全经济运行。例如某个烧不粘煤的电厂，由于该矿区有长焰煤（长焰煤和不粘煤都属于烟煤），锅炉有掺烧长焰煤的可能，校核煤质的挥发分就必须高于设计煤质的挥发分；如烧贫瘦煤的电厂，供应矿区有的灰分高，有的灰分低，设计时校核煤质的灰分就应比设计煤质高，以便将来供应高灰分煤时也能适应，当然这是有限度的，设计煤质与校核煤质相差越大，锅炉的安全系数就越高。

校核煤质资料的提出，可以参考煤矿或电厂的化验资料，经研究后确定，可以是一个煤矿的资料，也可以是几个矿点采样后按比例混合后的化验结果。例如烟煤某电厂煤质特性见表 16-8。煤质成分不同对锅炉燃烧和安全影响不同。

表 16-8　　烟煤设计与校核煤质特性

项目	设计煤质	校核煤质
M_{ar}（%）	7.5	9
A_{ar}（%）	25.8	30.82
V_{daf}（%）	29.82	31.44
C_{ar}（%）	55.21	49.43
H_{ar}（%）	3.34	3.17
N_{ar}（%）	0.93	0.95
S_{ar}（%）	0.88	1.49
Q_{ar}（%）	6.34	5.14
$Q_{net,ar}$（MJ/kg）	21.34	19.08
HGI	60	55
灰变形温度 t_1（℃）	1250	1200
灰软化温度 t_2（℃）	1330	1250
灰熔化温度 t_3（℃）	1400	1300

1. 煤中灰分

原煤灰分在燃烧过程中不但不能放出热量，而且还要吸收热量。特别是当燃用高灰分的劣质煤时，由于燃料本身发热值很低，燃料消耗量增加较大。大量灰分在着火和燃烧过程中要吸收更多热量，因而使得炉膛内烟气温度降低，同样使煤粉气流着火推迟，而且也影响着火的稳定性。

煤的灰分含量越高，其可燃成分相对减少，用于加热灰分的热量消耗随之增加，故使燃烧温度下降，煤粉着火困难或推迟，燃烧稳定性较差。例如灰分从 30%增大到 50%，每增加 1%的灰分，理论上燃烧温度平均降低5℃，因而使煤粉着火发生困难，引起燃烧不良，乃至熄火。另外灰分含量增高，灰渣带走的物理热损失增大。

煤的灰分含量越高，燃烧后灰分将在锅炉受热面上积灰。锅炉受热面的积灰常常引起结渣及过热器超温而威胁锅炉安全运行。锅炉尾部受热面的积灰，又会导致排烟温度的升高而进一步降低锅炉运行的经济性。

煤的灰分含量越高，随烟气流动的飞灰量增加，受热面磨损越严重，锅炉受热面使用寿命降低。随烟气排入大气的飞灰，还会对环境造成污染，电厂排放的粉尘、灰渣急剧增加，严重污染和破坏环境。

煤中灰分越高，煤中可燃成分越少，意味着有大量不可燃的灰分运进了电厂，增加运输负担；增加了输煤、制粉、除尘等设备的出力和电耗；增加排灰量和除灰量，增加基础设施投资。

为了定量分析灰分对机组经济性的影响，首先必须明确灰分变化，燃煤的发热量必然变化，二者有一定的关系；其次是灰分变化直接影响锅炉效率，而且不但影响锅炉固体未完全燃烧热损失 q_4，而且还影响排烟热损失 q_2。

例 16-2 某火电厂锅炉额定蒸发量为907.0t/h，发电机额定功率为300MW，设计烟煤 $A_{ar}=17.5\%$、$C_{ar}=63.0\%$、$S_{ar}=1.0\%$、$N_{ar}=1.1\%$、$O_{ar}=8.0\%$、$H_{ar}=3.0\%$、$M_{ar}=5.5\%$、$Q_{net,ar}=23\ 470.0$kJ/kg，锅炉实际蒸发量为700.0t/h，飞灰可燃物 $C_{fh}=3.0\%$，炉渣中碳的含量 $C_{lz}=2.5\%$，空气预热器出口氧量 O_2 为5.0%，送风温度为17.0℃，排烟温度为127.0℃，电除尘器和烟道漏风系数 $\Delta\alpha$ 为0.2，排烟一氧化碳含量为0.051%，配钢球磨煤机，固态排渣。机组燃用烟煤，几组入炉煤质化验数据见表16-9，当来煤收到基灰分 A_{ar} 增加1%，并假定其他燃烧条件不变时，试问其影响锅炉效率是多少？

解：(1) 首先由于实际来煤煤质经常变化，我们可以根据经过大量化验数据，建立发热量与灰分的回归关系式。

表 16-9　　某厂烟煤发热量与灰分关系化验数据

序号	$Q_{net,ar}$ (MJ/kg)	A_{ar} (%)	A_{ar}^2	$Q_{net,ar}A_{ar}$	回归式计算热值 (MJ/kg)	回归误差 (%)
1	24.23	15.16	229.83	367.33	24.04	−0.78
2	23.61	16.89	285.27	398.77	23.50	−0.45
3	22.96	18.16	329.79	416.95	23.11	0.66
4	22.27	19.54	381.81	435.16	22.68	1.85
5	21.84	21.73	472.19	474.58	22.00	0.75
6	21.56	24.05	578.40	518.52	21.28	−1.28
7	21.08	24.60	605.16	518.57	21.11	0.16
Σ	157.55	140.13	2882.45	3129.88		

$$a=\frac{\sum Q\cdot\sum A^2-\sum A\cdot\sum(Q\cdot A)}{n\sum A^2-(\sum A)^2}=\frac{157.55\times2882.45-140.13\times3129.88}{7\times2882.45-140.13^2}=28.74$$

$$b=\frac{n\sum(Q\cdot A)-\sum Q\cdot\sum A}{n\sum A^2-(\sum A)^2}=\frac{7\times3129.88-157.55\times140.13}{7\times2882.45-140.13^2}=-0.31$$

因此该厂发热量一元一次回归计算公式为

$$Q_{net,ar}=28.74-0.31A_{ar}\text{(MJ/kg)}=28\ 740-310A_{ar}\text{(kJ/kg)}$$

根据该厂发热量一元一次回归公式计算出的热值见表 16-9 倒数第二列数值，计算值与实际值之间的误差均小于 5%。这就说明煤的灰分变化，可以近似地认为灰分与低位发热量呈线性关系。

（2）灰分增加 1 个百分点时固体未完全燃烧热损失 q_4 的变化量为

$$固体未完全燃烧热损失\ q_4=\frac{337.27A_{ar}}{Q_{net,\ ar}}\left(\frac{\alpha_{fh}C_{fh}}{100-C_{fh}}+\frac{\alpha_{lz}C_{lz}}{100-C_{lz}}\right)\times 100\%$$

$$=\frac{337.27\times A_{ar}}{Q_{net,\ ar}}\left(\frac{0.9\times 3}{100-3}+\frac{0.1\times 2.5}{100-2.5}\right)=10.253\times\frac{A_{ar}}{28\ 740-310A_{ar}}$$

对该式进行求导，得

$$q_4'=\left(\frac{10.253\times A_{ar}}{28\ 740-310A_{ar}}\right)'$$

$$=\frac{10.253\times(28\ 740-310A_{ar})-10.253A_{ar}(-310)}{(28\ 740-310A_{ar})^2}$$

当灰分增加 1%，则 $A_{ar}=18.5\%$，于是

$$q_4'=\frac{10.253\times(28\ 740-310\times 18.5)-10.253\times 18.5\times(-310)}{(28\ 740-310\times 18.5)^2}=0.056\%$$

（3）灰分增加 1 个百分点时排烟热损失 q_2 的变化量。

根据已知设计条件可以求得实际干烟气量为

$$V_{gy}=V_{gy}^0+(\alpha_{py}-1)V_{gk}^0$$

$$=6.438+0.513\times 6.654=9.852(Nm^3/kg)$$

干烟气带走的热量为

$$Q_{gy}=V_{gy}c_{py}(T_{py}-t_0)=1473.56kJ/kg$$

烟气中实际水蒸气容积为

$$V_{H2O}=1.244\left(\frac{9\times 3+5.5}{100}+1.293\times 1.513\times 6.654\ 4\times 0.01\right)=0.566\ 2(Nm^3/kg)$$

烟气中水蒸气的显热为

$$Q_{H2O}=V_{H2O}c_{PH2O}(T_{py}-t_0)$$

$$=0.566\ 2\times 1.509\ 8\times 110=94.033(kJ/kg)$$

排烟热损失为

$$q_2=\frac{Q_{H2O}+Q_{gy}}{Q_{net,ar}}\times 100\%=\frac{94.033+1473.56}{28\ 740-310A_{ar}}=\frac{1567.59}{28\ 740-310A_{ar}}$$

对该式进行求导，得

$$q_2'=\frac{-1567.59\times(-310)}{(28\ 740-310A_{ar})^2}=0.091\ 8\%$$

可见烟煤收到基灰分增加 1%，使固体未完全燃烧热损失 q_4 增加 0.056 个百分点，排烟热损失 q_2 增加 0.091 8 个百分点，二者导致锅炉效率降低 0.148 个百分点，发电煤耗率增加 0.3～0.5g/kWh。

2001 年 1 月 1 日开始实行的国家电力公司《一流火力发电厂考核标准（试行）》（国电发〔2000〕196 号）对供电煤耗考核值的计算修正规定，对于高灰分、低热值燃煤 $Q_{net,ar}<$ 16 726.4kJ/kg 或 $A_{ar}\geqslant 35\%$ 应对考核基础值进行修正，修正系数 S_A 按下式计算：

$$S_A=1+\frac{0.17A_{ZS}}{V_{daf}^{1.2}-2}-0.02$$

$$A_{ZS}=4181.6\times\frac{A_{ar}}{Q_{net,ar}}(\%)$$

例如某燃煤收到基低位发热量煤 $Q_{net,ar}=12\ 670$kJ/kg，空气干燥基灰分 $A_{ad}=40.1\%$，空气干燥基挥发分 $V_{ad}=23.8\%$，全水分 $M_t=15.4\%$，空气干燥基水分 $M_{ad}=5\%$，则收到基灰分 $A_{ar}=40.1\%\times\frac{100-15.4}{100-5}=35.7\%$，干燥无灰基挥发分 $V_{daf}=23.8\%\times\frac{100}{100-5-40.1}=43.4\%$

折算灰分 $A_{ZS}=4181.6\frac{A_{ar}}{Q_{net,ar}}$（%）$=4181.6\times\frac{35.7}{12\ 670}$（%）$=11.8\%$

修正系数 $S_A=1+\frac{0.17A_{ZS}}{V_{daf}{}^{1.2}-2}-0.02=1+\frac{0.17\times11.8}{43.4^{1.2}-2}-0.02=1.002\ 2$

300MW 机组供电煤耗率基础值为 336g/kWh，则因为灰分高导致考核值增加 $0.002\ 2\times$ 336g/kWh=0.7g/kWh。也就是说收到基灰分从 35%增加到 35.7%时，灰分增加 0.7 个百分点，影响供电煤耗率增加 0.7g/kWh。即灰分每增加 1 个百分点，供电煤耗率增加 1g/kWh。

根据《常规燃煤发电机组单位产品能源消耗限额》（GB 21258—2013）规定，当收到基灰分 $A_{ar}>30\%$应对考核基础值进行修正，修正系数 S_A按下式计算：

$$S_A=1+0.001\times(100A_{ar}-30)$$

将上述煤质 $A_{ar}=35.7\%$带入上式，得

$$S_A=1+0.001\times(100A_{ar}-30)=1+0.001\times(35.7-30)=1.005\ 7$$

300MW 机组供电煤耗率基础值为 331g/kWh，则因为灰分高导致考核值增加 $0.005\ 7\times$ 331g/kWh=1.89g/kWh。也就是说收到基灰分从 30%增加到 35.7%时，灰分增加 5.7 个百分点，影响供电煤耗率增加 1.89g/kWh。即灰分每增加 1 个百分点，供电煤耗率增加 0.33g/kWh。

从上面分析可以得知：不同煤种的灰分，对锅炉效率的影响幅度是不同的，灰分影响锅炉效率并不是成正比关系的。而且不同标准对灰分的修正量也稍有不同，但后者计较接近实际情况。收到基灰分每增加 1 个百分点，锅炉效率降低 0.1 个百分点，供电煤耗率增加 0.35g/kWh 左右。

例如包头第二热电厂锅炉原设计煤种灰分为 10%，由于煤炭市场变化，入炉煤灰分较设计煤种偏大，灰分达到 30%，锅炉效率从设计值 93.05%降低到 91.21%，影响供电煤耗率 6g/kWh 左右。

2. 煤中水分

水分是煤中不可燃成分，煤中水分含量越大，电厂实际收到煤的质量就减少。水分增加还导致煤粉失去松散性，煤粉斗、给粉机、采制样机出现煤粉或湿煤粘结堵塞现象。

在燃烧过程中，水分被蒸发汽化，需要消耗更多的热能（一般状态下蒸发 1kg 水分，大约需要吸收 2.5MJ 的热量），用于发电的有效热量及低位发热量减少，致使炉内温度下降，从而使煤粉气流卷吸的烟气温度以及火焰对煤粉气流的辐射热都降低，煤粉着火困难，导致机械热损失和化学热损失增加，锅炉热效率下降。根据有关资料分析，燃料含水量每增加 5 个百分点，热效率便要降低 0.5 个百分点，当含水量增大到 15%时，锅炉热效率下降 1.5 个百分点。

水分含量越大，燃烧过程中产生的烟气体积越大，由烟气带走的热量也就增加，排烟热损失和引风机电能消耗也相应加大，锅炉运行的经济性受到很大影响。

水分含量高，烟气中的水蒸气分压高，促使烟气中三氧化硫形成硫酸蒸汽和硫酸凝露，加剧锅炉尾部受热面的低温腐蚀与堵灰，还会使磨煤发生困难，增加厂用电率。

根据《常规燃煤发电机组单位产品能源消耗限额》（GB 21258—2017），认为：由于燃用褐煤机组占有一定比例，褐煤本身水分比较大，因此应对燃煤的“全水分”进行修正。理由如下：燃

煤水分增加主要增加排烟热损失 q_2 和引风机电流。水分大于 20%，通常为褐煤机组，一般排烟温度由 130℃上升到 140℃，按正常煤种的烟气来考虑，锅炉效率下降 0.5%；但褐煤机组还有比正常煤种的水分大得多的湿蒸汽，使锅炉效率下降更多，此部分的修正方法如下。

进风温度 t_0 一般按 25℃计，水蒸气比较 $c_{p\cdot H_2O}$ 按平均定压比热容为 1.51kJ/kg（排烟温度按烟气温度 θ=140℃时在表 16-10 中用插值法计算）计，1kg 水标态下体积为 1.244m³，则其排烟热损失变化值可以简单按下式计算：

$$\Delta q_2 = \frac{(\theta - t_0)\times V_{gy}\times c_{p\cdot H_2O}\times(100M_{ar}-20)}{100Q_{net,ar}}$$

$$= \frac{(140-25)\times 1.244\times 1.51\times(100M_{ar}-20)}{100Q_{net,ar}} = \frac{115\times 1.244\times 1.51\times(100M_{ar}-20)}{100Q_{net,ar}}$$

式中 Δq_2——排烟热损失变化量，%；

M_{ar}——燃煤收到基全水分，%；

20——全水分基础值 M_{ar}=20%；

1.244——水蒸气的质量体积，等于 $\frac{22.4}{18}$，m³/kg。

两部分共同引起锅炉效率下降，并最终使煤耗上升的变化量为

$$\Delta b_2 = \frac{100b}{\eta_{bl}}\left(\frac{0.5}{100}+\Delta q_2\right) = \frac{100b}{\eta_{bl}}\left[0.005+\frac{115\times 1.244\times 1.51(100M_{ar}-20)}{100Q_{net,ar}}\right]$$

式中 b——机组的供电煤耗率，g/kWh。

假定锅炉效率 η_{bl}=94.5%，则

$$\Delta b_2 = \frac{100b}{94.5}\left[0.005+\frac{115\times 1.244\times 1.51(100M_{ar}-20)}{100Q_{net,ar}}\right]$$

$$= b\left[0.0053+\frac{2.3(100M_{ar}-20)}{Q_{net,ar}}\right]$$

表 16-10　烟气各种成分及灰的平均比定压热容［kJ/(m³·K)］

θ(℃)	c_{p,CO_2}	$c_{p\cdot N_2}$	$c_{p\cdot O_2}$	$c_{p\cdot H_2O}$	$c_{p\cdot gk}$	$c_{p\cdot k}$	$c_{p\cdot CO}$	$c_{p\cdot H_2}$	$c_{p\cdot CH_4}$	c_{hz}
0	1.599 8	1.294 6	1.305 9	1.494 3	1.297 1	1.318 8	1.299 2	1.276 6	1.550 0	0
100	1.700 3	1.295 8	1.317 6	1.505 2	1.300 4	1.324 3	1.301 7	1.290 8	1.541 1	0.795 5
200	1.787 3	1.299 6	3.335 2	1.522 3	1.307 1	1.331 8	1.307 1	1.297 1	1.758 9	0.837 4
300	1.862 7	1.306 7	1.356 1	1.542 4	1.317 2	1.342 3	1.316 7	1.299 2	1.886 1	0.866 7

此外，褐煤机组由于制粉系统引起的厂用电率比常规煤种大 30%～50%，如常规煤种制粉系统厂用电率(一次风机＋磨煤机)为 1.0%～1.1%；另一方面送风机厂用电率下降，引风机厂用电率上升，让两者相抵一部分，制粉系统引起的厂用电率增加值按平均 40%计算，全厂厂用电率升高 1.4×1.05%＝1.47%，即升高 0.4 个百分点(1.47%－1.05%)。

$$\Delta b_c = \frac{b}{1-L_{cy}}\times\frac{0.4}{100}$$

褐煤机组厂用电率按 6%计，则

$$\Delta b_c = \frac{b}{1-0.06}\times\frac{0.4}{100} = 0.0043b$$

三项煤耗变化量汇总：

$$\Delta b=\Delta b_2+\Delta b_c=b\left[0.0053+\frac{2.3(100M_{ar}-20)}{Q_{net,ar}}\right]+0.0043b$$
$$=b\left[0.0096+\frac{2.3(100M_{ar}-20)}{Q_{net,ar}}\right]\approx b\left[0.01+\frac{2.3(100M_{ar}-20)}{Q_{net,ar}}\right]$$

所以，当全水分（收到基水分）$M_{ar}>20\%$应对考核基础值进行修正，修正系数S_M按下式计算：

$$S_M=1.010+\frac{2.30\times(100M_{ar}-20)}{Q_{net,ar}}$$

例如元宝山三期褐煤煤质$M_{ar}=25.28\%$、$M_{ad}=14.8\%$、$V_{daf}=43.84\%$、$A_{ar}=26.39\%$、$Q_{net,ad}=13\ 180$kJ/kg，带入上式得

$$S_M=1.010+\frac{2.30\times(100\times25.28-20)}{13\ 180}=1.010\ 9$$

300MW机组供电煤耗率基础值为323g/kWh，则因为水分高导致考核值增加0.010 9×323g/kWh=3.52g/kWh。也就是说收到基水分从20%增加到25.28%时，水分增加5.3个百分点，影响供电煤耗率增加3.52g/kWh。即水分每增加1个百分点，影响供电煤耗率增加0.67g/kWh。

试验表明：收到基水分每增加1个百分点，低位发热量降低400～600kJ/kg，锅炉效率降低0.11～0.20个百分点，供电煤耗率增加0.4～0.7g/kWh。

3. 煤中挥发分

挥发分越高，煤在储存中越易发生氧化和自燃。煤在自然环境下，将发生缓慢的氧化作用，致使煤堆内部温度升高，对于高挥发分煤，则更易造成自燃，不仅给电厂造成经济损失，而且危及煤场安全。

挥发分是判别燃料着火特性的主要指标，对煤的着火性能影响很大。煤进入炉膛后加热，首先是挥发分析出、着火燃烧，释放的热量加热煤粉气流，最后达到焦炭的着火温度，使煤粉燃烧。挥发分含量高，燃煤着火温度低，所需着火热越少，可以迅速燃烧，燃烧稳定，燃烧热损失较小；而且挥发分越高的煤，其火焰传播速度越快，着火越迅速、稳定。而挥发分少的煤，着火温度高，煤粉进入炉膛后，加热到着火温度所需要的热量比较多，时间比较长，着火速度慢，也不容易燃烧完全，飞灰可燃物增加。挥发分过低，又会造成燃烧不稳定，甚至导致锅炉灭火。

挥发分越高，越易引起制粉系统的自燃和爆炸。煤粉阴燃的温度随煤的挥发分增高而降低，例如V_{daf}为15%～30%的煤，阴燃温度为270～300℃，而$V_{daf}>40\%$的高挥发分烟煤，其阴燃温度约为210℃，因此当制粉系统局部存在积粉时，会使温度升高，甚至自燃。经验表明：挥发分小于10%时，煤粉实际上不会爆炸，燃用贫煤、无烟煤在运行中没有危险。而燃用高挥发分的烟煤、褐煤往往容易发生制粉系统爆炸事故。

2001年1月1日开始实行的国家电力公司《一流火力发电厂考核标准（试行）》（国电发〔2000〕196号）对供电煤耗考核值的计算修正规定，对于低挥发分$V_{daf}\leqslant19\%$应对考核基础值进行修正，修正系数S_V按下式计算：

$$S_V=1+\left(\frac{35.48}{V_{daf}}-1.5\right)\times F$$

当$V_{daf}\leqslant19\%$时调整如下：$15\%<V_{daf}\leqslant19\%$时，$F=0.011$；$12\%<V_{daf}\leqslant15\%$时，$F=0.018$；$8\%<V_{daf}\leqslant12\%$时，$F=0.022$；$V_{daf}<8\%$时，$F=0.025$。

例如某无烟煤煤质$M_{ar}=15\%$、$M_d=5.6\%$、$V_d=2.67\%$、$A_d=14.1\%$、$S_{t,d}=0.54\%$、$Q_{net,ad}=18\ 000$kJ/kg

$$V_{daf}=V_d\times\frac{100}{100-A_d}=2.67\%\times\frac{100}{100-14.1}=3.11\%$$

$$S_V=1+\left(\frac{35.48}{V_{daf}}-1.5\right)\times F=1+\left(\frac{35.48}{3.11}-1.5\right)\times 0.025=1.2477$$

300MW 机组供电煤耗率基础值为 336g/kWh，则因为挥发分低导致考核值增加 0.247 7×336g/kWh=83g/kWh。也就是说挥发分从 19%降低到 3.11%时，挥发分降低 16 个百分点，影响供电煤耗率增加 83g/kWh。挥发分每降低 1 个百分点，供电煤耗率增加 5.2g/kWh。

根据《常规燃煤发电机组单位产品能源消耗限额》(GB 21258—2017)，认为：锅炉挥发分的增加，主要影响锅炉中飞灰可燃物的变化。我国褐煤含量一般小于 1%，极优质烟煤（如神华煤）飞灰可燃物在 1%左右，一般烟煤飞灰可燃物含量为 2%～2.5%，贫煤含量 3%左右，无烟煤含量 4%～5%。飞灰可燃物含量影响锅炉机械未完全热损失，锅炉机械未完全热损失变化值为

$$\Delta q_4=\frac{33727\times\Delta C_{fh}\times 100A_{ar}}{100Q_{net,ar}}$$

式中 Δq_4——锅炉机械未完全热损失变化值，也就是锅炉效率的变化值，%；

33 727——碳的收到基发热量为 33 727kJ/kg；

A_{ar}——收到基灰分，%；

$Q_{ar,net}$——收到基低位发热量，kJ/kg；

ΔC_{fh}——飞灰可燃物增加值，%。

相对于烟煤（飞灰可燃物按 2%计），贫煤飞灰可燃物增加 1%（百分点），无烟煤飞灰可燃物增加 2.0%。

$$\Delta q_4=\frac{33727\times\Delta C_{fh}\times 100A_{ar}}{100Q_{net,ar}}=\frac{337.27\times 0.01\times 100A_{ar}}{Q_{net,ar}}=\frac{3.3727\times 100A_{ar}}{Q_{net,ar}}(\text{贫煤})$$

$$\Delta q_4=\frac{33727\times\Delta C_{fh}\times 100A_{ar}}{100Q_{net,ar}}=\frac{337.27\times 0.02\times 100A_{ar}}{Q_{net,ar}}=\frac{6.7454\times 100A_{ar}}{Q_{net,ar}}(\text{无烟煤})$$

假定锅炉效率为 94.5%，则

$$\Delta b_4=b\frac{100\Delta q_4}{\eta_{bl}}=\begin{cases}\dfrac{3.569\times 100A_{ar}}{Q_{net,ar}}b(\text{贫煤})\\[2ex]\dfrac{7.138\times 100A_{ar}}{Q_{net,ar}}b(\text{无烟煤})\end{cases}$$

式中 Δq_4——锅炉机械未完全热损失变化值，也就是锅炉效率的变化值，%；

b——不同机组的供电煤耗率基础值，g/kWh；

η_{bl}——不同机组的锅炉基准效率，%。

如果考虑球磨机厂用电率增加，可根据统计值进行确定。

如不考虑厂用电率的变化，修正系数为

$$S_V=1+\frac{100\Delta q_4}{\eta_{bl}}=\begin{cases}1+\dfrac{3.569\times 100A_{ar}}{Q_{net,ar}}(10\%\leqslant V_{daf}<19\%)\\[2ex]1+\dfrac{7.138\times 100A_{ar}}{Q_{net,ar}}(V_{daf}<10\%)\end{cases}$$

例如华润电力湖南有限公司 600MW 亚临界锅炉，设计煤种为无烟煤煤质 $M_{ar}=7.3\%$、$M_{ad}=1.45\%$、$V_{daf}=7.18\%$、$A_d=28.01\%$、$S_{t,ar}=0.74\%$、$Q_{net,ad}=21790$kJ/kg、$A_{ar}=25.97\%$

$$A_{ar}=A_d\times\frac{100-M_{ar}}{100}=28.01\%\times\frac{100-7.3}{100}=25.97\%$$

带入上式得

$$S_V = 1.00 + \frac{7.138 \times 100 \times 25.97\%}{21\,790} = 1.008\,5$$

600MW 亚临界机组供电煤耗率基础值为 314g/kWh，则因为挥发分低导致考核值增加 0.008 5×314g/kWh=2.67g/kWh。也就是说干燥无灰基挥发分从 19%降低到 7.18%时，挥发分降低 11.8 个百分点，影响供电煤耗率增加 2.67g/kWh。挥发分每降低 1 个百分点，供电煤耗率增加 0.22g/kWh。

从上述计算可以知道，各种标准规定的干燥无灰基挥发分低的修正结果相差很大，但《常规燃煤发电机组单位产品能源消耗限额》(GB 21258—2017) 修正结果更接近实际情况。实践表明：一般情况下，挥发分每减少 1 个百分点，飞灰可燃物就会增加 0.1～0.2 个百分点，发电煤耗率增加 0.1～0.2g/kWh。

4. 煤中含硫量

当煤中含硫量增加，虽然露点温度稍微有所升高，但是烟气中含酸量增加迅速，因此火电厂燃用高硫煤，易引起锅炉高、低温受热面的腐蚀、堵灰，特别是高、低温段空气预热器的使用寿命大大缩短；另一方面，含硫量增高，促使灰熔融温度降低，导致锅炉结渣或加重结渣。

当煤中含硫量增加，会促进煤的氧化自燃，对变质程度较浅的煤，在煤场组堆或煤粉贮存时，如含有较多的黄铁矿，则会由于黄铁矿受氧化放热而加剧煤的氧化自燃。

当煤中含硫量增加，会加速磨煤机部件及输煤管道的磨损，尤其含黄铁矿多的煤更为严重。因为黄铁矿的莫氏硬度仅次于石英，为 6～6.5。煤中黄铁矿及石英含量越多，煤的磨损指数越大。

煤中含硫量增加，导致灰熔融性温度降低，结渣指数增加（锅炉结渣指数$=B/A \times S_{t,d}$），锅炉容易结渣。

当煤中含硫量增加，会增加大气污染。煤中硫燃烧后绝大多数形成 SO_2 随烟气逸出烟囱，增加了对周围环境的污染。煤中硫每增加 1%，则燃用 1t 煤就多排放约 20kg 的 SO_2 气体（SO_2 生成量：$S=1\%$，$B=1t/h$，$M_{SO_2}=B \times S \times 64/32 = 1000 \times 0.01 \times 2 = 20t/h$）。许多电厂因此而进行设备增容改造。例如乌拉山电厂设计煤质硫分为 1.34%，实际燃用煤质硫分达到 1.7%，脱硫系统二氧化硫浓度为 3004mg/m^3 增加到 3937mg/m^3，造成脱硫系统运行困难，脱硫效率从设计值 95%降低到 85%，出口浓度从 400mg/m^3 升高到 590mg/m^3，脱硫效率和出口浓度都达不到环保要求，被迫分别对两台机组的脱硫系统进行增容改造。

为了减少二氧化硫排放，需要增加脱硫设备出力，引起厂用电率增加。根据《常规燃煤发电机组单位产品能源消耗限额》(GB 21258—2017) 规定，当收到基硫分 $S_{ar}>1\%$ 应对考核基础值进行修正，修正系数 S_S 按下式计算：

$$S_S = 1.00 + 0.004 \times (100S_{ar} - 1)$$

当收到基硫分 $S_{ar}=2\%$时，带入上式得

$$S_S = 1.00 + 0.004 \times (100S_{ar} - 1) = 1.00 + 0.004 \times (2-1)$$
$$= 1.004$$

300MW 机组供电煤耗率基础值为 323g/kWh，则因为硫分高导致考核值增加 0.004×323g/kWh=1.29g/kWh。也就是说硫分从 1%增加到 2%时，硫分增加 1 个百分点，影响供电煤耗率增加 1.29g/kWh，相当于脱硫系统耗电率增加 0.4 个百分点。

5. 煤的低位发热量

煤的低位发热量与灰分、水分、挥发分、硫分有直接的关系，灰分越高，挥发分就越低，煤

的低位发热量就越低；水分越高，煤的低位发热量就越低；硫分越高，碳含量或氢含量就越低，煤的低位发热量就越低。试验数据表明，煤的低位发热量每下降 1000kJ/kg，厂用电率将增加 0.5 个百分点，锅炉效率降低 0.24～0.30 个百分点，供电煤耗率增加 0.8～1.1g/kWh。某 300MW 机组锅炉为东方锅炉厂生产的 DG1065/18.2－II6 型亚临界、自然循环、一次中间再热汽包锅炉。锅炉设计煤种为烟煤，采用 5 套中速直吹式制粉系统，每套制粉系统实际最大出力约为 40t/h。锅炉燃烧器为四角布置、切向燃烧、百叶窗式水平浓淡直流燃烧器。汽轮机为东方汽轮机厂生产 N300-16.7/537/537 亚临界、一次中间再热、两缸两排汽、凝汽式汽轮机，配备 3×50%电动给水泵。机组设计燃煤热值为 18 850kJ/kg，实际运行燃煤热值约为 15 420kJ/kg，为了解实际运行燃煤对机组运行经济性的影响，分别燃烧燃煤热值为 19 250kJ/kg（接近设计燃煤热值）和实际运行燃煤热值为 15 423kJ/kg 两种不同热值的煤进行了对比试验，试验结果见表 16-11。

表 16-11　　两种不同热值燃煤的试验结果

机组负荷（MW）	煤质 1（燃煤热值 19 250kJ/kg）			煤质 2（燃煤热值 15 423kJ/kg）			能耗指标绝对变化值		
	厂用电率（%）	发电煤耗率（g/kWh）	供电煤耗率（g/kWh）	厂用电率（%）	发电煤耗率（g/kWh）	供电煤耗率（g/kWh）	厂用电率（%）	发电煤耗率（g/kWh）	供电煤耗率（g/kWh）
150	9.62	354.3	392.1	10.17	357.4	397.9	0.55	3.1	5.8
225	8.46	332.6	363.3	9.10	334.2	367.7	0.64	1.6	3.1
300	8.35	320.0	349.2	—	—	—	—	—	—
平均							0.58	2.8	4.5

试验期间燃用 15 423kJ/kg（煤质 2）的煤种时，由于煤质差，机组带不到 300MW 负荷，试验工况安排在 225MW 和 150MW 负荷下进行。各工况下测量锅炉热效率、汽轮机热耗率、厂用电率。从试验过程可以得出：

1）燃用发热量为 19 250kJ/kg 煤时，机组可以满出力运行；而燃烧发热量为 15423kJ/kg，机组满出力运行需要 180t/h 煤，但 4 台磨煤机运行制粉系统出力最大只能达到 160t/h，因此机组无法满足负荷调度要求。

2）燃烧低热值煤，厂用电率、供电煤耗率均上升较大。

3）机组随着负荷的降低，厂用电率、汽轮机热耗率均会增加，燃烧低热值煤由于负荷受限，进而降低了机组运行的经济性。

4）不同负荷下燃用低热值煤与燃用高热值煤相比，热值下降 3827kJ/kg 时，厂用电率平均增加 0.58 个百分点，发电煤耗率平均增加 2.8g/kWh，供电煤耗率平均增加 4.5g/kWh。也就是说每热值下降 1000kJ/kg 时，厂用电率平均增加 0.15 个百分点，发电煤耗率平均增加 0.73g/kWh，供电煤耗率平均增加 1.1g/kWh。

第十七章 耗 差 分 析

第一节 耗差分析方法简介

一、耗差与耗差分析方法

基于现代信息技术和热力学理论发展起来的耗差分析方法能够实时定量计算机组能量损失的分布，是指导运行人员及时消除可控煤耗偏差、提高运行经济性的主要手段，是火电机组节能管理从粗放型向精细型转变的根本方法。因此本节将详细介绍耗差分析方法。

耗差是煤耗偏差的简称，指当某一运行参数偏离运行基准值时，对机组运行经济性（供电煤耗率或发电煤耗率）影响的大小，其单位为“g/kWh/运行参数偏离运行基准值1个单位”。

耗差分析是指应使用热力学方法、等效焓降法、循环函数法、小扰动法、基本公式和试验资料等方法分析各项运行参数机组对煤耗偏差的定量影响分析工作。热力学法宜用于蒸汽参数校正，如主蒸汽压力、主蒸汽温度、再热蒸汽温度和汽轮机排汽压力等；等效焓降法和循环函数法宜用于热力系统分析，如减温水流量、给水温度、加热器端差、凝汽器过冷度、给水泵汽轮机用汽量、厂用汽量和汽水损失率等；基本公式和试验资料宜用于锅炉排烟温度、炉膛出口氧量和辅机用电率等。

耗差分析方法为机组的经济运行提供了一种实时在线监测与计算的手段，能综合反映火电机组的运行水平，具有较高的推广及应用价值。在电厂没有安装耗差分析系统之前，建议电厂节能专工每月进行一次耗差分析，并撰写耗差分析报告。

二、耗差分析系统

1. 耗差分析系统的基本要求

耗差分析系统主要是通过对机组主要运行参数连续进行监督分析，并计算火电机组运行中各参数偏离基准值时对机组标准煤耗率的影响，指导运行人员调整工况，使机组运行煤耗率接近最佳值，从而提高机组的经济性。

许多电厂安装了耗差分析系统。但是由于目前耗差分析计算方法参差不齐，系统功能和验收工作没有统一标准的现状，因此各厂的耗差分析系统稳定性、准确性、功能性千差万别，没有可比性，建议耗差分析系统至少要包括机组运行参数的状态监测、性能计算、耗差分析、在线试验和运行优化指导五部分内容。计算中需要的煤质数据、飞灰含碳量、炉渣含碳量等非实时数据采用手工输入的方式。

耗差分析系统状态监测画面的层次应清晰，由机组循环系统总图逐层向下分解到各个子系统图，使运行人员的视点可以从整体到局部逐渐深入。监视画面主要包括机组循环系统流程、实时参数、所有经济指标计算的显示等。主要机组流程图至少要包括：机组循环系统总图（参照机组原则性热力系统图）、锅炉系统图、汽轮机系统图、锅炉烟风系统图、锅炉制粉系统图、主蒸汽系统图、再热蒸汽系统图、高压给水加热器系统、低压给水加热器系统、冷端系统及厂用电系统图等不同层次的系统图。在上述系统图中显示该系统主要热力参数和经济指标的运行实际值、运行基准值（目标值）和耗差值。

性能计算部分是进行耗差分析的基础，它分为机组性能计算和厂级性能计算两部分。机组性能计算至少要包括锅炉效率、汽轮机热耗率、机组发电煤耗率、机组供电煤耗率、厂用电率、油耗率和补水率等。厂级性能计算至少要包括全厂发电煤耗率、全厂供电煤耗率、全厂发电厂用电率、全厂综合厂用电率、全厂补水率、全厂油耗率。在机组和厂级指标中还要包括与烟气在线装置通信的环保指标：二氧化硫、氮氧化物、烟尘排放浓度和累计量。

运行优化指导部分是基于机组性能计算、耗差分析的结果，提出的运行优化指导建议。包括设备运行方式优化和机组参数优化曲线。设备运行方式优化应包括循环水泵运行方式、给水泵运行方式、高压调节门开度、磨煤机运行方式、送风机、脱硫和除灰系统辅机运行方式等。参数优化曲线应包括主蒸汽压力、主蒸汽温度、再热蒸汽温度、炉膛出口氧量和凝汽器真空等。

2. 耗差分类

耗差分为运行可控耗差、运行不可控耗差和部分可控耗差三种。

(1) 运行可控耗差。运行可控耗差是指由于运行人员运行水平的不同产生的，可以通过运行指导调整得到控制的煤耗损失。运行可控耗差所涉及的指标应纳入指标竞赛，运行可控耗差应在主监视画面上突出显示，以便于运行人员监视和调整。运行可控耗差的主要指标有：主蒸汽压力、主蒸汽温度、再热蒸汽温度、排烟温度、烟气含氧量、飞灰含碳量、锅炉排污率、厂用电率、真空、背压、最终给水温度、各加热器端差、过热器减温水流量、再热器减温水流量、高压加热器上端差、高压加热器下端差、低压加热器上端差、低压加热器下端差、锅炉效率、凝汽器端差。

(2) 运行不可控耗差。运行不可控耗差是指由于外界负荷变化、设备老化、环境温度变化等客观因素所引起的，是无法控制的煤耗损失。不可控耗差宜作为机组检修和技术改造前后的对标检验指标。运行不可控耗差监视画面应与可控耗差统筹考虑，供运行人员参考，主要用于指导设备节能工作。影响不可控耗差的主要指标有：再热器压损、凝结水过冷度、中压缸内效率、辅汽用汽量、轴封漏汽量、机组启停次数、大气压力和环境温度等。

(3) 部分可控耗差。部分可控耗差是指维修可控耗差，是由于设备缺陷和性能下降所引起的，能通过维修能得到改善的，如受热面结焦、风机出力不够等。部分可控耗差介于运行不可控耗差和运行可控耗差之间，是部分可以人为控制机的耗差。如机组燃料发热量、高压缸内效率、低压缸效率、结水过冷度、机组补水率、管道效率、空气预热器入口温度等。

运行可控耗差、运行不可控耗差和部分可控耗差的分析结果宜用直观的棒图和饼图形式显示。

3. 耗差分析系统包括的指标和参数

耗差分析系统包括的指标和参数见表17-1。其中备注写明“耗差分析”的是系统中必须进行的项目，其他没有注明“耗差分析”的项目可根据实际情况和电厂要求开展。

表17-1　机组性能计算和耗差分析指标列表

序号	分类	指标名称	单位	备注
1	综合	机组发电量	MWh	
2	综合	机组负荷	MW	
3	综合	机组负荷率（负荷系数）	%	耗差分析
4	综合	机组效率	%	
5	综合	厂用电率	%	耗差分析
6	综合	机组发电煤耗率（反平衡）	g/kWh	耗差分析

续表

序号	分类	指标名称	单位	备注
7	综合	机组供电煤耗率（反平衡）	g/kWh	耗差分析
8	综合	机组供电煤耗设计值	g/kWh	
9	锅炉	锅炉效率设计值	%	
10	锅炉	炉侧过热汽压力	MPa	
11	锅炉	炉侧过热汽温度	℃	
12	锅炉	炉侧过热汽流量	t/h	
13	锅炉	炉侧再热汽温度	℃	
14	锅炉	机组主蒸汽管道效率	%	
15	锅炉	入炉煤低位发热量	kJ/kg	耗差分析
16	锅炉	炉渣可燃物	%	
17	锅炉	飞灰可燃物	%	耗差分析
18	锅炉	连排流量	t/h	耗差分析
19	锅炉	排烟损失	%	
20	锅炉	化学未完全燃烧热损失	%	
21	锅炉	固体未完全燃烧损失	%	
22	锅炉	散热损失	%	
23	锅炉	灰渣热损失	%	
24	锅炉	空气预热器进口过量空气系数		
25	锅炉	空气预热器出口过量空气系数		
26	锅炉	空气预热器漏风系数		
27	锅炉	空气预热器漏风率	%	耗差分析
28	锅炉	锅炉效率（反平衡）	%	耗差分析
29	锅炉	排烟温度	℃	耗差分析
30	锅炉	省煤器出口氧量	%	耗差分析
31	锅炉	送风温度	℃	
32	锅炉	排烟 CO 浓度	mg/m^3	
33	汽机	机组热耗率设计值	kJ/kWh	
34	汽机	机组主蒸汽压力	MPa	耗差分析
35	汽机	机组主蒸汽温度	℃	耗差分析
36	汽机	机组主蒸汽流量	t/h	
37	汽机	机组调节级压力	MPa	
38	汽机	高加旁路泄漏率	%	耗差分析

续表

序号	分类	指标名称	单位	备注
39	汽机	机组1段抽汽流量	t/h	
40	汽机	机组2段抽汽流量	t/h	
41	汽机	机组高压缸排汽压力	MPa	
42	汽机	机组高压缸排汽温度	℃	
43	汽机	机组再热汽流量	t/h	
44	汽机	机组再热汽压力	MPa	
45	汽机	机组再热汽温度	℃	耗差分析
46	汽机	机组3段抽汽流量	t/h	
47	汽机	机组4段抽汽至除氧器流量	t/h	
48	汽机	机组小汽轮机进汽压力	MPa	
49	汽机	机组小汽轮机进汽流量	t/h	
50	汽机	机组小汽轮机排汽压力	kPa	
51	汽机	机组中压缸排汽压力	MPa	
52	汽机	机组中压缸排汽温度	℃	
53	汽机	机组5段抽汽流量	t/h	
54	汽机	机组6段抽汽流量	t/h	
55	汽机	机组7段抽汽流量	t/h	
56	汽机	机组8段抽汽流量	t/h	
57	汽机	机组再热汽压损率	%	耗差分析
58	汽机	机组背压（真空）	kPa	耗差分析
59	汽机	机组凝汽器真空度	%	耗差分析
60	汽机	机组凝汽器端差	℃	耗差分析
61	汽机	机组凝结水过冷度	℃	耗差分析
62	汽机	机组凝汽器循环水温升	℃	耗差分析
63	汽机	机组凝汽器循环水流量	t/h	
64	汽机	机组凝结水泵出口压力	MPa	
65	汽机	机组#8低加上端差	℃	耗差分析
66	汽机	机组#8低加下端差	℃	耗差分析
67	汽机	机组#8低加凝结水温升	℃	
68	汽机	机组#7低加上端差	℃	耗差分析
69	汽机	机组#7低加下端差	℃	耗差分析
70	汽机	机组#7低加凝结水温升	℃	
71	汽机	机组#6低加上端差	℃	耗差分析
72	汽机	机组#6低加下端差	℃	耗差分析
73	汽机	机组#6低加凝结水温升	℃	
74	汽机	机组#5低加上端差	℃	耗差分析

续表

序号	分类	指标名称	单位	备注
75	汽机	机组＃5低加下端差	℃	耗差分析
76	汽机	机组＃5低加凝结水温升	℃	
77	汽机	机组除氧器出水流量	t/h	
78	汽机	机组除氧器给水温升	℃	
79	汽机	再热器减温水流量	t/h	耗差分析
80	汽机	过热器减温水流量	t/h	耗差分析
81	汽机	机组＃3高加上端差	℃	耗差分析
82	汽机	机组＃3高加下端差	℃	耗差分析
83	汽机	机组＃3高加给水温升	℃	
84	汽机	机组＃2高加上端差	℃	耗差分析
85	汽机	机组＃2高加下端差	℃	耗差分析
86	汽机	机组＃2高加给水温升	℃	
87	汽机	机组＃1高加上端差	℃	耗差分析
88	汽机	机组＃1高加下端差	℃	耗差分析
89	汽机	机组＃1高加给水温升	℃	
90	汽机	机组补水率	%	耗差分析
91	汽机	机组高压旁路泄漏率	%	耗差分析
92	汽机	低压旁路泄漏率	%	
93	汽机	给水泵再循环泄漏率	%	
94	汽机	高加危急疏水阀泄漏率	%	
95	汽机	机组主给水流量	t/h	
96	汽机	机组最终给水流量	t/h	
97	汽机	机组最终给水压力	MPa	
98	汽机	机组最终给水温度	℃	耗差分析
99	汽机	机组高压缸内效率	%	耗差分析
100	汽机	机组中压缸内效率	%	耗差分析
101	汽机	机组低压缸内效率	%	耗差分析
102	汽机	机组调节级效率	%	
103	汽机	机组热耗率（计算值）	kJ/kWh	耗差分析
104	汽机	机组汽耗率	kg/kWh	
105	汽机	机组汽轮机效率	%	
106	汽机	汽轮机效率	%	
107	电气	厂用电率设计值	%	耗差分析
108	电气	吸风机耗电率	%	耗差分析

续表

序号	分类	指标名称	单位	备注
109	电气	送风机耗电率	%	耗差分析
110	电气	一次风机耗电率	%	耗差分析
111	电气	制粉系统耗电率	%	耗差分析
112	电气	磨煤机耗电率	%	耗差分析
113	电气	排粉机耗电率	%	耗差分析
114	电气	给水泵系统耗电率（含前置泵）	%	耗差分析
115	电气	循环水泵耗电率	%	耗差分析
116	电气	凝结水泵耗电率	%	耗差分析
117	电气	电除尘耗电率	%	耗差分析
118	电气	脱硫耗电率	%	耗差分析
119	电气	增压风机耗电率	%	耗差分析
120	电气	浆液循环泵耗电率	%	耗差分析
121	电气	脱硝耗电率	%	耗差分析
122	电气	输煤耗电率	%	耗差分析
123	电气	化水系统耗电率	%	耗差分析
124	供热	供热比	%	耗差分析
125	供热	供热量	GJ	
126	燃料	热值差	kJ/kg	耗差分析
127	燃料	低位发热量	kJ/kg	耗差分析
128	燃料	收到基灰分	%	耗差分析
129	燃料	收到基水分	%	耗差分析
130	燃料	场损率	%	

注 高加是指高压加热器，低加是指低压加热器；#1是指1号，依次类推，汽机即汽轮机。

第二节 耗差分析结果汇总

本书不详细探讨耗差分析，而是直接给出耗差分析表。不同类型的机组各项小指标偏离设计值（或基准值）对热耗率或发电煤耗率的影响幅度见表17-2～表17-11，表中百分号（%）是指百分点。对于耗差分析过程可参考《火电厂节能减排手册 节能监督部分》。

表17-2 50MW机组参数变化对经济性的影响（额定工况）

序号	参 数	参数变化	对热耗的影响（%）	对发电煤耗率的影响（g/kWh）
1	主蒸汽压力	降低1MPa	1.0972	3.908
2	主蒸汽温度	降低1℃	0.04297	0.1531

续表

序号	参　数	参数变化	对热耗的影响（%）	对发电煤耗率的影响（g/kWh）
3	真空	降低 1kPa	0.915 2	3.260
4	给水温度	降低 1℃	0.035 33	0.125 8
5	排烟温度	升高 1℃		0.230
6	飞灰可燃物	升高 1%		1.310
7	厂用电率	升高 1%		供电煤耗率为 4.30
8	补水率	升高 0.1%	0.132 4	0.45
9	凝结水过冷度	升高 1℃	0.027 38	0.097 54
10	凝汽器端差	升高 1℃	0.326 6	1.163
11	冷却水流量	减少 1000t/h	0.217 3	0.774
12	7 号高压加热器上端差	升高 1℃	0.020 53	0.073 12
13	6 号高压加热器上端差	升高 1℃	0.013 95	0.049 67
14	4 号低压加热器上端差	升高 1℃	0.045 33	0.161 5
15	3 号低压加热器上端差	升高 1℃	0.015 02	0.053 752
16	2 号低压加热器上端差	升高 1℃	0.023 11	0.082 3
17	1 号低压加热器上端差	升高 1℃	0.021 50	0.076 6

注　额定主蒸汽温度为 535℃，主蒸汽压力为 9.0MPa，汽轮机额定热耗率为 9451.0kJ/kWh，额定工况下发电煤耗率为 356.2g/kWh，锅炉效率为 92.37%，管道效率为 98%，厂用电率为 8.5%计算。

表 17-3　　100MW 机组参数变化对经济性的影响（额定工况）

序号	参　数	参数变化	对热耗的影响（%）	对发电煤耗率的影响（g/kWh）
1	主蒸汽压力	降低 1MPa	1.121 2	3.81
2	主蒸汽温度	降低 1℃	0.043 8	0.148 8
3	真空	降低 1kPa	0.941 7	3.20
4	给水温度	降低 1℃	0.032 4	0.110
5	排烟温度	升高 1℃		0.240
6	飞灰可燃物	升高 1%		1.304
7	排烟氧量	偏离 1%		1.1
8	再热器减温水	升高 1%	0.023 5	0.08
9	厂用电率	升高 1%		供电煤耗率为 4.02
10	补水率	升高 0.1%	0.200 0	0.68
11	凝结水过冷度	升高 1℃	0.027 4	0.093 2
12	凝汽器端差	升高 1℃	0.367 7	1.249
13	冷却水入口温度	升高 1℃	0.367 7	1.249
14	7 号高压加热器上端差	升高 1℃	0.024 9	0.084 6
15	6 号高压加热器上端差	升高 1℃	0.014 6	0.049 6
16	4 号低压加热器上端差	升高 1℃	0.016 3	0.055 4
17	3 号低压加热器上端差	升高 1℃	0.015 8	0.053 7

续表

序号	参　数	参数变化	对热耗的影响（%）	对发电煤耗率的影响（g/kWh）
18	2号低压加热器上端差	升高1℃	0.009 2	0.031 3
19	1号低压加热器上端差	升高1℃	0.062 2	0.062 2
20	高压加热器解列		2.642	8.98
21	高压缸效率	降低1%	0.868	2.95
22	中压缸效率	降低1%	0.324	1.10
23	低压缸效率	降低1%	0.112	0.38

注　额定主蒸汽温度为550℃，主蒸汽压力为8.8MPa，汽轮机额定热耗率为8784.6kJ/kWh，额定工况下发电煤耗率为339.8g/kWh，锅炉效率为90%，管道效率为98%，厂用电率为7.5%计算。

表17-4　　125MW机组参数变化对经济性的影响（额定工况）

序号	参　数	参数变化	对热耗的影响（%）	对发电煤耗率的影响（g/kWh）
1	主蒸汽压力	降低1MPa	0.669	2.144
2	主蒸汽温度	降低1℃	0.028 0	0.089 7
3	再热汽温	降低1℃	0.020 0	0.064 1
4	真空	降低1kPa	0.704	2.26
5	给水温度	降低1℃	0.034 4	0.113
6	补水率（补水至凝汽器）	升高1%	0.202 9	0.65
7	凝结水过冷度	升高1℃	0.012 5	0.04
8	高压缸效率	降低1%	0.158	0.506
9	中压缸效率	降低1%	0.192	0.615
10	低压缸效率	降低1%	0.445	1.426
11	排烟温度	升高1℃		0.220 3
12	排烟氧量	偏离1%		1.1
13	飞灰可燃物	升高1%		1.238
14	锅炉效率	降低1%		3.981
15	连续排污率（不回收）	升高1%	0.349 6	1.12
16	厂用电率	升高1%		供电煤耗率为3.83
17	凝汽器端差	升高1℃	0.346 4	1.110
18	冷却水入口温度	升高1℃	0.346 4	1.110
19	高压加热器组解列		2.367	7.59
20	机组负荷	偏离10%	0.863 2	2.77
21	主蒸汽管道泄漏	增加1t/h	0.431	1.38
22	再热蒸汽管道泄漏	增加1t/h	0.215	0.69

注　按设计的锅炉和管道效率为90.5%，热耗率为8499kJ/kWh，额定工况下发电煤耗率为320.4g/kWh，厂用电率为7.5%计算。

表 17-5　　200MW 机组参数变化对经济性的影响（额定工况）

序号	参　数	参数变化	对热耗的影响（%）	对发电煤耗率的影响（g/kWh）
1	主蒸汽压力	降低 1MPa	0.468 7	1.450
2	主蒸汽温度	降低 1℃	0.032 3	0.10
3	再热蒸汽温度	降低 1℃	0.022 6	0.07
4	真空（纯湿/空冷）	降低 1kPa	1.041/0.323	3.221/1.20
5	给水温度	降低 1℃	0.033 0	0.102
6	排烟温度（送风温度）	升高 1℃		0.210
7	飞灰可燃物	升高 1%		1.158
8	排烟氧量	升高 1%		0.10
9	厂用电率	升高 1%		供电煤耗率为 3.71
10	汽耗率	升高 0.1kg/kWh	3.232	10
11	凝结水过冷度	升高 1℃	0.027 4	0.093 2
12	凝汽器端差	升高 1℃	0.366 9	1.135
13	8 号高压加热器上端差	升高 1℃	0.022 1	0.068 4
14	7 号高压加热器上端差	升高 1℃	0.010 4	0.032 2
15	6 号高压加热器上端差	升高 1℃	0.007 1	0.021 9
16	4 号低压加热器上端差	升高 1℃	0.007 9	0.024 5
17	3 号低压加热器上端差	升高 1℃	0.017 1	0.052 9
18	2 号低压加热器上端差	升高 1℃	0.008 75	0.027 1
19	1 号低压加热器上端差	升高 1℃	0.017 5	0.054 1
20	再热器减温水	增加 1t/h	0.035 6	0.11
21	补水率（补水至凝汽器）	升高 1%	0.200	0.62
22	高压缸效率	降低 1%	0.200	0.62
23	中压缸效率	降低 1%	0.239 0	0.74
24	低压缸效率	降低 1%	0.455 6	1.41
25	高压加热器组解列		2.768	8.5
26	机组负荷	偏离 10%	1.180	3.65
27	循环水温度	升高 1℃	0.356	0.84
28	主蒸汽管道泄漏	增加 1t/h	0.271	0.40

注　额定主/再蒸汽温度为 535℃/535℃，主蒸汽压力为 12.7MPa，汽轮机额定热耗率为 8286.8kJ/kWh，额定工况下发电煤耗率为 309.4g/kWh，锅炉效率为 92.3%，管道效率为 99%。

表 17-6　　300MW 机组参数变化对经济性的影响（额定工况）

序号	参　数	参数变化	对热耗的影响（%）	对发电煤耗率的影响（g/kWh）
1	主蒸汽压力	降低 1MPa	0.571	1.68
2	主蒸汽温度	降低 1℃	0.035 0	0.091
3	再热蒸汽温度	降低 1℃	0.025	0.074
4	相对再热器压损	升高 1%	0.083	0.25
5	排汽压力（纯湿/空冷）	升高 1kPa	1.050 2/0.40	3.099/1.13
6	高压旁路漏至冷端再热器	增加 1t/h	0.014 6	0.043

续表

序号	参　数	参数变化	对热耗的影响（%）	对发电煤耗率的影响（g/kWh）
7	低压旁路漏至凝汽器	增加 1t/h	0.110 1	0.325
8	主蒸汽漏至凝汽器	增加 1t/h	0.123 0	0.363
9	冷端再热器漏至凝汽器	增加 1t/h	0.088 1	0.260
10	1号高压加热器危急疏水漏至凝汽器	增加 1t/h	0.021 0	0.062
11	2号高压加热器危急疏水漏至凝汽器	增加 1t/h	0.014 6	0.043
12	3号高压加热器危急疏水漏至凝汽器	增加 1t/h	0.010 5	0.031
13	除氧器放水漏至凝汽器	增加 1t/h	0.005 76	0.017
14	高压轴封漏汽至冷端再热器	增加 1t/h	0.014 9	0.044
15	高压轴封漏汽至中压缸	增加 1t/h	0.025 4	0.075
16	高压旁路减温水漏至冷端再热器	增加 1t/h	0.021 3	0.063
17	1段抽汽漏至凝汽器	增加 1t/h	0.098 9	0.292
18	3段抽汽漏至凝汽器	增加 1t/h	0.090 5	0.267
19	4段抽汽漏至凝汽器	增加 1t/h	0.072 2	0.213
20	5段抽汽漏至凝汽器	增加 1t/h	0.053 5	0.158
21	6段抽汽漏至凝汽器	增加 1t/h	0.037 6	0.111
22	过热器减温水量	增加 1t/h	0.003 39	0.010
23	再热器减温水量	增加 1t/h	0.022 7	0.067
24	高压平衡盘漏汽	增加 1t/h	0.018 3	0.054
25	高压轴封漏汽	增加 1t/h	0.086 0	0.254
26	给水泵汽轮机用汽量	增加 1t/h	0.072 2	0.213
27	锅炉排污量	增加 1t/h	0.049 8	0.147
28	锅炉效率	降低 1%		3.28
29	补水率（补水至凝汽器）	增加 1%	0.195 3	0.58
30	凝结水过冷度	升高 1℃	0.014 3	0.042 2
31	给水温度	降低 1℃	0.037 3	0.110
32	凝汽器端差	升高 1℃	0.19	0.56
33	循环水温度	升高 1℃	0.214	0.63
34	排烟温度	升高 1℃		0.159
35	排烟氧量	偏离 1%		0.97
36	飞灰可燃物	升高 1%		1.36
37	炉渣可燃物	升高 1%		0.064
38	排污率	升高 1%(不回收)		1.71
39	高压加热器组解列		2.758	8.14

注　汽轮机额定热耗率为 7927kJ/kWh，额定工况下发电煤耗率为 294.4g/kWh，锅炉效率为 92.8%，管道效率为 99%，厂用电率为 5.59%。

表 17-7 300MW 机组不同负荷下单位运行参数变化对机组运行经济性的影响

机组负荷（MW）	165	200	250	300	平均
参 数	供电煤耗率的影响幅度（g/kWh）				
高压缸效率每变化 1%	0.572 9	0.570 3	0.566 6	0.562 9	0.568 8
中压缸效率每变化 1%	0.665 1	0.662 1	0.657 8	0.653 6	0.660 4
低压缸效率每变化 1%	1.483 2	1.478 4	1.466 9	1.457 4	1.472 6
过热器减温水变化 1t	0.010 6	0.010 5	0.010 4	0.009 6	0.010 5
再热器减温水变化 1t	0.067 8	0.067 5	0.067 1	0.066 6	0.067 3
1 号高压加热器上端差变化 1℃	0.059 9	0.059 6	0.059 2	0.058 8	0.059 5
2 号高压加热器上端差变化 1℃	0.039 5	0.039 3	0.039 0	0.038 8	0.039 2
3 号高压加热器上端差变化 1℃	0.05	0.05	0.049	0.048	0.049
5 号低压加热器上端差变化 1℃	0.047 4	0.047 2	0.046 9	0.046 6	0.047 0
6 号低压加热器上端差变化 1℃	0.047 2	0.047 0	0.046 7	0.046 4	0.046 9
7 号低压加热器上端差变化 1℃	0.047 2	0.047 0	0.046 7	0.046 4	0.046 9
8 号低压加热器上端差变化 1℃	0.051 0	0.050 8	0.050 4	0.050 1	0.050 6
厂用电率每变化 1%	3.387	3.506 9	3.018 2	3.440	3.301 4
机组热耗每变化 100 kJ/kWh	3.767 0	3.774 7	3.731 5	3.722 9	3.755 5
预热器入口氧量每变化 1%	1.438 1	1.302 7	1.339 2	1.163 5	1.300 8
排烟氧量每变化 1%	1.204 8	1.133 8	1.138 6	1.026 2	1.120 3
飞灰可燃物每变化 1%	0.758 4	1.494 7	1.312 3	1.213 4	1.245 1
排烟温度每变化 1℃	0.206 1	0.180 0	0.165 6	0.170 1	0.174 1
送风温度每变化 1℃	0.196 0	0.185 0	0.171 5	0.174 9	0.180 0
预热器漏风率每变化 1%	0.148	0.150	0.144	0.140	0.145
送引风机电耗每变化 100kW	0.113 3	0.117 1	0.100 8	0.114 2	0.110 4
制粉系统电耗每变化 100kW	0.113 3	0.117 1	0.100 8	0.114 2	0.110 4

表 17-8 350MW 机组参数变化对经济性的影响（额定工况）

序号	参 数	参数变化	对热耗的影响（%）	对发电煤耗率的影响（g/kWh）
1	高压缸相对内效率	降低 1%	0.201 7	0.578
2	中压缸相对内效率	降低 1%	0.370 2	1.061
3	低压缸相对内效率	降低 1%	0.515 7	1.478
4	主蒸汽压力	降低 1MPa	0.702 1	2.012
5	主蒸汽温度	降低 1℃	0.030 64	0.088
6	再热蒸汽温度	降低 1℃	0.030 6	0.088
7	再热压损	升高 1%	0.080 4	0.230 5
8	再热器减温水	升高 1t	0.028 08	0.080 5

续表

序号	参　数	参数变化	对热耗的影响（%）	对发电煤耗率的影响（g/kWh）
9	给水泵汽轮机用汽量	升高1t/h	0.060 0	0.172 0
10	真空	降低1kPa	0.713 6	2.045
11	给水温度	降低1℃	0.024 8	0.071 0
12	排烟温度	升高1℃		0.186 0
13	飞灰可燃物	升高1%		0.612 8
14	厂用电率	升高1%		供电煤耗率为3.175
15	预热器漏风率	升高1%		0.139 8
16	凝结水过冷度	升高1℃	0.016 9	0.048 3
17	循环水入口温度	升高1℃	0.190 7	0.546 6
18	补水率（补水至凝汽器）	升高1%	0.250	0.717
19	高压加热器组解列		4.367	12.516
20	凝汽器端差	升高1℃	0.265 5	0.761 0
21	锅炉效率	降低1%		3.601
22	机组负荷	偏离15%	0.732 7	2.10
23	机组负荷	偏离25%	1.535 2	4.40
24	机组负荷	偏离35%	2.930 9	8.40
25	机组负荷	偏离50%	6.175 9	17.70

注　额定主/再热蒸汽温度为538℃/538℃，主蒸汽压力为16.56MPa，汽轮机额定热耗率为7833.5kJ/kWh，额定工况下发电煤耗率为286.6g/kWh，锅炉效率为94.2%，管道效率为99%，厂用电率为4.5%。

表17-9　亚临界600MW机组参数变化对经济性的影响（额定工况）

序号	参　数	参数变化	对热耗的影响（%）	对发电煤耗的影响（g/kWh）
1	高压缸相对内效率	降低1%	0.176 3	0.505 3
2	中压缸相对内效率	降低1%	0.347 8	0.996 8
3	低压缸相对内效率	降低1%	0.472 1	1.352 9
4	主蒸汽压力	降低1MPa	0.702 1	2.012
5	主蒸汽温度	降低1℃	0.030 64	0.088
6	再热蒸汽温度	降低1℃	0.030 6	0.088
7	再热压损	升高1%	0.080 4	0.230 5
8	再热器减温水	升高1t	0.028 08	0.080 5
9	给水泵汽轮机用汽量	升高1t/h	0.060 0	0.172 0
10	真空（纯湿/空冷）	降低1kPa	0.713 6/0.606	2.045/1.737
11	给水温度	降低1℃	0.024 8	0.071 0
12	排烟温度	升高1℃		0.186 0

续表

序号	参　数	参数变化	对热耗的影响（%）	对发电煤耗的影响（g/kWh）
13	飞灰可燃物	升高 1%		0.612 8
14	厂用电率	升高 1%		供电煤耗率为 3.175
15	预热器漏风率	升高 1%		0.139 8
16	凝结水过冷度	升高 1℃	0.016 9	0.048 3
17	循环水入口温度	升高 1℃	0.190 7	0.546 6
18	补水率（补水至凝汽器）	升高 1%	0.250	0.717
19	高压加热器组解列		4.367	12.516
20	凝汽器端差	升高 1℃	0.265 5	0.761 0
21	锅炉效率	降低 1%	1.256 5	3.601
22	机组负荷	偏离 15%	0.732 7	2.10
23	1 号高压加热器上端差	增加 1℃	0.0241	0.069
24	2 号高压加热器上端差	增加 1℃	0.0119	0.034
25	3 号高压加热器上端差	增加 1℃	0.004 2	0.012

注　额定主/再热蒸汽温度为538℃/538℃，主蒸汽压力为16.56MPa，汽轮机额定热耗率为7833.5kJ/kWh，额定工况下发电煤耗率为286.6g/kWh，锅炉效率为94.2%，管道效率为99%，厂用电率为4.5%。

表 17-10　　超（超）临界 600MW 机组参数变化对经济性的影响（额定工况）

序号	名　称	参数变化	热耗增加（kJ/kWh）	煤耗增加（g/kWh）
1	主蒸汽压力	降低[①] MPa	23.37	0.87
2	主蒸汽温度	降低 1℃	2.337	0.087
3	再热蒸汽温度	降低 1℃	1.818	0.067 7
4	再热器压损	升高 1%	4.500	0.169
5	排汽压力	升高 1kPa	54.300	2.034
6	高压缸效率	降低 1%	14.775	0.554
7	中压缸效率	降低 1%	19.785	0.741
8	低压缸效率	降低 1%	37.375	1.400
9	再热蒸汽漏至凝汽器	增加 1t/h	4.236	0.159
10	主蒸汽漏至凝汽器	增加 1t/h	4.628	0.173
11	1 号高压加热器危急疏水漏	增加 1t/h	0.896	0.034
12	2 号高压加热器危急疏水漏	增加 1t/h	0.667	0.025
13	3 号高压加热器危急疏水漏	增加 1t/h	0.457	0.017
14	除氧器放水漏至凝汽器	增加 1t/h	0.411	0.015
15	5 号低压加热器辅调疏水漏	增加 1t/h	0.102	0.004
16	6 号低压加热器辅调疏水漏	增加 1t/h	0.059	0.002

续表

序号	名　称	参数变化	热耗增加（kJ/kWh）	煤耗增加（g/kWh）
17	1段抽汽漏至凝汽器	增加 1t/h	3.476	0.130
18	3段抽汽漏至凝汽器	增加 1t/h	4.690	0.176
19	4段抽汽漏至凝汽器	增加 1t/h	2.904	0.109
20	5段抽汽漏至凝汽器	增加 1t/h	2.121	0.079
21	6段抽汽漏至凝汽器	增加 1t/h	1.295	0.049
22	E夹层漏汽至中压缸	增加 1t/h	1.203	0.045
23	凝汽器端差	增加 1℃	19.69	0.737
24	凝结水过冷度	增加 1℃	1.25	0.046 8
25	给水温度	降低 1℃	1.80	0.067
26	给水泵汽轮机用汽量	增加 1t/h	2.904	0.109
27	锅炉排污量	增加 1t/h	2.584	0.097
28	1号高压加热器上端差（给水温度）	增加 1℃	2.724	0.102
29	2号高压加热器上端差	增加 1℃	0.654	0.024
30	3号高压加热器上端差	增加 1℃	2.432	0.091
31	5号低压加热器上端差	增加 1℃	1.222	0.046
32	6号低压加热器上端差	增加 1℃	1.390	0.052
33	7号低压加热器上端差	增加 1℃	0.747	0.028
34	8号低压加热器上端差	增加 1℃	0.839	0.031
35	1号高压加热器下端差	增加 10℃	0.414	0.016
36	2号高压加热器下端差	增加 10℃	3.954	0.148
37	3号高压加热器下端差	增加 10℃	7.882	0.295
38	5号低压加热器下端差	增加 10℃	0.994	0.037
39	6号低压加热器下端差	增加 10℃	0.822	0.031
40	7号低压加热器下端差	增加 10℃	1.316	0.049
41	过热减温水	增加 1t/h	0.59	0.022
42	再热减温水	增加 1t/h	2.05	0.077
43	高压加热器组解列			7.5
44	补水率（补水至凝汽器）	升高 1%		0.54
45	飞灰	升高 1%		0.90
46	排烟温度	增加 1℃		0.16
47	排烟氧量	偏离 1%		0.88

注　汽轮机型号为 N600-24.2/566/566，汽轮机额定热耗率为 7526kJ/kWh，额定工况下发电煤耗率为 272g/kWh，锅炉效率为 93.5%，管道效率为 98%。

表 17-11　　超超临界 1000MW 机组参数变化对经济性的影响（额定工况）

序号	参　数	参数变化	对热耗的影响（%）	对发电煤耗的影响（g/kWh）
1	主蒸汽压力	降低 1MPa	0.369	1.00
2	主蒸汽温度	降低 1℃	0.032 4	0.088
3	再热蒸汽温度	降低 1℃	0.025	0.068
4	再热压损	升高 1%	0.098 5	0.268
5	再热器减温水（给水泵抽头）	升高 1t	0.025 8	0.070 3
6	过热器减温水（给水泵出口）	升高 1t	0.004 8	0.013 0
7	给水泵汽轮机用汽量	升高 1t/h	0.001 8	0.048 5
8	真空	降低 1kPa	0.710 6	1.933
9	给水温度	降低 1℃	0.025 8	0.070
10	排烟温度	升高 1℃		0.148
11	锅炉氧量	升高 1%		0.885
12	飞灰可燃物	升高 1%		0.325
13	炉渣可燃物	升高 1%		0.059
14	厂用电率	升高 1%		供电煤耗率为 3.011
15	预热器漏风率	升高 1%		0.148
16	补水率（补水至凝汽器）	升高 1%	0.190 4	0.518
17	锅炉排污量	增加 1t/h	0.050 4	0.137
18	轴封漏汽	增加 1t/h	0.017 2	0.046 9
19	高压加热器端差	增加 1℃	0.013 9	0.037 8
20	1 号高压加热器上端差	增加 1℃	0.030 49	0.082 9
21	2 号高压加热器上端差	增加 1℃	0.009 99	0.027 2
22	3 号高压加热器上端差	增加 1℃	0.014 57	0.039 6
23	5 号低压加热器上端差	增加 1℃	0.010 70	0.029 1
24	6 号低压加热器上端差	增加 1℃	0.007 87	0.021 4
25	7 号低压加热器上端差	增加 1℃	0.018 60	0.050 6
26	8 号低压加热器上端差	增加 1℃	0.011 19	0.030 4
27	1 号高压加热器疏水端差	增加 1℃	0.000 65	0.001 77
28	2 号高压加热器疏水端差	增加 1℃	0.003 26	0.008 87
29	3 号高压加热器疏水端差	增加 1℃	0.003 99	0.010 9
30	8 号低压加热器疏水端差	增加 1℃	0.003 09	0.008 40
31	高压缸相对内效率	降低 1%	0.171 5	0.466 5
32	中压缸相对内效率	降低 1%	0.252 3	0.686 3
33	低压缸相对内效率	降低 1%	0.411 5	1.119 3
34	锅炉排污	流量变化 1%	0.334 2	0.909 0
35	一段抽汽管道漏至凝汽器	流量变化 1%	0.799 0	2.173 3
36	二段抽汽管道漏至凝汽器	流量变化 1%	0.734 9	1.998 9

续表

序号	参　数	参数变化	对热耗的影响（%）	对发电煤耗的影响（g/kWh）
37	三段抽汽管道漏至凝汽器	流量变化1%	0.715 3	1.945 6
38	四段抽汽管道漏至凝汽器	流量变化1%	0.652 5	1.774 8
39	五段抽汽管道漏至凝汽器	流量变化1%	0.494 2	1.344 2
40	六段抽汽管道漏至凝汽器	流量变化1%	0.303 2	0.824 7
41	1号高压加热器危急疏水漏至凝汽器	流量变化1%	0.196 9	0.535 6
42	2号高压加热器危急疏水漏至凝汽器	流量变化1%	0.120 0	0.326 4
43	3号高压加热器危急疏水漏至凝汽器	流量变化1%	0.088 0	0.239 4
44	除氧器溢放水漏至凝汽器	流量变化1%	0.078 2	0.212 7
45	5号低压加热器危急疏水漏至凝汽器	流量变化1%	0.031 1	0.084 6
46	6号低压加热器危急疏水漏至凝汽器	流量变化1%	0.009 4	0.025 6
47	1段抽汽压损	变化1%	0.022 4	0.060 9
48	2段抽汽压损	变化1%	0.007 2	0.019 6

注　汽轮机型号为N1000-26.25/600/600，额定主/再热蒸汽温度为600℃/600℃，主蒸汽压力为26.25MPa，汽轮机额定热耗率为7316kJ/kWh，额定工况下发电煤耗率为272g/kWh，锅炉效率为93.65%，管道效率为98%。对于没有特殊说明的，流量按1%的主蒸汽流量进行分析。

第三节　耗差分析报告

一、月度耗差分析的目标

规范技术经济指标体系，运用耗差分析方法，开展能耗指标创优活动，按照“对照先进、查错纠弊，持续改善、不断超越”的要求，制定切实有效的整改措施，保持所在企业在区域竞争力的优势。

二、耗差分析数据库

建立一个统一EXCEL文件，由原始数据输入、机组基本情况、小指标总体完成情况、指标体系及机组耗差分析，以及电厂所有机组的耗差分析表和指标创优整改措施组成。

（1）数据来源：各机组小指标月报（个别数据如给水温度目标值等需人工输入）。

（2）指标体系：由四级指标组成。运用热力学、基本公式和资料等对每台机组小指标变化1个单位的耗差（相对目标值而言）进行定量分析，确定对煤耗的影响量。

（3）耗差分析：确定66个指标的目标值（由优秀标准、设计值、先进值、历史数据等自主确定），将实际偏差量化成影响煤耗的数值，找出影响能耗的主要矛盾和可控因素。

EXCEL文件中包括两个数据库：设计指标数据库和指标体系数据库。

（1）设计指标数据库：包括供电煤耗率设计值、厂用电率设计值（厂用电率设计值是指发电厂用电率）、锅炉效率设计值和汽轮机热耗率设计值等，见表17-12。

（2）指标体系数据库：包括第一级、第二级、第三级和第四级指标，如供电煤耗率、负荷系数、氧量、排烟温度、高压缸效率、加热器端差和凝汽器端差等。

指标体系数据库内带有隐形的计算公式，按照备注的计算公式编辑成型后，只要输入相关数据，锅炉效率影响量、热耗率影响量、发电煤耗率影响量、供电煤耗率影响量（耗差）就会自动修改显示，见表17-13。

三、耗差分析方法

建立上述两个数据库之后，就为耗差分析打下良好的基础平台，这是第一步。

第二步就是建立耗差月度分析表，耗差月度分析表内容见表17-14，包括所有的运行可控的指标和部分可控的指标。该表也在“当月同比”“月目标差值”“当月耗差”“累计同比”“年目标差值”和“累计耗差”栏中编辑了相应的计算公式，只要输入该表前几列数据（如目标值、本月、去年本月、本年累计、去年累计），后几列数据就相应的计算出结果了。

对于目标值、耗差值等基本数据，要逐步完善补充。

每月将原始能耗报表粘贴到耗差月度分析表后，有些数据需要人工输入。

四、指标创优整改措施表

针对耗差月度分析表17-14中超过目标值的指标，应制定整改措施，并填入“整改措施表”中，这也是耗差分析最重要的目的，也是耗差分析的最后一步，具体内容见表17-15。

整改措施表：结合实际，找出不足，进行原因分析并提出治理措施。重点是以月度为单位制定切实有效的可执行措施。

措施表项目栏：包含节能工作中存在的系列问题，统领节能具体工作。包括月度或累计值中耗差影响大，与目标值偏差大的小指标；实际运行中异常指标；各类检查中发现的问题等。

措施表原因分析栏：全面细致。

措施表治理措施栏：全面细致。

措施表下月采取措施栏：具体可执行，便于考核，必须责任到人，规定完成时间节点。

措施表本月完成情况栏：每月初对上月完成情况进行简单总结，条列清楚。

五、耗差月度分析报告

耗差月度分析报告格式如下。

××电厂耗差月度分析报告

一、本月耗差分析

简要介绍发电量、供电煤耗率等整体情况，负荷系数、汽轮机热耗率、锅炉效率、厂用电率、燃料指标和其他指标同比、环比和耗差分析的总结果，详细情况见表17-14。

二、本月可控耗差对机组耗差分析结果的影响较大的参数及原因分析

超标指标主要原因分析，见表17-15。

三、下月治理措施

治理措施包括整体治理计划、下月计划采取的措施和本月措施完成情况，见表17-15。整体治理计划包括运行调整计划、试验计划和设备整改建议。

（1）运行调整计划：包括对小指标考核中指标比重的调整。

（2）指标竞赛制度调整情况：可控耗差偏差较大的参数在指标竞赛中所占比例调整情况。各指标的得分分配权重应以机组耗差分析结果进行设定，并进行动态调整，以实现机组经济性最大化的目标，形成正向引导运行人员积极参与精细化调整的氛围。

对于可控耗差偏差较大的参数应适当增加权重，以提高人员主动参与调整的积极性，同时应避免大幅调整造成为追求经济性而牺牲安全余度。

（3）设备整改建议：主要是对设备检修的维护、消缺、技改建议。

××电厂

20××年×月×日

表 17-12　300MW 机组设计指标数据库

指标设计值	设计发电煤耗 g_{fD}(g/kWh)	设计厂用电率 L_{cy}(%)	设计供电煤耗 g_{gD}(g/kWh)	设计锅炉效率 η_{glD}(%)	热耗率 H_D (kJ/kWh)	管道效率 η_{gdD}(%)
数据来源	$H_D/(29.308\eta_{gdD}\eta_{glD})$		$g_{fD}/(1-L_{cy})$			
数值	294.40	5.59	311.83	92.8	7927	99
设计指标	基准排烟温度 t_b（℃）	送风机入口风温 t_{f8}（℃）	省煤器出口过量空气系数（BRL）α_{sm}	空气预热器漏风率 A_L（%）	排烟过量空气系数 α_{py}	排烟处氧量 O_2(%)
数据来源					α_{sm}（$1+A_L/100$）	$21-21/\alpha_{py}$
数值	126	20	1.19	6	1.261 4	4.35
指标设计值	排烟损失系数 X_1	排烟系数 k_1	排烟系数 k_2		收到基水分 M_{ar}(%)	收到基低位热值 $Q_{net,ar}$(kJ/kg)
数据来源	$k_1\times\alpha_{py}+k_2$	查表	查表			
数值	4.91	3.54	0.44		10.0	21 160
指标设计值	飞灰份额 α_{fh}	炉渣份额 α_{lz}	飞灰可燃物 C_{fh}设计值（%）	炉渣可燃物 C_{lz}设计值（%）	收到基灰分 A_{ar}(%)	
数据来源	查锅炉设计	查锅炉设计				
数值	0.90	0.10	2.00	2.50	28.0	

注　表 17-12 是耗差分析的基础，设计成 EXCEL 表格形式，数值一行应带有隐藏的计算公式，计算公式见数据来源一行，只要指标设计值一改变，数值一行马上就会自动修改。

表 17-13 **300MW 机组耗差分析指标体系数据库**

第一级指标	第二级指标	第三级指标	第四级指标	指标变化值	锅炉效率影响量（%）	发电煤耗率影响量（g/kWh）	供电煤耗率影响量（g/kWh）	备注
1. 供电煤耗率							3.34	
	1.1 综合厂用电率						3.34	ΔL_{cy}＝＋1%时，Δb_g＝294.4/（1－6.59%）－311.83＝3.28g/kWh
		1.1.1 负荷系数		降低 1 个百分点		75%～100%区间：约增加 0.188g/kWh。50%～75%区间：增加 0.352～0.392g/kWh	75%～100%区间：约增加 0.242g/kWh。50%～75%区间：增加 0.464～0.512g/kWh	
		1.1.2 高效机组发电量占比						
	1.2 非生产用电率	1.2.1 机组启停次数	热态启停次数	热态启停 1 次			2.5（0.21）	表中括号外数据为折算至当月，括号内数据为折算至全年
			温态启停次数	温态启停 1 次			1.1（0.09）	
			冷态启停次数	冷态启停 1 次			0.5（0.04）	
		1.2.2 辅助厂用电率		增加 1 个百分点			3.34	
	1.3 发电厂用电率			增加 1 个百分点			3.34	ΔL_{cy}＝＋1%时，Δb_g＝294.4/（1－5.74%）－309.05＝3.28g/kWh
		1.3.1 脱硫系统耗电率		增加 1 个百分点			3.34	
		1.3.2 送风机耗电率		增加 1 个百分点			3.34	
		1.3.3 引风机耗电率		增加 1 个百分点			3.34	
		1.3.4 一次风机耗电率		增加 1 个百分点			3.34	
		1.3.5 磨煤机耗电率		增加 1 个百分点			3.34	
		1.3.6 凝结水泵耗电率		增加 1 个百分点			3.34	

续表

第一级指标	第二级指标	第三级指标	第四级指标	指标变化值	锅炉效率影响量（%）	发电煤耗率影响量（g/kWh）	供电煤耗率影响量（g/kWh）	备注
		1.3.7 循环水泵耗电率		增加1个百分点			3.34	
	1.4 供热厂用电率	1.4.1 热网循环泵耗电率		增加1个百分点			3.34	
		1.4.2 热网补水率		增加1个百分点				
	1.5 发电煤耗率							
		1.5.1 锅炉效率		降低1个百分点		3.21	3.40	$b_{fd}=7927/(29.308\times\eta_{gl}\times\eta_{gd})$ $\Delta\eta_{gl}=-1\%$时，$\Delta b_{fd}=7927/(29.308\times0.918\times0.99)-294.4=3.21$g/kWh $\Delta b_{gd}=3.21\times/(1-5.59\%)=3.37$g/kWh
			1.5.1.1 排污量	增加1t/h	0.04	0.128	0.136	
			1.5.1.2 排烟温度	升高1℃	0.049	0.157	0.167	$q_2=(k_1\alpha_{py}+k_2)\times(t_{py}-t_0)/100$，$\Delta q=(k_1\times\Delta\alpha_{py}+k_2)\times1/100$，$\Delta b_{gd}=\Delta q\times3$
			1.5.1.3 省煤器出口氧量	增加1个百分点	0.30	0.970	1.027	$\Delta q=k_1\times[21/(21-O_2-1)-21/(21-O_2)]\times(t_{py}-t_0)/100$
			1.5.1.4 送风温度	升高1℃	0.03	0.094	0.100	$\Delta q=0.6\times k_1\times[21/(21-O_2-1)-21/(21-O_2)]\times(t_{py}-t_0)/100$
			1.5.1.5 尾部烟道漏风率(空气预热器漏风率)	增加1个百分点	0.045	0.143	0.152	$\Delta q=k_1\times\alpha_{sm}\times0.01\times(t_{py}-t_0)/100$
			1.5.1.6 飞灰可燃物含量	增加1个百分点	0.42	1.36	1.44	$q_4=337.27\times A_{ar}\times[\alpha_{fh}\times C_{fh}/(100-C_{fh})+\alpha_{lz}\times C_{lz}/(100-C_{lz})]\times/Q_{netar}$， $\Delta q=337.27\times28.0\times0.1\times[(2.5+1)/(100-3.5)-2.5/(100-2.5)]/21160\times100=0.474(\%)$

续表

第一级指标	第二级指标	第三级指标	第四级指标	指标变化值	锅炉效率影响量(%)	发电煤耗率影响量(g/kWh)	供电煤耗率影响量(g/kWh)	备注
			1.5.1.7 灰渣可燃物含量	增加1个百分点	0.047	0.152	0.161	$q_4=337.27\times A_{ar}\times[\alpha_{fh}\times C_{fh}/(100-C_{fh})-\alpha_{lz}\times C_{lz}/(100-C_{lz})]\times/Q_{netar}$，$\Delta q=337.27\times1\times[0.9\times(2/(100-2)+0.1\times2.5/(100-2.5)]/21\ 160\times100=0.033(\%)$，没有考虑灰分增加导致的厂用电率和热值等因素的变化
			1.5.1.8 燃料收到基灰分	增加1个百分点	0.104	0.334	0.353	
			1.5.1.9 收到基低位发热量	降低1000kJ/kg	0.330	1.058	1.121	
			1.5.1.10 燃料收到基水分	增加1个百分点	0.200	0.641	0.679	相对于入炉煤收到基水分20%而言
第一级指标	第二级指标	第三级指标	第四级指标	指标变化值	热耗率影响量(kJ/kWh)	发电煤耗率影响量(g/kWh)	供电煤耗率影响量(g/kWh)	备注
		1.5.2 热耗率		增加1kJ/kWh	1.00	0.037	0.039	$b_{fd}=g_{fD}\times1/H_D=294.4\times1/7927=0.037\ 1(g/kWh)$
			1.5.2.1 主蒸汽压力	降低1MPa	45.30	1.68	1.78	
			1.5.2.2 主蒸汽温度	降低1℃	2.44	0.091	0.096	根据《汽轮机热力特性计算说明书》主蒸汽压力从16.7MPa降低到16MPa时热耗率增加0.4%；主蒸汽温度从538℃降低到525℃时热耗率增加0.4%；再蒸汽温度从538℃降低到530℃时热耗率增加0.2%；再热蒸汽压损由10%增加到12.4%时热耗率增加0.2%
			1.5.2.3 再热蒸汽压损	降低1个百分点	6.61	0.25	0.26	
			1.5.2.4 再热蒸汽温度	降低1℃	1.98	0.074	0.078	
			1.5.2.5 给水温度	降低1℃	2.85	0.106	0.112	
			1.5.2.6 再热减温水量	增加1t/h	1.80	0.067	0.070	
			1.5.2.7 过热器减温水量	增加1t/h	0.28	0.010	0.011	

续表

第一级指标	第二级指标	第三级指标	第四级指标	指标变化值	锅炉效率影响量(%)	发电煤耗率影响量(g/kWh)	供电煤耗率影响量(g/kWh)	备注
			1.5.2.8 1号加热器上端差	增加1℃	1.60	0.059	0.063	
			1.5.2.9 2号加热器上端差	增加1℃	1.10	0.041	0.043	
			1.5.2.10 3号加热器上端差	增加1℃	0.88	0.033	0.035	
			1.5.2.11 5号加热器上端差	增加1℃	1.20	0.044 6	0.047	
			1.5.2.12 6号加热器上端差	增加1℃	1.20	0.044 6	0.047	
			1.5.2.13 7号加热器上端差	增加1℃	0.82	0.030	0.032	
			1.5.2.14 8号加热器上端差	增加1℃	0.95	0.035	0.037	
			1.5.2.15 1号加热器下端差	增加1℃	0.11	0.004	0.004	
			1.5.2.16 2号加热器下端差	增加1℃	0.22	0.008	0.009	
			1.5.2.17 3号加热器下端差	增加1℃	0.31	0.012	0.012	
			1.5.2.18 5号加热器下端差	增加1℃	0.17	0.006	0.007	
			1.5.2.19 6号加热器下端差	增加1℃	0.10	0.004	0.004	
			1.5.2.20 7号加热器下端差	增加1℃	0.04	0.001	0.002	
			1.5.2.21 8号加热器下端差	增加1℃	0.02	0.001	0.001	

续表

第一级指标	第二级指标	第三级指标	第四级指标	指标变化值	锅炉效率影响量(%)	发电煤耗率影响量(g/kWh)	供电煤耗率影响量(g/kWh)	备注
			1.5.2.22 真空(背压，排汽压力)	升高 1kPa	73.00	2.71	2.87	背压＝(大气压力－真空)，根据《汽轮机热力特性计算说明书》背压从 4.9MPa 增加到 6.8MPa 时热耗率增加 1.75%
			1.5.2.23 真空下降速度	升高 0.1kPa/min	6.00	0.22	0.24	
			1.5.2.24 凝汽器端差(排汽温度，循环水温升)	升高 1℃	15.0	0.56	0.59	排汽温度＝循环水入口温度＋循环水温升＋凝汽器端差
			1.5.2.25 循环水入口温度(环境温度)	升高 1℃	17.0	0.63	0.67	
			1.5.2.26 凝结水过冷度	升高 1℃	1.1	0.041	0.043	
			1.5.2.27 高压缸效率	降低 1 个百分点	16.3	0.605	0.641	
			1.5.2.28 中压缸效率	降低 1 个百分点	23.6	0.876	0.928	
			1.5.2.29 低压缸效率	降低 1 个百分点	38.1	1.415	1.499	
		1.5.3 管道效率		降低 1 个百分点		3.21	3.40	
			1.5.3.1 补水率	增加 1 个百分点	15.00	0.557	0.590	由 4.9kPaTHA 工况热耗率和背压 11.8kPa 及 3%补水率 TRL 工况热耗率 7927kJ/kWh 估算

续表

第一级指标	第二级指标	第三级指标	第四级指标	指标变化值	锅炉效率影响量(%)	发电煤耗率影响量(g/kWh)	供电煤耗率影响量(g/kWh)	备注
			1.5.3.2 阀门泄漏率	高压旁路阀泄漏量为1%主蒸汽流量	37.70	1.400	1.483	
				低压旁路阀泄漏量为1%主蒸汽流量	70.60	2.622	2.777	
				给水泵再循环阀泄漏量为1%主蒸汽流量	1.40	0.052	0.055	
				1号高压加热器危急疏水阀泄漏量为1%主蒸汽流量	12.50	0.464	0.492	
				2号高压加热器危急疏水阀泄漏量为2%主蒸汽流量	8.60	0.319	0.338	
				3号高压加热器危急疏水阀泄漏量为3%主蒸汽流量	5.50	0.204	0.216	

续表

第一级指标	第二级指标	第三级指标	第四级指标	指标变化值	锅炉效率影响量(%)	发电煤耗率影响量(g/kWh)	供电煤耗率影响量(g/kWh)	备注
		1.5.4 热值差		调大 1kJ/kg			0.015 7	$\Delta b = B_{原煤量}\,t \times$ 热值差 kJ/kg × 100/(29 308×供电量万 kWh)，若热值差调大 100kJ/kg，则煤耗调大 Δb=1.57g/kWh
			1.5.4.1 入炉煤热值	减少 1kJ/kg			0.001 1	
			1.5.4.2 入厂煤热值					
	1.6 供热煤耗率	1.6.1 供热比		再热冷段抽汽降低 1 个百分点	30.00	1.114	1.180	
				第三段抽汽降低 1 个百分点	35.00	1.300	1.377	
				第五段抽汽降低 1 个百分点	44.00	1.634	1.731	
		1.6.2 热电比		降低 1 个百分点	24.00	0.891	0.944	工质不回收，补水进凝汽器，补水温度 20℃。热电比增加 1%影响发电煤耗率约 0.93g/kWh；3200 万 GJ 影响约 1g/kWh；供暖面积增加 8200 万 m^2 影响约 1g/kWh
		1.6.3 供热量		降低 100 万 GJ	2.7	0.1	0.11	

注 表 17-13 应设计成 EXCEL 表格形式，热耗率影响量、锅炉效率影响量、发电煤耗率影响量、供电煤耗率影响量一行带有隐性的计算公式，计算公式见表 17-3 备注内容。表 17-13 只列举了部分指标，读者可按此格式进行适当的增减。

表 17-14 某电厂 1 号 300MW 机组耗差月度分析表

序号	指标名称	单位	耗差	设计值	优秀值	目标值	本月	去年本月	本年累计	上年累计	当月同比	月目标差值	当月耗差	累计同比	年目标差值	累计耗差
	生产厂用电率	%	3.34	5.59	4.6	4.70	4.45	4.70	4.54	4.95	−0.25	−0.25	−0.82	−0.41	−0.16	−0.54
	生产供电煤耗	g/kWh	1	311.83	324.74	325.98	321.51	326.98	323.59	327.47	−5.46	−4.47	−4.47	−3.87	−2.39	−2.39
一	发电量															
1	负荷系数	%	0.5			75	71.96	78.75	70.11	72.87	−6.79	−3.04	1.52	−2.76	−4.89	2.44
二	汽轮机热耗率	kJ/kWh	0.039	7927	7950								2.63			−0.54
2	主蒸汽压力（机侧）	MPa	1.78	16.7		12.6	13.74	15.16	13.62	14.15	−1.42	1.14	−2.03	−0.53	1.02	−1.82
3	主蒸汽温度（机侧）	℃	0.096	538		538	540.23	538.00	539.40	540.12	2.23	2.23	−0.21	−0.72	1.40	−0.13
4	再热蒸汽温度（机侧）	℃	0.078	538		538	536.51	537.58	536.77	537.46	−1.07	−1.49	0.12	−0.69	−1.23	0.10
5	二再温度（机侧）	℃	—	—	—	—	—	—	—	—	—	—	—	—	—	—
6	给水温度	℃	0.112	275.3		241.68	246.86	251.76	246.59	248.16	−4.90	5.18	−0.58	−1.57	4.91	−0.55
6.1	1 号高压加热器下端差	℃	0.004	5.6		5.6	4.12	4.86	4.33	4.93	−0.74	−1.48	−0.01	−0.60	−1.27	−0.01
6.2	2 号高压加热器下端差	℃	0.009	5.6		5.6	3.80	3.77	3.35	3.41	0.03	−1.80	−0.02	−0.06	−2.25	−0.02
6.3	3 号高压加热器下端差	℃	0.012	5.6		5.6	3.76	4.50	3.97	4.57	−0.74	−1.84	−0.02	−0.60	−1.63	−0.02
6.4	4 号高压加热器下端差	℃	—	—	—	—	—	—	—	—	—	—	—	—	—	—
7	凝汽器真空度	%	2.87		95	94.6	92.74	91.74	93.95	93.23	1.00	−1.86	5.34	0.72	−0.65	1.87
7.1	循环水入口温度	℃	0.67	20		20	29.90	31.61	24.39	24.85	−1.71	9.90	6.63	−0.46	4.39	2.94
7.2	循环水温升	℃	0.59	13		13	8.74	9.16	9.18	9.93	−0.42	−4.26	−2.51	−0.75	−3.82	−2.25
7.3	凝汽器端差	℃	0.59		3.5	3.5	3.37	3.33	4.75	4.89	0.04	−0.13	−0.08	−0.14	1.25	0.74
7.4	凝结水过冷度	℃	0.043		0.5	0.5	1.04	0.57	1.12	0.85	0.47	0.54	0.02	0.27	0.62	0.03
三	锅炉效率	%	3.4	92.32									0.75			1.29
8	排烟温度	℃	0.167	100		100	101.28	102.02	101.45	102.15	−0.74	1.28	0.21	−0.70	1.45	0.24
9	锅炉氧量	%	1.027			4	3.88	3.45	4.03	4.36	0.43	−0.12	−0.12	−0.33	0.03	0.03
10	空气预热器漏风率	%	0.152		7	7	5.75	7.50	5.75	7.50	−1.75	−1.25	−0.19	−1.75	−1.25	−0.19

续表

序号	指标名称	单位	耗差	设计值	优秀值	目标值	本月	去年本月	本年累计	上年累计	当月同比	月目标差值	当月耗差	累计同比	年目标差值	累计耗差
11	飞灰含碳量	%	1.44	6	4	3	3.45	2.50	3.67	3.32	0.95	0.45	0.65	0.35	0.67	0.96
12	再热蒸汽减温水量	t/h	0.07		0	0	2.83	3.68	3.49	5.46	−0.85	2.83	0.20	−1.97	3.49	0.24
四	厂用电率	%	3.34	5.59	4.6								3.50			20.96
13	循环水泵耗电率	%	3.34			0.75	1.26	1.07	1.10	1.07	0.19	0.51	1.69	0.03	0.35	1.16
14	凝结水泵耗电率	%	3.34			0.14	0.12	0.14	0.12	0.13	−0.01	−0.02	−0.06	−0.01	−0.02	−0.07
15	引风机耗电率	%	3.34		1	1	1.00	0.98	0.98	0.97	0.00	0.00	0.00	0.01	0.79	2.64
16	送风机耗电率	%	3.34		0.25	0.25	0.21	0.25	0.22	0.25	−0.04	−0.04	−0.13	−0.03	1.97	6.58
17	一次风机耗电率	%	3.34		0.65	0.65	0.60	0.57	0.59	0.58	0.03	−0.05	−0.17	0.01	2.64	8.82
18	制粉系统耗电率	%	3.34		1.3	1.3	1.42	1.39	1.41	1.42	0.03	0.12	0.40	−0.01	0.11	0.37
19	脱硫系统耗电率	%	3.34		0.8	0.8	1.36	1.46	1.29	1.26	−0.10	0.56	1.87	0.03	0.49	1.64
20	脱硝系统耗电率	%	3.34			0.08	0.08	0.08	0.08	0.08	0.00	0.00	0.00	0.00	0.00	0.00
21	除尘系统耗电率	%	3.34		0.25	0.25	0.27	0.24	0.28	0.24	0.03	0.02	0.07	0.04	0.03	0.10
22	除灰系统耗电率	%	3.34			0.2	0.15	0.10	0.12	0.15	0.05	−0.05	−0.17	−0.03	−0.08	−0.27
23	烟气再循环风机	%	—	—	—	—	—	—	—	—	—	—	—	—	—	—
五	燃料指标												−4.97			−1.53
24	入炉煤热值	kJ/kg	0.001 1	21 370		21 370	21 580	22 040	22 160	21 970	−460.00	210.00	−0.23	190.00	790.00	−0.87
25	热值差	kJ/kg	0.015 7			418	116	520	376.00	725	−404	−302	−5	−349.00	−42.00	−0.66
26	煤场盘盈盘亏	t				0	0	0	0.00	0	0.00	0.00	0.00	0.00	0.00	0.00
六	其他指标												−0.01			−0.01
27	供热比	%	1.38			0	0.00	0.00	0.00	0.00	0.00	0.00	0.00	0.00	0.00	0.00
28	机组补水率	%	0.59		0.9	0.9	0.88	0.95	0.89	0.98	−0.07	−0.02	−0.01	−0.10	−0.01	−0.01
29	……															
	合计												5.29			22.62

注 表 17-14 应设计成 EXCEL 表格形式，当月同比、月目标差值、当月耗差、累计同比、年目标差值、累计耗差带有隐性计算公式，一旦前几列输入数据，后面几列就会自动显示结果。对于严重超标的指标应用警告色_灰底色标注。在表 17-14 中用灰底色标注的指标，应在表 17-15 中得到反馈响应。

表 17-15　　指标创优整改措施表

序号	项目	原因分析	整体治理计划	下月采取措施（时间和责任人）	本月完成情况
1	再热蒸汽温度低于目标值（且再热器减温水量偏大）	（1）四角切圆燃烧，配风调整不当，容易造成锅炉燃烧烟气旋转偏斜，导致两侧烟温偏差大。 （2）烟气挡板的自动调节反应迟缓。 （3）两侧再热器的减温水调门调节不灵敏，且存在内漏。 （4）1号炉投风量自动后，调节有些滞后。 （5）个别给粉机下粉不畅	（1）运行加强燃烧配风调整，合理停用下粉不畅给粉机，减少燃烧扰动，尽可能消除或减弱烟气旋转，减少两侧再热器烟温偏差。 （2）检修完成烟气挡板操作机构的检查，及时清理积灰，确保动作灵敏。 （3）检修做好再热器减温水调门自动品质的跟踪，处理好阀门内漏。 （4）运行及时根据部门制定的氧量要求，修正氧量偏置。 （5）检修及时调整个别给粉机下粉不畅的问题	（1）各班组严格锅炉燃烧配风操作卡，及时修正氧量偏置，做好燃烧配风工作，及时跟踪，降低两侧烟温的偏差，减少减温水的用量。（责任人：×××，完成时间：每月正常工作） （2）加大机组小指标主、再热蒸汽温度和再热器减温水量的得分，并及时公布机组超温情况，督促各班组做好机组主、再热蒸汽温度控制。（责任人：×××，完成时间：每月正常工作） （3）检修加强烟气挡板操作机构的检查，确保动作灵敏；加强阀门内漏的治理，减少内漏。（责任人：×××，完成时间：日常运行维护） （4）检修再热器减温水调门，确保不泄漏。（责任人：×××，完成时间：日常运行维护） （5）加强给粉机的检查（责任人：×××，完成时间：日常运行维护）	已加强机组配风的管理，督促各值及时修正氧量偏置，在小指标竞赛中已提高了主、再热蒸汽温度、减温水量的得分比例，配好检修进行阀门内漏的处理，后续仍需要加强管理
2	凝汽器真空、过冷度	（1）环境温度高，本月循环水入口温度29.9℃，比目标值高9.9℃。 （2）胶球清洗装置投运不正常，ϕ26mm的胶球破损率高。 （3）真空泵工作水温度高，抽汽设备工作异常	（1）运行加强循泵启停操作卡优化管理，同时督促运行各值严格按操作卡执行循泵启停。 （2）做好日常运行中的回水调门经济调整，确保效率最大化。 （3）加强凝汽器水侧清洗工作。 （4）按规定投运胶球清洗装置。 （5）做好阀门内漏治理，防止高品质疏水直接漏入凝汽器造成热负荷偏高	（1）机组运行后加强循泵启停的优化管理。（责任人：×××，完成时间：2018年10月） （2）检修确保胶球清洗装置能正常使用，运行认真完成投运胶球清洗装置工作。（责任人：×××，完成时间：日常维护） （3）加强阀门内漏管理工作。（责任人：×××，完成时间：年　月） （4）进行罗茨风机真空泵组改造（责任人：×××，完成时间：年　月）	（1）利用调停机会，完成1号机组凝汽器不锈钢的清理工作。 （2）加强阀门内漏检查。 （3）做好不同直径胶球的使用统计工作

续表

序号	项目	原因分析	整体治理计划	下月采取措施（时间和责任人）	本月完成情况
3	循环水泵耗电率	（1）设备选型偏大。 （2）循环水泵运行方式不合理。 （3）循环水管道过长，爬坡高度较大	（1）做好循环水泵提效、高低速等技术改造。 （2）做好循环水泵日常运行中的优化运行	（1）根据循环水泵高低速改造。（责任人：×××，完成时间：年 月） （2）重新优化制定循泵启停操作规范卡，督促班组做好循泵日常运行中的启停工作。（责任人：×××，完成时间：年 月） （3）开展循环水泵运行方式的优化试验。（责任人：×××，完成时间：年 月）	本季已完成 3 号循环水泵高低速改造
4	制粉系统耗电率	（1）制粉系统缺陷多，倒磨频繁。 （2）制粉系统运行中未能达到最优出力运行。 （3）排粉机耗电率高。 （4）磨煤机小球配比增加，并更换为耐磨钢球	（1）加强制粉系统缺陷处理，提高设备可靠性。 （2）督促各值做好制粉系统最优出力。 （3）排粉机进行切屑叶轮改造。 （4）到德州电厂进行调研，提出磨煤机小球更换方案	（1）消除制粉系统缺陷，确保制粉系统长周期运行。（责任人：×××，完成时间：每月） （2）督促各值做好制粉系统监视工作，确保在最优出力下运行。（责任人：×××，完成时间：年 月） （3）邀请西安热工研究院进行排粉机性能测试，提出改造方案（责任人：×××，完成时间：年 月）	修复折向挡板，调整挡板开度；磨煤机增加小球比重
5	除尘系统耗电率	（1）除灰设备故障率高。 （2）为保证烟尘环保数据不超标，将电除尘控制方式投“监控”模式。 （3）入炉煤灰分高	（1）优化除尘效率曲线，降低耗电率。 （2）及时检查设备运行情况，确保设备健康水平。 （3）在确保烟尘环保数据不超标前提，将电除尘控制方式投“节能”模式。 （4）采购低灰分的煤种，进行配煤掺烧	（1）加强设备缺陷检查，及时发现缺陷，保证设备健康水平，提高投入率。（责任人：×××，完成时间：每日正常工作） （2）提高设备可靠性，有条件时进行内部检查。（责任人：×××，完成时间：待机组停机后） （3）在确保烟尘环保数据不超标前提，将电除尘控制方式投节能模式。（责任人：×××，完成时间：每月正常工作） （4）与燃料供应部协调沟通，尽量采购低灰分的煤种（责任人：×××，完成时间：每月正常工作）	已在跟踪
6	脱硫系统耗电率	（1）GGH 阻力大。 （2）去年二氧化硫超低排放改造增加一座吸收塔。 （3）脱硫系统改造后运行方式没有优化	（1）争取环保部门支持，拆除 GGH。 （2）优化浆液循环泵、氧化风机的运行方式。 （3）修复吸收塔内损坏的部件	（1）机组停机检修时，更换塔内损坏元件。（责任人：×××，完成时间：最近一次计划检修期） （2）加强设备巡检，发现缺陷及时修复。（责任人：×××，完成时间：每日正常工作） （3）邀请西安热工研究院进行脱硫系统运行方式优化调整试验（责任人：×××，完成时间：年 月）	已制定脱硫系统设备在机组启停过程中的停运和启动操作卡，减少启停过程中的用电量

参 考 文 献

[1] 李青，高山，薛彦庭．火电厂节能减排手册　节能技术与综合升级改造[M]．北京：中国电力出版社，2019.

[2] 李青，刘学冰，张兴营，等．火电厂节能减排手册　节能监督部分[M]．北京：中国电力出版社，2014.

[3] 李青，刘学冰，张兴营，等．火电厂节能减排手册　节能监督部分[M]．北京：中国电力出版社，2014.

[4] 李青，李猷民．火电厂节能减排手册　减排与清洁生产部分[M]．北京：中国电力出版社，2015.

[5] 李青，李晓辉．火电厂节能减排手册　能效对标与监管部分[M]．北京：中国电力出版社，2016.

[6] 中国电力投资集团公司．300MW 火电机组节能对标指导手册[M]．北京：中国电力出版社，2008.